Nr. 23
S. 9553–9936

1963
5. Juni

Chemisches Zentralblatt

Vollständiges Repertorium für alle Zweige der reinen und angewandten Chemie

1830 gegründet. 1897—1945 von der Deutschen Chemischen Gesellschaft fortgeführt. Im Auftrage der Deutschen Akademie der Wissenschaften zu Berlin, der Chemischen Gesellschaft in der DDR, der Akademie der Wissenschaften zu Göttingen und der Gesellschaft Deutscher Chemiker (in der BRD)

herausgegeben von Prof. Dr. Heinrich Bertsch und Prof. Dr. Dr. h. c. Wilhelm Klemm

134. Jahrgang

1963

Chefredakteure: Dr. Eugen Klever und Prof. Dr.-Ing. Eberhard Leibnitz

Akademie-Verlag GmbH., Berlin — Verlag Chemie, GmbH., Weinheim/Bergstr.

Inhalt

Chemisches Zentralblatt

1963 **Bibliographien** Nr. 23

Neue Bücher

A_9. Mineralogische und geologische Chemie

R. A. Abdullajew und **Ch. D. Dshafarow**, Geologisch-geophysikalische Kennzeichen der kaspischen Erdölfundstätten Aserbaidshans. Baku: Aserneschr. 1962. (167 S. m. Zeichng.) [russ.]

G. A. Alexandrjan, Die Meteorologie. Erewan: Armutschpedgis. 1962. (268 S. m. Abb.) 53 Kop. [armen.]

Arnošt Dudek, Ferry Fediuk a Marie Plavcová, Petrografické Tabulky (Petrographische Tabellen). Ein Handbuch der petrographischen Mikroskopie mit Struktur- und Texturatlas. In tschechisch. Praha: NČSAV. 1962. (304 S. m. 194 Abb.) Kčs 22.50.

Herbert Edwin Hawkes, Geochemistry in mineral exploration. New York: Harper. 1962. (415 S. m. Abb.) $ 12.50.

B. Y. Kudymov, Spectral well logging. Geochemical studies of sedimentary rocks. Amsterdam: Elsevier Publishing Cy. 1962. (88 S.) hfl. 20.—.

A. K. Lawruchina und **G. M. Kolessow**, Die Bildung chemischer Elemente auf Himmelskörpern. Moskau: Gossatomisdat. 1962. (172 S. m. Abb., 2 Bl. Zeichng.) 45 Kop. [russ.]

Horst Moenke, Spektralanalyse von Mineralien und Gesteinen. Leipzig: Akademische Verl. Ges. 1962. (X + 222 S. m. 58 Abb. u. 21 Tab.) 8°. DM 23,—.

Ss. A. Schlippe und **Je. F. Ssinitzyna**, Deutsch-russisches geologisches-mineralogisches Wörterbuch. Moskau: Fismatgis. 1962. (472 S.) 1 Rbl. 65 Kop. [russ.]

Ju. Ss. Slepnew, Lowschorrit-Rinkolit Pegmatite. Moskau: Verl. der Akad. der Wiss. der UdSSR. 1962. (150 S. m. Abb. u. Kart.) 81 Kop. [russ.]

Rudolf Waskowiak, Geochemische Untersuchungen an rezenten Molluskenschalen mariner Herkunft. Berlin: Akademie-Verl. 1962. (155 S. m. 6 Abb. u. 51 Tab.) 8° = Freiberger Forschungshefte. C 136. Geochemie. DM 16,50.

B. Allgemeine und theoretische organische Chemie

Andrew Gemant, Ions in hydrocarbons. New York, London: Interscience. 1962. (VIII + 261 S. m. Tab. u. Diagr.) 94 s.

C. Präparative organische Chemie. Naturstoffe

Patrick Augustine Ongley, Questions and problems in elementary organic chemistry. London: University of London P. 1963. (128 S.) 8 s. 6 d.

László Zechmeister, Cis-trans isomeric carotenoids, vitamins A and arylpolyenes. New York: Academic. 1962. (251 S. m. Abb.) $ 10.—.

D. Makromolekulare Chemie

Norman G. Gaylord, ed., Polyethers. New York: Interscience dist. Wiley. 1962. (303 S. m. Abb.) $ 12.75.

Houben-Weyl, Methoden der organischen Chemie. 4., völlig neugestaltete Aufl. Bd. 14. 2. Makromolekulare Stoffe. Stuttgart: Thieme. 1963. (LXXII + 1251 S. m. 22 Abb. u. 55 Tab.) 4°. DM 272,—.

Houben-Weyl, Methoden der organischen Chemie. Vierte, völlig neu gestaltete Auflage. Herausgegeb. von **Eugen Müller**, Tübingen, unter besonderer Mitwirkung von **O. Bayer, H. Meerwein u. K. Ziegler**. Band XIV/2: Makromolekulare Stoffe, Teil 2, bearbeitet von **H. Herlinger** u. a. mit 22 Abbildungen, 1 Porträt u. 55 Tabellen. Stuttgart: Georg Thieme Verlag 1963. (LXXII + 1251 S.) DM 272,—.

Auch an diesem 2. Teil haben namhafte Spezialisten aus Industrie u. Instituten mitgearbeitet. In bezug auf die Zielsetzung des Werkes gilt das bei der Besprechung von Teil 1 Gesagte entsprechend, d. h. der Benutzer soll nicht einfach nur über den Stand der Technik krit. unterrichtet werden, er soll neben Labor-Meth. bes. auf verfahrenstechn. Fragen Antwort erhalten u. schnell sich für einen einzuschlagenden Weg entscheiden können. Die Anlage des Bandes kann am besten aus einer gedrängten Wiedergabe des Ordnungsprinzips erkannt werden. — Im Anschluß an Teil 1 werden behandelt: Kapitel A_2. Herst. makromol. Stoffe durch Polykondens. u. Polyaddition sowie durch Polymerisation von cycl. Monomeren mit Heteroatomen als Ringglieder: I. Polycarbonsäureester, 47 Seiten (S.). — II. Polycarbonate, 9 S. — III. Polyurethane, 42 S. — IV. Polyamide, 94 S. — V. Polyadditions- u. Polykondens.-Prodd. von Carbonyl- u. Thiocarbonyl-Verbb. mit Phenolen — mit aromat. Aminen — mit Phenoläthern u. aromat. KW-Stoffen — mit Harnstoff, Melaminen, Urethanen, Carbonsäureamiden, Dicyandiamid, Guanidin, Sulfurylamid, Sulfonsäureamiden, Nitrilen, Ammoniak, aliphat. Aminen u. Phosphin — mit Carbonyl- u. Thiocarbonyl-Verbb. oder mit anderen Verbb., die akt. Methylengruppen enthalten, 232 S. — VI. Polymerisations- u. Polyadditions-Prodd. von cycl. Monomeren mit Heteroatomen als Ringglieder — mit O_2 als

Ringglied — mit S als Ringglied — mit N als Ringglied, 155 S. — VII. Weitere Polyadditions- bzw. Polykondens.-Prodd. — Polyäther u. Polyacetale verschiedener Art, einschließlich ihrer Schwefelanalogen — bas. Polykondens.-Prodd. verschiedener Art — hochmol. aliphat. Polysulfide (Thioplaste) — Kondens. aromat. Verbb. unter Einbau von S zu öligen bzw. harzartigen Prodd. — Polykondens.-Prodd. aus Halogenalkyl- u. Halogenacyl-Verbb. durch Friedel-Craftssche Rkk. — Polyadditions-Prodd. aus Verbb. mit Kohlenstoff-Kohlenstoff-Doppelbindungen — Höhermol. Prodd. durch dehydrierende Pyrolyse sowie andere Verff., welche zu gleichartigen Prod. führen — Höhermol. Prodd. durch Zers. von Diazoalkanen — Polycarbonsäureanhydride — Furanharze, 57 S. — Kapitel B. Umsetzung an natürlichen u. synthet. makromol. Stoffen unter Erhaltung der Makromol. Struktur. I. Allg. Hinweise, 28 S. — II. Umwandlung synthet. Polymerer, 161 S. — III. Umwandlung von Naturkautschuk, 40 S. — IV. Umwandlung von Cellulose u. Stärke, 55 S. — Kapitel C. Hinweise zur Ermittlung der Struktur makromol. Stoffe. I. Hinweise zur Durchführung chem. Analysen makromol. Stoffe. 13 S. — II. Hinweise zur Best. von Struktureinzelheiten makromol. Stoffe, 19 S. — III. Literatursammlung über Analysen-Meth. u. Analysen-Ergebnisse, geordnet nach den mit den Meth. meßbaren Eigg. der Polymeren u. erweitert durch stichwortartige Inhaltsangabe der Veröffentlichungen, 108 S. — Die gut u. sorgfältig ausgestatteten Register sind 122 (Autorenregister) bzw. 58 (Sachregister) Seiten stark u. können sehr speziell befragt werden. Außerdem muß bes. auf die ca. 10000 Literaturzitate hingewiesen werden, die allein der 2. Teil enthält. Die Literatur ist bis einschließlich 1960, teilweise sogar bis 1961 berücksichtigt. Der nunmehr vollständig vorliegende Band über makromol. Stoffe des „Houben-Weyl", der ohne Register 2270 S. umfaßt, dürfte einen großen Kreis von Interessenten ansprechen u. auf Grund der Vorgabe des „Houben-Weyl", die Bände so auszulegen, daß im allg. nicht auf die Originalliteratur zurückgegriffen werden muß, viele Benutzer befähigen, mit größerem Wirkungsgrad tätig zu sein.

H. Czech

E_1. Allgemeine Biologie und Biochemie

Marcel Florkin, ed., Comparative biochemistry; vol. 4. New York: Academic Press. 1962. (841 S. m. Abb.) $ 26.—.

Karlo Gegelaschwili, Hystochemie der Nucleinsäuren und Nucleoproteide und einige Fragen der funktionellen Morphologie. Tbilissi: Verl. der Akad. der Wiss. der GrusinSSR. 1962. (190 S. m. Abb.; 6 Bl. Abb.) 94 Kop. [grusin., Auszug: russ.]

Douglas Edward Lea, Actions of radiations on living cells. 2nd edit. New York: Cambridge. 1962. (416 S. m. Abb.) $ 2.95.

E_3. Mikrobiologie. Bakteriologie. Immunologie

A. F. Bilibin, G. P. Rudnew, Ju. N. Gurski u. a., Handbuch der Infektions-Krankheiten. Moskau: Medgis. 1962. (679 S. m. Abb., 7 Bl. Abb.) 3 Rbl. 20 Kop. [russ.]

Ss. Ss. Djatschenko, Die mikrobiologischen Methoden der Diagnostik bei Infektions-Erkrankungen. Kiew: Gossmedisdat der UkrainSSR. 1962. (534 S. m. Abb.) 2 Rbl. 10 Kop. [russ.]

Henry James Parish and David Alexander Cannon, Antisera, toxoids, vaccines and tuberculins in prophylaxis and treatment. 6th edit. Edinburgh, London: E. & S. Livingstone. 1962. (VIII + 315 S. m. Abb., 21 Taf., Tab. u. Diagr.) 40 s.

E_4. Pflanzenchemie. Pflanzenphysiologie. Pflanzenpathologie

Gordon Elliot Fogg, The growth of plants. Harmondsworth: Penguin. 1963. (288 S. m. Abb., 24 Taf., Tab. u. Diagr.) 7 s. 6 d.

Thomas Ronald Peace, Pathology of trees and shrubs. Oxford: Clarendon Pr. dist. New York, Oxford. 1962. (XX + 753 S. m. Abb.) $ 14.40.

E_5. Tierchemie. Tierphysiologie. Tierpathologie

Joachim Brugsch, Hrsg., Klinische Chemie der vegetativen Regulationen und ihrer Störungen. Ausgew. Vorträge aus einem Fortbildungslehrgang vom 30. November bis 5. Dezember 1959. Berlin: Verl. Volk und Gesundheit. 1961. (145 S.) 8° = Schriftenreihe der ärztlichen Fortbildung. 13. DM 14,90.

Kenneth Allan Caldwell Elliott, ed., Neurochemistry. 2nd edit. Springfield (Illinois): Thomas. 1962. (1035 S. m. Abb.) $ 29.—.

Geoffrey Austin Gresham, An introduction to comparative pathology. New York: Academic. 1962. (412 S. m. Abb.) $ 13.—.

Karl Oberdisse und Erich Klein, Fortschritte der Schilddrüsenforschung. Internationales Symposion über Schilddrüse und Jodstoffwechsel am 27. und 28. Oktober 1961 in Düsseldorf. Stuttgart: Thieme. 1962. (164 S. m. 47 Abb. u. 28 Tab.) 8°. DM 29,80.

Jay Tepperman, Metabolic and endocrine physiology. Chicago: Year Bk. Med. 1962. (214 S. m. Abb.) $ 7.50.

E_6. Pharmakologie. Therapie. Toxikologie. Hygiene

Windsor Cooper Cutting, Handbook of pharmacology. New York: Appleton. 1962. (643 S. m. Abb.) $ 5.95.

John Jacob Lewis, An introduction to pharmacology. 2nd edit. Edinburgh, London: E. & S. Livingstone. 1962. (XII + 926 S. m. Abb., Tab. u. Diagr.) 63 s.

Börje Uvnäs, ed., Proceedings of the First International Pharmacological Meeting, „Mode of action of drugs", August 22—25, 1961. Vol. 6. Metabolic factors controlling duration of drug action. Oxford: Pergamon Press. 1962. (XVIII + 330 S. m. Abb., Tab. u. Diagr.) 60 s.

F. Pharmazeutische Chemie. Desinfektion

Alistair G. Cruikshank and Cornelius Stewart, A pocket book of proprietary drugs; 2nd edit. Edinburgh, London: E. & S. Livingstone. 1962. (300 S.) 18 s.

Henry Nigel Gerrard, The practice of modern pharmacy. Vol. 1: Pharmacy today. (IX + 155 S. m. Tab. u. Diagr.) 21 s. Vol. 2: The interpretation of prescriptions. (VIII + 85 S. m. Abb. u. Tab.) 15 s. London: Heinemann Medical. 1962.

Sidney John Hopkins, Drugs and pharmacology for nurses. Edinburgh, London: E. & S. Livingstone. 1963. (VII + 264 S. m. Tab.) 17 s. 6 d.

G. P. Piwnenko, Heilmitteltechnologie für Apotheker. Kiew: Gossmedisdat der UkrainSSR. 1962. (446 S. m. Abb.) 1 Rbl. 27 Kop. [ukrain.]

Charles M. Poser, International dictionary of drugs, used in neurology and psychiatry. Springfield (Illinois): Thomas. 1962. (XI + 157 S.) $ 7.50.

—, Cumulative list of proposed international non-proprietary names for pharmaceutical preparations. 1962: Lists 1—11 published in the „W. H. O. Chronicle", 1953—1961. Geneva: W.H.O.; London: H.M.S.O. 1962. (52 S.) 5 s.

—, Handbuch der kommunalen Hygiene. Bd. 2. Moskau: Medgis. 1962. (763 S. m. Abb. u. Kart.) 3 Rbl. 29 Kop. [russ.]

G. Analyse. Laboratorium

Werner Brügel, Einführung in die Ultrarotspektroskopie. 3., neubearb. u. erw. Aufl. Darmstadt: D. Steinkopff. 1962. (XII + 462 S. m. 196 Abb. u. 35 Tab.) 8° = Wissenschaftliche Forschungsberichte. Naturwissenschaftliche Reihe. Bd. 62. DM 66,—.

Aleksei Ivanovich Busev, The analytical chemistry of indium; translated from the Russian. Oxford, London: Pergamon Press. 1962. (XIII + 288 S. m. Tab. u. Diagr.) 84 s.

I. M. Chaiss, A. Tokstein, I. Dworshak u. a. Die Papierchromatographie. Moskau: Verl. für ausländ. Literatur. 1962. (851 S. m. Abb.) 5 Rbl. 24 Kop. [russ.]

Gustav Kortüm, Kolorimetrie, Photometrie und Spektrometrie. Eine Anleitung zur Ausführung von Absorptions-, Emissions-, Fluorescenz-, Streuungs-, Trübungs- und Reflexionsmessungen. 4., neubearb. u. erw. Aufl. Berlin, Göttingen, Heidelberg: Springer. 1962. (VIII + 464 S. m. 224 Abb.) 8° = Anleitungen für die chemische Laboratoriumspraxis. Bd. 2. DM 48,—.

I. M. Kusstanowitsch, Die Spektralanalyse. Moskau: Verl. der Hochschule. 1962. (400 S. m. Abb.; 2 Bl. Abb.) 83 Kop. [russ.]

James W. McCoy, The inorganic analysis of petroleum. New York: Chemical Pub. Co. 1962. (271 S. m. Abb.) $ 10.—.

Herbert Rödicker und Karl Geier, Physikalisch-chemische Untersuchungsmethoden. Bd. 1: Elektrochemische Meßmethoden. Leipzig: Deutscher Verl. für Grundstoffindustrie. 1962. (384 S. m. 369 Abb.) 8°. DM 22,—.

John H. Secrist, A laboratory manual of general chemistry. Dubuque (Iowa): Brown. 1962. (216 S. m. Abb.) $ 3.50.

F. G. Sharowski, A. T. Pilipenko und I. W. Pjatnitzki, Analytische Chemie. Quantitative Analyse. Kiew: Verl. der Radiumschule. 1962. (299 S. m. Abb.) 80 Kop. [ukrain.]

A. A. Shuchowitzki und N. M. Turkeltaub, Die Gaschromatographie. Moskau: Gosstoptechisdat. 1962. (442 S. m. Abb.) 1 Rbl. 60 Kop. [russ.]

Theod. N. Skoulikidis, Laboratory experiments and methods of physico, chemistry, and applied electro, chemistry. Athens: National Printing Office. 1961. (430 S.)

W. M. Sussiennikowa und Je. K. Kisselewa, Handbuch über die Zubereitung von Titrierlösungen. Leningrad: Gosschimisdat, Leningrader Abt. 1962. (123 S. m. Abb.) 39 Kop. [russ.]

Stanley Walker and Harold Straw, Spectroscopy. Vol. 2: Ultra-violet, visible, infra-red and Raman spectroscopy. London: Chapman & Hall. 1962. (XXVI + 386 S. m. 24 Taf., Tab. u. Diagr.) 70 s.

—, Some general problems of paper chromatography. In engl. Praha: NČSAV. 1962. (220 S. m. 54 Abb.) Kčs 22.50.

H_1. Allgemeine chemische Technologie

Octave Levenspiel, Chemical reaction engineering; an introduction to the design of chemical reactors. New York: Wiley. 1962. (501 S. m. Abb.) $ 10.75.

H_{11b}. Plaste (Kunstharze, Plastische Massen)

Roelof Houwink und Albert Jan Staverman, Hrsg., Chemie und Technologie der Kunststoffe. 4., verb. u. erw. Aufl. Bd. 1: Chemische und physikalische Grundlagen der Kunststoffe. Leipzig: Akademische Verl. Ges. 1962. (IX + 812 S. m. 326 Abb. u. 74 Tab.) 8°. DM 61,—.

H_{13}. Ätherische Öle. Parfümerie. Kosmetik

Maison Gabriel DeNavarre, The chemistry and manufacture of cosmetics. 2nd edit. Vol. 2: Cosmetic materials. Princeton (New Jersey), London: Van Nostrand. 1962. (XIV + 413 S. m. Abb., Tab. u. Diagr.)

Eduard Gildemeister und Friedrich Hoffmann, Die ätherischen Öle. 4., völlig neu bearb. Aufl. 7 Bde. Allgemeiner Teil A: Grundlagen, Analyse und Behandlung der Inhaltsstoffe. Bd. 3b. Die Inhaltsstoffe. Von **Dieter Merkel.** Berlin: Akademie-Verl. 1962. (XIII + 436 S. m. 43 Tab.) 8°. DM 60,—.

Emil G. Klarmann, Cosmetic chemistry for dermatologists. Springfield (Illinois): Thomas. 1962. (126 S.) = Amer. lect. ser. pubn. no. 502. $ 5.75.

H_{15}. Gärungsindustrie

Kurt Hennig, Chemische Untersuchungsmethoden für Weinbereiter und Süßmosthersteller. 5. neubearb. u. erw. Aufl. Stuttgart: Ulmer. 1962. (126 S. m. 16 Abb.) 8° = Grundlagen und Fortschritte im Garten- u. Weinbau. Heft 43. DM 7,—.

Karl Schuster und **Franz Weinfurtner**, Die Bierbrauerei. 3 Bde. Bd 1: Die Technologie der Malzbereitung. 5., umgearb. Aufl. Von **Karl Schuster**. Stuttgart: Enke. 1963. (XII + 496 S. m. 83 Abb. u. 18 Tab.) 8°. DM 73,—.

H_{16}. Nahrungs-, Genuß- und Futtermittel

Peter Nehring und **Hans Krause**, Konserventechnisches Taschenbuch der Obst- und Gemüseverwertungsindustrie. 14. Aufl. Braunschweig: G. Hempel. 1963. (19, 1224, 32 S. m. 216 Abb.) 8°. DM 82,—.

Eric John Underwood, Trace elements in human and animal nutrition. 2nd edit. New York: Academic. 1962. (429 S. m. Abb.) $ 9.50.

—, Das große Lebensmittel-Lexikon. 2., durchgesehene Aufl. Frankfurt/Main: Umschau-Verl.; Innsbruck: Pinguin-Verl. 1962. (480 S.) 8°. DM 128,—.

H_{19}. Brennstoffe. Erdöl. Mineralöle

Udo Becher, Gasverteilungstechnik. Kompendium. Freiberg: Bergakademie. 1962. (XI + 385 S. m. Taf., Tab. u. Diagr.) DM 54,40.

H_{24}. Photographie

K. W. Tschibissow (Čibisov), Chemisch-physikalische Vorgänge bei der Herstellung photographischer Emulsionen. Darmstadt, Wien: Helwich. 1962. (37 S.) 4° = Photographische Korrespondenz, Sonderheft 5. DM 20.—.

Ausgewertete Bibliographie-Fachzeitschriften

Belgien	Bibliographie de Belgique — Belgische Bibliographie
ČSSR	Bibliography of Publications Dealing with the Polarography method [Praha]
	Bulletin — Die Neuesten Forschungsergebnisse der Tschechoslowakischen Wissenschaft
	Nové Knihy (Neue Bücher)
	Novinky (Neuheiten)
Dänemark	Danske Bogmarked
Deutschland	Börsenblatt für den Deutschen Buchhandel — Frankfurter Ausgabe
	Börsenblatt für den Deutschen Buchhandel — Leipziger Ausgabe
	Deutsche Bibliographie. Wöchentliches Verzeichnis. Ausgabe II. [Frankfurt/Main]
	Deutsche Nationalbibliographie. Reihe A: Neuerscheinungen des Buchhandels [Leipzig]
England	British National Bibliography
Frankreich	Bibliographie de la France
Griechenland	Greek Bibliography [Athen]
Italien	Bibliografia Nazionale Italiana
Niederlande	Nieuwsblad voor de Boekhandel
Österreich	Österreichische Bibliographie
Schweiz	Schweizer Buch. Serie A und Serie B
UdSSR	Bücherverzeichnis des Jahres (Книжная летопись)
	Neue Bücher (Новые книги)
USA	Publishers' Weekly

Namenregister

Patentregister

Auslegeschriften der Patentanmeldungen des Deutschen Patentamtes München (D.A.S.)

Nr.	Seite
D.A.S. 1060380	9807
D.A.S. 1075242*	9896
D.A.S. 1077812*	9896
D.A.S. 1083238	9854
D.A.S. 1083458*	9896
D.A.S. 1091996	9854
D.A.S. 1094757	9810
D.A.S. 1097998	9808
D.A.S. 1106072	9905
D.A.S. 1108686	9813
D.A.S. 1110422	9805
D.A.S. 1114940	9849
D.A.S. 1117222	9850
D.A.S. 1118969*	9906
D.A.S. 1120602	9849
D.A.S. 1121276	9877
D.A.S. 1122973	9889
D.A.S. 1124067	9888
D.A.S. 1124504	9809
D.A.S. 1124638	9877
D.A.S. 1124639	9814
D.A.S. 1124963	9815
D.A.S. 1125435	9806
D.A.S. 1125926	9856
D.A.S. 1125935	9809
D.A.S. 1125938	9810
D.A.S. 1126862	9806
D.A.S. 1127349	9806
D.A.S. 1128861	9808
D.A.S. 1129477	9806
D.A.S. 1129497	9810
D.A.S. 1129707	9887
D.A.S. 1130806	9812
D.A.S. 1131210	9812
D.A.S. 1131412	9904
D.A.S. 1131644	9854
D.A.S. 1131667	9812
D.A.S. 1132547	9854
D.A.S. 1132548	9853
D.A.S. 1132550	9859
D.A.S. 1132719	9902
D.A.S. 1132901	9855
D.A.S. 1133124	9903
D.A.S. 1133125	9902
D.A.S. 1133346	9854
D.A.S. 1133347	9854
D.A.S. 1133355	9859
D.A.S. 1133356	9859
D.A.S. 1133504	9805
D.A.S. 1133546	9901
D.A.S. 1133547	9901
D.A.S. 1133709	9814
D.A.S. 1133724	9813
D.A.S. 1134074	9811
D.A.S. 1134075	9813
D.A.S. 1134180	9805
D.A.S. 1134241	9880
D.A.S. 1134242	9879
D.A.S. 1134243	9878
D.A.S. 1134244	9883
D.A.S. 1134359	9859
D.A.S. 1134360	9859
D.A.S. 1134372	9882
D.A.S. 1134476	9814
D.A.S. 1134672	9857
D.A.S. 1134673	9807
D.A.S. 1134798	9816
D.A.S. 1134987	9811
D.A.S. 1135169	9903
D.A.S. 1135443	9876
D.A.S. 1135460	9811
D.A.S. 1135653	9905
D.A.S. 1136059	9816
D.A.S. 1136060	9816
D.A.S. 1136061	9816
D.A.S. 1136109	9901
D.A.S. 1136332	9811
D.A.S. 1136527	9879
D.A.S. 1137168	9805
D.A.S. 1137258	9876
D.A.S. 1137831	9815
D.A.S. 1138025	9855
D.A.S. 1138216	9903
D.A.S. 1138221	9903
D.A.S. 1138383	9860
D.A.S. 1138394	9881
D.A.S. 1138509	9814
D.A.S. 1139103	9855
D.A.S. 1139475	9855

Deutsche Patente [München] (D.B.P.)

Nr.	Seite
D.B.P. 975018	9850
D.B.P. 975315	9850

Deutsche Patente (D.P.[DDR])

D.P.[DDR] 22151	9903
D.P.[DDR] 23388	9857

Amerikanische Patente (A.P.)

Nr.	Seite
A.P. 2768998*	9897
A.P. 2794798*	9896
A.P. 2830058	9908
A.P. 2841523	9878
A.P. 2873228	9881
A.P. 2885338	9931
A.P. 2895844	9904
A.P. 2917552*	9893
A.P. 2926118	9884
A.P. 2938004	9901
A.P. 2941920	9880
A.P. 2941921	9877
A.P. 2942937	9858
A.P. 2942939	9858
A.P. 2945068	9910
A.P. 2945743	9859
A.P. 2948586	9858
A.P. 2950166	9858
A.P. 2952511	9858
A.P. 2952583	9877
A.P. 2952641	9856
A.P. 2953432	9858
A.P. 2957856	9901
A.P. 2958634	9854
A.P. 2961456	9880
A.P. 2962351	9856
A.P. 2965447	9857
A.P. 2965534	9877
A.P. 2966466	9856
A.P. 2969340	9899
A.P. 2969387	9926
A.P. 2970167	9926
A.P. 2972509	9895
A.P. 2972587	9899
A.P. 2973280	9899
A.P. 2973864	9884
A.P. 2975022	9925
A.P. 2975081	9897
A.P. 2975148	9905
A.P. 2975200	9897
A.P. 2976257	9898
A.P. 2976287	9896
A.P. 2977245	9898
A.P. 2977282	9877
A.P. 2977352	9920
A.P. 2978425	9899
A.P. 2979486	9902
A.P. 2979492	9900
A.P. 2979503	9896
A.P. 2980554	9920
A.P. 2980607	9884
A.P. 2980636	9897
A.P. 2980637	9897
A.P. 2981642	9897
A.P. 2981701	9905
A.P. 2981702	9905
A.P. 2981713	9904
A.P. 2982666	9897
A.P. 2982745	9898
A.P. 2982746	9898
A.P. 2983698	9898
A.P. 2983732	9877
A.P. 2984539	9895
A.P. 2985535	9920
A.P. 2985602	9899
A.P. 2985610	9899
A.P. 2986444	9895
A.P. 2986478	9920
A.P. 2987433	9920
A.P. 2987434	9920
A.P. 2987437	9883
A.P. 2989360	9895
A.P. 2989407	9897
A.P. 2989492	9899
A.P. 2989499	9925
A.P. 2989501	9925
A.P. 2992940	9904
A.P. 2993075	9883
A.P. 2994698	9855
A.P. 2995538	9918
A.P. 2995562*	9884
A.P. 2995608*	9884
A.P. 2998336	9889
A.P. 2999746	9917
A.P. 2999849	9902
A.P. 3000864	9902
A.P. 3001897	9889
A.P. 3002950	9902
A.P. 3003864	9885
A.P. 3003991	9902
A.P. 3004853	9917
A.P. 3005001	9882
A.P. 3005699	9885
A.P. 3005736	9886
A.P. 3005804	9908
A.P. 3006813*	9818
A.P. 3006867	9903
A.P. 3007969*	9884
A.P. 3009812	9918
A.P. 3009843	9889
A.P. 3010794	9908
A.P. 3010933	9904
A.P. 3010966	9811
A.P. 3012931	9878
A.P. 3012932	9883
A.P. 3012933	9883
A.P. 3012934	9883
A.P. 3012935	9884
A.P. 3013885*	9918
A.P. 3017329	9815
A.P. 3018215	9880
A.P. 3018216	9880
A.P. 3033760*	9818
A.P. 3035099	9816

Australische Patente (Aust.P.)

Nr.	Seite
Aust.P. 224301	9910
Aust.P. 224502*	9920
Aust.P. 225957	9909
Aust.P. 228332*	9906
Aust.P. 228356	9888
Aust.P. 229420	9888
Aust.P. 230046	9857
Aust.P. 230047	9857
Aust.P. 230226	9860
Aust.P. 230757	9880
Aust.P. 231109*	9906
Aust.P. 231150*	9884
Aust.P. 231169*	9860
Aust.P. 231676	9917
Aust.P. 231873	9877
Aust.P. 231957	9876
Aust.P. 231965*	9884
Aust.P. 232234	9917
Aust.P. 232705	9902
Aust.P. 233014	9909
Aust.P. 233026	9909
Aust.P. 233626	9908
Aust.P. 233690*	9817
Aust.P. 234017*	9817

	Nr.	Seite
Aust.P.	234029*	9818
Aust.P.	234202*	9918
Aust.P.	234282*	9918

Belgische Patente
(Belg.P.)

	Nr.	Seite
Belg.P.	550399	9882
Belg.P.	550548*	9817
Belg.P.	551043*	9896
Belg.P.	554534*	9896
Belg.P.	556716	9810
Belg.P.	556837*	9927
Belg.P.	556895*	9931
Belg.P.	558624	9879
Belg.P.	563789	9906
Belg.P.	564975*	9931

Canadische Patente
(Can.P.)

	Nr.	Seite
Can.P.	555684*	9884
Can.P.	555686	9879
Can.P.	556051	9888
Can.P.	559811	9883
Can.P.	560266*	9908
Can.P.	560340*	9932
Can.P.	560372*	9932
Can.P.	560787*	9931
Can.P.	560796*	9932
Can.P.	560798*	9932
Can.P.	560799*	9931
Can.P.	560800*	9932
Can.P.	560950*	9932
Can.P.	560987*	9932
Can.P.	561041	9890
Can.P.	561124*	9931
Can.P.	561272*	9932
Can.P.	561273*	9932
Can.P.	561493*	9932
Can.P.	561506*	9932
Can.P.	561507*	9932
Can.P.	561523*	9931
Can.P.	561636	9891
Can.P.	561639	9890
Can.P.	562068*	9931
Can.P.	562113*	9884
Can.P.	562147*	9931
Can.P.	562166*	9932
Can.P.	562373*	9932
Can.P.	562938	9890
Can.P.	562962	9890
Can.P.	569830*	9860
Can.P.	569846	9877
Can.P.	569877*	9860
Can.P.	569878*	9860
Can.P.	569879*	9860
Can.P.	569929*	9892
Can.P.	569953*	9906
Can.P.	569955*	9893
Can.P.	569956	9903
Can.P.	569971*	9897
Can.P.	569981	9903
Can.P.	569983*	9900
Can.P.	569988*	9900
Can.P.	569996*	9893
Can.P.	570008*	9893
Can.P.	570019*	9893
Can.P.	570041	9902
Can.P.	570051*	9893
Can.P.	570058*	9893
Can.P.	570071*	9896
Can.P.	570096*	9907
Can.P.	570101*	9896
Can.P.	570102*	9892
Can.P.	570103*	9900
Can.P.	570123*	9896
Can.P.	570140*	9892
Can.P.	570141*	9860
Can.P.	570147*	9907
Can.P.	570148*	9927
Can.P.	570158*	9897
Can.P.	570179*	9893
Can.P.	570181*	9907
Can.P.	570183*	9893
Can.P.	570189*	9896
Can.P.	570197*	9892
Can.P.	570281*	9908
Can.P.	570282*	9907
Can.P.	570335*	9927
Can.P.	570340*	9893
Can.P.	570342*	9907
Can.P.	570366*	9907
Can.P.	570376*	9907
Can.P.	570392*	9818
Can.P.	570397*	9899
Can.P.	570403*	9900
Can.P.	570406*	9892
Can.P.	570418*	9817
Can.P.	570422*	9893
Can.P.	570429*	9892
Can.P.	570438*	9892
Can.P.	570442*	9892
Can.P.	570450*	9906
Can.P.	570459*	9907
Can.P.	570484*	9896
Can.P.	570495*	9907
Can.P.	570500*	9900
Can.P.	570529*	9907
Can.P.	570530*	9900
Can.P.	570534*	9896
Can.P.	570535*	9906
Can.P.	570538*	9907
Can.P.	570542*	9893
Can.P.	570547*	9907
Can.P.	570549*	9907
Can.P.	570562*	9899
Can.P.	570564*	9892
Can.P.	570569*	9817
Can.P.	570574*	9919
Can.P.	570583*	9906
Can.P.	570692*	9906
Can.P.	570742*	9892
Can.P.	570828*	9817
Can.P.	570917*	9908
Can.P.	570950*	9893
Can.P.	570957*	9893
Can.P.	570960*	9906
Can.P.	570974*	9817
Can.P.	570976*	9892
Can.P.	570977*	9893
Can.P.	570980*	9893
Can.P.	570988*	9893
Can.P.	571000*	9892
Can.P.	571001*	9893
Can.P.	571003*	9893
Can.P.	571004*	9817
Can.P.	571081*	9817
Can.P.	571082*	9817
Can.P.	571083*	9893
Can.P.	571084*	9893
Can.P.	571085*	9893
Can.P.	571087*	9908
Can.P.	571089*	9899
Can.P.	571093*	9899
Can.P.	571115*	9817
Can.P.	571202*	9907
Can.P.	571209*	9892
Can.P.	571302*	9920
Can.P.	571308*	9896
Can.P.	571316*	9918
Can.P.	571321*	9927
Can.P.	571326*	9907
Can.P.	571368*	9908
Can.P.	571370*	9920
Can.P.	571381*	9909
Can.P.	571382*	9818

Englische Patente
(E.P.)

	Nr.	Seite
E.P.	802518*	9892
E.P.	802681*	9897
E.P.	803464	9807
E.P.	814586*	9817
E.P.	817261	9931
E.P.	825021*	9892
E.P.	827372*	9884
E.P.	828826*	9896
E.P.	833184*	9817
E.P.	835842*	9816
E.P.	841921*	9911
E.P.	842587	9906
E.P.	847655	9882
E.P.	849082	9810
E.P.	851244	9903
E.P.	853008	9858
E.P.	853635*	9817
E.P.	860562	9890
E.P.	862636	9884
E.P.	867743*	9816
E.P.	869623*	9909
E.P.	871676	9876
E.P.	872961	9891
E.P.	874033	9895
E.P.	875554	9885
E.P.	875855	9917
E.P.	876014	9885
E.P.	876437	9886
E.P.	877359*	9931
E.P.	877733	9908
E.P.	878095*	9932
E.P.	878483	9869
E.P.	878692*	9932
E.P.	878819	9889
E.P.	879175	9900
E.P.	879576*	9817
E.P.	880297	9882
E.P.	880413*	9932
E.P.	880521	9917
E.P.	880598	9900
E.P.	881634	9885
E.P.	882187	9887
E.P.	882530	9900
E.P.	883276*	9935
E.P.	884168	9881
E.P.	885087	9805
E.P.	885557	9890
E.P.	885628	9900
E.P.	886594	9890
E.P.	886619	9811
E.P.	886620	9811
E.P.	887825	9814
E.P.	889600	9855
E.P.	890145	9900
E.P.	892078*	9817
E.P.	892395	9887
E.P.	893005	9805
E.P.	894162*	9817
E.P.	894425	9855
E.P.	896601	9902
E.P.	899897*	9884
E.P.	901129	9876

Französische Patente
(F.P.)

	Nr.	Seite
F.P.	70705*	9850
F.P.	71469*	9907
F.P.	74952	9888
F.P.	1088761*	9850
F.P.	1157811*	9932
F.P.	1164086	9838
F.P.	1165275*	9927
F.P.	1167082*	9932
F.P.	1167961*	9932
F.P.	1169912*	9899
F.P.	1170524	9869
F.P.	1171340*	9896
F.P.	1172097*	9896
F.P.	1172287*	9927
F.P.	1172599*	9927
F.P.	1172734*	9896
F.P.	1172750*	9908
F.P.	1173648*	9850
F.P.	1174147*	9932
F.P.	1175818*	9906
F.P.	1176168*	9931
F.P.	1177804*	9932
F.P.	1177930*	9906
F.P.	1178181*	9850
F.P.	1183712*	9906
F.P.	1184597*	9907
F.P.	1184847*	9892
F.P.	1184950*	9906
F.P.	1184951*	9906
F.P.	1185093*	9927
F.P.	1188592*	9927
F.P.	1194486*	9920
F.P.	1196881*	9907
F.P.	1200063	9935
F.P.	1203239*	9907
F.P.	1203848*	9906
F.P.	1204167*	9906
F.P.	1204475*	9907
F.P.	1209631*	9907
F.P.	1213209	9890
F.P.	1213526*	9927
F.P.	1214072*	9907
F.P.	1214174	9878
F.P.	1214612	9879
F.P.	1214965*	9906
F.P.	1221353	9875
F.P.	1222476*	9906
F.P.	1224871	9883
F.P.	1225278	9905
F.P.	1226050*	9907
F.P.	1228027*	9906
F.P.	1228633	9812
F.P.	1229774*	9927
F.P.	1230409*	9927
F.P.	1231015*	9927
F.P.	1231240*	9860
F.P.	1231338*	9907
F.P.	1234887*	9932
F.P.	1237382*	9907
F.P.	1244770	9936
F.P.	1252504	9886
F.P.	1252552	9886
F.P.	1254574*	9817
F.P.	1255571	9885
F.P.	1256213	9885
F.P.	1261174	9813
F.P.	1261810	9889
F.P.	1265472	9936
F.P.	1266005*	9817
F.P.	1266471	9887
F.P.	1271903	9886

Indische Patente
(Ind.P.)

	Nr.	Seite
Ind.P.	64171	9909
Ind.P.	64708	9902
Ind.P.	64810	9888
Ind.P.	64956	9917
Ind.P.	64987	9901
Ind.P.	65274	9875
Ind.P.	65283	9917
Ind.P.	65570*	9817
Ind.P.	65572	9875
Ind.P.	65659	9856
Ind.P.	65909*	9932
Ind.P.	66109	9855
Ind.P.	66484	9883
Ind.P.	66872*	9817
Ind.P.	67690*	9817
Ind.P.	68207*	9817
Ind.P.	68208*	9817
Ind.P.	68817*	9818

Italienische Patente
(It.P.)

	Nr.	Seite
It.P.	538617	9869
It.P.	541932	9888
It.P.	541943	9888
It.P.	544061	9856
It.P.	544920*	9927
It.P.	544983*	9850
It.P.	545417*	9927
It.P.	546245	9888

Chemisches Zentralblatt

1963 Nr. 23 5. Juni

Geschichte. Unterricht

Peter Pringsheim. Aleksander Jabłoński. (Postępy Fizyki **12,** 1—6, 1961; Toruń, Uniw. Mik. Kopernika; pol.) — Würdigung der Arbeiten von Prof. P. Pringsheim auf den Gebieten der Fluorescenz, Phosphorescenz u. Luminescenz (anläßlich seines 80. Geburtstages). R. K. Müller. 1◇

P. M. Ssilin. Anonym. (Zucker-Ind. [UdSSR] **36,** Nr. 5, **14**—18, Mai 1962; russ.) — Würdigung der 50jährigen wissenschaftlichen u. pädagog. Tätigkeit von Prof. P. M. Ssilin anläßlich seines 75. Geburtstages auf dem Gebiet der Zuckertechnologie, für die er die physikal.-chem. Grundlagen geschaffen hat. — Bild. J. Lehmberg. 1△

Darstellung von Atomorbitalen und der kovalenten Bindung durch dynamische Projektion. H. Bradfort Thompson. (J. chem. Educat. **37,** 118—21, März 1960; St. Peter, Minn., Gustavus Adolphus Coll.; engl.) — Vf. entwirft eine dynam. Meth. zur Darst. der Kombination von einfachen Atomorbitalen zu Hybriden u. Molekularorbitalen für den Unterricht. Projizierte Bilder von einfachen Orbitalen können auf verschiedene Weise kombiniert werden, um einige Vorstellungen der modernen Molekulartheorie zu verdeutlichen. D. Hoene. 6◇

Eine einfache Vorrichtung zur Bestimmung von Kurvenneigungen unter Verwendung des Glasstab-Verfahrens. C. J. Hochanadel. (J. chem. Educat. **39,** 299, Juni 1962; Oak Ridge, Tenn., Oak Ridge Nat. Labor.; engl.) — Die Ausführung des von Hoare (J. chem. Educat. **38,** [1961], 570) vorgeschlagenen Verf. zur Best. von Kurvenneigungen wird erleichtert, indem man an die zur Zeichnung des Tangente dienenden Glasstäbe an einem durchsichtigen Kunststofflineal befestigt (Abb.). W. Wesly. 6□

A. Allgemeine, physikalische und anorganische Chemie

Zur Interpretierbarkeit einer Quantentheorie mit indefiniter Metrik. Rolf Hüper. (Z. Naturforsch. **17a,** 380—97, Mai 1962; München, MPI für Phys. u. Astrophys.; dt.) — Das feldtheoret. Modell geht von der Heisenbergschen Form des Lee-Modells aus, dem nun zusätzliche diskrete stationäre Zustände angefügt werden. Schließlich wird eine Situation erreicht, der dem Fall von Pauli u. Källén (1943/52) gleicht, u. nur durch Einführung von Grenzbedingungen nach Bogoljubow zu lösen ist. Unter diesen Bedingungen läßt sich das Problem aber nicht mehr physikal. sinnvoll interpretieren. G. M. Neumann. 10□

Über die Tunnelung durch ein System identischer Potentialschwellen. Je. A. Pschenitschnow. (Festkörperphysik [UdSSR] **4,** 1113—17, Mai 1962; Moskau, Akad. der Wiss. der UdSSR, Inst. für chem. Phys.; russ.) — Quasiklass. Behandlung des Durchgangs eines Teilchens durch ident. Potentialwände gleichen Abstandes. Im Fall quasistationärer Zustände werden Resonanzeffekte festgestellt, die zu anomal hohen Werten für den Tunnel-Koeff. führen. H. Roschkowski. 10◇

Operatorgleichungen für Foldy-Wouthuysen-Transformationen. F. Strocchi. (Nuovo Cimento [10] **26,** 955—73, 1/12. 1962; Pisa, Univ., Ist. di Fis.; engl.) — Mathemat. Ableitung der Einteilchen-Hamiltonschen, die für geladene skalare Felder in einem stat. elektromagnet. Feld eingeführt worden sind. Gerhard Schmidt. 10◇

Energieverluste in einem Vielkörper-System. Stanley Engelsberg. (Physic. Rev. [2] **123,** 1130—37, 15/8. 1961; Urbana, Ill., Univ. of Illinois; engl.) — Es werden die Energieverluste eines Fermions in einem Vielkörper-Syst. betrachtet. Das Problem wird so formuliert, daß alle Verluste gleichzeitig einbezogen sind. Die Lebensdauer u. die Energieverluste des Teilchens — das sich in einem gut definierten Einteilchenzustand mit geringer Übergangswahrscheinlichkeit befinden möge — stehen in Relation zum Selbst-Energie-Operator. Als Anwendung werden Bethes Summenregel u. die Čerenkov-Verluste eines Teilchens, welches auf ein Vielkörper-Syst. trifft, behandelt. E. Wagenfeld-Hohlweg. 10□

Gleichungen der Bewegung geladener Körper in der allgemeinen Relativitätstheorie. Ju. M. Aiwasjan. (Nachr. Akad. Wiss. ArmenSSR, Ser. physik.-math. Wiss. **13**, Nr. 5, 47—54, 1960; Inst. für Math. u. Mech. der Akad. der Wiss. der ArmenSSR; russ., Auszug: armen.) — Auf Grund einer Verallgemeinerung der Meth. von Infeld (Rev. mod. Physics **29**, [1957], 398) werden Bewegungsgleichungen Newtonscher Ordnung für 2 geladene Teilchen abgeleitet. R. K. Müller. 10□.

Stabilität des Gravitons gegen Strahlungszerfall. Gerald Rosen. (Physic. Rev. [2] **128**, 449—50, 1/10. 1962; Baltimore, Md., Martin Marietta Corporat; engl.) — Theoret. Nachweis (linearisierte Einstein-Maxwell-Theorie), daß ein Graviton nicht direkt in ein Paar von Photonen zerfallen kann. Herbert Weber. 10◇

Verändern sich die „Naturkonstanten" mit der Zeit? D. H. Wilkinson. (Philos. Mag. [8] **3**, 582—85, Juni 1958; Oxford, Clarendon Labor.; engl.) — Das mit radioakt. Meth. bestimmte Alter von Minerglien stimmt grob mit dem der Milchstraße überein. Das läßt vermuten, daß sich die radioakt. α-Zerfalls-Konst. um weniger als den Faktor 3 oder 4 in den letzten 3 oder $4 \cdot 10^9$ Jahren geändert hat. Diese Tatsache schließt mit ein, daß sich bes. e, h u. c wahrscheinlieh langsamer ändern als um den Faktor 10^{-12}. M. Guerlin. 10◇

Das Gesetz der minimalen und maximalen Atomvolumina. H. Iveković und Z. Balenović. (Rad jugosl. Akad. Znanosti Umjetnosti, Odjel mat., fizicke tehn. Nauke **6**, 207—27, 1957/59; engl. u. serb.) — Ergänzung der Unterss. von Kapustinski (C. **1953**, 1609) über die Atomvolumina im Periodensystem. Herbert Weber. 10◇

Über ein Problem des verallgemeinerten schwarzen Körpers. Jean Charon. (Ind. atom. **5**, Nr. 5—6, 86—90, 1961; Paris, E.S.P.C.; franz.) — Ausgehend von einer Kontinuitätsgleichung wurde die Verteilung der Energiedichte in einem verallgemeinerten schwarzen Körper bestimmt, wo zwischen dem Photonengas u. der Wand ein von Null verschiedener Temp.-Gradient existiert. In gewissen Bereichen kann die Temp. sehr hoch sein u. daher ist etwa im Falle eines ionisierten Gases die Übertragung sehr hoher kinet. Energien auf materielle Teilchen möglich. Dieser Mechanismus der Energieerzeugung u. des Transports kann eine Rolle spielen bei der Umwandlung therm. Energie in Elektrizität, bei der kontrollierten Fusion u. zur Erzeugung hoher Temperaturen. M. Wiedemann. 10□

A₁. Kernphysik und Kernchemie

Über die lunare Schwankung der Höhenstrahlung. J. Dubinský und P. Chaloupka. (Czechoslov. J. Physics B **11**, 660—63, 1961; Lomnický štít, Slovac. Acad. of Sci., Phys. Labor.; engl.) — Die Daten über die Neutronenkomponente auf den Stationen Rom u. Makapuu Point werden analysiert u. dabei wird gefunden, daß die von Bagge u. Binder (C. **1960**, 3097) behauptete lunare Periode nur scheinbar ist. M. Wiedemann. 85□

Energetische elektromagnetische Kaskade, in einer hochenergetischen Nucleon-Nucleon-Wechselwirkung erzeugt. P. L. Jain. (Nuovo Cimento [10] **22**, 1104—10, 1/12. 1961; Buffalo, N.Y., Univ. of Buffalo, Dep. of Phys.; engl.) — Ein Ereignis vom Typ 4 + 27p, durch ein prim. Proton aus der Höhenstrahlung nach Wechselwrkg. mit einem einzelnen Neutron an der Peripherie eines schweren Kerns hervorgerufen, wird ausgewertet. H. Laue. 85□

Winkelverteilung der durchdringenden Komponente der breiten atmosphärischen Schauer in einer Tiefe von 200 m Wasseräquivalent. E. L. Andronikaschwili, M. F. Bibilaschwili, G. D. Wardenga, T. W. Gwaladse, A. K. Dshawrischwili, R. Je. Kasarow, R. W. Kuridse und I. W. Chaldejewa. (Nachr. Akad. Wiss. UdSSR, physik. Ser. **26**, 682—84, Mai 1962; russ.) — Mittels Nebelkammer u. Zählern wurde bei Tiflis auf 200 m Tiefe Wasseräquivalent die Winkelverteilung der durchdringenden Komponente ermittelt, u. zwar bei Schauern mit 10^5—10^6 Teilchen. Der Exponent im Gesetz der Winkelverteilung wurde je nach dem Verf. für Energien > 40 GeV zu 8,6 bzw. 7,5 bestimmt. M. Wiedemann. 85□

Durch Kerne mit der Energie $\gtrsim 5 \cdot 10^{10}$ eV/Nucleon erzeugte Schauer. A. A. Loktionow und Sh. Ss. Takibajew. (Nachr. Akad. Wiss. UdSSR, physik. Ser. **26**, 596—603, Mai 1962; russ.) — Durch Wechselwrkg. von Kernen mit $Z \geqslant 2$ sowie durch n-n-Stöße in Emulsionen erzeugte Schauer werden analysiert. Die Anwendungsmöglichkeit des Tunnelmodells wird diskutiert. Für Energien $> 5 \cdot 10^{12}$ eV/Nucleon

zeigt die Winkelverteilung zwei Maxima. Bei zentralen Stößen von α-Teilchen mit Emulsionskernen ist der Inelastizitäts-Koeff. 0,4—0,6. Nach der Analyse dürften bei Kern–Kern-Stößen zentrale Nucleon–Nucleon-Stöße eine Rolle spielen.
M. Wiedemann. 85☐

Analyse der durch Höhenstrahlen hoher Energie erzeugten Schauer nach dem Modell angeregter Nucleonen. L. A. Ssanko, Sh. Ss. Takibajew und P. A. Ussik. (Nachr. Akad. Wiss. UdSSR, physik. Ser. **26,** 604—12, Mai 1962; russ.) — Vgl. C. **1963,** 5695. — Einige Daten über die Winkelverteilungen von Schauerteilchen werden im Hinblick auf das Modell der angeregten Nucleonen diskutiert. Die Masse der angeregten Nucleonen u. daher die Multiplizität der erzeugten Pionen hängen von der Bewegungsrichtung dieser angeregten Nucleonen im Schwerpunkts-Syst. ab. Wenn die angeregten Nucleonen tatsächlich die Zentren der Emission der Schauermesonen sind u. ihre Richtung mit den Schauerachsen zusammenfällt, dann unterscheidet sich der Mechanismus der angeregten Nucleonen stark von der Einmeson-Wechselwirkung.
M. Wiedemann. 85☐

Kernaktive Teilchen und Elektron–Photon-Schauer hoher Energie im Schaft atmosphärischer Höhenstrahlschauer. Ss. I. Nikolski, Je. A. Mursina, Je. I. Tukisch und W. I. Jakowlew. (Nachr. Akad. Wiss. UdSSR, physik. Ser. **26,** 668 bis 673, Mai 1962; Physik. Lebedew-Inst. der Akad. der Wiss. der UdSSR; russ.) — Mittels einer Anordnung aus Ionisationskammern, Absorbern aus Pb u. C sowie Hodoskopzählern, wurden die integrale Energieverteilung der kernakt. Teilchen u. das integrale Spektrum der Elektron–Photon-Schauer sowie die integralen Spektren breiter atmosphär. Schauer, die von kernakt. Teilchen bzw. Elektron–Photon-Schauern begleitet sind, aufgenommen. Die Korrelation zwischen der Energie der Elektron–Photon-Komponente im Schaft der breiten Schauer u. der Gesamtzahl der geladenen Teilchen in demselben Schauer wurde untersucht. M. Wiedemann. 85☐

Über die Fluktuationen des μ-Mesonenflusses in den breiten atmosphärischen Schauern. Ss. N. Wernow, W. I. Ssolowjewa, B. A. Chrenow und G. B. Christiansen. (J. exp. theoret. Physik [UdSSR] **41,** 340—53, Aug. 1961; Moskau, Univ., Inst. für Kernphys.; russ., Auszug: engl.) — Mittels eines Zählerhodoskops wurde die Gesamtzahl der Teilchen in ausgedehnten Luftschauern gemessen u. mittels eines durch Pb u. Fe geschützten Hodoskops auf Seehöhe u. unter 20 u. 40 m Wasseräquivalent die Zahl der Myonen. Die Fluktuationen in Schauern mit mehr als 10^6 Teilchen ergaben sich relativ klein, sie können auf Schwankungen in der Höhe zurückgeführt werden. Für schauerauslösende Primärteilchen ergibt sich eine freie Weglänge von unter 92 g/cm². M. Wiedemann. 90☐

Bildung von Bimyonium bei Elektron–Positron-Stößen. W. N. Baier und W. Ss. Ssynach. (J. exp. theoret. Physik [UdSSR] **41,** 1576—81, Nov. 1961; Inst. für Kernphysik der Sibir. Abt. der Akad. der Wiss. der UdSSR; russ., Auszug: engl.) — Die Bldg. des gebundenen Zustandes positiver u. negativer Myonen (Bimyonium) wird diskutiert, dabei werden die Entstehung unter Strahlung sowie die ohne Strahlung, ferner der Zerfall in ein Elektron–Positron-Paar behandelt. M. Wiedemann. 90☐

Einige Bemerkungen zur Doppel-Photoerzeugung. D. Boccaletti und F. Selleri. (Nuovo Cimento [10] **22,** 1099—1103, 1/12. 1961; Bologna, Univ., Ist. di Fis.; Genf, CERN; engl.) — Man berechnet den totalen Wrkg.-Querschnitt für $\gamma + p \rightarrow p + \pi^+ + \pi^-$ nach dem Drell-Diagramm. Das Maximum liegt bei 1,2 GeV u. beträgt ca. 10 μbarn. H. Laue. 90☐

Beziehung zwischen den Reaktionsquerschnitten $\pi N \rightarrow \pi\pi N$ bei 290 MeV und der $\pi\pi$-Wechselwirkung. Ju. A. Batussow, Ss. A. Bunjatow, W. M. Ssidorow und W. A. Jarba. (J. exp. theoret. Physik [UdSSR] **40,** 1528—29, Mai 1961; Verein. Inst. für Kernforsch.; russ.) — Aus der Isotopeninvarianz werden Beziehungen zwischen den Wrkg.-Querschnitten der folgenden Rkk. erhalten: 1. $\pi^- + p \rightarrow n + \pi^+ + \pi^-$, 2. $\pi^- + p \rightarrow p + \pi^0 + \pi^-$, 3. $\pi^- + p \rightarrow n + \pi^0 + \pi^0$, 4. $\pi^+ + p \rightarrow n + \pi^+ + \pi^+$ u. 5. $\pi^+ + p \rightarrow p + \pi^+ + \pi^0$. M. Wiedemann. 90☐

Höhere Resonanzen bei Pion–Nucleon-Reaktionen und das Isobarenmodell. Yukio Tomozawa. (Nuclear Physics [Amsterdam] **28,** 160—171, Nov. 1961; London, Univ. Coll., Dep. of Phys.; engl.) — Mittels eines Isobarenmodells werden die höheren Resonanzen in der Pion–Nucleon-Rk. untersucht. Bei der Pion–Isobar-Streuung werden Resonanzen in den folgenden 4 Zuständen (*T, J*) erhalten: (1/2, 1/2), (3/2, 5/2), (5/2, 3/2), (5/2, 5/2). Die ersten beiden können auch bei Pion–Nucleon-Rkk Resonanzen liefern. Das Modell verlangt positive Paritätszustände. M. Wiedemann. 90☐

Versuche zur Auffindung von Anomalien in der Energieabhängigkeit der Reaktionsquerschnitte der Reaktion $p + p \rightarrow d + \pi^+$ im Schwellengebiet der Paarbildung von π-Mesonen. Ju. K. Akimow, O. W. Ssawtschenko und L. M. Ssoroko.

(J. exp. theoret. Physik [UdSSR] **40**, 1530—32, Mai 1961; Verein. Inst. für Kernforsch.; russ.) — Ein Protonenbündel mit 574—648 MeV, wobei die Energie mittels Polyäthylenblöcken bestimmt wurde, wurde mit Quadrupollinsen auf eine Polyäthylenfolie fokussiert. Die unter 5,8° wegfliegenden Deuteronen wurden mittels eines Magnetfeldes abgelenkt u. mit einem Zählerteleskop registriert. Die Kurve für die Ausbeute in Abhängigkeit von der Protonenenergie zeigt, daß etwa vorkommende Anomalien höchstens 2% des Wrkg.-Querschnittes der Rk. ausmachen. M. Wiedemann. 90□

Versuche zur Auffindung von Anomalien im Spektrum der bei der Reaktion $p + d \rightarrow {}^3H + \pi^+ + \pi^0$ bei Protonenenergien von 670 MeV emittierten ${}^3H$-Kerne. Ju. K. Akimow, W. I. Komarow, K. Ss. Marisch, O. W. Ssawtschenko und L. M. Ssoroko. (J. exp. theoret. Physik [UdSSR] **40**, 1532—35, Mai 1961; russ.) — Vgl. vorst. Ref. u. C. **1961**, 8180. — Der Wrkg.-Querschnitt der Rk. $p + d \rightarrow {}^3H + \pi^+$ unter 12° im Schwerpunkts-Syst. ergab sich zu $9{,}1 \pm 0{,}5 \cdot 10^{-30}$ cm²/sterad, der für Rkk. unter Bldg. von $\pi^+ + \pi^0$ oder ω zu unter $0{,}2 \cdot 10^{-30}$ cm²/sterad.
M. Wiedemann. 90□

Über die Reaktion $\pi^- + p \rightarrow \Lambda^0 + K^0$. Ju. Wolf und G. Domokosch. (J. exp. theoret. Physik [UdSSR] **42**, 871—74, März 1962; Verein. Inst. für Kernforsch.; russ., Auszug: engl.) — Unter Berücksichtigung des Austauschs eines K′-Teilchens wird der differentielle Wrkg.-Querschnitt der Rk. $\pi^- + p \rightarrow \Lambda^0 + K^0$ berechnet. Für den Spin des K′ ergibt sich hieraus der Wert 1. M. Wiedemann. 90◇

Über den π–Λ-Resonanzzustand. Marek Grynberg. (Postępy Fizyki **12**, 687—97, 1961; Warszawa, Inst. Badań jądrowych; pol.) — Übersicht über die experimentellen Grundlagen u. die Theorien. R. K. Müller. 90◇

Die Antiteilchen. E. Amaldi. (Suppl. nuovo Cimento Nr. 2 (zu [10] **19**), 101—31, 1961; Roma, Univ., Ist. di Fis.; ital.) — Übersicht. Antibaryonen u. die experimentelle Prüfung ihrer Eigg.; Kern-Eigg. der Antiprotonen; Annihilationsprozeß Antinucleon-Nucleon; Wechselwrkg. Antiproton–Kern; Annihilationsprozeß von Antiprotonen mit in einem Kern gebundenen Nucleonen. — 68 Literaturangaben. R. K. Müller. 90◇

Unbekannte Teilchen. 1. Mitt. P. Renson. (Bull. Cl. Sci., Acad. roy. Belgique [5] **46**, 468—74, 1960; Liège, Univ., Inst. de Phys.; franz.) — Diskussion der möglichen Existenz unentdeckter Elementarteilchen. Elektr. Ladung Q u. „Neutrinoladung“ R (vgl. Physica [Utrecht] **25**, [1959], 809) werden für zwei Baryonen mit $Q = 1$, $R = 0$ u. $Q = -1$, $R = -2$ angegeben. Für das D-Meson ist $Q = 1$, $R = 1$.
Herbert Weber. 90◇

Feldtheoretische Interpretation der „B-Materie“. 1. Mitt. Hiroshi Yamamoto. (Progr. theoret. Physics [Kyoto] **24**, 512—18, Sept. 1960; engl.) — Die Eigg. der B-Materie, die eingeführt wurde, um alle Elementarteilchen mit Ausnahme des Photons zu konstruieren, werden vom Standpunkt der Feldtheorie erörtert. Das Proton, Neutron u. Λ sollen als gebundene Zustände aus B-Teilchen u. Leptonen konstruiert werden, durch diese Wechselwrkg. soll auch der β-Zerfall erfolgen. Für das B-Teilchen ergibt sich dann eine Masse von 10^5—10^6 Elektronenmassen, durch die genannte Wechselwrkg. können starke sowie schwache Wechselwrkg. beschrieben werden.
M. Wiedemann. 90□

Energieabhängigkeit der Querschnitte in der Nähe der Schwelle für die Erzeugung instabiler Teilchen. A. I. Bas. (J. exp. theoret. Physik [UdSSR] **40**, 1511—15, Mai 1961; russ., Auszug: engl.) — Die elast. Streuung X(aa)X u. die Rk. X(ab)Y werden in der Nähe der Schwelle für die Erzeugung instabiler Y-Teilchen betrachtet, die sofort zu c + d zerfallen, die Energieabhängigkeit der Wrkg.-Querschnitte wird erörtert.
M. Wiedemann. 90□

Streuung durch ein abgeschirmtes Coulomb-Potential. B. L. Moiseiwitsch. (Proc. physic. Soc. **78**, 616—18, 1/10. 1961; Belfast, N. Ireland, Queen's Univ., Dep. of Appl. Math.; engl.) — Es wird die Genauigkeit der zweiten Born-Näherung für die Streuquerschnitte von Teilchen in einem zentralen Potential untersucht.
H. Laue. 90□

Einfluß des Gitterpotentials und Beitrag der Schalen zur Vernichtung von Positronen in Kupfer. E. Daniel. (Physics Chem. Solids **6**, 205—12, Aug. 1958; Paris, Sorbonne, Phys. des Solides; franz.) — Vgl. C. **1961**, 26885. — Vf. untersucht die Positronenvernichtung in metall. Cu unter Berücksichtigung des period. Gitterpotentials u. der d-Elektronen. Es zeigt sich, daß die Vernichtung über Leitungselektronen prakt. so verläuft, als ob das Positron ein freies Teilchen mit normaler Masse wäre. Der Anteil der d-Elektronen ist zwar relativ klein, durch ihn lassen sich jedoch die „Schwänze“ mit großen Impulsen in der experimentell aus der γ-Winkelkorrelation gewonnenen Kurve deuten. Zusammenstöße zwischen Elektronen u. thermalisierten Positronen verbreitern die Energieniveaus nur unwesentlich. G. M. Neumann. 90◇

Mittlere Lebensdauer von Positronen in oxydierenden Lösungen. John D. McGervey, Henry Horstman und Sergio DeBenedetti. (Physic. Rev. [2] **124**, 1113—16, 15/11. 1961; Pittsburgh, Pa., Carnegie Inst. of Technol.; engl.) — Vff. untersuchen die mittlere Lebensdauer λ von Positronen in wss. Lsgg. von KCl, $AlCl_3$, $CdCl_2$, $SnCl_2$, HCl, $SnCl_4$ u. $HgCl_2$, die ca. 5 μc $^{22}NaCl$ enthalten, durch Messung der auf den γ-Zerfall von angeregtem ^{22}Ne (1,3 MeV) folgenden 0,51-MeV-Vernichtungsstrahlung als Funktion der Zeit. Die Abhängigkeit von λ von der Konz. u. den Oxydationspotentialen der Kationen zeigt, daß das Positronium, gebildet durch unelast. Stöße der Positronen in H_2O, durch $SnCl_4$ u. $HgCl_2$, nicht jedoch durch HCl u. Lsgg. mit kleineren Oxydationspotentialen oxydiert wird. Die Geschw. der Oxydations-Rkk. zeigt außerdem, daß der Prozeß der Verringerung von λ mit chem. Oxydations-Rkk. ident. ist.
Herbert Müller. 90□

Über den Unterschied der Massen von Proton und Neutron. Bronisław Średniawa. 2. Mitt. (Postępy Fizyki **12**, 39—53, 1 Tafel, 1961; Kraków, Uniw. Jagiell.; pol.) — 1. vgl. C. **1963**, 6451. — Übersicht: Nichtlokale Theorie ohne Divergenz; Theorie der S-Matrix; Berechnung des Massenunterschiedes von Proton u. Neutron auf Grund der Mesonentheorie; Vgl. der Berechnungsmethoden. — 17 Literaturhinweise.
R. K. Müller. 90◇

Über die Nucleon-Nucleon-Wechselwirkung bei einer Energie von 9 GeV. I. M. Gramenitzki, I. M. Dremin, W. M. Maximenko und D. Ss. Tschernawski. (J. exp. theoret. Physik [UdSSR] **40**, 1093—1100, April 1961; Physik. Lebedew-Inst. der Akad. der Wiss. der UdSSR; russ., Auszug: engl.) — Periphere Nucleonenstöße mit 9 GeV werden mit der Polapproximation beschrieben u. gute Übereinstimmung mit den Experimenten erhalten. Es wird diskutiert, ob Aufschluß über die Pion-Ausbreitungsfunktion u. den πN-Wrkg.-Querschnitt erhalten werden kann.
M. Wiedemann. 90□

Über Nucleon-Nucleon-Wechselwirkungen bei Energien von $E \approx 10^{11}$ eV. I. M. Dremin und D. Ss. Tschernawski. (J. exp. theoret. Physik [UdSSR] **40**, 1333—37, Mai 1961; russ., Auszug: engl.) — Vgl. vorst. Referat. — Periphere Nucleon-Nucleon-Stöße bei 10^{11} eV werden in der Polapproximation untersucht, aus dem Vgl. mit experimentellen Daten wird geschlossen, daß die Einmesonenapproximation in der üblichen Form für große Werte der Virtualität nicht anwendbar ist.
M. Wiedemann. 90□

Polarisation bei Neutron-Proton-Streuung bei 16 und 24 MeV. W. Benenson, R. L. Walter und T. H. May. (Physic. Rev. Letters **8**, 66—67, 15/1. 1962; Madison, Wis., Univ. of Wisconsin; engl.) — Best. der Polarisation aus der Asymmetrie der Streuung polarisierter monoenerget. Neutronen an Protonen als Funktion des Winkels (Vgl. nachst. Ref.).
H. Laue. 90□

Bedeutung der Neutron-Proton-Polarisationsmessungen im 20-MeV-Bereich. M. H. Hull jun., F. A. McDonald, H. M. Ruppel und G. Breit. (Physic. Rev. Letters **8**, 68—70, 15/1. 1962; New Haven, Conn., Yale Univ., Dep. of Phys.; engl.) — Vgl. vorst. Referat. — Die l. c. erhaltenen Ergebnisse werden herangezogen, um zwischen den Anpassungen YLANO, YLAN2M, YLAN3M zu entscheiden. Für die T = 1-Phasenparameter, bei wahrscheinlicher Anpassung YLAM, verlangen diese Ergebnisse eine Modifizierung der Phasenparameterabhängigkeit von der Energie bei kleinen Energien.
H. Laue. 90□

Phasenanalyse der pp-Streuung bei einer Energie von 150 MeV. I. M. Gelfand, A. F. Graschin und L. N. Iwanowa. (J. exp. theoret. Physik [UdSSR] **40**, 1338—42, Mai 1961; russ., Auszug: engl.) — Die Daten über die pp-Streuung bei 150 MeV (Wrkg.-Querschnitt, Polarisation, Depolarisation, Polarisationsrotation) werden einer 9-Parameter-Phasenanalyse unterworfen. Es werden zwei Lösungsbereiche erhalten.
M. Wiedemann. 90□

Elastische Streuung von 8,7-GeV-Protonen an den Kernen der photographischen Emulsion. B. P. Bannik, W. G. Grischin und L. W. Ssilwesstrow. (J. exp. theoret. Physik [UdSSR] **40**, 1653—57, Juni 1961; Verein. Inst. für Kernforsch.; russ., Auszug: engl.) — Vgl. C. **1961, 4234**. — Eine Photoemulsionskammer wurde dem 8,7-GeV-Protonenbündel des Synchrophasotrons ausgesetzt. Die Winkelverteilung der gestreuten Protonen (331 Fälle) u. die differentiellen Wrkg.-Querschnitte wurden ermittelt. Die Ergebnisse werden mit dem opt. Modell unter Verw. verschiedener Parameter verglichen.
M. Wiedemann. 90□

Über die Messung der Deuteronenpolarisation. R. J. N. Phillips. (Proc. physic. Soc. **75**, 317—19, 1/2. 1960; Harwell, Didcot, Berks., Atomic Energy Res. Establ.; engl.) — Wenn unpolarisierte Deuteronen durch Kerne mit dem Spin 0 gestreut werden, so schließt ihre daraus folgende Polarisation 4 Parameter ein. Doppelstreuung ergibt 3 Funktionen dieser Parameter. Vf. zeigt, daß für leichte Kerne, die selbst als Geschosse benutzt werden können, durch eine Reihe brauchbarer Doppelstreuungsmessungen die Polarisation bestimmbar ist. M. Guerlin. 90□

Streuung von 915-MeV-α-Teilchen an Kohlenstoff und Helium. — Direkter Beweis für α-Teilchen-Clusterbildung in Kernen. Terence J. Gooding und George Igo. (Physic. Rev. Letters **7**, 28—30, 1/7. 1961; Berkeley, Calif., Univ. of California, Lawrence Radiat. Labor.; engl.) — Die Vff. erhielten den direkten Beweis für α-Teilchen-Cluster-Bldg. in ^{12}C aus der Rk. (α, 2α) bei 915 MeV. Messungen der Energie der beiden wegfliegenden α-Teilchen u. der Winkelkorrelation zwischen diesen zeigen, daß die Rk. über einen direkten Stoß zwischen dem einfallenden α-Teilchen u. einer α-Teilchen-Cluster-Bldg. im Kern vor sich geht. J. M. Spaeth. 90□

Modelle von Atomkernen. 1. Mitt. J. Kvasnica. (Pokroky Mat., Fysiky Astronomie **6**, 94—102, 1961; Praha; pol.) — Grundidee u. Gleichungen der Atommodelle vom Tropfen- u. vom Schalentyp, Spins, magnet. Dipolmomente u. elektr. Quadrupolmomente der Kerne, α-, β-, γ-Zerfall. R. K. Müller. 95◇

Modelle von Atomkernen. 2. Mitt. Josef Kvasnica. (Pokroky Mat., Fysiky Astronomie **6**, 318—26, 1961; tschech.) — 1. vgl. vorst. Referat. — Verallgemeinertes Kernmodell; Bruecknersche Theorie des Kerns. R. K. Müller. 95◇

Berechnung der Oberfläche von Kernmaterie mit Hilfe spezieller Einteilchen-Wellenfunktionen. Franz Lanzl. (Z. Naturforsch. **17a**, 640—49, Aug. 1962; Göttingen, Univ., Inst. für Theoret. Phys.; dt.) — Vf. berechnet unter der Annahme einer Yukawa-Wechselwrkg. zwischen den Nucleonen die Vol.-Energie pro Teilchen u. die spezif. Oberflächenenergie. G. M. Neumann. 95□

Schalenmodell und Verschiebung der Einteilchenniveaus in Kernen vom Typ „Core + Nucleon" bei Zusatz von Nucleonenpaaren. W. Je. Assribekow. (J. exp. theoret. Physik [UdSSR] **41**, 171—82, Juli 1961; russ., Auszug: engl.) — Der Mechanismus, wonach das Paar (Nucleonen oder Löcher) direkt mit dem einzelnen Nucleon reagiert, während das Core ungestört bleibt, liefert bei vielen Kernen gute Übereinstimmung mit experimentell bestimmten Verschiebungen. M. Wiedemann. 95□

Variationsprinzip für Kernrotationen. Wilhelm Macke und Richard Lenk. (Ann. Physik [7] **9**, 1—13, 1961; Dresden, TU, Inst. für Theoret. Phys.; dt.) — Für deformierte axialsymm. Kerne werden Lösungen mit einem Zusatzdrehimpuls senkrecht zur Figurenachse aus der Variationsforderung abgeleitet, daß die Energie einen Extremwert unter den beiden Bedingungen konst. Normierung u. vorgegebenen Drehimpulses annehmen soll. Geht man von einem nichtkugelsymm. Modelloperator H^0 aus, so entstehen Lösungen, die einem mit der Winkel-Geschw. $\vec{\omega}$ rotierenden Kern entsprechen. Die Erwartungswerte von Energie u. Drehimpuls hängen in erster Näherung quadrat. bzw. linear von der Winkel-Geschw. ab. Der Proportionalitätsfaktor wird als Trägheitsmoment des Kerns interpretiert. Der Trägheitstensor ist entartet, der Kern rotiert nur um Achsen senkrecht zur Figurenachse. Es wird eine allg. Formel für das Trägheitsmoment angegeben, die den Einfl. der Wechselwrkg. berücksichtigt. H. Laue. 95□

Rotationszustände ungerader Kerne mit geringer Nichtaxialität. A. Ss. Dawydow und R. A. Ssardarjan. (J. exp. theoret. Physik [UdSSR] **40**, 1429—33, Mai 1961; Moskau, Univ.; russ., Auszug: engl.) — Vgl. C. **1961**, 15994. — Die Abhängigkeit des Energiespektrums der angeregten Zustände von Kernen mit dem Spin 5/2 im Grundzustand vom Verhältnis der Rotationsenergie zur Kopplungsenergie zwischen dem äußeren Nucleon u. dem nichtsphär. Teil des Core-Potentials wird berechnet. Als Beispiel dienen ^{233}U, ^{237}Np u. ^{229}Th. Die Wahrscheinlichkeit elektromagnet. Übergänge zwischen angeregten Niveaus wird ermittelt. M. Wiedemann. 95□

Über die Eigenschaften einer Reihe stark deformierter Kerne. Lju Juian, N. I. Pjatow, W. G. Ssolowjew, I. N. Ssilin und W. I. Furman. (J. exp. theoret. Physik [UdSSR] **40**, 1503—10, Mai 1961; Verein. Inst. für Kernforsch.; russ., Auszug: engl.) — Auf der Grundlage des Supra-Fl.-Modells des Kerns werden Eigg. stark deformierter Kerne mit Massen zwischen 150 u. 190 untersucht. Die Mittelwerte der Paarkopplungs-Konst. werden berechnet. Die Dichte der energiearmen Einteilchenniveaus bei ungeraden Kernen wird in Übereinstimmung mit den Experimenten erhalten. M. Wiedemann. 95□

Untersuchung der Eigenschaften der Transurane auf der Grundlage des Supraflüssigkeitsmodells des Kerns. W. G. Ssolowjew. (J. exp. theoret. Physik [UdSSR] **40**, 654—65, Febr. 1961; Verein. Inst. für Kernforsch.; russ., Auszug: engl.) — Auf der Basis des obigen Modells werden die Eigg. der stark deformierten Transurane ermittelt.

Die Paar-Bldg.-Energien werden berechnet, die Kopplungs-Konst. bestimmt. Für Kerne mit ungerader Masse werden Einteilchen-Anregungsspektren berechnet. Bei den gerade-gerade-Kernen ^{232}Th, ^{234}U, ^{238}Pu, ^{240}Pu, ^{242}Pu, ^{246}Cm u. ^{248}Cf ist das tiefste Niveau stets 1^- u. liegt unterhalb 1 MeV. M. Wiedemann. 95□

Kernreaktionen. Neue Forschungswege. José Veiga Simão. (Rev. Fac. Ci. Univ. Coimbra **29,** 70–82, 1960; port.) — Übersicht. R. K. Müller. 103◇

Zur Theorie von Kernreaktionen. R. Lipperheide. (Ann. Physics **17,** 114–58, Jan. 1962; Los Angeles, Calif., Univ. of California, Dep. of Phys.; engl.) — Es wird ein Gleichungs-Syst. zur Beschreibung von Kern-Rkk. abgeleitet, wobei explizit die Wrkg. des Rückstoßes des Targetkerns, die Ggw. harter Cores bei Zweikörper-Wechselwrkg. u. das Pauli-Prinzip berücksichtigt werden. Die elast. u. unelast. Streuprozesse werden durch äquivalente Potentiale beschrieben. H. Laue. 103□

Neuere Ergebnisse über den Kernphotoeffekt. R. Malvano. (Suppl. nuovo Cimento Nr. 2 (zu [10] **19**), 152–71, 1961; Torino, Univ., Ist. di Fis.; ital.) — Überblick: Elektrokerneffekt; Riesenresonanz; höhere Resonanzen; neue experimentelle Techniken. — 41 Literaturangaben. R. K. Müller. 103◇

Neuere Ergebnisse über die Spektren von Photonucleonen. C. Milone. (Suppl. nuovo Cimento Nr. 2 (zu [10] **19**), 172–93, 1961; Catania, Univ., Ist. di Fis.; ital.) — Übersicht: Photonucleonen aus schweren u. mittelschweren Elementen u. aus leichten Kernen. — 38 Literaturangaben. R. K. Müller. 103◇

Abweichungen vom 1/v-Gesetz bei den Reaktionsquerschnitten langsamer Neutronen an leichten Kernen. A. A. Bergman und F. L. Schapiro. (J. exp. theoret. Physik [UdSSR] **40,** 1270–81, Mai 1961; Physikal. Lebedew-Inst. der Akad. der Wiss. der UdSSR; russ., Auszug: engl.) — Mittels eines Neutronenspektrometers u. zweier Proportionalzähler wurden die relativen Querschnitte der Rkk. ^{6}Li(n, α), ^{10}B(n, α) u. ^{3}He(n, p) im Bereich von Neutronenenergien unterhalb 30 keV gemessen, Abweichungen vom 1/v-Gesetz wurden gefunden. Diese lassen sich durch einen konst. Term von $-0{,}03 \pm 0{,}01$ barn für ^{6}Li, $-0{,}40 \pm 0{,}03$ barn für ^{10}B, $-1{,}1 \pm 0{,}2$ barn für ^{3}He u. wahrscheinlich von -61 ± 7 barn für ^{7}Be darstellen. Diese Daten bestätigen die Annahme, daß der Einfang langsamer Neutronen in ^{3}He durch den 0^+-Kanal u. in ^{10}B u. ^{7}Be durch die Kanäle $7/2^+$ bzw. 2^- erfolgt. M. Wiedemann. 103□

Eine Untersuchung einiger (^{3}He, d)-Reaktionen in leichten Kernen bei 5,2 MeV. P. D. Forsyth, F. de S. Barros, A. A. Jaffe, I. J. Taylor und S. Ramavataram. (Proc. physic. Soc. **75,** 291–302, 1/2. 1960; Univ. of Manchester, Phys. Labor.; engl.) — Ein Breitbereich-Magnetspektrosgraph wurde benutzt, um die Deuteronen zu analysieren, die von Targets aus ^{10}B, ^{11}B, ^{14}N u. ^{27}Al ausgesandt wurden, wenn diese mit einfach ionisierten ^{3}He-Teilchen von 5,2 MeV beschossen wurden. Die Winkelverteilung von Deuteronengruppen wurde gemessen (Vgl. mit der Strippingtheorie). Abs. differentielle Querschnitte wurden mit denen entsprechender (d, n)-Rkk. u. einiger (d, t)- u. (p, d)-Rkk. verglichen. M. Guerlin. 103□

Streuung von ^{3}He-Teilchen von 29 MeV durch CCl_4. 2. Mitt. **Untersuchung der pick-up-Reaktion ^{12}C(^{3}He, α)^{11}C.** J. Catalá, A. Lleó, A. Garcia und J. Aguilar. (An. Real Soc. españ. Física Quím., Ser. A **57,** 51–54, März/April 1961; Valencia, Fac. de Ci., Centro de Fís. Fotocorpuscular; span.) — 1. vgl. An. Real Soc. españ. Física Quím., Ser. A **56,** [1960], 301. — Für die Rk. ^{12}C(^{3}He,α) ^{11}C wurde die Winkelverteilung bestimmt. Ein Vgl. mit einem Modell nach Butler ergab einen Wechselwrkg.-Radius von 3,5 fermi. K. Huste. 103□

Endotherme Deuteron-Strippingreaktionen. 3. Mitt. **Die Reaktionen ^{14}C(d, pγ)^{15}C und ^{7}Li(d, pγ)^{8}Li.** L. F. Chase jun., R. G. Johnson, F. J. Vaughn und E. K. Warburton. (Physic. Rev. [2] **127,** 859–66, 1/8. 1962; Palo Alto, Calif., Lockheed Missiles and Space Res. Labor.; engl.) — 2. vgl. C. **1961,** 8909. — Vff. bestimmen den Querschnitt der Rk. ^{14}C(d, p)^{15}C* (Q = $-1{,}76$ MeV) zum ersten angeregten Zustand von ^{15}C bei 0,75 MeV für Deuteronenenergien zwischen 2,7 u. 3,4 MeV. Der Querschnitt wird aus der Ausbeute des γ-Strahls zum Grundzustand von ^{15}C erhalten. Die Energie dieses γ-Strahls ergibt sich zu $0{,}750 \pm 0{,}007$ MeV. Die γ-Winkelverteilung relativ zum Deuteronenbündel wird für 5 Deuteronenenergien zwischen 2,9 u. 3,4 MeV gemessen. Die Winkelverteilungen sind in Übereinstimmung mit den sich auf die Strippingtheorie gründenden Vorhersagen. Der Querschnitt für die Rk. ^{7}Li(d, p)^{8}Li* (Q = $-1{,}17$ MeV) zum ersten angeregten Zustand von ^{8}Li bei 0,98 MeV wird für Deuteronenenergien zwischen 1,9 u. 3,3 MeV gemessen. Auch hier wird der Querschnitt aus der Ausbeute des γ-Strahls zum Grundzustand von ^{8}Li erhalten. Die γ-Energie ergibt sich zu $0{,}980 \pm 0{,}010$ MeV. Die Anisotropie dieses γ-Strahls wird bei 23 Deuteronenenergien

zwischen 1,9 u. 3,3 MeV ermittelt. Diese Ergebnisse sind ebenfalls im Einklang mit den Vorhersagen der Strippingtheorie, falls Zuordnungen von 1^+ für das 0,98-MeV-Niveau von ^{8}Li u. von M1 für den 0,98-MeV-γ-Strahl angenommen werden.
Gerhard Schmidt. 103◇

Beweise für einen Prozeß mit kleiner Impulsübertragung bei ^{41}K(α, n)^{44m,g}Sc-Reaktionen durch Reichweitenmessungen der Produkte. Taku Matsuo und T. T. Sugihara. (Canad. J. Chem. **39**, 697—705, März 1961; Worcester, Mass., Clark Univ., Jeppson Labor. of Chem.; engl.) — Durchschnittliche Vorwärtsreichweiten der Produktnuclide ^{43}Sc, ^{44m}Sc, ^{44g}Sc aus den ^{41}K (α, xn)-Rkk. mit α-Teilchen zwischen 23 u. 39 MeV wurden gemessen. Aus diesen Reichweiten ergibt sich, daß (α, n)-erzeugte Isomere teilweise durch einen Prozeß mit kleiner Impulsübertragung oberhalb 30 MeV gebildet werden. Bei 40 MeV findet man, daß die Reichweitenverteilung für ^{43}Sc so ist, wie man sie für eine Compoundkern-Rk. erwarten würde. Man schätzt die untere Grenze für den Beitrag eines Prozesses mit kleiner Impulsübertragung zur Bldg. von ^{44m}Sc u. ^{44g}Sc bei 40 MeV auf 30 bzw. 46%.
H. Laue. 103□

Die Energie- und Winkelverteilung der Protonen aus der Reaktion ^{60}Ni(n, p)^{60}Co, induziert durch 13,5-MeV-Neutronen. P. V. March und W. T. Morton. (Philos. Mag. [8] **3**, 577—81, 1958; Univ. of Glasgow, Dep. of Nat. Phil.; engl.) — Das Energiespektrum u. die Winkelverteilung von Protonen, die von ^{60}Ni bei Beschuß mit 13,5-MeV-Neutronen emittiert wurden, sind mit Hilfe photograph. Emulsionen untersucht worden. Ungefähr 30% der emittierten Protonen stammen aus direkten Wechselwrkg.-Prozessen.
M. Guerlin. 103□

Zum experimentellen Nachweis von Zweiquantenzerfall beim 0^+–0^+-Übergang des ^{90}Zr. H. Langhoff und H.-H. Hennies. (Z. Physik **164**, 166—73, 1961; Göttingen, Univ., II. Physikal. Inst.; dt.) — Es wurde versucht, Zweiquantenzerfall beim 0^+–0^+-Übergang des ersten angeregten Zustands von ^{90}Zr mit einem Scintillations-Koinzidenz-Spektrometer zu entdecken. Für die Häufigkeit des Zweiquantenzerfalls ergibt sich $2 \cdot 10^{-3}$. Dieses Niveau wird durch den β-Zerfall von ^{90}Y erreicht. Es folgt aus einer Messung der Positronenvernichtungsstrahlung, daß $(3,4 \pm 0,4) \cdot 10^{-5}$ Paare pro β-Zerfall von ^{90}Y entstehen.
H. Laue. 103□

Strippingreaktionen an ^{90}Zr- und ^{91}Zr-Kernen. N. I. Saika und O. F. Nemetz. (J. exp. theoret. Physik [UdSSR] **40**, 1019—21, April 1961; Inst. für Phys. der Akad. der Wiss. der UkrainSSR; russ., Auszug: engl.) — Mit 13,6-MeV-Deuteronen wird die Rk. ^{90,91}Zr(d, p)^{91,92}Zr durchgeführt u. die Winkelverteilung der Protonen bestimmt. Es wird ZrO_2 auf Polystyrol als Target benutzt. Aus einem Vgl. mit der Theorie werden Paritäten, Spins u. übertragene Drehimpulse für Grund- u. angeregte Zustände von ^{91}Zr u. ^{92}Zr ermittelt.
M. Wiedemann. 103□

Messungen der Zirkularpolarisation beim β-Zerfall von ^{48}V, ^{56}Co, ^{59}Fe und ^{134}Cs. Lloyd G. Mann, Stewart D. Bloom und R. J. Nagel. (Physic. Rev. [2] **127**, 2134 bis 2137, 15/9. 1962; Livermore, Calif., Univ. of California, Lawrence Radiat. Labor.; engl.) — Vff. bestimmen die β–γ-Zirkularpolarisations-Winkelkorrelation für ^{48}V, ^{56}Co, ^{59}Fe u. ^{134}Cs. Da sämtliche Zerfälle mit einer Ausnahme durch $\Delta J = 0$, $J \neq 0$ u. $\Delta T = 1$ charakterisiert sind, besitzen sie die notwendigen Elemente zur Prüfung der Isospinerhaltung beim erlaubten β-Zerfall. Die gemessenen Asymmetrieparameter sind $-0,066 \pm 0,035$ für ^{48}V, $0,00 \pm 0,03$ für ^{56}Co, $-0,074 \pm 0,022$ für ^{134}Cs u. $-0,23 \pm 0,05$ bzw. $0,01 \pm 0,10$ für die 462-keV- u. 271-keV-β-Zweige in ^{59}Fe. Die Ergebnisse sind in sämtlichen Fällen mit einem sehr kleinen Fermi-Matrixelement im Einklang u. stützen daher die Gültigkeit der Isospinerhaltung mit der fraglichen Ausnahme des 271-keV-β-Zerfallszweiges von ^{59}Fe.
Gerhard Schmidt. 103◇

Ausbeuteverhältnisse einiger durch Kernphotoreaktionen in Cer und Silber erzeugter Aktivitäten. H. Fuchs, R. Kosiek und U. Meyer-Berkhout. (Z. Physik **166**, 590—93, 1962; Heidelberg, Univ., I. Physikal. Inst.; dt.) — Man bestrahlte metall. Ag u. CeO_2 mit 31- u. 34-MeV-Bremsstrahlung. Die in den Proben induzierten Aktivitäten wurden untersucht u. die Verhältnisse der Ausbeuten abgeschätzt. Das Ausbeuteverhältnis bei 34 MeV war A [^{107}Ag(γ, n)^{106m}Ag]/A [^{107}Ag(γ, n)^{106g}Ag] $= 0,08 \pm 0,02$. Das entsprechende Verhältnis bei 31 MeV war: A [^{140}Ce(γ, n)^{139m}Ce]/A [^{140}Ce(γ, n)^{139g}Ce] $= 0,19 \pm 0,01$.
H. Laue. 103□

Die photonucleare Riesenresonanz im Bereich der Seltenerdmetalle. D. H. Wilkinson. (Philos. Mag. [8] **3**, 567—76, Juni 1958; Oxford, Clarendon Labor.; engl.) — Vf. zeigt mit Hilfe des Niveauschemas von Nilsson, daß das Modell unabhängiger Teilchen für die Riesenresonanzen die Verbreitung quant. erklären kann.
M. Guerlin. 103□

Terbiumisotope mit Neutronendefizit und einer Halbwertszeit von 18 Stunden. J. Frána, I. Řezanka, M. Vobecký und V. Hušák. (Czechoslov. J. Physics B **10**,

692—93, 1960; Prague, Czechosl. Acad. of Sci., Inst. of Nucl. Res.; Fac. of Techn. and Nucl. Phys.; engl.) — Durch Bestrahlung von Ta-Targets mit 660-MeV-Protonen erzeugte Tb-Nuclide wurden chromatograph. abgetrennt u. mit einem Spektrometer hohen Auflösevermögens (1,6%) die Konversions- u. Positronenspektren gemessen. Die Meßwerte werden mit den Ergebnissen anderer Vff. verglichen. T. Tamberg. 103◇

Ungerade–ungerade-Isomere niedriger Massenzahl von Thallium. B. Jung und G. Andersson. (Nuclear Physics [Amsterdam] 15, 108—24, Febr. 1960; Univ. of Uppsala, Gustav-Werner-Inst. for Nucl. Chem.; engl.) — Es werden die Strahlungsübergänge von isomeren Zuständen zu tieferen Zuständen bei Tl untersucht. Durch Protonenbeschuß von Hg u. Tl wurden bisher unbekannte Nuclide erhalten: (1,41 ± 0,02)-Std.-^{196m}Tl, (11 ± 2)-Min.-^{194}Pb, (32,8 ± 0,2)-Min.-^{194m}Tl, (33,0 ± 0,5)-Min.-^{194}Tl. Eine Unters. des (1,87 ± 0,03)-Std.-^{198m}Tl zeigt die Niveaufolge 7^+ (544 keV), 3^- (283 keV), 2^- (260 keV) u. 2^- (Grundzustand). Bei ^{196m}Tl liegt ein analoges Modell vor: 7^+ (395 keV), 3^- (275 keV), 2^- (241 keV) u. 2^- (Grundzustand). I. Zoll. 103◇

Halbwertszeit, Elektroneneinfangverhältnis und β-Spektrum des ^{204}Tl. Heinrich Leutz und Klaus Ziegler. (Z. Physik 166, 582—89, 1962; Heidelberg, Univ., II. Physikal. Inst.; dt.) — Die Halbwertszeit von ^{204}Tl ergab sich zu 3,81 ± 0,04 Jahren, das P_L/P_K-Einfangverhältnis zu 0,41 ± 0,03. Daraus folgt eine Zerfallsenergie von 442^{+30}_{-24} keV für den erstverbotenen Elektroneneinfangzerfall von ^{204}Tl. Für das Verhältnis von Elektroneneinfang zu β^--Zerfall fand man einen Wert von (2,15 ± 0,06)% u. für das Verhältnis von K-Einfang zu β^--Zerfall (1,53 ± 0,05)%. Man bestimmte das β^--Spektrum von ^{204}Tl von 200 bis 6 keV. Dabei ergab sich eine Abweichung des Formfaktors vom theoret. Wert $q^2 L_0 + 9 L_1$ unterhalb 90 keV. H. Laue. 103□

Beitrag zur Untersuchung der Energieschemata von ^{212}Pb und seinen Tochternucliden. 1. Mitt. M. Amália F. Tavares, M. Alice F. Alves und J. Veiga Simão. (Rev. Fac. Ci. Univ. Coimbra 29, 113—20, 1960; Coimbra, Centro de Estud. de Fís. nucl.; port.) — Unter Verw. von γ-Spektrometern mit einem Harshaw-Kristall werden die γ-Spektren von ^{212}Pb im Gemisch mit seinen Zerfalls-Prodd. aufgenommen u. mit Spektren anderer Arbeiten verglichen. Im Bereich von 2,2—1,34 MeV wird die Ggw. von Energieniveaus in ^{212}*Po* nachgewiesen. Ein 1,8-MeV-γ entspricht einem angeregten Zustand mit gleicher Energie u. Spin ≧ 1. R. K. Müller. 103◇

Verteilung der Kernladung bei der protoneninduzierten Spaltung von ^{232}Th. 2. Mitt. A. Kjelberg, H. Taniguchi und L. Yaffe. (Canad. J. Chem. 39, 635—45, März 1961; Montreal, Quebec, Canada, McGill Univ., Radiochem. Labor.; engl.) — Es wurden die Kettenausbeuten von ^{72}Ga, ^{82}Br, ^{112}Ag u. ^{140}La bei der Spaltung von ^{232}Th durch Protonen zwischen 12,8 u. 82,4 MeV gemessen. Die Ausbeuten werden mit früheren Daten für U- u. Th-Spaltung u. den Vorhersagen von Coryell verglichen. Man fand die Halbwertszeit von ^{72}Zn zu 46,5 ± 0,1 Stunden. H. Laue. 103□

Suche nach Korrelationen der wahrscheinlichsten Kernladung Z_p primärer Spaltfragmente mit der Zusammensetzung und Anregungsenergie. Charles D. Coryell, Morton Kaplan und Richard D. Fink. (Canad. J. Chem. 39, 646—63, März 1961; Cambridge, Mass., MIT, Dep. of Chem. and Labor. for Nucl. Sci.; engl.) — Überblick über bisherige Untersuchungen. Alle verfügbaren Daten für therm. Spaltung von ^{235}U werden krit. untersucht. Man schließt, daß Z_p eine eindeutige Funktion von A ist, die für niederenerget. Spaltung bis auf 0,15 Einheiten, für Spaltungen mit mittlerer Energie bis auf 0,25 Einheiten bekannt ist. H. Laue. 103□

Halbwertszeiten der spontanen Spaltung von ^{237}Np, ^{238}Pu und ^{242}Pu. W. A. Druin, W. P. Perelygin und G. I. Chlebnikow. (J. exp. theoret. Physik [UdSSR] 40, 1296—98, Mai 1961; Verein. Inst. für Kernforsch.; russ., Auszug: engl.) — Präpp. von ^{237}Np, ^{238}Pu u. ^{242}Pu wurden durch elektrolyt. Nd. auf Pt erhalten. Mittels zylindr. Proportionalzähler u. photograph. Emulsionen wurden in Übereinstimmung mit den Literaturwerten für die beiden Pu-Isotope Halbwertszeiten von 5,0 ± 0,6·10^{10} u. 6,5 ± 0,7·10^{10} Jahren erhalten. Bei ^{237}Np wurden auf 45 cm² Emulsion nur 3 Spaltfragmente beobachtet, für die Halbwertszeit ergibt sich eine untere Grenze von 10^{18} Jahren. M. Wiedemann. 103□

Die Entwicklung von Gewinnungsprozessen für Neptunium-237. J. R. Flanary und G. W. Parker. (Progr. nuclear Energy, Ser. III 2, 501—17, 1958; Oak Ridge, Tenn., Oak Ridge Nat. Labor.; engl.) — Zur Gewinnung von ^{237}Np aus bestrahltem natürlichem U wurde das Purex-Verf. modifiziert. Durch Zusatz von $NaNO_2$ zum 1. Extraktionscyclus läßt sich Np durch Tributylphosphat (I) als Np(VI) zu 90% extrahieren. In der folgenden Trennstufe wird die Acidität relativ niedrig gehalten, so daß Np nicht mit U, sondern mit Pu geht. Im 2. Kreislauf gehen wegen der Ggw. von NO_2^- u. relativ hoher HNO_3-Konz. 50—66% Np mit Pu. Np(IV), Pu(III) u. U-Reste werden als Nitrate an Dowex-50 sorbiert, wovon U (geringe Np-Mengen gehen mit) mit 0,05m Hydroxylaminsulfat (II) in 0,25m H_2SO_4 entfernt wird. Die Hauptmenge Np wird vor dem Pu durch 0,5m II in 0,25m H_2SO_4 eluiert. Nochmalige Sorption u. Elution mit HNO_3-Lsg. liefert relativ reine Np-Lsgg. (99,9%). Weitere Reinigung von Pu, Ca, Seltenerdmetallen, Am u. Cm erfolgt über den Np(IV)-Chloridkomplex oder indirekt über den Pu(IV)-Nitratkomplex jeweils durch Anionenaustausch oder durch Extraktion von Np(VI) aus salpetersaurer Bromat-Lsg. mit 30% ig. I-Lsg. in Amsco, aus der Np(V) mit 1% ig. Lsg. von H_2O_2 in 2,0m HNO_3 erhalten wird. Die Chemie des Verf. wird diskutiert. — Zur Gewinnung von Np aus angereichertem U wurde der Neptex-Prozeß (ähnlich dem ORNL 25 TBT-Prozeß) so modifiziert, daß U (0,6 g/Liter) u. Np(IV) (3 mg/Liter) durch 6% ig. I-Lsg. gemeinsam aus der Al^{3+}-haltigen (1,8m) Nitrat-Lsg. (0,3—0,4m) extrahiert u. in einer 2. Solventextraktion gereinigt werden. Die Trennung erfolgt durch Extraktion von Np aus der organ. Phase mit 0,5m HNO_3. — Aus den Fluorierungsrückständen der U-Rückgewinnung läßt sich Np durch Modifikation des 2. Extraktionscyclus des Neptex-Verf. gewinnen. R. Junge. 104□

Ionen-Zähl- und -Speichersystem für die Massenspektrometrie sehr kleiner Proben. Anwendung auf Uran und Plutonium. G. W. Barton jun., L. E. Gibson und L. F. Tolman. (Analytic. Chem. **32,** 1599—1601, Nov. 1960; Livermore, Calif., Univ. of California, Lawrence Radiat. Labor.; engl.) — Es wird ein Syst. beschrieben, welches die schnelle u. präzise Isotopenanalyse von U u. Pu in Mengen von 10^{-8} g sowie von anderen Elementen oder Verbb. erlaubt, sofern sie für mehrere Min. Ströme von 10^{-18} bis 10^{-12} A liefern. Das Syst. ist innerhalb 1 Min. unempfindlich gegenüber einer Veränderung der Emission um den Faktor 2. Der Ionenstrahl wird durch einen Sekundärelektronenvervielfacher registriert. Die einzelnen Ionenstöße werden in einem modifizierten 256-Kanal-Impulsanalysator gespeichert. Das Spektrum wird so aufgenommen, daß synchron mit dem period. Wechsel der Beschleunigungsspannung die einzelnen Kanäle abgetastet werden, so daß die Impulse der einzelnen Massen in die entsprechenden Kanäle gelangen. Pro Sek. werden 8 Spektren aufgenommen, die in 2 Gruppen gesammelt werden. Die im Analysator gespeicherten Daten werden am Ende jedes Durchgangs ausgedruckt. Zur Korrektur der Daten brauchen nur der Untergrund u. die Koinzidenzverluste berücksichtigt zu werden. H. Thiele. 104◇

Herstellung dünner Targets aus pulverförmigem Material. George Fodor und Bernard L. Cohen. (Rev. sci. Instruments **31,** 73—74, Jan. 1960; Pittsburgh, Pa., Univ. of Pittsburgh, Radiat. Labor.; engl.) — Zur Herst. von dünnen Targets (aus Substanzen, die nur in Pulverform vorliegen) für die Unters. von Kern-Rkk. fassen Vff. die beiden bekannten Meth. zu einer neuen zusammen u. geben eine genaue Anleitung: Das Pulver wird in einer sehr verd. Lsg. von Polystyrol in Bzl. oder Aceton suspendiert u. durch Verdunsten des Lsgm. ein Film gleichmäßig u. fest auf eine dünne Unterlage gebracht. — Es konnten leicht Schichten von 1—10 mg/cm² hergestellt werden, die Deuteronenstrahlen von 15 MeV u. ½ μA/cm² aushielten u. eine befriedigende Gleichmäßigkeit aufwiesen. W. Sobieski. 112□

Über das elektrische Räumfeld in einer Diffusions-Nebelkammer. N. D'Angelo. (Rev. sci. Instruments **29,** 433—34, Mai 1958; Lemont, Ill., Argonne Nat. Labor.; engl.) — Vf. beschreibt die Erfahrungen mit einer Diffusionskammer, bei der ein festes Räumfeld von $>$20 V notwendig ist. M. Guerlin. 112□

Über die Form der Zählcharakteristiken bei Funkenzählern vom Faden-Platte-Typ. Daniel Blanc und Paul Laborie. (C. R. hebd. Séances Acad. Sci. **253,** 2520—22, 27/11. 1961; Toulouse, Fac. des Sci., Centre de Phys. nucl.; franz.) — Für einen Zähler mit anod. Faden wird der Verlauf der Charakteristiken für verschiedene Einfallsrichtungen der α-Strahlen beschrieben. Der Einfl. der Fadenlänge wird diskutiert, wobei bei lateralem im Gegensatz zum frontalen Strahleneinfall die Empfindlichkeit mit wachsender Länge abnimmt. U. Siggel. 112□

Photoelektronen und ihre Rückdiffusion in selbstlöschenden Geiger-Müller-Zählrohren. Rafi Mohammed Chaudhri und M. Munawar Chaudhri. (Nature [London] **196,** 664—65, 17/11. 1962; Lahore, West Pakistan, Gov. Coll., High Tens. and Nucl. Res. Labor.; engl.) — Bei der Rekombination von Argonionen mit Elektronen in einem selbstlöschenden Geiger-Müller-Zählrohr werden weiche UV-Photonen erzeugt. Durch diese werden an der Kathode Photoelektronen ausgelöst, die auf ihrem Weg zur Anode z. T. zurückdiffundieren. Die Rückdiffusion ist vom elektr. Feld oder von der Überspannung des Zählrohrs abhängig. Die rückdiffundierten Elektronen werden durch eine Koinzidenzmessung bestimmt. Die Koinzidenzen nehmen mit der Überspannung zu, bis bei ca. 120 V Überspannung ein flaches Maximum erreicht wird. B. Schmitt. 112

Statistische Theorie der Zählung von durch aufeinanderfolgenden Zerfall radioaktiver Elemente emittierten α-Teilchen. M. Huybrechts. (Nuovo Cimento [10] **6**, 811—31, 1/10. 1957; Bruxelles, Inst. Interuniv. des Sci. Nucl.; franz.) — Vf. untersuchte theoret. die Verteilung der Anzahl von α-Teilchen, die durch einen Zähler in einem gewissen Zeitintervall registriert werden, der sich oberhalb einer radioakt. Quelle beliebiger Dicke befindet, für den allg. Fall, bei dem die Quelle radioakt. Elemente enthält, die nacheinander zerfallen. Die Rechnung zeigte, daß die Verteilung vom Gaußschem asymptot. Typ ist. Die Ergebnisse wurden auf die im radioakt. Gleichgewicht befindlichen *U*- u. *Th*-Familien für ein Zeitintervall von 30 Tagen angewandt.
C. Gottfried. 112

Bestimmung der Zerfallsrate von durch Elektroneneinfang zerfallenden Nucliden. J. R. S. Drouin und L. Yaffe. (Canad. J. Chem. **39**, 717—28, März 1961; Montreal, Quebec, Canada, McGill Univ., Radiochem. Labor.; engl.) — Unters. der Eigg. eines 2 π-Proportionalzähler-Spektrometers zur Best. der Zerfallsraten von durch Elektroneneinfang zerfallenden Nucliden: Gasverstärkung, Energieauflösung u. Linearität in der Energie sowie der Einfl. von Anodengröße, Gasdruck u. Art des Gases. Man fand experimentell eine durchschnittliche Weglänge für charakterist. Röntgenenergien von 4 bis 24 keV.
H. Laue. 112□

Extrapolationszählrohr zur Absolutbestimmung von ^{14}C. D. Modes und M. Leistner. (Atomkernenergie **6**, 363—65, Sept. 1961; Leipzig, Inst. für angew. Radioaktivität; dt.) — Die Best. der abs. Aktivität erfolgt durch Beimischen von ^{14}C enthaltendem CO_2 zum Zählgas eines zylindr. Proportionalzählrohrs. Mit Propan als Zählgas u. 10^4facher äußerer Verstärkung ergeben sich Plateaus von 800—1000 V Länge mit einem Anstieg von 0,1%/100 V. Die Zählrohrlänge kann von 0—30 cm variiert werden, so daß Korrekturen, die durch Feldinhomogenitäten am Zählrohrende bedingt sind, durch Extrapolation gegen unendliche Zählrohrlänge bestimmt werden können.
H. Laue. 112□

Scintillationen in festem Xenon. Sigeo Takemoto, Takeo Hasegawa und Saburo Homma. (J. physic. Soc. Japan **16**, 1777, Sept. 1961; Sendai, Japan, Tohoku Univ., Dep. of Phys.; engl.) — Es wurden die Scintillationen von festem Xe (ca. 10 mg/cm² auf rostfreiem Stahl; Temp. der fl. Luft) beim Beschuß mit α-Teilchen von ^{210}Po gemessen. Anscheinend liegt das Scintillationsspektrum von festem Xe in dem Empfangsbereich des Photovervielfachers. Die Zerfallszeit ergab sich zu weniger als $6 \cdot 10^{-8}$ s.
H. Laue. 112□

Scintillationszählung mit organischen Phosphoren. B. Lionel Funt. (Canad. J. Chem. **39**, 711—16, März 1961; Winnipeg, Univ. of Manitoba, Chem. Dep.; engl.) — Überblick. — 55 Literaturangaben.
H. Laue. 112□

Die Verwendung von Bis-[2-alkoxyäthyl]-äthern als Frostschutzmittel in Naphthalin-1.4-Dioxan-Scintillatorgemischen. F. A. Loewus. (Int. J. appl. Radiat. Isotopes **12**, 6—9, Nov. 1961; Albany, Calif., Western Reg. Res. Labor.; engl.) — Radioakt. wss. Proben können in Naphthalin-1.4-Dioxan-Gemischen bei Temp. $<0^0$ gezählt werden, ohne daß die Lsg. erstarrt, wenn ein Teil des Dioxans durch Bis-[2-methoxyäthyl]-äther oder Bis-[2-äthoxyäthyl]-äther ersetzt wird. Schon 2 ml der Verbb. gestatten die Messung von 15 ml einer Probe mit 1 ml W. bei -4^0, wobei die Empfindlichkeit im Vgl. mit reinem Naphthalin-1.4-Dioxan $>90\%$ beträgt.
W. Wesly. 112□

Scintillationsspektrometer mit Verminderung des Compton-Anteils. C. Manduchi, G. Nardelli und M. T. Russo-Manduchi. (Suppl. nuovo Cimento Nr. 1, (zu [10] **21**), 87—93, 1961; Padova, Univ., Ist. di Fis.; ital.) — Das beschriebene Scintillationsspektrometer für γ-Strahlen besteht aus einem NaJ(Tl)-Kristall in einem in Antikoinzidenz geschalteten Zylinder aus Scintillationsplaste. Das Gerät setzt den Einfl. von nicht vollständig im Kristall absorbierter Strahlung herab, wie sie bei der Compton-Verteilung von γ-Strahlen mit höherer Energie u. Frequenz vorliegt.
R. K. Müller. 112◇

Temperatureinfluß auf Photomultiplier. A. Coche und G. Laustriat. (J. Physique Radium **20**, 719—20, Juli 1959; Strasbourg, Fac. des Sci., Labor. de Chim. nucl.; franz.) — Vff. bestimmten die Temp.-Abhängigkeit der Verstärkung von 10 Photomultiplern verschiedener Fabrikate bei +20 u. -30^0 im Spektralbereich 3600—6500 Å; die Photokathoden wurden mit 150 Å breiten Banden belichtet. Der Kathodenstrom sinkt mit der Temp. u. mit zunehmender Wellenlänge jenseits 5000 Å. Der Anodenstrom zeigt erwartungsgemäß dasselbe Verh. mit steigender Wellenlänge, steigt jedoch bei gleichem Kathodenstrom mit sinkender Temp. um 0,1—1%/Grad an; die Dynodenverstärkung nimmt um diesen Faktor zu.
H. Böhm. 112□

Anschmelzen von Photomultipliern mit Indiumdichtungen an flüssige Scintillatoren. R. C. Block und R. H. Ward. (Rev. sci. Instruments **31**, 66—67, Jan.

1960; Oak Ridge, Tenn., Oak Ridge Nat. Labor.; engl.) — Zur direkten Verbindung von Photomultipliern mit fl. oder gasförmigen Scintillator-Syst. eignen sich sehr gut In-Metalldichtungen, da sie chem. inert u. zu weich sind, um das Glas des Multipliers zu gefährden, u. eine vakuumdichte Schmelzverbindung zwischen Glas u. Metall ergeben.
W. Sobieski. 112□

Eine Spaltungskammer für die Kontrolle der Intensität eines parallel ausgerichteten Neutronenbündels. G. P. Felcher, F. Gazzarrini und G. Poletti. (Suppl. nuovo Cimento Nr. 1 (zu [10] **21**), 94—100, 1961; Segrate-Milano, Laboratori C.S.I.E.; ital.) — Bei der beschriebenen Kammer dient eine U-Schicht als Monitor in einem streng parallel ausgerichteten Neutronenbündel aus einem Reaktor. Der Einfl. des Füllgasdrucks u. der Polarisationsspannung wird erörtert. Die U-Schicht wird elektrolyt. auf rostfreiem Stahl direkt, auf Al u. Leichtlegg. nach Auftragen eines dünnen Ni-Überzugs aufgebracht. Die Elektrolyse erfolgt in 0,1 m NH_4-Oxalat-Lsg. mit Pt-Drehanode bei 85° u. pH 8—9 mit ca. 15 Min. langem Durchgang eines Stromes von 0,025 A/cm².
R. K. Müller. 112◇

A_2. Optisches Verhalten der Materie

Untersuchung des Spektrums der Sonnencorona im Bereich der Wellenlängen 7800—12000 Å während der totalen Sonnenfinsternis am 15. Februar 1961. W. G. Kurt. (Astronom. J. [UdSSR] **39**, 439—44, Mai/Juni 1962; astronom. Sternberg-Staatsinstitut; russ.) — Mittels eines Diffraktionsspektrographen mit Bildwandler an Bord eines Flugzeugs auf 10 km Höhe wurden 33 Spektren im Bereich 7800—12000 Å aufgenommen. Dabei wurden die Coronalinien mit 7892 (Fe XI), 10747, 10798 (Fe XIII) u. 6 Chromosphärenlinien von H I, He I, O I u. Ca II nachgewiesen, ferner 5 nicht identifizierte Linien (wahrscheinlich Coronalinien) mit 7956, 11304, 11355, 11386 u. 11585 Å.
M. Wiedemann. 113◇

Über den Gehalt des Wassers im freien Zustand auf dem Mars. A. I. Lebedinski und G. I. Ssalowa. (Astronom. J. [UdSSR] **39**, 494—505, Mai/Juni 1962; Moskau, Lomonossow-Univ.; russ.) — Aus der Verdampfungs-Geschw. an den Polkappen u. aus der atmosphär. Durchlässigkeit wird die Gesamtmenge an W. in freiem Zustand auf dem Mars zu $2 \cdot 10^{15}$ g abgeschätzt.
M. Wiedemann. 113◇

Polarisationsbeobachtungen bei β-Lyra. N. M. Schachowskoi. (Astronom. J. [UdSSR] **39**, 755—58, Juli/Aug. 1962; Inst. für Astrophysik der Akad. der Wiss. der TadschikSSR; russ.) — In der Strahlung des β-Lyra-Syst. wurden period. Schwankungen des Polarisationsgrads mit einer Amplitude von ca. 0,5% beobachtet. Sie werden auf die Streuung des Lichts durch freie Elektronen in den Unregelmäßigkeiten der Gashülle zurückgeführt.
M. Wiedemann. 113◇

Neutraler Wasserstoff in der T-Assoziation τ T_2. G. B. Scholomitzki. (Astronom. J. [UdSSR] **39**, 765—66, Juli/Aug. 1962; Astronom. Sternberg-Inst.; russ.) — Im Juli/August 1961 wurde die Radioemission H I in der 21-cm-Linie von der T-Assoziation τ T_2 beobachtet. Die Masse H I ergibt sich zu größenordnungsmäßig 200 M_0.
M. Wiedemann. 113◇

Das Gegenleuchten als Effekt der Streuung von Sonnenlicht durch interplanetarische Staubteilchen. L. M. Gindiliss. (Astronom. J. [UdSSR] **39**, 689—701, Juli/Aug. 1962; Astronom. Sternberg-Inst.; russ.) — Vgl. C. **1963**, 1539. — Es wird gezeigt, daß die photometr. Profile u. das Energiespektrum des Gegenleuchtens durch Lichtstreuung an interplanetar. Staubteilchen gedeutet werden können. Der Staub muß dielektr. Teilchen enthalten, eine bestimmte räumliche u. Größenverteilung besitzen, die Dichte muß bei ca. 10^{-13}/cm³ liegen.
M. Wiedemann. 113◇

Über die Plasma-Natur des Kometenkopfes. L. Ss. Marotschnik. (Astronom. J. [UdSSR] **39**, 678—88, Juli/Aug. 1962; Institut für Astrophysik der Akad. der Wiss. der TadschikSSR; russ.) — Die experimentellen Daten, die dafür sprechen, daß das Gas des Kometenkopfes ein Plasma mit hohem Ionisationsgrad darstellt, werden diskutiert. Unter anderem wird auf die Bewegung der Hülle, die Form des Kopfes, die Überdeckung oder das Fehlen der Ionenbanden im sichtbaren Bereich, eingefrorene Magnetfelder, Protonenströme, Radioemission u. die Ursachen der Ionisation eingegangen.
M. Wiedemann. 113◇

Relativistische Wellenfunktionen für M-Schalen-Elektronen. H. R. Brewer, D. S. Harmer und D. H. Hay. (Physic. Rev. Letters **7**, 319—20, 15/10. 1961; Atlanta, Ga., Inst. of Technol.; engl.) — Die Einfl. der Abschirmung u. der endlichen Kerngröße sind numer. berechnet worden. Das Verhältnis der korr. M-Schalen-Wellenfunktionen zu den entsprechenden Werten für einen punktförmigen Kern, die für einen endlichen

Kernradius berechnet worden sind, wird graph. dargestellt. Die Ergebnisse zeigen die Notwendigkeit einer zusätzlichen (außer der empir.) Korrektur u. weisen eine breite Variationsmöglichkeit zwischen den Korrekturfaktoren der verschiedenen M-Unterschalen auf. Die berechneten Energieniveaus der M-Schalen-Elektronen für endliche Kerngröße u. die Thomas-Fermi-Dirac (TFD)-Abschirmungskorrekturen werden in einer Tabelle mit den experimentellen u. Coulombschen Werten für punktförmige Kerne (mit den Ladungszahlen 55 u. 90) verglichen. Die Übereinstimmung zwischen berechneten u. experimentellen Energieniveaus bestätigt die Anwendung des TFD-Potentials mit Abschirmung. H. Schibilla. 114□

Resonanzeffekte bei Atom-Atom-Zusammenstößen. D. R. Bates. (Discuss. Faraday Soc. **1962**, Nr. 33, 7—13; Belfast, Queen's Univ., Dep. of Appl. Math.; engl.) — Vf. leitet unter Vernachlässigung der diagonalen Matrixelemente u. weiterer Vereinfachungen eine Näherungsbeziehung für den Wrkg.-Querschnitt bei einem Anregungs- oder Ladungsübergangszusammenstoß ab. Es zeigt sich, daß das Resonanzmaximum im Bereich therm. Energien sehr scharf ist. Der Einfl. der diagonalen Matrixelemente muß aber im allg. berücksichtigt werden, da die Schärfe des Resonanzmaximums durch sie sowohl gesteigert als auch vermindert werden kann. G. M. Neumann. 114◇

Einige Aspekte zur Theorie der Schwingungsübergangswahrscheinlichkeit bei Molekülzusammenstößen. B. Widom. (Discuss. Faraday Soc. **1962**, Nr. 33, 37—43; Ithaca, N.Y., Cornell Univ., Dep. of Chem.; engl.) — Vf. untersucht krit. die allg. benutzten Exponentialgleichungen bei der Beschreibung von Schwingungsübergangswahrscheinlichkeiten bei Mol.-Zusammenstößen in Hinblick auf die Annahmen, die dabei über die Form der Wechselwrkg.-Energie getroffen werden. Für den eindimensionalen Fall leitet Vf. mit dem Landau-Prinzip einen allg. Ausdruck ab, dessen Hauptterm von der Art der Wechselwrkg.-Energie unabhängig ist u. daher einen großen Grad von Allgemeingültigkeit besitzt. Die Korrekturterme der abgeleiteten Beziehung hängen dagegen stark von der Art dieser Kräfte ab, so daß die allg. üblichen Korrekturen sehr vorsichtig betrachtet werden müssen. G. M. Neumann. 114◇

Zwischenmolekularer Resonanz- und Nichtresonanz-Energieaustausch bei Molekülzusammenstößen. E. E. Nikitin. (Discuss. Faraday Soc. **1962**, Nr. 33, 14—21; Moscow, Inst. of Chem. Phys.; engl.) — Vf. diskutiert zwei Näherungsberechnungen der Übergangswahrscheinlichkeiten zwischen mol. Schwingungstermen u. Elektronentermen u. gibt eine exakte Lösung für zwei Terme an. Bei Verw. der konst. Geschw.-Näherung kann diese Lösung zur Berechnung des Ladungsaustauschquerschnitts bei zufälliger Resonanz oder des intramol. Energieaustausches bei stoßinduzierter Fermi-Resonanz 3atomiger Moll. angewendet werden. Bei unelast. Mol.-Zusammenstößen mit zwei oder mehr Schwingungsarten muß die Übergangswahrscheinlichkeit nach der halbklass. Näherung berechnet werden. Ferner erörtert Vf. den allg. Zusammenhang zwischen der Landau-Zener- u. der Landau-Teller-Näherung u. diskutiert die Gültigkeit der klass. Bewegungsgesetze der Moleküle. G. M. Neumann. 114◇

Interpretation von Geschwindigkeitsexperimenten mit ausgelösten Quantenniveaus. Tucker Carrington. (Discuss. Faraday Soc. **1962**, Nr. 33, 44—51; Washington, D.C., Nat. Bur. of Standards; engl.) — Vf. zeigt, daß man die Sequenz der Zusammenstöße eines Mol. als Markov-Kette auffassen kann u. mit den geeigneten mathemat. Mitteln behandeln kann, wenn man voraussetzt, daß der Zustand des Mol. nach einem Zusammenstoß nur von seinem Zustand unmittelbar vor dem Zusammenstoß u. nicht von seiner weiteren Vorgeschichte oder dem Zeitpunkt des Zusammenstoßes abhängt. Damit erhält man eine Beziehung zwischen der beobachtbaren Übergangs-Geschw. u. dem mehr abstrakten Begriff der Übergangswahrscheinlichkeit pro Zusammenstoß wie an der Diskussion experimenteller Ergebnisse gezeigt wird. G. M. Neumann. 114◇

Ausrichtung von H_2^+-Molekülionen durch selektive Photodissoziation. 1. Mitt. H. G. Dehmelt und K. B. Jefferts. (Physic. Rev. [2] **125**, 1318—22, 15/2. 1962; Seattle, Wash., Univ. of Washington, Dep. of Phys.; engl.) — Vff. diskutieren eine neue Meth. zur Ausrichtung haftender Mol.-Ionen u. zur Überwachung der Ausrichtung durch selektive Photodissoziation. Ausgehend von der Anschauung, daß die Geschw. der Photodissoziation der mittleren quadrat. Komponente des elektr. Lichtvektors senkrecht zur Achse der Mol.-Rotation proportional ist, wird erst der Grenzfall sehr großer Rotationsquantenzahlen ohne Elektronen- u. ohne Kernspin behandelt. Schließlich werden Elektronen- u. Kernspins berücksichtigt u. numer. Werte für die Dissoziations-Geschw. der 30 magnet. Unterniveaus für die drei Rotationszustände des

H_2^+-Ions bei linearpolarisiertem Licht ermittelt. Ferner wird die Möglichkeit der Beobachtung eines Resonanzfrequenzspektrums von H_2^+-Mol.-Ionen erörtert.
G. M. Neumann. 114□

Feinstruktur der Absorptionskante der Silberhalogenide. F. C. Brown, T. Masumi und H. H. Tippins. (Physics Chem. Solids 22, 101—07, Dez. 1961; Urbana, Ill., Univ. of Illinois, Dep. of Phys.; engl.) — Vff. berichten über Messungen der opt. Absorption an reinen *AgCl*- u. *AgBr*-Kristallen u. über einen Vgl. des Absorptionsspektrums mit der Wellenlängenabhängigkeit der Photoleitfähigkeit. Es wurden bis herab zu 4,2° K verschiedene Absorptionszweige u. -schultern beobachtet, die mit indirekten opt. Übergängen gedeutet werden. G. M. Neumann. 119◇

Temperaturabhängigkeit des Absorptionsschwanzes der Grundschwingungen von KCl und die Absorption durch Bromidionen in KCl. K. Kobayashi und T. Tomiki. (Physics Chem. Solids 22, 73—79, Dez. 1961; Tokyo, Univ. of Tokyo, Inst. for Solid State Phys.; Sendai, Tohoku Univ., Dep. of Phys.; engl.) — Vff. berichten über Messungen der opt. Absorption im Schwanz der Grundschwingungsabsorption von hochgereinigtem KCl sowie der Absorption durch Br^--Ionen in KCl im Temp.-Intervall von Zimmer-Temp. bis 196°. Es zeigt sich, daß der Schwanz der Grundschwingungsabsorption von KCl durch die Urbachsche Regel mit $\sigma = 0,80 \pm 0,02$ u. $h\nu_0 = 7,76 \pm 0,10$ eV wiedergegeben werden kann. Die langwellige Seite der Br^--Absorption läßt sich ebenfalls mit der Urbachschen Regel, mit $\sigma = 0,51 \pm 0,03$ u. $h\nu_0 = 7,35 \pm 0,15$ eV, beschreiben. G. M. Neumann. 119◇

Über die Natur der V_3-Zentren in strahlungsverfärbtem KCl. F. Lüty. (Physics Chem. Solids 23, 677—81, Juni 1962; Stuttgart, TH, II. Phys. Inst.; dt.) — Aus KCl-Schmelzen werden (a) an Luft, (b) in reinem N_2 bzw. (c) nach Zusatz von 10^{-3} Mol KOH nach dem Kyropolous-Verf. Einkristalle gezogen, die bei 20° mit Röntgenlicht bestrahlt u. deren opt. Absorptionsspektren bei 20 u. —180° u. Photonenenergien von 1—7 eV untersucht werden. In b werden F-Zentren paarweise mit V_2-Zentren gebildet; V_2-Zentren sind als Elektronendefektstellen zu deuten. Die F-Zentren in c werden unter Abbau von OH^--Banden gebildet; als Zwischenprodd. treten U-Zentren auf, während V_2-Zentren nicht beobachtet werden. Die nach opt. Bleichen verbleibenden U-Zentren zeigen eine als V_3-Bande gedeutete Absorption bei 5,88 eV. In a werden Mischungseffekte der Grenzfälle b u. c beobachtet. Herbert Müller. 119◇

Intensitäten der Kristallspektren der Ionen der Seltenerdmetalle. G. S. Ofelt. (J. chem. Physics 37, 511—20, 1/8. 1962; Baltimore, Md., Johns Hopkins Univ.; engl.) — Vf. behandelt die magnet. u. elektr. Dipolübergänge zwischen den einzelnen Energieniveaus der $4f^+$-Konfiguration in Anwesenheit einer stat. Kristallfeldstörung u. berechnet die Intensitäten der Kristallspektren von $PrCl_3$ u. $EuCl_3$ im Fluorescenzfall. Mit dieser Meth. lassen sich viele fehlende u. schwache Übergänge erklären.
G. M. Neumann. 119◇

Experimentelle Untersuchung der Excitonenabsorption in PbJ_2. I. Imai. (Physics Chem. Solids 22, 81—86, Dez. 1961; Tokyo, Univ. of Tokyo, Inst. for Solid State Phys.; engl.) — Vf. berichtet über Messungen der opt. Absorptionsspektren von aufgedampften PbJ_2-Filmen im Bereich von 200—700 mμ bei Temp. zwischen 37 u. 298° K mit einem Cary-Spektrophotometer u. bei 4,2° K mit einem Spektrographen. Es zeigt sich, daß selbst bei 4,2° K die erste Bande bei 500 mμ nur eine glatte Intensitätsverteilung aufweist u. nicht in H_2-artige Serienlinien aufspaltet. Allg. ähnelt das PbJ_2-Spektrum den Spektren der Ag- u. Tl-Halogenide. Messungen des Abfalls auf der langwelligen Seite der ersten Bande zeigen, daß die Urbachsche Regel hier ihre Gültigkeit bewahrt ($\sigma \approx 1,3$; $h\nu_0 \approx 2,52$ eV). G. M. Neumann. 119◇

Ein elektrooptischer und elektromechanischer Effekt in SbSJ. R. Kern. (Physics Chem. Solids 23, 249—53, März 1962; Zürich, RCA Labor. Ltd.; engl.) — Durch Dampftransport zwischen 410 u. 350° in evakuierten Quarzampullen werden 1—2 cm lange, nadelförmige, orthorhomb. Kristalle von *SbSJ* hergestellt. Nach Kontaktieren mit Ga oder Ag wird an die Kristalle bei Raum-Temp. ein elektr. Feld F von ca. 5000 V/cm gelegt u. die Verschiebung der opt. Absorptionskante (AK) mit gewöhnlichem u. polarisiertem Licht untersucht. Für F zwischen 1850 u. 5500 V/cm wird AK um 66—88 Å zu kürzeren Wellenlängen verschoben; die Verschiebung ist bei Raum-Temp. angenähert F^2 proportional u. fällt mit der Temp. ab. Gleichzeitig wird eine Verlängerung der Kristalle in c-Richtung im elektr. Feld beobachtet. Sowohl die Verschiebung von AK als auch die Verlängerung werden bei Vorzeichenänderung von F nicht geändert.
Herbert Müller. 119◇

Optische Absorptionskante von GaTe. J. L. Brebner, G. Fischer und E. Mooser. (Physics Chem. Solids 23, 1417—21, Okt. 1962; Ottawa, Ontario, Canada, Nat. Res. Council, Div. of Pure Phys.; engl.) — Von 10—30 μ dicken, einkristallinen GaTe-Plättchen wird in der Nähe der Selbstabsorptionskante (1,6—1,8 eV) die opt. Absorption zwischen 4,2 u. 300° K sowie das Reflexionsvermögen für 0,4—2,4 eV bestimmt. Die Absorptionskante, die für 4,2° K bei 1,78 (eV) u. für 300° K bei 1,65 liegt, zeigt eine Verschiebung von $-4,8 \cdot 10^{-4}$ eV/Grad. Auf der Seite hoher Energie wird eine zusätzliche starke Linienstruktur beobachtet. Die Linienstruktur ist stark von der Temp. u. den Gitterdefekten abhängig. Herbert Müller. 119◇

Gitterreflexionsspektren von III-V-Halbleiterverbindungen im Infraroten. M. Hass und B. W. Henvis. (Physics Chem. Solids 23, 1099—1104, Aug. 1962; Washington, D.C., US Naval Res. Labor.; engl.) — Mit einem Gitterspektrometer (320 bzw. 556 Linien/in.) werden bei 4,2° K die Reflexionsspektren von *InSb*, *InAs*, *GaSb* u. *GaAs* mit einem mittleren Einfallswinkel von 10° zwischen 170 u. 310 cm^{-1} aufgenommen. Die Reflexionsspektren werden mit den Spektren verglichen, die theoret. unter Verw. von einem oder mehreren klass. Dispersionsoscillatoren erhalten werden. Das Reflexionsvermögen bei normalem Einfall wird zur Berechnung der opt. Konst. mit Hilfe der Dispersionsformel nach Kramers u. Kronig benutzt. Die Werte der transversalen bzw. longitudinalen opt. Frequenzen für große Wellenlängen $\bar{\nu}_0$ bzw. $\bar{\nu}_l$ u. die effektive Ionenladung e_s^*/e nach Szigeti (Trans. Faraday Soc. 45, [1949], 155) sind für InSb ($\bar{\nu}_0$ =) 184,7 ± 3 (cm^{-1}), ($\bar{\nu}_l$ =) 197 ± 2 u. (e_s^*/e) = 0,42; InAs 218,9 ± 3, 243,3 ± 2 u. 0,56; GaSb 230,5 ± 3, 240,3 ± 2 u. 0,33 bzw. GaAs 273,3 ± 3, 297,3 ± 2 u. 0,51. Eine Analyse der bei Raum-Temp. von Picus u. Mitarbeiter (Physics Chem. Solids 8, [1959], 282) bestimmten Reflexionsspektren von *InP* u. *AlSb* ergab: ($\bar{\nu}_0$ =) 307 ± 8 (cm^{-1}), ($\bar{\nu}_l$ =) 351 ± 5, (e_s^*/e =) 0,68; 318 ± 8, 345 ± 5, 0,53. Zwischen e_s^*/e u. der Differenz der Atompolarisierbarkeiten der 3- u. 5wertigen Atome wird ein linearer Zusammenhang beobachtet. Herbert Müller. 120◇

Infrarotes Reflexionsspektrum von Borsäureanhydrid und geschmolzenem Quarz bei hohen Temperaturen. Je. P. Markin und N. N. Ssobolew. (Optik u. Spektroskopie [UdSSR] 9, 587—92, Nov. 1960; russ.) — Mit einer Spezialanordnung wurden die IR-Reflexionsspektren von B_2O_3 (I) im Temp.-Bereich 21—1000° u. von *Quarz* (II) im Bereich —190 bis 2000° untersucht. Das Spektrum von I zeigt beim Übergang vom glasartigen zum fl. Zustand keine Änderungen. Die gleiche Beobachtung wurde beim Raman-Spektrum von I (vgl. Lotkowa u. Mitarbeiter, Optik u. Spektroskopie [UdSSR] 1, [1956], 722) gemacht. Folglich besteht I in beiden Aggregatzuständen aus B_4O_6-Moll. (Symmetrie T_d). Die Hauptbande von glasartigem II bei 8,9 μ tritt im gesamten Temp.-Bereich u. somit auch bei fl. II auf. Daraus folgt, daß II im glasartigen wie fl. Zustand aus $|SiO_2|_n$-Assoziaten besteht. Nach Viscositätsmessungen ist n bei 1275° gleich 1150 u. bei 2000° gleich 590. Mit zunehmender Temp. werden die Banden von I u. II etwas nach der niederfrequenten Seite verschoben. U.-L. Rau. 120◇

Beziehung zwischen Infrarotspektren und Koordination in Quarz und zwei Hochtemperaturmodifikationen des SiO_2. C. B. Sclar, L. C. Carrison und C. M. Schwartz. (Science [Washington] 138, 525—26, 26/10. 1962; Columbus, Ohio, Battelle Mem. Inst.; engl.) — Die IR-Spektren der SiO_2-Modifikationen Quarz u. Coesit (4fach koordiniert), Stishovit (6fach koordiniert mit Rutilstruktur) sowie die dem Quarz u. Stishovit analogen GeO_2-Verbb. zeigen, daß der Übergang von der tetraedr. zur oktaedr. Koordination der Kationen eine Zunahme um 23% der Hauptbandenwellenlänge der SiO_2- u. GeO_2-Modifikationen bewirkt. Bei den analogen SiO_2- u. GeO_2-Verbb. ergeben sich Zunahmen in den Kraft-Konst. von der gleichen Größenordnung. Für die isostrukturellen Paare ist die zunehmende Dichte proportional den Wellenlängenverschiebungen der entsprechenden Hauptabsorptionsbanden. Die IR-Daten sind mit der Gleichung von Dachille u. Roy, die Koordinationszahl, Masse, Ordnungszahl, Valenz u. Hauptabsorptionswellenlängen in Beziehung setzt, in Übereinstimmung (3% Fehler). Ernst Schulte. 120◇

Infrarot-Bestätigung der 6fachen Koordination des Siliciums in Stishovit. R. J. P. Lyon. (Nature [London] 196, 266—67, 20/10. 1962; Menlo Park, Calif., Stanford Res. Inst., Geophys. Dep.; engl.) — Eine Probe natürlichen Stishovits (Coconino-Sandstein des Meteorkraters in Arizona, durch Digestion mit HF gereinigt) wurde röntgenograph. identifiziert u. das IR-Spektrum aufgenommen. Ein Vgl. mit Quarz, Coesit u. geschmolzenem SiO_2 zeigt eine Verschiebung der Hauptabsorptionsbande um ca. 400 cm^{-1} zu niederen Frequenzen hin. Stishovit des Meteorkraters ist extrem feinkörnig mit Korngrößen < 1 μ u. das erste bekannte Mineral, in dem Si in 6facher O-Koordination vorliegt. Ernst Schulte. 120◇

Infrarotuntersuchung der Orthosilicate und der Orthogermanate. 2. Mitt. **Strukturen vom Typ Olivin und Monticellit.** P. Tarte. (Spectrochim. Acta [London] **19,** 25—47, Jan. 1963; Liège, Univ. de Liège, Inst. de Chim.; franz.) — 1. vgl. C. **1962,** 16211. — Die Meth. der isomorphen Substitution wird auf die Deutung der IR-Spektren von Silicaten u. Germanaten des Olivintyps angewendet. Im Spektrum lassen sich leicht zwei Bereiche unterscheiden. Der erstere zwischen 1000 u. 450 cm^{-1} ist durch ziemlich einheitliches Aussehen gek. u. sehr spezif. für die SiO_4- oder GeO_4-Tetraeder der Olivinstruktur; die Banden werden den ν_1-, ν_3- u. ν_4-Schwingungen der Tetraeder zugeordnet. Der zweite Bereich zwischen 450 u. 280 cm^{-1} wird durch die Art des Kations X mehr oder weniger stark beeinflußt, seine Banden lassen sich teils den Schwingungen der XO_6-Oktaeder, teils der ν_2-Schwingung der SiO_4-Tetraeder zuschreiben. Die letzte Schwingung wurde durch Unters. des Mischkristalls $(Mg, Ni, Co, Mn)_2SiO_4$ identifiziert. Die Deformation der Tetraedergruppen wird durch die Aufspaltung der ν_3-Schwingung in verd. festen Lsgg. des Typs X_2 (Si, Ge)O_4 nachgewiesen. Eine nichtlineare, aber regelmäßige Beziehung besteht zwischen den SiO_4-Frequenzen u. dem Ionenradius des Kations X. Der Einfl. der isomorphen Substitution auf die Bandenform wird für Mischkristalle des Typs $(X, Y)_2SiO_4$ u. $X_2(Si, Ge)O_4$ erörtert.
Gerhard Schulze. 120◇

Infrarotuntersuchung der Orthosilicate und der Orthogermanate. 3. Mitt. **Strukturen vom Spinelltyp.** P. Tarte. (Spectrochim. Acta [London] **19,** 49—71, Jan. 1963; franz.) — 2. vgl. vorst. Referat. — Die IR-Spektren der Silicate u. Germanate vom Spinelltyp sind durch große Einfachheit gek., was sich durch die hohe Symmetrie der Struktur u. durch das Fehlen einer Deformation der Tetraeder- u. Oktaedergruppen erklären läßt. Die Spektren stehen mit einer normalen Struktur der Spinelle Ni_2SiO_4 u. X_2GeO_4 mit X = Ni, Co, Fe oder Mg im Einklang, bei der sich die Si- u. Ge-Atome auf den Tetraederplätzen befinden. Ge ist jedoch im Spinell $LiCrGeO_4$ 6fach koordiniert. Eine eingehende Unters. der Mischkristalle vom Typ $Ni_2(Si, Ge)O_4$ u. $(X, Y)_2GeO_4$ mit X u. Y = Ni, Co, Mg führt zu der Folgerung, daß die niederfrequenten Schwingungen nicht unabhängig, sondern mehr oder weniger mit den Schwingungen des Spinellgitters als Ganzes gekoppelt sind. Gerhard Schulze. 120◇

Formel zur Berechnung der Intensität von Raman-Spektren mehratomiger Moleküle. L. M. Swerdlow. (Optik u. Spektroskopie [UdSSR] **11,** 774—75, Dez. 1961; russ.) — Nach der halbklass. Theorie der Intensität von Raman-Spektren in nullter u. erster Näherung des valenzopt. Schemas von Wolkenstein u. Eljaschewitsch sowie der Meth. von Ferigle u. Weber (vgl. C. **1950/54, 3691** S) entwickelt Vf. eine Formel zur Berechnung der Intensität von Raman-Spektren.
U.-L. Rau. 120□

Raman-Spektrum von Ammoniumsulfat bei gewöhnlicher Temperatur. Jean-Claude Thrierr. (C. R. hebd. Séances Acad. Sci. **253,** 2917—18, 18/12. 1961; Orsay, Seine-et-Oise, Fac. des Sci., Labor. de Phys. cristalline; franz.) — Das Raman-Spektrum (polarisiertes Licht) eines rhomb. $(NH_4)_2SO_4$ (I)-Einkristalls wird im Bereich 0—3300 cm^{-1} aufgenommen u. den Ionen NH_4^+ (zwei Arten) u. SO_4^{2-} (eine Art) zugeordnet. Die Spektren von NH_4^+ in wss. Lsg., in I u. in $(NH_4)H_2PO_4$ sind einander sehr ähnlich.
I. Zoll. 120◇

Über den Einfluß des Brechungsindex eines Stoffes auf die Temperaturabhängigkeit der Intensität von Raman-Banden. T. P. Tulub und Ja. Ss. Bobowitsch. (Optik u. Spektroskopie [UdSSR] **9,** 669—70, Nov. 1960; russ.) — Die Intensität (I) einiger Raman-Linien von *NaNO₃* u. *Stilben* im kristallinen u. fl. Zustand wurde bei 2 Temp. (tiefere T_1, höhere T_2) gemessen. Das beobachtete Verhältnis $I(T_1)/I(T_2)$ stellen Vff. dem nach der Theorie berechneten gegenüber. Im kristallinen Zustand wird weitgehende Übereinstimmung mit der Theorie gefunden, während im fl. Zustand der beobachtete Wert von $I(T_1)/I(T_2)$ geringer als der theoret. ist. Vff. bestimmten auch entsprechend $I(T_1)/I(T_2)$ für einige Raman-Linien von *Trichloressigsäure* (I) als Lsg. in *W.*, *Dioxan* (II) u. *Essigsäure* (III) sowie von *ZnCl₂* als Lsg. in Wasser. Die an den wss. Lsgg. ermittelten $I(T_1)/I(T_2)$-Werte stimmen mit den theoret. berechneten überein. Dagegen sind die an den II- u. III-Lsgg. von I bestimmten $I(T_1)/I(T_2)$ geringer als die theoret., was mit den Beobachtungen an fl. Verbb. übereinstimmt. Die Ableitung des Brechungsindex nach der Temp. $\partial n/\partial T$ von II u. III beträgt ungefähr das Vierfache von $\partial n/\partial T$ für H_2O. Die erhaltenen Ergebnisse bestätigen den von Vff. früher dargelegten Standpunkt (vgl. C. **1963, 2329**), daß die Temp.-Anomalien der I der Raman-Linien von Fll. in erster Linie durch das Temp.-Verh. des Brechungsindex des Mediums verursacht werden. U.-L. Rau. 120◇

Das IR-Spektrum des $[Fe(CN)_5NO]^{2-}$-Ions bei hoher Auflösung. G. Bor. (J. inorg. nuclear Chem. **17**, 174–75, April 1961; Veszprém, Hungary, Hungarian Oil and Gas Res. Inst. „MÁFKI"; engl.) — Vf. berichtet über eine erneute Unters. des IR-Spektrums von kristallinem $Na_2[Fe(CN)_5NO]\cdot 2\,H_2O$ (I) im Spektralbereich von 1800 bis 2300 cm^{-1}. Neben schwachen Banden bei 2133; 2125,7; 2109,5; 2098,4 u. 1909 cm^{-1} wurden vier starke Absorptionsmaxima gefunden u. den C≡N- u. N≡O-Streckschwingungen zugeordnet: C≡N: $\nu_1 = 2173{,}4$; $\nu_{16} = 2161{,}6$ u. 2156,7; $\nu_2 = 2143{,}4$ bzw. N≡O: $\nu_3 = 1939$ cm^{-1}. Ein Vgl. mit den Spektren von $K_4[Fe(CN)_6]$ u. $K_3[Fe(CN)_6]$ zeigt, daß das Fe-Ion in I als Fe^{3+} oder sogar Fe^{4+} vorliegt. G. M. Neumann. 120◇

Absorptionsspektrum im fernen Infrarot von Cyanokomplexen im kristallinen Zustand. Kaliumhexacyanoferrat(II) und -ferrat(III). Vincenzo Lorenzelli und Pierre Delorme. (C. R. hebd. Séances Acad. Sci. **253**, 2908–10, 18/12. 1961; franz.) — Die Messungen werden an $K_4[Fe(CN)_6]$, $K_4[Fe(CN)_6]\cdot 3\,H_2O$ u. $K_3[Fe(CN)_6]$ im Bereich von 45–150 μ durchgeführt. Die Schwingungsfrequenzen werden unter Berücksichtigung der Symmetrieerniedrigung der Ionen im Kristallverband u. der Mol.-Zahl in der Elementarzelle diskutiert u. zugeordnet. I. Zoll. 120◇

Bor–Stickstoff-Verbindungen. 5. Mitt. **Aminoborane. Eine infrarotspektroskopische Untersuchung organosubstituierter Aminoborane.** George M. Wyman, Kurt Niedenzu und John W. Dawson. (J. chem. Soc. [London] **1962**, 4068–71, Okt.; Durham, N.C., Duke Univ., Dep. of Chem.; engl.) — 4. vgl. C. **1961**, 16768. — Zur Identifizierung der B–N-Valenzfrequenz (im Bereich 1200–1600 cm^{-1} je nach Art der Substituenten) von Aminoboranen eignet sich der Vgl. ihres IR-Spektrums mit dem Spektrum der nach $R_2NBR_2 + H_2O \rightarrow R_2NH + HOBR_2$ (→ Folge-Prodd.) entstehenden Hydrolyse-Prodd., die keine B—N-Bindung mehr enthalten. Auf diese Weise konnte gezeigt werden, daß die Hydrolyse-Geschw. in der Reihenfolge Diarylamino- > Monoarylamino- > Alkylaminoborane abnimmt. Die bes. ausgeprägte Hydrolyseempfindlichkeit der Aryl-Derivv. scheint auf einer Verminderung des Doppelbindungscharakters der B—N-Bindung zu beruhen. Die B—N-Valenzfrequenzen nachst. Aminoborane sind angegeben; der Doppelbindungsanteil steigt in der gleichen Reihenfolge von 30 auf 60% (Me = CH_3, Ät = C_2H_5, Bu = C_4H_9, Ph = C_6H_5): Me_2NBH_2, $PhHNBMe_2$, $(p\text{-}Me\text{—}C_6H_4)_2NBPh_2$, Ph_2NBPh_2, $PhMeNBMePh$, $PhÄtNBÄtPh$, $Ph_2NB(p\text{-}Me\text{—}C_6H_4)_2$, $PhMeNBMe_2$, $Me_2NB(p\text{-}Me\text{—}C_6H_4)_2$, $MeBuNBPhÄt$, $Me_2NBPhMe$, $Ät_2NB\cdot Ät_2$, $MeHNBMe_2$, Me_2NBMe_2. A. Blaschette. 120◇

Infrarotuntersuchungen von Pyridin-N-oxid und seiner Komplexe mit Co(II), Ni(II), Cu(II), Zn(II), Al(III), Cr(III), Fe(II), Fe(III) und Sn(IV) im Bereich von 3–15 μ. S. Kida, J. V. Quagliano, J. A. Walsmley und S. Y. Tyree. (Spectrochim. Acta [London] **19**, 189–99, Jan. 1963; Chapel Hill, N.C., Univ. of North Carolina, Dep. of Chem.; Tallahassee, Fla., Florida State Univ., Dep. of Chem.; engl.) — Die IR-Spektren von Pyridin-N-oxid (PyO) u. folgender 23 Komplexe wurden im Bereich von 3–15 μ aufgenommen u. alle bedeutenden Banden zugeordnet: $[Co(PyO)_6]\cdot(ClO_4)_2$, $[Co(PyO)_6](NO_3)_2$, $Co(PyO)_3Cl_2$, $Co(PyO)Cl_2\cdot H_2O$, $Co(PyO)Cl_2\cdot D_2O$, $[Ni(PyO)_6]\cdot(ClO_4)_2$, $[Ni(PyO)_6]Br_2$, $[Ni(PyO)_6]J_2$, $Ni(PyO)Cl_2\cdot H_2O$, $Ni(PyO)Cl_2\cdot D_2O$, $Ni(PyO)Br_2\cdot H_2O$, $[Cu(PyO)_4](ClO_4)_2$, $Cu(PyO)_2Cl_2$, $Cu(PyO)Cl_2$, $Cu(PyO)_2(NO_3)_2$, $[Zn(PyO)_6](ClO_4)_2$, $Zn(PyO)_2Cl_2$, $[Zn(PyO)_6](NO_3)_2$, $[Fe(PyO)_6](ClO_4)_3$, $[Fe(PyO)_6](ClO_4)_2$, $SnBr_4(PyO)_2$, $[Al(PyO)_6](ClO_4)_3$ u. $[Cr(PyO)_6](ClO_4)_3$. Die Ergebnisse werden tabellar. mitgeteilt. Gerhard Schulze. 120◇

Metall–Ligand-Valenz, N-O-Valenz- und nichtebene C-H-Spreizschwingungen von Pyridin-N-oxid und Hexakis-[pyridin-N-oxid]-metallperchloraten. Y. Kakiuti, S. Kida und J. V. Quagliano. (Spectrochim. Acta [London] **19**, 201–11, Jan. 1963; engl.) — Vgl. vorst. Referat. — Die IR-Spektren von Pyridin-N-oxid (PyO) u. seiner Metallkomplexe vom Typ $[Me(PyO)_6](ClO_4)_n$ mit Me = Mn^{2+}, Fe^{2+}, Co^{2+}, Ni^{2+}, Cu^{2+}, Zn^{2+}, Cr^{3+}, Fe^{3+} u. Al^{3+} sowie n = 2 oder 3 wurden im Bereich von 2000–300 cm^{-1} aufgenommen. Die ν(Metall—Ligand)- u. die ν(N—O)-Banden wurden unterhalb 450 cm^{-1} bzw. bei ca. 1200 cm^{-1} zugeordnet. Die nichtebene δ(C—H)-Banden des freien u. koordinierten PyO im Bereich von 1000–700 cm^{-1} wurden auf Grund der Analyse ihrer Kombinationsbanden zugeordnet. Es zeigte sich, daß die Frequenzen der ν(Metall—Ligand)-, der ν(N—O)- u. der nichtebenen δ(C—H)-Schwingungen in enger Beziehung zueinander stehen. Weiterhin wurden die ν(C=O)-Schwingungen von 3- u. 4-Acetylpyridin-N-oxid u. der entsprechenden Metallkomplexe des Typs $[Me(Acetyl\text{—}PyO)_6](ClO_4)_n$ mit Me = Co^{2+}, Ni^{2+}, Zn^{2+} u. Fe^{3+} registriert u. diskutiert. Gerhard Schulze. 120◇

Die Infrarotspektren und Strukturen von Metall–Sulfit-Verbindungen. G. Newman und D. B. Powell. (Spectrochim. Acta [London] **19**, 213–24, Jan. 1963; Aldgate,

London, Sir John Cass Coll.; engl.) — Vff. nehmen die IR-Spektren nachst. Verbb. auf u. erörtern ihre Struktur auf Grund der Lage der Banden, um zwischen den Komplexen mit SO_3^{2-} als einzähniger bzw. zweizähniger Ligand zu unterscheiden u. für den Fall einer einzigen Bindung zu bestimmen, ob die Koordination über das S oder das O erfolgt. Für die zweizähnigen Komplexe werden zwei Typen für die Chelatstruktur u. zwei für eine polymere bzw. eine Sulfitostruktur mit Brücken-Bldg. vorgeschlagen. Doppelsalze: NH_4CuSO_3 u. $(NH_4)_2Me(SO_3)_2$ mit Me = *Mg, Zn, Cd, Fe, Mn, Co* u. *Ni* sowie zum Vgl. Na_2SO_3; Verbb. mit SO_3^{2-} als einzähniger Ligand: $(NH_4)_2[Hg(SO_3)_2]$, $[CoSO_3(NH_3)_5]Cl$, $Co[Co(SO_3)_3(NH_3)_3]$, $Na_6[Pd(SO_3)_4]\cdot 2\,H_2O$, $[PdSO_3(H_2O)_3]$, $[PdSO_3\cdot(H_2O)_2(NH_3)]$, $[PdSO_3(H_2O)\cdot(NH_3)_2]$, $[PdSO_3(NH_3)_3]$, *cis*-$K_2[Pd(SO_3)_2(NH_3)_2]$, *trans*-$K_2\cdot[Pd(SO_3)_2(NH_3)_2]$, $K_6[Pt(SO_3)_4]\cdot 2\,H_2O$, $K_3[Rh(SO_3)_3(NH_3)_3]\cdot 3{,}5\,H_2O$ u. $Tl_2[(Cu(SO_3)_2]$; Verbb. mit SO_3^{2-} als zweizähniger Ligand: $Na_3[Co(SO_3)_3]\cdot 4\,H_2O$, $K_2[Pt(SO_3)_2]\cdot 2\,H_2O$, $K_3[Rh(SO_3)_3]\cdot 2\,H_2O$ u. $K_2[Pd(SO_3)_2]$. Gerhard Schulze. 120◇

Komplexe des Kupfersulfats mit Äthylendiamin. M. E. Baldwin. (Spectrochim. Acta [London] **19**, 315—20, Jan. 1963; London, Bedford Coll.; engl.) — Die diffusen Reflexions- u. IR-Spektren von $Cu(en)SO_4\cdot 1{,}5\,H_2O$, $Cu(en)SO_4$, $Cu(en)_2SO_4$ u. $Cu(en)_3\cdot SO_4$ (en = Äthylendiamin) im festen Zustand werden mitgeteilt u. die IR-Banden, die auf die SO_4^{2-}-Gruppe zurückzuführen sind, zugeordnet. Die mögliche Struktur der Verbb. wird erörtert. Aus den IR-Spektren der festen Verbb. $(NH_4)_2SO_4\cdot MeSO_4\cdot 6\,H_2O$ (Me = *Mg, Mn, Fe, Co, Ni, Cu* u. *Zn*), $(NH_4)_2SO_4\cdot Fe_2(SO_4)_3\cdot 24\,H_2O$, $(NH_4)_2SO_4\cdot Al_2\cdot(SO_4)_3\cdot 24\,H_2O$ u. $K_2SO_4\cdot Al_2(SO_4)_3\cdot 24\,H_2O$ sowie $K_2SO_4\cdot CoSO_4\cdot 6\,H_2O$ u. $K_2SO_4\cdot CuSO_4\cdot 6\,H_2O$ wird gefolgert, daß keine direkte Beziehung zwischen den Spektren u. der Koordination des SO_4^{2-} besteht, da kleine Störungen (z. B. H-Bindung an H_2O) die Symmetrie verringern u. auf diese Weise das Spektrum beeinflussen.
Gerhard Schulze. 120◇

Schwingungskonstanten für den Grundzustand des Wasserstoffmoleküls. J. Baran und W. Kołos. (J. molecular Spectroscopy **8**, 121—25, Febr. 1962; Warsaw, Poland, Pol. Acad. of Sci., Inst. of Phys. Chem., Dep. of Electrochem.; engl.) — Die von Kołos u. Roothaan (Rev. mod. Physics **32**, [1960], 219) angegebene Potentialfunktion für den Grundzustand von H_2 wird durch eine Potenzreihe angenähert u. zur Berechnung der Schwingungs-Konst. benutzt (Abweichung von experimentellen Werten $\pm$ 1 cm^{-1}).
A. Blaschette. 120◇

Schwingungsspektren von B_2O_3- und B_2S_3-Molekülen. W. M. Tatewski, G. S. Koptew und A. A. Malzew. (Optik u. Spektroskopie [UdSSR] **11**, 724—29, Dez. 1961; russ.) — Die Schwingungsspektren der isolierten Moll. $^{10}B_2O_3$, $^{11}B_2O_3$, $^{10}B^{11}BO_3$ (I), $^{10}B_2S_3$ u. $^{11}B_2S_3$ werden unter Annahme einer gewinkelten Struktur mit der Symmetrie C_{2v} (bei I C_s) berechnet. Bei der Berechnung werden die beobachteten Frequenzen sowie die Kraft-Konst. verwandter Moll. verwendet. Die Ergebnisse zeigen, daß die von White u. Mitarbeitern (C. **1961**, 7833) bei der IR-Unters. der Dampfphase über festem B_2O_3 (**II**) beobachteten Banden 1302 u. 742 cm^{-1} nicht gasförmigen **II**-Moll. mit gewinkelter Struktur zuzuordnen sind. Vff. schreiben diese Banden fl. **II** zu, das als feiner Nebel am Ende der Küvette auftrat. Analog wird die Bande 993 cm^{-1} dem Spektrum von fl. B_2S_3 zugeordnet. U.-L. Rau. 120□

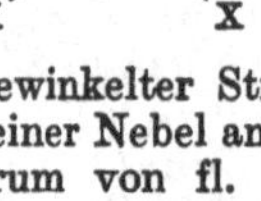

Schwingungsrelaxation von Stickstoffmonoxid und Kohlenmonoxid aus kinetischen spektroskopischen Messungen. N. Basco, A. B. Callear und R. G. W. Norrish. (Proc. Roy. Soc. [London], Ser. A **269**, 180—87, 11/9. 1962; Cambridge, Univ., Dep. of Phys. Chem.; engl.) — Vgl. C. **1963**, 776. — Vff. berichten über spektroskop. Unterss. von zu Schwingungen angeregtem CO nach der „flash"-Meth. an Mischungen von CO mit NO u. N_2. Die Bldg.- u. Zerfalls-Geschw. der angeregten Moll. wurden mit Hilfe folgender Rkk. gedeutet: $NO\,(X^2\Pi,\ v = 0) + h\nu \rightarrow NO(A^2\Sigma^+,\ v = 0, 1, 2)$; $NO(A^2\Sigma^+,\ v = 0, 1, 2) + M \rightarrow NO(X^2\Pi,\ v = 1) + M$; $NO(A^2\Sigma^+,\ v = 0, 1, 2) \rightarrow NO(X^2\Pi,\ v = 1) + h\nu$; $NO(X^2\Pi,\ v = 1) + CO(X^1\Sigma^+,\ v = 0) \rightleftarrows NO(X^2\Pi,\ v = 0) + CO(X^1\Sigma^+,\ v = 1)$; $CO\ (X^1\Sigma^+,\ v = 1) + N_2(X^1\Sigma_g^+,\ v = 0) \rightleftharpoons CO(X^1\Sigma^+,\ v = 0) + N_2(X^1\Sigma_g^1,\ v = 1)$ u. $NO(X^2\Pi,\ v = 1) + NO(X^2\Pi,\ v = 0) \rightarrow 2\,NO(X^2\Pi,\ v = 0)$. Dadurch gelingt es, die anomal schnelle Relaxation von NO durch CO zu deuten u. zu zeigen, daß die Geschw. des Schwingungsaustausches mit der Theorie von Schwartz u. Hertzfeld übereinstimmt. G. M. Neumann. 120□

Schwingungsspektren und Struktur von komplexen Nitriten. Marcelle Le Postollec und Jean-Paul Mathieu. (C. R. hebd. Séances Acad. Sci. **254**, 1800—02, 5/3. 1962; Sorbonne, Labor. des Rech. phys.; franz.) — Die Frequenz ν_a von NO_2 in den Koordinationskomplexen liegt oberhalb der ν_s-Frequenz, ebenso wie in organ. NO_2-

Derivaten. Vff. zeigen dies an Hand der Raman- u. IR-Spektren folgender Verbb.: $Na_2[Pt(NO_2)_4]$, $K_2[Pd(NO_2)_4]$, $K_2[Pt(NO_2)_4]$, $Ag[Co(NO_2)_4(NH_3)_2]$, $K_3[Co(NO_2)_6]$, $K_3[Rh\cdot(NO_2)_6]$, $K_3[Ir(NO_2)_6]$, $Na_3[Rh(NO_2)_6]$, $Na_3[Ir(NO_2)_6]$, $K_4[Ni(NO_2)_6$. I. Zoll. 120◇

Schwingungsspektren und Kraftkonstanten der Hexacarbonyle von Chrom, Molybdän und Wolfram. Llewellyn H. Jones. (Spectrochim. Acta [London] **19**, 329—38, Jan. 1963; Los Alamos, N.Mex., Univ. of California, Los Alamos Sci. Labor.; engl.) — Die IR-Absorptionsspektren von $Cr(CO)_6$, $Mo(CO)_6$ u. $W(CO)_6$ im gasförmigen u. festen Zustand wurden aufgenommen u. 11 der 13 Grundschwingungen jeweils zugeordnet. Unter Verw. der Potentialfunktion für die Resonanz-Wechselwrkg. wurden die Kraft-Konst. berechnet. Die Metall—C—Kraft-Konst. nehmen in der Reihenfolge $F_{WC} > F_{CrC} > F_{MoC}$ ab. Es zeigte sich für diese drei Verbb., daß eine größere Metall—C—Kraft-Konst. mit einer kleineren C—O-Kraft-Konst. verbunden ist. Daraus folgt, daß die π-Bindung zwischen dem Metallatom u. dem Liganden in der gleichen Reihenfolge wie die Metall—C-Kraft-Konst. abnimmt. Die verschiedenen berechneten Wechselwrkg.-Konst. werden diskutiert. Sie besitzen normale Werte, nur die Wechselwrkg.-Konst. für die nichtebene δ (MeCO—MeCO) ist außergewöhnlich groß u. kann nicht erklärt werden. Gerhard Schulze. 120◇

Der Einfluß der Schwingungs–Rotations-Wechselwirkung auf die Linienintensitäten in den senkrechten und parallelen Infrarotbanden des linearen symmetrischen Moleküls X—Y—X. J. H. Waggoner jun. und W. H. Shaffer. (J. molecular Spectroscopy **4**, 224—40, März 1960; Columbus, Ohio, State Univ., Dep. of Phys. and Astron.; engl.) — Theoret. Untersuchung. Aus den hergeleiteten Intensitätsdrücken ergab sich in Übereinstimmung mit der Theorie von Herman u. Wallis (vgl. C. **1956**, 4909) für das 2atomige Mol., daß Schwingungs–Rotations-Wechselwrkg. Bandenasymmetrie hervorruft. C. Gottfried. 120

Vorschlag zur Deutung der j-Abhängigkeit einiger Ergebnisse von Jaffe und Mitarbeitern. Robert Englman. (J. chem. Physics **36**, 3417—20, 15/6. 1962; Haifa, Israel Inst. of Technol.; engl.) — Vgl. Ben-Reuven u. Mitarbeiter, C. **1962**, 4071. — Die Begrenzung der Gültigkeit der Stoßtheoriebeziehungen führt dazu, daß die Schwingungs–Rotations-Übergangslinien (1—0-, 2—0-Banden, P- u. R-Äste) von HCl infolge des Edelgasdruckes j-abhängig werden. Für hohe j-Werte kommt es dabei zu einer konst. Grenzverschiebung. Es läßt sich nun zeigen, daß für die leichten Edelgase dadurch eine Übereinstimmung mit dem Experiment erreicht wird, daß ein Abstoßungspotential infolge Überlappung berücksichtigt wird. G. M. Neumann. 120□

Experimentelle Transmissionsfunktionen der reinen Rotationsbande des Wasserdampfes. C. Harvey Palmer jun. (J. opt. Soc. America **50**, 1232—42, Dez. 1960; Baltimore, Md., Johns Hopkins Univ., Labor. of Astrophys. and Phys. Meteorol.; engl.) — Best. von Transmissionsdaten für Mischungen von Wasserdampf u. N_2 im Bereich 20—50 μ für die reine Rotationsbande von H_2O-Dampf. Sie ergeben eine Anzahl von Transmissionsfunktionen mit 50 cm^{-1}-Intervallen in Übereinstimmung mit der theoret. Kurve von Benedict (J. opt. Soc. America **47**, [1957], 1056). Die Durchschnittstransmission wird gegeben als Funktion des Parameters U = WP*, worin W die opt. Weglänge im Dampf u. P* den effektiven Druck bedeuten. P* ist die Summe aus dem Gesamtdruck u. dem Wasserdampf-Partialdruck, multipliziert mit einem Selbstverbreiterungsfaktor. Für meteorolog. Zwecke kann dieser Faktor vernachlässigt werden. M.-L. Klaar. 120□

Methode zur Untersuchung der Relaxation von optisch orientierten Alkalimetallatomen. Marie-Anne Bouchiat und Jean Brossel. (C. R. hebd. Séances Acad. Sci. **254**, 3650—52, 21/5. 1962; Paris, École Norm. Sup., Labor. de Phys.; franz.) — Vff. bestimmen die Relaxationszeit durch opt. Pumpen von einem reinen Isotop (^{87}Rb: 98,2%; ^{85}Rb: 99,6%) in Abwesenheit eines Puffergases, so daß die Messungen die Relaxation durch Wand-Einfl. allein betreffen. I. Zoll. 121◇

$^{15}N^3H$-Doppelstrahlmaser. J. de Prins, C. Menoud und P. Kartaschoff. (Arch. Sci. [Genève] **14 (166)**, 90—92, 1961; Neuchâtel, Suisse, Labor. Suisse de Rech. Horlogères; franz.) — Vgl. C. **1963**, 8016. — Die Frequenz zwei verschiedener $^{15}N^3H$-Doppelstrahlmaser wurde mit dem Magnetfeldkriterium auf $\pm 2\cdot 10^{-11}$ genau bestimmt, sie erwies sich als unabhängig von der Spannung an den Fokussierelektroden, nahm jedoch mit zunehmender Mol.-Zahl im Strahl (10^{-19} bis 10^{-17} Mol/s) leicht zu. Die Frequenzen beider App. stimmten mit 22789 421,700 kHz überein. H. Roschkowski. 121◇

Luminescenz von Sm^{3+} in einer $BaTiO_3$-Matrix. Shoji Makishima, Katsue Hasegawa und Shigeo Shionoya. (Physics Chem. Solids **23**, 749—57, Juni 1962; Tokyo, Univ. of Tokyo, Inst. for Solid State Phys.; engl.) — Aus $BaTiO(C_2O_4)_2\cdot 4\,H_2O$

mit Zusätzen von $Sm(NO_3)_3$ wird durch Sinterung bei 1100° polykristallines $BaTiO_3$ mit 0,05—3,0 Mol-% Sm^{3+} hergestellt. Das Luminescenzspektrum der Proben bei 560 bis 630 mμ wird bei Temp. zwischen —65 u. —196° nach Anregung mit 3650-Å-Strahlung untersucht. Das Spektrum besteht aus 6 Gruppen scharfer Linien, die von Übergängen aus dem angeregten ^6F-Zustand in ^6H_n-Zustände ($5/2 \leq n \leq 15/2$) herrühren. Sm^{3+} kann im $BaTiO_3$-Gitter Ti^{4+}- u. Ba^{2+}-Plätze einnehmen, die sich durch verschiedene Wechselwrkg. mit O^{2-} auszeichnen; die Emissionswellenlängen von Sm^{3+} auf Ti^{4+}-Plätzen sind größer als für Sm^{3+} auf Ba^{2+}-Plätzen. Die Unterschiede beider Gitterplätze werden durch gleichzeitige Substitution mit 0,5 Mol-% K^+, La^{3+} bzw. V^{5+} gezeigt. Das Bandschema für das Luminescenzspektrum sowie der Zusammenhang mit elektr. u. ferroelektr. Eigg. wird diskutiert. Herbert Müller. 125◇

Von Elektrolyse begleitete Luminescenz in CdS-Einkristallen. Eiichi Maruyama. (J. physic. Soc. Japan **16**, 2341—42, Nov. 1961; Kokubunji, Tokyo, Hitachi Central Res. Labor.; engl.) — Vf. untersuchte die Strom–Spannungs-Kurven eines CdS-Einkristalls (Widerstand 10^{-1} Ω cm) in einer *KCl*-, *NaJ*-, *KBr*- u. NaH_2PO_4-Lsg. mit einer Kalomel-Gegenelektrode. Von 20—25 V erscheint eine negative Widerstandszone, nach der die Stromstärke stärker als zu Anfang wächst. Diese Einbuchtung wird von einer Luminescenz (L) auf der CdS-Kontaktoberfläche begleitet. Die spektroskop. Unters. von L ergab ein breites Band bei ca. 600 mμ u. eine von der Art der negativen Ionen in der Lsg. abhängige spektrale Verteilung. Da es sich um Oberflächen-L handelt, lassen sich daraus Schlüsse über die Kristalloberfläche ziehen. Die Ursache der L wird diskutiert. D. Hoene. 125◇

Über den Eindringungsmechanismus von Fremdatomen in ein Kristallgitter. Fall der Aktivierung von Zinksulfid- und Cadmiumsulfid-Luminophoren. Marguerite Bancie-Grillot, Andréa Levialdi und Edmond Grillot. (C. R. hebd. Séances Acad. Sci. **253**, 2914—16, 18/12. 1961; Buenos-Aires, Univ., Fac. de Cienc. Exact. y Nat.; Paris, Univ., Fac. des Sci.; franz.) — Vff. versuchen die Rolle des Mineralisators oder Schmelzmittels bei Aufnahme von Fremdkationen in ZnS- oder CdS-Kristallen zu erklären (Vorbehandlung mit Cl^- bei der Aktivierung von ZnS mit Cu). Einmal könnte das in das Kristallgitter eingedrungene Cl^- die Potentialschwellen herabsetzen, zum anderen wird es einen starken Einfl. auf die Oberflächenenergie haben. Die Änderung des Energiezustandes an der Oberfläche u. im Kristallinnern wird mechan. Spannungen erzeugen, die zu Verschiebungen u. Mikrorissen führen. Durch diese können die Aktivatoren leicht in das Kristallinnere diffundieren. I. Zoll. 125◇

Das chemische Verhalten von Leuchtstoffen in Gasentladungslampen. K.-Th. Wilke. (Z. physik. Chem. [Leipzig] **221**, 44—56, 1962; Berlin, Dt. Akad. der Wiss., Phys.-techn. Inst., Bereich Strahlungsquellen; dt.) — Krit. Übersicht über die Deutung des Lichtabfalls in Leuchtofflampen. Die auf chem. Vorgänge zurückzuführende Abnahme der Lichtausbeute ist durch verschiedene mehr oder weniger unabhängig voneinander ablaufende Rkk. bedingt. Unterss. mit einer neuen Bestrahlungs-App. ergeben, daß der Lichtabfall von Arsenatleuchtstoffen durch Abscheidung von As, das nach der photochem. begünstigten Disproportionierungs-Rk. $5\,As_2O_3 \rightarrow 3\,As_2O_5 + 2\,As$ entsteht, hervorgerufen wird. Mn-aktiviertes Mg–Li-Arsenat ist wesentlich stabiler als reines Mg-Arsenat. Die Vergrauung von Halophosphaten (Mn, Sb-aktiviertes Ca-Halophosphat) bei UV-Bestrahlung wird auf die Zers. der Aktivator-Verbb. (Abscheidung von metall. Sb u. Mn) zurückgeführt. Eine gewisse Schutz-Wrkg. kann durch eine Cd-haltige Schicht auf den Leuchtstoffteilchen erreicht werden. Hierzu wird der Leuchtstoff in 0,01—1%ig. Lsg. des stabilisierenden Kations (Cd, Sb oder Pb) suspendiert, mit wss. NH_3 das Hydroxid gefällt u. nach Abfiltrieren 1 Std. auf 500° erhitzt. Sb- u. Pb-haltige Schichten sind ohne Einfluß. P. Frenzel. 125◇

A_3. Elektrizität. Magnetismus. Elektrochemie

Durch verschiedene Methoden in Argon, Krypton und C_2-Kohlenwasserstoffen hervorgerufene Ionisation und Anregungsprozesse. Charles E. Melton. (J. chem. Physics **37**, 562—66, 1/8. 1962; Oak Ridge, Tenn., Oak Ridge Nat. Labor., Chem. Div.; engl.) — Vf. berichtet über massenspektroskop. Unterss. der Ionisationsprozesse in Ar, Kr, C_2H_2, C_2H_4 u. C_2H_6 durch 3,5-keV-Elektronen. Es zeigt sich, daß keine Abweichungen gegenüber Ionisationsprozessen bei Bestrahlung mit Elektronen höherer oder niedrigerer Energie auftreten. G. M. Neumann. 131◇

Selbstablösung von Elektronen in Schwefelhexafluorid. D. Edelson, J. E. Griffiths und K. B. McAfee jun. (J. chem. Physics **37**, 917—18, 15/8. 1962; Murray Hill, N.J., Bell Telephone Labor., Inc.; engl.) — Unterss. des Elektroneneinfangs durch

SF_6 während einer Townsend-Entladung mit Hilfe eines Flugzeit-Massenspektrometers ergaben Hinweise auf die Bldg. von SF_6^--Ionen, die bei niedriger Elektronenenergie mit einer Lebensdauer von ca. 10 μs in SF_6, SF_5^- u. F, SF_5 u. F^-, SF_4^- u. 2 F, SF_3^- u. 3 F zerfallen können. P. Sartori. 131◇

Zur Temperatur-Frequenzanalyse der dielektrischen Relaxation. G. Adam und F. H. Müller. (Z. Elektrochem., Ber. Bunsenges. physik. Chem. **66**, 844—50, Nov. 1962; Marburg/Lahn, Univ., Inst. für Polymere; dt.) — Unter der Annahme der Gültigkeit der Temp.-Superposition wird die Temp.-Abhängigkeit des Real- u. Imaginärteils (ε' bzw. ε'') der komplexen DK untersucht. Es wird gezeigt, daß die Differenz $\Delta\varepsilon$ (T_m) zwischen hoch- u. niederfrequenter DK näherungsweise aus der Fläche von ε'' über 1/T u. der Aktivierungsenergie für die Temp. T_m des Maximums von ε'' bestimmt werden kann. Für verschiedene Frequenzen erhält man die Temp.-Abhängigkeit von $\Delta\varepsilon$, umgekehrt aus der von ε' u. ε'' bei festgelegter Frequenz die scheinbare Aktivierungsenergie. Die Gültigkeitsgrenzen des Näherungs-Verf. werden für ein symm. Syst. berechnet. $\Delta\varepsilon$ kann auch aus dem Verlauf von ε' bei T_m bestimmt werden. Das Verf., das an Werten für *Polyalkylmethacrylate* sowie für eine Reihe niedrigmol. Verbb. (Literaturdaten) überprüft wurde, läßt sich auch auf das dynam.-mechan. u. paramagnet. Relaxations-Verh. anwenden. P. Frenzel. 132◇

Dielektrische Eigenschaften von ferroelektrischem $NaNO_2$. Shozo Sawada, Shoichiro Nomura und Yohko Asao. (J. physic. Soc. Japan **16**, 2207—12, Nov. 1961; Tokyo, Inst. of Technol., Dep. of Phys.; engl.) — In $NaNO_2$-Kristallen, die durch Schmelzen u. auch aus wss. Lsg. hergestellt waren, wurden die D–E-Hysteresisschleifen u. die DK entlang der ferroelektr. b-Achse gemessen. Außerdem wurde der pyroelektr. Strom gemessen. Die Werte der spontanen Polarisation entlang der b-Achse (unter 163°) wurden mit 2 Meth. gemessen u. stimmten gut miteinander überein. Die DK weist eine Anomalie im Bereich der Curie-Temp. auf, sie gehorcht dem Curie-Weissschen Gesetz unterhalb u. oberhalb der Curie-Temperatur. In der paraelektr. Phase war die Curie-Konst. $4{,}7 \cdot 10^3$ °K u. die Curie-Weiss-Temp. 162° C. Das Verhältnis der Curie-Konst. unterhalb u. oberhalb der Curie-Temp. ergab sich zu 9,6:1. Tieftemp.-Messungen ergaben keine anderen Anomalien. — Diskussion über die Kristallstruktur. D. Hoene. 132◇

Eine Anmerkung zur Theorie von Bariumtitanat. Hidetosi Takahasi. (J. physic. Soc. Japan **16**, 1685—89, Sept. 1961; Tokyo, Univ. of Tokyo, Dep. of Phys.; engl.) — Sorgfältige Unterss. der Gitterschwingungen an ferroelektr. Ionenkristallen, z. B. *$BaTiO_3$*, zeigen, daß bei genauer physikal. Darst. der ferroelektr. Übergang bei solchen Kristallen als Ordnungs–Unordnungs-Übergang der Orientierung von Dipolen angesehen werden muß, wobei ein definierter Ordnungsbereich in der ungeordneten Phase eine charakterist. Erscheinung ist. Vf. stellt ein Modell auf, das für das beobachtete Auftreten von drei Übergängen in $BaTiO_3$ eine natürliche Deutung liefert u. eine dielektr. Dispersion vom Relaxationstyp in der paraelektr. Phase vorhersagt. W. Sobieski. 133□

Thermoelektrische Kraft von Titan- und Vanadincarbid. Seiichiro Noguchi und Takao Sato. (J. physic. Soc. Japan **15**, 2359. Dez. 1960; Tokyo, Tokyo Metropolitan Univ., Dep. of Phys.; engl.) — Vff. berichten über Messungen der thermoelektr. Kraft von TiC u. VC bei Zimmer-Temp. u. der Temp. der fl. Luft. Unter der Annahme, daß die Leitungselektronen als frei zu betrachten sind, erhält man für die Fermi-Energie von TiC u. VC 2,02 bzw. 5,31 eV. G. M. Neumann. 133◇

Untersuchung der Abhängigkeit der Ionen-Elektronenemission von einigen Parametern des Targets und der auftreffenden Ionen. U. A. Arifow und R. R. Rachimow. (Nachr. Akad. Wiss. UdSSR, physik. Ser. **24**, 657—63, 1960; Taschkent, Akad. der Wiss. der UsbekSSR, Inst. für Kernphys.; russ.) — Experimentelle Unters. der kinet. u. potentiellen (= Auger-) Emission von Elektronen unter Ionenbeschuß. Als Targetmaterial diente *Mg, Ta, Mo, W, Ni, Zr* u. *Pt*. Ais Primärionen wurden Ne^+, Na^+, Ar^+, K^+, Rb^+ u. Kr^+ mit Energien zwischen 0,1 u. 10 keV verwandt. Die Target-Temp. wurde von 300—1600° K variiert. Der Koeff. γ_p für potentielle Elektronenemission nimmt mit zunehmender Austrittsarbeit des Targetmaterials linear ab u. ist ebenso wie der Koeff. γ_k für kinet. Emission von der Target-Temp. prakt. unabhängig. Die Abhängigkeit der Emissions-Koeff. γ von der Ionenenergie ist dad. gek., daß γ für alle Ionenarten u. Targetmaterialien von 0,1—1 keV prakt. konst. ist (vorwiegend potentielle Emission) u. zwischen 1 u. 10 keV linear mit der Ionenenergie ansteigt. γ nimmt mit zunehmendem Ionisierungspotential (von Kr zu Ne) der Ionen zu. Beginn u. Steilheit des linearen Anstiegs mit der Energie hängen deutlich von der Ionenart u. prakt. nicht vom Targetmaterial ab. F. Lenz. 134□

Sekundärelektronenemission bei der Bombardierung von Na-Filmen durch Ar-Ionen. U. A. Arifow und D. A. Taschchanowa. (Nachr. Akad. Wiss. UdSSR, physik. Ser. **24**, 664—67, 1960; russ.) — Vgl. vorst. Referat. — Gekürzte Fassung der in C. **1962**, 14409 referierten Arbeit. F. Lenz. 134□

Die Vergiftung von Barium-Nickel-Matrixkathoden. R. O. Jenkins und W. G. Trodden. (J. Electronics and Control [1] **10**, 81—96, Febr. 1961; Wembley, England, Gen. Electr. Co. Ltd., Hirst Res. Centre; engl.) — Die therm. Emission von Ba–Ni-Matrixkathoden (Mo-Anode) bei Anwesenheit verschiedener Gase wird untersucht. Keine Vergiftung der Matrixkathode (70% Ni-Pulver, 30% Ba-, Sr- u. $CaCO_3$, aktiviert mit 0,1% Al oder 1% TiH_2) wurde gefunden bei *CO* bis 10^{-3} Torr, N_2 u. H_2 bis 10^{-4} Torr (für 900°); während bei O_2, CO_2 u. *Wasserdampf* bereits ab 10^{-7} Torr Vergiftungserscheinungen auftraten. Diese Werte steigen mit steigender Temp. der Kathode u. fallen nach mehrmaligen Vergiftungen. 10—15 Reaktivierungen sind möglich durch Erhitzen auf dieselbe Temp. wie bei der Vergiftung oder durch Erhitzen auf 1000° bei Anwesenheit von Benzoldampf von 10^{-5} Torr. Vff. nehmen an, daß Vergiftung durch eine Gasadsorption u. die Reaktivierung durch Bldg. freien Bariums durch den Aktivator erfolgt. K. Huste. 134□

Messungen der Oberflächenphotospannung an Cadmiumsulfid. Richard Williams. (Physics Chem. Solids **23**, 1057—66, Aug. 1962; Princeton, N.J., RCA Labor.; engl.) — An der (0 0 0 1)-, (0 0 0 $\bar{1}$)-Fläche u. einer undefinierten Fläche parallel zur c-Achse von CdS-Einkristallen mit spezif. elektr. Widerständen von 1 $\Omega\cdot$cm wird bei Raum-Temp. die Oberflächenphotospannung V(I) bei Bestrahlung mit mechan.-moduliertem Licht einer W-Drahtlampe bestimmt; die Umgebungsatmosphäre der Kristalle ist Luft, N_2, O_2 bzw. J_2-Dampf. Im Gleichgewicht tritt zwischen dem Kristallinneren u. der Oberfläche eine Potentialdifferenz von 0,2—0,3 eV auf, u. die Oberfläche ist in allen Fällen bei Bestrahlung positiv. Die Polarität von V(I) ist auf adsorbiertes O_2 zurückzuführen, das an der Oberfläche geladene Acceptorzustände erzeugt. Die Adsorption ist reversibel, d. h. O_2 kann durch N_2 verdrängt werden, wenn die Proben gleichzeitig bestrahlt werden. Kinet. Messungen der Photodesorption zeigen, daß die Desorptions-Geschw. nicht durch eine lichtinduzierte Locherzeugung bestimmt wird. Die reversible J_2-Adsorption ruft höhere V(I)-Werte als O_2 hervor. Die Dichte geladener Oberflächenzustände an gut leitendem CdS beträgt $1\cdot10^{11}$ cm^{-2}, während an CdS mit Dunkelwiderständen von $3\cdot10^{6}$ $\Omega\cdot$cm keine geladenen Oberflächenzustände beobachtet werden; V(I) ist im untersuchten Lichtintensitätsbereich dem Dember-Potential, d. h. der unterschiedlichen Elektronen- u. Lochbeweglichkeit, zuzuschreiben. Die Deutung der Intensitätsabhängigkeit von V(I) mit einem Modell der Energiebänder u. Oberflächenzustände wird diskutiert. Herbert Müller. 134◇

Photoleitfähigkeit und Infrarotabsorption in neutronenbestrahltem Silicium. V. S. Vavilov, E. N. Lotkova und A. F. Plotnikov. (Physics Chem. Solids **22**, 31—38, Dez. 1961; Moscow, Acad. of Sci., P. N. Lebedev Inst. of Phys.; engl.) — Vff. berichten über Unterss. der IR-Absorption u. der Photoleitfähigkeit von mit Neutronen bestrahlten p-Si-Einkristallen. Es wurden starke Absorptionsbanden bei 1,8 (μ), 4,1 u. 5,9 u. schwache Banden bei 3,5 u. 3,7 beobachtet. Bei n-Si-Kristallen wurden Absorptionsbanden bei 1,8, 3,5, 3,7 u. 5,5 beobachtet. Die Photoleitfähigkeitsspektren in p-Si entsprechen bei 100° K folgenden Energieniveaus: (E_v =) +0,3 eV (4,1 μ); +0,33 eV (3,8 μ), +0,38 eV (3,3 μ) u. +0,45 eV (2,8 μ) sowie zwei Niveaus im oberen Teil des verbotenen Bandes: (E_c =) —0,4 eV (1,62 μ) u. —0,16 eV (1,23 μ) G. M. Neumann. 135◇

Verwendung der paramagnetischen Resonanz zur Aufdeckung optischer Prozesse in Photoleitern. Reuben S. Title. (Physics Chem. Solids **22**, 235—40, Dez. 1961; Yorktown, N.Y., IBM, Thomas J. Watson Res. Center; engl.) — Vf. berichtet über die Anwendung der paramagnet. Resonanz zur Auffindung lichtinduzierter Ladungsübergänge in *ZnS*:*Gd*,*Cl* u. *ZnS*:*Al*. Darüber hinaus wurden mit dieser Meth. Wechselwrkg. zwischen einzelnen Fehlstellen u. Defekten im Gitter beobachtet. G. M. Neumann. 135◇

Photoleitung von γ-bestrahlten KCl-Einkristallen im starken elektrischen Feld. Yoshio Inuishi und Yung-Kwun Sung. (J. physic. Soc. Japan **16**, 2074—75, Okt. 1961; Osaka, Osaka Univ., Coll. of Engng.; engl.) — Vff. untersuchen die Wrkg. von γ-Strahlen aus ^{60}Co bei Zimmer-Temp. auf KCl-Einkristalle bei angelegtem starkem elektr. Feld u. finden eine Photoleitung mit 550 nm-F-Band-Anregung von 500 μs Dauer. Die erhaltenen Sättigungskurven werden mit der Schubweggleichung verglichen u. der mögliche Mechanismus der Vorgänge diskutiert. W. Sobieski. 135□

Spezifische Leitfähigkeit bei Elektronenbeschuß in Zinksulfid. W. Ehrenberg und N. J. Hidden. (Physics Chem. Solids **23**, 1135—45, Aug. 1962; London, Univ., Birkbeck Coll., Dep. of Phys.; engl.) — Die elektr. Leitfähigkeit von polykristallinen, 0,42—1,07 μ dicken u. von einkristallinen, 15—500 μ dicken ZnS-Schichten wird unter Elektronenbeschuß (Beschleunigungsspannung V_p 2,0—50 kV) beim Anlegen von Vorspannungen V_b zwischen —400 u. +400 V bei Raum-Temp. untersucht. Die Verstärkung in der Elektronenbeschußleitfähigkeit (EBC), d. h. das Verhältnis des Probenstromes zum Elektronenstrahlstrom, setzt für polykristalline Schichten oberhalb eines Schwellenwertes eV_o von V_p ein; eV_o ist unabhängig von Größe u. Polarität von V_b. G ist V_b/d (d = Schichtdicke) direkt proportional u. steigt mit der Temp. geringfügig an. Die Proportionalität ist bei Impulsbestrahlung nur für höhere V_p-Werte erfüllt, da für die EBC kein eV_o beobachtet wird. Die elektr. Daten verschiedener einkristalliner Schichten zeigen starke Schwankungen. Die EBC setzt bei $2 \leq V_p \leq 6$ kV ein; der Schwellenwert hängt nicht von V_b u. d ab. G steigt oberhalb eines krit. V_b unabhängig von V_p an, da eine Grenze gefüllter Haftstellen (Rose, Physic. Rev. [2] **97**, [1955], 1538) vorliegt. Die Unterschiede zwischen poly- u. einkristallinen Proben sind verschiedenen Haftstellendichten (HSD) zuzuschreiben. In polykristallinem ZnS ist die HSD so groß, daß elektr. Durchschlag eintritt, bevor ein großer Teil der Haftstellen gefüllt ist. In Einkristallen ist die HSD geringer, so daß unter diesen Bedingungen die EBC beträchtlich von den Bestrahlungsbdingungen abhängt. Herbert Müller. 135◇

Weitere experimentelle Beweise zur Majoritätsladungsträgerinjektion in CdS-Einkristallen. I. T. Steinberger. (Physics Chem. Solids **15**, 354—55, Okt. 1960; Jerusalem, Hebrew Univ., Dep. of Phys.; engl.) — Vf. berichtet über einige Verss., die eine Injektion von Majoritätsladungsträgern in CdS-Einkristallen bestätigen u. die Theorie der raumladungsbegrenzten Ströme unterstützen. G. M. Neumann. 135◇

Die Feinstruktur der Spektralkurven bei Photoleitfähigkeit und Luminescenzanregung und ihre Beziehungen zum Excitonenabsorptionsspektrum. E. F. Gross und B. V. Novikov. (Physics Chem. Solids **22**, 87—100, Dez. 1961; engl.) — Vff. berichten über Unterss. der Feinstruktur der Grundschwingungsabsorptionskante von *CdS*, Cu_2O, HgJ_2, PbJ_2 u. *GaSe*. Bei allen untersuchten Kristallen wurde eine Feinstruktur der Spektralkurven der Photoleitfähigkeit beobachtet, die Absorptionslinien von Excitronen entspricht. Genauere Unterss. an CdS zeigen, daß entweder die Maxima (1. Typ) oder die Minima (2. Typ) der Photostromkurve den Excitonabsorptionslinien entsprechen. Durch geeignete Behandlung der Kristalle lassen sich die Kristalle der einen Art ohne weiteres in solche der anderen Art umwandeln. Die Koinzidenz von Photostrom- u. Absorptionsmaxima betrachten Vff. als Folge der Beteiligung der Excitonen an der Entstehung des Photostroms. Verschiedene Mechanismen einer derartigen Beteiligung werden diskutiert. Bei Luminescenzanregung wurden an den Spektralkurven von CdS ähnliche Beziehungen zwischen Feinstruktur u. Excitonspektrum beobachtet. G. M. Neumann. 135◇

Heitler-London-Näherung für die elektrische Leitfähigkeit. 2. Mitt. **Ein Beweis für die Sprungbewegung.** Tatsumi Kurosawa. (J. physic. Soc. Japan **15**, 1211—16, Juli 1960; Tokyo, Univ., Inst. for Solid State Phys.; engl.) — 1. vgl. C. **1963**, 8021. — Die in der 1. Mitt. zur Ermittlung der Bewegung der Elektronen benutzte Transportgleichung wird in vorliegender Mitt. abgeleitet. Vorausgesetzt wird, daß die effektive Masse der Elektronen oder Löcher sehr groß ist. Außerdem wird angenommen, daß die Wechselwirkung mit dem Gitter stark ist, u. Potentialschwankungen im Gitter vorhanden sind, die durch Verunreinigungen u. andere wandernde Elektronen hervorgerufen werden. G. Kelb g. 135□

Kollektive Anregung entarteter Plasmen in Festkörpern. Michael J. Harrison. (Physics Chem. Solids **23**, 1079—86, Aug. 1962; Princeton, N.J., RCA Labor.; engl.) — Vf. untersucht mit Hilfe der stoßlosen Boltzmann-Gleichungen für Loch- u. Elektronenverteilungsfunktionen in der self-consistent-Näherung das Spektrum kollektiver Schwingungen eines Stromes, der von einem entarteten Zweikomponentenplasma getragen wird. Wenn Unterschiede in den Fermi-Geschw. der Ladungsträger bestehen u. die mittlere Drift-Geschw. der schnellen Träger genügend groß ist, treten instabile akust. Schwingungen auf. Für jede Drift-Geschw. werden alle Anregungen mit Wellenzahlen oberhalb eines krit. Wertes instabil, während sie bei kleineren Werten gedämpft sind. Die Bedingungen für das Auftreten stabiler Hochfrequenzschwingungen werden angegeben u. der Einfl. des Stromes auf ihre Streuung untersucht. Herbert Müller. 135◇

Über die Kopplung von optischen Gitterschwingungen mit Trägerplasmaschwingungen in polaren Halbleitern. Isaaki Yokota. (J. physic. Soc. Japan **16,** 2075, Okt. 1961; Niigata, Univ., Fac. of Sci., Dep. of Phys.; engl.) — Vf. diskutiert eine Theorie für die Kopplung von Gitterschwingungen opt. Art mit Trägerplasmaschwingungen von großer Wellenlänge in polaren Halbleitern u. findet, daß nur longitudinale Gitterschwingungen mit denen des Trägerplasmas gekoppelt werden können. Die Eigenfrequenzen der gekoppelten Schwingungen sind $\omega^2 = {}^1/_2\{\omega_p{}^2 + \omega_l{}^2 \pm [(\omega_p{}^2 + \omega_l{}^2)^2 - 4\,\omega_p{}^2\omega_t{}^2]^{1/2}\}$, wobei ω_p = Frequenz der Plasmaschwingung, ω_t die der transversalen u. ω_l die der longitudinalen Wellen bedeuten. W. Sobieski. 135□

Praktische Ergebnisse einer theoretischen Untersuchung des durch Erzeugung von Ladungsträgern hervorgerufenen Rauschens in p-n-Übergängen für den Fall einer linearen Näherung der Bänder. Michel Savelli und Maurice Teboul. (C. R. hebd. Séances Acad. Sci. **254,** 3656—58, 21/5. 1962; franz.) — Theoret. Abhandlung über die Änderung der spektralen Dichte als Funktion der Frequenz u. der Polarisationsspannung. I. Zoll. 135◇

Makroskopische Physik der Oberflächenrekombination in Halbleitern. A. C. Sim. (J. Electronics and Control [1] **10,** 117—26, Febr. 1961; Harlow, England, Standard Telecommunication Labor., Ltd.; engl.) — Theoret. Arbeit. Es wird gezeigt, daß die bisherige Vorstellung der Geschw. der Oberflächenrekombination von Transistormaterial nur gültig ist, wenn die Geschw. klein ist im Verhältnis zur Diffusionsgeschwindigkeit. In einem verbesserten Modell wird angenommen, daß die Lebensdauer der überschüssigen Ladungsträger zur Oberfläche hin langsam zu einem niedrigen Wert abfällt. Daraus folgt, daß die auftretende Geschw. der Oberflächenrekombination abhängig ist von der Verteilung der Erzeuger der Überschußträger. Es wird weiterhin gezeigt, daß dies bes. bei sehr kurzen Diffusionslängen (InSb) stark ausschlaggebend ist. Die Lebensdauer der Träger hängt außerdem sehr stark ab von einer Verschmutzung oder Beschädigung der Oberfläche sowie von einem elektr. Feld, das auf die Oberfläche wirkt. K. Huste. 135□

Energiebänder in Halbleitern. Donald Long. (J. appl. Physics **33,** 1682—96, Mai 1962; Hopkins, Minn., Honeywell Res. Center; engl.) — Ausführliche Übersicht über die Energiebandstrukturen einer Reihe gut untersuchter Halbleiter (*Si, Ge, InAs, InSb, GaAs, GaSb, GaP, InP, AlSb, PbS, PbSe, PbTe*, $CdAs_2$, Bi_2Te_3) sowie über die Meth. zu ihrer Unters. (Transportphänomene, opt. Effekte, Cyclotronresonanz, Piezowiderstand, magnet. Widerstandsänderung, Hochdruckeffekte). — Etwa 150 Literaturangaben. A. Blaschette. 135◇

Phänomenologie der Störstellenleitung in Halbleitern. E. C. McIrvine. (Physics Chem. Solids **15,** 356—58, Okt. 1960; San Diego, Calif., Gen. Dynamics Corp., Gen. Atomic Div., John Jay Hopkins Labor. for Pure and Appl. Sci.; engl.) — Vf. diskutiert das phänomenolog. Verh. von Halbleitern im Bereich der Störstellenleitung an Hand von experimentellen Ergebnissen an *n-Ge, n-* u. *p-Si, p-InSb, n-SiC, n-CdS* u. $p\text{-}Mg_2Sn$ aus der Literatur. Es zeigt sich, daß die Abhängigkeit der krit. Störstellen-Konz. von der DK ε des reinen Wirtsgitters der linearen Beziehung $N_c = 1{,}6 \cdot 10^{24} \exp(-\varepsilon)$ gehorcht. G. M. Neumann. 135◇

Rekombinationsprozesse in mit Ga, In und Sb dotiertem Silicium. Y. E. Pokrovsky und K. J. Svistunova. (Physics Chem. Solids **22,** 39—43, Dez. 1961; Moscow, Acad. of Sci., Inst. of Radio and Electronics; engl.) — Vff. berichten über Messungen der Temp.- u. Konz.-Abhängigkeit der Lebensdauer von Überschußladungsträgern in mit Ga, In u. Sb dotiertem Si. Ein Einfl. auf die Rekombinations-Geschw. der Minoritätsladungsträger wurde nicht beobachtet. Bei mit In dotiertem Si wurde ein Einfang von Ladungsträgern infolge des Locheinfangs durch die negativ geladenen In-Zentren beobachtet. Der Wrkg.-Querschnitt für den Locheinfang beträgt ca. $2 \cdot 10^{-16}$ cm² bei 80°K u. ist nur schwach temperaturabhängig. Der Elektroneneinfangsquerschnitt der neutralen In-Zentren beträgt dagegen $4 \cdot 10^{-22}$ cm² bei 80°K u. steigt mit fallender Temp. an. Ferner untersuchen Vff. die den Elektroneneinfang begleitende Rekombinationsstrahlung. Es zeigt sich, daß der Einfangsquerschnitt durch die Strahlungsübergänge bestimmt wird. G. M. Neumann. 135◇

Der Einfluß von Wärmebehandlung auf die Lebensdauer von Minoritätsträgern in Silicium. Toshihumi Asakawa. (J. physic. Soc. Japan **16,** 1923—33, Okt. 1961; Tokyo, Musashino, Kichijoji, Nippon Telegraph and Telephone Public Corp., Electric. Commun. Labor.; engl.) — Durch Messung der Lebensdauer von Minoritätsträgern konnten Störzentren in Si festgestellt werden, die durch Wärmebehandlung ins Gitter eingeführt worden waren. Direkt nach dem Abschrecken trat ein donatorähnliches

Niveau bei 0,34 eV vom Valenzband auf, das durch Tempern bei Zimmer-Temp. in verschiedene Rekombinationsniveaus übergeführt wird, deren eines weiter als 0,45 ± 0,05 eV von den Bandkanten entfernt liegt. Wegen der Ähnlichkeit der beobachteten Eigg. mit denen von Fe, wird dieses als Rekombinationszentrum angesehen, was auch mit den bekannten Eigg. von wärmebehandeltem Si übereinstimmt. W. Sobieski. 135□

Theorie flacher Acceptorzustände in Si und Ge. D. Schechter. (Physics Chem. Solids **23**, 237—47, März 1962; Bayside, N.Y., Gen. Telephone and Electronics Labor., Inc.; engl.) — Vf. untersucht theoret. das Verh. von Acceptorzuständen, die in Si bzw. Ge auftreten, wenn ein 3wertiges Element in das Kristallgitter eingebaut wird. Für die Lösung der Gleichung effektiver Massen in flachen Acceptorzuständen mit großen Bahnen werden, da in Si bzw. Ge das Valenzband in der Nähe des Maximums (k = 0) entartet ist, angenäherte Energiezustände u. Wellenfunktionen nach einer Variations-Meth. abgeleitet. Die Werte sind für den Grundzustand bzw. die ersten 4 opt. angeregten Zustände in Ge 0,0094 ± 0,0005 (eV) bzw. 0,0040 ± 0,0002, 0,0025 ± 0,0001, 0,0021 ± 0,0001 u. 0,00061 ± 0,00003; in Si (mit dem Parameter effektiver Massen $B < 0$) 0,036 ± 0,003 bzw. 0,0133 ± 0,0007, 0,0094 ± 0,0008, 0,0067 ± 0,0003 u. 0,0044 ± 0,0001 u. mit $B > 0$ 0,053 ± 0,004 bzw. 0,0140 ± 0,0008, 0,0097 ± 0,0008, 0,0069 ± 0,0004 u. 0,0042 ± 0,0001. Herbert Müller. 135◇

Elektrischer Feldeffekt in Halbleitern bei tiefen Temperaturen. V. V. Paranjape. (Proc. physic. Soc. **78**, 516—28, 1/10. 1961; Liverpool, Univ., Dep. of Theoret. Phys.; engl.) — Auf der Grundlage der Elektronen-Temp. untersucht Vf. theoret. den Prozeß des starken Ansteigens der elektr. Leitfähigkeit mit der Feldstärke in *Ge* bei ~2 V/cm u. berechnet die Änderung der Elektronendichte mit der Feldstärke unter der Annahme der Anregung von Donatoren ins Leitfähigkeitsband durch Stoßionisation u. Phononenabsorption. Es kann gezeigt werden, daß der Strom trotz seiner starken Feldabhängigkeit immer stabil u. der Ausdruck für die Stromdichte eine implizite Funktion der Feldstärke ist. — Die Theorie wird durch übereinstimmende Vers.-Ergebnisse bestätigt. W. Sobieski. 135□

Darstellung und Eigenschaften von mit Quecksilber dotiertem Germanium. S. R. Borrello und H. Levinstein. (J. appl. Physics **33**, 2947—50, Okt. 1962; Syracuse, N.Y., Syracuse Univ., Dep. of Phys.; engl.) — Ge-Kristalle mit Hg-Konzz. zwischen $8 \cdot 10^{13}$ u. $5 \cdot 10^{14}$ Atome/cm³ wurden nach einem modifizierten Verf. von Pfann (vgl. C. **1954**, 7040) durch Überleiten von Hg-Dämpfen im H_2-Strom über auf 1000° erhitztes Ge erhalten. Die Hg-Verunreinigung läßt p-Ge mit 2 Energieniveaus entstehen. Messungen der Hall-Konst. ergeben Werte von 0,087 u. 0,23 für das tiefere bzw. höhere Niveau. Aus der spektralen Abhängigkeit der Photoleitfähigkeit bestimmte Aktivierungsenergien stimmen mit diesen Werten gut überein. H. Roschkowski. 135◇

Rekombinationseigenschaften von Mangan und Gold in Germanium. V. G. Alexeeva, S. G. Kalashnikov, I. V. Karpova und E. G. Landsberg. (Physics Chem. Solids **22**, 45—50, Dez. 1961; Moscow, Acad. of Sci., Inst. of Radio and Electronics; engl.) — Vff. berichten über Messungen des photoelektromagnet. Effektes u. der Photoleitfähigkeit an mit Au u. Mn dotiertem Ge im Temp.-Intervall von 90—330°K. Für die Einfangs-Koeff. bei 300°K wurden folgende Werte gefunden: Au: $\alpha_n^0 = 5 \cdot 10^{-10}$; $\alpha_n^- = 2 \cdot 10^{-9}$; $\alpha_p^= = 1 \cdot 10^{-7}$ (cm³/s) bzw. Mn: $\alpha_n^0 = 2 \cdot 10^{-9}$; $\alpha_n^- = 4 \cdot 10^{-10}$; $\alpha_p^= = 6 \cdot 10^{-10}$ (cm³/s). Die Temp.-Abhängigkeit des Koeff. $\alpha^=$ verläuft mit T^{-n}, mit n = 3,5 für Au bzw. n = 4,5 für Mn. Die anderen Koeff. α_n^0 u. α_n sind dagegen nur schwach temperaturabhängig. Die Daten werden diskutiert u. mit bekannten Werten aus der Literatur verglichen. G. M. Neumann. 135◇

Direkte optische Übergänge vom aufgespaltenen Valenzband zum Leitungsband in Germanium. M. V. Hobden. (Physics Chem. Solids **23**, 821—22, Juni 1962; Malvern, Worcs., Royal Radar Establ.; engl.) — Mit einem Gitterspektrometer u. mechan. moduliertem Licht wird das opt. Absorptionsspektrum von 2 μ dicken Ge-Plättchen bei 4 u. 290°K zwischen 0,8 u. 1,3 eV untersucht. Die Absorptionskante (AK) der Übergänge vom oberen Valenzband zum Leitungsband liegt für 290°K bei 0,806 eV, für 4°K bei 0,889 eV; die Breite der AK bei 290°K beträgt 0,003 eV u. liegt bei 4°K an der Nachweisgrenze. Die AK, die Übergängen vom abgespaltenen Valenzband zum Leitungsband entspricht, liegt für 4°K bei 1,179 ± 0,005 eV, für 290°K bei 1,095 ± 0,005 eV; die entsprechenden Parameter der Linienverbreiterung sind 0,015 bzw. 0,024 eV. Die große Verbreiterung kann der großen natürlichen Breite des Maximums des aufgespaltenen Valenzbandes zugeschrieben werden. Herbert Müller. 135◇

Verbreiterung der optischen Absorptionskante in Germanium. T. P. McLean und E. G. S. Paige. (Physics Chem. Solids **23**, 822—25, Juni 1962; engl.) — Vgl. vorst.

Referat. — Vff. diskutieren die Mechanismen, die die Verbreiterung der opt. Absorptionskanten von Ge u. ihre Abhängigkeit von Photonenenergie u. Temp. beschreiben.
Herbert Müller. 135◇

Einfluß von Verunreinigungskeimen auf die Trägerbeweglichkeit von hochdotiertem Germanium. P. Csavinszky. (J. physic. Soc. Japan **16**, 1865—69, Okt. 1961; Rochester, N.Y., General Dynamics/Electronics, Res. Div.; engl.) — Durch Unters. der Wrkg. von Verunreinigungskeimen auf die Streuung von ionisierten Beimengungen wurde der Einfl. der Keime auf die Beweglichkeit von Ladungsträgern in hochdotiertem Ge untersucht. Die Experimente ergeben in Übereinstimmung mit der Theorie, daß bei gleichem Dotierungsgrad die Elektronenbeweglichkeit in mit *Sb*-dotierten Ge-Kristallen größer als in mit *As*-dotierten ist u. daß die Abhängigkeit der Beweglichkeit von der Elektronendichte die verschiedene Abschirmung der Verunreinigungsionen bewirkt.
W. Sobieski. 135□

Direkte Sichtbarmachung von Fehlstellen bei einem Germanium-p—n-Übergang. Masami Tomono. (J. physic. Soc. Japan **15**, 2254—64, Dez. 1960; Kokūbunji, Tokyo, Hitachi Ltd., Central Res. Labor.; engl.) — Vff. stellte den p-n-Übergang durch Auflegieren von In auf n-Ge her. Die nichtlegierte Seite der Probe wurde gegenüber einer Pt-Elektrode in einem $CuSO_4$-Bad angebracht. Durch elektrolyt. Abscheidung von Cu können die Fehlstellen des p—n-Übergangs direkt sichtbar gemacht werden.
G. M. Neumann. 135◇

Quantenausbeute in InSb. Alan R. Beattie. (Physics Chem. Solids **23**, 1049—56, Aug. 1962; Dallas, Tex., Texas Instruments, Inc.; engl.) — Vf. berechnet mit Hilfe der Störungs-Meth. nach Beattie u. Landsberg (C. **1960**, 6401) die Abhängigkeit der Quantenausbeute in InSb von der Photonenenergie. Für phononenarme Elektronenstoßprozesse, die Elektronenlochpaare erzeugen, werden auf der Grundlage von parabol. u. nichtparabol. Energiebändern die möglichen Übergangszustände angegeben. Bei Raum-Temp. sind 2 Prozesse vorherrschend, deren Schwellenwerte bei 0,44 bzw. 0,62 eV liegen; von Tauc (C. **1962**, 10358) werden als Meßwerte 0,47 bzw. 0,60 eV angegeben. Die Energieabhängigkeit der Quantenausbeute kann qual. gedeutet werden.
Herbert Müller. 135◇

Oberflächenleitfähigkeit von p-leitendem InSb bei 77° K. G. K. Eaton, R. E. J. King, F. D. Morten, A. T. Partridge und J. G. Smith. (Physics Chem. Solids **23**, 1473—77, Okt. 1962; Southampton, Mullard Ltd.; engl.) — Von Ge-dotierten, p-leitenden InSb-Proben mit Trägerbeweglichkeiten von 6000—8000 $cm^2/V \cdot s$ bei 77°K wird die Abhängigkeit der elektr. Leitfähigkeit σ von der Probendicke d (10—200 μ) bei 77°K untersucht. Da die Extrapolation von σ für d $\rightarrow$ 0 nicht durch den Nullpunkt führt, ist eine Oberflächenleitfähigkeit anzunehmen. Die notwendige Raumladungserhöhung an der Oberfläche wird aus Messungen des Feldeffektes mit äußeren elektr. Feldern von $\pm$300 V erhalten. Die Oberfläche ist p-leitend u. der größte Teil der induzierten Ladung wird in Oberflächenzuständen eingefangen. Aus der Größe des Feldeffektes folgt, daß die Zeit-Konst. anderer als schneller Oberflächenzustände $>$1 Std. sind. Zustände mit diesen hohen Aktivierungsenergien werden Oxidschichten an der Oberfläche zugeschrieben u. können bei Bestrahlung mit UV-Licht beobachtet werden.
Herbert Müller. 135◇

Darstellung und elektrische Eigenschaften von Quecksilber(II)-selenid. M. D. Blue und P. W. Kruse. (Physics Chem. Solids **23**, 577—86, Juni 1962; Hopkins, Minn., Honeywell Res. Center; engl.) — Mischungen von Hg u. Se werden in einer evakuierten Quarzampulle 22 Std. lang auf 600° u. dann 3 Std. lang auf 800° erhitzt. Die Abkühlung erfolgt in einem Bridgman-Ofen mit einem Temp.-Gradienten von 850/750° durch Absenken mit 0,3 cm/Std.; sie liefert polykristalline Proben. Von unbehandelten u. bei 305—600° in Hg- bzw. Se-Dampf getemperten Proben werden bei 77—300°K elektr. Leitfähigkeit u. Hall-Beweglichkeit bestimmt. Alle Proben sind bei 77—300°K n-leitend u. zeigen entartetes Halbleiterverhalten. Die Abhängigkeit der Elektronen-Konz. n_e von der Temp. des Anlassens im dynam. Vakuum weist bei 240° mit $n_e(77°K) = 1{,}4 \cdot 10^{17}\ cm^{-3}$ ein Minimum auf. Thermodynam. Unterss. des P—T-Diagramms für das Syst. Hg—Se zeigen, daß bei der Herst. von HgSe nur Hg-reiche Proben erhalten werden. Der Hg-Überschuß befindet sich entweder auf Zwischengitterplätzen oder ist eine Folge von Leerstellen im Se-Gitter. Herbert Müller. 135◇

Kritische Streuung in Halbleiterlegierungen. J. E. Parrott. (Physics Chem. Solids **23**, 1437—39, Okt. 1962; Reading, Berks., Univ., J. J. Thomson Phys. Labor.; engl.) — Beim Vorliegen einer Mischungslücke in festen Lsgg. einer Halbleiter-Leg. werden an einem krit. Punkt mit der Zus. x_c bei der Temp. T_c, an dem getrennte Phasen verschwinden, starke Schwankungen der Zus. beobachtet, die mit einer zusätzlichen

Streuung von Elektronen, elektromagnet. Wellen usw. verbunden sind. Im tern. Syst. In–As–Te tritt für $(In_3As_3)_x(In_2Te_3)_{1-x}$ bei $x_c = 0{,}9$ u. $T_c = 820^0$ eine Mischungslücke auf, die für die Ladungsträgerbeweglichkeit μ berechnet u. mit Meßwerten verglichen wird; μ weist bei T_c ein Minimum auf. Herbert Müller. 135◇

Spezifischer elektrischer Widerstand und Defekt-Energieniveaus in reduziertem Titandioxid bei niedrigen Temperaturen. Ryukiti R. Hasiguti, Kazuko Minami und Hirō Yonemitsu. (J. physic. Soc. Japan **16,** 2223–26, Nov. 1961; Tokyo, Univ. of Tokyo, Dep. of Metallurgy; Tokyo, Nat. Res. Inst. for Metals; Kawasaki, Toshika Electr. Co., Low Temp. Labor.; engl.) — Der Widerstand von red. Rutil wurde von 80°K bis 2°K gemessen. Aus der Steigung der Widerstandkurven wurden die Aktivierungsenergien über 20°K zu 0,01–0,02 eV u. unter 20°K zu 0,0005–0,005 eV bestimmt. Die Elektronenleitung unterhalb 20°K wird auf die Defektniveaus zurückgeführt. Leitungsmechanismen bei höheren Temp. werden ebenfalls diskutiert. D. Hoene. 135◇

Eine Vierelektroden-Methode zur Messung des spezifischen Widerstandes von Eis bei direktem Stromdurchgang. Gerardo Wolfgang Gross. (Science [Washington] **138,** 520–21, 26/10. 1962; Socorro, New Mex., Inst. of Mining and Technol.; engl.) — Für systemat. Leitfähigkeitsmessungen an Eis, welches mit *HF* u. *HCl* dotiert ist, wird eine Vierelektroden-Meth. beschrieben. Sie erlaubt eine kontinuierliche Kontrolle der Meßgenauigkeit. Die Best. wurden bei Temp. zwischen −10 u. −86° durchgeführt. Danach ist die elektr. Leitfähigkeit bei konst. Temp. direkt der Quadratwurzel aus der Säure-Konz. der geschmolzenen Probe proportional. Ernst Schulte. 135◇

Diodenmessungen mit dicken Chloridschichten auf Nickel. J. R. Anderson. (J. appl. Physics **33,** 3089–93, Okt. 1962; Melbourne, Australia, Univ., Chem. Dep.; engl.) — Bei der Bldg. einer dickeren Chloridschicht auf der Oberfläche einer Ni-Anode ist die Diodenkennlinie gegenüber der bei Messung an einer reinen Oberfläche seitlich verschoben u. verläuft nicht mehr parallel zu dieser. Vf. führt dieses Verh. auf die Leitfähigkeits-Eigg. der Chloridschicht zurück u. nimmt an, daß es für eine allg. Meth. zur Best. der elektr. Eigg. dünner isolierender Schichten auf metall. Oberflächen herangezogen werden kann. Weiterhin wird die Leitfähigkeit von kompaktem $NiCl_2$ gemessen, die Bldg. dicker Chloridschichten auf Ni kinet. untersucht u. ein Verf. zur Herst. nicht verunreinigter gesinterter Ni-Filme geringer Fläche beschrieben. Die spezif. elektr. Leitfähigkeit von stöchiometr. $NiCl_2$ wird zu ca. $< 10^{-15}\ \Omega^{-1}\ cm^{-1}$ bei ca. 300°K abgeschätzt, sie nimmt beim Erhitzen im Vakuum zu, wobei eine schwache Halbleitung resultiert (Aktivierungsenergie ca. 16 kcal/Mol). Leitfähigkeit u. Oberflächenpotential der Chloridschichten auf Ni nehmen beim Erhitzen im Vakuum zu, was auf den Einbau von metall. Ni aus dem Substrat zurückgeführt wird. P. Frenzel. 135◇

Thermoelektrische Anwendung von Halbleitern. Peter Gerthsen. (Z. angew. Physik **13,** 435–44, Sept. 1961; Aachen, Philips Zentrallabor. GmbH.; dt.) — Übersicht. — 57 Literaturangaben. A. Blaschette. 135◇

Plasmatheorie der Elektron-Phonon-Wechselwirkung in Metallen. Oldwin van Roos. (Physic. Rev. [2] **120,** 1641–47, 1/12. 1960; Pasadena, Calif., California Inst. of Technol., Jet Propulsion Labor.; engl.) — Vgl. C. **1961,** 4595. — Die l. c. entwickelte Transporttheorie eines Elektronengases wird auf die Wechselwrkg. mit Ionen in einem Metall erweitert. Die durch eine Anisotropie der Elektronenverteilung verursachte Störung der Gitterschwingungen wird berechnet. Die Ionenfreiheitsgrade werden aus der Transportgleichung eliminiert u. die Dispersionsbeziehung für die Elektronenplasmaschwingungen abgeleitet. Aus dieser folgt, daß die Beiträge infolge Phononwechselwrkg. von der gleichen Größenordnung wie der Einfl. therm. Bewegung sind. H. Liepack. 136◇

Der elektrische Widerstand von Stapelfehlern in kubisch-flächenzentrierten Metallen. Horst Statz. (Z. Naturforsch. **17 a,** 996–1010, Nov. 1962; Stuttgart, TH, Inst. für theoret. u. angew. Phys.; dt.) — Die Wellenfunktion der Leitungselektronen in einem Kristall mit unendlich ausgedehntem Stapelfehler wird durch eine Entw. nach Wannier-Funktionen der Gitterplätze des gestörten Kristalls dargestellt. Eine exakte Lösung des Streuproblems u. des entsprechenden Transportproblems gelingt bei beliebiger Form der Fermi-Fläche. Im Ausdruck für den elektr. Widerstand des Stapelfehlers sind Störmatrixelemente zwischen Wannier-Funktionen enthalten. Die Berechnung der Wannier-Funktionen geschieht nach einem Varations-Verf. von Koster u. Parzen. Wannier-Funktionen u. Kristallpotential werden gleichzeitig so gewählt, daß die aus ihnen folgende Größe der Fermi-Energie u. Gestalt der Fermi-Fläche mit den experimentell bekannten Daten der Edelmetalle übereinstimmen. Die Störmatrixelemente u. damit auch der elektr. Widerstand ergeben sich innerhalb der Unsicherheitsgrenzen für Cu, Ag u. Au als prakt. gleich. Die Zahlenwerte stehen in Übereinstimmung mit den experimentellen Ergebnissen. R. Esenwein. 136◇

Der Einfluß von Restgasen auf die Eigenschaften von Indiumfilmen. Hollis L. Caswell. (J. appl. Physics **32**, 2641—45, Dez. 1961; Yorktown Heights, N.Y., IBM, Yorktown Res. Labor.; engl.) — Vf. untersuchte den Einfl. von N_2, H_2, CH_4, Ar, CO u. CO_2 bei Drücken unter u. über 10^{-9} Torr auf die elektr. Eigg. oder die Supraleitfähigkeit von In-Filmen u. fand bei Partialdrücken von 10^{-5} Torr keinen meßbaren Einfluß. In bezug auf O_2 wurde ein Effekt beobachtet, wenn das Verhältnis K der sich berührenden O_2-Moll. u. In-Atome größer als 3% war. Der Widerstand bei Raum-Temp. stieg von 9,0 auf 14 $\mu\Omega$ cm, die krit. Temp. fiel von $3{,}402 \pm 0{,}005$ auf $(3{,}389 \pm 0{,}002)^0$ K, die wirksame magnet. Eindringtiefe vergrößerte sich von 630 ± 100 Å bis über 1000 Å. Bei Filmen, die durch eine Maske Randeffekten ausgesetzt waren, wurde für $10^{-3} < K < 3 \cdot 10^{-2}$ eine größere Eindringtiefe beobachtet. In-Filme wiesen auf reinen erhitzten Substraten bei 100 Å/s u. einem Druck von 10^{-4} Torr dieselben Eigg. auf wie Filme, die im Hochvakuum O_2- u. Wasserdampfpartialdrücken unter 10^{-7} bzw. 10^{-5} Torr ausgesetzt waren. Die Eigg. werden mit denen von Sn-Filmen verglichen (J. appl. Physics **32**, [1961], 105). D. Hoene. 136□

Erste Untersuchung des spezifischen elektrischen Widerstands eines Chrom-Einkristalls. Sigurds Arajs, R. V. Colvin und M. J. Marcinkowski. (J. less-common Metals [Amsterdam] **4**, 46—51, Febr. 1962; Monroeville, Pa., U. S. Steel Corp. Res. Center, Edgar C. Bain Labor. for Fundamental Res.; engl.) — Vff. untersuchen den spezif. elektr. Widerstand eines Cr-Einkristalls parallel der [1 0 0]-Achse von 4—330° K. In der Nähe des Néel-Punktes existiert eine beträchtliche Hysterese. Bei niedrigen Temp. weist der Widerstand keine Anomalien auf. Die Temp.-Abhängigkeit des Widerstandsverhältnisses $[\varrho(T) - \varrho_0]/\varrho(80)$ bei tiefen Temp. ist mit der von reinem polykristallinem Cr ident., vgl. White u. Woods, Trans. Roy. Soc. [London], Ser. A **251**, [1959], 273. D. Hoene. 136◇

Restwiderstand von in O_2-Atmosphäre angelassenem Kupfer. R. L. Dolecek und D. J. Schultz. (Acta metallurg. [New York] **8**, 664—65, Sept. 1960; Washington, D.C., U. S. Naval Res. Labor.; engl.) — Vff. berichten über Messungen des Restwiderstandes von polykristallinem, sehr reinem Cu bei 4,2° K ($\varrho_{4,2°K}$). Es wurde gefunden, daß sich nach Anlassen im Vakuum ($\sim 10^{-5}$ Torr) bei verschiedenen Temp. $>400°$ $\varrho_{4,2°K}$ mit der Anlaß-Temp. ändert. Da nach Unterss. von Redman u. Mitarbeitern (Bull. Amer. physic. Soc. **4**, [1959], 150) gefunden worden war, daß die Ggw. von O_2 in der Anlaßatmosphäre das elektr. Anlassen von Cu erhöht u. das Verhältnis $\varrho_{273°K}/\varrho_{4,2°K}$ verbessert u. unter der Annahme, daß eine Spur von O_2 bei dem Vakuumanlassen vorhanden war, wurde eine Best. der optimalen Bedingungen für das Anlassen von Cu in einer O_2-Atmosphäre durchgeführt. Bei einer konst. Anlaßzeit von 4 Std. wurde der Einfl. der Anlaß-Temp. u. der O_2-Konz. auf $\varrho_{4,2°K}$ bestimmt. Optimales Anlassen lieferte ein maximales Widerstandsverhältnis von ca. 1000. Hieraus wird geschlossen, daß in Cu absorbiertes O_2 nicht nur wirksam ist zur Neutralisierung gewisser Streuzentren, sondern, wenn im Überschuß vorhanden, auch neue Streuzentren erzeugt. Für eine gegebene O_2-Konz. erlaubt Erhöhung der Anlaß-Temp. schnellere Diffusion von O_2 in Cu mit daraus folgender Erhöhung des Widerstandsverhältnisses bis zu einem maximalen Wert, der ein optimales Gleichgewicht der Neutralisierung existierender Zentren u. den Beitrag neuer Zentren darstellt, die durch den überschüssig absorbierten O_2 eingeführt wurden. C. Gottfried. 136

Elektrisches Verhalten von plutoniumreichen Mischkristallen der δ-Phase mit Cer, Aluminium und Zink unterhalb 300° K. R. O. Elliott, C. E. Olsen und J. Louie. (Physics Chem. Solids **23**, 1029—44, Aug. 1962; Los Alamos, N.Mex., Univ. of California, Los Alamos Sci. Labor.; engl.) — Aus Pu mit $3 \cdot 10^{-2}$ bis 10^{-1}(%) metall. Verunreinigungen, 10^{-2} bis $3{,}3 \cdot 10^{-2}$ C u. $3 \cdot 10^{-3}$ bis $1{,}8 \cdot 10^{-2}$ O_2 u. 99,95(%ig.) Ce, 99,97 Al bzw. 99,993 Zn werden durch Vakuum-Lichtbogenschmelzen-Legg. mit 4—18 (Atom-%) Ce, 1,2—10 Al bzw. 1,51—3,89 Zn hergestellt u. daraus 1,0 in. lange Zylinder geformt. In Pu–Ce-Legg. mit 4—5,9 Ce u. in Pu–Al-Legg. mit 1,2—2,5 Al liegt bei 4—300° K eine metastabile δ-Phase vor, während bei größeren Ce- bzw. Al-Geh. im untersuchten Temp.-Bereich nur eine stabile feste δ-Lsg. auftritt. Im Bereich der metastabilen δ-Phase verläuft die α–δ-Umwandlung mit steigenden Ce- bzw. Al-Geh. allmählich reversibel mit abnehmender Ausdehnung der Hysterese. In Pu–Zn-Legg. tritt bei Abkühlung von 300° K eine irreversible Umwandlung der metastabilen δ-Phase auf. Von den Proben wird zwischen 4 u. 300° K nach der Meth. der Potentialabtastung der spezif. elektr. Widerstand ϱ gemessen; die Temp.-Abhängigkeit ist graph. angegeben. In verschiedenen Temp.-Intervallen wird die Abhängigkeit mit $\log\varrho = \log B + n \cdot \log T$ (B u. n Konst.) beschrieben. In der metastabilen δ-Phase von Pu–Ce-Legg. beträgt n ca. 0,53, während in stabilen δ-Phasen n mit steigendem Ce-Geh. von 0,45 auf 0,13 abfällt.

In stabilen Pu–Al-Legg. liegt n bei steigenden Al-Geh. zwischen 0,24 u. 0,02. Die ϱ-Abhängigkeit vom Geh. des Leg.-Partners weist ein Minimum auf; das Minimum entspricht einem Elektronen–Atom-Verhältnis e/a = 4,76 ± 0,2, wenn für die metall. Valenzen von δ-Pu 4,82, Ce 3,6, Al 3 bzw. Zn 2 angesetzt werden. Das Maximum des spezif. Widerstandes von δ-Pu ϱ_{max} zeigt eine Konz.-Abhängigkeit, die mit $\varrho_{max}^{1/2} = m[x(1-x)]$ (x = Atombruch des Leg.-Partners, m = Konst.) beschrieben wird. Bei Extrapolation auf x = 0 wird für Al, Ce u. Zn der gleiche Wert von ϱ_{max} erreicht, so daß für sie ein ähnlicher Einfl. auf ϱ von δ-Legg. anzunehmen ist. Herbert Müller. 136◇

Spezifischer Heißwiderstand von Wolframdrähten. G. L. Davis. (Nature [London] **106**, 565, 10/11. 1962; New Road, Mitcham Junction, Surrey, Mullard Radio Valve Co. Ltd., Material Res. Labor.; engl.) — Bei der Unters. der Änderung der elektr. Parameter von W-Drähten bei der Einw. von therm. Ionen wurde gefunden, daß die Werte aus den Langmuirschen Tabellen zu Irrtümern führen können. Bei einem Röhrenofen sind bei einer Temp. von 1100° Fehler von ca. 100° üblich, die Fehler sind dazu von Ofen zu Ofen verschieden groß. Zur exakten Temp.-Best. wurde eine Brücke verwandt, bei der die Heizströme in den dünnen Drähten 1 mA nicht überschreiten. Zur Beschreibung der Verhältnisse bei W hat sich die Gleichung $R_T = R_0 \cdot (1 + \alpha T + \beta T^2 + \gamma T^3)$ als am zweckmäßigsten erwiesen. Bei Temp. bis 100° können die Terme α, β u. γ vernachlässigt werden, bei 1200° nur der γ-Term, wenn eine Genauigkeit von 1% gefordert wird. Die Parameter sind jedoch nicht konst., α u. β werden durch die Reinheit u. die Härtungs-Meth. des Metalls beeinflußt. α variiert zwischen 3,9 u. $4,7 \cdot 10^{-3}$, β zwischen 0,5 u. $2,0 \cdot 10^{-6}$, γ liegt im Durchschnitt bei $0,5 \cdot 10^{-9}$. Der Widerstand bei Raum-Temp. ist um 10% höher als der Langmuirsche. Es ist für exaktes Arbeiten erforderlich, die Charakteristik der einzelnen Probe zu bestimmen. Ernst Schulte. 136◇

Der spezifische elektrische Widerstand von Mn_3ZnC zwischen 4,2° K und 630° K. M. L. Swanson und S. A. Friedberg. (Canad. J. Physics **39**, 1429—32, Okt. 1961; Pittsburgh, Pa., Carnegie Inst. of Techn., Metals Res. Labor.; Dep. of Phys.; engl.) — Der spezif. elektr. Widerstand ϱ von *Mn_3ZnC* steigt von 4,2 bis 550° K von einem hohen Restwert in kompliziertem Verlauf an. Oberhalb 550° K ist ϱ temperaturunabhängig. Der Temp.-Koeff. als Funktion der Temp. $(1/\varrho)(d\varrho/dT)$ zeigt in Verbindung mit magnet. Übergängen zwei Anomalien bei ca. 240 u. ca. 450° K. Die Ergebnisse werden auf Grund eines Spin–Unordnungs-Streubildes diskutiert. W. Sobieski. 136□

Bemerkung zur Supraleitfähigkeit von Legierungen. C. J. Gorter. (Physics Letters [Amsterdam] **1**, 69—70, 1/5. 1962; Leiden, Kamerlingh Onnes Labor.; engl.) — Vf. weist darauf hin, daß bei Messungen der Supraleitfähigkeit von Legg. nicht nur der zeitliche Ablauf der Messung, sondern auch die Größe der zu untersuchenden Probe eine wesentliche Rolle spielt. G. M. Neumann. 136◇

Einige Experimente über den Kapitzaschen Widerstand zwischen Metallen und flüssigem Helium II. L. J. Challis. (Proc. physic. Soc. **80**, 759—67, 1/9. 1962; Nottingham, Univ., Dep. of Phys.; engl.) — Vf. führt Messungen des Kapitzaschen Grenzflächenwiderstands zwischen Metallen (hauptsächlich *Pb*) u. fl. *He II* durch. Die Ergebnisse zeigen, daß bei den untersuchten *Pb*-Proben der Widerstand bei Supraleitung größer ist als im Normalzustand, wo er mit steigender magnet. Feldstärke abnimmt u. mit der Zeit zu wachsen scheint. Die Diskussion nach einem von Little vorgeschlagenen Mechanismus führt die zeitliche Zunahme auf die Bldg. einer Oxidschicht zurück. W. Sobieski. 136□

Kollektive Anregung von Elektronen in entarteten Bändern. 2. Mitt. **Kollektive Anregungen in einem metallischen p-Band.** Takeo Izuyama. (Progr. theoret. Physics [Kyoto] **24**, 899—907, Okt. 1960; Kyoto, Univ., Res. Inst. for Fundament. Phys.; engl.) — 1. vgl. C. **1962**, 1891. — Für das Modell eines idealisierten metall. p-Bandes werden verschiedene Arten von kollektiven Schwingungen der Elektronen berechnet. Dabei zeigte sich, daß nur die Dichteschwingungen stabil sind. Alle anderen Schwingungen sind instabil. Bei ihnen können Stabilitätsbedingungen nur unter Voraussetzungen erfüllt werden, die nicht zu realisieren sind. H. Fahlenbrach. 137□

Grundzustandsaufspaltung für $d^{5\,6}S$-Ionen in einem kubischen Feld. M. J. D. Powell, J. R. Gabriel und D. F. Johnston. (Physic. Rev. Letters **5**, 145—46, 15/8. 1960; Harwell, England, Atom. Energy Res. Establ.; engl.) — Vff. deuten die Verss. von Walsh (C. **1963**, 4246) u. anderen Autoren über die paramagnet. Resonanz an $d^{5\,6}S$-Ionen auf der Grundlage der Berechnungen von Watanabe (C. **1959**, 8464). D. Jörchel. 137□

Topotaktische Reaktionen mit ferrimagnetischen Oxiden, die hexagonale Kristallstruktur besitzen. 1. Mitt. F. K. Lotgering. (J. inorg. nuclear Chem. **9**, 113—23, Febr. 1959; Eindhoven, N. V. Philips' Gloeilampenfabrieken, Philips Res. Labor.; engl.) — Vgl. C. **1960**, 14598. — Es wird eine neue Meth. zur Herst. polykristallinen Materials mit orientierten Kristallen beschrieben, die auf der Rk. orientierter Körner einer stark anisotropen ferrimagnet. Komponente mit nicht orientierten Körnern einer normalerweise nicht magnet. Komponente beruht. Mit Hilfe dieser Rk., für die der Name „topotakt. Rk." vorgeschlagen wird, wurden orientierte Proben von $Ba_3Co_\delta Zn_{2-\delta} \cdot Fe_{24}O_{41}$, $BaCo_\delta Zn_{2-\delta}Fe_{16}O_{27}$, $Ba_2Zn_2Fe_{12}O_{22}$ u. $BaCo_\delta Ti_\delta Fe_{12-3\delta}O_{19}$, die verwandte hexagonale Kristallstrukturen besitzen, hergestellt. Es wurden außerdem einige Ferrite mit kub. Spinellstruktur nach dieser Rk. hergestellt. Bei 1250° wurden das spezif. Gew. u. die spezif. Widerstände r, $\mu_\perp$ u. $\mu_\parallel$ für die topotakt. orientierten Verbb. bestimmt. D. Noack. 137◇

Magnetische Eigenschaften antiferromagnetischer Chromoxid (Cr_2O_3)-Teilchen. Krishna Gopal Srivastava. (C. R. hebd. Séances Acad. Sci. **253**, 2887—89, 18/12. 1961; Grenoble, Labor. d'Electrostat. et de Phys. du Métal; franz.) — Die Größe der untersuchten Teilchen lag zwischen 20 u. 2000 Å. Sie wurden durch Zers. von Chromhydroxid oder -carbonat im Vakuum oder an der Luft bei verschiedenen Temp. (133 bis 1400°) erhalten. Die magnet. Susceptibilität χ wurde in einem Feld von 10000 Oe zwischen 20° K u. normaler Temp. gemessen. Die Teilchen zeigen ein magnet. Verh., das der von Néel entwickelten Theorie entspricht. Die kleinsten Partikel folgen dem Curieschen Gesetz. Die 1000—2000 Å großen Teilchen dagegen haben ein konst., aber etwas größeres $\varkappa$ als das kompakte Material. I. Zoll. 137◇

Der Einfluß der magnetischen Anisotropie bei dünnen ferromagnetischen Schichten aus Kobalt. A. Corciovei. (Physics Chem. Solids **20**, 162—64, Juni 1961; Bucharest, Inst. for Atomic Phys.; engl.) — Für dünne Co-Schichten von nur wenigen Atomlagen, die in der hexagonal dichtesten Kugelpackung kristallisieren u. bei denen die magnet. Vorzugsrichtung, die [0 0 0 1]-Richtung, senkrecht auf der Schichtebene steht, wird die Hamilton-Gleichung durch ein Anisotropieglied erweitert. Mit dieser Erweiterung wird dann die Schichtdickenabhängigkeit der Curie-Temp. für verschiedene Parameter berechnet, wobei ein deutlicher Abfall zu kleinen Schichtdicken hin herauskommt. H. Fahlenbrach. 137□

Magnetische Susceptibilität von ReF_6. Henry Selig, Fred A. Cafasso, Dieter M. Gruen und John G. Malm. (J. chem. Physics **36**, 3440—44, 15/6. 1962; Argonne, Ill., Argonne Nat. Labor.; engl.) — Vff. berichten über Messungen der magnet. Susceptibilität von ReF_6 nach der Faraday-Meth. im Temp.-Bereich von 4—296° K. Die magnet. Susceptibilität gehorcht im Temp.-Bereich 14—296° K der Beziehung: $\varkappa = (78 \pm 1) \cdot 10^{-4}/T + (0{,}87 \pm 0{,}03) \cdot 10^{-4}$. Daraus ergibt sich für ReF_6 ein magnet. Moment von 0,25 Bohrschen Magnetonen. Eine Anwendung theoret. Vorstellungen für gasförmiges ReF_6 (vgl. Moffit u. Mitarbeiter, Molecular Physics **2**, [1959], 109) auf diese Messungen führt zu Werten von $\zeta = 3160\ cm/^1$ u. $10\ Dq/\alpha = 55000\ cm^{-1}$. G. M. Neumann. 137□

Die Kinetik der beweglichen Phasengrenzen in ferromagnetischem, ferroelektrischem und supraleitendem Material. A. C. Sim. (J. Electronics and Control [1] **10**, 97—116, Febr. 1961; Harlow, England, Standard Telecommunication Labor.; engl.) — Ausführliche mathemat. Ableitung der Bewegung der Phasengrenzen in ferromagnet. u. supraleitenden Stoffen bei dem plötzlichen Anlegen eines Magnetfeldes mit dem Ergebnis, daß die bisherigen Anschauungen, die die Wandstärke u. die Verhältnisse in der Grenzlinie vernachlässigen, nicht stimmen. Eine Formel mit der Berücksichtigung der Wandstärke u. Lösungen für ferromagnet. Isolatoren u. Ferrite wird angegeben. Im Falle der Supraleiter wird gezeigt, daß die Fehler in der bisherigen Theorie für die Abweichungen von den Beobachtungen verantwortlich sind. K. Huste. 137□

Relaxationsgleichungen für Zweimagnon- und Magnon-Phonon-Prozesse bei der ferrimagnetischen Resonanz. P. E. Seiden. (Physic. Rev. [2] **124**, 1110—12, 15/11. 1961; Yorktown Heights, N.Y., I.B.M. Co., Thomas J. Watson Res. Center; engl.) — Aus quantenmechan. Geschw.-Gleichungen für Spinwellenmagnonen werden Gleichungen abgeleitet, die das Relaxations-Verh. der Magnetisierung im Falle der ferrimagnet. Resonanz beschreiben. Die Annahme einer einzigen Relaxationszeit für eine bestimmte Magnetisierungskomponente kann danach im allg. nicht aufrechterhalten werden. W. Hein. 137◇

Die Einengung magnetischer Kernresonanzspektren durch Molekülrotation in Festkörpern. 2. Mitt. **Weitere Berechnungen für ein System reorierender Kernpaare.** E. R. Andrew und G. J. Jenks. (Proc. physic. Soc. **80**, 663—73, 1/9. 1962; Bangor,

Univ. Coll. of North Wales, Dep. of Phys.; engl.) — 1. vgl. Proc. physic. Soc. **72**, [1958], 959. — Vff. berechnen das magnet. Kernresonanzspektrum nach einer Störungs-Meth. für ein Syst. rotierender Kernpaare u. finden nach einer von Andrew u. Newing beschriebenen „halbklass." Näherung, daß das Spektrum aus einem Zentralteil mit Seitenspektren besteht, deren Intensitäten bei schneller Reorientierung sehr gering sind. Das zweite Moment des Gesamtspektrums ist unabhängig von der Rotations-Geschw., die Bedingungen, unter denen es prakt. invariant ist, werden diskutiert.
W. Sobieski. 137□

Schwingungen der Knight-Verschiebung. Jerome I. Kaplan. (Physics Chem. Solids **23**, 826—27, Juni 1962; Waltham, Mass., Brandeis Univ.; engl.) — Vf. gibt einen theoret. Ausdruck für Schwingungen der Fermi-Energie an, die aus Messungen der Knight-Verschiebung bei hohen Magnetfeldern erhalten werden.
Herbert Müller. 137◇

Innere Magnetfelder in Seltenerdmetallen. Jun Kondo. (J. physic. Soc. Japan **16**, 1690—91, Sept. 1961; Tokyo, Univ. of Tokyo, Inst. for Solid State Phys.; engl.) — Vf. berechnet die effektiven Magnetfelder an Atomkernen der Seltenerdmetalle u. findet, daß die Felder aus dem Bahndrehimpuls der 4f-Elektronen mehrere 1000 kOe erreichen können. W. Sobieski. 137□

Eigenschaften von Lithiumhydrid. 3. Mitt. Paramagnetische Resonanz der Farbzentren. W. Burton Lewis und F. E. Pretzel. (Physics Chem. Solids **19**, 139—46, April 1961; Los Alamos, N.Mex., Univ. of California, Los Alamos Sci. Labor.; engl.) — 2. vgl. Physics Chem. Solids **17**, [1961], 232; 5. vgl. C. **1963**, 2746. — Durch Neutronenbestrahlung von LiH-Einkristallen bei 78° K werden Konzz. überschüssiger F-Zentren von $10^{17}/cm^3$ erzeugt. Die ESR-Absorption der F-Zentren wird bei $g = 2{,}004 \pm 0{,}001$ untersucht. Aus Linienbreitenmessungen an LiH-Kristallen verschiedener Isotopen-Zus. (^{7}LiH, ^{7}LiD, ^{6}LiH u. ^{6}LiD) werden die Spindichten der F-Zentrenelektronen in den Li^+- u. H^--Plätzen abgeschätzt. G. Ruban. 137◇

Kernmagnetische Resonanz in metallischem Kalium. M. P. Klein und W. D. Knight. (Physics Chem. Solids **15**, 355—56, Okt. 1960; Livermore, Calif., Lawrence Radiat. Labor.; Berkeley, Calif., Univ. of California, Dep. of Phys.; engl.) — Beobachtungen der kernmagnet. Resonanz in metall. ^{39}K relativ zu diamagnet. *KCl* ergeben einen Wert von $\Delta H/H = 0{,}261 \pm 0{,}002\%$. Die Resonanz wurde bei 2,58 MHz u. einer Feldstärke von 13000 Oe beobachtet. G. M. Neumann. 137◇

Hyperfeinfeld und Ausrichtung des Grundzustandspins in antiferromagnetischem $KMnF_3$. Hugh Montgomery, Dale T. Teaney und Walter M. Walsh jun. (Physic. Rev. [2] **128**, 80—81, 1/10. 1962; Harwell, AERE; Murray Hill, N.J., Bell Telephone Labor.; engl.) — Die spezif. Wärme c wurde bei tiefen Temp. bestimmt u. aus dem Beitrag des Kerns das Hyperfeinfeld zu $A^{55}\langle S\rangle/h = (686 \pm 10)$ MHz berechnet. Aus der paramagnet. Elektronenresonanz von Mn^{2+} in $KMnF_3$-Einkristallen wurde für $KMnF_3$ $A^{55} = [91{,}64(7) \pm 0{,}05]\cdot 10^{-4}\ cm^{-1}$ ermittelt. Aus diesen beiden Ergebnissen folgt eine Ausrichtung des Grundzustandspins von $\langle S\rangle/S = (99{,}8 \pm 1{,}5)\%$, im Widerspruch zur Spinwellentheorie (Kubo, Physic. Rev. [2] **87**, [1952], 568).
H. Liepack. 137◇

Kernpolarisation in polykristallinen Holmium–Indium-Legierungen. V. L. Sailor, R. I. Schermer, F. J. Shore, C. A. Reynolds, H. Marshak und Hans Postma. (Physic. Rev. [2] **127**, 1124—29, 15/8. 1962; Upton, N.Y., Brookhaven Nat. Labor.; engl.) — Ho- u. In-Kerne wurden in einer ferromagnet. 92,2% Ho–7,8% In-Lsg. durch Kern–Hyperfein-Wechselwrkg. polarisiert. Die Kernpolarisation wurde aus der Transmission eines monochromat., polarisierten Neutronenstrahls bei Neutronenenergien, die den Resonanzen in den Ho- u. In-Wrkg.-Querschnitten entsprachen, bestimmt. Die Messungen zwischen 0,071 u. 4,225° K ergaben für die Hyperfein-Konst. von *Ho* $A/k = 0{,}58 \pm 0{,}03°$ K, entsprechend einem effektiven Feld am Kern von $H_{eff} = +8{,}4\cdot 10^6$ Oe, u. für *In* $A/k = -0{,}013 \pm 0{,}002°$ K, $H_{eff} = -1{,}3\cdot 10^5$ Oe. Der Einfl. der Kernpolarisation auf die magnet. Anisotropie polykristalliner Proben wird diskutiert.
H. Liepack. 137◇

Kernspin-Zustände in Molekülkristallen. L. B. Borst, S. L. Borst, L. Koysooko, H. Patel und E. Stusnick. (Physic. Rev. Letters **7**, 343—45, 1/11. 1961; University Heights, New York, N.Y., New York Univ., Dep. of Phys.; engl.) — Die Dämpfung eines Neutronenstrahles durch festes *Acetylen* (HCCH = lineares Mol.) u. *W.* wird in Abhängigkeit von der Zeit gemessen. Die Acetylenprobe wird während der Messung von 4 auf 2° K abgekühlt u. anschließend schnell auf 77° K erhöht. Der Wrkg.-Querschnitt ändert sich während dieses Vorganges (2 Std.) von 140 auf 10 u. wieder auf 140 barn. Der Übergang von 50% der para-Form bei niedriger Temp. zum Zustand bei höherer Temp. (3 ortho — 1 para) geht in 10 Min. vor sich. Bei W. als Moderator werden bei konst. Temp. Änderungen der Intensität des Neutronenstrahles (mit Neutronen von 500—1500 μs/m = reziproker Geschw.) beobachtet. Diese Tatsache wird auch auf die para- u. ortho-Transformationen des W. zurückgeführt. Die Ergebnisse zeigen, daß W. sich bei 4° K nicht zum Moderator eignet. H. Schibilla. 137 □

Kernquadrupolresonanz und Elektronenspinresonanz in $[C(NH_2)_3]Al(SO_4)_2 \cdot 6\,H_2O$ und isomorphen Verbindungen. Gerald Burns. (Physic. Rev. [2] **123**, 1634—44, 1/9. 1961; Yorktown, N.Y., IBM Corp., Res. Center; engl.) — Vgl. C. **1961**, 3560. — Durch Kristallisation aus wss. Lsgg. werden trigonale Einkristalle der Guanidiniumsalze $[C(NH_2)_3]Al(SO_4)_2 \cdot 6\,H_2O$ (**I**; a = 11,745 u. c = 8,592 Å), $[C(NH_2)_3]Al(SeO_4)_2 \cdot 6\,H_2O$ (**II**; a = 11,989 u. c = 9,062 Å), $[C(NH_2)_3]Ga(SO_4)_2 \cdot 6\,H_2O$ (**III**; a = 11,761 u. c = 9,051 Å), $[C(NH_2)_3]Ga(SeO_4)_2 \cdot 6\,H_2O$ (**IV**; a = 12,020 u. c = 9,144 Å), $[C(ND_2)_3]Al(SO_4)_2 \cdot 6\,D_2O$ (**V**; a = 11,745 u. c = 8,592 Å) u. von mit Cr^{3+} dotiertem **I**—**V** hergestellt u. mit einem Pound-Watkins-Spektrometer das Kernresonanzspektrum von ^{27}Al bzw. ^{69}Ga zwischen —196 u. 100° aufgenommen. Von Cr^{3+}-haltigen Verbb. wird außerdem mit einem X-Bandspektrometer die Elektronenspinresonanz (ESR) bei 24 u. —196° bestimmt. Die Temp.-Abhängigkeit der Kernquadrupolkopplungs-Konst. e Q q/h ist von **I**—**V** für Al bzw. Ga auf 2 verschiedenen kristallograph. Plätzen im Gitter ähnlich, fällt linear mit der Temp. u. zeigt teilweise einen Vorzeichenwechsel. Aus den großen Werten von [d (e Q q/h]/dT für **III** u. **IV** folgt ein Abschirmungsfaktor, der mit berechneten Werten übereinstimmt. Unter Verw. von Daten über Struktur, Wärmeausdehnungs-Koeff. u. geeigneten Annahmen über die Ladungsverteilung in der Elementarzelle werden der Feldgradient q am Al^{3+} bzw. Ga^{3+} u. dq/dT berechnet. dq/dT ist von Struktur- u. Ladungsparametern weitgehend unabhängig u. zeigt nur Einfl. der anisotropen Wärmeausdehnung. Eine befriedigende Übereinstimmung wird zwischen theoret. u. Meßwerten von [d (e Q q/h)]/dT beobachtet, wenn der theoret. Wert der Abschirmungsfaktoren in der Rechnung benutzt wird. Das Verhältnis der Abschirmungsfaktoren für Al^{3+} u. Ga^{3+} zeigt außerdem eine gute Übereinstimmung mit theoret. Werten. Die Temp.-Abhängigkeit der ESR von Cr^{3+} weist für **I**—**V** als Wirtssubstanz einen ähnlichen Verlauf auf; die g-Werte sind bei 24° für **I** 1,978, **II** 1,977, **III** 1,976, **IV** 1,977 u. **V** 1,977, bei —196° für **II** 1,976, **III** 1,978 u. **IV** 1,975. Die Nullfeldaufspaltung D besitzt lediglich bei **V** eine stärkere Temp.-Abhängigkeit. Der Zusammenhang zwischen e Q q u. D wird diskutiert. Herbert Müller. 137 □

Effekte zweiter Ordnung in der kernmagnetischen Resonanz bei niedrigem Feld für Ammoniumionenlösungen. Robert J. S. Brown und Don D. Thompson. (J. chem. Physics **34**, 1580—83, Mai 1961; La Habra, Calif., California Res. Corp.; engl.) — Nahezu gesätt. Proben von wss., mit HNO_3 behandeltem NH_4NO_3 werden in der Spule eines erdfeldfreien, von Brown (vgl. Bull. Amer. physic. Soc., Ser. II **5**, [1960], 298) beschriebenen Präzessions-App. untergebracht u. die resultierenden Signale auf einem Oszilloskop beobachtet u. photographiert. Es wurde ein komplexes Impulsdiagramm erhalten, das die bei hohen Feldern beobachtete Spin-Spin-Aufspaltung erster Ordnung bei 52,55 Hz enthielt u. ferner eine 1,35 Hz-Aufspaltung zweiter Ordnung, wenn die Protonenpräzessionsfrequenz 2137 Hz ist. Rohe Messungen der therm. Relaxation bei Zimmer-Temp. u. Feldern von 2—6000 Gauß zeigten keine Feldabhängigkeit der therm. Relaxationszeiten für die Wasserstoffe von W. oder Ammonium. Genaue Messungen bei 24,5° ergaben die Relaxationszeiten (reziproke Zeiten) $r_1 = 0{,}376\ s^{-1}$ für Wasser-H u. $r_1 = 2{,}297\ s^{-1}$ für NH_4-H. Eine genaue Messung der therm. Relaxations-Geschw. des NH_4-H bei —11° ergab $r_1 = 0{,}543\ s^{-1}$ oder $T_1 = 1{,}84$ s. Die Zeit für W. bei dieser Temp. ist viel kürzer. C. Gottfried. 137

Magnetische Kernresonanz bei Halogenkomplexen des Quecksilbers. S. S. Dharmatti, C. R. Kanekar und S. C. Mathur. (Proc. Sympos. Chem. Co-ordinat. Compounds, Agra [India] **1959**, Nr. 2, 152—56, 1960; Bombay, Tata Inst. of Fundament. Res.; Atomic Energy Establ.; engl.) — Durch Best. der magnet. Kernresonanz von ^{201}Hg u. ^{199}Hg können Hg-Halogenide u. -Halogenkomplexionen voneinander unterschieden werden. In Lsg. erzeugen $[HgCl_4]^{2-}$ u. $[HgBi_4]^{2-}$-Komplexe andere chem. Verschiebungen als $HgCl_2$ u. $HgBr_2$. Die ^{199}Hg-Verschiebung ist sehr groß u. stimmt mit der bekannten Stereochemie der Komplexionen überein. Die linearen Halogenid-Moll. bilden sich unter der Wrkg. hybridisierter sp-Orbitals. Der erwartete größere Beitrag zum Paramagnetismus in den Anionen u. die niedrigere magnet. Abschirmung des ^{199}Hg-Kernes in den Komplexen trat mit dem wachsenden p-Charakter in den Halogenkomplexen ein. W. Hein. 137 ◇

Magnetische Kernresonanzuntersuchung der Koordinationsverbindungen des Kobalt(III). S. S. Dharmatti, C. R. Kanekar und S. C. Mathur. (Proc. Sympos.

Chem. Co-ordinat. Compounds, Agra [India] **1959**, Nr. 2, 157–61, 1960; Bombay, Tata Inst. of Fundament. Res.; Atomic Energy Establ.; engl.) — An $K_3[Co(CN)_6]$, *cis-* u. *trans-*$[Co(NO_2)_2en_2]NO_3$ (I), $[Co\ dipy_3](ClO_4)_3$, *cis-* u. *trans-*$[Co(NO_2)_2(NH_3)_4]NO_3$, $[Co(NO_2)_3 \cdot (NH_3)_3]$, $[Co\ en_3]Cl_3$, $Na_3[Co(NO_2)_6]$, $CoNO_2(NH_3)_5]Cl_2$, $[Co(NH_3)_6]Cl_3$, $[Co(NH_3)(H_2O)_3]$, $[CoCO_3(NH_3)_3]NO_3$, $[CoCl(NH_3)_5]Cl_2$, $[CoCO_3(NH_3)_4]NO_3$, *Co-8-Hydroxychinolat* u. *Co-Acetylacetonat* wurden die magnet. kernresonanzchem. Verschiebungen des ^{59}Co gemessen. Die magnet. Abschirmung für die verschiedenen Liganden nimmt in der Reihenfolge: Acetylacetonat < 8-Hydroxychinolat < CO_3 < Cl < CO_3^- < H_2O < NH_3 < en < dipy < NO_2 < CN zu. Bei der cis–trans-Umwandlung von I nimmt das Maximum für die cis-Form fortlaufend ab, während das für die trans-Form zunimmt. Da die Isomeren verschiedene magnet. Abschirmung besitzen, können sie durch Messung der chem. Verschiebung identifiziert werden. Mit Hilfe der ^{59}Co-Resonanz wurde außerdem der gelbe Nitropentamminkobalt(III)-chloridkomplex u. der entsprechende rote Komplex der gleichen Verb. untersucht. Die rote Verb. ist der Nitrokomplex mit einer Verunreinigung von Chloropentamminkobalt(III)-chlorid, aus dem der Komplex im allg. dargestellt wird. Der rote sog. Nitritokomplex ist danach nicht existent. Nach kinet. Unterss. an $[CoCH_3COO(NH_3)_5](NO_3)_2$ ist dessen Hydratation eine Rk. 1. Ordnung.
W. Hein. 137◇

Untersuchungen an Nickel(II)-Komplexen. 3. Mitt. Bis-[N-arylsalicylaldiminato]-nickel(II)-Komplexe. R. H. Holm und K. Swaminathan. (Inorg. Chem. [Washington] **1**, 599–607, Aug. 1962; Cambridge, Mass., Harvard Univ., Dep. of Chem.; engl.) — 2. vgl. C. **1962**, 16934. — Da beim Ersatz von R (= CH_3 oder n-Alkyl) in Bis-[R-N-salicylaldiminato]-nickel(II) (I) durch bestimmte Arylgruppen der Lsg.-Paramagnetismus in inerten Lsgm. stark wächst (vgl. C. **1963**, 3863), untersuchten Vff. die Gründe für dieses Verh. durch Änderung von R (= Aryl) an Hand der Änderung der spektralen u. magnet. Eigg. nachst. Verbb.: I (fest), R = C_6H_5, p-, m-, o-$C_6H_4CH_3$, p-C_6H_4F, p- u. m-C_6H_4Cl, p-$C_6H_4N(CH_3)_2$, 2.4-, 2.5-, 3.4- u. 3.5-$C_6H_3(CH_3)_2$ u. in Chlf.-Lsg. bei 25° neben vorst. Verbb. Bis-[N-phenylalkylsalicylaldiminato]-nickel(II) (alkyl = 3- bzw. 5-iso-C_3H_7 u. 5-CH_3). 3 Gruppen sind unterscheidbar: a) I mit o-substituierten Arylgruppen sind diamagnet. u. monomer, b) mit Phenyl- u. p-substituierten Arylgruppen; in Lsg. stark paramagnet. ($\mu_{eff} \geqslant 2{,}8$ B.M.) u. assoziiert ($1{,}5 < \bar{n} < 2$) u. in festem Zustand diamagnet. oder paramagnet. u. c) mit m-substituierten Arylgruppen; in Lsg. stark paramagnet. ($\mu_{eff} \geqslant 3{,}2$ B.M.) u. assoziiert ($2 < \bar{n} < 3$), im festen Zustand immer paramagnetisch. Für die b-Komplexe wurden die magnet. Messungen u. die Molgew. im Hinblick auf ein Gleichgewicht diamagnet. Monomeres–paramagnet. Dimeres gedeutet. Die Ergebnisse beweisen ferner eine Beziehung zwischen Lsg.-Paramagnetismus u. Mol.-Assoziation der offensichtlich 4fach koordinierten Ni(II)-Komplexe. In keinem Falle konnte die Art der Assoziation aus den Messungen mit Sicherheit hergeleitet werden; indessen scheint die Ggw. von axial gestörten trans-planaren Koordinationseinheiten gewiß zu sein.

Versuche: *Bis-[R-N-salicylaldiminato]-nickel(II)-komplexe*, durch 4–5std. Erhitzen von Bis-[salicylaldehydato]-nickel(II)-dihydrat mit einem 3fachen Überschuß an Amin in A. am Rückfluß, mehrmaliges Umkristallisieren aus Chlf. oder Bzl. u. Wiederfällen mit PAe. u. Trocknen im Vakuum bei 80–100° über P_2O_5; *p-*, *m-* u. *o-*$C_6H_4CH_3$; *p-*C_6H_4F; *p-* u. *m-*C_6H_4Cl; *2.4-*, *2.5-*, *3.4-* u. *3.5-*$C_6H_3(CH_3)_2$; alles grüne Kristalle.
G. Heller. 137◇

Protonenchemische Verschiebungen in Pi-Komplexen. J. C. Schug und R. J. Martin. (J. physic. Chem. **66**, 1554–56, Aug. 1962; Pittsburgh, Pa., Gulf Res. and Dev. Co.; engl.) — Vff. bestimmten die protonenchem. Verschiebungen an Ag^+-Komplexen von Cyclohexen, cis-2-Buten, Bzl. u. Toluol in wss. Lösung. Die kernmagnet. Resonanz-(n.m.r.-) Spektren von olefinhaltigen wss. Lsgg. sind von der $AgNO_3$-Konz. unabhängig, es liegt nur eine Teilchenart, vermutlich der 1:1-Komplex vor. Die n.m.r.-Spektren der aromatenhaltigen wss. Lsgg. variieren mit der $AgNO_3$-Konz., doch zeigt jedes Spektrum nur eine einzige, aromat. Protonen entsprechende Absorption. Zu den protonenchem. Verschiebungen können 2 Faktoren beitragen: 1. Übertragung von Elektronen vom KW-Stoff auf das Ag^+ u. 2 Polarisationseffekte. Der Einfl. der elektr. Felder auf die protonenchem. Verschiebungen wurde mit Hilfe der von Buckingham (Canad. J. Chem. **39**, [1960], 1158) abgeleiteten Beziehung abgeschätzt. Die berechneten Verschiebungen sind erheblich u. können die beobachteten (ca. $-0{,}40$ ppm) leicht erklären.
P. Scharner. 137□

Die Linienbreite bei der paramagnetischen Streuung langsamer Neutronen durch Seltenerdmetalle. Daniel Saint-James. (C. R. hebd. Séances Acad. Sci. **253**, 2884–86, 18/12. 1961; franz.) — Theoret. Unters. über den Austausch zwischen magnet. Ionen bei elast. u. unelast. Streuung langsamer Neutronen durch die Ionen von Seltenerdmetallen in einem Kristallfeld. Die Berechnung wird für Ce^{3+} in einem kub. Feld angewendet. I. Zoll. 137◇

Die paramagnetische Resonanz und die optischen Spektren einiger Ionen in kubischen Kristallfeldern. W. Low. (Ann. New York Acad. Sci. **72,** 69–126, 17/3. 1958; Chicago, Ill., Univ. of Chicago, Enrico Fermi Inst. for Nucl. Sci.; engl.) — Zusammenfassende Darst. von Ergebnissen, die mit Mn^{2+} (C. **1958,** 2052), V^{2+} (C. **1957,** 8138), Cr^{3+} (C. **1958,** 2052), Ni^{2+} (C. **1958,** 7965), Fe^{2+} u. Fe^{3+} (C. **1958,** 4996), Gd^{3+} (C. **1958,** 7966) u. Eu^{2+} (C. **1957,** 8138) in kub. Kristallfeldern (MgO, ZnS, SrS, $SrCl_2$, CaF_2) erhalten wurden. A. Blaschette. 137◇

Temperaturabhängigkeit der Elektronenspinresonanz in kolloidalem Natrium. R. C. McMillan, G. J. King, B. S. Miller und F. F. Carlson. (Physics Chem. Solids **23,** 1379–80, Okt. 1962; Fort Belvoir, Va., US Army Engineer Res. and Dev. Labor., Basic Res. Group; engl.) — Pulverförmiges NaN_3 wird mit UV-Licht bestrahlt u. bis zum Auftreten einer starken dunkelroten Färbung erhitzt; die Proben zeigen dann charakterist. Signale der Elektronenspinresonanz (ESR) der Leitungselektronen in Na. Die ESR wird zwischen 77 u. 475° K mit 9 GHz u. einer Feldmodulation von 100 kHz aufgenommen. Die Meßwerte werden im geradlinigen Teil mit dem Peak-Abstand in der 1. Ableitung der Resonanzabsorption $\Delta H = 1{,}72 + 0{,}0078 \cdot T + 1{,}01 \cdot \varrho(T)$ [ϱ(T) = spezif. Widerstand bei der Temp. T] beschrieben. Am F. des Na wird ein plötzlicher Anstieg von ΔH beobachtet. Herbert Müller. 137◇

Effekte, die in wässerigen Ionenlösungen vor dem Gefrieren auftreten. R. G. Wylie, D. K. Davies und W. A. Caw. (Nature [London] **196,** 466–67, 3/11. 1962; University Grounds, Sydney, C.S.I.R.O., Div. of Phys.; engl.) — An verd., wss. Lsgg. von KCl u. $ZnCl_2$ wurden genaue Leitfähigkeitsmessungen in Vierelektrodenzellen mit Pt-Schwarz- bzw. Zn-Elektroden durchgeführt. Von einer 1%ig. $ZnCl_2$-Lsg. wurden die Abweichungen von der empir. Gleichung $\log R/R_0 = -A + B/(C + T)$ aufgetragen, wobei R/R_0 das Verhältnis der Widerstände bei T° u. 0° u. B u. C ca. 144 bzw. 104° sind. Bis zum Gefrierpunkt —0,36° wird keine Abweichung von dieser Gleichung beobachtet. In der erhaltenen Kurve tritt auch kein Diskontinuum in der Nähe des F. auf. Unterhalb des normalen Gefrierpunktes wird Eis gebildet; es scheint dabei keine Änderung in der Struktur des Lsgm. vorzuliegen. Ernst Schulte. 138◇

Bestimmung der Freien Überführungsenergien für einige einwertige Chloride aus H_2O nach D_2O durch Messungen der Ionenaustauschermembranpotentiale. J. Greyson. (J. physic. Chem. **66,** 2218–21, Nov. 1962; Yorktown Heights, N.Y., IBM Corp., Watson Res. Center; engl.) — Die Zellen $Ag/AgCl/HCl–H_2O$/Kationenaustauschermembran/$MCl–D_2O/AgCl/Ag$ mit M = Li^+, Na^+, K^+, Cs^+, NH_4^+ u. $(CH_3)_4N^+$ wurden untersucht. Die EMK-Werte beweisen eine spontane Überführung der Salze von D_2O nach H_2O. Die Messungen, verbunden mit bekannten Enthalpiewerten u. zusätzlichen Messungen an $H_2O–D_2O$-Mischungs-Syst., ergeben Entropiewerte, die nach der sog. „Eisberg"-Theorie von Frank u. Evans (J. chem. Physics **13,** [1945], 507) interpretiert werden. W. Hein. 138◇

Die elektrische Leitfähigkeit und die Transportzahl von Chlorwasserstoffsäure–Borsäure-Mischungen. Hussein Sadek und Th. F. Tadros. (Electrochim. Acta [London] **2,** 248–57, Mai 1960; Alexandria, Egypt, U.A.R., Univ., Chem. Dep.; engl.) — Die elektr. Leitfähigkeit Λ von reinem wss. HCl (I) u. I/H_3BO_3 (II)-Mischungen wird gemessen. Bei [I] = const nimmt Λ mit zunehmendem [II] ab. Verd. II-Lsgg. als Lsgm. zeigen lineare $\Lambda/\sqrt{c}$-Kurven (c = Konz.), die mit zunehmendem c fast parallel nach unten verschoben werden. Diese Beobachtung wird als Folge von Viscositätsänderungen erklärt. Überführungs-Verss. zeigen, daß Λ von $H_4BO_3^+$ vernachlässigbar klein u. die Überführungszahl des Cl^--Ions in II-haltigen Lsgg. größer als in reiner wss. I-Lsg. ist. Für Lsgg., die 0,0–0,20m an II sind, beträgt das Waldensche Prod. 3,81 ± 0,02. P. Frenzel. 138◇

Bestimmung der Überführungszahlen für geschmolzenes Cäsiumnitrat. I. G. Murgulescu und D. Topor. (Z. physik. Chem. [Leipzig] **221,** 39–43, 1962; Bukarest, Akad. der R.V.R., Chem. Forsch.-Zentrum; dt.) — Die Überführungszahl des Cs^+-Ions in geschmolzenem $CsNO_3$ wird mit ^{134}Cs als Tracer bestimmt. Die Elektrodenräume der Meßzelle sind durch eine Glasfrittenmembran getrennt. Der bei 450° ermittelte Wert 0,4 liegt unter dem aus der Beziehung zwischen Überführungszahl u. Ionenradius berechneten, was auf eine Erniedrigung der Stromüberführung durch die Membran, bedingt durch die schweren u. voluminösen Kationen, hinweist. P. Frenzel. 138◇

Aktivitäten der Chloride der Übergangsmetalle in wässerigen Salzsäurelösungen. 2. Mitt. Mangan(II)-chlorid und Kupfer(II)-chlorid. T. E. Moore, F. W. Burtch und C. E. Miller. (J. physic. Chem. **64**, 1454—58, Okt. 1960; Stillwater, Okla., Oklahoma State Univ., Dep. of Chem.; engl.) — 1. vgl. C. **1955**, 9028. — Die Aktivität der Einzelkomponenten in den Syst. $MnCl_2$–HCl–H_2O u. $CuCl_2$–HCl–H_2O wird bei 25° für Lsgg. mit konst. HCl-Molalität (4,7, 7,0 bzw. 9,0) bestimmt. Die Ergebnisse werden durch Hydratation, die bei $MnCl_2$ geringer ist als bei $NiCl_2$ im entsprechenden Syst., u. durch die Bldg. von Chlorokomplexen bei hohen Aktivitäten des Gelösten gedeutet. $CuCl_4^{2-}$ konnte nachgewiesen werden. Für die Erniedrigungen des Wasserdampfdruckes im Syst. mit $MnCl_2$ wird angenähert Additivität festgestellt. P. Frenzel. 139◇

Grundlegende Untersuchungen über die elektrolytische Darstellung von Chlorat. 8. Mitt. Einfluß von der Magnetitanode zugefügten Oxiden auf deren elektrische, elektrochemische und mechanische Eigenschaften. Takashi Nagai, Tetsuro Ito und Takeshi Takei. (J. electrochem. Soc. Japan [Overseas Edit.] **28**, E66—E68, 1960; Tokyo, Keiogijuku Univ., Fac. of Engng.; engl.) — 5. vgl. C. **1960**, 13605. — Magnetit wurde mit Zusätzen von SiO_2, TiO_2, ZrO_2, V_2O_5, Al_2O_3, Cr_2O_3, *NiO*, Mn_3O_4, *MgO*, Na_2O u. K_2O im elektr. Ofen geschmolzen, gegossen u. die Anoden 10 Min. lang bei 800° angelassen. Der Einfl. des zugesetzten Oxids auf den spezif. Widerstand des reinen Fe_3O_4 wurde gemessen. Ganz allg. nimmt der Widerstand zu; sehr stark ist diese Zunahme bei Zusatz von Oxiden, die mit dem Fe_3O_4 eine feste Lsg. bilden. Die höchste Zunahme wurde bei Zusatz von Na_2O oder K_2O beobachtet. Hierauf wurden die Polarisationspotentiale in 5nNaCl gemessen. Die anod. Polarisation der Probe mit 5% SiO_2 ist bei sehr niedrigen Stromstärken größer als die des reinen Fe_3O_4. Das gleiche wurde bei TiO_2 oder ZrO_2 enthaltenden Proben festgestellt. Zusatz der anderen Oxide bewirkt eine Abnahme der Polarisation. Korrosions-Verss. wurden durch Elektrolysieren von 5nNaCl- oder $NaClO_3$-Lsgg. u. einer Stromdichte von 10 A/dm² durchgeführt. Proben mit Zusätzen von SiO_2, TiO_2 oder ZrO_2 zeigten angenähert den gleichen Widerstand gegen Korrosion wie reiner Magnetit. Der Korrosionswiderstand war geringer bei den Proben mit Zusatz von Al_2O_3, Cr_2O_3 oder Na_2O. Die Zugfestigkeit der Proben wird durch Zusatz von Oxiden z. T. beträchtlich erhöht. C. Gottfried. 141

Grundlegende Untersuchungen über die elektrolytische Darstellung von Chlorat. 9. Mitt. SiO_2 enthaltende Magnetitanoden. Takashi Nagai, Tomiya Kishi und Takeshi Takei. (J. electrochem. Soc. Japan [Overseas Edit.] **28**, E97—E99, 1960; engl.) — 8. vgl. vorst. Referat. — Herst. von Anoden mit SiO_2-Zusätzen von 3—6% u. Mol-Verhältnissen Fe^{3+}/Fe^{2+} von 1—3. Nach mkr. Unterss. bestanden die Proben aus prim. Magnetitkristallen u. einer Matrix. Die Matrix ließ 2 Phasen, eine helle u. eine dunkle erkennen. Wurde die Probe unter Vermeidung von Oxydation bei hoher Temp. angelassen, dann wuchsen die Kristalle in der Matrix allmählich. Bei Behandlung mit konz. HCl wurde der prim. Magnetit u. der helle Teil der Matrix leicht angeätzt. Bei Behandlung mit HF-Lsg. wurde allein der dunkle Teil der Matrix angegriffen. Der helle Teil der Matrix dürfte ein sek. oder eutekt. Magnetit, der dunkle Teil ein eutekt. Tridymit sein. Beim Erhitzen der gegossenen Proben in Luft auf 1000° wurde die Magnetitphase unter Bldg. von Haematit allmählich oxydiert. Das Polarisationspotential von 4% SiO_2 enthaltenen Proben wurde in 5nNaCl-Lsg. gemessen. Die Probe mit der stöchiometr. Zus. Fe_3O_4 wurde auch bei sehr kleiner Stromdichte sehr stark polarisiert, u. das Potential erreichte schnell das der H_2- oder O_2-Entwicklung. Die gleiche Probe wurde in 5n$NaClO_3$-Lsg. bei einer Stromdichte von 10 A/dm² am wenigsten korrodiert. Auch der elektr. Widerstand hängt merklich von dem Verhältnis $Fe_3O_4^{3+}/Fe^{2+}$ ab; er ändert sich nicht merklich, wenn das Oxydationsverhältnis <2 ist. Bei Zusatz von SiO_2 nimmt der Widerstand mit abnehmendem Oxydationsverhältnis allmählich zu. Die Zugfestigkeit nimmt mit abnehmendem Oxydationsverhältnis ab.
C. Gottfried. 141

Chronopotentiometrie mit Stromumkehr. Elektrochemische Hinreaktion, die mit sofortiger irreversibler Zersetzung in elektrochemisch aktive Teilchen verbunden ist. R. M. King und C. N. Reilley. (J. electroanalyt. Chem. [Amsterdam] **1**, 434—42, Nov. 1960; Chapel Hill, N.C., Univ. of North Carolina, Dep. of Chem.; engl.) — Die Verhältnisse der Übergangszeiten werden für chronopotentiometr. Unterss. mit Stromumkehr abgeleitet, wobei sich das Prod. der Hin-Rk. sofort u. irreversibel in 2 oder mehr Verbb. zersetzt, die beim Potential der ersten Rk. elektrochem. inakt. sind; jedoch bei Stromumkehr reagieren. Die Masseübertragung soll nur durch lineare Diffusion erfolgen. Die theoret. Werte stimmen gut mit Vers.-Ergebnissen von Geske (J. Amer. chem. Soc. **81**, [1959], 4145) über die elektrolyt. Oxydation von *Cycloheptatrien* überein.
P. Frenzel. 142□

Über die Polarographie der Nitrate. Ss. I. Shdanow. (J. physik. Chem. [UdSSR] 34, 928—30, April 1960; russ.) — Vgl. C. 1961, 16391. — In einer krit. Stellungnahme zu neueren Veröffentlichungen (Gorochowskaja, Arb. Kasan. chem.-technol. Inst. S. M. Kirow 21, [1956], 107, 113 u. 22, [1957], 61, 68) über die Polarographie von NO_3^- in Ggw. mehrwertiger Metallkationen wird darauf hingewiesen, daß die Bldg. von OH^- nach der Rk. $NO_3^- + 8e + 7 H_2O \rightarrow NH_4^+ + 10 OH^-$ bei der Red. von NO_3^- in Ggw. von La^{3+} zu einer Hydrolyse von La^{3+} u. zum Ausfallen von $La(OH)_3$ führen kann, wodurch erklärt wird, warum der Grenzstrom der NO_3^--Konz. proportional ist.

R. K. Müller. 142□

Über die anomale polarographische Reduktion verschiedener Anionen. 4. Mitt. Die Hydrolysengeschwindigkeit des Tetrachloroplatinat(II)-Ions. P. Kivalo und P. Ulmanen. (Suomen Kemistilehti B 35, 192—97, 1962; Helsinki, Inst. of Technol., Labor. of Phys. Chem.; engl.) — 3. vgl. Suomen Kemistilehti B 30, [1957], 209. — Die polarograph. Red. des $PtCl_4^{2-}$-Anions führt bei —1,25 V (SCE) zu einem Minimum, dessen Tiefe mit zunehmender Hydrolyse abnimmt. Die Veränderung des Minimumstromes wurde gemessen u. in Beziehung gesetzt zur Geschw.-Konst. k der Hydrolyse des $PtCl_4^{2-}$. In 1. Näherung wird der Strom beschrieben durch $i = k_1 [PtCl_4^{2-}] + k_2[PtCl_3(H_2O)^-] + k_3[PtCl_3(OH)^{2-}]$, woraus sich unter der Annahme, daß die Rk. $PtCl_3(H_2O)^- \rightleftharpoons PtCl_3(OH)^{2-} + H^+$ augenblicklich abläuft, die Hydrolyse als 1. Ordnung in bezug auf $PtCl_4^{2-}$ ergibt. Bei Vernachlässigung der Rückrk. folgt für die Geschw.-Konst. k der Ausdruck $k = (di/dt)/[k_2a(1-\eta) + k_3\eta a - i]$. Darin ist a die Anfangs-Konz. des $PtCl_4^{2-}$, i der Minimumstrom abzüglich des Ladestromes, η der Dissoziationsgrad von $PtCl_3(H_2O)^-$; k_2, k_3 sind experimentell bestimmte Proportionalitätskonstanten. In 0,1 m $NaClO_4$ bei 25° mit $k_1 = 0{,}015\ \mu A/mMol$, $k_2 = 5{,}86\ \mu A/mMol$ u. $k_3 = 0{,}022\ \mu A/mMol$ ist $k = 3{,}3 \cdot 10^{-5}\ s^{-1}$, in guter Übereinstimmung mit dem potentiometr. gemessenen Wert. Best. bei 0 u. 50° führen zu $k = 1{,}4 \cdot 10^{-6}\ s^{-1}$ bzw. $6{,}0 \cdot 10^{-4} s^{-1}$. Die Aktivierungsenthalpie ΔH beträgt 20 kcal/Mol; die Entropie ΔS —9,5 Entropieeinheiten.

E. Beyerle. 142◇

A₄. Thermodynamik. Thermochemie

Thermodynamische Funktionen des anharmonischen Oscillators und schwingenden Rotators. 1. Mitt. D. Papoušek. (Collect. czechoslov. chem. Commun. 26, 2473—79, Okt. 1961; Brno, J.-E.-Purkyně-Univ., Inst. für theor. u. phys. Chem.; dt.) — Die meisten Approximationen, die zur Berechnung von Schwingungsrotationsfunktionen verwendet werden, gehen von Zweikonst.-Beziehungen für Schwingungs- u. Rotationsenergieniveaus aus, wobei die Begrenzung der Schwingungs- u. Rotationsniveaus infolge einer Dissoziation bzw. Prädissoziation der Moll. gewöhnlich nicht in Betracht gezogen werden. Es wurden einfache Näherungsformeln zur Berechnung der Schwingungsrotationsverteilungsfunktionen zweiatomiger Moll. ausgearbeitet, die es gestatten, die Vierkonst.-Beziehung für die Schwingungs- u. Rotationsenergieniveaus zu benutzen, wobei die Begrenzung der Schwingungs–Rotations-Wechselwrkg. genau erfaßt wird. Dieser Vorgang ermöglicht die obere Temp.-Grenze der Berechnung wesentlich zu erweitern u. die Rechenarbeit zu verkürzen. Die Freie Enthalpie des HF wurde bis zu 10000° K berechnet.

L. Matoušek/Prag. 146

Das Zemplene-Theorem für ein heißes Gas mit Strahlung. W. Ss. Imschennik. (Astronom. J. [UdSSR] 39, 545—46, Mai/Juni 1962; russ.) — Es wird gezeigt, daß für ein heißes Gas, das sich mit der Strahlung im Gleichgewicht befindet, das Zemplene-Theorem gilt. Nur Kontraktions-Stoßwellen sind thermodynam. stabil. Für die adiabat. Schallgeschw. wird ein Ausdruck angegeben.

M. Wiedemann. 146◇

Ableitung von Jacobi-Determinanten zweiter Ordnung für dreidimensionale Systeme. Robert Hoch und Francis S. Manning. (J. chem. Physics 37, 1903—07, 1962; Pittsburgh, Pa., Carnegie Inst. of Technol., Chem. Engng. Dep.; engl.) — Mit Hilfe einer erweiterten Jacobi-Determinanten-Meth. werden die Beziehungen zwischen den zweiten Ableitungen der thermodynam. Eigg. eines dreidimensionalen Syst. abgeleitet u. tabellar. mitgeteilt.

A. Blaschette. 146◇

Fluktuations-Thermodynamik von Nichtgleichgewichtsprozessen. R. L. Stratonowitsch. (J. exp. theoret. Physik [UdSSR] 39, 1647—59, Dez. 1960; Moskau, Univ.; russ., Auszug: engl.) — Aus einer Beziehung zwischen der zweidimensionalen Verteilung von Gleichgewichtsfluktuationen (GF) u. der eindimensionalen Verteilung eines Nichtgleichgewichts (NG)-Prozesses wird eine Theorie der GF u. der NG-Thermodynamik entwickelt.

R. K. Müller. 146□

Die Onsager-Beziehung und die nichtisotherme Diffusion von Wasserdampf. J. W. Cary. (J. physic. Chem. 67, 126—29, 1963; Logan, Utah, USDA, Agric. Res.

Serv., Soil and Water Conserv. Res. Div., Southwest Branch; engl.) — Das Problem der therm. induzierten Diffusion von Wasserdampf wird mit Hilfe der Thermodynamik der irreversiblen Prozesse behandelt. Die Geschw.-Gleichungen , die den Einfl. signifikanter therm. Gradienten auf die Temp.-Funktion der Freien Energie beschreiben, werden abgeleitet u. unter Verw. geeigneter experimenteller Daten numer. ausgewertet; der genannte Effekt wird dabei von dem anderer Potentialfelder abgegrenzt. Die Onsagersche Reziprozitätsbeziehung erweist sich als gültig im Rahmen der experimentellen Fehler. A. Blaschette. 146◇

Eine Nachprüfung der Theorie des thermischen Akkomodationskoeffizienten. D. M. Gilbey. (Physics Chem. Solids **23,** 1453—61, Okt. 1962; Farnborough, Hants., Royal Aircraft Establ.; engl.) — Die quantenmechan. Störungstheorie 1. Ordnung nach Lennard-Jones u. Devonshire [1937] beschreibt die Energieübertragung beim Stoß eines energiereichen Gas-Mol. mit der Oberfläche eines Festkörpers selbst dann genau, wenn die gleichzeitige Phononenerzeugung im Festkörper berücksichtigt werden muß. Bei Annahme von Stoßenergien unterhalb der Zerstäubungsschwelle, durch die ein linearer Zusammenhang der Wechselwrkg. zwischen den Gitteratomen erreicht wird, sind die nach Baule [1914], Landau [1935] u. dem dreidimensionalen Kontinuumsmodell von Zwanzig (J. chem. Physics **32,** [1960], 1173) u. Cabrera (C. **1960,** 10157) berechneten therm. Akkomodations-Koeff. je nach Masse der stoßenden Atome mit beträchtlichen Fehlern behaftet. Herbert Müller. 146◇

Das absolute Temperaturmaximum. Otto Golling. (VDI-Z. **103,** 1169—70, 11/8. 1961; Kingswood, Australien; dt.) — In Analogie zum abs. Nullpunkt der Temp. gelangt man zu einem abs. Temp.-Maximum, wenn man in einem Gedankenexperiment einen Körper von maximaler Dichte sich in elektromagnet. Energie umwandeln läßt u. die dabei frei werdende Energiedichte nach dem Stefanschen Gesetz in die entsprechende Temp. umrechnet. Man erhält dann für dieses T_{max} ca. 10^{13} °K. W. Reusse. 146□

Die Dichte von geschmolzenem Thorium- und Urantetrafluorid. A. D. Kirshenbaum und J. A. Cahill. (J. inorg. nuclear Chem. **19,** 65—68, Sept. 1961; Philadelphia, Pa., Temple Univ., Res. Inst.; engl.) — Die Dichten wurden nach der Auftriebsmeth. mit Mo-Schwimmern in Mo-Gefäßen in Ar-Atmosphäre bestimmt. Zwischen 1300 u. 1700° K folgt die Dichte von fl. UF_4 bzw. ThF_4 der Gleichung $D = 7{,}784-9{,}920\cdot10^{-4}$ T bzw. $D = 7{,}108-7{,}590\cdot10^{-4}$ T. Im genannten Temp.-Bereich beträgt das Molvol. von ThF_4 50,86—52,28, von UF_4 48,43—50,68 ml/Mol, der kub. Ausdehnungs-Koeff. $1{,}253\cdot10^{-4}$ bis $1{,}288\cdot10^{-4}$ bzw. $1{,}530\cdot10^{-4}-1{,}601\cdot10^{-4}$. P. Sartori. 148◇

Die Dichte reinen flüssigen Eisen(II)-oxids bei Temperaturen von 1400 und 1420°. Hermann Schenck, Martin G. Frohberg und Karl Hoffmann. (Arch. Eisenhüttenwes. **33,** 369, Juni 1962; Aachen, TH, Inst. für Eisenhüttenwes.; dt.) — Mit Hilfe des Blasenentw.-Druckverf. wurde die Dichte von fl. reinem Fe(II)-Oxid gemessen. Bei 1400° beträgt sie 4,55 g/cm³ u. bei 1420° 4,75 g/cm³. Der Einfl. der Temp. wird mit der Ausbildung der Mischungslücke im Syst. Fe–O in Verbindung gebracht. H. Hochstein. 148□

Erhöhte thermische Ausdehnung in röntgenbestrahltem Steinsalz. M. F. Merriam, D. A. Wiegand und R. Smoluchowski. (Physic. Rev. [2] **125,** 52—54, 1/1. 1962; Pittsburgh, Pa., Carnegie Inst. of Technol.; engl.) — Nach einer photoelast. Meth. wurde die Vol.-Ausdehnung von stark bestrahlten *NaCl*-Einkristallen bei Zimmer-Temp. u. durchdringender Röntgenstrahlung untersucht u. als neuer Effekt ein Ansteigen des therm. Ausdehnungs-Koeff. von *NaCl* mit der Stärke der Bestrahlung festgestellt. Die Größe der Zunahme liegt etwas unter 1%, ist aber 14mal größer als der Wert, der der Konz. der durch die Bestrahlung induzierten Defekte entspricht u. kann, innerhalb der Meßfehlergrenze, therm. oberhalb Zimmer-Temp. ausgetempert werden. Die thermodynam. Berechnung der Größen ist aus dem örtlichen Kraftfeld einer Leerstelle oder eines Zwischengitterplatzes möglich. Nach einem modifizierten Einstein-Modell zur Best. der Gitterschwingungen ergibt eine angenäherte dynam. Rechnung, daß der in der durch Bestrahlung verstärkten therm. Ausdehnung der Kristalle dominierende Term mit der gemischten Ableitung (d/dt) $(\delta W_s/\delta V)_T$ verknüpft ist, worin W_s die Aktivierungsenergie für die Bldg. von Schottky-Fehlstellen bedeutet u. einen geschätzten Wert von $2\cdot10^8$ dyn/cm² Grad hat. W. Sobieski. 148□

Thermische Ausdehnung von Steinsalz bei hohen Temperaturen. M. F. Merriam, R. Smoluchowski und D. A. Wiegand. (Physic. Rev. [2] **125,** 65—67, 1/1. 1962; engl.) — Vgl. vorst. Referat. — Bei der Unters. der therm. Ausdehnung von NaCl (l. c.) wird gezeigt, daß die gefundene Temp.-Abhängigkeit bei Temp. $> 500°$ auf die

Konz. der therm. induzierten Schottky-Fehlstellen zurückzuführen ist u. daß die therm. Expansion aus einem „normalen“ Teil u. einer „anomalen“ Komponente besteht, die den Einfl. von Leerstellen auf das Gitterpotential in deren unmittelbarer Nachbarschaft enthält. Die Größe dieser anomalen Komponente nimmt exponentiell mit der Temp. zu u. hat eine Aktivierungsenergie, die mit der aus Ionenleitfähigkeiten abgeleiteten übereinstimmt. W. Sobieski. 148□

Messungen der thermischen Diffusion mit der Trennschaukel. S. C. Saxena und R. K. Joshi. (J. chem. Physics **37,** 1160—61, 1/9. 1962; Jaipur, India, Rajasthan Univ., Phys. Dep.; engl.) — Vff. klären einige Mißverständnisse, die aus einer Interpretation der Messungen des therm. Diffusionsfaktors α als Funktion der Temp. an He, Ne u. Ar mit der Chapman-Enskog-Theorie entstanden sind. G. M. Neumann. 149◇

Das Fließen von dissoziierendem Stickstoff zwischen zwei parallelen Platten. L. A. Kulonen. (Nachr. Leningrader Univ., Ser. Math., Mechan. Astronom. **17,** Nr. 1, 116—23, 1962; russ., Auszug: engl.) — Aus den theoret. Unterss. über die Grundgleichungen u. die Grenzbedingungen, die thermodynam. Eigg. u. die Gleichungen für die verschiedenen chem. Zustände des dissoziierenden Stickstoffstromes ($N_2 \rightleftharpoons 2\,N$) zwischen 2 Platten bei 2000—8000° K geht hervor, daß die katalyt. Aktivität der Wand größeren Einfl. auf Reibung, Verteilung der Temp. u. Dissoziationsgrad hat als der chem. Zustand. Die Wärmeleitung durch Diffusion ist selbst dann zu berücksichtigen, wenn sich im Strom ein chem. Gleichgewicht eingestellt hat. O. Lebtag. 149△

Über die Viscosität komprimierten Stickstoffs und Argons. G. P. Filippowa und I. P. Ischkin. (Hochschulnachr. [Iwanowo], Chem. u. chem. Technol. **4,** 863 bis 865, 1961; Polytechn. Allunions-Fernunterrichts-Inst., Lehrstuhl für Maschinen u. Einrichtung chem. Betriebe; russ.) — Vff. bestätigen durch ihre Verss. die Brauchbarkeit der Formel $\eta - \eta_1 = f(\varrho)$ (η = Viscosität der Gase bei T u. P, η_1 = bei T u. 1 at, ϱ = Dichte) für das Temp.- u. Druckintervall von 0 bis —140° u. 50—150 at. Aus der Approximations-Funktion $f(\varrho) = (c \cdot \varrho^{4/3})/(1 - b\varrho)$ berechneten Vff. die Konst. c u. b für N_2 $-3{,}21 \cdot 10^{-4}$ u. 0,95, für Ar $-3{,}48 \cdot 10^{-4}$ u. 0,40. J. v. Schroeder. 149□

Einfluß von Gitterschwingungen auf die thermodynamischen Eigenschaften fester Lösungen von Ortho- und Parawasserstoff. G. I. Stepanowa. (Festkörperphysik [UdSSR] **4,** 1263—69, Mai 1962; Charkow, Akad. der Wiss. der UkrainSSR, Phys.-techn. Inst.; russ.) — Theoret.-thermodynam. Errechnung der Freien Energie der festen Lsgg. unter Verw. der Spektren der Gitterschwingungen.
H. Roschkowski. 149◇

Beweis für die Natur von rotierendem flüssigem Helium. J. R. Pellam. (Physic. Rev. Letters **5,** 189—91, 1/9. 1960; Pasadena, Calif., California Inst. of Technol.; engl.) — Messungen mit einer Rayleigh-Scheibe in einem rotierenden, mit fl. He gefüllten Zylinder ergaben, daß die Scheibe auf die Rotation erst einige Zeit nach ihrem Beginn anspricht, aber das Aufhören der Rotation unverzüglich anzeigt. Diese Erscheinung ist um so deutlicher zu beobachten, je weiter die Scheibe vom Gefäßrand entfernt ist. Die Temp.-Abhängigkeit des Effekts ist überraschend u. kann mit früheren Befunden u. mit der Theorie nicht in Einklang gebracht werden; möglicherweise kommt sie durch die Meßmeth. zustande. G. Kirschstein. 149□

Theorie der Schallabsorption in verdünnten Lösungen von ^{3}He in He II. A. F. Andrejew. (J. exp. theoret. Physik [UdSSR] **40,** 1705—09, Juni 1961; Inst. für physik. Probleme der Akad. der Wiss. der UdSSR; russ., Auszug: engl.) — Um den Anteil der 2. Viscosität an der Schallabsorption zu klären, berechnet Vf. die Wahrscheinlichkeit dafür, daß während des Übergangs eines ^{3}He-Atoms von einem Zustand in einen anderen ein Phonon absorbiert wird u. 2 Phononen emittiert werden oder ein Photon in ein Roton übergeht (oder umgekehrt). Mit passenden Parametern können dann die Meßergebnisse von Harding u. Wilks (C. **1960,** 1754) für ^{3}He-Konzz. von 0,32—5,2% recht gut erklärt werden. G. Kirschstein. 149□

Cluster-Theorie des gesättigten Dampfes von Helium-Isotopenmischungen. Richard O. Adams, William Band, Glenn R. Ingram und Clay L. Perry. (J. chem. Physics **36,** 1703—06, 1/4. 1962; Pullman, Wash., Washington State Univ., Dep. of Phys. and Computing Center; Menlo Park, Calif., Stanford Res. Inst., Math. Sci. Dep.; engl.) — Berechnung des quantenmechan. Cluster-Modells des gesätt. Dampfes von Mischungen aus ^{3}He u. ^{4}He mit einer elektron. Digitalrechenmaschine. Die Ergebnisse gestatten die Vorhersage der Sättigungsdampfdichte als Funktion der Mischungs-Konz. für jede Isotherme an Hand experimenteller Daten des Sättigungsdampfdruckes. G. M. Neumann. 150□

Der Einfluß eines Fremdfilms auf die Verdampfung von Flüssigkeitstropfen. B. V. Derjaguin, S. P. Bakanov und I. S. Kurghin. (Discuss. Faraday Soc. **1960**, Nr. 30, 96—99; Acad. of Sci. of USSR, Inst. of Phys. Chem.; engl.) — Es wird eine Gleichung für die quasistationäre Verdampfungs-Geschw. eines Fl.-Tropfens, der mit einem Film einer oberflächenakt. Substanz bedeckt ist, entwickelt u. gezeigt, daß die Verdampfungs-Geschw. nicht nur sinken, sondern unter dem Einfl. der fremden Oberflächenschicht infolge eines Anstiegs des Akkomodations-Koeff. auch zunehmen kann. Ferner erörtern Vff. das Problem der nichtstationären Verdampfung eines Tropfens von einer flachen mit einem Film bedeckten Oberfläche u. zeigen, daß diese sowohl kleiner als auch größer sein kann als im stationären Fall. Experimentelle Ergebnisse am Syst. H_2O/iso-$C_5H_{11}OH$ bestätigen diese Anschauung. G. M. Neumann. 150◇

Die relativen Flüchtigkeiten des Systems $H_2{}^{17}O$-$H_2{}^{16}O$. J. L. Borowitz. (J. physic. Chem. **66**, 1412—14, Aug. 1962; Rehovoth, Israel Atomic Energy Commiss.; Weizmann Inst. of Sci.; engl.) — Nach der Dest.-Meth. wurden die relativen Verdampfungszahlen des Syst. $H_2{}^{17}O$-$H_2{}^{16}O$ bei abs. Drücken von 100 u. 260 Torr bestimmt. Die erhaltenen Werte stimmen mit denen von Dostrovsky u. Samuel nach $\ln \alpha = 0{,}0206 - 5{,}81/T$ ermittelten überein; zwischen $H_2{}^{18}O$ u. $H_2{}^{17}O$ konnten bei gleichen Drücken keine wesentlichen Unterschiede festgestellt werden. W. Sobieski. 150□

Zur Theorie der Thermodiffusions-Flüssigkeitstrennsäulen. A. N. Murin. (J. physik. Chem. [UdSSR] **35**, 517—20, März 1961; Leningrad; russ., Auszug: engl.) — Vf. zeigt, daß die von ihm (Ber. Akad. Wiss. UdSSR **41**, [1943], 305), Debye u. de Groot abgeleitete Theorie der Thermodiffusionskonzentrierung von Fll. richtig ist unter der Bedingung $D' \Delta T/D \ll 1$ (D' Koeff. der Thermodiffusion, D Koeff. der gewöhnlichen Diffusion gelöster Stoffe). Die verstärkten Konzentrierungserscheinungen an den Enden von Trennsäulen werden auf Turbulenz an diesen Stellen zurückgeführt.
H. Jäger. 150□

Thermodynamische Behandlung der Assoziations- und Solvatationserscheinungen in binären Nichtelektrolytgemischen. 3. Mitt. **Die Einführung der nullten Näherung für die reguläre Lösung.** Rolf Lacmann. (Z. physik. Chem. [Frankfurt/M.] [N. F.] **35**, 86—94, Nov. 1962; Berlin-Dahlem, MPG, Fritz-Haber-Inst.; dt.) — 2. vgl. C. **1961**, 7145. — Vf. behandelt theoret. die Aktivitäts-Koeff. in bin. Nichtelektrolytgemischen mit assoziierenden u. solvatisierenden Komponenten unter Erweiterung eines modifizierten Ansatzes von Herzfeld u. Heitler [1925] u. Anwendung der Floryschen Gleichung [1942]. An Stelle der Molen- bzw. Vol.-Brüche werden sog. Koordinationsbrüche eingeführt, die ein Maß für die Zahl der nächsten Nachbarn u. die Konz. der einzelnen Teilchenarten sind. Die Konst. des Massen-Wrkg.-Gesetzes ist in diesem Falle nicht mehr unabhängig von der Konzentration. G. Gattow. 150◇

Untersuchung der Potentialdifferenz zwischen der festen und flüssigen Phase beim Erstarren wässeriger Lösungen. N. Calinicenco und Gh. Tacu. (Bul. Inst. politehn. Iaşi [N. S.] **6 (10)**, Nr. 1—2, 93—96, 1960; Iaşi, Inst. politehn., Catedra de fiz.; rum.) — Angabe einiger Daten zur Phasenstruktur für W. u. stark verdünnte wss. Lsgg. von NH_4SCN; NH_4-Citrat u. -Oxalat. J. Lehmberg. 150□

Beitrag zur Kenntnis der Aktivität des Kohlenstoffs in flüssigen Eisenlegierungen. 1. Mitt. **Der Einfluß von Zusatzelementen der zweiten Gruppe des Periodischen Systems.** Hermann Schenck, Martin G. Frohberg, Eberhard Steinmetz und Barbara Rutenberg. (Arch. Eisenhüttenwes. **33**, 223—27, April 1962; Aachen TH, Inst. für das Eisenhüttenwes.; dt.) — Untersucht wird der Einfl. von B, C u. N auf die Aktivität des C im fl. Fe. Hierbei zeigte sich, daß sich die aus den Unters.-Ergebnissen abgeleiteten Wirkungsparameter in die allg. Systematik einordnen. Der Einfl. von O auf den im Fe gelösten C wurde qual. abgeschätzt u. dabei eine die Aktivität des C erniedrigende Wrkg. festgestellt. H. Hochstein. 150□

Beitrag zur Kenntnis der Aktivität des Kohlenstoffs in flüssigen Eisenlegierungen. 2. Mitt. **Die Berechnung der Aluminium- und Kohlenstoffaktivitäten im Dreistoffsystem Eisen–Kohlenstoff–Aluminium bei 1600° unter Einsatz eines Digitalrechners.** Hermann Schenck, Martin G. Frohberg, Ernst Drewes und Barbara Rutenberg. (Arch. Eisenhüttenwes. **33**, 229—32, April 1962; dt.) — 1. vgl. vorst. Referat. — Mit der Gibbs-Schuhmann-Gleichung wurden unter Verw. eines Digitalrechners die Aktivitäten von C u. Al im fl. Bereich des Syst. Fe–C–Al bei 1600° aus den Rand-Syst. berechnet. Es ergab sich, daß die C-Aktivität durch Al erhöht wird, u. zwar bei höheren C-Geh. stärker als bei niedrigen. Ähnlich ist umgekehrt die Wrkg. von C auf die Al-Aktivität. Ein Vgl. der errechneten Werte mit den von Chipman u. Mitarbeitern (vgl. C. **1957**, 4895) gemessenen Werten bestätigte die Brauchbarkeit des Rechenverfahrens.
H. Hochstein. 150□

Aktivität des Chroms im flüssigen System Eisen-Chrom. Harue Wada, Yasuji Kawai und Tunezô Saitô. (Sci. Rep. Res. Inst. Tôhoku Univ., Ser. A **13**, 96–104, April 1961; Res. Inst. of Mineral Dressing and Metallurg.; engl.) — Die Messungen wurden bei 1630° bis ca. 40 Atom-% Cr mit Hilfe einer Verdampfungs-App. (vgl. Saito, Kawai u. Suzuki, C. **1959**, 7708) unter Verw. von radioakt. Cr durchgeführt Das Syst. kann als reguläre Lsg. angesehen werden. Die Abweichungen vom Raoultschen Gesetz sind negativ u. stärker als im Syst. Fe–Ni. Ein Zusatz von C verringert die Größe der Aktivitäten des Cr. Die Wechselwrkg.-Energie von ca. —10 kcal/mol stimmt nicht gut mit dem aus dem Phasendiagramm berechneten Wert überein.
G. Bauer. 150□

Koordinaten für ternäre Systeme. E. L. Heric. (J. chem. Engng. Data **7**, 467, Okt. 1962; Athens, Ga., Univ. of Georgia, Dep. of Chem.; engl.) — Unter Zugrundelegung der Koordinatentransformation von Schott (C. **1962**, 14418) werden die Koordinaten in einem tern. Syst. für einige spezielle Fälle kurz theoret. behandelt.
G. Gattow. 150◇

Neues Isothermennetz von festem Wüstit. Paul Raccah und Pierre Vallet. (C. R. hebd. Séances Acad. Sci. **255**, 1919–21, 15/10. 1962; Saint-Germain-en-Laye, Seine-et-Oise, Inst. de Rech. de la Sidérurgie, Dép. de Chim. phys.; Rennes, Ille-et-Vilaine, Fac. des Sci., Labor. de Chim. min.; franz.) — Der O_2-Druck p im Gleichgewicht mit festem *Wüstit* wird mit der Gleichung $\log p = M \cdot x + N$ (x = Verhältnis der Atombrüche Fe u. O in FeO) beschrieben. Die Werte von M u. N sind für den Temp.-Bereich 800–1250° tabellar. angegeben. Herbert Müller. 150◇

Gleichgewichtsmessungen an Oxid-Mischkristallen. H.-J. Engell. (Z. physik. Chem. [Frankfurt/M.] [N. F.] **35**, 192–95, Nov. 1962; Düsseldorf, MPI für Eisenforsch.; dt.) — Durch Best. der EMK der Ketten Pt/Me, $MeO(x_{FeO})/ZrO_2 + CaO/Fe$, FeO/Pt wurden unter Verw. der sauerstoffionenleitenden kub. Phase des Syst. ZrO_2–CaO als Elektrolyt (vgl. Kiukkola u. Wagner, C. **1957**, 11214) die FeO-Aktivitäten der Mischoxide $MeO(x_{FeO})$ mit dem Molenbruch x_{FeO} des Wüstits ermittelt. Untersucht wurden die bin. Syst. *FeO–MgO* u. *FeO–MnO* bei 800 u. 1000°; die Vers.-Ergebnisse sind graph. wiedergegeben. G. Gattow. 150◇

Verdampfung von Li_2O aus NiO-Li_2O-Mischkristallen. Yoshio Iida, Shunro Ozaki und Kenzo Shimada. (Rep. Government ind. Res. Inst., Nagoya **9**, 599–600, 1960; jap., Auszug: engl.) — Die Verdampfung von Li_2O aus der festen Lsg. beginnt bei 1000° u. steigt mit der Temp. stark an. Die Verdampfungs-Geschw. folgt einer parabol. Gleichung, die Aktivierungsenergie für die Verdampfung beträgt ca. 50 kcal/Mol.
H. Roschkowski. 150◇

Molwärmen für das System Wasser–Wasserstoffperoxid zwischen 25 und 60°. Paul A. Giguère und J. L. Carmichael. (J. chem. Engng. Data **7**, 526–27, Okt. 1962; Québec, Canada, Laval Univ., Dep. of Chem.; engl.) — Für die beiden Temp.-Intervalle 25–45 u. 45–60° werden die mittleren Molwärmen des Syst. $H_2O-H_2O_2$ mit 0–100 Gew.-% H_2O_2 (Argumentschritte von je 10%) nach der Drop-Meth. in einem isothermen Calorimeter gemessen u. aus ihnen die integralen Lsg.-Wärmen (0, 5, 45, 60, 75°), die Verdampfungswärmen (0, 25, 45, 60°) sowie die Freie Exzeßenergie u. die Exzeßentropie (0, 25. 75°) des Syst. ermittelt. A. Blaschette. 151◇

Thermodynamische Eigenschaften von gasförmigem Uran. W. B. Kendall. (J. chem. Engng. Data **7**, 540, Okt. 1962; Berkeley, Calif., Univ. of California, Dep. of Mineral Technol.; engl.) — Unter Zugrundelegung der bisher bekannten 312 Energieniveaus für das neutrale Uranatom (UI) u. unter der Annahme, daß die Konfiguration des Grundzustandes $^5L_6$ ist, berechnet Vf. numer. Werte für die folgenden thermodynam. Funktionen des neutralen, gasförmigen Urans: $H^0_T - H^0_{298,15}$ (cal/Mol), C^0_P (cal/Mol·Grad), S^0_T (cal/Mol·Grad) u. $(-G^0_T - H^0_{298,15})/T$ (cal/Mol·Grad). Die Zahlenwerte bei 298,15° K sowie für Temp. von 300–5000° K in Argumentschritten von 100° K sind tabelliert. F. Weigel. 151◇

Spezifische Wärme von Ferraten(III) bei den Temperaturen des flüssigen Heliums. S. R. Pollack und K. R. Atkins. (Physic. Rev. [2] **125**, 1248–54, 15/2. 1962; Philadelphia, Pa., Univ. of Pennsylvania, Dep. of Phys.; engl.) — Zur Prüfung des $T^{3/2}$-Gesetzes u. zur Ermittlung der Austauschparameter wurde die spezif. Wärme von $Ni_{0,94}Fe_{2,06}O_4$, $Mg_{0,82}Fe_{2,18}O_4$, $Co_{0,83}Fe_{2,17}O_4$, $Li_{0,5}Fe_{2,50}O_4$, $Ni_{0,88}Fe_{2,12}O_4$ u. $Ni_{0,58}Fe_{2,42}O_4$ nach einer (der Clementschen ähnlichen) calorimetr. Meth. gemessen, wobei durch ein bes. Kühlsyst. *He*-Desorptionseffekte vermieden werden konnten. In allen Fällen konnten die spezif. Wärmen durch die Beziehung $C = \alpha_M T^{3/2} + \beta T^3$ ausgedrückt werden; die mit der Konst. β errechneten charakterist. Debye-Temp. stimmten gut mit den direkt bei der Temp. des fl. N_2 erhaltenen Werten überein. Die $T^{3/2}$-Abhängigkeit wird bestätigt

gefunden u. bestätigt ihrerseits die Spin–Wellen-Theorie dieser Ferrite, obwohl die Konst. α_M größer sind, als nach den erhaltenen Debye-Temp. anzunehmen ist. Vff. diskutieren mehrere mögliche Erklärungen dafür. — Ein in *Co*-Ferrat(III) festgestellter bes. Term ($\sim T^{-2}$) wird als Kernanteil der spezif. Wärme identifiziert u. gibt Auskunft über das Magnetfeld des Kerns des Co^{2+}-Ions, das sich mit $|H_N| = (410 \pm 10)\cdot 10^3$ Oe in ausgezeichneter Übereinstimmung mit dem von Freeman u. Watson (Physic. Rev. [2] **123**, [1961], 2027) gefundenen Wert von $|H_N| \cong 435\cdot 10^3$ Oe befindet.
W. Sobieski. 151□

Spezifische Wärme von Cr–Fe-Legierungen zwischen −140 und 350°. Klaus Schröder. (Physic. Rev. [2] **125**, 1209—12, 15/2. 1962; Urbana, Ill., Univ. of Illinois; engl.) — Die spezif. Wärme von kub.-raumzentrierten Fe–Cr-Legg. wurde im Temp.-Bereich von −150 bis +350° mit einem adiabat. Vakuumcalorimeter bestimmt. Verschiedene isotherme Darst. von C_p als Funktion der Zus. zeigen bei höheren Temp. 2 Maxima, wovon eines unabhängig von der Temp. bei 19 Atom-% Fe erscheint u. mit dem Peak in der Kurve der Zustandsdichte zusammenfällt. Das andere Maximum ist temperaturabhängig u. mit dem Übergang von Ferro- zu Paramagnetismus verknüpft. Bei Legg. mit hohen *Cr*-Konzz. konnten der Gitterbeitrag u. der elektron. Beitrag voneinander getrennt werden. Die Debye-Temp. Θ verändert sich nicht merklich mit der Zus., der elektron. Anteil der spezif. Wärme zeigt jedoch ein Maximum.
W. Sobieski. 151□

Thermodynamische Eigenschaften von sechs schwefelhaltigen Molekülen. H. Mackle und P. A. G. O'Hare. (Trans. Faraday Soc. **59**, 309—15, 1963; Belfast, Queen's Univ., Dep. of Chem.; engl.) — Aus bekannten spektroskop. u. strukturellen Daten werden mit Hilfe statist.-mechan. Verff. die thermodynam. Funktionen $(G^0-H_0^0)/T$, $(H^0-H_0^0)/T$, S^0 u. C_p^0 nachst. Verbb. im idealen Gaszustand für verschiedene Temp. (273,15; 298,15; 300—1000° K in Schritten von 100°) berechnet: H_2S_2, SCl_2, S_2Cl_2, $CH_3C(O)SH$ (I), *Methylisothiocyanat*, *Thioharnstoff* (II). Für H_2S_2 u. I werden zusätzlich die entsprechenden Werte für ΔH_f^0, ΔG_f^0 u. log K_f mitgeteilt. Bei 298,15° K ist für die Rk. H_2 (g) + S_2 (g) → H_2S_2 (g) ΔH_f^0 = −27,01 kcal/Mol, ΔG_f^0 = −20,03 kcal/Mol, log K_f = 14,68; die analogen Werte für 2 C(Graphit) + 2 H_2 (g) + ½ O_2 (g) + ½ S_2 (g) → I (g) sind −58,07, −45,54 u. 33,39. Die Potentialschwelle der inneren Rotationsbehinderung konnte exakt für H_2S_2 (2000 cal/Mol), S_2Cl_2 (5500) u. **II** (915), für die übrigen Verbb. nur näherungsweise erhalten werden. A. Blaschette. 156◇

Thermochemie von Amidoschwefelsäure und von Amidosulfat-Ionen in wässeriger Lösung. Ching-Hsien Wu und L. G. Hepler. (J. chem. Engng. Data **7**, 536—37, Okt. 1962; Pittsburgh, Pa., Carnegie Inst. of Technol.; engl.) — Nachst. Lsg.- u. Rk.-Wärmen wurden bei 25,0 ± 0,2° bestimmt: HSO_3NH_2 (krist.) → H^+ (aq) + SO_3NH^- (aq), ΔH_1; $NaNO_2$ (krist.) → Na^+ (aq) + NO_2^-(aq), ΔH_2; $NaNO_2$ (krist.) + $SO_3NH_2^-$ (aq) → SO_4^{2-} (aq) + N^+ (aq) + N_2 (gas) + H_2O, ΔH_3; NO_2^- (aq) + $SO_3NH_2^-$ (aq) → SO_4^{2-}(aq) + N_2(gas) + H_2O, ΔH_4. Für die Standard-Lsg.-Wärmen von krist. HSO_3NH_2 (I) u. von krist. $NaNO_2$ folgt ΔH_1 = 4,54 ± 0,05 u. ΔH_2 = 3,32 ± 0,06 kcal/Mol, für die Rk.-Wärmen ΔH_3 = 3,43 ± 0,06 u. ΔH_4 = 0,11 ± 0,05 kcal/Mol. Unter Verw. von Literaturwerten ergibt sich für I eine Bldg.-Enthalpie von −264,47 u. für $SO_3NH_2^-$ (aq) eine von −259,93 kcal/Mol bei 25°. G. Gattow. 156◇

Anlagerungsverbindungen methylsubstituierter cyclischer Äther mit Bortrifluorid. D. E. McLaughlin, M. Tamres, S. Searles jun. und S. Nukina. (J. inorg. nuclear Chem. **17**, 112—19, April 1961; Univ. of Michigan, Chem. Labor.; Kansas State Univ., Chem. Labor.; engl.) — Vgl. C. **1962**, 10786. — Die 1 : 1-Anlagerungs-Verbb. von BF_3 u. *2-Methyltetrahydrofuran* (I), *2.5-Dimethyltetrahydrofuran*(II), *2-Methyltetrahydropyran* (III) u. *2.6-Dimethyltetrahydropyran* (IV) wurden manometr. untersucht. Der BF_3 : I-Komplex schmilzt bei −28,8 bis −27,3° zu einer farblosen Fl., deren Sättigungsdampfdruck der Gleichung log p[Torr] = 3291/T + 10,243 gehorcht; die Dissoziations-Konst. K folgt bei 8,230 Torr BF_3 u. 8,434 Torr I bei 0° der Gleichung log K = −3921/T + 8,892, bei 7,947 Torr BF_3 u. 8,103 Torr I bei 0° der Gleichung log K = −3873/T + 8,757; ΔH^0 = 17,83 ± 0,2 kcal/Mol; K_{100} = 0,0241 atm; ΔG_{100}^0 = 2763 ± 20 cal/Mol; ΔS^0 = 40,4 ± 0,6 Entropieeinheiten. Der BF_3 : III-Komplex ist eine farblose Fl., F. −7 bis −6°; log p = −2809/T + 9,608; bei 12,537 Torr BF_3 u. 12,936 Torr III bei 0° log K = −2107/T + 5,149; bei 15,411 Torr BF_3 u. 15,156 Torr III bei 0° log K = −2167/T + 5,344; ΔH^0 = 9,78 ± 0,3 kcal/Mol; K_{100} = 0,332 atm; ΔG_{100}^0 = 818 ± 30 cal/Mol; ΔS^0 = 24,0 ± 0,9 Entropieeinheiten. Der farblose BF_3 : II-Komplex, F. 23—24°, beginnt sich bei längerem Erhitzen auf 120° irreversibel zu verändern. Unzersetzt hat er log p = −3419/T + 10,678; bei 8,216 Torr BF_3 u. 8,323 Torr II bei 0° log K = −4327/T + 9,908; ΔH^0 = 19,80 ± 0,5; K_{100} = 0,0206 atm; ΔG_{100}^0 = 2879 ± 40 cal/Mol;

$\Delta S^0 = 45,3 \pm 1,5$ Entropieeinheiten. Der BF_3 : IV-Komplex, F. 28—35°, zersetzt sich bei Raum-Temp. innerhalb einiger Tage; $\log p = -2861/T + 10,957$; bei 14,094 Torr BF_3 u. 13,300 Torr **IV** $\log K = -2610/T + 7,045$; $\Delta H^0 = 11,9 \pm 1$ kcal/Mol; $\Delta G^0_{100} = -87 \pm 80$ cal/Mol; $K_{100} = 1,13$ atm; $\Delta S^0 = 32,2 \pm 3$ Entropieeinheiten. P. Sartori. 156◇

Bestimmung der Dissoziationskonstanten und Bildungswärmen einfacher Moleküle durch Flammenphotometrie. 8. Mitt. **Die Beständigkeit von gasförmigen, zweiatomigen Halogeniden bestimmter Metalle.** E. M. Bulewicz, L. F. Phillips und T. M. Sugden. (Trans. Faraday Soc. **57**, 921—31, Juni 1961; engl.) — 7. vgl. C. **1963**, 9210. — Es werden die Ergebnisse von Intensitätsmessungen an Emissionslinien einer Anzahl Metalle in Flammen, die H_2, O_2, N_2 u. Spuren *F*, *Cl*, *Br* oder *J* enthielten, mitgeteilt u. interpretiert. Die gasförmigen, zweiatomigen Halogenide von *Li*, *Na*, *K*, *Rb*, *Cs*, *Ga*, *In*, *Tl*, *Ni*, *Mn* u. *Cr* sind in der Flamme relativ beständig. Unter Anwendung einer modifizierten flammenphotometr. Meth. (vgl. Sugden, C. **1957**, 5192) wurden die Dissoziationsenergien der Fluoride, Chloride, Bromide u. Jodide obengenannter Metalle ermittelt, die Werte werden mitgeteilt u. diskutiert. In den meisten Fällen ergibt sich mit den Werten früherer Arbeiten eine gute Übereinstimmung. Claus Fischer. 156□

Dissoziationsenergien der gasförmigen Monohalogenide von Bor, Aluminium, Gallium, Indium und Thallium. R. F. Barrow. (Trans. Faraday Soc. **56**, 952—58, Juli 1960; Oxford, Univ., Phys. Chem. Labor.; engl.) — Unter Zugrundelegung von Literaturwerten der Dissoziationsenergien (DE), die sowohl auf thermochem. Wege (Kreisprozeß) als auch mit Hilfe spektroskop. Daten auf verschiedenen Wegen erhalten wurden, wurden die zuverlässigsten Werte der DE von gasförmigen Monohalogeniden der Elemente der III. Gruppe des Period. Syst. ermittelt (D_0'' in kcal/Mol): *BF* 185, *BCl* 127, *BBr* 103,5, *AlF* 156,1, *AlCl* 118,1, *AlBr* 105, *AlL* 87, *GaF* 143,9, *GaCl* 113,5, *GaBr* 99,3, *GaJ* 80, *InF* 125,9, *InCl* 102,4, *InBr* 92, *InJ* 79, *TlF* 109,6, *TlCl* 89,6, *TlBr* 76 u. *TlJ* 65. G. Gattow. 156◇

Hochtemperatur-Phasengleichgewichte im System Kohlenstoff–Sauerstoff–Uran. J. R. Piazza und M. J. Sinnott. (J. chem. Engng. Data **7**, 451—57, Okt. 1962; Ann Arbor, Mich., Univ. of Michigan, Chem. and Metallurg. Engng. Dep.; engl.) — In einem Graphittiegel wurden Preßlinge aus abgereichertem (^{235}U-armem) UO_2 u. Ceylongraphit in CO- oder CO + N_2-Atmosphäre auf Temp. bis zu nahezu 2000° K erhitzt u. die Zus. der resultierenden festen Rk.-Prodd. wurde als Funktion der CO- bzw. N_2-Partialdrücke bestimmt. Im Syst. Kohlenstoff–Sauerstoff–Uran wurden die folgenden beiden Gleichgewichts-Rkk. beobachtet: $UO_2 + 4\,C \rightleftharpoons UC_2 + 2\,CO$ (a) u. $UO_2 + 3\,UC_2 \rightleftharpoons 4\,UC + 2\,CO$ (b), wobei jedoch UC u. UC_2 nicht immer genau stöchiometr. Zus. aufweisen. Bei Ggw. von N_2 in der Gasphase tritt zusätzlich die Rk. $2\,UC + \frac{1}{2}\,N_2 \rightleftharpoons UN + UC_2$ auf. Für die Freien Energien ΔG^0_T der Rkk. a u. b ergeben sich auf Grund der Meßdaten die Ausdrücke: $\Delta G^0_T = 164500 - 74,23\,T$ (± 1200 cal/Mol), $\Delta G^0_T = 152200 - 65,42\,T$ (± 1500 cal/Mol). Für die Freie Energie der Bldg. von UC u. UC_2 gemäß den Gleichungen U(fl.) + C → UC u. U(fl.) + 2 C → UC_2 wurden im Temp.-Bereich 1700—1950° K die folgenden Gleichungen erhalten: $\Delta G^0_T = -43850 + 10,51\,T$ (± 2400 cal/Mol), $\Delta G^0_T = -40705 = 8,31\,T$ (± 2400 cal/Mol). Aus den Gleichgewichtsmessungen bei Ggw. von N_2 ergibt sich ΔG_{1878} für die Bldg. von UN aus fl. U u. N_2 zu -28200 ± 2500 cal/Mol. Gewisse Teilbereiche des Zustandsdiagramms U—C—N—O werden aus den Meßdaten abgeleitet. F. Weigel. 156◇

Derivatographische Untersuchung der Hexamminnickel(II)-halogenide. Teréz Pfeifer-Flóra. (Magyar Kémiai Folyóirat [Ung. Chem. Z.] **68**, 409—12, Sept. 1962; Veszprém, Forsch.-Inst. für chem. Schwerind.; ung.) — Die therm. Zers. von $[Ni(NH_3)_6] \cdot X_2$ (X = Cl; Br; J) wurde mit dem Derivatographen untersucht. Entgegen älteren Angaben wurde festgestellt, daß NH_3 im Chlorid am stärksten, im Bromid schwächer u. im Jodid am schwächsten gebunden ist. Vom Chlorid entweichen 4 Mol NH_3 bis 200°, ein weiteres Mol NH_3 bis 300° u. das letzte Mol bis 360°. Vom Bromid entweichen 4 Mol NH_3 bis 220° u. weitere 2 Mol bis 310°. Vom Jodid entweichen 6 Mol NH_3 bei 225°. Die Zers.-Wärmen der Verbb. betragen beim Chlorid —130,1 (kcal), beim Bromid —103,7 u. beim Jodid —60,9 (alle pro 6 Mol NH_3). I. Náray-Szabó. 156△

Ein instationäres Verfahren zur Messung der Wärmeleitfähigkeit von Flüssigkeiten und Gasen. W. Straumann. (Schweiz. Arch. angew. Wiss. Techn. **27**, 290 bis 304, Juli 1961; Basel, J. R. Geigy Akt.-Ges.; dt.) — Nach einer theoret. Übersicht beschreibt Vf. ausführlich eine Meth. zur Messung der Wärmeleitfähigkeiten von Fll. u. Gasen, die aus dem instationären Hitzdraht-Verf. entwickelt wurde u. mit der genaue Messungen ($\pm 1\%$) auf einfache Weise rasch (in Sek.) durchgeführt werden können. Die Wärmeleitfähigkeiten von H_2O (von 20—70°), *Glycerin* (20—50°), *A.* (20—50°) u.

von *fl.* O_2 (bei —196°) wurden bestimmt u. mit den Vers.-Ergebnissen anderer Autoren verglichen; die Werte sind graph. wiedergegeben. — 79 Literaturangaben.
G. Gattow. 158◇

Hydromagnetische Wärme-Überführung. G. H. A. Cole. (Nature [London] **194,** 564—65, 12/5. 1962; Durham, Clarke, Chepman and Co. Ltd., Phys. Div.; engl.) — Es wird die Wärmekonvektion zwischen einer elektr. leitenden viscosen Fl. u. einer in der Temp. abweichenden Wand in einem äußeren Magnetfeld theoret. betrachtet. Dabei wird eine Überlagerung einer hydrodynam. u. einer hydromagnet. Wärmeüberführung festgestellt. Die Bewegung der Fl. kann je nach den geometr. Strömungsbedingungen laminar oder turbulent sein. Eine allg. mathemat. Beziehung konnte noch nicht angegeben werden. Durch die elementaren geometr. Betrachtungen konnte aber eine Ermittlungsmöglichkeit für die mittlere elektr. Leitfähigkeit der Fl. aufgezeigt werden.
H. Fahlenbrach. 158□

A₅. Kolloidchemie. Grenzschichtforschung

Über die niederfrequente dielektrische Dispersion kolloidaler Teilchen in Elektrolytlösung. H. P. Schwan, G. Schwarz, J. Maczuk und H. Pauly. (J. physic. Chem. **66,** 2626—35, Dez. 1962; Philadelphia, Pa., Univ. of Pennsylvania, Moore School of Electr. Engng., Electromed. Div.; engl.) — Die dielektr. Eigg. kugelförmiger Koll.-Teilchen (Polystyrollatex; Polystyrolsuspension in KCl-Lsg. u. anderen Medien verschiedener Ionenstärken, biolog. Zellsuspensionen) werden im Frequenzbereich von 20 Hz bis zu einigen 100 kHz untersucht. Bei niedrigen Frequenzen werden sehr hohe DK ermittelt. Die Ergebnisse lassen sich durch ein definiertes Relaxationszeitspektrum beschreiben, da bei sehr hohen u. sehr niedrigen Frequenzen konst. Werte erhalten werden. Zwischen Teilchengröße, dem dielektr. Inkrement bei niedrigen Frequenzen u. der mittleren Relaxationszeit bestehen einfache Beziehungen. Relaxationserscheinungen auf Grund von Maxwell-Wagner-Effekten oder der elektrophoret. Beschleunigung der Teilchen sowie infolge der Wrkg. einer frequenzunabhängigen Oberflächenleitung können nicht zur Erklärung herangezogen werden. Oberflächenleitfähigkeit u. Kapazität werden bestimmt. Erstere setzt sich aus einem frequenzabhängigen u. einem von der Frequenz unabhängigen Anteil zusammen. P. Frenzel. 162◇

Eine Theorie der niederfrequenten dielektrischen Dispersion kolloidaler Teilchen in Elektrolytlösung. Gerhard Schwarz. (J. physic. Chem. **66,** 2636—42, Dez. 1962; engl.) — Vgl. vorst. Referat. — Vereinfachte Dispersionstheorie für kugelförmige, in Elektrolyten suspendierte Koll.-Teilchen, ausgehend von der Polarisation der Schicht von Gegenionen um die Teilchen durch ein äußeres elektr. Feld. Die Ausdehnung auf andere Syst., auch auf biolog. mit Ionenschichten an Grenzflächen sowie auf Teilchen komplizierterer Form, erscheint möglich. P. Frenzel. 162◇

Beiträge zu den kolloidalen Eigenschaften der Aluminiumhydroxidgele. Ildikó Tar, Magda Mészáros und Istvánné Komáromy. (Magyar Kémiai Folyóirat [Ung. Z. Chem.] **68,** 413—17, Sept. 1962; Budapest, L. Eötvös Univ., Lehrstuhl für Koll.-Chem. u. Koll.-Technol.; ung.) — Im Laufe der Verss. wurde das von Kraut u. Humme modifizierte Al-Hydroxidgel (Typ B nach Willstädter) verschieden lange Zeit in der Mutterlauge gekocht. Die nach der Wärmebehandlung beobachtete größere Farbstoffadsorption u. Neigung zur Peptisation ist Folge der schlechten Kristallisation u. starken Dispersität u. dadurch erklärlich, daß der ursprünglich grobkristalline Bayerit hauptsächlich in das wenig stabile Böhmit übergeht. Verss. zur Herst. einer koll. Lsg. aus dem gewaschenen Ausgangsgel durch lange Wärmebehandlung unter 5 at Druck blieben erfolglos u. führten nur bei dem „amorphen" Gel zum Ziel. Dieses Gel ist nach elektronenmkr. Aufnahmen eine Verfilzung von feinen Fäden, aus welchen sich während der Wärmebehandlung eine aus submkr. Teilchen bestehende koll. Lsg. bildet.
J. Plank. 162△

Experimentelle Ergebnisse zum Vereinigen von Wassertropfen mit Wasseroberflächen. R. M. Schotland. (Discuss. Faraday Soc. **1960,** Nr. 30, 72—77; New York, N.Y., New York Univ., Dep. of Meteorol. and Oceanography; engl.) — Eine experimentelle Unters. der Parameter, die das Vereinigen von Tropfen von 200 bis 800 μ $\varnothing$ mit großen Fl.-Oberflächen bestimmen, zeigt, daß dieser Vorgang bei elektr. neutralen Tropfen von 2 Parametern der Form $\pi_1 = \varrho_D V_N^2 D/\gamma$ bzw. $\pi_2 = \varrho_{Fl}/\varrho_D$ (ϱ_D = Dichte des Tropfens, ϱ_{Fl} = Dichte der Fl., V_N = Normalkomponente der Stoß-Geschw., D = Tropfendurchmesser, γ = Oberflächenspannung) kontrolliert wird.
G. M. Neumann. 166◇

Elektrokinetisches Potential und Dielektrizitätskonstante: Quarzsysteme. S. N. Mukherjee und S. Chatterjee. (J. Indian chem. Soc. 39, 753—55, Nov. 1962; Calcutta, Jadavpur Univ., Phys. Chem. Labor.; engl.) — Vgl. C. **1961**, 3242. — Die Abhängigkeit des elektrokinet. Potentials von Quarzdiaphragmen in ca. 5% ig. wss.-alkohol. LiCl-Lsgg. (0—90% CH_3OH bzw. A.) von der DK des Mediums wird untersucht. In Ggw. von 10% Alkohol nimmt das Potential leicht zu, bei weiterem Alkoholzusatz mit abnehmender DK allmählich ab. Die Ergebnisse stimmen mit der Coehn-Raydtschen Regel (1909) überein. Bei Verw. von reinen W.-10% Alkohol-Mischungen werden, möglicherweise auf Grund von Oberflächenladungseffekten, Abweichungen beobachtet. P. Frenzel. 168◇

Problem der doppelten Diffusion mit Entleerung der Reservoirs. Jean-Jacques Moreau und Jean Salvinien. (C. R. hebd. Séances Acad. Sci. **250**, 2565—67, 4/4. 1960; franz.) — Vorl. Mitt. zu C. **1963**, 4621. C. Gottfried. 171

Diffusionskoeffizienten für wässerige Silbernitratlösungen bei 25, 35 und 45° aus Messungen in Diaphragmazellen. J. G. Firth und H. J. V. Tyrrell. (J. chem. Soc. [London] **1962**, 2042—47, Mai; Sheffield, Univ., Dep. of Chem.; engl.) — Die Diffusions-Koeff. wss. $AgNO_3$-Lsgg. wurden bis zu Konzz. von 4m bei 25, 35 u. 45° unter Verw. von Diaphragmazellen gemessen. Die Eichung der Zellen erfolgte für die Unterss. bei 35 u. 45° mit KCl-Lösungen. Die bei 25° erhaltenen differentiellen Diffusions-Koeff. stimmen gut mit den von Rayleigh für Konzz. von 0,1—1m nach einer anderen Meth. erhaltenen Werten überein. Die bei 45° erhaltenen Daten sind im Vgl. zu denen aus opt. Meth. bei Konzz. $<$ 0,5m hoch. Dies wird darauf zurückgeführt, daß sich bei diesen Konzz. mit steigender Temp. innerhalb des Diaphragmas Oberflächeneffekte bemerkbar machen. Die Dichten der $AgNO_3$- (bei 25, 35 u. 45°) u. KCl-Lsgg. (bei 35 u. 45°) wurden in Abhängigkeit von der Molalität bestimmt. Wolfgang Krüger. 171◇

Theorie der Viscosität von Flüssigkeiten. Stephen G. Brush. (Chem. Reviews **62**, 513—48, Dez. 1962; Livermore, Calif., Univ. of California, Lawrence Rad. Labor.; engl.) — Ausführliche Übersicht. — 584 Literaturangaben. A. Blaschette. 172◇

Über das spontane Auftreten von Unstetigkeiten bei der schleichenden Strömung zweier zäher Flüssigkeiten durch ein poröses Medium. Georg Mandl und Jan H. Kruizinga. (Z. angew. Physik **13**, 81—90, Febr. 1961; Amsterdam, Koninklijke Shell-Labor. [Shell Internat. Res. Maatschappij N. V.], Koninklijke Shell Explor. en Prod. Labor.; dt.) — Mit Hilfe der Charakteristikentheorie werden die verschiedenen in der Sättigungsverteilung auftretenden Unstetigkeiten untersucht. Ihre Anwendung liefert eine für beliebige Randbedingungen brauchbare graph. Lösungs-Meth. sowie auch eine mathemat. Begründung der durch Buckley, Leverett u. Weige angegebenen Meth. zur graph. Best. von unstetigen Sättigungsverteilungen. An Hand experimenteller Resultate wird gezeigt, daß „Sättigungssprünge" nicht nur als mathemat. Vereinfachung des Strömungsvorganges aufzufassen sind, sondern auch wirklich auftreten. I. Zoll. 173◇

Erreichung des Sedimentationsgleichgewichts. P. E. Hexner, L. E. Radford und J. W. Beams. (Proc. nat. Acad. Sci. USA **47**, 1848—52, Nov. 1961; Univ. of Virginia; engl.) — Meth. zur Herabsetzung der Zentrifugierzeit durch zuvor bestimmte stufenweise Red. der Rotorwinkel-Geschw. einer Ultrazentrifuge ohne Genauigkeitsminderung. Die zu untersuchende Substanz wird bei einer Winkel-Geschw. ω' zentrifugiert, bis die Konz.-Verteilung einem Gleichgewicht angenähert ist, das erreicht werden würde, wenn der Rotor eine niedrigere Winkel-Geschw. ω hätte. Dann wird die Winkel-Geschw. von ω' auf ω red. u. das Zentrifugieren bis zur Gleichgewichts-Einstellung fortgesetzt. Zur Berechnung von ω' u. der notwendigen Zentrifugierdauer wird eine von Mason u. Weaver [1924] aufgestellte Differentialgleichung für die Sedimentation einer gelösten Substanz in einem gleichmäßigen Gravitationsfeld verwendet. Die berechneten Werte konnten prakt. unter Verw. der von Beams u. Mitarbeitern (vgl. C. **1962**, 12773) beschriebenen magnet. aufgehängten Ultrazentrifuge bestätigt werden. Die Verss. wurden mit *Ribonuclease*, *Insulin* in 30% ig. Essigsäure u. 6mal umkrist. *Lysozym* durchgeführt. In allen Fällen wurde eine Verminderung der Zentrifugierzeit erreicht. Die erhaltenen Molgew. für die 3 Substanzen ergaben sich zu 13690 $\pm$ 60; 5800 $\pm$ 40 u. 14750 $\pm$ 60. C. Gottfried. 174

Darstellung galliumhaltiger Molekularsiebe. J. Selbin und R. B. Mason. (J. inorg. nuclear Chem. **20**, 222—28, Dez. 1961; Baton Rouge, La., Humble Oil and Refin. Co., Esso Res. Labor.; engl.) — Durch teilweisen oder völligen Ersatz von Al_2O_3 durch Ga_2O_3 konnten einige neue Zeolithtypen dargestellt werden. Einige der krist. Prodd. besaßen die Adsorptions-Eigg. von Molekularsieben. Bei der Darst. eines reinen

Ga-Siebes mit 13 X-Struktur (empir. Formel: $Na_2O \cdot 1{,}00\, Ga_2O_3 \cdot 2{,}60\, SiO_2$) wurde eine Tetrachlorogallat- zu einer alkal. Na-Metasilicat-Lsg. ($Na_2O/SiO_2 = 0{,}5 - 1{,}0$; $SiO_2/Ga_2O_3 = 3{,}0-5{,}0$) bei Raum-Temp. gegeben u. die Mischung 20—22 Std. lang unter Rühren auf 70° erwärmt. Es ist dem Al-Sieb nach der Zus., dem Röntgenpulverdiagramm u. der Adsorptionskapazität völlig analog. Außerdem wird die Darst. eines Ga-Analogons zum Sodalit u. eines anderen Ga-Silicates (empir. Formel: $Na_2O \cdot 1{,}03\, Ga_2O_3 \cdot 2{,}82\, SiO_2$), von dem kein entsprechendes Al-Silicat bekannt ist, beschrieben. „Gemischte" Siebe mit guten Adsorptions-Eigg. werden auch bei teilweisem Al-Ersatz (bis zu einem Al : Ga-Mol-Verhätnis von 1 : 1) erhalten. W. Hein. 176◇

Gas- (Dampf-)Adsorption auf inhomogen aktiven festen Oberflächen. 2. Mitt. József Tóth. (Magyar Kémiai Folyóirat [Ung. Chem. Z.] **66,** 398—403, Okt. 1960; Nagykanizsa, Köolajbányászati Tudományos Labor.; ung.) — 1. vgl. C. **1961,** 14930; 3. vgl. C. **1962,** 7059. — Vf. gibt der l. c. angewandten Differentialgleichung $(a_d/a_a) = (a/p_r)\,(d\,p_r/d\,a) - 1$ eine physikal. Deutung. Es wird bewiesen, daß nach der Gleichung $\Delta\lambda = RT \ln[(a_d/a_a)\,(1/p_r)]$ eine charakterist. Funktion $\Delta\lambda$ definiert werden kann, welche analog der Polányischen Funktion ε von der Temp. unabhängig ist. Die Funktion enthält die wahre Freie Enthalpieänderung der Oberfläche; die neuen Isothermengleichungen sind den bisher bekannten Gleichungen überlegen. G. Halmi. 176

Gas- (Dampf-)Adsorption auf inhomogen aktiven festen Oberflächen. 9. Mitt. József Tóth. (Magyar Kémiai Folyóirat [Ung. Chem. Z.] **68,** 377—81, Sept. 1962; ung.) — 8. vgl. Magyar Kémiai Folyóirat [Ung. Chem. Z.] **68,** [1962], 351; 5. vgl. C. **1962,** 7059. — Es wurde nachgewiesen, daß die partiellen Isothermen eigentlich als individuelle Isothermen betrachtet werden können, weil auch zu den partiellen Isothermen eine eindeutige charakterist. Funktion gehört, die von der Temp. unabhängig ist u. die zu einer Belegung eine (u. nur eine) bestimmte Adsorptionsenergie zuordnet. Es wurde die relative energet. Inhomogenität der Adsorbentenoberflächen mathemat. definiert. Mittels dieser Definition sind die energet. Eigg. der Oberflächen vergleichbar. Im Zusammenhang mit dieser Definition wurde bewiesen, daß die Oberfläche der Adsorbenten von den Komponenten des Gasgemisches wechselseitig homogenisiert wird. I. Náray-Szabó. 176△

Untersuchung der Sorption von Kationen und Wasser in Bentonittonen. 5. Mitt. **Untersuchung der Sorption von Wasser mit der Methode der dynamischen Wägung beim Erhitzen.** M. W. Eirisch. (Hochschulnachr. [Iwanowo], Chem. u. chem. Technol. **4,** 775—80, 1961; Kasach, Kirow-Univ., Lehrst. für phys. u. Kolloidchem.; russ.) — 4. vgl. Hochschulnachr. [Iwanowo], Chem. u. chem. Technol. **4,** [1961], 64. — Die Aufnahme von Entwässerungskurven durch Messung der Gew.-Verluste von Bentoniten bei verschiedenen Temp. mit der Torsionswaage gestattet, aus der Desorptions-Geschw. die verschiedenen Bindungsfestigkeiten der Wasser-Moll. zu erfassen. Bei Kationen enthaltenden Bentoniten ist die bei gleicher Temp. verdampfte Wassermenge verschieden ($Ca^{2+} > Zn^{2+} > Ba^{2+} > K^+$). J. v. Schroeder. 176□

Die Absorption von Bromid aus wässerigen Salzlösungen in flüssigem Amin und Ionenaustauscherharz; die bei variierenden Aktivitäten der wässerigen Elektrolyte auftretende Veränderung. S. Lindenbaum und G. E. Boyd. (J. physic. Chem. **66,** 1383—87, Aug. 1962; Oak Ridge, Tenn., Nat. Labor., Chem. Div.; engl.) — Zur quant. Unters. der Abweichungen der Verteilungsquotienten von Br^- zwischen wss., Cl^--haltiger Lsg. u. Tri-n-octylamin (TOA; Hydrochlorid) bzw. einem bas. Ionenaustauscher (Dowex-1X10) vom idealen Verh. (entsprechend dem Massen-Wrkg.-Gesetz) wurden die Gleichgewichte mit Mikroquantitäten Substanz radiochem. gemessen. Es wurde gefunden, daß die Abweichungen bei der Extraktion von Br^- aus neutraler (LiCl, NaCl, KCl oder CsCl enthaltender) Lsg. in TOA (in Toluol) ganz auf die Änderung der Aktivitäts-Koeff.-Verhältnisse der wss. Phase zurückgeführt werden können. Das gilt nicht für die Extraktion aus starker HCl-Lsg., bei der eine stärkere Durchdringung von wss. u. organ. Phase die Verteilung beeinflußt. Ebensowenig reicht die Berücksichtigung der Aktivität in wss. Phase zur Korrektur der Werte für die Br^--Verteilung zwischen Salz-Lsg. u. Ionenaustauscher aus. In diesem Falle muß die Nichtidealität der organ. Phase mit berücksichtigt werden, u. zwar in um so stärkerem Maße, als wss. Elektrolyt-Lsg. in die Harzphase eindringt. Aus diesen Gründen sind nur fl. Anionenaustauscher zur Best. von Aktivitäts-Konst. oder Komplex-Bldg.-Konst. in wss. Elektrolyt-Lsgg. geeignet. W. Betcke. 177□

Einfluß der Vernetzung auf die Eigenschaften von polymeren Carbonsäuren. 2. Mitt. **Scheinbare Dissoziationskonstanten als Funktion der austauschenden, einfach geladenen Kationen.** Robert Kunin und Sallie Fisher. (J. physic. Chem.

66, 2275—77, Nov. 1962; Philadelphia, Pa., Rohm & Haas Co.; engl.) — 1. vgl. C. **1957**, 3020. — Erweiterung der früheren Unterss. auf alle Alkalielemente u. Best. der Änderung der Dissoziations-Konst. mit der Ionenstärke. Die Konst. n der modifizierten Henderson-Hasselbach-Gleichung (vgl. l.c.) nimmt in ihrem Zahlenwert bei einem gegebenen Syst. mit wachsendem Ionenradius zu. Betrachtet man die Größe von n als eine Funktion der Kettenkonfigurationsentropie, so kann dieses Verh. aus dem relativen Polymerkettenstreckvermögen der Ionen berechnet werden. Die niedrigsten n-Werte ergeben sich dann für das am stärksten gestreckte System. Auch die Änderung der n-Werte beim Wechsel des Vernetzungsmittels kann damit erklärt werden. W. Hein. 177◇

Änderung der Selektivität monofunktioneller Sulfokationenaustauscher in Abhängigkeit von der Konzentration der ursprünglichen Elektrolytlösungen und den Ladungen der dem Austausch unterliegenden Ionen. Je. P. Tschernewa, Ss. R. Barabanow, W. A. Brjuchanow, A. B. Paschkow und N. N. Tunitzki. (J. physik. Chem. [UdSSR] **35**, 189—91, Jan. 1961; Moskau, Phys.-chem. Karpow-Inst.; russ., Auszug: engl.) — Als Funktion der Konz. funktioneller Gruppen im Austauscherharz KU-2, des Vernetzungsgrades, der Ionenladung u. der Konz. des ursprünglichen Elektrolyten wurden für Ionen verschiedener Wertigkeit Selektivitätsänderungen untersucht. Im Syst. H^+-Harz/Ca^{2+} nimmt die Selektivität (S) des Harzes mit seiner Kapazität zu, im Syst. H^+-Harz/Na^+ kann mit dem Vernetzungsgrad keine Änderung von S festgestellt werden, jedoch nimmt sie stark zu, wenn das Syst. H^+-Harz/Ca^{2+} durch das Syst. H^+-Harz/Na^+ substituiert wird. Bei konst. spezif. Beladung nimmt S des Austauschers in bezug auf die ein- u. dreiwertigen Kationen der Syst. H^+-Harz/Na^+; H^+-Harz/La^{3+} mit der Erhöhung der Konz. der äußeren Lsg. ab. S des Syst. steigt mit der Ionenladung, wenn die spezif. Beladung, die Kapazität u. der Vernetzungsgrad des Harzes konst. gehalten werden. H. Roschkowski. 177◇

Ionenaustauschermembranen. 4. Mitt. Überführungsgeschwindigkeit einwertiger Kationen. J. Ciric und W. F. Graydon. (J. physic. Chem. **66**, 1549—51, Aug. 1962; Toronto, Canada, Univ. of Toronto, Dep. of Chem. Engng.; engl.) — 3. vgl. C. **1957**, 11227. — Der elektr. Membranwiderstand u. die Überführungs-Geschw. von H^+, Li^+, K^+, Na^+, u. NH_4^+ an Ionenaustauschermembranen werden bestimmt. Das Verhältnis der Diffusions-Koeff. der einzelnen Ionen ist unabhängig von der Vernetzung u. der Kapazität der Membranen. Letztere Eigg. beeinflussen jedoch den Widerstand. Die unterschiedlichen Werte für den K^+/NH_4^+-Austausch aus Diffusions- u. Widerstandsmessungen scheinen durch eine unterschiedliche Überführung von W. bedingt zu sein. P. Frenzel. 177◇

Die Theorie der Dynamik der Ionenaustauschsorption und Chromatographie. 3. Mitt. Die Dynamik der Ionenaustauschsorption verschiedenwertiger Ionen. W. W. Ratschinski und Ss. M. Russtamow. (Nachr. landwirtsch. Timirjasew-Akad. **1961**, Nr. 6, 214—23; russ.) — 2. vgl. Nachr. landwirtsch. Timirjasew-Akad. **1961**, Nr. 3, 177; 1. vgl. C. **1961**, 18610. — Theoret. Behandlung der Dynamik der Sorption für verschiedene Formen von Isothermen u. Formeln zur Lösung der damit im Zusammenhang stehenden Aufgaben. Ferner wird die Theorie der Regenerierung von Austauschersäulen betrachtet. R. Wittwer. 177□

Versagen der Anschauung über die Wirbeldiffusion bei der Gaschromatographie. J. Calvin Giddings und Richard A. Robison. (Analytic. Chem. **34**, 885—90, Juli 1962; Salt Lake City, Utah, Univ. of Utah, Dep. of Chem.; engl.) — Theoret. u. prakt. Überprüfung der Wirbeldiffusionserscheinungen u. Entw. einer neuen Theorie, bei der die Wechselwrkg. zwischen dem rein geometr. Parameter u. verschiedenen nichtgeometr. Größen unter Einschluß der Trägergas- u. Diffusions-Geschw. mit berücksichtigt wird. W. Hein. 177◇

Zur Diskontinuität bei der Diffusion durch eine Grenzfläche (das Δ der Fuchsschen Gleichung). P. G. Wright. (Discuss. Faraday Soc. **1960**, Nr. 30, 100—12; Dundee, Queen's Coll., Chem. Dep.; engl.) — Die experimentellen Werte von Bradley u. Mitarbeitern (Proc. Roy. Soc. [London], Ser. A **186**, [1946], 368) werden eingehend analysiert, um eine Entscheidung zwischen dem von Bradley sowie dem von Frössling (Gerlands Beitr. Geophysik **52**, [1938], 195) u. Monchiek u. Reiss (C. **1955**, 1679) vorgeschlagenen Wert für die Größe Δ in der Fuchsschen Gleichung treffen zu können. Die Fuchssche Ansicht, daß die Größe Δ bei einer ebenen Oberfläche um den Faktor $^2/_3$ größer ist als bei einem Tropfen von verschwindend kleinem Radius, wird erörtert u. eine allg. Beziehung für die Änderung von Δ mit dem Oberflächenradius abgeleitet. Es zeigt sich, daß die Theorie auf die Verdampfung u. das Wachstum kleiner Tröpfchen, bes. in Ggw. von Oberflächenfilmen, die den Kondens.-Koeff. erniedrigen, gut anwendbar ist. G. M. Neumann. 180◇

Das Wachstum hygroskopischer Tropfen in einem feuchten Luftstrom. W. L. Dennis. (Discuss. Faraday Soc. **1960**, Nr. 30, 78—85; Porton Down, Wilb., Chem. Defense Exp. Establ.; engl.) — Für Tropfen von H_2SO_4, $CaCl_2$-, NaCl- u. NH_4NO_3-Lsgg. mit 0,5—1,0 mm ∅ wird der Einfl. der relativen Feuchtigkeit auf das Tröpfchenwachstum untersucht. Es zeigt sich, daß die Wachstums-Geschw. durch Kombination von Dampfdiffusion zum Tropfen, Wärmebilanz u. Ventilationsfaktor beschrieben werden kann. G. M. Neumann. 180◇

A₆. Strukturforschung

Eine wirksame Methode zur Säuberung von Platinöffnungen am Elektronenmikroskop. D. F. Parsons. (Rev. sci. Instruments **31,** 1158—59, Okt. 1960; Oak Ridge, Tenn., Oak Ridge Nat. Labor., Biol. Div.; engl.) — Pt an der Objektivöffnung läßt sich durch Erhitzen mit Chromschwefelsäure, Waschen mit dest. H_2O, 20%ig. NaOH-Lsg. u. dest. H_2O reinigen. R. Uttech. 181◇

Translationsvorrichtung für eine Röntgenpulverkamera. David A. Northrop. (Rev. sci. Instruments **31,** 1160, Okt. 1960; Argonne, Ill., Argonne Nat. Labor.; engl.) — Vf. beschreibt eine Vorrichtung, die der Rotationsbewegung in der Gen.-Electr.-Röntgenpulverkamera eine Translationsbewegung überlagert; maximale Translation $^5/_8$ in., 4 Translationsperioden u. 60 Rotationen pro Stunde. Dadurch werden sonst körnige Linien für die Vermessung ausreichend gleichmäßig. R. Uttech. 181◇

Ein verbessertes Okularfadenkreuzsystem zur Vermessung von Röntgenpulverdiagrammen. W. G. Perdok und G. Boom. (J. sci. Imstruments **37,** 134—35, April 1960; Groningen, Netherlands, Univ. of Groningen, Kristallograf. Inst.; engl.) — Vff. beschreiben eine Abwandlung des Fadenkreuzes im Okular des Meßmikroskops, die die Vermessung gekrümmter Debye-Scherrer-Linien auf 0,001 mm genau gestattet. R. Uttech. 181◇

Einfluß der Adsorbentenimprägnierung auf die Röntgenstrahlenstreuung unter kleinen und mittleren Winkeln. A. Ss. Sserikow. (Ukrain. physik. J. **5,** 408—12, Mai/Juni 1960; Dnepropetrowsk, Med. Inst.; ukrain., Auszug: engl.) — Vgl. C. **1950/54,** 1476 S u. **1955,** 10449. — Bei der Sättigung von akt. Kohle u. Silicagel mit Wasser- oder CCl_4-Dampf nimmt die Intensität der Streuung von Röntgenstrahlen unter mittleren u. kleinen Winkeln ab. Bei CCl_4 ist der Effekt, entsprechend seinem 1,6 mal höheren spezif. Gew., größer als bei Wasserdampf, in der Hauptsache ist der Effekt jedoch durch die Elektronendichte der adsorbierten Stoffe bedingt. R. K. Müller. 181◇

Theorie der Röntgenstrahlenstreuung von geordneten Mehrstofflösungen. M. A. Kriwoglas und Je. A. Tichonowa. (Ukrain. physik. J. **5,** 158—73, März/April 1960; Akad. der Wiss. der UkrainSSR, Inst. für Metallphys.; ukrain., Auszug: engl.) — Vgl. C. **1959,** 11486, 16951. — Die Streuung von Röntgenstrahlen an teilweise geordneten festen Mehrstoff-Lsgg. mit einer Elementarzelle beliebigen Typs, wobei jedoch jeder Gitterpunkt ein Symmetriezentrum ist, wird theoret. behandelt. Es werden Gleichungen für die Intensität der diffusen Streuung in Abhängigkeit von der Konz. der Komponenten an den Gitterpunkten sowie für die Korrelationsparameter bzw. Ableitungen 2. Ordnung des thermodynam. Potentials bzgl. der Konz. abgeleitet. Eingehender werden die Beziehungen bei Kristallen vom *β-Messing*-Typ u. solchen Kristallen erörtert, bei denen ein Subgitter von gleichen Atomen besetzt ist, das andere 2 Atomarten enthält. Auf Grund der Gleichungen können die Faktoren der Intensitätsschwächung bei Kristallen vom *NaCl*(*KCl*)-Typ bestimmt werden. R. K. Müller. 181◇

Zur röntgenographischen Ermittlung reflexverschiebender und verbreiternder Gitterverzerrungen unter Verwendung von Fourierreihen-Darstellungen. Gerhard K. Schmidt. (Z. angew. Physik **13,** 90—95, Febr. 1961; Dresden, Hochsch. für Verkehrsw., Phys. Inst.; dt.) — Das Fourier-Reihen-Verf. zur röntgenograph. Best. der Teilchengröße u. der linienverbreiternden Verzerrungen verwendet zur Auswertung nur die Größe des cos-Fourier-Koeff. der von Instrumenten-Einfl. befreiten Intensitätsfunktionen. Vf. befaßt sich mit einer Erweiterung des Verf., so daß bei kompakten Proben zusätzlich auch reflexverschiebende Verzerrungen aus den cos- u. sin-Koeff. ermittelt werden können. Eine experimentelle Überprüfung des Meth. bei plast. gerecktem *Cu* (50%-Reckgrad) liefert in (1 1 1)-Richtung eine Teilchengröße $\bar{L}$ ca. 7500 Å mit reflexverschiebenden Verzerrungen $\bar{e}' = +1{,}7 \cdot 10^{-4}$ u. verbreiternden Verzerrungen $\bar{e} = \pm 8{,}9 \cdot 10^{-4}$. I. Zoll. 181◇

Die Reflexionsanomalien infolge der Phasenbeziehungen zwischen den Kristallbereichen. Takanori Tomita. (Sci. Rep. Saitama Univ., Ser. A **3,** 179—89, 1960; Urawa, Saitama Univ., Dep. of Phys.; engl.) — Vgl. C. **1962,** 404. — Vf. untersucht die l.c. auf Röntgenaufnahmen von SiC beobachteten diffusen u. Überstrukturinterferenzen in Verbindung mit den Phasenbeziehungen zwischen orientierten Kristallbereichen. Getrennt untersucht wurde die Intensitätsänderung infolge Phasenbeziehungen u. der Einfl. der Lücken zwischen den orientierten Kristallbereichen. An Hand neuerer Aufnahmen kommt Vf. zu dem Ergebnis, daß die bei diesen Kristallen beobachteten Intensitätsveränderungen u. diffusen Interferenzen auf Phasenbeziehungen zurückzuführen sind. C. Gottfried. 181

Asphärische Atomstreufaktoren für S, S^- und Cl. B. Dawson. (Acta crystallogr. [Copenhagen] **14**, 1271—74, 10/12. 1961; Melbourne, C.S.I.R.O., Chem. Res. Labor., Div. of Chem. Phys.; engl.) — Mit Hilfe der von McWeeny (vgl. C. **1955**, 296 u. früher) beschriebenen Meth. berechnete Vf. die asphär. Atomstreufaktoren von S, S^- u. Cl. Die Werte sind tabellar. angegeben. C. Gottfried. 181

Zweifach irreduzible Darstellungen über die Raumgruppe der Kristalle vom Kupfer(I)-oxid-Typ. A. G. Shilitsch. (Nachr. Leningrader Univ. **15**, Nr. 10, Ser. Physik. Chemie. Nr. 2, 5—15, 1960; russ., Auszug: engl.) — Zweifach irreduzible Darst. für die Gruppe des Wellenvektors an allen Symmetriepunkten der Brillouin-Zone. H. Roschkowski. 181◇

Untersuchungen über die Methode der alternierenden Molekülorbitale. 3. Mitt. Ein Energieausdruck mit vielen Parametern für Systeme mit abgeschlossener Schalenstruktur. J. De Heer. (J. chem. Physics **37**, 2080—83, 1962; Boulder, Colo., Univ. of Colorado, Chem. Dep.; engl.) — 2. vgl. C. **1963, 34**. — Es wird eine verfeinerte AMO-Meth. beschrieben, bei der für jedes gekoppelte MO verschiedene variable Parameter berücksichtigt werden. Hieraus ergibt sich ein entsprechender Ausdruck mit mehreren Parametern für die Energie des Grundzustandes eines beliebigen Syst. mit abgeschlossener Schalenstruktur. Als Beispiel wird eine numer. Analyse des *Benzol*-Mol. unter Einbeziehung des π-Elektronensextetts durchgeführt. A. Blaschette. 182◇

Einzentrenentwicklungen für das Wasserstoffmolekülion. 2. Mitt. M. Cohen. (Proc. Cambridge philos. Soc. **58**, 130—35, Jan. 1962; Belfast, Queen's Univ., Dep. of Appl. Math.; engl.) — 1. vgl. Proc. Cambridge philos. Soc. **57**, [1961], 96. — Vf. erweitert die l.c. angegebene Meth. auf die ungeraden σ-Zustände sowie die zwei niedrigsten π-Zustände ($2p\pi_u$ u. $3d\pi_g$) von H_2^+. D. Jörchel. 182□

Abschirmungs- und Kontraktions-Wellen-Funktionen. Gerald Burns und E. G. Wikner. (Physic. Rev. [2] **121**, 155—58, 1/1. 1961; Yorktown Heights, N.Y., Intern. Business Mashines Labor.; engl.) — Die Kontraktionswellenfunktionen sind zur Berechnung der Polarisierbarkeit u. des Abschirmungsfaktors nach Sternheim erforderlich. Die Werte werden mit vorhandenen experimentellen Werten von O^{2-}, F^-, Cl^- verglichen. Außerdem werden die Abschirmungs-Konst. γ_∞ für Cu^+, Ga^{3+}, *Kr*, Ag^+, In^{3+}, Mn^{2+} u. Fe^{3+} berechnet. Mit diesen Werten werden die gemessenen Quadrupolkopplungs-Konst. gedeutet. Es wird das Kern-Quadrupol-Moment für ^{57}Fe mit Hilfe der Werte der Quadrupol-Kopplungs-Konst. von Fe_2O_3 berechnet. E. Wagenfeld-Hohlweg. 182□

Die Elektronenverteilung im Ammoniumion. K. E. Banyard und N. H. March. (Acta crystallogr. [Copenhagen] **14**, 357—60, 10/4. 1961; Leicester, Univ., Dep. of Phys.; Sheffield, Univ., Dep. of Phys.; engl.) — Vff. nehmen bezug auf eine Arbeit von McDonald (vgl. Acta crystallogr. [Copenhagen] **13**, [1960], 113) über die Elektronenverteilung in Ammoniumdifluorid, die auf Grund einer dreidimensionalen Analyse erhalten worden war, u. untersuchten auf theoret. Wege die Elektronenverteilung in NH_4^+. Danach läßt sich die Ladungsverteilung durch ein Modell beschreiben, in dem die Elektronendichte in dem NH_4^+ als eine zentrale kugelförmige Ladungswolke dargestellt werden kann, die 6 Elektronen um den N-Kern enthält u. zusätzlich 4 ungestörte H-Elektronenverteilungen, die nicht auf die Protonen hin zentriert sind, sondern entlang der N—H-Bindungen. C. Gottfried. 182

Konventionelle Elektronenpaar-Beschreibung der Xenonverbindungen. Leland C. Allen und William DeW. Horrocks jun. (J. Amer. chem. Soc. **84**, 4344—45, 20/11. 1962; Princeton, N.J., Princeton Univ., Dep. of Chem.; engl.) — Vgl. Allen, C. **1963**, 8045; vgl. Holloway u. Peacock, C. **1963**, 9621. — Für XeF_4 wird in Analogie zum JCl_4^- eine quadrat.-planare bzw. (unter Einbeziehung der beiden einsamen Elektronenpaare des Xe) eine oktaedr. sp^3d^2-Konfiguration mit Xe–F = 1,97 Å vorgeschlagen. Die Existenz von XeF_6 (14 Valenzelektronen) sowie von XeF_5, XeF_3 oder XeF_3O (ungerade Elektronenzahlen) ist unwahrscheinlich; möglich sind hingegen XeF_4O_2 (tetragonale Pyramide) u. XeF_4O_2 (tetragonale Bipyramide). XeF_2 besitzt bei Berücksichtigung der drei einsamen Elektronenpaare des Xe eine trigonal-bipyramidale sp^3d-

oder spd^3-Konfiguration. Als Oxo-Derivv. sind *XeF_2O, XeF_2O_2* u. *XeF_2O_3* gleich wahrscheinlich. Statt O vermag sich möglicherweise auch BF_3 oder eine andere Lewis-Säure an die einsamen Elektronenpaare von XeF_4 u. XeF_2 anzulagern.
A. Blaschette. 182◇

Infrarotspektroskopischer Beweis für dative-π-Bindungen in Äthinylsilanen. Ronert West und Charles S. Kraihanzel. (Inorg. Chem. [Washington] **1**, 967–69, Nov. 1962; Madison, Wis., Univ. of Wisconsin, Dep. of Chem.; engl.) — Die Unters. der C≡C- u. C—H-Valenzfrequenzen u. ihrer Eigg. als Protonenacceptoren zeigt, daß *Äthinylsilane* zusätzliche C—Si—π-Bindungen eingehen u. bessere Protonendonatoren als 1-Alkine sind. *In Äthinyltrimethylstannanen* ließen sich diese Eigg. nicht nachweisen.

Versuche: *Äthinyltrimethylsilan,* Kp. 52°, n_D^{25} 1,3870, $D._4^{24}$ 0,707, durch Versetzen von Na-Acetylid mit N.N-Dimethylformamid u. dann $(CH_3)_3SiCl$ in Xylol während 2½ Std., Dest., 22% (Ausbeute). — *Äthinyltriphenylsilan,* $C_{20}H_{16}Si$, F. 45–46°, $Kp._{1,9}$ 191°, durch Zugabe von $(C_6H_5)_3SiCl$ in THF zu NaC≡CH während 1 Std., Zers. mit Eis, Extraktion mit Heptan, Dest., Chromatographie; 13%. — *Äthinyltrimethylstannan,* $C_5H_{10}Sn$, Kp. 92–95°, ähnlich vorst. Verb. aus NaC≡CH u. $(CH_3)_3SnCl$ in Ae., nicht rein.
H. Bürger. 182◇

Gemeinsames und Unterschiedliches in Antisymmetrie, Magnetsymmetrie und Vollsymmetrie. I. Ss. Sheludew. (Nachr. Akad. Wiss. UdSSR, physik. Ser. **24**, 1436–39, Nov. 1960; Akad. der Wiss. der UdSSR, Inst. für Kristallogr.; russ.) — Vgl. C. **1959**, 11814.
R. K. Müller. 182□

Zur Symmetrie der Wellenfunktionen in Kristallen mit hexagonal dichtester Kugelpackung. Joachim Erdmann. (Z. Naturforsch. **15a**, 524–31, Mai/Juni 1960; Augsburg, Osram-Studienges.; dt.) — Zur Berechnung der Energiebänder in Metallen nach der Blochschen Meth. (Meth. der festen Bindung) ist die Lösung von Säkulardeterminanten erforderlich. Für Wellenvektoren, die in der Brillouin-Zone symm. gelegen sind, ergeben sich Aufspaltungen der Determinante in Faktoren entsprechend der Symmetrie der Wellenfunktionen. Es wird gezeigt, wie man mit Hilfe bekannter gruppentheoret. Verff. die Aufspaltung der Determinante in Faktoren angeben kann. Die Meth. wird auf das Gitter mit hexagonal dichtester Kugelpackung angewendet.
A. Blaschette. 182◇

Zur klassischen Theorie der Elektronenhüllenpolarisation in schwach gestörten Ionenkristallen. H. Rampacher. (Z. Naturforsch. **17a**, 1057–62, Dez. 1962; Stuttgart, TH, Inst. für theoret. u. angew. Phys.; dt.) — Am Beispiel eines Kristalls vom NaCl-Typ wird gezeigt, daß bei kleinen Gitterauslenkungen die Energie des deformierten Gitters durch abgeschirmte Coulomb-Potentiale dargestellt werden kann. Aus dem Ausdruck für die Energie des deformierten Gitters lassen sich durch Ableitung nach den Auslenkungen aus den idealen Gitterruhelagen die Kräfte bestimmen, die sich mit vorgegebenen, auf das Gitter wirkenden Störkräften ins Gleichgewicht setzen. Aus diesem Gleichgewicht der Kräfte lassen sich dann die neuen Ruhelagen des gestörten Kristalls leicht berechnen.
G. M. Neumann. 182◇

Die Abstoßungsenergie in Natriumchlorid- und Kaliumchlorid-Kristallen. E. A. Guggenheim, M. L. McGlashan und J. E. Prue. (Molecular Physics **4**, 433–50, Nov. 1961; Reading, Univ., Dep. of Chem.; engl.) — Im Zuge von Unterss. der Kristallenergie von Alkalihalogeniden wurde die Abstoßungsenergie von *NaCl-* u. *KCl-*Kristallen bestimmt u. zu den Gitter-Konst. in Beziehung gesetzt. Die angestrebte Genauigkeit von ±0,2 kcal/Mol verschlechterte sich durch undefinierte experimentelle Fehler auf ±0,6 kcal/Mol, war aber noch wesentlich besser als die der vorangegangenen Unterss. (±2 kcal/Mol). Diese Verbesserung konnte durch krit. Abschätzung der experimentellen Werte u. thermodynam. Formeln u. durch eine Durchführung der Analyse bei mehreren Temp. erreicht werden.
W. Sobieski. 182□

Zur Berechnung der Potentiale in Überstrukturen. W. N. Ljubimow und Ju. N. Wenewzew. (Festkörperphysik [UdSSR] **4**, 1352–57, Mai 1962; Moskau, Phys.-chem. Karpow-Inst.; russ.) — Es werden Beziehungen erhalten, die zwischen den Kristallfeldern in einem gegebenen Kristall in Abwesenheit u. Ggw. einer Überstruktur Gültigkeit besitzen.
H. Roschkowski. 182◇

Röntgenbeugungsuntersuchungen der Struktur des Wassers. J. Heemskerk. (Recueil Trav. chim. Pays-Bas **81**, 904–15, Sept./Okt. 1962; Amsterdam, Koninklijke Shell-Labor.; engl.) — Die Röntgenbeugung von W. wurde bei 0, 25 u. 45° gemessen. Für die Berechnung der Verteilungsfunktion aus den experimentellen Daten zog der Vf. eine von Mendel (C. **1962**, 15867) verbesserte Meth. heran, die an Quarzglas erprobt wurde. Die Interpretation der Verteilungskurven führte zu einem „Strukturmodell“

des W., das die mittlere Konfiguration um die Moll. herum als oktaedr. Nahordnung beschreibt, im Gegensatz zu der älteren Annahme einer tetraedr., eisähnlichen Struktur. R. Uttech. 186◇

Eine kristallographische Deutung der Smekalschen Regel und ihre Anwendung auf SiO_2. B. Eckstein. (Bull. Soc. franç. Céram. **1962**, Nr. 54, 79—83; Berlin, D. W, Inst. für Phys. Chem.; franz.) — Syst. mit Nahordnung besitzen einen genügend hören Ordnungsgrad, der vom entsprechenden kristallinen Zustand (Z) herrührt, wie er sei aus dem therm. Z ergibt. Der Glas-Z ist ein an Frenkel-Fehlordnungen übersättigt Syst.; die Konz. der eingefrorenen Fehlordnungen wird durch die fiktive Temp. d glasartigen Stoffe bestimmt. Sie liegt zwischen der der Schmelze u. des eingefrorene Zustandes. Offenbar begünstigt eine gemischte kovalente Bindung die Frenkel-Fehlordnungen. Die kristallchem. Deutung der Smekalschen Regel ist dann ein geringerer Energieüberschuß u. damit eine größere Metastabilität der Gläser. SiO_2 als typ. Glasbildner zeigt eine ausgeprägte semipolare Bindung mit etwa gleich großen hetero- u. homöopolaren Anteilen. Deshalb ist die Aktivierungsenergie der Frenkel-Fehlordnungen bes. gering. Durch Zusatz eines die Struktur ändernden Stoffes verringert sich ihr Wert, dennoch kann sich wegen der Abnahme der Viscosirät die Neigung zur Entglasung erhöhen. G. Frikell. 186◇

Probleme, die mit der Bestimmung von Verteilungskoeffizienten und der festen Löslichkeit durch Kristallwachstumsmethoden verbunden sind. W. Bardsley, D. T. J. Hurle und J. B. Mullin. (J. electrochem. Soc. **109**, 64—65, Jan. 1962; Great Malvern, Worcestershire, Roy. Radar Establ., Ministry of Aviat.; engl.) — Vff. erörtern eine Arbeit von Trumbore (vgl. C. **1963**, 8428) über eine Verdampfungs-Meth. zur Herst. von Sb-dotierten Si-Einkristallen u. die damit verbundenen Bedingungen, die zur Bldg. von Facettenflächen an der Grenzfläche fest–fl. führen. Es zeigt sich, daß eine therm. Unterkühlung zur Bldg. weniger großer Facetten, eine konstitutionelle Unterkühlung zur Bldg. zahlreicher kleiner Facetten führt. Die Vor- u. Nachteile dieser Meth. werden diskutiert. G. M. Neumann. 190□

Konzentrationsverteilung der Lösung um einen Kristall während des Dendritenwachstums. Jean Boscher, Stanislas Goldsztaub und Michel Quivy. (C. R. hebd. Séances Acad. Sci. **255**, 1133—34, 6/8. 1962; Strasbourg, Labor. de Minéralog.; franz.) — Die Konz.-Verteilung in der Mutterlauge während des Wachstums eines $NaClO_3$-Dendriten wird mit einem Polarisationsmikroskop beobachtet; die Konturen können mit dem Fickschen Diffusionsgesetz beschrieben werden. Beim Dendritenwachstum wird eine Fläche gleicher Konz. in der Lsg. durch eine Kristallfläche begrenzt. Herbert Müller. 190◇

Keimbildung und Wachstum von Fasern und Plättchen des Eisen(III)-oxids. Jean Bigot und Simone Talbot-Besnard. (C. R. hebd. Séances Acad. Sci. **255**, 1927—29, 15/10. 1962; Vitry, C.E.C.M.; franz.) — Fe-Draht wird in Wasserdampf bei 400^0 oxydiert u. die Bldg. von Fe_2O_3 (I) elektronenmkr. untersucht. Das Wachstum kub. I-Plättchen beginnt nach 2 Std. u. bedeckt die Fe-Oberfläche nach 3 Std. vollständig. Das Verhältnis von Dicken- zu Längenwachstum bleibt konst., u. die beobachtete Streifung der Kristalle muß verschiedenen Wachstumsstadien zugeschrieben werden. Nach Bedeckung der Oberfläche mit einer festen Lsg. I-*Magnetit* setzt an heterogenen Stellen der Oberfläche u. an Oxidkorngrenzen ein Whiskerwachstum von rhomboedr. I ein, wenn in der oxydierenden Atmosphäre O_2-Spuren enthalten sind. Herbert Müller. 190◇

Selektive epitaktische Abscheidung von Silicium. B. D. Joyce und J. A. Baldrey. (Nature [London] **195**, 485—86, 4/8. 1962; Bedford, Beds., Texas Instruments, Ltd., Res. and Developm. Dep.; engl.) — Epitakt. *Si*-Schichten wurden durch Red. von $SiCl_4$ mit H_2 (Mol-Verhältnis 0,02:1) bei 1200^0 auf therm. oxydierte Si-Unterlagen aufgebracht, in die durch Ätzen an bestimmten Stellen oxidfreie Fenster eingebracht worden waren. Bei langsamem Gasstrom ($\leqq$ 12 Liter/min) schieden sich auf den unmaskierten Flächen Si-Kristalle epitakt. ab u. wuchsen in [1 1 1]-Richtung. Bei schnellerem Gasdurchsatz (ca. 4 Liter/min) schied sich außerdem noch ein polykrist. Belag auf der ca. 30 Å dicken SiO_2-Schicht ab. Als Erklärung für dieses unterschiedliche Verh. dient die Tatsache, daß bei niedrigen Gas-Geschw. die Abscheidungs-Geschw. von Si-Atomen auf Si-Oberflächen weit größer ist, als die Keim-Bldg.-Häufigkeit von Si auf SiO_2, die bei erhöhtem Gasdurchfluß wesentlich gesteigert wird u. so keine selektive Abscheidung mehr ermöglicht. W. Sobieski. 190□

Zur Versetzungstheorie der Zwillinge. A. M. Kossewitsch. (Festkörperphysik [UdSSR] **4**, 1103—12, Mai 1962; Charkow, Akad. der Wiss. der UdSSR, Phys.-techn. Inst.; russ.) — In einer theoret. Unters. wird gezeigt, daß in einem Kristall unter äußerem

Druck Zwillinge endlicher Größe nur dann existieren können, wenn auf die Verzwillingungsversetzungen „unelast.“ Kräfte einwirken. Für den Fall geringer „unelast.“ Kräfte wird das Verhältnis der Stärke zur Länge des Zwillings abgeschätzt. Es wird festgestellt, daß in einem homogenen Spannungsfeld keine stabilen Zwillinge endlicher Größe entstehen. H. Roschkowski. 190◇

Lochzonen im LiCl-Kristall. L. I. Branda. (Ukrain. physik. J. **5**, 368—74, Mai/Juni 1960; Lugansk, Ind. Technikum; ukrain., Auszug: engl.) — Die Energie u. die Zustandsfunktion eines kub. Kristalls vom NaCl-Typ mit einem Elektronenloch wird unter Annahme starker Wechselwrkg. nach der Fockschen Multielektronennäherung betrachtet. Die Austauschintegrale für den Übergang des Lochs zwischen den p-Niveaus benachbarter Ionen im LiCl-Kristall werden berechnet u. die Energie der Lochzonen für diesen Kristall gefunden. Die Breite der Lochzone liegt in der Größenordnung von 4 eV. Die effektiven Massen „leichter“ Löcher, entsprechend dem Energieminimum in den Punkten ($\pm 0{,}92\,\pi/d$; $\pm 0{,}92\,\pi/d$; 0) betragen 1,9; 0,14 u. 60,6. H. Roschkowski. 190◇

Bestätigung der Natur der Kationendepopulation bei synthetischen kristallinen Zeolithen. George T. Kerr. (J. physic. Chem. **66**, 2271, Nov. 1962; Paulsboro, N.J., Socony Mobil Oil Co., Inc., Res. Dep.; engl.) — An Na-Zeolit ZK-4 konnte bei Steigerung des $SiO_2 : Al_2O_3$-Verhältnisses für eine gegebene Zeolithkristallstruktur die bevorzugte Depopulation der Kationenplätze in den großen Kanälen oder 0-Ringen gegenüber den kleineren bestätigt werden. W. Hein. 190◇

Direkte Beobachtung von Versetzungen, die Epitaxie zuzuschreiben sind. P. Delavignette, J. Tournier und S. Amelinckx. (Philos. Mag. **6**, 1419—20, 1 Tafel, Nov. 1961; Mol, Centre d'Ét. de l'Énergie Nucl., Solid State Phys. Dep.; engl.) — Vff. berichten kurz über Beobachtungen mit Hilfe der Durchstrahlungselektronenmikroskopie an dünnen Kristallen von $CrBr_3$, bei denen Versetzungen beobachtet wurden, die den theoret. Vorstellungen von Frank u. Van der Merwe (vgl. Proc. Roy. Soc. [London], Ser. A **201**, [1950], 261 u. früher) über die Bedingungen, unter denen bei epitakt. Wachstum Versetzungen an der Grenzfläche entstehen, entsprachen. C. Gottfried. 190

Über die quantitative Bestimmung der Kristallgitterstörungen von Bleipulver in Zusammenhang mit dessen Adsorptionseigenschaften. K. Appelt, M. Elbanowski und A. Nowacki. (Electrochim. Acta [London] **6**, 207—13, April 1962; Poznań, Centr. Labor. Akumulatorów i Ogniw; dt.) — In Fortsetzung früherer Arbeiten (vgl. C. **1961**, 18603 u. früher) untersuchen Vff. den Einfl. von Kristallgitterstörungen auf die H_2SO_4-Aufnahmefähigkeit u. die Oberflächen-Eigg. von Pb-Pulver. Für die Unterss. wird techn. Mühlen-Pb-Staub u. therm. hergestelltes tetragonales PbO verwendet. Das PbO wird im Achatmörser verrieben u. danach in N_2-Atmosphäre auf 200—270° erhitzt. Die Messungen werden in Abhängigkeit von der Verreibungszeit durchgeführt. Zur Charakterisierung der Pulver wurden die H_2SO_4-Aufnahmefähigkeit, das Adsorptionspotential u. die prozentualen Schwankungen der Gitterflächenabstände gemessen. Für die Unterss. der Gitterverzerrungen wurden die Teilchengröße D u. die Gitterverzerrung $\varepsilon = \pm \Delta d/d$ aus den Hallschen Geraden ermittelt. Es wurde festgestellt, daß die Verzerrungen mit der Zeit der Verreibung zunehmen, gleichzeitig wird ein Anwachsen der freien Energie, der H_2SO_4-Aufnahme u. eine Verringerung der Kristallitgröße beobachtet. Die Größe der Verzerrung u. deren Bldg.-Geschw. ist für die einzelnen Kristallflächen verschieden. Die Abhängigkeit der Gitterverzerrungen u. der Kristallgröße von der Deformationszeit u. der H_2SO_4-Aufnahme von der freien Energie werden graph. dargestellt. Es wird auf die Bedeutung dieser Effekte für den Pb-Staub in der Akkumulatoren-Industrie hingewiesen. Vorschläge werden für die Herst. techn. Mühlen-Pb-Staubs mit möglichst großen Verzerrungen gemacht. E. Winkler. 190□

Mechanismus und Kinetik des „Anlassens“ einer isolierten Pore in einem kristallinen Stoff. Ja. Je. Gegusin und I. M. Lifschitz. (Festkörperphysik [UdSSR] **4**, 1326—33, Mai 1962; Charkow, Gorki-Univ.; russ.) — Es wird angenommen, daß das „Anlassen“ sowohl durch viscoses Fließen als auch durch „Auflösen“ der Pore durch Leerstellenwanderung bedingt ist. Die Ergebnisse werden in Abhängigkeit des Parameters $\varrho = R/L$ besprochen (R = Radius der Pore, L = Korngrößenkennzahl), wobei für $\varrho \gg 1$ der erste, für $\varrho \ll 1$ der zweite Mechanismus vorherrscht. H. Roschkowski. 190◇

Einige durch die Elektronenspinresonanz beobachtete Effekte der Diffusion von Mangan in die Gitter von Calcium- und Strontiumfluorid. G. F. J. Garlick, A. Cunliffe und M. N. Jones. (Proc. physic. Soc. **79**, 223—25, 1/1. 1962; Hull, Univ., Dep. of Phys.; engl.) — Untersucht wird das X-Band der Elektronenspin-Resonanz von

Ca- u. Sr-Fluoridpulver, gemischt mit Pulver aus Mn-Fluorid, Mn-Ammonium-Fluorid oder MnO_2. Die Unterss. wurden unmittelbar nach der Mischung, zu verschiedenen Zeiten nach der Mischung u. nach verschiedenen Wärmebehandlungen in Ar oder in Luft durchgeführt. Immer wurde so viel Pulver zugemischt, daß der Mn-Anteil bezogen auf Ca oder Sr 0,5% betrug. 24 Std. nach der Mischung haben sich die Resonanzspektren stark geändert, wobei die Resonanzmaxima abgenommen haben. Auch das Spektrum an sich änderte sich. So waren 1 Jahr nach der Mischung der Hauptlinie 6 Hyperfeinlinien überlagert. Diese Änderungen hängen so stark von der Korngrenze u. der Mahl- u. Glühart der Ca- u. Sr-Fluoride ab, daß in einigen Fällen auch keinerlei zeitliche Änderungen der Resonanzspektren gefunden wurden. Die Effekte werden durch Diffusion von Mn^{2+}-Ionen zu erklären versucht. H. Fahlenbrach. 190□

Phasenumwandlung von Zirkoniumoxid. F. W. Vahldiek, L. B. Robinson und C. T. Lynch. (J. chem. Engng. Data **7**, 479, Okt. 1962; Ohio, Wright-Patterson Air Force Base, U.S. Air Force, Aeronaut. Syst. Div.; engl.) — Reines monoklines ZrO_2 (I, $\geq$99,9%) wurde einer Temp.-Druck-Behandlung (200000 atm bei > 1800°) ausgesetzt. Die so erhaltenen Preßkörper (D = 5,68 g/cm³) wurden in einem Pt-Gefäß auf 1350° (1 Std.) an der Luft erhitzt u. in H_2O abgeschreckt; dieser Vorgang wurde mehrere Male wiederholt, ohne daß der Preßkörper zerstört wurde. Röntgenograph. Unterss. in einer Hochtemp.-Kamera zwischen 800 u. 1240° zeigten, daß die Phasenumwandlung monoklin-tetragonal sich zu tieferen Temp. (950—1000°) hin verschoben hat (Normalfall: 1193—1200°). Der Einfl. der Druckbehandlung auf die Umwandlungs-Temp. wird diskutiert. Analoge Verss. mit kub. I (stabilisiert durch Zusatz von CaO, MgO u. Y_2O_3) ergaben, daß die kub. Modifikation nicht so stabil wie die monokline ist u. sich in diese umwandelt. G. Gattow. 190◇

Vorhersage und Bestätigung der Olivin–Spinell-Umwandlung von Ni_2SiO_4. A. E. Ringwood. (Geochim. cosmochim. Acta [London] **26**, 457—69, April 1962; Australian Nat. Univ., Dep. of Geophys.; engl.) — Der Umwandlungsdruck eines polymorphen Übergangs in eine dichtere Modifikation kann aus der Freien Energie u. der Dichte der dichteren Modifikation berechnet werden. Für die Olivin–Spinell-Umwandlung von Ni_2SO_4 wurden bei 650° 16000 bar u. bei 1500° 58000 bar berechnet. Experimentell wurde eine Umwandlung bei 650 u. 18000 ± 5000 bar gefunden. Die gleiche Meth. läßt die Vorhersage zu, daß sich Si bei 24 (kbar), Ge bei 26, P bei 63 u. B bei 1100 von der nichtmetall. zur hypothet. metall. Modifikation umwandelt. J. Heinze. 190□

Die Kristallstruktur des Ammoniumchlorats. R. B. Gillespie, P. K. Gantzel und K. N. Trueblood. (Acta crystallogr. [Copenhagen] **15**, 1271—72, 10/12. 1962; Los Angeles, Calif., Univ. of California, Dep. of Chem.; engl.) — Die Struktur wurde aus Pulveraufnahmen ermittelt u. nach der Meth. der kleinsten Quadrate verfeinert. Danach krist. NH_4ClO_3 rhomboedr., a = 4,44 Å, α = 86,4°; wahrscheinlich R 3m; Z = 1. Tabelle der Atomparameter. Cl—O-Abstand im ClO_3^--Ion 1,45 ± 0,03 Å, O—Cl—O-Winkel 106°. Vff. finden kurze O···Cl-Abstände (3,07 Å) u. bezweifeln H-Brückenbindungen zwischen N u. O. R. Uttech. 195◇

Neutronenbeugungsuntersuchungen an Ammoniumperchlorat. H. G. Smith und H. A. Levy. (Acta crystallogr. [Copenhagen] **15**, 1201—04, 10/12. 1962; Oak Ridge, Tenn., Oak Ridge Nat. Labor., Chem. Div.; engl.) — Bei Raum-Temp. unternommene Neutronenbeugungs-Unterss. zeigten eine zufällige Orientierung der NH_4^+-Ionen. Vff. vermuten eine freie oder beinahe freie Rotation. R. Uttech. 195◇

Die Kristallstruktur des Natriumtriphosphats, $Na_5P_3O_{10}$, Phase I. D. E. C. Corbridge. (Acta crystallogr. [Copenhagen] **13**, 263—69, 10/3. 1960; Port Sunlight, Cheshire, England, Unilever Ltd., Res. Dep.; engl.) — Die Hochtemp.-Form des $Na_5P_3O_{10}$, Phase I, krist. monoklin, a = 9,61, b = 5,34, c = 19,73 Å, β = 112°, C 2/c, Z = 4 u. enthält das Triphosphation mit einer zweizähligen Symmetrieachse u. mit dem zentralen P-Atom auf der zweizähligen Achse der Zelle. Best. der Atomparameter (Tabelle) durch Patterson- u. Fourier-Synthesen. Vf. gibt folgende Atomabstände an: P—O-(Kette) = 1,62 ± 0,03 (innerer), 1,66 ± 0,03 (äußerer), P—O- (mittlerer, polarer) = 1,48 ± 0,03. Die Struktur ist verzerrter als die der Tieftemp.-Form (Phase II). Einige der Na-Ionen sind verzerrt oktaedr. koordiniert, der Rest weist eine ungewöhnliche vielzählige Koordination auf. Vf. erklärt aus der Verschiedenheit der Strukturen beider Phasen die unterschiedlichen Eigg. u. gibt eine Aufstellung von Na—O-Abständen in verschiedenen Ionenkristallen in Abhängigkeit von der Koordinationszahl. R. Uttech. 195◇

Kristallstruktur des Tetracalciumhydrogentriphosphats. Walter E. Brown. (Nature [London] **196**, 1048—50, 15/12. 1962; Wilson Dam, Ala., Tennessee Valley Authority, Div. of. Chem. Developm.; engl.) — $Ca_4H(PO_4)_3 \cdot 2{,}5\,H_2O$ (I) krist. triklin;

a = 19,87, b = 9,63, c = $6,87_5$ Å, $\alpha = 89^0 17'$, $\beta = 92^0 13'$, $\gamma = 108^0 57'$; P $\bar{1}$; Z = 2 ($Ca_8H_2(PO_4)_6 \cdot 5\,H_2O$). Die Struktur entspricht für $^1/_4 > x > - ^1/_4$ der des Hydroxylapatits (II) (Posner u. Mitarbeiter, C. **1962**, 3010). Für größere x geht die Ähnlichkeit verloren. Von den 2 PO_4^{3-} der asymmetr. Einheit mit stärker von **II** abweichenden Koordinaten verbindet das eine die Apatitlagen, das andere liegt im Gebiet zweier Ca, die in **I** fehlen, mit einem O in einer OH^--Lage des **II** im Zentrum des Sechsecks. Die andere OH^--Lage des **II** wird in **I** von H_2O besetzt. Im Bereich der beiden von **II** abweichenden PO_4^{3-}, $^3/_4 > x\ ^1/_4$, existiert ein unregelmäßiger Kanal mit Hydratwasser. Diese Wasserschicht erklärt die leichte H_2O-Abgabe u. schwierige Festlegung des Hydratationsgrades in I. R. Uttech. 195◇

Die Kristallstruktur des $Na_2ZnCl_4 \cdot 3\,H_2O$. Bruno Brehler. (Z. Kristallogr., Kristallgeometrie, Kristallphysik, Kristallchem. **114**, 66—84, Juni 1960; Marburg, Univ., Miner. Inst.; dt.) — $Na_2ZnCl_4 \cdot 3\,H_2O$ krist. hexagonal, a = 6,876 ± 0,005, c = 5,955 ± 0,005 Å; P 3 1 m — C_{3v}^2, D_{exp} = 2,06 g/cm³, Z = 1, $n_{D\omega}^{25}$ 1,541 ± 0,001, $n_{D\varepsilon}^{25}$ 1,544 ± 0,001, Doppelbrechung $\varepsilon - \omega$ = 0,005. Zn wird im Abstand 2,26 Å verzerrt tetraedr. von Cl koordiniert. Na umgeben 3 H_2O u. 3 Cl. Bei tetraedr. Ladungsverteilung in den H_2O ist die zweite Paulingsche Regel erfüllt. Die Struktur entspricht $Na_2(H_2O)_3 \cdot [ZnCl_4]$ u. ordnet sich in Schichten der Dicke c. Jedes Schichtpaket enthält zwei Anionenlagen einschließlich H_2O u. dazwischen befindlichen Kationen. Benachbarte Schichten werden vermutlich nur durch Wechselwrkg. zwischen Cl u. H_2O zusammengehalten. R. Uttech. 195◇

Die Kristallstruktur der kubischen Triquecksilberdichalkoniumdihalogenide. Heinrich Puff und Jürgen Küster. (Naturwissenschaften **49**, 464—65, 2. Okt.-H. 1962; Kiel, Univ., Inst. für Anorg. Chem.; dt.) — Vgl. Naturwissenschaften **49**, [1962], 299. — $Hg_3Se_2Cl_2$ (I), $Hg_3Te_2Cl_2$ (II) u. $Hg_3Te_2Br_2$ (III) krist. kub. mit 4 Formeleinheiten in der Elementarzelle; Raumgruppe T^5—I $2_1$3; Gitterdimensionen: a = 9,06 Å (I), 9,33 (II) u. 9,54 (III). Während Hg die 12-zählige Punktlage (b) mit x = 0,305 (I), 0,312 (II) u. 0,304 (III) besetzt, befinden sich die Chalkogene (Ch) u. die Halogene (Hal) auf der 8zähligen Punktlage (a) mit x_{Ch} = $0,27_4$, $0,28_0$ u. $0,27_4$, x_{Hal} = $0,01_4$, $0,02_5$ u. $0,02_0$. Die interatomaren Abstände (in Å) u. Winkel betragen: Hg–Ch = 2,51, 2,65 u. 2,64; Hg–Hal = 2,90, 2,99 u. 3,08; ∢ Hg–Ch–Hg = 92, 91 u. 92°; ∢ Ch–Hg–Ch = 167, 167 u. 167°. Die Ch sind dreibindig; zwischen Ch u. Hg besteht Atombindung, die Hal sind vermutlich isoliert. G. Gattow. 195◇

Über die Kristallstruktur des $HgCl_2$-2.4.6-Trioxo-1.3.5-trimethylhexahydrotriazins. A. Sargentini und F. Sgarlata. (Suppl. nuovo Cimento Nr. 1 (zu [10] 25), 55—58, 1962; Roma, Ist. Superiore di Sanitá, Labor. di Fis.; engl.) — $HgCl_2 \cdot C_6N_3O_3Hg$ krist. monoklin, a = 15,99, b = 17,60, c = 4,02 Å, β = 99° 11'; P 2_1/n—C_{2h}^5; D_{pyk} 2,60, D_R 2,54 g/cm³ Z = 4. Tabelle der durch Patterson- u. Fourier-Synth. bestimmten Hg- u. Cl-Atomparameter. R. Uttech. 195◇

Dimensionen der Elementarzelle im Thallium(I)-trijodid. A. C. Hazell. (Acta crystallogr. [Copenhagen] **16**, 71, 10/1. 1963; Newcastle-upon-Tyne, England, King's Coll., Chem. Dep.; engl.) — TlJ_3 krist. orthorhomb., a = 6,48, b = 9,45, c = 10,56 Å. Vf. vergleicht die Zellparameter mit denen des NH_4J_3, CsJ_3 u. schließt auf Isomorphie. Im Gegensatz zum Verh. in der Lsg. ($Tl^{3+}3J^-$) liegt im festen Zustand $Tl^+(J_3)^-$ vor. R. Uttech. 195◇

Untersuchung von Verbindungen der Oxide von Seltenerdmetallen und Lithium vom Typ $TLiO_2$. Félix Bertaut und Monique Gondrand. (C. R. hebd. Séances Acad. Sci. **255**, 1135—37, 6/8. 1962; Grenoble, Inst. Fourier, Labor. d'Électrostat. et de Phys. du Métal.; franz.) — Mischungen von T_2O_3 (T = Y, Er, Tm, Yb, Lu, Dy bzw. Ho) u. Li_2CO_3 werden zwei Tage in Sinterkorundtiegeln auf 900° erhitzt u. die erhaltenen Mischoxide röntgenograph. untersucht. Für Ionenradien des T von $r_T < 1{,}04$ Å kristallisieren die Proben tetragonal in der Raumgruppe I 4_1/a m d u. besitzen die Gitter-Konst. $LiErO_2$ a = 4,42 (Å) u. c = 10,2, $LiTmO_2$ 4,40 u. 10,1, $LiYbO_2$ 4,39 u. 10,1 bzw. $LiLuO_2$ 4,37 u. 9,9. Für $1{,}04 \leqslant r_T \leqslant 1{,}07$ können die Röntgenbeugungsdiagramme in der monoklinen Raumgruppe P 2_1/c indiziert werden; die daraus abgeleiteten Gitter-Konst. sind für $LiDyO_2$ (I) a = 6,21, b = 6,17, c = 6,30 u. β = 119° 13' bzw. $LiHoO_2$ a = 6,14, b = 6,19, c = 6,23 u. β = 119° 2'. Ein Vgl. der berechneten u. beobachteten Beugungsintensitäten ist für I tabellar. angegeben. $LiYO_2$ ist dimorph u. tritt in einer tetragonalen (a = 4,44 u. c = 10,3) u. einer monoklinen Form (a = 6,12, b = 6,18, c = 6,21 u. β = 118° 48') auf; die tetragonale Form wird bei Raum-Temp. metastabil durch Abschrecken von Temp. > 900° erhalten. Die Phasenumwandlung ist bei Raum-Temp. nach einigen Monaten beendet. Herbert Müller. 195◇

Eine Verbindung mit van der Waalsschen Kräften in der Reihe $SnJ_4 - S_8$. Lorin L. Hawes. (Nature [London] **196**, 766—67, 24/11. 1962; Canberra, Australian Nat.

Univ., Dep. of Chem.; engl.) — Das aus S u. SnJ_4 in CS_2- oder Bzl.-Lsg. erhaltene $SnJ_4 \cdot 2\,S_8$, D = 2,85 g/cm³, Fp. 101°, krist. orthorhomb., a = 20,83, b = 21,76, c = 11,41 Å; F d d 2, Z = 8. Die Atomparameter (Tabelle) wurden durch „trial and error" bestimmt u. nach der Meth. der kleinsten Quadrate verfeinert. Die Struktur besteht aus in Ketten parallel zur c-Achse angeordneten SnJ_4-Tetraedern, die durch S_8-Paare miteinander verbunden sind. Der S—J-Abstand ist im Vgl. zu den van der Waalsschen Radien verkürzt u. folgt aus der Wrkg. des kovalent gebundenen J als Lewis-Säure gegenüber S als Elektronendonator. R. Uttech. 195◇

Phasenbeziehungen von einigen Kaliumverbindungen bis zu sehr hohen Drucken. Carl W. F. T. Pistorius. (Z. physik. Chem. [Frankfurt/M.] [N.F.] **35**, 109—21, Nov. 1962; Pretoria, South African Council for Sci. and Industr. Res., Nat. Phys. Res. Labor.; engl.) — Vf. untersucht röntgenograph. das polymorphe Verh. von K_2CrO_4 (I), $K_2Cr_2O_7$ (II) u. $KMnO_4$ (III) in einer Hochdruck-Hochtemp.-App. von Griggs u. Kennedey (C. **1957**, 10571) bei Drücken von 0—100 kbar u. Temp. bis maximal 850°; die P-T-Diagramme sind graph. wiedergegeben. α-I krist. bei 25° rhomb. in der Raumgruppe P n a m mit a = 7,663 ± 0,003, b = 10,391 ± 0,004, c = 5,919 ± 0,003 Å. Zwischen 25 u. 600° betragen die Ausdehnungs-Koeff. (in Å; t in Grad C) in a-Richtung: $5{,}4 \cdot 10^{-5}$ pro Grad, in b-Richtung: $3{,}8 \pm 10^{-5}$ pro Grad u. in c-Richtung: $5{,}919 \pm 5{,}9 \cdot 10^{-4}\,t - 4 \cdot 10^{-7}\,t^2$. α-I wandelt sich bei 663° in das hexogonale β-I um: a = 6,125 ± 0,005 u. c = 8,245 ± 0,007 Å (bei 705°); Röntgendichte bei 705°: 2,408 g/cm³. β-I ist isostrukturell zur Hochtemp.-Modifikation des K_2SO_4. Aus dem P-T-Diagramm folgt, daß der Anstieg der Umwandlungsgeraden (UG) dP/dT = 131 bar/Grad beträgt; die Umwandlungs-Temp. (UT) läßt sich durch die lineare Beziehung (P in kbar) t = (7,60 ± 0,8) P + (663 ± 5) beschreiben. Bei Normaldruck ergeben sich die Umwandlungswärme u. die -entropie zu ΔH = 5,5 ± 3,5 cal/Mol u. ΔS = 5,7 ± 3,5 cal/Grad·Mol. Zwischen 20 u. 100 kbar konnten 3 neue Hochdruckmodifikationen (HM) von I gefunden werden: Der Anstieg der UG für die Umwandlung α—γ beträgt $3{,}5^{+6}_{-4}$ bar/Grad, für γ—δ —34,5 ± 5 u. für δ—ε —46 ± 15; bei 0° liegen die entsprechenden Umwandlungsdrücke (UD) bei 26,2 ± 1,5, 50,8 ± 2,5 u. 94,8 ± 8 kbar. Die Lage des Tripelpunktes zwischen α-, γ- u. δ-I konnte zu 650° u. 28,5 kbar bestimmt werden. — II–I krist. bei Raum-Temp. triklin u. wandelt sich bei 236,8° in eine monokline Modifikation II–II (bei 300°: a = 7,55, b = 7,52, c = 13,45 Å, β = 91° 41′; P 2_1/n) um. F. von II bei Normaldruck: 398°. Der Tripelpunkt II–I/II–II/II-Schmelze liegt bei 15,4 ± 1,5 kbar u. 417 ± 10°. Der Anstieg der UG I/II von II beträgt 80 ± 10 bar/Grad. Der Verlauf der UT läßt sich durch $t_{I/II} = (12{,}5 \pm 2)\,P + 236{,}8$, die Schmelztemp. von II–II durch $t = (1{,}3^{+0{,}7}_{-0{,}2})\,P + 398$ u. die Schmelzkurve von II–I oberhalb des Tripelpunktes durch $t = 192{,}5 + 16{,}1 \cdot P - 0{,}12 \cdot P^2$ beschreiben. Schmelzwärme 8,77 kcal/Mol; Schmelzentropie 13 cal/Grad·Molekül. Zwischen 30 u. 100 kbar konnten 3 neue HM gefunden werden: Der Anstieg der UG von II beträgt für die Umwandlung I/III 24 ± 5 bar/Grad, für IV/V 10^{+20}_{-10} u. für III/IV $P = 37{,}6 + 0{,}13\,t - 7{,}1 \cdot 10^{-5} t^2$; bei 100° liegen die entsprechenden UD bei 33,0 ± 1,8, 85,6 ± 8 u. 48 ± 8 kbar. — Neben der bekannten rhomb. Modifikation von III existiert nur noch eine HM III–II. Der UD I/II nimmt geringfügig mit steigender Temp. ab; der durchschnittliche UD beträgt 16,0 ± 0,5 kbar. G. Gattow. 195◇

Molekularstruktur von Dihydridodi-π-cyclopentadienylmolybdän. M. J. Bennett, M. Gerloch, J. A. McCleverty und R. Mason. (Proc. chem. Soc. [London] **1962**, 357—58, Nov.; London, Imp. Coll. of Sci. and Technol., Inorg. Chem. Res. Labor.; engl.) — Die an Einkristallen ausgeführte Röntgenstrukturanalyse ergab eine monokline Elementarzelle mit a = 14,30, b = 5,90, c = 10,41 Å, β = 104,0°; Raumgruppe C_s^4-Cc. Das Mol. ist keilförmig gebaut, die beiden Cyclopentadienylringe bilden gegeneinander einen Winkel von 25 ± 3°. Die Mo—C-Abstände betragen 2,22; 2,30; 2,40; 2,41; 2,22 bzw. 2,24; 2,26; 2,36; 2,26; 2,41 Å (alle ± 0,04 Å). Die C—C-Abstände sind 1,49 ± 0,12 Å, die C—C—C-Bindungswinkel 107 ± 3°. Der mittlere Mo—H-Abstand beträgt 1,1 ± 0,2 Å, der H—Mo—H-Winkel 90 ± 10°. H. Kuckertz. 195◇

Hochdruckformen des $CrVO_4$ und $FeVO_4$. A. P. Young und C. M. Schwartz. (Acta crystallogr. [Copenhagen] **15**, 1305, 10/12. 1962; Columbus, Ohio, Battelle Mem. Inst.; engl.) — Ein Gemisch aus Cr_2O_3 u. V_2O_5 bzw. Fe_2O_3 u. V_2O_5 bildet bei 60000 at nach 24 std. Erhitzen auf 750° eine Hochdruckform des $CrVO_4$ (Rutil-Struktur a = 4,551, c = 2,884 Å) bzw. $FeVO_4$ (orthoromb., a = 4,491, b = 4,900, c = 5,530 Å). Die Dichtezunahme der Hochdruckphase folgt aus der Erhöhung der Koordinationszahl eines Kations. R. Uttech. 195◇

Zur Existenz tetragonal verzerrter $Mn^{3+}O_6^{2-}$-Oktaeder im kubischen $MnFe_2O_4$. L. Červinka, Sl. Krupička und V. Syneček. (Physics Chem. Solids **20**, 167—68, Juni 1961; Prague, Czechoslovak. Acad. of Sci., Inst. of Techn. Phys.; engl.) — Es werden die quadrat. gemittelten Amplituden der Unordnungseffekte für $MnFe_2O_4$,

$NiFe_2O_4$, $MgFe_2O_4$ u. $ZnFe_2O_4$ bestimmt. Der abnorm große Wert für das kub. $MnFe_2O_4$ wird in einer Abschätzung durch ein Modell gedeutet. Danach bleiben die von Mn^{3+} besetzten Oktaeder tetragonal verformt, auch wenn die Mn^{3+}-Konz. nicht mehr ausreicht, die kub. Elementarzelle des $MnFe_2O_4$ tetragonal zu verzerren. R. Uttech. 195◇

Die magnetische Susceptibilität und Kristallstruktur des Nitrito-bis-[äthylendiamin]-nickelperchlorats. F. J. Llewellyn und J. M. Waters. (J. chem. Soc. [London] **1962**, 3845–48, Okt.; Univ. of Auckland, Dep. of Chem.; engl.) — $[NiNO_2en_2]\cdot ClO_4$ krist. in roten, orthorhomb. Nadeln, μ = 3,23 B.M., a = 15,16 ± 0,06, b = 10,24 ± 0,04, c = 8,28 ± 0,03 Å, $D_{flot.}$ = 1,66 u. $D_{rönt.}$ = 1,676 g cm^{-3}, Z = 4, P n m a (D_{2h}^{16} Nr 62) oder P n 2_1 a (C_{2v}^{9} Nr 33). Die Atomkoordinaten, Bindungslängen u. -winkel werden angegeben. Das Ni-Atom besitzt oktaedr. Koordination mit zwei linearen Nitrito-Gruppen an den Spitzen u. zwei quadrat. angeordneten Äthylendiamin-Molekülen. Die Nitritogruppe gehört über ein O-Atom zwei Oktaedern an unter Bldg. einer Kettenstruktur. Der große Ni—O-Bindungsabstand (2,58 Å) u. der UV-Nachw. für das Zusammenbrechen der Kettenstruktur in wss. Lsg. deuten auf nur schwache Ni—O-Bindungen. R. Uttech. 195◇

Die Kristallstruktur von Dolerophanit, $Cu_2O(SO_4)$, ein Beispiel für 5-koordiniertes Kupfer. E. Kahler. (Naturwissenschaften **49**, 298, 1. Juli-H. 1962; Göttingen, Univ., Miner.-Kristallograph. Inst.; dt.) — Die Struktur von *Dolerophanit* wurde unter Verw. der von Mrose (vgl. C. **1962**, 16969) bestimmten Gitterparameter aus Patterson-Projektionen u. Verfeinerung mit ($F_o - F_c$)-Synthesen bestimmt. Punktlagen u. Atomabstände der monoklinen, in C_{2h}^3 — C 2/m mit Z = 4 kristallisierenden Verb. sind angegeben. Die dargestellte Atomanordnung zeigt, daß die Abstände S—O in den SO_4-Tetraedergrenzen liegen, daß Cu_I (bei Beteiligung von O_{III} u. O_{IV}) planare 4-Koordination hat u. sich mit dem weiten O_I zum [4 + 2]-Koordinationspolyeder ergänzt u. daß Cu_{II} von fünf O in etwa gleichem Abstand unter Bldg. einer schwach verzerrten trigonalen Dipyramide umgeben ist. $Cu^{[5]}$ u. $Cu^{[4+2]}$ haben miteinander gemeinsame Kanten. — Die Formel des Dolerophanits lautet nach Machatschki: $Cu^{[4+2]}Cu^{[5]}O^{[4Cu]}(SO_4)_m$. — Die um *Cu* seltene 5-Koordination wurde bisher nur noch für *Olivenit* u. *Libethenit* festgestellt. W. Sobieski. 195□

Kristallstruktur des Kupferammoniumoxalatdihydrats, $Cu(NH_4)_2(C_2O_4)_2\cdot 2\,H_2O$. M. A. Viswamitra. (J. chem. Physics **37**, 1408–14, 1/10. 1962; Bangalore, India, Indian Inst. of Sci., Dep. of Phys.; engl.) — $Cu(NH_4)_2(C_2O_4)_2\cdot 2\,H_2O$ ist isomorph mit $CuK_2(C_2O_4)_2\cdot 2\,H_2O$ u. krist. triklin, a = 8,91 ± 0,02, b = 10,65 ± 0,02, c = 6,95 ± 0,03 Å, α = 122° 35′, β = 83° 52°, γ = 109° 7′; P$\bar{1}$. Tabelle der Atomparameter, der Atomabstände u. Valenzwinkel. Der C—C-Abstand im $C_2O_4^{2-}$-Ion (1,58 u. 1,61 Å) weist auf eine reine σ-Bindung hin. u steht im Gegensatz zu Befunden an Cr-Komplexen der Oxalsäure. Die beiden Carboxylgruppen sind um 11 bzw. 15° gegeneinander verdreht. Cu wird verzerrt oktaedr. koordiniert von 4 nächsten (≈ 2 Å) O-Nachbarn in quadrat. Anordnung u. von 2 entfernteren O-Atomen. Um die NH_4^+-Ionen ordnen sich im mittleren Abstand von 3 Å 8 O-Atome. Die H-Brücken des H_2O verknüpfen nicht äquivalente $C_2O_4^{2-}$-Ionen der Zelle miteinander. R. Uttech. 195◇

Struktur des $Cu_2B_{10}H_{10}$. Robert D. Dobrott und William N. Lipscomb. (J. chem. Physics **37**, 1779–84, 15/10. 1962; Cambridge, Mass., Harvard Univ., Dep. of Chem.; engl.) — Aus wss. $Na_2B_{10}H_{10}$-Lsg. mit überschüssigem $Cu(ClO_4)_2$ ausgefälltes farbloses $Cu_2B_{10}H_{10}$ (**I**) u. $K_2B_{10}H_{10}\cdot x\,H_2O$ (**II**), $(NH_4)_2B_{10}H_{10}\cdot x\,H_2O$ (**III**), $[N(CH_3)_4]_2\cdot B_{10}H_{10}$ (**IV**) besitzen folgende kristallograph. Daten: **I** a = 10,11, b = 11,36, c = 14,50 Å, P c a b, Z = 8; **II** a = 17,96, b = 16,71, c = 14,07 Å, P n n a, Z = 16; **III** a = 11,6, b = 8,7, c = 23,3 Å, β = 110°, P 2_1/c, Z = 8; **IV** a = 25,4, b = 14,2, c = 16,1 Å, C 2 2 2_1, Z = 16. Die Struktur-Best. von I ergab, daß das $B_{10}H_{10}^{2-}$-Ion ein Polyeder mit D_{4d}-Symmetrie ist, das durch Zusammenfügen zweier tetragonaler, um 45° gegeneinander verdrehter Pyramiden entsteht. Zwischen den Ecken der Pyramidenbasis u. der Spitze beträgt der B—B-Abstand 1,73 ± 0,02, zwischen benachbarten Basisatomen innerhalb einer Pyramide 1,86 ± 0,03 u. zwischen den beiden Pyramiden 1,815 ± 0,0015 Å. Im I ist jedes Cu-Atom kovalent an zwei Polyeder gebunden mit kürzesten Cu···B-Abständen zwischen 2,14 u. 2,33 Å. Die Vff. diskutieren verschiedene Bindungs-Syst. u. B-Radien. R. Uttech. 195◇

Vorschlag einer Struktur für angelassene anodische Oxidfilme auf Tantal. L. D. Calvert und P. H. G. Draper. (Canad. J. Chem. **40**, 1943–50, Okt. 1962; Ottawa, Canada, Nat. Res. Council, Div. of Appl. Chem.; engl.) — Ca. 1500 Å dicke, anod. auf Ta in gesätt. H_3BO_3-, gesätt. Na_2SO_4-Lsg., 86%ig. H_3PO_4, 1 u. 100%ig. H_2SO_4 hergestellte Oxidfilme werden mit Hilfe von Röntgenbeugungsaufnahmen untersucht. Die Filme sind ursprünglich amorph, krist. jedoch nach Temperung zwischen 500 u. 1000° in einer

Defektstruktur, wobei Kristallisations-Temp. u. Zeit vom Elektrolyten abhängig sind. Die Kristallisation wird von einer Auflösung von O im Metallsubstrat begleitet. Pulverdiagramme zeigen, wie für Ta_2O_5 beobachtet, beträchtliche Unterschiede zwischen den einzelnen Proben. Ausgehend von den Strukturbeziehungen zwischen U_2O_5 u. α-UO_3 wird für β-Ta_2O_5 eine Defektstruktur von zur c-Achse parallelen, linearen Ta—O—Ta—O-Ketten mit variierender Fehlordnung in der ab-Fläche vorgeschlagen. Letztere berücksichtigt die beobachteten Änderungen in den Diagrammen. Durch die vorgeschlagene Defektstruktur können möglicherweise früher beobachtete irreversible Umwandlungen beim Erhitzen von Ta_2O_5 erklärt werden. P. Frenzel. 196◇

Bestimmung der Oberflächendichte von Kupferoxid-Whiskers durch elektronenmikroskopische Methoden. William R. Lasko und Warren K. Tice. (Analytic. Chem. **34**, 1795—97, Dez. 1962; East Hartford, Conn., United Aircraft Corp., Res. Labor.; engl.) — Vff. diskutieren zwei Meth. zur elektronenmkr. Unters. der Größe, Form u. Dichte von CuO-Whiskers auf Cu. Die auf der direkten Einbringung der Probe in den Strahlengang beruhende Meth. liefert nur Silhouettenaufnahmen. Wegen der Störungen durch im Vordergrund stehende Whiskerfäden u. wegen der Unmöglichkeit, Flächengrößen, Oberflächenrauigkeiten u. Kornorientierungen zu bestimmen, erlaubt diese Meth. eine Charakterisierung der Whiskers nur in begrenztem Umfang. Die indirekte Kohlenstoff-Abdruck-Meth., nach der nach dem Bedampfen mit C, Auflösen des Cu, Cu_2O u. CuO u. schrägen Bedampfen mit Cr Aufnahmen in der Durchsicht erhalten werden, erlaubt eine bessere Charakterisierung u. Wiedergabe der Whiskers. P. Kurzmann. 196◇

Ein systematischer Fehler bei der Bestimmung von Versetzungsdichten in dünnen Filmen. R. K. Ham und N. G. Sharpe. (Philos. Mag. [8] **6**, 1193—94, Sept. 1961; Victoria, Australia, Univ. of Melbourne, C.S.I.R.O., Div. of Tribophys.; engl.) — Vff. nehmen Bezug auf eine Abschätzung der Versetzungsdichten in dünnen Filmen nach Meth. von Bailey u. Hirsch (vgl. C. **1962**, 6694) bzw. von Ham (vgl. C. **1963**, 4267) sowie auf eine nicht veröffentlichte Meth. von Head, die darauf beruht, daß man die Anzahl von Schnittpunkten zählt, welche Versetzungen mit der Oberfläche des Films macht, womit man Abweichungen von der Regellosigkeit in der Verteilung der Orientierungen der Versetzungen feststellen kann. Sie berichten über eigene Messungen der Versetzungsdichte an Filmen von kaltgewalztem *Al* mit Hilfe der beiden Methoden. Die Unterschiede der nach den beiden Meth. erhaltenen Ergebnisse betrugen ca. 20%. Das Meßergebnis der zweiten Meth. gibt eine Abschätzung der wahren Versetzungsdichte in dem kompakten Material, wenn die Versetzungen regellos orientiert sind oder wenn die Orientierungen der untersuchten Oberflächen regellos ausgewählt sind. Bei der ersten Meth. unterschätzt man die Dichte des kompakten Materials um ca. 20%. C. Gottfried. 196

Epitaxie und Verzwillingung bei Filmen einiger Edelmetalle, die auf Lithiumfluorid und Glimmer aufkondensiert wurden. M. J. Hall und M. W. Thompson. (Brit. J. appl. Physics **12**, 495—98, Sept. 1961; Harwell, A.E.R.E., Metallurg. Div.; engl.) — Folien aus *Cu, Ag, Pd* u. *Au* bis zu einer Stärke von $2{,}5 \cdot 10^{-3}$ mm wurden auf LiF bzw. Glimmer aufgedampft. Innerhalb bestimmter Temp.-Bereiche wurde für jede Kombination von Unterlage u. Metall epitakt. Wachstum festgestellt. Röntgenbeugungsdiagramme zeigen prinzipielle Anordnung der Kristallite entlang des Substratkristalls, die Zwillinge werden durch metallurg. Meth. bestimmt. Eine Keim-Bldg.- u. Wachstumstheorie wird besprochen. H. Roschkowski. 196◇

Zur elastischen und unelastischen Streuung von Elektronen an Silberfolien. J. Geiger. (Z. Physik **161**, 243—51, 1961; Berlin, TH, I. Phys. Inst.; dt.) — Experimentelle Unters. der Energie- u. Winkelverteilung von 25 keV-Elektronen nach Durchgang durch epitakt. auf Steinsalz aufgewachsene Silberfolien von 150 Å Dicke. Der überwiegende Teil der elast. gestreuten Elektronen fällt in die Beugungsmaxima, aber auch außerhalb dieser Reflexe tritt ein kontinuierlicher elast. Untergrund auf. Diskrete Energieverluste werden bei 3,6, 7,5 u. 20 eV gefunden. Die 3,6 eV-Linie wird auf die Anregung von Plasma-Schwingungen im Sinne der Theorie von Bohm u. Pines zurückgeführt, die 7,5 eV-Linie auf Übergänge vom 5s- zum 5p-Band. Bei den höheren Energieverlusten wird angenommen, daß es sich ebenfalls um Band–Band-Übergänge handelt. F. Lenz. 196□

Die Struktur der durch ein Schmelzverfahren hergestellten Filme einer Al–Ag-Legierung (25%). Noboru Takahashi. (C. R. hebd. Séances Acad. Sci. **255**, 2391—93, 2 Tafeln, 5/11. 1962; Toulouse, C.N.R.S., Labor. d'Opt. électron.; franz.) — Aus Schmelzen einer Al-Leg. mit 25% Ag werden dünne Filme gezogen, die nach dem Abkühlen elektronenmkr. u. mit Hilfe der Elektronenbeugung untersucht werden. In einer kub.

flächenzentrierten Matrix δ werden geneigte, ca. 100 Å dicke Plättchen einer hexagonal dichtgepackten γ'-Phase beobachtet, die nach $(0\,0\,0\,1)_{\gamma'}//(1\,1\,1)_\delta$ u. $[1\,1\,\bar{2}\,0]_{\gamma'}//[1\,1\,0]_\delta$ orientiert sind. Die γ'-Phase erscheint sofort nach Herst. der Filme. Die $(1\,\bar{1}\,0)$-Ebene liegt parallel zur Filmoberfläche. Da der Film nicht gleichmäßig dick ist, kann die Abhängigkeit der Abkühlungs-Geschw. von der Filmdicke beobachtet werden; die Größe der γ'-Kristalle steigt wesentlich mit der Schichtdicke an. Außerdem kann eine Zunahme der γ'-Kristallitgröße nach eine Wärmebehandlung der Filme beobachtet werden. Herbert Müller. 196◇

Relative Energien von geneigten Subkorngrenzen in Aluminium. K. T. Aust. (Canad. J. Physics **38,** 547—54, 2 Tafeln, April 1960; Schenectady, N.Y., Gen. Electr. Res. Labor.; engl.) — Einkristalle von zonengereinigtem Al wurden durch Zonenschmelzen aus 99,996 Gew.-% ig. Al in He-Atmosphäre erhalten. Es wurden außerdem 2 Einkristallproben mit verschiedenen Verunreinigungs-Geh. durch vier- u. zwölfmaliges Durchlaufenlassen der geschmolzenen Zone über die ganze Länge der Probe hergestellt. Aus Messungen des Verhältnisses des elektr. Widerstandes bei Zimmer-Temp. zu dem bei der Temp. des fl. He ergab sich, daß der zweite Einkristall noch einen Verunreinigungs-Geh. von einigen ppm hatte. Untersucht wurde an diesen Proben die therm. aktivierte Bewegung der Korngrenzen, die nach Beobachtungen von Rutter u. Aust (vgl. C. **1959,** 8481) sehr empfindlich gegenüber gelösten Verunreinigungen ist. Es wurde hierbei gefunden, daß in der reinen Probe die Geschw. der Bewegung der Korngrenzen um 1—2 Größenordnungen schneller war als in der anderen Probe; außerdem war die Temp.-Abhängigkeit kleiner. In Al-Bikristallen mit den beiden obigen effektiven Verunreinigungs-Geh. wurde die relative Energie der Subkorngrenzen als Funktion des Orientierungsunterschiedes von 0,1—2° untersucht. Im Diagramm relative Korngrenzenenergie/Orientierungsunterschied wurde eine Spitze bei ~ 0,75°, die von Verunreinigungseffekten an den Korngrenzen herrührt, gefunden. Diskutiert wird die Bedeutung dieser Spitze im Hinblick auf Substrukturen in Metallkristallen. C. Gottfried. 197

Einfluß der Oxidverteilung auf das Sinterverhalten von Aluminiumpulvern. P. Royen und H. Romeis. (Z. anorg. allg. Chem. **319,** 126—47, Dez. 1962; Frankfurt/M., Johann-Wolfgang-Goethe-Univ., Inst. für anorgan. Chem.; dt.) — Durch Verdüsen einer Schmelze wurde Al-Pulver hergestellt u. in verschiedenen Mahl-Fll. u. unter verschiedenen O_2-Partialdrücken in einer Kugelmühle gemahlen. Das Rekristallisations-Verh. dieser Al-Pulver beim Tempern wurde beobachtet u. erörtert. Es konnte ein eindeutiger Zusammenhang zwischen dem kristallinen Zustand der Al-Pulver u. der Warmhärte daraus hergestellter Preßlinge festgestellt werden. Eine Erklärung der Zusammenhänge wird mit der Versetzungstheorie durchgeführt. G. M. Neumann. 197◇

Theorie des linearen Facettenwachstums während thermischen Ätzens. W. W. Mullins. (Philos. Mag. [8] **6,** 1313—41, Nov. 1961; Pittsburgh, Pa., Carnegie Inst. of Technol., Dep. of Metallurgy; engl.) — Vf. nimmt Bezug auf Beobachtungen von anderen Seiten, wonach sich auf einer geeignet orientierten oberen *Ag*-Oberfläche beim Erhitzen an Luft lineare Facetten oder ebene schmale Streifen bilden, die gegen die ursprüngliche Oberfläche geneigt sind u. sie entlang scharfen u. spitzen Linien treffen, u. untersuchte theoret. die energet. Bedingungen, unter welchen sich die linearen Facetten bilden. C. Gottfried. 197

Deformationszwillinge infolge ruckartiger Zugbeanspruchung in weißem Zinn. Tomoo Hirokawa. (J. Sci. Hiroshima Univ., Ser. A **24,** 637—46, Dez. 1960; Nihon Univ., Second Fac. of Engng.; engl.) — Vgl. C. **1960,** 15686. — Zu den Verss. wurden längliche Einkristallplättchen nach der Meth. von Fujiwara [1939] dargestellt, auf die in einem näher beschriebenen App. ein ruckartiger Zug ausgeübt wurde. Vor den Verss. wurden die Plättchen mit einer Lsg. von 18,5 (%) $HClO_4$ u. 76,5 Essigsäureanhydrid elektrolyt. poliert, ihre Orientierung nach der vom Vf. entwickelten Meth. (vgl. C. **1960,** 15680) opt. bestimmt u. in einem Stereogramm (0 0 1)–(1 0 0)–(1 1 0) eingetragen. Nach dem Zug-Vers. wurden die Proben mit 30% ig. HCl angeätzt u. die kristallograph. Orientierungen der gebildeten Zwillinge mkr. bestimmt. Es war hierbei deutlich eine Übereinstimmung zwischen den gebildeten Zwillingen mit den kristallograph. Orientierungen in den Richtungen des ruckartigen Zuges festzustellen. In der Hauptsache wurden (3 0 1)-Zwillinge gebildet, nur in einem kleinen Bereich des obigen Stereogramms bildeten sich daneben breite (1 0 1)-Zwillinge. Außerdem wurden (0 3 1)-, $(0\,\bar{3}\,1)$- u. $(\bar{3}\,0\,1)$-Ebenen als Zwillingsebenen gefunden. Die auf einer Zwillingsebene in der Zwillingsrichtung verbrauchte Energie zur Bldg. eines (3 0 1)-Zwillings beträgt ca. $7 \cdot 10^5$ erg/cm² oder weniger. C. Gottfried. 197

Ein neues Borsilicid, B_4Si. Vlado I. Matkovich. (Acta crystallogr. [Copenhagen] **13,** 679—80, 10/8. 1960; Milwaukee, Wis., Allis-Chalmers Mfg. Co., Res. Labor.; engl.) — Vf. untersucht das Syst. Si–B im Temp.-Bereich 1350—1850° u. erhält eine neue Verb., B_4Si, rhomboedr., hexagonale Gitter-Konst. a = 6,330, c = 12,736 Å; wahrscheinlich R $\bar{3}$ m, auch möglich R 3 m, R 3 2, R $\bar{3}$, R 3; Z = 3 in der rhomboedr. Zelle, $D_{exp.}$ 2,47 g·cm^{-3}. B_4Si ist beim längeren Erhitzen an der Luft thermodynam. instabil. R. Uttech. 197◇

Die Kristallstruktur des Sc_5Si_3, Sc_5Ge_3, La_5Ge_3 und Ce_5Ge_3. Joseph Arbuckle und Erwin Parthé. (Acta crystallogr. [Copenhagen] **15,** 1205—07, 10/12. 1962; Philadelphia, Pa., Univ. of Pennsylvania, Metallurgy Dep.; engl.) — Sc_5Si_3 (**I**), Sc_5Ge_3 (**II**), La_5Ge_3 (**III**), Ce_5Ge_3 (**IV**) kristallisieren auf Grund von Debye-Scherrer-Aufnahmen hexagonal. **I**: a = 7,861, c = 5,812; **II**: a = 7,939, c = 5,883; **III**: a = 8,958, c = 6,795; **IV**: a = 8,875, c = 6,570 Å; wahrscheinlich D_{6h}^3 — P 6_3/m c m, nicht aufgefüllte *Mn_5Si_3* (D 8_8)-Struktur. R. Uttech. 197◇

Anmerkung zur Struktur des ScP und YP. Erwin Parthé und Edda Parthé. (Acta crystallogr. [Copenhagen] **16,** 71, 10/1. 1963; engl.) — Vgl. vorst. Referat. — Die durch Erhitzen von Sc bzw. Y u. rotem P in evakuierten Röhren auf 1000° dargestellten Verbb. kristallisieren mit *NaCl* (B 1)-Struktur. ScP: a = 5,312; YP: a = 5,661 Å. Die für die Summe der Ionenradien zu kleinen Gitter-Konst. weisen ebenso wie der metall. Glanz auf dessen homöopolaren oder metall. Bindungsanteil hin. R. Uttech. 197◇

Die Kristallstrukturen der intermetallischen Phasen $Ca_{33}Ge$, Ca_7Ge, Ca_3Pb und Ca_5Pb_3. O. Helleis, H. Kandler, E. Leicht, W. Quiring und E. Wölfel. (Z. anorg. allg. Chem. **320,** 86—100, Jan. 1963; Darmstadt, TH, Eduard-Zintl-Inst. für anorgan. u. physikal. Chem., Lehrstuhl für Strukturforsch.; dt.) — $Ca_{33}Ge$ krist. kub.; a = 10,19 ± 0,04 Å; O_h^7 — F d 3 m; D_{exp}^{27} 2,196 ± 0,002, Z = 1; 32 Ca in e (3 m) mit x = 1/4, 1 Ge u. 1 Ca statist. in der 16-zähligen Punktlage c ($\bar{3}$ m). Ca_7Ge krist. kub.; a = 9,45 ± 0,03 Å; O_h^5 — F m 3 m; D_{exp}^{27} 2,825 ± 0,002, Z = 4; 4 Ge in a (m 3 m), 4 Ca in b (m 3 m) u. 24 Ca in d (m m m). Ca_3Pb krist. kub.; a = 4,853 ± 0,002 Å; O_h^1 — P m 3 m, Z = 1; 1 Pb in a (m 3 m), 3 Ca in c (4/m m m); L 1_2-Typ. Ca_5Pb_3 krist. hexagonal; a = 16,23 ± 0,02, c = 7,04 ± 0,06 Å; C_{6v}^4 — P 6_3 m c; D_{exp} 5,58, Z = 6. Die Struktur ist sehr ähnlich dem D 8_8-Typ. Vff. bestätigen, daß *Mg_5Hg_3*, *Mn_5Si_3* im D 8_8-Typ kristallisieren. R. Uttech. 197◇

Elektronographische Untersuchung der Struktur von $PbBi_4Te_7$. A. G. Talybow und B. K. Wainstein. (Kristallographie [UdSSR] **6,** 541—48, Juli/Aug. 1961; Chem. Inst. der Akad. der Wiss. der AserbeidshanSSR; Inst. für Kristallograph. der Akad. der Wiss. der UdSSR; russ.) — Vff. führten mit Hilfe elektronograph. Unterss. eine vollständige Struktur-Best. der Verb. $PbBi_4Te_7$ durch. Es ergaben sich drei verschiedene Abmessungen einer hexagonalen Elementarzelle: (I) a = (4,50 ± 0,02) Å, c = (17,6 ± 0,05) Å. D_{3d}^3 — P $\bar{3}$ m 1. (II) a = (4,44 ± 0,02) Å, c = (71,7 ± 0,02) Å. (III) a = (4,44 ± 0,02) Å, c = (107,4 ± 0,3) Å. (II) u. (III) können jedoch als Überstrukturvon (I) aufgefaßt werden. In Richtung der hexagonalen c-Achse sind die Atome 9-schichtig wie folgt gepackt: A_1 (Bi_I), B_1 (Te_I), C_1 (Bi_{II}), A_2 ($(Te_{13/16}Pb_{3/16})_{II}$), B_2 ($(Te_{13/16}Pb_{3/16})_{III}$), C_2 ($(Te_{13/16}Pb_{3/16})_{III}$), A_3 ($(Te_{13/16}Pb_{3/16})_{II}$), B_3 (Bi_{II}), C_3 (Te_I), A_1 usw., wobei die Pb-Atome in den 4 Schichten A_2, B_2, C_2, A_3 statist. verteilt sind. Die kürzesten Atomabstände (zwischen den Schichten) sind Bi_I—Te_I = 3,24 Å, Bi_{II}—Te_{II}(Pb) = 3,25 Å, Te_I—Bi_{II} = 3,26 Å, Te_{II}(Pb)—Te_{III}(Pb) = 3,24 Å. Auf eine Elementarzelle entfallen 3/4 Formeleinheiten $PbBi_4Te_7$. Herbert Spindler. 197□

Eine neue orthorhombische Phase in den Systemen Ru–B und Os–B. R. B. Roof jun. und C. P. Kempter. (J. chem. Physics **37,** 1473—76, 1/10. 1962; Los Alamos, N.Mex., Univ. of California, Los Alamos Sci. Labor.; engl.) — In den Syst. Ru–B u. Os–B wird je eine isomorphe orthorhomb. Phase beobachtet: a = 4,6443 ± 0,0003, b = 2,8668 ± 0,0008, c = 4,0449 ± 0,0004 bzw. a = 4,6832 ± 0,0001, b = 2,8717 ± 0,0002, c = 4,0761 ± 0,0001 Å; P m m n — D_{2h}^{13}; wahrscheinliche Zus. *RuB_2* bzw. *OsB_2*; Z = 2. Von den 14 Nachbarn dss Ru sind 8 B-Atome u. von 8 Nachbarn des B 4 Ru-Atome. R. Uttech. 197◇

Die Kristallstruktur des $Ce_{24}Co_{11}$. Allen C. Larson und Don T. Cromer. (Acta crystallogr. [Copenhagen] **15,** 1224—27, 10/12. 1962; Los Alamos, N.Mex., Univ. of California, Los Alamos Sci. Labor.; engl.) — Die Ce-reichste Verb. des Syst. Ce–Co, $Ce_{24}Co_{11}$, krist. hexagonal; a = 9,587 ± 0,003, c = 21,825 ± 0,010 Å; P 6_3 m c; Z = 2. Tabelle der Atomabstände u. -parameter. Zum Teil treten sehr kurze Ce—Co-Abstände (2,61 Å) auf. R. Uttech. 197◇

Einige neue intermetallische Verbindungen der Berylliums. R. M. Paine und J. A. Carrabine. (Acta crystallogr. [Copenhagen] **13,** 680—81, 10/8. 1960; Cleveland, Ohio, Brush Beryllium Co., Res. and Dev. Dep., Chem. Div.; engl.) — Mo_3Be krist. kub.; a = 4,89 Å; O_h^3 u. ist isomorph mit Mo_3Si. $MoBe_{20}$, a = 11,64; $ReBe_{20}$, a = 11,54; WBe_{20}, a = 11,64 Å; alle Verbb. sind kub. (O_h^7 oder T_h^4) u. wahrscheinlich isomorph. Mit rhomboedr. Nb_2Be_{17} u. Zr_2Be_{17} sind isomorph: Hf_2Be_{17}, a = 7,50, c = 10,94; Ta_2Be_{17}, a = 7,39, c = 10,76; Ti_2Be_{17}, a = 7,34, c = 10,73 Å bei hexagonaler Zelle. Mit $ZrBe_{13}$ ist isomorph $LaBe_{13}$ (kub.-flächenzentrierte $NaZn_{13}$-Struktur, a = 10,44 Å; O_h^6). R. Uttech. 197◇

Die Kristallstruktur des Ru_3Be_{17}. Donald E. Sands, Quintin C. Johnson, Oscar H. Krikorian und Kurt L. Kromholtz. (Acta crystallogr. [Copenhagen] **15,** 1191—95, 10/12. 1962; Livermore, Calif., Univ. of California, Lawrence Radiat. Labor.; engl.) — Ru_3Be_{17} krist. kub.-raumzentriert, a = 11,337 ± 0,005 Å, Z = 8, I m 3. Tabelle der durch dreidimensionale Patterson-Synth. u. durch Verfeinerung nach der Meth. der kleinsten Quadrate ermittelten Atomparameter u. der Atomabstände. 12 Be-Atome umgeben das Ru-Atom an den Ecken eines gestutzten Tetraeders, 4 außerdem auf dessen hexagonalen Flächenachsen. 12 Be-Atome bilden einen für intermetall. Be-Verb. ungewöhnlichen Hohlraum (r = 2,81 Å) im Ursprung der Elementarzelle.
R. Uttech. 197◇

Phasengleichgewichte in supraleitenden Niob–Zirkonium-Legierungen. C. W. Berghout. (Physics Letters [Amsterdam] **1,** 292—95, 1/7. 1962; Eindhoven, Netherlands, N. V. Philips' Gloeilampenfabrieken, Philips Res. Labor.; engl.) — Vf. untersucht röntgenograph. die Syst. Nb–Zr, Nb–Zr–O, Nb–Zr–N u. widerlegt das von Rogers u. Atkins (C. **1958,** 3813) aufgestellte Phasendiagramm des Syst. Nb–Zr. Es existiert kein Bereich mit zwei kub.-raumzentrierten Strukturen u. oberhalb 20% Nb findet keine Phasenumwandlung mehr statt. Die anderen l. c. gefundenen Strukturen können auf geringfügig O- u. N-verunreinigte Oberflächenschichten zurückgeführt werden.
R. Uttech. 197◇

Die Struktur der intermetallischen Phase Θ (Cr–Al). M. J. Cooper. (Acta crystallogr. [Copenhagen] **13,** 257—63, 10/3. 1960; Cambridge, Cavendish Labor., Crystal-Labor.; engl.) — Θ(Cr–Al) krist. monoklin, a = 25,196 ± 0,017, b = 7,574 ± 0,003, c = 10,949 ± 0,009 Å, β = 128° 43 ± 3′; C 2/m; D. 3,18 ± 0,05 g·cm^{-3}; 14 Cr u. ca. 90 Al-Atome in der Elementarzelle; Isomorphie mit α′(V–Al) (Brown, C. **1961,** 10471). Die Cr-Atome werden von fast regulären Al-Ikosaedern koordiniert, die Ecken oder Flächen gemeinsam haben oder sich wechselseitig durchdringen. Wie in $Cr_4Si_4Al_{13}$ (vgl. Robinson, C. **1956,** 4069) u. $Mg_3Cr_2Al_{18}$ (vgl. Samson, C. **1962,** 1147) treten, wenn der Cr—Al—Cr-Bindungswinkel nahe 180° ist, Cr—Al-Abstände auf, die bedeutend kürzer sind als die Summe der Atomradien für die Koordinationszahl 12. Sie deuten auf stärkere, gerichtete Kraft-Wrkg., die nicht charakterist. sind für die rein metall.Bindung.
R. Uttech. 197◇

Die Kristallstruktur der R-Phase von Mo–Co–Cr. Yukitomo Komura, William G. Sly und David P. Shoemaker. (Acta crystallogr. [Copenhagen] **13,** 575—85, 10/8. 1960; Cambridge, Mass., MIT, Dep. of Chem.; engl.) — Die R-Phase im Syst. Mo–Co–Cr (Atomverhältnis 30,4/51,3/18,3) krist. rhomboedr., a = 9,011 Å, α = 74° 27,5′, hexagonale Gitter-Konst. a = 10,903, c = 19,342 Å, C_{3i}^2 — R $\bar{3}$, Z = 53 in der Rhomboederzelle. Die Struktur ist nahe verwandt mit der der σ-, P-, χ-, μ-Phasen der Übergangselemente u. enthält Polyederketten längs der dreizähligen Achse. Die Polyeder weisen die Koordinationszahlen 12, 14, 15 u. 16 auf u. sind so miteinander kombiniert, daß nur tetraedr. Lücken verbleiben. Es treten 5- u. 6fach koordinierte Liganden auf. Die 6fach koordinierten Liganden bilden ein einziges dreidimensionales Netzwerk, das sich an den 15- u. 16fach koordinierten Atomen verzweigt. Die Atomabstände stimmen mit der Summe der für jeden Typ charakterist. Radien überein. Mo bevorzugt die Lagen höchster Koordination. R. Uttech. 197◇

Röntgenuntersuchungen der δ-Phase von Mo–Ni. Clara B. Shoemaker, Alwyn H. Fox und David P. Shoemaker. (Acta crystallogr. [Copenhagen] **13,** 585—87, 10/8. 1960; engl.) — Vgl. vorst. Referat. — Die δ-Phase einer Mo–Ni-Leg. (61,1 Gew.-% Mo) krist. pseudotetragonal, a = 9,108, c = 8,852 Å, P 2_1 2_1 2 oder P 2_1 2_1 2_1, D.$_{Pyk}$ 9,71 ± 0,01 g·cm^{-3}, Z = 55,8 ± 0,2. Die Struktur bleibt unaufgeklärt.
R. Uttech. 197◇

Beobachtungen von Ausscheidungen in dünnen Folien einer Aluminiumlegierung mit 4% Kupfer. G. Thomas und M. J. Whelan. (Philos. Mag. [8] **6,** 1103—14, 8 Tafeln, Sept. 1961; Cambridge, Univ., Metallurgy Dep.; Cavendish Labor., Crystallogr. Labor.; engl.) — Folien einer Al–Cu-Leg. mit 3,7 Gew.-% Cu u. mit einer Gesamtverunreinigung von 0,003% wurden durch mehrmaliges Kaltwalzen u. Anlassen erhalten. Diese Folien wurden nach Erhitzen auf 540° in W. abgeschreckt. Für Durchstrahlungs-elektronenmkr. Unterss. geeignete Folien wurden durch elektrolyt. Polieren in einem Phosphorsäure–Chromsäure-Bad hergestellt. Bei den elektronenmkr. Beobachtungen wurde der von Whelan (Report of the Fourth International Conference an Electron Microscopy **1**, [1960], 96) beschriebene Hochtemp.-Tisch verwendet. Es wurde beobachtet, daß sich bei Temp. von ca. 250—300° in wenigen Min. Ausscheidungen bilden, die einige 100 Å groß sind. Mittels Elektronenbeugung konnte nachgewiesen werden, daß es sich dabei um die Θ'-Phase handelt, die in gut definierter Einzelorientierung mit Bezug auf die Matrix auftritt. Bei höheren Temp. bilden sich auf Kosten der Θ'-Ausscheidungen größere Ausscheidungen der Θ-Phase. Die Ausscheidungen in dünnen Folien unterscheiden sich von denen in kompaktem Material dadurch, daß die Oberflächen als bevorzugte Keimplätze wirken. Die meisten der Ausscheidungen in den dünnen Folien treten an den Oberflächen auf, während in gealtertem kompaktem Material die Ausscheidung an schneckenförmigen Versetzungen auftritt, die aus Schraubenversetzungen durch Leerstellenklettern gebildet werden. Alle Ausscheidungen gehen bei ca. 500° in Lösung. Messung der Auflösungs-Geschw. mit Hilfe einer kinematograph. Meth. gestattete eine rohe Abschätzung des Diffusions-Koeff. von Cu in Al. C. Gottfried. 197

Eine elektronenmikroskopische Beobachtung von kleinen, in einer Goldmatrix ausgeschiedenen Kobaltteilchen. P. Gaunt und J. Silcox. (Philos. Mag. [8] **6**, 1343 bis 1345, 2 Tafeln, Nov. 1961; Sheffield, Univ., Dep. of Phys.; Cambridge, Univ., Cavendish Labor.; engl.) — In Fortsetzung einer Unters. von Gaunt (vgl. C. **1962**, 1893) berichten Vff. über elektronenmkr. Unterss. der Form ausgeschiedener Co-Teilchen an dünnen Folien einer Au–Co-Leg. mit 1,5% Co. Die Folien wurden durch Kaltwalzen erhalten, in evakuierten SiO_2-Röhrchen bei 880° angelassen, um das Co in feste Lsg. zu bringen, u. danach in W. abgeschreckt. Die Folien wurden hierauf verschieden lang bei 565° gealtert u. durch elektrolyt. Polieren in konz. HCl auf die gewünschte Dicke gebracht. Aus den Beobachtungen wurde geschlossen, daß fast alle Co-Teilchen Scheiben in den {1 0 0}-Ebenen bildeten, die in Schichten, auch auf {1 0 0}-Ebenen, angeordnet waren. Der Beitrag dieser Teilchen zu der l. c. beobachteten hohen Koerzitivkraft der Leg. infolge von Formanisotropie dürfte daher klein sein u. die beobachtete hohe Koerzitivkraft ist wahrscheinlich einem anderen Anisotropietyp zuzuschreiben. C. Gottfried. 197

Die Kristallstruktur des ThPt und einiger verwandter Verbindungen. Jean R. Thomson. (Acta crystallogr. [Copenhagen] **15**, 1308—09, 10/12. 1962; London, Imp. Coll. of Sci. and Technol., Dep. of Metallurgy; engl.) — ThPt (I) u. *ThRh* (II) kristallisieren (nach Guinier-Aufnahmen) orthorhomb., I: a = 3,900, b = 11,09, c = 4,454; II: a = 3,866, b = 11,24, c = 4,220 Å; D_{2h}^{17} — C m c m, *CrB*-Struktur. Tabelle der Atomparameter u. Bindungsabstände. Vgl. mit den isostrukturellen Verbb. *ThCo*, *ThRu*, *ThIr* u. *ThAl*. R. Uttech. 197◇

Untersuchung von Substrukturen des Martensits in einer Fe–Ni-Legierung mittels eines Durchstrahlungs-Elektronen-Mikroskops. Z. Nishiyama und K. Shimizu. (Acta metallurg. [New York] **9**, 980—81, Okt. 1961; Sakai, Osaka, Osaka Univ., Inst. of Sci. and Ind. Res.; engl.) — Die Struktur eines Martensitkristalls wird unter Verw. einer dünnen Folie aus einer elektrolyt. polierten Fe–Ni-Leg. mit 30,64% Ni elektronenmkr. untersucht. Neben langen, feinen, hell erscheinenden Bändern treten kurze, dunkel erscheinende Bänder mit der Form von Parallelogrammen auf. Es wurde gefunden, daß der Bereich in dem dunklen Parallelogramm eine Zwillingsbeziehung mit der (1 1 2)-Ebene zur hellen Grundmasse hat, wobei beide kub.-raumzentriert sind. Es ist wahrscheinlich, daß viele Verformungsfehler innerhalb der dünnen Zwillingsstreifen auftreten. Die Parallelogramme werden als Martensit-„Embryos" (vgl. Richman u. Mitarbeiter, C. **1961**, 12759) angesehen. H. Hochstein. 197◇

Über die Störung von Gleitstufen. S. Libovický und B. Šesták. (Czechoslov. J. Physics, Sect. B **12**, 238—39, 1962; Prag, Physikal. Inst. der Tschech. Akad. der Wiss.; engl.) — Es wird beobachtet, daß am Schnittpunkt von Gleitstufen, die zu zwei Gleitsyst. auf der Oberfläche von verformten Kristallen einer Fe-Leg. mit 3,2% Si gehören, neue Stufen von einer verschiedenen Richtung in diesem Punkt entstehen. H. Hochstein. 197

Untersuchung des Einflusses von Wolfram, Niob, Tantal und Vanadin auf Zementit. Walter Stuckens und André Michel. (Bull. Soc. chim. France **1962**, 1541—45, Aug./Sept.; Paris, Fac. des Sci., Centre d'Orsay, Labor. de Chim. Min.; Etabl. Kühlmann, Labor. central de Rech.; franz.) — Fe oder Fe-Oxide werden bei 550° mit einem Gemisch aus H_2 u. 15% CO zu *Zementit* (I) umgesetzt, dessen Curie-Temp. Θ_c als Funktion der Abschrecktemp. (550—850°) bestimmt wird. Θ_c fällt mit steigender Temp.; gleichzeitig mit Θ_c nehmen die Gitter-Konst. a u. b ab, während c ansteigt. W-haltiges I wird durch Carburieren von Ferrowolfram mit H_2 u. 15% CO bei 550° erhalten. W erniedrigt Θ_c u. erhöht die Stabilitätsgrenze von I bis auf 1050°; bei dieser Temp. ist ein W-Geh. von 1,5 Atom-% anzunehmen. Durch W werden Fe-Atome im I-Gitter substituiert, die in den Symmetrieebenen der Elementarzelle liegen. V-haltiges I wird analog durch Carburieren von Ferrovanadin mit 5% V hergestellt; Θ_c liegt in Abhängigkeit von der Temp. der Wärmebehandlung zwischen 170 u. 200°. Die Stabilität von I wird durch V-Zusätze beträchtlich erhöht, u. die Löslichkeit von V in I beträgt bei 1050° ca. 5 Atom-%. Eine Substitution von Fe durch Nb bzw. Ta ist nicht möglich, da stets die stabilen Carbide NbC bzw. TaC gebildet werden. Herbert Müller. 197◇

Stapelfehler in Eisen–Mangan und Kobalt–Nickel. J. Spreadborough. (Acta crystallogr. [Copenhagen] **13**, 603–05, 10/8. 1960; Oxford, Univ. Museum, Dep. of Metallurgy; engl.) — Durch Fourier-Analyse werden die Stapelfehler in einer hexagonalen Co–Ni-Leg. (78 Gew.-% Co) u. in der ε-Phase von Fe–Mn-Legg. (mit 8,6, 11,9 u. 13,8 Atom-% Mn) bestimmt u. im Zusammenhang mit der Härtbarkeit diskutiert. R. Uttech. 200◇

Eine experimentelle Untersuchung der Reibung und des Verschleißes während des Abriebs von Metallen. B. W. E. Avient, J. Goddard und H. Wilman. (Proc. Roy. Soc. [London], Ser. A **258**, 159–80, 18/10. 1960; London, Imp. Coll., Chem. Engng. Dep., Appl. Phys. Chem. of Surfaces Labor.; engl.) — Vff. untersuchten den Reibungs-Koeff. ν u. den Gew.-Verlust M' pro Längeneinheit von polykristallinen Blöcken (Ø 1–2,5 cm) aus *Pb, Al, Ag, Au, Cu, Ni, Pt, Cr, Fe, Mo, W, Be, Ti, Sn* u. *U* als Funktion des mittleren Teilchendurchmessers D des Schleifmittels unter einer Belastung von ca. 1 kg. Als Schleifmittel wurden Schmirgelpapiere verschiedener Feinheit (5–150 μ) sowie Glaspapier mit Teilchendurchmessern von 70 u. 125 μ verwendet. Vor den Verss. wurden die Oberflächen entweder abgefeilt oder auf mit Propylalkohol befeuchteten Schmirgelpapier geschliffen. Es wurde gefunden, daß sich auf allen Schmirgel- oder Glaspapieren ν u. M' mit der Schleiflänge ändern, u. zwar nimmt M' ab u. ν zu wegen des progressiven Aufnehmens von Schleifmittel durch die Metalloberfläche. Nach einer Schleiflänge von 200–500 cm, die von dem Metall u. der Feinheit des Schleifmittels abhängig ist, werden ν u. M' konst., u. unabhängig von der anfänglichen Oberflächenbearbeitung. Die von anderen Seiten ausgesprochene Annahme, daß ν linear mit D zunimmt, konnte nicht bestätigt werden. Für ein gegebenes Metall ist ν am Anfang u. beim Gleichgewicht prakt. konst. (ν_{max}) für D von 70 bis >150 μ u. nimmt mit zunehmender Härte des Metalls ab; so ist beim Gleichgewicht z. B. ν für Al 0,88 u. für W 0,53. Wird D kleiner als 70 μ, dann nimmt ν ab, u. zwar wegen teilweiser Hemmung des Schleifmittels durch abgenutztes Metall. Eine Theorie über den Zusammenhang von Reibung u. Verschleiß von Metallen beim Abrieb in Abhängigkeit von der Form u. der Orientierung der Schleifmittelteilchen sowie eine quant. Analyse der mitgeteilten Ergebnisse haben Goddard u. Mitarbeiter früher (vgl. C. **1960**, 7772) gegeben. C. Gottfried. 200

Der Einfluß des Reinheitsgrades auf die Temperaturabhängigkeit der Streckgrenze von Nickel. Eckard Macherauch und Otmar Vöhringer. (Z. Naturforsch. **17a**, 826, Sept. 1962; Stuttgart, MPI für Metallforsch.; dt.) — Unterss. der Streckgrenze von reinem u. reinstem Ni in Abhängigkeit von der Temp. zeigen, daß schon Beimengungen in der Größenordnung von ‰ von deutlichem Einfl. auf die Temp.-Abhängigkeit sind. G. M. Neumann. 200◇

Der Einfluß von Mikrosegregations-Substrukturen auf die kritische Schubspannung und den Verfestigungskoeffizienten von Zinkeinkristallen. M. Boček und Z. Rathauský. (Czechoslov. J. Physics, Sect. B **11**, 832–42, 1961; Prag, Karls-Univ., Math.-physikal. Fak., Lehrstuhl für Festkörperphys.; dt.) — Vff. berichten über die Messung der krit. Schubspannung τ_0 u. des Verfestigungs-Koeff. δ_A von Zn-Einkristallen mit verschiedenen Substrukturen, die nach der Meth. von Czochralski mit einer einheitlichen Ziehgeschw. von 80 cm/Std. gezogen worden waren. Die erhaltenen, ca. 10 cm langen Kristalle wurden chem. in 4 Teile zersägt. An einem der Endteille wurde röntgenograph. die Orientierung des Einkristalls bestimmt u. der andere Endteil wurde senkrecht zur Drahtachse abgeschliffen, chem. poliert u. nach Anätzen die Mikrosegregations-Substrukturen festgestellt. Die beiden anderen Teile wurden zu den Messungen verwendet. Es wurden eine Schichtensubstruktur (A), eine gemischte Substruktur (B) u. eine Bleistiftsubstruktur (C) festgestellt. Für A lagen die τ_0-Werte zwischen 212,5 u. 242,5 g/mm² mit einem Mittelwert von 229,6 g/mm² u. die δ_A-Werte zwischen 36 u. 82 g/mm². Bei B lag der Mittelwert von τ_0 bei 242,8 g/mm² u. der Mittelwert von δ_A bei 27,9 g/mm². Bei C wurden die Mittelwerte von τ_0 zu 240,8 g/mm² u. von ϑ_A zu 20,5 g/mm² gemessen. Die Ergebnisse werden an Hand der Theorie von

Seeger (vgl. C. **1950/54,** 62 S) u. theoret. Unterss. von Tiller (vgl. C. **1959,** 4062) besprochen. C. Gottfried. 200

Mikrorisse in Beryllium. J. T. Barnby. (J. Inst. Metals **90,** 271—72, März 1962; Stoke Poges, Bucks., Fulmer Res. Inst. Ltd.; engl.) — Beschreibung Strohscher Risse (vgl. C. **1959,** 8481) in Be-Kristallen. F. Vier. 200□

Innere Reibung in Silberchlorid bei niedrigen Temperaturen. Ju. Ch. Wekilow und Ju. W. Pigusow. (Festkörperphysik [UdSSR] **4,** 1099—1102, Mai 1962; Moskau, Stahlinst.; russ.) — Der Einfl. einer UV-Bestrahlung bei —190° auf die innere Reibung von AgCl zwischen —190 u. +20° wurde untersucht. Durch die Bestrahlung wurden instabile Relaxationsmaxima erzeugt, die Kurven der inneren Reibung gegen die Temp. zeigen in der Nähe der Raum-Temp. ein vom sonstigen Verlauf abweichendes Verh., das der Relaxation von durch die Bestrahlung erzeugten Fehlstellen u. ihrer Wechselwrkg. mit Versetzungen zugeschrieben wird. H. Roschkowski. 200◇

Über das Bruchverhalten von Magnesiumoxidbikristallen. A. R. C. Westwood. (Philos. Mag. [8] **6,** 195—200, Febr. 1961; Baltimore, Md., Res. Inst. for Advanced Stud.; engl.) — Aus polykristallinen Blöcken von MgO wurden Bikristalle so herausgespalten, daß die Korngrenze der beiden Kristalle etwa im Zentrum der Probe lag. Hierauf wurden durch Schleifen parallele Druckflächen hergestellt, von denen die eine eine {1 0 0}-Spaltfläche war. Nach chem. Polieren bei 100° in 85%ig. H_3PO_4 wurden die Proben Drücken ausgesetzt, die Verformungs-Geschw. von ca. 10^{-4} pro Sek. entsprachen. Nach geeigneter Verformung wurde die Verteilung der Versetzungen u. der Sprünge mit Hilfe der Ätztechnik von Stokes u. Mitarbeitern (vgl. Philos. Mag. **4,** [1959], 920) untersucht. Zuerst wurde hierbei festgestellt, daß Bikristallkorngrenzen äußerst wirksame Schranken gegenüber einer Bewegung von Versetzungen sind; außerdem wurde eine Anhäufung von Eckenversetzungen an der Korngrenze beobachtet, die zu Sprüngen an der Korngrenze führte. Diese Sprünge bildeten sich jedoch nur, wenn sich 2 Gleitbanden (von jedem Korn eine Gleitbande) an der Korngrenze treffen. Die Fortpflanzung der Sprünge erfolgte transgranular u. durch kristallograph. Spaltung. Es wird ein Mechanismus für die Sprung-Bldg. bei niedrigen Verformungen vorgeschlagen, wobei angenommen wird, daß eine Quelle, die 2—11 μ von einer aufgestauten Gruppe von Eckenversetzungen entfernt auf der entgegengesetzten Seite der Korngrenze liegt, durch das Spannungsfeld dieser aufgestauten Gruppe aktiviert wird u. Versetzungen erzeugt, die unter gewissen Bedingungen mit der aktivierenden Gruppe unter Bldg. eines Sprunges zusammenwirken. C. Gottfried. 200

Elastische Eigenschaften von gesteinsbildenden Mineralien. 2. Mitt. Schichtsilicate. K. Ss. Alexandrow und T. W. Ryshowa. (Nachr. Akad. Wiss. UdSSR, geophysik. Ser. **1961,** 1799—1804, Dez.; Inst. für Phys., Sibir. Abt. der Akad. der Wiss. der UdSSR; russ.) — 1. vgl. Nachr. Akad. Wiss. UdSSR, geophysik. Ser. **1961,** 1339; 3. vgl. C. **1963,** 8459. — Für eine Reihe von Glimmereinkristallen: Muskovit, Phlogopit u. Biotit, ferner Talk u. Chlorite wurden nach einer Impuls-Meth. die Ultraschall-Geschw. u. die elast. Konst. bestimmt. Dabei wurde eine starke Anisotropie dieser Konst. entsprechend der Anisotropie der Schichtkristalle festgestellt. Mit einer Verstärkung der Bindungskräfte zwischen den Schichten steigen auch die elast. Konst., während die elast. Anisotropie abnimmt. M. Wiedemann. 200◇

Elastizität in der allgemeinen Relativität. C. B. Rayner. (Proc. Roy. Soc. [London], Ser. A **272,** 44—53, 19/2. 1963; Liverpool, Univ., Dep. of Appl. Math.; engl.) A. Blaschette. 200◇

A₇. Gleichgewichte. Kinetik

Struktur und Analyse komplexer Reaktionssysteme. James Wei und Charles D. Prater. (Advances Catalysis related Subjects **13,** 203—392, 1962; Paulsboro, N.J., Socony Mobil Oil Co., Inc., Res. Dep.; engl.) — Fortschrittsbericht. — 83 Literaturangaben. P. Golinske. 220◇

Die Methode des isosbestischen Punktes zur Ermittlung von Komplexzusammensetzungen. E. Asmus, A. Bull und F. Wollsdorf. (Z. analyt. Chem. **193,** 81—85, 1963; Berlin, TU, Lehrgebiet Analyt. Chem.; dt.) — Vff. beschreiben eine Meth., nach der aus dem Auftreten isosbest. Punkte in den Absorptionskurven von Job-Mischungen eines Syst. die Zus. farbiger Komplexe, die sich aus farbigen Komponenten bilden, ermittelt werden kann u. erläutern das Verf. am Beispiel der Komplexe aus Methylfluoron u. Molybdat sowie aus Dihydroxyphenylfluoron u. Sn^{2+}. Gerhard Schulze. 223◇

Komplexbildung zwischen organischen α-Hydroxysäuren und durch Ionenaustausch dargestellter Molybdän- und Wolframsäure. E. Richardson. (J. inorg. nuclear Chem. **13**, 84—90, April 1960; Whitehaven, Cumberland, Whitehaven Coll. of Further Educat., Dep. of Chem.; engl.) — Mit Hilfe potentiometr., konduktometr. u. opt. Unters. wurde nachgewiesen, daß zwischen α-Hydroxycarbonsäuren (I) u. aus Na_2MoO_4 bzw. Na_2WO_4 durch Ionenaustausch an Zeo-Karb 225 dargestellter Molybdän- (II) bzw. Wolframsäure (III) Komplex-Bldg. stattfindet. *Citronen-*, *Wein-*, *Äpfel-* u. *Mandelsäure* bilden mit II Komplexe im Verhältnis MoO_3 : I = 2 : 1, 1 : 2, 1 : 1 bzw. 1 : 2, mit III im Verhältnis WO_3 : I = 1 : 1 (nach 10 Wochen 1 : 2), 1 : 2, 1 : 3 bzw. 1 : 3 sowie *Gluconsäure* mit III im Verhältnis 1 : 2. Die Ggw. von I vermindert offenbar die Geschw. des Aggregationsprozesses beim unbeständigen III. Die Ggw. der OH-Gruppen ist für die Komplex-Bldg. notwendig; mit Carbonsäuren ohne OH-Gruppen wie Bernstein- u. Adipinsäure findet keine Komplex-Bldg. statt. P. Scharner. 223◇

Metallkomplexbildung durch Phosphorverbindungen. 6. Mitt. Aciditätskonstanten von Mono- und Polymethylendiphosphonsäuren und deren Komplexbildung mit Calcium und Magnesium. Riyad R. Irani und Kurt Moedritzer. (J. physic. Chem. **66**, 1349—53, Juli 1962; St. Louis, Mo., Monsanto Chem. Co., Inorg. Div., Res. Dep.; engl.) — 5. vgl. C. **1962**, 13684. — Die 4 Säure-Konst. der Methylen- u. Polymethylendiphosphonsäuren $(HO)_2(O)P(CH_2)_nP(O)(OH)_2$ (n = 1—10) wurden bei verschiedenen konst. Tetramethylammoniumbromidionenstärken (0,1—1) im Temp.-Bereich zwischen 25 u. 50° titrimetr. bestimmt. Mit wachsendem n nimmt die Acidität in der 1. Dissoziationsstufe ab (pK 1,5—2,0), ebenso in den folgenden beiden, während sie in der 4. Stufe steigt. Für n > 3 wird der Einfl. weiter hinzukommender CH_2-Gruppen vernachlässigbar klein. Die Komplex-Bldg. mit Ca^{2+} u. Mg^{2+} wurde an Hand der Trübung durch Oxalat in Ggw. der Phosphonsäuren nephelometr. bzw. titrimetr. (an Hand der Beeinflussung der sauren Dissoziation) bei verschiedenen Ionenstärken u. Temp. verfolgt. Die Komplex-Bldg.-Tendenz läßt mit wachsendem n stark nach u. ist bei n = 10 bereits vernachlässigbar klein. Die Bedeutung des Abstandes der beiden Phosphonatgruppen voneinander als Kriterium für die Komplex-Bldg.-Tendenz wird im Zusammenhang mit thermodynam. Daten diskutiert. W. Betcke. 223□

Assoziationskonstanten von Silber(I) und Chloridionen in geschmolzenem Kaliumnitrat. D. L. Manning, J. Braunstein und M. Blander. (J. physic. Chem. **66**, 2069—70, Okt. 1962; Oak Ridge, Tenn., Oak Ridge Nat. Labor.; engl.) — Die Assoziations-Konst. K_1 u. K_2 für die Bldg. von AgCl u. $AgCl_2^-$ sind bei 350° 553 ± 20 (Molenbrucheinheiten) bzw. 215 ± 25 u. bei 436° 315 ± 12 bzw. 117 ± 12. Die berechneten Werte von ΔE_1 u. ΔE_2 sind bei den Vers.-Temp. für die Werte Z = 4,5 oder 6 prakt. konst., die Temp.-Koeff. von K_1 u. K_2 können danach theoret. vorausberechnet werden. P. Scharner. 223◇

Das Lösungsmittelsystem Fluorwasserstoff. 5. Mitt. Die thermodynamische Konstante des Löslichkeitsprodukts von CaF_2 und die Basizität von Wasser in flüssigem Fluorwasserstoff. S. Kongpricha und A. F. Clifford. (J. inorg. nuclear Chem. **18**, 270—75, März 1961; Lafayette, Ind., Purdue Univ., Dep. of Chem.; engl.) — 4. vgl. C. **1958**, 6761. — Die thermodynam. Konst. des Löslichkeits-Prod. von CaF_2 in wasserfreiem HF wurde nach der Meth. von Lewis u. Randall in Ggw. von 0,1175—0,7295 Mol NaF/1000 g HF zu $(1{,}52_5 \pm 0{,}015)\cdot 10^{-3}$ bei 0° bestimmt. Die Löslichkeit von CaF_2 in HF beträgt 0,154 Mol/Mol HF bei 0°. Die Aktivitäts-Koeff. weichen ziemlich stark vom erweiterten Debye-Hückelschen Gesetz ab. Durch Best. der Löslichkeit von CaF_2 in HF in Ggw. von W. läßt sich die Basizitäts-Konst. K_B von W. in HF bei unendlicher Verdünnung zu 0,55 ± 0,01 bestimmen. P. Sartori. 224◇

Lithiumsalze als Gelöstes in nichtwässerigen Medien. Löslichkeitstendenz von Lithiumperchlorat. Meyer M. Markowitz, Walter N. Hawley, Daniel A. Boryta und Robert F. Harris. (J. chem. Engng. Data **6**, 325—27, 1961; West Chester, Pa., Foote Mineral Co., Res. and Dev. Labor.; engl.) — Löslichkeits-Unterss. von $LiClO_4$ in zahlreichen organ. Lsgm. zeigen, daß nicht nur die Anwesenheit einer O-haltigen funktionellen Gruppe für die Löslichkeit maßgebend ist, sondern daß Amine u. Nitrile ebenso wirksam sind. Oberstes Prinzip scheint vielmehr die Anwesenheit von Zentren hoher negativer Ladung im Lsgm.-Mol., die zu starken Ion–Dipol-Wechselwrkg. führen, zu sein. Durch H-Brücken-Bldg. u. ster. Hinderung wird diese Wechselwrkg. noch modifiziert. Folgende Löslichkeitswerte wurden ermittelt ($LiClO_4$ in g pro 100 g Lsgm. bei 25°): CH_3COOH (108,7), CF_3COOH (11,7), n-Buttersäure (60,0), Caprylsäure (32,1), CH_3OH (182,3), C_2H_5OH (151,8), n-C_3H_7OH (105,0), iso-C_3H_7OH (112,1), n-C_4H_9OH (79,3), sek.-C_4H_9OH (77,1), iso-C_4H_9OH (58,1), tert.-C_4H_9OH (0,6), 1-Octanol (43,8), 2-Octanol (44,7), Cyclohexanol (5,9), Benzylalkohol (49,8), Äthylenglykol (96,7), n-Propylamin (59,1), n-Butylamin (45,7), sek.-Butylamin (45,7), tert.-Butylamin (10,7), Dibutylamin (45,6), Tributylamin (0,4), Cyclohexylamin (16,9), Pyridin (8,7), Anilin (6,1), N-Methylanilin (1,4), N.N-Dimethylanilin (0,1), Äthylendiamin (48,0), Äthylacetat (95,1), Äthylbenzoat (29,2), Diäthylcarbonat (52,6), Diäthylsebacat (21,3), Diäthylphthalat (5,5), n-Butylnitrit (3,4), Benzylacetat (50,1), Äthylacetacetat (76,7), Ae. (113,7), n-Butyläther (13,6), Tetrahydrofuran (27,1), p-Dioxan (0,2), Anisol (0,1), Propylenoxid (91,4), Aceton (136,5), Cyclopentanon (63,8), Cyclohexanon (54,0), Propionaldehyd (110,5), Benzaldehyd (51,5), Acetonitril (16,3), Benzonitril (21,9), Nitrobenzol (0,2), Formamid (142,1), N.N-Dimethylformamid (75,0), Essigsäureanhydrid (8,1), 2-Äthoxyäthanol (136,6), 2-Aminoäthanol (78,9) u. m-Kresol (8,5). In folgenden Lsgm. ist $LiClO_4$ nicht lösl.: n-Heptan, 1-Octen, Cyclohexan, Cyclohexen, Bzl., Toluol, Xylol, Tetrahydronaphthalin, Dekahydronaphthalin, $CHCl_3$, CCl_4, Chlorbenzol, n-Propylnitrat, Furan, Diphenyläther u. Hexachloraceton. G. M. Neumann. 224◇

Benzoylchlorid als polares Lösungsmittel. 6. Mitt. Lösungswärmen von Säuren und Basen in Benzoylchlorid. Jaswant Singh, R. Prashar, M.-L. Lakhanpal und Ram Chand Paul. (J. sci. ind. Res. [New Delhi], Sect. B **21**, 450—51, 1962; Chandigarh, Panjab Univ., Dep. of Chem.; engl.) — 5. vgl. J. Indian chem. Soc. **37**, [1960], 195; 4. vgl. C. **1961**, 2907. — Vff. bestimmen die Lsg.-Wärmen von *$TiCl_4$*, *$SnCl_4$*, *$SbCl_5$*, *Chinolin* (**I**), *α-Picolin* (**II**) u. *Dimethylanilin* (**III**) in Benzoylchlorid in Abhängigkeit von der Konzentration. Aus den Lsg.-Wärmen werden die Ionisationswärmen für $TiCl_4$ zu 19 ± 0,5, $SnCl_4$ 5 ± 0,5, $SbCl_5$ 32 ± 2, **I** 5 ± 0,5, **II** 20 ± 1 u. **III** 9 ± 1 kcal·Mol^{-1} ermittelt. An Hand von Leitfähigkeitsmessungen schließen Vff. auf folgende Ionisationsschemata: $MeCl_4 + 2\,C_6H_5COCl \rightarrow MeCl_4 \cdot 2\,C_6H_5COCl \rightleftharpoons MeCl_6^{2-} + 2\,C_6H_5 \cdot CO^+$ (Me: Ti, Sn) u. $B + C_6H_5COCl \rightarrow B \cdot C_6H_5COCl \rightleftharpoons Cl^- + B \cdot C_6H_5CO^+$ (B: **I, II, III**). K. Huste. 224□

Untersuchungen über die Hydrolyse von Metallionen. 37. Mitt. Anwendung der Eigenmedium-Methode auf die Hydrolyse von Berylliumperchlorat. Birgitta Carell und Åke Olin. (Acta chem. scand. **15**, 1875—84, 1961; Stockholm, Sweden, Royal Inst. of Technol., Dep. of Inorg. Chem.; engl.) — 36. vgl. C. **1962**, 18390. — Die Hydrolyse von $Be(ClO_4)_2$ wurde in 0,04—1m Lsgg. bei 25° durch Messung von log h (h = wirkliche H^+-Konz.) untersucht. Die von Kakihana u. Sillén (C. **1958**, 951) bei niedrigen Be-Konzz. gefundenen Komplexe Be_2OH^{3+} u. $Be_3(OH)_3^{3+}$ erlauben auch die Deutung der hier gefundenen Daten: $3\,Be^{2+} + 3\,H_2O \rightleftharpoons Be_3(OH)_3^{3+} + 3\,H^+$; $\log \beta_{3,3} = -8{,}66 \pm 0{,}03$ (B [Konz.] = 0,04—1m); $2\,Be^{2+} + H_2O \rightleftharpoons Be_2OH^{3+} + H^+$; $\log \beta_{1,2} = -3{,}22 \pm 0{,}05$ (B = 0,04—0,32m), $-3{,}18 \pm 0{,}03$ (B = 0,64m), $-3{,}15 \pm 0{,}03$ (B = 1m). M. Schenk. 224◇

Flüssigkeit-Flüssigkeit-Extraktion von Beryllium. 1. Mitt. Eine Untersuchung der die Extraktion beeinflussenden Faktoren. Wendell J. Biermann und Robert McCorkell. (Canad. J. Chem. **40**, 1368—73, Juli 1962; Winnipeg, Manitoba, Univ., Dep. of Chem.; engl.) — Als Komplexbildner für die selektive Extraktion von Be^{2+} aus saurer Lsg. in die organ. Phase eignen sich bes. monofunktionelle, leicht polarisierbare Liganden, als organ. Lsgm. aliphat. Hexanole bis Octanole. Die besten Ergebnisse hinsichtlich einer Be–Al-Trennung wurden in Ggw. von NH_4SCN erhalten. Die Verteilungsquotienten von Be^{2+} u. Al^{3+} wurden für saure Lsg. (pH 3,3m an NH_4SCN) als wss. Phase u. eine Anzahl Alkohole, Thioalkohole, Ester, Ketone, Aldehyde u. Äther als organ. Phase bestimmt. W. Betcke. 224□

Systematische Untersuchung der Solventextraktion von Metalloxinaten. Jiří Starý. (Analytica chim. Acta [Amsterdam] **28**, 132—49, Febr. 1963; Prague, Fac. of Techn. and Nucl. Phys., Dep. of Nucl. Chem.; engl.) — Vf. untersucht die Extraktion von Ag^+, Be^{2+}, Mg^{2+}, Ca^{2+}, Sr^{2+}, Ba^{2+}, Sc^{3+}, La^{3+}, TiO^{2+}, ZrO^{2+}, Th^{4+}, VO^{2+}, H_2MoO_4, UO_2^{2+}, Mn^{2+}, Fe^{3+}, Co^{2+}, Ni^{2+}, Pd^{2+}, Cu^{2+}, Zn^{2+}, Cd^{2+}, Hg^{2+}, Al^{3+}, Ga^{2+}, In^{3+}, Tl^{3+}, Pb^{2+} u. Bi^{3+} mit Lsgg. von 8-Hydroxychinolin in Chlf. sowie die Einfl. des pH-Wertes, der Oxin-Konz. u. der wasserlösl. Komplexbildner Oxal-, Wein-, Cyanwasserstoff-, Nitridotriessigsäure, EDTA u. 1.2-Diaminocyclohexantetraessigsäure. Die Stabilitäts-Konst. der Metalloxinate in der Chlf.-Phase u. die Stabilitäts-Konst. der Komplexe mit den oben angegebenen Komplexbildern werden tabellar. angegeben. P. Kurzmann. 224◇

Austauschereigenschaften der Ammoniumsalze von 12-Heteropolysäuren. Sorption von Cäsium an Ammoniumwolframatophosphat und -molybdatophosphat. J. Krtil und V. Kouřim. (J. inorg. nuclear Chem. **12**, 367—69, 1960; Prague, Czechoslov. Acad. of Sci., Inst. of Nucl. Res.; engl.) — In einer pH-abhängigen Gleichgewichts-Rk. tauschen $(NH_4)_{2,67}H_{0,33}(PW_{12}O_{40}) \cdot 9{,}8\,H_2O$ (**I**) u. $(NH_4)_{2,95}H_{0,05}(PMo_{12}O_{40}) \cdot 11{,}6\,H_2O$ (**II**) teilweise NH_4^+ gegen Cs^+ aus. Dabei ist **I** in neutralem u. stark saurem Medium beständig,

so daß sich die Cs-Sorption weitgehend durch Veränderung der NH_4^+- u. H^+-Konzz. steuern läßt. Entsprechend der geringeren Säurestabilität von II ist die Sorptionskapazität von I höher. Die mit Hilfe radioakt. Indizierung unter Einsatz von ^{137}Cs durchgeführte Analyse ergab ein Cs/NH_4-Verhältnis von 1,64—1,84 für I, 0,79—0,87 für II. NH_4^+ wurde colorimetr. mit Nesslers Reagens bestimmt, W u. Mo gravimetr. mit Oxin oder colorimetr. mit Rhodanid, W. durch Erhitzen auf 450° bis zur Gew.-Konstanz u. P colorimetr. als Wolframatovanadato- bzw. Molybdatovanadatophosphat.
E. Beyerle. 224◇

Mitfällung von trägerfreiem Cäsium mit 12-Heteropolysäuren in stark saurem Medium. V. Kouřim. (J. inorg. nuclear Chem. **12,** 370—72, Febr. 1960; engl.) — — Vgl. vorst. Referat. — Untersucht wurden die Löslichkeit einiger gesätt. Di-Heteropolysäuren in starken Mineralsäuren bei verschiedenen Konzz. sowie die Mitfällung trägerfreien ^{137}Cs mit Di- u. Tri-Heteropolysäuren. Die folgenden Säuren wurden eingesetzt: $H_3(PW_{12}O_{40})\cdot 22\,H_2O$ (HPW), $H_3(PMo_{12}O_{40})\cdot 12\,H_2O$ (HPMo), $H_4(SiW_{12}O_{40})\cdot 23\,H_2O$ (HSiW), $H_4(SiMo_{12}O_{40})\cdot 23\,H_2O$ (HSiMo), $H_3(PW_{10}V_2O_{39})\cdot 31\,H_2O$ (HPWV), $H_3(PMo_{10}V_2O_{39})\cdot 19\,H_2O$ (HPMoV), $H_4(SiW_{10}V_2O_{39})\cdot 30\,H_2O$ (HSiWV), $H_3(AsW_{10}V_2O_{39})\cdot 30\,H_2O$ (HAsWV), $H_4(SiMo_{10}V_2O_{39})\cdot 29\,H_2O$ (HSiMoV), $H_3(AsMo_{10}V_2O_{39})\cdot 19\,H_2O$ (HAsMoV), $H_4(SeW_{10}V_2O_{39})\cdot 32\,H_2O$ (HSeWV), $H_4(GeW_{10}V_2O_{39})\cdot 26\,H_2O$ (HGeWV), $H_5(BW_{10}V_2O_{39})\cdot 21\,H_2O$ (HBWV). Bei 20 ± 0,1° betragen die Löslichkeiten der wasserfreien Verbb. (bezogen auf 100 ml H_2O) 173,6 g für $H_3(PW_{12}O_{40})$ bei $D.^{20}$ 2,475, 93,4 g für HPMo bei $D.^{20}$ 1,731, 153,3 g für HSiMo bei $D.^{20}$ 2,180 u. 222,3 g für HSiW bei $D.^{20}$ 2,922. HPW, HSiW u. HSiMo sind in konz. Säuren beständig. In 4—6n HCl, H_2SO_4 u. $HClO_4$ u. 8n HNO_3 tritt bei HPMo Zers. ein. Hinsichtlich der Mitfällung des radioakt. markierten Cs sind die Di-Heteropoly- den Tri-Heteropolysäuren vorzuziehen. Beste Ergebnisse wurden erzielt mit HPW, HPMo u. HSiMo (in 12n HNO_3 99,5, 99,0 bzw. 80,0% Cs, in 12n HCl 99,4, 97,7 bzw. 97,0% Cs, in 12n H_2SO_4 99,2, 98,8 bzw. 98,2% Cs u. in 12n $HClO_4$ 91,8, 97,8 bzw. 78,0% Cs) sowie mit HSiW (in 12n HCl, H_2SO_4, $HClO_4$ 97,4, 92,0 u. 77,0% Cs).
E. Beyerle. 224◇

Über einige Fragen der chemischen Induktion. László Csányi. (Magyar Tudományos Akad., Kémiai Tudományok Osztályának Közleményei [Ung. Akad. Wiss., Ber. Abt. chem. Wiss.] **18,** 471—81, Aug. 1962; Szeged, Univ., Lehrstuhl für anorgan. u. analyt. Chem.; ung.) — Es wird ein zusammenfassendes Bild der Ergebnisse auf dem Gebiet der chem. Induktion gegeben, u. zwar der gekoppelten u. induzierten Kettenreaktionen.
I. Náray-Szabó. 225△

Nichtgleichgewichtseffekte bei der Dissoziation zweiatomiger Moleküle durch einen dritten Partner. O. K. Rice. (J. physic. Chem. **67,** 6—11, 1963; Chapel Hill, N.C., Univ. of North Carolina, Dep. of Chem.; engl.) — Bei der Dissoziation zweiatomiger Moll. sinkt die Population der Energieniveaus in der Nähe der Dissoziationsgrenze unter den Gleichgewichtswert. Vf. behandelt dieser Erscheinung unter der Annahme, daß bei allen Stößen gleich große Energiemengen abgegeben werden, jedoch unter Berücksichtigung der Änderung der Energieniveaudichte im Bereich der Dissoziation. Der Einfl. der Masse des Stoßpartners u. der Einfl. der Temp. auf die je Stoß abgeführte mittlere Energiemenge werden diskutiert, wobei sich ein qual. befriedigendes Bild der relativen Wirksamkeit der verschiedenen Edelgase (*He, Ne, Ar, Kr, Xe*) bei der Dissoziation von J_2 bzw. der Rekombination von *J* ergibt.
A. Blaschette. 225◇

Über den Austausch von Schwefel in den Systemen Sulfat–Amidoschwefelsäure und Sulfat–Amidoschwefelsäurederivate. Robert C. Brasted und John F. Bates. (J. prakt. Chem. [4] **19,** 132—34, 1963; Minneapolis, Minn., Univ. of Minnesota, Inst. of Technol., School of Chem.; dt.) — Die Festigkeit der S—N-Bindung in Verbb. vom Typ $RNH{-}SO_2X$ wurde durch Messung des ^{35}S-Austausches mit $H^{35}SO_4^-$ in wss. Lsg. bei verschiedenen pH-Werten (1 u. 5,0), verschiedenen Temp. (0 u. 25°) u. verschiedenen Austauschzeiten (bis 25 Std.) untersucht. Unabhängig von der Art der Substituenten R oder X konnte bei den untersuchten Verbb. NH_2SO_3, $C_6H_5NHSO_3H$, $C_6H_{11}NHSO_3H$ (C_6H_{11} = Cyclohexyl), $HN(SO_3H)_2$ u. $H_2NSO_2NH_2$ kein Austausch festgestellt werden.
A. Blaschette. 225◇

Untersuchung von Kinetik und Mechanismus einiger Redoxreaktionen. 1. Mitt. Reduktion von Chlorat durch Eisen(II)-Ionen in Perchlorsäure. A. M. Azzam und I. A. W. Shimi. (Z. physik. Chem. [Frankfurt/M.] [N. F.] **33,** 190—205, Juli 1962; Cairo, U.A.R., A'in Shams Univ., Fac. of Sci., Chem. Dep.; engl.) — Die Kinetik der Red. von Chlorationen (0,05m) durch Fe(II)-Ionen wurde in Ggw. verschiedener $HClO_4$-Konzz. (0,1—2,0m) bei 25° untersucht. In Abwesenheit von $HClO_4$ findet keine Rk. statt, erst bei größerer Säure-Konz. konnte eine stufenweise Red. beobachtet werden. Dabei entspricht die erste Stufe der Red. von ClO_3^- zu ClO_2 unter Annahme der Zwischenstadien $HClO_3^-$ u. H_2ClO_3. In zweiter Stufe werden gleichzeitig $HClO_2$ u. HClO gebildet.

Kinet. ist die Chlorat-Red. von 3. Ordnung, ausgedrückt durch $-d[ClO_3^-]/dt = k[Fe^{2+}]\cdot[ClO_3^-][H^+]$, wobei der geschwindigkeitsbestimmende Schritt wahrscheinlich die Start-Rk. $ClO_3^- + H^+ + e^- \rightarrow HClO_3^-$ ist, für die ein Redoxpotential von 0,83 V gemessen wurde. E. Beyerle. 225◇

Einfluß von Metallionen und Metallkomplexen auf die Hydrolyse von Salicylphosphat. Robert Hofstetter, Yukito Murakami, George Mont und Arthur E. Martell. (J. Amer. chem. Soc. **84**, 3041—46, 20/8. 1962; Worcester, Mass., Clark Univ., Dep. of Chem.; engl.) — Vff. untersuchten die Hydrolyse von Salicylphosphat, eine Rk. 1. Ordnung, in Ggw. verschiedener Metallsalze u. Metallchelat-Verbb. bei 30,3° u. einer Ionenstärke $\mu = 0,10$ (KNO_3). Die katalyt. Aktivität von Metallsalzen nimmt in der Reihenfolge Cu(II) < UO_2^{2+} < VO^{2+} < ZrO^{2+}, Fe(III) zu, während Salze von Ni(II), Co(II), Zn(II) u. Cd(II) inakt. sind. Allg. wurde gefunden, daß die Rk.-Geschw. in Ggw. von Metallchelaten bedeutend kleiner sind als die Geschw. bei den entsprechenden Aquometallionen. In Abwesenheit von Metallionen zeigt die Änderung der Hydrolyse-Geschw. mit der H^+-Ionen-Konz. eine Abhängigkeit 1. Ordnung bzgl. der einzelnen Ionenarten des Substrats. P. Scharner. 225◇

Einige Charakteristika der Hydratation von $3\,CaO \cdot Al_2O_3$ in Gegenwart von $CaSO_4 \cdot 2\,H_2O$. H. N. Stein. (Recueil Trav. chim. Pays-Bas **81**, 881—89, Sept./Okt. 1962; Eindhoven, Technol. Univ., Dep. of Chem. Technol., Labor. for Inorg. Chem.; engl.) — Vf. untersuchte die Hydratation von $3\,CaO \cdot Al_2O_3$ (I) in einer fast gesätt. Lsg. von $Ca(OH)_2$ in Ggw. von $CaSO_4 \cdot 2\,H_2O$. Bei dieser Rk. verlangsamt die auf I gebildete Schicht von *Calciumhydroxosulfatoaluminat* (Ettringit) die weitere Hydratation von I. Erst bei längerem Erhitzen nimmt die Hydratations-Geschw. wieder sehr stark zu. Eine angenäherte theoret. Behandlung des Verzögerungsstadiums dieser Rk. wird unter der Annahme durchgeführt, daß der Wassertransport durch die Ettringitschicht der geschwindigkeitsbestimmende Schritt der Rk. ist. Der Wassertransport kann durch Diffusion oder Poiseuille-Fließen bewirkt werden. Die Vers.-Ergebnisse werden dahingehend gedeutet, daß die Ablagerung des Ettringits auf der Oberflächenschicht während des Verzögerungsstadiums andauert u. daß sich die Oberflächenschicht an ihrer Außenseite schneller ausbreitet, als die Teilchen im Verlaufe der Rk. einschrumpfen. G. Heller. 225◇

Heterogener Austausch von Niederschlägen. 3. Mitt. AgJ–Ag^+-Austausch. M. Mirnik und R. Despotović. (Kolloid-Z., Z. Polymere **180**, 51—55, Jan. 1962; Zagreb, Inst. „Ruder Bošković", Dep. of Radiochem.; Univ. of Zagreb, Fac. of Sci., Dep. of Phys. Chem.; engl.) — 2. vgl. C. **1960**, 6432. — Messungen des AgJ–$^{110}Ag^+$-Austausches zeigen, daß die Alterung des Fällungs-Prod., koaguliert mit SO_4^{2-}, wahrscheinlich aus 2 verschiedenen Prozessen besteht. Der Austausch von frischem oder gealtertem AgJ, koaguliert mit NO_3^--Ionen bei pAg 2, erfolgt schnell u. vollständig in weniger als 10 Minuten. An Hand der Diffusions-Koeff. von Ag^+ in festem AgJ u. der Diffusionstheorie wird gefolgert, daß die Teilchen kub. sind. Frische Fällungs-Prodd. tauschen bei pAg 3 schneller aus als gealterte. Bei pAg 4 ist die Austausch-Geschw. vom Alter des Gefällten unabhängig. Die an Hand des Ag^+-Diffusions-Koeff. für die hexagonale Modifikation ermittelte Teilchengröße bei pAg 3 u. 4 stimmt mit derjenigen überein, die elektronenmkr. erhalten wurde, so daß diese Teilchen als hexagonal angesehen werden. Der AgJ/Ag^+-Austausch im Bereich zwischen pAg 2—4 ist immer vollständig, d. h., der Austauschanteil wird in relativ kurzer Zeit gleich 1, während der geschwindigkeitsbestimmende Prozeß die Diffusion in der festen Substanz ist. Das Gleichgewicht AgJ/Ag^+ auf der Oberfläche ist dynamisch. Bei der Alterung von AgJ/Ag^+-Ndd. bleibt der Austauschanteil niemals in der Größenordnung von nur einigen Prozent. Die Einlagerung der austauschenden Ionen in die feste Phase wird durch Rekristallisationen verursacht u. das Gleichgew. ist nicht dynamisch. K. Huste 225◇

Über die Kinetik der Nitridierung von Magnesium zwischen 500 und 600°. Pierre Belin. (C. R. hebd. Séances Acad. Sci. **255**, 3164—66, 5/12. 1962; Tours, Indre-et-Loire, Coll. Sci. Univ., Labor. de Chim.; franz.) — An Proben aus 99,7%ig. Mg mit chem. polierten Oberflächen wird die N-Aufnahme bei 480—580° in $^1/_2$—5 Std. untersucht. Bis zu einer N-Aufnahme von ca. 0,5 mg/cm² wird eine lineare Rk.-Geschw. beobachtet, die bei größeren N-Mengen einen parabol. Verlauf zeigt. Die Aktivierungsenergie beträgt für den linearen Bereich 26,0 (kcal/Mol), für den experimentellen Bereich 5,8. Bei Verss. mit im Vakuum vorbehandelten Proben wird kein Anstieg der Rk.-Geschw. mit der Zeit beobachtet. Das Verh. von Mg gegenüber N_2 ist mit dem von Li u. den Erdalkalimetallen vergleichbar. Herbert Müller. 225◇

Hochtemperaturoxydation des Zirkoniums im Zustand der Härtung und Rekristallisation. R. F. Motscharnjuk. (J. physik. Chem. [UdSSR] **35**, 112—17, Jan. 1961; Kiew, Akad. der Wiss. der UdSSR, Inst. für Metallkeramik u. Spezial-Legg.;

russ., Auszug: engl.) — Kinet. Unterss. ergeben, daß der Zustand des Metalls von beträchtlichem Einfl. auf den Oxydationsvorgang ist. Das Verhältnis der EMK bei der Oxydation von Zr im gewöhnlichen u. verformten Zustand mit O_2 wurde zwischen 500 u. 650° berechnet. Für den Temp.-Bereich 200—400° wurden Gleichungen für die logarithm. Oxydations-Geschw. abgeleitet. In der Regel verläuft die Oxydation bei diesen Temp. in 2 Stufen. Für die Oxydation zwischen 500 u. 650° gilt ein parabol. Geschw.-Gesetz. Die Temp.-Abhängigkeit der Geschw.-Konst. wurde berechnet, ebenso wurden Ausdrücke für die Leitfähigkeit der Oxidschichten bei verschiedenen Temp. u. für deren Temp.-Abhängigkeit gefunden. H. Roschkowski. 225◇

Chemische Transportreaktionen. 9. Mitt. Der Transport von TiN mit HCl im Molybdänröhrchen. Harald Schäfer und Werner Fuhr. (Z. anorg. allg. Chem. **319,** 52—57, 1962; Münster, Univ., Anorgan.-Chem. Inst.; dt.) — 7. vgl. C. **1961,** 13463. — Die Umsetzung von TiN mit HCl, bei der H_2, N_2 u. gasförmiges $TiCl_4$, $TiCl_3$ u. $TiCl_2$ entstehen, verläuft oberhalb 1300° hinreichend schnell u. reversibel, so daß sie den TiN-Transport im Temp.-Gefälle ermöglicht. Unterhalb 1200° bleibt der Transport wegen der Stabilität des N_2-Mol. unmeßbar klein; es findet lediglich die Hin-Rk. zu $TiCl_4$ statt. Als Rk.-Raum dient ein elektr. beheiztes Röhrchen aus zusammengerollter Mo-Folie, das sich in einem evakuierbaren Glaskolben (Skizze) befindet. F. M. Friedrich-Anderseck. 225◇

Die ersten Stufen der thermischen Zersetzung von Kaliumpermanganat-Kaliumperchlorat-Mischkristallen. B. R. Phillips und Duncan Taylor. (J. chem. Soc. [London] **1962,** 4242—47, Okt.; Edinburgh, Univ., Chem. Dep.; engl.) — Die isotherme Zers. von $KMnO_4$–$KClO_4$-Mischkristallen zwischen 187 u. 237° verläuft allg. in 4 Stufen: einer S-förmigen, einer mit konst. Geschw. verlaufenden, einer einem t^2-Gesetz (t = Zeit) folgenden u. schließlich einer Hauptbeschleunigungsstufe, die entweder einem Exponential- oder einem Potenzgesetztyp gehorcht. Die Ggw. von ClO_4^- verzögert den Ablauf der ersten 3 Stufen mehr als den der vierten. Für die einzelnen Stufen wurden die Aktivierungsenergien bestimmt u. Mechanismen vorgeschlagen. Ein Einfl. der Bldg.-Wärmen der festen Lsgg. auf die Aktivierungsenergien, wie er zuerst von Hinshelwood u. Bowen (1921) angenommen wurde, reicht für die Erklärung der beobachteten Hemmung durch ClO_4^- nicht aus. P. Scharner. 225◇

Kinetische Untersuchung der Bildung von Kupferchromit durch Reaktion im festen Zustand. Henri Charcosset, Pierre Turlier und Yves Trambouze. (C. R. hebd. Séances Acad. Sci. **255,** 1924—26, 15/10. 1962; Lyon-Villeurbanne, C.N.R.S. Inst. de Rech. sur la Catalyse; franz.) — Vgl. C. **1963,** 60. — Stöchiometr. Mengen von *Cr_2O_3* u. *CuO* werden 1—24 Std. lang auf 410—635° erhitzt u. chem.-analyt. die umgesetzten Mengen CuO bestimmt. Die Isothermen zeigen einen autokatalyt. Einfl., der nicht auftritt, wenn dem Rk.-Gemisch 10% *$CuCr_2O_4$* zugesetzt werden. Da auch die Zers. von *$CuCrO_4$* autokatalyt. verläuft, kann die Rk.-Folge bei der $CuCr_2O_4$-Bldg. mit $CuO + Cr_2O_3 \rightarrow CuCr_2O_4$, $2\,CuO + Cr_2O_3 + {}^3/_2\,O_2 \rightleftharpoons 2\,CuCrO_4$, $2\,CuCrO_4 \rightarrow CuCr_2O_4 + CuO + {}^3/_2\,O_2$ beschrieben werden. Herbert Müller. 225◇

Strahlenchemie in technischer und wirtschaftlicher Sicht. 1. Mitt. Helmut Krauch. (Atomwirtschaft **5,** 265—68, Juni 1960; Heidelberg; dt.) — Übersicht über die bisherigen Anwendungsgebiete. Gerhard Schmidt. 226□

Strahlungsoxydation von Stickstoff. 5. Mitt. **Kinetik der Oxydation des Stickstoffs unter der Einwirkung von γ-Strahlung und die Rolle der Ionenrekombinationsprozesse.** M. T. Dmitrijew und Ss. Ja. Pscheshetzki. (J. physik. Chem. [UdSSR] **34,** 880—87, April 1960; Moskau, Phys.-Chem. Karpow-Inst.; russ., Auszug: engl.) — 4. vgl. C. **1961,** 6074; 6. vgl. C. **1963,** 8061. — Die durch γ-Strahlung von ^{60}Co ausgelöste Oxydation von N_2 wurde bei Drücken zwischen 1 Torr u. 150 atm untersucht. Die gebildete Menge an NO_2 ist der Dauer u. Intensität der Bestrahlung proportional, das Verhältnis N_2O/NO_2 wächst mit dem Druck. Bei Anstieg des Drucks von 1 Torr auf 1 atm fällt die Energieausbeute, nimmt darüber zu u. erreicht einen Wert von 5—6 Moll. NO_2/100 eV bei 150 atm. Bei 30—50 atm u. 150° entstehen 2,5—3,5 Moll. N_2O/100 eV. Bis zu 1 atm entspricht die Abhängigkeit der Rk.-Geschw. von der Zus. des Gases einer Rk. 2. Ordnung, was hauptsächlich durch die steigende Bedeutung der Rekombination von entgegengesetzt geladenen Ionen mit folgender Verlangsamung der Rk.-Geschw. bedingt wird. Dieses Ergebnis stimmt mit dem l. c. ermittelten Anteil der Bldg. von N_2^+-Ionen bei der Rk. überein. Quant. Beziehungen zwischen der Geschw.-Konst. der Rkk. u. dem Rekombinations-Koeff. der Ionen werden angegeben. H. Roschkowski. 226◇

Bildung eines Goldsols aus einer Chlorogoldsäure-Lösung durch γ-Strahlen. Hitoshi Fujita, Masami Izawa und Hideo Yamazaki. (Nature [London] **196,** 666—67, 17/11. 1962; Chiba City, Japan, Kurosuna, Nat. Inst. of Radiol. Sci.,

Chem. Div.; engl.) — Durch Bestrahlen einer Chlorogoldsäure-Lsg. (I) mit einer zur vollständigen Red. genügend hohen Dosis an γ-Strahlung (Dosisleistung ca. $7,8 \cdot 10^3$ r pro Min.) erhält man ein Goldsol. Die Goldteilchen sind negativ geladen; das Sol ist instabil. Wird die Bestrahlung unter Zusatz von Gelatine oder Polyvinylalkohol zu I durchgeführt, so erhält man ein sehr stabiles Goldsol. Der G-Wert wurde zu $G(-HAuCl_4) = 0,71$ bestimmt. B. Schmitt. 226◇

Einfluß des Zentralatoms und der Donatoren auf die photochemische Bildung von Metallcarbonyl-Derivaten. Walter Strohmeier, Dieter von Hobe, Gerhard Schönauer und Helmut Laporte. (Z. Naturforsch. **17b**, 502—04, Aug. 1962; Würzburg, Univ., Phys.-Chem. Inst.; dt.) — Vff. erörtern zusammenfassend den Mechanismus der photochem. CO-Abspaltung aus Metallcarbonylen oder deren Derivv. in Ggw. von Elektronendonatoren u. ermitteln die Geschw. der CO-Abspaltung bei Raum-Temp. unter vergleichbaren Bedingungen für die Syst. von $Cr(CO)_6$, $Mo(CO)_6$, $W(CO)_6$, $C_5H_5 \cdot Mn(CO)_3$ u. $CH_3C_5H_4Mn(CO)_3$ mit nachst. aufgeführten Donatoren. Die nach 5 Min. abgespaltenen CO-Mengen nehmen für $Cr(CO)_6$ u. $W(CO)_6$ in der Reihenfolge der Donatoren Pyridin > Tetrahydrofuran (THF) > Triäthylamin > Acetonitril > Cyclohexadien > Äthylacetat > Aceton > Tolan ab. Für $Mo(CO)_6$ verläuft nur für Acetonitril u. Tolan die Abspaltung schneller. Der Einfl. des Zentralatoms ist somit in der ersten Phase der photochem. Rk. von untergeordneter Bedeutung für die Geschw. der Abspaltung u. zeigt sich nur in graduellen Unterschieden. Für $C_5H_5Mn(CO)_3$ nimmt die Abspaltungs-Geschw. in der Reihe Cyclohexadien > Acetonitril > Triäthylamin > Aceton > Tolan, Pyridin > Äthylacetat > THF ab. Ähnlich liegen die Verhältnisse beim $CH_3C_5H_4Mn \cdot (CO)_3$. Daraus folgt, daß für einen bestimmten Typ von Metallcarbonylen die relative Abspaltungs-Geschw. als Funktion verschiedener Donatoren ungefähr gleich ist. Aus den Abspaltungskurven lassen sich wertvolle Rückschlüsse auf den Rk.-Mechanismus ziehen. Gerhard Schulze. 226◇

Begleitprozesse des Szilard-Chalmers-Effektes in Kristallen. 1. Mitt. Hexammin-kobalt(III)-nitrat. 2. Mitt. Thermisches Ausheilen der Kristalldefekte nach der Bestrahlung. T. Costea. (J. inorg. nuclear Chem. **19**, 27—37, Sept. 1961; Bucharest, Rumania, Inst. of Atom. Phys.; engl.) — 1. vgl. J. inorg. nuclear Chem. **17**, [1961], 20. — Mit therm. Neutronen bestrahlte Proben von $[Co(NH_3)_6](NO_3)_3$ wurden bis zu 600 Std. lang auf 140, 150, 160 bzw. 170° erhitzt u. die Abhängigkeit des Retentionsfaktors von der Erhitzungszeit untersucht. Bei ca. 300 Std. wird ein konst. Wert erreicht, der um so höher liegt, je höher die Erhitzungs-Temp. liegt. Der Anstieg entspricht einer Rk. 1. Ordnung. Die Kinetik des Vorganges wird durch Prozesse mit unterschiedlicher Aktivierungsenergie erklärt. Der vor dem Erhitzen gemessene Retentionsfaktor ist stark vom Neutronenfluß abhängig ($6,0 \cdot 10^{11}$ n/cm$^2 \cdot$s:74,5%; $1,2 \cdot 10^{11}$:61,1%; $8,8 \cdot 10^8$:24,5%). Das Maximum des Aktivierungsenergiespektrums liegt bei 0,78 eV. H. Schroeder. 226□

Katalytische Eigenschaften in der Komplexchemie. Mihály Beck. (Magyar Tudományos Akad., Kémiai Tudományok Osztályának Közleményei [Ung. Akad. Wiss., Ber. Abt. chem. Wiss.] **18**, 459—70, Aug. 1962; Szeged, Univ., Lehrstuhl für anorgan. u. analyt. Chem.; ung.) — Nach einer Übersicht der Koordinationskatalyse, der Katalyse bei Redoxvorgängen u. der heterogenen Katalyse wird gefolgert, daß kein eindeutiger Zusammenhang zwischen der Stabilität der Komplexe u. ihrer katalyt. Aktivität besteht. Eine Reihe von Beispielen wird erörtert. I. Náray-Szabó. 227△

Ein verbesserter Platinkatalysator zur Hydrierung eines Olefins. R. W. Bott, C. Eaborn, E. R. A. Peeling und Dennis E. Webster. (Proc. chem. Soc. [London] **1962**, 337, Okt.; Leicester, Univ., Dep. of Chem.; engl.) — Durch Red. von Hexachloroplatinsäure (**I**) (0,01 mMol in 1 ml 95%ig. wss. A.) mit Silanen (**II**) [0,1 mMol Tribenzylsilan (**III**) in 20 ml 95%ig. A. bei 70°] entstehen Pt-Katalysatoren, die bei der Hydrierung von Octen-(1) trotz Anwendung geringerer Menge an **I** wesentlich aktiver sind als der Adams-Katalysator (**IV**) u. die von Brown u. Brown (C. **1963, 1594**) durch Red. mit Na-Boranat dargestellten Katalysatoren. Trichlor- (**V**), Triäthyl-, Tri-n-butyl- u. Triphenylsilan reduzieren **I** mit unterschiedlicher Leichtigkeit; **V** red. nur bei Siede-Temp., die anderen Verbb. bereits bei Raum-Temp., die gebildeten Katalysatoren haben jedoch etwa die gleiche Aktivität wie der durch **III** reduzierte. Die aus **I** u. **II** gebildeten Katalysatoren sind bei der Hydrierung von Bzl. weit weniger akt. als **IV**; die Hydrierung von Bzl. an **IV** wird durch die Ggw. von **II** wesentlich verzögert. P. Scharner. 227◇

Untersuchung der katalytischen und elektrischen Eigenschaften des Kupfer(II)-oxids. István Batta, Frigyes Solymosi und Zoltán Szabó. (Magyar Kémiai Folyóirat [Ung. Chem. Z.] **68**, 401—08, Sept. 1962; Szeged, Univ., Lehrstuhl für anorgan. u. analyt. Chem.; ung.) — Vgl. C. **1962**, 6325. — Der Zerfall des N_2O wurde an reinen, bei verschiedenen Temp. vorbehandelten u. mit Ionen kleinerer u. größerer Valenz dotierten CuO-Katalysatoren untersucht. Außerdem wurde auch die hemmende Wrkg. des O_2 kinet. analysiert. Die Wärmebehandlung des CuO zwischen 550 u. 800° ergab einen Zuwachs der Aktivierungsenergie von ca. 14 kcal. Einbau von Ionen höherer Wertigkeit erhöht die Aktivierungsenergie stark, Ionen niedrigerer Wertigkeit setzen sie schwach herab. Nach den Leitfähigkeitsmessungen zeigte sich CuO, im Gegensatz zu früheren Beobachtungen, als ein Defektleiter. Die Kinetik der Zers. des N_2O kann auf Grund des Leitfähigkeitstyps des CuO gedeutet werden. I. Náray-Szabó. 227△

Einfluß der chemischen Eigenschaften des Trägers auf die Aktivität des Katalysators. Zoltán Szabó, Frigyes Solymosi und László Egri. (Magyar Tudományos Akad., Kémiai Tudományok Osztályának Közleményei [Ung. Akad. Wiss., Ber. Abt. chem. Wiss.] **18**, 447—58, Aug. 1962; ung.) — Vgl. vorst. Referat. — Die katalyt. Eigg. von auf TiO_2 (Elektronenleiter) bzw. Cr_2O_3 (Defektleiter) aufgetragenem Ni, wurden als Funktion der Fehlstellenstruktur der halbleitenden Träger studiert. Früher wurde schon nachgewiesen, daß die Aktivierungsenergie der Ameisensäurespaltung an Ni in Abhängigkeit von der elektr. Leitfähigkeit der Träger wächst oder abnimmt. Die elektron. Struktur der Träger spielt eine bes. wichtige Rolle u. man muß bei der Ausbildung von wirksamen Trägern die elektr. Eigg. der Katalysatoren u. Träger im Zusammenhang miteinander auswählen. I. Náray-Szabó. 227△

A_8. Präparative anorganische Chemie. Komplexverbindungen. Metallorganische Verbindungen

Eine einfache Darstellung von Xenontetrafluorid. J. H. Holloway und R. D. Peacock. (Proc. chem. Soc. [London] **1962**, 389—90; Birmingham, Univ., Chem. Dep.; engl.) — Vgl. Allen u. Horrocks, C. **1963**, 9600. — Kristallines XeF_4 (vgl. Claassen u. Mitarbeiter, C. **1963**, 8063) wird beim Eindiffundieren von 500 ml Xe-Gas innerhalb 24 Std. in strömendes F_2 (6 Liter/h) in einem auf Dunkelrotglut erhitzten, mit Ni-Blechstücken gefüllten Ni-Rohr von 4 ft. Länge u. 0,5 in. innerem ∅ in 30—50%ig. Ausbeute erhalten u. bei —72° auskondensiert. Es ist bei 100—140° im N_2-Strom unzersetzt sublimierbar, greift Glas bei 20° nicht an u. reagiert mit wss. KJ-Lsg. quant. nach $XeF_4 + 4\,J^- \rightarrow Xe + 2\,J_2 + 4\,F^-$. A. Blaschette. 235◇

Radonfluorid. Paul R. Fields, Lawrence Stein und Moshe H. Zirin. (J. Amer. chem. Soc. **84**, 4164—65, 5/11. 1962; Argonne, Ill., Argonne Nat. Labor., Chem. Div.; engl.) — Vgl. Chernick u. Mitarbeiter, C. **1963**, 8063. — Ausführliche Beschreibung des l. c. mitgeteilten Nachw. eines schwerflüchtigen Rn-Fluorids. A. Blaschette. 236◇

Über das System Bor–Schwefel. Paul Hagenmuller und François Chopin. (C. R. hebd. Séances Acad. Sci. **255**, 2259—60, 29/10. 1962; Bordeaux, Fac. des Sci., Serv. de Chim. min.; franz.) — B_2S_3 u. B_2S_5 geben charakterist. Röntgenbeugungsdiagramme, sind an der Luft hydrolyseempfindlich u. sublimieren ohne Zersetzung. B_2S_5 wurde hergestellt durch längeres Einwirken von S (Überschuß) auf amorphes B im Bombenrohr bei 590° (Mol-Verhältnis 3 : 2). Das Rk.-Prod. ist ein bleichgelbes Pulver; an der Luft erfolgt sofort Hydrolyse nach $B_2S_5 + 6\,H_2O \rightarrow 2\,H_3BO_3 + 2\,S + 3\,H_2S$; bei 200° Sublimation. BS_2H entsteht beim Überleiten von H_2S (mit H_2 verd.) über B zwischen 600 u. 900° als weißer, krist., nadelförmiger Nd. an den kälteren Teilen der Apparatur; ab 100° Zers. nach $2\,BS_2H \rightarrow B_2S_3 + H_2S$. B_2S_3 ist ein weißes Pulver, welches bei 250° flüchtig ist u. bei 600° schmilzt; im Sublimat konnten weder BS noch B_4S nachgewiesen werden. Chem. u. röntgenograph. Unterss. deuten darauf hin, daß keine Dissoziation erfolgt. G. Hédo. 258◇

Beobachtungen über die Verteilung der Hydrolyseprodukte der Carbide einiger innerer Übergangsmetalle. C. P. Kempter. (Inorg. Chem. [Washington] **1**, 975, Nov. 1962; Los Alamos, N.Mex., Univ. of California, Los Alamos Sci. Labor.; engl.) — Bei der Hydrolyse von LaC_2, CeC_2, ThC_2 u. UC_2 bei 25° entstehen Alkane (25,07; 20,56; 49,8 u. 68,9 Mol-% der kettenförmigen KW-Stoffe), Alkene (11,30; 10,00; 19,5 u. 28.3 Mol-%), Alkine (61,5; 67,3; 27,8 u. 2,8 Mol-%) mit geradzahligen (97,6; 97,8; 92,9 u. 93,6 Mol-%) u. ungeradzahligen Kohlenstoffketten (0,3; 0,1; 4,3 u. 6,4 Mol-%) neben nichtidentifizierbaren Anteilen (2,2; 2,1; 2,8; 0 Mol-%). Hierbei werden die Anteile an H_2 u. CH_4 (27,2 bzw. 2,35 Mol-% vom Gesamt-Prod. bei ThC_2 u. 14,1 bzw. 17,3 Mol-% bei UC_2) nicht berücksichtigt. P. Sartori. 260◇

Die Reaktion zwischen Phosphortrifluoridboran und Ammoniak. Die Darstellung von Phosphortriamidboran $(NH_2)_3PBH_3$. G. Kodama und R. W. Parry. (J. inorg.

nuclear Chem. **17**, 125—29, April 1961; Univ. of Michigan, Dep. of Chem.; engl.) — NH_3 reagiert mit F_3PBH_3 in Ae. bei —110 bis 25° unter Bldg. von NH_4F u. krist. ätherlösl. *$(NH_2)_3PBH_3$*. Vff. weisen nach, daß die Rk. unter direkter Ammonolyse der F—P-Bindungen abläuft, ohne daß zunächst ein Lösen der P—B-Bindung erfolgt. Analog reagiert NH_3 mit F_3PO unter Bldg. von NH_4F u. ätherunlösl., weißem, festem *$(NH_2)_3PO$*.

Versuche: *$(NH_2)_3PBH_3$*, lösl. in Ae. u. Chlf., aus F_3PBH_3 u. NH_3 in Ae. in 2 Std. bei —111°, 2 Std. bei —78°, 5—6 Std. bei —35° u. 2—7 Tagen bei 25°, Extraktion des Gemisches von NH_4F u. $(NH_2)_3PBH_3$ mit Ae. oder fl. NH_3. Ausführen der Rk. in überschüssigem fl. NH_3 ergibt Ausbeuten bis zu 92%, aber geringere Reinheit. — *$(NH_2)_3PO$*, aus 1,546 mMol F_3PO u. 18,51 mMol NH_3 in 10 ml Ae. im Bombenrohr nach 3 Tagen bei Raum-Temp., Extraktion der festen Rk.-Prodd. mit fl. NH_3; 79% (bezogen auf F_3PO). P. Sartori. 264◇

Olefin- und Acetylenkomplexe der Übergangsmetalle. Martin A. Bennett. (Chem. Reviews **62**, 611—52, Dez. 1962; Los Angeles, Calif., Univ. of Southern California, Dep. of Chem.; engl.) — Ausführliche Übersicht über Komplexe von *Ag, Cu, Hg, Rh, Ru, Re, Fe, Cr, Mo, W, Co, Ni, Mn* u. *V* mit Olefin- u. Alkin-Liganden. — 250 Literaturangaben. A. Blaschette. 270◇

Über die Fällung von Beryllium mit Lauge in Gegenwart von Fluoridionen. I. W. Tanajew und Je. P. Schtscheglowa. (J. anorg. Chem. [UdSSR] **6**, 1219—22, Mai 1961; russ.) — Die Fällungsbedingungen für Be^{2+} aus F^--Lsgg. wurden bei wechselnden molaren Verhältnissen n = $NaOH/Be^{2+}$ untersucht (vgl. C. **1960**, 932). Lsgg. von $Be(NO_3)_2$ + 2 NaF wurden verwendet. Aus den Analysenergebnissen wurde geschlossen, daß bei n < 0,2 lösl. $Be(OH)_xF_{2-x}$, bei n = 0,2—1,8 unlösl. *$Be(OH)_2 \cdot BeF_2$* u. bei höheren n *$Be(OH)_2$* u. schließlich Beryllat gebildet werden. Die im Vgl. zu $BeSO_4$ unterschiedlichen Ergebnisse im Bereich n = < 0,2—1,8 sind durch die geringe Dissoziation von BeF_2 bedingt. Zur quant. Fällung von Be^{2+} aus F^--haltigen Lsgg. ist ein OH^--Überschuß notwendig, z. B. bei F^-/Be^{2+} = 5—10 (Be^{2+} 0,01—0,02 Mol/Liter) 0,02 Mol/Liter NaOH-Überschuß; bei noch höherem F^--Überschuß werden erniedrigte Be-Werte erhalten, was z. T. durch Verdünnen der Lsg. verhindert werden kann. G. Winkhaus. 281□

Kristallographische und chemische Beziehungen zwischen Tetracalciumhydrogenphosphat und Hydroxylapatit. Walter E. Brown, James P. Smith, James R. Lehr und A. William Frazier. (Nature [London] **196**, 1050—55, 15/12. 1962; Wilson Dam, Ala., Tennessee Valley Authority, Div. of Chem. Dev.; engl.) — Vff. erklären durch die Struktur des *$Ca_4H(PO_4)_3 \cdot 2,5\, H_2O$* (I) (vgl. Brown, C. **1963**, 9604) das Auftreten apatitartiger Röntgendiagramme bei Prodd., bei denen das Verhältnis Ca : P kleiner ist als im Hydroxylapatit (II). Sie deuten sie als intrakristalline Mischungen von Schichten aus I u. II. Die Schichten sind entweder in direkter Folge epitakt. aufgewachsen, sofern die Zus. der fl. Phase bei Fällung durch tropfenweise Neutralisation alternierte, oder es bestehen nur wenige Schichten, die durch Hydrolyse aus I in wss. heißer Lsg. hervorgegangen sind. Die Brechungsindices von I bei 25° sind N_α 1,576, N_β 1,583, N_γ 1,585; D. 2,61 g/cm³. Vff. untersuchen Bldg. u. Hydrolyse von I u. den Einfl. verschiedener Lsg.-Partner. Veränderungen der Kristalle von I in Ggw. von F^- in wss. Lsg. werden angegeben, u. der Einfl. der Entwässerung auf die Kristallstruktur wird beschrieben. Ein zu kleines Ca : P-Verhältnis im Apatit wird mit dem schwierigen Nachw. von I u. *$CaHPO_4$* neben Apatit auf dem Debye-Scherrer-Diagramm erklärt; das IR-Spektrum wird mit dem Auftreten von I gedeutet. R. Uttech. 283◇

Binäre Systeme mit Wasser als zweiter Komponente. 1. Mitt. **Das System Calciumcyclamat(cyclohexylsulfaminat)-Wasser.** P. M. A. Broers und W. J. Van Oeveren. (Receuil Trav. chim. Pays-Bas **81**, 871—80, Sept./Okt. 1962; Delft, Techn. Univ., Labor. for Gen. and Inorg. Chem.; engl.) — Ein großer Teil des Phasendiagramms des Syst. Calciumcyclamat—W. wurde bestimmt u. folgende Verbb. wurden gefunden: *Calciumcyclamat·n H_2O* (n = 5, 2 u. ²/₃). Das Dihydrat existiert in 2 Modifikationen, α- u. β-, die bei 79,6 ± 0,2° ineinander übergehen. Bei 58,2 ± 0,2° existiert ein Quadrupelpunkt. G. Heller. 283◇

Über die Bildung basischer Aluminiumchloride und -bromide bei einer Temperatur von 25°. Léone Walter Lévy und Hélène Breuil. (C. R. hebd. Séances Acad. Sci. **255**, 1744—46, 8/10. 1962; franz.) — Durch langsame Kristallisation bei 25° aus neutralen, mit Al_2O_3 gesätt. Halogenid-Lsgg. werden die Verbb. *$5\, AlCl_3 \cdot 8\, Al(OH)_3 \cdot 37,5\, H_2O$* u. *$5\, AlBr_3 \cdot 8\, Al(OH_3) \cdot 37,5\, H_2O$* erhalten, aus weniger konz. Lsgg. die Verbb. *$2\, AlCl_3 \cdot 7\, Al(OH)_3 \cdot 18\, H_2O$* u. *$AlCl_3 \cdot 5\, Al(OH)_3 \cdot 9\, H_2O$*. Für die vier Verbb. werden die Netzebenenabstände u. geschätzten Intensitäten angegeben. I. Zoll. 294◇

Ausbildung einer amorphen Metaphase bei der Reaktion von Kaolinit mit Aluminiumfluorid und ihre Bedeutung auf die Mullitbildung. Béla Löcsei. (Veszprémi Vegyipari Egyetem Közleményei [Mitt. Univ. chem. Ind. Veszprém] **6**, 129—55, Okt. 1962; Lehrstuhl für Silicatchem.; ung.) — Die Rk. des Kaolinits mit AlF_3 führt zwischen 300—600° zu einer bisher unbekannten, amorphen Phase: $Al_2Si_2O_5(OH)_4 + 4\,AlF_3 \rightarrow Al_2Si_2O_5(OAlF_2)_4 + 4\,HF$, aus welcher sich bei niedriger Temp. Mullit bildet. Die Mullit-Bldg. beginnt bei einer Anheizungs-Geschw. von 40°/Min. bei ca. 800°. Nach unvollständigem Verlauf der Rk. entstehen Topas u. Mullit, die Umwandlung von Topas geschieht erst oberhalb 1000°. Die als Supermetakaolinit definierbare neue Phase ist ein neuer Beweis für die Metakaolinitstruktur. Bei dieser Rk. wird die Aktivierungsenergie der Mullit-Bldg. wahrscheinlich infolge des Einbaus der AlF_2^+-Gruppen u. Herausdiffundieren des SiO_2 verringert. J. Plank. 294△

Darstellung wasserfreier Lanthanidhalogenide. Moddie D. Taylor. (Chem. Reviews **62**, 503—11, Dez. 1962; Washington, D.C., Howard Univ., Dep. of Chem.; engl.) — Ausführliche Übersicht unter besonderer Berücksichtigung der Entwässerung von Halogenidhydraten u. der Umwandlung von Lanthanidoxiden in Fluoride, Chloride, Bromide u. Jodide. — 112 Literaturangaben. A. Blaschette. 303◇

Über Silanol- und Germanolester anorganischer Sauerstoffverbindungen. 10. Mitt. Salpetersäure- und Phosphorsäureester des Trimethylgermanols. Max Schmidt und Ingeborg Ruidisch. (Chem. Ber. **95**, 1434—37, herausgeg. 15/6. 1962; München, Univ., Inst. für Anorg. Chem.; dt.) — 9. vgl. C. **1962**, 15881. — Chlortrimethylgerman (I) reagiert bei Raum-Temp. mit einer Suspension von trockenem $AgNO_3$ in wasserfreiem Tetrahydrofuran in mehreren Std. zu *Trimethylgermanylnitrat* (II), $(CH_3)_3GeONO_2$, einer bei Normalbedingungen farblosen, leichtbeweglichen Fl.; F. 5°; Kp.$_{11}$ 62°; n_D^{18} 1,4436; Ausbeute 35—40%. **II** ist unter Feuchtigkeitsausschluß lange unverändert haltbar u. in oxydationsunempfindlichen, protoneninakt. organ. Lsgm. sehr gut lösl.; mit protonenakt. Substanzen erfolgt augenblickliche Zers., mit H_2O quant. Hydrolyse zu Trimethylgermanol u. HNO_3. Die Darst. von *Tris-[trimethylgermanyl]-phosphat* (III), $[(CH_3)_3GeO]_3PO$, gelingt durch Umsetzung von I mit abs. trockenem Ag_3PO_4 in inerten organ. Lsg. (z. B. Bzl. oder Cyclohexan) bei Verw. stöchiometr. Mengen u. anschließende Vakuum-Dest. nach dem Filtrieren, wobei als Dest.-Rückstand geringe Mengen einer viscosen, polymeren Substanz anfallen, deren P-Geh. zwischen den für **III** u. $[(CH_3)_3\cdot GeOPO_2]_x$ berechneten Werten liegt; Ausbeute 80%. **III** entsteht weiterhin bei Rk. von Hexamethyldigermoxan mit P_4O_{10} in 62%ig. Ausbeute (als Nebenprod. polymeres Germanylphosphat), nicht jedoch durch Umesterung von I mit 100%ig. H_3PO_4. **III** bildet unter Normalbedingungen farblose Nadeln vom F. 37°, die sich in allen protoneninakt. Lsgm. leicht u. ohne Zers. lösen; mit H_2O augenblickliche Hydrolyse zu Trimethylgermanol u. H_3PO_4. Bei der Dest. (102—103°/1 Torr) zersetzen sich höchstens 10% der Gesamtmenge, wobei unter intermol. Hexamethyldigermoxanabspaltung polymere Germanylpolyphosphate entstehen. U. Skurnia. 326◇

Dichlor- und Siloxygermaniumphthalocyanine. R. D. Joyner, R. G. Linck, J. N. Esposito und M. E. Kenney. (J. inorg. nuclear Chem. **24**, 299—302, März 1962; Cleveland, Ohio, Case Inst. of Technol., Dep. of Chem.; engl.) — Vgl. C. **1961**, 6794. — Vff. beschreiben 2 neue Darst.-Meth. für *Dichlorophthalocyaninatogermanium* (I), die Rk. der analogen Dihydroxy-Verb. mit Diphenylsilandiol zu *Bis-[diphenylhydroxysiloxy]-germaniumphthalocyaninat* (II) sowie die weitere Umsetzung von **II** mit $C_6H_5CH_2OH$ zu *Bis-[diphenylbenzyloxysiloxy]-germaniumphthalocyaninat* (III). Diskussion der IR-Spektren.

Versuche: **I**, a) 2,5 g aus 10 g o-Cyanobenzamid u. 2,4 ml $GeCl_4$ in 100 ml 1-Chlornaphthalin in 6$^1/_2$ Std. durch langsames Erhitzen zum Rückfluß; b) 2,7 g aus 2,6 g Phthalocyanin, 0,6 ml $GeCl_4$ u. 30 ml Chinolin durch 2std. Rückflußerhitzen. — **II**-*2-Dioxan*, $C_{56}H_{38}GeN_8O_4Si_2\cdot 2\,C_4H_8O_2$, 1,4 g grünblaue bis rötliche Kristalle (aus Dioxan) aus 30 g Dihydroxygermaniumphthalocyaninat, 30 g $(C_6H_5)_2Si(OH)_2$ u. 400 ml Bzl. durch 3$^1/_2$std. Rückflußerhitzen. Erhitzen auf 80° über 6 Std. im Vakuum → **II**. Erhitzen auf 385° unter Vakuum führt unter Gas-Entw. vermutlich zu einem Polygermanosiloxan. — **III**, $C_{70}H_{50}GeN_8O_4Si_2$, grünblau, krist., 280 mg aus 0,5 g **II** u. 25 ml $C_6H_5CH_2OH$ durch Erhitzen unter Rückfluß. U. Wannagat. 326◇

Aminostannane, Stannylamine und Stannazane. K. Jones und M. F. Lappert. (Proc. chem. Soc. [London] **1962**, 358—59, Nov.; Manchester, Univ., Dep. of Chem., Fac. of Technol.; engl.) — Vff. stellen Sn-N-Derivv. nach vier verschiedenen Meth. in mehr als 60%ig. Ausbeute her: 1. $R_{4-n}SnCl_n + n\,LiNR'R''$: *Sn[N(CH$_3$)$_2$]$_4$*, Kp.$_{0,15}$ 51°; *n-C$_4$H$_9$Sn[N(CH$_3$)$_2$]$_3$*, Kp.$_{0,1}$ 67°; *(CH$_3$)$_2$Sn[N(CH$_3$)$_2$]$_2$* (I), Kp.$_{760}$ 138°; *(CH$_3$)$_2$Sn[N(iso-C$_3$H$_7$)$_2$]$_2$*, Kp.$_{0,05}$ 66°; *(n-C$_4$H$_9$)$_2$Sn[N(CH$_3$)$_2$]$_2$*, Kp.$_{0,05}$ 72°; *(C$_6$H$_5$)$_2$Sn[N(CH$_3$)$_2$]$_2$*, Kp.$_{0,2}$

128°; $(CH_3)_3SnN(CH_3)_2$ (II), $Kp._{760}$ 126°; $(CH_3)_3SnN(iso\text{-}C_3H_7)_2$, $Kp._8$ 63°; $(CH_3)_3Sn\text{-}N(n\text{-}C_4H_9)_2$, $Kp._{2,5}$ 74°; $(CH_3)_3SnN(C_6H_5)_2$, $Kp._{0,1}$ 128°; $(CH_3)_3SnN(CH_3)C_6H_5$, $Kp._{0,1}$ 82°; $(CH_3)_3SnNHC_6H_5$, $Kp._{0,05}$ 77°; $(C_2H_5)_3SnN(CH_3)_2$, $Kp._9$ 76°; $(n\text{-}C_4H_9)_3SnN(CH_3)_2$, $Kp._{0,1}$ 86°; $(C_6H_5)_3SnN(CH_3)_2$, $Kp._{0,1}$ 166°; 2. II + RNH_2: $[(CH_3)_3Sn]_2NCH_3$, $Kp._3$ 64°; $[(CH_3)_3Sn]_2NC_2H_5$, $Kp._{15}$ 93°; 3. II + NH_3: $[(CH_3)_3Sn]_3N$, $Kp._{0,2}$ 70°; 4. I + $C_2H_5NH_2$: $(CH_3)_2Sn < [NC_2H_5Sn(CH_3)_2] > NC_2H_5$, $Kp._{0,05}$ 104°. Die Sn-N-Derivv. reagieren mit Mehrfachbindungen enthaltenden Moll. (A=B) stets zum Verb.-Typ $\rangle$Sn—A—B—N<, wobei B der elektronegativere Partner ist. Mit unsubstituierten Olefinen werden keine Rkk. beobachtet. Aus II u. CO_2 bzw. CS_2 entstehen $(CH_3)_3SnOCON(CH_3)_2$, F. 156° bzw. $(CH_3)_3SnSCSN(CH_3)_2$, F. 63°, aus II u. C_6H_5NCO $(CH_3)_3SnN(C_6H_5)CON(CH_3)_2$, $Kp._{0,5}$ 103°. H. Kuckertz. 327◇

Die Darstellung aktiver Festkörper durch thermische Zersetzung. 14. Mitt. Die Calcinierung von Bleidioxid im Vakuum. S. J. Gregg und R. F. S. Tyson. (J. chem. Soc. [London] **1962**, 3255—57, Aug.; Exeter, Washington Singer Labor.; engl.) — 13. vgl. C. **1962**, 3027. — Bei der therm. Zers. von PbO_2 nimmt die spezif. Oberfläche (gemessen durch die Kr-Adsorption bei —195°) des Materials ab ca. 350° schnell ab. Dieses Verh. erklärt sich aus der niedrigen Lage der Tammann-Temp. von PbO_2, Pb_3O_4 u. anderer Zwischenverbb. u. PbO u. der dadurch bedingten Sinterung >350°. — Es ist nicht möglich, rotes oder gelbes PbO von großer spezif. Oberfläche durch therm. Zers. von PbO_2 im Vakuum herzustellen. W. Betcke. 328□

Gaschromatographische Auftrennung von [Hexafluoracetylacetonato]-chrom(III). Robert E. Sievers, Ross W. Moshier und Melvin L. Morris. (Inorg. Chem. [Washington] **1**, 966—67, Nov. 1962; Whrigt-Patterson Air Force Base, Ohio, Aerospace Med. Res. Labor.; Aeronaut. Res. Labor., Chem. Res. Labor.; engl.) — Das aus 1.1.1.5.5.5-Hexafluor-2.4-pentandion u. $Cr(NO_3)_3 \cdot 9\ H_2O$ in abs. A. darstellbare, äußerst beständige, aus Königswasser mit Wasserdampf destillierbare, in den meisten organ. Lsgm. lösl. *dl-Tris-[1.1.1.5.5.5-hexafluor-2.4-pentandionato]-chrom(III)* (bei 0,05 Torr bei Zimmer-Temp. sublimierende grüne Kristalle) kann an einer Säule von gepulvertem (80—120 mesh) Rechtsquarz teilweise in seine opt. Isomeren getrennt werden (gesätt. CCl_4-Lsg., 80 ml/min He, 55°, Elutionszeit 25 Min. mit starker Schwanz-Bldg. bis zu einigen Std.). Hierbei lassen sich Fraktionen mit Werten der spezif. Rotation von +80 bis +260° gewinnen. P. Sartori. 335◇

Substitutionsreaktionen an Dibenzolchrom und verwandten Verbindungen. 2. Mitt. Metallierung von Dibenzolchrom(0). Ernst Otto Fischer und Henri Brunner. (Chem. Ber. **95**, 1999—2004, herausgeg. 17/8. 1962; München, Univ., Inst. für Anorg. Chem.; dt.) — 1. vgl. C. **1961, 16402**. — In sd. n-Hexan läßt sich $Cr(C_6H_6)_2$ mit Amyl-Na nach $CrC_{12}H_{12} + xNaC_5H_{11} \rightarrow CrC_{12}H_{12-x}Na_x + xC_5H_{12}$ metallieren. Dabei wurden neben der Monometallierung gleichzeitig Mehrfachmetallierungen an verschiedenen Positionen des Mol. beobachtet. Das Metallierungsgemisch wurde anschließend mit CH_3J methyliert, die erhaltenen Derivv. oxydativ zersetzt u. gaschromatograph. untersucht. Es zeigte sich, daß das komplex gebundene C_6H_6 in der Metallierungs-Rk. dem freien C_6H_6 gleicht. Bei der präparativen Anwendung der Rk. erhielten Vff. durch Carboxylierung u. Veresterung mit $(CH_3)_2SO_4$ rotes *Benzoesäuremethylesterbenzolchrom(0)* u. ein Isomerengemisch der verschiedenen Dibenzoldicarbonsäuredimethylesterchrom(0)-Verbindungen. Bei der Rk. von Benzaldehyd mit dem Metallierungsgemisch konnte rotes *Benzophenonbenzolchrom(0)* (I) neben einigen strukturell noch nicht gesicherten Polybenzoyl-Verbb. des $Cr(C_6H_6)_2$ isoliert werden. Es zeigte sich, daß die sek. alkohol. Gruppe des zu erwartenden Benzhydrolbenzolchrom(0) sehr leicht zur Ketogruppe dehydriert wird. Die Estergruppe am $Cr(C_6H_6)_2$-Gerüst läßt sich im Cr^+-Zustand außerordentlich leicht verseifen. Die Benzoyl- u. Ester-Derivv. sind gegen Oxydationsmittel wesentlich stabiler als $Cr(C_6H_6)_2$, aber empfindlicher gegen höhere Temp. u. gegen Licht. Bei der Oxydation einer mit W. unterschichteten benzol. Lsg. von I entstehen rote wss. Lsgg., die das Benzophenonbenzolchrom(I)-Kation enthalten u. an der Luft ziemlich lange haltbar sind. Es läßt sich als Tetraphenylborat, Reineckat u. Hexafluorophosphat ausfällen.

Versuche: Metallierung von $Cr(C_6H_6)_2$, durch Zugabe von ca. 150 ml n-Hexan zu 2 g pulverisiertem $Cr(C_6H_6)_2$ u. 2,4 g feinstverteiltem Na unter N_2, Zutropfen von 4,7 ml n-Amylchlorid in 20 ml n-Hexan bei 0° unter Rühren u. 1std. Sieden bei 70° unter Rückfluß. — *Benzoesäuremethylesterbenzolchrom(0)*, $C_{14}H_{14}CrO_2$, F. 82—83°, durch Einleiten von trockenem CO_2 in das abgekühlte Metallierungsgemisch, Zerstören des noch vorhandenen Na durch 6 ml CH_3OH, Eintropfen von 19 ml $(CH_3)_2SO_4$ in 50 ml Bzl. in 10 Min., 20 Min. langes Sieden unter Rückfluß, Filtrieren, mehrmaliges Waschen mit je 30 ml Bzl. u. dann mit je 30 ml CH_3OH, 10std. Durchleiten eines schwachen Luftstroms durch die Filtrate, Zusatz von W., bis Phasentrennung erfolgt, Waschen der roten unteren Schicht mit Bzl., Überschichten mit ca. 100 ml Bzl., Versetzen mit 17,5 g techn. $Na_2S_2O_4$ unter N_2, Zugabe von KOH bis zur schwach alkal. Rk. nach der Red., Zufügen einer der verwendeten CH_3OH-Menge entsprechende Menge W., 10 Min. langes Rühren, Einengen der roten oberen Phase auf wenige ml, Chromatographieren an neutralem Al_2O_3 (zuvor 1 Std. lang bei 150° im Hochvakuum ausgeheizt, mit N_2 gesätt. u. mit 10% seiner Gew.-Menge N_2-gesätt. W. desaktiviert), Entwickeln mit Bzl., Abziehen des Lsgm. u. Umkristallisieren aus Hexan oder Sublimieren im Hochvakuum bei 75—80°; luftempfindliche, rotbraune, diamagnet. Nadeln; ca. 4% (Ausbeute). — *Benzophenonbenzolchrom(0)* (I), $C_{19}H_{16}CrO$, F. 96,5—98°, durch Zugabe von 8,5 ml Benzaldehyd zu dem abgekühlten Metallierungsgemisch in 5—10 Min., Hydrolysieren mit 10 ml W. nach ½std. Rühren, Lösen in ca. 200 ml CH_3OH, Eingießen in ca. 400 ml Bzl./W. (1:1), Einleiten von Luft, Filtrieren nach 10 Std., Auswaschen der roten wss. Phase mit Bzl., Überschichten mit ca. 100 ml Bzl., Reduzieren mit 17,5 g techn. $Na_2S_2O_4$ unter N_2, Einengen der organ. Schicht, Chromatographieren an N_2-gesätt. Al_2O_3 (mit 5% W. desaktiviert), Eluieren mit Bzl., Abziehen des Lsgm., Impfen des anfallenden Öls u. Sublimieren im Hochvakuum bei 110—120°; rote, diamagnet. Kristalle; ca. 8%. Gerhard Schulze. 335◇

Untersuchungen über die Wolframate des Strontiums. 1. Mitt. Konduktometrische Untersuchungen und der Einfluß des Alterns. G. C. Shivahare. (J. sci. ind. Res. [New Delhi], Sect. B **21**, 340—42, Juli 1962; Jaipur, Maharaja's Coll.; engl.) — Durch konduktometr. Titrationen eines $SrCl_2$ u. Na_2WO_4 enthaltenden Lsg.-Gemisches gegen HNO_3 konnten 5 verschiedene Sr-Wolframate mit den ($SrO:WO_3$)-Verhältnissen 1:1, 1:2, 3:7 u. 1:3 (als $SrO \cdot 3\ WO_3$ u. 7 [$SrO \cdot 3\ WO_3$]) nachgewiesen werden. Widerspruchsvolle Beobachtungen aus früheren Veröffentlichungen lassen sich auf Alterungseffekte (z. B. die Umwandlung von Tri- in Tetrawolframat) zurückführen. W. Betcke. 337□

Zum binären System $BaO–WO_3$. G. Purt. (Z. physik. Chem. [Frankfurt/M.] [N. F.] **35**, 133—38, Nov. 1962; Männedorf, Schweiz, Cerberus AG, Labor.; dt.) — Vf. untersuchte das bin. Syst. $BaO–WO_3$ mit Hilfe von F.-Best. u. Röntgenaufnahmen nach Arbeits-Verff., wie sie bereits früher ausführlich beschrieben wurden (vgl. Radex-Rundschau **4**, [1960], 198). Im Syst. treten zwei kongruent schm. Verbb. auf: *3 BaO · WO_3* (I; F. 1770°) u. *BaO · WO_3* (II; 1490°). Eutektika liegen bei ca. 8 Mol-% WO_3 (F. ca. 1590°), 41,5 (1320°) u. 75 (938°). I krist. pseudokub.-flächenzentriert mit a = 8,605 Å u. gehört dem J 2_1-Strukturtyp an; II besitzt tetragonale Symmetrie (Raumgruppe: C_{4h}^6; Strukturtyp: HO_4) mit den Gitterdimensionen a = 5,600 u. c = 12,639 Å. Die von Scholder u. Brixner (C. **1956**, 2967) beschriebene Verb. 2 $BaO \cdot WO_3$ tritt im Zustandsdiagramm nicht auf; ihre Existenz konnte nicht bestätigt werden.
G. Gattow. 337◇

Die Darstellung, Eigenschaften und Struktur von 12-Wolframatokupfer(II)-säure. D. H. Brown und J. A. Mair. (J. chem. Soc. [London] **1962**, 3946—48, Okt.; Glasgow, Univ.; Royal Coll. of Sci. and Technol., Chem. Dep.; engl.) — Vgl. C. **1963**, 2364. — Durch Vermischen der wss. Lsgg. von Na-Parawolframat u. $Cu(NO_3)_2$ u. 4—6std. Rk. bei 60—70°, Extraktion der vom ausgefallenen Cu(II)-Parawolframat abfiltrierten Mutterlauge mit Ae. nach Zugabe von 12n H_2SO_4 läßt sich die *12-Wolframatokupfer(II)-säure* (I; $CuO \cdot 12\ WO_3 \cdot 30\ H_2O$) mit Cu(II) als Zentralatom in gelben Oktaedern über die Ae.-Additions-Verb. isolieren. I ist in W. sehr leicht lösl., die wss. Lsgg. sind gegen starke Säuren beständig. Bei der therm. Analyse lassen sich 3 Bereiche des Gew.-Verlustes unterscheiden, nämlich bei ca. 120° 22 H_2O, bei ca. 200° 5 H_2O u. bei ca. 250° die restlichen 3 H_2O; die Aktivierungsenergien sind 7,21 bzw. 48 kcal/Mol. Das zentrale Cu-Atom in I ist tetraedr. an 4 O-Atome gebunden. Durch H_2S wird I nur sehr langsam zersetzt, durch J^- wird es nicht reduziert. Die durch Sättigen der wss. Lsg. von I mit den entsprechenden Chloriden darstellbaren *K-* ($3\ K_2O \cdot CuO \cdot 12\ WO_3 \cdot 18\ H_2O$), *Ammonium-* [$3\ (NH_4)_2O \cdot CuO \cdot 12\ WO_3 \cdot 19\ H_2O$], *Guanidinium-* [$3\ (CH_6N_3)_2O \cdot CuO \cdot 12\ WO_3 \cdot 5\ H_2O$] u. *Ba*-Salze ($3\ BaO \cdot CuO \cdot 12\ WO_3 \cdot 20\ H_2O$) sind 6bas. u. mit den entsprechenden 12-Wolframatoferraten u. 12-Wolframatozincaten isomorph. Cäsium-12-wolframatocuprat(II) besitzt eine kub. Elementarzelle mit a = 11,85 Å. Das Spektrum von I in W. zeigt einen breiten Peak bei 7000 cm^{-1}. P. Scharner. 337◇

Aminderivate von Wolfram(VI)-oxidtetrachlorid. 1. Mitt. Sarju Prasad und K. S. R. Krishnaiah. (J. Indian chem. Soc. **38**, 352—54, Juni 1961; Varanasi, Banaras Hindu Univ., Chem. Labor.; engl.) — Durch Rk. von prim. Mono- (I) oder Diaminen (II) mit $WOCl_4$ (III) entstehen in Bzl., Ae. u. CS_2 unlösl., in A. u. Aceton wenig lösl. Verbb. mit 4 Moll. I bzw. 2 Moll. II pro Mol. III, die in trockener Atmosphäre relativ stabil sind, aber durch Feuchtigkeit langsam zersetzt werden, wobei die aus II dargestellten Verbb. relativ stabiler sind. Beim Erhitzen zersetzen sich die Verbb. vor dem Schmelzen u. ergeben ein chlorid- u. aminhaltiges Sublimat. Durch Erhitzen mit Natronkalk wird das Amin wieder abgetrennt.

Versuche: Folgende Derivv. wurden durch langsame Zugabe des in Bzl. gelösten Amins zu einer Lsg. von III u. Schütteln dargestellt: $[WO(C_6H_5NH_2)_4]Cl_4$, aus Anilin; gelblichgrün. — $[WO(CH_3C_6H_4NH_2)_4]Cl_4$, aus o-Toluidin, braun; aus m-Toluidin; hellbraun, aus p-Toluidin, hellbraun. — $[WO(CH_3OC_6H_4NH_2)_4]Cl_4$, aus o-Anisidin, schokoladenbraun; aus m-Anisidin, aschfarben; aus p-Anisidin, hellviolett. — $[WO(C_2H_5O \cdot C_6H_4NH_2)_4]Cl_4$, aus o-Phenetidin, aschfarben; aus m-Phenetidin, aschfarben; aus p-Phenetidin, gelb. — $[WO(C_{10}H_7NH_2)_4]Cl_4$, aus α-Naphthylamin, violett; aus β-Naphthylamin, aschfarben. — $[WO(H_2NC_6H_4C_6H_4NH_2)_2]Cl_4$, aus Benzidin, aschfarben. — $[WO(CH_3 \cdot NH_2 \cdot C_6H_3C_6H_3 \cdot NH_2 \cdot CH_3)_2]Cl_4$, aus o-Tolidin, hellbraun. — $[WO(CH_3O \cdot NH_2 \cdot C_6H_3C_6H_3 \cdot NH_2 \cdot OCH_3)_2]Cl_4$, aus o-Dianisidin, schokoladefarben. — $\{WO[C_6H_4 \cdot (NH_2)_2]_2\}Cl_4$, aus o-Phenylendiamin, dunkelbraun; aus m-Phenylendiamin schmutziggrün; aus p-Phenylendiamin, blau. — $\{WO[CH_3C_6H_3(NH_2)_2]_2\}Cl_4$, aus m-Toluylendiamin, blau. P. Scharner. 337◇

Toluol- und p-Xylolwolframtricarbonyl. Walter Strohmeier. (Z. Naturforsch. **17b**, 566, Aug. 1962; Würzburg, Univ., Inst. für phys. Chem.; dt.) — Durch Zusatz eines geeigneten Äthers lassen sich beim Erhitzen von $W(CO)_6$ mit Toluol bzw. p-Xylol die entsprechenden Aromatenwolframtricarbonyl-Verbb. mit wesentlich besserer Ausbeute erhalten. Bei der Darst. der Toluol-Verb. erwies sich die Verw. von Diglyme, für die Xylol-Verb. die Verw. von Tetrahydrofuran (THF) am zweckmäßigsten. Beide Verbb. schließen sich in ihren Eigg. dem $C_6H_6W(CO)_3$ an. Es sind citronengelbe, kristalline u. sublimierbare Substanzen, die in Heptan mäßig, in Bzl. gut lösl. sind. Ihre Lsgg. sind an der Luft über längere Zeit beständig. Die festen, reinen Verbb. sind an der Luft monatelang haltbar.

Versuche: *Toluoltricarbonylwolfram*, $C_6H_5CH_3W(CO)_3$, F. 140—142°, durch 120std. Erhitzen von 2,0 g $W(CO)_6$, 40 ml Toluol u. 7 ml Diglyme in reinem N_2 unter Rückfluß bei 135° Bad-Temp., Verdampfen des Lsgm. im Rotationsverdampfer bei 90° Bad-Temp. u. ca. 3 Torr, Digerieren mit 10 ml kaltem Hexan, Abdekantieren, Trocknen des Rückstandes im Hochvakuum bei 45° Bad-Temp. u. 2maliges Sublimieren im Hochvakuum bei 70° Bad-Temp.; 93% (Ausbeute an Rohprod.). — *p-Xyloltricarbonylwolfram*, $C_6H_4(CH_3)_2W(CO)_3$, F. 143—145° (Zers.), aus 1,5 g $W(CO)_6$, 38 ml p-Xylol u. 8 ml THF in 120 Std. bei 130° Bad-Temp. analog vorst. Verb.; 93%. Gerhard Schulze. 337◇

Phasengleichgewichte in dem System BeF_2–UF_4–ThF_4. C. F. Weaver, R. E. Thoma, H. A. Friedman und G. M. Hebert. (J. Amer. ceram. Soc. **44**, 146—47, März 1961; Oak Ridge, Tenn., Nat. Labor., Reactor Chem. Div.; engl.) — Vgl. Thoma u. Mitarbeiter, C. **1960**, 10877, Barton u. Mitarbeiter, C. **1958**, 10281 u. Weaver u. Mitarbeiter, C. **1962**, 4110. — Zur Aufklärung der Gleichgewichte im Syst. LiF–BeF_2–UF_4–ThF_4 wurde analog der oben angeführten Arbeiten das Syst. BeF_2–UF_4–ThF_4 untersucht. Die beiden Teil-Syst. *BeF_2–UF_4* u. *BeF_2–ThF_4* haben je einen eutekt. Punkt bei 535° u. 0,5 Mol-% UF_4 bzw. 527° u. 2% ThF_4. ThF_4 u. UF_4 bilden feste Lösungen. Keine invariante Umwandlung wurde im tern. Syst. aufgefunden. Im Temp.-Bereich 797—1019° liegt als Hauptphase neben der Schmelze die feste Lsg. $UF_4 \cdot ThF_4$ vor. H.-G. Moslé. 339□

Vergleich der Chemie der Cis- und Transurane mit der der Lanthaniden und Übergangselemente. M. Haïssinsky. (Magyar tudományos Akad., kém. tudományok Osztályának Közleményei [Ung. Akad. Wiss., Ber. Abt. chem. Wiss.] **18**, 395—411, Aug. 1962; Paris, Fac. des Sci., Labor. Curie.; ung. — C. **1962**, 12588.) I. Náray-Szabó. 341△

Einige Bemerkungen zur Mitteilung von M. Haïssinsky: Vergleich der Chemie der Cis- und Transurane mit der der Lanthaniden und der Übergangselemente. Zoltán Szabó und Béla Lakatos. (Magyar tudományos Akad., kém. tudományok Osztályának Közleményei [Ung. Akad. Wiss., Ber. Abt. chem. Wiss.] **18**, 413—18, Aug. 1962; Szeged, Univ., Lehrstuhl für anorgan. u. anal. Chem.; ung.) — Vff. weisen darauf hin, daß die Elektronenkonfiguration bei den drei Triaden der VIII. Gruppe des period. Syst. sehr verschieden ist, sie kann also bei der Gruppeneinteilung nicht entscheidend sein. Die Hydrolyse u. Komplex-Bldg. spricht auch nicht gegen diese Auffassung. Die 4f-Elektronen sind sehr stabil u. zeigen keine Neigung zur Hybridisierung mit der 5d-Bahn, dagegen ist eine Neigung bei den 5f-Elektronen zur Hybridisierung mit der 6d-Bahn vorhanden. Die Annahme von cis- u. trans-Uranen ist also nicht angebracht. I. Náray-Szabó. 341△

Die „Synthese" des Ramsdellits. H. Bode und A. Schmier. (Naturwissenschaften **49**, 465, 2. Okt.-H. 1962; Frankfurt/Main, Varta-AG, Zentral-Labor.; dt.) — Bei der Unters. über die Red. von elektrolyt. hergestelltem γ-MnO_2 (I) fanden Vff., daß die Röntgendiagramme bei der Red. linienreicher werden. Daraus wird gefolgert, daß die Fehlordnung des ursprünglichen Gitters von I, das nach Byström (vgl. Acta chem. scand. **3**, [1949], 163) eine fehlgeordnete Varietät des Ramsdellits (II) sein soll, geringer geworden ist. Bei einer anschließenden, unter milden Bedingungen durchgeführten Oxydation bleibt die Ordnung erhalten. Der so hergestellte synthet. II wurde unter Zugrundelegung der Raumgruppe P n m a — D_{2h}^{16} indiziert. Während die Linienlage relativ gut übereinstimmt, weichen die Intensitäten der Röntgenreflexe von natürlichem u. synthet. II stark voneinander ab. G. Gattow. 350◇

Einige Sulfid-Carbonyl-Komplexe von Chrom, Molybdän, Wolfram und Mangan. H. C. E. Mannerskantz und G. Wilkinson. (J. chem. Soc. [London] **1962**, 4454—58, Nov.; London, Imp. Coll. of Sci. and Technol., Inorg. Chem. Res. Labor.; engl.) — Durch direkte Rk. von 2.5-Dithiahexan (I) mit $Cr(CO)_6$, $Mo(CO)_6$ u. $W(CO)_6$ bei ca. 160° erhalten Vff. gelbe, kristalline, an der Luft stabile Verbb. der Zus. $LMe(CO)_4$ (L = I, Me = Cr, Mo, W), deren IR-Spektren typ. Banden oktaedr. cis-Tetracarbonyle aufweisen. Durch 2std. Behandlung in PAe. bei ca. 110° läßt sich I in der Cr-Verb. durch Norbornadien u. in der Cr-, Mo- u. W-Verb. durch Triphenylphosphin ersetzen. Die Tetracarbonyl-Verbb. reagieren bei Raum-Temp. mit Br_2 u. J_2; im Falle der Mo- u. W-Verb. werden orangefarbene, stabile Prodd. der Zus. $LMe(CO)_3X_2$ (X = Br, J) erhalten, die in Nitrobenzol Nichtleiter u. als 7fach koordinierte Komplexe aufzufassen sind. $LCr(CO)_4$ reagiert mit J_2 ebenfalls unter CO-Abspaltung, doch läßt sich infolge Zers. aus der Rk.-Lsg. kein Komplex isolieren. Das IR-Spektrum der ziegelroten Lsg. in CH_2Cl_2 deutet aber auf das Vorhandensein eines ebenfalls 7fach koordinierten Komplexes. Die Rk. von $LMo(CO)_4$ mit Cl_2 in einem inerten Lsgm. führt zu einem instabilen, grünen Öl. Red. man die Halogenotricarbonyl-Verbb. des Mo u. W mit $LiAlH_4$ in Tetrahydrofuran, so erhält man hellgelbe, luftempfindliche Lsgg., die auf Grund des kernmagnet. Resonanzspektrums Verbb. mit Metall—H-Bindungen enthalten, aus denen jedoch keine reinen Komplexe isoliert werden konnten. Während sich $LW(CO)_3J_2$ bei 135° zersetzt, bildet sich aus $LMo(CO)_3J_2$ in Lsg. bei 40° teilweise $[LMo(CO)_2J]_2$, das sich mit Chlf. extrahieren läßt. 3.6.9-Trithiaundecan (II) reagiert mit $W(CO)_6$ nicht $<170°$, darüber tritt vollständige Zers. ein. Mit $Cr(CO)_6$ u. $Mo(CO)_6$ werden kristalline Verbb. der Zus. $LMe(CO)_3$ (L = II, Me = Cr, Mo) erhalten, in denen II als 3zähniger Ligand fungiert u. die 3 CO-Gruppen cis-Positionen einnehmen. Beide Komplexe reagieren mit J_2, doch ließen sich keine stabilen Jodidkomplexe isolieren. $Mn(CO)_5Br$ u. $[Mn(CO)_4Br]_2$ bilden mit I u. II stabile Komplexe. $[Mn(CO)_5]_2$ reagiert ebenfalls, aber nur langsam bei 120°, auch konnten die instabilen Rk.-Prodd. in diesem Fall nicht charakterisiert werden. Der I-Komplex scheint oktaedr. koordiniert zu sein u. ist monomer. Der II-Komplex ist ein tiefrotes viscoses Öl. Der Ligand ist offenbar 2zähnig, er bildet mit CH_3J ein Sulfoniumsalz u. absorbiert B_2H_6 in Diglyme unter Bldg. einer luftempfindlichen Additionsverbindung. Beide Komplexe sind in Nitrobenzol nichtleitend. $Mn(CO)_5Br$ reagiert auch mit Thioharnstoff unter Bldg. eines rosaroten Prod., das nur durch sein IR-Spektrum charakterisiert werden konnte.

Versuche: *Tetracarbonyl-2.5-dithiahexanchrom*, F. 130° (Zers.), aus ca. 1,5 g $Cr(CO)_6$ u. ca. 5 ml I bei 150—165° bis zum Aufhören der Gas-Entw., Abkühlen, Filtrieren, Entfernen der nichtumgesetzten Carbonyl-Verb. durch Sublimation im Vakuum bei 70° u. Umkristallisieren aus Chlf.; 65% (Ausbeute). — *Tetracarbonyl-2.5-dithiahexanmolybdän* (III), F. 148° (Zers.), analog vorst. Verb.; gelbe Kristalle; 43%. — *Tetracarbonyl-2.5-dithiahexanwolfram*, F. 160° (Zers.), analog vorvorst. Verb., jedoch Umkristallisieren aus Aceton; blaßgelbe Kristalle; 26%. — *Dijodotricarbonyl-2.5-dithiahexanmolybdän* (IV), F. 40° (Zers.), durch Zugabe eines geringen Überschusses an J_2 in 100 ml Bzl. zu ca. 1 g III in 50 ml Bzl. unter Rühren, Abziehen des Lsgm. u. Umkristallisieren aus Bzl., Chlf. oder Aceton; tief orangefarbene Kristalle; ca. 85%. — *Dibromotricarbonyl-2.5-dithiahexanmolybdän*, F. 125° (Zers.), analog IV ohne Umkristallisieren; orangefarbene Kristalle. — *Dijodotricarbonyl-2.5-dithiahexanwolfram*, F. 135° (Zers.), analog IV; blaßorangefarbene Kristalle; ca. 85%. — *Dibromotricarbonyl-2.5-dithiahexanmwolfram*, F. 145° (Zers.), analog IV ohne Umkristallisieren; orangefarbene Kristalle. — *Bis-[jododicarbonyl-2.5-dithiahexanmolybdän]*, F. 85° (Zers.), durch 2std. Sieden von ca. 8 g IV in 15 ml Bzl. unter Rückfluß, Filtrieren, mehrmaliges Extrahieren des Rückstandes mit je 50 ml Chlf. bis zur hellen Rotbraunfärbung des Filtrats u. Umkristallisieren aus Chlf.; rotbraune Kristalle; ca. 25%. — *Tricarbonyl-3.6.9-trithiaundecanchrom*, F. 130° (Zers.), durch 3std. Sieden von 2,8 g $Cr(CO)_6$ u. 3 ml II in 20 ml PAe. (Kp. 100—120°) unter Rückfluß, Abkühlen, Waschen mit PAe. (Kp. 30

bis 40°), Absublimieren von nicht umgesetztem $Cr(CO)_6$ im Vakuum bei 60°, 4maliges Extrahieren mit je 5 ml kaltem Bzl. u. Umkristallisieren des Rückstandes aus Bzl.; tiefgelbe Kristalle; ca. 50%. — *Tricarbonyl-3.6.9-trithiaundecanmolybdän*, F. 145° (Zers.), durch 2std. Sieden von 1 g $Mo(CO)_6$ u. 0,7 ml II in 5 ml PAe. (Kp. 100—120°) unter Rückfluß, Abkühlen, Behandeln der unteren Schicht mit Ae. in kleinen Anteilen u. Umkristallisieren aus Chlf./PAe. (Kp. 30—40°; 1:1); schmutzigweiße Kristalle. — *Bromotricarbonyl-2.5-dithiahexanmangan*, F. 135—136°, durch ½std. Erhitzen von 1 g $Mn(CO)_5Br$ mit ca. 3 ml I auf 75°, Abkühlen, Waschen mit PAe. (Kp. 40—60°), Behandeln im Vakuum bei 90° u. Umkristallisieren aus Ae.; orangefarbene Kristalle; ca. 90%. — *Bromotricarbonyl-3.6.9-trithiaundecanmangan*, durch 1std. Erhitzen von 2,5 g $Mn(CO)_5Br$ u. 3 ml II in 15 ml PAe. (Kp. 100—120°) auf 100°, Chromatographieren des abgeschiedenen Öls an Al_2O_3, Eluieren mit Ae. u. Abziehen des Lsgm. im Hochvakuum bei Raum-Temp.; tiefrotes Öl; ca. 90%. Gerhard Schulze. 350◇

Untersuchungen zum Problem der trockenen Gasreinigung. 5. Mitt. **Untersuchungen über den Beschwefelungsvorgang von Eisen(III)-hydroxid und die Regeneration des Eisensulfids.** A. Simon und D. Reichelt. (Z. anorg. allg. Chem. **319**, 24—36, 1962; Dresden, Sächs. Akad. der Wiss.; TU, Forsch.-Stelle; dt.) — 4. vgl. C. **1961**, 7522. — Bei vollständiger Umsetzung von Fe(III)-Hydroxid mit H_2S entsteht ausschließlich Fe(II)-Sulfid. Der S-Geh. des Sulfids ist pH-abhängig u. entspricht nicht genau der stöchiometr. Zus. FeS, sondern durchläuft bei pH 8 ein Maximum (Fe:S = 1:1,23). Durch Rk. von lufttrockenem α-FeOOH mit H_2S entstandene Sulfide besitzen infolge Pyrit-Bldg. höhere S-Geh. als die in wss. Medium dargestellten. Die Struktur der Regenerations-Prodd. ist von Temp. u. pH-Wert abhängig; so entsteht bei 20° u. pH 5,1—9,5 lediglich γ-FeOOH, bei pH 10,5—12,8 ein Gemisch von γ-, α-FeOOH u. α-Fe_2O_3 u. bei pH 13,3 α-FeOOH. Eine Temp.-Erhöhung auf 50° begünstigt die Bldg. von α-Fe_2O_3. Die Kristallisation nimmt mit steigendem pH-Wert zu, jedoch enthalten sämtliche Regenerate noch amorphe Anteile. Die Sulfidierungs-Rk. wird nach Red. von Fe(III) zu Fe(II), als $Fe(SH)_2 \rightarrow FeS + H_2S$ gedeutet.

F.-M. Friedrich-Anderseck. 354◇

Untersuchungen zum Problem der trockenen Gasreinigung. 6. Mitt. **Untersuchungen über den Einfluß des pH-Wertes und der Temperatur bezüglich der Aktivität und Kapazität von Eisenhydroxiden gegenüber Schwefelwasserstoff.** A. Simon und D. Reichelt. (Z. anorg. allg. Chem. **319**, 37—44, 1962; dt.) — 5. vgl. vorst. Referat. — γ-FeOOH besitzt gegenüber H_2S größere Aktivität (A) u. Kapazität (K) als α-FeOOH. A u. K beider Hydroxide nehmen mit steigendem pH-Wert der Probe zu. Dies ist auch der Fall, wenn die angewandte Puffer-Lsg. zuvor wieder ausgewaschen wurde. Vff. erklären diese Erscheinung mit der Bindung von OH^--Ionen an die sauren Hydroxylgruppen im FeOOH. Nach jeder Regeneration des Fe-Sulfids nehmen A u. K infolge teilweiser Pyrit-Bldg. ab, die bes. durch höhere Regenerations-Temp. (50°) begünstigt wird. Feinverteiltes S auf regenerierten Präpp. bewirkt durch teilweise Oberflächenblockierung ebenfalls eine A- u. K-Abnahme, die jedoch durch Extraktion mit Chlf. verringert werden kann. Weiterhin setzt auch eine Behandlung der Proben mit N_2-Gas A u. K herab. F.-M. Friedrich-Anderseck. 354◇

Untersuchungen zum Problem der trockenen Gasreinigung. 7. Mitt. **Untersuchungen über die Sulfidierbarkeit verschieden hergestellter definierter Eisenhydroxide und Oxide zum Zwecke des Nachweises der Verallgemeinerungsfähigkeit der „Skelett-Theorie".** A. Simon und M. Scheibitz. (Z. anorg. allg. Chem. **319**, 45—51, 1962; dt.) — 6. vgl. vorst. Referat. — Das Absorptionsvermögen von α-FeOOH, α- u. γ-Fe_2O_3 für H_2S wird durch die Meth. ihrer Darst. stark beeinflußt. Aus röntgenograph. Best. des Kristallisationsgrades u. Unterss. über Porosität, Dichte u. Oberflächenbeschaffenheit geht hervor, daß hohe Absorptionsfähigkeit durch Gitterfehlordnungen bedingt ist. Vff. charakterisieren hierdurch den „chem.-akt. Zustand" der „Skeletttheorie" (vgl. C. **1955**, 5499). Die von der Darst.-Meth. weitgehend unabhängige Aktivität u. Kapazität von γ-FeOOH wird auf dessen aufgelockertes rhomb. Schichtengitter zurückgeführt.

F.-M. Friedrich-Anderseck. 354◇

Ein Bariumeisenoxid mit der Perowskitstruktur. Stephen W. Derbyshire, Anna C. Fraker und Hans H. Stadelmaier. (Acta crystallogr. [Copenhagen] **14**, 1293, 10/12. 1961; Raleigh, N.C., North Carolina State Coll., Dep. of Engng. Res.; engl.) — Vff. stellten stöchiometr. $BaFeO_3$ mit Hilfe der von Clabaugh u. Mitarbeitern (vgl. J. Res. nat. Bur. Standards **56**, [1956], Nr. 5, 2677) beschriebenen Meth. dar, wobei jedoch von einem Ba:Fe-Verhältnis 1,5:1 ausgegangen wurde. Pulveraufnahmen von $BaFeO_3$ u. $BaTiO_3$ waren nahezu identisch. Das $BaFeO_3$ ist daher isostrukturell mit dem kub. $BaTiO_3$ mit Fe in dem Valenzzustand +4. C. Gottfried. 354

Äthylen-Metall-Komplexe. 3. Mitt. Untersuchungen zur Komplexbildung von Mono- und Diolefinen im System Cyclopentadienyleisendicarbonylhalogenid/Halogenacceptor. Ernst Otto Fischer und Konrad Fichtel. (Chem. Ber. **95**, 2063—69, herausgeg. 17/8. 1962; München, Univ., Inst. für Anorg. Chem.; dt.) — 2. vgl. C. **1962**, 5592; vgl. auch C. **1962**, 1540. — Vff. untersuchten im Rk.-Syst. $C_5H_5Fe(CO)_2Hal$/ Mono- bzw. Diolefin/Acceptor, das nach $C_5H_5Fe(CO)_2Hal + AlHal_3 +$ Olefin $\rightarrow$ [$C_5H_5 \cdot Fe(CO)_2$Olefin]$AlHal_4$ zu π-Komplexen der eingesetzten Olefine führt, den Einfl. eines Überschusses an Acceptor für die Ausbeute, die Brauchbarkeit anderer Friedel-Crafts-Katalysatoren, die Ausdehnung auf weitere Monoolefine u. das Verh. der Diolefine. Als Fällungsanion fand PF_6^- Verwendung. Bei 3fachem molarem Überschuß des $AlHal_3$ erhöhte sich die Ausbeute von 31 auf 67%; ein weiterer Überschuß blieb ohne Einfluß. Als Katalysatoren sind auch $TiCl_4$, $InCl_3$, $ZnCl_2$ u. $FeCl_3$ wirksam. Propylen, cis-Buten-(2), Octadecen-(1), Cyclohexen u. Cycloocten wurden als Beispiele für Monoolefine, Butadien-(1.3) u. Cyclohexadien-(1.3) als solche für Diolefine umgesetzt. Letztere treten nur mit einer Doppelbindung in die Komplex-Bldg. ein, während die zweite aus der ursprünglichen Konjugation freigesetzt wird.

Versuche: *Cyclopentadienyläthylendicarbonyleisenhexafluorophosphat*, [$C_5H_5Fe \cdot (CO)_2C_2H_4$]$PF_6$, aus 257 mg $C_5H_5Fe(CO)_2Br$ (I) u. 801 mg $AlBr_3$ bzw. 570 mg $TiCl_4$ bzw. 663 mg $InCl_3$ bzw. 408 mg $ZnCl_2$ bzw. 486 mg $FeCl_3$ in 10 ml abs. Bzl. unter 70 at C_2H_4-Druck bei 90°, im Falle des $FeCl_3$ bei 60°, im Falle des $AlBr_3$ bei 30° in 16 Std. durch anschließendes Abdekantieren, Trocknen des Rückstands, Hydrolysieren unter Eiskühlung, Filtrieren, Fällen mit überschüssigem NH_4PF_6 u. zweimaliges Umfällen aus Aceton/Ae.; 67% ($AlBr_3$), 40,5% ($TiCl_4$), 53% ($InCl_3$), 37% ($ZnCl_2$) bzw. 20% ($FeCl_3$) (Ausbeute). — *Cyclopentadienylpropylendicarbonyleisenhexafluorophosphat*, [$C_5H_5Fe(CO)_2C_3H_6$]PF_6, aus 157 mg I in 2—3 ml abs. Bzl.; 801 mg $AlBr_3$ u. 10 ml Propylen im Autoklaven bei 30° in 60 Std. analog vorst. Verb.; gelbes, luftbeständiges, feinkristallines Pulver, das sich >115° langsam verfärbt; 41%. — *Cyclopentadienyloctadecen-(1)-dicarbonyleisenhexafluorophosphat*, [$C_5H_5Fe(CO)_2C_{18}H_{36}$]$PF_6$, aus einer Suspension von 801 mg $AlBr_3$ in 20 ml abs. Octadecen-(1) u. 257 mg I durch 3tägiges Rühren bei Raum-Temp., Abdekantieren nach 60—70 Std., Waschen mit Pentan, ½std. Trocknen im Vakuum, Hydrolysieren unter Eiskühlung, Filtrieren (G 3), Ausschütteln mit Pentan, Zusatz von NH_4PF_6, Filtrieren, Trocknen im Hochvakuum, Reinigung durch Aufnehmen in Aceton, Filtrieren, Zusatz von 50 ml W. unter Rühren in kleinen Anteilen, Zentrifugieren, bis keine Abscheidung mehr erfolgt, Trocknen im Hochvakuum bei Raum-Temp. u. Wiederholen der Reinigung; gelbes, luftbeständiges Pulver, das bei ca. 94° unter Rotfärbung sintert u. sich bei höheren Temp. zersetzt; 47,5%. — *Cyclopentadienylcyclohexendicarbonyleisenhexafluorophosphat*, [$C_5H_5Fe(CO)_2C_6H_{10}$]PF_6, aus 257 mg I in 20 ml abs. Cyclohexen u. 801 mg $AlBr_3$ unter Rühren bei Raum-Temp. in 4 Std. u. Aufarbeiten analog der C_2H_4-Verb.; gelbe glänzende Schuppen, die sich bei 129° dunkel färben u. bei 139° wieder aufhellen; 39%. — *Cyclopentadienylcyclooctendicarbonyleisenhexafluorophosphat*, [$C_5H_5Fe \cdot (CO)_2C_8H_{14}$]$PF_6$, aus 257 mg I in 20 ml abs. Cycloocten u. 408 mg wasserfreiem, gepulvertem $ZnCl_2$ in 1 Std. bei 65° u. anschließendes 60std. Rühren bei 40° sowie Aufarbeiten analog der C_2H_4-Verb.; gelbes, luftbeständiges, in Aceton leicht lösl. Pulver, dessen Farbe sich bei 170° aufhellt u. das sich bei 180° unter Braunfärbung zersetzt; 41%. — *Cyclopentadienyl-cis-buten-(2)-dicarbonyleisenhexafluorophosphat*, [$C_5H_5Fe(CO)_2C_4H_8$]PF_6, aus 212 mg $C_5H_5Fe(CO)_2Cl$ u. 408 mg $ZnCl_2$ durch Abkühlen auf —80°, Aufkondensieren von 2—3 ml cis-Buten-(2) im Einschlußrohr, Abschmelzen, 2tägiges Erwärmen auf 50°, Verdampfen des KW-Stoffes u. Aufarbeiten analog der C_2H_4-Verb.; gelbes, luftbeständiges Pulver, das sich >130° unter Graufärbung allmählich zersetzt; 29%. — *Cyclopentadienylbutadien-(1.3)-dicarbonyleisenhexafluorophosphat*, [$C_5H_5Fe(CO)_2C_4H_6$]PF_6, aus 257 mg I, 408 mg $ZnCl_2$ u. 10 ml Butadien-(1.3) analog vorst. Verb. in 4 Tagen bei 50°; gelbes, luftbeständiges Pulver, Zers. bei 140° unter Graufärbung; 15%. — *Cyclopentadienylcyclohexadien-(1.3)-dicarbonyleisenhexafluorophosphat*, [$C_5H_5Fe(CO)_2C_6H_8$]PF_6, aus 257 mg I in 20 ml abs. Cyclohexadien-(1.3) u. 408 mg $ZnCl_2$ durch 20std. Erhitzen auf 50° unter Rühren u. Aufarbeiten analog der C_2H_4-Verb.; gelbe Substanz, Zers. bei 140° unter Braunfärbung; 5%. Gerhard Schulze. 354◇

Pentaäthanodiferrocen. Stanley I. Goldberg. (J. Amer. chem. Soc. **84**, 3022, 5/8. 1962; Columbia, S.C., Univ., Dep. of Chem.; engl.) — Eine von Nessmejanow u. Kotschetkowa (C. **1960**, 8501) durch Behandlung von Ferrocen mit $AlCl_3$ in Ggw. von Äthylendichlorid (I) erhaltene u. mit „Pentaäthanodiferrocen“ bezeichnete Substanz wurde vom Vf. durch eine entsprechende Rk. auch in Abwesenheit von I u. statt dessen mit Bzl. als Lsgm. dargestellt (die Identität wurde IR- u. röntgenspektrometr. erwiesen) u. kann infolgedessen nicht die l. c. vorgeschlagene Struktur besitzen.

W. Betcke. 354□

Dicyanobiguanidkobalt(III)-Komplexe. Nihar Ranjan Sen Gupta und Priyadaranjan Rây. (Proc. Sympos. Chem. Co-ordinat. Compounds, Agra [India] **1959**, Nr. 2, 162—71, 1960; Calcutta, Indian Assoc. for the Cultivation of Sci.; engl.) — Dicyanobiguanidkobalt(III)-Komplexe der allg. Formel $[Co(CN)_2(R\text{-}BigH)_2]X$, worin R = H, CH_3, C_2H_5, $CH_3(CH_2)_5$, C_6H_5 oder $C_6H_5CH_2$ u. X = OH^-, Cl^-, NO_3, ½ SO_4^{2-} oder ½ $S_2O_3^{2-}$ sind, bzw. $[Co(CN)_2R'(BigH)_2]X$, worin $R'(BigH)_2$ = Äthylen-, Hexamethylen- oder m-Phenylendibiguanidin u. X = OH^-, Cl^- oder ½ SO_4^{2-} sind, lassen sich durch Umsatz der entsprechenden Tris-[biguanid]- bzw. Tris-[dibiguanid]-dikobalt(III)-chloride mit KCN in wss. Lsg. bei der Temp. des Wasserbades darstellen. Dabei fallen zunächst in kaltem W. schwerlösl., goldgelbe Kristalle der jeweiligen Basen aus, die dann durch Erhitzen mit den einzelnen NH_4-Salz-Lsgg. in die Komplexsalze übergeführt werden. Alle Komplexe sind diamagnet. u. liegen wahrscheinlich in der trans-Form vor (vgl. auch C. **1962,** 11127). W. Hein. 355◇

Untersuchungen in der Koordinationschemie. 9. Mitt. **Untersuchung der Stereochemie einiger Komplexverbindungen des Kobalt(II) mit N-substituierten Salicylaldiminen.** L. Sacconi, M. Ciampolini, F. Maggio und E. P. Cavasino. (J. Amer. chem. Soc. **84,** 3246—48, 5/9. 1962; Florence, Italy, Univ. of Florence, Dep. of Gen. Chem.; engl.) — 8. vgl. J. inorg. nuclear Chem. **19,** [1961], 73; 7. vgl. C. **1962,** 6675. — Die magnet. Momente μ_{eff} der roten, krist., an trockener Luft beständigen *Bis-[R-N-salicylaldiminatokobalt(II)*-Komplexe (R = *Butyl, Amyl, Benzyl, β-Phenyläthyl, Phenyl, Cyclohexyl*) liegen, wie für eine tetraedr. Struktur vorhergesagt, bei Temp. zwischen 90 u. 293°K zwischen 4,27 u. 4,48 B.M. Diese Struktur wurde ebenfalls durch Röntgen-Unterss. bestätigt u. bleibt auch in benzol. Lsg., in der die Verbb. monomer vorliegen, erhalten. Die Reflexionsspektren der Komplexe sind in ihrer Form den Absorptionsspektren in benzol. Lsg. von 6000—35000 cm^{-1} sehr ähnlich, die bei 7700, 11200, 25000 u. 34100 cm^{-1} Maxima u. bei 17000 u. 28000 cm^{-1} Schultern besitzen. In Pyridin (**I**) bildet *Bis-[N-phenylsalicylaldiminato]-kobalt(II)* mit 2 Moll. Lsgm. ein 6fach koordiniertes, oktaedr. Addukt, das krist. isoliert werden kann, dessen μ_{eff} bei 4,8 B.M. liegt u. dessen Spektrum in I sich von dem in Bzl. unterscheidet. *Bis-[N-cyclohexylsalicylaldiminato]-kobalt(II)* liegt in I nur zu ca. 50% in der oktaedr. Form vor.

Versuche: *Bis-[R-N-salicylaldiminato]-kobalt(II)*-Komplexe, aus Bis-[salicylaldehydato]-kobalt(II)-dihydrat (II) in Bzl. u. dem betreffenden Amin in 95%ig. A. (R =) *Butyl*, $C_{22}H_{28}CoN_2O_2$; *Amyl*, $C_{24}H_{32}CoN_2O_2$; *Benzyl*, $C_{28}H_{24}CoN_2O_2$; *β-Phenyläthyl*, $C_{30}H_{28}CoN_2O_2$; *Phenyl*, $C_{26}H_{20}CoN_2O_2$, aus II u. dem Amin in A. durch Erhitzen auf dem Wasserbad; analog *Cyclohexyl*, $C_{26}H_{32}CoN_2O_2$; wie vorst. Verbindung. — *Bis-[N-phenylsalicyldiminato]-kobalt(II)-2-Pyridin*, $C_{36}H_{30}CoN_4O_2$, aus vorvorst. Verb. in I nach Zugabe von Leichtpetroleum. P. Scharner. 355◇

Tellurorganylhaltige Metallcarbonyle. 124. Mitt. **über Metallcarbonyle.** Walter Hieber und Thomas Kruck. (Chem. Ber. **95,** 2027—41, 17/8. 1962; München, TH, Anorg.-Chem. Labor.; dt.) — 123. vgl. C. **1963,** 8075. — Vff. untersuchen das Verh. von $Te(C_6H_5)_2$ gegenüber Metallcarbonylen u. finden, daß es sich gegenüber $Cr(CO)_6$ indifferent verhält, mit $[Mn(CO)_5]_2$ in p-Xylol dagegen langsam diamagnet., orangefarbenes $[Mn(CO)_4TeC_6H_5]_2$ bildet. Mit Mangancarbonylhalogeniden entstehen aus $Te(C_6H_5)_2$ leicht unpolare, diamagnet. disubstituierte Derivv. der Formel $Mn(CO)_3[Te(C_6H_5)_2]_2X$ (X = *Cl, Br, J*); Phenoxtellurin liefert das entsprechende $Mn(CO)_3(C_{12}H_8OTe)_2Cl$. Die Verbb. sind Nichtelektrolyte u. zeichnen sich durch therm. Stabilität u. Beständigkeit gegenüber Luft-O_2 u. Feuchtigkeit aus. Am Beispiel des Di-n-butyltellur wurde gezeigt, daß Te-Dialkyle keine Substitutions-Rkk. mit $Mn(CO)_5Cl$ eingehen. Durch Einleiten von NO in eine benzol. Lsg. von $Mn(CO)_3[Te(C_6H_5)_2]_2Cl$ wurde dunkelgrünes $Mn(NO)_3 \cdot Te(C_6H_5)_2$ erhalten, das jedoch nicht isoliert werden konnte. $[Fe(CO)_4]_3$ reagiert in sd. Cyclohexan mit $Te(C_6H_5)_2$ zu rotbraunem, diamagnet. $Fe(CO)_4Te(C_6H_5)_2$, mit Bis-[p-methoxyphenyl]-ditellurid entsteht in sd. Bzl. diamagnet. $[Fe(CO)_3TeC_6H_4OCH_3]_2$. Die Umsetzung von $Te(C_6H_5)_2$ mit $Fe(CO)_4X_2$ (X = Br, J) führt zum rotbraunen $Fe(CO)_3Te \cdot (C_6H_5)_2Br_2$ bzw. zum schwarzbraunen $Fe(CO)_3Te(C_6H_5)_2J_2$. Beide Verbb. sind Nichtelektrolyte u. therm. u. chem. recht beständig. $Fe(NO)_2(CO)_2$ reagiert mit $Te(C_6H_5)_2$ in Ae. zu granatrotem, sich an der Luft langsam zersetzendem $Fe(NO)_2CO[Te(C_6H_5)_2]$. Aus $[Co(CO)_4]_2$ u. $Te(C_6H_5)_2$ bildet sich in polaren u. unpolaren Lsgm. äußerst beständiges, in graphitähnlichen Blättchen kristallisierendes, paramagnet. $[Co_2Te(CO)_5]_n$, während mit $Ni(CO)_4$ lediglich Zers. unter Abscheidung von metall. Ni u. Te eintritt. Die Struktur der Verbb. wird auf Grund ihrer IR-Spektren sowie ihrer Susceptibilitäten u. Dipolmomente diskutiert.

Versuche: Sämtliche Rkk. werden unter Ausschluß von Luft-O_2 u. Feuchtigkeit in reinem N_2 u. unter Verw. N_2-gesätt. Lsgm. durchgeführt. — *Di-μ-phenyltelluro-bis-*

[*tetracarbonylmangan*], $[Mn(CO)_4TeC_6H_5]_2$, durch Einfrieren von 0,78 g $[Mn(CO)_5]_2$, 1,4 g $Te(C_6H_5)_2$ u. 10 ml p-Xylol bei -190^0 im Einschlußrohr, Evakuieren, 125std. Erhitzen auf 125° nach dem Einschmelzen, Abkühlen, Filtrieren (G 3-Fritte), Waschen mit wenig kaltem Xylol, Trocknen u. Umkristallisieren aus wenig Bzl.; orangefarbene, nadelförmige luftbeständige Kristalle, gut lösl. in Bzl., Ae. u. PAe., weniger lösl. in A., Dipolmoment 1,45 $\pm$ 0,09 D. — *Bis-[diphenyltellur]-tricarbonylmangan(I)-chlorid*, $Mn(CO)_3[Te(C_6H_5)_2]_2Cl$, aus 2,8 g $Te(C_6H_5)_2$ in 60 ml Ae. durch Hinzuextrahieren von 0,8 g $Mn(CO)_5Cl$ im Schlenk-Rohr mit aufgesetztem Soxhlet-App. in 2 Std., 10std. Erhitzen unter Rückfluß, Filtrieren (G 4), Einengen auf 20 ml im Vakuum, mehrmaliges Waschen mit Ae. u. PAe., Trocknen bei 10^{-4} Torr u. Extrahieren mit Ae. im Soxhlet-App; orangegelbe, luftbeständige Nadeln u. Prismen, lösl. in Bzl., Chlf. u. A., in PAe. sehr schwer löslich. — *Bis-[diphenyltellur]-tricarbonylmangan(I)-bromid*, $Mn(CO)_3[Te(C_6H_5)_2]_2Br$, aus 2,8 g $Te(C_6H_5)_2$ in 80 ml Ae. u. 0,98 g $Mn(CO)_5Br$ analog vorst. Verb. u. 4std. Erhitzen unter Rückfluß, Einengen der filtrierten Lsg. auf 5 ml, Digerieren mit 50 ml PAe., Absaugen nach 20 Std., Waschen mit kaltem PAe., Trocknen im Hochvakuum u. Umkristallisieren aus Chlf./PAe.; orangefarbene Kristalle, Löslichkeit wie vorst. Verbindung. — *Bis-[diphenyltellur]-tricarbonylmangan(I)-jodid*, $Mn(CO)_3[Te(C_6H_5)_2]_2J$, durch 5std. Sieden von 1,3 g sublimiertem $Mn(CO)_5J$ u. 2,8 g $Te(C_6H_5)_2$ in 40 ml Ae. unter Rückfluß, Abziehen des Ae., Versetzen mit PAe., Filtrieren (G 3), Waschen mit kaltem PAe. u. Trocknen im Hochvakuum; orangerote Kristalle, außer in kaltem PAe. in organ. Lsgm. sehr gut löslich. — *Bis-[phenoxtellurin]-tricarbonylmangan(I)-chlorid*, $Mn(CO)_3(C_{12}H_8OTe)_2Cl$, aus 0,61 g $Mn\cdot(CO)_5Cl$ u. 1,8 g $C_{12}H_8OTe$ in 60 ml abs. A. bei 50° durch anschließendes Extrahieren mit einer Lsg. von 0,5 g $C_{12}H_8OTe$ in 100 ml A. im Vakuum im Soxhlet-App., Abkühlen, Filtrieren (G 3), Waschen mit PAe. u. Trocknen im Hochvakuum; eigelbe Nädelchen. — *Trinitrosyldiphenyltellurmangan*, $Mn(NO)_3Te(C_6H_5)_2$, durch 45 Min. langes Einleiten von NO bei 20° in 1,5 g $Mn(CO)_3[Te(C_6H_5)_2]_2Cl$ in 60 ml Bzl., Abziehen des Lsgm. im Vakuum, Versetzen mit Ae., Abfiltrieren des $Te(C_6H_5)_2Cl_2$; F. 160—161°; moosgrüne Lsg., in der die Verb. nur durch ihr IR-Spektrum identifiziert werden kann. — *Diphenyltellurtetracarbonyleisen*, $Fe(CO)_4Te(C_6H_5)_2$, durch 15std. Sieden von 2,5 g $[Fe(CO)_4]_3$, 4,2 g $Te\cdot(C_6H_5)_2$ u. 80 ml Cyclohexan unter Rückfluß, Abkühlen, Filtrieren (G 4), mehrmaliges Waschen mit PAe., Digerieren mit Aceton, Einengen der Lsg. im Vakuum, Zusatz von PAe., Absaugen (G 3), Waschen mit PAe. u. Trocknen; kristalline, braune Substanz, in unpolaren Lsgm. schwer, in Aceton gut lösl.; Ausbeute ca. 25%. — *Di-μ-p-methoxyphenyltelluro-bis-[tricarbonyleisen]*, $[Fe(CO)_3TeC_6H_4OCH_3]_2$, durch 5std. Erhitzen von 2,0 g $[Fe(CO)_4]_3$ u. 2,8 g Bis-[p-methoxyphenyl]-ditellurid in 70 ml Bzl. unter Rückfluß, Abkühlen, Filtrieren, Einengen im Vakuum, Digerieren mit PAe. bei 0°, Umkristallisieren aus Hexan/PAe.; rotbraune, derbe Kristallnadeln, außer in kaltem PAe. sehr leicht lösl., Dipolmoment 4,06 $\pm$ 0,07 D. — *Diphenyltellurtricarbonyleisen(II)-jodid*, $Fe(CO)_3\cdot[Te(C_6H_5)_2]J_2$, durch Einfrieren von 3,4 g $Te(C_6H_5)_2$ in 30 ml Ae. bei -190^0, Versetzen mit 2,35 g $Fe(CO)_4J_2$, Evakuieren (10^{-4} Torr), 5std. Stehen bei 10°, Filtrieren, Versetzen mit ca. 100 ml PAe., 25std. Abkühlen auf -40^0, Absaugen, Waschen mit PAe. u. Trocknen; braunschwarze Rauten u. Prismen, in Aceton, CCl_4 u. Bzl. gut, in PAe. schwer löslich. — *Diphenyltellurtricarbonyleisen(II)-bromid*, $Fe(CO)_3[Te(C_6H_5)_2]Br_2$, aus 1,3 g $Fe(CO)_4Br_2$ in 50 ml CH_2Cl_2 durch Einfrieren bei -190^0, Zugabe von 2,3 g $Te(C_6H_5)_2$, Evakuieren, Auftauen bei -38^0, Filtrieren nach 2 Std., Eindunsten im Vakuum u. Digerieren mit 100 ml PAe.; braune Kristalle, sehr gut in CH_2Cl_2, weniger gut in Ae., CCl_4 u. Bzl., prakt. nicht in kaltem PAe. löslich. — *Dinitrosylcarbonyldiphenyltellureisen*, $Fe(NO)_2CO[Te\cdot(C_6H_5)_2]$, durch Aufkondensieren von ca. 2 g mehrmals umdest. $Fe(NO)_2(CO)_2$ auf eine bei -190^0 eingefrorene Lsg. von 1,0 g $Te(C_6H_5)_2$ in 30 ml Ae., Evakuieren, Auftauen, 60std. Stehen bei Raum-Temp., Abdestillieren des Ae. u. überschüssigen $Fe(NO)_2(CO)_2$ im Hochvakuum, mehrmaliges Digerieren mit je 5 ml PAe. u. anschließendes Abziehen des PAe. in Vakuum, Aufnehmen in 20 ml PAe., Abkühlen auf -25^0, Waschen mit wenig kaltem PAe. u. Trocknen im Vakuum; granatrote Substanz, in organ. Lsgm. sehr gut löslich. — *Dikobaltpentacarbonyltellurid*, $[Co_2Te(CO)_5]_n$, aus 4,6 g $[Co(CO)_4]_2$ in 100 ml Bzl. u. 7,6 g $Te(C_6H_5)_2$ im Schlenk-Rohr durch Evakuieren, 40std. Stehen bei Raum-Temp., Filtrieren (G 3), Waschen mit CH_2Cl_2 u. PAe.; graphitähnliche, schwarze, glänzende Kristallflitter, in den üblichen Lsgm. unlöslich. Gerhard Schulze. 355◇

Perfluorierte Organokobaltcarbonyle und -nitrosyle. 125. Mitt. über Metallcarbonyle. Walter Hieber und Ekkehard Lindner. (Chem. Ber. **95**, 2042—48, herausgeg. 17/8. 1962; dt.) — 124. vgl. vorst. Referat. — Vff. stellen durch Rk. von Natriumtetracarbonylcobaltat(—I) mit höheren perfluorierten Carbonsäureanhydriden neue, bes. stabile Organometallcarbonyle her. So entsteht mit Perfluorpropionsäureanhydrid (I) tiefgelbes $C_2F_5COCo(CO)_4$ als eine bei Raum-Temp. unbeständige, an der Luft relativ leicht zersetzliche Fl., die oberhalb 30° unter Decarbonylierung in bei Raum-

Temp. stabiles $C_2F_5Co(CO)_4$ übergeht. Mit Heptafluorbuttersäure- u. n-Perfluoroctansäureanhydrid entstehen $C_3F_7Co(CO)_4$ als eine bei Raum-Temp. beständige, orangegelbe Fl. bzw. $C_7F_{15}Co(CO)_4$ als gelbbraune, stabile Substanz, F. 30°, die sich erst >120° zersetzt. Wegen der während der Rk. <0° einsetzenden spontanen Decarbonylierung lassen sich die intermediären Verbb. $C_3F_7COCo(CO)_4$ bzw. $C_7F_{15}COCo(CO)_4$ nicht mehr fassen. Analog reagiert Natriumtricarbonyltriphenylphosphincobaltat(—I) mit I zu citronengelbem $C_2F_5COCo(CO)_3P(C_6H_5)_3$, das >75° unter CO-Abgabe in blaßgelbes $C_2F_5Co\cdot(CO)_3P(C_6H_5)_3$ übergeht. Beide Verbb. sind gegenüber Luft-O_2 stabil. Ihre Eigg. werden mit denen der entsprechenden Trifluoracetyl- u. Trifluormethyl-Derivv. verglichen. Weiterhin gelang es, perfluorierte Alkylkobalttetracarbonyle mit Triphenylphosphin, -arsin u. -stibin in Bzl. unter Freisetzung von 1 Mol CO/Co bei Raum-Temp. zu substituieren, wobei sich die reinen monosubstituierten Alkyl-Derivv. bilden. Das $P(C_6H_5)_3$-Deriv. entsteht leichter als nach der oben beschriebenen Meth.; $C_2H_5Co(CO)_3As(C_6H_5)_3$ bildet tiefgelbe Kristalle u. ist an der Luft relativ beständig, $C_2F_5Co(CO)_3Sb(C_6H_5)_3$ ist gelbbraun u. ähnlich stabil. Die Komplexstabilität nimmt in der Reihenfolge P- > As- > Sb-Verb. ab. Durch Einw. von NO wurde aus $C_2F_5Co(CO)_3P(C_6H_5)_3$ in Bzl. bei 60—70° $C_2F_5Co(NO)_2P(C_6H_5)_3$ in Form violettbrauner, bei Raum-Temp. stabiler Blättchen, die an der Luft langsam NO abgeben, erhalten. Die IR-Spektren der Verbb. werden erörtert.

Versuche: Alle Rkk. werden unter Ausschluß von Luft-O_2 ausgeführt. — *Pentafluorpropionyltetracarbonylkobalt*, $C_2F_5COCo(CO)_4$, F. —33°, durch Red. von 5 g $[Co\cdot(CO)_4]_2$ in 200 ml Ae. mit Na-Amalgam, Filtrieren (G 4), Abziehen des Ae., Aufkondensieren von 150 ml trockenem Dimethyläther, Zutropfen von 7,25 g I bei —50°, Abziehen des Lsgm. nach 2 Std. bei Raum-Temp. u. Destillieren in eine mit fl. Luft gekühlte Falle; tiefgelbes, unbeständiges Öl; ca. 90% (Ausbeute). — *Pentafluoräthyltetracarbonylkobalt*, $C_2F_5Co(CO)_4$, F. —30°, durch Decarbonylierung von 8,3 g vorst. Verb. bei 40° im Bombenrohr in ½ Std. u. Destillieren bei 50° im Hochvakuum in eine mit fl. Luft gekühlte Falle; gelbrotes Öl; ca. 80%. — *Heptafluorpropyltetracarbonylkobalt*, $C_3F_7Co\cdot(CO)_4$, aus 2,5 g $[Co(CO)_4]_2$ u. 5,5 g Perfluorbuttersäureanhydrid analog vorvorst. Verb. u. Reinigen des Rohprod. durch Dest. bei ca. 80° im Hochvakuum; orangegelbe, therm. stabile Fl., in fast allen organ. Lsgm. leicht löslich. — *Pentadekafluorheptyltetracarbonylkobalt*, $C_7H_{15}Co(CO)_4$, F. 30°, aus einer mit Na-Amalgam red. äther. Lsg. von 4,46 g $[Co(CO)_4]_2$ von —80° u. 15 g Perfluoroctansäureanhydrid durch Erwärmen auf —20°, Filtrieren (G 4) nach ½ Std., Abziehen des Ae., Aufnehmen in PAe., Filtrieren u. Abziehen des PAe.; gelbbraunes Öl, das im Eisschrank krist., in organ. Lsgm. sehr gut löslich. — *Pentafluorpropionyltriphenylphosphintricarbonylkobalt*, $C_2F_5COCo(CO)_3\cdot P(C_6H_5)_3$, F. 138°, durch Red. von 1,86 g $[Co(CO)_3P(C_6H_5)_3]_2$ in 200 ml Tetrahydrofuran mit Na-Amalgam, Einengen auf ca. 20 ml, Zugabe von I in kleinem Überschuß bei —40°, Abziehen des Lsgm. nach 1 Std., Lösen in 20 ml Ae., Filtrieren (G 4), Abziehen des Ae., 3—4malige Wiederholung dieses Vorganges u. Umkristallisieren aus PAe./Ae. (5:1); citronengelbe, in organ. Lsgm. leicht lösl. Kristalle; ca. 95%. — *Pentafluoräthyltriphenylphosphintricarbonylkobalt*, $C_2F_5Co(CO)_3P(C_6H_5)_3$, F. 145°, a) durch Decarbonylierung von 0,96 g vorst. Verb. in 10 ml p-Xylol bei 75° in 10 Min., Abziehen des Lsgm. u. Umkristallisieren aus PAe./Ae. (5:1); ca. 95%; b) durch Zugabe von 2,17 g $P(C_6H_5)_3$ zu einer mit fl. Luft eingefrorenen Lsg. von 2,4 g $C_2F_5Co(CO)_4$ in 50 ml Bzl., Auftauen nach dem Evakuieren, Abziehen des Bzl. nach ca. 2 Std., Umkristallisieren aus PAe./Ae. (5:1) u. Waschen mit PAe.; blaßgelbe, lange Nadeln, in organ. Lsgm. leicht lösl.; ca. 80%. — *Pentafluoräthyltriphenylarsintricarbonylkobalt*, $C_2H_5Co(CO)_3As(C_6H_5)_3$, F. 134°, aus 1,83 g $C_2F_5Co(CO)_4$ in 40 ml Bzl. u. 1,93 g $As(C_6H_5)_3$ analog vorst. Verb. nach Verf. b) u. mehrmaliges Umkristallisieren aus PAe.; tiefgelbe, in allen organ. Lsgm. (auch in Pentan u. Hexan) lösl., therm. stabile Kristalle; ca. 60%. — *Pentafluoräthyltriphenylstibintricarbonylkobalt*, $C_2F_5Co(CO)_3Sb(C_6H_5)_3$, F. 120°, aus 1,2 g $C_2F_5Co(CO)_4$ in 40 ml Bzl. u. 1,46 g $Sb(C_6H_5)_3$ analog vorst. Verb.; derbe, braungelbe, in allen organ. Lsgm. lösl., therm. stabile Kristalle; ca. 50%. — *Pentafluoräthyltriphenylphosphindinitrosylkobalt*, $C_2H_5Co(NO)_2P(C_6H_5)_3$, F. 65°, durch 4std. Einleiten von NO in 1,53 g $C_2F_5Co(CO)_3\cdot P(C_6H_5)_3$ in 100 ml Bzl. bei 60—70°, Durchspülen mit N_2, Abziehen des Lsgm. im Schlenk-Rohr, Aufnehmen in PAe., Filtrieren (G 4), Abziehen des PAe., Behandeln mit Methanol; in allen organ. Lsgm. gut lösl., therm. stabile, violettbraune Kristalle, die sich aus der öligen Substanz erst nach einigen Tagen bei —183° im Hochvakuum bilden.

Gerhard Schulze. 355◇

Gemischte Metallcarbonyle. K. K. Joshi und P. L. Pauson. (Z. Naturforsch. **17b**, 565, Aug. 1962; Glasgow, Royal Coll. of Sci. and Technol., Dep. of Chem.; engl.) — Durch Rk. in Tetrahydrofuran bei Raum-Temp. unter Rühren in N_2-Atmosphäre, Abziehen des Lsgm. unter vermindertem Druck u. Chromatographieren des in Ligroin aufgenommenen Rückstandes an Silicagel stellen Vff. aus $Na[Co(CO)_4]$ u. $Mn(CO)_5Br$

Nonacarbonylkobaltmangan (I), F. 45—46° (nach Sublimation bei 30° u. 0,3 Torr), in Form orangeroter Nadeln u. aus $Na[Co(CO)_4]$ u. $C_5H_5Fe(CO)_2J$ *Cyclopentadienylhexacarbonylkobalteisen* (II), F. 52—53° (nach Sublimation bei 36° u. 0,2 Torr), in Form dunkelroter, fast schwarzer Kristalle her. In CCl_4-Lsg. treten im ν(CO)-Bereich für I Banden bei 2070, 2035, 2022, 2008 u. 1988 cm^{-1}, für II Banden bei 2085, 2063, 2026, 1994 u. 1823 cm^{-1} auf. Die letzte Bande deutet auf brückenbildende CO-Gruppen.
Gerhard Schulze. 355◇

Chalkogenide der Übergangselemente. 2. Mitt. Existenz der π-Phase in dem M_9S_8-Abschnitt des Systems Fe–Co–Ni–S. Osvald Knop und Mohammad Anwar Ibrahim. (Canad. J. Chem. **39,** 297—317, Febr. 1961; Halifax, Nova Scotia, Techn. Coll., Dep. of Chem. Engng.; engl.) — 1. vgl. Canad. J. Chem. **34,** [1956], 1142; 3. vgl. C. **1963,** 6122. — Die flächenzentrierte kub. Phase π-(Fe, Co, Ni, S) existiert bei Raum-Temp. innerhalb eines weiten Bereichs der Zus. im M_9S_8-Abschnitt des quatern. Syst. Fe–Co–Ni–S. Das Verhältnis M:S der bin. Phase π-(Co, S) beträgt 9:8 u. hat beiderseits Co_9S_8 einen sehr engen Homogenitätsbereich; in π-(Fe, Co, Ni, S) ist das Verhältnis etwas höher u. scheint mit abnehmendem Co-Geh. zuzunehmen. Stöchiometr. Co_9S_8 enthält wahrscheinlich in beiden Teilgittern eine kleine Anzahl von Leerstellen. Es ist sehr wahrscheinlich, daß das Teilgitter des S nahezu voll besetzt ist u. Abweichungen von der Stöchiometrie durch variierende Besetzung des Metallgitters verursacht werden. Die für Co_9S_8 u. Pentlandit (I) von Lindqvist u. Mitarbeitern [1936] vorgeschlagenen Kristallstrukturen werden für diese Verbb. u. für π-(Fe, Co, Ni, S) allg. durch Röntgen- u. Neutronenbeugungs-Unterss. bestätigt. Die von Jelissejew (C. **1956,** 4933) für natürlichen I angenommene Struktur wird durch die Unterss. nicht gestützt. Die Beugungswerte der untersuchten Substanzen entsprechen nicht dem Jelissejewschen Modell. Ersatz von Co in π-(Co, S) durch Fe oder Ni oder beide ruft eine Ausdehnung der Elementarzelle hervor, die maximale Zunahme von a(π) beträgt 3%. Co kann in durch trockene Synth. dargestelltem π-(Co, S) nicht vollständig durch Fe oder Ni ersetzt werden, bei gleichzeitiger Substitution bleibt die π-Struktur jedoch über einen weiten Bereich der Zus. auch bei vollständigem Ersatz erhalten. Die Stabilitätsgrenzen von π-(Fe, Ni, S) sind offenbar etwas weiter, als von Lundqvist (Ark. Kem., Mineralog. Geol., Ser. A **24,** [1947], 21) festgestellt wurde. P. Scharner. 356□

Das Eisgebiet in dem System AgF–HF–H_2O bei −15°. John P. Buettner und Albert W. Jache. (J. inorg. nuclear Chem. **19,** 376, Okt. 1961; Agricult. and Mechan. Coll. of Texas, Chem. Dep.; engl.) — Vgl. C. **1963,** 8079. — Eis kann bei HF-Konzz. von 0,00—12,06 Gew.-% u. AgF-Konzz. unter 37,72% existieren. H.-G. Moslé. 359□

Untersuchung ternärer Silberhalogenid-Mischkristalle. Henri Chateau, Marie-Claude Moncet und Jacques Pouradier. (C. R. hebd. Séances Acad. Sci. **254,** 1783—85, 5/3. 1962; Vincennes, Soc. Kodak-Pathé, Labor. de Rech.; franz.) — Die Mischkristalle werden bei 70° durch Fällung einer KCl–KBr–KJ-Mischung durch $AgNO_3$ hergestellt. Das Zustandsdiagramm zeigt eine Cl- oder Br-reiche kub.-flächenzentrierte Phase. Der J-Geh. schwankt zwischen 9,3% (Cl-reiche Phase) u. 38,6% (Br-reiche Phase). Diese tern. kub. Phase wird durch die Kurve AB begrenzt, deren Verlauf sich aus den Zus. folgender Verbb. E; F; G ersehen läßt. E: 80,0% AgCl; 8,3% AgBr; 11,7% AgJ; a (der Elementarzelle) = 5,643 Å. In gleicher Folge F: 60,0%; 23,0%; 17,0%; 5,710 Å u. G: 25,0%; 46,0%; 29,0%; 5,830 Å. Es existiert dann noch ein kleiner Phasenbereich mit der hexagonalen Struktur des AgJ, begrenzt durch die Kurve CD. Im Gebiet zwischen AB u. CD stehen zwei tern. Phasen im Gleichgewicht. Mehr als zwei Phasen wurden nicht beobachtet. Die Vergrößerung der Elementarzelle bei steigendem J-Geh. ist etwas stärker, als sie nach der Vegardschen Regel sein sollte. I. Zoll. 359◇

Untersuchung des Verhaltens der Chlorokomplexe der Platinelemente in Lösung und an Anionenaustauschern. E. Blasius, W. Preetz und R. Schmitt. (J. inorg. nuclear Chem. **19,** 115—32, Sept. 1961; Berlin, TU, Anorgan.-Chem. Inst.; dt.) — Der Ligandenaustausch u. die Hydrolyse der Pt(IV)-, Ir(III)- u. Ir(IV)-Chlorokomplexe sowie ihr Verh. an Anionenaustauschern (Dowex 2) wurden unter Verw. von ^{36}Cl als Indicator verfolgt. Unter Lichtausschluß tritt beim $[IrCl_6]^{2-}$-Komplex erst bei 60° bzw. 80°, beim $[PtCl_6]^{2-}$-Komplex auch schon bei Zimmer-Temp. Ligandenaustausch ein. Die geringen Tauschgeschw. sowie die hohe Aktivierungsenergie von 25 bzw. 27 kcal/Mol bestätigen gut die Einordnung in die Gruppe der inerten „inner orbital"-Komplexe. Da in beiden Fällen ein bimol. Mechanismus vorliegt, dürfte die Rk. über ein Stoßpaar gehen. Dagegen ist der $[IrCl_6]^{3-}$-Komplex instabiler. Der Ligandentausch verläuft schon bei Zimmer-Temp. nach dem Mechanismus einer reversiblen Dissoziation. In 10^{-3}m Lsgg. tritt beim $[IrCl_6]^{2-}$ u. $[IrCl_6]^{3-}$-Komplex im stärker sauren Gebiet (>3nHCl) nach spektrophotometr. Unters. keine Hydrolyse auf. Im Bereich der HCl-Konz. von 0,1—3 n hydrolysieren vom $[IrCl_6]^{3-}$-Komplex zwei Cl^--Liganden ab. Bei der Oxydation dieser Komplexe entstehen die entsprechenden metastabilen Ir(IV)-Hydroxokomplexe, denn beim Erhitzen dieser Lsgg. bildet sich wieder der $[IrCl_6]^{2-}$-Komplex. In neutraler Lsg. entstehen beim IR(III)-Komplex mehrere im Gleichgewicht befindliche teilhydrolysierte Komplexe. Bei der Oxydation werden die entsprechenden hydrolysierten Komplexe in der Oxydationsstufe + 4 erhalten, die sich wahrscheinlich auch langsam aus der neutralen $[IrCl_6]^{2-}$-Lsg. bilden. Eine radiometr. erfaßbare Hydrolyse tritt beim $[PtCl_6]^{2-}$-Komplex erst in schwächer sauren Lsgg. (< 1 n HCl) auf. In einer 0,05 n HCl-Lsg. geht die Hydrolyse bis zu einem Zustand, der einen Anteil von 10% $[PtCl_5(OH)]^{2-}$ am im übrigen unhydrolysierten Komplex entspricht. In einer 0,01 n HCl-Lsg. hydrolysieren bereits 25% der Cl^--Liganden ab. Dies entspräche einer summar. Zus. von 50% $[PtCl_5(OH)]^{2-}$ u. 50% $[PtCl_4(OH)_2]^{2-}$, jedoch dürften fast immer alle Ionensorten zwischen $[PtCl_6]^{2-}$ u. $[Pt(OH)_6]^{2-}$ auftreten. Sowohl der Ligandentausch als auch die Hydrolyse werden durch Lichteinw. stark beschleunigt. Die Bindung der Komplexionen beim Ionenaustausch erfolgt durch Ersatz äquivalenter Cl^--Mengen des Austauschers. Die leichte Reduzierbarkeit des Ir(IV)-Komplexes in Ggw. von Anionenaustauschern führt zu dem viel reaktionsfähigeren Ir(III)-Komplex, aus dem sich ziemlich schnell mehrere im Gleichgewicht befindliche Hydrolysekomplexe bilden. Eine besondere Wechselwrkg. zwischen Cl^- u. den Komplexen beim Austauschvorgang liegt nicht vor. Demnach ist die besonders feste Bindung am Austauscher auf sek. Einfl. des Harzgerüstes zurückzuführen.

W. Hein. 362◇

Übergangsmetallkomplexe von sekundären Phosphinen. 1. Mitt. **Palladium(II) und Diphenylphosphin.** R. G. Hayter. (J. Amer. chem. Soc. **84**, 3046—53, 20/8. 1962; Pittsburgh, Pa., Mellon Inst.; engl.) — Vgl. C. **1962,** 11847. — Bei der Rk. von Diphenylphosphin (I) mit Pd-Halogeniden entstehen 4 Typen von Komplex-Verbb.: $\{PdX[P(C_6H_5)_2][HP(C_6H_5)_2]\}_2$ (**II**), $\{PdX_2[HP(C_6H_5)_2]\}_2$ (**III**), $\{PdBr[HP(C_6H_5)_2]_3\}Br$ (**IV**) u. $\{Pd[P(C_6H_5)_2]_2[HP(C_6H_5)_2]_2\}$ (**V**) (X = Cl, Br, J). Die Bldg. der einzelnen Rk.-Prodd. wird durch eine Reihe reversibler Rkk. bestimmt: $\{PdX[HP(C_6H_5)_2]_3\}X \underset{2\,I}{\overset{I}{\rightleftarrows}} \{PdX_2 \cdot HP(C_6H_5)_2]_2\} \rightleftharpoons \frac{1}{2}\,\{PdX[P(C_6H_5)_2][HP(C_6H_5)_2]\}_2 + HX \rightleftarrows \{Pd[P(C_6H_5)_2]_2[HP(C_6H_5)_2]_2\} + HX$. Die Neigung zur Bldg. von Komplexen, die den anion. Liganden $P(C_6H_5)_2^-$ enthalten (**II** u. **V**), nimmt in der Reihenfolge Cl > Br > J ab. **II** wird in Ggw. überschüssiger Säure nur gebildet, wenn X = Cl ist. **V** wird rein nur durch die Rk. $Na_2PdCl_4 + 4\,I \rightleftharpoons$ **V** $+ 2\,HCl + 2\,NaCl$ erhalten. HX wirken der Bldg. von **II** oder **V** entgegen u. begünstigen die Bldg. von **III**. Überschüssiges **I** begünstigt in Alkoholen die Bldg. von **II** oder **V** u. in Bzl. die Bldg. von **IV**; Verw. von Alkoholen als Lsgm. begünstigt die Säureverdrängungs-Rk. u. somit die Bldg. von **II** oder **V**, während Bzl. die Bldg. der Dihalogenokomplexe **III** oder **IV** fördert. Die Komplexe vom Typ **II** (X = Cl, Br, J, SCN) sind in Bzl. oder Chlf. dimer u. verhalten sich in Nitromethan- (**VI**) oder Nitrobenzol-Lsgg. als Nichtelektrolyte. **II** reagiert mit p-Toluidin nicht u. gibt auch sonst keine für endständige Diphenylphosphidogruppen typ. Rkk., es enthält daher wahrscheinlich keine Halogeno-, sondern P-Brücken. Die P-Brücken können durch HBr oder durch **I** aufgespalten werden, es entstehen dann **III** bzw. **V**. Mit etwas stärkeren Basen, wie Diäthylamin oder Piperidin, findet langsam eine Säureverdrängung statt u. es entstehen vermutlich Verbb. des Typs $\{Pd[P(C_6H_5)_2](amin)\}_2$ oder $\{(Pd[P(C_6H_5)_2]\,(amin)_2\}$, die jedoch sehr lösl. u. ziemlich instabil sind u. daher nicht in reinem Zustand isoliert werden konnten. $\{PdCl[P(C_6H_5)_2] \cdot [HP(C_6H_5)_2]\}_2$ (**VII**) reagiert mit tert. Phosphinen zu dimeren Komplexen des Typs $\{PdCl[P(C_6H_5)_2](PR_3)\}_2$ [$PR_3 = (C_2H_5)_3P$, $(CH_3)_2(C_6H_5)P$], die wahrscheinlich eine trans-P-Brückenstruktur besitzen. **II** (X = Cl) gibt mit den Chelatliganden $C_2H_4[P(C_6H_5)_2]_2$ u. o-Phenanthrolin stabile, ion. Komplexe des Typs **VIII** [X = J^-, NO_3^-, ClO_4^-, $B(C_6H_5)_4^-$, $OC_6H_2 \cdot (NO_2)_3^-$ u. $HgCl_3^-$]. Mit Hilfe der Debye-Hückel-Onsager-Gleichung konnte nachgewiesen werden, daß sich **VIII** in Methanol wie ein 1:2-Elektrolyt verhält. **III** (X = Br, J) ist in sd. Bzl. monomer u. besitzt quadrat. planare Struktur; das Dipolmoment des J-Komplexes beträgt 6,5 D, in Lsg. befinden sich danach etwa gleiche Teile des cis- u. trans-Isomeren. **IV** ist in Lsg. z. T. dissoziiert; die dunkelrote Farbe der benzol. Lsg. von **IV**, die überschüssiges **I** enthält, deutet auf die Ggw. eines nichtion., 5fach koordinierten Komplexes $\{PdBr_2[HP(C_6H_5)_2]_3\}$. **V** ist in Bzl. monomer, verhält sich in **VI** als Nichtelektrolyt, ist in festem Zustand diamagnet. u. hat ein Dipolmoment von 9,8 D. Es besitzt eine cis-quadrat.-planare Struktur. In Lsg. tritt auf Grund der Ggw. endständiger

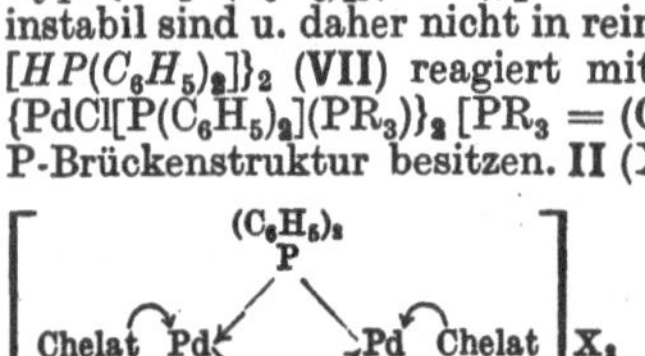

Diphenylphosphidogruppen schnell Oxydation ein. Mit Säuren, Halogenen oder Alkylhalogeniden reagiert V unter Verlust einer oder beider Diphenylphosphidogruppen. Trockenes HBr ergibt IV, in A. oder Aceton entsteht wegen der Instabilität von IV in diesen Lsgm. $\{PdBr[P(C_6H_5)_2][HP(C_6H_5)_2]\}_2$. Bldg., Struktur u. Reaktivität der P-Brücken enthaltenden Komplexe werden diskutiert.

Versuche: *Di-μ-diphenylphosphidodichloro-bis-[diphenylphosphin]-dipalladium* (VII), Zers. bei 215°, a) aus I u. Na_2PdCl_4 in A.; 80% (Ausbeute); b) durch Verdünnen von $PdCl_2$ in konz. HCl mit A. u. Behandeln mit I; c) durch 2std. Kochen von $PdCl_2$ u. I in Methanol u. mehrtägiges Stehen; 40%; d) aus V in Bzl. u. 0,123nHCl in Ae.; 46%; e) durch Lösen von V in Benzylchlorid; f) aus V in Bzl. u. einer 0,398m Lsg. von Cl_2 in CCl_4; 60%; aus Bzl. gelb-orangefarbene Prismen oder Nadeln. — $\{PdBr[P(C_6H_5)_2]\cdot[HP(C_6H_5)_2]\}_2$, Zers. bei 205°, wie vorst. Verb. nach Verf. a) nach vorheriger Behandlung des Na_2PdCl_4 mit LiBr; 94% oder nach Verf. c); 13%; aus Bzl. orangefarbene Kristalle. — *Di-μ-diphenylphosphidodithiocyanato-bis-[diphenylphosphin]-dipalladium*, Zers. bei 185°, aus Na_2PdCl_4 in A. u. KSCN nach 10 Min. langem Kochen Zugabe von I; orangefarbene Kristalle; 82%. — *cis-Bis-[diphenylphosphido]-bis-[diphenylphosphin]-palladium* (V), $C_{48}H_{42}P_4Pd$, F. 110—120° (Zers.), a) aus Na_2PdCl_4 u. I in A.; 81%; b) aus VII u. I in A. nach ¹/₄std. Kochen; 33%; lachsfarbene Nadeln. — *Dibromo-bis-[diphenylphosphin]-palladium-1-Benzol*, F. 98—105°, Zers. oberhalb 215°, durch Kochen von $PdBr_2$ u. I in Bzl.; aus Bzl. gelbe Tafeln; 22%. Daneben 15% $\{PdBr[P(C_6H_5)_2][HP(C_6H_5)_2]\}_2$. — $\{PdJ_2[HP(C_6H_5)_2]_2\}$, F. 224—229°, a) wie vorst. Verb. aus PdJ_2; 70%; b) aus V u. J_2 in Bzl.; 45%; aus Bzl. rot-orangefarbene Kristalle. — *Bromo-tris-[diphenylphosphin]-palladiumbromid-0,5-Benzol*, $\{PdBr[HP(C_6H_5)_2]_3\}Br\cdot ½C_6H_6$, F. 140—160° (Zers.), a) durch ½std. Kochen von $PdBr_2$ u. I in Bzl.; 78%; b) aus V in Bzl. u. HBr in Ae.; 50%; bronzefarbene Nadeln. — *Di-μ-diphenylphosphidodijodo-bis-[diphenylphosphin]-dipalladium* (IX), F. 200—220° (Zers.), durch Rk. von VII mit LiJ in Tetrahydrofuran nach 8std. Kochen; aus Bzl. orangerote Kristalle; 70%. — *trans-Di-μ-diphenylphosphidodichloro-bis-[triäthylphosphin]-dipalladium*, F. 215—219°, aus VII u. Triäthylphosphin in Aceton nach 10 Min. langem Kochen; aus wss. Aceton gelbe Tafeln; 44%. — $\{PdCl[P(C_6H_5)_2]\cdot[P(C_6H_5)(CH_3)_2]\}_2$, F. 227—228° (Zers.), analog vorst. Verb. in Bzl.; aus Chlf.-Hexan gelbe Kristalle; 34%. — *Di-μ-diphenylphosphido-bis-[1.2-bis-(diphenylphosphino)-äthan]-dipalladiumdichlorid*, F. 173—175° (Zers.), aus VII u. 1.2-Bis-[diphenylphosphino]-äthan (X) in Bzl. nach 24std. Stehen; blaß orangefarbene Tafeln; 88%. — *Di-μ-diphenylphosphido-bis-[1.2-bis-(diphenylphosphino)-äthan]-dipalladiumdijodid*, F. 181—184° (Zers.), a) aus vorst. Verb. u. LiJ in A.; 55%; b) aus IX u. X in Bzl.; 74%; aus wss. A. rot-orangefarbene Kristalle. — Die folgenden Verbb. der allg. Form VIII, $[Pd_2[P(C_6H_5)_2]_2(Chelat)_2]X_2$, Chelat = $C_2H_4[P(C_6H_5)_2]_2$, wurden analog vorst. Verb. aus vorvorst. Verb. u. einem geeigneten Metallsalz in A. oder W. dargestellt: (X =) NO_3, F. 202—204° (Zers.), aus wss. A. orangefarbene Kristalle; 20%; ClO_4, F. 280—282° (Zers.), aus wss. A. orangefarbene Kristalle; 41%; $B(C_6H_5)_4$, F. 166—169° (Zers.), aus wss. Aceton orangerote Kristalle; 55%; *Pikrat*, F. 223—225° (Zers.), aus Methanol orangefarbene Kristalle; 54%. $HgCl_3$, Zers. bei 185°, aus wss. Aceton orangefarbene Kristalle; 15%. — *Di-μ-diphenylphosphido-bis-[1.10-phenanthrolin]-dipalladiumdiperchlorat*, F. >350° (Zers.), aus VII u. 1.10-Phenanthrolin in A., ¹/₄std. Kochen u. Zugabe von $NaClO_4$ in W.; aus Methanol citronengelbe Nadeln; 15%. — $[(C_6H_5)_2(CH_3)_2P]J$, $C_{14}H_{16}JP$, F. 254,5—256,5°, aus V u. CH_3J in Bzl. nach 2tägigem Stehen; aus Aceton Nadeln; 34%. Daneben 40% $(PdJ[P(C_6H_5)_2][HP(C_6H_5)_2])_2$. P. Scharner. 365◇

Substitutionsreaktionen von Palladium(II)-Komplexen mit einem zweizähnigen tertiären Arsin-Liganden. George W. Watt und Richard Layton. (Inorg. Chem. [Washington] 1, 496—98, Aug. 1962; Austin, Tex., Univ. of Texas, Dep. of Chem.; Columbia, S.C., Univ. of South Carolina, Dep. of Chem.; engl.) — Die Rk. von Äthylen-α.β-bis[diphenylarsin], $(C_6H_5)_2AsCH_2CH_2As(C_6H_5)_2$ (EDA) mit $[Pd(en)X_2]$ (en = Äthylendiamin u. X = Cl, Br u. J) ergibt die Komplexe $[Pd(EDA)X_2]$ (I), daneben bei X = Cl u. Br $[Pd(en)_2]X_2$ (II). Der Ligand en wird in II vollständig durch EDA ersetzt, wobei sich die Komplexe I ergeben; bei $X = ClO_4^-$ bildet sich jedoch $[Pd(EDA)_2](ClO_4)_2$ (III). EDA kann in III durch Halogenionen unter Bldg. von I ersetzt werden; der Ligandersatz erfolgt in der Reihenfolge J > Br > Cl. Beim direkten Ersatz eines Halogenids durch ein anderes in I gilt die Reihenfolge J > Br < Cl. Beim Ersatz des Liganden en durch den Liganden EDA wird als Zwischenprod. das Kation $[Pd(en)(EDA)]^{2+}$ vorgeschlagen u. seine Existenz durch Beobachtung der Änderung der Spektren als Funktion der Zeit bewiesen.

Versuche: *Bis-[äthylendiamin]-palladium(II)-perchlorat*, aus $[Pd(en)_2]Cl_2$ u. 0,1m $AgClO_4$. — *Dichloroäthylen-α.β-bis-[diphenylarsin]-palladium* (*II*), durch 12std. Erhitzen von 0,6335 g K_2PdCl_4 u. 1,0728 g EDA in 200 ml Methanol am Rückfluß u. Fällen mit W.;

1,0728 g. — *Dibromoäthylen-α.β-bis-[diphenylarsin]-palladium(II)* aus 0,4987 g K_2PdBr_4 u. 0,487 g EDA; 0,6843 g *Dijodoäthylen-α.β-bis-[diphenylarsin]-palladium(II)*, aus 0,3034 g PdJ_2 u. 0,429 g EDA in Bzl., Filtrieren u. 3tägige Extraktion mit Bzl.; 0,5089 g Kristalle. G. Heller. 365◇

A₉. Mineralogische und geologische Chemie

Irrtümer bei der Messung der Mondtemperatur. Eugene A. Burns und R. J. P. Lyon. (Nature [London] **196**, 463—64, 3/11. 1962; Menlo Park, Calif., Stanford Res. Inst., Propuls. Sci. and Space Sci. Div., Phys. Sci. Inst.; engl.) — Die Energie der Emissionsstrahlung von Quarz wurde im Vgl. zu der des schwarzen Körpers als Funktion der Temp. u. der Wellenlänge untersucht. Von Materialien (Granit, Obsidian, Dunit, Meteorit „Haven"-Chondrit), die vermutlich auf der Sonnenseite des Mondes vorkommen, wurden die emittierten Durchschnittsenergien bei 350° K bestimmt; die Fehlermöglichkeiten bei der Best. der Mond-Temp. werden diskutiert. Ernst Schulte. 378□

Einige Aspekte der Geochemie des Cadmiums. Asoke Mookherjee. (Geochim. cosmochim. Acta [London] **26**, 351—60, Febr. 1962; Kharagpur, Indian Inst. of Technol.; engl.) — Der „Anreicherungsfaktor" (Anreicherung von Cd in hydrothermalen Zinkblenden) entspricht nur dann dem theoret. Wert, wenn reine Komponenten vorliegen. Die Anwesenheit von Cl-Ionen (2,0—3,0m) drückt diesen Wert bis zu den in Erzlagerstätten gefundenen herab. In Anbetracht des ständig vorhandenen NaCl in Fl.-Einschlüssen muß mit einer Komplex-Bldg. zwischen Cd u. Cl gerechnet werden, die die Konz. an freien Cd^{2+}-Ionen bedeutend erniedrigt u. das Auftreten von CdS als selbständiger Phase behindert. J. Heinze. 378□

Die Gültigkeit der spektrographischen Bestimmungen von Spurenelementen im Granit G-1 und Diabas W-1. Joan M. Rooke und Adrienne Fisher. (Geochim. cosmochim. Acta [London] **26**, 335—42, Febr. 1962; Leeds, Univ., Dep. of Geol., Res. Inst. of African Geol.; engl.) — Neue spektrograph. Analysenwerte von 16 Spurenelementen der Standards G-1 u. W-1 werden mit den zuletzt bekannt gewordenen Literaturwerten verglichen. Anscheinend kann die Benutzung dieser Standards Fehler hervorrufen, wenn zwischen den Proben Unterschiede bestehen. J. Heinze. 378□

Durch Neutronenaktivierungsanalyse bestimmte Werte der Spurenelemente in G-1 und W-1. 2. Mitt. **Mo, Sn, Ta, W.** Hiroshi Hamaguchi, Rokuro Kuroda, Tsuneo Shimizu, Iwao Tsukahara und Ryuichi Yamamoto. (Geochim. cosmochim. Acta [London] **26**, 503—05, April 1962; Koishikawa, Tokyo Univ. of Educ.; engl.) — 1. vgl. C. **1962**, 14961. — Best. der Spurenelement-Geh. in den Standards Granit G-1 u. Diabas W-1 (ppm) Mo: 7,0, 1,3; Sn: 3,4, 3,4; Ta: 1,3, 0,69; W: 0,50, 0,58. J. Heinze. 378□

Einige Spurenelementgehalte in den Standardgesteinen G-1 und W-1. Maria C. Clark und D. J. Swaine. (Geochim. cosmochim. Acta [London] **26**, 511—14, April 1962; Chatswood, N.S. Wales, Commonwealth Sci. and Ind. Res. Organiz., Div. of Coal Res.; engl.) — Die Geh. von 20 Spurenelementen wurden spektrograph. bestimmt. Die Ergebnisse werden mit Literaturwerten verglichen. Die Y- u. B-Literaturwerte scheinen zu hoch zu sein. J. Heinze. 378□

Ta im Granit G-1. J. R. Butler und A. J. Thompson. (Geochim. cosmochim. Acta [London] **26**, 516—17, April 1962; London, Imp. Coll., Pure Geochem. Sect.; engl.) — Aus Neutronenaktivierungsanalysen ergibt sich ein durchschnittlicher Ta-Geh. von 0,90 ppm für die untersuchte Probe. J. Heinze. 378□

Verteilung von Metallen in rezenter mariner Umgebung. Wm. H. White und K. E. Northcote. (Econ. Geol. **57**, 405—09, Mai 1962; Vancouver, B.C., Univ. of Brit. Columbia, Dep. of Geol.; engl.) — In einer Meeresbucht, in die 2 Flüsse münden, wurden die Korngrößenverteilung der Sedimente $< 200\ \mu$ u. die Verteilung des S, Fe, Cu, Zn u. Pb in den Sedimenten festgestellt. Die Korngröße der Sedimente nimmt von der Mündung der Flüsse seewärts kontinuierlich ab. Der S-Geh. zwischen 0,33 u. 2,11% zeigt etwa dieselbe Verteilung wie die Körnung. Das Fe mit 1,54—3,87% ist an der Mündung der Flüsse in den grobkörnigen Fraktionen als *Magnetit* angereichert. Der Cu-Geh. mit 5—122 ppm, wobei Werte über 20 ppm als anomal betrachtet werden, zeigt die größte Anreicherung an der Hochwassermarke. Niedrige Werte wurden in den Sedimenten der Ebbe u. im Brackwasser festgestellt. Die Verteilung des Zn-Geh. mit 18 bis 109 ppm (über 40 ppm anomal) ist etwa dieselbe wie die des Cu. Der Pb-Geh. mit 1 bis 2 ppm ist zu gering, um eine Verteilung festzulegen. F. Ensslin. 378◇

Kalium-Argon-Altersbestimmung plutonischer Gesteine der Palmer-Halbinsel und des südlichen Chile. Martin Halpern. (Science [Washington] **138**, 1261—62, 14/12. 1962; Madison, Wis., Univ. of Wisconsin, Geophys. and Polar Res. Center; engl.)—

Von drei unverwitterten Proben pluton. Gesteine der nördlichen Palmer-Halbinsel (Antarktis) u. des südlichen Chile wurde das K/Ar-Alter bestimmt. Es ergab sich späte Kreide bis frühes Tertiär. Ernst Schulte. 378◇

Das Vorkommen und die Bedeutung von Blei-Isotopen in pelagischen Sedimenten. Tsaihwa J. Chow und C. C. Patterson. (Geochim. cosmochim. Acta [London] **26**, 263—308, Febr. 1962; Pasadena, Calif., California Inst. of Technol. Div. of Geol. Sci.; engl.) — Ungefähr $^2/_3$ des Pb aller pleistozäner pelag. Sedimente wurde chem. aus dem Meerwasser ausgefällt. Der Rest wurde in Form fester Partikel transportiert. Während die Geschw. der chem. Ablagerung überall gleichförmig ist, variiert die mechan. beträchtlich. Pb kann zur chronometr. Best. für Intervalle kleiner als 100 Mill. Jahre benutzt werden. Die Hauptzüge der Isotopenvariation des Pb — welches von kontinentalen Oberflächen denudiert wurde — können erklärt werden, wenn man postuliert: 1. Dieses Pb hat sich innerhalb der Kontinentalkruste u. oberhalb der Mohorovičić-Diskontinuität gebildet. 2. Die Kruste besteht aus einer äußeren Phase mit hohem U/Pb- u. einer inneren mit niedrigem U/Pb-Verhältnis. 3. Die äußere Phase enthält Pb isotop. homogen mit dem Rest der Kruste zu der Bldg.-Zeit dieser Phase. 4. Die Isotopenvariationen entstammen verschiedenen Altersperioden innerhalb der äußeren Phase. Die mittlere isotop. Zus. von Pb der Ggw. ist: $^{206}Pb/^{204}Pb = 18{,}5_8$; $^{207}Pb/^{204}Pb = 15{,}7_7$ u. $^{208}Pb/^{204}Pb = 38{,}8_7$. J. Heinze. 378□

Geologie und Isotopenuntersuchung der sizilianischen Schwefellagerstätten. G. Dessau, M. L. Jensen und N. Nakai. (Econ. Geol. **57**, 410—38, Mai 1962; New Haven, Conn., Yale Univ., Labor. of Econ. Geol.; Pisa, Univ., Geol. Inst.; engl.) — Isotopen-Unterss. an S u. C an den Schwefel-Vork. von Sizilien deuten auf biogenen syngenet. Ursprung hin. S ist im Miozän in einer Lagunenverdampfungsfolge entstanden, wobei zuerst die Diatomitformation gefolgt von basalen Kalken abgeschieden wurde: Diesen folgte der Schwefel–Kalk mit den S-Lagern u. weißem Calcit. In wechselnder Folge werden diese von S-Gipslagern u. Mergel überlagert. $\delta^{34}S$ in dem gediegenen S des S-Kalksteins schwankt zwischen $+10$ u. $-10^0/_{00}$ im Vgl. zu 20 bis $+30^0/_{00}$ in dem S des Gipses u. Anhydrits. Diese Unterschiede sind auf die Fraktionierung während der Red. des Sulfats durch anaerobe Bakterien zu H_2S zurückzuführen. Die organ. Substanz für das Bakterienleben lieferte CO_2, wodurch der Gips in $CaCO_3$ umgewandelt wurde. $\delta^{13}C$ im Schwefelkalkstein schwankt zwischen -20 u. $-30^0/_{00}$ gegenüber $-5^0/_{00}$ in den Carbonaten der überlagernden Schichten. Bemerkenswert ist das Fehlen von Fe im S-Kalk. Die Oxydation des H_2S fand durch O_2 statt. F. Ensslin. 378◇

Zur metakolloidalen Bildung von Zinnober in Erzen der Quecksilberlagerstätte von Terligchaisk (Tuwa) und dem möglichen Zustand quecksilberhaltiger hydrothermaler Lösungen. W. I. Ssotnikow. (Geol. u. Geophysik [UdSSR] **1962**, Nr. 1, 78—87; Nowosibirsk, Inst. für Geol. u. Geophys. der sibir. Filiale der Akad. der Wiss. des UdSSR; russ., Auszug: engl.) — Strukturell-morpholog. Besonderheiten der metakoll. Bldg. von Zinnober u. verwandter Minerale werden besprochen. Es wird angenommen, daß zunächst bestehende echte Lsgg. mit hohen Konzz. unter plötzlichem scharfem Druckabfall zum koll. Zustand übergingen. Ein Teil der Stoffe kann dabei in ion. Form zurückgeblieben sein. H. Roschkowski. 378◇

Zur Genesis der oberschlesischen Bleizinkerzlagerstätte. 3. Mitt. **Ablehnung einer syngenetischen Lagerstättenbildung.** Kurt Seidl. (Neues Jb. Mineralog., Mh. **98**, 51—156, 1962; München-Obermenzing; dt.) — 2. vgl. C. **1963**, 3918. — Die syngenet. Entstehung der oberschles. Erze mit den Sedimenten, bes. mit dem Dolomit, läßt sich mit den Vork. nicht in Einklang bringen. Auf Grund umfangreicher Unterss. sind die Lagerstätten im Miozän unter dem Einfl. einer starken salinaren Phase gebildet worden. Mg- u. K-Salze sind nicht zur Ausscheidung gekommen, aber stark angereichert worden. Erstere sind für die Dolomitisierung der Kalke verantwortlich. Es bildete sich eine zonenweise Abscheidung von Pb u. Zn aus. F. Ensslin. 378◇

Über einige Umgebungseinflüsse auf die Erzabscheidung. Pierce D. Parker. (Econ. Geol. **57**, 293—324, Mai 1962; Tuscon, Ariz., Amer. Metal Climax, Inc.; engl.) — Die Metallsulfide, die in den Erz-Lsgg. als komplexe Ionen oder im gasförmigen Zustand transportiert werden, werden aus diesen mit abnehmender Temp. durch exotherme Rkk. abgeschieden. Die Energieverluste durch therm. Leitfähigkeit u. Druckverluste erniedrigen die Temp. u. verbrauchen die bei der Erzausscheidung erzeugte Wärme. Die Energieabnahme ist um so stärker, je höher die Temp.-Differenz zwischen den Lsgg. u. den umgebenden Gesteinen ist. Es erfolgt eine rasche Sulfidabscheidung in nicht zusammenhängenden u. zonaren Lagern. Der Druckverlust ist bei aufsteigenden Lsgg. am höchsten in der Nähe der Oberfläche. Die Verdrängung von Kalken durch Sulfid-Lsgg. bedingt einen starken Materialaustausch zwischen Erz-Lsgg. u. Grundgestein, der mit steigender Temp. zunimmt, wobei der Chemismus der Lsgg. sich ständig ändert. Die Energieverluste durch Wärmeleitfähigkeit, Druckabnahme u. endotherme Rkk. mit dem Kalk spielen dabei für die Entstehung der Sulfidlagerstätten eine untergeordnete Rolle. Die Ablagerung in Quarz–Silicat-Gesteinen mit geringer Druckabnahme erfolgt zusammenhängend. Die Nebengesteinsverwitterung mit Ausnahme der Kalke bedingt keine Sulfidabscheidung, da der Stoffaustausch nur untergeordnet ist. F. Ensslin. 378◇

Nordstrandit in Böden von West-Sarawak, Borneo. J. R. D. Wall, E. B. Wolfenden, E. H. Beard und T. Deans. (Nature [London] **196,** 264—65, 20/10. 1962; Soils Div., Dep. of Agricult.; Kuching, Sarawak, Geol. Surv. Dep.; London, Overseas Geol. Surv. Miner. Res. Div.; engl.) — Das Vork. von Nordstrandit bei Gunong Kapor nahe Bau in West-Sarawak wird beschrieben. Auf Grund einer chem. Analyse des bei 25° getrockneten Bodens wird auf folgende mineralog. Zus. geschlossen: Nordstrandit 43 (%), Goethit 31, Quarz 11,5, Kaolin 7,5, Wad u. Pyrolusit 2,5, Ilmenit 2, Diaspor 0,5, Stibiconit 0,5, Zirkon, Magnetit, Zinnober u. Gold in Spuren. Die Entstehung dieser Ablagerung von Terra Rossa ist nicht endgültig geklärt. Nordstrandit kommt in bis zu 1 mm großen, gelegentlich tafeligen Kristallen vor mit $\alpha = 1,580$, $\beta = 1,581$, $\gamma = 1,613$, $2V = +18°$. $D = 2,43$. Tabelle der d-Werte. Ernst Schulte. 380◇

Nordstrandit aus Guam. John C. Hathaway und Seymour O. Schlanger. (Nature [London] **196,** 265—66, 20/10. 1962; Denver, Colo., U. S. Geol. Surv.; Berea, Ky., U. S. Geol. Surv.; engl.) — Nordstrandit kommt in Miozänkalksteinen von Guam vor. Die opt. Eigg. des Minerals sind: $\alpha = 1,580$, $\beta = 1,580$, $\gamma = 1,596$ (alle Werte $\pm 0,004$, farblos), opt. positiv; Härte ca. 3. $D = 2,436$. Tabelle der d-Werte. Die chem. Analyse ergab (in %): SiO_2 4,14; Al_2O_3 63,97; Fe_2O_3 0,25; H_2O^+ 29,05; H_2O^- 1,59. Ernst Schulte. 380◇

Pyritsphärolithe in Sedimenten. J. T. Greensmith. (Econ. Geol. **57,** 118—19, Jan./Febr. 1962; London, Univ., Queen Mary Coll.; engl.) — Vgl. Love u. Zimmermann, C. **1963,** 830. — Vf. verweist auf Fakten, die von Love u. Zimmermann übersehen wurden u. hält eine andere als sedimentäre oder frühdiagenet. Enstehung der Pyritsphärulithe für ungewöhnlich. J. Heinze. 380◇

Bemerkungen über gesteinsbildende Mineralien. 20. Mitt. Magnetit und Sphen von Mituisi in der Provinz Hidaka, Hokkaido. Hiroshi Haramura. (J. geol. Soc. Japan **67,** 606, Okt. 1961; engl.) — 19. vgl. J. geol. Soc. Japan **67,** [1961], 186; 18. vgl. C. **1963,** 6156. — In kristallinen Schiefern kommen mehr oder weniger serpentinisierte ultrabas. Massen vor, denen Magnetit–Sphen–Chlorit- u. Magnetit– Quarz–Granat-Gesteine benachbart sind. Die bis 1 cm großenMagnetitkristalle enthalten trotz häufigen Vork. von Ti in der Umgebung nur 0,37% TiO_2, was auf Bldg. bei niedrigen Temp. hinweist. Der Sphen hat übliche Zus., Analysenwerte sind angegeben. F. Ensslin. 380□

Ein Vorkommen von Violarit und Millerit in Calcitgängen, Benton County, Arkansas. Philip J. Sterling, Charles G. Stone und Charles A. Renfroe. (Econ. Geol. **57,** 453—55, Mai 1962; Little Rock, Ark., Arkansas Geol. and Conservation Commiss.; engl.) — Millerit u. Violarit (Ni_2FeS_4) kommen eingesprengt in den Gangfüllungen in Calcit vor, wobei häufig Violarit durch Millerit verdrängt ist. Beide sind häufig von grünen Oxydationsprodd. aus Ni-Mg-Silicaten umgeben. Der Millerit wurde z. T. später von grob krist. Calcit eingehüllt. F. Ensslin. 380◇

Die Wirtschaftsgeologie von Columbium (Niob) und Tantal. Nicolas de Kun. (Econ. Geol. **57,** 377—404, Mai 1962; New York City, N.Y., Columbia Univ., School of Mines; engl.) — Mit der Entdeckung der Carbonatite als Nb-Träger sind die Weltvorräte an Nb so gestiegen, daß sie dem Bedarf gewachsen sind, während Ta immer noch relativ knapp ist. Neben den Carbonatiten sind die Seifenlagerstätten, die Pegmatite, teilweise die Granite u. bas. Alkaligesteine wirtschaftlich wichtige Lieferanten für beide Elemente. Sie sind paragenet. mit Zr, Th, Sn, W, Li, Be (nur in Pegmatiten), Ti, Fe, P (nicht in Graniten), Ba, Sr, Mn, Fe u. Mg. Die prozentuale Verteilung der Vork. des Nb u. in Klammern des Ta sind: Carbonatite 98,5 (0), Seifen 1,2 (61), Pegmatite 0,1 (39), Granite 0,2 (0). F. Ensslin. 380◇

Biogenetische primäre Sulfide des permischen Kupferschiefers und Mergelschiefers. L. G. Love. (Econ. Geol. **57,** 350—66, Mai 1962; Sheffield, England, Dep. of Geol.; New Haven, Conn., Yale Univ.; engl.) — In mitteldeutschen Kupferschiefern finden sich in den Sulfiden Myriaden von Sphärolithen bis 20 μ Ø, die in mikrofossilen Resten zusammen mit Pyritosphaera barbaria eingeschlossen sind. Diese Mikroorganismen haben im Zechsteinmeer die prim. Sulfide ausgefällt. Ähnliche Beobachtungen liegen im Mergelschiefer von Nordost-England vor. Die sek. Umwandlung des Pyrits durch Schwermetallsalze zu Schwermetallsulfiden wird diskutiert. F. Ensslin. 380◇

Spurenelemente als Eisenbegleiter in den Magnetiterzen der Mount Hope Mine und des New Jersey-Hochlands. Allan H. James und William H. Dennen. (Econ. Geol. **57**, 439—49, Mai 1962; Cambridge, Mass., MIT, Cabot Spectrographic Labor.; engl.) — In den Magnetiten wurden die Eisenbegleiter Ti, V, Cr, Co u. Ni spektrograph. bestimmt. Der Erzanfall in 2 Gruben mit verschiedenen Nebengesteinen, Gangfüllungen u. dünnen Erzadern ist chem. prakt. gleich zusammengesetzt. Es läßt sich eine bestimmte vertikale Zonenstruktur des ganzen Erzgebietes mit dem Brennpunkt bei Split Rock Pound beobachten. Auf Grund dieser Tatsachen wird auf eine hydrothermale Entstehung der Erze geschlossen. F. Ensslin. 380◇

Die Petrologie des unteren Rauhkalk von Nordost-Yorkshire und Südost-Durham. Leo Richard Raymond. (Quart. J. geol. Soc. London **118**, 39—64, 30/3. 1962; engl.) — Der untere Magnesian–Kalkstein-Horizont des Gebietes an der Nordostküste Englands ist in 4700—5000 ft. Tiefe mit Blöcken von Anhydrit u. Gipsadern durchsetzt; daneben kommt gelegentlich S vor, dessen H_2S auf Anärobentätigkeit schließen läßt. An einigen Stellen wurden auch Talklager erbohrt, die neben Halit in massigem Sulfatgestein anzutreffen waren. R. G. Kaiser. 385□

Beitrag zur Untersuchung der Pegmatite des Kongo und von Ruanda. 4. Mitt. Amblygonit- und Spodumenpegmatite und stark albitisierte Spodumen- und Cassiterit-Pegmatite aus dem Gebiet von Katumba (Ruanda). N. Varlamoff. (Ann. Soc. géol. Belgique, Bull. **84**, 257—78, Jan./Mai 1961; franz.) — 3. vgl. C. **1963**, 2774. — Die Pegmatite enthalten große Partien Amblygonit, Spodumen, Onkosin u. Montebrasit. Es treten Verdrängungsstrukturen von Spodumen durch Onkosin, einen gelben Glimmer mit mittleren Rb-Geh. auf. Der Montebrasit ist wahrscheinlich durch Ersatz des Li durch eine OH-Gruppe aus dem Amblygonit entstanden. Es werden je 2 Phasen von Albitisierung u. Greisen-Bldg. festgestellt. Die Spodumenpegmatite befinden sich über den obengenannten. Auch sie haben die Albitisierung u. die Greisen-Bldg. mitgemacht u. außerdem eine Periode des Absatzes von Lepidolith in den albitisierten Geoden. Bemerkungen über die Verwitterung der Lithiummineralien. F. Ensslin. 385□

Oberflächentexturen von Sandkörnern — Anwendung der Elektronenmikroskopie: Vereisung. David Krinsley. (Science [Washington] **138**, 1262—64, 14/12. 1962; Flushing, City Univ. of New York, Queen's Coll., Dep. of Geol. and Geograph.; Alfred, N.Y., Alfred Univ., New York State Coll. of Ceramics; engl.) — Vgl. C. **1962**, 13698. — Zur Unters. von Vorgängen bei der Vergletscherung wurde ein Gemisch von Eis u. Quarzkörnern bei 500 bar Mahlprozessen unterworfen u. die elektronenmkr. Aufnahmen der Oberflächen dieser so behandelten Körner mit denen verglichen, die von Gletschersand aufgenommen wurden. Es ist möglich, durch elektronenmkr. Unters. der Texturen zwischen Gletschersanden u. Strand- sowie eol. Sanden zu unterscheiden. Ernst Schulte. 385◇

Magnetische Anisotropie in chondritischen Meteoriten. B. Weaving. (Geochim. cosmochim. Acta [London] **26**, 451—55, April 1962; London, Imperial Coll., Dep. of Phys.; engl.) — 6 untersuchte Meteorite zeigten anisotrope Susceptibilitäten, obgleich die magnet. Minerale (Taenit, Kamazit) kub. sind. Die maximalen, minimalen u. mittleren Susceptibilitätsrichtungen sind innerhalb jedes Meteoriten konstant. J. Heinze. 388□

Cohenit als Druckindicator bei Eisenmeteoriten. 2. Mitt. A. E. Ringwood und Merren Seabrook. (Geochim. cosmochim. Acta [London] **26**, 507—09, April 1962; Canberra, Australian Nat. Univ., Dep. of Geophys.; eng.) — 1. vgl. C. **1962**, 10397. — Entgegen der Ansicht von Lipschutz u. Anders, kann nicht P für die Stabilität von *Cohenit* $(FeNi)_3C$ verantwortlich gemacht werden, sondern hoher Druck, wie die Vff. früher bereits annahmen. J. Heinze. 388□

Diamanten im Dyalpur-Meteoriten. Michael E. Lipschutz.) Science [Washington] **138**, 1266—67, 14/12. 1962; Greenbelt, Md., Goddard Space Flight Center, Nat. Aeronautics and Space Adm.; engl.) — Im Dyalpur-Meteoriten wurde röntgenograph. Diamant nachgewiesen. Die Diamantkristalle ähneln denen des Novo-Urei- u. noch mehr denen des Goalpara-Meteoriten. Es handelt sich um das vierte in Meteoriten beschriebene Vorkommen. Ernst Schulte. 388◇

Die Verteilung von Mangan und Titan in Steinmeteoriten. Carleton B. Moore und Harrison Brown. (Geochim. cosmochem. Acta [London] **26**, 495—502, April 1962; Pasadena, Calif., California Inst. of Technol.; engl.) — Mn- u. Ti-Geh. wurden spektrograph. an 43 Chondriten bekannter Fallzeit, 45 Chondriten unbekannter Fallzeit, 2 kohlehaltigen Chondriten u. an 5 Achondriten bestimmt. Das Mn/Ti-Verhältnis ist mit wenigen Ausnahmen konstant. Die berechnete kosm. Häufigkeit beträgt: $Mn = 7470 \pm 800$, $Ti = 2120 \pm 260 (Si = 10^6)$. J. Heinze. 388□

Die Verbreitung von Nickel in einigen natürlichen Gläsern. W. D. Ehmann. (Geochim. cosmochim. Acta [London] **26**, 489—93, April 1962; Lexington, Ky., Univ. of Kentucky; Argonne, Ill., Argonne Nat. Labor.; engl.) — Die Ni- u. Fe-Geh. von 4 Australiten, einem Billitonit, 2 Meteoritgläsern u. 3 Obsidianen wurden durch Neutronenaktivierungsanalyse, bzw. gravimetr. bestimmt. Auf Grund des Ni/Fe-Verhältnisses bilden die Tektite eine deutlich unterscheidbare Gruppe. Bei Australiten ist das Verhältnis über einen Bereich von mehr als 1000 Meilen konstant. Der Ni-Geh. des Billitonit ist sehr viel niedriger, als früher berichtet wurde. Vermutlich stellen die Tektite von Billiton zwei sich überlappende Vork., ähnlich wie in Indochina, dar. Die Daten werden hinsichtlich der Entstehung der Tektite diskutiert. J. Heinze. 388□

Die Silberisotopenzusammensetzung in Eisenmeteoriten. V. Rama Murthy. (Geochim. cosmochim. Acta [London] **26**, 481—88, April 1962; La Jolla, San Diego, Calif., Univ. of California, School of Sci. and Engng.; engl.) — Mikrogrammengen von Ag wurden mit Hilfe von Ionenaustausch-Verff. aus dem Troilit vom Meteorit Toluca u. aus den Metallphasen der Meteorite Sichote Alin u. Canyon Diablo extrahiert. Das Verhältnis $^{107}Ag/^{109}Ag$ ist um 2—3% höher als das terristrische. Falls dieser ^{107}Ag-Überschuß einem Zerfall von ^{107}Pd zugeordnet wird, liegt ein unverständlich kurzes Intervall zwischen dem Ende der Kern-Synth. u. der Bldg. von Fe-Meteoriten. Es werden darum zwei andere Erklärungen vorgelegt. In beiden Fällen wären noch andere kurzlebige radioakt. Kerne in der Frühzeit des Solarnebels vorhanden. Außerdem ergibt sich mit hoher Wahrscheinlichkeit die Existenz einer jetzt beendeten Radioaktivität als Wärmequelle. J. Heinze. 388□

Der Tritiumgehalt von drei Stein- und einem Eisenmeteoriten. A. E. Bainbridge, H. E. Suess und H. Wänke. (Geochim. cosmochim. Acta [London] **26**, 471—74, April 1962; La Jolla, San Diego, Calif., Univ. of California; engl.) — T-Best. an den Chondriten Bruderheim u. Harleton gaben Werte, die in Übereinstimmung mit Best. anderer Radioisotope stehen. Der Walter-Chondrit hat ein terrestr. Alter knapp oberhalb der Halbwertszeit von T, das der vermuteten Fallzeit entspricht. Der Eisenmeteorit Aroos enthält eine Größenordnung weniger T als nach theoret. Erwägungen zu erwarten war. J. Heinze. 388□

Radiokohlenstoffgehalt und terrestrisches Alter von zwölf Stein- und einem Eisenmeteoriten. H. E. Suess und H. Wänke. (Geochim. cosmochim. Acta [London] **26**, 475—80, April 1962; engl.) — Vgl. vorst. Referat. — Die ^{14}C-Geh. von 6 Meteoriten mit bekannter u. 6 mit unbekannter Fallzeit wurden bestimmt. Der durchschnittliche ^{14}C-Geh. der Meteorite mit bekannter Fallzeit korrespondiert mit 48,2, der mit unbekannter Fallzeit mit 26,6 Zerfälle/min./kg. Ein sehr viel niedrigerer Wert von 5,4 wurde für den Eisenmeteoriten Aroos gefunden. Die terrestr. Alter liegen in der Größenordnung von 10^3 Jahren. Zwei der untersuchten Meteorite sind von pleistozänem Alter. J. Heinze. 388□

γ–γ-Koinzidenzmessung zur zerstörungsfreien Messung des Gehaltes von Meteoriten an Positronenstrahlern und γ-aktiven Isotopen. Chr. Gfeller, F. G. Houtermans, H. Oeschger und U. Schwarz. (Helv. physica Acta **34**, 466—68, 15/8. 1961; Bern, Univ., Phys. Inst.; dt.) — Vff. berichten über eine zerstörungsfreie Messung der Positronenstrahlen zweier Chondrite unter Verw. einer von Anders (vgl. C. **1961**, 7163) angegebenen Koinzidenzanordnung von zwei NaJ (Tl)-Kristallen. Der eine Chondrit (I) war Nov. 1959 in Kandahar, der andere (II) Aug. 1928 in Utzensdorf gefallen. Gemessen wurde das Impulshöhenspektrum von I in Koinzidenz mit denjenigen Impulsen des II, die einer Energie von 0,51 MeV entsprechen. Zu dem Spektrum des I ist ein deutliches Maximum bei 0,5 MeV sichtbar, das durch die Vernichtungsquanten erzeugt wird, falls alle Energie im Kristall abgegeben wird. Zu diesem Maximum tragen alle in der Probe enthaltenen Positronenstrahler bei. In Steinmeteoriten kommen vor allem ^{22}Na u. ^{26}Al in Frage. Bei dem Zerfall des ^{22}Na wird ein γ-Quant von 1,28 MeV, bei ^{26}Al von 1,83 eV emittiert. Im Spektrum treten entsprechende Maxima auf. Bei II muß angenommen werden, daß die ^{22}Na-Aktivität prakt. vollständig abgeklungen ist, so daß die vorhandene Aktivität nur dem ^{26}Al zugeschrieben werden kann. C. Gottfried. 388

Über Torflagerstätten im Kedabek-Revier der Aserbaidshanischen SSR. R. G. Ssultanow, A. A. Gusseinow und M. P. Gadshijew. (Ber. Akad. Wiss. AserbaidshanSSR **17**, 125—29, 1961; Baku, Inst. für Geol.; russ., Auszug: aserbaidshan.) — Best. der Humus- u. Asche-Geh., die bei ca. 40 bzw. 48% liegen, der lösl. P- u. N-Anteile u. der pH-Verhältnisse von verschiedenen Torfproben. H.-J. Bautsch. 390◇

Über die Bildungsbedingungen von Asphaltlinsen und asphalthaltigen Kiesen im Pliozän der Apscheron-Halbinsel. W. A. Gorin. (Ber. Akad. Wiss. AserbaidshanSSR **16**, 755—58, 1960; Baku, Inst. für Geol.; russ., Auszug: aserbaidshan.) — Die bis zu 40 cm langen u. wenige cm mächtigen Asphaltlinsen u. die asphalthaltigen Kiese bildeten sich bei Oxydationsprozessen in den wasserarmen Zonen durch vertikale Migration des Erdöls während der mechan. Deformation der erdöl- u. -gasführenden Schichten. H.-J. Bautsch. 390◇

Über die organische Substanz der Gesteine des Ischim-Alkalimassivs. A. N. Gussewa und Ss. I. Kulakow. (Nachr. Moskauer Univ., Ser. IV **16**, Nr. 3, 71—73, Mai/Juni 1961; russ.) — In der Mehrzahl der Gesteinsproben konnte Bitumen nachgewiesen werden, dessen Geh. für 71% der Proben $<6,3\cdot10^{-4}$%, für 20% $(1,25-5,0)\cdot10^{-3}$% u. für 9% $(1-8)\cdot10^{-2}$% vom Gesamtgew. betragen. Die durchschnittlichen Mengen an organ. Stoffen liegen für intrusive, vulkanogene, metamorphe u. sedimetäre Bldg. bei $1,6\cdot10^{-2}$, $7\cdot10^{-3}$, $1,7\cdot10^{-2}$ bzw. $1\cdot10^{-2}$%. Die elementare Zus. (C, H, O + N + S) ist dabei jeweils unterschiedlich (51,30, 9,18, 39,70), (44,94, 8,56, 46,50), (35,80, 7,04, 57,16) bzw. (46,78, 6,59, 46,63%). Aus UR-Spektren wird auf die Ggw. von $-OH$, $-NH_2$, $-SH$, $-CH_3$ u. $-CH_2$-Gruppen geschlossen. M. Hähnert. 390□

Lumineseenzmikroskopische Studien an chilenischen Sedimenten. W. Wetzel. (Neues Jb. Geol. Paläontol., Mh. **1962**, 303—07, Juni; Kiel, Univ., Geol. Paläont. Inst. u. Mus.; dt.) — Die Aufgabe der Unters. von Sedimenten der Grabenzone des chilen. Längstales auf Erdölhöffigkeit führte zur Anwendung einer bes. Meth. der Dünnschliff-Herst. u. Luminescenzanalyse. Die Unters.-Ergebnisse einiger Schwarzschiefer, von Kieselschiefergeröll u. Phosphatkonkretionen werden als Beispiel vortastender Erkundung kurz erörtert. Die außerordentlich empfindliche Luminescenz-Rk. war nur bei wenigen Objekten engeren Umkreises positiv. R. G. Kaiser. 390□

Natürliches Vorkommen von Aminosäuren in jungem Krokydolith-Asbest und gebändertem Eisenstein. J. S. Harington. (Science [Washington] **138**, 521—22, 26/10. 1962; Johannesburg, Pneumoconiosis Res. Unit, Council for Sci. and Indust. Res.; engl.) — Vom Nordwest Kap (Südafrika) wurde junger Krokydolithasbest auf Aminosäuren untersucht. Durch Extraktion wurden folgende Säuren in mg/100 g Asbest erhalten: *Serin* 0,095; *α-Alanin* 0,038; *Glycin* 0,035; *Asparaginsäure* 0,024; *Threonin* 0,017; *Leucin* 0,014; *Isoleucin* 0,014; *Valin* 0,014; *Phenylalanin* 0,010; *Glutaminsäure* 0,007. Der Gesamtgeh. mit 0,00027% Aminosäuren ist im Vgl. zu anderen Vork. niedrig. Ernst Schulte. 390◇

Aminosäuren in Tiefseewasser. Kilho Park, W. T. Williams, J. M. Prescott und D. W. Hood. (Science [Washington] **138**, 531—32, 26/10. 1962; College Station, Tex., Agricult. and Mechanical Coll. of Texas, Dep. of Oceanography and Meteorology and Dep. of Biochem. and Nutrition; engl.) — 17 verschiedene Aminosäuren in sauren Hydrolysaten von gelöstem organ. Material wurden in Meerwasser bis zu 3500 m Tiefe des Golfs von Mexiko (25°45′ N., 94°10′ W.) durch Chromatographie an Ionenaustauscherharzen identifiziert. Die mengenmäßige Verteilung ist von der Oberfläche bis zu 3500 m Tiefe für die einzelnen Aminosäuren nahezu gleich u. liegt in der Größenordnung von ca. 0,5—1,0 mg/m³. Die Ergebnisse liefern einen wichtigen Beitrag zur Kenntnis der Verteilung organ. Materials in der See. Folgende Aminosäuren wurden gefunden: *Glutaminsäure, Lysin, Glycin, Asparaginsäure, Serin, Alanin, Leucin, Valin* u. *Cystin, Isoleucin, Ornithin, Methioninsulfoxid, Threonin, Tyrosin, Histidin, Arginin, Prolin, Phenylalanin* u. *Methionin*. Ernst Schulte. 393◇

Physikalische und chemische Charakteristik des Tiberias-Sees. O. H. Oren. (Bull. Res. Council Israel, Sect. G **11**, 1—33, Mai 1962; Haifa, Sea Fisheries Res. Station; engl.) — Die maximale Wasser-Temp. beträgt 30° (August), während die minimale zwischen 12 u. 15° (Januar—März) liegt. Die folgenden therm. Jahreszeiten werden im See unterschieden: Winterzirkulation, teilweise Frühlingszirkulation, Sommerstagnation, teilweise Herbstzirkulation. Der jährliche Wärmeetat des Sees wird berechnet. Die O-Verteilung wird in Abhängigkeit von Jahreszeit u. Seetiefe diskutiert. Eine Unterscheidung nach oligo- oder eutroph läßt sich nicht durchführen. Die pH-Werte zeigen ein Fallen mit der Tiefe während der Sommerstagnation. Der Chlorid-Geh. des Sees wird diskutiert. J. Heinze. 393◇

Aque de Ney, eine Quelle mit einzigartigem chemischem Charakter. S. H. Wilson. (Geochim. cosmochim. Acta [London] **26**, 519—21, April 1962; Lower Hutt, New Zealand, Inst. of Nuclear Sci., Dep. of Sci. and Ind. Res.; engl.) — Vgl. Feth u. Mitarbeiter, C. **1962**, 16970. — Vers. einer Deutung der ungewöhnlichen Zusammensetzung. Danach handelt es sich um die Mobilisation eines „fossilen" W. mit hohem Chlorid- u. Ammoniumgehalt. Letzteres dürfte durch Anlösung der Gesteine in das W. gekommen sein. J. Heinze. 393□

Isotopenänderungen in meteorischen Wässern. Harmon Craig. (Science [Washington] **133**, 1702—03, 26/5. 1961; La Jolla, Calif., Univ. of California, Dep. of

Earth Sci.; engl.) — In natürlichen, meteor. Wässern aus vielen Teilen der Erde wurden die Beziehungen zwischen den ^{2}H- u. ^{18}O-Konzz. massenspektrometr. untersucht. Zwischen den Konz.-Abweichungen $\delta(^{2}H)$ u. $\delta(^{18}O)$, bezogen auf Standard-Ozeanwasser, besteht eine lineare Beziehung für alle Wässer, die nicht übermäßiger Verdunstung ausgesetzt waren. Ernst Schulte. 393◇

Eine Radioisotopentechnik zur Markierung von Luftbewegungen in klarer Luft und in Wolken. R. A. Fookes, J. S. Watt und J. A. Warburton. (Nature [London] **196,** 328—29, 27/10. 1962; Australian Atom. Energ. Comm., Isotopes Div.; Sydney, C.S.I.R.O., Radiophys. Div.; engl.) — Es wird eine Technik zur Unters. von Luftbewegungen angegeben, bei der bis zu 20 c ^{64}CuO von einem Flugzeug aus in die Luft gegeben werden; die γ-Strahlen werden mit einem großen Kristallscintillometer nachgewiesen. Zum Beispiel kann bei der Markierung von Luft in 1000 Fuß Höhe nach 30 Min. in 3000 Fuß Höhe Aktivität festgestellt werden. Geräte u. Meth. zur Feststellung der Richtung maximaler Aktivität vom Flugzeug aus werden beschrieben.
Ernst Schulte. 396□

Mikroskopische Untersuchung von Partikeln hochradioaktiver Niederschläge. T. Mamuro, A. Fujita, T. Matsunami und K. Yoshikawa. (Nature [London] **196,** 529—31, 10/11. 1962; Sakai, Osaka, Japan, Radiat. Centre of Osaka Prefecture; engl.) — Im November 1961, als die Atmosphäre über Japan eine abnorm hohe Radioaktivität aufwies, wurden Luftfilterrückstände aufgearbeitet, die akt. von den nichtakt. Partikeln getrennt u. mkr. untersucht. Die radioakt. Partikel sind meistens kugelförmig mit unregelmäßigen u. gefalteten Oberflächen. Die Farbe der Teilchen ist gelb bis rötlichbraun; einige sind farblos, golden oder schwarz. Es besteht eine direkte Beziehung zwischen Radioaktivität u. Partikeldurchmesser. Die Meßdaten über 21 Teilchen mit der höchsten Aktivität sind tabellar. angegeben. Ernst Schulte. 396◇

B. Allgemeine und theoretische organische Chemie

Kraftkonstanten der Kohlenstofftetrahalogenide. Carl W. F. T. Pistorius und Martha C. Pistorius. (Z. physik. Chem. [Frankfurt/M.] [N.F.] **35,** 196—98, Nov. 1962; Pretoria, South Africa, Council for Sci. and Indust. Res.; engl.) — Alle 5 quadrat. Kraft-Konst. von CF_4, CCl_4, CBr_4 u. CJ_4 wurden nach Raman- u. IR-Daten berechnet (Tabelle). In keinem Fall wurden imaginäre Ergebnisse erhalten. Die Kraft-Konst. von CF_4 stimmten gut mit denen überein, die von Hannah (Thesis, Purdue, 1959) ermittelt wurden. W. Schramm. B 114

Anwendung des Metall-Modells eines Moleküls zur Berechnung des Einflusses von Molekülschwingungen auf verbotene Übergänge. A. M. Meleschina. (Optik u. Spektroskopie [UdSSR] **11,** 706—12, Dez. 1961; russ.) — Die früher von Vf. entwickelte Meth. zur Berechnung des Einfl. von Mol.-Schwingungen auf die Elektronenzustände (vgl. Optik u. Spektroskopie [UdSSR] **9,** [1960], 564) wird im Rahmen des Metallmodells angewandt. Der danach berechnete Wert der Oscillatorstärke der durch eine E_g^{+}-Schwingung angeregten verbotenen Bande von Bzl. bei 2600 Å stimmt befriedigend mit dem experimentellen überein. U.-L. Rau. B 114□

Untersuchungen über die Änderungen der Ultraviolettabsorption durch Modifizierung der Chromophore mit spezieller Berücksichtigung der Lignin-Chemie. Gunhild Aulin-Erdtman. (Svensk kem. Tidskr. **70,** 145—56, 1958; Stockholm, Kungl. Tekniska Högskolan, Cellulosaindustriens Centrallabor.; Organisk-Kemiska Inst.; engl.) — Zusammenfassender Bericht über frühere Arbeiten des Vf. über die Best. phenol. OH-Gruppen in *Lignin* u. ligninähnlichen Substanzen mit Hilfe der UV-Spektroskopie nach der $\Delta\varepsilon$-Methode. — 50 Literaturangaben.
P. Kahlow. B 118△

Spektrochemische Untersuchung mikroskopischer Kristalle. 22. Mitt. Die Struktur von Cuprimono-, -di- und -trichloracetat. Shoichiro Yamada, Hiroaki Nishikawa und Ryutaro Tsuchida. (Bull. chem. Soc. Japan **33,** 1278—84, Sept. 1960; Osaka, Osaka Univ., Fac. of Sci., Dep. of Chem.; engl.) — 21. vgl. Bull. chem. Soc. Japan **33,** [1960], 930; 20. vgl. C. **1962,** 18723. — Vff. untersuchten im Sichtbaren u. im UV mit Hilfe der mkr. Meth. (vgl. l. c.) den Dichroismus von $Cu(OOCCH_2Cl)_2$ (I), $Cu(OOCCH_2Cl)_2 \cdot 2{,}5H_2O$ (II), $Cu(OOCCHCl_2)_2$ (III), $Cu(OOCCCl_3)_2$ (IV) u. $Cu(OOCCCl_3)_2 \cdot 4H_2O$ (V). Aus den Messungen ergab sich, daß I u. II im kristallinen Zustand aus zweikernigen Komplexen bestehen. Neben der grünen Form von I wurde eine blaue Form beim Zufügen von A. zu einer wss. Lsg. von I erhalten. Diese Form enthält kein zweikerniges

Molekül. **III** besteht in kristallinem Zustand aus zweikernigen Molekülen. **IV** bildet im kristallinen Zustand zweikernige Moll., **V** dagegen nicht. Weitere Messungen wurden durchgeführt in Lsgg. von W., A., Dioxan (Dx.) u. Ae. Zweikernige Moll. bildet **I** in Ae., Dx. u. a., einkernige Moll. in Wasser. In der zweikernigen Form tritt **II** in Dx. u. Ae., in der einkernigen Form in A. u. W. auf. **III** bildet in A., Dx. u. W. einkernige, in Ae. zweikernige Komplexe. C. Gottfried. B 119

Beitrag zur magnetooptischen Untersuchung der ungesättigten Tetraalkylgermane. Jean François Labarre und Pierre Mazerolles. (C. R. hebd. Séances Acad. Sci. **254**, 3998—4000, 4/6. 1962; Toulouse, Labor. de Chim. gén. et min.; Labor. des Org.-Métall.; franz.) — Die gemessene magnet. Molrotation (A) nachst. Verbb. wird mit der aus σ- u. π-Inkrementen berechneten (B) verglichen: $(C_2H_5)_3Ge{-}CH{=}CH_2$, Kp.$_{28}$ 61°, D.$_4^{20}$ 1,0048, n_D^{20} 1,4501; $(C_4H_9)_3Ge{-}CH{=}CH_2$, Kp.$_2$ 109°, D.$_4^{20}$ 0,9479, n_D^{20} 1,4598; $(C_4H_9)_3Ge{-}CH_2{-}CH{=}CH_2$, Kp.$_2$ 117°, D.$_4^{20}$ 0,9629, n_D^{20} 1,4664; $(CH_2{=}CH{-}CH_2)_4Ge$, Kp.$_{14}$ 106°, D.$_4^{20}$ 1,0094, n_D^{20} 1,5030; $(C_2H_5)_3Ge{-}CH_2{-}C{\equiv}C{-}CH_2{-}CH{=}CH_2$, Kp.$_{11}$ 111°, D.$_4^{20}$ 1,0295, n_D^{20} 1,4815; $(C_4H_9)_3Ge{-}C{\equiv}C{-}CH_2{-}CH{=}CH_2$, Kp.$_{0,2}$ 95°, D.$_4^{20}$ 0,9582, n_D^{20} 1,4723; $(C_2H_5)_3Ge{-}C{\equiv}CH$, Kp.$_{65}$ 71°, D.$_4^{20}$ 1,0241, n_D^{20} 1,4485; $(C_4H_9)_3Ge{-}C{\equiv}CH$, Kp.$_{2,5}$ 106°, D.$_4^{20}$ 0,9602, n_D^{20} 1,4681; $(C_2H_5)_3Ge{-}C{\equiv}C{-}CH_2OH$, Kp.$_3$ 94°, D.$_4^{20}$ 1,1172, n_D^{20} 1,4825; $(C_2H_5)_3Ge{-}C{\equiv}C{-}CHOH{-}C_3H_7$, Kp.$_1$ 106°, D.$_4^{20}$ 1,0355, n_D^{20} 1,4722; $(C_2H_5)_3Ge{-}C{\equiv}C{-}COH(CH_3)_2$, Kp.$_1$ 80°, D.$_4^{20}$ 1,0183, n_D^{20} 1,4686; $(C_4H_9)_3Ge{-}C{\equiv}C{-}C_3H_7$, Kp.$_{0,5}$ 117°, D.$_4^{20}$ 0,9425, n_D^{20} 1,4645; $(C_4H_9)_3\cdot Ge{-}C{\equiv}C{-}C_4H_9$, Kp.$_{0,7}$ 132°, D.$_4^{20}$ 0,9381, n_D^{20} 1,9381, n_D^{20} 1,4648; $(C_2H_5)_3Ge{-}C{\equiv}C{-}C{\equiv}C{-}C_2H_5$ (**I**), Kp.$_5$ 118°, D.$_4^{20}$ 1,0320, n_D^{20} 1,5116. Die Abweichung zwischen A u. B beträgt —0,5 bis +0,7%, außer bei **I**, wo für das konjugierte Syst. $-C{\equiv}C{-}C{\equiv}C-$ eine Exaltation $E = A - B = +77\ \mu r$ berücksichtigt werden muß. Bei allen anderen Verbb. sind die Ge-Atome unmittelbar neben den π-Elektronen-Syst. ohne Einfl. auf den Faraday-Effekt. A. Blaschette. B 119□

Optisch-aktive Amine. 1. Mitt. N-Isopropylidenderivate von optisch-aktiven offenkettigen primären Aminen und ihre Drehwerte. Howard E. Smith, Mitchum E. Warren jun. und Arthur W. Ingersoll. (J. Amer. chem. Soc. **84**, 1513—14, 20/4. 1962; Nashville, Tenn., Vanderbilt Univ., Dep. of Chem.; engl.) — Vff. untersuchten die Drehwerte von opt. akt. α-Aminosäureestern u. offenkettigen prim. Aminen bekannter abs. Konfiguration in A. u. Aceton u. bestätigen die bereits von Bergel u. Mitarbeitern (C. **1960**, 8464) gemachten Beobachtungen, daß die in Aceton festgestellte Mutarotation der Bldg. instabiler Schiffscher Basen $R_2C{=}NCHR'R''$ zugeschrieben werden muß. Mit Hilfe der Brewster-Regeln kann die abs. Konfiguration dieser Verbb. zu ihren Drehwerten in Beziehung gesetzt werden u. daraus die abs. Konfiguration solcher Amine abgeleitet werden. — Zusammenstellung der Drehwerte $[\Phi]_D$ in A. u. Aceton von *L-Alaninäthylester*; *D-Phenylglycinäthylester*, *(R)(+)-α-Phenyläthylamin*, *(S)(—)-α-p-Tolyläthylamin*, *(S)(+)-2-Aminobutan*, *L-Phenylalaninäthylester*, *L-Tyrosinmethylester*, *L-Leucinäthylester*, *L-Methioninäthylester*, *(R)(—)-β-Aminohydrozimtsäureäthylester*, *L-Isoleucinäthylester*, u. *D-Alloisoleucinäthylester*. Es wird eine empir. Polarisierbarkeitsfolge für die Substituenten am opt. akt. C-Atom der N-Isopropyliden-Derivv. aufgestellt, die in der Reihe $-N{=}C(CH_3)_2 > C_6H_5 > COOR > CH_3 > H$ abfällt. H. Marschall. B 119◇

Optische Eigenschaften von verunreinigten Kristallen. 1. Mitt. Besonderheiten der Absorption und Dispersion von Anthracen-Verunreinigungen im 9.10-Dihydroanthracenkristall. M. Ss. Brodin und Ja. O. Dowgi. (Optik u. Spektroskopie [UdSSR] **11**, 742—49, Dez. 1961; russ.) — Absorptions- u. Dispersionskurven einer Beimischung von *Anthracen* (**I**) im *9.10-Dihydroanthracen* (**II**)-Kristall wurden aufgenommen. Die Analyse der Absorptionskurven, Polarisationsverhältnisse u. ihrer Konz.-Abhängigkeit weist auf die uneinheitliche Verteilung der **I**-Moll. im **II**-Gitter hin. Die Gegenüberstellung der Resultate der Dispersionsmessungen mit den Kramer-Kranig-Formeln zeigt geringe Abweichungen, die mit Vergrößerung der **I**-Konz. zunehmen. U.-L. Rau. B 119□

Temperaturabhängigkeit der Intensität der IR-Absorptionsbanden von flüssigem Chloroform. M. P. Lissitza und Ju. P. Zjaschtschenko. (Optik u. Spektroskopie [UdSSR] **9**, Nr. 4, 438—45, Okt. 1960; russ.) — Vff. untersuchten die Temp.-Abhängigkeit der Intensität der wichtigsten IR-Schwingungsbanden von fl. $CHCl_3$ im Bereich von —60 bis +60°. Die Konstruktion eines geeigneten Kryostaten mit geringen Temp.-Gradienten längs der Küvette wird beschrieben. Zur Erwärmung diente ein Elektroofen. Die bedeutendste Intensitätsschwächung mit steigender Temp. wird für die C—H-Valenzschwingung ν_1 beobachtet (32% im betrachteten Temp.-Intervall), während die C—H-Deformationsschwingung ν_4 sowie die Kombinationsschwingungen $\nu_1 + \nu_4$, $\nu_2 + \nu_6$ u. $\nu_3 + \nu_6$ weniger temperaturabhängig sind (17—25%). Die Intensität der Oberschwingungen $2\nu_1$ u. $2\nu_4$ ist temperaturabhängig. Die Temp.-Abhängigkeit folgt einem linearen Gesetz. Bis auf die Schwingung ν_4 stimmen die Ergebnisse mit den für $CHBr_3$ erhaltenen (vgl. Lissitza u. Zjaschtschenko, [Optik u. Spektroskopie] [UdSSR] **9**, [1960], 188) überein. Ein Vgl. der Temp.-Abhängigkeit der Intensität der Schwingungsspektren von $CHCl_3$, $CHBr_3$, CCl_4 u. CBr_4 ergibt eine offensichtliche Korrelation zwischen dem Temp.-Intensitäts-Koeff. u. dem räumlichen Ausdehnungs-Koeff. der Flüssigkeiten. R. Gerbatsch. B 120□

Temperatureinfluß auf die Absorptionsbanden bestimmter Schwingungen von gasförmigem Chloroform und Bromoform. M. P. Lissitza und Ju. P. Zjaschtschenko. (Optik u. Spektroskopie [UdSSR] **9**, Nr. 6, 742—46, Dez. 1960; russ.) — Vgl. C. **1963**, 5782. — Vff. untersuchten die Temp.-Abhängigkeit der Absorptionsbanden $\nu_1 + \nu_4$ von gasförmigem $CHCl_3$ (I) u. $CHBr_3$ (II) u. ν_1 von gasförmigem **II** mit Hilfe des IR-Spektrophotometers IKSs-6. Dazu wurden entsprechende Einwaagen von **I** u. **II** in Ampullen eingeschmolzen u. in Glas- bzw. Quarzküvetten eingebracht. Diese wurden auf 10^{-2} mm Hg ausgepumpt, zugeschmolzen u. nach Zerschlagen der Ampulle in einen Ofen mit NaCl-Fenstern gebracht. Die Messungen ergaben, daß die integrale Absorption im Vgl. zur fl. Phase (vgl. Lissitza u. Zjaschtschenko, Optik u. Spektroskopie [UdSSR] **9**, [1960], 188 u. vorst. Ref.) um ein vielfaches niedriger ist. Die Halbwertsbreite der Banden $\nu_1 + \nu_4$ ist nur halb so groß, die der Bande ν_1 doppelt so groß. Die Temp.-Abhängigkeit ist für den Bereich von ca. 50—400° graph. dargestellt. Halbwertsbreite wie integraler Absorptions-Koeff. wachsen mit der Temp., wie auch theoret. zu erwarten. Nur für die Banden $\nu_1 + \nu_4$ des **I** ergeben sich Abweichungen, die wahrscheinlich auf intermol. Kräften oder auf Anharmonitäten beruhen. R. Gerbatsch. B 120□

Substituierte Äthane. 5. Mitt. Raman- und Infrarotspektren, Zuordnungen, Potentialkonstanten und berechnete thermodynamische Eigenschaften für C_2F_6, C_2Cl_6 und C_2Br_6. Rose A. Carney, Edward A. Piotrowski, Arnold G. Meister, Julian H. Braun und Forrest F. Cleveland. (J. molecular Spectroscopy **7**, 209—22, Sept. 1961; Chicago, Ill., Illinois Inst. of Technol., Dep. of Phys., Spectroscop. Labor.; engl.) — 4. vgl. C. **1956**, 11943. — Die im Titel genannten Best. bzw. Unterss. wurden durchgeführt, zusätzlich wurden relative Intensitäten u. quant. Depolarisationsfaktoren bestimmt. Wärmeinhalt, freie Energie, Entropie u. Wärmekapazität wurden für 12 Temp. zwischen 100 u. 1000° K berechnet. W. Schramm. B 120

Die Schwingungsspektren und Strukturen von Natriumnitromethan und Natrium-2-Nitropropan. Neville Jonathan. (J. molecular Spectroscopy **7**, 105—15, Aug. 1961; Aberystwyth, Univ. Coll. of Wales, Edward Davies Chem. Labor.; engl.) — Es wurden die IR-Absorptionsspektren der *Na-Salze von Nitromethan* (Na-I) u. *2-Nitropropan* (Na-II) in Form von Nujol-, Hexachlorbutadien- u. CCl_4-Pasten untersucht. Von Na-I konnte das Spektrum eines festen Na-I-Films nach Verdampfen des CCl_4 erhalten werden. Von **II** wurde zusätzlich das Raman-Spektrum der 2m wss. Lsg. untersucht. Die Banden konnten befriedigend zugeordnet werden; die Ergebnisse sind tabellar. wiedergegeben. Für Na-I wurde zur Best. der Mol.-Dimensionen eine SCF-MO-Berechnung nach der vom Vf. früher (vgl. C. **1963**, 8991) beschriebenen Meth. durchgeführt. Die gefundenen Abstände sind C—N = 1,32 Å; N—O = 1,29 Å u. ∢ O—N—O = 115°. Die Berechnung der Bindungsordnung ergaben für die C—N-Bindung 1,88 u. für die N—O-Bindung 1,20. Analoge Berechnungen ergaben für Na-II die folgenden Bindungsordnungen: $C—H_3 = 2,96$; $C_{(1)}—C_{(2)} = 1,26$; C—N = 1,80 u. N—O = 1,18. Für Na-I wurden außerdem die Kraft-Konst. berechnet mit dem Ergebnis $f_{CN} = 9,2 \pm 0,6$; $f_{O\hat{N}O} = 1,2 \pm 0,1$; $f_{NO/O\hat{N}O} = 0,2 \pm 0,3$; $f_{NO/CN} = 1,1 \pm 0,2$ u. $f_{CN/O\hat{N}O} = 0,6 \pm 0,5$ mdyn/Å. Aus den Berechnungen der Bindungsordnungen ergab sich, daß in Na-II Hyperkonjugation sehr wenig Einfl. auf die Bindungsabstände haben kann. Aus den Ergebnissen wird geschlossen, daß die beiden Na-Nitroparaffine eine C—N-Bindung mit mehr oder weniger starkem Doppelbindungscharakter u. eine N—O-Einzelbindung haben. Die Formeln der Anionen kann man wiedergeben durch $[CH_2{:}N{\cdot}O_2]^-$ u. $[(CH_3)_2{\cdot}C{:}NO_2]^-$ mit nur ca. 20% delokalisierten Bindungsanteilen in der NO_2-Gruppe. C. Gottfried. B 120

Optische Untersuchung des Einflusses der Wasserstoffbindung auf die Konjugation in Acryl- und Methacrylsäure. M. I. Batujew, A. Ss. Onischtschenko, A. D. Matwejewa und N. I. Aronowa. (J. allg. Chem. [UdSSR] **30** (**92**), 657—61, Febr. 1960; Inst. für fossile Brennstoffe der Akad. der Wiss. der UdSSR; Chem. Inst. der Akad. der Wiss. der UdSSR; russ.) — *Acryl-*, *Methacrylsäure* u. ihre *Methylester* wurden Raman-analyt. in CCl_4, Dioxan u. ohne Lsg. untersucht. Durch die Beteiligung

des Carbonyls an H-Bindungen wird seine Einw. auf die konjugierte Äthylenbindung abgeschwächt, bes. bei dimerer Assoziation der Moleküle. Wenn die Carbonylgruppe sich nicht an H-Bindungen beteiligen kann (Methylester, Lsgm.), so ist ihre Einw. auf die Äthylenbindung verstärkt, wobei die Doppelbindung durch Verminderung ihrer Elektronendichte geschwächt wird. Diese Schwächung steht im Zusammenhang mit der asymm. Elektronenwolke des C-Atoms der Carbonylgruppe.
Helmut Schäfer. B 120△

Die Infrarotspektren von Azodiformiaten, Maleaten und Fumaraten. R. J. W. Le Fèvre, W. T. Oh, I. H. Reece, R. Roper und R. L. Werner. (Austral. J. Chem. **11**, 92—97, Febr. 1958; Sydney, Univ. of Sydney, School of Chem.; Univ. of Technol., School of Appl. Chem.; engl.) — Es wurden die IR-Spektren von *Diäthyl-* (I) u. *Dipropylazodiformiat* (II, fl.), Verbb. des Typs RO·CO·N=N·CO·OR, aufgenommen u. zur Sicherung der Frequenzzuordnung auch die IR-Spektren der ähnlich gebauten Verbb. *Dimethyl-, Diäthyl-, Dipropylfumarat, Dimethyl-, Diäthyl-, Dipropyl-, Di-n-butylmaleat* u. *Diäthyloxalat* (Tabellen). Vff. nehmen für I u. II trans-Struktur an, da keine Änderung des Spektrums bei Sonnenbestrahlung (Photoisomerisierung) eintrat. Für I wurden die Frequenzen 1025, 938, 806 u. für II 902, 898, 809 cm^{-1} gefunden, die in den Spektren der entsprechenden Fumarate nicht auftreten. Diese werden der C—N-Gruppe zugeordnet. Eine der Azogruppe entsprechende Frequenz konnte nicht nachgewiesen werden. Vff. diskutieren die Möglichkeit, daß diese von der Absorption der Carbonylgruppe bei 1780 cm^{-1} verdeckt wird. P. Kahlow. B 120△

Infrarotspektren einiger phosphororganischer Extraktionsmittel. L. C. Thomas und Rosemary A. Chittenden. (Talanta [London] **9**, 86—88, Jan. 1962; Porton Down, Wilts., England, War Dep., C.D.E.E.; engl.) — Vff. weisen auf Fehler in der Arbeit von Horton u. White (C. **1961**, 11269) bei der Zuordnung von Absorptionsbanden hin [z. B. bei der Zuordnung einer Bande im Spektrum der Phenylphosphonsäureoctylester zu einer P—O—(Aryl)-Schwingung, während das Mol. eher eine P—Aryl- als eine P—O—(Aryl)-Bindung besitzt] u. bei den Erläuterungen zur Stärke der P—H-Absorptionsbande in Trialkylphosphiten, die keine P—H-Bindungen enthalten.
P. Kurzmann. B 120□

Interpretation der Schwingungsspektren von Naphthalin und einigen seiner Deuteroderivate. G. W. Peregudow. (Optik u. Spektroskopie [UdSSR] **11**, 735 bis 741, Dez. 1961; russ.) — Die IR-Spektren von *Naphthalin* (I), $D_{4(1.4.5.8)}$-I, $D_{4(2.3.6.7)}$-I u. D_8-I werden im Bereich 3100—700 cm^{-1} untersucht. Spektrendiagramme u. Bandentabellen werden angegeben. I u. seine D-Derivv. besitzen die Symmetrie D_{2h}. Unter Verw. der Ergebnisse der Berechnung der Schwingungsspektren von Diphenyl u. seinen D-Derivv. ordnet Vf. die Raman- (vgl. Schatenstein, Peregudow, Israilewitsch u. Kalinatschenko, C. **1960**, 5434) u. IR-Frequenzen von I u. den D-Derivv. den Symmetrieklassen zu. Die gute Erfüllung von Prod.- u. Summenregel für alle Symmetrie klassen bestätigt die getroffenen Zuordnungen. Mit Hilfe der Grundschwingungen konnten die übrigen beobachteten Frequenzen als Kombinationsschwingungen gedeutet werden. U.-L. Rau. B 120□

4.5-substituierte Pyridazine. 6. Mitt. **Infrarotabsorption und Struktur von 4- und 5-Carboxy-6-chlorpyridazinol-(3).** Tsukasa Kuraishi. (Chem. pharmac. Bull. [Tokyo] **6**, Nr. 5, 551—56, Okt. 1958; Nagasaki, Univ., Pharm. Fac.; engl.) — 5. vgl. C. **1961**, 5085; 7. vgl. C. **1962**, 131. — Von *4-* (I) u. *5-Carboxy-6-chlorpyridazinol-(3)* (II) u. ihren *Äthylestern* werden die IR-Spektren (fest in KBr) u. die UV-Absorptionsspektren (in Dioxan u. A.) mitgeteilt (Spektren, Tabellen). II besitzt breite IR-Absorptionsbanden bei 2300—2700 u. 976 (cm^{-1}) u. eine erniedrigte Carboxylfrequenz von 1704. Daraus wird geschlossen, daß II mit H-Brücken zwischen den Carboxylgruppen als Dimeres vorliegt (Ringstruktur). Für I folgt aus der erniedrigten Carbonylfrequenz 1658 des Pyridazinringes u. der normalen Frequenzlage 1767 für die Carboxylgruppe, daß es als Monomeres vorliegt u. intramol. H-Brücken zwischen dieser Gruppe u. dem Carbonyl der Pyridazinonform von II bildet (Chelatform). Die Annahme der Chelatform von I wird durch die UV-Spektren gestützt, da die Bande bei 310—330 mμ keine Änderungen beim Übergang von Dioxan zu A. als Lsgm. zeigt. P. Kahlow. B 120△

Mikrowellenspektrum und Quadrupolkopplungskonstante des $(CH_3)_3C^{35}Cl$. Werner Zeil, Wolfgang Hüttner und Wilhelm Plein. (Z. Naturforsch. **17a**, 823—24, Sept. 1962; Karlsruhe, TH, Inst. für physikal. Chem. u. Elektrochem.; dt.) — Für $(CH_3)_3C^{35}Cl$ wurde mit einer verbesserten App. die Quadrupolkopplungs-Konst. eQq zu $-67{,}56 \pm 0{,}5$ MHz mit einem Wert von $\nu_0 = 18106{,}17 \pm 0{,}1$ MHz für die unverschobene Linie bestimmt. Dem entspricht eine Rotations-Konst. B_0 von $3017{,}69_5 \pm 0{,}01$ MHz.
G. M. Neumann. B 121◇

Die Bootform in sechsgliedrigen Ringen. M. Balasubramanian. (Chem. Reviews **62**, 591, Dez. 1962; Annamalainagar, India, Annamalai Univ., Dep. of Chem.; engl.) — Übersicht. Behandelt werden: energet. Zusammenhänge, die Bootform in einfachen Cyclohexan-Derivv., bicycl. Verbb., Steroiden u. Triterpenoiden, Heterocyclen u. Rkk., die über die Bootform als Zwischenstufe verlaufen. — 86 Literaturzitate.
W. Schramm. B 123

In einem elektrischen Feld fallende Flüssigkeitstropfen. Constantin Sălceanu. (C. R. hebd. Séances Acad. Sci. **246**, 1198—1200, 24/2. 1958; Timişoara, Roumanie, Fac. de Phys. et Math.; franz.) — Vf. untersuchte die Änderung der Masse fallender Tropfen von *W.*, *CS_2*, *Aceton* (I) u. *Ae.* bei 20° unter dem Einfl. kontinuierlicher elektr. Felder bis zu 3000 V. Die Masse der Tropfen nimmt mit steigendem Feld stärker als linear ab. Unter den gleichen Verhältnissen wurde für *CCl_4* keine Änderung der Masse der Tropfen festgestellt, während die Änderungen für *Hexan* u. *Cyclohexan* sehr klein waren. Vf. untersuchte die durch den fallenden Tropfen mitgeführte elektr. Ladung. Die Tropfen fielen im elektr. Feld von 3000 V zwischen den Elektroden auf den Tisch eines Elektroskops, das zuvor elektr. aufgeladen worden war. Tropfen von I, Ae., CS_2 u. *Bzl.* waren negativ geladen, wenn die erste Elektrode positiv aufgeladen war. War sie negativ aufgeladen, dann waren I u. Ae. ebenfalls negativ, Bzl. u. CS_2 dagegen positiv aufgeladen. Wenn man die Spannung der negativ aufgeladenen ersten Elektrode auf $<$2300 V erniedrigte u. das Elektroskop ebenfalls negativ aufgeladen war, waren I-Tropfen positiv, bei höheren Spannungen jedoch negativ aufgeladen. War dagegen die erste Elektrode negativ u. das Elektroskop positiv aufgeladen, dann wurde keine Ladungsumkehr bei abnehmender Spannung beobachtet. Die Massenänderung wird auf Grund vorst. Verss. mit der Leitfähigkeit der verschiedenen Fll. in Beziehung gebracht.
C. Gottfried. B 130

Organophosphite — der Einfluß der ionisierenden Elektronen auf die relative Häufigkeit ihrer Ionenarten. H. R. Harless. (Analytic. Chem. **33**, 1387—89, Sept. 1961; South Charleston, W.Va., Union Carbide Chem. Co., Res. Dep.; engl.) — Vf. nimmt Massenspektren von *Dialkylphosphiten* [$(RO)_2PH(O)$; $R = CH_3$, C_2H_5, *n*-C_3H_7, *iso*-C_3H_7, *Allyl-*, *n*-C_4H_9] auf u. untersucht den Einfl. der ionisierenden Elektronen auf die relative Häufigkeit der auftretenden Ionenarten. Die Verbb. dissoziieren anomal unter Aufspaltung der Alkylketten, wobei sehr häufig ein oder mehrere H-Atome vom Alkylrest zum elektrophilen PO_3-Körper wandern. Der Effekt nimmt mit zunehmender Kettenlänge des Alkylrestes zu. Das Ion der Masse 83, das häufig auftritt, entsteht wahrscheinlich nach $(C_2H_5O)_2HPO^+ \rightarrow C_2H_3 + C_2H_4 + (HO)_2HP = O^+H$. Die relativen Intensitäten der Bruchstücke sind abhängig von der Struktur der Ausgangsverbindungen. Vorherrschend ist der fünfwertige Zustand des P. Der koordinativ vierwertige Zustand wird in den Ionen nicht immer erreicht. P. Frenzel. B 131 □

Temperaturabhängigkeit von Dielektrizitätskonstanten und Dipolmomenten in polaren Flüssigkeiten. Tetsuya Hanai, Naokazu Koizumi und Rempei Gotoh. (Bull. Inst. chem. Res., Kyoto Univ. **39**, 195—201, Mai 1961; engl.) — Für viele polare Fll. wird die Abhängigkeit der DK von der Temp. dargestellt durch die Beziehung $\varepsilon = a + b/T$. Der Temp.-Koeff. b wird in Zusammenhang gebracht mit der durch Dipolorientierung bedingten Entropieänderung. Auf dieser Grundlage werden aus dem Temp.-Koeff. b polarer Fll. Dipolmomente berechnet. Diese stimmen bei nicht assoziierenden Fll. hinreichend mit den anderweitig bestimmten Werten überein. Die Konst. a u. b wie auch die Dipolmomente werden angegeben für *n-Alkylbromide* (C_1—C_{10}, C_{12}, C_{14}, C_{16}), $CHBr_3$, $CH_3OC_6H_5$, *m*-$C_6H_4Cl_2$, C_6H_5Br, *Chlf.*, C_6H_5Cl, *Ae.*, CH_3J, $C_6H_5NH_2$, C_2H_5J, $CH_3COOC_2H_5$, *Chinolin*, CH_2Br_2, CH_2Cl_2, *o*-$C_6H_4Cl_2$, CH_3Cl, *Pyridin*, $C_6H_5 \cdot COCH_3$, C_6H_5CN, *Aceton*, $CH_3COC_2H_5$, *o*-$CH_3C_6H_4NO_2$, CH_3CN, $C_6H_5NO_2$, CH_3NO_2, *A.*, *Glycerin*, $HOCH_2CH_2OH$, *Hydrazin* u. H_2O. K. L. Wolf. B 132 □

Dipolmomente und Relaxationszeiten einiger Aldehyde. K. C. Lal. (J. sci. ind. Res. [New Delhi], Sect. B **20**, 181—82, April 1961; Lucknow, Univ. of Lucknow, Dep. of Phys.; engl.) — Im 3-cm-Bereich werden die Dipolmomente u. Relaxationszeiten der folgenden Aldehyde in benzol. Lsg. untersucht: *Butyraldehyd* 2,45 (D); 4,63($\cdot 10^{-12}$ s). *Önanthaldehyd* 2,67; 5,06. *Benzaldehyd* 2,72; 8,94. *Anisaldehyd* 3,51; 18,06. *Zimtaldehyd* 3,47; 22,7. K. L. Wolf. B 132 □

Raumladungsbegrenzte Ströme in organischen Kristallen. Peter Mark und Wolfgang Helfrich. (J. appl. Physics **33**, 205—15, Jan. 1962; Cambridge, Mass., Polaroid Corp., Res. Div.; München, TH, Labor. für techn. Phys.; engl.) — Vff. berichten über Messungen der elektr. Leitfähigkeit mit u. ohne Beleuchtung (Farb-Temp. 3075° K) von ca. 50 μ dicken Einkristallen von *Diphenyl* (I), *Naphthalin* (II), *p-Terphenyl* (III), *p-Quaterphenyl* (IV) u. *Anthracen* (V) unter Verw. fl. Elektroden, von denen die eine, die

Acceptorelektrode, eine J/NaJ-Lsg., die andere eine J-Lsg. war. Aus den Ergebnissen läßt sich schließen, daß die Acceptorelektrode Ohmschen Kontakt für Lochinjektion in diese Kristalle bilden kann u. daß raumladungsbegrenzte Ströme durch sie fließen können. Die Messungen zeigten, daß die Lochbeweglichkeit in III ca. $3 \cdot 10^{-2}$ $cm^2/V \cdot s$ beträgt, daß sie unabhängig vom Feld bis zu wenigstens $4 \cdot 10^4$ V/cm ist u. daß die Lochfallen-Konz. wenigstens 10^{13} cm^{-3} beträgt. Für IV u. V konnte die Lochbeweglichkeit experimentell nicht bestimmt werden. Mit Kristallen von I u. II bildete die Acceptorelektrode keine Ohmschen Kontakte. C. Gottfried. B 133

Temperaturabhängigkeit der Photoleitfähigkeit von metallfreiem Phthalocyanin. C. Y. Liang, E. G. Scalco und G. Oneal jun. (J. chem. Physics **37**, 459—60, 15/7. 1962; Marcus Hook, Pa., Amer. Viscose Corp., Res. and Dev. Div.; engl.) — Der durch Bestrahlung von metallfreiem *Phthalocyanin* mit Licht von ca. 1000 mμ Wellenlänge bewirkte Photostrom wurde bei konst. Spannung (90 V) in Abhängigkeit von der Temp. (0—100°) sowie bei 5 verschiedenen konst. Temp. (13—80°) in Abhängigkeit von der angelegten Spannung (20—190 V) gemessen. In beiden Fällen ergibt sich eine Temp.-Abhängigkeit des Photostroms, die der Gleichung $i = i_0 \cdot \exp(-\Delta \varepsilon / kT)$ genügt, u. eine Aktivierungsenergie von $\Delta \varepsilon = 0{,}34$ eV. G. Schroth. B 134◇

Berichtigung: Hochauflösungs-NMR-Spektrum von flüssigem Propan. P. T. Narasimhan, N. Laine und M. T. Rogers. (J. chem. Physics **29**, 1184—85, Nov. 1958; East Lansing, Mich., Michigan State Univ., Kedzie Chem. Labor.; engl.) — Vgl. C. **1963**, 5785. — Verw. von sorgfältig gereinigtem u. entgastem fl. Propan führt zu einer Berichtigung der von Vff. in Abb. 1 der l. c. referierten Arbeit angegebenen Werte für das NMR-Spektrum. M. Schüle. B 137□

Kernmagnetische Resonanzmessungen des Protonenübergangs von Acetylaceton in Diäthylamin und Triäthylamin. L. W. Reeves und W. G. Schneider. (Canad. J. Chem. **36**, 793—800, Mai 1958; Ottawa, Nat. Res. Council, Div. of Pure Chem.; engl.) — Das Protonenresonanzspektrum von *Acetylaceton* (I) zeigt, daß I unter normalen Bedingungen ein Keto-Enol-Gemisch darstellt, während in Lsgg. von I in Triäthylamin (II, Molenbruch 0,1—0,85) u. Diäthylamin (III) die reine Enolform vorliegt. Zwischen der OH- u. =CH-Gruppe der Enolform findet ein Protonenaustausch statt, der in reinem I u. bei Lsg. in II durch Temp.-Verbreiterung der Protonensignale dieser beiden Gruppen nachgewiesen wird. Die Austausch-Geschw. ist bei Lsg. in II wesentlich größer. Bei einem Mol-Verhältnis 1 : 1 von I u. III bildet sich ein weißer, kristalliner 1 : 1-Komplex (F. 41,5°). Dieser Mol.-Komplex zeigt in der Schmelze nur noch ein gemitteltes Protonensignal für die OH- u. =CH-Gruppe von I u. die NH-Gruppe von III, so daß ein schneller Protonenaustausch (Lebensdauer $< 5 \cdot 10^{-4}$ s) zwischen diesen drei Gruppen angenommen werden muß. Ein möglicher Austauschprozeß, bei dem die Ketoform von I als Zwischenstufe auftritt, wird angegeben. P. Kahlow. B 137△

Strukturunterscheidung zwischen Cyanamiden und Carbodiimiden durch kernmagnetische Resonanz des Stickstoffs. James D. Ray, Lawrence H. Piette und Donald P. Hollis. (J. chem. Physics **29**, 1022—24, Nov. 1958; Stanford, Calif., Univ., Dep. of Chem.; engl.) — *N.N'-Dicyclohexylcarbodiimid* (I) u. *Diäthylcyanamid* (II) wurden mittels ^{14}N-kernmagnet. Resonanz (2,88 MHz, ca. 9400 Gauß) untersucht. I gibt bei +240, II bei +149 u. 258 ppm (gegen gesätt. NH_4NO_3) Linien, die eine eindeutige Zuordnung zu den Strukturen R—N=C=N—R (I) u. $R_2N—C≡N$ (II) ermöglichen. H. Bürger. B 137□

Untersuchung der Organophosphorverbindung CH_3PCl_2 und ihrer Homologen durch kernmagnetische Resonanz. 2. Mitt. Gabrielle Martin und Gérard Mavel. (C. R. hebd. Séances Acad. Sci. **253**, 644—46, 24/7. 1961; Sorbonne, Labor. de Spectroscopy hertzienne; franz.) — 1. vgl. C. **1962**, 1935. — Diskussion der ^1H-magnet. Resonanzspektren (25 MHz) nachst. Verbb.: CH_3PCl_2, $CH_3P(O)Cl_2$, $CH_3P(S)Cl_2$, $CH_3P(Se)Cl_2$, $[(CH_3)_4P]^+Cl^-$, $CH_3P(S)(OCH_3)_2$, $CH_3P(O)(OCH_3)_2$, $CH_3P(O)(OCH_3)Cl$, $CH_3P(O)(OH)_2$, $(CH_3)_2NP(S)Cl_2$, $(CH_3)_2NP(O)Cl_2$, $[(CH_3)_2N]_3PO$, $CH_3P(O)(OC_2H_5)_2$, $CH_3P(O)(O\text{-}n\text{-}C_3H_7)_2$, $CH_3P(O)(O\text{-}iso\text{-}C_3H_7)_2$, $CH_3P(O)(O\text{-}n\text{-}C_4H_9)_2$, $CH_3P(S)(OC_2H_5)_2$, $CH_3P(S)(O\text{-}n\text{-}C_3H_7)_2$, $CH_3P(S)(O\text{-}iso\text{-}C_3H_7)_2$, $CH_3P(S)(O\text{-}n\text{-}C_4H_9)_2$. A. Blaschette. B 137□

Untersuchung von Organophosphorverbindungen durch kernmagnetische Resonanz. 4. Mitt. **$C_2H_5P(X)Cl_2$ und Homologe.** Gabrielle Martin und Gérard Mavel. (C. R. hebd. Séances Acad. Sci. **253**, 2523—25, 27/11. 1961; Sorbonne, Labor. de Spectroscopy hertzienne; franz.) — 3. vgl. J. Chim. physique Physico-Chim. biol. **59**, [1962], 762; 2. vgl. vorst. Referat. — Diskussion der ^1H-magnet. Resonanzspektren (25 u. 60 MHz) von $C_2H_5P(O)Cl_2$, $C_2H_5P(S)Cl_2$, $C_2H_5P(O)(OC_2H_5)_2$, $C_2H_5P(O)(OC_2H_5)OH$, $n\text{-}C_3H_7P(O)Cl_2$, $n\text{-}C_4H_9P(O)Cl_2$. A. Blaschette. B 137□

Protonenmagnetische Resonanzspektren, Stereochemie und Synthese von 2-Arylnitrocyclohexanen und 2-Arylcyclohexylaminen. William F. Trager, Frank

F. Vincenzi und Alain C. Huitric. (J. org. Chemistry **27**, 3006—10, Sept. 1962; Seattle, Wash., Univ. of Washington, Coll. of Pharm.; engl.) — Die NMR-Spektren von *cis-* u. *trans-2-[o-* bzw. *m-* u. *p-Chlorphenyl]-nitrocyclohexan*, *cis-* u. *trans-2-[o-* bzw. *p-Tolyl]-nitrocyclohexan*, *cis-* u. *trans-2-[o-* bzw. *m-* u. *p-Chlorphenyl]-cyclohexylamin* u. *cis-* u. *trans-2-[o-* bzw. *p-Tolyl]-cyclohexylamin* werden in CCl_4 bzw. Tetrachloräthylen bei 23° aufgenommen (20 Abb.). Daraus geht hervor, daß bei allen Verbb. nur die Sesselkonformation mit äquatorialer Lage des Phenylkerns vorliegt. Bei den trans-Isomeren besitzt das $C_{(1)}$-Proton ein Sextuplett auf Grund der Kopplung mit 2 axialen u. einem äquatorialen benachbarten Proton, bei den cis-Isomeren hingegen ein Singulett. Das $C_{(2)}$-Proton zeigt eine größere paramagnet. Verschiebung bei o-Substitution des Phenylringes als bei p- oder m-Substitution. Die stereospezif. Darst. der untersuchten Verbb. wird beschrieben.

Versuche: *trans-o-Methyl-β-nitrostyrol*, $C_9H_9NO_2$, $Kp._{0,35}$ 106°, analog β-Nitro-, styrol; 73% (Ausbeute). — *trans-5-o-Tolyl-4-nitrocyclohexen*, F. 78—78,5°, durch Erhitzen von vorst. Verb. u. Butadien in Toluol in Ggw. einer Spur Hydrochinon 6—7 Tage auf 110°. — *trans-5-p-Tolyl-4-nitrocyclohexen*, F. 89—90,5° (Isopropanol), analog vorst. Verb.; 70%. — Nitrocyclohexane: *trans-2-p-Tolyl-*, F. 73—74°, durch katalyt. Hydrierung von vorst. Verb. in Essigester in Ggw. von Pd-Kohle. — *trans-2-o-Tolyl-*, F. 66—67°, analog. — *cis-2-p-Chlorphenyl-*, F. 69—70° (n-Hexan), aus den trans-Isomeren nach Zimmermann u. Mitarbeitern (C. **1958**, 8587); 68%. — Analog: *cis-2-m-Chlorphenyl-*, $Kp._{0,18}$120°; 70%. — *cis-2-o-Chlorphenyl-*, F. 84,7—85,5° (n-Hexan) 68%. — *cis-2-p-Tolyl-*, F. 78—78,5° (A.–W.); 70%. — *cis-2-o-Tolyl-*, F. 58—58,5° (A.–W.); 69%. — Cyclohexylamine, durch Red. der entsprechenden Nitrocyclohexane nach Kornblum u. Mitarbeitern (C. **1961**, 1859): *trans-2-p-Tolyl-*, F. 71,5 bis 72,5° (A.–W.), $Kp._{0,21}$ 92°; 56%. *Hydrochlorid (HCl)*, F. 266—267° (Isopropanol–Hexan). — *cis-2-p-Tolyl-*, F. 43,5° (A.–W.), $Kp._{0,20}$ 80°; 57%. *HCl*, F. 206,5—208,5° (Bzl.–Hexan). — *trans-2-o-Tolyl-*, $Kp._{0,26}$ 72°; 73%. *HCl*, F. 233—233,5° (Isopropanol–Hexan). — *cis-2-o-Tolyl-*, $Kp._{0,55}$ 98°; 35%. *HCl*, F. 224—225° (Isopropanol–Hexan). — *trans-2-p-Chlorphenyl-*, F. 65,5—66,5° (n-Hexan); 48%. *HCl*, sublimiert. — *cis-2-p-Chlorphenyl-*, $Kp._{0,32}$ 96°; 47%. *HCl*, sublimiert. — *trans-2-m-Chlorphenyl-*, $Kp._{0,35}$ 93°; 53%. *HCl*, F. 244,5—245° (Isopropanol–Hexan). — *cis-2-m-Chlorphenyl-*, $Kp._{0,17}$ 84°; 57%. *HCl*, F. 197—198,5° (Isopropanol). — *trans-2-o-Chlorphenyl-*, $Kp._{0,3}$ 86°; 83%. *HCl*, F. 193,5—194° (Bzl.). — *cis-2-o-Chlorphenyl-*, $Kp._{0,22}$ 90°; 57%. *HCl*, F. 270—271° (A.–Isopropanol). A. Trede. B 137◇

Paramagnetische Resonanz in phosphorescierenden aromatischen Kohlenwasserstoffen. 2. Mitt. Bestimmung der Nullfeldaufspaltung aus Lösungsspektren. M. S. De Groot und J. H. Van Der Waals. (Molecular Physics **3**, 190—200, März 1960; Amsterdam, Koninklije/Shell-Labor.; engl.) — 1. vgl. Molecular Physics **2**, [1959], 333. — Vff. untersuchten die ESR-Spektren von *Triphenylen* (I), *1.3.5-Triphenylbenzol* (II), *Coronen* (III) u. *Naphthalin* (IV) in glasigen Lsgg. bei der Temp. des fl. N_2. Lsgm. war Alphanol 79 (Gemisch prim. Alkohole mit C_{7-9}), das bei der Temp. des fl. N_2 glasig wird. Es wurden jeweils 2 Spektren untersucht, das eine mit dem radiofrequenten magnet. Feld parallel zum konst. Feld, das andere mit beiden Feldern senkrecht zueinander. Das „parallele" Spektrum wurde bei einer Frequenz von 9422 MHz, das andere Spektrum bei 9387 MHz aufgenommen. Vff. beschreiben die Meth. zur Analyse der Spektren der Moll. I, II u. III mit trigonaler Symmetrie; hierbei ergaben sich die folgenden Nullfeldaufspaltungen: 0,134, 0,111 u. 0,096 cm^{-1}. Eine vollständige Behandlung für Moll. mit niedrigerer Symmetrie (IV) wird nicht gegeben, es wird jedoch gezeigt, daß die mit IV erhaltenen Ergebnisse in Übereinstimmung stehen mit den von Hutchinson u. Mangum (vgl. C. **1959**, 6077) an Einkristallen erhaltenen Resultaten. C. Gottfried. B 137

Das NMR-Spektrum von Pisatin. D. D. Perrin und Dawn R. Perrin. (J. Amer. chem. Soc. **84**, 1922—25, 20/5. 1962; Canberra, Australian Nat. Univ., Dep. of Med. Chem. and C.S.I.R.O., Div. of Plant Ind.; engl.) — Auf Grund des Kernresonanzspektrums wird dem *Pisatin* die Struktur des *3-Hydroxypterocarpins* (*3-Hydroxy-7-methoxy-5'.6'-methylendioxycumarano-[3'.2':3.4]-chroman*, **Ia**) zugeordnet. Bes. wird die Verknüpfung der Methylendioxygruppe mit den C-Atomen 5' u. 6' für das Pisatin u. auch für das *Pterocarpin* (**Ib**), hier im Gegensatz zur bisher angenommenen 6'.7'-Verknüpfung, sichergestellt. Lediglich zwischen einer 6- oder 7-Stellung kann nicht entschieden werden (die 7-Stellung ist biogenet. begünstigt). Aus dem Dublett des Signals des

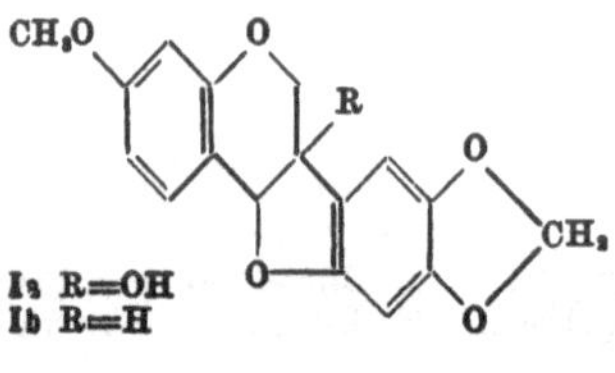

Ia R=OH
Ib R=H

Protons am $C_{(4)}$ wird auf 2 Konformationen der cis-Konfiguration geschlossen, die sich im Winkel zwischen Pyran- u. Furanring unterscheiden. — Für das *Anhydropisatin* (**II**) wird die Struktur eines *7-Methoxy-5'.6'-methylendioxycumarono-[3'.2':3.4]-Δ^3-chromens* durch das Kernresonanzspektrum bestätigt. — Die Substanzen wurden als verd. Lsgg. in CCl_4 (**Ia** u. **Ib**) bzw. **II** in Dioxan spektroskopiert. Die chem. Verschiebungen werden in ppm relativ zu Bzl. als äußerem Standard angegeben. G. Schroth. B 137◇

Die Dissoziationskonstante von Phenol in Wasser zwischen 25 und 60°. E. H. Binns. (Trans. Faraday Soc. **55**, 1900—03, Nov. 1959; Gomersal, Leeds, Coal Tar Res. Assoc.; engl.) — Die Dissoziations-Konst. von *Phenol* wird im Temp.-Bereich von 25—60° mit Hilfe des potentiometr. Verf. nach Harned unter Verw. von gepufferten Ketten des Typs $H_2 | C_6H_5OH, C_6H_5ONa, NaCl | AgCl–Ag$ gemessen. Bei 25° erhält man in guter Übereinstimmung mit früheren Werten pK = 9,97. Die Werte bei höheren Temp. weichen von konduktometr. Ergebnissen ab. Für die Standardabweichung von pK ergibt sich ± 0,015. Die Krümmung der pK/Temp.-Kurve weist auf ein pK-Minimum, das beträchtlich höher als 60° liegen dürfte. P. Frenzel. B 139◇

Untersuchungen über die elektrolytische Reduktion aromatischer Nitroverbindungen zu Hydrazoverbindungen. 6. Mitt. Bestimmung der Reaktionsmechanismen der elektrolytischen Bildung von Hydrazobenzol aus Nitrobenzol mit Hilfe der Elektrolyse bei gesteuertem Potential. Taro Sekine und Tadashi Seki. (J. electrochem. Soc. Japan [Overseas Edit.] **27**, E134—E138, 1959; Tokyo, Tokyo Inst. of Technol., Dep. of Chem. Engng., Labor. of Org. Electrochem.; engl.) — 5. vgl. C. **1963**, 3169. — Die elektrolyt. Red. von *Azoxybenzol* (**I**) u. *Azobenzol* (**II**) an Zn- u. Ni-Kathoden wird bei gesteuertem Potential (App. u. Schaltbild) in alkal.-benzol. Emulsion (a) u. in alkal.-alkohol. Lsg. (b) untersucht. **II** wird in a an Ni bei einem Kathodenpotential von — 1,25 V (gegen Normalkalomelelektrode) sehr langsam zu *Hydrazobenzol* (**III**; 74% Ausbeute) red., an Zn dagegen erfolgt schnelle Red. bei — 1,50 bzw. — 1,57 V von **I** u. **II** (86 bzw. 85% **III**). In b erhält man aus **I** an Ni bei — 1,10 V 90% **III**, bei 1,00 V u. geringerem Stromdurchgang 18% **III** neben **II** (möglicherweise durch Rk. zwischen **I** u. **III**) u. nichtumgesetztes **I**, bei — 1,10 V aus **II** 92% **III**. Die Ergebnisse zeigen, daß **III** in b durch direkte Red. von **I** u. nicht über **II** entsteht. P. Frenzel. B 141◇

Thermodynamische Untersuchungen an binären Flüssigkeitsgemischen von Methylchlorid, Methylbromid, Propan. W. Kappallo und K. Schäfer. (Z. Elektrochem., Ber. Bunsenges. physik. Chem. **66**, 508—14, 1962; Heidelberg, Univ., Physikal.-chem. Inst.; dt.) — Mit einer App. nach Mathot wurde der Gesamtdampfdruck bin. Fl.-Gemische von Methylchlorid (**I**), Methylbromid (**II**) u. Propan (**III**) zwischen — 80° u. dem Kp. der Fll. gemessen. Die Aktivitäts-Koeff. wurden unter Berücksichtigung der Realgaskorrektur bestimmt. Die Isothermen der Aktivitäts-Koeff. in Abhängigkeit von der Zusammensetzung wurden mit einem Redlich-Kister-Ansatz dargestellt; aus den verschiedenen Isothermen wurde ihre Temp.-Abhängigkeit bestimmt. Hieraus konnten die molare Zusatzenthalpie u. die freie molare Zusatzenthalpie errechnet werden. Danach folgt das Syst. **I–II** bei allen untersuchten Temp. dem Raoultschen Gesetz, während sich bei **II–III** u. **I–III** positive Abweichungen sowie endotherme Mischungswärmen ergeben. S. v. Schieszl. B 150□

Phasengleichgewichtsuntersuchungen dampfförmig-flüssig am System Methanol–Methylformiat unter Verwendung einer gaschromatographischen Analysenmethode. Norbert Kozub, Horst Schuberth und Eberhard Leibnitz. (J. prakt. Chem. [4] **17**, 282—92, 1962; Leipzig, Inst. für Verfahrenstechn. der org. Chem., Dt. Akad. der Wiss. zu Berlin; dt.) — Mit Hilfe einer beschriebenen Gaschromatographie-App. wurden isotherme (t = 30°) u. isobare (p = 760 mm) Phasengleichgewichtsmessungen an dem Syst. *Methanol–Methylformiat* durchgeführt. Die Abweichungen von theoret. errechneten Kurven werden angegeben, u. zwar bei den isothermen Verss. für die Gleichgewichts- u. die Dampfdruckkurve sowie für den Aktivitäts-Koeff., bei den isobaren Verss. für die Gleichgewichts- u. die Siedetemperaturkurve sowie ebenfalls für den Aktivitätskoeffizienten. S. v. Schieszl. B 150□

Reaktionswärme und die Jodoformreaktion. 2. Mitt. Aceton und Jod. Robert Myklebust und John A. Froemke. (Proc. South Dakota Acad. Sci. **37**, 172—74, 1958; Sioux Falls, Augustana Coll.; engl.) — 1. vgl. C. **1962**, 11512. — Für die Umsetzung zwischen *Aceton* u. J_2 werden von Vff. 5 verschiedene Rk.-Gleichungen erörtert. Sie weisen nach, daß sich Aceton besser für die Herst. von Jodoform eignet als Äthanol. Die Rk. kann sowohl von der Konz. als auch von der dabei auftretenden Rk.-Wärme beeinflußt werden. F. Rosendahl. B 156△

Entflammbarkeitsgrenzen von Methyläthylketon und Methylisobutylketon in Bromchlormethan–Luft-Gemischen. M. G. Zabetakis, P. M. Gussey und G. S. Scott. (U. S. Dep. Interior, Bur. Mines Rep. Invest **1960**, 1—12; engl.) — Bei gewöhnlichen Temp. u. Drücken sind *Methyläthylketon* (I)–Luft-Gemische, die zwischen 2,0 u. 11 Vol.-% I enthalten, u. *Methylisobutylketon* (II)–Luft-Gemische mit 1,5—7,5 Vol.-% II entflammbar, jedoch sind *I-Bromchlormethan* (III)–Luft-Gemische mit wenigstens 6,2 Vol.-% III u. II–III–Luft-Gemische mit wenigstens 7 Vol.-% III nicht entflammbar. Ebenso lassen sich I–III-Luft- u. II–III–Luft-Gemische mit weniger als 18,7 Vol.-% O_2 nicht entzünden. Zur sicheren Bldg. nicht entflammbarer Mischungen muß beim Vermischen mit Luft ein I–III- bzw. II–III-Gemisch wenigstens III im Vol.-Verhältnis 1,6 III : 1 I bzw. 2,8 III : 1 I enthalten. Diese Zus. wird bei Fl.-Mischungen erhalten, die 55 Vol.-% bzw. 60 Vol.-% III enthalten. Eine II–III–*1-Brom-3-chlorpropan*-Mischung aus gleichen Teilen der Fll. ergibt mit Luft nicht entflammbare Mischungen bei gewöhnlichen Temp. u. Drücken. Ebenso verhält sich eine Mischung, die sich aus 34,6 (Fl.-Vol.) % III, 34,6% *Perchloräthylen*, 15,4% II, 7,7% *Toluol*, 3,85% *Äthylamylketon* u. 3,85% *Trimethylendibromid* zusammensetzt. — Die Vers.-App. wird beschrieben; Einzeldaten sind tabellar. aufgeführt. Ch. Zechel. B 157◇

Apparat zur Messung der Dämpfung der Ultraschallfortpflanzung in Flüssigkeiten. Gaston Laville. (C. R. hebd. Séances Acad. Sci. **245**, 1523—26, 28/10. 1957; franz.) — Mit Hilfe einer früher von Labory u. Leville (vgl. C. **1962**, 12567) beschriebenen Anordnung untersuchte Vf. die Dämpfung von Ultraschallwellen in wss. *Zucker*-Lsgg. mit Konzz. zwischen 50 u. 400 g/Liter bei 20° u. einer Ultraschallfrequenz von 8014 MHz. Für Konzz. zwischen 50 u. 190 g/Liter ist die Konz.-Abhängigkeit von $\alpha/N^2 \cdot 10^{17}$ linear mit einem Ordinatenabschnitt von 25, was dem Wert des reinen W. entspricht. Zwischen 190 u. 240 g/Liter sind die Meßpunkte regellos angeordnet u. oberhalb dieser Konz. erhält man wieder eine Gerade. Diese Beobachtungen werden komplexen Assoziationen des Zuckers u. des W. zugeschrieben u. sollten sich auch bei anderen physikal. Eigg. wiederfinden. C. Gottfried. B 159

Die Spreitungsgeschwindigkeit und der Gleichgewichtsspreitungsdruck der Monoschichten von n-Fettalkoholen und n-Alkoxyäthanolen. A. V. Deo, S. B. Kulkarni, M. K. Gharpurey und A. B. Biswas. (J. physic. Chem. **66**, 1361—62, Juli 1962; Poona, India, Nat. Chem. Labor.; engl.) — Vff. beschreiben die Meth., mit denen Spreitungs-Geschw. u. -druck bestimmt wurden, u. zwar an n-Fettalkoholen u. n-Alkoxyäthanolen (Glykolmonoalkyläther) mit C_{14}, C_{16}, C_{18}, C_{20} u. C_{22}. Danach nimmt die Spreitungs-Geschw. mit steigendem F., d. h. mit steigender Kettenlänge, ab. Auf Grund der Ergebnisse wird den Alkoxyäthanol-Moll. eine größere Tendenz zugesprochen, den festen Zustand zu verlassen, sowie eine stärkere Wechselwrkg. zwischen ihren polaren Gruppen u. der Wasseroberfläche. S. v. Schieszl. B 162□

Der Einfluß des Druckes auf die Micellenbildung in wässerigen Lösungen von Natriumdodecylsulfat. S. D. Hamann. (J. physic. Chem. **66**, 1359—61, Juli 1962; Melbourne, Australian Commonwealth Sci. and Ind. Res. Organiz., Div. of Phys. Chem.; engl.) — Vf. führte Leitfähigkeitsmessungen an Lsgg. von *Na-Dodecylsulfat* bei 11 molaren Konzz. zwischen $2 \cdot 10^{-3}$ u. $4 \cdot 10^{-2}$ bei 25° u. Drücken von 1, 500, 1000, 1500 u. 2000 at durch. Er gibt weiter die krit. Micell-Konz. in Abhängigkeit vom Druck graph. wieder. Diese Kurve hat ein Maximum bei 1000 at. Vf. vermutet, daß dieser Effekt auf ein teilweises Festwerden des Inneren der Micellen zurückzuführen ist.
S. v. Schieszl. B 162□

Randwinkel von Wasser gegen gesättigte Kohlenwasserstoffe. N. K. Adam und G. E. P. Elliott. (J. chem. Soc. [London] **1962**, 2206—09, Juni; Southampton, Univ., Dep. of Chem.; engl.) — Folgende mittlere Randwinkel wurden bestimmt: *Hexamethyläthan*, 116—118°; *Cyclopentadecan*, 104°; *Cycloheptadecan*, 105°; *Norcamphan*, 100°; *Adamantan*, 98°; *Tricyclodecan*, 100°; *gereinigtes Paraffinwachs*, 113°; *Polyäthylen*, 95° (10 Min. in KOH gekocht) 93°, (eingelagert 6½ Std. in W.) 75°, (17½ Std. in W.) 66,5°; *Polytetrafluoräthylen* (rauhe Oberfläche) 109°, (6½ Std. in W.) 102°, (17½ Std. in W.) 101,5°, (glatte Oberfläche) 115°. Danach tritt die geringste Adhäsion von W. dann auf, wenn bei den KW-Stoffen Methylgruppen außen liegen. Der Randwinkel ist um 10° niedriger, wenn nur Methylengruppen außen sind, u. noch niedriger, wenn einige tert. Gruppen an der Oberfläche sind. S. v. Schieszl. B 166□

Eine Infrarotuntersuchung der Chemisorption von Äthylen an Aluminiumoxid. P. J. Lucchesi, J. L. Carter und D. J. C. Yates. (J. physic. Chem. **66**, 1451—56, Aug. 1962; Linden, N.J., Esso Res. and Engng. Comp.; engl.) — Es wird über IR-Unters. zur Aufklärung von Art, Orientierung u. Rk.-Fähigkeit der adsorbierten Stoffe bei der Chemisorption von C_2H_4 an Al_2O_3 verschiedener Herst. berichtet. Auf manchen Oxiden werden durch langsame Adsorption bei Zimmer-Temp. Äthyl-Verbb. der Form $S-CH_2 \cdot CH_3$ (S = Oberflächenplatz) gebildet, die mit H_2 bei 450° unter Bldg. von gasförmigem CH_4, C_2H_6 u. C_3H_8 reagieren, dagegen binden andere, kristallograph. ähnliche Oxide das C_2H_4 in Form von $S-CH_2CH_2-S$, was bei der Hydrierung unter gleichen Bedingungen erst $S-CH_2CH_3$ u. dann nur gasförmiges C_2H_6 ergibt. — Die Ergebnisse werden im Hinblick auf die Aufklärung der Natur der Chemisorption u. der katalyt. Hydrierung von C_2H_4 an Al-Oxiden diskutiert. Bei Zimmer-Temp. konnte keine Chemisorption von C_2H_4 an Kieselsäure festgestellt werden. W. Sobieski. B 176□

Elektronenspektren von an Kieselsäure–Tonerde-Katalysatoren adsorbierten Olefinen. Harry P. Leftin und W. Keith Hall. (J. physic. Chem. **66,** 1457—63, Aug. 1962; Pittsburgh, Pa., Mellon Inst.; engl.) — Vgl. vorst. Referat. — Die Spektren von an Kieselsäure–Tonerde adsorbierten *1.1-Diphenyläthylen* (I) u. *α-Methylstyrol* u. ihrer sauren Lsgg. wurden spektrophotometr. aufgenommen u. das kinet. Verh. dieser Syst. untersucht. Neben den bekannten Banden um 400 mμ der Carboniumionen erscheinen unbekannte Banden im Langwellenbereich. Durch weitere Verss. mit oxydierenden Agentien an den adsorbierten Olefinen konnte deren Ursprung als Zwischenverbb. aus intramol. Übergängen gedeutet werden. Während bei den absorbierten Olefinen die Banden bei Zimmer-Temp. auftraten, erschienen sie bei *1.1-Diphenyläthan* bzw. *Cumol* erst bei 100 bzw. 320°. Bei Zusatz von Alkalimetall zu I-Lsgg. trat neben einer Bande bei 475 mμ bei einigen Verss. eine weitere bei 615 mμ auf, die Gründe dafür konnten noch nicht geklärt werden. Weiterhin wurden die Spektren der möglichen Rk.-Prodd. von I, *1.1.3.3-Tetraphenylbuten-(1)* (F. 111—112°) u. *1.1.3-Triphenyl-3-methylindan* (F. 143,6—144,8°) untersucht. W. Sobieski. B 176□

Über die physikalische Bedeutung einiger Annahmen der Theorie von Pariser und Parr. Włodzimierz Kołos. (Roczniki Chem. [Ann. Soc. chim. Polonorum] **32,** 315—21, 1958; Warszawa, Polsk. Akad. Nauk, Inst. Chem. fiz., Zakł. Elektrochem.; pol.) — Die unter Berücksichtigung der Korrelation der Elektronen berechneten Werte einiger Ein- u. Zweizentrenintegrale der Coulombschen Wechselwrkg. stimmen mit den in der halbempir. Theorie von Pariser u. Parr (C. **1955,** 10466, C. **1956,** 6619, 6620) verwendeten Werten überein. R. K. Müller. B 182□

Abstoßungspotential zwischen nichtgebundenen Methyl-Gruppen. John Overend und James R. Scherer. (J. opt. Soc. America **50,** 1203—07, Dez. 1960; Midland, Mich., Dow Chem. Co., Chem. Phys. Res. Labor.; engl.) — Es werden die Abstoßungskräfte zwischen 2 Methylgruppen, die an das gleiche Atom gebunden sind, bestimmt. Dazu werden die Urey-Bradley-Kraft-Konst. (UBKK) von $C(CH_3)_4$, $Si(CH_3)_4$, $Ge(CH_3)_4$, $Sn(CH_3)_4$ u. $Pb(CH_3)_4$ benutzt. Die Abstoßungs-Konst. F_{CC} wird als Funktion des Atomabstands C—C zu $F_{CC} = 196{,}5 \cdot r_{CC}^{-6,8}$ md/Å (1) berechnet. Für Propan mit $r_{cc} = 2{,}504$ Å ergab sich nach 1) für $F_{cc} = 0{,}288$ md/Å. Mit 1) wurden die Methyl-Methyl-Abstoßungs-Konst. für *Aceton, Dimethyläther* u. *Dimethylsulfid* berechnet u. daraus die UBKK dieser Moll. bestimmt. I. Zoll. B 182◇

Schwingungen und Energie der Wasserstoffbrücke fester Ameisensäure. H. J. Spangenberg. (Z. Chem. **1,** 250—51, 1961; Jena, Friedrich-Schiller-Univ., Inst. für Phys. Chem.; dt.) — Vgl. Gross u. Walkow, C. **1950,** II, 970. — Vf. berichtet über Raman-Unterss. an polykristalliner *Ameisensäure.* Werden die gemessenen Frequenzwerte (Tabelle) als die Übergänge 0 → 1; 1 → 2; 2 → 3 usw. der zwischenmol. H-Brückenschwingung gedeutet, dann kann man einen Wert für die Dissoziationsenergie der H-Brücke angeben. Aus den Daten von Gross u. Walkow (vgl. l. c.) errechnete Vf. eine Energie von 5,8 kcal/Mol., während von diesen Vff. 6,2 kcal/Mol angegeben worden ist. Aus den eigenen Messungen ergab sich eine Brückenenergie in festem I von 7,5 kcal/Mol. C. Gottfried. B 182

Theoretische Untersuchung gehinderter aromatischer Kohlenwasserstoffe. 1. Mitt. Phenanthren. S. Senent und M. A. Herráez. (An. Real Soc. españ. Física Quím., Ser. B **53,** 257—76, April 1957; Valladolid, Univ., Labor. de Quím. fís., Secc. del Inst. A. de G. Rocasolano del C.S.I.C.; span.) — Vff. berechnen die Energien (E) für die möglichen Deformationen im Mol. von *Phenanthren* (I), die durch ster. Hinderung zwischen $H_{(4)}$ u. $H_{(5)}$ entstehen können. In 1. Näherung wird für alle C—C-Bindungen eine mittlere Länge von 1,40 Å angenommen; in 2. Näherung werden die Bindungslängen als Funktion der Bindungsordnung betrachtet. Berücksichtigt werden einmal nur Deformationen an den gehinderten Atomen (Typ A): Änderung der ∢ $C_{(3)}-C_{(4)}-H_{(4}$ u. $C_{(6)}-C_{(5)}-H_{(5)}$ in der Mol.-Ebene [E in kcal/Mol nach 1. Näherung 5,24 (nach 2. Näherung 4,08)], Verkürzung der C—H-Bindung [104,1 (80,40)], Vertikalverschiebung der beiden H-Atome durch Drehung der C—H-Bindung aus der Mol.-Ebene [15,18 (13,46)]; zum anderen Deformationen an allen Atomen des I-Mol. (Typ B): Änderung der Winkel zwischen allen Bindungen [0,546 (0,368)], Verkürzung u. Verlängerung aller C—C- u. der C—H-Bindungen der gehinderten H-Atome ohne [43,6 (38,8)] u. mit Wechselwrkg. [40,9 (34,0)], Vertikalverschiebung aller Atome aus der Mol.-Ebene [6,61 (5,90)]. Es wird geschlossen, daß Deformationen vom Typ A nicht möglich u. im besonderen Fall von I

Deformationen mit Änderung aller Winkel am wahrscheinlichsten sind. Die Abstoßung zwischen unverbundenen Atomen wird in allen Fällen als gleich vorausgesetzt u. ist in den E-Werten nicht berücksichtigt. — Für die Winkeldeformation von *3.4;5.6-Dibenzophenanthren* ergibt sich E zu 52,20 kcal/Mol; die mit geringerem Energieaufwand verbundene Vertikalverschiebung ist wahrscheinlicher. R. K. Müller. B 182

Theoretische Untersuchung gehinderter aromatischer Kohlenwasserstoffe. 2. Mitt. **Perylen und Triphenylen.** M. A. Herráez und J. Arranz. (An. Real Soc. españ. Física Quím., Ser. B **53,** 277—84, April 1957; span.) — 1. vgl. vorst. Referat. — Wie l. c. angegeben, werden die Deformationsenergien für *Perylen* u. *Triphenylen* berechnet. Es zeigt sich, daß in beiden Fällen wie bei Phenanthren die Winkeldeformation mit 1,91 bzw. 26,0 kcal/Mol die wahrscheinlichste Verschiebung ist.
R. K. Müller. B 182

Theoretische Untersuchung gehinderter aromatischer Kohlenwasserstoffe. 3. Mitt. **3.4-Benzophenanthren und Tetrabenzonaphthalin.** S. Senent und M. A. Herráez. (An. Real Soc. españ. Física Quím., Ser. B **53,** 325—38, Mai 1957; span.) — 2. vgl. vorst. Referat. — Die Berechnung der Deformationsenergien für *3.4-Benzophenanthren* u. *Tetrabenzonaphthalin* ergibt für die gemischte Deformation (Winkel- u. Vertikalverschiebungen) niedrigere Werte (4,91 bzw. 32,7 kcal/Mol) als für die Vertikalverschiebungen u. Winkelverschiebungen allein. Die gemischte Deformation entspricht auch den von Herbstein u. Schmidt (J. chem. Soc. [London] **1954,** 3302) bei Röntgen-Unterss. erhaltenen Ergebnissen. R. K. Müller. B 182

Physikalische Eigenschaften und Kristallstruktur von 2-Brom-2.3.3-trimethylbutan. Tsutomu Koide, Yoshihiro Kato und Tsutomu Oda. (Bull. chem. Soc. Japan **33,** 1572—76, Nov. 1960; Osaka, Univ. of Liberal Arts and Educat., Labor. of Chem.; engl.) — Unters. von *2-Brom-2.3.3-trimethylbutan* (F. 151°, durch HBr-Einw. auf Pentamethyläthanol, das aus Pinakolin u. CH_3MgBr erhalten wurde) ergab, daß die Kristalle bei Zimmer-Temp. isotrop u. damit kub. sind. Bei Abkühlung der Kristalle wurde gefunden, daß sie sich bei ca. —117° in eine andere kristalline Phase umwandelten, die opt. anisotrop war. Auf Laue-Aufnahmen parallel [1 0 0], [1 1 0] u. [1 1 1] waren die Interferenzen in 2 oder 3 Teile aufgespalten, der gleiche Kristall zeigte jedoch bei Schwenkaufnahmen um [1 1 0] keine Aufspaltungen. Es handelt sich demnach bei dem untersuchten Kristall nicht um einen Einkristall, sondern er war zusammengesetzt aus mehreren Kristalliten, die etwas verschieden in ihrer Orientierung waren. Die Laue-Aufnahmen ergaben die Punktgruppensymmetrien T_d — $\bar{4}$ 3 m, O — 4 3 m oder O_h — m 3 m, die Schwenkaufnahmen den kub. Parameter a = 7,66 Å; mit D. 1,31 ist Z = 2. Eine von 90° bis zur Temp. der fl. Luft durchgeführte DTA ergab einen anomalen therm. Effekt beim Abkühlen bei ca. —117° u. beim Erwärmen bei ca. —114°. Vorläufige Struktur-Unterss. u. Symmetriebetrachtungen führten zu dem Ergebnis einer Orientierungsregellosigkeit der Anordnung der Moll., die vielleicht unterhalb des Umwandlungspunktes verschwindet. C. Gottfried. B 195

Kristallstruktur und thermodynamische Untersuchungen von Triäthylendiamin, $C_6H_{12}N_2$. Tadayoshi Wada, Etsuko Kishida, Yujiro Tomiie, Hiroshi Suga, Syûzô Seki und Isamu Nitta. (Bull. chem. Soc. Japan **33,** 1317—18, Sept. 1960; Osaka, Osaka Univ., Fac. of Sci., Dep. of Chem.; engl.) — Weißenberg-Aufnahmen an *Triäthylendiamin* (*1.4-Diazabicyclo-*[*2.2.2*]*-octan*) ergaben hexagonale Symmetrie u. die Zellendimensionen a = 6,20 ± 0,01 Å; c = 9,58 ± 0,02 Å; Raumgruppe ist C_{6h}^2 — P 6_3/m; D. 1,14; Z = 2. Die Struktur-Best. lieferte die folgender Parameter: N: (x =) $^2/_3$; (y =) $^1/_3$; (z =) 0,612; C: 0,870; 0,571; 0,667; $H_{(1)}$: 0,024; 0,593; 0,632; $H_{(2)}$: 0,848; 0,703; 0,632. Die Moll. sind in dem Gitter angenähert hexagonal dichtest gepackt. Im Kristall hat das Mol. nahezu D_{3h} — $\bar{6}$ m 2-Symmetrie; die Bindung N—C—C—N hat cis-Konfiguration. Bis 180° ausgeführte DTA zeigte einen Phasenübergang bei 79,8°, dessen Entropieänderung größer ist als die beim F. 161,1°. Gemessen wurden die Dampfdrücke oberhalb u. unterhalb des Umwandlungspunktes. Die gemessenen Werte sind tabellar. angegeben. Die relativ kleine Schmelzentropie zeigt, daß die Hochtemp.-Phase des Kristalls zur Kategorie der sog. „plast. Kristalle" im Sinne Timmermanns [1938] gehört. C. Gottfried. B 195

Röntgen-Pulverbeugungsdaten für 2.4-Dinitrophenylhydrazone von Aldehyden und Ketonen. L. D. Calvert und Maria Przybylska. (Appl. Spectroscopy **15,** 39—45, 1961; Ottawa, Nat. Res. Council, Div. of Appl. Chem.; engl.) — Vff. stellten Pulveraufnahmen von 2.4-Dinitrophenylhydrazonen der nachst. Aldehyde u. Ketone her: *Acetaldehyd, Aceton, Acetophenon, p-Chloracetophenon, 1-Acetylcyclohexen, 2-Methylanthrachinon, Benzalaceton, Benzalacetophenon, Benzaldehyd, m-Nitrobenzaldehyd, Benzil, Benzophenon, 2.2-Dimethyl-, 2-Äthyl-, 2-Methyl-2-äthyl-, 2.3.3-Trimethyl-*

butanal, Butanon-(2), 3.3-Dimethyl-, 3-Methylbutanon-(2). 3-Äthylbuten-(3)-on-(2), 2-Methylbuten-(1)-on-(3), Isobutyraldehyd, Butyraldehyd, Butyrophenon, d-Campher, Zimtaldehyd, dl-Citral, Crotonaldehyd, Cyclohexanon, Cyclopentanon, 3-Cyclopentylidencyclopentanon, α-, β-Methylcyclopentanon, n-Decanal, Dibenzalaceton, Difurfurylidenaceton, n-Dodecanal, Formaldehyd, d-Fructose-Dioxansolvat, Furfurol, Furfurylidenaceton, 4-Methylheptandion-(2.6), n-Heptanal, Heptanon-(2), -(4), 2.6-Dimethylheptanon-(4), 1-Phenylheptanon-(1), 4.6.6-Trimethylhepten-(3)-on-(2), 1-Phenylhexadecanon-(1), n-Hexanal, Hexanon-(2), 2-Methylhexanon-(3), 3.4-Dimethylhexen-(4)-on-(2), 4.4.5-Trimethylhexen-(5)-on-(3), aci-5-Nitro-1-naphthaldehyd (K-Salz), aci-5-Nitronaphthyl-(1)-tetradecylketon (K-Salz), n-Nonanal, n-Octanal, Octanon-(2), 4-Methylpentanal, Pentanon-(2), -(3), 3.4-Dimethyl-, 4.4-Dimethylpentanon-(2), 2.4-Dimethyl-, 2-Methylpentanon-(3), 4-Methyl-, 3.3.4.4-Tetramethyl-, 3.3.4-Trimethyl-, 3.4.4-Trimethylpentanon-(2), 3.4-Dimethyl-, 3-Äthylpenten-(3)-on-(2), 3.4-Dimethyl-, 3.3.4-Trimethylpenten-(4)-on-(2), Phenanthrachinon, Phenylaceton, 2.2-Dimethylpropanal, Propionaldehyd, Propiophenon, p-Benzochinon, Salicylaldehyd, o- u. p-Homosalicylaldehyd, 1-Phenyltetradecanon-(1), n-Tridecanal, n-Undecanal, Isovaleraldehyd, Valeraldehyd u. Vanillin. In einigen Fällen wurden von den betreffenden Dinitrophenylhydrazonen verschiedene polymorphe Formen untersucht. Die Vers.-Ergebnisse sind tabellar. wiedergegeben. C. Gottfried. B 195

Die Kristallstruktur von p-Aminobenzolarsonsäure. Akira Shimada. (Bull. chem. Soc. Japan **34**, 639—43, Mai 1961; Osaka ,City Univ., Fac. of Sci., Dep. of Chem.; engl.) — Schwenk- u. Weißenberg-Aufnahmen ergaben für *4-Aminobenzolarsonsäure* monokline Symmetrie u. die Zellendimensionen a = 7,35 (Å); b = 6,35; c = 8,81; β = 101°; Raumgruppe ist P 2_1; Z = 2. Die Struktur wurde mit Hilfe von Patterson- u. Elektronendichteprojektionen bestimmt. Die gefundenen Parameter sind: As (x =) $0{,}163_2$; (y =) 0; (z =) $0{,}183_1$; $O_{(1)}$: 0,338; 0,063; 0,093; $O_{(2)}$: —0,041; 0,078; 0,086; $O_{(3)}$: 0,156; —0,293; 0,185; $C_{(1)}$: 0,213; 0,093; 0,398; $C_{(2)}$: 0,299; 0,295; 0,418; $C_{(3)}$: 0,331; 0,386; 0,572; $C_{(4)}$: 0,298; 0,254; 0,698; $C_{(5)}$: 0,234; 0,047; 0,675; $C_{(6)}$: 0,184; —0,028; 0,523; N: 0,327; 0,318; 0,863. In dem Gitter ist das As-Atom in nahezu tetraedr. Anordnung von den 3 O-Atomen $O_{(1)}$, $O_{(2)}$ u. $O_{(3)}$ u. dem $C_{(1)}$-Atom umgeben mit dem mittleren Abstand As—O = 1,73 Å u. dem Abstand As—C = 1,95 Å. Der Benzolring ist eben mit einem mittleren C—C-Abstand von 1,41 Å. In der gleichen Ebene liegt das N-Atom mit dem Abstand N—C = 1,49 Å. Die Moll. werden im Gitter durch ein Netzwerk von H-Bindungen zusammengehalten. In einer asymm. Einheit sind 4 H-Atome für H-Bindung verfügbar, u. zwar kommen 2 von der NH_2-Gruppe u. 2 von der Arsonsäuregruppe. Eine H-Bindung besteht zwischen O-Atomen u. 3 H-Bindungen zwischen O u. den N-Atomen. Die H-Bindung von dem $O_{(2)}$-Atom des Mol. I mit einer Länge von 2,52 Å zu dem $O_{(3)}$-Atom des Mol. II verknüpft die Moll. unter Bldg. endloser Ketten entlang der Schraubenachse senkrecht zu der (0 1 0)-Ebene. Das N-Atom der NH_2-Gruppe des Mol. bildet 3 H-Bindungen, die erste mit dem $O_{(2)}$-Atom des Mol. II + c, die zweite mit dem $O_{(1)}$-Atom des Mol. I + c, u. die dritte mit dem $O_{(1)}$-Atom des Mol. II + a + c. Die 3 H-Bindungen verbinden die endlosen Ketten über Benzolringe unter Bldg. eines 3dimensionalen Netzwerks. Aus dieser 3fachen H-Bindung des N-Atoms schließt Vf., daß man die Formel des Mol. $NH_3^+ \cdot C_6H_4 \cdot AsO_2(OH)^-$ schreiben sollte, was besagt, daß das Mol. im Kristall als Zwitterion vorliegt. C. Gottfried. B 195

Die Struktur von Echitaminjodid. H. Manohar und S. Ramaseshan. (Current Sci. **30**, 5—7, Jan. 1961; Bangalore, Indian Inst. of Sci., Dep. of Phys.; engl.) — Vgl. auch C. **1961**, 13552. — Röntgenograph. untersucht wurden *Echitaminjodid* (I) u. *-chlorid* (II). Dreh- u. Weißenberg-Aufnahmen ergaben rhomb. Symmetrie u. die Zelldimensionen a = 18,45 (Å); b = 13,83; c = 8,48 für I u. a = 17,29; b = 14,97; c = 7,94 für II. Bestimmt wurde die Struktur von I. Raumgruppe ist P 2_1 2_1 2_1; D. 1,583; Z = 4. Die Struktur wurde mit Hilfe von Patterson- u. mehreren Fourier-Projektionen bestimmt. Aus den Projektionen ergab sich eindeutig, daß die von Conroy u. Mitarbeitern (vgl. C. **1962,** 10101) sowie die von Chakravarti u. Mitarbeitern (vgl. C. **1962,** 16328) angenommene Struktur nicht richtig ist. Vorgeschlagen wird die abgebildete Struktur. C. Gottfried. B 195

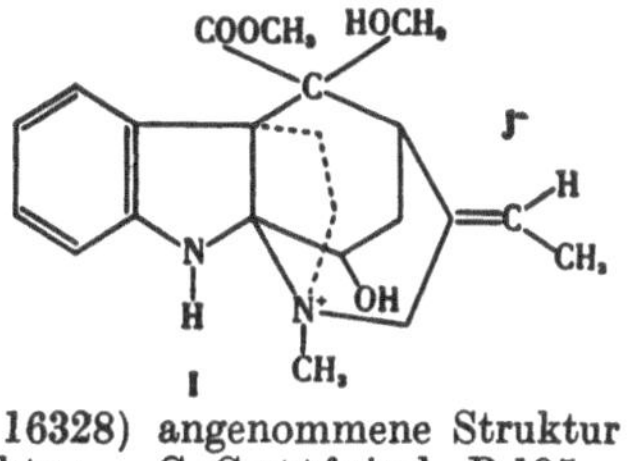

I

Über die Methanolyse von Monoglyceriden während der Bildung von Harnstoff-Einschlußverbindungen. Miguel Blanco und Pedro Cattaneo. (An. Dirección nac. Quím. **11**, 5—10, 1958; Buenos Aires, Univ., Fac. Ciencias Exactas y Naturales; span.) — Beim langsamen Auskristallisieren der Harnstoff-Einschluß-Verbb. von Monoglyceriden (66% *Glycerin-α-monopalmitat*) erfolgt Methanolyse, wenn in 80%ig. wss.

Methanol gearbeitet wird. In 90%ig. wss. oder höher-%ig. CH_3OH wurde dagegen keine nennenswerte Methanolyse beobachtet. M. Reiher. B 223□

Ein N-Methylpyrrolidon-Diacetylen-Komplex. Seine Verwendung für die Isolierung von Diacetylen. Norman Shachat. (J. org. Chemistry 27, 2928—29, Aug. 1962; Philadelphia, Pa., Rohm & Haas Co., Res. Labor.; engl.) — *Diacetylen* (I; F. —36°) bildet in *N-Methylpyrrolidon-(2)* (II; F. —24°) als Lsgm. mit diesem einen 1:1-Mol.-Komplex, der jedoch bei Filtration unter N_2 nicht rein, sondern in der Zus. 1:1,2 erhalten werden konnte. Die Kristallisation des Komplexes beginnt bei 26°, die Löslichkeit von I u. II u. der Anteil von komplex gebundenem I ist für den Temp.-Bereich 26,0 bis —10° tabelliert. Behandeln des Komplexes mit Ae., Bzl., A., W. oder Erwärmen führt zur Entw. von I. Diese Komplex-Bldg. ermöglicht die Abtrennung von I aus einem Gasstrom von I, C_2H_2 u. Methylacetylen. Mit N-Vinyl-, -Äthylpyrrolidon, Pyrrolidon, Butyrolacton u. N.N-Dimethylformamid bildet I keinen Komplex. W. Schramm. B 223□

Verteilung von p-Hydroxybenzaldehyd zwischen Wasser und Mischungen von organischen Lösungsmitteln. K. Bertil Sandell. (Naturwissenschaften **49**, 348, 1. Aug.-H., 1962; Lund, Schweden, Klinikst Kem. Centrallabor., Lunds Lasarett; dt.) — Vf. gibt die Verteilungs-Koeff. (VK) von *p-Hydroxybenzaldehyd* zwischen *W.* u. nachst. Lsgm.-Gemischen bei 25° in Abhängigkeit von der Zus. der Mischung graph. an: $C_8H_{17}OH$ (I)-$C_2H_4Cl_2$ (II), I-*Chlf.* (III), I-C_6H_{12} (IV), *Diisopropyläther* (V)-I, V-II, V-III, V-IV, II-III, III-CCl_4 (VI), III-IV, VI-II, IV-II, ferner die VK zwischen W. u. reinem CH_2Cl_2 (VII), C_6H_6 (VIII) u. C_2HCl_3 (IX) u. zwischen W. u. 1:1-Gemischen von V mit VII, VIII, IX u. VI. Die VK von *Vanillin* zwischen W. u. Gemischen von V mit III wird ebenfalls graph. wiedergegeben. Es zeigt sich, daß Kurven für Mischungen mit Lsgm., deren Moll. keine H-Bindungen miteinander bilden können, entweder gradlinig oder nach unten konvex sind. Mischungen, bei denen derartige Bindungen dagegen möglich sind, ergeben nach oben konvexe Kurven. S. v. Schieszl. B 224□

Isotopeneffekte in Deuteriumoxidlösung. 2. Mitt. Reaktionsgeschwindigkeiten in saurer, alkalischer und neutraler Lösung unter alleiniger Berücksichtigung sekundärer Lösungsmitteleffekte. C. A. Bunton und V. J. Shiner jun. (J. Amer. chem. Soc. **83**, 3207—14, 5/8. 1961; Bloomington, Ind., Indiana Univ., Dep. of Chem.; London, Univ. Coll., William Ramsey and Ralph Forster Labor.; engl.) — 1. vgl. C. **1961, 14569.** — Die l. c. für Säure–Base-Gleichgewichte entwickelten Modellvorstellungen werden auf sek. kinet. Isotopeneffekte (IE) bei Rkk. angewandt, bei denen kein prim. Deuterium-IE auftritt. Es ergeben sich Deutungen für die unterschiedlichen IE bei A1- u. A2-Rkk., für den im Vgl. zu OH^- stärker ausgeprägten nucleophilen Charakter des OD^- sowie für Lsgm.-IE bei Solvolysen. Die mit Hilfe einfacher Modelle des Übergangszustands berechneten IE-Bereiche umfassen im allg. die beobachteten Werte. In komplexeren Fällen ist eine eindeutige Ableitung des Mechanismus aus dem IE nicht möglich. Im einzelnen werden behandelt: säurekatalysierte Hydrolyse von Epoxiden, Acetalen, Saccharose u. Carbonsäureestern (Triäthylorthoformiat, Äthylacetat, -formiat, 4-Methoxydiphenylmethyl- u. tert.-Butylacetat, Methyltrifluoracetat); Pinakolin-Umlagerung; nucleophile Substitutionen durch OH^-/OD^- bzw. O^{2-} am C-Atom; Zers. von Diacetonalkohol; alkal. Hydrolyse von Chlorhydrinen; solvolyt. nucleophile Substitutionen am gesätt. C-Atom u. an ungesätt. Zentren; spontane sowie durch Formiat, Acetat bzw. Pyridin katalysierte Hydrolyse von Acetanhydrid; Hydrolyse von Säurechloriden. A. Blaschette. B 225□

Isotopeneffekte in Deuteriumoxidlösung. 3. Mitt. **Reaktionen mit primären Effekten.** C. A. Bunton und V. J. Shiner jun. (J. Amer. chem. Soc. **83**, 3214—20, 5/8. 1961; engl.) — 2. vgl. vorst. Referat. — Die Behandlung sek. Deuterium-IE mit der modellmäßigen Vorstellung einer H-Brücken-Wechselwrkg. zwischen den Moll. des gelösten Stoffs u. des Lsgm. wird auf Rkk. angewandt, bei denen auf der geschwindigkeitsbestimmenden Protonenübertragung beruhende prim. IE auftreten. Den in ihrer Größenordnung stark streuenden prim. Effekten werden vernünftige Strukturen der Übergangszustände zugeordnet. Im einzelnen werden behandelt: Additionen an C—C-Doppelbindungen (Olefinhydrierung); Ketonisierung von Enolen; durch Säuren u. Basen (Acetat, W., OH^-/OD^-) katalysierte Enolisierung von Ketonen; Cannizzaro-Rkk.; Rkk. mit Protonenübergängen zu bzw. von O-Atomen (Mutarotation von Glucose; Hydratisierung von Acetaldehyd). A. Blaschette. B 225□

Besonderheiten des Verhaltens molekularer Zwischenprodukte bei der Oxydation von Propan. K. Je. Krugljakowa und N. M. Emanuel. (Nachr. Akad. Wiss. UdSSR, Abt. chem. Wiss. **1959**, 417—24, März; Inst. für chem. Phys. der Akad. der Wiss. der UdSSR; russ.) — Durch einen Zusatz von Acetaldehyd (1,8; 4,3; 5,5%) wird die Geschw. der Oxydation von *Propan* durch O_2 zu Acetaldehyd, Formaldehyd u. Methanol erhöht; die Endkonz. der Oxydations-Prodd. wird jedoch nicht beeinflußt.

Zusätze von Essigsäure u. Methanol ändern die Ausbeute an diesen Prodd. bei der Oxydation nicht. Durch Markierung mit $CH_3^{14}CHO$ wird gezeigt, daß die Grenz-Konz. des Acetaldehyds mit einem speziellen Fall eines dynam. Gleichgewichts gekoppelt ist, bei dem die Geschw. der Bldg. u. des Verbrauchs an Acetaldehyd stark abfällt. Zur Erklärung der Hemmwrkg. wird ein Radikalkettenmechanismus angenommen, bei dem durch Rk. der Zwischenprodd. mit einem Radikal der Kette ein akt. Radikal durch ein weniger akt. ersetzt wird. Helmut Schäfer. B 225

Abhängigkeit der Geschwindigkeiten von über einen geschwindigkeitsbegrenzenden Protonenübergang verlaufenden säurekatalysierten Reaktionen von der Acidität. A. J. Kresge und D. P. N. Satchell. (Chem. and Ind. **1958,** 1328—29, 11/10.; Upton, Long Island, N.Y., Brookhaven Nat. Labor., Chem. Dep.; engl.) — Unter der Annahme von H_3O^+ als einziger wirksamer Säure u. H_2O (als Lsgm.) als einziger wirksamer Base wird die Enolisierung eines Ketons als aus den Teilschritten der Anlagerung eines Protons (schnell) u. der darauf folgenden Aufnahme des Protons durch die Base unter Umlagerung (geschwindigkeitsbegrenzend) aufgefaßt. Ebenso muß die Geschw. der Rück-Rk. (Ketonisierung) durch einen Protonenübergang vom Lsgm. (Base) begrenzt sein. Eine Anwendung der Geschw.-Gleichung von Brønsted führt für Hin- u. Rück-Rk. zu Ausdrücken, die in bezug auf die Abhängigkeit von der Acidität gleich sind, außer für die Aktivitätskoeffizienten. Da für letztere etwa analoge Änderungen mit der Lsgm.-Acidität vorausgesetzt werden können, kann für die Ketonisierung eine gleiche Abhängigkeit von der Acidität erwartet werden, wie für die Enolisierung. Die Geschw. werden dann (entgegen einer Annahme von Long u. Paul, C. **1960,** 15711) auch in wss. Lsg. wenigstens beim A—S_E2-Mechanismus eher durch $C_{H_3O^+}$ als durch h_0 bestimmt. W. Betcke. B 225□

Disproportionierung und Rekombination von Cyanisopropylradikalen. Umlagerung von Dimethylketencyanisopropylimin in Tetramethylsuccinodinitril. M. Talât-Erben und A. N. Isfendiyaroğlu. (Canad. J. Chem. **37,** 1165—69, Juli 1959; Istanbul, Turkey, TU, Fac. of Mining Engng.; engl.) — Das bei der therm. Zers. von Azo-bis-isobutyronitril (F. 102°, Zers.) bei 80° in Toluol (vgl. C. **1962,** 8936) aus den Cyanisopropylradikalen entstehende Zwischenprod. *Dimethylketencyanisopropylimin* (vgl. l. c.) lagert sich quant. (in der Hauptsache nach einem Mol.-Mechanismus) in *Tetramethylsuccinodinitril* um. Neben-Rkk., bei denen die Azo-Verb. teilweise nach einem Mol.-Mechanismus u. das Zwischenprod. in freie Radikale zerfällt, können nicht völlig ausgeschlossen werden, sind aber in jedem Falle von geringerer Bedeutung. U. Schüßler. B 225□

Die thermische unimolekulare Isomerisierung von 1.1-Dimethylcyclopropan bei niedrigem Druck. M. C. Flowers und H. M. Frey. (J. chem. Soc. [London] **1962,** 1157—65, April; Southampton, Univ., Dep. of Chem.; engl.) — Vgl. C. **1960,** 11251. — Die therm. monomol. Isomerisierung von *1.1-Dimethylcyclopropan* zu 2-Methylbuten-(2) u. 3-Methylbuten-(1) wurde im Druckbereich 35—0,0075 mm u. bei Temp. zwischen 442 u. 481° untersucht, wobei abfallende Kurven erhalten werden, die der Kassel-Gleichung entsprechen. Die Aktivierungsgrößen betragen im Druckbereich 0,01 bis ∞ mm E_a 57,0 (kcal/Mol), log A 13,99 bis E_a 63,6, log A 15,37. Die relative Wirksamkeit von N_2, Ar, H_2, He, CH_4, CO_2, CF_4, SF_6, Äthylen u. Toluol zur Aufrechterhaltung der Maxwell-Boltzmann-Energieverteilung wird untersucht. Eine Temp.-Abhängigkeit der Aktivierungsenergie wird nicht beobachtet, die Slater-Beziehung stimmt demnach nicht mit den experimentellen Ergebnissen überein. Einige Werte des Kassel-Integrals, die mit einem Digitalrechner ermittelt wurden, werden angegeben. W. Schramm. B 225◇

Oxydation sekundärer Alkohole durch Chrom(VI)-oxid. J. Rocek und J. Krupicka. (Chem. and Ind. **1957,** 1668—69, 28/12.; Prag, Czechoslov. Acad. of Sci., Inst. of Chem., Dep. of Organ. Synth.; engl.) — Vgl. C. **1959,** 14053. — Die Geschw. der Oxydation von *Isopropylalkohol* durch Chrom(VI)-oxid wurde in 5—55%ig. wss. H_2SO_4 mittels einer hierfür entwickelten polarograph. Meth. gemessen, die die Best. von Geschw.-Konst. über 4 Größenordnungen gestattet. Die graph. Darst. der Ergebnisse: log k (Geschw.-Konst. 2. Ordnung) aufgetragen gegen log $c_{Säure}$ sowie gegen H_0 (Säurefunktion) zeigt, daß die experimentell gefundene Abhängigkeit der Rk.-Geschw. von der Acidität nicht dem Westheimer-Mechanismus (C. **1957,** 11828) entspricht. Dagegen ergibt log k aufgetragen gegen H_0 eine Gerade, wodurch der vom Vf. vorgeschlagene Rk.-Mechanismus mit einem cycl. Übergangszustand bestätigt wird. M. Schenk. B 225□

Kinetik der Oxydation von Acetaldehyd durch Kaliumpersulfat in wässeriger Lösung. 1. Mitt. K. C. Khulbe und S. P. Srivastava. (Proc. nat. Acad. Sci., India, Sect. A **30,** 117—25, 1961; Nainital, D. S. B. Gov. Coll., Chem. Labor.; engl.) — Vff. untersuchen die unkatalysierte sowie die durch Ag^+-Ionen katalysierte Oxydation von *Acetaldehyd* (I) durch $K_2S_2O_8$ in wss. Lsg. bei 35°. Die Rk. verläuft nach einem Zeitgesetz 1. Ordnung. Die Geschw. ist proportional der $K_2S_2O_8$-Konz. u. der Ag^+-Konzentration. In bezug auf I verläuft die Rk. nach nullter Ordnung, doch liegen offenbar kompliziertere Verhältnisse vor. Der Temp.-Koeff. für die Ag^+-katalysierte Rk. beträgt zwischen 25 u. 35° 1,85, die Aktivierungsenergie 11330 cal/Mol, der Frequenzfaktor $1{,}171 \cdot 10^4$ Liter·Mol^{-1}·s^{-1}, die Aktivierungsentropie −40,13 cal/Grad·Mol.; $FeSO_4$ wirkt nicht als Katalysator. C. E. Döring. B 225◇

Der Salzeffekt bei der durch Silber katalysierten Oxydation von Oxalsäure durch Kaliumpersulfat. C. D. Bisht und S. P. Srivastava. (Proc. nat. Acad. Sci., India, Sect. A **30**, 109—16, 1961; Nainital, D.S.B. Gov. Coll., Chem. Labor.; engl.) — Vgl. vorst. Referat. — Vff. untersuchen den Salzeffekt bei der durch Silber katalysierten Oxydation von *Oxalsäure* (I) durch Kaliumpersulfat (II) bei Ionenstärken von 0,030 bis 0,060. Geringe Mengen H_2SO_4 ($5 \cdot 10^{-5}$ m) katalysieren die Reaktion. Bei Verss. mit [I] = [II] = 0,005 m verschwindet die Induktionsperiode fast völlig u. auch das Ausmaß der Autokatalyse wird vermindert. Die Rk. mit I verläuft etwas langsamer als mit Na-Oxalat bei derselben Ionenkonzentration. Zusatz von Na_2SO_4 u. K_2SO_4 als Neutralsalze bewirkt einen negativen Salzeffekt, woraus geschlossen wird, daß der zeitbestimmende Schritt zwischen entgegengesetzt geladenen Ionen verläuft. C. E. Döring. B 225◇

Der Mechanismus von Verdrängungsreaktionen. 1. Mitt. Kinetik der Reaktionen der vier Pikrylhalogenide von 1.2.3.5-Tetranitrobenzol und 1.2.4-Trinitrobenzol mit Anilin in Äthanol. R. E. Parker und T. O. Read. (J. chem. Soc. [London] **1962**, 9—18, Jan.; Southampton, Univ.; engl.) — Die Kinetik der Rkk. von *Pikrylfluorid* (IV), *-chlorid*, *-bromid* u. *-jodid* (V), von *1.2.3.5-Tetra-* (I) bzw. von *1.2.4-Trinitrobenzol* (II) mit *Anilin* (III) in A. wird untersucht. Alle Rkk. sind bezüglich eines jeden Rk.-Teilnehmers 1. Ordnung u. folgen der Beziehung $ArX + III \xrightarrow{\text{langsam}} ArNHC_6H_5 + HX$ u. $HX + III \overset{\text{rasch}}{\rightleftharpoons} C_6H_5NH_3^+ + X^-$ (Ar = Aryl; X = Halogen oder NO_2). Für die Rkk. mit III (bei 0—34°, für I u. IV bei −60 bis −24°) in abs. A. werden für 25° die Geschw.-Konst. $k_2^{25°} \cdot 10^2$ in Liter·Mol^{-1}·s^{-1} bestimmt (in Klammern Aktivierungsenergie E u. -wärme ΔH in kcal/Mol u. Aktivierungsentropie ΔS in cal·Mol^{-1}·Grad^{-1}; Lsgm. für I bzw. IV A.–Äthylacetat 3 : 1): **I** 200000 (4,4; 3,9; −34,6); **IV** 21000 (4,4; 3,9; −40,4); *Pikrylchlorid* (**VI**) 108 (7,8; 7,2; −39,3); *Pikrylbromid* 156 (8,9; 8,3; −34,6); **V** 27,8 (9,8; 9,2; −35,1); **II** 7,89 (7,8; 7,2; −45,7). Die Halogenverdrängung in den Pikrylhalogeniden folgt der bekannten Reihenfolge F ≫ Br > Cl > J u. ist größtenteils durch die Polarisation der C–Halogen-Bindung bestimmt. NO_2 reagiert noch leichter als F. Die Befunde schließen einen 2-Stufenmechanismus mit geschwindigkeitsbestimmender Zwischenprod-Bldg. weitgehend aus. Vff. vgl. die k_2-Werte analoger 2.4-Dinitrophenyl- u. Pikryl-Derivv. bei 50° u. diskutieren die energet. u. bindungsmäßigen Einfl. der verschiedenen Substituenten auf den Reaktionsverlauf.

Versuche: *Pikrylfluorid* (**IV**), $C_6H_2FN_3O_6$, F. 130—131,5° (PAe./Bzl.), durch 18 std. Erhitzen aus 1-Fluor-2.4-dinitrobenzol, 100%ig. H_2SO_4 u. 100%ig. HNO_3 bei 130° unter Feuchtigkeitsausschluß u. Eingießen in Eiswasser. — *Pikrylbromid*, F. 122—124° (A.), durch Nitrieren von C_6H_5Br nach der Meth. von Sugden u. Willis [1951]. — *Pikryljodid* (**V**), F. 168,5—170° (Bzl.), durch 1³/₄ std. Kochen von **VI** mit KJ in abs. A. u. Eintragen in Wasser. — *1.2.3.5-Tetranitrobenzol* (**I**), F. 127,5—129° (Chlf.), aus 2.4.6-Trinitrophenylhydroxylamin nach der Meth. von Borsche [1923]. — *1.2.4-Trinitrobenzol* (**II**), F. 58,5—60,5° (1 : 1 HNO_3), aus 2.4-Dinitrophenylhydroxylamin nach vorst. Methode. — *2.4-Dinitrodiphenylamin*, F. 155—157° (A.), aus 1-Chlor-2.4-dinitrobenzol u. **III** nach der Meth. von Davis u. Ashdown [1924]. — *2.4.6-Trinitrodiphenylamin* (**VII**), F. 177,5—179°, aus **VI** u. **III** in A. nach der Meth. von Le Fèvre [1931]; aus A. rote Kristalle. G. Kirsten. B 225□

Der Mechanismus von Verdrängungsreaktionen. 3. Mitt. Die Kinetik der Reaktionen der vier 2-Halogen-1.3-dinitrobenzole und von 1.2.3.-Trinitrobenzol mit Anilin in Äthanol. R. E. Parker und T. O. Read. (J. chem. Soc. [London] **1962**, 3149—53, Aug.; Southampton, Univ.; engl.) — 2. vgl. J. chem. Soc. [London] **1962**, 2616; 1. vgl. vorst. Referat. — Vff. bestimmen die Geschw.-Konst. bei 3 verschiedenen Temp. bei 25—49°, die Arrhenius-Parameter E u. log A, die Aktivierungsenergien ΔH u. -entropien ΔS der Rkk. von *1.2.3-Trinitro-* (I; $k_2^{25°} \cdot 10^5 = 9600$ [Liter/Mol·s]; E = 9,0 [kcal/Mol]; log A = 5,6 [Liter/Mol·s]; ΔH = 8,4 [kcal/Mol]; ΔS = −34,8 [cal/Mol·Grad]), *2-Fluor-1.3-dinitro-* (235; 9,4; 4,3; 8,8; −40,9), *2-Chlor-1.3-dinitro-* (**II**; 2,94; 14,2; 5,9; 5,9; 13,6; −33,6), *2-Brom-1.3-dinitro-* (5,33; 14,1; 6,1; 13,5; −32,7) u. *2-Jod-1.3-dinitrobenzol* (1,32; 14,9; 6,0; 14,3; −33,2) mit *Anilin* (**III**) in 99,8%ig. Äthanol.

Die Rkk. sind 2. Ordnung, die Leichtigkeit des Austausches fällt in der Reihe $NO_2 >$ $F \gg Br > Cl > J$. Die Rkk. der 4 Halogenide sind langsamer als die der entsprechenden 2.4-Dinitrophenylhalogenide. Die schnellere Rk. von I im Vgl. zu 1.2.4-Trinitrobenzol wird mit einer ster. Beschleunigung begründet. Vff. diskutieren den Rk.-Mechanismus u. nehmen einen Einstufenmechanismus an.

Versuche: *1.2.3-Trinitrobenzol* (I), F. 121—122,5° (aus A.), durch Oxydation von 2.6-Dinitrophenylhydroxylamin nach Borsche [1923]. — *2-Fluor-1.3-dinitrobenzol*, $C_6H_3FN_2O_4$, F. 60—63° (aus PAe./Bzl.), durch Rk. von II mit KF in Nitrobenzol, 5 Std. lang bei 190—195°, Abkühlen, Filtrieren, Waschen mit heißem Toluol, Trocknen der Filtrate u. Dest. im Vakuum. — *2-Chlor-1.3-dinitrobenzol* (II), F. 87,5—89° (aus PAe./Bzl.), durch Diazotierung von 2.6-Dinitroanilin u. Rk. mit CuCl in HCl. — *2-Brom-1.3-dinitrobenzol*, F. 104,5—106,5° (aus A.), wie vorst. mit CuBr in HBr. — *2-Jod-1.3-dinitrobenzol*, F. 115—117° (aus A.), wie vorst. mit KJ-Lösung. — *2.6-Dinitrodiphenylamin*, F. 106—108° (aus A.), durch Rk. von II u. III u. Na-Acetat in A. in der Wärme.

J. Weiner. B 225◇

Reaktionen von Arylsulfonsäurepentyl-(2)-estern mit äthanolischem Na-Äthylat. Eine Untersuchung der elektronischen Effekte bei der E_2-Reaktion. Allan K. Colter und Richard D. Johnson. (J. Amer. chem. Soc. **84**, 3289—95, 5/9. 1962; Pittsburgh, Pa., Carnegie Inst. of Technol., Dep. of Chem.; engl.) — Vgl. Brown u. Mitarbeiter, C. **1957**, 5814. — Vff. bestimmen titrimetr. die Geschw.-Konst. k für die Äthanolyse von *p-Methoxy-* (I), $k_1^{50°}$ 4,43·10⁻⁶(s⁻¹), *p-Methyl-* (II), $k_1^{50°}$ 8,28·10⁻⁶, *p-Brom-* (III), $k_1^{50°}$ 3,74·10⁻⁵, *p-Nitro-* (IV), $k_1^{50°}$ 2,01·10⁻⁴ u. *p-Aminobenzolsulfonsäurepentyl-(2)-ester* (V), $k_1^{50°}$ 1·10⁻⁷ (geschätzt aus der Größe des Hammettschen ϱ-Wertes) in A. sowie für die Rk. von V, $k_2^{50°}$ 4,67·10⁻⁵ (Liter·Mol⁻¹s⁻¹), I, $k_2^{50°}$ 1,33·10⁻⁴, II, $k_2^{50°}$ 1,86·10⁻⁴, III, $k_2^{50°}$ 6,97·10⁻⁴ u. IV, $k_2^{50°}$ 3,65·10⁻³, mit Na-Äthylat in Alkohol. Durch Auftragen von $\log k_2^{50°}$ gegen die Hammettschen σ-Werte ergibt sich $\varrho = +1{,}35$, während bei den $\log k_1^{50°}$-Werten ϱ von $+1{,}34$ bis $+2{,}77$ variiert. Der Anteil der Rk. 2. Ordnung, der zu olefin. Prodd. führt, sowie die Zus. des olefin. Gemisches, das bei der Rk. 2. Ordnung entsteht, betragen bei **V** 0,328, davon 38,4% trans-Penten-(2) (**VI**), 19,4% cis-Penten-(2) (**VII**), 42,2% Penten-(1) (**VIII**), bei **I**, 0,379, davon 38,3% **VI**, 19,3% **VII**, 42,4% **VIII**, bei **II** 0,369, davon 38,5% **VI**, 19,4% **VII**, 42,1% **VIII**, bei **III** 0,407, davon 39,0% **VI**, 19,2% **VII**, 41,8% **VIII**, u. bei **IV** 0,370, davon 40,4% **VI**, 18,9% **VII** u. 40,7% **VIII**. Mit zunehmendem Elektronenabzug wird die Bldg. von **VI** zuungunsten von **VIII** bevorzugt. Der Einfl. der Substituenten auf die E_2-Rk. wird mit der Änderung des Doppelbindungsanteils an der $C—C_{(O-SO_2\text{-}Aryl)}$-Bindung im Übergangszustand erklärt.

Versuche: Arylsulfonsäurepentyl-(2)-ester, aus dem Säurechlorid u. Pentanol-(2) (Kp. 119; n_D^{20} 1,4068) in Bzl. in Ggw. von Pyridin bei Raum-Temp.: *p-Methoxybenzol-* (I), $C_{12}H_{18}O_4S$, n_D^{20} 1,5100. — *p-Toluol-* (II), $C_{12}H_{18}O_3S$, n_D^{20} 1,5005. — *p-Brombenzol-* (III), $C_{11}H_{15}BrO_3S$, n_D^{20} 1,5290. — *p-Nitrobenzol-* (IV), $C_{11}H_{15}NO_5S$, F. 63—64° (Methylenchlorid–Pentan). — *p-Aminobenzol-* (V), $C_{11}H_{17}NO_3S$, F. 48,5—49,5° (Methylenchlorid–Pentan), durch Kochen von p-Acetamidobenzolsulfonylchlorid u. KF in W.–Dioxan während 2 Std., mit 4n HCl erhitzen [→ *Sulfanilylfluorid*, F. 70,5—71° (wss. A.)] u. Rk. mit Na-Pentylat-(2), 12 Std. lang bei Raum-Temp. rühren.

A. Trede B 225◇

Untersuchungen von Umlagerungen mit ¹⁴C. 11. Mitt. Die Formolyse von 2-Phenyläthyl-$^{14}C_{(1)}$-p-toluolsulfonat mit oder ohne Zusatz von Natrium-^{35}S-p-toluolsulfonat. J. W. Clayton und C. C. Lee. (Canad. J. Chem. **39**, 1510—17, Juli 1961; Saskatoon, Saskatchewan, Univ. of Saskatchewan, Dep. of Chem.; engl.) — 10. vgl. C. **1963**, 9661. — Vff. untersuchen die Formolyse von 0,350 m *2-Phenyläthyl-$^{14}C_{(1)}$-p-toluolsulfonat* (I) bei 74 ± 0,2° mit u. ohne Zusatz einer äquimol. Menge *Na-^{35}S-p-Toluolsulfonat* (II). Die Geschw.-Konst. k der Brutto-Rk. wurde zu 2,6·10⁻⁵ s⁻¹ (3,0·10⁻⁵ s⁻¹ ohne II-Zusatz) bestimmt. Aus dem Positionswechsel der ¹⁴C-markierten Atome aus der $C_{(1)}$- in die $C_{(2)}$-Stellung in I ergab sich die Geschw.-Konst. k^{14} der Rückbldg. der kovalenten Bindung aus dem Zwischenzustand zu 4,2·10⁻⁶ s⁻¹ (2,5·10⁻⁶ s⁻¹). Aus den experimentellen Daten wurden k_Δ u. k_s, die Geschw.-Konst. der über das intermediäre Äthylphenoniumion (III) u. der auf anderem Wege verlaufenden Formolyse zu 2,8·10⁻⁵ s⁻¹ u. 0,2·10⁻⁵ s⁻¹ (2,9·10⁻⁵ u. 0,4·10⁻⁵ s⁻¹) bestimmt, woraus folgt, daß die Solvolyse in dem hochionisierenden HCOOH als Lsgm. vorwiegend über III verläuft. Der Bruchteil von III, der nicht in die Solvolyse-Prodd. übergeht, sondern die kovalente Bindung zurückbildet, beträgt 15% (9%). Aus der Best. der ³⁵S-Anteile des zurückgewonnenen 2-Phenyläthyl-$^{14}C_{(x)}$-p-toluolsulfonats bei der Formolyse von I in Ggw. von II wird geschlossen, daß bei der Rückbldg. der kovalenten Bindung sowohl innere als auch äußere Rückbldg. vorliegt, wobei letztere überwiegt. — II, aus ³⁵S-p-Toluolsulfonsäure (durch Sulfonieren von Toluol mit konz. $H_2{}^{35}SO_4$), Überführung in das Sulfonylchlorid, Rk. mit A. in Pyridin zu ^{35}S-Äthyl-p-toluolsulfonat u. Behandlung mit NaJ in Aceton. C. E. Döring. B 225□

Polykondensation von Acetaldehyd. Ryōzō Inoue, Akira Ichikawa und Kaoru Furukawa. (Chem. High Polymers [Tokyo] **14**, 277—83, 1957; Osaka, Kogyo Gijutsu Kenkyujo; jap., Auszug: engl.) — Im Zusammenhang mit der Synth. von Butadien aus A. u. *Acetaldehyd* (I) werden die Polykondens. von I zu *Crotonaldehyd* (II) sowie deren Begleit- u. Folge-Rkk. kinet. untersucht. Gemische von 24,9 Mol-% I u. Bzl. werden bei 300° über einen Katalysator aus SiO_2–Gel + Ta_2O_5 (50 : 1) geleitet u. der zeitliche Verbrauch von I u. der Anstieg der Menge der gebildeten aldehyd. Prodd. mit dem $NH_2OH \cdot HCl$-Verf. verfolgt. Danach werden die Geschw.-Konst. (GK) der Kondens. von I mit I, I mit II u. II mit II sowie die Adsorptions-Koeff. (AK) von I u. II bestimmt. Mit Zunahme des Molgew. des Aldehyds im Kondens.-Prod. fallen die GK u. steigen die AK. Theoret. Erörterung der Verteilung der Rk.-Prodd. unter der Annahme einer nach Zufall verteilten Polykondensation. Die Aktivierungswärme der Rk. ist ca. 10,5 kcal/Mol. L. Schuler. B 225□

Hydrogenolyse durch Metallhydride. 1. Mitt. **Hydrogenolyse von Arylallyläthern durch Lithiumaluminiumhydrid.** Virgil L. Tweedie und Michael Cuscurida. (J. Amer. chem. Soc. **79**, 5463—66, 20/10. 1957; Waco, Tex., Baylor Univ., Dep. of Chem.; engl.) — Die Rk. von $LiAlH_4$ mit Arylallyläthern führt zu einer hydrogenolyt. Spaltung der Ätherbindung unter Bldg. von Phenolen u. Alkenen. Eine Anzahl von Metallsalzen, bes. $NiCl_2$, $Ni(NO_3)_2 \cdot 6\ H_2O$, $CuCl_2$, CuCl u. Metalloxide, bes. CuO, katalysiert diese Rk., deren Ausmaß beträchtlich durch die Natur des Lsgm. u. der Substituenten im Ring oder in der Allylkette beeinflußt wird. Die Hydrogenolyse von *Phenylallyläther* (I) beträgt in Tetrahydrofuran 86%, in Ae. 18% u. in Dioxan 59%. *o-Chlor-*, *2.4.6-Trichlorphenylallyläther*, *Phenyl-γ-chlorallyläther*, *Phenylcinnamyläther* werden im allg. stärker als I, *o-Tolyl-*, *Mesityl-* ($C_{12}H_{16}O$, Kp.$_{18}$ 93—97°, n_D^{25} 1,5078), *Naphthyl-(1)-allyläther* (n_D^{25} 1,6038, $D._4^{25}$ 1,0657), *Phenylcrotyl-*, *Phenylmethallyl-*, *Phenyl-3-chlorbuten-(2)-yläther* werden weniger als I gespalten, was auch für *Phenyl-*, *Naphthyl-(1)-* u. *-(2)-benzyläther* gilt. Bei *Phenyl-n-propyl-* u. *-buten-(3)-yl-* (n_D^{20} 1,4930) sowie *Phenyl-β-phenylallyläther* (n_D^{20} 1,5794) tritt prakt. keine Hydrogenolyse ein. D. Jahnke. B 225

Stereochemie der Additionen freier Radikale an Olefine. Bruce A. Bohm und Paul I. Abell. (Chem. Reviews **62**, 599, Dez. 1962; Saskatoon, Canada, Univ. of Saskatchewan, Dep. of Chem.; Kingston, R. I., Univ. of Rhode Island, Dep. of Chem.; engl.) — Übersicht. Behandelt werden die nach einem Mechanismus über freie Radikale verlaufenden Additionen an Olefine von HBr, Br_2, Äthylbromacetat, $BrCCl_3$, S-enthaltende Reagentien, N_2O_4, SO_2, O_2, $HSiCl_3$. — 61 Literaturangaben. W. Schramm. B 225

Beziehungen zwischen Reaktionsgeschwindigkeiten und H_--Funktion in konzentrierten Natriummethylatlösungen. M. F. L. Allison, C. Bamford und J. H. Ridd. (Chem. and Ind. **1958**, 718—19, 14/6.; London, Univ. Coll., William Ramsay and Ralph Forster Labor.; engl.) — Vgl. Ridd, C. **1962**, 791. — Als Beispiel für eine Eliminierungs-Rk. nach dem E1CB-Mechanismus wurde die basenkatalysierte Zers. von *Chlf.* in CH_3OH bei 50,2° untersucht. Die Momentan-Geschw.-Konst. k_1 (d/dt[Chlf.] = k_1 · [Chlf.]) ist von der Methylationen (I)-Konz. bei I-Konzz. <0,5 m linear abhängig; bei höheren I-Konzz. (0,5—1,5 m) steigt sie immer stärker an. log k_1 ist jedoch von H_- linear abhängig mit einer Steigung von 0,8. Die entsprechende Rk. bei *β-Phenyläthylchlorid* folgt dem E2-Mechanismus; der Geschw.Koeff. 1. Ordnung ist von der I-Konz. linear abhängig bis zu I-Konzz. = 2 m. Die Verss. bestätigen die l. c. gezogene Schlußfolgerung, daß die Geschw. von Eliminierungs-Rkk. mit methanol. Na-Methylat bei Vorliegen eines E1CB-Mechanismus der H_--Funktion, bei Vorliegen eines E2-Mechanismus der I-Konz. proportional ist. G. Fischer. B 225□

Die Kinetik der Lactamisierung von Methylestern einiger $N^α$-p-Toluolsulfonylderivate von α.ω-Diaminosäuren in wässeriger Lösung. E. F. Curragh und D. T. Elmore. (J. chem. Soc. [London] **1962**, 2948—52, Aug.; Belfast, Queen's Univ., Dep. of Biochem.; engl.) — Vff. untersuchen die Kinetik der Lactamisierung von *$N^α$-p-Toluolsulfonyl-DL-ornithinmethylester* (I), *γ-Amino-α-p-toluolsulfonamido-* (II) u. *γ-Amino-L-$N^α$-methyl-α-p-toluolsulfonamidobuttersäuremethylester* (III) in wss. Lsg. im pH-Bereich 7,8—8,5 bei konst. pH-Wert u. bestimmen die pK_a'-Werte u. die Geschw.-Konst. k von I $pK_a'^{25°}$ 8,97, $pK_a'^{30°}$ 8,69, $k_2^{25°}$ 4,66·10^4 (Liter Mol^{-1} Min^{-1}), $k_2^{30°}$ 5,13·10^4, von II $pK_a'^{20°}$ 8,72, $pK_a'^{25°}$ 8,47, $pK_a'^{30°}$ 8,42, $k_2^{20°}$ 1,77·10^4, $k_2^{25°}$ 1,54·10^4, $k_2^{30°}$ 3,00·10^4 u. von III $pK_a'^{25°}$ 8,66, $k_2^{25°}$ 1,45·10^{-4}. In diesem pH-Bereich ist die Hydrolyse zu vernachlässigen, bei *γ-Amino-α-benzamido-* u. *γ-Aminobuttersäuremethylester* wird keine Lactamisierung beobachtet. Die kinet. Befunde sprechen für eine spezielle Basenkatalyse durch OH^-, das die Abspaltung eines Protons aus dem Übergangszustand begünstigt. Eine Katalyse der Lactamisierung durch Imidazol oder Pyridin wird nicht beobachtet.

Versuche: *γ-Benzyloxycarbonylamino-L-N^{α}-methyl-α-p-toluolsulfonamidobuttersäure*, $C_{20}H_{24}N_2O_6S$, F. 139—140° (Essigester–PAe.), aus 2 g L-γ-Benzyloxycarbonylamino-α-p-toluolsulfonamidobuttersäure u. $(CH_3)_2SO_4$ in wss. NaOH bei pH 11, 6 Std. lang bei Raum-Temp.; $[\alpha]_D^{18°}$ +10,9° (c = 2,0; Dimethylformamid); 1,7 g (Ausbeute). — *γ-Amino-L-N^{α}-methyl-α-p-toluolsulfonamidobuttersäuresemihydrat*, $C_{12}H_{18}N_2O_4S \cdot 1/_2\ H_2O$, F. 234—235° (W.), aus 1,5 g vorst. Verb. u. H_2 in Methanol in Ggw. einiger Tropfen Essigsäure über PdO; 0,78 g. *Methylesterhydrochloridhydrat* (III), $C_{13}H_{21}ClN_2O_4S \cdot H_2O$, F. 184—185°, aus 0,5 g Säure mit methanol. HCl; 0,45 g. — *L-3-[N-Methyl-p-toluolsulfonamido]-pyrrolidon-(2)*, $C_{12}H_{16}N_2O_3S$, F. 215—216° (Dioxan–Methanol), aus III durch Lactamisierung; 62%. — *L-3-p-Toluolsulfonamidopyrrolidon-(2)*, F. 205—206°, aus II analog; 60%. — *3-p-Toluolsulfonamidopiperidon-(2)*, F. 185—186°, aus I analog; 82%. — *γ-Benzyloxycarbonylamino-L-α-benzamidobuttersäuremethylester*, $C_{20}H_{22}N_2O_5$, F. 105° (W.), aus 2 g Säure mit methanol. HCl; 1,6 g. — *γ-Amino-L-α-benzamidobuttersäuremethylesterhydrobromidoktahydrat*, $C_{12}H_{17}BrN_2O_3 \cdot 8\ H_2O$, F. 184—185° (Methanol–W.), aus 1,5 g vorst. Verb. u. HBr in 50%ig. Essigsäure, 30 Min. bei 70°; 0,81 g.

A. Trede. B 225◇

Pyrolyse chlorierter Äthylene. 2. Mitt. Vinylchlorid, Vinylidenchlorid und Tetrachloräthylen. M. J. Molera und E. Ariza. (An. Real Soc. españ. Física Quím. Ser. B **54**, 389—400, Juni 1958; Inst. de Quím. Fís. Rocasolano, Secc. de Cinetoquím.; span.) — 1. vgl. C. **1960**, 434. — Unterss. über die Kinetik der therm. Zers. von *Vinylchlorid* (I), *1.1-Dichloräthylen* (II) u. *Perchloräthylen* (III) in der Gasphase zeigen, daß III sich bei höheren Temp. (700—800°) als andere chlorierte Äthylene (ca. 500°) zersetzt. Die Zers.-Prodd. werden IR-spektrophotometr. u. titrimetr. untersucht. Folgende kinet. Daten u. Arrhenius-Parameter werden angegeben: I (100—450 mm Hg, 551 bis 618°) E 53,7 [kcal/Mol], A $2,6 \cdot 10^{16}$ [$Mol^{-1} \cdot s^{-1} \cdot cm^3$], ster. Faktor P 51, Rk.-Ordnungen Anfang 1,6, zur Zeit t 2; II (75—400, 494—555) 35,5, $1,9 \cdot 10^9$, —, 1,5, —; III (20—150, 723—800) 53, $2,34 \cdot 10^{14}$, 0,7, 1,2.

W. Wesly. B 225□

Thermischer Zerfall von Tetraäthylblei, Hexaäthyldiplumban und ihren Analoga. 3. Mitt. Homolytische Spaltung von Hexaäthyldiplumban und Hexaäthyldistannan. G. A. Rasuwajew, N. Ss. Wjasankin und O. A. Schtschepetkowa. (J. allg. Chem. [UdSSR] **30** (**92**), 2498—2506, Aug. 1960; Gorki, Univ., Chem. Forschungsinst.; russ.) — 2. vgl. C. **1962**, 18763. — Hexaäthyldistannan (I) u. Hexaäthyldiplumban (II) zerfallen in benzol. Lsg. bei 20° homolyt. an der Metall–Metall-Bindung, wenn unbeständige organ. Verbb. einwirken, wie Dibenzoylperoxid (III), Acetylbenzoylperoxid (IV), Dicyclohexylpercarbonat (V), N-Nitrosoacetanilid (VI) oder Bleitetraacetat (VII). Das bei der Zers. von Azodiisobuttersäurenitril (VIII) gebildete Radikal hat eine solche Wrkg. nicht. Es wird angenommen, daß die Rk. unter intermediärer Bldg. cycl. Komplexe erfolgt, die homolyt. zerfallen. Bei der Rk. von I mit III–VII in CCl_4 beteiligt sich das Lsgm. an den Rkk., u. es bildet sich *Triäthylchlorstannan* (IX). Die Bldg. von freien Radikalen bei den Rkk. wird durch die Initiierung der Polymerisation von Acrylonitril nachgewiesen. VI reagiert bei 20° mit CCl_4, Äthylbromid (X), Benzylchlorid (XI) u. Methylchloracetat (XII) unter Bldg. von Phenyldiazoniumbromid(chlorid), Essigsäure u. Spuren Diphenyl.

Versuche: Man gibt zu 4,12 g I in 15 ml Bzl. 2,42 g III in 30 ml Bzl., läßt 3 Tage lang bei 20° im Dunkeln stehen u. dest. im Vakuum: *Triäthylbenzoyloxystannan* (XIII) ($Kp._1$ 120—128°, F. 78—79° [PAe.]; 75,4% Ausbeute) u. aus dem Dest.-Rückstand *Diäthyl-bis-benzoyloxystannan* (XIV) F. 208—209°, (PAe.); 7,1%. — Man vermischt 2 g I in 15 ml CCl_4 u. 1,18 g III in 40 ml CCl_4 in Abwesenheit von O_2 u. läßt 2 Tage lang bei 20° im Dunkeln stehen: III (44,1%); *Triäthylchlorstannan* (IX; $Kp._{15}$ 100—103°; n_D^{20} 1,5063; 17,5%); XIII ($Kp._{1,5}$ 128—130°; F. 80°; 36,2%); XIV (F. 209—210°, aus Aceton; 8,5%). — Aus 3,18 g I u. 0,7 g IV in 40 ml CCl_4 erhält man: *Triäthylacetoxystannan* (XV; F. 133—134°, aus Hexan; 21,4%); XIII (F. 80°; 19,8%); XIV (F. 213—214° aus Aceton; 12,6%). — Man gießt 1,11 g VII in 25 ml Bzl. zu 1,03 g I u. erhitzt zum Sieden: XV (F. 133—134°, aus Bzl.; 63,6%); *Pb-Acetat* (43,7%). — Man erhält aus 2,2 g VII u. 2,93 g II in 30 ml Bzl. nach vorst. Meth.: *Triäthylacetoxyplumban* (XVI; Zers. bei 158 bis 159° aus Bzl.; 49,3%) u. *Pb-Acetat* (33,0%). — Man kocht 4,12 g I u. 1,64 g VIII in 25 ml Bzl. 12 Std.: I ($Kp._9$ 137—139°; n_D^{20} 1,5407; 75,3%); *Tetramethylbernsteinsäuredinitril* (F. 169° aus A.; 80%). — *Triäthylcyclohexyloxystannan*, $C_{12}H_{26}OSn$, $Kp._5$ 121—123°; n_D^{20} 1,4923—1,4903; a) man läßt 1,0 g V u. 1,36 g I in 15 ml Bzl. 2 Tage lang bei 20° stehen; 75,9%; b) man gibt zu Na-Cyclohexanolat (aus 1,15 g Na u. 30 ml Cyclohexanol) 12,05 g IX in 50 ml Ae., kocht $1/_2$ Std. lang u. läßt über Nacht stehen; 36%. — Man gibt zu 8,66 g I in 25 ml Bzl. unter Eiskühlung unter H_2 in $1/_2$ Std. 2,47 g VI, rührt 3 Std. lang u. läßt über Nacht bei 20° stehen: XV (F. 130—131° aus Hexan; 43,2%). —

Man gibt zu 8,4 g **II** in 60 ml Bzl. unter Kühlung im H_2-Strom in 1 Std. 2,34 g **VI**, kühlt 7 Std. lang u. läßt über Nacht bei 20° stehen; **XVI** (F. 159—160° aus Bzl.; 21,7%); *Tetraäthylplumban* ($Kp._{12}$ 78—81°; 17,3%). — Man gibt zu 2,84 g **I** in 25 ml CCl_4 unter Kühlung 1,20 g **VI** u. läßt 12 Std. lang stehen: *Phenyldiazoniumchlorid* (**XVII**; 100%); **XV** (F. 133° aus Hexan; 8,2%); Gemisch aus **XV** u. **IX** ($Kp._{15}$ 84—104°; 28,3%). — Man gibt zu 4,12 g **I** in 25 ml **X** unter Kühlung 1,64 g **VI** u. läßt über Nacht stehen: **XV** (F. 130° aus Hexan; 50%); *Triäthylbromstannan* ($Kp._{15}$ 104—108°; n_D^{20} 1,5263; 23,5%). — Man löst 5 g **VI** in 25 ml **X**, rührt 4 Std. lang unter Kühlung u. läßt 18 Std. lang stehen: *Phenyldiazoniumbromid* (13,3%); *Essigsäure* u. *Diphenyl* (F. 68—70°; 50 mg). — Man löst unter Kühlung 5 g **VI** in 25 ml **XII** u. läßt 13 Std. lang stehen: **XVII** (12,4%); *Essigsäure* (53,4%); *Diphenyl* (F. 69—70°; 60 mg). — Man löst unter Eiskühlung in 24 Std. 11,55 g **VI** in 25 ml **XI** u. läßt 12 Std. lang stehen: **XVII** (12,2%); *Essigsäure* (Kp. 117 bis 121°; n_D^{20} 1,3754; 40,1%); *Diphenyl* (0,1 g; F. 70°). Helmut Schäfer. B 225□

Thermischer Zerfall von Tetraäthylblei, Hexaäthyldiplumban und ihren Analoga. 4. Mitt. **Einfluß des sich ablagernden Bleis, der Gefäßwände und einiger anderer Faktoren auf den Zerfallsprozeß.** G. A. Rasuwajew, N. Ss. Wjasankin und N. N. Wyschinski. (J. allg. Chem. [UdSSR] **30** (**92**), 4099—4104, Dez. 1960; russ.) — 3. vgl. vorst. Referat. — Der therm. Zerfall von Tetraäthylblei (I) erfolgt über Hexaäthyldiplumban (II) u. Diäthylblei zu hochdispersem metall. Blei. Dieses katalysiert den therm. Zerfall der aus **I** gebildeten Zwischenprodukte. Die therm. Zers. von **I** u. **II** kann somit als autokatalyt. Prozeß angesehen werden. Die Gefäßwände üben keinen wesentlichen Einfl. auf die Zers. von **I** u. **II** aus. Durch die in Ggw. von O_2 bzw. Luft eintretende Oxydation von **I** wird die therm. Zers. von **I** sehr stark gehemmt, u. der Thermozerfall von **I** kann durch Spuren Luft oder Prodd. der unvollständigen Oxydation von **I** stark inhibiert werden. Als beste Inhibitoren eignen sich Alkylhalogenide, die bis zu ca. 2% zugesetzt werden können, bzw. deren Rk.-Prodd. mit **I**, z. B. Triäthylbromplumban. Die kinet. Kurven für die Konz.-Änderung von Pb, **I** u. **II** beim therm. Zerfall bei 135° in Ggw. u. Abwesenheit von O_2 werden angegeben. Helmut Schäfer. B 225

Thermischer Zerfall von Tetraäthylblei, Hexaäthyldiplumban und ihren Analoga. 5. Mitt. **Zersetzung und Disproportionierung von Hexaäthyldistannan.** G. A. Rasuwajew, N. Ss. Wjasankin, Ju. I. Dergunow und N. N. Wyschinski. (J. allg. Chem. [UdSSR] **31** (**93**), 1712—17, Mai 1961; russ.) — 4. vgl. vorst. Referat. — Bei der therm. Zers. von Hexaäthyldistannan (I) bei 275° zu *Tetraäthylzinn* (**II**; Kp. 176—178°; n_D^{20} 1,4724) u. metall. Sn bilden sich intermediär Diäthylzinn u. Homologe mit niedrigem Molekulargewicht. Die Absorptionsspektren von **I** u. **II** (220—260 mμ) sowie der intermediären Zers.-Prodd. (220—380 mμ) u. die Kinetik der Änderung des Brechungsindex u. der Sn-Konz. beim Zerfall von **I** werden graph. angegeben. In Ggw. von $AlCl_3$ (2%), $SnCl_4$ (9,5%), $ZrCl_4$ (5,2%) u. $TiCl_4$ (6,7%) wird die Zers. von **I** zu **II** u. Sn katalysiert, u. nach entsprechend 10, 16, 14 u. 12 Std. bei 100° beträgt die Ausbeute an metall. Sn 100%, 15,2%, 100% u. 100%. Äthyl-MgBr, -HgBr, Triäthylchlorzinn u. Äthylbromid katalysieren die **I**-Zers. nicht. Helmut Schäfer. B 225

Über die thermische Dissoziation organischer Verbindungen. 15. Mitt. **Thermische Dissoziation von Urethanen in Gegenwart aromatischer Amine.** Teruaki Mukaiyama und Toyohiko Akiba. (Bull. chem. Soc. Japan **33**, 1707—12, Dez. 1960; Meguro-ku, Tokyo, Tokyo Inst. of Technol., Dep. of Chem.; engl.) — 14. vgl. C. **1962**, 5991. — Vff. untersuchen die therm. Dissoziation von *N-Phenylphenylurethan* (I; F. 122—123°) u. *N-Phenyl-m-chlorphenylurethan* (**II**) in Ggw. aromat. Amine: R—NHCOOR′ ⇌ R—N=C=O + HO—R′ (1). R—N=C=O + H_2NR'' ⇌ R—NHCONHR″ (2). Folgende Anfangs-Geschw. ($v_0 \cdot 10^5$ Mol/Min.) für die term. Dissoziation von **I** u. **II** in aliphat. u. aromat. Amin-Nitrobenzol-Lsgg. wurden gemessen: (**I**, 165°) Anilin 0,0303; p-Toluidin 0,0161; N-Methylanilin 0,261; N-Äthylanilin 0,381; 89°: Diisobutylamin 1,25; Cyclohexylamin 3,03; n-Hexylamin 4,26; 2-Äthylhexylamin 1,87. **II**, 145°: Anilin 0,52; o-Anisidin 0,91; p-Anisidin 1,79; m-Chloranilin 0,05; p-Chloranilin (165°) 0,25; o-Toluidin 0,208; m-Toluidin 0,406; p-Toluidin 0,659; N-Methylanilin 1,87; N-Äthylanilin 2,22; p-Aminophenol (115°) 6,25; m-Aminophenol (165°) 2,54. Während die Dissoziation in Ggw. aromat. Amine langsamer verläuft als in Ggw. aliphat. Amine (vgl. Mukaiyama u. Iwanami, C. **1957**, 10439, Mukaiyama u. Mitarbeiter, C. **1962**, 5991), erfolgt im ersteren Fall mit fortschreitender Dissoziation eine anomale Beschleunigung der Reaktion. Diese Erscheinung wird in Ggw. aliphat. Amine nicht beobachtet. Zusatz der Rk.-Prodd. symm. Diphenylharnstoff (**III**) u. Phenol zeigt, daß **III** für diese Prod.-Katalyse verantwortlich ist, die jedoch nur bei gleichzeitigem Vorhandensein von **III** u. aromat. Base auftritt. Die Unters. der katalyt. Aktivität einer Anzahl substituierter Harnstoffe, Urethane u. Benzamide, die sowohl ein akt. H-Atom u. ein bas. N-Atom besitzen, ergab folgende Reihenfolge: Benzamid ≫ **III** ≫ Phthalimid > N-Phenylbenzylurethan > Acetanilid > Benzolsulfonamid. Unters. der therm. Dissoziation von I u. II [bzw. *N-Phenyl-o(?)-chlorphenylurethan*] in Ggw. verschiedener Aniline unter Zusatz äquimol. Mengen alkyl- u. arylsubstituierter Harnstoffe u. Benzamide führt zu folgender Reihenfolge der Aktivität: Benzamid ≫ N.N-Diphenyl-N.N'-diäthylharnstoff > III > Triphenylharnstoff ≧ Tetraphenylharnstoff ≧ Diäthylbenzamid > Benz-p-toluidid > Benzanilid > Diphenylbenzamid ≧ kein Zusatz. Maßgeblich für die Eignung als Beschleuniger werden elektr. Eigg. u. struktureller Charakter des N-Atoms angesehen, das ein Proton aufnehmen kann. Ein Rk.-Mechanismus wird vorgeschlagen. C. E. Döring. B 225□

Die Zersetzung von Cyclopropanacetylperoxid. Harold Hart und Romeo A. Cipriani. (J. Amer. chem. Soc. **84,** 3697–3700, 5/10. 1962; East Lansing, Mich., Michigan State Univ., Kedzie Chem. Labor.; engl.) — Die Kinetik der Zers. von *Bis-[cyclopropylacetyl]-peroxid* (I; $\Delta H^{\neq}$ 24,3 kcal; $\Delta S^{\neq}$ 3,1 cal/Grad Mol) wurde spektrophotometr. u. titrimetr. zwischen 44 u. 56,5° in CCl_4 untersucht. Im untersuchten Konz.-Bereich (0,02–0,09m) wurden reproduzierbare Geschw.-Konst. k_1 [s^{-1}] erhalten; induzierte Zers. ist unbedeutend (Verss. mit Zusatz von J_2 als Radikalfänger). I zerfällt 55mal schneller als *Bis-[cyclohexylacetyl]-peroxid* (II; vergleichende Unters. bei 54–82°). Hauptprodd. der Zers. sind CO_2, Cyclopropylessigsäurecyclopropylmethylester (56%) u. Cyclopropylessigsäure u. kaum Prodd., die durch Cl-Abspaltung entstanden sind. Die schnellere Rk. von I gegenüber II wird mit der größeren Stabilität des Cyclopropylmethylradikals gegenüber dem Cyclohexylmethylradikal erklärt. Die Bldg. von Radikalen wird durch die Beobachtungen bewiesen, daß I bei 60° die Polymerisation von Styrol initiiert. Schwache Säuren (Essig-, Trimethylessigsäure) haben kaum Einfl. auf die Zers.-Geschw., Trichloressigsäure dagegen beschleunigt erheblich (proportional zur Konz.); hier tritt als weiteres Hauptprod. Trichloressigsäurecyclopropylmethylester auf. Versuche: *2-Cyclopropyläthanol,* durch Addition von Cyclopropyl-Li bzw. Cyclopropyl-MgCl (modifizierte Darst.-Meth. der beiden Organometall-Verbb.) an Äthylenoxid, 66 bzw. 42% (Ausbeute). — *Cyclopropylessigsäure,* $Kp._{15}$ 91°, n_D^{25} 1,4321, durch 13 Std. langes Zutropfen von CrO_3 in $W./H_2SO_4$ zu vorst. Verb. in Aceton bei Temp. unter 30°, 57%. — *Bis-[cyclopropylacetyl]-peroxid* (I), durch Zugabe von Cyclopropylacetylchlorid (aus der Säure mit $SOCl_2$) zu einer Suspension von Na_2O_2 in Ae., Rk.-Start mit 2 Tropfen H_2O. W. Schramm. B 225◇

Kinetik der Addition von CF_3-Radikalen an Olefine und deren Derivate. A. P Stefani, L. Herk und M. Szwarc. (J. Amer. chem. Soc. **83,** 4732–36, 5/12. 1961; Syracuse, N.Y., Syracuse Univ., State Univ. Coll. of Forestry, Dep. of Chem.; engl.) — Vff. untersuchen die Photolyse von *Hexafluorazomethan* in Isooctan (I) als Lsgm. ($m \cdot 10^3$ = 1,5; 8; 40) bei 65°. In diesem Konz.-Bereich sind *CF_3H* (II), *C_2F_6* (III) u. N_2 die einzigen Pyrolyseprodukte. Die Zers.-Geschw. ist <1%/Stunde. Es wurde gefunden, daß die Verhältnisse II/N_2 u. 2·III/N_2 konst. u. konzentrationsunabhängig sind u. ihre Summe (II + III)/N_2 = 2 ± 0,03 ist. Zugabe von Mono- u. Diolefinen u. von Acetylen vermindert das Verhältnis II/N_2, während das Verhältnis 2·III/N_2 unverändert bleibt. Daraus wird geschlossen, daß die Bldg. von III ausschließlich in einer „Käfig"-Rekombination erfolgt, während die Abnahme von II/N_2 auf einer Additions-Rk. CF_3 + Substrat $\xrightarrow{k_2}$ Subtrat·CF_3 beruht, die in Konkurrenz zur Rk. CF_3 + I $\xrightarrow{k_1}$ CF_3H + Isooctylradikal verläuft. Die berechneten Werte für k_2/k_1 bestätigen den vorgeschlagenen Mechanismus: *Äthylen* 2×225; *Propylen* 630; *Isobuten* 1720; *Buten-(1)* 687; *Isopropyläthylen* 704; *tert.-Butyläthylen* 658; *cis-Buten-(2)* 2×290; *trans-Buten-(2)* 2×292; *Allen* 290; *Tetrafluoräthylen* 412; *Acetylen* 2×62,5; *Pentadien-(2.3)* 2×34,3. Diese Werte sind sämtlich größer als die entsprechenden Methylaffinitäten. In der Reihe C_2H_4–C_3H_6–iso-C_4H_8 steigen die k_2/k_1-Werte für CF_3 schneller an als die Methylaffinitäten, während C_2F_4 in bezug auf die CF_3-Addition weniger reakt. als C_2H_4 ist, in bezug auf die CH_3-Addition jedoch eine 10mal größere Reaktivität besitzt. Diese Ergebnisse zeigen den stark elektrophilen Charakter des CF_3-Radikals, der eine polare Struktur Olefin⁺, CF_3^- als Übergangszustand bei der Additions-Rk. wahrscheinlich macht. In der Reihe C_2H_4, C_3H_6, C_4H_8-(1), iso-C_4H_8 nimmt demzufolge die Reaktivität mit abnehmendem Ionisationspotential zu. C. E. Döring. B 226□

Untersuchungen von Umlagerungen mit ^{14}C. 10. Mitt. **Bildung von $^{14}C_{(2)}$-Äthanol bei der Bestrahlung von $^{14}C_{(1)}$-Äthanol mit ^{60}Co-γ-Strahlen.** C. C. Lee und D. G. Lee. (Canad. J. Chem. **38,** 2315–17, Dez. 1960; Saskatoon, Saskatchewan, Univ. of Saskatchewan, Dep. of Chem.; engl.) — 9. vgl. Canad. J. Chem. **38,** [1960], 787; 8. vgl. C. **1960,** 16390. — Die Bestrahlung wss. Lsgg. von $^{14}C_{(1)}$-Äthanol (I) (2 Gew.-%, 10 μc/ml) mit γ-Strahlen (^{60}Co; maximal $58{,}0 \cdot 10^6$ rad) führt neben 2.3-Butandiol u. Acetaldehyd zur Bldg. von maximal 0,49 Gew.-% $^{14}C_{(2)}$-Äthanol (II). Aus den G-Werten für die Umlagerung u. für die Zers. folgt, daß die Umlagerung von I zu II nur 2% der Gesamt-Zers. ausmacht. Aus den vorliegenden Daten kann nicht entschieden werden, ob die Umlagerung über intermediär gebildetes Äthylen nach $CH_3C^*H_2OH \rightarrow CH_2 = C^*H_2 \xrightarrow{H_2O} C^*H_3CH_2OH + C^*H_3CH_2OH$ oder über eine 1.2-Verschiebung des Wasserstoffs in einem Äthylradikal verläuft. C. E. Döring. B 226□

Eine labile Bindung von Sauerstoff an Kohlenstoff. Ein bei der Photooxydation von Lophin entstehendes Monoxid. Isomerisierung und ihr Mechanismus. Konstitution der beiden Isomeren. Charles Dufraisse und Jacques Martel. (C. R. hebd. Séances Acad. Sci. **245**, 457—61, 29/7. 1957; franz.) — Vgl. C. **1959**, 5084 u. 5470. — Bei der Photooxydation von *Lophin* (*2.4.5-Triphenylimidazol*, I) in A. bei Temp. $<80^0$ erhält man neben N.N'-Dibenzoylbenzamidin ein Monoxid $C_{21}H_{16}N_2O$, F. 185 bis 187° (**A**), das sich oberhalb 80° leicht u. irreversibel in ein stabiles Isomeres mit F. 241 bis 243° (**B**) umlagert. Auf Grund der Eigg. von **A** (Darst. durch Red. des Photooxides von I; Hydrolyse durch CH_3COOH zu Benzil; Red. mit Zn-Staub in CH_3COOH liefert I zurück) u. des Vgl. der Reaktivitäten der beiden OH-Gruppen im intermediären 2.5-Dihydroxy-2.4.5-triphenylimidazolin halten es Vff. für 2.4.5-Triphenyl-5-hydroxyisoimidazol. **B** erweist sich als ident. mit dem von Pinner (1892) beschriebenen Kondens.-Prod. aus Benzil u. Benzamidin. Bei dieser Kondens. bei 0° entsteht zunächst ein instabiles Addukt $C_{21}H_{18}N_2O_2$, F. 108—109° (Wasserabspaltung u. Bldg. von **B**). **B** ist beständig gegen sd. Säuren u. Alkalien, CrO_3-Oxydation, Red. mit Zn-Staub u. Hydrolyse. Unter der Annahme einer Umlagerung von **A** nach Art der Benzilsäureumlagerung betrachten Vff. **B** als 2.4.4-Triphenylimidazolinon-(5), was durch das IR-Spektrum bestätigt wird. Im Gegensatz zur Benzilsäureumlagerung vollzieht sich jedoch die Isomerisierung des Monoxides **A** rein therm., ohne nucleophilen Angriff, mithin auch nicht über einen ion. Mechanismus, sondern vermutlich über eine „concerted" circulare Elektronenübertragung. M. Schenk. B 226□

Untersuchungen über die Darstellung von Terephthalsäure. 5. Mitt. **Lösungsmitteleffekt auf die Oxydation von p-Xylol und p-Toluylsäure mit Sauerstoff in der flüssigen Phase.** Nobuto Ohta. (Rep. Government chem. ind. Res. Inst., Tokyo **55**, 412—20, 1960; jap., Auszug: engl.) — 4. vgl. C. **1961**, 2438. — Bei der Oxydation von *p-Toluylsäure* (I) zu Terephthalsäure (II) begünstigen saure Lsgm., z. B. Buttersäure, die Reaktion. Der begünstigende Effekt wird auf das Anwachsen der Oxydierbarkeit von I u. das Anwachsen der Aktivität der als Katalysator benutzten Metallsalze zurückgeführt. Die Oxydation von *p-Xylol* zu I gelingt sowohl mit lösl. Mn- als auch Co-Salzen als Katalysator, Gemische beider Salze sind ohne katalyt. Aktivität. Bei der Oxydation von I zu II in sauren Lsgm. sind sowohl Co-Salze als auch Gemische aus Co- u. Mn-Salzen akt. Katalysatoren, Mn-Salze allein zeigen nur ganz geringe katalyt. Eigenschaften. Von den untersuchten sauren Lsgm. begünstigt Chloressigsäure mehr als die niederen Fettsäuren. P. Golinske. B 227◇

Umsetzung von Natriumborhydrid mit Platinmetallsalzen in Gegenwart von Entfärbungskohle — Ein Trägerplatinkatalysator von merklich erhöhter Aktivität für Hydrierungen. Herbert C. Brown und Charles A. Brown. (J. Amer. chem. Soc. **84**, 2827, 20/7. 1962; Lafayette, Ind., Purdue Univ., Richard B. Wetherill Labor.; engl.) — Durch Red. von entsprechenden Metallsalzen mit $NaBH_4$ in Ggw. von Entfärbungskohle entstehen *Rh-*, *Pd-* u. *Pt-Katalysatoren* von erhöhter Aktivität. Die Hydrierung erfolgt durch H_2, das aus überschüssigem $NaBH_4$ durch HCl-Zugabe zur Rk.-Lsg. entsteht. Rh, Pd u. Pt werden durch die Kohle merklich aktiviert, Ru, Os u. Ir werden in Ggw. des Trägers weniger wirksam. Die neuen Katalysatoren erhöhen die Red.-Geschw. bei ungesätt. KW-Stoffen um 200—400%. Als Beispiele werden die Redd. von *Octen-(1)*, *Cyclopenten*, *Cyclohexen*, *Cyclohepten*, *Cycloocten*, *1-Methyl-*, *1.2-Dimethyl-*, *4-Vinylcyclohexen*, *Hexin-(3)* u. *Bzl.* beschrieben. L. Johannsen. B 227◇

Hydrierung von Nitroaromaten in Gegenwart der neuen Platinmetall- und Kohle-Platinmetall-Trägerkatalysatoren. Herbert C. Brown und K. Sivasankaran. (J. Amer. chem. Soc. **84**, 2828, 20/7. 1962; engl.) — Vgl. vorst. Referat. — Durch Behandlung von Platinmetallsalzen mit wss. oder alkohol. $NaBH_4$ mit oder ohne Entfärbungskohle erhält man intensiv schwarze Prodd. von hoher Aktivität für die Hydrolyse von Borhydrid u. die Hydrierung ungesätt. KW-Stoffe. Auch Nitroaromaten können mit diesen akt. Katalysatoren u. H_2, der aus $NaBH_4$ in situ (vgl. vorst. Ref.) gebildet wird, in einfachen Glas-App. hydriert werden. Pt- u. Pd-Katalysatoren sind für diese Hydrierungen am aktivsten. Bei Verw. eines Kohleträgers erhöht sich die Hydrierungs-Geschw. um den Faktor 4—5 gegenüber dem reinen Metallkatalysator; die Wirksamkeit der in situ gebildeten Katalysatoren auf Entfärbungskohle ist doppelt so groß wie die der handelsüblichen Katalysatoren auf Holzkohle. Als Beispiele werden die Red. von *Nitrobenzol* zu Anilin mit *Ru*-, *Rh*-, *Pd*-, *Os*- u. *Pt*-Katalysatoren sowie entsprechende Redd. von *p-Nitrotoluol*, *-anisol*, *-phenol*, *1-Nitronaphthalin*, *p-Nitrobenzoesäureäthylester* u. *p-Chlornitrobenzol* mit Pt-Katalysator beschrieben.

L. Johannsen. B 227◇

Ein einfaches automatisches Verfahren für katalytische Hydrierungen in Glasapparaturen bei Atmosphärendruck. Charles A. Brown und Herbert C. Brown. (J. Amer. chem. Soc. **84**, 2829—30, 20/7. 1962; engl.) — Vgl. vorst. Referat. — Für größere Substanzmengen führt man das beschriebene Verf. zur Hydrierung ungesätt. Verbb. in einer einfachen App. (Abb.) durch, in der die zugegebene Borhydridmenge kontrolliert wird.

Versuche: *Diäthylsuccinat*, $Kp._{15}$ 103—104,5°; zu 5 g Darco-K-B-Kohle, 100 ml wasserfreiem A. u. 5,0 ml einer 0,20m Chlorplatinsäure-Lsg. unter Rühren 20 ml einer 1,0m $NaBH_4$-Lsg. in A. zutropfen, nach 1 Min. 25 ml konz. HCl zufließen lassen u. 81 cm^3 (86,0 g) Maleinsäurediäthylester während 60—70 Min. zugeben, abfiltrieren, Lsg. mit 5%ig. $NaHCO_3$-Lsg. behandeln, mit Methylenchlorid extrahieren, Extrakt dest.; n_D^{20} 1,4201; 90% (Ausbeute). — *Pinan*, $Kp._{740}$ 164—165,5°; wie vorst., nur unter Zusatz von 10,0 ml Essigsäure anstatt konz. HCl, u. 78,5 ml (68 g) (—)-β-Pinen zugeben; n_D^{20} 1,4618, $[\alpha]_D^{25}$ —21,3°; 87%. — *Äthylstearat*, F. 32—33°; wie vorst., nur unter Zusatz einer 2,5m wss. $NaBH_4$-Lsg. zur essigsauren Lsg., u. 179 ml (155 g) Ölsäureäthylester zusetzen, 2 Std.; 91%.

L. Johannsen. B 227◇

Untersuchungen über die Bildung von Titantetrachlorid-Aluminiumalkyl-Katalysatorsystemen in Zusammenhang mit der Äthylenpolymerisation bei Atmosphärendruck. 2. Mitt. Artur Simon, Lajos Kovács, György Dezsényi und Dániel Lehoczky. (Magyar Kémiai Folyóirat [Ung. Z. Chem.] **65**, 197—201, Mai 1959; Budapest, Szerves Vegyipari és Müanyagipari Kutato Intézet; ung.) — 1. vgl. Magyar Kémikusok Lapja [Z. Ver. ung. Chemiker] **13**, [1958], 181; vgl. C. **1960**, 15010. — Meth. zur quant. Analyse des aus $Al(C_2H_5)_3$–$TiCl_4$ gebildeten Katalysatorkomplexes. Die Menge des Al u. Ti sind innerhalb 0,5—5m $Al(C_2H_5)$/m-$TiCl_4$ nahezu konstant. Es werden auch die Meß-Meth. der Gas-Entw., die bei der Bldg. des Katalysators auftritt sowie die erhaltenen Ergebnisse zwischen 0 u. 3m $(AlC_2H_5)_3$/m $TiCl_4$ beschrieben. Die gemessenen Gasmengen stimmen mit denen der Rk.-Gleichung nicht überein. Die Ursache dafür sind weitere Rkk. des entstandenen Gases.

G. Halmi. B 227

Katalytische Ammonolyse von Alkoholen unter hohem Druck. V. A. Krishnamurthy und M. R. A. Rao. (J. Indian Inst. Sci., Sect. A **39**, 138—60, April 1957; Bangalore, Indian Inst. of Sci., Dep. of Gen. Chem.; engl.) — *Butylalkohol* (I) wurde der Ammonolyse über Al_2O_3 oder Silicagel als Katalysator unterworfen. Bis 300° u. 420 lbs./sq.in.g bilden sich 12,77% prim., sek. u. tert. Amine, deren Wert bei 425° auf 8,56% absinkt. Bei 325° beginnt die Bldg. von Olefinen, während ab 350° daneben auch noch Paraffine entstehen, wobei 36,19% I umgesetzt werden. Bei einem Mol-Verhältnis NH_3:I 11,37 werden maximal 24,75% Amin gebildet (bei 300 lbs./sq.in.g), die %-Ausbeute an Aminen fällt mit steigendem Druck (4800 lbs./sq.in.g) auf 4,2, jedoch steigt die Gesamtmenge an Aminen mit steigendem Druck. Die maximale Ausbeute an Aminen aus I beträgt 38% bei 300°, Mol-Verhältnis NH_3:I 5,88 u. 270 lbs./sq.in.g., bei *A*. (NH_3:A 3,96; 270 lbs./sq.in.g) 23,96%, *n-Propyl-* (6,02; 270) 33,4%, *Isopropyl-* (4,38; 270) 30,39%, *Isobutyl-* (5,88; 270) 37,67%, *n-Amyl-* (5,07; 245) 28,57%, *Isoamyl-* (6,02; 225) 33,45% u. *n-Hexylalkohol* (7,79; 260) 23,33%. Andere Verbb. reagieren ebenfalls geringfügig bei 300°: *Äthylen* (1,20; 850) 0%, *Ae.* (4,70; 275) 9,75%, *Cyclohexanol* (4,00; 220) 5,94%, *Cyclohexen* (5,21; 170) 0,53%, *Dipenten* (5,89; 155) 0,84% u. *α-Pinen* (4,48; 155) 0,48%. Der Mechanismus der Rk. wird diskutiert.

F. Rosendahl. B 227△

Betrachtungen über die Kinetik der katalytischen Hydroformylierung bei niedrigem Druck. Giulio Natta, R. Ercoli und S. Castellano. (Atti Soc. ital. Progr. Sci. **45**, Riunione 1, 230—40, 1956; Milano, Politecn., Ist. di Chim. ind., Centro Stud. di Chim. ind. del C.N.R.; ital.) — Vgl. C. **1953**, 2258. — Vff. untersuchten am Beispiel von *Cyclohexen* (gelöst in Methylcyclohexan oder Toluol) die Oxo-Synth. in Abhängigkeit vom H_2-(P_{H_2}) u. CO-Partialdruck (P_{CO}) bei 110° in Ggw. von $[Co(CO)_4]_2$. Der Prozeß ist 1. Ordnung bzgl. der H_2-Konz. für $P_{H_2} > 25$ atm, während bei konst. P_{H_2} die Rk.-Geschw. ein Maximum bei P_{CO} von 8—12 atm bei 110—120° hat. Zwischen großen Druckintervallen erscheint die Rk. bzgl. P_{CO} daher — 1. Ordnung u. hinsichtlich des Gesamtdrucks in Ggw. äquimol. Mengen H_2 u. CO für $P > 30$ atm von 0. Ordnung. Diese Ergebnisse konnten im Falle von *Propen* u. *2-Äthylhexen* bestätigt werden.

Gemäß der Abhängigkeit der Rk.-Geschw. von P_{CO} hängt sie in verschiedenem Maß auch von der Konz. des Co-Katalysators ab: Bei niedrigem P_{CO} ist die Rk.-Ordnung bzgl. des Katalysators 0,5 u. geht gegen 1 für höhere Werte von P_{CO} (> ca. 12 atm). Als kinet. kontrollierte Rk.-Stufe wird die Hydrierung eines Koordinationskomplexes zwischen Co, dem Olefin u. CO angenommen. Die auf dieser Hypothese fußenden kinet. Gleichungen geben einen großen Teil der Vers.-Ergebnisse richtig wieder.

G. Platzer. B 227□

Beschleunigung der Diels-Alder-Reaktion durch Aluminiumchlorid. Peter Yates und Philip Eaton. (J. Amer. chem. Soc. **82,** 4436—37, 20/8. 1960; Cambridge, Mass., Harvard Univ., Dep. of Chem.; engl.) — Es wird festgestellt, daß die Rk.-Zeit bei der Diels-Alder-Rk. durch Zugabe von äquimol. Mengen wasserfreiem $AlCl_3$ wesentlich gesenkt werden kann. Es werden die Rkk. (in CH_2Cl_2 bei Zimmer-Temp.) von *Anthracen* (I) mit *Maleinsäureanhydrid* [II; → Addukt; 100% (Ausbeute)], *Fumarsäuredimethylester* [→ Addukt; 100%], *p-Benzochinon* (IV; → 1:1-Addukt; 90%. Bei 2 Äquivalenten I → *Bis-Addukt,* F. 230°; 90%) u. *2.3-Dimethylnaphthalin* mit II {→ *1:1-Addukt* (trans-III), F. 175—178° (Zers.); 40%. Wahrscheinlich trans-Stellung der C_2O_3-Gruppe zum Benzolring. Liefert mit sd. CH_3OH einen *sauren Ester* ($C_{17}H_{18}O_4$, F. 184 bis 185°), der mit Br_2 u. wss. Na_2CO_3 einen *Bromlactonester* ($C_{17}H_{17}BrO_4$, F. 191,5—192°; vgl. Alder u. Stein, Liebigs Ann. Chem. **514,** [1934], 1) bildet. Neben trans-III entsteht wahrscheinlich auch cis-III} untersucht. Eine Rk.-Beschleunigung wurde auch festgestellt bei I (in CH_2Cl_2) u. *Malein-* u. *Fumarsäurediäthylester, Citraconsäure-* u. *Dichlormaleinsäureanhydrid* sowie bei *Cyclopentadien* u. IV (in CCl_4).

W. Hampel. B 227□

C. Präparative organische Chemie. Naturstoffe

Initialangriff von Ozon auf ein ungesättigtes System. Philip S. Bailey, Sheaffers S. Bath und Joseph B. Ashton. (Advances Chem. Ser. Nr. **21,** 143—48, März 1959; Austin, Tex., Univ.; engl.) — Vgl. C. **1962,** 2692. — Allg. theoret. Betrachtungen. — 28 Literaturangaben. P. Golinske. 460◇

Ozonoxydation von Sulfiden und Sulfoxiden. Allison Maggiolo und E. Allan Blair. (Advances Chem. Ser. Nr. **21,** 200—01, März 1959; Philadelphia, Pa., Welsbach Corp., Ozon Processes Div.; engl.) — Übersicht über die schrittweise Oxydation organ. Sulfide zu *Sulfoxiden* u. *Sulfonen.* Im Falle der Carboxymethylmercaptobernsteinsäure führt die O_3-Oxydation nur zum entsprechenden *Sulfoxid.* Die Ausbeuten sind in den meisten Fällen nahezu quantitativ. P. Golinske. 460◇

Die Reduktion von Aldehyden und Ketonen durch Nickel-Aluminium-Legierung in wässeriger alkalischer Lösung. Paul L. Cook. (J. org. Chemistry **27,** 3873—75, Nov. 1962; Albion, Mich., Albion Coll., Dep. of Chem.; engl.) — Am aromat. Ring gebundene Carbonylgruppen werden allg. durch Ni-Al-Leg. in alkal. Lsg. bei 10—20° zum *Carbinol,* bei 80—90° zum KW-Stoff red., nichtalkalilösl. Carbonyl-Verbb. — außer Propiophenon, Heptanon-(2) u. Benzophenon — jedoch erst nach A.-Zusatz. Die Red. von 4-Phenylbuten-(3)-on-(2) (IV) führt zu *4-Phenylbutanon-(2).* Bei Vanillin (III) tritt bei 80—90° auch Ätherspaltung ein.

Versuche: *o-Hydroxybenzylalkohol* (*Saligenin*), F. 86—87° (W.), durch 1std. Rühren von verd. NaOH mit Salicylaldehyd (I) u. Raney (50:50 Ni/Al)-Leg. <20°, Filtrieren u. Ansäuern mit verd. HCl; 77% (Ausbeute). — *α-Methylbenzylalkohol* (*Methylphenylcarbinol*), $Kp._{17}$ 104—105°, durch Zugabe von Raney-Leg. zu NaOH, 95%ig. A. u. Acetophenon bei 15—20°, 1std. Rühren, Filtrieren, Sättigen mit NaCl u. Extraktion mit Ae.; n_D^{21} 1,5269; 75%. — Analog: *o-Kresol,* aus I bei 90°; 76%. — *3-Phenylphthalid,* aus o-Benzoylbenzoesäure (II) bei 10—20°; 80%. — *α-Phenyl-o-toluylsäure,* aus II bei 90°; 80%. — *γ-Hydroxyvaleriansäurelacton* aus Lävulinsäure bei 10—20 bzw. 90°; 53 bzw. 65%. — *Vanillylalkohol,* F. 105°, aus III bei 10—20°; 85%. — *Veratrumalkohol,* aus Veratrumaldehyd bei 10—20°; 66%. — *3-Methylbutanol-(2),* aus 3-Methylbutanon-(2) bei 10—20°; 68%. — *Heptanol-(1),* aus Önanthaldehyd bei 10—20°; 57%. — *α-Methylphenäthylalkohol,* aus 1-Phenylpropanon-(2) bei 80—90°; 74%. — *m-Hydroxybenzylalkohol,* aus m-Hydroxybenzaldehyd (V) bei 10—20°; 77°. — *m-Kresol,* aus V bei 80—90°; 76%. — *Pentanol-(2),* aus Pentanon-(2) bei 80—90°; 54%. — *Norephedrin,* aus α-Isonitrosopropiophenon bei 10—20°; 57%. — *4-Phenylbutanon-(2),* aus IV bei 10—20 bzw. 80—90°; 78 bzw. 61%. — *Cyclopentanol,* aus Cyclopentanon bei 10—20°; 67%. — *p-Dimethylaminobenzylalkohol,* aus p-Dimethylaminobenzaldehyd in 2 Std. bei 10—20°; 70%; daneben *N.N-Dimethyl-p-toluidin* (identifiziert als *Pikrat*). — *β-Naphthylmethylcarbinol,* aus 2-Acetonaphthon mit A. in 2 Std. bei 15—25°; 87%.

H. Gleinig. 460◇

Synthese von $^{13}C_{(1)}$-p-Benzohydrochinon. M. R. Das. (Current Sci. [Bangalore] **30,** 370—72, Okt. 1961; Trombay, Atomic Energy Establishment; Bombay, Tata Inst. of Fundamental Res.; engl.) — Aus $Ba^{13}CO_3$ wird $^{13}CO_2$ gewonnen, dieses durch Grignardierung in $^{13}C_{(1)}$-Essigsäure [68% (Ausbeute)] umgewandelt; aus Na-Acetat wird *Essigsäureäthylester* (I; 90,7%) dargestellt. Aus I wird nach der Meth. von Fields u. Mitarbeitern (C. **1953,** 9133) *$^{13}C_{(1)}$-1-Methylcyclohexanol-(1)* (53%), aus diesem an einer Podbeulniak-Säule *$^{13}C_{(1)}$-1-Methylcyclohexen-(1)* (n_D^{25} 1,442; 40,1%) erhalten. *$^{13}C_{(1)}$-Toluol* (n_D^{25} 1,481; 67,7%) entsteht durch Dehydrierung vorst. Verb. an Pt-Asbest. *$^{13}C_{(1)}$-Benzoesäure* (F. 121,5°; 54,4%) wird durch Oxydation vorst. Verb. mit $KMnO_4$ erhalten. Letztere liefert *$^{13}C_{(1)}$-Anilinhydrochlorid* (F. 195°; 85,4%) nach der Schmidt-Reaktion. *$^{13}C_{(1)}$-p-Benzochinon* (51,6 g) entsteht aus vorst. Verb. mit MnO_2 in H_2SO_4-saurer Lsg. u. liefert durch Red. in Ae. mit $NaHSO_3$ *$^{13}C_{(1)}$-Hydrochinon* (F. 170°; 50,9%).
P. Gregorzewski. 480□

Radioaktive Markierung von Tropan-Alkaloiden. 3. Mitt. Darstellung von ^3H-Atropin und ^3H-Nor-(—)-cocain. Hanns-Ludwig Schmidt und Gottfried Werner. (Liebigs Ann. Chem **656,** 149—57, 1962; Marburg, MPI für Hirnforsch., Abt. für klin. Psychiatrie; dt.) — 2. vgl. C. **1963,** 3612. — Vff. tritieren Atropin u. Nor-(—)-cocain mit T_2 nach der Meth. von Wilzbach (C. **1959,** 3774) zu *^3H-Atropin* u. *3H-Nor-(—)-cocain.* Eine dafür bes. entwickelte App. u. die Arbeitsweise werden beschrieben. Weitere Verss. zeigen, daß alle Meth., die eine Beschleunigung des T-Einbaues bewirken (Hochspannungsentladung u. a.) auch zu größerer Substanzzerstörung führen.
G. Teege. 480◇

Die Synthese von tritiiertem Cortisol. P. Osinski und H. Vanderhaeghe. (Recueil Trav. chim. Pay-Bas **79,** 216—21, März 1960; Louvain, Belgique, Univ., Hôpital St. Pierre et Inst. Rega.; franz.) — Die partielle Hydrierung von Prednisolon (I) an Pd führt zu *Cortisol* (II) neben *Dihydrocortisol* (III) u. *11β.17α.21-Trihydroxy-Δ^1-pregnen-3.20-dion,* von denen II papierchromatograph. abgetrennt werden kann. Führt man die Hydrierung in Ggw. von ^3H durch, erhält man die *1.2-tritiierten Verbb.* mit hoher spezif. Aktivität u. guter chem. Beständigkeit. Tritiiertes II läßt sich nach bekannten Verff. in weitere hoch akt. Derivv. (*$^3H_{(1.2)}$-Corticosteron,* *$^3H_{(1.2)}$-Cortison* u. *$^3H_{(1.2)}$-Δ^4-Androsten-11β-ol-3.17-dion*) überführen, die für klin. u. biolog. Unterss. geeigneter erscheinen als die entsprechenden ^{14}C-markierten Verbindungen.

Versuche: Durch Hydrierung von 720 mg I in 80 ml Dioxan in Ggw. von 5% Pd/Kohle mit 2 mMol H_2 u. chromatograph. Trennung (detaillierte Beschreibung vgl. Original) wurden neben I isoliert: *Cortisol* (II), F. 208—210°, $[\alpha]_D$ $+158 \pm 2°$ (A.); 116 mg (Ausbeute). — *11β.17α.21-Trihydroxy-Δ^1-pregnen-3.20-dion-21-acetat,* F. 213 bis 215° [Nadeln aus Äthylacetat (Äa.)], $[\alpha]_D$ $+169 \pm 2°$ (c = 1; Chlf.); λ_{max} 228 mμ (ε = 8500, A.); 79 mg; gibt durch Hydrierung in Äa in Ggw. von 5% Pd/Kohle *11β.17α.21-Trihydroxypregnan-3.20-dion-21-acetat,* F. 209—211° (Äa./PAe.). — *21-Acetatgemisch* aus *11β.17α.21-Trihydroxyallopregnan-3.20-dion* u. *11β.17α.21-Trihydroxypregnan-3.20-dion* (III; *Dihydrocortisol*), F. 192—196° (Äa./PAe.), $[\alpha]_D$ $+76°$ (Chlf.); 140 mg. — Analog durch Hydrierung von 360 mg I in 60 ml Dioxan in Ggw. von gasförmigem Tritium (5 c) u. 5% Pd/Kohle: *$^3H_{(1.2)}$-Cortisol* (T-II), 835 mc/mMol (spezif. Aktivität); 74 mg. — *^3H-Dihydrocortisol* (T-III), 1557 mc; 33 mg. T-II u. T-III zeigen nach Konservierung unter N_2 erst nach 16 std. Stehen oder 5 Min. langem Kochen unter Rückfluß mit 1 m methanol. KOH merkliche Zers.; die Bis-methylendioxy-Derivv. sind weniger zersetzlich. — *$^3H_{(1.2)}$-Corticosteron,* durch 75 Min. langes Kochen von 30 mg T-III in 6 ml 50%ig. Essigsäure mit 500 mg Zn-Staub; 414 mc/mMol; 11,5 mg.
Gerhard Müller/Bitterfeld. 480◇

Zur Kenntnis der Darstellung von Lithiumalkylen und deren Umsatz mit organischen Halogenverbindungen. 2. Mitt. Darstellung definierter Kohlenwasserstoffe über lithiumorganische Verbindungen. — Die Polyaddition von Äthylen an Lithiumäthyl. Ernst Terres, Ursula vom Felde, Klaus Hubbuch, Hildegard Frank und Wilhelm Meyer. (Erdöl u. Kohle **13,** 160—63, März 1960; Karlsruhe, TH, Carl-Engler- u. Hans-Bunte-Inst. für Mineralöl- u. Kohleforsch.; dt.) — 1. vgl. C. **1963,** 8859. — Bei einer Temp. von 15—30° wurden prim. Li-Alkyle mit Allylchlorid zur Rk. gebracht. Als Haupt-Prodd. entstanden in einer Ausbeute von 25—30% *α-Olefine* neben höhersd., z. T. halogenhaltigen uneinheitlichen Produkten. Isomere Olefine mit nicht endständigen Doppelbindungen oder Kettenverzweigungen konnten in keinem Fall nachgewiesen werden. — Der Umsatz von Li-Butyl mit Vinylchlorid bzw. 1.2-Dichloräthylen bildete neben gasförmigen Prodd. hochmol., *chlorhaltige Li-KW-Stoffe.* Die Rk. der Li-Alkyle mit Acetylchlorid (I) ergab bei Vorlegen von I (Li-Alkyl) *Methylketone* (*Methyldialkylcarbinole*). Li-Äthyl führt mit I zu *Methyläthylketon* (Kp. 79—80°, n_D 1,3790;

Semicarbazon, F. 139—141°). Einw. von Äthylen auf Li-Äthyl in Ae. im Autoklaven führte über eine Kryptoionen-Rk. zu einem Li-n-Alkylgemisch, das mit **I** zu *Methylketonen* u. *Methyldialkylcarbinolen* umgesetzt wurde. Die in einer Nebenrk. sich bildenden KW-Stoffe waren von den Ketonen destillativ nicht zu trennen, die Identifizierung über Keton-Derivv. wurde von diesen Paraffinen gestört. Die Zus. der einzelnen Fraktionen wurde aus den physikal. Daten bestimmt. Aus 22,9 Mol Äthylen u. 5,87 Mol Li-Äthyl u. deren anschließender Rk. mit 5,87 Mol **I** entstanden 1065 g Rohketon, aus dem durch Rektifikation 6 einheitliche Fraktionen (34%) erhalten wurden, die aus je einem *Keton* u. einem um 2 C-Atome reicheren *KW-Stoff* bestanden. *n-Hexanon-(2)* (11,4%), daneben 88,6% *n-Octan*; *n-Octanon-(2)* (41,6%), daneben 58,4% *n-Decan*; *n-Decanon-(2)* (56,2%) neben 43,8% *n-Dodecan*; *n-Dodecanon-(2)* (68,5%) neben 31,5% *n-Tetradecan*; *n-Tetradecanon-(2)* (80,6%) neben 19,4% *n-Hexadecan*; *n-Hexadecanon-(2)* (88,4%) neben 11,6% *n-Octadecan*. W. Lauk. 490 □

Chlorierung von Isopren. E. G. E. Hawkins und M. D. Philpot. (J. chem. Soc. [London] **1962**, 3204—12, Aug.; Great Burgh, Epsom, Surrey, Distillers Co. Ltd., Res. Dep., Dev. Div.; engl.) — Die Chlorierung von Isopren in CCl_4 oder Chfl. mit Cl_2-Gas gibt *2-Chlormethylbutadien* (**I**) u. *1.4-Dichlor-2-methylbuten-(2)* (**II**), daneben *3.4-Dichlor-3-* (**III**) u. *3.4-Dichlor-2-methylbuten-(1)* (**IV**), *2.3.4-Trichlor-3-methylbuten-(1)* (**V**), *3.4-Dichlor-2-chlormethylbuten-(1)* (**VI**), *1.4-Dichlor-2-chlormethylbuten-(2)* (**VII**), *1.1.4-Trichlor-2-methylbuten-(2)* (?; **VIII**) u. *Tetrachlorpentane*; mit Cl_2-Lsg. in CCl_4 werden nur **I** u. **II** erhalten. **I** wird von $KMnO_4$ zu *Chloressigsäure* (**XIV**) oxydiert u. reagiert mit Naphthochinon-(1.4) (**XV**) zu einem *Addukt*, das durch CrO_3-Oxydation in CH_3COOH bei 60° in *2-Chlormethylanthrachinon* übergeführt wird. Die von Jones u. Williams [1934] beschriebene Oxydation des Addukts von **I** (das sie für 1-Chlor-2-methylbutadien gehalten hatten) u. **XV** mit Luft oder O_2 in alkal. Lsg. verläuft weniger befriedigend. Begleiter von **I** (3% u. 10%) sind evtl. cis- u. trans-1-Chlor-2-methylbutadien. **I** entsteht unter den angewandten Bedingungen nicht durch HCl-Abspaltung aus **II**, **III** oder **IV**. **III** kann auch durch Anlagerung von HCl an **I** entstanden sein, wie Verss. zeigen; mit wss. HCl reagiert **I** zu **II**. Die Rk. von **II** mit Cl_2 in CCl_4 gibt **VI** u. *1.2.3.4-Tetrachlor-2-methylbutan* (**IX**). Mit SO_2Cl_2 reagiert **II** in Ggw. von Benzoylperoxid zu **IX** neben **VI** u. **VIII**, u. in Ggw. von tert.-Butylbrenzcatechin zu **VI** u. **VIII**, das durch O_3 nur langsam zu *Chloracetaldehyd* (**XIII**) u. *Pyruvinaldehyd* gespalten wird. **IV** bildet bei Behandlung mit SO_2Cl_2 in Ggw. eines Antioxydans **IX** neben **VI**, nicht aber das von Ultée (Recueil Trav. chim. Pays-Bas **68**, [1949], 125) beschriebene 1.3.4-Trichlor-2-methylbuten-(2) wie das Spektrum u. die Ozonolyse von **VI** zu *1.3.4-Trichlorbutanon-(2)* zeigen. die Oxydation von **VI** führt allerdings ebenfalls zu **XIV**. Die Weiterchlorierung von **I** mit Cl_2/CCl_4 oder SO_2Cl_2 liefert **IV**, **VI**, **VIII** u. **VII**, dessen Ozonolyse *1.3-Dichloraceton* u. **XIII** bzw. **XIV** gibt. **IV** bildet sich auch bei der Einw. von konz. HCl auf **I**. Die Dehydrochlorierung von **IX** mit alkohol. Alkali liefert **V**, *1.2.4-Trichlor-3-methylbuten-(2)* (**X**) u. *1.3-Dichlor-2-methylbutadien*; das von Ultée (l. c.) beschriebene 1.3.4-Trichlor-2-methylbuten-(1) konnte nicht isoliert werden. Cu_2Cl_2 katalysiert die Allylumlagerung von **II** in **III** u. **IV**, von **VI** in **VII** u. umgekehrt, u. von **V** in **X**. **I** dimerisiert sich in der Wärme oder beim Lagern wahrscheinlich zu *1.4-Bis-[chlormethyl]-4-vinyl-* u. *1.3-Bis-[chlormethyl]-5-vinylcyclohexen-(1)*.

Versuche: *1.4-Dichlor-2-chlormethylbuten-(2)* (**VII**), $C_5H_7Cl_3$, Kp.$_{15}$ 96—97,5°, a) aus 100 g Isopren in Chlf. durch Einleiten von 104 g Cl_2 bei 20°; n_D^{20} 1,5215; 71,6 g (Ausbeute); b) aus 77 g **I** durch Rühren mit Cl_2 in CCl_4 oder mit SO_2Cl_2; ca. 30 g; c) aus 10 g **VI** durch $^1/_2$std. Erhitzen mit Cu_2Cl_2 auf 200°; 3,5 g (35% ig.); Ozonisierung (10 g) → *1.3-Dichloraceton*, F. 42—44°; 2,7 g [*2.4-Dinitrophenylhydrazon* (*DNP*), $C_9H_8Cl_2N_4O_4$, F. 131—132,5°] u. **XIV**. — *2-Chlormethylbutadien* (**I**), C_5H_7Cl, Kp.$_{100}$ 47,5—53,5°, a) analog **VII** nach a) mit 85 g Cl_2; n_D^{20} 1,4800—1,4784; 18 g; b) durch Zutropfen von Cl_2 in CCl_4 zu Isopren in CCl_4 bei 20° unter Rühren; 22,9 g (77,6% ig.) (*Dimeres*, $C_{10}H_{14}Cl_2$, Kp.$_{15}$ 133 bis 138°, durch Lagern oder Erwärmen; n_D^{20} 1,5254—1,5264); → *Chloressigsäure* (**XIV**), F. 55—57° (PAe.), Kp.$_{15}$ 85—90°, aus 6 g **I** in W. mit $KMnO_4$ in W. bei Raum-Temp.; 2 g (*p-Bromphenacylester*, F. 102—104°), bzw. *2-Chlormethylanthrachinon*, $C_{15}H_9ClO_2$, F. 167—169° (Äthylacetat oder Bzl.), a) aus 2-Methylanthrachinon nach Bhavsar u. Mitarbeitern (C. **1961**, 1902); b) aus 6 g **I** u. 3,5 g **XV** durch 4std. Rk. bei 80° über *2-Chlormethyltetrahydroanthrachinon*, $C_{15}H_{13}ClO_2$, F. 144—146° (A.) u. dessen Oxydation mit Luft in alkal. A. oder bei ca. 60° mit CrO_3 in CH_3COOH ($^1/_4$ Std.). — *1-Chlor-2-methylanthrachinon*, $C_{15}H_9ClO_2$, F. 175—178° (Äthylacetat), aus 2-Methylanthrachinon nach Dickey u. Mitarbeitern (C. **1959**, 7297). — *1.4-Dichlor-2-methylbuten-(2)* (**II**), $C_5H_8Cl_2$, Kp.$_{50}$ 93—97°, a) neben **VII** nach a); n_D^{20} 1,4925—1,4934; 50,2 g (Gemisch mit **VIII**; b) neben **I** nach b); 74,9 g; c) aus 20 g **I** durch 17std. Schütteln mit Cu_2Cl_2 u. NH_4Cl

in konz. HCl bei Raum-Temp.; 4,1 g (Gemisch mit **IV**); d) neben **I** nach a); Ozonolyse → *Chloracetaldehyd* (**XIII**), *DNP*, $C_8H_7ClN_4O_4$, F. 158—160°) u. *Chloraceton, DNP*, $C_9H_9ClN_4O_4$, F. 124—125°. — *3.4-Dichlor-3-methylbuten-(1)* (**III**), $C_5H_8Cl_2$, Kp.$_{50}$ 60—63°, a) neben **VII** nach a); n_D^{20} 1,4652; 26,3 g (Gemisch mit **IV**); b) aus 70,9 g **II** durch Erhitzen mit Cu_2Cl_2 u. CuO auf 140—150°; 23,4 g; daneben **IV**; c) aus 20 g **I** durch Zutropfen zu fl. HCl bei —90° u. 6std. Rk.; 13,1 g; daneben **II**; d) neben **I** nach a); Ozonolyse → *Formaldehyd* (**XI**) (als DNP), u. *Chloräthoxyisobutyraldehyd* als *DNP* in A., $C_{12}H_{15}ClN_4O_5$, F. 120—122° (CH_3OH)] bzw. *α.β-Dichlorisobuttersäure* (**XII**), Kp.$_{15}$ 110 bis 112° (a) aus 3,4 g **III** in 40 Std. u. Rk. mit $KMnO_4$; n_D^{20} 1,4680; 0,7 g; b) aus Methacrylsäure durch Chlorierung; *p-Bromphenacylester*, $C_{12}H_{11}BrCl_2O_3$, F. 80—82°). — *3.4-Dichlor-2-methylbuten-(1)* (**IV**), $C_5H_8Cl_2$, Kp.$_{40-45}$ 58—63°, a) neben **VII** nach b); n_D^{20} 1,4695 bis 1,4701; 29,8 g; b) aus 1-Chlor-3-methylbuten-(2) mit SO_2Cl_2 nach Ultée (l. c.) in Ggw. von tert.-Butylbrenzcatechin statt Hydrochinon; c) neben **I** nach a); Ozonolyse in Äthylacetat bei Raum-Temp. → **XI** (*DNP*, F. 152—154°) u. *3.4-Dichlorbutanon-(2)*, Kp.$_{15}$ 55—56° (auch aus Methylvinylketon mit Cl_2 in CCl_4; *DNP*, $C_{10}H_{10}Cl_2N_4O_4$, F. 109 bis 110°. *Semicarbazon*, $C_5H_9Cl_2N_3O$, F. 116—118°). — *2.3.4-Trichlor-3-methylbuten-(1)* (**V**), $C_5H_7Cl_3$, Kp.$_{15}$ 64—67,5°, aus 100 g **IX** durch Zutropfen zu wss.-äthanol. KOH bei Raum-Temp. u. 1std. Rk.; n_D^{20} 1,4925; 27,4 g; Ozonolyse → **XI** (als DNP) u. **XII**. — *3.4-Dichlor-2-chlormethylbuten-(1)* (**VI**), $C_5H_7Cl_3$, Kp.$_{15}$ 84—87°, a) aus 50 g **IV** in Ggw. tert.-Butylbrenzcatechin mit SO_2Cl_2; n_D^{20} 1,5072; 34,3 g; daneben **VIII** u. **IX**; b) aus 25 g **VII** analog **VII** nach c) bei 110°; 18,5 g (85% ig.); c) neben **VII** nach a); d) aus 14 g **II** analog **I** nach b) (3 : 2-Gemisch mit **VIII**, $C_5H_7Cl_3$, Kp.$_{11}$ 76—80°; n_D^{20} 1,5026); 10,7 g; daneben **IX**; e) neben **VII** nach b); ca. 20,7 g; Ozonosierung → **XI** (als DNP) u. *1.3.4-Trichlorbutanon-(2)*, Kp.$_{15}$ 89—91° (auch aus nachst. Verb. durch Dehydrochlorierung zu *Chlormethylvinylketon* u. dessen Chlorierung in CCl_4 bei —10°); n_D^{20} 1,4969; *DNP*, $C_{10}H_9Cl_3N_4O_4$, F. 106—108° (CH_3OH); *Semicarbazon*, $C_5H_8Cl_3N_3O$, F. 109—110° (Bzl.). — *1.4-Dichlorbutanon-(2)*, Kp.$_{15}$ 88—92°, aus Chloracetylchlorid u. Äthylen in Ggw. von $AlCl_3$ nach Catch u. Mitarbeitern [1948]; n_D^{20} 1,4790. *DNP*, $C_{10}H_{10}Cl_2N_4O_4$, F. 113 bis 115° (Bzl.). *Semicarbazon*, $C_5H_9Cl_2N_3O$, F. 97—98° (Zers.). — *1.1.4-Trichlor-2-methylbuten-(2)* (?; **VIII**), $C_5H_7Cl_3$, Kp.$_{12}$ 71—75°, a) aus 20 g **II** mit SO_2Cl_2 in Ggw. von tert.-Butylbrenzcatechin; n_D^{20} 1,4991; ca. 10 g (verunreinigt mit **VI**); Ozonisierung → **XIII** u. *Pyruvinaldehyd* [*DNP*, F. 296—297° (Zers.; Nitrobenzol)]. — *1.2.3.4-Tetrachlor-2-methylbutan* (**IX**), $C_5H_8Cl_4$, Kp.$_{14}$ 97—105°, a) aus 100 g **II** mit SO_2Cl_2 in Ggw. von Benzoylperoxid durch 1std. Erwärmen auf 90—100°; n_D^{20} 1,5060—1,5069; 124 g; daneben < 5% **VI** u. ein weiteres *Trichlorbuten*; b) neben **VII** nach a); ca. 11,6 g (unrein). — *1.3-Dichlor-2-methylbutadien*, Kp.$_{50}$ 63—66°, a) neben **V**; b) aus **V** analog **V**; n_D^{20} 1,5060. — *1.2.4-Trichlor-3-methylbuten-(2)* (**X**), $C_5H_7Cl_3$, Kp.$_{15}$ 83—86°, a) neben **V**; n_D^{20} 1,5093; b) aus 10 g **V** analog **VII** nach c); 4,4 g; Ozonolyse → *Chloraceton, DNP*, F. 124,5—126°, u. **XIV**. H.-J. Kötzsch. 520◇

Untersuchungen über β-Acetylenaldehyde und ihre Derivate: Äthoxyenine und Acetale. Marc Henri Durand. (Bull. Soc. chim. France **1961**, 2396—2401, Paris, Labor. de Chim. III P.C.B.; franz.) — Bei Zugabe von α-Acetylenaldehydacetalen zu geschmolzenem KOH bei 170—180° u. 1/4std. Erhitzen unter Ausschluß von Feuchtigkeit erhält Vf. die entsprechenden *Äthoxyenine* (**I**) als farblose Flüssigkeiten. Stufenweise Hydrierung der **I** liefert zunächst die entsprechenden *Äthoxydiene*, dann die *Äthoxyene* u. die *gesätt. Äthoxy-KW-Stoffe*. Durch Anlagerung von A. an **I** [z. B. 1-Äthoxyhepten-(1)-in-(3)] in Ggw. von Na-Äthylat oder KOH als Katalysator entstehen die entsprechenden *β-Acetylenacetale* (**II**) [z. B. *1.1-Diäthoxyheptin-(3)*], die auch durch ca. 10std. Kochen des entsprechenden Li-Acetylen-KW-Stoffes, der in fl. NH_3 dargestellt wird, mit Bromacetaldehyddiäthylacetal (**XI**) in Dioxan unter Rühren, Hydrolyse u. Extraktion mit Ae. in 30—40% ig. Ausbeute erhalten werden. Bei der versuchten Anlagerung von A. an **I** in Ggw. von HCl entstehen nur *chlorierte* Verbindungen. Hydrolyse der **I** mit wss. Oxalsäure unter N_2 u. in Ggw. von Hydrochinon liefert die entsprechenden *β-Acetylenaldehyde* (**III**) in 50% ig. Ausbeute. Bei Hydrolyse der **II** erhält Vf. die entsprechenden *Aldehyde*, die leicht enolisieren. Teilhydrierung der **II** an Lindlar-Pd gibt die entsprechenden *cis-β-Äthylenacetale*, die beständiger als die **III** sind. Durch vollständige Hydrierung der **II** an Raney-Ni werden die entsprechenden *gesätt. Acetale* dargestellt. Rk.-Mechanismen sowie IR- u. Raman-Spektren einiger Verbb. werden diskutiert.

Versuche: 1-Äthoxyalkenine: *-hexen-(1)-in-(3)*, $C_8H_{12}O$, Kp.$_{14}$ 73—74°, aus 1.1-Diäthoxyhexin-(2); D_4^{19} 0,871, n_D^{19} 1,480. — *-hepten-(1)-in-(3)* (**IV**), $C_9H_{14}O$, Kp.$_{15}$ 83 bis 85°, aus 1.1-Diäthoxyheptin-(2); D_4^{19} 0,878, n_D^{19} 1,478. — *-heptadien-(1.3)* (**V**), $C_9H_{16}O$, Kp.$_{14}$ 71—72°, durch Hydrierung von 50 g **IV** an Lindlar-Pd in abs. A.; D_4^{18} 0,834, n_D^{18} 1,472; 40 g (Ausbeute). — *-hepten-(1)* (**VI**), $C_9H_{18}O$, Kp.$_{14}$ 63°, durch Hydrierung von 42 g **IV** an Raney-Ni in abs. A.; D_4^{18} 0,802, n_D^{18} 1,425; daneben

1-Äthoxyhepten-(2) (VII). — *-heptan*, $C_9H_{20}O$, Kp. 163—164°, analog vorst. Verb.; $D._4^{20}$ 0,786, n_D^{20} 1,409. — *Hepten-(3)-al*, durch Hydrolyse von V mit verd. H_2SO_4. — *Heptanal*, a) durch Hydrolyse von VI mit 10%ig. H_2SO_4; b) durch Hydrolyse von XI (s. unten) in verd. HCl. *Semicarbazon*, F. 108°. *2.4-Dinitrophenylhydrazon*, F. 106°. — *n-Pentansäure* (VIII), Kp. 183—190°, a) durch 1std. Oxydation von 10 g VI u. VII mit $KMnO_4$ in Aceton bei Raum-Temp., Zugabe von H_2O_2 u. Extraktion mit Ae.; 3 g; b) durch 3std. Oxydation von 5 g VI u. VII mit O_3 in Chloroform. *Anilid*, F. 62°. — *n-Hexansäure*, Kp. 200—205°, neben VIII nach a) u. b). *Anilid*, F. 93°. — 1.1-Diäthoxyalkine: *-butin-(3)*, $C_8H_{14}O_2$, aus HC≡CLi u. XI. — *-heptin-(3)* (IX), $C_{11}H_{20}O_2$, $Kp._{16}$ 98°, a) analog vorst. Verb. aus Pentin-(1); b) durch 8std. Erhitzen von IV in abs. A. mit KOH bei 130° oder Na-Äthylat bei 120° im Autoklaven; $D._4^{19}$ 0,878, n_D^{19} 1,4372; 100%. — *-hepten-(3)* (X), $C_{11}H_{22}O_2$, $Kp._{15}$ 90—91°, durch Hydrierung von IX an Lindlar-Pd; $D._4^{19}$ 0,850, n_D^{19} 1,4215. — *-heptan*, $C_{11}H_{24}O_2$, Kp. 204°, $Kp._{10}$ 86°, durch Hydrierung von IX an Raney-Ni; $D._4^{19}$ 0,835. — *-octin-(3)*, $C_{12}H_{22}O_2$, $Kp._{16}$ 113—114°, aus Hexin-(1); $D._4^{19}$ 0,874, n_D^{19} 1,4380; Hydrolyse liefert fl. *Octin-(3)-aldehyd*. — *-octen-(3)*, $C_{12}H_{24}O_2$, $Kp._{16}$ 106°; $D._4^{22}$ 0,846, n_D^{22} 1,4270. — *-octan* (XII), $C_{12}H_{26}O_2$, $Kp._{15}$ 112—113°; $D._4^{19}$ 0,832, n_D^{18} 1,4185. — *-4-phenylbutin-(3)* (XIII), $C_{14}H_{18}O_2$, $Kp._{15}$ 148°, aus Phenylacetylen; $D._4^{19}$ 0,998, n_D^{19} 1,534. — *-4-phenylbuten-(3)* (XIV), $C_{14}H_{20}O_2$, $Kp._{16}$ 142°; $D._4^{19}$ 0,972, n_D^{19} 1,516. — *-4-phenylbutan* (XV), $Kp._{0,1}$ 82—83°, a) durch Hydrierung von XIII an Raney-Ni; b) durch Kondens. der Grignard-Verb. von 1-Brom-3-phenylpropan mit Orthoameisensäuretriäthylester; 30%; $D._4^{20}$ 0,952, n_D^{20} 1,4775. — *Heptin-(3)-al*, durch Hydrolyse von IX. *Semicarbazon*, F. 137°. — *cis-Hepten-(3)-al*, durch Hydrolyse von X. *Semicarbazon*, F. 109°. *2.4-Dinitrophenylhydrazon*, F. 81° (A.); gelb. — *Octanal*, durch Hydrolyse von XII. *Semicarbazon*, F. 99°. *2.4-Dinitrophenylhydrazon*, F. 106°. — *Phenylacetylen*, $Kp._{0,5}$ 90°, durch 3std. Rühren von XIII mit 0,1n wss. Oxalsäure unter N_2 u. wenig Hydrochinon bei 70—75°; $D._4^{20}$ 1,09, n_D^{20} 1,558; 35%. — *4-Phenylbuten-(3)-al*, durch Hydrolyse von XIV. *Semicarbazon*, F. 192°. — *4-Phenylbutanal*, durch Hydrolyse von XV. *Semicarbazon*, F. 104—105°. *2.4-Dinitrophenylhydrazon*, F. 114°. Gottfried Schreiber. 550◇

Methansulfonate von tertiären und quaternären Aminoalkoholen. Sara Ginsburg. (J. med. pharmac. Chem. **5**, 1364—67, Nov. 1962; New York, N.Y., Columbia Univ., Coll. of Physicians and Surgeons, Dep. of Neurology and Biochem.; engl.) — Durch Umsetzung von Hydroxyaminen [z. B. 3-Hydroxypyridin (II), 3-Dimethylaminophenol] mit Methansulfonylchlorid [MSC] werden die entsprechenden *Methansulfonate* dargestellt. Deren Quaternierung mit CH_3J liefert die entsprechenden *quart. Verbindungen*. Die Prodd. sind Inhibitoren der Acetylcholinesterase (vgl. Kitz u. Wilson, J. biol. Chemistry **237**, [1962], 3245).

Versuche: *3-Methansulfonyloxypyridin* (I), F. 60°, $Kp._{0,01}$ 103°, durch 1std. Zusetzen von MSC in Chlf. unter Rühren zu II in 2.6-Lutidin u. Chlf. bei Raum-Temp. u. 20 Min. langem Kochen; 61% (Ausbeute). — *1-Methyl-3-methansulfonyloxypyridiniumjodid*, $C_7H_{10}JNO_3S$, F. 773°, durch Behandeln von I mit CH_3J in Aceton bei Raum-Temp.; aus Methanol gelb; 62%. — *Pentamethylen-1.5-bis-[3-methansulfonyloxypyridiniumjodid]*, $C_{17}H_{24}J_2N_2O_6S_2$, F. 174°, durch 2tägiges Stehenlassen von I u. 1.5-Dijodpentan in Dimethylformamid (DMF) bei Raum-Temp., Eindampfen im Vakuum u. Lösen des Rückstands in sd. Methanol; beigefarben aus Methanol; 54%. — *1-[3-Methansulfonyloxypyridinio]-5-[pyridinio]-pentandijodid*, $C_{16}H_{22}J_2N_2O_3S$, F. 151°, durch 1tägiges Stehenlassen von I mit 5-Jodpentylpyridiniumjodid in DMF bei Raum-Temp., Eindampfen u. Kochen mit Aceton; aus Methanol gelb; 59%. — *3-Methansulfonyloxy-N.N-dimethylanilin*, F. 43—46° (Ligroin), analog I, jedoch Extrahieren mit sd. Ae.; 55%. — *3-Methansulfonyloxy-N.N.N-trimethylaniliniumjodid*, $C_{10}H_{16}JNO_3S$, F. 201°, durch Quaternierung vorst. Verb.; aus Methanol gelb; 56%. — *β-Bromäthylmethansulfonat*, $Kp._{0,3}$ 96—98°, analog I, jedoch bei 10—15° u. ohne Kochen; 40%. — *Methansulfonylcholinbromid*, $C_6H_{16}BrNO_3S$, F. 143° (Methanol), durch 1tägiges Stehenlassen vorst. Verb. in DMF mit $N(CH_3)_3$ bei Raum-Temp.; 46%. — *Methansulfonylthiocholinbromid*, $C_6H_{16}BrNO_2S_2$, F. 160° (A.), durch 2tägiges Kochen von Bromcholinbromid mit Na-Methanthiosulfonat in Methanol u. Kühlen auf 0°; 26%. — *o-Methansulfonyloxybenzyldimethylamin*, $Kp._{0,3}$ 127°, analog I, jedoch mit $N(CH_3)_3$; 39%. — *o-Methansulfonyloxybenzyltrimethylammoniumjodid*, $C_{11}H_{18}JNO_3S$, F. 191—192° (A.), aus vorst. Verb.; 60%.

H. Gleinig. 600◇

Chemische Hydrierung von α-Acetylenaldehyden. Marc Henri Durand. (Bull. Soc. chim. France **1961**, 2387—92, Dez.; Paris, Labor. de Chim. III P.C.B.; franz.) — Durch ca. 10std. Kochen von Orthoameisensäuretriäthylester mit den entsprechenden Grignard-Verbb. unter Rühren u. Zugabe von kalter Essigsäure erhält Vf. in 70—80%ig.

Ausbeute *α-Acetylenaldehyddiäthylacetale*, deren Hydrolyse durch 5std. Erhitzen mit wss. Oxalsäure-Lsg. u. wenig Hydrochinon auf 70—75° unter N_2 die entsprechenden *α-Acetylenaldehyde* (**I**) als farblose Fll. in 70—80% ig. Ausbeute liefert. Bei Red. der **I** mit Zn durch ca. 10std. Zugabe von Eisessig bei —10° u. Extraktion mit Ae. entstehen in 30% ig. Ausbeute die entsprechenden *di-sek. Diacetylen-α-glykole* (**II**). In der aliphat. Reihe werden die **II** in ihrer racem. u. meso-Form erhalten; in der aromat. Reihe wird nur die meso-Form isoliert. Neben den **II** werden ca. 5% *α-Acetylenalkohole* u. bei Verw. von rohen **I** 5—10% Ausgangsacetal erhalten. Die *gesätt.* u. die *Diäthylen-α-glykole* werden durch katalyt. Hydrierung bei Raum-Temp. aus den **II** dargestellt. Die Oxydation der **II** zu den entsprechenden Acyloinen oder α-Diketonen gelingt nicht. Die Rk.-Mechanismen u. die IR-Spektren der **II** werden diskutiert.

Versuche: 1.1-Diäthoxyalkine: *-propin-(2)*, $Kp._{760}$ 140°; $D._4^{22}$ 0,894, n_D^{22} 1,414. — *-butin-(2)*, $Kp._{13}$ 64°; $D._4^{16}$ 0,902, n_D^{16} 1,427. — *-pentin-(2)*, $Kp._{15}$ 78°; $D._4^{19}$ 0,885, n_D^{19} 1,430. — *-hexin-(2)*, $Kp._{13}$ 89°; $D._4^{18}$ 0,881, n_D^{18} 1,432. — *-heptin-(2)*, $Kp._{12}$ 102°; D_4^{19} 0,877, n_D^{19} 1,435. — *-octin-(2)*, $Kp._{11}$ 110°; $D._4^{15}$ 0,887, n_D^{15} 1,438. — *-3-phenylpropin-(2)*, $Kp._{15}$ 143°; $D._4^{16}$ 0,987, n_D^{16} 1,520. — *Propin-(2)-al*, $Kp._{760}$ 54°. *2.4-Dinitrophenylhydrazon*, F. 122° (A.). — *Butin-(2)-al*, $Kp._{760}$ 54°, Darst. auch durch Oxydation von **III** mit Pb-Tetraacetat; $D._4^{17}$ 0,944, n_D^{17} 1,4467. *Semicarbazon*, F. 158°. *2.4-Dinitrophenylhydrazon*, F. 140° (A.). — *Pentin-(2)-al*, *2.4-Dinitrophenylhydrazon*, F. 94° (A.). — *Hexin-(2)-al*, $Kp._{12}$ 44°; n_D^{20} 1,450. *Semicarbazon*, F. 162°. *2.4-Dinitrophenylhydrazon*, F. 67° (A.). — *Heptin-(2)-al*, $Kp._{15}$ 63°; $D._4^{19}$ 0,877, n_D^{19} 1,449. *Semicarbazon*, F. 62°. *2.4-Dinitrophenylhydrazon*, F. 73° (A.). — *Octin-(2)-al*, $Kp._{17}$ 78°; $D._4^{25}$ 0,871, n_D^{15} 1,452. *Semicarbazon*, F. 90°. *2.4-Dinitrophenylhydrazon*, F. 78° (A.). — *Phenylpropinal*, $Kp._{28}$ 127°; $D._4^{20}$ 1,07, n_D^{20} 1,604. *Semicarbazon*, FF. 133 u. 194°. *2.4-Dinitrophenylhydrazon*, F. 191° (A.). — *meso-Octadiin-(2.6)-diol-(4.5)* (**III**), $C_8H_{10}O_2$, F. 116° (Ae./PAe.); 20% (Ausbeute). *Dibenzoat*, $C_{22}H_{18}O_4$, F. 119—120°. *Bis-[phenylurethan]*, $C_{22}H_{20}N_2O_4$, F. 167° (A.), durch mehrtägiges Kochen mit Phenylisocyanat in abs. Ae.; daneben **III**-*Racemat* (**IV**), $Kp._{0,5}$ 80°; viscos, schwachgelblich; $D._4^{18}$ 0,98, n_D^{18} 1,478; 10% [*Dibenzoat*, krist. nicht. *Bis-phenylurethan*, $C_{22}H_{20}N_2O_4$, F. 187° (A.)]. — *Butin-(2)-ol-(1)*, $Kp._{760}$ 141 bis 143°, neben **III** u. **IV**; n_D^{20} 1,453; 7%. — *meso-Octandiol-(4.5)*, F. 723°, durch 3std. Hydrierung von 0,782 g **III** in A. bei 95° an Raney-Ni; 0,7 g *Racemat*, analog aus **IV**; sirupöse Flüssigkeit. — *meso-Dipropenylglykol*, F. 46°, durch Hydrierung von **III** an Pd nach Lindlar. *Racemat*, analog aus **IV**; sirupöse Flüssigkeit. — *meso-Dodecadiin-(4.8)-diol-(6.7)* (**V**), $C_{12}H_{18}O_2$, F. 83—84° (Ae./PAe.); 25%; daneben **V**-*Racemat*, (**VI**; Sirup) u. *Hexin-(2)-ol-(1)*, $Kp._{14}$ 73°; $D._4^{20}$ 0,89, n_D^{20} 1,453; 5%. — *meso-Dodecandiol-(6.7)*, durch Hydrierung von **V** an Raney-Ni. *Racemat*, F. 54°, analog aus **VI**. — *meso-Tetradecadiin-(5.9)-diol-(7.8)* (**VII**), $C_{14}H_{22}O_2$, F. 79—80° (Ae./PAe.), durch Chromatographie an Al_2O_3 u. Eluieren mit Bzl./Ae., daneben **VII**-*Racemat* ($Kp._{0,5}$ 130—133°, F. 52°) u. *Heptin-(2)-ol-(1)*, $Kp._{18}$ 90°; n_D^{20} 1,4520; 5%. — *meso-Tetradecandiol-(7.8)*, F. 131—132°. *Racemat*, F. 69°. — *meso-Hexadecadiin-(6.10)-diol-(8.9)* (**VIII**), $C_{16}H_{26}O_2$, F. 72°; 20%; daneben **VIII**-*Racemat* (F. 57—58°; 8%) u. *Octin-(2)-ol-(1)*, $Kp._{14}$ 96°; $D._4^{20}$ 0,87, n_D^{20} 1,455; 16%. — *meso-Hexadecandiol-(8.9)*, F. 128—129°. *Racemat*, F. 120°. — *meso-1.6-Diphenylhexadiin-(1.5)-diol-(3.4)* (**IX**), $C_{18}H_{14}O_2$, F. 123—124°; daneben *Phenylpropinol*, $Kp._{15}$ 137 bis 138°; $D._4^{18}$ 1,07, n_D^{18} 1,587. — *meso-1.6-Diphenylhexadien-(1.5)-diol-(3.4)*, (*Hydrocinnamoin*), F. 157°, durch Red. von **IX** an Lindlar-Katalysator. — *meso-1.6-Diphenylhexandiol-(3.4)*, F. 134°. — *Furfurylalkohol*, durch Red. von Furfural u. Heptin-(2)-al mit Zn u. Eisessig; daneben **VII**. Gottfried Schreiber. 670◇

Chemische Hydrierung von α-Acetylenmethylketonen. Marc Henri Durand. (Bull. Soc. chim. France **1961**, 2393—96; Paris, Labor. de Chim. III P.C.B.; franz.) — Vgl. vorst. Referat. — Durch Kochen von einem Acetylen-KW-Stoff mit $NaNH_2$ in abs. Ae., Durchleiten von N_2, Gießen in die äther. Lsg. von Acetanhydrid bei —15°, 2—3std. Rühren, Hydrolyse u. Extraktion mit Ae. werden die entsprechenden *α-Acetylenmethylketone* (**I**) in 70% ig. Ausbeute erhalten. *Pentin-(3)-on-(2)* (**II**) wird besser durch Oxydation des entsprechenden Alkohols dargestellt. Die ca. 10std. Red. der **I** mit Zn u. Essigsäure liefert in der aliphat. Reihe mit 40—50% ig. Ausbeute die entsprechenden *α-Äthylenmethylketone* (**III**) in ihrer cis- u. trans-Form, die bei der Red. von **II** nur durch die IR-Spektren nachgewiesen werden können, sowie in 5—10% ig. Ausbeute die entsprechenden *Pinakole*. Bei analoger Red. von 1-Phenylbutin-(1)-on-(3) wird mit 30% Ausbeute *4.5-Diphenyloctandion-(2.7)* u. daneben mit 12% Ausbeute *1-Phenylbutanon-(3)* erhalten. Die 2.4-Dinitrophenylhydrazone der **I** sind gelb, die der **III** rot. Die Rk.-Mechanismen u. IR-Spektren werden diskutiert.

Versuche: *Pentin-(3)-on-(2)* (**II**), C_5H_6O, nach Nightingale u. Wandsworth. (J. Amer. chem. Soc. **67**, [1945], 416). — *Heptin-(3)-on-(2)*, $C_7H_{10}O$, a) vgl. Theus u. Mitarbeiter (C. **1955**, 5519); b) durch Oxydation von **VII** (s. unten) mit Pb-Tetraacetat in

Benzol *2.4 Dinitrophenylhydrazon*, F. 95°. *Semicarbazon*, F. 123—124°. — *Octin-(3)-on-(2)*, a) vgl. Bowden u. Heilbronn (J. [London] chem. Soc. **1946**, 39, 945); b) durch Oxydation von **X** (s. unten) mit Pb-Tetraacetat in Benzol. — *Nonin-(3)-on-(2)*, vgl. Kroeger u. Nieuwvland [1936]. — *4-Phenylbutin-(3)-on-(2)*, analog dem Heptinon. — *Penten-(3)-on-(2)* (**IV**), C_5H_8O, Kp. 122°; $D._4^{20}$ 0,860, n_D^{20} 7,4335; 45% (Ausbeute). *2.4-Dinitrophenylhydrazon*, F. 158° (A.). *Semicarbazon*, F. 143°. — *4.5-Dimethylocta-diin-(2.6)-diol-(4.5)*, $C_{10}H_{14}O_2$, Kp.$_{14}$ 130°, F. 62°, neben **IV**; n_D^{20} 1,473. — *4.5-Dimethyl-octandiol-(4.5)*, F. 95°, durch Hydrierung vorst. Verb. an Raney-Ni. — *cis-Hepten-(3)-on-(2)* (**V**), $C_7H_{12}O$, Kp.$_{14}$ 44—46°, durch Red. von Heptin-(3)-on-(2) an Lindlar-Pd; $D._4^{19}$ 0,832, n_D^{19} 1,422. *2.4-Dinitrophenylhydrazon*, F. 68—69°; daneben *trans-Isomeres* (**VI**; $C_7H_{12}O$, Kp.$_{14}$ 58°; $D._4^{19}$ 0,854, n^{19} 1,443. *2.4-Dinitrophenylhydrazon*, F. 124—125°) u. *6.7-Dimethyldodecadiin-(4.8)-diol-(6.7)* (**VII**), $C_{14}H_{22}O_2$, Kp.$_{0,1}$ 95—98°; n_D^{20} 1,471; 8%. — *Heptanon-(2)*, Kp. 151°, durch Hydrierung von **V** oder **VI** an Raney-Ni. *2.4-Dinitrophenylhydrazon*, F. 89°. *Semicarbazon*, F. 127°. — *cis-Octen-(3)-on-(2)* (**VIII**), $C_8H_{14}O$, Kp.$_{14}$ 56—58°; n_D^{20} 7,4420. *2.4-Dinitrophenylhydrazon*, F. 94° (A.); daneben *trans-Isomeres* [**IX**; $C_8H_{14}O$, Kp.$_{14}$ 68—70°; n_D^{20} 1,4471. *2.4-Dinitrophenylhydrazon*, F. 94° (A.)] u. *7.8-Dimethyltetradecadiin-(5.9)-diol-(7.8)* (**X**), $C_{16}H_{26}O_2$, Kp.$_{0,1}$ 105—115°; $D._4^{20}$ 0,91, n_D^{20} 1,475; 12%. — *Octanon-(2)*, durch Hydrierung von **VIII** oder **IX**. *2.4-Dinitrophenylhydrazon*, F. 58°. — *7.8-Dimethyltetradecandiol-(7.8)*, durch Hydrierung von **X**; kristallisiert nicht. — *1-Phenylbutanon-(3)*, $C_{10}H_{12}O$, Kp.$_{14}$ 116—117°, durch 15std. Red. von 1-Phenylbutin-(1)-on-(3) mit Zn u. Essigsäure; n_D^{18} 1,5145; 12%. *Oxim*, F. 86°. *Semicarbazon*, F. 142°; daneben *4.5-Diphenyloctandion-(2.7)*, $C_{20}H_{22}O_2$, F. 160—161°.
Gottfried Schreiber. 710◇

Über die Produkte der Behandlung von Polyuroniden im Autoklaven. 5. Mitt. **Die Synthese von 2-Ketoglutaraldehyd.** 1. Mitt. Kiyoshi Asō, Hiroshi Sugisawa und Toshio Iso. (J. agric. chem. Soc. Japan [Nippon Nôgeikagaku Kaishi] **29**, 985—87, Dez. 1955; Sendai, Tohoku Univ., Fac. of Agricult., Dep. of Agricult. Chem.; jap., Auszug: engl.) — *2.5-Diäthoxydihydrofurfuroldiäthylacetal* (**I**) wird aus Furfurol, Br_2 u. A. bei niedriger Temp. dargestellt. Bei Verw. von Raney-Ni bei 25° wird **I** zu *2.5-Diäthoxytetrahydrofurfuroldiäthylacetal* (**II**) hydriert. Bei Hydrierung an Raney-Ni bei 100°, in Abwesenheit von Lsgm., entsteht ein Prod. der Zus. $C_5H_8O_2$, wahrscheinlich ein *Carbonyl*-Derivat. Das *Trisemicarbazon* des *2-Ketoglutaraldehyds* (**III**) wird durch Hydrolyse von **II** u. Rk. mit Semicarbazid erhalten. **III** wird als Zwischenstufe bei der Bldg. von 2-Methyl-3.8-dihydroxychromon u. Cyclopentanon-(1)-diol-(2.3) aus Alginsäure oder Mannuronsäurelacton im Autoklaven angesehen.

Versuche: *2.5-Diäthoxydihydrofurfuroldiäthylacetal* (**I**), $C_{13}H_{24}O_5$, Kp.$_{15}$ 130—135°, durch Zutropfen von Br_2 in A. zu 0,5 Mol Furfurol in Ae./A. bei —18°; n_D^{28} 1,4344; 51 g (Ausbeute). — *2.5-Diäthoxytetrahydrofurfuroldiäthylacetal* (**II**), $C_{13}H_{26}O_5$, Kp.$_{15}$ 140—143°, durch Hydrieren von 50 g **I** in A. bei 25° u. 120 atm an Raney-Ni; n_D^{28} 1,4300; 40 g. — *Verb.* $C_5H_8O_2$, Kp.$_{15}$ 115—120°, analog **II** bei 100° u. ohne Lösungsmittel. — *2-Ketoglutaraldehyd* (**III**), *Trisemicarbazon*, $C_8H_{15}N_9O_3$, F. 245—248° (Zers.), durch Hydrolyse von **II** in 0,1n HCl u. Rk. mit K-Acetat u. Semicarbazid. U. Baumann. 740

Isolierung von Acetamidin. Mansel Davies und A. E. Parsons. (Chem. and Ind. **1958**, 628—29, 24/5.; Aberystwyth, Univ., Coll. of Wales, Edward Davies Chem. Labors.; engl.) — Durch Versetzen einer kalt gesätt. Lsg. von Acetamidinhydrochlorid (**I**) mit überschüssiger kalter, fast gesätt. Na_2CO_3-Lsg. entsteht ein Öl, das nach dem Trocknen u. tagelangem Stehen bei —40° zu einem glasigen Körper erstarrt u. auf Grund des IR-Spektrums als *Acetamidin* (**II**) identifiziert wird. **II** ist bei Raum-Temp. instabil u. hydrolysiert schnell zu *Acetamid* u. NH_3 u. gibt durch Einleiten von trockenem HCl in die alkohol. Lsg. **I**. Die Molgew-Best. in Formamid ergab 51 ± 1, gegenüber dem erwarteten Wert von 58, was auf eine geringe Hydrolyse durch Spuren von W. in der Formamid-Lsg. zurückzuführen ist. Dietrich Jahnke. 810△

Synthese von Octadecadien-(9.12)-säure-(1). I. K. Ssarytschewa, G. I. Mjagkowa und N. A. Preobrashenski. (J. allg. Chem. [UdSSR] **29** (91), 2318—23, Juli 1959; Moskau, Lomonossow-Inst. für chem. Feintechnol.; russ.) — Es wird die Synth. von *Linolsäure* aus Önanthol u. Undecen-(10)-säure-(1) (**I**) beschrieben.

Versuche: *10.11-Dibromundecansäure-(1)*, Kp.$_{0,5}$ 192,4—194°, F. 38,6—39,9° (PAe.), durch Bromieren von 23 g **I** in 70 ml Chlf. mit 20,2 g Br_2 (2 Std., 0°); 77,5% (Ausbeute). — *Undecin-(10)-säure-(1)*, $C_{11}H_{18}O_2$, Kp.$_3$ 165,5—167°, Kp.$_{0,5}$ 155—159,6°, F. 42,5—43,8°, durch 1std. Erhitzen von 33,3 g vorst. Verb., 16,2 g KOH u. 150 ml A. im Autoklaven auf 145—150°; 79,7%. *Methylester*, $C_{12}H_{20}O_2$, Kp.$_3$ 109,5—111,5°; $D._4^{20}$ 0,9237; n_D^{20} 1,4501; 91,2%. — *1.1-Diphenylundecin-(10)-ol-(1)*, Kp.$_{0,3}$ 142,5—144,8°, aus vorst. Methylester u. Phenyl-MgBr; 74,6%. — *1.1-Diphenylundecen-(1)-in-(10)*, $C_{23}H_{26}$, Kp.$_{0,4}$ 169,5 bis 173°, durch 6std. Kochen vorst. Verb. in Toluol in Ggw. von wenig Jod; $D._4^{20}$ 1,1090; n_D^{20} 1,5620; 93,7%. — *Decin-(9)-säure-(1)* (II), $C_{10}H_{16}O_2$, $Kp._{0,5}$ 109,2—112°, $Kp._{2,0}$ 100 bis 104,6°, man gibt zu 14,9 g vorst. Verb. in 250 ml Eisessig bei 55—60° in 2 Std. tropfenweise 10,35 g CrO_3 in 10 ml W., rührt 8 Std. bei 90°, dampft ein u. erhitzt den Rückstand mit 240 ml H_2SO_4 (D. 1,1) 1 Std. lang auf dem sd. Wasserbad; $D._4^{20}$ 0,9993; n_D^{20} 1,4778; 58,7%. *Methylester*, $C_{11}H_{18}O_2$, $Kp._{0,5}$ 89—93,8°, $Kp._2$ 126,5—128,5°; $D._4^{20}$ 1,047; n_D^{20} 1,5143; 89,3%. — *1.1-Dichlorheptan*, $C_7H_{14}Cl_2$, $Kp._{10}$ 70,5—73,4°, durch Chlorieren von Önanthaldehyd mit PCl_5 (4 Std., 20°); $D._4^{20}$ 1,024; n_D^{20} 1,4478; 68,9%. — *Heptin-(1)*, C_7H_{12}, $Kp._{759}$ 97,3—98,9°, durch Erhitzen vorst. Verb. mit KOH auf 200°; $D._4^{20}$ 0,1485; n_D^{20} 1,4179; 45,3%. Daneben *Heptin-(2)* (Kp. 111—113,4°; $D._4^{20}$ 0,7504; n_D^{20} 7,4189; 19,3%) u. *Heptin-(3)* (Kp. 105,3—106,2°; $D._4^{20}$ 0,7492; n_D^{20} 1,4176; 10,4%). — *Octin-(2)-ol-(1)*, $C_8H_{14}O$, $Kp._{18}$ 100,3—104,5°, man gibt zu Äthyl–MgBr (3,06 g Mg, 13,71 g Äthylbromid, 50 ml Ae.) bei —5° 6,02 g Heptin-(1) in 50 ml Ae., kocht 2 Std. u. leitet bei —5° bis 0° in 4 Std. Formaldehyd (aus 11,34 g Paraformaldehyd) ein; $D._4^{20}$ 0,8923; n_D^{20} 1,4555; $D._4^{20}$ 0,8923; 59,4%. — *1-Bromoctin-(2)*, $C_8H_{13}Br$, $Kp._{4,5}$ 69—71,9°, durch 2std. Kochen vorst. Verb. mit PA_3 in Ae.; $D._4^{20}$ 1,2100; n_D^{20} 1,4863; 47,5%. — *Octadecadiin-(9.12)-säure-(1)* (III), *Methylester*, $C_{19}H_{30}O_2$, $Kp._{0,5}$ 159—161°, F. 12,8—13,3°, man kocht 4,71 g II-Methylester u. Äthyl–MgBr (0,43 g Mg, 1,93 g Äthylbromid, 60 ml Ae.) 1 Std. lang, kocht 1/4 Std. lang nach Zusatz von 0,25 g Cu_2Cl_2, gibt in 1/4 Std. tropfenweise 3,34 g vorst. Verb. in 50 ml Ae. zu, kocht 2 Std. lang, dampft ein u. kocht den Rückstand in 60 ml Toluol 15 Std. lang; $D._4^{25}$ 0,9620; n_D^{25} 1,4899; 14,7%. — *Linolsäure*, $C_{18}H_{32}O_2$, $Kp._{0,5}$ 160—164°, durch Verseifen des Methylesters mit methanol. KOH; $D._4^{20}$ 0,9118; n_D^{20} 1,4718; 80,5%. *Methylester*, $C_{19}H_{34}O_2$, $Kp._{0,9}$ 169—171,5°, durch Hydrierung von 0,75 g III-Methylester in 15 ml abs. A.–Bzl. (1:3) an Pd (6 Std. lang, 20°); $D._4^{20}$ 0,9012; n_D^{20} 1,4675; 83,6%. — *9.10.12.13-Tetrabromoctadecansäure-(1)*, $C_{18}H_{32}Br_4O_2$, F. 113 bis 114° (PAe.), aus Linolsäure. Helmut Schäfer. 810△

Amidoximierung von Dinitrilen der Adipin- und Sebacinsäure. Je. N. Silberman und N. A. Rybakowa. (J. allg. Chem. [UdSSR] **29 (91)**, 3347—50, 1959; russ.) — Adipin- (I) u. Sebacinsäuredinitril (II) geben mit $NH_2OH \cdot HCl$ in Alkali nur unreine *Amidoxime*, mit freiem NH_2OH (III) in n-Butanol werden je nach Temp. u. angewendeter Menge NH_2OH in guter Ausbeute die entsprechenden *Mono-* oder *Diamidoxime* erhalten. Die zweite Nitrilgruppe reagiert wesentlich schlechter als die erste, wahrscheinlich infolge Ausbildung einer Bindung zwischen dem N der Nitrilgruppe u. einem akt. H-Atom des gleichen Moleküls. Die IR-Spektren der erhaltenen Verbb. werden aufgenommen.

Versuche: *Sebacinsäuredinitril* (II), $Kp._5$ 181°, durch Überleiten von NH_3 über 404 g Sebacinsäure u. 15 g H_3PO_4 bei 200—320°; $D._4^{20}$ 0,913; n_D^{20} 1,4479; 80%. — *Hydroxylamin* (III), durch Einleiten von NH_3 in 20 g $NH_2OH \cdot HCl$ in 300 ml n-Butanol bei 50—65°, Abkühlen u. Filtrieren; 75%. — *δ-Cyanvaleriansäureamidoxim*, $C_6H_{11}N_3O$, F. 89—91°, durch 16—18std. Erhitzen von 10,8 g **I** u. 3,6 g **III** in 300 ml n-Butanol auf 50° u. Eindampfen; 76%. — *Adipinsäure-bis-amidoxim*, $C_6H_{14}N_4O_2$, F. 168—170° (Zers.), analog vorst. Verb. mit der doppelten Menge **III** bei 70°; 47%. Daneben 46,7% vorst. Verbindung. — *ω-Cyanpelargonsäureamidoxim*, $C_{10}H_{19}N_3O$, F. 71°. — *Sebacinsäure-bis-amidoxim*, $C_{10}H_{22}N_4O_2$, F. 152° (Zers.) Ilse Hartmann. 820□

Über das 3-Acetoxybutanolid (β-Acetoxy-γ-butyrolacton). Suzanne Ducher. (C. R. hebd. Séances Acad. Sci. **254**, 2167—63, 19/3. 1962; Dakar, Senegal, Fac. Sci.; franz.) — Acetylierung von *β-Hydroxy-γ-butyrolacton* (I) mit Acetanhydrid u. einer Spur H_2SO_4 liefert *β-Acetoxy-γ-butyrolacton* (II) u. als Nebenprod. *Δ^2-Butenolid* (III), das je nach Extraktionsdauer in wss. Phase in wechselnden Mengen entsteht durch 1. Desacetylierung oder 2. Hydrolyse mit anschließender Wasserabspaltung. Aus dem Dest.-Rückstand konnte in manchen Fällen *trans-γ-Acetoxycrotonsäure* isoliert werden. Desacetylierung von **II** liefert **III**. Mit $N_2H_4 \cdot H_2O$ erhält man aus **II** das *2-Hydrazino-2.4-dihydroxytetrahydrofuran.* Ohne Säure geht **II** keine Alkoholyse ein, mit einer Spur Säure erhält man **I**, neben einer neutralen farblosen Fl., die mit 2.4-Dinitrophenylhydrazin *4-Oxobuttersäureäthylester-2.4-dinitrophenylhydrazon* u. mit trockenem NH_3 *3.4-Dihydroxybuttersäureamid* liefert.

Versuche: *β-Acetoxy-γ-butyrolacton* (II), $C_6H_8O_4$, $Kp._2$ 113—114°; $D._4^{20}$ 1,246; n_D^{20} 1,449; aus **I** mit Acetanhydrid u. wenig H_2SO_4; 70% (Ausbeute). — *Δ^2-Butenolid* (III), $C_4H_4O_2$, a) neben vorst. Verb.; 6—18%; b) durch Desacetylierung von **II** an SiO_2; 80%. — *trans-γ-Acetoxycrotonsäure*, $C_6H_8O_4$, aus dem Dest.-Rückstand von **II** u. **III**. — *3-Hydroxybutyrolacton* (I), durch Hydrolyse von **II** mit verd. HCl; 75%. — *2-Hydrazino-2.4-dihydroxytetrahydrofuran*, $C_4H_{10}O_3N_2$, F. 111,5° (Äthylacetat), aus **II** u. $N_2H_4 \cdot H_2O$. — *4-Oxobuttersäureäthylester-2.4-dinitrophenylhydrazon*, aus der sauren Alkoholyse-Lsg. von **II** mit 2.4-Dinitrophenylhydrazin. — *3.4-Dihydroxybuttersäureamid*, mit trockenem NH_3 aus einem farblosen Öl, das bei der sauren **II**-Alkoholyse anfiel. W. A. Schäfer. 850◇

Ketostearinsäurevinylester. Darstellung, Eigenschaften, IR-Spektren und Analyse von 4- und 12-Ketostearinsäureestern. Roberto Calderon, H. P. Dupuy, E. R. McCall, R. T. O'Connor und L. A. Goldblatt. (J. Amer. Oil Chemists' Soc. **37**, 132—36, März 1960; New Orleans, La., Southern Reg. Res. Labor.; engl.) — *4-* u. *12-Ketostearinsäurevinylester* (I) wurden aus den Ketostearinsäuren entweder durch Vinylierung mit Acetylen in Ggw. von Zn-Salzen oder durch Pk. mit Vinylacetat in Ggw. von $HgSO_4$ dargestellt. Die IR-Spektren aller Verbb. wurden in CCl_4 bestimmt. Sie zeigten, daß bei 4-Ketostearinsäure während der Hydrierung des Oiticicaöls u. während der Vinylierung schnell Lactonisierung zu *4-Tetradecyl-Δ^2-butenolid-(4.1)* u. langsam zum weniger stabilen *4-Tetradecyl-Δ^3-butenolid-(4.1)* eintritt.

Versuche: *12-Ketostearinsäuremethylester*, $C_{19}H_{36}O_3$, F. 45,3—46° (Methanol bei 5°), durch Zugabe einer Lsg. von 92 g Chromsäure in W. u. Eisessig unter Rühren zur Lsg. von 314 g gereinigtem 12-Hydroxystearinsäuremethylester (Kp.$_{0,3}$ 191°; F. 54,5—55,4°) in Eisessig bei 30—32° im Laufe von 2 Std., $1^1/_2$std. Stehen bei 35—40°, Gießen in W. u. mehrstd. Stehen, wiederholtes 10 Min. langes Kochen der Esterschicht mit 6n Salzsäure; n_D^{50} 1.4391; 220 g (Ausbeute). — *12-Ketostearinsäure* (II), $C_{18}H_{34}O_3$, F. 82—82,5° (Aceton), durch 1std. Kochen von 220 g vorst. Verb. mit alkohol. KOH u. Eingießen der warmen Lsg. in 1,5n Salzsäure; 159 g. — *12-Ketostearinsäurevinylester* (I), $C_{20}H_{36}O_3$, F. 48,2—48,8° (Aceton bei 5° in Ggw. von 0,02% Hydrochinon u. PAe. bei —5°), durch Erhitzen von 298 g II u. 516 g Vinylacetat unter Rühren auf 70° in Ggw. von Hg-Acetat, H_2SO_4 u. dem Cu-Salz der Harzsäure, 48std. Stehen bei 38—42°, Zugabe von Na-Acetat u. 15 Min. langes Rühren, Lösen des Gemisches in Ae., Extrahieren der Lsg. mit 10%ig. K_2CO_3-Lsg., Entfernen des Ae. u. Dest. unter hohem Vakuum, Lösen der Fraktion vom Kp.$_{0,3}$ 175—200° in Ae., Extrahieren mit K_2CO_3-Lsg. u. Abdampfen des Ae.; n_D^{50} 1,4457; 150 g. — *4-Ketostearinsäuremethylester*, $C_{19}H_{36}O_3$, F. 47,3—48° (PAe. u. Methanol bei 5°), durch 24std. Hydrieren von 1 kg brasilian. Oiticicaöl in Ggw. von Ni-Katalysator bei 30 lbs./sq.in. u. 150°, Absaugen des heißen Öls, 2std. Verestern mit Methanol in Ggw. von 1% Na-Methylat bei 70°, Eingießen des warmen Esters in 1n Salzsäure, Fraktionieren der Esterschicht im Vakuum, Lösen der Fraktion vom Kp.$_{0,5}$ 170—180° in Aceton, Filtrieren u. Abdampfen des Lsgm. im Vakuum; n_D^{50} 1,4391. — *4-Ketostearinsäure*, $C_{18}H_{34}O_3$, F. 96,5—97,1°, durch Verseifen vorst. Verb. u. Aufarbeiten wie bei II. — *4-Ketostearinsäurevinylester*, $C_{20}H_{36}O_3$, F. 53,6—54,2°, durch Vinylieren vorst. Verb. wie bei I; n_D^{60} 1,4411. — *4-Tetradecyl-Δ^2-butenolid-(4.1)*, $C_{18}H_{32}O_2$, F. 48,5—49,3° (Aceton bei —5°), durch 4std. Kochen vorvorst. Verb. in Dioxan in Ggw. von H_2SO_4, Eingießen in Ae., Extrahieren mit 10%ig. wss. K_2CO_3-Lsg., Abdampfen des Ae. im Vakuum; n_D^{50} 1,4487. D. Freytag. 870◇

Darstellung tertiärer Aminoxide durch Ozonisierung. Allison Maggiolo und Sigismund J. Niegowski. (Advances Chem. Ser. Nr. **21**, 202—04, März 1959; Philadelphia, Pa., Welsbach Corp.; engl.) — Unsymm. tert. Amine u. solche mit hohem Molgew. lassen sich durch Ozonisierung in Methanol in die entsprechenden *Aminoxide* überführen. Folgende Verbb. werden dargestellt: *N-Äthylpiperidin-N-oxid, Pikrat*, $C_7H_{15}NO \cdot C_6H_3N_3O_7$, F. 147—149°; 57,5% (Ausbeute). — *Tributylaminoxid*, F. 110 bis 111°; 57,1%. — *Trihexylaminoxid*, F. 34—36°; 23,2%. — *Triheptylaminoxid*, F. 44 bis 46°; 48,2%. P. Golinske. 910◇

Notiz über einige neue Dialkylnitrosamine. Rudolf Preussmann. (Chem. Ber. **95**, 1571—72, 15/6. 1962; Freiburg, Chirurg. Univ.-Klinik, Labor.; dt.) — 9 neue *Nitrosamine* werden beschrieben u. sollen auf mögliche carcinogene Eigg. geprüft werden. UV-Maxima sind angegeben.

Versuche: Durch Nitrosierung der entsprechenden Amine in salzsaurer Lsg. mit $NaNO_2$, 2—4std. Erwärmen auf 60°, Ausschütteln mit Methylenchlorid u. Dest.; 60—85% (Ausbeute): *N-Nitrosoäthyl-n-butylamin*, $C_6H_{14}N_2O$, Kp.$_{14}$ 94—96°. — *N-Nitroso-n-propyl-n-butylamin*, $C_7H_{16} \cdot N_2O$, Kp.$_{13}$ 103°. *N-Nitrosoäthyl-tert.-butylamin*, $C_6H_{14}N_2O$, Kp.$_{17}$ 83—84°. — *N-Nitrosodiallylamin*, $C_6H_{10}N_2O$, Kp.$_{20}$ 92°. — *N-Nitrosoäthyläthanolamin*, $C_4H_{10}N_2O$,Kp.$_3$ 103—105°. — *N-Nitrosodiäthanolamin* (I), $C_4H_{10}N_2O_3$, nicht destillierbares, gelbes Öl, durch Chromatographie an Al_2O_3. — *N-Nitrosoäthyl-[2-chloräthyl]-amin* (II), $C_4H_9ClN_2O$, nicht destillierbares, gelbes Öl. — *N-Nitroso-bis-[acetoxyäthyl]-amin*, $C_8H_{14}N_2O_5$, aus I durch 1std. Erhitzen mit Acetanhydrid auf 100° u. Chromatographie an Al_2O_3. — *N-Nitrosoäthylvinylamin*, $C_4H_8N_2O$, Kp.$_{43}$ 61—63°, aus II durch 12std. Stehen mit methanol. KOH bei 0—5° u. Zimmertemperatur. — *N-Nitrosodivinylamin*, Kp.$_{20}$ 88° (Zers.), aus N-Nitroso-bis-[2-chloräthyl]-amin analog vorst. Verb.; bei Zimmer-Temp. sehr zersetzlich.

R. Preußmann. 910□

Darstellung der Äthylester der β-Phenyl-β-(β'-phenyläthylimino)-propionsäure und der β-Methyl-β-[β'-phenyläthylimino]-propionsäure. Stanislaw Biniecki und

Cecylia Gmernicka-Haftek. (Acta polon. pharmac. **17**, 185—89, 1960; Warszawa, Inst. Leków, Zakl. Nowych Leków; pol.) — Während die Kondens. von Benzoylessigsäureäthylester (I) u. Acetessigsäureäthylester (II) mit β-Phenyläthylamin (III) zu *β-Phenyl* (bzw. *Methyl*)-*β-[β'-phenyläthylimino]-propionsäureäthylester* führt, verläuftdie Rk. von Phenylbrenztraubensäureäthylester (IV) mit III zu *2-Keto-3-phenyl-4-phenyläthylcarbamyl-4-hydroxy-5-phenylvaleriansäureäthylester* (V). V wird mit 3.5-Dinitrobenzoylchlorid nicht acyliert. Beim Erhitzen auf 100° im Vakuum geht V in das *Lacton* über. Die katalyt. Hydrierung der Iminogruppe in den dargestellten Estern an PtO_2 nach Adams gelingt nicht.

Versuede: *2-Keto-3-phenyl-4-phenyläthylcarbamyl-4-hydroxy-5-phenylvaleriansäureäthylester* (V), $C_{28}H_{29}NO_5$, F. 139—141°, durch Rk. von 2 g IV mit 1,3 g III in abs. A.; aus A. Nadeln; 2,12 g (Ausbeute). — *β-Phenyl-β-[β'-phenyläthylimino]-propionsäureäthylester, Hydrat,* $C_{19}H_{21}NO_2 \cdot H_2O$, F. 49,5—50,5°, aus 8 g I u. 5 g III in abs. A. unter Eiskühlung; aus Ae. Nadeln; 10,3 g. — *β-Methyl-β-[β'-phenyläthylimino]-propionsäureäthylester,* $C_{14}H_{19}NO_2$, Kp.$_7$ 170—171°, durch 5std. Kochen von 7,7 g II u. 7,2 g III in abs. A. unter Feuchtigkeitsausschluß; 10,7 g. F. Urban. 950□

Darstellung von Dodecylamin und 6-Aminohexansäure aus Petroselinsäure. R. L. Holmes, J. P. Moreau und R. T. O'Connor. (J. Amer. Oil Chemists' Soc. **39**, 411—14, 1962; New Orleans, La., Southern Reg. Res. Labor.; engl.) — Dargestellt werden *Dodecylamin* u. *6-Aminohexansäure* (I) durch Ozonisierung von Petroselinsäure [cis-Octadecen-(6)-säure], Red. der Ozonide zu *Laurinaldehyd* u. *Adipinaldehydsäure* mit Zn/Essigsäure, Oxim-Bldg. u. katalyt. Hydrierung der *Oxime* mit Raney-Ni in Ggw. von NH_3. Die IR-Spektren von I, Laurinaldehydoxim (III) u. Adipinaldehydsäureoxim (II) werden wiedergegeben u. diskutiert.

Versuche: *Petroselinsäure,* aus Petersilienöl nach Fore u. Mitarbeitern (C. **1962**, 12261); 96% (Ausbeute). — *Adipinaldehydsäureoxim* (II), F. 166,6°, durch Ozonisierung vorst. Verb. in CH_3OH bei —10°, Red. des Ozonids mit Zn/Eisessig bei 10—15°, Zugabe von Hydroxylaminhydrochlorid u. Na-Acetat in W. zur methanol. Lsg., 2std. Rühren, mehrstd. Stehen bei Raum-Temp., Eindampfen im Vakuum bei $< 50°$, Zugabe von W. u. Ae., Alkalisieren mit 50%ig. NaOH, Verteilen zwischen W. u. Ae., Ansäuern der wss. Phase u. Ausäthern; daneben durch Eindampfen der äther. Lsg. *Laurinaldehydoxim* (III; F. 76,6°). — *6-Aminohexansäure* (I), F. 200—203°, durch 4std. Hydrieren von II in A. bei 1000 lbs./sq.in. u. 95—105° in Ggw. von Raney-Ni u. fl. NH_3, Behandeln des erhaltenen *Ammoniumsalzes* mit Dowex-50 (H-Form), Eluieren mit verd. NH_4OH, Absorption an Dowex-1 (OH-Form), Eluieren mit verd. HCl u. Chromatographie des *Hydrochlorids* an IR-4B-Harz; R_F 0,62 (Butanol/Essigsäure/W.; 25 : 6 : 25); 44%. — *Dodecylamin,* durch Hydrieren von III u. Reinigen über das Hydrochlorid; 48%. H. Brämer. 950◇

Chemie des Diborans. B. M. Michailow. (Fortschr. Chem. [UdSSR] **31**, 417—51, April 1962; Zelinsky-Inst. für org. Chem. der Akad. der Wiss. der UdSSR; russ.) — Allg. Überblick über Synth. u. Eigg. von *Diboran* u. seine Verw. zur Darst. organ. Verbindungen. — 238 Literaturangaben. G. Froelich. 980◇

Methyl- und Vinylacetylenylboronsäureester. W. Ss. Sawgorodni und A. A. Petrow. (J. allg. Chem. [UdSSR] **31** (**93**), 2433—34, 1961; Leningrad, Technol. Lensowjet-Inst.; russ.) — Durch Rk. von Methylacetylenyl-MgBr u. Vinylacetylenyl-MgBr mit Tri-n-butylborat bei —40° wurden *Methylacetylenylboronsäuredi-n-butylester* ($C_{11}H_{21}BO_2$, Kp.$_{10}$ 103°; D.$_4^{20}$ 0,8582; n_D^{20} 1,4212) u. *Vinylacetylenylboronsäuredi-n-butylester* ($C_{12}H_{21}BO_2$, Kp.$_{10}$ 109—110°; D.$_4^{20}$ 0,8614; n_D^{20} 1,4370) dargestellt. Die Verbb. gingen bei der Einw. von Äthyl-Li bei —70° in *Äthylboronsäuredi-n-butylester* ($C_{10}H_{23}BO_2$, Kp.$_{10}$ 77—78°; D.$_4^{20}$ 0,8331; n_D^{20} 1,4140) über. Helmut Schäfer. 980△

Gemischte Anhydride aus Carbonsäuren und sauren Estern der Phosphor- und Methylphosphonsäure. Eine neue Methode zur Darstellung von Pyrophosphaten. K. A. Petrow und A. A. Neimyschewa. (J. allg. Chem. [UdSSR] **29** (**91**), 1822—26, 1959; russ.) — Durch Rk. von Ag-Salzen von Carbonsäuren mit Dialkylchlorphosphaten oder Alkylchlorphosphonaten in abs. Ae. werden *Dialkylacylphosphate* (*Dialkylphosphorsäureessigsäureanhydride*) u. *Alkylacylphosphonate* dargestellt. Die Dialkylacylphosphate werden beim Erhitzen quant. unter Bldg. von *Pyrophosphaten* u. *Carbonsäureanhydriden* zersetzt. *Pyrophosphate* u. *Pyrophosphonate* werden auch direkt aus Phosphorsäureester- bzw. Methylphosphonsäureesterchloriden u. Ag-Acetat in abs. Bzl. durch Erwärmen erhalten. Die Rk. von Ag- bzw. Pb-Carbonat mit Diäthylchlorphosphat führt in guter Ausbeute zu *Tetraäthylpyrophosphat.*

Versuche: Durch tropfenweise Zugabe von 0,1 Mol Dialkylchlorphosphat bzw. Alkylphosphonsäureesterchlorid zu 0,11 Mol Ag-Salz in 50 ml abs. Ae., Rühren bei 35—40° bis zur negativen Cl^--Rk., Filtrieren u. Eindampfen im Vakuum in quant.

Ausbeute: *Dimethylacetylphosphat*, $D._0^{20}$ 1,2990; n_D^{28} 1,4070. — *Diäthylacetylphosphat*, $D._0^{21}$ 1,1678; n_D^{17} 1,4117. — *Methylacetylphosphonsäure, Methylester*, $D._0^{14}$ 1,2618; n_D^{14} 1,4212. *Isopropylester*, $D._0^{20}$ 1,3120; n_D^{20} 1,4566. — *Diäthyltrifluoacetylphosphat*, $C_6H_{10}F_3O_5P$; $D._0^{17,5}$ 1,3074; n_D^{19} 1,3750. — *Diäthylbenzoylphosphat*, $D._0^{16}$ 1,1900; n_D^{16} 1,4910. — *N.N-Dimethylacetamid*, C_4H_9NO, $Kp._{24}$ 77—79°, durch Rühren von Tetramethyldiamidophosphorsäurechlorid mit Ag-Acetat in abs. Bzl. bei 100°; 74,6% (Ausbeute). — Pyrophosphate: Durch 6—8std. Rühren von 0,1 Mol Phosphorsäureesterchlorid mit 0,13 Mol Ag-Acetat in 100 ml abs. Bzl. auf dem sd. Wasserbad, Filtrieren u. fraktionierte Dest.: *Tetraäthyl-*, $Kp._3$ 144—145°; $D._0^{0}$ 1,2110; n_D^{18} 1,4225; 90%. — *Tetraisopropyl-*, $Kp._{2,5}$ 140—141°, Zers. bei 190°; $D._0^{25}$ 1,0850; $n_D^{20,5}$ 1,4200; 54%. — *symm.-Tetraäthyldiamidodiäthyl-*, $Kp._2$ 153—153,5° (Zers.); $D._0^{18}$ 1,2102; n_D^{18} 1,4402; 38%. — Analog vorst. Verbb.: *Dimethylpyrophosphonsäure, Dimethylester*, $Kp._4$ 137,5 bis 138°; $D._0^{17}$ 1,3178; n_D^{17} 1,4370. *Di-n-propylester*, $Kp._2$ 143—144°; $D._0^{18}$ 1,2212; n_D^{18} 1,4340; 73%. G. Nikolajewski. 980◇

(±)-1-p-Hydroxyphenylbutanol-(3) und einige Derivate. Durgeswari Prasad und D. N. Chaudhury. (J. Indian chem. Soc. **39**, 735—36, Okt. 1962; Muzaffarpur, Bihar Univ., L.S. Coll., Chem. Labor.; engl.) — Durch Kondens. von p-Hydroxybenzaldehyd (**I**) mit Acetessigsäureäthylester (**II**) in Ggw. von Piperidin u. katalyt. Hydrierung des *α-p-Hydroxybenzylidenacetessigsäureäthylesters* wird *α-p-Hydroxybenzylacetessigsäureäthylester* dargestellt. Durch Ketonspaltung dieser Verb. wird *1-p-Hydroxyphenylbutanen-(3)* erhalten, das durch $NaBH_4$-Red. in (±)-*1-p-Hydroxyphenylbutanol-(3)* (**III**) übergeführt wird. Verss., **III** über das Menthoxyacetat oder nach der Hydrogenphthalat-Meth. in die Antipoden zu trennen, waren vergeblich.

Versuche: *α-p-Hydroxybenzylidenacetessigsäureäthylester*, $C_{13}H_{14}O_4$, F. 140° (wss. Methanol), durch 2std. Erwärmen von 10 g **I**, **II** u. Piperidin in A. auf 70° u. Stehen im Eisschrank über Nacht; 8,1 g (Ausbeute). — *α-p-Hydroxybenzylacetessigsäureäthylester*, $Kp._{2,5}$ 225—230°, durch Hydrieren vorst. Esters in Methanol über 1%ig. Pd/Kohle; ca. 100% (charakterisiert als *4-p-Hydroxybenzyl-3-methyl-1-phenylpyrazolon-(5)*, $C_{17}H_{16}N_2O_2$, F. 210°, durch 2std. Kochen vorst. Esters mit Phenylhydrazinhydrochlorid u. Na-Acetat in A.; aus verd. A. prismat. Nadeln). — *1-p-Hydroxyphenylbutanon-(3)*, $C_{10}H_{12}O_2$, F. 82,5°, durch 24std. Stehen von 10 g vorvorst. Esters in 5%ig. NaOH bei Raum-Temp., Zusetzen von 50%ig. H_2SO_4, 8std. Kochen u. Extraktion mit Ae.; aus wss. A. Nadeln; 5,2 g. *2.4-Dinitrophenylhydrazon*, $C_{16}H_{16}N_4O_5$, F. 145°; aus A. rote Nadeln. *p-Nitrobenzoat*, $C_{17}H_{15}NO_5$, F. 105°; aus verd. A. Prismen. — (±)-*1-p-Hydroxyphenylbutanol-(3)* (**III**), $C_{10}H_{14}O_2$, F. 72°, durch 2std. Erwärmen von 1 g vorst. Ketons mit 1n NaOH u. $NaBH_4$ in W. auf 60—70°, Ansäuern mit verd. HCl u. Stehen im Eisschrank, Lösen des Prod. (F. 60°; braun) in sd. PAe./Essigsäureäthylester u. mehrtägiges Stehen im Eisschrank; Prismen; 0,3 g. *Di-p-Nitrobenzoat*, $C_{24}H_{20}N_2O_3$, F. 145°, durch Erwärmen von **III** in Pyridin mit p-Nitrobenzoylchlorid (**IV**), Stehen über Nacht u. Gießen in W.; aus A. prismat. Nadeln. *1-p-Benzoat*, $C_{17}H_{18}O_3$, F. 68,5°, durch Schütteln von **III** in Aceton mit C_6H_5COCl in Ggw. von NaOH; aus PAe. Platten. *1-p-[p-Nitrobenzoat]*, $C_{17}H_{17}NO_5$, F. 100°, aus **III** u. **IV**; aus verd. A. prismat. Nadeln.

H. Gleinig. 1070◇

Einige Beobachtungen über die Gattermann-Reaktion mit Xylenolen. S. R. Agrawal, V. B. Desai, H. C. Kaushik, M. S. Khan und J. R. Merchant. (J. Indian chem. Soc. **39**, 759—62, Nov. 1962; Bombay, Inst. of Sci., Chem. Dep.; engl.) — Durch Gattermann-Rk. mit Xylenolen werden die entsprechenden *Hydroxydimethylbenzaldehyde* dargestellt.

Versuche: Benzaldehyde: *2-Hydroxy-3.4-dimethyl-*, durch ½std. Einleiten von HCl-Gas in eine Lsg. von 15 g 2.3-Xylenol u. $Zn(CN)_2$ in thiophenfreiem Bzl., Zusetzen von $AlCl_3$ u. 4—5std. Durchleiten von HCl-Gas bei 40—50°, Stehen über Nacht, Dekantieren des Bzl., Zers. mit W., Dampf-Dest. u. Extraktion des Destillats mit Ae.; 1,5 g (Ausbeute). *2.4-Dinitrophenylhydrazon* (*DNP*), $C_{15}H_{14}N_4O_5$, F. 274—275° (Essigsäure); durch ½std. Rühren von 1 g in NaOH mit $AgNO_3$ bei 85°, Filtrieren u. Ansäuern mit SO_2 werden 600 mg *2-Hydroxy-3.4-dimethylbenzoesäure*, $C_9H_{10}O_3$, F. 190—191° (Sublimation im Vakuum), Nadeln, erhalten. *4-Hydroxy-2.3-dimethyl-*, F. 172°, neben vorst. Verb. durch Ausäthern des Dest.-Rückstands; aus Toluol Blättchen. Analog: *2-Hydroxy-3.5-dimethyl-*, aus 25 g 2.4-Xylenol; 10 g [*Oxim*, F. 138—139° (A.); DNP, $C_{15}H_{14}N_4O_5$, F. 176° (Essigsäure); mit $AgNO_3$/NaOH → *2-Hydroxy-3.5-dimethylbenzoesäure*, F. 177—178° (wss. A.)]; daneben 2 g *5-Hydroxy-2.4-dimethyl-* (DNP, F. 216° (Essigsäure); → *5-Hydroxy-2.4-dimethylbenzoesäure*, F. 169—170° (Toluol u. Sublimieren im Vakuum)]. — *2-Hydroxy-3.6-dimethyl-*, F. 67° (PAe.), aus 15 g 2.5-Xylenol; 4 g; daneben 3,5 g *4-Hydroxy-2.5-dimethyl-*, F. 132—133° (W.). — *3-Hydroxy-2.4-di-*

methyl-, aus 16 g 2.6-Xylenol; 4 g [DNP, $C_{15}H_{14}N_4O_5$, F. 234—235° (Essigsäure); → *3-Hydroxy-2.4-dimethylbenzoesäure*, $C_9H_{10}O_3$, F. 276—277°, Nadeln]; daneben 9 g *4-Hydroxy-3.5-dimethyl-*, F. 114—115°; aus verd. A. braune Nadeln. — *2-Hydroxy-4.5-dimethyl-*, F. 70° (A.), aus 25 g 3.4-Xylenol; 9 g [DNP, $C_{15}H_{14}N_5O_4$, F. 269° (Essigsäuse); *Phenylhydrazon*, F. 195°]; daneben *2-Hydroxy-5.6-dimethyl-* [DNP, $C_{15}H_{14}N_5O_4$, F. 149—150° (Essigsäure)]. — *2-Hydroxy-4.6-dimethyl-*, F. 47—48°, Kp.$_{10}$ 84—90°, aus 12 g 3.5-Xylenol; 3 g; daneben 6 g *4-Hydroxy-2.6-dimethyl-* [F. 195—196°, aus A. Prismen; → *4-Hydroxy-2.6-dimethylbenzoesäure*, F. 185° (W.)]. H. Gleinig. 1140◇

Derivate von Chloromycetin. 1. Mitt. Synthese von 3-Brom-4-nitroacetophenon. E. Hajdu und A. Balog. (Studia Univ. Babeş-Bolyai, Cluj, Ser. I, **4**, Nr. 2, 171—74, 1959; rum.) — Die Synth. von *3-Brom-4-nitroacetophenon* erfolgt durch Hydrolyse von *3-Brom-4-nitrobenzoylmalonsäureester* (**I**).

Versuche: *3-Brom-4-nitrobenzoesäure*, 0,032 Mol 3-Brom-4-aminobenzoesäure werden in 20 ml konz. HCl + 100 ml W. gelöst, unter Rühren mit 3,7 g $NaNO_2$ in 15 ml W. behandelt, dann mit 10 g $CaCO_3$ neutralisiert u. unter Rühren in 4 Min. in ein 60—80° warmes Gemisch von 75 (g) $NaNO_2$, 15 $CuSO_4$, 73 Cu-Pulver u. 100 ml W. gegeben, nach Beendigung der N_2-Entw. abgekühlt, filtriert, aus der Salz-Lsg. mit konz. HCl die Säure gefällt u. aus 50%ig. A. umkrist.; 58% (Ausbeute). — *3-Brom-4-nitrobenzoylchlorid*, Kp.$_{10}$ 154—170°, durch 1std. Kochen vorst. Verb. mit $SOCl_2$; 65%. — *3-Brom-4-nitroacetophenon*, F. 63° (70%ig. A.), durch Überführen vorst. Verb. über die Grignard-Verb. in **I**, Hydrolyse u. Decarboxylierung; 65%. *Oxim*, F. 132°.
R. K. Müller. 1160□

Röntgenstrahlenkontrastmittel. 1. Mitt. Reduktion von p-Methoxy-α-phenylzimtsäure. Ping-Cheng Hu, Pao Ke und Shih-Chen Wang. (Acta chim. sinica **21**, 206—11, 1955; Chinese Union Med. Coll. and Central Res. Inst. of Health; chin., Auszug: engl.) — Eine neue Meth., die im wesentlichen eine Modifikation der Meth. von Baker u. Briggs [1943] ist, zur Synth. von *α-Phenyl-β-[3.5-dijod-4-hydroxyphenyl]-propionsäure* (*Priodax*) wird beschrieben. Zwei Derivv. von Priodax, der *Äthylester* u. die *Acetyl-Verb.*, werden dargestellt. Priodax zeigt eine geringe Toxizität u. gibt einen guten cholestograph. Kontrast. Verss., p-Methoxy-α-phenylzimtsäure mit HJ u. rotem P gleichzeitig zu hydrieren u. zu demethylieren, verliefen negativ. Mit Na-Amalgam läßt sich diese substituierte Zimtsäure mit guter Ausbeute hydrieren.

Versuche: *p-Methoxy-α-phenylzimtsäure*, F. 187—189°, aus Phenylessigsäure u. Anisaldehyd; 73% (Ausbeute). — *α-Phenyl-β-[p-methoxyphenyl]-propionsäure*, F. 117°, aus vorst. Verb. mit Na-Amalgam; 87%. — *α-Phenyl-β-[p-hydroxyphenyl]-propionsäure*, F. 172—177°, durch Demethylierung vorst. Verb. mit HJ (D. 1,7); 89%. — *α-Phenyl-β-[3.5-dijod-4-hydroxyphenyl]-propionsäure*, $C_{15}H_{12}J_2O_3$, F. 159—160°, aus vorst. Verb.; 67%. *Äthylester*, F. 83—85°. *Acetyl-Deriv.*, $C_{17}H_{14}J_2O_4$, F. 68—70°.
P. Golinske. 1250◇

Pentafluoranilin. E. J. Forbes, R. D. Richardson und J. C. Tatlow. (Chem. and Ind. **1958**, 630—31; Birmingham, Univ., Chem. Dep.; engl.) — Der elektrophile Charakter von Hexafluorbenzol wird durch seine glatte Rk. mit $NaNH_2$ in fl. NH_3 bei —70° zu *Pentafluoranilin* (**I**; $C_6H_2F_5N$, F. 34°, Kp. 153—154°). *Acetyl-Deriv.*, F. 131°. *Trifluoracetyl-Deriv.*, F. 89—90°) bewiesen. **I** ist schwach bas. u. leicht lösl. nur in konz. Säuren. Die Rk. von **I** mit HNO_2 ist so langsam, daß es gelingt, das gelbe *Dekafluordiazoaminobenzol* ($C_{12}HF_{10}N_3$, F. 135—136°) zu isolieren. Die Darst. von *Pentafluorbenzoldiazoniumsalz*-Lsgg. gelingt im nichtwss. Medium, z. B. Essigsäure, oder in konz. wss. Mineralsäuren, z. B. 70%ig. H_2SO_4. Unter neutralen oder alkal. Bedingungen wird das Diazoniumion instabil, u. ein oder mehrere Fluorsubstituenten werden durch eine Hydroxylgruppe oder das Diazoniumanion ersetzt. Auf Grund der Instabilität der Diazo-Verb. unter neutralen oder bas. Bedingungen entsteht z. B. bei der Sandmeyer-Rk. nur in unbedeutender Menge das entsprechende *Nitril*. Dietrich Jahnke. 1310△

Additionsverbindungen von Aminen mit Phenol und Kresolen. 1. Mitt. Isolierung der Additionsverbindungen von Aminen mit Phenolen. Barbara Zajączkowska. (Acta polon. pharmac. **17**, 191—98, 1960; Łódź, Akad. Med., Zakł. Technol. Środków leczn.; pol.) — Aromat. Amine bilden mit Phenolen *Additions-Verbb.*, meist im Verhältnis 1:1, seltener 1:2. Die Fähigkeit der Amine zur Bldg. dieser Verbb. steigt mit dem nucleophilen Charakter des Amin-N. Die Fähigkeit der Phenole zur Bldg. der Additions-Verbb. mit Aminen steigt in der Reihenfolge Phenol (**I**), p- (**II**), m- (**III**), o-Kresol (**IV**). Die beständigsten Additions-Verbb. sind die mit der Zus. 1:1. Ein Teil der *Additions-Verbb.* ist im Vakuum unzersetzt destillierbar.

Versuche: Die Darst. geschieht durch ½std. Schmelzen der Komponenten bei 110° (oder darüber) an der Luft (Meth. **A**) oder durch ½std. Erwärmen der Komponenten in abs. Bzl. auf dem Wasserbad (Meth. **B**); Kristallisation aus Bzl., Bzn., PAe.,

Xylol, Chlf., Acetonitril oder Cyclohexan; bei Fll. Extraktion mit wenig Lsgm., Abtrennen des Öls u. Trocknen im Vakuum. Additions-Verbb.: *Anilin* mit **I** (1:1), F. 32°, nach **A** u. **B**; mit **II** (1:1), F. 20°, nach **A**. — *p-Chloranilin* mit **I** (1:1), F. 32°, nach **A** u. **B**. — *p-Bromanilin* mit **I** (1:1), F. 38°, nach **A**; mit **II** (1:1), F. 28,5°, nach **A**; mit **IV** (1:1), Fl., nach **A**. — *p-Toluidin* mit **I** (1:1), F. 29,5°, nach **A**; mit **II** (1:1), F. 20°, nach **A**; n_D^{20} 1,5536; mit **III** (1:1), Fl., nach **A**; n_D^{20} 1,5553; mit **IV** (1:1), F. 35°, nach **A**. — *o-Toluidin* mit **I** (1:1), F. 35°, nach **A**; mit **II** (1:1), F., nach **A**; mit **III** (1:1), Fl., nach **A**; mit **IV** (1:1), Fl., nach **A**. — *p-Anisidin* mit **I** (1:1), F. 56°, nach **A**; mit **II** (1:1), F. 50°, nach **A**; mit **III** (1:1), F. 12°, nach **A**; mit **IV** (1:1), F. 36°, nach **A**. — *o-Anisidin* mit **I** (1:1), Fl., nach **A**; mit **II** (1:1), $Kp._2$ 75—77°, nach **A**; n_D^{20} 1,5561; mit **III** (1:1), $Kp._2$ 69—72°, nach **A**; n_D^{20} 1,5629; mit **IV** (1:1), Fl., nach **A**. — *p-Phenetidin* mit **I** (1:1), F. 37°, nach **A**; mit **II** (1:1), F. 35°, nach **A**; mit **III** (1:1), Fl., nach **A**; mit **IV** (1:1), Fl., nach **A**. — *m-Phenylendiamin* mit **I** (1:1), F. 54°, nach **A**; mit **II** (1:1), F. 61°, nach **A**; mit **III** (1:1), F. 29°, nach **A** u. **B**. — *p-Phenylendiamin* mit **I** (1:2), F. 106°, nach **A**; mit **II** (1:2), F. 108°, nach **A**. — *N.N-Dimethylanilin* mit **I** (1:1), $Kp._{1,5}$ 50—53°, nach **A**; n_D^{20} 1,5531. — *p-Aminodiphenylamin* mit **I** (1:1), F. 34°, nach **A**; mit **II** (1:1), F. 31°, nach **A**; mit **III** (1:1), F. 15°, nach **A**; mit **IV** (1:1), Fl., nach **A**. — *Benzidin* mit **I** (1:2), F. 140°, nach **A**; mit **II** (1:2), F. 140° nach **A**; mit **III** (1:2), F. 94°, nach **A**; mit **IV** (1:2), F. 97°, nach **A**; — *o-Tolidin* mit **I** (1:2), F. 65°, nach **A**; mit **II** (1:2), F. 58°, nach **A**; mit **III** (1:2), F. 88°, nach **A**; mit **IV** (1:2), F. 86°, nach **A**. — *α-Naphthylamin* mit **I** (1:1), F. 25°, nach **A**; mit **II** (1:1), F. 41°, nach **A**; mit **III** (1:1), F. 20°, nach **A**; mit **IV** (1:1), F. 35°, nach **A**. — *β-Naphthylamin* mit **I** (1:1), F. 82°, nach **A**; mit **II** (1:1), F. 76°, nach **A**; mit **IV** (1:1), F. 72°, nach **A** u. **B**. — *Benzylamin* mit **I** (1:1), Fl., nach **A**; mit **II** (1:1), $Kp._2$ 72—75°, nach **A**; mit **III** (1:1), $Kp._{2-3}$ 71—73,5°, F. 35°, nach **A**; mit **IV** (1:1), Fl., nach **A**. — *Piperazin* mit **I** (1:2), F. 101°, nach **A**; mit **II** (1:2), F. 91°, nach **A**; mit **III** (1:2), F. 58°, nach **A**; mit **IV** (1:2), F. 52°, nach **A**. F. Urban. 1310□

Die Einwirkung von Ammoniak oder primären Aminen auf Benzol, das in 1-, 2- und 4-Stellung substituierte oder nichtsubstituierte Amino- oder Hydroxygruppen trägt. 1. Mitt. Es sind drei Hydroxygruppen vorhanden: Reaktionen mit Hydroxyhydrochinon. Robert Lantz und Élie Michel. (Bull. Soc. chim. France **1961**, 2402—08; Paris, Labor. de la Société Monsavon-l'Oreal; franz.) — NH_3 reagiert in wss. Medium bei Raum-Temp. mit 1.2.4-Trihydroxybenzol (**I**) zu *4-Aminoresorcin* (**II**). Analog liefert **I** mit prim. Aminen (Methylamin, n-Pentylamin, Anilin, o-, m- u. p-Toluidin, o- u. p-Anisidin, p-Aminophenol, N-Dimethyl-p-phenylendiamin, Cyclohexylamin) das entsprechend substituierte **II**. Unter denselben Bedingungen reagieren die Dihydroxybenzole u. Pyrogallol nicht, Phloroglucin nur langsam mit NH_3. Es zeigt sich, daß die Hydroxygruppen in 2- u. 4-Stellung eine spezif. aktivierende Wrkg. auf die Rk.-Fähigkeit der Hydroxygruppe in 1-Stellung ausüben. Die Umwandlung von **I** zu **II** kann titrimetr. u. papierchromatograph. verfolgt werden.

Versuche: *2.4-Dihydroxyaminobenzol* (**II**), *Hydrochlorid* (**III**), durch 24std. Stehen von **I** mit 8,5 g NH_3 in W. bei 20°, Ansäuern mit 12n HCl, Eindampfen im Vakuum unter N_2, Zugabe von abs. A., Dest. u. Umkristallisieren aus konz. HCl. *Triacetyl-Deriv.*, F. 113,5—114° (W.), durch Rk. des Hydrochlorids mit Acetanhydrid, Zugabe von $NaHCO_3$ bis pH 7 u. Extraktion mit Chloroform. — *2.4.2'.4'-Tetrahydroxydiphenylamin*, a) analog **III**, jedoch mit 1,8 g NH_3; b) durch 20tägiges Stehen von **I**, **III** u. Na_2CO_3 bis pH 9 bei Raumtemperatur. *Pentaacetyl-Deriv.* (**IV**), $C_{22}H_{21}NO_9$, F. 161°, durch 20 Min. langes Erhitzen mit Acetanhydrid u. Na-Acetat auf 80°, Gießen in W. u. 24std. Stehen; aus abs. A. Nadeln. — *Resorufin*, durch 5std. Erhitzen von **IV** mit H_2SO_4 auf 140—150° u. Gießen auf Eis. *Monoacetyl-Deriv.*, F. 222—223° (Zers., Bzl.), durch 10 Min. langes Erhitzen von **VI** (s. unten) mit konz. H_2SO_4 auf 180° u. Acetylierung. — *Triacetyldihydroresorufin*, F. 215°, durch Red. vorst. Verb. mit Zn u. konz. HCl u. Acetylierung nach Nietzki u. Mitarbeitern [1889]; Nadeln aus Essigsäure. — *2.4-Dihydroxydiphenylamin*, $C_{12}H_{11}NO_2$, F. 85,5—86°, durch 8tägiges Stehen von **I** mit Anilin in W. bei Raum-Temp., Lösen der Kristalle (wahrscheinliche Zus. $C_{12}H_{11}NO_2 \cdot 0{,}72\, C_6H_5NH_2 \cdot 0{,}88\, H_2O$, F. 49—52°) in Bzl. u. Dest.; Blättchen aus Heptan, dann Hexan. *Hydrochlorid*, $C_{12}H_{11}NO_2 \cdot HCl$; schwachgrüne hexagonale Blättchen aus HCl. *Triacetyl-Deriv.*, $C_{18}H_{17}NO_5$, F. 123,5° (A,), durch ½std. Erhitzen vorst. Hydrochlorids mit Acetanhydrid u. Na-Acetat auf 140° u. Verdünnen mit Wasser. — *2.4-Dihydroxy-4'-methyldiphenylamin, Hydrochlorid* (**V**), durch 8tägiges Stehen von **I**, p-Toluidin u. Na_2CO_3 in wss. A. bei Raum-Temp. analog **III**. *Triacetyl-Deriv.*, $C_{19}H_{19}NO_5$, F. 109 bis 110° (abs. A.), durch ³/₄std. Kochen vorst. Hydrochlorids mit Acetanhydrid in Pyridin u. Eindampfen im Vakuum unter N_2. — *2.4-Dihydroxy-2'-methyldiphenylamin, Hydrochlorid*, mit o-Toluidin, analog **V**. *Triacetyl-Deriv.*, $C_{19}H_{19}NO_5$, F. 150—151°. — *2.4-Di-*

hydroxy-3'-methyldiphenylamin, Hydrochlorid, mit m-Toluidin analog **V**. *Triacetyl-Deriv.*, $C_{19}H_{19}NO_5$, F. 85° (A.). — *2.4-Dihydroxy-4'-methoxydiphenylamin, Hydrochlorid,* mit p-Anisidin analog **V**. *Triacetyl-Deriv.*, $C_{19}H_{19}NO_6$, F. 130—131° (Methanol), aus 5 g vorst. Hydrochlorids; 6,1 g (Ausbeute). — *2.4-Dihydroxy-2'-methoxydiphenylamin, Hydrochlorid,* durch 4wöchiges Stehen von **I**, o-Anisidin u. Na_2CO_3 in wss. A. bei Raum-Temp. unter N_2. *Triacetyl-Deriv.*, $C_{19}H_{19}NO_6$, F. 127—128° (Methanol). — *2.4.4'-Trihydroxydiphenylamin, Hydrochlorid* (**VI**), durch 5tägiges Stehen von **I**, p-Aminophenol u. Na_2CO_3 in W. bei Raumtemperatur. *Tetrabenzoyl-Deriv.*, $C_{40}H_{27}NO_7$, F. 189°; aus Bzl./A. Nadeln. — *2.4-Dihydroxy-4'-dimethylaminodiphenylamin*, $C_{14}H_{16}N_2O_2$, F. 148 bis 150° (Zers.), durch 7tägiges Stehen von **I**, N-Dimethyl-p-phenylendiamin u. Na_2CO_3 in W.; hexagonale Blättchen. — *2.4-Dihydroxymethylaminobenzol, Hydrochlorid,* $C_7H_9 \cdot NO_2 \cdot HCl$, durch 6tägiges Stehen von **I** mit 33%ig. wss. Methylamin-Lsg. bei Raum-Temp.; schwachbraune Blättchen aus HCl/W. (1:1). — *2.4-Dihydroxy-n-pentylaminobenzol, Hydrochlorid,* $C_{11}H_{17}NO_2 \cdot HCl$, durch 5tägiges Stehen von 6,25 g **I** u. n-Pentylamin in verd. Essigsäure u. Umkristallisieren aus HCl; 7,9 g. — *2.4-Dihydroxycyclohexylaminobenzol, Hydrochlorid,* $C_{12}H_{17}NO_2 \cdot HCl$, aus Cyclohexylamin analog vorst. Verb.; schwachbräunliche Blättchen aus HCl. *Triacetyl-Deriv.*, $C_{18}H_{23}NO_5$, F. 117° (abs. A.), durch Erhitzen mit Acetanhydrid u. Na-Acetat auf 140°.

Gottfried Schreiber. 1320◇

Reaktion von Hydroxyhydrochinon mit primären Aminen. Robert Lantz und Élie Michel. (C. R. hebd. Séances Acad. Sci. **251**, 2185—87, 1960; La Courneuve, Seine, Labor.; franz.) — Vorl. Mitt. zu vorst. Referat. Gottfried Schreiber. 1320◇

Sarkolysinisomere und ihre Derivate. 2. Mitt. **Synthese von o-[Bis-(2-chloräthyl)-amino]-DL-phenylalanin.** M. N. Wassiljewa, Je. N. Schkodinskaja und A. Ja. Berlin. (J. allg. Chem. [UdSSR] **31** (**93**), 1027—33, 1961; Inst. für exp. u. klin. Onkol. der Akad. der med. Wiss. der UdSSR; russ.) — 1. vgl. C. **1961**, 10146. — Durch Hydrierung u. Cyclisierung von [o-Nitrobenzyl]-acetylaminomalonsäurediäthylester (**I**) wurde *1.2.3.4-Tetrahydro-3-acetylaminochinolon-(2)-carbonsäure-(3)* (**II**)*-äthylester* erhalten u. zu *3-Amino-* u. *3-Acetylamino-1.2.3.4-tetrahydrochinolon-(2)* decarboxyliert. Die Verseifung u. Decarboxylierung von **I** lieferte *β-[o-Nitrophenyl]-α-alanin* (**III**), dessen Acetyl-Deriv. zu *β-[o-Aminophenyl]-α-alanin* (**IV**)*-acetyl-Deriv.* red. wurde. Die Rk. von **IV**-Acetyl-Deriv. mit Äthylenoxid (**V**) lieferte *1.2.3.4-Tetrahydro-1-[β-hydroxyäthyl]-3-acetylaminochinolon-(2)*. Das Phthaloyl-Deriv. von **III** wurde zum *Phthaloyl-Deriv.* von **IV** hydriert u. dieses mit **V** zu *β-{o-[Bis-(β-hydroxyäthyl)-amino]-phenyl}-α-phthalimidopropionsäure* (**VI**) umgesetzt. Aus **VI**-Äthylester wurde durch Chlorierung u. Verseifung *β-{o-[Bis-(β-chloräthyl)-amino]-phenyl}-α-alanin* erhalten.

Versuche: *[o-Nitrobenzyl]-acetylaminomalonsäurediäthylester* (**I**), $C_{16}H_{20}N_2O_7$, F. 103 bis 105° (A.), man gibt zu Na-Äthylat (0,98 g Na, 60 ml abs. A.) 9,3 g Acetylaminomalonester, rührt 10 Min., gibt tropfenweise 9,2 g o-Nitrobenzylbromid in 30 ml A. zu, rührt 4 Std. u. läßt in der Kälte stehen; Nadeln; 77% (Ausbeute). — *1.2.3.4-Tetrahydro-3-acetylaminochinolon-(2)-carbonsäure-(3)* (**II**), $C_{12}H_{12}N_2O_4$, F. 241—242°, durch Verseifen von **II**-Äthylester mit 12%ig. NaOH; 77%. *Äthylester*, $C_{14}H_{16}N_2O_4$, F. 186,5—188° (A.), durch Hydrieren von **I** in A. bei 45—50° an Raney-Ni; 68,8%. — *1.2.3.4-Tetrahydro-3-aminochinolon-(2)*, $C_9H_{10}N_2O$, F. 145—146° (80%ig. A.), aus 0,3 g des nachst. Hydrochlorids mit 10%ig. NaOH; 0,12 g. *Hydrochlorid*, $C_9H_{10}N_2O \cdot HCl$, F. 293—300° (Zers.; W.-A.), durch 6std. Kochen von 1 g **II**-Äthylester mit 12%ig. NaOH u. Ansäuern; 0,3 g. *Acetyl-Deriv.*, $C_{11}H_{12}N_2O_2$, F. 245—246,5° (A.-Chlf.), durch Decarboxylieren von **II**; Platten. — *β-[o-Nitrophenyl]-α-alanin* (**III**), $C_9H_{10}N_2O_4$, F. 206—208° (W.-A.), durch 6std. Kochen von 10,7 g **I** mit 120 ml konz. HCl; Nadeln; 5,8 g. *Acetyl-Deriv.*, $C_{11}H_{12} \cdot N_2O_5$, F. 200—202° (50%ig. A.), aus **III**; 66,7% [*Na-Salz*, $C_{11}H_{11}N_2NaO_5$, F. 260—261° (Zers.; 80%ig. A.); 80%]. *Phthaloyl-Deriv.*, $C_{17}H_{12}N_2O_6$. F. 215—220° (A.), aus **III**; 69,5% (*Na-Salz*, $C_{17}H_{11}N_2NaO_6$). — *β-[o-Aminophenyl]-α-alanin* (**IV**), *Acetyl-Deriv.*, *Na-Salz*, durch Hydrierung von 1 g Acetyl-**III**-Na-Salz in 25 ml 80%ig. A. in Ggw. von NaOH an 0,3 g 5%ig. Pd/Kohle bei 35—40°; hygroskop. Pulver; 1,0 g. *Phthaloyl-Deriv.*, *Na-Salz, Hydrat*, $C_{17}H_{13}N_2NaO_4 \cdot H_2O$, F. 235—240° (W.-A.), durch Hydrierung von 3 g Phthaloyl-**III**-Na-Salz in 80%ig. A. an 5%ig. Pd/Kohle bei 35—40°; 3 g. — *1.2.3.4-Tetrahydro-1-[β-hydroxyäthyl]-3-acetylaminochinolon-(2)*, $C_{13}H_{16}N_2O_3$, F. 168 bis 170° (Chlf.), aus 0,9 g Acetyl-**IV**-Na-Salz u. 1,45 ml **V** in 20 ml A. (40 Std., 20°); 0,4 g. — *β-{o-[Bis-(β-hydroxyäthyl)-amino]-phenyl}-α-phthalimidopropionsäure* (**VI**), *Hydrat*, $C_{21} \cdot H_{22}N_2O_6 \cdot H_2O$, F. 142—144° (Zers.; A.), durch 5std. Erhitzen von 1,3 g Phthaloyl-**IV**-Na-Salz u. 2 ml **V** in 90%ig. A. im Rohr auf 60—65°; 0,5 g. *Äthylester*, $C_{23}H_{26}N_2O_6$, F. 102—103,5° (Methanol); krist. mit 1 Mol Methanol; 46,7%. — *β-{o-[Bis-(β-chloräthyl)-amino]-phenyl}-α-alanin*, $C_{13}H_{18}Cl_2N_2O_2$, F. 153—157° (Zers.; Methanol-Ae.), durch 5std. Kochen von 2 g des nachst. Äthylesterphthaloyl-Deriv. in 40 ml konz. HCl; 0,7 g. *Äthylesterphthaloyl-Deriv.*, $C_{23}H_{24}Cl_2N_2O_4$, F. 99,5—100,5° (abs. A.), durch 1/4std. Kochen von 1 g **VI**-Äthylester u. 1,5 ml $SOCl_2$ in 85 ml Chlf.; Nadeln; 0,7 g.

Helmut Schäfer. 1350△

Untersuchung in der Reihe der 1.5-Diaryl-3-halogenformazane. 2. Mitt. **Synthese von Arylazochloressigsäuren.** M. O. Losinski und P. Ss. Pelkiss. (J. allg. Chem. [UdSSR] **31** (93), 1621—24, 1961; Inst. für org. Chem. der Akad. der Wiss. der UkrainSSR; russ.) — 1. vgl. C. **1961**, 17169. — Durch Diazotierung von Anilin u. -Derivv. u. Kupplung mit Chlormalonsäure wurden die entsprechenden *Arylazochloressigsäure* dargestellt. Die Verbb. sind hellgelb bis orangerot u. braun gefärbt u. kristallisieren z. T. in Platten oder Nadeln. Von einigen der Verbb. wurden die UV-Spektren aufgenommen.

Versuche: Benzolazochloressigsäuren: Man diazotiert das Anilin-Deriv. bei 0—5° in 16%ig. HCl mit $NaNO_2$ in W., gießt die Lsg. bei 0° in Chlormalonsäuredi-K-Salz u. Na-Acetat in W., rührt 10 Min., filtriert u. gießt bei 0° in 45—50%ig. H_2SO_4; man filtriert u. läßt das Filtrat u. die durch Extraktion des Nd. mit heißem W. erhaltenen Extrakte in 2—3 Tagen bei 20° kristallisieren; zur Reinigung krist. man aus Dichloräthan oder Dioxan oder Dichloräthan–Dioxan (10:1) um (alle FF. unter Zers.): *unsubstituiert*, $C_8H_7ClN_2O_2$, F. 129°; 31% (Ausbeute). — *o-Methyl-*, $C_9H_9ClN_2O_2$, F. 161°; 21%. — *m-Methyl-*, $C_9H_9ClN_2O_2$, F. 156°; 19%. — *p-Methyl-*, $C_9H_9ClN_2O_2$, F. 153°; 23%. — *o-Methoxy-*, $C_9H_9ClN_2O_3$, F. 172°; 25%. — *p-Methoxy-*, $C_9H_9ClN_2O_3$, F. 161°; 4%. — *2.5-Diäthoxy-*, $C_{12}H_{15}ClN_2O_4$, F. 157°; 23%. — *m-Fluor-*, $C_8H_6ClFN_2O_2$, F. 162°; 62%. — *p-Fluor-*, $C_8H_6ClFN_2O_2$, F. 175°; 31%. — *m-Chlor-*, $C_8H_6Cl_2N_2O_2$, F. 180°; 75%. — *p-Chlor-*, $C_8H_6Cl_2N_2O_2$, F. 183°; 62%. — *o-Brom-*, $C_8H_6BrClN_2O_2$, F. 812°; 33%. — *p-Brom-*, $C_8H_6BrClN_2O_2$, F. 185°; 61%. — *o-Jod-*, $C_8H_6ClJN_2O_2$, F. 178°; 40%. — *p-Jod-*, $C_8H_6ClJN_2O_2$, F. 171°; 58%. — *2.3-Dichlor-*, $C_8H_5Cl_3N_2O_2$, F. 183°; 42%. — *2.4-Dichlor-*, $C_8H_5Cl_3N_2O_2$, F. 181°; 42%. — *2.5-Dichlor-*, $C_8H_5Cl_3N_2O_2$, F. 191,5°; 43%. — *3.4-Dichlor-*, $C_8H_5Cl_3N_2O_2$, F. 167°; 70%. — *2.4-Dibrom-*, $C_8H_5Br_2ClN_2O_2$, F. 156°; 43%. — *2.5-Dibrom-*, $C_8H_5Br_2ClN_2O_2$, F. 198°; 44%. — *3.5-Dibrom-*, $C_8H_5Br_2 \cdot ClN_2O_2$, F. 194°; 36%. — *2-Chlor-5-trifluormethyl-*, $C_9H_5Cl_2F_3N_2O_2$, F. 190°; 32%. — *p-Rhodan-*, $C_9H_6ClN_3O_2S$, F. 180—182°; 39%. — *m-Acetyl-*, $C_{10}H_9ClN_2O_3$, F. 202,5°; 58%. — *p-Acetyl-*, $C_{10}H_9ClN_2O_3$, F. 176°; 59%. — *o-Nitro-*, $C_8H_6ClN_3O_4$, F. 212°; 61%. — *m-Nitro-*, $C_8H_6ClN_3O_4$, F. 204°; 50%. — *p-Nitro-*, $C_8H_6ClN_3O_4$, F. 197°; 42%. — *2-Nitro-4-methyl-*, $C_9H_8ClN_3O_4$, F. 190°; 56%. — *2-Methoxy-5-nitro-*, $C_9H_8ClN_3O_5$, F. 197°; 42%. — *2-Brom-5-nitro-*, $C_8H_5BrClN_3O_4$, F. 197°; 62%. — *p-Carbäthoxy-*, $C_{11}H_{11}ClN_2O_4$, F. 194°; 28%. — *α-Naphthalinazochloressigsäure*, $C_{12}H_9ClN_2O_2$, F. 171°; 31%. — *α-Brom-β-naphthalinazochloressigsäure*, $C_{12}H_8BrClN_2O_2$, F. 196°; 25%.

Helmut Schäfer. 1350△

Substituierte Benzoylacrylsäuren. 1. Mitt. Abdelkader Fateen. (Egypt. J. Chem. **2**, 241—49, 1959; A'in Shams Univ., Fac. of Sci., Chem. Dep.; engl.) — Bei der Rk. von Citraconsäureanhydrid (**I**) mit Diphenyl (**V**), Anisol (**VI**) oder p-Chloranisol (**VII**) in Ggw. von $AlCl_3$ entstehen *trans-α-Methyl-β-aroylacrylsäuren*. Mit **VII** entsteht in Ggw. einer $AlCl_3$–NaCl-Schmelze das entsprechende *Naphthazarin*. Im Sonnenlicht findet eine cis–trans-Umlagerung statt.

Versuche: *trans-α-Methyl-β-[p-phenylbenzoyl]-acrylsäure* (trans-**II**), $C_{17}H_{14}O_3$, F. 173 bis 174°, durch Zutropfen von $AlCl_3$ in Nitrobenzol zu 8 g **I** u. 8 g **V** in abs. Nitrobenzol, 5st.d Rühren, mehrstd. Stehen, Gießen auf Eis u. HCl, Wasserdampf-Dest., Extraktion des Rückstandes mit sd. Soda-Lsg., Ansäuern der alkal. Lsg. mit HCl; aus Bzl. glänzend gelbe Kristalle; 4,2 g (Ausbeute). *cis-Isomeres* (cis-**II**), $C_{17}H_{14}O_3$, F. 165—166° (Bzl.), durch Zutropfen von $AlCl_3$ in Nitrobenzol zu **I** in abs. Nitrobenzol, meherstd. Stehen, Gießen auf Eis u. HCl, Extraktion der Nitrobenzolschicht mit NH_3, Ansäuern u. Ausäthern. — *3.4-Bis-[p-phenylbenzoyl]-1.2-dimethylcyclobutandicarbonsäure-(1.2)*, $C_{34}H_{28}O_6$, F. 208° (Essigsäure), durch 48std. Stehen von trans-**II** in Bzl. im Sonnenlicht; daneben cis-**II**. — *p-Phenylbenzoesäure*, F. 224—225° (A.), durch 3std. Kochen von cis- oder trans-**II** in Soda-Lsg. mit $KMnO_4$. — *α-Methyl-β-[p-phenylbenzoyl]-propionsäure*, F. 210 bis 211° (Essigsäure), durch 20 Min. langes Kochen von cis- oder trans-**II** mit Zn in Essigsäure. — *β-[4-(p-Methoxyphenyl)-benzoyl]-acrylsäure* (**III**), $C_{17}H_{14}O_4$, F. 215°, durch Versetzen von 8 g Maleinsäureanhydrid (**VIII**) u. 8 g p-Methoxydiphenyl in Tetrachloräthan mit $AlCl_3$, 8std. Rühren, mehrstd. Stehen, Zers. mit Eis/HCl, Extrahieren mit Ae., Extrahieren des Ae.-Rückstands mit sd. Soda-Lsg. u. Ansäuern; aus Eisessig gelbe Platten. — *β-[2-Methoxy-5-phenylbenzoyl]-acrylsäure* (**IV**), $C_{17}H_{14}O_4$, F. 167°, durch Eindampfen der Mutterlaugen vorst. Verb.; aus Essigsäure gelbe Nadeln; 3,1 g. — *β-[2-Methoxy-5-phenylbenzoyl]-propionsäure*, F. 201°, durch ½std. Kochen von **IV** mit Zn in Eisessig; aus Eisessig Platten. — *β-[4-(p-Methoxyphenyl)-benzoyl]-propionsäure*, F. 155° (Eisessig), durch ½ std. Kochen von **III** mit Zn in Essigsäure. — *4-[p-Methoxyphenyl]-benzoesäure*, F. 248°, durch Oxydation von **III** mit alkal. $KMnO_4$. — *2-Methoxy-5-phenylbenzoesäure*, F. 167—168°, durch Oxydation von **IV** mit alkal. $KMnO_4$. — *trans-β-[p-Methoxybenzoyl]-acrylsäure*, F. 138°, durch Zugabe von $AlCl_3$ in CH_2Cl_2 zu **VIII** u. **VI** in CH_2Cl_2, mehrstd. Stehen, Zersetzen mit Eis/HCl, Extrahieren der CH_2Cl_2-Schicht mit Soda-Lsg. u. Ansäuern; aus Bzl. gelbe Kristalle. — *3.4-Bis-[p-methoxybenzoyl]-cyclobutandicarbonsäure-(1.2)*, $C_{22}H_{20}O_8$, F. 181—182°, durch 48std. Stehen von 0,7 g vorst. Verb. in Bzl. im Sonnenlicht; aus Methanol Nadeln; 0,26 g, daneben aus der Mutterlauge *cis-β-[p-Methoxybenzoyl]-acrylsäure* ($C_{11}H_{10}O_4$, F. 110—111°; aus Bzl. gelbe Kristalle; 0,2 g). — *α-Methyl-β-[p-methoxybenzoyl]-acrylsäure* vom F. 149—150°, $C_{12}H_{12}O_4$, durch Zugabe von 5 g **VI** in CH_2Cl_2 zu 5 g **I** u. $AlCl_3$ in CH_2Cl_2, 5std. Rühren, mehrstd. Stehen, Zersetzen mit Eis/HCl, Extrahieren der CH_2Cl_2-Schicht mit sd. Soda-Lsg. u. Ansäuern; aus Bzl. Prismen; 3,4 g. *Isomeres vom F. 127—128°*, durch Rk. in Nitrobenzol u. Extrahieren mit NH_3; aus PAe. schwach glänzende Nadeln; 4,1 g. — *α-Methyl-β-[2-methoxy-5-chlorbenzoyl]-acrylsäure*, $C_{22}H_{11}ClO_4$, F. 164—165° (Bzl.), durch Zugabe von $AlCl_3$ in CH_2Cl_2 zu 4 g **I** u. 4 g **VII** in CH_2Cl_2, mehrstd. Stehen, Zers. mit Eis/HCl, Extrahieren mit Ae., Extrahieren des Ae.-Rückstandes mit sd. Soda-Lsg. u. Ansäuern; 2,8 g. — *3-Methyl-5-chlor-8-hydroxynaphthochinon-(1.4)*, $C_{11}H_{17}ClO_3$, F. 114 bis 115°, a) durch Erhitzen vorst. Verb. mit $AlCl_3$ bis zum Schmelzen unter N_2 b) durch Erhitzen von $AlCl_3$ u. NaCl unter N_2 auf 150°, Zugeben von 3 g **I** u. **VII**, 1std. Erhitzen auf 180°, Zers. mit Eis/HCl u. Extrahieren mit sd. Bzl.; gibt mit $FeCl_3$ violette Farbe; aus PAe. tiefrote Kristalle; 1,6 g. — *3-Methyl-5-chlor-1.4.8-triacetoxynaphthalin*, $C_{17}H_{15}$·ClO_6, F. 145—146°, durch 1std. Kochen von 0,4 g vorst. Verb. mit Zn in Acetanhydrid, Gießen auf Eis u. 24std. Stehen; aus PAe. farblose Nadeln; 0,23 g. P. Becker. 1670△

Bildung von Cyclopropanderivaten und Olefinen aus quaternären Ammoniumhalogeniden. C. L. Bumgardner. (Chem. and Ind. **1958**, 1555—46, Hundsville, Ala., Rohm & Haas Comp., Redstone Arsenal Res. Div.; engl.) — Bei Eliminierungs-Rkk. quatern. Basen wurde in einigen Fällen Ringschluß zu Cyclopropan-Derivv. (γ-Eliminierung) beobachtet, der von Olefin-Bldg. (β-Eliminierung) begleitet sein kann. 4std. Behandlung von 3-Phenylpropyltrimethylammoniumjodid mit 1,5 Val $NaNH_2$ in fl. NH_3 ergab *Phenylcyclopropan* [**I**; 80% (Ausbeute)]. Analog wurde aus 3.3-Diphenylpropyltrimethylammoniumjodid *1.1-Diphenylcyclopropan* (**II**; 78%) erhalten. Die Verbb. waren gaschromatograph. u. nach den UV-, IR- u. kernmagnet. Resonanzspektren olefinfrei. Benzylhexahydrobenzyldimethylammoniumbromid lieferte *Methylencyclohexan* (**III**; 62%) u. *Benzyldimethylamin* (**IV**; 58%). Hexahydrobenzyltrimethylammoniumjodid reagiert bei Verw. von $NaNH_2$ nicht, gibt aber mit KNH_2 nach 3½ Std. **III** (37%). Aus 3-Phenylpropylbenzyldimethylammoniumbromid wurde kein **I**, sondern *trans-1-Phenylpropen* (36%) u. **IV** (32%) erhalten. 3.3-Diphenylpropylbenzyldimethylammoniumbromid gab ein Gemisch aus **II** u. *1.1-Diphenylpropen*. Mit steigender Acidität des γ-ständigen H-Atoms wird anscheinend der Ringschluß begünstigt.

Hans-Dieter Jacobi. 1810△

Reaktion von Tropyliumsalzen mit Aldehyden. M. Je. Wolpin, I. Ss. Achrem und D. N. Kurssanow. (J. allg. Chem. [UdSSR] **29 (91)**, 2855—57, Sept. 1959; Inst. für org. Chem. der Akad. der Wiss. der UdSSR; russ.) — Die Rk. von Tropyliumbromid (**I**) mit Acet-, Propion- u. Isobutyraldehyd liefert *α-Cycloheptatrienylacet-*, *-propion-* bzw. *-isobutyraldehyd*. Die entsprechenden Verbb. werden auch durch Rk. von **I** mit Vinyläthyläther u. β.β-Dimethylvinyläthyläther erhalten. Im UV liegt λ_{max} bei 260 mμ. Die im IR bei 1730—1740 cm^{-1} liegende charakterist. Frequenz zeigt, daß die Carbonylgruppe nicht mit dem C=C-Bindungs-Syst. konjugiert ist.

Versuche: *α-[Cycloheptatrien-(2.4.6)-yl-(1)]-aldehyde*: *-acetaldehyd*, Kp.$_4$ 75—77°, man gibt zu 1,5 g **I** in 25 ml W. bei 40—45° allmählich 6 g Acetaldehyd in 25 ml A., erwärmt 40 Min. u. extrahiert mit Ae.; n_D^{20} 1,5265; 29% (Ausbeute). *Dimedonderiv.*, $C_{25}H_{32}O_4$, F. 147° (A.). — *-propionaldehyd*, $C_{10}H_{12}O$, Kp.$_2$ 68,5°, aus **I** u. Propionaldehyd; D_4^{20} 1,0023; n_D^{20} 1,5216; 75,9%. *2.4-Dinitrophenylhydrazon*, $C_{16}H_{16}N_4O_4$, F. 143° (A.). — *-isobutyraldehyd*, $C_{11}H_{14}O$, Kp.$_3$ 74°, Kp.$_4$ 77°, Kp.$_5$ 79,5°, aus **I** u. Isobutyraldehyd; D_4^{20} 0,9789; n_D^{20} 1,5171; 83,3%. *2.4-Dinitrophenylhydrazon*, $C_{17}H_{18}N_4O_4$, F. 150° (A.).

Helmut Schäfer. 1920△

Stereospezifität der Reformatski-Reaktion. Untersuchung der 2-Methyl-1-acetylcyclohexene-(1) und -(2). Max Mousseron, Magdeleine Mousseron-Canet und Joseph Neyrolles. (C. R. hebd. Séances Acad. Sci. **251**, 1446—48, 10/10. 1960; franz.) — Der aus 2-Methyl-1-acetylcyclohexen-(2) (**I**) durch Umsetzung mit Bromessigsäureäthylester (**VI**) u. Zn erhältliche *Hydroxyester* $C_{13}H_{22}O_3$ liefert bei 5std. Erhitzen mit $KHSO_4$ auf 180° ein Gemisch (**A**) aus *3-[2-Methylcyclohexen-(2)-yl]-buten-(2)-säure-*

äthylester u. *2-[2-Hydroxy-2-methylcyclohexyl]-buten-(2)-säurelacton* **II**, aus dem durch Red. mit $LiAlH_4$ *3-[2-Methylcyclohexen-(2)-yl]-buten-(2)-ol* ($C_{11}H_{18}O$) u. ein *3-[2-Hydroxy-2-methylcyclohexyl]-buten-(2)-ol* ($C_{11}H_{20}O_2$) erhalten werden. Die Verseifung von **A** führt zu *3-[2-Hydroxy-2-methylcyclohexyl]-buten-(2)-säure*, die bei der Behandlung mit kalter HCOOH in **II** ($C_{11}H_{16}O_2$, F. 96—97°) übergeht, u. zu *3-[2-Methylcyclohexen-(2)-yl]-buten-(2)-säure* (**III**; $C_{11}H_{16}O_2$; *p-Bromphenacylester*, $C_{19}H_{21}BrO_3$, F. 92—93°), die sich durch Erwärmen mit HNO_3 ebenfalls in **II** umwandeln läßt. 2-Methyl-1-acetylcyclohexen-(1) (**IV**) liefert bei der Umsetzung mit **VI** u. Zn einen *Hydroxyester*, der bereits bei 2std. Erhitzen mit $KHSO_4$ auf 150° vollständig dehydratisiert wird, wobei die gleichen Prodd. wie aus **I**, jedoch **II** in überwiegender Menge, entstehen. Entsprechend wird der aus **IV** durch Umsetzung mit α-Brompropionsäureäthylester u. Zn gebildete *Hydroxyester* $C_{14}H_{24}O_3$ erheblich leichter dehydratisiert als der aus **I** auf dem gleichen Wege erhaltene. In beiden Fällen entsteht ein Gemisch aus *2-Methyl-3-[2-methylcyclohexen-(2)-yl]-buten-(2)-säureäthylester* u. *2-Methyl-3-[2-hydroxy-2-methylcyclohexyl]-buten-(2)-säurelacton* (**V**), aus dem durch Verseifung u. anschließende Lactonisierung wieder **V** ($C_{12}H_{18}O_2$) erhalten wird. **V** isomerisiert sich in der Hitze zu einem *α,β-ungesätt. γ-Lacton*. Die ausschließliche Bldg. von α,β-ungesätt. Estern mit cis-Konfiguration steht im Einklang mit der Auffassung über die Struktur des aus den Partnern der Reformatski-Rk. gebildeten Additionskomplexes. Die Bldg. von **III** aus **IV** deutet darauf hin, daß sich **IV** während der Reformatski-Rk. in **I** umlagert. Die Werte der UV- u. IR-Spektren sind in den meisten Fällen angegeben. W. Kirschenlohr. 2050

Untersuchungen über die Dieckmann-Cyclisierung. 2. Mitt. **Dieckmann-Cyclisierung von 2-Methylhexan-1.2.5-tricarbonsäuretrimethylester.** Jadugopal Dutta und Rabindra Nath Biswas. (J. Indian chem. Soc. **38**, 385—90, 1961; Calcutta, Jadavpur Univ., Chem. Dep.; engl.) — 1. vgl. J. Indian chem. Soc. **38**, [1961], 335. — Während die Dieckmann-Cyclisierung von 2-Methylhexan-1.2.5-tricarbonsäuretrimethylester (**I**) mit Na in Bzl. leicht erfolgt, läßt sie sich durch Einw. von $NaOCH_3$ in Methanol (3$^1/_2$std. Erhitzen am Rückfluß unter N_2) nicht herbeiführen. Der als Cyclisierungs-Prod. erhaltene *1.4-Dimethylcyclohexanon-(3)-dicarbonsäure-(1.2)-dimethylester* wurde zu *1.4-Dimethylcyclohexanon-(3)-carbonsäure-(1)* (**II**) hydrolysiert. Das daraus erhaltene **II**-*2.4-Dinitrophenylhydrazon* zeigt keine F.-Depression mit einem authent., auf nachst. Wege erhaltenen Präp.: Der durch Kondens. von Oxalsäurediäthylester mit 1-Methylcyclohexanon-(3)-carbonsäure-(1)-methylester (**IV**) in A. in Ggw. von Na-Äthylat erhaltene *4-Äthoxalylester* geht durch Pyrolyse in *1-Methylcyclohexanon-(3)-dicarbonsäure-(1.4)-diäthylester* (**V**) über. **V** wurde in benzol. Lsg. methyliert u. das Methylierungs-Prod. der Hydrolyse unterworfen, wodurch **II** entsteht. Die Darst. von **I** erfolgte auf folgendem Wege: Durch Michael-Addition von Acetessigsäureäthylester an Methacrylsäuremethylester zu *4-Äthoxycarbonyl-5-oxo-2-methylhexansäuremethylester* (77% Ausbeute), Hydrolyse u. Veresterung der erhaltenen rohen *5-Oxo-2-methylhexansäure* (**III**) mit A./H_2SO_4 wurde der **III**-*Äthylester* erhalten. Dieser geht durch Umsetzung mit Cyanessigsäureäthylester nach der Meth. von Cope (J. Amer. chem. Soc. **63**, [1941], 3452) in guter Ausbeute in *1.5-Dicarbäthoxy-1-cyan-2-methylhexen-(1)* über. Aus dieser Verb. entsteht durch Addition von HCN *1.5-Dicarbäthoxy-1.2-dicyan-2-methylhexan.* Hieraus erhält man durch Einw. von konz. HCl *2-Methylhexan-1.2.5-tricarbonsäure* in krist. Form, die durch Veresterung mit Methanol/H_2SO_4 in **I** übergeht. Ferner wurde der durch Dieckmann-Cyclisierung von 2-Methylpentan-1.2.5-tricarbonsäuretriäthylester (**VI**) erhaltene *β-Ketoester* (vgl. 1. Mitt. l. c. sowie Banerjee [1940]) der Methylierung unterworfen. Durch anschließende Hydrolyse erhält man sehr wahrscheinlich *1.3-Dimethyl-1-carboxymethylcyclopentanon-(2)*.

Versuche: *4-Äthoxycarbonyl-5-oxo-2-methylhexansäuremethylester*, $Kp._{4,5}$ 130 bis 132°, durch Zutropfen von frisch dest. Acetessigsäureäthylester zu Na-Äthylat in abs. A. unter Eiskühlung, Zutropfen von frisch dest. Methacrylsäuremethylester in abs. Bzl. unter Umschütteln, nach $^1/_2$ Std. Erhitzen des Rk.-Gemisches für 5 Std. unter Rückfluß, 48std. Stehen bei Raum-Temp., Ansäuern mit kalter verd. Essigsäure, Ausschütteln mit Ae./Bzl., Abdampfen der Lsgm. u. Dest. im Vakuum; helles, gelblichgrünes Öl; 77% (Ausbeute). — *5-Oxo-2-methylhexansäure* (**III**)-*Äthylester*, $C_9H_{16}O_3$, $Kp._2$ 84—85°, durch 20std. Erhitzen von 49,1 g vorst. Verb. mit 6n HCl, weitgehendes Eindampfen, Beseitigen der letzten Spuren Feuchtigkeit durch azeotrope Dest. mit Bzl. u. 18std. Erhitzen der erhaltenen rohen **III** mit abs. A. u. konz. H_2SO_4; 27,5 g. — *1.5-Dicarbäthoxy-1-cyan-2-methylhexen-(1)*, $C_{14}H_{21}NO_4$, $Kp._{2,5}$ 156—158°, durch 16std. Dest. (unter Verw. eines Wasserabscheiders) einer Lsg. von 27,5 g vorst. Esters, 18,7 g Cyanessigsäureäthylester u. Eisessig in Bzl. unter Zugabe von NH_4-Acetat, Abdampfen des Lsgm. u. Dest. im Vakuum; $n_D^{26,5}$ 1,4684; 36,5 g. — *1.5-Dicarbäthoxy-1.2-dicyan-2-methylhexan*, $C_{15}H_{22}N_2O_4$, $Kp._{0,8}$ 182—184°, durch langsames Zugeben von 19 g KCN in

W. zu 36,5 g vorst. Verb. in A., $^1/_2$std. Kühlen in Eis, Zutropfen von HCl (D. 1,155), dann von eiskaltem W., Ansäuern mit halbverd. HCl u. Aufnehmen in Ae.; Öl; n_D^{27} 1,4512 35,2 g. — *2-Methylhexan-1.2.5-tricarbonsäure*, $C_{10}H_{16}O_6$, F. 148—148,5° (Ae./PAe.), durch 96std. Erhitzen von 34,3 g vorst. Verb. mit konz. HCl unter Rückfluß; 25 g (roh). *Trimethylester* (I), $C_{13}H_{22}O_6$, Kp.$_{0,5}$ 128—130°, durch 90std. Erhitzen von 25 g roher Säure mit abs. Methanol u. konz. H_2SO_4 unter Rückfluß; n_D^{22} 1,4462; 23,3 g. — *1.4-Dimethylcyclohexanon-(3)-dicarbonsäure-(1.2)-dimethylester*, $C_{12}H_{18}O_5$, Kp.$_{0,5}$ 100—105°, durch $3^1/_2$std. Erhitzen von 4,38 g I u. 0,76 g Na in abs. Bzl. u. abs. Methanol im Ölbad (105—110°) unter N_2; 2,9 g; mit äthanol. $FeCl_3$-Lsg. intensive Violettfärbung. — *1.4-Dimethylcyclohexanon-(3)-carbonsäure-(1)* (II), $C_9H_{14}O_3$, Kp.$_{0,4}$ 95—100°, a) durch 24std. Erhitzen von 2,9 g vorst. Esters mit 20%ig. HCl u. Eisessig unter Rückfluß; klebrige Fl.; n_D^{27} 1,4715; 1,4 g; b) durch Zutropfen einer Lsg. von 2,6 g V in abs., thiophenfreiem Bzl. zu einer Suspension von 0,28 g Na in Bzl., Stehen über Nacht, 1std. Erhitzen, Kühlen, Zugeben von CH_3J unter Schütteln, Stehen über Nacht bei Raum-Temp., Zugeben von weiterem CH_3J, 4std. Erhitzen, Gießen in Eiswasser, Abdampfen des Lsgm. u. Erhitzen des Rückstandes mit 20%ig. HCl u. Eisessig; 1 g. *2.4-Dinitrophenylhydrazon*, $C_{15}H_{18}N_4O_6$, F. 183—184° (Bzl.). — *1-Methylcylcohexanon-(3)-dicarbonsäure-(1.4)-diäthylester* (V), $C_{13}H_{20}O_5$, Kp.$_{1,5}$ 126—128°, durch Versetzen von 0,55 g Na in abs. A. unter Kühlen mit einem gut gekühlten Gemisch aus 3,7 g IV u. 3,5 g Oxalsäurediäthylester, $^1/_2$std. Schütteln, Stehen über Nacht, Zugeben von eiskaltem W. u. Ansäuern mit eiskalter H_2SO_4 (1 : 50), Extrahieren mit Bzl., $^1/_2$std. Erhitzen des Rückstandes im Ölbad auf 180—190° u. Dest. im Vakuum; 3,9 g; mit äthanol. $FeCl_3$-Lsg. intensive Violettfärbung. — *1.3-Dimethyl-1-carboxymethylcyclopentanon-(2)*, $C_9H_{14}O_3$, Kp.$_{0,4}$ 100—110°, durch Zugeben von 5,06 g VI zu einer Suspension von 0,76 g gepulvertem Na in abs., thiophenfreiem Bzl., $3^1/_4$std. Erhitzen, 1std. Kühlen im Eisbad, Zugeben von CH_3J unter Schütteln, Stehen über Nacht, Zugeben von weiterem CH_3J, 4std. Erhitzen, Versetzen mit W. u. 60std. Erhitzen des Rückstandes mit 20%ig. HCl; viscose Fl.; $n_D^{29,5}$ 1,4631; 1,4 g. *Semicarbazon*, $C_{10}H_{17}N_3O_3$, F. 186—187° (Zers.; wss. Methanol). Dieter Holzner. 2070◇

Über die Reaktion von Acrylonitril mit Diphenyl. F. M. Mandrossowa und G. I. Kudrjawzew. (J. allg. Chem. [UdSSR] **31** (**93**), 2246—48, 1961; Allunions-Forschungs-Inst. für synthet. Fasern; russ.) — Durch 8std. Erhitzen von Diphenyl, Acrylonitril u. $AlCl_3$ (3 : 1 : 3,5 Mol) im Autoklaven auf 165—170° u. Fraktionierung des Rk.-Gemisches werden *β-[o-Diphenylyl]-propionitril* (I; $C_{15}H_{13}N$, Kp.$_1$ 145—148°; D_4^{20} 1,071; n_D^{20} 1,580) u. *β-[p-Diphenylyl]-propionitril* (II; $C_{15}H_{13}N$, Kp.$_1$ 163—165°, F. 98,5—90° aus Methanol) erhalten. Die Gesamtausbeute beträgt 36% u. sinkt bei Änderung des genannten Mol-Verhältnisses stark ab. Die Verseifung von I bzw. II durch 5std. Kochen mit 10%ig. NaOH liefert *β-[o-Diphenylyl]-propionsäure* [III; $C_{15}H_{14}O_2$, F. 110—111° (80%ig. Methanol); 55% Ausbeute] bzw. *β-[p-Diphenylyl]-propionsäure* [F. 145—146° (W.); 99%]. Bei der Oxydation von III mit 20%ig. HNO_3 (2 Std., 120—140°) entsteht *o-Phenylbenzoesäure*, F. 108—110° (W.). Helmut Schäfer. 2410△

β-Aroylpropionsäuren. 19. Mitt. **Weitere Beobachtungen bei der Friesschen Umlagerung.** A. M. El-Abbady, F. G. Baddar und A. Labib. (J. chem. Soc. [London] **1961**, 1083—87, März; Cairo, Egypt, Ain Shams Univ., Coll. of Girls, Fac. of Sci., Chem. Dep.; engl.) — 18. vgl. C. **1963**, **9284**. — Durch Zusammenschmelzen von Phenylsuccinanhydrid (**I**) mit Phenol entsteht ein Gemisch aus α- (**IIa**) u. *β-Phenyl-β-carboxypropionsäurephenylester* (**IIb**) im Verhältnis 3 : 2, das auch durch Behandlung beider Komponenten mit $AlCl_3$ in CS_2 erhalten wird. Durch Erhitzen von **IIa** u. **IIb** mit $AlCl_3$ in Acetylentetrachlorid oder in Nitrobenzol auf 117—120° tritt Friessche Verschiebung ein unter ausschließlicher Bldg. von *β-Phenyl-β-[p-hydroxybenzoyl]-* (**IVb**) bzw. *β-Phenyl-β-[p-hydroxybenzoyl]-propionsäure* (**IVa**); in Toluol unter den gleichen Bedingungen werden dagegen *β-Phenyl-β-[p-toluyl]-* bzw. *α-Phenyl-β-[p-toluyl]-propionsäure* neben Spuren von **IVb** bzw. **IVa** erhalten. Die Schmelze von **I** mit p-Kresol gibt analog im Gemisch aus α- (**IIIa**) u. *β-Phenyl-β-carboxypropionsäure-p-tolylester* (**IIIb**). Werden **IIIa** u. **IIIb** in Ggw. von $AlCl_3$ in Acetylentetrachlorid, Nitrobenzol oder in Toluol auf 170° erhitzt, so entstehen nur *β-Phenyl-* (**Vb**) bzw. *α-Phenyl-β-[2-hydroxy-5-methylbenzoyl]-propionsäure* (**Va**). m-Kresol ergibt mit **I** in Ggw. von $AlCl_3$ bei 24std. Stehen bei Raum-Temp. oder durch 2std. Erhitzen auf 170° *α-Phenyl-β-[2-hydroxy-4-methylbenzoyl]-propionsäure* (**VII**), während m-Methoxytoluol bei 3tägigem Stehen *α-Phenyl-* oder *β-Phenyl-β-[4-methoxy-2-methylbenzoyl]-propionsäure* liefert.

Versuche: *β-[2-Methoxy-5-methylbenzoyl]-α-phenylpropionitril*, $C_{18}H_{17}NO_2$, F. 103 bis 104°, durch Zugabe von 35%ig. wss. KCN-Lsg. zu 2'-Methoxy-5'-methylchalkon in

A./Essigsäure bei 35° u. 3std. Erwärmen; aus A. hellgelbe Kristalle; 90% (Ausbeute). — *β-[2-Methoxy-5-methylbenzoyl]-α-phenylpropionsäure*, $C_{18}H_{18}O_4$, F. 173—174° (Bzl.), durch 10std. Kochen vorst. Verb. mit 60%ig. äthanol. KOH; 80%. *Methylester*, $C_{19}H_{20}O_4$, F. 67—68° (Bzl./Bzn.), a) durch 12std. Kochen der Säure mit Dimethylsulfat in Aceton in Ggw. von K_2CO_3; 75%; b) durch Methylieren von **Va**. — *2'-Methoxy-4'-methylchalkon*, $Kp._1$ 180—182°, durch 3std. Erwärmen von Benzaldehyd u. 2-Methoxy-4-methylacetophenon in A. in Ggw. von 10%ig. NaOH auf 25—30°; 80%. *2.4-Dinitrophenylhydrazon*, $C_{23}H_{20}N_4O_5$, F. 204—205°, aus Essigsäure tiefrote Kristalle. — *β-[2-Methoxy-4-methylbenzoyl]-α-phenylpropionsäure*, $C_{18}H_{18}O_4$, F. 148—149° (Bzl./Bzn.), a) durch 50std. Kochen vorst. Ketons mit KCN in verd. A./Essigsäure, Eindampfen, 10std. Kochen mit konz. HCl u. Extrahieren mit Ae.; 80%; b) durch 2std. Kochen des Methylesters mit 3%ig. alkohol. KOH; 100%. — *α-Phenyl-β-carboxypropionsäurephenylester* (**IIa**), $C_{16}H_{14}O_4$, F. 130—131° (Bzl.), a) durch 3std. Erhitzen von Phenol u. I auf 130—140°, Lösen in Ae. u. Extrahieren mit 5%ig. Soda-Lsg.; 30%; b) durch Zugabe von $AlCl_3$ zu Phenol u. **I** in CdS_2, 3std. Stehen u. Zers. mit Eis/konz. HCl; 14%. — *β-Phenyl-β-carboxypropionsäurephenylester* (**IIb**), $C_{16}H_{14}O_4$, F. 104—105° (Bzl./PAe.), aus den Mutterlaugen von **IIa** durch Fällen mit PAe.; 19% bzw. 11%. — *α-Phenyl-β-carboxypropionsäure-p-tolylester* (**IIIa**), $C_{17}H_{16}O_4$, F. 128—129° (Bzl.), analog **IIa** aus p-Kresol u. **I** nach a) oder b); 45% bzw. 37%. — *β-Phenyl-β-carboxypropionsäure-p-tolylester* (**IIIb**), $C_{17}H_{16}O_4$, F. 95—96° (Bzl./PAe.), neben **IIIa** analog **IIb**; 16% bzw. 14%. — β-[p-Hydroxybenzoyl]-propionsäuren, durch ½std. Stehen von 0,011 Mol **IIb** oder **IIa** mit $AlCl_3$ in einem Lsgm. bei Raum-Temp., 1½std. Erwärmen auf 117°, Hydrolyse mit Eis/verd. HCl, a) Dampf-Dest. u. Digerieren des Rückstandes mit konz. Soda-Lsg. oder b) Extrahieren mit Ae. u. Behandeln der äther. Lsg. mit Soda-Lsg., Kochen der nach a) oder b) gewonnenen sodaalkal. Extrakte, Ansäuern u. a) Filtrieren oder b) bei Verw. von Toluol als Lsgm., Veresterung durch Einleiten von HCl in die alkohol. Lsg., Eindampfen, Lösen in Ae., Extrahieren mit NaOH-Lsg. u. Ansäuern (die nicht phenol. Säureester werden durch Kochen mit 8%ig. NaOH hydrolysiert): *α-Phenyl-* (**IVa**), $C_{16}H_{14}O_4$, F. 204—205° (Bzl./PAe.), a) aus **IIb** in symm.-Tetrachloräthan; 1,1 g; b) in Nitrobenzol; 0,75 g; c) in Toluol; Spuren; daneben 1 g *α-Phenyl-β-[p-toluyl]-propionsäure*, F. 153—154° (Ae.). — *β-Phenyl-* (**IVb**), $C_{16}H_{14}O_4$, F. 165 bis 166° (Bzl.), a) aus **IIa** in Tetrachloräthan; 1 g; b) in Nitrobenzol; 0,7 g; c) in Toluol; Spuren; daneben *β-Phenyl-β-[p-toluyl]-propionsäure*, F. 156—157° (Ae.); 0,9 g. — β-[p-Anisoyl]-propionsäuren: *α-Phenyl-*, F. 149—150°, durch Methylierung von **IVa** mit Dimethylsulfat/K_2CO_3 in Aceton u. Hydrolyse des *Methyläthermethylesters* mit 3%ig. alkohol. KOH. — *β-Phenyl-*, F. 147—148°, analog vorst. Verb. aus **IVb**. — β-[2-Hydroxy-5-methylbenzoyl]-propionsäuren: *α-Phenyl-* (**Va**), $C_{17}H_{16}O_4$, F. 130—131° (Bzl.), a) aus **IIIb** in Tetrachloräthan; 1,5 g; b) in Nitrobenzol; 1,1g; c) in Toluol; 0,4 g. — *β-Phenyl-* (**Vb**), $C_{17}H_{16}O_4$, F. 167—168° (Bzl.), a) aus **IIIa** in Tetrachloräthan; 1,8 g; b) in Nitrobenzol; 1,2 g; c) in Toluol; 0,5g. *Methyläthermethylester*, $C_{19}H_{20}O_4$, F. 59—60° (PAe.), durch Methylieren mit Dimethylsulfat in Aceton in Ggw. von K_2CO_3. — *Phenylbernsteinsäure* (**VI**), neben **Va** u. **Vb** nach c). — Propionsäuren: *β-[2-Hydroxy-4-methylbenzoyl]-α-phenyl-* (**VII**), $C_{17}H_{16}O_4$, F. 172—173° (Bzl.), a) durch Zugabe von $AlCl_3$ zu m-Kresol u. 15 g **I** in Tetrachloräthan, 4std. Stehen bei 0° u. Stehen über Nacht bei Raum-Temp.; 37%; daneben 10,5 g **VI**; b) analog a) durch ½ std. Stehen bei 0°, 1std. Stehen bei Raum-Temp. u. 2std. Erhitzen auf 170—180°; 82%. *Methyläthermethylester*, $C_{19}H_{20}O_4$, F. 112—113° (PAe.), durch Methylieren mit Dimethylsulfat; 100%. — *β-[4-Methoxy-2-methylbenzoyl]-α-* oder *-β-phenyl-*, $C_{18}H_{18}O_4$, F. 120 bis 121° (Bzl./Bzn.), durch 4std. Stehen von m-Methoxytoluol, **I** u. $AlCl_3$ in Tetrachloräthan bei 0° u. 3tägiges Stehen bei Raum-Temp.; 75%. — *4-Methoxyphthalsäure*, F. 170° (W.), durch 2std. Oxydation vorst. Verb. mit $KMnO_4$ in sd. 3%ig. KOH. — *2-Methoxyterephthalsäure*, F. 286—288° (W.), aus **VII** analog vorst. Verbindung.

W. Hampel. 2470◇

β-Aroylpropionsäuren. 20. Mitt. Überführung von β-[2.5-Dimethylbenzoyl]-α- und -β-phenylpropionsäure in vielkernige Verbindungen. F. G. Baddar, M. F. El-Neweihy und M. T. El-Zimaity. (J. chem. Soc. [London] **1961**, 2701—05, Juli; engl.) — 19. vgl. vorst. Referat. — α-Äthoxalyl-β-phenyl-γ-[p-xylyl]-buttersäureäthylester (**I**) ergibt durch Cyclisierung mit 80%ig. H_2SO_4 u. nachfolgende Dehydrierung mit Se *5.8-Dimethyl-3-phenylnaphthalin-1.2-dicarbonsäureanhydrid*, welches durch Cyclisierung mit $AlCl_3$ in Nitrobenzol *6.9-Dimethylbenzo-[b]-fluorenon-10-carbonsäure* liefert. Beim Kochen von **I** mit 20%ig. H_2SO_4 u. folgender Dehydrierung entsteht *5.8-Dimethyl-3-phenyl-1-naphthoesäure* (**IV**), die durch Decarboxylierung *1.4-Dimethyl-6-phenylnaphthalin* (**II**) ergibt. **II** ist ident. mit dem aus γ-[2.5-Dimethylphenyl]-β-phenylbuttersäure (**VI**) erhaltenen Produkt. Die Maxima der IR-Spektren sind angegeben.

Versuche: *2.5-Dimethyldesoxybenzoin*, $Kp._{5,5}$ 182°, durch ½std. Zugabe von 15,5 g Phenylacetylchlorid, p-Xylol u. symm.-Tetrachloräthan zu $AlCl_3$ bei 0—5°, 48std. Stehen bei Raum-Temp. u. Zers. mit verd. HCl; 17 g (Ausbeute). *Oxim*, $C_{16}H_{17}NO$, F. 111—113° (verd. A.). — *β-[2.5-Dimethylbenzoyl]-β-phenylpropionsäure* (**IIIb**), $C_{18}H_{18}O_3$, F. 171° (A.), a) durch 4std. Kochen von 9 g vorst. Verb. mit Na-Äthylat in abs. A., Zugabe von Bromessigsäureäthylester, 10std. Kochen, Filtrieren, 10std. Kochen mit 7%ig. äthanol. NaOH u. Zugabe zu verd. HCl; 1,6 g; b) durch ½std. Zugabe von $AlCl_3$ zu einem Gemisch aus 17,6 g Phenylsuccinanhydrid, p-Xylol u. symm.-Tetrachloräthan bei 0—5° u. 48std. Stehen bei Raum-Temp.; 15,5 g; daneben durch Eindampfen der Mutterlaugen *β-[2.5-Dimethylbenzoyl]-α-phenylpropionsäure* (**IIIa**), $C_{18}H_{18}O_3$, F. 130° (Bzl./Bzn.); 10 g. — *γ-[2.5-Dimethylphenyl]-β-phenylbuttersäure* (**VI**), $C_{18}H_{20}O_2$, F. 92 bis 93° (PAe.), durch 150std. Kochen von 12 g **IIIb** in Toluol mit Zn-Amalgam in verd. HCl; 8 g. *Äthylester*, $C_{20}H_{24}O_2$, $Kp._{0,1}$ 171°, durch Sättigen der äthanol. Lsg. mit HCl. — *α-Äthoxalyl-β-phenyl-γ-[2.5-dimethylphenyl]-buttersäureäthylester* (**I**), durch Zugabe von Oxalsäurediäthylester zu K-Äthylat in Ae., 1std. Stehen, Zugabe von 11,4 g vorst. Esters, Stehen über Nacht u. 7std. Kochen; 19,2 g. — *3.4-Dihydro-5.8-dimethyl-3-phenylnaphthalin-1.2-dicarbonsäureanhydrid*, $C_{20}H_{16}O_3$, F. 130—132°, durch 1std. Erwärmen von 19,2 g **I** mit 80%ig. H_2SO_4, Dekantieren, Kochen mit Soda-Lsg., Ansäuern u. Kochen mit Acetylchlorid; aus Bzn. gelbgrüne Kristalle; 3,8 g. — *5.8-Dimethyl-3-phenylnaphthalin-1.2-dicarbonsäureanhydrid*, $C_{20}H_{14}O_3$, F. 210°, durch 8std. Erhitzen von 1,1 g vorst. Verb. mit Se auf 290° u. Extrahieren mit sd. Bzl.; aus Bzl./PAe. gelbe Nadeln; 0,7 g. — *6.9-Dimethylbenzo-[b]-fluorenon-10-carbonsäure*, $C_{20}H_{14}O_3$, F. 300°, durch 1std. Zugabe von 0,5 g vorst. Verb. u. $AlCl_3$ zu Nitrobenzol bei 10°, 2std. Stehen u. 6std. Erwärmen auf 55—60°; aus Essigsäure gelbe Nadeln; 0,3 g. — *3.4-Dihydro-5.8-dimethyl-3-phenyl-1-naphthoesäure* (**V**), $C_{19}H_{18}O_2$, F. 165° (verd. A.), durch 56std. Kochen von 16,7 g **I** mit 20%ig. H_2SO_4; 6 g. — *2-Phenyl-4-hydroxy-4-[p-xylyl]-buten-(3)-säurelacton* (**VII**), $C_{18}H_{16}O_2$, $Kp._{0,2}$ 280°, F. 127—128° (PAe.), a) durch 2½std. Kochen von 24,5 g roher **VI** (enthält **IIIa**) mit $POCl_3$ in symm.-Tetrachloräthan, Zugabe von W., Dampf-Dest. u. Dest. des Rückstandes; 0,55 g; b) durch Erhitzen von **IIIa** mit Acetanhydrid. — *Verb.* $C_{17}H_{18}O$, F. 89—90° (verd. A.), $Kp._{0,2}$ 240°, neben **VII** nach a); 7,6 g. *2.4-Dinitrophenylhydrazon*, $C_{23}H_{22}N_4O_4$, F. 200°, aus A. rote Kristalle. — *5.8-Dimethyl-2-phenyltetralon-(1)*, a) durch 90std. Kochen von 15 g **IIIa** mit Zn-Amalgam in Toluol/verd. HCl; viscoses gelbes Öl; 7,2 g; b) durch Waschen vorst. Verb. u. **VII** nach a) mit PAe.; 5 g. *2.4-Dinitrophenylhydrazon*, $C_{24}H_{22}N_4O_4$, F. 242°, aus Äthylacetat rote Kristalle. — *2-Phenyl-5.8-dimethyltetralol-(1)*, $Kp._{0,2}$ 250°, durch 3std. Kochen von 2,8 g vorst. Verb. mit $LiAlH_4$ in abs. Ae. u. Stehen über Nacht. — *1.4-Dimethyl-6-phenylnaphthalin* (**II**), $C_{18}H_{16}$, F. 70° (Methanol), a) durch 8std. Erhitzen von 1 g vorst. Verb. mit Se auf 230°, Extrahieren mit Ae., Eindampfen, Lösen in PAe. u. langsames Verdunsten; 0,5 g; b) durch 1std. Kochen von **IV** u. Cu in Chinolin. — *3-Phenyl-5.8-dimethyl-1-naphthoesäure* (**IV**), $Kp._{0,5}$ 260°, durch 8std. Erhitzen von 1,2 g **V** u. Se auf 240°; 0,7 g.

W. Hampel. 2470◇

Synthese und gegenseitige Umwandlung von 1-Acetyl-$\Delta^{1,8}$-hexahydroinden und 1-Acetyl-$\Delta^{8,9}$-tetrahydroindan. Walter L. Meyer und James F. Wolfe. (J. org. Chemistry **27**, 3263—67, 1962; Bloomington, Ind., Indiana Univ., Dep. of Chem.; engl.)— *1-Acetyl-$\Delta^{1,8}$-hexadroinden* (**I**) wird im Sinne einer Aldol-Rk. durch basenkatalysierte Cyclisierung von *2-[3-Acetylpropyl]-cyclohexanon* (**II**) dargestellt, das seinerseits durch Kondens. von Cyclohexanoncarbonsäure-(2)-äthylester (**III**) u. 2-[3-Brompropyl]-2-methyl-1.3-dioxolan (**IV**) zu *2-Carbäthoxy-2-[4.4-äthylendioxypentyl]-cyclohexanon* (**V**), alkal. Hydrolyse u. Ketalspaltung entsteht. Bei Behandlung mit Säure oder Base wandelt sich **I** in ein Gleichgewichtsgemisch aus **I** u. dem isomeren *1-Acetyl-$\Delta^{8,9}$-tetrahydroindan* (**VI**) im Verhältnis 1 : 4 um; durch Ketalspaltung von **V** u. Cyclisierung bildet sich ein Gemisch ähnlicher Zusammensetzung. Strukturbeweise u. Bldg.-Mechanismus für **I** u. **VI** werden diskutiert.

Versuche: *2-Carbäthoxy-2-[4.4-äthylendioxypentyl]-cyclohexanon* (**V**), $C_{16}H_{26}O_5$, $Kp._{0,3}$ 152°, durch Zugabe von **III** unter Rühren zu K-tert.-Butylat, ¼std. Stehen, rasche Zugabe von **IV**, 7std. Kochen unter Rühren, Verdünnen mit Eiswasser, Extrahieren mit CH_2Cl_2 u. Dest.; n_D^{23} 1,4692; 71% (Ausbeute). — *2-Carbäthoxy-2-[3-acetylpropyl]-cyclohexanon* (**VII**), $C_{14}H_{22}O_4$, $Kp._{0,4}$ 126°, $Kp._1$ 142—143°, durch 7std. Stehen von **V** mit Methanol u. 5%ig. HCl bei Raum-Temp., Verdünnen mit W., Ausäthern u. Dest.; n_D^{25} 1,4697; 72%. — *2-[3-Acetylpropyl]-cyclohexanon* (**II**), $C_{11}H_{18}O_2$, $Kp._{0,6}$ 94—95°, durch 26std. Kochen von **V** mit 95%ig. A./5%ig. NaOH unter N_2, Einengen im Vakuum, Ansäuern mit 5%ig. HCl auf pH 2, 1std. Rühren bei Raum-Temp., Ausäthern u. Dest.; n_D^{25} 1,4703; 62%. — *1-Acetyl-$\Delta^{8,9}$-tetrahydroindan* (**VI**), a) im Gemisch mit 18% **I** durch

24std. Kochen von VII mit 5%ig. KOH unter N_2, Neutralisieren mit 3n H_2SO_4, Ausäthern u. Dest.; b) im Gemisch mit 29% I durch 1std. Stehen von II in Methanol mit methanol. Na-Methylat, 2std. Kochen unter N_2, Verdünnen mit W., Ausäthern u. Dest.; c) neben 53% I durch 5std. Kochen von II mit 5%ig. KOH, weiter wie nach b) u. Chromatographie an Florisil (Eluieren mit Bzl./Cyclohexan 1 : 9); d) im Gemisch mit 83 % I durch 3std. Kochen von II mit 5%ig. wss. K_2CO_3 unter N_2, Ausäthern u. Dest.; e) im Gemisch mit 20% I durch 48std. Rühren von I (mit 12% VI) oder 24std. Rühren von VI (mit <5% I) in methanol. $NaOCH_3$ unter N_2, Verdünnen mit W., Ausäthern u. Einengen. *Semicarbazon*, $C_{12}H_{19}N_3O$, F. 141—143°, Nadeln aus wss. Methanol. — *1-Acetyl-$\Delta^{1,8}$-hexahydroinden* (I), $C_{11}H_{16}O$, Kp.$_5$ 98°, a) im Gemisch mit 82% VI bei dessen Darst. nach a); b) im Gemisch mit 71% VI nach b); c) im Gemisch mit 47% VI nach c); d) neben 17% VI nach d) durch sorgfältige Dest. über eine Drehbandkolonne; 67%; e) im Gemisch mit 80% VI nach e). *Semicarbazon*, $C_{12}H_{19}N_3O$, F. 198—200° (Zers.), Platten aus wss. Methanol; gibt bei der Zerlegung mit Phthalsäureanhydrid u. W. ein Gemisch aus 73% I u. 27% VI. G. Fischer. 2650◇

Katalytische Hydrierung von Naphthochinon-(1.4) an Pt-Oxid. Yoshiro K. Sawa und Naoki Tsuji. (Annu. Rep. Shionogi Res. Lab. [Osaka] **1956**, Nr. 6, 7—15; jap., Auszug: engl.) — Naphthochinon-(1.4) (I) nimmt in Ggw. von PtO_2 rasch 1 Mol H_2, dann langsamer noch 2 Mol H_2 auf unter Bldg. von *5.6.7.8-Tetrahydro-1.4-dihydroxynaphthalin* (II), welches sich zu *5.6.7.8-Tetrahydronaphthochinon-(1.4)* (III) oxydieren läßt, ident. mit dem Oxydations-Prod. von 1-Amino-5.6.7.8-tetrahydronaphthalin (IV). 2-Methylnaphthochinon-(1.4) (V) reagiert analog. Demnach werden Naphthochinone-(1.4) mit PtO_2 im Benzolring, mit $LiAlH_4$ im Chinonring hydriert. UV- u. IR-Spektrogramme.

Versuche: 5.6.7.8-Tetrahydronaphthaline: *1.4-Dihydroxy-* (II), F. 172—174°, aus 2 g I in 50 ml Eisessig in Ggw. von PtO_2 durch Aufnahme von 3 Mol H_2 in 9—10Std. zuletzt unter Erwärmen; 2,1 g (Ausbeute). *Diacetat*, $C_{14}H_{16}O_4$, F. 185—186°, auch aus III in Acetanhydrid durch $SnCl_2$ + 1 Tropfen konz. H_2SO_4. — *1-Amino-* (IV), Kp.$_7$ 123 bis 129°, aus 20 g 1-Aminonaphthalin in A. durch Red. mit Na in 1 Std. bei 95°; 11,5g. Wird durch CrO_3 zu I oxydiert. — *2-Methyl-1.4-dihydroxy-* (VI), $C_{11}H_{14}O_2$, F. 163—164°, aus 3 g V analog II; 2,2 g; daneben wenig VII; läßt sich durch $LiAlH_4$ nicht weiter hydrieren. *Diacetat*, $C_{15}H_{18}O_4$, F. 102—103°, a) aus V direkt in Eisessig–Acetanhydrid (1 : 1) durch Red.; b) aus VIII in Eisessig durch Red. in Ggw. von PtO_2.— *5.6.7.8-Tetrahydronaphthochinon-(1.4)* (III), $C_{10}H_{10}O_2$, F. 53—54,5°, a) aus 1 g II in A. mit 10%ig. $FeCl_3$; b) aus 9 g IV in konz. H_2SO_4 + 300 ml W. mit $Na_2Cr_2O_7$ (Stehen über Nacht bei 5—10°); gelb; 1,2 g. — *2-Methyl-5.6.7.8-tetrahydronaphthochinon-(1.4)* (VII), $C_{11}H_{12}O_2$, F. 57—58°, aus 0,3 g VI in Eisessig durch Zugabe von rauchender HNO_3 unter Kühlen u. Stehen über Nacht; orangegelb; 0,1 g. *Semicarbazon*, $C_{12}H_{15}N_3O_2$, F. 229° (Zers.). — Naphthaline: *1.4-Dihydroxy-*, aus 2 g I in Eisessig durch Hydrierung in Ggw. von Pd-Kohle. *Diacetat*, $C_{14}H_{12}O_4$, F. 128—129°, aus 1 g I in 50 ml Eisessig–Acetanhydrid (1 : 1) durch Hydrierung, Schuppen. — *2-Methyl-1.4-dihydroxy-*, F. 160°, aus 2 g V in Eisessig mit H_2 in Ggw. von Pd-Kohle. *Diacetat* (VIII), $C_{15}H_{14}O_4$, F. 112°. — 1.2.3.4-Tetrahydronaphthaline: *2-Methyl-1.4-dihydroxy-*, $C_{11}H_{14}O_2$, F. 177—178°, aus 10 g V in Ae. mit $LiAlH_4$ (30 bis 40°); daneben *2-Methyl-1-hydroxy-4-oxo-*, F. 99—100°. — *2-Methylnaphthochinon-(1.4)* (V), *Semicarbazon*, $C_{12}H_{11}N_3O_2$, F. 246° (Zers.). L. Schuler. 2700□

1-Chlor- und 1-Methoxy-2-nitronaphthalin-4-sulfonsäure. Ss. W. Bogdanow und N. I. Tabatschnikowa. (J. allg. Chem. [UdSSR] **31 (93)**, 1912—16, 1961; Woroschilow-Forsch.-Inst. für organ. Zwischenprodd. u. Farbstoffe; russ.) — Aus 1-Amino-2-nitronaphthalin-4-sulfonsäure (I) wurde nach Sandmeyer *1-Chlor-* (II), aus diesem mit Na-Methylat *1-Methoxy-2-nitronaphthalin-4-sulfonsäure* (III) dargestellt. II u. III wurden in die *Chloride, Na-, K-Salze, Amide* u. *Diäthylamide* übergeführt. Durch Red. von II, III u. deren Derivv. wurden *1-Chlor-* u. *1-Methoxy-2-aminonaphthalin-4-sulfonsäure* u. deren *Amide* synthetisiert.

Versuche: *1-Chlor-2-nitronaphthalin-4-sulfonsäure* (II), *Na-Salz, Hydrat*, $C_{10}H_5 \cdot ClNNaO_5S \cdot H_2O$, man gibt 25,2 g I-Na-Salz u. 6,2 g $NaNO_2$ in 470 ml W. in 1½ Std. bei 5° tropfenweise zu 300 g 6,2%ig. HCl, rührt 1 Std., suspendiert den Nd. in 200 ml W., gießt in ³/₄ Std. in die 80° heiße Lsg. aus 4 g Cu_2Cl_2, 40 ml 35,4%ig. HCl u. 200 ml W., rührt ¹/₄ Std. u. versetzt das Filtrat mit NaCl; aus W. gelbe, 4- u. 6eckige Platten; 21,5—22,6 g (Ausbeute). *K-Salz*, $C_{10}H_5KNO_5S$, aus W. gelbe Platten. *Chlorid*, $C_{10}H_5 \cdot Cl_2NO_4S$, F. 155,4—156,2° (Essigsäure), a) durch Eintragen von 37,2 g II-Na-Salz bei 20° in 140 g Chlorsulfonsäure u. 20std. Stehenlassen; 35,4 g; b) durch 5std. Erhitzen von 3,28 g II-Na-Salz, 4g PCl_5 u. 8 ml $POCl_3$ auf 70°; 3,16 g. *Amid*, $C_{10}H_7ClN_2O_4S$, F. 223,5° (Essigsäure), aus 3,06 g II-Chlorid u. NH_4OH (20 Std., 50°); gelbe Platten; 2,6 g.

Diäthylamid, $C_{14}H_{15}ClN_2O_4S$, F. 108,8—109,4° (Essigsäure); Platten. — *1-Chlor-2-aminonaphthalin-4-sulfonsäure*, $C_{10}H_8ClNO_3S$, durch 1std. Kochen von 10,5 g II-Na-Salz mit 150 ml W., 1,6 g NH_4Cl u. 9g Fe-Spänen; aus W. Nadeln; 7,4 g. *Amid*, $C_{10}H_9ClN_2O_2S$, F. 223—223,5° W.-A.), durch Red. von II-Amid mit Fe in A.-Essigsäure-W.; lange, breite Nadeln. — *1-Methoxy-2-nitronaphthalin-4-sulfonsäure* (III), durch 2std. Kochen von 2,7 g NaOH, 16,4 g II-Na-Salz u. 265 ml Methanol; gelb; 14,5 g. *Na-Salz, Hydrat*, $C_{11}H_8NNaO_6S \cdot 1,25\ H_2O$; aus W. hellgelbe, lange Platten. *Chlorid*, $C_{11}H_8ClNO_5S$, F. 108,8 bis 109,2° Essigsäure), durch 2std. Rühren u. 20std. Stehenlassen von 27,9 g III-Na-Salz u. PCl_5-$POCl_3$; rechteckige Platten; 26,2 g. *Amid*, $C_{11}H_{10}N_2O_5S$, F. 204,5—205° (Essigsäure), aus 4,5 g III-Chlorid u. 7 g $(NH_4)_2CO_3$ in W. (24 Std., 20°); gelbe, lange Platten; 3,75 g. *Diäthylamid*, $C_{15}H_{18}N_2O_5S$, F. 90—90,6° (Essigsäure), a) aus 6,1 g III-Chlorid u. 25 g 15%ig. wss. Diäthylamin (5½ Std., 25°); 5,2 g; b) aus 8,5 g II-Diäthylamid durch ³/₄std. Erhitzen mit methanol. NaOH auf 55°; rechteckige Platten; 7,75g. — *1-Methoxy-2-aminonaphthalin-4-sulfonsäure*, $C_{11}H_{11}NO_4S$, durch Red. von 9,83 g III-Na-Salz mit Fe in verd. Essigsäure (1 Std., 75—80°); Prismen; 6 g. *Amid*, $C_{11}H_{12}N_2O_3S$, F. 234,5—235° W.-A.), durch 2std. Erhitzen von 1,45 g III-Amid mit 1,6 g Fe, 0,3 g NH_4Cl u. 90 ml 80%ig. A. auf 80°; rhomb. Platten; 1,3 g. *Diäthylamid*, $C_{15}H_{20}N_2O_3S$, F. 126,8—127,4° (A.), durch Red. von 11 g III-Diäthylamid mit Fe in A. in Ggw. von NH_4Cl; 4- u. 6eckige rosa Platten; 7,22 g. Helmut Schäfer. 2700△

2-Nitronaphthalin-1.4-disulfonsäure und 2-Nitronaphthalin-4-sulfonsäure. N. I. Tabatschnikowa und N. N. Karandaschewa. (J. allg. Chem. [UdSSR] **31 (93)**, 1916—19, 1961; Woroschilow-Forsch.-Inst. für organ. Zwischenprodd. u. Farbstoffe; russ.) — 1-Chlor-2-nitronaphthalin-4-sulfonsäure (I) wurde durch Rk. mit $NaHSO_3$ in *2-Nitronaphthalin-1.4-disulfonsäure* (II), 1-Amino-2-nitronaphthalin-4-sulfonsäure (III) nach Sandmeyer in *2-Nitronaphthalin-4-sulfonsäure* (IV) übergeführt. Die Red. von II mit Fe lieferte *2-Aminonaphthalin-1.4-disulfonsäure* (V), die Red. von IV oder die Hydrolyse von V *2-Aminonaphthalin-4-sulfonsäure* (VI). Aus VI wurde durch Diazotierung, Rk. mit SO_2 u. Chlorierung *Naphthalin-1.3-disulfonsäuredichlorid* erhalten.

Versuche: *2-Nitronaphthalin-1.4-disulfonsäure* (II), *Di-Na-Salz, Hydrat*, $C_{10}H_5 \cdot NNa_2O_8S \cdot 3,5\ H_2O$, man gibt zu 34,9 I-Na-Salz in 450 ml W. in 1 Std. 40,5 g 38,5%ig. $NaHSO_3$, 17,2 g 34,8%ig. NaOH u. 50 ml W. u. kocht 1 Std.; aus W. gelbe Prismen; 33,7 g (Ausbeute). Daneben *1-Hydroxy-2-nitronaphthalin-4-sulfonsäure* [gelbe Platten; 1,6 g. Geht beim Erhitzen mit verd. HNO_3 in *2.4-Dinitronaphthol-(1)*, F. 138° (Zers.), über]. — *2-Nitronaphthalin-4-sulfonsäure* (IV), *Na-Salz*, $C_{10}H_6NNaO_5S$, a) durch Diazotieren von 5,8 g III-Na-Salz u. 1½ std. Rühren mit 0,2 g Cu_2O u. 67 ml A.; 4,65g; b) man diazotiert 5,8 g III-Na-Salz, gibt zur Suspension in 40 ml W. u. 4,6 ml A. in 1½ Std. 2,7 g $FeSO_4$ in 6,7 ml W. u. rührt 4 Std.; aus A. gelbe Nadeln; 5,7 g. — *2-Aminonaphthalin-1.4-disulfonsäure* (V), *Na-Salz, Hydrat*, $C_{10}H_8NNaO_6S_2 \cdot H_2O$, durch Red. von II-Di-Na-Salz mit Fe/verd. Essigsäure (1 Std., 85—90°); aus W.-A. Nadeln; 10,3 g. — *2-Aminonaphthalin-4-sulfonsäure* (VI), a) durch Red. von 5,8 g IV-Na-Salz mit Fe; 3,7 g; b) durch 5std. Kochen von 3,57 g V-Na-Salz mit 5%ig. H_2SO_4; lange Platten; 2 g. *Diazonium-Verb.*, gelbe, 6eckige Platten. — *Naphthalin-1.3-disulfonsäuredichlorid*, $C_{10}H_6Cl_2O_4S_2$, F. 137—138° (Bzl.), man diazotiert 2,22 g VI, sättigt bei 0° mit SO_2, gibt 1,65 g Cu-Paste, 1,3 ml konz. H_2SO_4 u. 15 ml W. zu, rührt 1 Std. bei 0°, neutralisiert mit $CaCO_3$, überführt in das Na-Salz u. erhitzt nach Eindampfen 2 Std. mit PCl_5 auf 100°; Platten; 2 g. Helmut Schäfer. 2700△

Untersuchungen über 3-Chlor- und 3.4-Dichlor-β-naphthochinon. William Ibrahim Awad und Mohamed Shawkey Hafez. (Egypt. J. Chem. **2**, 229—39, 1959; Ain Shams Univ., Fac. of Sci., Chem. Dep.; engl.) — Die photochem. Rkk. von 3-Chlornaphthochinon-(1.2) (I) u. 3.4-Dichlornaphthochinon-(1.2) (II) mit Acetaldehyd (III) wurde untersucht. II kondensiert, im Gegensatz zu I, mit Phenolen in Pyridin zu *3-Chlor-4-aryloxynaphthochinonen-(1.2)*, die mit III eine photochem. Rk. eingehen, aber nicht mit Pyridin oder Acetanhydrid reagieren.

Versuche: *1.2-[α-Hydroxyäthylidendioxy]-3-chlornaphthalin* oder *1(2)-Acetoxy-2(1)-hydroxy-3-chlornaphthalin*, $C_{12}H_9ClO_3$, F. 152°, durch 24std. Stehen von 0,5 g I u. 1 g III in Bzl. im Sonnenlicht; gibt mit konz. H_2SO_4 Grünfärbung; aus Bzl./PAe. Nadeln; 0,49g (Ausbeute). — *1.2-[α-Hydroxyäthylidendioxy]-3.4-dichlornaphthalin* oder *1(2)-Acetoxy-2(1)-hydroxy-3.4-dichlornaphthalin*, $C_{12}H_8Cl_2O_3$, F. 168° (PAe.), durch 24std. Stehen von 0,5 g II u. 1 g III in Bzl. im Sonnenlicht; gibt mit konz. H_2SO_4 Grünfärbung; 0,47 g. — *3-Chlor-4-[3-methylphenoxy]-naphthochinon-(1.2)* (IV), $C_{17}H_{11}ClO_3$ F. 130—131°, durch ¹/₄std. Erwärmen vn 0,54 g m-Kresol u. 1,13 g II in Pyridin, Kühlen u. Zugabe von A.; gibt mit konz. H_2SO_4 braunrote Farbe; aus PAe. braune Kristalle; 0,90 g. —

1-Chlor-2-[3-methylphenoxy]-3.4-benzophenazin (**V**; im Original irrtümlich als Chinoxalin bezeichnet; der Referent), $C_{23}H_{15}ClN_2O$, F. 199—200°, durch Zugabe von 0,74 g **IV** in heißem Eisessig zu 0,33 g o-Phenylendiamin in Eisessig; gibt mit konz. H_2SO_4 dunkelbraune Farbe; aus PAe. gelbe Kristalle; 0,73 g. — *3-Chlor-4-[3.5-dimethylphenoxy]-naphthochinon-(1.2)* (**VI**), $C_{18}H_{13}ClO_3$, F. 179—180°, wie **IV** aus 0,61 g 3.5-Dimethylphenol u. 1,13 g **II**; gibt mit konz. H_2SO_4 braunrote Farbe; aus Bzl. orangefarbene Kristalle; 1,12 g. — *1-Chlor-2-[3.5-dimethylphenoxy]-3.4-benzophenazin*, $C_{24}H_{17}ClN_2O$, F. 183°, wie **V** aus 0,78 g **VI**; gibt mit konz. H_2SO_4 braune Farbe; aus Methanol citronengelbe Kristalle; 0,81 g. — *3-Chlor-4-[2.5-dimethylphenoxy]-naphthochinon-(1.2)* (**VII**), $C_{18}H_{13}ClO_3$, F. 169°, wie **IV** aus 0,61 g 2.5-Dimethylphenol u. 1,13 g **II**; gibt mit konz. H_2SO_4 braune Farbe; aus Bzl. orangefarbene Kristalle; 1,23 g. — *1-Chlor-2-[2.5-dimethylphenoxy]-3.4-benzophenazin*, $C_{24}H_{17}ClN_2O$, F. 205°, wie **V** aus 0,78 g **VII**; gibt mit konz. H_2SO_4 braune Farbe; aus PAe. gelbe Kristalle; 0,65 g. — *3-Chlor-4-[3-nitrophenoxy]-naphthochinon-(1.2)*, $C_{16}H_8ClNO_5$, F. 209°, wie **IV** aus 0,7 g m-Nitrophenol u. 1,13 g **II**; gibt mit konz. H_2SO_4 rote Farbe; aus Bzl. orangefarbe Kristalle; 1,35 g. — *1-Chlor-2-[3-nitrophenoxy]-3.4-benzophenazin*, $C_{22}H_{12}ClN_3O_3$, F. 223°, wie **V** aus 0,82 g vorst. Verb.; gibt mit konz. H_2SO_4 dunkelbraune Farbe; aus Bzl./Methanol citronengelbe Nadeln; 0,82 g. — *3-Chlor-4-[β-naphthoxy]-naphthochinon-(1.2)*, $C_{20}H_{11}ClO_3$, F. 184°, wie **IV** aus 0,72 g β-Naphthol u. 1,13 g **II**; gibt mit konz. H_2SO_4 dunkelbraune Farbe; aus Bzl. rote Kristalle; 1,10 g. — *1-Chlor-2-[β-naphthoxy]-3.4-benzophenazin*, $C_{26}H_{15}ClN_2O$, F. 214°, wie **V** aus 0,83 g vorst. Verb.; gibt mit konz. H_2SO_4 dunkelbraune Farbe; aus Bzl./Methanol gelbe Kristalle; 0,76 g. — *1.2-Diacetoxy-3-chlor-4-[3.5-dimethylphenoxy]-naphthalin*, $C_{22}H_{19}ClO_5$, F. 183° (Zers.; PAe.), durch ½ std. Kochen von 1 g **VI** mit Zn- u. Na-Acetat in Acetanhydrid; gibt mit konz. H_2SO_4 braune Farbe; 1,1 g. — *1.2-[α-Hydroxyäthylidendioxy]-3-chlor-4-[3.5-dimethylphenoxy]-naphthalin* oder *1(2)-Acetoxy-2(1)-hydroxy-3-chlor-4-[3.5-dimethylphenoxy]-naphthalin*, $C_{20}H_{17}ClO_4$, F. 135°, durch 24 std. Stehen von 0,5 g **VI** u. 1 g **III** in Bzl. im Sonnenlicht; gibt mit konz. H_2SO_4 braune Farbe; aus PAe. flaumige Nadeln; 0,42 g. — *1.2-[α-Hydroxyäthylidendioxy]-3-chlor-4-[2.5-dimethylphenoxy]-naphthalin* oder *1(2)-Acetoxy-2(1)-hydroxy-3-chlor-4-[2.5-dimethylphenoxy]-naphthalin*, $C_{20}H_{17}$· ClO_4, F. 171°, durch 24 std. Stehen von 0,5 g **VII** u. 1 g **III** in Bzl. im Sonnenlicht; gibt mit konz. H_2SO_4 violette Farbe; aus PAe. flaumige Nadeln; 0,45 g. P. Becker. 2700△

Darstellung von Dinatrium-1-amino-4-[4′-aminophenylamino]-anthrachinon-2.3′-disulfonat. Jiří Jarkovský und Zdeněk J. Allan. (Chem. Průmysl **10 (35)**, 418—19, Aug. 1960; Pardubice-Rybitví, Výzkumný ústav organ. syntéz.; tschech.) — Es wird die Darst. von *Di-Na-1-Amino-4-[4′-aminophenylamino]-anthrachinon-2.3′-disulfonat* aus p-Aminoacetanilid-o-sulfonsäure (**I**) u. Na-1-Amino-4-bromanthrachinon-2-sulfonat (**II**) beschrieben.

Versuche: *1-Amino-4-[4′-aminophenylamino]-anthrachinon-2.3′-disulfonsäure, Di-Na-Salz*, durch 20 std. Erwärmen von **I** u. **II** in Na_2CO_3-Lsg. unter Zugabe von $NaHCO_3$ u. Cu_2Cl_2 unter CO_2-Atmosphäre auf 65°, dann 2 Std. auf 75°, Zugabe von NaOH, 2 std. Erwärmen auf 92—94° u. Aussalzen bei 65°; 76,6% Ausbeute. J. Schneider. 2800□

Zum dimeren Cyclobutadien. C. D. Nenitzescu, Margarete Avram, Elise Marica und I. G. Dinulescu. (Angew. Chem. **75**, 88, 7/1. 1963; Bukarest, Akad. der R.V.R., Chem. Forschungsinst.; dt.) — Bei der Diels-Alder-Rk. von Cyclooctatetraendichlorid mit Acetylendicarbonsäuredimethylester entstand neben dem *Addukt* **I** (F. 126°) eine zweite *Verb.* (F. 91°) der vermutlichen Konstit. **II**. Therm. Spaltung von **I** gab neben *Phthalsäuredimethylester* überwiegend *trans.trans-1.4-Dichlorbutadien* (F. 37—38°), das beim Schütteln mit 1%ig. Na-Amalgam in Ae. bei Raum-Temp. zum größten Teil unverändert blieb. **II** gab bei der therm. Zers. *cis-1.2-Dichlorcyclobuten-(3)*, welches bei der Ozonspaltung *meso-Dichlorbernsteinsäure*, mit Na-Amalgam wie oben *dimeres Cyclobutadien* [C_8H_8; ca. 30% Ausbeute; *Silbernitrat-Komplex*, $C_4H_4 \cdot AgNO_3$] liefert.

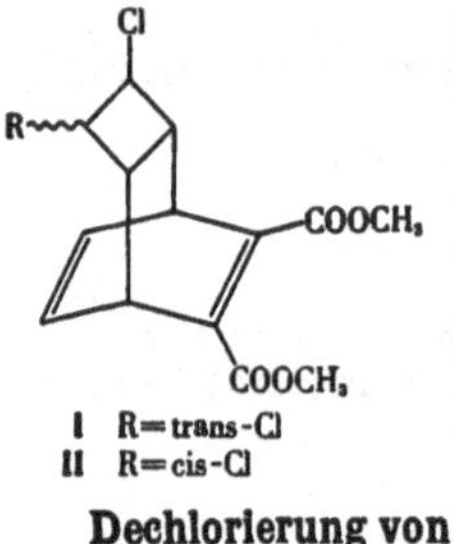

I R=trans-Cl
II R=cis-Cl

J. Rothe. 2950◇

Dechlorierung von Isodrin und verwandten Verbindungen. P. Bruck, D. Thompson und S. Winstein. (Chem. and Ind. **1960**, 405—06, 9/4.; Los Angeles, Calif., Univ. of California, Dep. of Chem.; engl.) — Aus Isodrin (**I**) wurden über *1.8.9.10.11.11-Hexachlorpentacyclo-[6.2.1.1^{3.6}.0^{2.7}.0^{4.10}]-dodecanol-(5)-acetat* (F 220°) u. das freie *-dodecanol-(5)* (F. 204—205°) durch Dehalogenierung mittels Li in Tetrahydrofuran/tert.-Butylalkohol in ca. 60%ig. Ausbeute *Pentacyclo-[6.2.1.1^{3.6}.0^{2.7}.0^{4.10}]-dodecanol-(5)* (*saures Phthalat*, F. 205°) erhalten, das auch durch Solvolyse von 1.4.4a.5.6.7.8.8a-Hexahydro-endo-1.4; exo-5.8-dimethanonaphthol-(6)-brombenzolsulfonat zugänglich ist. Längeres Kochen von **I**

mit 15 Vol.-% H_2SO_4 enthaltender Essigsäure führt in ausgezeichneter Ausbeute zu *1.8.9.10.11.11-Hexachlorhexacyclo-[6.2.1.1$^{3.6}$.O$^{2.7}$.O$^{4.10}$.O$^{5.9}$]-dodecan.* Hydratisierung von I (oder Endrin) durch Hydroborierung/Oxydation führt zu *1.2.3.4.10.10-Hexachlor-1.4.4a.5.6.7.8.8a-oktahydro-endo-1.4; endo-5.8-dimethanonaphthol-(6)*, woraus durch Dechlorierung in 60%ig. Ausbeute *1.4.4a.5.6.7.8.8a-Oktahydro-endo-1.4; endo-5.8-dimethanonaphthol-(6)* (II, F. 98—100°) erhalten wird, während man von 6.7-Dihydroisodrin aus nach dieser Meth. zu *1.4.4a.5.6.7.8.8a-Oktahydro-endo-1.4; endo-5.8-dimethanonaphthalin* (III, Kp.$_{22}$ 105°; n_D^{25} 1,5313) gelangt. Hydroborierung/Oxydation von III gibt *Dekahydro-endo-1.4; endo-5.8-dimethanonaphthol-(6)*, welches auch durch Hydrierung von II erhalten wird. Aus dem bereits von Soloway u. Mitarbeitern (vgl. C. **1961**, 12081) aus I erhaltenen Rk.-Gemisch wurde *1.4.4a.5.8.8a-Hexahydro-endo-1.4; endo-5.8-dimethanonaphthalin* (IV; n_D^{25} 1,5303) durch Gaschromatographie rein erhalten, das durch Hydrierung an Pd/Kohle in den entsprechenden *gesätt. KW-Stoff* (F. 51°) u. durch Hydroborierung/Oxydation in II übergeführt werden kann. Die Li-Dechlorierung läßt sich auch auf Aldrin anwenden; man erhält das entsprechende *endo-exo-Dien*, Kp.$_{17}$ 98°, in ca. 50%ig. Ausbeute. Durch Dechlorierung von Dihydroaldrin erhält man das *endo-exo-Monoen* in ca. 87%ig. Reinheit. — Die charakterist. Banden der IR-Spektren von II, III u. IV sind angegeben. Gerh. Müller/Bitterfeld. 2950◇

Synthesen auf dem Gebiet der polycyclischen aromatischen Verbindungen. 22. Mitt. **1.3-Dimethyl-4.5-methylenphenanthren (1.3-Dimethyl-4H-cyclopenta-[def]-phenanthren).** R. H. Martin und G. van Binst. (Bull. Soc. chim. belges **70**, 355—85, Juli/Aug. 1961; Bruxelles, Univ. Libre, Fac. des Sci., Serv. de Chim. Organ.; franz.) — 21. vgl. Bull. Soc. chim. belges **69**, [1960], 563; 14. vgl. C. **1957**, 3528. — Vff. synthetisieren *1.3-Dimethyl-4.5-methylenphenanthren* (X) auf 2 Wegen. Umsetzung von Acenaphthen (II) mit Maleinsäureanhydrid (IX) liefert *Acenaphthyl-(1)-bernsteinsäureanhydrid* (XI), das mit HF in *1.2.3.4-Tetrahydro-1-oxo-4.5-methylenphenanthrencarbonsäure-(3)* (I) übergeht, deren *Äthylester, Methylester* u. *tert.-Butylester* beschrieben werden. Umsetzung von I-Äthylester mit CH_3MgJ in Anisol (XIII) führt zu *1-Methyl-4.5-methylenphenanthrencarbonsäure-(3)-äthylester* (III). CH_3MgJ u. I in XIII sowie CH_3Li u. I-Methylester in Bzl. liefern *1.2.3.4-Tetrahydro-3-[1-hydroxy-1-methyläthyl]-1-oxo-4.5-methylenphenanthren.* Durch Red. von III mit $LiAlH_4$ wird *3-Hydroxymethyl-1-methyl-4.5-methylenphenanthren* (IV) erhalten. I-Äthylester gibt mit $LiAlH_4$ *1.2.3.4-Tetrahydro-1-hydroxy-3-hydroxymethyl-4.5-methylenphenanthren,* das durch Oppenauer-Oxydation in *1.2.3.4-Tetrahydro-3-hydroxymethyl-1-oxo-4.5-methylenphenanthren* übergeführt wird. Letztes liefert mit CH_3MgJ in XIII *3.4-Dihydro-3-hydroxymethyl-1-methyl-4.5-methylenphenanthren* (VIII), das mit P_2O_5 zu X dehydratisiert wird. *2-[Acenaphthyl-(1)]-3-methoxycarbonylpropionsäure* (V) wird aus Acenaphthyl-(1)-bernsteinsäure (VII) mit CH_3Li oder aus XI mit $(CH_3)_2Cd$ erhalten, wobei man im zweiten Fall *3-[Acenaphthyl-(1)]-4-oxopentansäure* als Nebenprod. isoliert. XI gibt mit CH_3OH in Ggw. von H_2SO_4 VII-*Dimethylester,* der mit methanol. NaOH zu *3-[Acenaphthyl-(1)]-3-methoxycarbonylpropionsäure* (XIV) verseift u. mit $SOCl_2$ in das *Esterchlorid* übergeführt wird. XIV läßt sich mit $NaBH_4$ u. $AlCl_3$ in *β-[Acenaphthyl-(1)]-γ-butyrolacton* umwandeln. Umsetzung von XIV-Chlorid mit $(CH_3)_2$ Cd gibt *2-[Acenaphthyl-(1)]-penten-(3)-säuremethylester,* mit Mg u. Maleinsäurediäthylester (XII) nach Verseifung u. Decarboxylierung *2-[Acenaphthyl-(1)]-4-oxopentansäure* u. deren *Methylester* (VI). VI wird mit H_3PO_4-Polyphosphorsäure zu *1-Methyl-4.5-methylenphenanthrencarbonsäure-(3)-methylester* cyclisiert, der sich mit $LiAlH_4$ zu IV red. läßt. IV liefert durch Oxydation mit MnO_2 *3-Formyl-1-methyl-4.5-methylenphenanthren,* das zu X red. wird. Die Werte des UV-Spektrums von X sind tabellar. u. graph. wiedergegeben.

Versuche: *Acenaphthyl-(1)-bernsteinsäureanhydrid* (XI), $C_{16}H_{12}O_3$, F. 145—146° (Bzl.-Ae.), durch 8std. Kochen von II u. IX u. 25std. Erhitzen auf 225°; 35% (Ausbeute). — *1.2.3.4-Tetrahydro-1-oxo-4.5-methylenphenanthrencarbonsäure-(3)* (I), F. 231 bis 232° (Essigsäure–A.), durch 24std. Aufbewahren von XI u. HF, Einengen, Zusetzen zu gesätt. Na_2CO_3-Lsg., Einrühren in kalte Essigsäure u. 24std. Stehenlassen; 80—90%. *Äthylester,* $C_{18}H_{16}O_3$, F. 119—120° (A.), Kp.$_{0,005}$ 183—185°, durch 6std. Kochen von I mit äthanol. HCl, Einengen, Zugabe von W. u. Bzl.-Extraktion; daneben durch Einengen der Mutterlaugen *stereoisomerer Ester,* F. 100—120°; 90% (Summe beider Stereomerer). *Methylester,* $C_{17}H_{14}O_3$, F. 143° (CH_3OH), durch 11std. Kochen von I in Aceton mit K_2CO_3 u. $(CH_3)_2SO_4$, Einengen u. Behandeln des Rückstands mit NH_4OH; daneben *stereoisomerer Ester,* F. 138—139°; 90% (Summe beider Stereoisomere). *tert.-Butylester,* $C_{20}H_{20}O_3$, F. 141—141,5° (Aceton–Hexan), a) durch 1std. Kochen von I-*Ag-Salz* mit tert.-C_4H_9J in Ae., Chromatographie des Rk.-Prod. an Al_2O_3 u. Elution mit Bzl.–Hexan (1 : 1); 25%; b) durch Lösen von I in Pyridin, Zugabe von p-Toluolsulfonylchlorid u.

tert.-Butanol bei 0°, 1std. Aufbewahren bei 0°, 24std. Aufbewahren bei Raum-Temp., Eingießen in Eiswasser u. chromatograph. Reinigung; 20%. — *1-Methyl-4.5-methylenphenanthrencarbonsäure-(3)-äthylester* (III), $C_{19}H_{16}O_2$, F. 96—96,5° (A.), durch Einrühren von I-Äthylester in XIII in die Lsg. von CH_3MgJ in XIII, 2std. Aufbewahren bei —5°, 19std. Erwärmen auf 35°, Zers. mit NH_4Cl, Versetzen mit Bzl., Einengen der mit 5%ig. NaOH u. W. gewaschenen organ. Phase, Dehydrierung des öligen Rückstandes an 5%ig. Pd/Kohle bei 300° u. chromatograph. Reinigung an Al_2O_3; 18%. — *1.2.3.4-Tetrahydro-3-[1-hydroxy-1-methyläthyl]-1-oxo-4.5-methylenphenanthren*, $C_{18}H_{18}O_2$, F. 186 bis 187° (A.), a) analog III aus I, CH_3MgJ u. XIII bei 60°; 56%; b) durch 20std. Kochen von I-Methylester mit CH_3Li in Bzl. u. Zers. mit HCl. *Oxim*, $C_{18}H_{19}NO_2$, F. 225—226° (A.). — *3-Hydroxymethyl-1-methyl-4.5-methylenphenanthren* (IV), $C_{17}H_{14}O$, F. 162—163° (Bzl.), durch 3std. Rk. von III mit $LiAlH_4$ in sd. Ae. u. Zers. mit verd. H_2SO_4 bei 0°; 100%. — *1.2.3.4-Tetrahydro-1-hydroxy-3-hydroxymethyl-4.5-methylenphenanthren*, $C_{16}H_{16}O_2$, F. 137—138° (Bzl.), durch 15std. Rk. von I-Methylester oder I-Äthylester mit $LiAlH_4$ in sd. Ae. analog IV; 90%. — *1.2.3.4-Tetrahydro-3-hydroxymethyl-1-oxo-4.5-methylenphenanthren*, $C_{16}H_{14}O_2$, F. 188—189° (Bzl.), a) durch Zugabe einer benzol. 30%ig. Lsg. von Al-Isopropylat zu vorst. Diol in Bzl.–Aceton u. 18std. Kochen; 90%; b) durch Rühren vorst. Diols in Dichloräthan während mehrerer Std. mit MnO_2 unter N_2; 23%; c) analog b) bei 50°; 21%. *2.4-Dinitrophenylhydrazon*, $C_{22}H_{18}N_4O_5$, F. > 350° (Äthylacetat). — *3.4-Dihydro-3-hydroxymethyl-1-methyl-4.5-methylenphenanthren* (VIII), $C_{17}H_{16}O$, F. 109,5—110,5° (Bzl.–Hexan), durch 20std. Erwärmen vorst. Verb. mit CH_3MgJ in XIII auf 80° u. Zers. mit NH_4Cl–HCl; 50%; daneben *isomere Verb.*, F. 163 bis 165°. — *2-[Acenaphthyl-(1)]-3-methoxycarbonylpropionsäure* (V), $C_{17}H_{16}O_4$, F. 209 bis 210° (Bzl.–A.), a) durch 1std. Kochen von VII mit CH_3Li in Ae.; 90%; b) durch 7std. Kochen u. Rühren von XI u. $(CH_3)_2Cd$ in Bzl., Zers. mit verd. H_2SO_4 u. Waschen der Bzl.-Lsg. mit 5%ig. NaOH; 50% (daneben aus der Mutterlauge von V *3-[Acenaphthyl-(1)]-4-oxopentansäure*, $C_{17}H_{16}O_3$, F. 179—180°; 28%; c) durch 1std. Kochen von XI in CH_3OH, Eindampfen, Aufnehmen in W., Extrahieren mit Ae., Ausziehen der Ae.-Lsg. mit gesätt. Na_2CO_3-Lsg., Fällen mit HCl u. chromatograph. Reinigung an SiO_2; 75%. — *Acenaphthyl-(1)-bernsteinsäuredimethylester* (VII-*Dimethylester*), $C_{18}H_{18}O_4$, F. 74—75° (CH_3OH), Kp.$_{0,003}$ 143—145°, durch 5tägiges Kochen von XI mit CH_3OH u. H_2SO_4, Einengen u. Eingießen in W. u. Ae.-Extraktion; 90%. — *3-[Acenaphthyl-(1)]-3-methoxycarbonylpropionsäure* (XIV), $C_{17}H_{16}O_4$, F. 155—156° (Chlf.–Hexan), durch 3std. Kochen von VII-Dimethylester mit verd. wss.-methanol. NaOH u. Fällen nach Waschen mit Ae. mit HCl; 70%. *Chlorid*, F. 155—156°, durch 1std. Rk. von XIV mit $SOCl_2$ in Ae.–Pyridin bei Raum-Temp. u. Einengen im Vakuum. — *β-[Acenaphthyl-(1)]-γ-butyrolacton*, $C_{16}H_{14}O_2$, F. 97—98°, durch Rühren der Suspension von XIV-*Na-Salz* u. $NaBH_4$ in Tetrahydrofuran, 21std. Kochen mit $AlCl_3$, Zers. mit verd. HCl u. Ae.-Extraktion; 35%. — *2-[Acenaphthyl-(1)]-penten-(3)-säuremethylester*, $C_{18}H_{18}O_2$, F. 135—136°, durch ½std. Rühren von XIV-Chlorid mit $(CH_3)_2Cd$ bei Raum-Temp. u. 4std. Erwärmen auf 40°; 75%. — *2-[Acenaphthyl-(1)]-4-oxopentansäuremethylester* (VI), $C_{18}H_{18}O_3$, Kp.$_{0,003}$ 160—170°, durch Einrühren von äther. XIV-Chlorid in die aus XII u. Mg durch 3std. Kochen in A.–Ae. erhaltene Lsg., ½std. Kochen, Ansäuern der abgekühlten Lsg. mit verd. H_2SO_4, Eindampfen der Ae.-Lsg. nach Waschen mit Na_2CO_3-Lsg., 4std. Kochen des Rückstandes mit Eisessig u. H_2SO_4, Extrahieren mit Ae. u. 12std. Kochen des Ae.-Rückstandes mit CH_3OH u. H_2SO_4; 65% [daneben *2-[Acenaphthyl-(1)]-4-oxopentansäure*, F. 165,5—166° (Bzl.)]. *2.4-Dinitrophenylhydrazon*, $C_{24}H_{22}N_4O_6$, F. 159—160° (A.). — *1-Methyl-4.5-methylenphenanthrencarbonsäure-(3)-methylester*, $C_{18}H_{14}O_2$, F. 98—98,5° (CH_3OH), durch 1½std. Erhitzen von VI mit H_3PO_4–Polyphosphorsäure auf 150°, Gießen auf Eis, Chlf.-Extraktion, Chromatographie an Al_2O_3 u. Elution mit Bzl.–Hexan. — *3-Formyl-1-methyl-4.5-methylenphenanthren* $C_{17}H_{12}O$, F. 101—102° (Bzl.–PAe.), durch 18std. Rühren von IV in CH_2Cl_2 mit MnO_2 bei Raum-Temp., Einengen der filtrierten Lsg., Chromatographie an Al_2O_3 u. Elution mit Bzl.; 45%. *2.4-Dinitrophenylhydrazon*, $C_{23}H_{16}N_4O_4$, F. 298—300° (Chlorbenzol). — *1.3-Dimethyl-4.5-methylenphenanthren* (X), $C_{17}H_{14}$, F. 128—129° (A.), a) durch 44std. Kochen vorst. Verb. mit $N_2H_4 \cdot H_2O$, KOH u. Äthylenglykol u. Gießen in W.; 45%; b) durch 1std. Kochen von VIII mit P_2O_5 in Xylol, Zugabe von W., Aufbereitung der organ. Phase, Chromatographie des Rohprod. an Al_2O_3 u. Elution mit Hexan; 55%.

H. Gleinig. 2950 □

Synthese und katalytische Dehydrierung von Benzosuberanen. S. C. Sen Gupta und Parimal Krishna Sen. (J. Indian chem. Soc. 39, 653—59, Okt. 1962; Belur Math, Ramakrishna Mission Vidyamandira; Krishnagar, West Bengal, Gov. Coll., Chem. Labor.; engl.) — Die katalyt. Dehydrierung einiger Benzosuberane mit Pd/Kohle bei 380° wird beschrieben. Sie liefert stets *2-Methylnaphthalin* als Hauptprodukt. Der mögliche Mechanismus der Rk. wird diskutiert.

Versuche: *γ-[p-Toluyl]-buttersäure* (I), $C_{12}H_{14}O_3$, F. 154—155° (Hexan), durch 12std. Stehen von 17 g Glutarsäureanhydrid u. $AlCl_3$ in abs. Toluol, ½std. Erwärmen auf 60—65°, Zers. mit Eis/HCl, Dampf-Dest., Extrahieren mit heißer Soda-Lsg., Fällen mit HCl u. Kristallisation aus A.; 20 g (Ausbeute) [*Semicarbazon*, $C_{13}H_{17}N_3O_3$, F. 225° (Zers.; A.); Strukturbeweis durch Oxydation mit warmer alkal. $KMnO_4$-Lsg. zu *Terephthalsäure* (als *Dimethylester*, F. 140°)]. — *δ-[p-Tolyl]-valeriansäure*, $C_{12}H_{16}O_2$, Kp.$_2$ 140 bis 142°, durch 24std. Kochen von 10 g I mit amalgamiertem Zn in konz. HCl, Extrahieren mit Ae., Eindampfen, Extrahieren mit heißer verd. Soda-Lsg., Ansäuern mit HCl u. Extraktion mit Ae.; 6 g. — *2'-Methyl-6.7-benzosuberon-(1)*, $C_{12}H_{14}O$, Kp.$_{15}$ 170—172°, durch 1std. Erwärmen von 10 g vorst. Säure mit Polyphosphorsäure auf dem Wasserbad, Gießen auf Eis u. Extrahieren mit Ae.; strohfarben; 6,5 g. *2.4-Dinitrophenylhydrazon*, $C_{18}H_{18}N_4O_4$, F. 205—206°, aus Essigester rote Nadeln. — *2'-Methyl-6.7-benzosuberan* (II), $C_{12}H_{16}$, Kp.$_{10}$ 104—105°, durch 24std. Kochen von 6 g vorst. Verb. mit amalgamiertem Zn in konz. HCl u. Extraktion mit Ae.; D.$_4^{28}$ 0,949; n_D^{28} 1,5300; 4 g. — *β-Methyl-γ-benzoylbuttersäure*, $C_{12}H_{14}O_3$, F. 125—126° (verd. A.), durch 12std. Stehen von 60 g β-Methylglutarsäureanhydrid mit $AlCl_3$ in Bzl. wie bei I; 60 g. *Semicarbazon*, $C_{13}H_{17}$·N_3O_3, F. 173—174° (Zers.; verd. A.). — *β-Methyl-δ-phenylvaleriansäure*, $C_{12}H_{16}O_2$, Kp.$_3$ 161—162°, durch 24std. Erhitzen von 50 g vorst. Säure mit amalgamiertem Zn in konz. HCl; 35 g. — *3-Methyl-6.7-benzosuberon-(1)*, $C_{12}H_{14}O$, Kp.$_9$ 147°, durch 1std. Erwärmen von 28,8 g vorst. Säure mit Polyphosphorsäure auf dem Wasserbad; strohfarben; 15 g. *2.4-Dinitrophenylhydrazon*, $C_{18}H_{18}N_4O_4$, F. 195—196°; aus Essigester rote Nadeln. — *3-Methyl-6.7-benzosuberan* (III), $C_{12}H_{16}$, Kp.$_{10}$ 102—104°, durch 24std. Red. vorst. Verb. mit amalgamiertem Zn in konz. HCl; D.$_4^{28}$ 0,9489; n_D^{28} 1,5295. — *β.β-Dimethyl-γ-benzoylbuttersäure*, $C_{13}H_{16}O_3$, Kp.$_5$ 196—199°, aus 45 g β.β-Dimethylglutarsäureanhydrid u. $AlCl_3$ in Bzl. analog I; 57 g. *Semicarbazon*, $C_{14}H_{19}N_3O_3$, F. 177—178° (Zers.); aus A. Platten. — *β.β-Dimethyl-δ-phenylvaleriansäure*, $C_{13}H_{18}O_2$, Kp.$_1$ 185—187°, durch 24std. Red. von 50 g vorst. Säure mit amalgamiertem Zn in konz. HCl; 20 g. — *3.3-Dimethyl-6.7-benzosuberon-(1)*, $C_{13}H_{16}O$, F. 52—53°, Kp.$_3$ 135—136°, durch Cyclisieren von 20 g vorst. Säure mit Polyphosphorsäure; Nadeln; 10,5 g. *2.4-Dinitrophenylhydrazon*, $C_{19}H_{20}N_4O_4$, F. 220—221°, aus Essigester orangefarben. *Semicarbazon* F. 204 bis 205° (A.). — *3.3-Dimethyl-6.7-benzosuberan* (IV), $C_{13}H_{18}$, Kp.$_4$ 105°, durch 24std. Red. vorst. Verb. mit amalgamiertem Zn in konz. HCl; D.$_4^{32}$ 0,9329; n_D^{32} 1,5215. — *β-Äthyl-β-methyl-γ-benzoylbuttersäure*, $C_{14}H_{18}O_3$, Kp.$_6$ 208—210°, aus 77 g β-Äthyl-β-methylglutarsäureanhydrid u. $AlCl_3$ in Bzl. analog I; 90 g. *Semicarbazon*, $C_{15}H_{21}N_3O_3$, F. 165 bis 166° (Zers.); aus A. Nadeln. — *β-Äthyl-β-methyl-δ-phenylvaleriansäure*, $C_{14}H_{20}O_2$, Kp.$_6$ 195—197°, durch 28std. Red. von 85 g vorst. Säure mit amalgamiertem Zn in konz. HCl; 56 g. — *3-Äthyl-3-methyl-6.7-benzsuberon-(1)*, $C_{14}H_{18}O$, Kp.$_6$ 161—163°, durch Cyclisieren von 30 g vorst. Säure mit Polyphosphorsäure, strohfarben; 22 g. *2.4-Dinitrophenylhydrazon*, $C_{20}H_{22}N_4O_4$, F. 217—218°, aus Essigester orangerot. *Semicarbazon*, F. 142—144° (A.). — *3-Äthyl-3-methyl-6.7-benzsuberan* (V), $C_{14}H_{20}$, Kp.$_1$ 110°, durch 24std. Red. vorst. Verb. mit amalgamiertem Zn in konz. HCl; D.$_4^{32}$ 0,9393; n_D^{32} 1,5235. — *2-Methylnaphthalin*, F. 33—34°, durch 15std. Erhitzen von **II**, **III**, **IV** bzw. **V** mit 10% ig. Pd/Kohle im Rohr auf 380—400°, Extraktion mit Ae., Chromatographie an Al_2O_3 mit Hexan u. Reinigung über das *Pikrat* ($C_{17}H_{13}N_3O_7$, F. 115—116°, aus Methanol gelbe Nadeln). — *Dinaphthyl-Deriv.* (?), F. 178—183°, neben vorst. Verb. aus **IV**; aus A. glänzende Flocken; λ_{max} 217, 260 bzw. 310 mμ (log ε 4,2, 4,8 bzw. 3,8).

H. Gleinig. 2950◇

Cycloheptatrienoinden. K. Hafner und H. Schaum. (Angew. Chem. **75**, 90—91, 7/1. 1963; München, Univ., Inst. für Organ. Chem.; dt.) — Vff. synthetisierten wie folgt *3.4.7.9-Tetramethyl-2H-benz-[cd]-azulen* (**I**; F. 116—117°, goldgelbe Nadeln; *Trinitrobenzolat*, F. 179 bis 180°): 4.6.8-Trimethylazulen $\xrightarrow{CH_3CHO/HBF_4 \text{ in Ae.}}$ *1-Äthyl-4.6.8-trimethylazuleniumtetrafluoroborat* $\xrightarrow{NaCN}$ *1-[1-Cyanäthyl]-4.6.8-trimethylazulen* (F. 111—112°) $\xrightarrow{CH_3MgBr}$ *1-[3-Oxo-butyl-(2)]-4.6.8-trimethylazulen* (F. 84 bis 85° $\xrightarrow{C_6H_5(CH_3)NNa}$ **I**. **I** nimmt 3 Mol H_2 auf, wobei *3.4.7.9-Tetramethyl-1.6.7.8.9.9a-hexahydro-2H-benz-[cd]-azulen* entsteht. Mit $HClO_4$ gibt **I** das beständige orangefarbene Salz **II** (F. 236—238° Zers.), mit CH_3Li das gelbe hydrolyseempfindliche Salz **III**.

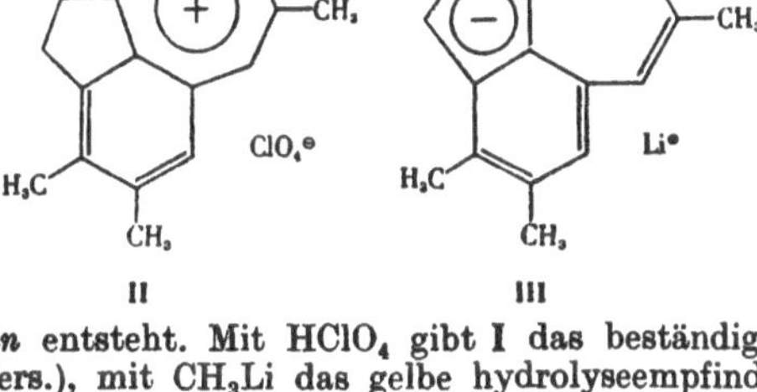

II III

J. Rothe. 2950◇

Ozonolyse von Pyrrolen, Furanen und γ-Pyronen in Verbindung mit der Reaktivität der Bindungen im Ringsystem. J. P. Wibaut. (Advances Chem. Ser. Nr. **21**, 153–61, März 1959; Amsterdam, Municipal Univ., Labor. of Organ. Chem.; engl.) — Die Spaltprodd. der Ozonolyse einiger Pyrrolhomologen, Dimethylfurane u. Methylhomologen von γ-Pyron werden untersucht. Es zeigt sich, daß Pyrrole nicht nur in der Iminoform reagieren, sondern auch in Grenzstrukturen, in denen das α- oder β-C-Atom nur einfach gebunden sind. Analog verhalten sich die Dimethylfurane. Die Methylhomologen von γ-Pyron reagieren ebenfalls nach der klass. sowie nach polaren Grenzstrukturen. P. Golinske. 3000◇

Untersuchung in der heterocyclischen Reihe. 1. Mitt. **Synthese von heterocyclischen Aldehyden abgeleiteter Chalkone, o-Hydroxychalkone, Chromanone und Chromone.** André Corvaisier. (Bull. Soc. chim. France **1962**, 528–35, März; Dijon, Fac. des Sci., Labor. de Chim. Gén.; franz.) — Vf. synthetisierte durch Umsetzung von 2-Acetylpyrrol bzw. -thiophen bzw. o-Hydroxyacetophenon (**I**) mit heterocycl. Aldehyden in Ggw. von $NaOCH_3$-CH_3OH, wss. NaOH, Piperidin, HCl oder konz. H_2SO_4 in CH_3COOH *1-[Pyrrolyl-(2)]-*, *1-[Thienyl-(2)]-* bzw. *1-[2-Hydroxyphenyl]-3-arylpropen-(2)-one-(1)*. Mit $NaOCH_3$ in abs. CH_3OH verlief die Kondens. unvollständig, so daß in diesem Falle auch die *Ketol*-Zwischenstufen isoliert werden konnten. Pyrrol-2-aldehyd reagierte mit **I** teilweise weiter unter Bldg. von *2-Salicyloyl-1.3-bis-[2H-pyrrolyliden]-propan*. Aus **I** u. 4-Nitrothiophen 2-aldehyd wurden neben dem *Chalkon* auch *2-[4-Nitrothienyl-(2)]-3-[4-nitrothenyliden-(2)]-chromanon-(4)* erhalten, entsprechend aus **I** u. Furfurol *2-[Furyl-(2)]-3-[furfuryliden-(2)]-chromanon-(4)*. Die *o-Hydroxychalkone* aus **I** lieferten durch Gleichgewichtseinstellung beim Kochen mit wss.-alkohol. Na-Acetat-Lsg., CH_3COOH oder pH 8-Puffer-Lsg. *Chromanone*, die chromatograph. gereinigt wurden. Oxydation von *o-Hydroxychalkonen* mit 70%ig. H_2O_2 in alkal. Lsg. lieferte *3-Hydroxychromone*, deren Ausbeuten mit zunehmender Elektropositivität des heterocycl. Substituenten in 2-Stellung abnahmen.

Versuche: 1-[Pyrrolyl-(2)]-propen-(2)-one-(1): *3-[Furyl-(2)]-* (**IV**), $C_{11}H_9NO_2$, F. 132° (A.), durch 12 std. Stehen von 2-Acetylpyrrol u. Furfurol in wss. A. (5 : 7) u. 15%ig. NaOH; 55% (Ausbeute). — *3-[Thienyl-(2)]-*, $C_{11}H_9NOS$, F. 150°; 55%. — *3-[4-Nitrothienyl-(2)]-*, $C_{11}H_8N_2O_3S$, F. 214°; 18%. — *3-[Pyridyl-(2)]-*, $C_{12}H_{10}N_2O$, F. 160°; 50%. — *3-[Pyridyl-(3)]-*, F. 158°; 40%. — *3-[Pyrrolyl-(2)]-*, $C_{11}H_{10}N_2O$, F. 174°; 27%. — *3-[4-Nitropyrrolyl-(2)]-*, $C_{11}H_9N_3O_3$, F. 325°, in 4–5 Std. bei 60°; 20%. — *3-[5-Nitropyrrolyl-(2)]-*, F. 305°, analog vorst. Verb.; 52%. — 1-[Thienyl-(2)]-propen-(2)-one-(1): *3-[4-Nitrothienyl-(2)]-*, $C_{11}H_7NO_3S_2$, F. 186°, analog **IV**; 55%. — *3-[4-Nitropyrrolyl-(2)]-*, $C_{11}H_8N_2O_3S$, F. 272°; 66%. — *3-[5-Nitropyrrolyl-(2)]-*, 250°; 57%. — *3-[Pyrrolyl-(2)]-*, $C_{11}H_9NOS$, F. 148°, nach Wiedererstarren (orangefarbene Kristalle) F. 158–160°; 83%. — *3-[5-Nitrothienyl-(2)]-*, $C_{11}H_7NO_3S_2$, F. 196°, aus 2-Acetylthiophen u. 5-Nitro-2-formylthiophen in CH_3COOH durch vorsichtiges Erwärmen mit konz. H_2SO_4 unter Schwarzfärbung; goldgelbe Blättchen; 20%. — 1-[2-Hydroxyphenyl]-propen-(2)-one-(1): *3-[Thienyl-(2)]-* (**V**), $C_{13}H_{10}O_2S$, F. 100° (W. u. A.), aus **I** u. 2-Formylthiophen in A. durch 3 std. Erhitzen auf 60° mit 50%ig. NaOH, Abkühlen u. Ansäuern mit HCl; 70%. — *3-[5-Nitrothienyl-(2)]-* (**VI**), $C_{13}H_9NO_4S$, F. 190° (Isopropanol oder CH_3COOH), aus **I** u. 5-Nitro-2-formylthiophen in CH_3COOH mit einigen Tropfen konz. H_2SO_4 u. 2 std. Erhitzen; 14%. — *3-[4-Nitrothienyl-(2)]-* (**VII**), F. 168°, aus 4-Nitro-2-formylthiophen durch Zusatz einer mit HCl gesätt. Lsg. von **I** in A., 15 tägiges Stehen in Eis u. fraktioniertes Lösen des Nd. in A.; orangefarben; 21%; daneben *2-[4-Nitrothienyl-(2)]-3-[4-nitrothenyliden-(2)]-chromanon-(4)*, $C_{18}H_{10}N_2O_6S_2$, F. 240–242° ($CH_3 \cdot COOH$). — *3-[Pyrrolyl-(2)]-* (**VIII**), $C_{13}H_{11}NO_2$, F. 138° (CCl_4), durch 1 std. Kochen von **I** u. Pyrrol-2-aldehyd in A. u. fraktionierte Kristallisation aus A.; 25%; daneben *2-Salicyloyl-1.3-bis-[2H-pyrrolyliden]-propan*, $C_{18}H_{14}N_2O_2$, F. 152° (rot aus A.). — *3-[4-Nitropyrrolyl-(2)]-* (**IX**), $C_{13}H_{10}N_2O_4$, F. 258°, analog **V**; 44%. — *3-[5-Nitropyrrolyl-(2)]-* (**X**), F. 216°, analog **V**; 76%. — *3-[Pyridyl-(4)]-* (**XII**), $C_{14}H_{11}NO_2 \cdot 1/2\ H_2O$, F. 120–122°, nach Erweichen bei 98–100°, analog **V** in 15 Min. bis 2 Std.; 17%. — *3-[Chinolyl-(2)]-* (**XIV**), $C_{18}H_{13}NO_2$, F. 144°, analog **XII**; 28%. — *3-[Chinolyl-(4)]-* (**XV**), F. 142°, analog **XII**; 40%. — *3-[Furyl-(2)]-* (**XVI**), $C_{13}H_{10}O_3$, F. 106°, durch 2½ std. Erwärmen von **I** u. Furfurol in CH_3ONa-haltigem CH_3OH u. Auskristallisieren von *2-[Furyl-(2)]-3-[furfuryliden-(2)]-chromanon-(4)* ($C_{18}H_{12}O_4$, F. 156°); 72%. — *3-[Pyridyl-(2)]-* (**XI**), $C_{14}H_{11}NO_2$, F. 100° (wss. Aceton), analog **V**, aber in 4–5 Std. bei Raum-Temp.; 53%. — *3-[Pyridyl-(3)]-* (**XIII**), F. 160°, analog **XI**; 60%. — *1-[Thienyl-(2)]-3-[5-nitrothienyl-(2)]-propanon-(1)-ol-(3)*, $C_{11}H_9NO_4S_2$, F. 140° (A.–W., Ae.–PAe.), aus äquimol. Mengen Keton u. Aldehyd in abs. $NaOCH_3$-haltigem CH_3OH durch 2–4 tägiges Stehen in Eis u. fraktionierte Kristallisation; 10%. — *1-[Pyrrolyl-(2)]-3-[4-nitrothienyl-(2)]-propanon-(1)-ol-(3)*, $C_{11}H_{10} \cdot N_2O_4S$, F. 120°, analog vorst. Verb.; 20%. — 1-[2-Hydroxyphenyl]-propanon-

(1)-ole-(3), analog vorst. Verbb.: *3-[Thienyl-(2)]-*, $C_{13}H_{12}O_3S$, F. 115°; 23%. — *3-[4-Nitrothienyl-(2)]-*, $C_{13}H_{11}NO_5S$, F. 118°; 5%. — *3-[5-Nitrothienyl-(2)]-*, F. 153°; 15%. — *3-[Pyridyl-(2)]-*, $C_{14}H_{13}NO_3$, F. 108°; 37%. — *3-[Pyridyl-(4)]-*, F. 150°; 27%. — *3-[Chinolyl-(2)]-*, $C_{18}H_{15}NO_3$, F. 98°; 20%. — *3-[Chinolyl-(4)]-*, F. 140°; 10%. — Chromanone-(4): *2-[Thienyl-(2)]-* (**III**), $C_{13}H_{10}O_2S$, F. 90° (wss.-äthanol. HCl), aus **V** durch 3—4std. Erhitzen mit Na-Acetat in wss. A., Fällen durch Ansäuern auf pH 4 u. Chromatographie mit Aceton an Al_2O_3 (eluiert mit Ae.); 55%. — *2-[4-Nitrothienyl-(2)]-*, $C_{13}H_9NO_4S$, F. 110°, aus **VII** analog **III**; 22%. — *2-[5-Nitrothienyl-(2)]-*, F. 160° (Isopropanol), aus **VI** durch 4—5std. Kochen in ca. 10%ig. CH_3COOH in Isopropanol u. Chromatographie; 33%. — *2-[Pyrrolyl-(2)]-*, $C_{13}H_{11}NO_2$, F. 108°, aus **VIII** analog **III**; 6%. — *2-[4-Nitropyrrolyl-(2)]-*, $C_{13}H_{10}N_2O_4$, F. 196°, aus **IX**; 33%. — *2-[5-Nitropyrrolyl-(2)]-* (**II**), $C_{13}H_{10}N_2O_4 \cdot H_2O$, F. 162°, nach Erweichen bei 150°, aus **X**; 27%. — *2-[Pyridyl-(2)]-*, $C_{14}H_{11}NO_2$, F. 68°, aus **XI**; 45%. — *2-[Pyridyl-(4)]-*, F. 94°, aus **XII**; 36%. — *2-[Pyridyl-(3)]-*, F. 86°, aus **XIII**; 23%. — *2-[Chinolyl-(2)]-*, $C_{18}H_{13}NO_2$, F. 113°, aus **XIV** analog **III** mit einer pH 8-Puffer-Lsg. an Stelle von Na-Acetat; 36%. — *2-[Chinolyl-(4)]-*, F. 151°, aus **XV** analog vorst. Verb.; 17%. — *2-[Furyl-(2)]-*, $C_{13}H_{10}O_3$, F. 80°, aus **XVI** analog **III**; 50%. — *2-[Thienyl-(2)]-3-hydroxychromanon-(4)*, $C_{13}H_{10}O_3S$, F. 167—168° (W. u. A.), aus 2 g **V** in CH_3OH durch langsames Zusetzen einer Lsg. von 70%ig. H_2O_2 u. 2n NaOH, 3—4std. Rühren bei Raum-Temp., Ansäuern u. fraktionierte Kristallisation; 0,27 g; daneben *2-[Thienyl-(2)]-3-hydroxychromon.* — *2-[Furyl-(2)]-3-hydroxychromanon-(4)*, $C_{13}H_{10}O_4$, F. 146—148°, analog vorst. Verbindung. — 2-[Aroyloxy]-acetophenone: *-Thenoyl-(2)-* (**XVII**), $C_{13}H_{10}O_3S$, F. 115° (CH_3OH), aus **I** u. Thenoyl-(2)-chlorid in Pyridin durch 15 Min. Kochen u. Gießen in Eiswasser; 55%. — *4-Nitrothenoyl-(2)-*, $C_{13}H_9NO_5S$, F. 120°; 87%. — *5-Nitrothenoyl-(2)-*, F. 95°; 60%. — *Furoyl-(2)-*, $C_{13}H_{10}O_4$, F. 92°; 54%. — Salicyloylmethane: *Thenoyl-(2)-* (**XVIII**), $C_{13}H_{10}O_3S$, F. 100° (W. u. A.), aus **XVII** in Pyridin durch KOH-Zusatz bei 50°, 15 Min. Rühren u. Ansäuern mit 10%ig. $CH_3 \cdot COOH$; 50%. — *4-Nitrothenoyl-(2)-*, $C_{13}H_9NO_5S$, F. 200°; 22%. — *5-Nitrothenoyl-(2)-*, F. 190°; 26%. — *Furoyl-(2)-*, $C_{13}H_{10}O_4$, F. 88°; 80%. — Chromone: *2-[Thienyl-(2)]-*, $C_{13}H_8O_2S$, F. 102° (W. u. A.), aus **XVIII** in CH_3COOH u. konz. H_2SO_4 durch 1std. Erwärmen auf dem Wasserbad u. Gießen auf Eis; 65%. — *2-[4-Nitrothienyl-(2)]-*, $C_{13}H_7NO_4S$, F. 228°; 55%. — *2-[5-Nitrothienyl-(2)]-*, F. 222°; 60%. — *2-[Furyl-(2)]-*, $C_{13}H_8O_3$, F. 138°; 44%. — *2-[4-Nitropyrrolyl-(2)]-*, $C_{13}H_8N_2O_4$, F. 320° (Amylalkohol), aus **IX** u. SeO_2 in Amylalkohol durch 3std. Kochen u. Einengen; 20%. — *2-[5-Nitropyrrolyl-(2)]-*, F. 353° (CH_3COOH), aus **II** u. PCl_5 in Bzl. durch vorsichtiges Erwärmen auf dem Wasserbad; 15%. — Hydroxychromone: *2-[Thienyl-(2)]-*, $C_{13}H_8O_3S$, F. 200° (A. u. W.), a) aus **V** in CH_3OH durch Zusatz von 70%ig. H_2O_2 u. 20%ig. NaOH (1 : 2) unter spontaner Selbsterwärmung, 2std. Rühren bei Raum-Temp. u. Ansäuern; 56%; b) analog a) durch 30 Min. Kochen mit 0,5n KOH; 20%. — *2-[Furyl-(2)]-*, $C_{13}H_8O_4$, F. 171°, aus **XVI** analog vorst. Verb.; nach a) 45%, nach b) 20%. — *2-[Pyrrolyl-(2)]-*, $C_{13}H_9NO_3$, F. 206°, aus **VIII** nach a); 20%. — *2-[4-Nitropyrrolyl-(2)]-*, $C_{13}H_8N_2O_5$, F. 135°, aus **IX** nach a) 37%, nach b) 15%. — *2-[5-Nitropyrrolyl-(2)]-*, $C_{13}H_8N_2O_5$, F. 318°, aus **X**; nach a) 25%, nach b) 20%. H.-J. Kötzsch. 3000◇

Untersuchung von Hydroxydihydrofuranen. 7. Mitt. Kondensation von 5.5-Dimethyl-2.4-diphenyl-2-hydroxy-2.5-dihydrofuran mit Malonsäurediäthylester. L. A. Pawlowa und E. D. Venus-Danilowa. (J. allg. Chem. [UdSSR] **31** (93), 1150—54, 1961; Leningrad, Technol. Lensowjet-Inst.; russ.) — 6. vgl. C. **1958**, 13769. — Die Kondens. von 5.5-Dimethyl-2.4-diphenyl-2-hydroxy-2.5-dihydrofuran (**I**) mit Diäthylmalonat (**II**) liefert *[5.5-Dimethyl-2.4-diphenyl-2.5-dihydrofuryl-(2)]-malonsäure* (**III**)-*äthylester* u. *-diäthylester.* **III**-Diäthylester wird in saurer u. alkal. Lsg. zu **I** u. **III**-Äthylester hydrolysiert. Bei der Einw. von 2.4-Dinitrophenylhydrazin (**IV**) auf **III**-Diäthylester entsteht *3-[2.4-Dinitrophenylhydrazino]-2-methyl-3.5-diphenylpentanol-(2)-on-(5)-2'.4'-dinitrophenylhydrazon.* Bei der Decarboxylierung von **III**-Äthylester wird *[5.5-Dimethyl-2.4-diphenyl-2.5-dihydrofuryl-(2)]-essigsäure* (**V**)*-äthylester* erhalten. **V** entsteht auch bei der Kondens. von **I** mit Acetaldehyd (**VI**) u. anschließender Oxydation mit $AgNO_3$.

Versuche: *[5.5-Dimethyl-2.4-diphenyl-2.5-dihydrofuryl-(2)]-malonsäure* (**III**), *Diäthylester*, $C_{25}H_{28}O_5$, F. 81—82° (50%ig. A.), durch 2std. Erhitzen von 7 g **I**, 15 ml **II** u. 6 Tropfen Piperidin auf 130—140°; Prismen; 63,5% (Ausbeute). Daneben *Äthylester*, $C_{23}H_{24}O_5$, F. 150—151° (A.); 12%. — *3-[2.4-Dinitrophenylhydrazino]-2-methyl-3.5-diphenylpentanol-(2)-on-(5), 2.4-Dinitrophenylhydrazon*, F. 163—165° (Zers.; Essigsäure), aus **III**-Diäthylester u. **IV** in A.–H_2SO_4. — *[5.5-Dimethyl-2.4-diphenyl-2.5-dihydrofuryl-(2)]-essigsäure* (**V**), F. 138—139° (Ae.), a) durch 2½std. Kochen von 0,5 g **V**-Äthylester u. 0,18 g KOH in 20 ml A.; 0,35 g; b) man erhitzt 10 g **I** u. 15 ml **VI** 4 Std. im Rohr auf dem sd. Wasserbad, gibt zu dem erhaltenen Öl (1,7 g) in 70 ml A. 2,4 g $AgNO_3$, dann in

½ Std. 1,2 g NaOH in 40 ml A. u. rührt 10 Std.; 0,75 g. *Äthylester*, $C_{22}H_{24}O_3$, Kp.$_2$ 188 bis 190°, durch 1std. Erhitzen von III-Äthylester auf 160—170°; 75%.

Helmut Schäfer. 3061△

Untersuchung auf dem Gebiet der Derivate von Acylessigsäureestern der heterocyclischen Reihe. 1. Mitt. Arylide der α- und β-Furoylessigsäure. N. Ss. Wulfsson und W. Je. Koltschin. (J. allg. Chem. [UdSSR] **29 (91)**, 3760—62, Nov. 1959; Woroschilow-Inst. für organ. Zwischenprodd. u. Farbstoffe; russ.) — Durch Kondens. von α- u. β-Furoylchlorid mit Natracetessigester u. anschließende Hydrolyse der Rk.-Prodd. werden α- (I) u. *β-Furoylessigsäureäthylester* (II) erhalten. I u. II reagieren mit aromat. Aminen unter Bldg. der entsprechenden *Anilide*, die bei der Farb-Entw. mit p-Diäthylaminoanilin gelbe Azomethinfarbstoffe liefern.

Versuche: *α-Furoylessigsäure, Äthylester* (I), Kp.$_8$ 120—125°, durch tropfenweise Zugabe von 6,5 g α-Furoylchlorid zu Natracetessigester (13 g Acetessigester) bei 10—12°, ½std. Rühren, erneute Zugabe von 6,5 g α-Furoylchlorid, ½std. Rühren, Stehenlassen über Nacht, Filtrieren, Lösen in 80 ml W., Zugabe von 15 ml 10%ig. NH_4OH u. 5,5 g NH_4Cl, 15 Min. langes Schütteln bei 40°, Abkühlen u. Ausäthern; 83% (Ausbeute). *o-Anisidid*, F. 84° (wss. Methanol), durch 10—15 Min. langes Erhitzen äquimol. Mengen I u. o-Anisidin in Xylol auf 145° unter Abdestillieren eines Teils des Lsgm.; 76%. Analog: *p-Anisidid*, F. 106°; 78%. *m-Anisidid*, F. 67—68°; 69%. *o-Carboxyanilid*, F. 98—99°; 54%. *p-Carboxyanilid*, F. 216°; 56%. *m-Carboxyanilid*, F. 203°; 57%. — *β-Furoylessigsäure, Äthylester* (II), Kp.$_3$ 105—107°, analog I; 44%. *o-Anisidid*, F. 116—117°; 69%. *p-Anisidid*, F. 117—118°; 72%. *m-Anisidid*, F. 60—61°; 67%. *o-Carboxyanilid*, F. 146—147°; 50%. *m-Carboxyanilid*, F. 214; 54%. *p-Carboxyanilid*, F. 228°; 49%.

G. Froelich. 3061◇

Über einige Eigenschaften des 2-Formylbenzofurans. Vu Thi Suu, N. P. Buu-Hoï und N. Dat Xuong. (Bull. Soc. chim. France **1962**, 1875—77, Okt.; Gif-sur-Yvette, Seine-et-Oise, C.N.R.S., Inst. de Chim. des Substances Naturelles; franz.) — Das aus Cumaron (I) durch Formylierung dargestellte *2-Formylbenzofuran* (II) reagiert mit 2-Acetyl-5-halogen (bzw. alkyl)-thiophenen zu entsprechend substituierten *1-[Thenoyl-(2)]-2-[benzofuryl-(2)]-äthylenen*, mit Cyclopentanon (III) bzw. Cyclohexanon (IV) zu *2.5-Bis-[benzofuryliden]-cyclopentanon* bzw. *2.6-Bis-[benzofuryliden]-cyclohexanon* u. mit Tetralon-(1) (V) zu *2-[Benzofuryliden-(2)]-tetralon-(1)*. Mit Arylacetonitrilen entstehen aus II *α-Aryl-β-[benzofuryl-(2)]-acrylnitrile*. Red. von II nach Wolff-Kishner-Huang-Minlon führt zu *2-Methylbenzofuran* (VII), dessen *3-Acetyl-Deriv.* sich durch Pfitzinger-Rk. nicht in die entsprechende Cinchoninsäure überführen läßt, während die Umwandlung von 2.3-Dimethyl-6-acetylbenzofuran (VI) in *2-[2.3-Dimethylbenzofuryl-(6)]-cinchoninsäure* gelingt. *2-Methyl-3-[2.6-dihydroxybenzoyl]-benzofuran* wird durch Entmethylierung seines Dimethyläthers erhalten.

Versuche: *2-Formylbenzofuran* (II), Kp.$_{18}$ 135—136°, durch Einrühren von $POCl_3$ in eine Lsg. von I in Dimethylformamid (DMF), 10std. Erhitzen auf dem Wasserbad, erneute Zugabe von DMF u. $POCl_3$, 10 Std. Erhitzen, Zugabe von Na-Acetat-Lsg. nach dem Abkühlen, Ausäthern, Einengen der mit verd. NaOH gewaschenen Ae.-Lsg. u. fraktionierte Dest. des Ae.-Rückstandes im Vakuum; 62% (Ausbeute); daneben werden 15% unverändertes I (Kp. 170—172°) zurückerhalten. — *2-Methylbenzofuran* (VII), Kp. 189—190°, aus II, $N_2H_4 \cdot H_2O$ u. KOH in Diäthylenglykol; n_D^{15} 1,5493; 82%. — *2-Methyl-3-acetylbenzofuran*, $C_{11}H_{10}O_2$, F. 52° (Pentan), Kp.$_{22}$ 160—161°, durch Einw. von portionsweise zugefügten 40 g $SnCl_4$ auf die Lsg. von 30 g VII u. 14 g CH_3COCl in 150 ml CS_2 u. 16std. Aufbewahren bei Raum-Temp.; 22 g. — *2-[2.3-Dimethylbenzofuryl-(6)]-cinchoninsäure*, $C_{20}H_{15}NO_3$, F. 275° (A.; hellgelbe Nadeln), durch 16std. Erhitzen von VI (F. 79°) u. Isatin mit KOH in wenig A. auf dem Wasserbad, Verdünnen mit W. u. Ansäuern der mit Ae. gewaschenen wss. Lsg. mit Essigsäure; 80%. — *2-[2.3-Dimethylbenzofuryl-(6)]-chinolin*, $C_{19}H_{15}NO$, F. 129° (A.; Nadeln), durch Erhitzen vorst. Verb. über ihren Schmelzpunkt. — *2-Methyl-3-[2-äthoxybenzoyl]-benzofuran*, $C_{18}H_{16}O_3$, Kp.$_{22}$ 238—240°, durch Rk. von VII mit 2-Äthoxybenzoylchlorid u. $SnCl_4$ in CS_2 nach Friedel-Crafts; $n_D^{18,5}$ 1,6140. — *2-Methyl-3-[2.6-dihydroxybenzoyl]-benzofuran*, $C_{16}H_{12}O_4$, F. 170° (Xylol; Nadeln), durch Entmethylierung des Dimethyläthers (vgl. C. **1962**, 10556) mit Pyridinhydrochlorid u. Reinigung über das *Na-Salz*. — 2-[Benzofuryl-(2)]-äthylene, durch Zugabe einiger Tropfen 20%ig. NaOH zu einer warmen Lsg. von je 0,01 Mol II u. des entsprechenden Ketons in A., Abkühlen u. Umkristallisieren des Rk.-Prod. aus A.; 75—90%: *1-[Thenoyl-(2)]-*, $C_{15}H_{10}O_2S$, F. 112° (gelbe Nadeln), aus II u. 2-Acetylthiophen. — *1-[5-Chlorthenoyl-(2)]-*, $C_{15}H_9ClO_2S$, F. 136° (goldgelbe Nadeln), aus II u. 2-Acetyl-5-chlorthiophen. — *1-[5-Bromthenoyl-(2)]-*, $C_{15}H_9BrO_2S$, F. 143° (gelbe Prismen), aus II u. 2-Acetyl-5-bromthiophen. — *1-[4-Fluorbenzoyl]-*, $C_{17}H_{11}FO_2$, F. 110° (Nadeln), aus p-Fluoracetophenon. — *1-[4-Methyl-*

benzoyl]-, $C_{18}H_{14}O_2$, F. 111° (Nadeln), aus p-Methylacetophenon. — *2-[Benzofurfuryliden-(2)]-tetralon-(1)*, $C_{19}H_{14}O_2$, F. 130° (Blättchen), analog vorst. Verbb. aus **II** u. **V**. — *2.5-Bis-[benzofurfuryliden-(2)]-cyclopentanon*, $C_{23}H_{16}O_3$, F. 222° (Bzl.; gelbe Nadeln), analog vorst. Verbb. aus 2 Mol **II** u. 1 Mol **III**. — *2.6-Bis-[benzofurfuryliden-(2)]-cyclohexanon*, $C_{24}H_{18}O_3$, F. 250° (Bzl.; gelbe Prismen), analog vorst. Verb. aus **IV**. — β-[Benzofuryl-(2)]-acrylnitrile, durch Zugabe einiger Tropfen 20%ig. NaOH unter Rühren zu einer warmen Lsg. von je 0,01 Mol des entsprechenden Benzylcyanids u. **II** in A., Abkühlen u. Umkristallisieren des Rk.-Prod. aus Bzl.; 75—80%: *α-Phenyl-*, $C_{17}H_{11}$·NO, F. 110° (hellgelbe Nadeln), aus **II** u. Benzylcyanid. — *α-[p-Chlorphenyl]-*, $C_{17}H_{10}Cl$·NO, F. 170° (gelbliche Nadeln), aus **II** u. p-Chlorbenzylcyanid. — *α-[3.4-Dichlorphenyl]-*, $C_{17}H_9Cl_2NO$, F. 207° (hellgelbe Blättchen), aus **II** u. 3.4-Dichlorbenzylcyanid. — *α-[2.4-Dichlorphenyl]-*, F. 151° (hellgelbe Nadeln), aus **II** u. 2.4-Dichlorbenzylcyanid. — *α-[3-Nitro-4-methoxyphenyl]-*, $C_{18}H_{12}N_2O_4$, F. 193° (gelbe Nadeln), aus **II** u. 3-Nitro-4-methoxybenzylcyanid. Gisela Schreiber. 3061◇

Neue Synthesen von 3-Bromthiophen und 3.4-Dibromthiophen. Salo Gronowitz. (Acta chem. scand. **13**, 1045—46, 1959; Uppsala, Univ. of Uppsala, Inst. of Chem.; engl.) — Für isomerenfreies *3-Bromthiophen* u. *3.4-Dibromthiophen* werden bessere Synth. beschrieben. Die IR-Maxima sind angegeben.

Versuche: *3-Bromthiophen*, Kp. 159—161°, durch Zugabe von 65 g Zn zu einem Gemisch aus 55 g 2.3.5-Tribromthiophen, 32 ml Essigsäure u. 100 ml W., ½std. Schütteln, 16std. Kochen, Dest. bis zum Kp. 103° u. Fraktionieren der organ. Schicht; n_D^{20} 1,5919; 22,4 g (Ausbeute). — *3.4-Dibromthiophen*, $Kp._{12}$ 94—95°, durch Erwärmen eines Gemisches aus Tetrabromthiophen, Essigsäure, W. u. Zn, nach Beendigung der stürm. Rk. Dest. u. Fraktionieren der organ. Phase im Vakuum; n_D^{20} 1,6380; 68%. P. Becker. 3071△

Untersuchungen über Thianaphthen. 4. Mitt. **Darstellung substituierter Benzosuberane durch desulfurierende Hydrierung von in 3,4 durch eine Kette mit vier Kohlenstoffatomen überbrückten Thianaphthenderivaten.** René Royer, Pierre Demerseman, Jean-Pierre Lechartier und Andrée Cheutin (unter Mitarbeit von Marie-Louise Desvoye). (Bull. Soc. chim. France **1962**, 1711—15, Aug./Sept.; Paris, Fond. Curie, Inst. du Radium, Labor. de Chim. Organ.; franz.) — 3. vgl. C. **1963**, 7743; 2. vgl. C. **1962**, 15206. — Durch Umsetzung von 2-Äthylthianaphthen mit Bernsteinsäureanhydrid u. Clemmensen-Red. der erhaltenen *Ketosäure* wird *γ-[2-Äthylthianaphthenyl-(3)]-buttersäure* dargestellt, die mit Polyphosphorsäure zu *2-Äthyl-3.4-[4-ketobutano]-thianaphthen* (**I**) cyclodehydratisiert wird. Huang-Minlon-Red. von **I** führt zu *2-Äthyl-3.4-butanothianaphthen* (**II**); mit $LiAlH_4$ wird über ein nicht stabiles *Carbinol 2-Äthyl-3.4-[Δ³-buteno]-thianaphthen* (**III**) erhalten. Desulfurierende Hydrierung von **II** bzw. **III** liefert *3-Propyl-1.2-benzocyclohepten-(1)* (**IV**). Durch Rk. mit Benzyl-MgCl wird **I** zu *2-Äthyl-3.4-[4-benzyl-Δ³-buteno]-thianaphthen* (**V**) umgesetzt, dessen Hydrierung über Raney-Ni zu *3-Propyl-7-benzyl-1.2-benzocyclohepten-(1)* führt. Durch Raney-Ni-Hydrierung von **I** werden **IV** u. *7-Propyl-1.2-benzocyclohepten-(1)-on-(3)* erhalten. — Die IR- u. UV-Spektren der Verbb. sind graph. dargestellt.

Versuche: *β-[2-Äthylthianaphthenoyl-(3)]-propionsäure*, $C_{14}H_{14}O_3S$, F. 84°, durch 18std. Stehenlassen von 22 g 2-Äthylthianaphthen mit Bernsteinsäureanhydrid in Ggw. von $AlCl_3$ in Nitrobenzol, Zers. mit W., Ansäuern mit HCl u. Eindampfen, Behandeln mit warmer Na_2CO_3-Lsg. u. Ansäuern des alkal. Auszugs; aus wss. A. beigefarben; 44,5 g (Ausbeute). *Methylester*, $C_{15}H_{16}O_3S$, $Kp._{16}$ 240°, durch 3std. Stehenlassen von 2-Äthylthianaphthen mit $ClCO(CH_2)_2COOCH_3$ in Bzl. u. $SnCl_4$; gelb; n_D^{22} 1,5910; 73%; daneben 15% der *Säure*. — *γ-[2-Äthylthianaphthenyl-(3)]-buttersäure*, $C_{14}H_{16}O_2S$, F. 186°, $Kp._{0,2}$ 187°, durch 78std. Kochen vorst. Säure in Toluol u. HCl mit amalgamiertem Zn; aus PAe.-Bzl. Plättchen; 79,5%. — *2-Äthyl-3.4-[4-ketobutano]-thianaphthen* (**I**), $C_{14}H_{14}$·OS, F. 64° (PAe.), $Kp._{0,2}$ 168°, durch 2std. Erhitzen vorst. Verb. mit Polyphosphorsäure (durch 4std. Erhitzen von H_3PO_4 u. P_2O_5 auf 120° u. Kühlen auf 80°) auf 100—110°, 15std. Stehenlassen bei 15° u. Zers. mit Eis–W.; 66%. *Semicarbazon*, $C_{15}H_{17}N_3OS$, F. 215° (Zers.; A.). — *2-Äthyl-3.4-butanothianaphthen* (**II**), $C_{14}H_{16}S$, $Kp._{0,15}$ 132°, durch 1std. Kochen von **I** mit Hydrazinhydrat u. KOH in Diäthylenglykol; gelb; $n_D^{20,5}$ 1,6170; 90%. *Pikrat*, $C_{20}H_{19}N_3O_7S$, F. 97°; rubinrote Nadeln. — *2-Äthyl-3.4-[Δ³-buteno]-thianaphthen* (**III**), $C_{14}H_{14}S$, $Kp._{0,5}$ 149°, durch 4std. Kochen von **I** mit $LiAlH_4$ in Ae., Kühlen, Zusatz von W. u. von 20%ig. K_2SO_4 u. 1std. Erhitzen des *Carbinols* auf 150—160° mit $KHSO_4$; orangefarben, mit H_2SO_4 rote Halochromie; n_D^{17} 1,6557; 40,5%. *Pikrat*, $C_{20}H_{17}N_3O_7S$, F. 87°, aus A. rote Nadeln. — *2-Äthyl-3.4-[Δ^{1.3}-butadieno]-thianaphthen*, $C_{14}H_{12}S$, $Kp._{0,3}$ 149°, durch 45 Min. langes Erhitzen von 15 g **III** mit S auf 240—250° u. Reinigen über das *Pikrat* ($C_{20}H_{15}N_3O_7S$, F. 100°; aus A. schwarz); rubinrot; n_D^{21} 1,6398; 33,5%. —

2-Äthyl-3.4-[4-(4-hydroxyphenyl)-Δ³-buteno]-thianaphthen, $C_{20}H_{18}OS$, F. 143°, durch 15 Min. langes Kochen des Methyläthers mit Pyridinhydrochlorid u. Gießen in W.; aus Bzl.–PAe. beigefarben, mit H_2SO_4 blaue Halochromie; 61%. *Methyläther*, $C_{21}H_{20}OS$, F. 113°, $Kp._{0,2}$ 216°, durch $^1/_2$std. Erhitzen von I mit p-Methoxyphenyl-MgBr in Ae.; aus PAe.–Cyclohexan beigefarben, mit H_2SO_4 blaue Halochromie; 14%. — *2-Äthyl-3.4-[4-benzyl-Δ³-buteno]-thianaphthen* (V), $C_{21}H_{20}S$, F. 88° (PAe.), $Kp._{0,2}$ 202°, durch Umsetzung von I mit Benzyl-MgCl in Ae., mit H_2SO_4 violett; 97%. — *3-Propyl-1.2-benzocyclohepten-(1)* (IV), $C_{14}H_{20}$, $Kp._{19}$ 140°, a) durch 45 Min. langes Kochen von II mit Raney-Ni W 4, Waschen mit A. u. Zers. des Katalysators mit verd. HCl, Verdünnen der alkohol. Lsg. mit W., Extrahieren mit Chlf. u. Eindampfen; n_D^{23} 1,5266; 88%; b) aus 6,5 g III mit 200 g Raney-Leg.; 38%; c) aus 6,5 g III mit 100 g Raney-Leg.; 26%; daneben 54% III. — *3-Propyl-7-benzyl-1.2-benzocyclohepten-(1)*, $C_{21}H_{26}$, $Kp._{13}$ 214°, aus 5 g V mit 150 g Raney-Leg.; n_D^{22} 1,5627; 82%. — *Propylbenzosuberon*, $C_{14}H_{18}O$, $Kp._{15}$ 170°, aus 14 g I mit 240 g Raney-Leg.; mit H_2SO_4 gelbe Halochromie; $n_D^{21,5}$ 1,5428; 48,5%; daneben 35% IV. H. Gleinig. 3071◇

Untersuchungen auf dem Gebiet der Chinone. 36. Mitt. Kondensation von Acetylacetoniminen mit p-Benzochinon. A. N. Grinew, W. I. Schwedow und I. P. Ssugrobowa. (J. allg. Chem. [UdSSR] **31** (**93**), 2298—2303, 1961; Moskau, Univ.; russ.) — 35. vgl. C. **1961**, 13170. — Die Rk. von p-Benzochinon (I) mit N-Butylacetylacetonimin (II) liefert *2-Methyl-3-acetyl-5-hydroxybenzofuran* (III). Bei der Kondens. von I mit N-Carbäthoxymethyl- (IV), N-[β-Hydroxyäthyl]- (V) u. N-Benzylacetylacetonimin (VI) wird ein Gemisch aus I u. entsprechend *1-Carbäthoxymethyl-*, *1-[β-Hydroxyäthyl]-* bzw. *1-Benzyl-2-methyl-3-acetyl-5-hydroxyindol* erhalten. Bei der Kondens. von I mit N-p-Tolyl- (VII), N-[o-Methoxy- (VIII), N-[p-Methoxy- (IX), N-[p-Dimethylamino- (X) u. N-[p-Acetylaminophenyl]-acetylacetonimin (XI) entstehen ausschließlich *1-p-Tolyl-*, *1-[o-Methoxy-*, *1-[p-Methoxy-*, *1-[p-Dimethylamino-* bzw. *1-[p-Acetylaminophenyl]-2-methyl-3-acetyl-5-hydroxyindol*. Die Indole werden in die *O-Methyl-Derivv.* übergeführt. N-Bromphenyl- u. N-Nitrophenylacetylacetonimin lassen sich mit I nicht kondensieren.

Versuche: *2-Methyl-3-acetyl-5-hydroxybenzofuran* (III), $C_{11}H_{10}O_3$, F. 232—233° (Methanol, Bzl.), man gibt zu 9,6 g II in 25 ml Dichloräthan auf dem Wasserbad in 1 Std. 5,35 g I in 125 ml Dichloräthan u. erhitzt 1 Std.; 39% (Ausbeute). — 2-Methyl-3-acetyl-5-hydroxyindole: *1-Carbäthoxymethyl-*, $C_{15}H_{17}NO_4$, F. 220—221° (Methanol), durch Zugabe von 10 g I zu 16,7 g IV in 300 ml Dichloräthan, 1std. Erhitzen u. Umkristallisieren aus Methanol; die methanol. Mutterlauge liefert beim Verdünnen mit W. III; insgesamt 42%. *O-Methyl-Deriv.*, $C_{16}H_{19}NO_4$, F. 113—114° (Bzl.–PAe. 1 : 2), durch 1std. Schütteln in NaOH–W.–Dioxan mit Dimethylsulfat; 63%. — Analog: *1-[β-Hydroxyäthyl]-*, $C_{13}H_{15}NO_3$, F. 187—189° (Essigsäure), aus I u. V; 20% (einschließlich III). *O.O-Dimethyl-Deriv.*, $C_{15}H_{19}NO_3$, F. 139—140° (Bzl.); 55%. — *1-Benzyl-*, $C_{18}H_{17}NO_2$, F. 234—236° (Methanol), aus I u. VI; 49% (einschließlich III). *O-Methyl-Deriv.*, $C_{19}H_{19}NO_2$, F. 99—100° (PAe.); 86%. — *1-p-Tolyl-*, $C_{18}H_{17}NO_2$, F. 264—265° (Essigsäure), aus I u. VII; 37%. *O-Methyl-Deriv.*, $C_{19}H_{19}NO_2$, F. 169—170° (Methanol); 92%. — *1-[p-Methoxyphenyl]-*, $C_{18}H_{17}NO_3$, F. 262—263° (Essigsäure), aus I u. VIII; 50%. *O-Methyl-Deriv.*, $C_{19}H_{19}NO_3$, F. 235—237° (Essigsäure); 97%. — *1-[o-Methoxyphenyl]-*, $C_{18}H_{17}NO_3$, F. 245—246° (Essigsäure), aus I u. IX; 12%. *O-Methyl-Deriv.*, $C_{19}H_{19}NO_3$, F. 125—126° (Methanol); 65%. — *1-[p-Dimethylaminophenyl]-*, $C_{19}H_{20}N_2O_2$, F. 285—287° (Essigsäure), aus I u. X; 58%. *O-Methyl-Deriv.*, $C_{20}H_{22}N_2O_2$, F. 207—208° (Dioxan); 94%. — *1-[p-Acetylaminophenyl]-*, $C_{19}H_{18}N_2O_3$, F. 282—284° (Essigsäure), aus I u. XI; 57%. *O-Methyl-Deriv.*, $C_{20}H_{20}N_2O_3$, F. 213—214° (Methanol); 70%. Helmut Schäfer. 3081△

Untersuchungen auf dem Gebiet der Chinone. 37. Mitt. Kondensation von p-Benzochinon mit β-Aminocrotonsäureaniliden. A. N. Grinew, W. N. Jermakowa, I. A. Melnikowa und A. P. Terentjew. (J. allg. Chem. [UdSSR] **31** (**93**), 2303—06, 1961; russ.) — 36. vgl. vorst. Referat. — Die Kondens. von p-Benzochinon (I) mit β-Methylaminocrotonsäureanilid (II) liefert *1.2-Dimethyl-5-hydroxyindol-3-carbonsäureanilid* (III), die Kondens. von I mit β-Aminocrotonsäureanilid (IV), β-Äthylamino- (V) u. β-Benzylaminocrotonsäureanilid (VI) unter gleichen Bedingungen dagegen *β-Amino-* (VII), *β-Äthylamino-* bzw. *β-Benzylamino-α-[2.5-dihydroxyphenyl]-crotonsäureanilid*. Letztere cyclisieren beim Erhitzen mit Essigsäure–H_2SO_4 zu *1-Phenyl-2.5-dihydroxy-3-acetylindol*. Durch Red. von III-O-Methyl-Deriv. mit $LiAlH_4$ wird *1.2-Dimethyl-3-anilinomethyl-5-methoxyindol* dargestellt.

Versuche: Crotonsäureanilide: *β-Äthylamino-* (V), $C_{12}H_{16}N_2O$, F. 88—89° (PAe.), man gibt zu 20 g Acetessigsäureanilid in 70 ml abs. A. tropfenweise 9 g Äthylamin in 15 ml A. u. läßt über Nacht bei 0° stehen; 92% (Ausbeute). — Analog: *N-Benzyl-*

amino- (VI), $C_{17}H_{18}N_2O$, F. 86,5—87° (A.); 73%. — *1.2-Dimethyl-5-hydroxyindol-3-carbonsäureanilid* (III), $C_{17}H_{16}N_2O_2$, F. 165—165,5° (Dichloräthan), man gibt zu 4,6 g I in 46 ml Dichloräthan 12,5 g II in 198 ml Dichloräthan u. dest. in 1 Std. 160 ml ab; 64%. *O-Methyl-Deriv.*, $C_{18}H_{18}N_2O_2$, F. 132—132,5° (Dioxan), durch Methylierung von III mit Dimethylsulfat in NaOH-W.-Dioxan; 49%. — Analog: α-[2.5-Dihydroxy-phenyl]-crotonsäureanilide: *β-Amino-* (VII), $C_{16}H_{16}N_2O_3$, F. 158° (Toluol), aus I u. IV; 41%. — *β-Äthylamino-*, $C_{18}H_{20}N_2O_3$, F. 176—177° (Dioxan), aus I u. V; 62%. — *β-Benzylamino-*, $C_{23}H_{22}N_2O_3$, F. 159—160° (Bzl.), aus I u. VI; 35%. — *1.2-Dimethyl-3-anilinomethyl-5-methoxyindol, Hydrochlorid*, $C_{18}H_{20}N_2O \cdot HCl$, F. 112—113° (W.), durch 4std. Kochen von III-O-Methyl-Deriv. mit $LiAlH_4$ in abs. Tetrahydrofuran u. 1 Tag langes Stehenlassen; 65%. — *1-Phenyl-2.5-dihydroxy-3-acetylindol*, $C_{16}H_{13}NO_3$, F. 235—236° (Methanol), durch 1std. Kochen von 1 g VII in Essigsäure mit 1 Tropfen konz. H_2SO_4; 73%. *Acetyl-Deriv.*, F. 149—150°. Helmut Schäfer. 3081△

Aminoacetale mit Muscarinwirkung. J.-P. Fourneau, Colette Menin und A. Beauvillian. (Ann. pharmac. franç. **16,** 630—38, Nov. 1958; Paris, Labors. Houdé et Labors. B.E.T.A.; franz.) — Es wurden die Trimethylammonioacetale von Propandiol-(1.2), *2-Trimethylammoniomethyl-4-methyldioxolanjodid* (I), u. von Butandiol-(2.3), *2-Trimethylammoniomethyl-4.5-dimethyldioxolanjodid* (II), synthetisiert u. deren Muscarin (III)-Wrkg. mit jener des *2-Trimethylammoniomethyldioxolansalzes* (IV) verglichen. I ist wirksamer als IV, II weniger akt., da dessen Konfiguration der des Epimuscarins, eines schwach wirksamen Stereoisomeren von natürlichem III, ähnelt.

Versuche: *2-Brommethyl-4-methyldioxolan* (V), Kp.$_{42}$ 95—97°, aus Diäthylbromacetal u. Propandiol-(1.2) durch Stehen über Nacht in Ggw. einiger Tropfen konz. HCl; 83% (Ausbeute). — *2-Brommethyl-4.5-dimethyldioxolan* (VI), Kp.$_{33}$ 96—98°, aus Butandiol-(2.3) wie vorst.; 80%. — *2-Dimethylaminomethyl-4-methyldioxolan*, Kp.$_{33}$ 80—82°, aus V u. $(CH_3)_2NH$ in Bzl. durch 5std. Erhitzen auf 130° im Rohr; 65%. *Methojodid* (I), $C_8H_{18}JNO_2$, F. 134° (Aceton). — *2-Dimethylaminomethyl-4.5-dimethyldioxolan*, Kp.$_{32}$ 85°, aus VI wie vorst.; 73%. *Methojodid* (II), $C_9H_{20}JNO_2$, F. 176°. K. Maier. 3102□

Untersuchung von Pyrazolen. 17. Mitt. **Die Friedel-Crafts-Reaktion in der Pyrazolreihe.** I. I. Grandberg, L. G. Wassina, A. Ss. Wolkowa und A. N. Kosst. (J. allg. Chem. [UdSSR] **31** (**93**), 1887—92, 1961; Moskau, Univ.; russ.) — 16. vgl. C. **1962,** 18819. — Durch Acylierung von 1.3.5-Trimethyl- (I), 1-Äthyl-3.5-dimethyl- (II) u. 1-Phenyl-3.5-dimethylpyrazol (III) nach Friedel-Crafts mit den entsprechenden Säurechloriden wurden *4-Acetyl-* (IV), *4-Propionyl-*, *4-Butyryl-*, *4-Isobutyryl-*, *4-Isovaleroyl-*, *4-Capronyl-*, *4-Capryloyl-*, *4-Benzoyl-*, *4-Chloracetyl-1.3.5-trimethylpyrazol*, *1.6-Bis-[1.3.5-trimethylpyrazolyl-(4)]-hexandion-(1.6)*, *1-Äthyl-* u. *1-Phenyl-3.5-dimethyl-4-acetylpyrazol* (V) erhalten. Die Struktur der Verbb. wurde an Hand ihrer UV-Spektren sowie durch Red. von V zu *1-Phenyl-3.5-dimethyl-4-äthylpyrazol* bewiesen. Die Acylierung von I, II u. III in 4-Stellung des Pyrazolringes wird durch eine Negativierung des $C_{(4)}$-Atoms durch die Methylgruppen ermöglicht. 1-Phenylpyrazol, sein 4-Methyl- u. 3-Methyl-5-chlorderiv. lassen sich nach Friedel-Crafts nicht acylieren. IV läßt sich auch durch Acylierung von I mit Acetylchlorid bei ca. 170° darstellen; die therm. Acylierung mit anderen Säurechloriden liefert jedoch nicht die 4-Acyl-Derivv. der Friedel-Crafts-Rk., sondern Verbb. nicht geklärter Struktur.

Versuche: 1.3.5-Trimethylpyrazole: *4-Acetyl-* (IV), $C_8H_{12}N_2O$, Kp.$_{11}$ 133 bis 137°, F. 69—70° (PAe.), a) man gibt zu 26 g $AlCl_3$ in 100 ml CCl_4 bei —5 bis —10° tropfenweise 5,5 g I, dann 7,8 g Acetylchlorid, rührt 2 Std. u. läßt über Nacht stehen; 35,5% (Ausbeute); b) durch 5std. Erhitzen von 16 g I u. 21,3 g Acetylchlorid im Rohr auf 170°; 42,8%. *Pikrat*, $C_8H_{12}N_2O \cdot C_6H_3N_3O_7$, F. 90° (Methanol). — Analog nach a) aus I: *4-Propionyl-*, $C_9H_{14}N_2O$, Kp.$_{10}$ 137—139°, F. 43—44° (PAe.); 50,6%. *Pikrat*, $C_9H_{14}N_2O \cdot C_6H_3N_3O_7$, F. 83—84° (Methanol). — *4-Butyryl-*, $C_{10}H_{16}N_2O$, Kp.$_{10}$ 142—143°, F. 52—53° (PAe.); 50%. *Pikrat*, $C_{10}H_{16}N_2O \cdot C_6H_3N_3O_7$, F. 82—83° (50%ig. Methanol). — *4-Isobutyryl-*, $C_{10}H_{16}N_2O$, Kp.$_{12}$ 135—137°, F. 34,5—35° (PAe.); 55%. *Pikrat*, $C_{10}H_{16}N_2O \cdot C_6H_3N_3O_7$, F. 76° (Ae.). — *4-Isovaleroyl-*, $C_{11}H_{18}N_2O$, Kp.$_7$ 138—139°, F. 32,5° (PAe.); 43,3%. *Pikrat*, $C_{11}H_{18}N_2O \cdot C_6H_3N_3O_7$, F. 112° (Methanol). — *4-Capronyl-*, $C_{12}H_{20}N_2O$, Kp.$_5$ 175—180°, F. 39—40° (PAe.); 50%. *Pikrat*, $C_{12}H_{20}N_2O \cdot C_6H_3N_3O_7$, F. 49—50° (50%ig. Methanol). — *4-Capryloyl-*, $C_{14}H_{24}N_2O$, Kp.$_{10}$ 181—190°, F. 36° (PAe.); 46%. *Pikrat*, $C_{14}H_{24}N_2O \cdot C_6H_3N_3O_7$, F. 78,5° (Methanol). — *4-Benzoyl-*, Kp.$_8$ 190—191°, aus I u. Benzoylchlorid in Ggw. von $AlCl_3$ durch 1std. Erhitzen auf 80° u. 2 Tage langes Stehenlassen; n_D^{20} 1,5810; gelbes Öl; 88%. *Pikrat*, F. 135—136° (50%ig. Methanol). — *4-Chloracetyl-*, Kp.$_8$ 180°, F. 91,5—92° (PAe.); 21,2%. *Pikrat*, $C_8H_{11}ClN_2O \cdot C_6H_3N_3O_7$, F. 115—117° (Methanol). — *1.6-Bis-[1.3.5-trimethylpyrazolyl-(4)]-hexandion-(1.6)*,

$C_{18}H_{26}N_4O_2$, F. 192—193° (Bzl.), aus I u. Adipinsäuredichlorid durch 1std. Erwärmen in Bzl. auf 40°; 5%. *Dipikrat*, $C_{18}H_{26}N_4O_2 \cdot 2\,C_6H_3N_3O_7$, F. 86° (Methanol). — *1-Äthyl-3.5-dimethyl-4-acetylpyrazol*, Kp.$_8$ 125—127°, F. 30°, aus II; 40,2%. — *1-Phenyl-3.5-dimethyl-4-acetylpyrazol* (V), $C_{13}H_{14}N_2O$, Kp.$_7$ 184—185°, F. 59,5—60,5° (PAe.), aus III; 32,7%. — *1-Phenyl-3.5-dimethyl-4-äthylpyrazol*, $C_{13}H_{16}N_2$, Kp.$_8$ 122—125°, F. 78—79° (PAe.), a) durch Red. von V mit Zn/verd. HCl; 46%; b) durch Kondens. von Äthyldiacetylmethan mit Phenylhydrazin; 93%. — *Verb. Kp.$_{16}$ 123—127°*, durch 5std. Erhitzen von 8 g I u. 21,3 g Propionylchlorid im Rohr auf 180°; D.$_4^{20}$ 1,0686; n_D^{20} 1,5220; 7,5 g. *Pikrat*, F. 114° (Methanol). — Analog: *Verb. Kp.$_{16}$ 137—140°*, aus 8 g I u. 22,8 g Butyrylchlorid; D.$_4^{20}$ 1,0555; n_D^{20} 1,5165; 8,5 g. *Pikrat*, F. 112—113° (Methanol). — *Verb. Kp.$_{16}$ 155—160°*, aus 7 g I u. 26 g Capronylchlorid; D.$_4^{20}$ 1,0216; n_D^{20} 1,5184; 4 g. *Pikrat*, F. 102—103° (Methanol). — *Verb. Kp.$_{14}$ 126—130°*, aus 8 g I u. 23 g Isobutyrylchlorid; D.$_4^{20}$ 1,0747; n_D^{20} 1,5209; 3,8 g. *Pikrat*, F. 140° (Methanol). — *Verb. Kp.$_{15}$ 137—139°*, aus 8 g I u. 22,8 g Isovaleroylchlorid; D.$_4^{20}$ 1,0341; n_D^{20} 1,5060; 4 g. *Pikrat*, F. 133° (Methanol). Helmut Schäfer. 3122△

Untersuchung von Pyrazolen. 18. Mitt. Dehydrierung von 3-Hydroxy- und 3-Aminopyrazolinen durch Schwefel. I. I. Grandberg, Wei-N. Py Din, W. I. Sschtschegolewa und A. N. Kosst. (J. allg. Chem. [UdSSR] **31 (93)**, 1892—96, 1961; russ.) — 17. vgl. vorst. Referat. — 1-Phenyl- (I), 1.5-Diphenyl- (II), 1-Phenyl-4-methyl- (III) u. 1-Phenyl-5-methyl-3-acetylaminopyrazolin (IV) werden durch Erhitzen mit S u. anschließende Verseifung in *1-Phenyl-* (V), *1.5-Diphenyl-* (VI), *1-Phenyl-4-methyl-* (VII) u. *1-Phenyl-5-methyl-3-aminopyrazol* (VIII) übergeführt, aus denen durch Rk. mit p-Acetylaminobenzolsulfochlorid (IX) u. anschließende Hydrolyse die entsprechenden *p-Aminobenzolsulfonyl-Derivv.* dargestellt werden. Diese sind potentielle antimikrobenakt. Verbindungen. Die Dehydrierung von 1-Phenyl- (X), 1-Phenyl-4-methyl- (XI), 1-Phenyl-5-methyl- (XII) u. 1.5-Diphenylpyrazolidon-(3) (XIII) mit S liefert die entsprechenden *Pyrazolone-(3)*.

Versuche: 3-Acetylaminopyrazoline: *1-Phenyl-* (I), F. 190—191° (Methanol), durch Zugabe von 73 g 1-Phenyl-3-aminopyrazolin bei 85° zu 58 g Acetanhydrid, ½std. Erhitzen, zuletzt auf 105°, u. Stehenlassen über Nacht; 64,6% (Ausbeute). — Analog: *1.5-Diphenyl-* (II), $C_{17}H_{17}N_3O$, F. 165° (Methanol); 91%. — *1-Phenyl-4-methyl-* (III), $C_{12}H_{15}N_3O$, F. 125—126° (Methanol); 83%. — *1-Phenyl-5-methyl-* (IV), $C_{12}H_{15}N_3O$, F. 123—124° (Methanol); 78%. — 3-Aminopyrazole: *1-Phenyl-* (V), F. 88—89° (Bzl.-PAe. 5:1), man gibt zu 76,4 g I bei 200—205° portionsweise 12,8 g S, erhitzt 1½ Std. lang, gießt in 350 ml konz. HCl u. kocht 1 Std. lang; 78%. — Analog: *1.5-Diphenyl-* (VI), $C_{15}H_{13}N_3$, F. 135—136° (Bzl.), aus II; 56%. — *1-Phenyl-4-methyl-* (VII), $C_{10}H_{11}N_3$, F. 111—112° (Methanol) aus III; 23%. — *1-Phenyl-5-methyl-* (VIII), $C_{10}H_{11}N_3$, F. 82—83° (PAe.), aus IV; 40%. — 3-[p-Aminobenzolsulfamido]-pyrazole: *1-Phenyl-*, $C_{15}H_{14}N_4O_2S$, F. 174—176° (50%ig. Methanol), man läßt 9,8 g V u. 21 g IX in 10 ml abs. Pyridin über Nacht stehen, gibt 150 ml 2n HCl zu u. kocht den Nd. 3—4 Std. lang mit 100 ml 2n NaOH; 50%. — Analog: *1.5-Diphenyl-*, $C_{21}H_{18}N_4O_2S$, F. 215—217° (Methanol), aus VI; 50%. — *1-Phenyl-4-methyl-*, $C_{16}H_{16}N_4O_2S$, F. 167—168° (W.-Methanol), aus VII; 85,7%. — *1-Phenyl-5-methyl-*, $C_{16}H_{16}N_4O_2S$, F. 170—172° (W.-Methanol), aus VIII; 83,7%. — Pyrazolone-(3): *1-Phenyl-*, $C_9H_8N_2O$, Kp.$_{33}$ 206—218°, F. 152° (Bzl.-Bzn.), durch ½std. Erhitzen von 16,2 g X u. 3,2 g S auf 170—190°; 93,1%. — Analog: *1-Phenyl-4-methyl-*, F. 210° (Bzl.-PAe.), aus XI; 75%. — *1-Phenyl-5-methyl-*, F. 153—155° (Bzl.-PAe.), aus XII; 42%. — *1.5-Diphenyl-*, F. 252° (Bzl.), aus XIII; 50%. Helmut Schäfer. 3122△

Untersuchung von Pyrazolen. 19. Mitt. Aminopyrazole als Aminokomponenten in der Skraup-Reaktion. Synthese von Pyrazolopyridinen. I. I. Grandberg. (J. allg. Chem. [UdSSR] **31 (93)**, 2307—10, 1961; russ.) — 18. vgl. vorst. Referat. — Die Skraup-Rk. mit 1-Phenyl-3-aminopyrazol (I), 1-Phenyl- (II), 1-Benzyl- (III), 1-[β-Phenyläthyl]-3-methyl-5-aminopyrazol (IV) u. 1-Phenyl-5-amino- (V), 3-Phenyl-5-aminopyrazol (VI) u. 1-Phenyl-3-[p-aminophenyl]-5-aminopyrazol (VII) lieferte entsprechend *1-Phenylpyridino-[2'.3':3.4]-pyrazol*, *1-Phenyl-3-methyl-*, *1-Benzyl-3-methyl-*, *1-[β-Phenyläthyl]-3-methyl-*, *1-Phenyl-*, *3-Phenylpyridino-[2'.3':5.4]-pyrazol* bzw. *1-Phenyl-3-[chinolyl-(6)]-pyridino-[2'.3':5.4]-pyrazol*.

Versuche: 3-Methyl-5-aminopyrazole: *1-Benzyl-* (III), $C_{11}H_{13}N_3$, Kp.$_8$ 187 bis 192°, F. 69—70° (PAe.), man gibt zu 48,8 g Benzylhydrazin in 45 ml konz. HCl u. 150 ml W. bei 60° langsam 30,2 g Acetylacetonitril, versetzt mit 60 ml konz. HCl u. kocht kurz auf; 81%. *Pikrat*, $C_{11}H_{13}N_3 \cdot C_6H_3N_3O_7$, F. 145—146° (Methanol). — *1-[β-Phenyläthyl]-* (IV), $C_{12}H_{15}N_3$, Kp.$_6$ 184—189°, F. 108,5—109,5° (Bzl.), aus β-Phenyläthylhydrazin; 80%. *Pikrat*, $C_{12}H_{15}N_3 \cdot C_6H_3N_3O_7$, F. 180—180,5° (Methanol). — *1-Phenylpyri-*

dino-[2'.3':3.4]-pyrazol, $C_{12}H_9N_3$, Kp.$_1$ 189—190°, F. 119—120° (Bzl.), durch 6std. Kochen von 31,3 g I, 45,2 g H_2SO_4, 84,6 g Glycerin u. 17,8 g Nitrobenzol u. Reinigung durch Behandeln mit p-Toluolsulfochlorid; 46,5%. *Pikrat*, $C_{12}H_9N_3 \cdot C_6H_3N_3O_7$, F. 216° (A.). — Analog: Pyridino-[2'.3': 5.4]-pyrazole: *1-Phenyl-3-methyl-*, $C_{13}H_{11}N_3$, Kp.$_2$ 167—169°, F. 54° (PAe.), aus II; 31,4%. *Pikrat*, $C_{13}H_{11}N_3 \cdot C_6H_3N_3O_7$, F. 71—71,5° (Methanol). — *1-Benzyl-3-methyl-*, $C_{14}H_{13}N_3$, Kp.$_2$ 153—155°, F. 46—47° (PAe.), aus III; 46,8%. *Pikrat*, $C_{14}H_{13}N_3 \cdot C_6H_3N_3O_7$, F. 163—163,5° (Methanol). — *1-[β-Phenyläthyl]-3-methyl-*, $C_{15}H_{15}N_3$, Kp.$_2$ 161—163°, F. 32—32,5° (PAe.), aus IV; 37,6%. *Pikrat*, $C_{15}H_{15}N_3 \cdot C_6H_3 \cdot N_3O_7$, F. 132° (Methanol). — *1-Phenyl-*, $C_{12}H_9N_3$, Kp.$_3$ 155—157°, F. 53,5—54° (PAe.), aus V; 34,2%. *Pikrat*, $C_{12}H_9N_3 \cdot C_6H_3N_3O_7$, F. 95—97° (Methanol). — *3-Phenyl-*, $C_{12}H_9N_3$, Kp.$_3$ 203—207°, F. 168—169° (Bzl.-PAe.), aus VI; 14%. *Pikrat*, $C_{12}H_9N_3 \cdot C_6H_3N_3O_7$, F. 229—232° (Methanol). — *1-Phenyl-3-[chinolyl-(6)]-*, $C_{21}H_{14}N_4$, Kp.$_3$ 282 bis 286°, F. 147,5—148° (Bzl.), aus VII; 58%. *Dipikrat*, $C_{21}H_{14}N_4 \cdot 2\, C_6H_3N_3O_7$, F. 252—253° (Methanol). Helmut Schäfer. 3122△

Untersuchung von Pyrazolen. 20. Mitt. Synthese von 5-Aminopyrazolen und ihren Sulfamidderivaten. I. I. Grandberg, Wei-Py Din und A. N. Kosst. (J. allg. Chem. [UdSSR] **31** (**93**), 2311—15, 1961; russ.) — 19. vgl. vorst. Referat. — Es wurden *1-Aryl-3-alkyl(aryl)-5-aminopyrazole* dargestellt u. in die *p-Aminobenzolsulfonyl-Derivv.* übergeführt. Die Sulfamide sind potentielle antimikrobenakt. Substanzen.

Versuche: 5-Aminopyrazole: durch 10 Min. langes Rühren des entsprechenden Hydrazin-Deriv. u. Acetylacetonitril bzw. α-Methyl-β-iminovaleronitril in 100 ml konz. HCl u. 400 ml W., Zugabe von 200 ml konz. HCl, $^1/_4$ Std. langes Kochen u. Reinigen durch Dest. u. Umkristallisieren aus Bzl.–Petroläther. — *1-Phenyl-3-methyl-*, $C_{10}H_{11}N_3$, F. 110 bis 111°; 81% (Ausbeute). *p-Aminobenzolsulfonyl-Deriv.*, $C_{16}H_{16}N_4O_2S$, F. 181—182° (verd. A., Bzl.–PAe.), durch Rk. mit p-Acetylaminobenzolsulfochlorid in abs. Pyridin (24 Std., 20°) u. Abspaltung der Acetylgruppe durch 3std. Kochen in 15%ig. wss. NaOH; 65%. — *1-Benzyl-3-methyl-*, $C_{11}H_{13}N_3$, Kp.$_8$ 188—193°, F. 69—71°; 78%. *p-Aminobenzolsulfonyl-Deriv.*, $C_{17}H_{18}N_4O_2S$, F. 219—220° (Zers.); 81%. — *1-[β-Phenyläthyl]-3-methyl-*, $C_{12}H_{15}N_3$, Kp.$_5$ 180—187°, F. 108—109°; 76%. *p-Aminobenzolsulfonyl-Deriv.*, $C_{18}H_{20}N_4 \cdot O_2S$, F. 210—211° (Zers.); 82%. — *1-[β-Naphthyl]-3-methyl-*, $C_{14}H_{13}N_3$, F. 149—150°; 76%. *p-Aminobenzolsulfonyl-Deriv.*, $C_{20}H_{18}N_4O_2S$, F. 185—186°; 70%. — *1-Isopropyl-3-methyl-*, $C_7H_{13}N_3$, Kp.$_{21}$ 131—132°, F. 111—112°; 70%. *Pikrat*, F. 153°. *p-Aminobenzolsulfonyl-Deriv.*, $C_{13}H_{18}N_4O_2S$, F. 177—178°; 42%. — *1-o-Tolyl-3-methyl-*, $C_{11}H_{13}N_3$, F. 87°; 35,5%. *Pikrat*, $C_{11}H_{13}N_3 \cdot C_6H_3N_3O_7$, F. 181°. *p-Aminobenzolsulfonyl-Deriv.*, $C_{17}H_{18}N_4O_2S$, F. 188—189°; 66%. — *1-Phenyl-3-äthyl-4-methyl-*, $C_{12}H_{15}N_3$, F. 60—61°; 82%. *p-Aminobenzolsulfonyl-Deriv.*, $C_{18}H_{20}N_4O_2S$, F. 200—201°; 67%. — *1-[β-Naphthyl]-3-äthyl-4-methyl-*, $C_{16}H_{17}N_3$, F. 85—86°; 72%. *p-Aminobenzolsulfonyl-Deriv.*, $C_{22}H_{22}N_4 \cdot O_2S$, F. 224—225°; 69%. — *1-Isopropyl-3-äthyl-4-methyl-*, $C_9H_{17}N_3$, Kp.$_{19}$ 137—138°, F. 62—63°; 68%. *p-Aminobenzolsulfonyl-Deriv.*, $C_{15}H_{22}N_4O_2S$, F. 174—175°; 47%. — *1-o-Tolyl-3-äthyl-4-methyl-*, $C_{13}H_{17}N_3$, Kp.$_8$ 174—176°, F. 57—58°; 36%. *p-Aminobenzolsulfonyl-Deriv.*, $C_{19}H_{22}N_4O_2S$, F. 118—119°; 62%. — *1-[p-Nitrophenyl]-3-methyl-*, $C_{10}H_{10} \cdot N_4O_2$, F. 161—162°; 90%. *Pikrat*, F. 156—157°. — *1.3-Diphenyl-*, $C_{15}H_{13}N_3$, F. 123°, aus Phenylhydrazin u. ω-Cyanacetophenon; 60%. *p-Aminobenzolsulfonyl-Deriv.*, $C_{21}H_{18}N_4 \cdot O_2S$, F. 229°; 69%. — Analog: *1-Phenyl-3-[p-aminophenyl]-*, $C_{15}H_{14}N_4$, F. 110°; 82%. *Bis-p-aminobenzolsulfonyl-Deriv.*, $C_{27}H_{24}N_6O_4S_2$, Zers. >180°; 42%. — *1-Phenyl-3-[p-methoxyphenyl]-*, $C_{16}H_{15}N_3O$, F. 186—187°; 80%. *p-Aminobenzolsulfonyl-Deriv.*, $C_{22}H_{20} \cdot N_4O_3S$, F. 232°; 67%. — *3-Phenyl-*, $C_9H_9N_3$, F. 121—126° (Äthylacetat, PAe.–Bzl.), durch 8 Std. langes Kochen von 0,1 Mol ω-Cyanacetophenon u. 0,2 Mol Hydrazinhydrat in 100 ml A.; 55%. *p-Aminobenzolsulfonyl-Deriv.*, $C_{15}H_{14}N_4O_2S$, F. 253—254°; 60%. — *3-[p-Aminophenyl]-*, $C_9H_{10}N_4$, F. 210—211°; 89%. Helmut Schäfer. 3122△

α-[α-Phenyl-α-äthylacetamido]-β-arylacrylsäuren von vermutlich choleretischer und hypocholesterinämischer Wirkung. Luigi Turbanti und Gianfranco Di Paco. (Ann. Chimica **50**, 1479—87, Nov. 1960; Pisa, Labor. Ric. Guidotti e C.; ital.) — Vgl. Granger u. Mitarbeiter, C. **1959**, 3111. — Um ihre choleret. u. hypocholesterinäm. Wrkg. zu prüfen, werden einige *α-[α-Phenyl-α-äthylacetamido]-β-arylacrylsäuren* über *2-[α-Phenylpropyl]-4-arylidenoxazolone-(5)* (**A**) dargestellt. Die **A** werden durch Kondens. von Äthylphenylacetamidoessigsäure (**I**) mit einigen aromat. Aldehyden erhalten.

Versuche: 2-[α-Phenylpropyl]-oxazolone-(5): *4-[2-Methoxybenzyliden]-* (**II**), $C_{20}H_{19}NO_3$, F. 76°, durch 3std. Erhitzen von 5 g I mit o-Methoxybenzaldehyd, Na-Acetat u. Acetanhydrid; aus A. hellgelbe Kristalle; 1,5 g (Ausbeute). — *4-[4-Acetoxybenzyliden]-* (**III**), $C_{21}H_{19}NO_4$, F. 123° (A.), durch 3std. Erhitzen von 4,6 g I mit p-Hydroxybenzaldehyd u. Na-Acetat in Acetanhydrid; 2,8 g. — *4-Benzyliden-*, $C_{19}H_{17}NO_2$, F. 79°. —

4-[3-Methoxybenzyliden]-, $C_{20}H_{19}NO_3$, F. 77°. — *4-[4-Methoxybenzyliden]-*, $C_{20}H_{19}NO_3$, F. 137°. — *4-[2.4-Dimethoxybenzyliden]-*, $C_{21}H_{21}NO_4$, F. 85°. — *4-[3.4-Dimethoxybenzyliden]-*, $C_{21}H_{21}NO_4$, F. 101°. — *4-[3-Methoxy-4-acetoxybenzyliden]-*, $C_{22}H_{21}NO_5$, F. 113°. — α-[α-Phenyl-α-äthylacetamido]-zimtsäuren: *o-Methoxy-*, $C_{20}H_{21}NO_4$, F. 167° (Aceton/PAe.), durch 5std. Erhitzen von 1,2 g **II** mit ½n NaOH in sd. Wasserbad, Kühlen, Filtrieren, Lösen des Na-Salzes in warmem W. u. Ansäuern mit verd. H_2SO_4; 0,6 g. — *p-Hydroxy-*, $C_{19}H_{19}NO_4$, F. 227° (Aceton/PAe.), analog vorst. Verb. aus 1,5 g **III**; 0,7 g. — *Unsubstituiert*, $C_{19}H_{19}NO_3$, F. 183°. — *m-Methoxy-*, $C_{20}H_{21}NO_4$, F. 204°. — *p-Methoxy-*, $C_{20}H_{21}NO_4$, F. 185°. — *2.4-Dimethoxy-*, $C_{21}H_{23}NO_5$, F. 146°. — *3.4-Dimethoxy-* $C_{21}H_{23}NO_5$, F. 218°. — *3-Methoxy-4-hydroxy-*, $C_{20}H_{21}NO_5$, F. 168°. P. Golinske. 3132◇

Basenkatalysierte Ringöffnung von N-substituierten Isoxazolonen-(5). Henri Ulrich, James N. Tilley und Adnan A. Sayigh. (J. org. Chemistry **27**, 2160—63, Juni 1962; North Haven, Conn., Carwin Co.; engl.) — Bei der Rk. von 2-Methyl-4-carbäthoxyisoxazolon-(5) (**I**) mit verd. NaOH wird *N-Methylcarbäthoxyacetamid* (**II**) erhalten, während 2.3-Dimethyl-4-carbäthoxyisoxazolon-(5) durch Alkali nur verseift wird. Mit NaCN wird aus **I** *β-Cyan-β-methylaminoacrylsäureäthylester*, mit NaN_3, wahrscheinlich unter intermediärer Bldg. von β-Azido-β-methyliminopropionsäureäthylester *1-Methyltetrazolyl-(5)-essigsäureäthylester* erhalten. Durch Unters. des IR-Spektrums wird ein Ketenimin-Deriv. als Zwischen-Prod. der Ringöffnung von **I** unwahrscheinlich gemacht. — IR-Spektrum vgl. Original.

Versuche: *2-Methyl-4-carbäthoxyisoxazolon-(5)* (**I**), $C_7H_9NO_4$, F. 96—97° (Bzl.), a) durch Zugeben von Na_2CO_3 u. $CH_3NHOH \cdot HCl$ zu Äthoxymethylenmalonsäurediäthylester u. 1 std. Erhitzen des Filtrats auf 100—130° unter Abdestillieren des A.; 60% (Ausbeute); b) durch 5std. Kochen von $CH_3NHOH \cdot HCl$, Na_2CO_3 u. Äthoxymethylenmalonsäurediäthylester in A.; 51%. — *2.3-Dimethyl-4-carboxyisoxazolon-(5)*, $C_6H_7NO_4$, F. 237—238° (Zers.; A.), durch mehrstd. Stehen des Äthylesters u. 5% ig. NaOH bei Raum-Temp. u. Ansäuern mit HCl; 66,5%. *Äthylester*, $C_8H_{11}NO_4$, F. 135—137° (CH_3OH), durch 5std. Kochen von $CH_3NHOH \cdot HCl$, Na_2CO_3 u. Acetylmalonsäurediäthylester in A.; 59%. — *N-Methylcarbäthoxyacetamid* (**II**), $C_6H_{11}NO_3$, Kp.$_{1,0}$ 101—103°, a) durch Zugeben von **I** zu 5% ig. NaOH u. Extraktion mit Ae.; 54%; b) durch Erhitzen von **I** u. K-Acetat-Lsg.; c) durch Zutropfen von Malonsäureäthylesterchlorid zu Methylamin-Lsg.; n_D^{22} 1,4408; 28%. — *β-Cyan-β-methylaminoacrylsäureäthylester*, $C_7H_{10}N_2O_2$, F. 57—58° (CH_3OH), neben 16,5% **II** durch Zugeben von **I** zu NaCN in W.; 31,5%. — *1-Methyltetrazolyl-(5)-essigsäureäthylester*, $C_6H_{10}N_4O_2$, F. 71—72° (CH_3OH), durch Zugeben von NaN_3-Lsg. zu **I** in W. u. 4½ std. Rühren bei Raum-Temp.; 26,5%. F. Heller. 3132◇

Untersuchungen auf dem Gebiet der 2-[β- und γ-Pyridyl]-Δ²-thiazoline. 2. Mitt. **Synthese von 2-[α-Alkyl-γ-pyridyl]-Δ²-thiazolinen, ihren 4-Carbonsäuren und von β- und γ-Pyridyl-[Δ²-thiazolyl-(2)]-methanen.** A. Banaschek und M. N. Schtschukina. (J. allg. Chem. [UdSSR] **31** (**93**), 1479—83, 1961; Chem.-Pharmazeut. Ordshonikidse-Forschungsinst.; russ.) — 1. vgl. C. **1961**, 13177. — Durch Kondens. von Cysteamin (**I**) mit α-Methyl- (**II**) u. α-n-Butyl-γ-cyanpyridin (**III**) wurden *2-[α-Methyl-* bzw. *2-[α-n-Butyl-γ-pyridyl]-Δ²-thiazolin* dargestellt. Durch Kondens. von Cysteinmethylesterhydrochlorid (**IV**) mit 2-Methylpyridin-4-carbonsäureiminoäthyläther (**V**) u. 2-Äthylpyridin-4-thiocarbonsäureamid (**VI**) wurden *2-[α-Methyl-* bzw. *2-[α-Äthyl-γ-pyridyl]-Δ²-thiazolin-4-carbonsäure* erhalten. Die Rk. von **I** mit γ-Cyanmethyl- (**VII**) u. β-Cyanmethylpyridin (**VIII**) lieferte *γ-Pyridyl-* u. *β-Pyridyl-[Δ²-thiazolinyl-(2)]-methan*. Aus **VII** u. **VIII** wurden durch Einw. von H_2S *Pyridin-4-* u. *Pyridin-3-thioacetamid* erhalten.

Versuche: *2-[α-Methyl-γ-pyridyl]-Δ²-thiazolin*, $C_9H_{10}N_2S$, Kp.$_{0,6}$ 113—114°, F. 37 bis 39°, durch 7std. Kochen von 1,54 g **I** u. 2,95 g **II** in 15 ml abs. A.; 74,2% (Ausbeute). *Salicylat*, $C_9H_{10}N_2S \cdot C_7H_6O_3$, F. 77—78° (50% ig. A.); Nadeln. *Pikrat*, $C_9H_{10}N_2S \cdot C_6H_3 \cdot N_3O_7$, F. 203—204° (Zers.; Aceton); gelbe Prismen. — *2-[α-n-Butyl-γ-pyridyl]-Δ²-thiazolin*, $C_{12}H_{16}N_2S$, Kp.$_{1,3}$ 165—168°, aus **I** u. **III**; 62%. *Salicylat*, $C_{12}H_{16}N_2S \cdot C_7H_6O_3$, F. 79 bis 80° (50% ig. A.); Prismen. *Pikrat*, $C_{12}H_{16}N_2S \cdot C_6H_3N_3O_7$, F. 120—121° (A.). — *2-[α-Methyl-γ-pyridyl]-Δ²-thiazolin-4-carbonsäuremethylester*, *Salicylat*, $C_{11}H_{12}N_2O_2S \cdot C_7H_6O_3$, F. 121,5—122° (50% ig. A.), durch 30std. Schütteln von **IV** u. **V** in NH_4OH. — *2-[α-Äthyl-γ-pyridyl]-Δ²-thiazolin-4-carbonsäuremethylester*, *Salicylat*, $C_{12}H_{14}N_2O_2S \cdot C_7H_6O_3$, F. 146 bis 147° (A.), aus **IV** u. **VI**; Prismen. — *γ-Cyanmethylpyridin* (**VII**), $C_7H_6N_2$, F. 43—44° (Ae.–PAe.), durch 6std. Erhitzen von Pyridin-4-acetamid u. $POCl_3$ auf 120—125°; 58,5%. — *γ-Pyridyl-[Δ²-thiazolinyl-(2)]-methan*, Kp.$_{0,6}$ 138—139°, aus **I** u. **VII** in abs. A.; 57%. *Dihydrochlorid*, $C_9H_{10}N_2S \cdot 2\,HCl$, F. 193—195° (Zers.; Methanol). *Pikrat*, $C_9H_{10}N_2S \cdot C_6H_3N_3O_7$, F. 169—170° (Zers.; 50% ig. A.). — *β-Pyridyl-[Δ²-thiazolinyl-(2)]-methan*, Kp.$_{0,4}$ 137—140°, aus **I** u. **VIII** in abs. A.; 65%. *Dihydrochlorid*, $C_9H_{10}N_2S \cdot 2\,HCl$, F. 214 bis 215° (Methanol). *Pikrat*, $C_9H_{10}N_2S \cdot C_6H_3N_3O_7$, F. 192—193° (Aceton). — *Pyridin-*

4-thioacetamid, $C_7H_8N_2S$, F. 168—169° (Zers.; A.), durch 3std. Einleiten von H_2S in 2,36 g **VII**, 2 ml Triäthylamin u. 10 ml abs. A.; Prismen; 77,5%. — *Pyridin-3-thioacetamid*, $C_7H_8N_2S$, F. 135—136,5° (A.), aus **VIII** u. H_2S; Prismen; 74%.
Helmut Schäfer. 3142△

Untersuchungen auf dem Gebiet der 2-[β- und γ-Pyridyl]-Δ²-thiazoline. 3. Mitt. Synthese von 2-Pyridylthiazolidinen, ihren 4-Carbonsäuren und 2-Methylderivaten. A. Banaschek und M. N. Schtschukina. (J. allg. Chem. [UdSSR] **31** (**93**), 1483—88, 1961; russ.) — 2. vgl. vorst. Referat. — Es wird die Synth. von *2-[β-Pyridyl]-thiazolidin* (I), *2-[β-Pyridyl]-thiazolidincarbonsäure*, *α-Phenyl-α-[thiazolidyl-(2)]-essigsäureäthylester*, *α-[Pyridyl-(3)]-*, *α-[Pyridyl-(4)]-β-hydroxyacrylsäureäthylester*, *2-[β-Pyridyl]-*, *2-[γ-Pyridyl]-2-methylthiazolidin*, *2-[β-Pyridyl]-*, *2-[γ-Pyridyl]-2-methylthiazolidin-4-carbonsäuremethylester* u. *2-[β-Pyridyl]-3-cyanmethylthiazolidin* beschrieben.

Versuche: *2-[β-Pyridyl]-thiazolidin* (**I**), $C_8H_{10}N_2S$, Kp.$_{0,4}$ 141—142°, durch 1std. Rühren von 0,77 g Cysteamin (**II**) u. 1,29 g Pyridin-3-aldehyd (**III**) in 70 ml 50% ig. A. bei 20°; 72,4% (Ausbeute). *Dihydrochlorid*, $C_8H_{10}N_2S \cdot 2$ HCl, F. 172—174° (Zers.; abs. A.). *Pikrat*, $C_8H_{10}N_2S \cdot C_6H_3N_3O_7$, F. 174—176° (Zers.; Eisessig); hellgelbe Prismen. — *2-[β-Pyridyl]-thiazolidin-4-carbonsäure*, $C_9H_{10}N_2O_2S$, F. 136—137° (abs. A.), durch ½std. Rühren von je 1,21 g Cystein (**IV**) u. **III** in 50 ml 50% ig. A. bei 20°; Nadeln; 84%. — *α-Phenyl-α-[thiazolidyl-(2)]-essigsäureäthylester*, $C_{13}H_{17}NO_2S$, F. 89—90° (A.), durch 5std. Schütteln von 11,5 g Phenylformylessigsäureäthylester u. 3,85 g **II**, Zugabe von 30 ml abs. A. u. Stehenlassen über Nacht; Nadeln; 62%. *Hydrochlorid*, $C_{13}H_{17}NO_2S \cdot HCl$, F. 162 bis 164° (Zers.; abs. A.) — *α-[Pyridyl-(3)]-β-hydroxyacrylsäureäthylester*, $C_{10}H_{11}NO_3$, F. 124—125° (Zers.; Aceton), durch Zugabe von 5 g β-Pyridylessigsäureäthylester u. 25 ml Äthylformiat (**V**) zu Na-Äthylat (1,2 g Na) u. 25std. Erhitzen auf 105°; Prismen; 55%. Beim Erhitzen mit alkohol. HCl oder Orthoameisensäureester (**VI**) erfolgt Zers. zu *β-Pyridylessigsäureäthylester* (*Hydrochlorid*, $C_9H_{11}NO_2 \cdot HCl$; aus A. Prismen). — Analog: *α-[Pyridyl-(4)]-β-hydroxyacrylsäureäthylester*; 34%. Beim Kochen mit alkohol. HCl oder **VI** Zers. zu *γ-Pyridylessigsäureäthylester* [*Hydrochlorid*, $C_9H_{11}NO_2 \cdot HCl$, F. 164—165° (A.); Prismen]. — *2-Methyl-2-[β-pyridyl]-thiazolidin*, $C_9H_{12}N_2S$, Kp.$_{0,6}$ 131—132°, durch 2std. Kochen von β-Pyridylmethylketon (**VII**) u. **II** in abs. Methanol; 76%. *Dihydrochlorid*, $C_9H_{12}N_2S \cdot 2$ HCl, F. 170—172° (Zers.; abs. A.); Prismen. *Pikrat*, $C_9H_{12}N_2S \cdot C_6H_3N_3O_7$, F. 128—129° (A.); gelbe Prismen. — *2-Methyl-2-[γ-pyridyl]-thiazolidin*, $C_9H_{12}N_2S$, F. 160 bis 161° (A.), aus γ-Pyridylmethylketon (**VIII**) u. **II** durch 1std. Kochen in abs. Methanol; Platten; 95%. — *2-Methyl-2-[β-pyridyl]-thiazolidin-4-carbonsäuremethylester*, *Pikrat*, $C_{11}H_{14}N_2O_2S \cdot C_6H_3N_3O_7$, F. 150—151° (Aceton), durch 8std. Kochen von **IV**-Methylester-hydrochlorid (6,04 g **IV**), 9 g **VII**, 5 g Na-Acetat u. 125 ml abs. Methanol. *Dihydrochlorid*, $C_{11}H_{14}N_2O_2S \cdot 2HCl$, F. 163—165° (A.). — *2-Methyl-2-[γ-pyridyl]-thiazolidin-4-carbonsäure methylester*, $C_{11}H_{14}N_2O_2S$, F. 118—119° (A.), aus **VIII** u. **IV**-Methylester in Na-Acetat–abs. Methanol (3 Std. Kochen); 79%. — *2-[β-Pyridyl]-N-cyanmethylthiazolidin*, $C_{10}H_{11}N_3S$, F. 110—111°, durch 3std. Kochen von 1 g **I** u. 0,91 g Chloracetonitril in 20 ml abs. A. in Ggw. von Na-Äthylat (0,14 g Na); Nadeln; 16,2%. Helmut Schäfer. 3142△

Untersuchungen auf dem Gebiet der 2-[β- und γ-Pyridyl]-Δ²-thiazoline. 4. Mitt. Synthese von [Δ²-Thiazolyl]-phenyl- und -pyridylessigsäureestern. A. Banaschek und M. N. Schtschukina. (J. allg. Chem. [UdSSR] **31** (**93**), 1488—92, 1961; russ.) — 3. vgl. vorst. Referat. — Die Kondens. von Phenylcyanessigsäureäthylester (I) mit Cysteamin (II) liefert *α-Phenyl-α-[Δ²-thiazolinyl-(2)]-essigsäure* (III)*-äthylester*, aus dem durch Umesterung der *β-Diäthylaminoäthylester* von **III** dargestellt wird. **III**-Äthylester geht bei der hydrolyt. Spaltung unter Decarboxylierung in *N-[Phenacetyl]-cysteamin* über. Bei der Kondens. von β- (**VI**) u. γ-Cyanmethylpyridin (**IV**) mit Diäthylcarbonat (**V**) entstehen β- bzw. *γ-Pyridylcyanessigsäureäthylester*, die durch Rk. mit **II** in β- bzw. *γ-Pyridyl-[Δ²-thiazolinyl-(2)]-essigsäureäthylester* übergeführt werden.

Versuche: *α-Phenyl-α-[Δ²-thiazolinyl-(2)]-essigsäure* (**III**), *Äthylester*, $C_{13}H_{15}NO_2S$, F. 60—61° (A.), durch 8std. Kochen von 22,7 g **I** u. 7,7 g **II** in 40 ml abs. A.; Prismen; 77% (Ausbeute). *β-Diäthylaminoäthylester*, man löst 0,1 g Na in 5 ml β-Diäthylaminoäthanol, gibt 5,0 g **III**-Äthylester zu u. erhitzt 4 Std. auf 90—95°/80—15 mm; Öl; 82% [*Salicylat*, $C_{17}H_{24}N_2O_2S \cdot C_7H_6O_3$, F. 131—132° (A.); Prismen. *Jodmethylat*, $C_{18}H_{27}JN_2O_2S$, F. 163—164° (abs. A.); Nadeln]. — *N-[Phenylacetyl]-cysteamin*, $C_{10}H_{13}NOS$, F. 54—55° (A.), durch Kochen von **III**-Äthylester in alkohol. KOH; ca. 100%. — *β-Pyridylcyanessigsäureäthylester*, $C_{10}H_{10}N_2O_2$, F. 103—104° (Acetonitril, Äthylacetat), durch 4std. Kochen von 5,9 g **VI** u. 30 ml **V** in Ggw. von Na-Äthylat (1,2 g Na, 20 ml A.); gelbe Prismen; 80%. — *β-Pyridyl-[Δ²-thiazolinyl-(2)]-essigsäureäthylesterhydrochlorid*, $C_{12}H_{14} \cdot N_2O_2S \cdot HCl$, F. 166—167° (Zers.; A.), durch Kochen vorst. Verb. u. **II** in abs. A.; Prismen;

79%. — *γ-Pyridylcyanessigsäureäthylester*, $C_{10}H_{10}N_2O_2$, F. 210—212° (A.), durch 4std. Kochen von IV u. V in abs. A. in Ggw. von Na-Äthylat; Prismen; ca. 100%. — *γ-Pyridyl-[Δ²-thiazolinyl-(2)]-essigsäureäthylester*, $C_{12}H_{14}N_2O_2S$, F. 100—101° (abs. A.), durch 30std. Kochen von II u. vorst. Verb. in abs. A.; Prismen; 15%. Helmut Schäfer. 3142△

Synthese von 3- und 3.5-substituierten 1.2.4-Triazolen. I. Ja. Posstowski und N. N. Wereschtschagina. (J. allg. Chem. [UdSSR] 29 (91), 2139—43, Juli 1959; Ural, Polytechn. Inst.; russ.) — Durch Kondens. von Acet-, Benz- (I) u. Phenylacetiminoäthyläther (II) mit Acet-, Benz-, Phenylacet-, Isonicotinoyl- u. Chinolin-8-carbonsäurehydrazid in A. werden die entsprechenden *Acylamidrazone*, $RC(NH_2)=NNHCOR'$, dargestellt u. diese durch Erhitzen über den F. zu den entsprechenden 3.5-disubstituierten *1.2.4-Triazolen* cyclisiert. Einige der Acylamidrazone cyclisieren bereits beim Erhitzen in A. zu 1.2.4-Triazolen. Bei der Rk. von I u. II mit Formhydrazid (III) entstehen sofort die 1.2.4-Triazole. Die Verbb. sind gut kristallisierende Substanzen, die Triazole sind amphoter. Ihre Basizität hängt stark von den Substituenten ab. Einige der Acylamidrazone wirken tuberkulostat., die aus ihnen erhaltenen Triazole nicht.

Versuche: Acetamidrazone: Man gibt zu NaOH in abs. A. Acetiminoäthylätherhydrochlorid, gibt zum Filtrat das Hydrazid (1 : 1 : 1 Mol), kocht 5—10 Min., kühlt ab u. verd. ggf. mit W. u. krist. aus A. um. — *N-Acetyl-*, $C_4H_9N_3O$, F. 175—176°; 50% (Ausbeute, bezogen auf das Hydrazid). *N-Benzoyl-, Hydrat*, $C_9H_{11}N_3O \cdot H_2O$, F. 168 bis 169°; 66%. *N-Phenylacetyl-*, $C_{10}H_{13}N_3O$, F. 166—167°; 46%. *N-Isonicotinoyl-, Hydrat*, $C_8H_{10}N_4O \cdot H_2O$, F. 163—164°; 74%. — Benzamidrazone: *N-Acetyl-*, $C_9H_{11} \cdot N_3O$, F. 172—173°; 58%. *N-Benzoyl-*, $C_{14}H_{13}N_3O$, F. 183—184°; 50%. *N-Phenylacetyl-*, $C_{15}H_{15}N_3O$, F. 176—177°; 28%. *N-Isonicotinoyl-*, $C_{13}H_{12}N_4O$, F. 175—176°; 80%. — Phenylacetamidrazone: *N-Acetyl-*, $C_{10}H_{13}N_3O$, F. 181—182°; 81%. *N-Benzoyl-*, $C_{15}H_{15}N_3O$, F. 179—180°; 50%. *N-Phenylacetyl-*, $C_{16}H_{17}N_3O$, F. 182—183°; 34%. *N-Isonicotinoyl-*, $C_{14}H_{14}N_4O$, F. 182—183°; 50%. *N-[Chinolinoyl-(8)]-, Hydrat*, $C_{18}H_{16} \cdot N_4O \cdot H_2O$, F. 166—168°; 37%. — 1.2.4-Triazole: Durch Erhitzen vorst. Verbb. über den F. bis zum Aufhören der Bldg. von W. (5—10 Min.): *3.5-Dimethyl-*, $C_4H_7N_3$, F. 139—140° (Bzl.); 90%. *Pikrat*, F. 168—169°. — *3-Methyl-5-phenyl-*, $C_9H_9N_3$, F. 163 bis 164° (Toluol); 74%. *Pikrat*, F. 157—159°. — *3-Methyl-5-benzyl-*, $C_{10}H_{11}N_3$, F. 136 bis 137° (W.-A.); 95%. *Pikrat*, F. 148—150°. — *3-Methyl-5-[γ-pyridyl]-*, $C_8H_8N_4$, F. 207 bis 208° (W.); 92%. *Pikrat*, F. 223—224° (Zers.). — *3.5-Diphenyl-*, $C_{14}H_{11}N_3$, F. 189 bis 190° (W.-A.); 92%. *Pikrat*, F. 167—169°. — *3-Phenyl-5-benzyl-*, $C_{15}H_{13}N_3$, F. 113 bis 114° (Bzl.-PAe.); 94%. *Pikrat*, F. 197—198°. *Acetyl-Deriv.*, F. 100—101°. — *3-Phenyl-5-[γ-pyridyl]-*, $C_{13}H_{10}N_4$, F. 242—243° (W.-A.); 94%. *Pikrat*, F. 244—246° (Zers.). — *3.5-Dibenzyl-*, $C_{16}H_{15}N_3$, F. 144—146° (A.); 93%. *Pikrat*, F. 134—135°. — *3-Benzyl-5-[γ-pyridyl]-*, $C_{14}H_{12}N_4$, F. 174—175° (W.-A.); 92%. *Pikrat*, F. 174—175°. *Acetyl-Deriv.*, F. 109—111°. — *3-Benzyl-5-[chinolyl-(8)]-*, $C_{18}H_{14}N_4$, F. 122—123° (W.-A.); 90%. *Pikrat*, F. 153—154°. — *3-Benzyl-*, $C_9H_9N_3$, F. 95—96° (Toluol), aus II u. III in A.; 43%. — *3-Phenyl-*, $C_8H_7N_3$, F. 117—118° (Toluol), aus I u. III in A.; 18%. *Pikrat*, F. 168—169°. Helmut Schäfer. 3153△

Synthesen in der Reihe des 3-Aminochinazolons-(4) und des 3-Aminobenzotriazinons-(4). S. Petersen, H. Herlinger, E. Tietze und W. Siefken. (Angew. Chem. 74, 855—61, 7/11. 1962; Leverkusen, Farbenfabriken Bayer Akt.-Ges., Wiss. Hauptlabor.; dt.) — *Anthranilsäurehydrazide* (**A**) werden durch Umsetzung von Isatosäureanhydriden mit Hydrazinen bzw. Hydraziden dargestellt u. mit HCOOH bzw. Formamid zu *3-Aminochinazolonen-(4)* (**B**) cyclisiert. Durch Umsetzung von am $C_{(2)}$ substituierten 6-Oxo-4.5-benzo-1.3-oxazinen („Acylanthranilsäureanhydriden") mit Hydrazinen werden am $C_{(2)}$ substituierte **B** dargestellt. Anthranilsäure-β-acylhydrazide (**C**) sowie am $N_{(\beta)}$ disubstituierte **A** gehen mit HNO_2 Ringschluß zu *3-Aminobenzo-vic.-triazinonen-(4)* ein. Vom unsubstituierten N_2H_4 bzw. von Monoalkyl- bzw. Monoarylhydrazinen abgeleitete **A** geben *o-Aminobenzazid* [oder ein Gemisch mit *3-Aminobenzotriazinon-(4)*] bzw. an der Seitenkette nitrosierte Verbb.; so liefert Anthranilsäurephenylhydrazid *3-N-Nitrosanilinobenzo-vic.-triazinon-(4)*. Beanspruchung des freien Elektronenpaares der 3-Aminogruppe durch Elektronenacceptoren wie bei den **C** verhindert diese Nitrosierung. Das aus o-Carboxyphenyloxamidsäureäthylester (**III**) u. Acetanhydrid (**IV**) darstellbare *2-Äthoxycarbonyl-6-oxo-4.5-benzo-1.3-oxazin* (**V**; „N-Äthoxalylanthranilsäureanhydrid") gibt mit Hydrazinmonocarbonsäureäthylester (**II**) *N-Äthoxalylanthranilsäure-N^β-äthoxycarbonylhydrazid*, das erst beim Schmelzen im Vakuum in das Chinazolon übergeht. *N-Aminomorpholin* wird durch Rk. von Morpholin, NH_3 u. NaClO dargestellt. Durch Verw. von heterocycl. o-Aminocarbonsäurehydraziden statt **A** können analoge Triazinone, z. B. *7-Phenyl-* oder *7-β-Hydroxyäthyl-3-äthoxycarbonylamino-pyrazolo-[4.5:e]-vic.-triazinon-(4)*, erhalten werden. — **Chinazolone-(4):** *3-Äthoxy-*

carbonylamino-, F. 181—182°, aus Isatosäureanhydrid (I) u. II über *Anthranilsäure-äthoxycarbonylhydrazid* durch Zusetzen von HCOOH. *2-Methyl-Deriv.*, F. 127—128°, aus Anthranilsäure u. IV über „*Acetylanthranilsäureanhydrid*" durch Zusetzen von II über *2-Acetamido-ω-äthoxycarbonylbenzoesäurehydrazid* u. Erhitzen. Analog: *2-Äthyl-Deriv.*, F. 114—117°. *2-Äthoxycarbonyl-Deriv.*, F. 108°, aus III u. IV über V durch Zusetzen von II u. Schmelzen unter Vakuum. *7-Methyl-Deriv.*, F. 207°. *5-Chlor-2-methyl-Deriv.*, F. 151—153°. *7-Carbäthoxy-2-methyl-Deriv.*, F. 117°. *6-Dimethylsulfamoyl-Deriv.*, F. 190—191°. — *3-Allyloxycarbonylamino-*, F. 133—134°. — *3-Cyanmethyl-carbonylamino-*, F. 227—230°. — *3-Isonicotinamido-*, F. 202—204°. — *6-Chlor-2-methyl-3-sulfanilamido-*, F. 228°. *N-Acetyl-Deriv.*, F. 259°. — *2-Methyl-3-morpholino-*, *Hydrochlorid*, F. 300—303°. — *2-Äthoxycarbonyl-3-morpholino-*, F. 121—122°. — *3.6-Diamino-2-methyl-*, F. 232°, a) durch Nitrierung von I, Rk. mit IV zum „5-Nitroacetylanthranilsäureanhydrid", Rk. mit N_2H_4 u. Red. mit H_2 (katalyt.) oder Fe; b) aus „5-Acetamidoacetylanthranilsäureanhydrid" mit N_2H_4. Analog das *6-N-Carbäthoxy-Deriv.*, F. 234°. — Analog oder durch Nitrieren von I, Rk. mit N_2H_4 bzw. N_2H_4-Derivv., Rk. mit HCOOH u. katalyt. Red.: *6-Amino-3-äthoxycarbonylamino-*, F. 200—202°. — *3.5-Bis-[äthoxycarbonylamino]-2-methyl-*, F. 169—170°. — *3.6-Bis-[äthoxycarbonylamino]-2-methyl-*, F. 193—196°. — *3.7-Bis-[äthoxycarbonylamino]-2-methyl-*, F. 195—196°. — *3.8-Bis-[äthoxycarbonylamino]-2-methyl-*, F. 170—171°. — *6-Acetamido-2-methyl-3-äthoxycarbonylamino-*, F. 191—193°. — *6-Äthoxycarbonylamino-2-methyl-3-isobutoxycarbonylamino-*, F. 194—195°. — *6-Äthoxycarbonylmethylureido-2-methyl-3-isobutoxycarbonylamino-*, F. 192°. — *6-Äthoxycarbonylamino-2-methyl-3-bis-[äthoxycarbonyl]-amino-*, F. 156—157°. — *6-Amino-3-morpholino-*, F. 218—220°. — Benzo-vic.-triazinone-(4): *3-Amino-*, F. 152—153°. *N-Acetyl-Deriv.*, F. 199—200°. *Isonicotinoyl-Deriv.*, *Hydrochlorid*, F. 225°. *Pyridinioacetyl-Deriv.*, *Chlorid*, F. 230° (Zers.). — *3-Äthoxycarbonylamino-*, F. 150—151°. *7-Methyl-Deriv.*, F. 172—173°. *6-Sulfamoyl-Deriv.*, F. 223—225°. *6-Äthoxycarbonylamino-Deriv.*, F. 191—192°. — *3-Allyloxycarbonylamino-*, F. 98—99°. *6-Brom-Deriv.*, F. 102—103°. — *3-β-Hydroxyäthoxycarbonylamino-*, F. 137—138°. *Methyläther*, F. 84—86°. — *3-Äthoxythiocarbonylamino-*, F. 150—152°. — *3-Allylthioureido-*, F. 173°. — *3-Benzolsulfonamido-*, F. 220—222°. — *3-N-Methyl-N-äthoxycarbonylamino-*, F. 95—96°. — *3-N-Äthoxycarbonyl-N-äthoxycarbonylmethylamino-*, F. 111—112°. — *3-N-Methyl-N-methylsulfonylamino-*, F. 158—159°. — *3-Dimethylamino-*, F. 117°. — *3-Piperidino-*, F. 146—147°. — *3-Hexamethylenimino-*, F. 118 bis 119°. — *3-Morpholino-*, F. 199—200°. *7-Methyl-Deriv.*, F. 149—150°. — *3-Thiomorpholino-*, F. 180—181°. — *3-N-Methylpiperazino-*, F. 158—159°. H. Gleinig. 3200◇

Synthese von neuen α-Pyron-Derivaten durch thermische Kondensation einiger Malonester mit Ketonen. Claudine Goetschel und Charles Mentzer. (Bull. Soc. chim. France **1962**, 365—69, Febr.; Museum Nat. d'Histoire Natur., Labor. de Chim.; franz.) — Durch therm. Kondens. von Ketonen mit Malonestern nach Ziegler u. Junek (C. **1960**, 4508) werden verschiedene *α-Pyron-Derivv.* dargestellt. Benzylmalonsäurediäthylester u. Propiophenon geben bei 270° *3-Benzyl-4-hydroxy-5-methyl-6-phenyl-α-pyron*, das mit $AlCl_3$ zu *4-Hydroxy-5-methyl-6-phenyl-α-pyron* (I) entbenzyliert wird. Das I-Benzoat (Ia) wird durch Friessche Verschiebung in *3-Benzoyl-4-hydroxy-5-methyl-6-phenyl-α-pyron* übergeführt, das bei der therm. Kondens. mit Benzoylessigsäureäthylester (II) eine *Verb.* $C_{28}H_{18}O_5$, wahrscheinlich *3'-Benzoyl-4'.6-diphenyl-5-methyl-α-pyrono-[5'.6':3.4]-α-pyron*, liefert. Für die von Perkin [1885] aus II sowie von Chopin u. Mitarbeitern (Bull. Soc. chim. France **1961**, 5469) aus II u. Dehydrobenzoylessigsäure erhaltene *Verb.* $C_{27}H_{16}O_5$ wird die Konstit. als analoges 5-Desmethyl-Deriv. vorgeschlagen. UV- u. IR-Spektren vgl. Original.

Versuche: 4-Hydroxy-α-pyrone: *3.6-Diphenyl-*, $C_{17}H_{12}O_3$, F. 336°, durch 1std. Erhitzen von Acetophenon (IV) u. Phenylmalonsäurediäthylester (V) auf 250° (Bad-Temp.); 2% (Ausbeute). *Acetyl-Deriv.*, F. 145—146°. — *3-[o-Methoxyphenyl]-6-phenyl-*, $C_{18}H_{14}O_4$, F. 244° (A.), aus IV u. o-Methoxyphenylmalonsäurediäthylester bei 250° (Bad-Temp.) unter N_2 (16 Std.); 20%. — *3-Phenyl-6-[o-methoxyphenyl]-*, $C_{18}H_{14}O_4$, F. 262° (A.), aus o-Methoxyacetophenon u. V (260°; 3 Std.); 15%. — *3-Phenyl-6-[p-methoxyphenyl]-*, $C_{18}H_{14}O_4$, F. 323° (A./Nitrobenzol), aus p-Methoxyacetophenon u. V (260°; 3 Std.); 4%. *Acetyl-Deriv.*, $C_{20}H_{16}O_5$, F. 118—119° (A.). — *3-Benzyl-5-methyl-6-phenyl-*, $C_{19}H_{16}O_3$, F. 164—165°, durch 8std. Erhitzen von Propiophenon u. Benzylmalonsäurediäthylester auf 270° u. Abdestillieren des A. im Vakuum; aus A. Nadeln; 45—50%. — *5-Methyl-6-phenyl-* (I), $C_{12}H_{10}O_3$, F. 207°, aus vorst. Verb. u. $AlCl_3$ nach Ziegler u. Junek (l. c.); 50—60%. *Benzoyl-Deriv.* (Ia), $C_{19}H_{14}O_4$, F. 134—135°, aus I u. Benzoylchlorid/Pyridin bei 0°; aus A. hellorangefarbene Platten; 50—66%. — *3-Benzoyl-5-methyl-6-phenyl-*, $C_{19}H_{14}O_4$, F. 107—108°, durch 1std. Erhitzen von Ia

u. $AlCl_3$ auf 150°, Zers. mit Eis/HCl, Extrahieren mit 5%ig. Na_2CO_3-Lsg. u. Ansäuern; aus Chlf./CH_3OH rosafarbenes Pulver; 30%. — α-Pyrono-[5'.6':3.4]-α-pyrone: *4'-Hydroxy-6-phenyl-*, $C_{14}H_8O_5$, F. 264° (A.), durch 18std. Kochen von **IV** u. Malonsäurediäthylester, Extrahieren mit 10%ig. Na_2CO_3-Lsg. u. Ansäuern. — *3'-Benzoyl-4'.6-diphenyl-5-methyl-*, $C_{28}H_{18}O_5$, F. 248°, durch Erhitzen von **II** u. vorvorst. Verb. auf 230° (4 Std.), dann auf 280—300° (3 Std.); aus A. gelbes Pulver. — *3'-Benzoyl-4'.6-diphenyl-*, $C_{27}H_{16}O_5$, F. 324°, durch längeres Kochen von **II** oder nach Chopin (l. c.); gelbes Pulver. — *3-Phenyl-4-hydroxy-5'.8'-dimethoxy-1'.2'-dihydronaphtho-[3'.4':5.6]-α-pyron*, $C_{21}H_{18}O_5$, F. 264° (verd. A.), durch 3std. Erhitzen von 5.8-Dimethoxytetralon u. **V** auf 260°, Extrahieren mit 10%ig. Na_2CO_3-Lsg. u. Ansäuern. F. Heller. 3211◇

Die Struktur von handelsüblichem Pyronin B. E. M. Chamberlin, B. F. Powell, D. E. Williams und John Conn. (J. org. Chemistry **27**, 2263—64, Juni 1962; Rahway, N.J., Merck & Co., Inc., Merck, Sharp & Dohme Res. Labor.; engl.) — Aus Pyronin B (**I**) der Firma Allied Chemical and Dye Corp. wird durch Extraktion mit Äthylacetat ein *Fe-haltiger* **I**-*Komplex* (**Ia**) isoliert, der die für **I** charakterist. Fluorescenz zeigt. Die Konstit. von **Ia** wird durch die analyt. Daten, den leichten Ersatz von 3 Äquivalenten Cl^- durch OH^- sowie durch Unters. des Röntgenspektrums festgestellt. Das Beersche Gesetz wird bei Lsgg. mit >10 mg/Liter **Ia** nicht mehr befolgt. — *Pyronin B, Fe-Komplex* (**Ia**), $C_{42}H_{54}Cl_8Fe_2 \cdot N_4O_2$, F. 176—178°, durch Extraktion von 500 g **I** mit Äthylacetat; metallgrüne Nadeln; 107 g (Ausbeute); λ_{max} 555 mμ, $E^{1\%}_{1cm}$ 2324 (50%ig. A.); Fluorescenz: λ_{max} 580 mμ (Anregungsmaximum bei 530 mμ). Elementarzelle monoklin, a = 9,00, b = 20,84, c = 13,66 Å, β = 108°; D. 1,398, berechnet 1,421; Raumgruppe P 2_1/c.

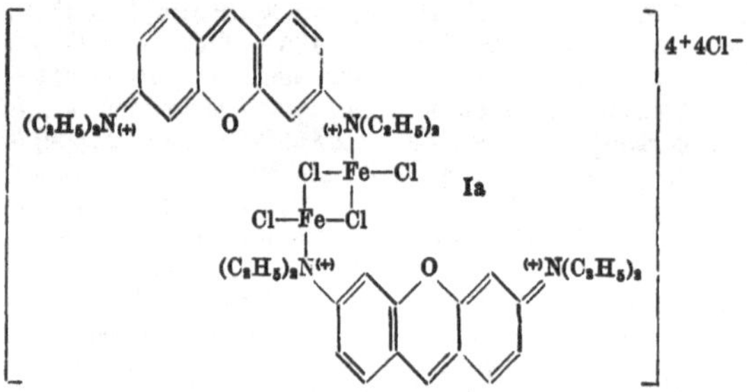

Ia

F. Heller. 3211◇

Hydrierung von Pyridin und α-Picolin am Skelett-Nickel-Aluminium-Katalysator. N. I. Schuikin und W. M. Brussnikina. (Nachr. Akad. Wiss. UdSSR, Abt. chem. Wiss. **1959**, 1288—93, Juli; Zelinsky-Inst. für organ. Chem. der Akad. der Wiss. der UdSSR; russ.) — Bei der Hydrierung von Pyridin (**I**) u. α-Picolin (**II**) am Ni-Al-Skelettkatalysator erfolgt neben der Hydrierung zum Piperidinring auch Ringverengung zum Pyrrolring u. Alkylierung durch Zers.-Produkte. Unter den Hydrierungs-Prodd. von **I** (200°, 1 at) werden bei einer Vol.-Geschw. von 0,1 Std.$^{-1}$ 71,2% unverändertes **I**, 13,2% **II** (Kp. 127—129°; $D._4^{20}$ 0,9460; n_D^{20} 1,4995. *Pikrat*, F. 163—164°. *Jodmethylat*, F. 227°) gefunden (Ausbeute auf **I** bezogen), bei 0,03 Std.$^{-1}$ 16% *Piperidin* (Kp. 104 bis 106°; $D._4^{20}$ 0,8696; n_D^{20} 1,4580. *Pikrat*, F. 150—151°), 3,4% *β-Methylpyrrol* (**III**, Kp. 158—159°. *Pikrat*, F. 158—159°), 10% *α-n-Propylpiperidin* (Kp. 169—170°; $D._4^{20}$ 0,8432; n_D^{20} 1,4567. *Pikrat*, F. 130°) u. 14% *N-Cyclopentylpiperidin* ($C_{10}H_{19}N$, Kp. 200 bis 203°; $D._4^{20}$ 0,8835; n_D^{20} 1,4735. *Pikrat*, F. 168—169°). Unter den Hydrierungs-Prodd von **II** werden bei 140° (200°) u. einer Vol.-Geschw. von 0,06 Std.$^{-1}$ 81 (35)% unverändertes **II**, 13 (5)% *α-Pipecolin* (Kp. 113—115°; $D._4^{20}$ 0,8453; n_D^{20} 1,4495) u. bei 200° 17,9% **III** isoliert. Helmut Schäfer. 3231△

Verwendung von 2.6-Lutidin für Arzneimittel. 1. Mitt. **Synthese von 4-Aryloxy-3.5-dinitro-2.6-lutidinen.** Manabu Fujimoto. (Pharmac. Bull. [Tokyo] **4**, 77—79, April 1956; Hyogo-ken, Amagasaki, 192 Imafuku, Shionogi & Cie.; Labor. de Rech.; franz.) — Nitrierung von 2.6-Lutidon-(4) (**III**) führt zu *3.5-Dinitrolutidon-(4)* (**I**), welches bei der Rk. mit PCl_5 in $POCl_3$ in *4-Chlor-3.5-dinitrolutidin* (**II**) übergeht. Durch Oxydation von **I** mit $KMnO_4$ wird *3.5-Dinitro-6-methyl-4-hydroxypicolinsäure* erhalten. Ausgehend von **II** synthetisiert Vf. einige *4-Aryloxy-3.5-dinitrolutidine.*

Versuche: *3.5-Dinitrolutidon-(4)* (**I**), $C_7H_7N_3O_5$, F. 324—325° (Zers.; A.), durch Einrühren von **III** in konz. H_2SO_4, Eintropfen von rauchender HNO_3, 10std. Erhitzen auf 90° u. Gießen auf Eis; gelbe Kristalle; 98% (Ausbeute). — *3.5-Dinitro-6-methyl-4-hydroxypicolinsäure*, $C_7H_5N_3O_7 \cdot H_2O$, F. 264—265° (Zers.; A.), durch Einrühren einer 5%ig. $KMnO_4$-Lsg. in die Lsg. von **I** in 1%ig. KOH, 3tägiges Aufbewahren bei Raum-Temp. u. Ansäuern der filtrierten Lsg. mit HCl; 43%. — *4-Chlor-3.5-dinitrolutidin* (**II**), $C_7H_6ClN_3O_4$, F. 143—144°, durch 4std. Erhitzen von **I** u. PCl_5 in $POCl_3$ auf 150°, Gießen auf Eis u. Sublimation des abgesaugten Nd. bei 160°/5 mm; gelbe Blättchen; 97%. *Pikrat*, $C_{13}H_9ClN_6O_{11}$, F. 171–172° (A.; gelbe Nadeln). — *1.4-Bis-[3.5-dinitro-2.4-dimethylpyridyl-(4)-oxy]-benzol*, $C_{20}H_{16}N_6O_{10}$, F. 258–259° (A.; Nadeln), durch Kochen von 2 Mol **II** mit 1 Mol Hydrochinon in A.; 93%. — 4-Aryloxy-3.5-dinitrolutidine, durch Kochen von **II** mit der berechneten Menge des entsprechenden Phenols in A., Absaugen nach Stehenlassen in der Kälte u. Umkristallisieren aus 95% ig. A.: *4-[p-Aminophenoxy]-*, $C_{13}H_{12}N_4O_5$, F. 217–218° (orangefarbene Nadeln), aus **II** u. p-Aminophenol; 84%. — *4-[p-Methoxyphenoxy]-*, $C_{14}H_{13}N_3O_6$, F. 103–104° (gelbe Nadeln), aus **II** u. p-Methoxyphenol; 93%. — *4-[p-Benzyloxyphenoxy]-*, $C_{20}H_{17}N_3O_6$, F. 146–147° (gelbe Tafeln), aus **II** u. p-Benzyloxyphenol; 97%. — *4-[p-Methylphenoxy]-*, $C_{14}H_{13}N_3O_5$, F. 124–125° (Tafeln), aus **II** u. p-Kresol; 97%. — *4-[Phenoxy]-*, $C_{13}H_{11}N_3O_5$, F. 134 bis 135° (Nadeln), aus **II** u. Phenol; 98%. — *4-[p-Nitrophenoxy]-*, $C_{13}H_{10}N_4O_7$, F. 152 bis 153° (Tafeln), a) aus **II** u. p-Nitrophenol; 98%; b) durch 8std. Erhitzen vorst. Verb. mit HNO_3 u. CH_3COOH auf dem Wasserbad u. Gießen auf Eis; 87%. — *4-[2.4-Dinitrophenoxy]-*, $C_{13}H_9N_5O_9$, F. 153–154° (Nadeln), a) aus **II** u. 2.4-Dinitrophenol; 100%; b) durch 8std. Erhitzen vorst. Verb. mit HNO_3 in Essigsäure auf dem Wasserbad; 63%. Walter Simon. 3231

Synthesen in der Pyridinreihe. 2. Mitt. **Synthese von Thiosemicarbazonen einiger Pyridinaldehyde und -ketone mittels Polysulfiden.** Je. Golowinski und Al. Spassow. (C. R. Acad. bulg. Sci. **12**, 157–60, März/April 1959; Sofia, Lehrstuhl für medizin. Chem. an der Medizin. Fak.; dt.) — α-, γ-Picolin u. γ-Äthylpyridin liefern bei der Einw. von Na_2S_4 in Ggw. von Thiosemicarbazid (**I**) die *Thiosemicarbazone* von *α-*, *γ-Pyridinaldehyd* bzw. *Methyl-γ-pyridylketon.*

Versuche: *α-Pyridinaldehydthiosemicarbazon*, F. 195–197° (Zers.; Methanol), durch 48std. Erhitzen von 1,4 g α-Picolin, 0,91 g **I** u. 2,12 g Na_2S_4 (oder S u. Na_2S) auf 110°; 28% (Ausbeute). — *γ-Pyridinaldehydthiosemicarbazon*, F. 220–222° (Zers.; Methanol), aus γ-Picolin, **I** u. Na_2S_4 (10 Std., 120°); 25%. — *Methyl-γ-pyridylketon-thiosemicarbazon*, F. 222–224° (Zers.; Methanol), aus γ-Äthylpyridin, **I** u. Na_2S_4 (4 Std., 130°); 42%. Helmut Schäfer. 3231△

Synthese von 2.4-Dihydroxychinolinen mit Polyphosphorsäure als Cyclisierungsmittel. G. H. Patel und C. M. Mehta. (J. sci. ind. Res. [New Delhi], Sect. B **19**, 436–38, Nov. 1960; Baroda, M. S. Univ., Organ. Chem. Labor.; engl.) — Eine Reihe von 2.4-Dihydroxychinolinen wird durch Cyclisierung von Malonsäuremonoarylamiden (**A**) bzw. N-Arylmalonsäurediamiden (**B**) mit Polyphosphorsäure dargestellt. Die Chinolindiole aus den **A** entstehen in quant., aus den **B** in geringer Ausbeute.

Versuche: Malonsäuremonoarylamide (**A**), durch 40 Min. langes Erhitzen von 1 Mol prim. Arylamin u. 1,75 Mol Malonsäurediäthylester, Versetzen mit A., Filtrieren, Versetzen mit Soda-Lsg. u. 1std. Dampf-Dest.: *-anilid*, F. 136° (W.). — *-p-toluidid*, F. 154° (W.). — *-p-chloranilid*, $C_9H_8ClNO_3$, F. 145° (W.). — *-p-anisidid*, $C_{10}H_{11}NO_4$, F. 157° (W.). — *-m-toluidid*, F. 106° (W.). — *-m-chloranilid*, $C_9H_8ClNO_3$, F. 131° (W.). — *-o-toluidid*, $C_{10}H_{11}NO_3$, F. 144° (W.). — *-o-anisidid*, $C_{10}H_{11}NO_4$, F. 148° (W.). — *-3.4-xylidid*, F. 156° (W.). — *-α-naphthylamid*, $C_{13}H_{11}NO_3$, F. 155° (W.). — *-β-naphthylamid*, $C_{13}H_{11}NO_3$, F. 176° (W.). — Malonsäurediamide (**B**), durch mehrstd. Stehen von Cyanacetarylamiden mit 75% ig. H_2SO_4, Gießen in W. u. Umkristallisieren aus verd. A.: *N-Phenyl-*, F. 133°. — *N-[p-Tolyl]-*, F. 144°. — *N-[3.4-Xylyl]-*, F. 166°. — 2.4-Dihydroxychinoline, durch 3std. Erhitzen der **A** bzw. **B** in Polyphosphorsäure auf 140° u. Umkristallisieren der Rohprodd. aus Essigsäure: *Unsubstituiert* (**I**), $C_9H_7NO_2$, F. 360°. — *6-Methyl-*, $C_{10}H_9NO_2$, F. 342°. — *6-Chlor-*, $C_9H_6ClNO_2$, F. 370°. — *6-Methoxy-*, $C_{10}H_9NO_3$, F. 308°. — *7-Methyl-*, $C_{10}H_9NO_2$, F. 388°. — *7-Chlor-* (**III**), $C_9H_6ClNO_2$, F. 340°. — *8-Methyl-*, $C_{10}H_9NO_2$, F. 360°. — *8-Methoxy-* (**II**), $C_{10}H_9NO_3$, F. 248°. — *6.7-Dimethyl-*, $C_{11}H_{11}NO_2$, F. 345°. — *7.8-Benzo-*, $C_{13}H_9NO_2$, F. 338° (Zers.). — *5.6-Benzo-*, $C_{13}H_9NO_2$, F. 381° (Zers.). — *2.4-Dichlorchinolin*, F. 65°, aus **I**. — *8-Methoxy-2.4-dichlorchinolin*, F. 92°, aus **II**. — *2.4.7-Trichlorchinolin*, F. 105°, aus **III**. P. Golinske. 3231◇

Über die Reaktion von 6-Chlormethylchinolin mit Schwefelverbindungen. B. P. Lugowkin. (J. allg. Chem. [UdSSR] **29** (**91**), 3762–66, Nov. 1959; Kasan, Allunions-Forschungsinst. für Arbeitsschutz; russ.) — Bei der Rk. von 6-Chlormethylchinolin (**I**) mit KSCN oder KSeCN entstehen in fast quant. Ausbeute *Chinolyl-(6)-methylthiocyanat* (**II**) bzw. *-selenocyanat* (**III**). Bei der Hydrolyse von **II** wird *6-Mercaptomethylchinolin* (**IV**) gebildet, das bei der Oxydation *Bis-[chinolyl-(6)]-dimethyldisulfid* (**V**) liefert. Die Hydrolyse von **III** liefert in geringer Ausbeute *Bis-[chinolyl-(6)]-dimethyldiselenid* neben viel Polymerisationsprodukten. **IV** wird auch durch Rk. von **I** mit NaSH erhalten, während die Rk. von **I** mit Na_2S *Bis-[chinolyl-(6)]-dimethylsulfid* liefert.

Versuche: *Chinolyl-(6)-methylthiocyanat* (II), $C_{11}H_8N_2S$, F. 104—104,5° (Bzl.), durch 5 Min. langes Erhitzen von 2,2 g I in 3 ml Methanol mit 1,6 g KSCN in 7 ml Methanol u. Verdünnen mit W.; 96,0% (Ausbeute). *Pikrat*, $C_{17}H_{11}N_5O_7S$, F. 222°. — *Bis-[chinolyl-(6)]-dimethyldisulfid* (V), $C_{20}H_{16}N_2S_2$, F. 153°, durch 7 Tage langes Stehen von 2,42 g vorst. Verb. mit HCl (1,19), Verdünnen mit W., Alkalisieren, Extrahieren mit Chlf.; 0,73 g. *Dipikrat*, F. 234°. — *Chinolyl-(6)-methylselenocyanat* (III), $C_{11}H_8N_2Se$, F. 146° (Methanol), aus I u. KSeCN in Methanol (5 Min. langes Kochen); 91,5%. *Pikrat*, $C_{17}H_{11}N_5O_7Se$, F. 211°. — *Bis-[chinolyl-(6)]-dimethyldiselenid*, $C_{20}H_{16}N_2Se_2$, F. 140° (Methanol), durch Hydrolyse von 1,4 g III mit HCl (1,19), Alkalisieren, Extraktion mit Chlf., Eindampfen der Chlf.-Schicht u. Extrahieren des Rückstandes mit Bzl.; 0,33 g. *Dipikrat*, $C_{32}H_{22}N_8O_{14}Se_2$, F. 215°. — *6-Mercaptomethylchinolin* (IV), zu 1,5 g I in 3 ml abs. A. gibt man 0,65 g NaSH in 20 ml abs. A., erhitzt 15 Min., verd. mit W. u. extrahiert mit Ae.; 1,35 g (*Pikrat*, $C_{16}H_{12}N_4O_7S$, F. 239°). Gibt bei Oxydation mit wss. Jod-Lsg. in alkal. Medium V. — *Bis-[chinolyl-(6)]-dimethylsulfid*, $C_{20}H_{16}N_2S$, F. 85° (Bzl.-PAe., 1,5 : 2), aus I u. Na_2S in Methanol (15 Min. kochen); 82,8%. *Dipikrat*, $C_{32}H_{22}N_8O_{14}S$, F. 249°. G. Froelich. 3231◇

Bichinolinreihe. 3. Mitt. Synthese von substituierten Bichinolylen-(6.6'). K. P. Sivaramakrishnan und S. V. Sunthankar. (J. sci. ind. Res. [New Delhi], Sect. B **20**, 223—27, Mai 1961; Bombay, Univ., Dep. of Chem. Technol.; engl.) — 2. vgl. C. **1963**, 3602. — Eine Reihe substituierter *4.4'-Dihydroxybichinolyle-(6.6')*, Zwischenprod. zur Darst. von Dialkylaminobichinolylen (besitzen beträchtliche biolog. Aktivität), wird durch Kondens. u. anschließende Cyclisierung der substituierten 4.4'-Diaminobiphenyle mit Äthoxymethylenmalonsäurediäthylester (I) u. Acetessigsäureäthylester synthetisiert. Ihre Eigg. werden diskutiert. *8.8'-Dimethoxybichinolyl-(6.6')* wird auch durch Skraupsche Synth. von 3.3'-Dimethoxy-4.4'-diaminodiphenyl erhalten. UV-Spektren vgl. Original.

Versuche: *α-[4-Nitrobiphenylyl-(4')]-iminomethylmalonsäurediäthylester*, $C_{20}H_{20}N_2O_6$, F. 154° (A.), durch 1 std. Kochen von 4'-Nitro-4-aminodiphenyl u. Äthoxymethylenmalonsäurediäthylester (I) in Bzl.; 87% (Ausbeute). — *6-[p-Nitrophenyl]-3-carbäthoxy-4-hydroxychinolin*, $C_{18}H_{14}N_2O_5$, F. 319° (Nitrobenzol), durch ½ std. Kochen vorst. Verb. in Diphenyläther; 88%. — *2.2'-Bis-[β.β-dicarbäthoxyäthylidenamino]-diphenyl*, $C_{28}H_{32}N_2O_8$, F. 158—159° (A.), durch 2 std. Kochen von I u. 2.2'-Diaminodiphenyl in Bzl.; 92%. — *4.4'-Dihydroxy-3.3'-dicarbäthoxybichinolyl-(8.8')*, $C_{24}H_{20}N_2O_6$, F. 344°, analog Vorvorst. aus vorst. Verb.; 98%. — *4.4'-Bis-[β.β-dicarbäthoxyäthylidenamino]-3.3'-dichlordiphenyl*, $C_{28}H_{30}Cl_2N_2O_8$, F. 99—100° (PAe.), 1 std. Kochen; 96%. — *4.4'-Bis-[β.β-dicarbäthoxyäthylidenamino]-2.2'-dichlordiphenyl*, $C_{28}H_{30}Cl_2N_2O_8$, F. 185—186°, 1½ std. Kochen; aus Bzl./PAe. gelbe Nadeln; 95%. — *4.4'-Bis-[β.β-dicarbäthoxyäthylidenamino]-diphenylsulfon*, $C_{28}H_{32}N_2O_{10}S$, F. 176°, 1 std. Kochen; aus Bzl./PAe. Nadeln; 90%. — *8.8'-Dichlor-4.4'-dihydroxy-3.3'-dicarbäthoxybichinolyl-(6.6')*, $C_{24}H_{18}Cl_2N_2O_6$, F. 305°, 20 Min. langes Erhitzen; gelbes, amorphes Pulver; 99%. — *5.5'(bzw. 7.7')-Dichlor-4.4'-dihydroxy-3.3'-dicarbäthoxybichinolyl-(6.6')*, $C_{24}H_{18}Cl_2N_2O_6$, F. >360°, ¼ std. Erhitzen; gelbes Pulver; 98%. — *Bis-[3-carbäthoxy-4-hydroxychinolyl-(6)]-sulfon*, $C_{24}H_{20}N_2O_8S$, F. 338—340°, ¼ std. Erhitzen; 98%. — *2.2'-Dichlor-4.4'-bis-[1-carbäthoxypropenyl-(2)-amino]-diphenyl*, $C_{24}H_{26}Cl_2N_2O_4$, F. 126° (A.), durch 7 std. Kochen des entsprechenden Diamins mit Acetessigsäureäthylester in abs. Methanol, Eindampfen u. mehrstd. Stehen im Eisschrank; 70%. — *3.3'-Dimethoxy-4-amino-4'-[1-carbäthoxypropenyl-(2)-amino]-diphenyl*, $C_{20}H_{24}N_2O_4$, F. 112° (A.); 69%. — *3.3'-Dichlor-4-amino-4'-[1-carbäthoxypropenyl-(2)-amino]-diphenyl*, $C_{18}H_{18}Cl_2N_2O_2$, F. 112°; aus A. Nadeln; 69%. — *7.7'-Dichlor-2.2'-dimethyl-4.4'-dihydroxybichinolyl-(6.6')*, $C_{20}H_{14}Cl_2N_2O_2$, F. >360°, durch ¼ std. Kochen der entsprechenden Carbäthoxypropenyl-Verb. in Diphenyläther; gelbes, amorphes Pulver; 98%. — *2.2'-Dimethyl-8.8'-dimethoxy-4.4'-dihydroxybichinolyl-(6.6')*, $C_{22}H_{20}N_2O_4$, F. >360°; gelbes Pulver; 98%. — *2.8.2'.8'-Tetramethyl-4.4'-dihydroxybichinolyl-(6.6')*, $C_{22}H_{20}N_2O_2$, F. >360°; gelbes, amorphes Pulver: 97%. — *4-Chlor-4'-hydroxy-2.8.2'.8'-tetramethylbichinolyl-(6.6')*, F. >360°, durch 3 std. Kochen vorst. Verb. mit $PCl_5/POCl_3$; 40%. — *2.8.2'.8'-Tetramethyl-4-[4-diäthylamino-1-methylbutylamino]-4'-hydroxybichinolyl-(6.6')*, $C_{31}H_{40}N_4O$, F. 70—71°, durch 6 std. Erhitzen vorst. Verb. mit dem entsprechenden Diamin in Ggw. von Phenol auf 160° u. 3 std. Erhitzen auf 180°; aus Bzl. gelbe Flocken. — *8.8'-Dimethoxybichinolyl-(6.6')*, $C_{20}H_{16}N_2O_2$, F. 278—279° (wss. A.), durch langsame Zugabe von H_2SO_4 zu 3.3'-Dimethoxy-4.4'-diaminodiphenyl, Glycerin u. As_2O_5 u. 3 std. Kochen; 60%. — *2.2'-Dihydroxy-4.8.4'.8'-tetramethylbichinolyl-(6.6')*, $C_{22}H_{20}N_2O_2$, F. >360° (Eisessig), durch Zugabe von 4.4'-Bis-[acetoacetamido]-3.3'-dimethylbiphenyl zu konz. H_2SO_4 bei 75°, ¼ std. Erhitzen auf 95°, Kühlen auf 60° u. Gießen in Wasser. P. Golinske. 3231◇

Über Acridone. 19. Mitt. Synthesen und Verhalten einiger substituierter Bromacridone. Ion Tănăsescu und Zoltan Frenkel. (Bull. Soc. chim. France **1960**,

693—96; Cluj, Univ., Labor. de Chim. organ.; franz.) — 18. vgl. Studii Cercetări Chim. [Cluj] **10**, [1959], 335; 17. vgl. C. **1961**, 3320. — Bei der Kondens. von 2.4-Dinitrobenzaldehyd mit Brombenzol in Ggw. von $NaNO_2$ entstehen *3-Nitro-6-brom-9-hydroxyacridin-10-oxid* (**I**), *6-Nitro-3-[p-bromphenyl]-benzo-[c]-isoxazol* (**II**) u. *3-Nitro-6-bromacridon* (**III**), das auch durch Isomerisierung von **II** in Ggw. von $NaNO_2$ oder durch Erhitzen von **I** gewonnen wird. In Abwesenheit von $NaNO_2$ entsteht **II** in größerer Ausbeute. Red. von **III** oder **I** liefert *3-Aminoacridon* u. *3-Amino-6-bromacridon*, aus dem durch Diazotierung in Ggw. von HBr *3.6-Dibromacridon* dargestellt werden kann. Ausgehend von 3-Amino-6-chloracridon wird entsprechend *3.6-Dichloracridon* erhalten. Eine Farb-Rk. zur schnellen Unterscheidung von **I** u. **III** wird angegeben.

Versuche: *3-Nitro-6-brom-9-hydroxyacridin-10-oxid* (**I**), $C_{13}H_7BrN_2O_4$, F. >400°, durch 48std. Rühren von 2.4-Dinitrobenzaldehyd in Brombenzol u. konz. H_2SO_4 mit wenig $NaNO_2$ bei Raum-Temp., Gießen der unteren Schicht in W., Kochen mit Bzl. u. Extraktion des in Bzl. unlösl. Teils mit Essigsäureäthylester; braunrotes, amorphes Prod. aus Essigsäureäthylester; 17% (Ausbeute); daneben *6-Nitro-3-[p-bromphenyl]-benzo-[c]-isoxazol* (**II**), $C_{13}H_7BrN_2O_3$, F. 211°, durch Dest. der Benzol-Lsg.; braunrotes, amorphes Prod. aus Essigsäureäthylester; 43%. — Acridone: *3-Nitro-6-brom-* (**III**), $C_{13}H_7BrN_2O_3$, F. >400° (Pyridin), a) neben **I** u. **II** als in Bzl. u. Essigsäureäthylester unlösl. gelbes, amorphes Prod.; 25%; b) durch 24std. Stehen von **II** in konz. H_2SO_4 mit wenig $NaNO_2$ bei Raum-Temp.; 75%; c) durch Erhitzen von **I** auf >300° im Vakuum; gelbes, kristallines Prod. nach Sublimieren; 30%. — *3-Amino-*, $C_{13}H_{10}N_2O$, F. 290°, a) durch 3std. Kochen von **III** mit Zn-Staub in wss. A. in Ggw. von wenig $CaCl_2$ u. Filtrieren; cremegelbes Prod. aus W. oder wss. A. oder Essigsäureäthylester u. PAe.; 50%; b) durch analoge Red. von **I**; 30%. — *3-Amino-6-brom-*, $C_{13}H_9BrN_2O$, F. 345—350°, neben vorst. Verb. nach a) oder b); cremefarbenes Prod. aus wss. A. oder Essigsäureäthylester/PAe.; 45%. — *3.6-Dibrom-*, $C_{13}H_7Br_2NO$, F. >360°, durch ½std. Erhitzen vorst. Verb. mit 66% ig. HBr auf dem Wasserbad unter Rühren, Zugabe von $NaNO_2$-Lsg. bei 0°, 16std. Stehen mit Naturkupfer C, Waschen mit kochendem W., Filtrieren u. Extrahieren mit Eisessig; cremegelbes Prod. aus Essigsäure; 58%. — *3.6-Dichlor-*, $C_{13}H_7Cl_2NO$, analog vorst. Verb.; 20%. Gottfried Schreiber. 3231◇

Über Acridone. 20. Mitt. Halogenersatz in disubstituierten Acridonen durch die Aminogruppe. Eine neue Synthese des 3.6-Diaminoacridons. Ion Tănăsescu und Zoltan Frenkel (Bull. Soc. chim. France **1960**, 696—98; franz.) — 19. vgl. vorst. Referat. — Vff. beschreiben eine neue Darst.-Meth. für *3.6-Diaminoacridon* durch Aminierung von 3-Amino-6-chlor- oder 3-Amino-6-bromacridon. Der Rk.-Mechanismus wird diskutiert. Das Verf. ist auch für die Aminierung von 3-Nitro-6-halogenacridonen u. der entsprechenden N-Oxide anwendbar.

Versuche: *3.6-Diaminoacridon*, $C_{13}H_{11}N_3O$, F. 360—370°, a) durch 12std. Erhitzen von 3-Amino-6-chloracridon mit ca. 45% ig. NH_4OH u. wenig $CuSO_4$ auf 200—210° im Autoklaven u. Extraktion mit kochendem W.; 54% (Ausbeute); b) durch 9std. Erhitzen von 3-Amino-6-bromacridon auf 165—170°; gelbes Prod.; 55,5%. — *3-Nitro-6-aminoacridon*, $C_{13}H_9N_3O_3$, F. >360°, a) durch 11std. Erhitzen von 3-Nitro-6-chlor-9-hydroxyacridin-10-oxid mit 45% ig. NH_4OH u. wenig $CuSO_4$ auf 180—190°; cremegelbe Kistalle aus Bzl.; 3,5%; b) durch Aminierung von 3-Nitro-6-bromacridon; 20%; c) durch Aminierung von 3-Nitro-6-brom-9-hydroxyacridin-10-oxid; 16%.
Gottfried Schreiber. 3231◇

Über Acridone. 21. Mitt. Untersuchung einiger substituierter Jodacridone. Ion Tănăsescu und Zoltan Frenkel. (Studia Univ. Babeş-Bolyai, Cluj, Ser. I **1959**, 145—52; rum.) — 20. vgl. vorst. Referat. — Bei der Kondens. von 2.4-Dinitrobenzaldehyd mit Jodbenzol in Ggw. von $NaNO_2$ als Katalysator bilden sich *3-Nitro-6-jod-9-hydroxyacridin-10-oxid* (**I**), *6-Nitro-3-[p-jodphenyl]-anthranil* (**II**) u. *3-Nitro-6-jodacridon* (**III**). In Abwesenheit des Katalysators entsteht **III** nicht, **II** in besserer, **I** in schlechterer Ausbeute. Red. von **III** oder **I** mit Zn liefert *3-Aminacridon*. Bei Aminierung von **III** oder **I** entsteht *3-Nitro-6-aminoacridon*.

Versuche: *3-Nitro-6-jodacridon* (**III**), $C_{13}H_7JN_2O_3$, F. >360°, durch 48std. Rk. von 2.4-Dinitrobenzaldehyd, Jodbenzol, konz. H_2SO_4 u. etwas $NaNO_2$ bei Raum-Temp., Dekantieren der oberen Schicht, 2—3std. Extraktion der unteren mit Bzl., Gießen der H_2SO_4-Fraktion in W., 3—4std. Kochen des Nd. mit Bzl., 3—4std. Kochen des in Bzl. Unlöslichen mit Essigsäureäthylester u. Abtrennen des gelben Prod.; 19% (Ausbeute); daneben *3-Nitro-6-jod-9-hydroxyacridin-10-oxid* (**I**, $C_{13}H_7JN_2O_4$, F. >360°; aus Essigsäureäthylester-Lsg. braunes Prod.; 10%) u. *6-Nitro-3-[p-jodphenyl]-anthranil* (**II**) $C_{13}H_7JN_2O_3$, F. 200° (PAe.); aus Bzl. gelbes Prod.; 54%. — *3-Aminoacridon*, $C_{13}H_{10}N_2O$

F. 290° (W.), a) durch 3½std. Kochen von **III** mit Zn-Pulver in wss. A. in Ggw. von wenig $CaCl_2$, Filtrieren, Abkühlen u. Extrahieren mit heißem A.; 17%; b) durch analoge Red. von **I**; 12%. — *3-Nitro-6-aminoacridon*, $C_{13}H_9N_3O_3$, F. >360°, a) durch 12std. Erhitzen von **III** mit 45%ig. NH_4OH u. wenig $CuSO_4$ im Autoklaven auf 170—175° u. Extrahieren mit heißem W.; cremegelbe Nadeln; 8%; b) durch analoge Rk. von **I**; 3%.
Gottfried Schreiber. 3231◇

Über Acridone. 22. Mitt. Die Darstellung von Acridonen durch Reaktion mit Polyphosphorsäure. 1. Mitt. I. Tănăsescu, Maria Ionescu, Ileana Goia und H. Mantsch. (Bull. Soc. chim. France **1960,** 698—700, April; franz.) — 21. vgl. vorst. Referat. — Bei Kondens. von o-Nitrobenzaldehyd mit Bzl. bzw. Naphthalin in Ggw. von Polyphosphorsäure bilden sich als Hauptprodd. *Acridon* bzw. *Benzo-*[*c*]*-acridon* (**I**). Neben **I** entsteht *3-Naphthylbenzo-*[*c*]*-isoxazol,* ein wahrscheinliches Zwischenprod. dieser **I**-Synth., das durch Behandeln mit konz. H_2SO_4 u. $NaNO_2$ in **I** übergeführt werden kann.

Versuche: *Acridon*, $C_{13}H_9NO$, F. 353°, durch 5std. Erhitzen von o-Nitrobenzaldehyd mit Polyphosphorsäure (84,5% P_2O_5) in Bzl. auf 96—100° unter Rühren, 12std. Stehen, Gießen in W., mehrstd. Stehen, Lösen in Aceton, Dest. u. Extraktion mit 5%ig. NaOH; nach Sublimation goldgelbes Prod.; daneben *Verb. vom F. 194°* (50%ig. A.); gelblichweiß, wahrscheinlich durch Selbstkondens. von o-Nitrobenzaldehyd. — *Benzo-*[*c*]*-acridon* (**I**), $C_{17}H_{11}NO$, F. 365° (Pyridin), a) durch 24std. Erhitzen von 1 Mol o-Nitrobenzaldehyd mit 3 Mol Naphthalin u. Polyphosphorsäure auf 90° (Bad-Temp.) unter Rühren, Zugabe von W., mehrstd. Stehen, Extraktion mit n-NaOH u. PAe.; b) durch 24std. Behandeln nachst. Verb. mit konz. H_2SO_4 u. wenig $NaNO_2$ u. Zugabe von W.; nach Sublimation gelbliche Nadeln; daneben eine *P-haltige Verb.* u. eine *Verb.*, die durch Selbstkondens. von 2 Moll. o-Nitrobenzaldehyd entsteht. — *3-Naphthylbenzo-*[*c*]*-isoxazol,* $C_{17}H_{11}NO$, F. 330°, neben **I**; nach Sublimation orangegelbes Produkt.
Gottfried Schreiber. 3231◇

Beziehungen zwischen chemischer Struktur und lokalanästhetischer Wirkung: Tertiäre Alkylaminoderivate der Barbitursäure, des Harnstoffs und der Phenyläthylessigsäure. W. Chiti und R. Selleri. (Farmaco [Pavia], Ediz. sci. **12,** 551—75, Juli 1957; Firenze, Ist. Biochim. Sperim., Labor. di Ric.; ital.) — Zur Prüfung auf lokalanästhet. Wrkg. werden einige *N-Dialkylaminoalkyl-5-äthyl-5-phenyl*(bzw. *-5.5-diäthyl*)*-barbitursäuren* (**A**), *Dialkylaminoalkylharnstoffe* (**B**), *Phenyläthylessigsäure-N-dialkylaminoalkylamide* (**C**) u. *Phenyläthylessigsäuredialkylaminoalkylester* (**D**) synthetisiert. Die **A** entstehen entweder aus 5.5-Diäthyl- (**I**) bzw. 5-Äthyl-5-phenylbarbitursäure (**II**) u. den entsprechenden Dialkylaminoalkylchloriden in Ggw. von $NaNH_2$ oder aus entsprechenden **B** durch Kondens. mit Diäthyl- (**III**) oder Äthylphenylmalonsäurediäthylester (**IV**). Die **B** gewinnt man durch Rk. äquimol. Mengen KOCN mit den Dihydrochloriden entsprechender *Dialkylaminoalkylamine* (**E**). *1-Piperidino-2-aminopropan* (**V**) wird durch Hydrolyse von *N-*[*1-Piperidinopropyl-*(*2*)]*-phthalimid* (**VI**) erhalten. Auf dem gleichen Wege entsteht *2-Piperidinoäthylamin* (**VII**) aus *N-*[*2-Piperidinoäthyl*]*-phthalimid* (**VIII**). **VI** kann aus Phthalimid-K (**IX**) u. 1-Piperidino-2-chlorpropan (**X**) u. **VIII** aus **IX** u. 2-Piperidinoäthylchlorid (**XI**) synthetisiert werden. Die **C** bilden sich aus Phenyläthylacetylchlorid (**XII**) u. entsprechenden **E**. Die Darst. der **D** erfolgt durch Rk. von **XII** mit entsprechenden Aminoalkoholen.

Versuche: Phthalimide: *N-*[*2-Piperidinoäthyl*]- (**VIII**), F. 91—93° (A.), durch 24std. Kochen von 13 g **IX** u. 13,5 g **XI** in Toluol u. Einengen der von KCl abfiltrierten Lsg. im Vakuum; 14 g (Ausbeute). — *N-*[*1-Piperidinopropyl-*(*2*)]- (**VI**), $C_{16}H_{20}N_2O_2$, F. 97° (CH_3OH), analog **VIII** aus 31 g **IX** u. 35 g **X** in Toluol; 27 g. — *N-*[*3-Piperidinopropyl*]- (**XIII**), F. 52—54° (PAe.), analog **VIII** aus 25 g **IX** u. 28 g 3-Piperidinopropylchlorid (**XX**); 20 g. — *2-Piperidinoäthylamin* (**VII**), *Dihydrochlorid,* $C_7H_{16}N_2 \cdot 2\,HCl$, F. 181° (A.), durch 3std. Kochen von **VIII** mit überschüssiger 20%ig. HCl, Einengen der filtrierten Lsg. auf ein kleines Vol., Eindampfen nach Filtration zur Trockne u. Zusatz von wenig A. zum Rückstand. — *1-Piperidino-2-aminopropan* (**V**), *Dihydrochlorid,* $C_8H_{18}N_2 \cdot 2\,HCl$, F. 199° (A.), analog **VII**-Dihydrochlorid aus **VI** u. 20%ig. HCl. — *3-Piperidinopropylamin* (**XIV**), *Dihydrochlorid,* $C_8H_{18}N_2 \cdot 2\,HCl$, F. 218° (A.), wie vorst. aus **XIII** u. 20%ig. HCl. — Harnstoffe (**B**): *N-*[*1-Diäthylaminopropyl-*(*2*)]-, *Hydrochlorid,* F. 150—155° (Isobutanol), durch Zugabe der berechneten Menge wss. KOCN zu der Lsg. von 1-Diäthylamino-2-aminopropan (**XV**) in HCl, Eindampfen, Aufnehmen in Chlf., Eindampfen der filtrierten Chlf.-Lsg., Lösen in wenig A., Zugabe von konz. HCl u. Eindampfen. *Pikrat,* $C_8H_{19}N_3O \cdot C_6H_3N_3O_7$, F. 175° (W.). — *N-*[*3-Diäthylaminopropyl*]- (**XVIII**), *Hydrochlorid,* $C_8H_{19}N_3O \cdot HCl$, F. 131—132° (A.–Essigester), analog vorst. Verb.

aus 3-Diäthylaminopropylamin (**XVI**) u. KOCN. *Pikrat*, $C_8H_{19}N_3O \cdot C_6H_3N_3O_7$, F. 159° (W.). — *N-[2-Piperidinoäthyl]-*, *Hydrochlorid*, $C_8H_{17}N_3O \cdot HCl$, F. 192° (A.), wie vorst. aus äquimol. Mengen KOCN u. **VII**-Dihydrochlorid. *Base*, $C_8H_{17}N_3O$, F. 85° (A.–Essigester), aus dem Hydrochlorid u. KOH u. Chlf.-Extraktion. — *N-[1-Piperidinopropyl-(2)]-*, *Hydrochlorid*, $C_9H_{19}N_3O \cdot HCl$, F. 206° (A.), wie vorst. aus **V**-Dihydrochlorid u. KOCN. *Base*, $C_9H_{19}N_3O$, F. 102° (A.–Essigester), aus dem Hydrochlorid u. KOH u. Chlf.-Extraktion. — *N-[3-Piperidinopropyl]-*, $C_9H_{19}N_3O$, F. 116° (A.–Essigester), aus **XIV**-Dihydrochlorid u. KOCN u. Freisetzen aus dem rohen Hydrochlorid mit KOH u. Chlf.-Extraktion. *Hydrochlorid*, $C_9H_{19}N_3O \cdot HCl$, F. 190° (A.), durch Zugabe von konz. HCl zu der Lsg. der Base in A. u. Einengen. — Phenyläthylessigsäureamide (**C**): *N-Diäthylaminoäthyl-*, *Hydrochlorid*, $C_{16}H_{26}N_2O \cdot HCl$, F. 90° (Essigester), durch Einrühren von benzol. **XII** in die benzol. Lsg. von Diäthylaminoäthylamin, 4std. Erwärmen auf dem Wasserbad, Abdestillieren von Bzl., Alkalisieren des in W. aufgenommenen Rückstandes mit 10%ig. KOH, Aufnehmen des ausgeschiedenen Öles in Ae., Lösen des Ae.-Rückstandes in A., Zugabe von konz. HCl u. Eindampfen. — *N-[1-Diäthylaminopropyl-(2)]-*, $C_{17}H_{28}N_2O$, Kp.$_{10}$ 184—186°, durch 4std. Kochen von **XII** u. **XV** in Ae., Abdestillieren des Ae. u. fraktionierte Destillation. — *N-[3-Diäthylaminopropyl]-*, $C_{17}H_{28}N_2O$, Kp.$_{13}$ 200—202°, aus **XII** u. **XVI** in Äther. — *N-[2-Piperidinoäthyl]-*, $C_{17}H_{26} \cdot N_2O$, F. 56—58°, Kp.$_{12}$ 198—200°, durch 4std. Kochen von **XII** mit durch KOH aus dem Dihydrochlorid freigesetztem **VII** in Ae., 24std. Aufbewahren bei Raum-Temp., Eindampfen der filtrierten Lsg., Aufnehmen in verd. HCl, Alkalisieren der mit Ae. gewaschenen Lsg. mit KOH, Ae.-Extraktion u. Aufarbeitung der Ae.-Phase. — *N-[1-Piperidinopropyl-(2)]-*, *Hydrochlorid*, $C_{18}H_{28}N_2O \cdot HCl$, F. 147° (Essigester), aus **XII** u. aus dem Dihydrochlorid freigesetztem **V**, Behandeln des in wenig A. gelösten Rk.-Prod. mit konz. HCl u. Einengen. — *N-[3-Piperidinopropyl]-*, *Hydrochlorid*, $C_{18}H_{28}N_2O \cdot HCl$, F. 152° (Essigester/A.), aus **XII** u. **XIV**. — Phenyläthylessigsäuredialkylaminoalkylester (**D**): *[1-Diäthylaminopropyl-(2)]-*, $C_{17}H_{27}NO_2$, Kp.$_{16}$ 162—168°, durch 4std. Kochen von **XII** u. 1-Diäthylaminopropanol-(2) in Bzl., Eindampfen der filtrierten Lsg. im Vakuum u. Dest. des Rückstandes. — *3-Diäthylaminopropyl-*, *Hydrochlorid*, $C_{17}H_{27} \cdot NO_2 \cdot HCl$, F. 101° (Essigester), wie vorst. aus **XII** u. 3-Diäthylaminopropanol, Abtrennen der Fraktion vom Kp.$_{12}$ 164—166° aus dem Rk.-Prod., Lösen in HCl, Alkalisieren der mit Ae. gewaschenen Lsg., Ae.-Extraktion u. Behandeln des Ae.-Rückstandes mit A. u. HCl. — *2-Piperidinoäthyl-*, *Hydrochlorid*, $C_{17}H_{25}NO_2 \cdot HCl$, F. 114° (A.), aus **XII** u. 2-Piperidinoäthanol u. Behandeln der Fraktion vom Kp.$_{10}$ 174—176° mit A. u. HCl. — *[1-Piperidinopropyl-(2)]-*, *Hydrochlorid*, $C_{18}H_{27}NO_2 \cdot HCl$, F. 142° (A.), aus **XII** u. 1-Piperidinopropanol-(2) u. Behandeln der Fraktion vom Kp.$_{20}$ 155—157° mit A. u. HCl. — *3-Piperidinopropyl-*, *Hydrochlorid*, $C_{18}H_{27}NO_2 \cdot HCl$, F. 123° (Essigester), durch Rk. von **XII** mit 3-Piperidinopropanol in Bzl., Aufnehmen des Benzolrückstandes in verd. HCl, Einengen nach Waschen mit Bzl., Aufnehmen in Isopropanol u. Fällen mit Äther. — Barbitursäuren (**A**): *N-[2-Piperidinoäthyl]-5.5-diäthyl-* (**XVII**), $C_{15}H_{25}N_3O_3$, F. 146° (A.), durch Kochen u. Rühren von **I**, **XI** u. $NaNH_2$ in Toluol bis zur Beendigung der NH_3-Entw. u. Einengen der filtrierten Lösung. *Jodmethylat*, $C_{16}H_{28}JN_3O_3$, F. 222—223° (A.), durch 1std. Kochen vorst. Verb. mit CH_3J im Überschuß in A. u. Abkühlen. *Jodäthylat*, $C_{17}H_{30}JN_3O_3$, F. 184° (A.), analog vorst. Verb. durch 16std. Kochen mit C_2H_5J. — *N-[2-Piperidinoäthyl]-5-äthyl-5-phenyl-*, *Hydrochlorid*, $C_{19}H_{25}N_3O_3 \cdot HCl$, F. 278° (W.), analog **XVII** aus **II**, **XI** u. $NaNH_2$ in Toluol, Aufnehmen des Toluolrückstandes in A. u. Zugabe von konz. HCl. *Base*, $C_{19}H_{25}N_3O_3$, F. 115—116° (A.), durch Zugabe der berechneten Menge $NaHCO_3$ zu der Lsg. des Hydrochlorids in wenig Wasser. *Jodmethylat*, $C_{20}H_{28}JN_3O_3$, F. 220° (A.). *Jodäthylat*, $C_{21}H_{30}JN_3O_3$, F. 245° (CH_3OH). — *N-[1-Diäthylaminopropyl-(2)]-5-äthyl-5-phenyl-*, *Hydrochlorid*, $C_{19}H_{27}N_3O_3 \cdot HCl$, F. 217 bis 219° (A.), durch 10std. Kochen von **II**, 1-Diäthylamino-2-chlorpropan u. $NaNH_2$ in Bzl., Aufnehmen des Benzolrückstandes in verd. HCl u. Einengen. — *N-[3-Diäthylaminopropyl]-5.5-diäthyl-*, *Hydrochlorid* (**XIX**), $C_{15}H_{27}N_3O_3 \cdot HCl$, F. 188° (A.), durch Zugabe von Na zu der Lsg. von **III** u. **XVIII** in A., 5std. Erhitzen im Autoklaven auf 130°, Abdestillieren des A. im Vakuum, Aufnehmen in W., Chlf.-Extraktion, Aufnehmen des Chlf.-Rückstandes in wenig A., Zugabe von HCl u. Aufbewahren zur Kristallisation. *Base*, $C_{15}H_{27}N_3O_3$, F. 85° (A.), aus dem Hydrochlorid u. $NaHCO_3$ u. Chlf.-Extraktion. *Jodmethylat*, $C_{16}H_{30}JN_3O_3$, F. 168—170° (A.). *Jodäthylat*, $C_{17}H_{32}JN_3O_3$, F. 180—190°. — *N-[3-Diäthylaminopropyl]-5-äthyl-5-phenyl-*, *Hydrochlorid*, $C_{19}H_{27}N_3O_3 \cdot HCl$, F. 189 bis 190° (A.), a) analog **XVII** aus **II**, 3-Diäthylaminopropylchlorid u. $NaNH_2$ in Toluol, Aufnehmen des Toluolrückstandes in A. u. Zugabe von HCl; b) analog **XIX** aus **IV**, **XVIII** u. Na. *Base*, $C_{19}H_{27}N_3O_3$, F. 103—105° (A.). — *N-[1-Piperidinopropyl-(2)]-5.5-diäthyl-*, *Hydrochlorid*, $C_{16}H_{27}N_3O_3 \cdot HCl$, F. 276° (A.), analog **XVII** aus **I**, **X** u. $NaNH_2$ in Toluol u. Behandlung des Toluolrückstandes mit A. u. HCl. *Base*, $C_{16}H_{27}N_3O_3$, F. 126° (50%ig. A.).

Jodmethylat, $C_{17}H_{30}JN_3O_3$, F. 177—178° (Butanol). — *N-[1-Piperidinopropyl-(2)]-5-äthyl-5-phenyl-*, *Hydrochlorid*, $C_{20}H_{27}N_3O_3 \cdot HCl$, F. 264° (A.), analog vorst. Verb. aus **II**, **X** u. $NaNH_2$. *Base*, $C_{20}H_{27}N_3O_3$, F. 140° (PAe.). *Jodmethylat*, $C_{21}H_{30}JN_3O_3$, F. 270° (A.). *Jodäthylat*, $C_{22}H_{32}JN_3O_3$, F. 275° (A.). — *N-[3-Piperidinopropyl]-5.5-diäthyl-*, $C_{16}H_{27}N_3O_3$, F. 134—135° (A.), analog **XVII** aus **I**, **XX** u. $NaNH_2$ in Toluol. *Jodmethylat*, $C_{17}H_{30}JN_3O_3$, F. 223° (A.). *Jodäthylat*, $C_{18}H_{32}JN_3O_3$, F. 255° (Propanol). — *N-[3-Piperidinopropyl]-5-äthyl-5-phenyl-*, $C_{20}H_{27}N_3O_3$, F. 165° (A.), analog **XVII** aus **II**, **XX** u. $NaNH_2$ in Toluol. *Hydrochlorid*, $C_{20}H_{27}N_3O_3 \cdot HCl$, F. 233° (A.). W. A. Schäfer. 3272□

Sulfanilamidopyrimidine. 2. Mitt. **4-Sulfanilamidopyrimidine und gewisse 4.6-disubstituierte Pyrimidine.** W. E. Taft und R. G. Shepherd. (J. med. pharmac. Chem. **5**, 1335—41, Nov. 1962; Pearl River, N.Y., Amer. Cyanamid Co., Lederle Labor. Div., Organ. Chem. Res. Sect.; engl.) — 1. vgl. C. **1962**, 1608. — Eine Reihe von Analogen des 6-Methoxy-4-sulfanilamidopyrimidins wurde dargestellt; alle Verbb. zeigten aber eine geringere antibakterielle Wirksamkeit. Nur die *6-Äthoxy-* u. *6-Trifluoräthoxy-Derivv.* wirkten stärker als Sulfadiazin. Darst. u. einige nucleophile Verdrängungs-Rkk. einiger neuer 4.6-disubstituierter Pyrimidine sind ferner beschrieben, darunter der Ersatz einer $4\text{-}CH_3SO_2$-Gruppe durch das Sulfanilamidanion.

Versuche (FF. korr.): 4-Sulfanilamidopyrimidine, durch Rk. von 6-Chlor-4-sulfanilamidopyrimidin u. dem entsprechenden Na-Alkoholat in dem entsprechenden Alkanol: *6-Äthoxy-*, $C_{12}H_{14}N_4O_3S$, F. 193—193,5° (A.); 24 Std. (Rk.-Zeit) bei 78° (Rk.-Temp.); 53% (Ausbeute); R_F 0,35 (Butanol : konz. NH_3 : W. = 9 : 1 : 8). — *6-[2-Methoxyäthoxy]-*, $C_{13}H_{16}N_4O_4S$, F. 198—198,5° (A.), 96 Std. bei 85°; 27%; R_F 0,24. — *6-[2-Hydroxyäthoxy]-*, $C_{12}H_{14}N_4O_4S$, F. 209,5—210,5° (A.), 42 Std. bei 95°; 26%; R_F 0,15. — *6-[2.2.2-Trifluoräthoxy]-*, $C_{12}H_{11}F_3N_4O_3S$, F. 192—193° (50%ig. A.), 284 Std. bei 73°; 32%; R_F 0,53. — *6-Isopropoxy-*, $C_{13}H_{16}N_4O_3S$, F. 229—229,5° (50%ig. A.), 23 Std. bei 82°; 20%; R_F 0,40. — *6-n-Propoxy-*, $C_{13}H_{16}N_4O_3S$, F. 189—190°, 22 Std. bei 97°; 10%; R_F 0,40. — *6-Methylmercapto-*, $C_{11}H_{12}N_4O_2S_2$, F. 212—213° (A.), a) wie vorst. durch 17std. Kochen mit gesätt. alkohol. CH_3SH-Lsg. in Ggw. von C_2H_5ONa; 28%; b) aus **VI** u. Na-Sulfanilamid (**IV**) in Acetamid (2 Std. bei 150—200°); 50%; daneben 10% *N^1-Methylsulfanilamid* (**V**); R_F 0,33. — *4.6-Dimethoxypyrimidin-1-oxid* (**I**), $C_6H_8N_2O_3$, F. 142—142,5° (Aceton), aus 4.6-Dimethoxypyrimidin (**II**); 7%. — *4-Methoxy-6-methylmercaptopyrimidin*, $C_6H_8N_2OS$, Kp.$_{0,05}$ 59—63,5°, durch Zutropfen von methanol., mit CH_3SH gesätt. CH_3ONa-Lsg. zu einer 4-Chlor-6-methoxypyrimidin-Lsg. innerhalb 1 Std. unter Rühren u. nachfolgendes Kochen (30 Min.); n_D^{20} 1,5718; 80%. — *4.6-Bis-[methylmercapto]-pyrimidin* (**VI**), $C_6H_8N_2S_2$, F. 53—54° (Hexan), sublimiert bei 60°/0,02 mm, analog aus 4.6-Dichlorpyrimidin (**III**), nach dem Zutropfen 16std. Rühren bei 28° u. 1std. Kochen; 88%. — *4.6-Dijodpyrimidin*, $C_4H_2J_2N_2 \cdot 0{,}2\,H_2O$, F. 107,5—108,5° (Hexan), sublimiert bei 85°/0,025 mm, aus **III** u. NaJ/HJ in sd. Aceton (5 Std.); 39%. — *4-Jod-6-methylmercaptopyrimidin*, $C_5H_5JN_2S$, F. 50—51,5° (Hexan), sublimiert bei 65°/0,05 mm, aus CH_3SNa u. vorst. Verb. (18std. Rühren bei 30°); 70%. — *4-Jod-6-methylsulfonylpyrimidin*, $C_5H_5JN_2O_2S$, F. 124,5—127,5°, Nadeln (A./Hexan) instabil bei Raum-Temp., aus vorst. Verb. u. Cl_2 in 70%ig. CH_3OH (1 Std., Eiskühlung); 33%. — *2.6-Dimethoxy-4-sulfanilamidopyrimidin*, F. 198—199° (wss. HCl), aus **IV** u. a) 4-Methylsulfonyl-2.6-dimethoxypyrimidin in $(CH_3)_2SO$ oder $(CH_3)_2NCHO$ (2std. Rühren bei 60° oder bei Raum-Temp.; 70%); b) 4-Chlor-2.6-dimethoxypyrimidin (2 Std. bei 60°; <5%, daneben 5—10% **V**); R_F 0,35. — Behandeln von **II** mit **IV** gab in sd. CH_3OH (25 Std.) keine Rk., in Acetamid (2 Std. bei 155—160°) <2% Austausch der 4-Methoxygruppe neben ca. 40% **V**. — **I** gab analog in sd. CH_3OH (18 Std.) je ca. 30% Austausch u. Entmethylierung. J. Rothe. 3272◇

Einige 2.3-disubstituierte 3H-Chinazolone-(4) und 3H-Thiochinazolone-(4). G. B. Jackman, V. Petrow und O. Stephenson. (J. Pharmacy Pharmacol. **12**, 529—38, Sept. 1960; London, Brit. Drug Houses Ltd., Chem. Res. Labor.; engl.) — Einige *2-Alkyl-3-aryl-3H-chinazolone-(4)* werden dargestellt u. z. T. in die entsprechenden *Thio-Verbb.* übergeführt. Eine neue Synth. zur Darst. von *3-Alkyl-2-aryl-3H-chinazolonen-(4)* wird entwickelt u. zur Darst. einiger Derivv. verwendet. Biolog. Unterss. haben ergeben, daß die 2-Alkyl-3-[halogenphenyl]-3H-chinazolone-(4) stark wirkende antikonvulsive Agentien sind.

Versuche: *4-Brom-2.3-dimethylacetanilid*, $C_{10}H_{12}BrNO$, F. 158—160°, durch Zutropfen von Br_2 in Essigsäure zu 81,5 g 2.3-Dimethylacetanilid in Essigsäure bei 10° u. 1std. Rühren; aus wss. A. Nadeln; 82 g (Ausbeute). — *4-Brom-2.3-dimethylanilin*, $C_8H_{10}BrN$, F. 32—34°, durch 6std. Kochen von 81 g vorst. Verb. in A. mit konz. HCl u. Alkalisieren der Lsg. des *Hydrochlorids* [F. 268° (Zers.); 77,5 g]; aus PAe. Platten. —

4-Brom-2.3-dimethyl-6-nitracetanilid, $C_{10}H_{11}BrN_2O_3$, F. 207—209°, durch Zutropfen vorvorst. Verb. in Essigsäure zu Essigsäure/rauchender HNO_3 u. ½ std. Erhitzen auf dem Dampfbad; aus 95%ig. A. blaßgelbe Nadeln. — *4-Brom-2.3-dimethyl-6-nitranilin*, $C_8H_9BrN_2O_2$, F. 147—149°, durch 1½ std. Kochen vorst. Verb. mit 40%ig. H_2SO_4; aus 50%ig. A. goldbraune Nadeln. — *5-Brom-3.4-dimethyl-o-phenylendiamin*, $C_8H_{11}BrN_2$, F. 85—87° (PAe.), durch Erhitzen von 2,5 g vorst. Verb. in 50%ig. A. auf dem Dampfbad unter Zugabe von Na-Dithionit; 1,5 g. *Phenanthrenchinon-Deriv.*, $C_{22}H_{15}BrN_2$, F. 257 bis 259°, aus 0,5 g Diamin in heißer Essigsäure; aus Chlf. gelbe Nadeln; 0,6 g. — 3H-Chinazolone-(4): *2-Methyl-3-[p-bromphenyl]-* (II), $C_{15}H_{11}BrN_2O$, F. 170—172°, a) durch Zugabe von PCl_3 in Toluol zu p-Bromanilin u. 35,8 g N-Acetylanthranilsäure (I), 2std. Kochen, Aufarbeiten u. Umkristallisieren aus 95%ig. A.; 27 g; b) durch 5std. Stehen von 9 g I u. p-Bromanilin in Tetrahydrofuran mit Dicyclohexylcarbodiimid; 9 g [als *Hydrochlorid*, $C_{15}H_{12}BrClN_2O$, F. ca. 260° (Zers.)]; daneben *2-Acetamido-4'-brombenzanilid*, $C_{15}H_{13}BrN_2O_2$, F. 215—216°. — *2-Methyl-3-[2.4-dichlorphenyl]-*, $C_{15}H_{10}Cl_2N_2O$, F. 151—152°, a) durch 2std. Erhitzen von 17,9 g I in Pyridin mit Benzolsulfochlorid u. 2.4-Dichloranilin auf dem sd. Wasserbad; aus Essigester/PAe. Nadeln; 9,6 g; b) durch Zutropfen von PCl_3 zu 17,9 g I u. 2.4-Dichloranilin in Pyridin u. 1std. Erhitzen auf dem sd. Wasserbad; 25 g [als *Hydrochlorid*, $C_{15}H_{11}Cl_3N_2O$, F. ca. 250° (Zers.); aus Methanol Nadeln]. — *2-Methyl-3-[p-methoxyphenyl]-*, *Hydrochlorid*, $C_{16}H_{15}ClN_2O_2$, F. ca. 240° (Zers.). — *2-Methyl-3-[o-äthoxyphenyl]-*, $C_{17}H_{16}N_2O_2$, F. 115—116°. *Hydrochlorid*, $C_{17}H_{17}ClN_2O_2$, F. ca. 215° (Zers.). — *2-Methyl-3-[m-äthoxyphenyl]-*, $C_{17}H_{16}N_2O_2$, F. 130—132°. *Hydrochlorid*, $C_{17}H_{17}ClN_2O_2$, F. ca. 225° (Zers.). — *2-Methyl-3-[p-äthoxyphenyl]-*, *Hydrochlorid*, $C_{17}H_{17}ClN_2O_2$, F. ca. 240° (Zers.) — *2-Methyl-3-[3.4.5-trimethoxyphenyl]-*, $C_{18}H_{18}N_2O_4$, F. 150—152°. *Hydrochlorid*, $C_{18}H_{19}ClN_2O_4$, F. ca. 250° (Zers.). — *2-Methyl-3-[2.3-xylyl]-*, $C_{17}H_{16}N_2O$, F. 172—173°. *Hydrochlorid*, $C_{17}H_{17}ClN_2O_2$, F. ca. 240° (Zers.). — *2-Methyl-3-[2.4-xylyl]-*, $C_{17}H_{16}N_2O$, F. 100—102°. *Hydrochlorid*, $C_{17}H_{17}ClN_2O$, F. ca. 240° (Zers.). — *2-Methyl-3-[2.5-xylyl]-*, $C_{17}H_{16}N_2O$, F. 125—127°. — *2-Methyl-3-[2.6-xylyl]-*, *Hydrochlorid*, $C_{17}H_{17}ClN_2O$, F. ca. 215° (Zers.). — *2-Methyl-3-[3.4-xylyl]-*, $C_{17}H_{16}N_2O$, F. 134—136°. — *2-Methyl-3-[p-fluorphenyl]-*, $C_{15}H_{11}FN_2O$, F. 133—134°. *Hydrochlorid*, $C_{15}H_{12}ClFN_2O$, F. ca. 280° (Zers.). — *2-Methyl-3-[o-chlorphenyl]-*, $C_{15}H_{11}ClN_2O$, F. 130 bis 132°. — *2-Äthyl-[o-chlorphenyl]-*, $C_{16}H_{13}ClN_2O$, F. 124—126°. — *2-Methyl-3-[m-chlorphenyl]-*, $C_{15}H_{11}ClN_2O$, F. 133—135°. — *2-Methyl-3-[o-bromphenyl]-*, $C_{15}H_{11}BrN_2O$, F. 147—148°. *Hydrochlorid*, $C_{15}H_{12}BrClN_2O$, F. ca. 220° (Zers.). — *2-Methyl-3-[m-bromphenyl]-*, $C_{15}H_{11}BrN_2O$, F. 134—136°. *Hydrochlorid*, $C_{15}H_{12}BrClN_2O$, F. ca. 260° (Zers.). — *2-Äthyl-3-[p-bromphenyl]-*, $C_{16}H_{13}BrN_2O$, F. 170—172°. — *2-Propyl-3-[p-bromphenyl]-*, $C_{17}H_{15}BrN_2O$, F. 139—141°. — *2-Methyl-3-[p-jodphenyl]-*, $C_{15}H_{11}JN_2O$, F. 178—180°. *Hydrochlorid*, $C_{15}H_{12}ClJN_2O$, F. ca. 265° (Zers.). — *2-Methyl-3-[2.5-dichlorphenyl]-*, $C_{15}H_{10}Cl_2N_2O$, F. 161—163°. *Hydrochlorid*, $C_{15}H_{11}Cl_3N_2O$, F. ca. 244° (Zers.). — *2-Methyl-3-[4-brom-2.3-xylyl]-*, $C_{17}H_{15}BrN_2O$, F. 168—170°. — *3-Methyl-2-[o-tolyl]-*, $C_{16}H_{14}N_2O$, F. 107—109° (PAe./wss. A.), a) durch 1std. Kochen von III in 5%ig. wss.-alkohol. NaOH; 56%; b) durch Zutropfen von $(CH_3)_2SO_4$ zu 2-[o-Tolyl]-3H-chinazolon-(4) in 1n NaOH, 1½std. Rühren bei Raum-Temp. u. ¼std. Erhitzen auf dem Dampfbad; 50%. *Hydrochlorid*, $C_{16}H_{15}ClN_2O$, F. ca. 205° (Zers.). — *2-Phenyl-3-butyl-*, $C_{18}H_{18}N_2O$, F. 116—118° (95%ig. A.), durch 3std. Kochen von 29,6 g VI mit 5%ig. NaOH u. A. (1 : 1); 9 g. — *2-[p-Bromphenyl]-3-methyl-* (V), $C_{15}H_{11}BrN_2O$, F. 170—172° (A.), durch 1std. Erhitzen von IV auf 250—260° unter Rühren; 68%. — *2-Phenyl-3-[2.3-dihydroxypropyl]-*, $C_{17}H_{16}N_2O_3$, F. 179—181°, durch Zugabe von 2.3-Epoxypropanol u. Pyridin zu 44 g 2-Phenyl-3H-chinazolon-(4) in sd. A. u. 5½std. Kochen; aus A. Nadeln; 30 g. — *3-Äthyl-2-[p-bromphenyl]-*, $C_{16}H_{13}BrN_2O$, F. 122—124°. — *2-Phenyl-3-methyl-*, $C_{15}H_{12}N_2O$, F. 136—138°. *Hydrochlorid*, $C_{15}H_{13}ClN_2O$, F. ca. 208° (Zers.). — *2-Phenyl-3-äthyl-*, $C_{16}H_{14}N_2O$, F. 130 bis 132°. *Hydrochlorid*, $C_{16}H_{15}ClN_2O$, F. ca. 205° (Zers.). — *2-[p-Chlorphenyl]-3-methyl-*, $C_{15}H_{11}ClN_2O$, F. 170—172°. — *2-[o-Bromphenyl]-3-methyl-*, $C_{15}H_{11}BrN_2O$, F. 154—156°. — *2-[p-Bromphenyl]-*, $C_{14}H_9BrN_2O$, F. 313—315°. — 3H-Thiochinazolone-(4): *2-Methyl-3-[p-bromphenyl]-*, $C_{15}H_{11}BrN_2S$, F. 190—192°, durch 2std. Kochen von 47,2 g II u. P_2S_5 in Xylol; aus 95%ig. A. gelbbraune Nadeln; 47,3%. — *2-Methyl-3-[o-tolyl]-*, $C_{16}H_{14}N_2S$, F. 121—123°. *Hydrochlorid*, $C_{16}H_{15}ClN_2S$, F. 228—230°. — *2-Methyl-3-[p-fluorphenyl]-*, $C_{15}H_{11}FN_2S$, F. 128—130°. — *2-Methyl-3-[p-chlorphenyl]-*, $C_{15}H_{11}ClN_2S$, F. 183—185°. — *2-Methyl-3-[o-bromphenyl]-*, $C_{15}H_{11}BrN_2S$, F. 174—176°. — *2-Äthyl-3-[p-bromphenyl]-*, $C_{16}H_{13}BrN_2S$, F. 168—170°. — Benzamide: *2-Benzamido-N-äthyl-*, $C_{16}H_{16}N_2O_2$, F. 158—160° (wss. A.), durch ¼std. Zugabe von Benzoylchlorid zu Anthranilsäureäthylamid in 50%ig. wss. A., der Na-Acetat enthält, u. ½std. Erhitzen auf dem Dampfbad. — *2-[p-Brombenzamido]-N-äthyl-*, $C_{16}H_{15}BrN_2O_2$, F. 174—176° (95%ig. A.), durch ½std. Zugabe von Anthranilsäureäthylamid zu p-Brombenzoylchlorid in Pyridin u. ¼std. Erhitzen auf dem Dampfbad. — *2-[p-Brombenzamido]-*, $C_{14}H_{11}BrN_2O_2$,

F. 224—226°, a) analog vorvorst. Verb.; 60%; b) analog vorst. Verb.; 40%; daneben *2-[p-Brombenzamido]-benzonitril*, $C_{14}H_9BrN_2O$, F. 185—187°; 30%. — *2-[o-Toluylamino]-N-methyl-* (**III**), $C_{16}H_{16}N_2O_2$, F. 167—170°. — *2-[p-Chlorbenzamido]-N-methyl-*, $C_{15}H_{13}$·ClN_2O_2, F. 190—192°. — *2-[o-Brombenzamido]-N-methyl-*, $C_{15}H_{13}BrN_2O_2$, F. 170—172°. — *2-[p-Brombenzamido]-N-methyl-* (**IV**), $C_{15}H_{13}BrN_2O_2$, F. 197—199°. — *2-Benzamido-N-butyl-* (**VI**), $C_{18}H_{20}N_2O_2$, F. 125—127°. — *2-[p-Bromphenyl]-3-methyl-3H-thiochinazolon-(4)*, $C_{15}H_{11}BrN_2S$, F. 167—169°, durch 2std. Kochen von 44,1 g **V** u. P_2S_5 in Xylol; aus A. gelbe haarähnliche Kristalle; 42 g. P. Golinske. 3272◇

Die Struktur gewisser Polyazaindene. 8. Mitt. Tetraazaindene durch Reaktion von β-Äthoxy-α-äthoxycarbonylcrotonsäureäthylester mit 3-Amino-1.2.4-triazolen. L. A. Williams. (J. chem. Soc. [London] **1961**, 3046—52, Juli; Harrow, Middlesex, Kodak Ltd., Res. Labor.; engl.) — 7. vgl. C. **1961**, 13914. — Die Rk. von 3-Amino-1.2.4-triazol (**I**) mit α-Äthoxycarbonyl-β-äthoxycrotonsäureäthylester (**II**) in Pyridin gibt *4.7-Dihydro-6-methyl-4-oxo-* (**III**) u. *6.7-Dihydro-4-methyl-6-oxo-1.3.3a.7-tetraazainden-5-carbonsäureäthylester* (**IV**), die durch Verseifen u. Decarboxylierung in *4.7-Dihydro-6-methyl-4-oxo-* (**V**) bzw. *6.7-Dihydro-4-methyl-6-oxo-1.3.3a.7-tetraazainden* (**VI**) übergeführt werden. **VI** ist mit dem von Bülow u. Haas [1909] aus **I** u. Acetessigester dargestellten Prod. identisch. In alkal. Medium entsteht nur **IV**, in saurem neben geringen Mengen **I**-Acetyl-Deriv. nur **III**. Im bas. Medium findet demnach eine elektrophile Rk. des $C_{(\beta)}$-Atoms des Esters mit dem $N_{(2)}$-Atom des **I**-Anions statt. Im sauren Medium dagegen ist die prim. Aminogruppe das reaktivste nucleophile Zentrum. Die Rkk. von **I** mit β-Äthoxycrotonsäureäthylester (**X**) im alkal. Medium zu **VI** u. in saurem zu **V** zeigen, daß während der Decarboxylierung der aus **III** bzw. **IV** erhaltenen Säuren keine Isomerisierung wie beim Erhitzen von 4.7-Dihydro-4-oxo-6-methyl-1.2.3a.7-tetraazainden (**VII**) (→ **V**) eintritt. Die Rk. von 5-Methylmercapto-**I** (**VIII**) mit **II** gibt in Pyridin nur *2-Methylmercapto*-**III**. Dies wird auf die verminderte Acidität des Triazolkerns durch den —M-Effekt des S-Atoms zurückgeführt. In stark bas. Medium geben **VIII** bzw. 3.5-Diamino-1.2.4-triazol (**IX**) *2-Methylmercapto-* bzw. *2-Amino*-**IV**, aus denen durch Hydrolyse u. Decarboxylierung *2-Methylmercapto-* bzw. *2-Amino*-**VI** erhalten werden. Von **V**, **VI**, **VII**, *6.7-Dihydro-4-methyl-6-oxo-1.2.3a.7-tetraazainden* (**XI**) sowie den *2-* bzw. *3-Methylmercapto-Derivv.* von **V** u. **VI** bzw. **VII** u. **XI** wurden die IR- u. UV-Spektren (Abb.) aufgenommen u. die Dissoziations-Konst. bestimmt. Von **V**, **VI**, **VII** u. **IX** sind NMR-Daten angegeben. Die 1.3.3a.7-Tetraazaindene sind stärkere Säuren als die 1.2.3a.7-Isomeren; die 4-Oxo-Verbb. sind stärkere Säuren als die 6-Oxo-Isomeren.

Versuche: *α-Äthoxycarbonyl-β-äthoxycrotonsäureäthylester* (**II**; *Äthoxyäthylidenmalonsäurediäthylester*), $C_{11}H_{18}O_5$, F. 25—27°, Kp.$_2$ 96—98°, durch ³/₄std. Erhitzen von 2 Mol. Orthoessigsäuretriäthylester, Malonsäurediäthylester u. C_2H_5ONa in A. bis auf 170° u. 4std. Abdestillieren des A. (bis 205°); n^{20} 1,463; 220 g (Ausbeute). — *4.7-Dihydro-6-methyl-4-oxo-1.3.3a.7-tetraazainden-5-carbonsäure* (**XII**), $C_7H_6N_4O_3 \cdot {}^1/_2$ H_2O, F. 212° (Zers.; W.) u. 278° (nach Wiedererstarren), durch 1std. Kochen von 2 g **III** in 10%ig. NaOH, Kühlen u. Ansäuern mit konz. HCl; 1 g. *Äthylester* (**III**), $C_9H_{10}N_4O_3$, F. 175° (W.), a) aus 4,2 g **I** u. **II** durch 16std. Erhitzen in Pyridin, Kühlen, kurzes Schütteln mit Ae., Abfiltrieren, Lösen in kaltem W., Filtrieren u. Ansäuern; 2 g; b) durch 3std. Kochen von 21 g **I** u. **II** in CH_3COOH; 23 g. — *6.7-Dihydro-4-methyl-6-oxo-1.3.3a.7-tetraazainden-5-carbonsäure*, F. 228—229° (Zers.; W.) u. 266—267° (nach Wiedererstarren), aus 26 g **IV** analog **XII**; 21 g. *Äthylester* (**IV**), F. 208° (W.), a) neben **III** nach a) durch Abkühlen des äther. Filtrats; 3 g; b) analog **III** nach a) in Ggw. von 1 Mol Triäthylamin durch Kochen über Nacht; 4 g; c) durch 6std. Kochen von C_2H_5ONa, 16,8 g **I** u. **II** in A., Zugabe von W., Kühlen u. Ansäuern mit konz. HCl; 26 g. — *6.7-Dihydro-4-methyl-6-oxo-1.3.3a.7-tetraazainden* (**VI**), $C_6H_6N_4O$, F. 266—267°, a) aus 5 g vorst. Verb. durch Schmelzen unter Vakuum bei 280° u. Sublimation; Tafeln aus W.; 3 g; b) durch 24std. Erhitzen von **X**, 8,4 g **I** u. C_2H_5ONa in A., Zugabe von W., Ansäuern u. Kühlen; Tafeln; 2,2 g. — *4.7-Dihydro-6-methyl-4-oxo-1.3.3a.7-tetraazainden* (**V**), $C_6H_6N_4O$, F. 278° (W.), a) durch Schmelzen von **XII**; b) durch 4std. Erhitzen von 8,4 g **I** u. **X** in Eisessig u. Kühlen auf 15°; 10 g. — *6.7-Dihydro-4-methyl-2-methylmercapto-6-oxo-1.3.3a.7-tetraazainden-5-carbonsäure*, $C_8H_8N_4O_3S$, F. 235° (W.), durch Hydrolyse des Esters analog **XII**. *Äthylester*, $C_{10}H_{12}N_4O_3S$, F. 214°, aus **II** u. 13 g **VIII** durch 1¹/₂std. Erhitzen mit C_2H_5ONa in A., Versetzen mit W., Ansäuern u. Kühlen; Nadeln aus 50%ig. CH_3COOH; 12 g. — *6.7-Dihydro-4-methyl-2-methylmercapto-6-oxo-1.3.3a.7-tetraazainden*, $C_7H_8N_4OS$, F. 280—281° (W.), durch Erhitzen vorst. Verb. im Vakuum; aus W. Nadeln. — *4.7-Dihydro-6-methyl-2-methylmercapto-4-oxo-1.3.3a.7-tetraazainden-5-carbonsäureäthylester*, F. 238° (W.), aus **II** u. 3,8 g **VIII** durch 4std. Kochen in Pyridin, Fällen mit Ae., Lösen des Nd. in W. u. Ansäuern; 0,75 g. — *2-Amino-6.7-dihydro-4-methyl-6-oxo-1.3.3a.7-*

tetraazainden-5-carbonsäure, $C_7H_7N_5O_3$, F. >360°, durch Hydrolyse des Esters analog **XII**. *Äthylester*, $C_9H_{11}N_5O_3$, F. >300°, aus **II** u. 9,9 g **IX** durch 3½std. Erhitzen mit C_2H_5ONa in A., Zugabe von W. u. Ansäuern; aus W. Nadeln; 5 g. — *2-Amino-6.7-dihydro-4-methyl-6-oxo-1.3.3a.7-tetraazainden*, $C_6H_7N_5O$, F. 357°, aus 1,5 g vorst. Verb. durch Sublimation im Vakuum; aus W. Nadeln; 0,9 g. H.-G. Henkel. 3272◇

Untersuchung über das Dimethylxanthin. 3. Mitt. Reaktion von 1.3-Dimethylxanthin mit Dichlorhydrin und Epichlorhydrin. G. Serchi und G. Bichi. (Farmaco [Pavia], Ediz. sci. **12**, 594—97, Juli 1957; Cagliari, Univ., Ist. di Chim. e Tossicol.; ital.) — 2. vgl. C. **1957**, 9925. — Die Rk. von Theophyllin (**I**), 8-Nitrotheophyllin (**II**) u. 8-Bromtheophyllin (**III**) mit 1.3-Dichlorpropanol-(2) (**IV**) in Ggw. von Alkali führt zu *1.3-Bis-[theophyllinyl-(7)]-propanol-(2)* (**V**) bzw. dessen in 8-Stellung substituierten Derivaten. Als Nebenprod. von **V** wird *1-[Theophyllinyl-(7)]-3-chlorpropanol-(2)* isoliert (**VI**). **VI** entsteht auch aus **I** u. Epichlorhydrin (**VII**).

Versuche: *1.3-Bis-[theophyllinyl-(7)]-propanol-(2)* (**V**), $C_{17}H_{20}N_8O_5$, F. 273—274° (A.), a) durch Lösen von **I**-Monohydrat in sd. wss. $NaHCO_3$-Lsg., Zugabe von **IV**, 8std. Kochen u. Aufbewahren der filtrierten Lsg. in der Kälte; 24% (Ausbeute); b) durch 5std. Erhitzen von **I**-Na-Verb. mit überschüssigem **IV** im geschlossenen Gefäß bei 10 at auf 130°; 71%. — *1-[Theophyllinyl-(7)]-3-chlorpropanol-(2)* (**VI**), $C_{10}H_{13}ClN_4O_3$, F. 143° (A.), a) durch Einengen des Filtrats von **V** im Vakuum auf das halbe Vol. u. Aufbewahren zur Kristallisation; 5%; b) durch 5std. Erhitzen gleicher Mengen **I** u. **VII** im geschlossenen Rohr, 40 Min. langes Kochen des mit W. verd. Rk.-Prod. u. Abkühlen der filtrierten Lösung. — *1.3-Bis-[8-nitrotheophyllinyl-(7)]-propanol-(2)*, $C_{17}H_{18}N_{10}O_9$, F. 265° (A.), a) analog **V** nach a) aus **II**, **IV** u. wss. $NaHCO_3$; 22%; b) analog **V** nach b) aus **II** u. **IV**; 74%. — *1.3-Bis-[8-bromtheophyllinyl-(7)]-propanol-(2)*, $C_{17}H_{18}Br_2N_8O_5$, F. 294° (A.), a) analog **V** nach a) aus **III**, **IV** u. wss. $NaHCO_3$; 28%; b) analog **V** nach b) aus **III** u. **IV**; 73%. — *1-[8-Bromtheophyllinyl-(7)]-3-chlorpropanol-(2)*, $C_{10}H_{12}BrClN_4O_3$, F. 147° (A.), a) aus der Mutterlauge der nach a) dargestellten vorst. Verb. analog **VI** nach a); 21%; b) analog **VI** nach b) aus **III** u. **VII**; 56%. W. A. Schäfer. 3272□

Einige 2-substituierte 3.4-Dihydro-3-oxo-2H-1.4-benzoxazine. Keith W. Wheeler. (J. med. pharmac. Chem. **5**, 1378—83, Nov. 1962; Cincinnati, Ohio, Richardson-Merrell Inc., Wm. S. Merrell Co.; engl.) — Durch alkal. Cyclisierung von α-Halogen-o-hydroxyalkansäureaniliden (**A**) wird eine Reihe von 2-substituierten *3.4-Dihydro-3-oxo-2H-1.4-benzoxazinen* (**B**) dargestellt. Umsetzung von α-Bromcarbonsäurechloriden mit o-Aminophenol liefert die **A**. Durch Teilcyclisierung bei der Umkristallisation ergeben sich Komplikationen, die in einigen Fällen zur unmittelbaren Darst. der **B** führen. Cyclisierung von *α-Brom-α-äthyl-o-hydroxybutyranilid* bzw. *-o-hydroxycaproanilid* gelang nicht. Dehydrobromierung der **A** unter Bldg. einer α.β-Doppelbindung kann zu *o-Hydroxyalkensäureaniliden* (**C**) führen. Zum Vgl. werden daher die den **B** entsprechenden Isomeren **C** durch Umsetzung ungesätt. Säurechloride mit o-Aminophenol dargestellt. Die **C** unterscheiden sich deutlich von den **B** u. lassen sich durch Alkalibehandlung nicht in die **B** überführen. Die **B** wurden an weißen Ratten auf antikonvulsive u. hypnot. Wrkg. geprüft; keine der Verbb. zeigte eine brauchbare Wirkung.

Versuche: *α-Bromcyclohexylacetylchlorid*, $Kp._{24}$ 130—135°, durch 5½std. Erhitzen von Cyclohexylacetylchlorid mit Br_2 u. rotem P auf 120—125°; 80% (Ausbeute). — α-Brom-o-hydroxyalkanoylanilide (**A**), durch ½—2std. Erwärmen von o-Aminophenol mit dem entsprechenden α-Bromcarbonsäurechlorid in Dioxan auf dem Dampfbad, Extraktion des Nd. mit heißem Bzl., Eindampfen des Filtrats u. Extraktes, Extraktion mit heißem Bzl., Kühlen u. Umkristallisieren aus PAe.-Chlf. bzw. Bzl.: *-propion-*, $C_9H_{10}BrNO_2$, F. 97,5—98°; 87%. — *-butyr-*, $C_{10}H_{12}BrNO_2$, F. 96,5—98°; 89%. — *-n-valer-*, $C_{11}H_{14}BrNO_2$, F. 87,5—88,5°; 85%. — *-isovaler-*, $C_{11}H_{14}BrNO_2$, F. 110 bis 110,5°; 71%. — *-n-capro-*, $C_{12}H_{16}BrNO_2$, F. 66—68°, mit Ae.; 82%. — *-isocapro-*, $C_{12}H_{16}BrNO_2$, F. 115—116°; 63%. — *-önanth-*, $C_{13}H_{18}BrNO_2$, F. 75—76°; 91%. — *-capryl-*, $C_{14}H_{20}BrNO_2$, F. 57—59°; 81%. — *α-Brom-α-äthyl-o-hydroxybutyranilid*, $C_{12}H_{16}BrNO_2$, F. 101,5—102°, mit α-Brom-α-äthylbutyrylchlorid; aus PAe. cremefarben; 71,5%. — *α-Brom-α-äthyl-o-hydroxycaproanilid*, $C_{14}H_{20}BrNO_2$, F. 95—95,5°, mit α-Brom-α-äthylcaproylchlorid; aus PAe.-Chlf. Nadeln; 82%. — *α-Brom-o-hydroxycyclohexylacetanilid*, rot. — 3.4-Dihydro-3-oxo-2H-1.4-benzoxazine (**B**): durch Lösen der **A** in 1n NaOH bei 40—50°, ½std. Erwärmen auf dem Wasserbad, mehrstd. Stehenlassen bei Raum-Temp. u. Umkristallisation aus PAe.; *2-Methyl-*, $C_9H_9NO_2$, F. 142—143°; 84,5%. — *2-Äthyl-*, $C_{10}H_{11}NO_2$, F. 103,5—104°; 82%. — *2-n-Propyl-*, $C_{11}H_{13}NO_2$, F. 85—85,5°; 90%. — *2-Isopropyl-*, $C_{11}H_{13}NO_2$, F. 118,5°; 54%. — *2-n-Butyl-*, $C_{12}H_{15}NO_2$, F. 100,5—101,5°; 43%. — *2-Isobutyl-*, $C_{12}H_{15}NO_2$, F. 92°; 33%. —

2-n-Pentyl-, $C_{13}H_{17}NO_2$, F. 81—82°; 30%. — *2-n-Hexyl-*, $C_{14}H_{19}NO_2$, F. 85—86°; 20%. — *2-Benzyl-*, $C_{15}H_{13}NO_2$, F. 160—161°; 54%. — *2-Cyclohexyl-*, $C_{14}H_{17}NO_2$, F. 149,5—150,5°; 37%. — *Octen-(2)-oylchlorid*, Kp.$_{15}$ 93—95°, durch 2std. Stehenlassen von Octen-(2)-säure mit $SOCl_2$ u. Bzl., 45 Min. langes Kochen u. Eindampfen; n_D^{25} 1,4630; 80%. — o-Hydroxyalkensäureanilide (C), durch Behandeln der ungesätt. Säurechloride mit o-Aminophenol in Ae. < 30°, 2std. Rühren, Zusatz von W., Eindampfen der äther. Schicht u. Umkristallisieren aus PAe.–Chlf.: *-acryl-*, $C_9H_9NO_2$, F. 119—120°; 58%. — *-crotyl-*, $C_{10}H_{11}NO_2$, F. 130—131; 41%. — *-β-äthylacryl-*, $C_{11}H_{13}NO_2$, F. 107 bis 108°; 66%. — *-β.β-dimethylacryl-*, $C_{11}H_{13}NO_2$, F. 150—151,5°; 72%. — *-β-n-propylacryl-*, $C_{12}H_{15}NO_2$, F. 64—65°; 77%. — *-β-isopropylacryl-*, $C_{12}H_{15}NO_2$, F. 83—85°; 72%. — *-β-n-butylacryl-*, $C_{13}H_{17}NO_2$, F. 75—76°; 75%. — *-β-n-pentylacryl-*, $C_{14}H_{19}NO_2$, F. 73 bis 74°; 75%. H. Gleinig. 3282◇

Beitrag zur Untersuchung der 2.8-substituierten Phenoxazine. René Hazard, Jean Cheymol, Pierre Chabrier, Alés Sekera und Jacques De Antoni. (C. R. hebd. Séances Acad. Sci. **252**, 1263—65, 18/9. 1961; Paris, Fac. de Méd., Inst. de Pharmacol.; franz.) — Vgl. C. **1962**, 5673. — Das aus 2-Amino-4-äthylphenol dargestellte *2.8-Diäthylphenoxazin* (**I**; O = 5) läßt sich mit $KMnO_4$ zu *2.8-Diacetylphenoxazin* (**II**) oxydieren. Die Rk. läuft über *2.8.10-Triacetylphenoxazin* (**III**), das leicht zu **II** desacetyliert werden kann. Die Red. von **II** mit $NaBH_4$ ergibt *2.8-Bis-[1-hydroxyäthyl]-phenoxazin*. Bei der Oxydation von **III** mit J_2 in Pyridin erhält man *2.8-Bis-[pyridinioacetyl]-10-acetylphenoxazindijodid*, das durch Hydrolyse in *Phenoxazindicarbonsäure-(2.8)* übergeführt wird.

Versuche: *2.8-Diäthylphenoxazin* (**I**), F. 126°, aus 2-Amino-4-äthylphenol u. seinem Hydrochlorid durch Erhitzen auf 230° u. Extraktion des Rk.-Prod. mit PAe.; 35% (Ausbeute). — *2.8.10-Triacetylphenoxazin* (**III**), F. 167° (A.), durch N-Acetylierung von **I** mit Acetanhydrid u. Oxydation des Rk.-Prod. mit $KMnO_4$ in Pyridin/W. bei 65°; 68%. — *2.8-Diacetylphenoxazin* (**II**), F. 258—260° (Dimethylformamid/Aceton 1 : 4), a) durch saure oder alkal. Hydrolyse von **III**; 92%; b) aus 10-Acetylphenoxazin u. Acetylchlorid (2fache theoret. Menge) in Ggw. von $AlCl_3$ (5fache Menge) in CS_2-Lsg. durch 15std. Erhitzen, Kochen, Hydrolyse u. N-Desacetylierung. *Disemicarbazon*, F. 355°. — *2.8-Bis-[1-hydroxyäthyl]-phenoxazin*, F. 142°, durch $NaBH_4$-Red. von **II** in Tetrahydrofuran (6std. Rühren bei 20°); 92%. — *Phenoxazindicarbonsäure-(2.8)*, durch Oxydation von **III** mit J_2 in wasserfreiem Pyridin nach King (J. Amer. chem. Soc. **66**, [1944], 894) in 24 Std. bei 20° u. Fällen mit Ae. zu *2.8-Bis-[pyridinioacetyl]-10-acetylphenoxazindijodid* u. dessen Hydrolyse. *Diäthylester*, F. 233°. H. G. Henkel. 3282◇

Untersuchungen über Phenothiazinderivate. 1. Mitt. Synthese von 2.3-Dihydro-1H-pyrido-[3.2.1:kl]-phenothiazin. Hideo Kano, Yasuo Makisumi und Kazuko Ogata. (Annu. Rep. Shionogi Res. Lab. [Osaka] **1956**, Nr. 6, 15—18; jap., Auszug: engl.) — *10-[β-Cyanäthyl]-2-chlorphenothiazin* (S = 5) (**I**) u. *10-[β-Carboxyäthyl]-* (**II**) sowie *2.3-Dihydro-3-oxo-10*(bzw. *4*)*-chlor-1H-pyrido-[3.2.1:kl]-phenothiazin* (**III**) werden nach Smith (C. **1953**, 2730) hergestellt. Ferner werden die *3-Hydroxy-* bzw. *3-Amino-Verbb.* aus **III** bzw. 2.3-Dihydro-3-oxo-1H-pyrido-[3.2.1:kl]-phenothiazin (**IV**) u. deren *Oximen* durch Red. mit $LiAlH_4$ erhalten. Durch Entschwefelung mit Raney-Ni entsteht aus **III** u. **IV** das gleiche *N-Phenyl-4-oxotetrahydrochinolin*, da dabei Cl offenbar miteliminiert wird.

Versuche: 2-Chlorphenothiazine: *10-[β-Cyanäthyl]-* (**I**), $C_{15}H_{11}ClN_2S$, F. 185 bis 186°, aus 5 g 2-Chlorphenothiazin (**VII**), $NaOCH_3$ u. Acrylonitril (15 Min. Wasserbad); 5,5 g (Ausbeute). — *10-[β-Carboxyäthyl]-* (**II**), $C_{15}H_{12}ClNO_2S$, F. 156—158°, aus 8 g **I** mit 25% ig. NaOH in Methanol in 15 Std.; Nadeln; 4,5 g. — 2.3-Dihydro-1H-pyrido-[3.2.1:kl]-phenothiazine: *3-Oxo-10*(oder *4*)*-chlor-* (**III**), $C_{15}H_{10}ClNOS$, F. 125 bis 126,5°, aus 5 g **II** in wasserfreiem Bzl. durch Zugabe von P_2O_5, 2 Std. Wasserbad-Temp. u. über Nacht bei Raumtemperatur. *Oxim* (**V**), $C_{15}H_{11}ClN_2OS$, F. 238—240°. — *3-Hydroxyimino-* (**VI**), $C_{15}H_{12}N_2OS$, F. 219—220°, aus **IV**. — *3-Hydroxy-*, $C_{15}H_{13}NOS$, F. 125—126°, aus 1 g **IV** in Ae. mit $LiAlH_4$; Nadeln; 0,7 g. — *3-Hydroxy-10*(oder *4*)*-chlor-*, $C_{15}H_{12}ClNOS$, F. 139—140°, analog vorst. Verb. aus **III**. — *3-Amino-*, *Hydrochlorid*, $C_{15}H_{15}ClN_2S$, F. 250—254° (Zers.), aus 1 g **VI** in Ae. mit $LiAlH_4$; 0,5 g. — *3-Amino-10*(oder *4*)*-chlor-*, *Hydrochlorid*, $C_{15}H_{14}Cl_2N_2S$, F. 264—266° (Zers.), aus 1 g **V** analog vorst. Verb.; 0,4 g. — *N-Phenyl-4-oxotetrahydrochinolin*, $C_{15}H_{13}NO$, F. 170—175°, aus **III** bzw. **IV**, je 2 g in 80% ig. A. mit Raney-Ni in 2 Std. auf dem Wasserbad. — *Diphenylamin*, aus 2 g **VII** u. 15 g Raney-Ni in 75% ig. A. analog vorst. Verb.; 0,6 g. L. Schuler. 3292□

Einige stabile Dimere von substituierten Benzylcyanamiden. D. L. Garmaise und A. Uchiyama. (Canad. J. Chem. **39**, 1054—58, 1961; La Salle, Quebec, Monsanto

Canada Ltd., L. G. Ryan Res. Labor.; engl.) — Durch Einw. von Bromcyan in Ae. auf das entsprechende Benzylamin bei Raum-Temp. wurden *4-Chlor-* (I), *4-Brom-* (II), *4-Nitro-* (III), *4-Methyl-* (IV) u. *2.4-* (V) sowie *3.4-Dichlorbenzylcyanamid* (VI) dargestellt. Im Gegensatz zu den anderen Benzylcyanamiden tritt im IR-Spektrum von **VI**, selbst bei frisch dargestellten Präpp., eine Bande im C=N-Bereich (bei 1675 cm^{-1}) neben der bei allen vorst. Verbb. vorhandenen Nitrilbande (bei 2220—2240 cm^{-1}) auf. Daraus folgt, daß **VI** nicht frei von *1-Cyan-1.3-bis-[3.4-dichlorbenzyl]-guanidin* (**VIII**) isoliert werden konnte. Nach eintägigem Stehen ist **VI** in 63%ig. Ausbeute in **VIII** übergegangen. Aus **V** bildet sich bei 2tägigem Stehen *1-Cyan-1.3-bis-[2.4-dichlorbenzyl]-guanidin* (**VII**; 95% Ausbeute). Dagegen gehen **I**—**IV** nicht in die entsprechenden Guanidin-Derivv. über. Durch Erhitzen lassen sich **VII** u. **VIII** zu 75% in *1.3.5-Tris-[2.4-dichlorbenzyl]-* bzw. zu 70% in *1.3.5-Tris-[3.4-dichlorbenzyl]-isomelamin* überführen. Bei 6tägigem Stehen von **VIII** mit **III** in alkohol. Lsg. erfolgt Kondens. zu *1.3-Bis-[3.4-dichlorbenzyl]-5-[4-nitrobenzyl]-isomelamin* (20% Ausbeute). Durch diesen Rk.-Verlauf wird die Annahme gestützt, daß 1.3-disubstituierte Dicyandiamide (vom Typ **VII** u. **VIII**) echte Zwischenprodd. bei der Trimerisierung von Cyanamiden zu Isomelaminen sind. Während **IV** durch Einw. von 30%ig. NaOH in *1.3.5-Tris-[4-methylbenzyl]-isomelamin* übergeht, bilden sich hierbei aus den elektronenanziehende Gruppen enthaltenden Verbb. **I**, **II**, **V** u. **VI** durch Hydrolyse die entsprechenden *Harnstoffe*. Das aus **III** erhaltene Rk.-Prod. war nicht zu identifizieren. **I**—**VI** lassen sich durch Erhitzen auf 100° in die entsprechenden *Isomelamine* überführen, deren IR-Spektren starke C=N-Banden bei 1610 bis 1620 cm^{-1} zeigen. Aus **I**, **II** u. **IV** entstehen die entsprechenden Isomelamine auch bei 10—30tägigem Stehen bei Raum-Temp., während **III** nach 30 Tagen unverändert ist. Zu Vgl.-Zwecken wurden durch Umsetzung von Cyanurchlorid mit Benzylaminen *$N^2.N^4.N^6$-Tris-[2.4-dichlorbenzyl]-, -Tris-[4-chlorbenzyl]-* u. *-Tris-[4-methylbenzyl]-melamin* dargestellt.

Versuche: Benzylcyanamide: *4-Chlor-* (I), $C_8H_7ClN_2$, F. 91—92° (Ae.), durch Zugeben von Bromcyan (0,075 Mol) in Ae. (100 ml) zu 4-Chlorbenzylamin (0,15 Mol) in Ae. (100 ml) bei 5° innerhalb 15 Min., 1 std. Rühren der entstandenen Suspension, Filtrieren, Eindampfen u. Umkristallisieren des krist. Rückstandes aus Ae.; 76% (Ausbeute). — Analog: *4-Brom-* (II), $C_8H_7BrN_2$, F. 99—101°; 70%. — *4-Nitro-* (III), $C_8H_7N_3O_2$, F. 120—121°; 37%. — *4-Methyl-* (IV), $C_9H_{10}N_2$, F. 79—80°; 95%. — *2.4-Dichlor-* (V), $C_8H_6Cl_2N_2$, F. 60—61°; 94%. — *3.4-Dichlor-* (VI), F. 48—50°, konnte nicht frei von **VIII** erhalten werden; 93%. — Benzylharnstoffe: *4-Chlor-*, $C_8H_9ClN_2O$, F. 189 bis 190° (Methanol), durch Stehen von 3 mMol **I** mit 20 ml 30%ig. NaOH über Nacht u. Abfiltrieren; 48%. — *4-Brom-*, $C_8H_9BrN_2O$, F. 201—203° (A.), analog aus **II**; 52%. — *3.4-Dichlor-*, $C_8H_8Cl_2N_2O$, F. 163,5—164,5° (Methanol), aus **VI**; 77%. — *1-Cyan-1.3-bis-[2.4-dichlorbenzyl]-guanidin* (**VII**), $C_{16}H_{12}Cl_4N_4$, F. 142—143° (Methanol), durch 2tägiges Stehen von reinem **V** an der Luft u. Anreiben mit Ae.; 95%. — *1-Cyan-1.3-bis-[3.4-dichlorbenzyl]-guanidin* (**VIII**), $C_{16}H_{12}Cl_4N_4$, F. 138—139° (Methanol), durch 1tägiges Stehen von **VI** wie vorst. Verb.; 63% (roh). *Monobenzoyl-Deriv.*, $C_{23}H_{16}Cl_4N_4O$, F. 200 bis 201° (Methanol), durch Zugeben einer äquimol. Menge Benzoylchlorid zu **VIII** in Pyridin bei 5° u. Stehen über Nacht; 14%. — Isomelamine: *1.3.5-Tris-[4-chlorbenzyl]-*, $C_{24}H_{21}Cl_3N_6$, F. 165—167° (Methanol), durch 4std. Erhitzen von **I** auf 100°; 80%. — *1.3.5-Tris-[4-brombenzyl]-*, $C_{24}H_{21}Br_3N_6$, F. 207—208°, analog aus **II**; 90%. — *1.3.5-Tris-[4-nitrobenzyl]-*, $C_{24}H_{21}N_9O_6$, F. 228—229°, aus **III**; 19%. — *1.3.5-Tris-[4-methylbenzyl]-*, $C_{27}H_{30}N_6$, F. 203—204°, a) aus **IV**; 90%; b) durch 3tägiges Stehen einer Lsg. von 1,5 g **IV** in 35 ml 30%ig. NaOH; 67%. — *1.3.5-Tris-[2.4-dichlorbenzyl]-*, $C_{24}H_{18}Cl_6N_6$, F. 220 bis 222° (Dimethylformamid/Methanol/W.), a) aus **V**; 65%; b) durch 10 Min. langes Erhitzen von **VII** auf 150—160° u. anschließendes 4std. Erhitzen auf 100°; 75%. — *1.3.5-Tris-[3.4-dichlorbenzyl]-*, F. 171—172° (Ae.), a) aus **VI**; 70%; b) durch 3std. Erhitzen einer Lsg. von **VIII** in Methanol unter Rückfluß; 70%. — *1.3-Bis-[3.4-dichlorbenzyl]-5-[4-nitrobenzyl]-*, $C_{24}H_{19}Cl_4N_7O_2$, F. 177—179° (Methanol), durch 6tägiges Stehen einer Lsg. äquimol. Mengen von **VIII** u. **III** in Methanol bei 25°; 20% (roh). — Melamine: *$N^2.N^4.N^6$-Tris-[4-methylbenzyl]-*, $C_{27}H_{30}N_6$, F. 129—130° (A. u. Aceton), durch Zugeben von 0,020 Mol Cyanurchlorid zu 0,165 Mol 4-Methylbenzylamin in o-Xylol innerhalb 15 Min. u. 4std. Erhitzen unter Rückfluß; 100% (roh). — *$N^2.N^4.N^6$-Tris-[4-chlorbenzyl]-*, $C_{24}H_{21}Cl_3N_6$, F. 158—159° (A.), analog; 69%. — *$N^2.N^4.N^6$-Tris-[2.4-dichlorbenzyl]-*, $C_{24}H_{18}Cl_6N_6$, F. 155—157°; 88%. D. Holzner. 3313◇

N-Carbäthoxyazepin. K. Hafner und C. König. (Angew. Chem. **75**, 89—90, 7/1. 1963; München, Univ., Inst. für Organ. Chem.; dt.) — UV-Bestrahlung einer Lsg. von Azidocarbonsäureäthylester in Bzl. gab ca. 70% (Ausbeute) *N-Carbäthoxyazepin* (I), $Kp._{20}$ 130°, gelbes Öl. Die Rk. verläuft über das Carbäthoxyazen vermutlich zunächst zum *N-Carbäthoxy-7-azabicyclo-[4.1.0]-heptadien-(2.4)*, das sich sogleich in das valenzisomere I umlagert. Hydrierung von I an Pd bei 20° lieferte *N-Carbäthoxyhexamethylenimin* ($Kp._{20}$ 118—120°, n_D^{21} 1,4635), auch erhalten aus Hexamethylenimin u. $ClCOOC_2H_5$. IR- u. NMR-Spektren von I sind angegeben. J. Rothe. 3370◇

Rolle der Formazan-Reaktion bei der Strukturprüfung ozonoxydierter Kohlenhydrate. László Mester. (Advances Chem. Ser. Nr. **21**, 195—99, März 1959; Budapest, TU, Inst. of Organ. Chem.; engl.) — Übersicht. — 15 Literaturangaben. P. Golinske. 3400◇

Synthese von L-Hamamelose und ihrem Epimeren. J. S. Burton, W. G. Overend und N. R. Williams. (J. chem. Soc. [London] **1962**, 181, Mai; London, Birkbeck Coll., Chem. Dep.; engl.) — Vgl. Chem. and Ind. **1961**, 175. — *L-Hamamelose* (*2-C-Hydroxymethyl-L-ribose*) wird aus Methyl-3.4-O-isopropyliden-2-oxo-β-L-erythropentosid (I) über *Methyl-2-C-vinyl-β-L-arabinosid*, Hydrolyse zu *2-C-Vinyl-L-arabinose*, Red. zu *2-C-Vinyl-L-arabit* u. Ozonolyse oder über den *Epoxyzucker* **IV**, Hydrolyse zu *Methyl-2-C-hydroxymethyl-β-L-ribopyranosid* (II) u. weitere Hydrolyse synthetisiert. *2-C-Hydroxymethyl-L-arabinose* erhält man aus I über *Methyl-2-C-hydroxymethyl-β-L-arabinosid* (III).

IV

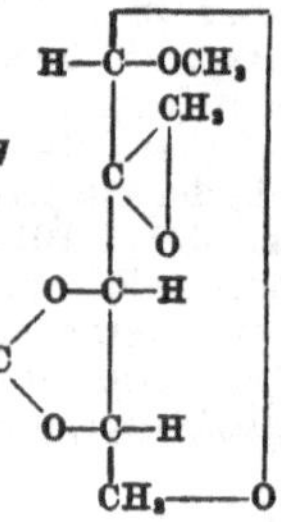

Versuche: *Methyl-2-C-vinyl-β-L-arabinopyranosid*, $Kp._{10-4}$ 134°, aus I nach l. c.; $[\alpha]_D^{22}$ +169° (A.). — *2-C-Vinyl-L-arabinose*, durch Hydrolyse vorst. Verb. an einem Ionenaustauscher ($H^{\oplus}$-Form); $[\alpha]_D^{22}$ +41,2° (Methanol). — *2-C-Vinyl-L-arabit*, durch Red. vorst. Verb. mit $NaBH_4$ u. Chromatographie; $[\alpha]_D^{22}$ −35,8° (Methanol). — *L-Hamamelose*, F. 110—111° (A.-Äthylacetat), a) durch Ozonolyse vorst. Verb.; b) durch Hydrolyse von **II** am Ionenaustauscher ($H^{\oplus}$-Form); $[\alpha]_D^{22}$ +1,3° (W.; nach 3 Min.), +7,3° (nach 17 Min.), $[\alpha]_D^{22}$ +6,3° (Methanol). *p-Toluolsulfonylhydrazon*, F. 155—156°. *p-Nitrophenylhydrazon*, F. 162—163°. — *Epoxyzucker* **IV**, $Kp._{0,1}$ 76°, durch Rk. von I mit Diazomethan in Methanol/Ae. bei 0°; $[\alpha]_D^{20}$ +196° (Methanol). — *Methyl-2-C-hydroxymethyl-β-L-ribopyranosid* (II), F. 133° (A.), durch Hydrolyse vorst. Verb. mit n-NaOH u. anschließend mit 0,1n HCl; daneben wenig **III**. — *2-C-Hydroxymethyl-L-arabinose*, durch Hydrolyse von **III** an einem Ionenaustauscher ($H^{\oplus}$-Form); Sirup; $[\alpha]_D^{22}$ +3,2° (Methanol). *p-Toluolsulfonylhydrazon*, F. 158—159° (Zers.). *α-Benzyl-N-phenylhydrazon*, F. 135—136°. E. Schraven. 3400□

Die Reaktivität von Methyl-α-D-glucosid-Bortrichlorid-Reagens. T. G. Bonner, E. J. Bourne und S. McNally. (J. chem. Soc. [London] **1962**, 761—67, März; Englefield Green, Egham, Surrey, Univ. of London, Royal Holloway Coll.; engl.) — Aus Methyl-α-D-glucosid (I) u. BCl_3 bildet sich in Dichlormethan (DM) ein *glucosylierendes Agens* (II), das bei der Rk. mit Alkoholen, Phenolen oder Monosacchariden ein Gemisch der *α-* u. *β-Glykoside*, mit Benzylalkohol (III) ausschließlich das *β-Glykosid* liefert. Die Rk. verläuft wahrscheinlich über das *Anlagerungs-Prod.* von BCl_3 an das O-Atom der Methoxylgruppe von I.

Versuche: *Benzyl-β-D-glucosid*, $C_{13}H_{18}O_6$, F. 121° (Essigester), durch Versetzen von 0,9 g I mit 3,3 g BCl_3 in DM bei −80°, ½std. Stehen, Erwärmen auf 20°, Stehen über Nacht, Eindampfen u. 24std. Schütteln des **II** mit abs. **III** u. trockenem Ag_2O im Dunkeln; 0,47 g (Ausbeute). Daneben *D-Glucose* (**IV**). *2.3.4.6-Tetra-O-acetyl-Deriv.*, F. 96°, durch Rk. mit Acetanhydrid in Pyridin. — *Brenzcatechinglucosid*, $C_{12}H_{16}O_7 \cdot H_2O$, durch Versetzen von **II** mit 6 g Brenzcatechin in DM, 2std. Kochen, Fällen mit Ae., Chromatographie in n-Butanol/A./W. an Cellulose u. Umkristallisieren aus wss. Methanol u. PAe.; $[\alpha]_D^{20}$ +29° (c = 3; W.); 57%. Daneben 0,05 g **IV** u. *Disaccharide* (DS). — *Phenyl-α-D-glucosid*, F. 170°, durch 1½std. Kochen von **II** mit 9 g Phenol in DM, Zugeben von 4 g Phenol, 1std. Kochen, Chromatographie an Cellulose (→ 6 g *Gemisch* **A**, F. 158°) u. von 2 g **A** an Kohle/Celite; $[\alpha]_D^{20}$ +175° (c = 0,4; W.); 0,2 g. — Daneben 0,012 g *1.6-Anhydro-β-D-glucose*, 0,04 g **IV** u. *DS*. — *Phenyl-β-D-glucosid*, F. 174—175°, neben vorst. Verb. aus **A**; $[\alpha]_D^{20}$ −71° (c = 0,4; W.); 0,06 g. — Vermutlich *p-Hydroxyglucosylbenzol*, durch ½std. Rk. von **A** mit BCl_3 in DM bei −80°, 16std. Stehen bei 20°, Eindampfen u. Chromatographie an Cellulose; 0,1 g. 1std. Erhitzen mit PbO_2 in wss. NaOH auf 220° u. Neutralisieren mit 2n H_2SO_4 → *p-* u. wenig *o-Hydroxybenzoesäure*. — *β-D-Glucopyranosylbenzol*, durch 7std. Kochen von **II** mit $AlCl_3$ u. Bzl., 16std. Stehen bei 20°, Zers. des Komplexes mit W., Neutralisieren der wss. Phase mit NaOH, Filtrieren, Eindampfen, Extrahieren mit Pyridin, Eindampfen u. Extrahieren mit Chlf.; 32%. *Tetra-O-acetyl-Deriv.*, $C_{20}H_{24}O_9$, F. 155—156°, $[\alpha]_D^{25}$ −17° (c = 0,6; Chlf.). — *Maltose*, durch 18std. Schütteln von **II** mit 12 g **IV** u. Ag_2O in abs. Nitrobenzol bei

20° im Dunkeln, Filtrieren, Extrahieren mit W., Neutralisieren der wss. Phase mit $NaHCO_3$, Eindampfen u. Chromatographie mit wss. A. an Kohle/Celite; 0,5 g. Daneben *Isomaltose, Gentiobiose, Cellobiose, Kojibiose, Sophorose* u. ein Gemisch aus *Nigerose* u. *Laminaribiose*. E. Schraven. 3400□

Natürliche Polyhydroxybenzalcumaranone (Aurone) und ihre Glucoside. L. Farkas und L. Pallos. (Periodica polytechn. [Budapest], chem. Ingenieurwes. **4**, 73—76, 1960; Budapest, Organ.-Chem. Inst. der TU; dt.) — *6-[Tetraacetyl-β-D-glucosyloxy]-2-[3'.4'-diacetoxybenzal]-cumaranon-(3)* wird durch Kondens. von 6-[Tetraacetyl-β-D-glucosyloxy]-cumaranon-(3) mit Protocatechualdehyd in Ggw. von Acetanhydrid synthetisiert. Durch Verseifung nach Zemplén erhält man daraus das Auronglucosid *Sulfurein*. Auf demselben Wege wurde *6.3-O-Bis-[β-D-glucosyl]-2-[3'.4'-dihydroxybenzal]-6-hydroxycumaranon-(3)* (*Palasitrin*) hergestellt. Durch Kondens. von 6.7- bzw. 4.6-Dihydroxycumaranon-(3) mit Protocatechualdehyd erhält man *Maritimetin* u. *Aureusidin*, die als *Tetramethyl-* u. *Tetraacetyl-Derivv.* identifiziert wurden. E. Schraven. 3450□

Untersuchungen über Anthocyanine. 33. Mitt. Delphin, das Anthocyanin des medizinischen Safrans und seine durch Papierchromatographie von partiellen Hydrolysaten nachgewiesene Identität mit Hyacin. Norio Saitô, Seiji Mitsui und Kôzô Hayashi. (Proc. Jap. Acad. **36**, 340—45, Juni 1960; Tokyo, Univ. of Educ., Fac. of Sci., Botan. Inst.; engl.) — 32. vgl. Bot. Mag. [Tokyo] **73**, [1960], 231. — Aus den Blütenblättern von *Crocus sativus* L. wird *Delphin* [**I**; $C_{27}H_{31}ClO_{17}$, F. 188° (Zers.); aus verd. HCl rotviolette Blättchen des *Tetrahydrats*, $C_{27}H_{31}ClO_{17}\cdot 4\,H_2O$; 0,075% (Ausbeute)] isoliert. Seine Konstit. als *3.5-Diglucosid* des *Delphinidins* (**II**) wird durch Hydrolyse zu 51—55% **II** u. 45—54% *Glucose* [R_F 0,39 (Pyridin/Äthylacetat/W., 5:12:4)] sowie durch papierchromatograph. Nachw. von **II** [R_F 0,18 (Eisessig/HCl/W., 5:1:5)], **II**-*3-Glucosid* u. **II**-*5-Glucosid* in partiellen Hydrolysaten festgestellt. Die Identität des aus blauen Hyazinthenblüten isolierten *Hyacins* mit **I** wird nach der gleichen Meth. bewiesen. F. Heller. 3450◇

Glykoside und Aglykone. 227. Mitt. Die Glykoside von Pergularia extensa (JACQ.) N. E. BR. O. P. Mittal, Ch. Tamm und T. Reichstein. (Helv. chim. Acta **45**, 907—24, 2/5. 1962; Basel, Univ., Organ. chem. Inst.; dt.) — 226. vgl. C. **1963**, 8558. — Aus den Stengeln von *Pergularia extensa* (JACQ.) N.E. Br. aus Indien werden durch Extrahieren u. Chromatographie an Al_2O_3 u. SiO_2 *Uzarigenin* (**I**) u. *Coroglaucigenin* (**II**) in reinen Kristallen isoliert. Papierchromatograph. lassen sich noch 8 weitere *Cardenolide B, C, E, L, M, N, O* u. *P* nachweisen, von denen B u. C gleiche R_F-Werte wie Corotoxigenin u. *Calactin* (**III**) aufweisen. Aus den Samen der gleichen Pflanze werden **III**, *Calotropin* (**IV**) u. *Calotropagenin* (**V**) in reinen Kristallen isoliert, während papierchromatograph. die 8 *Cardenolide G, J, K, L, M, N, O* u. *P* festgestellt werden. Die Cardenolide J u. K zeigen die gleichen R_F-Werte wie Calotoxin bzw. al-Dihydrocalotropagenin. In den Stengeln südrhodes. Pergulariapflanzen werden papierchromatograph. die *Cardenolide E, M, N* u. *P* sowie **I, II, III** u. **IV** u. in den Samen die *Cardenolide L, M, N, O* u. *P* sowie **III, IV** u. **V** nachgewiesen. Die Meth. u. Bedingungen der Extraktionen, der $Al_2O_3(SiO_2)$-Chromatographie u. Papierchromatographie, die IR-Spektren von **III, IV** u. **V** u. die relativen R_F-Werte aller Verbb. sind angegeben.

Versuche: *Uzarigenin* (**I**), $C_{23}H_{34}O_4$, F. 244—258°, aus CH_3OH/Ae. 4kantige Prismen; $[\alpha]_D^{24}$ $+12,2\pm2°$ (c = 1,12; A.). *3-O-Acetyl-Deriv.*, F. 260—269°, aus Chlf./PAe. hexagonale oder rhomb. Blättchen; $[\alpha]_D^{23}$ $+6,6\pm2°$ (c = 1,36; Chlf.). — *Coroglaucigenin* (**II**), F. 248—256°, aus CH_3OH/Ae. verfilzte Nadeln; $[\alpha]_D^{25}$ $+25,8\pm3°$ (c = 0,78; CH_3OH). *Di-O-acetyl-Deriv.*, F. 216—222°, aus A./Ae. rechteckige Blättchen. — *Calactin* (**III**), $C_{29}H_{40}O_9$, F. 270—272°, aus CH_3OH/Ae. 6eckige Blättchen, aus Aceton Prismen; $[\alpha]_D^{25}$ $+70,4\pm3°$ (c = 0,79; CH_3OH). *Chloroformsolvat*, $C_{29}H_{40}O_9\cdot 1/2\,CHCl_3$, F. 243—246° (Chlf./PAe.). — *Calotropin* (**IV**), $C_{29}H_{40}O_9$, F. 234—240°, aus Aceton Blättchenrosetten; $[\alpha]_D^{25}$ $+64,4\pm2°$ (c = 1,06; CH_3OH). — *Calotropagenin* (**V**), $C_{23}H_{32}O_6$, F. 248—255°, aus CH_3OH/Ae. Würfel; $[\alpha]_D^{26}$ $+45,6\pm2°$ (c = 1,06; CH_3OH). G. Teege. 3450□

Glykoside und Aglykone. 228. Mitt. Reduktiver Abbau von Calactin zu einem Trihydroxylacton $C_{23}H_{36}O_5$ (Desoxodihydrocalotropagenin?) und Vergleich desselben mit Hydrierungsprodukten von Digoxigenin und Sarmentogenin. O. P. Mittal, Ch. Tamm, Ek. Weiss und T. Reichstein. (Helv. chim. Acta **45**, 924—38, 2/5. 1962; dt.) — 227. vgl. vorst. Referat. — Im Hinblick auf die Strukturaufklärung von Calotropagenin wird *Calactin* (**I**; aus *Pergularia extensa*) katalyt. zu *en-Dihydrocalactin* (**II**) hydriert. Als Nebenprod. fällt dabei eine *Verb. A* $C_{29}H_{44}O_{10}$ an. Bei der Red.

mit N_2H_4 u. Na-Äthylat nach Wolff-Kishner liefert **II** ein Gemisch aus Säuren u. Lactonen, aus dem ein krist. *Lacton* $C_{23}H_{36}O_5$ (**III**; *Desoxo-en-dihydrocalotropagenin?*) isoliert wird. **III** ist isomer mit *Dihydrodigoxigenin* u. *Dihydrosarmentogenin.* Bei der CrO_3-Oxydation geht **III** in ein *Ketolacton* $C_{23}H_{32}O_5$ (**IV**; *Desoxo-en-dihydrocalotropagenon?*) über, das isomer ist mit *Dihydrodigoxigenon* (**V**) u. *Dihydrosarmentogenon* (**VI**). **IV** unterscheidet sich jedoch von **V** u. **VI** durch das Fehlen der IR-Bande für Sechsringketone. Zum Vgl. wird *Dihydro-5α-sarmentogenon* dargestellt, das ebenfalls von **IV** verschieden ist. IR-Spektren der Verbb. s. Original.

Versuche: *en-Dihydrocalactin* (**II**), $C_{29}H_{42}O_9$, F. 220—225° (Aceton/PAe.), durch Hydrieren von 1,304 g **I** in Eisessig an Pt bei Raum-Temp., Filtrieren u. Eindampfen; $[\alpha]_D^{25}$ +61,6 ± 3° (c = 0,96; CH_3OH); 640,4 mg (Ausbeute). *Äthanolsolvat*, $C_{29}H_{42}O_9 \cdot C_2H_6O$, F. 214—223°, aus A./Ae. Blättchen. Daneben *Verb. A*, $C_{29}H_{44}O_{10}$, F. 200—208°, durch Chromatographie der Mutterlaugen von **II** an SiO_2 mit Chlf./CH_3OH-Gemischen; aus Aceton/PAe. unregelmäßige Blättchen; $[\alpha]_D^{24}$ +37,9 ± 3° (c = 0,85; CH_3OH); 223,8 mg. — *Lacton* (**III**), $C_{23}H_{36}O_5$, F. 260—265°, durch 15std. Erhitzen von 520 mg **II** mit $N_2H_4 \cdot H_2O$ u. Na-Äthylat in A. im Rohr auf 140—145°, Einengen im Vakuum, Zugabe von 10%ig. $KHCO_3$, Waschen mit PAe. u. Chlf./A. (9:1), Ansäuern mit HCl, Extrahieren mit Chlf. u. Chromatographie an SiO_2 mit Chlf./CH_3OH-Gemischen; aus CH_3OH/Ae. schuppige Blättchen; $[\alpha]_D^{26}$ +14,1 ± 3° (c = 0,83; CH_3OH); 43,4 mg. — *Ketolacton* (**IV**), *Hemihydrat* oder *Acetonsolvat*, $C_{23}H_{32}O_5 \cdot \frac{1}{2} H_2O$ oder $C_{23}H_{32}O_5 \cdot C_3H_6O$, F. 195—200° (Aceton/Ae. u. Trocknen bei 110°), durch 5 Min. langes Schütteln von 12 mg **III** mit CrO_3 in Aceton/wss. H_2SO_4, Verdünnen mit W., Extrahieren mit Chlf., Chromatographie an SiO_2 u. Eluieren mit Bzl./Chlf. (1:1) u. Chlf.; $[\alpha]_D^{25}$ +28,7 ± 3° (c = 0,78; Aceton); 7,7 mg. — *Dihydrodigoxigenin*, $C_{23}m_{36}O_5$, F. 218—224°, durch Hydrieren von 100 mg Digoxigenin an Pt in Eisessig bei Raum-Temp.; aus CH_3OH/Ae. Stäbchen; $[\alpha]_D^{25}$ +20,9 ± 2° (c = 1,07; CH_3OH); 70 mg. — *Dihydrodigoxigenon* (**V**), $C_{23}H_{32}O_5$ (nach 24std. Trocknen bei 150°/0,01 Torr über P_2O_5), F. 247—251°, durch CrO_3-Oxydation von 31 mg vorst. Verb. in Eisessig; aus Aceton/Ae. 4eckige Tafeln; $[\alpha]_D^{25}$ +87,6 ± 2° (c = 0,95; Aceton); 26,6 mg. — *Dihydrosarmentogenin*, $C_{23}H_{36}O_5$ (nach 5std. Trocknen bei 110°/0,01 Torr über P_2O_5 u. Schmelzen bei 148°/0,01 Torr), F. 137—144°, aus 1 g Sarmentogenin analog vorvorst. Verb.; aus Aceton/Ae. Blättchen; $[\alpha]_D^{25}$ −2,2 ± 2° (c = 1,1; CH_3OH); 722,7 mg. — *Dihydrosarmentogenon* (**VI**), $C_{23}H_{32}O_5$, F. 206—212°, a) durch Hydrieren von 2,1 g Sarmentogenin an Pt in Eisessig u. CrO_3-Oxydation in wss. H_2SO_4; 1,4 g; b) durch 1std. Schütteln der Rückstände (429 mg) aus den Mutterlaugen von **VII** nach a) u. b) mit Zn-Staub in Eisessig; 253,4 mg; aus CH_3OH/Ae. Stäbchen; $[\alpha]_D^{25}$ −6,7 ± 2° (c = 1,26; CH_3OH). — *4-Bromdihydrosarmentogenon* (**VII**), $C_{23}H_{31}BrO_5$, F. 197—199°, a) durch 2std. Stehen von 862 mg **VI** mit Br_2 in in Eisessig in Ggw. von HBr, Versetzen mit Eiswasser u. Extrahieren mit Chlf./Ae. (1:3); 509,4 mg; b) durch langsame Zugabe von Br_2 in Dimethylformamid (DMF) zu 390 mg **VI** in DMF in Ggw. von p-Toluolsulfonsäure; 250,9 mg; aus Aceton/Ae. Blättchen oder Körner; $[\alpha]_D^{25}$ +45,2 ± 2° (c = 0,97; Aceton); $[\alpha]_D^{23}$ +39,6 ± 2° (c = 1,02; Aceton). — *Δ^4-Dehydrodihydrosarmentogenon*, $C_{23}H_{30}O_5$, F. 183—186°, durch 2½std. Erhitzen von 574 mg **VII** mit $LiCO_3$/LiCl in DMF auf 135—140°, Einengen im Vakuum, Zugabe von W., Ansäuern mit HCl, Extrahieren mit Chlf., Chromatographie an SiO_2 u. Eluieren mit Bzl./Chlf. (1:1) u. Chlf.; aus Aceton/Ae. Klötzchen; $[\alpha]_D^{25}$ +94,7 ± 2° (c = 1,08; Aceton); 181,8 mg; daneben 131 mg **VI**. — *Dihydro-5α-sarmentogenon*, $C_{23}H_{32}O_5$, F. 244—253° (Reinheit unsicher), durch Hydrieren von 139 mg vorst. Verb. an Pt in Eisessig bei 22°, 4std. Stehen mit CrO_3/Eisessig bei 20°, Chromatographie an SiO_2 u. Eluieren mit Ae. u. Ae. + 1% Gemisch aus Chlf./Äthylacetat/CH_3OH(1:1:1); aus Aceton/Ae. feine Kristalldrusen; $[\alpha]_D^{25}$ +15,5 ± 4° (c = 0,62; CH_3OH); 7,8 mg.

G. Teege. 3450□

Glykoside und Aglykone. 229. Mitt. Die Cardenolide von Thevetia peruviana (PERS.) K. SCHUM. (= Th. neriifolia JUSS.). Identifizierung von Theveneriin mit Ruvosid und Differenzierung von Thevefolin und Neriifolin. N. G. Bisset, J. v. Euw, M. Frèrejacque, S. Rangaswami, O. Schindler und T. Reichstein. (Helv. chim. Acta **45**, 938—43, 2/5. 1962; Selangor (Malaya), Petaling Jaya, Jalan Sultan, Dep. of Chem.; Paris, Museum d'Hist. Naturelle, Chim. Appl. aux Corps Organises; Waltair (South India), Andhra Univ., Pharmac. Labor.; Basel, Univ., Organ. chem. Inst.; dt.) — 228. vgl. vorst. Referat. — Vff. stellen die bisher aus *Thevetia peruviana* (Pers.) K. Schum (= *Th. neriifolia* Juss.) isolierten 22 Monoglykoside mit ihren Summenformeln, FF. u. $[\alpha]_D$-Werten tabellar. zusammen. Es wird gezeigt, daß *Theveneriin* u. *Ruvosid* miteinander ident. sind. Untereinander ähnliche Eigg. zeigen auch *Neriifolin* u. *Thevefolin.* Beide Verbb. sind jedoch mit Sicherheit voneinander verschieden. G. Teege. 3450□

Untersuchungen über die Inhaltsstoffe von Digitalis purpurea L. 6. Mitt. Glucodigifucosid, ein neues cardiotonisches Glykosid. Atsuji Okano. (Pharmac. Bull. [Tokyo] **5**, 272—76, Juni 1957; Tokyo, Daiichi Seiyaku Co., Yanagishima Res. Labor.; engl.) — 5. vgl. C. **1962**, 18121. — Die in der 2. Mitt. (vgl. C. **1962**, 18119) bei der Verteilungschromatographie der Bestandteile von *Digitalinum verum* erhaltene Substanz *C-I* wird an Celite in reinen Nadeln erhalten, die in Alkoholen u. Aceton lösl., in Ae., Chlf. u. Bzl. unlösl. sind. *C-I* gehört nicht zur Gitoxigeninreihe, da die Keller-Kiliani-Rk. in Eisessig farblos u. die H_2SO_4-Lsg. braun ist. Ferner ergibt *C-I* eine positive Legal- u. Raymond-Reaktion. Durch Hydrolyse nach Mannich entsteht *β-Anhydrodigitoxigenin* u. *Digitoxigenin* (nachgewiesen durch Misch-F. u. R_F-Vgl. mit einer autent. Probe). Aus der durch Hydrolyse nach Kiliani erhaltenen Zuckerfraktion wird durch Chromatographie *Glucose* u. *Fucose* isoliert (nachgewiesen als Phenylosazone). *C-I*, als *Glucodigifucosid* bezeichnet, ist ein Glucosid, bei dem 1 Mol Glucose an Digiprosid gebunden ist u. das ferner mit Cheirosid A isomer ist.

Versuche: *Glucodigifucosid* (*C-I*), *Dihydrat*, $C_{35}H_{54}O_{13} \cdot 2\,H_2O$, F. 194—197°, aus einzelnen Fraktionen der in der 2. Mitt. (l. c.) erwähnten papierchromatograph. Auftrennung des Extraktes von *Digitalinum verum* durch Verteilungschromatographie an Celite 535 mit H_2O-gesätt. Methyläthylketon; $[\alpha]_D^{21}$ +1,9 ± 2° (c = 1,75; A.); −3 ± 2 (c = 1,45; Pyridin); aus A. Nadeln; 0,038% (Ausbeute des Samen-Gew.). *Hexaacetyl-Deriv.*, $C_{47}H_{66}O_{19}$, F. 232—235°; $[\alpha]_D^{21}$ −2,8 ± 7,5° (c = 1,41; Chlf.); aus Aceton/Ae./PAe. Nadeln. — *β-Anhydrodigitoxigenin*, F. 190—194°, durch 13tägiges Stehen von 60 mg *C-I* in einer 1% HCl enthaltenden Aceton-Lsg., Vakuumabdampfen, ½ std. Kochen mit CH_3OH, Vakuumabdampfen des CH_3OH unterhalb von 20°, Ausziehen mit Chlf. u. Chromatographie an Al_2O_3 in Bzl./Chlf. (9:1); $[\alpha]_D^{21}$ −16,4 ± 3° (c = 0,381; Chlf.); aus Aceton/PAe./Ae. Prismen. *Acetyl-Deriv.*, F. 182—184°; aus Bzl./Ae./PAe. Nadeln. — *Digitoxigenin*, F. 250—254°, aus vorst. Chromatogramm durch Eluieren mit Bzl./Chlf. (4:1); aus CH_3OH/Ae. Prismen. H. Lehwald. 3450◇

Zur chemischen Konstitution des Bryodulcosigenins. Paul Tunmann und Wolfgang Gerner. (Naturwissenschaften **49**, 106, 1. März-H. 1962; Würzburg, Univ., Inst. für Pharm. u. Lebensmittelchemie; dt.) — Vgl. C. **1957**, 10785; C. **1961**, 540. — *Bryodulcosid* hat die Zus. $C_{41}H_{68}O_{17}$. Die Se-Dehydrierung von *Bryodulcosigenin* (I, $C_{23}H_{38}O_3$) gibt *3'-Methyl-1.2-cyclopentenophenanthren*. Im Mol. sind zwei OH-Gruppen, von denen sich nur eine in der Kälte acetylieren läßt. Partielle Dehydrierung von I mit Chromsäure/Eisessig deutet auf das Vorhandensein einer prim. alkohol. Gruppe, vermutlich an $C_{(17)}$. Erschöpfende Dehydrierung gibt eine *Diketosäure*, $C_{23}H_{34}O_4$, deren Bldg. sich durch Ggw. der prim. u. einer sek. OH-Gruppe in I erklärt. Als Lage der sek. OH-Gruppe wird $C_{(3)}$ angenommen. Das dritte O-Atom gehört zu einer reaktionsträgen Ketofunktion an $C_{(11)}$. Dafür sprechen UV-Spektrum, Trägheit gegenüber $NaBH_4$ u. die 11β-Stellung der dabei durch Red. entstehenden OH-Gruppe, die sich nicht acetylieren läßt sowie die Unmöglichkeit der Bldg. eines Oxims. Die Tatsache, daß I mit Digitonin nicht fällbar ist u. das IR-Spektrum des I-*Diacetats* sprechen für eine 3-α-Acetylgruppierung im Ring A mit trans–cis-Konfiguration. H. Nürnberger. 3450□

Folicanthin. H. F. Hodson, G. F. Smith und J. T. Wróbel. (Chem. and Ind. **1958**, 1551; Manchester, Univ., Dep. of Chem.; engl.) — Die säurekatalysierte Spaltung von Folicanthin (I) führt zu äquimol. Mengen von *1-Methyl-3-[β-methylaminoäthyl]-indol* (II) u. *1-Methyl-3-[β-methylaminoäthyl]-oxindol* u. nicht zu 2 Mol **II** (vgl. Eiter u. Svierak, C. **1950/54**, 7403 S). Das I-Dimethojodid ($C_{26}H_{36}J_2N_4$, F. 220—221°) wird durch warme NaOH nahezu quant. in *1.1'-Dimethyl-2αH.2'βH-2.2'-epoxy-3α.3'β-bis-[β-dimethylaminoäthyl]-diindolinyl-(3.3')* ($C_{26}H_{36}N_4O$, F. 96—97°, $[\alpha]_D^{24}$ −197,5° (c = 2,4; A.)), das im IR-Spektrum 2 Ar—N—C—O-Chromophore zeigt u. mit H_2SO_4 in ein äquimol. Gemisch aus *1-Methyl-3-[β-dimethylaminoäthyl]-indol* u. *1-Methyl-3-[β-dimethylaminoäthyl]-oxindol* gespalten wird. Die von Hodson u. Smith (C. **1958**, 1855) vorgeschlagene Struktur für **I** ist demnach unrichtig. **I** enthält wahrscheinlich ähnlich dem Calycanthin eine β.β'-Bindung zwischen den beiden Tryptamineinheiten.
Hans-Dieter Jacobi. 3500△

Erythrophleumalkaloide. 16. Mitt. Die Struktur von Cassamin und Erythrophlamin. D. W. Mathieson, B. Jaques, G. T. Chapman, V. P. Arya und B. G. Engel. (Experientia [Basel] **16**, 404—06, 1960; London, School of Pharmacy; Zürich, ETH, Organ. chem. Labor.; engl.) — 15. vgl. C. **1960**, 6847. — *Cassamin* (I) u. *Erythrophlamin* (II), zwei krist. Nebenalkaloide aus *Erythrophleum guineense* G. Don, enthalten je eine stark ster. gehinderte Carbomethoxygruppe u. erhalten nachst. Strukturen. Die Struktur von I u. II wird aus folgenden Verss. abgeleitet: *Cassamsäure* (III)

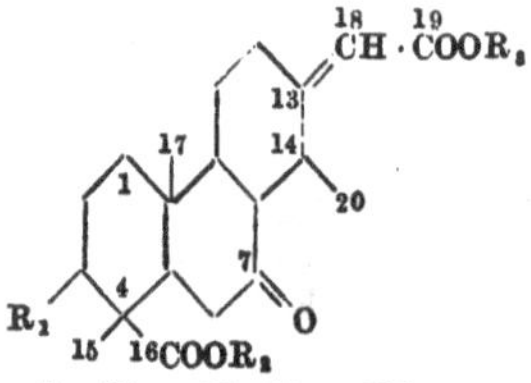

I $R_1 = H$ $R_2 = CH_3$
$R_3 = CH_2CH_2N(CH_3)_2$
II $R_1 = OH$ $R_2 = CH_3$
$R_3 = CH_2CH_2N(CH_3)_2$
III $R_1 = R_3 = H$ $R_2 = CH_3$
IV $R_1 = OH$ $R_2 = CH_3$
$R_3 = H$

gibt bei der katalyt. Hydrierung an Pd-Kohle *Dihydrocassamsäure* (**V**; $C_{21}H_{32}O_5$, F. 152°; $[\alpha]_D^{22,5}$ +50° in A.), die durch $NaBH_4$ zu einer *Hydroxysäure* $C_{21}H_{34}O_5$ (**VI**; F. 173°; $[\alpha]_D^{22}$ +68° in A.) red. werden kann. Durch energ. Hydrolyse entsteht aus **VI** eine *Hydroxydicarbonsäure* $C_{20}H_{32}O_5$ (**VII**; F. 262—263°; $[\alpha]_D^{21}$ +46° in CH_3OH; pK_{MCS} 7,18 u. 8,32), die durch Rk. mit CH_2N_2 u. milde Hydrolyse wieder **VI** liefert. **V** gibt bei der Wolff-Kishner-Red. eine *Desoxodicarbonsäure* $C_{20}H_{32}O_4$ (F 260—261°; $[\alpha]_D^{20}$ +40° in A.), die mit einem aus Vouacapensäure erhältlichen Abbau-Prod. ident. ist. Die Lage der CO-Gruppe erhellt sich aus der Überführung von **VII** über 3 Stufen in die *7-Hydroxycassansäure* ($C_{20}H_{34}O_3$, F. 226°; $[\alpha]_D^{22}$ +42° in A.) mit bekannter Struktur. *Erythrophlamsäure* (**IV**) aus **II** wird katalyt. an Pd-Kohle zu *Dihydroerythrophlamsäure* (**VIII**; $C_{21}H_{32}O_6$, F. 227—228°; $[\alpha]_D^{22}$ +50° in A.) hydriert. Durch Red. mit $NaBH_4$ entsteht aus **VIII** eine *Dihydroxysäure* $C_{21}H_{34}O_6$ (**IX**; F. 251 bis 252°; $[\alpha]_D^{22}$ +69° in CH_3OH), die bei energ. Hydrolyse in eine *Dihydroxydicarbonsäure* $C_{20}H_{32}O_6$ (**X**; F. 283—284°; $[\alpha]_D^{22}$ +37° in CH_3OH) übergeht. **X** gibt durch Rk. mit CH_2N_2 u. milde Hydrolyse wieder **IX** zurück. **X** läßt sich weiter über mehrere Stufen in die bekannte *3.7-Dihydroxycassansäure* ($C_{20}H_{34}O_4$, F. 262—265°; $[\alpha]_D^{21}$ ±0° in A.) überführen. Bei der Oxydation mit CrO_3 geht **VIII** in eine *Diketosäure* $C_{21}H_{30}O_6$ (F. 203—204°; $[\alpha]_D^{22}$ +13° in A.) über, die bei der Clemmensen-Red. als Haupt-Prod. **V** liefert. G. Teege. 3500◇

Synthese von 5-Äthyl-8-methoxycorydaldin. Sandor Karady. (J. org. Chemistry **27**, 3720—22, 1962; Cambridge, Mass., MIT, Dep. of Chem.; engl.) — *5-Äthyl-8-methoxycorydaldin* (**I**) wird dargestellt durch Überführung von Mezcalin in die *N-Carbäthoxy-Verb.*, Acetylierung zu *N-Carbäthoxy-β-[2-acetyl-3.4.5-trimethoxyphenyl]-äthylamin* (**II**), Red. der Acetylgruppe unter Verw. der gleichen Gew.-Menge Katalysator u. Cyclisierung mit Polyphosphorsäure (PPS). Die Hydrierung von **II** führt bei Verw. geringerer Katalysatormengen vorwiegend zu *N-Carbäthoxy-1-methyl-6.7.8-trimethoxy-1.2.3.4-tetrahydroisochinolin* (**III**), dessen Struktur durch unabhängige Synth. aus **II** bewiesen wird. Bei der Cyclisierung entsteht neben **I** *5-Äthyl-8-hydroxycorydaldin* (**IV**); sowohl **I** als auch **IV** werden mit HBr in Eisessig zu *5-Äthyl-6.7.8-trihydroxy-3.4-dihydro-2H-isochinolon-(1)* gespalten. IR- u. KMR-Spektren werden diskutiert.

Versuche: *N-Carbäthoxy-β-[2-acetyl-3.4.5-trimethoxyphenyl]-äthylamin* (**II**), $C_{16}H_{23}NO_6$, F. 58—60° (Cyclohexan), $Kp._{0,05}$ 180°, durch 2½std. Erhitzen von N-Carbäthoxy-β-[3.4.5-trimethoxyphenyl]-äthylamin in Acetanhydrid mit PPS auf 60—70°, Zugabe von W. u. Eis, Extrahieren mit CH_2Cl_2 u. Eindampfen; 95% (Ausbeute). — *N-Carbäthoxy-β-[2-äthyl-3.4.5-trimethoxyphenyl]-äthylamin* (**V**), $C_{16}H_{25}NO_5$, $Kp._{0,05}$ 160°, neben **III** durch Zugabe von 3 g **II** in Eisessig zu 3 g bei 80° u. Normaldruck vorhydrierter 10%ig. Pd-Tierkohle, 10—20std. Hydrieren, Filtrieren, Eindampfen im Vakuum u. Chromatographie an sauer gewaschenem Al_2O_3 als 2. Zone durch Eluieren mit Bzl.; 49%. — *β-[2-Äthyl-3.4.5-trimethoxyphenyl]-äthylamin, Hydrochlorid*, $C_{13}H_{22}ClNO_3$, F. 148—150°, durch Kochen von **V** in A. mit 2n NaOH über Nacht, Verdünnen mit W., Extrahieren mit Chlf., Eindampfen, Lösen in Ae. u. Fällen mit HCl-Gas. — *5-Äthyl-8-methoxycorydaldin* [**I**; *5-Äthyl-6.7.8-trimethoxy-3.4-dihydro-2H-isochinolon-(1)*], $C_{14}H_{19}NO_4$, F. 127—129° (Essigester), $Kp._{0,05}$ 160°, neben **IV** durch 1½std. Erhitzen von 1,33 g **V** mit PPS auf 120°, Zugabe von Eis u. W., Extrahieren mit Chlf., Eindampfen u. Chromatographie an Al_2O (Eluieren mit Bzl., dann Chlf.); 14%. — *5-Äthyl-8-hydroxycorydaldin* [**IV**; *6.7-Dimethoxy-5-äthyl-8-hydroxy-3.4-dihydro-2H-isochinolon-(1)*], $C_{13}H_{17}NO_4$, F. 177—179° (Essigester; Sublimation bei 170°/0,05 Torr), neben **I** aus 1,33 g **V** durch Eluieren mit Chlf./Methanol (50:1); 54 mg; $FeCl_3$-Rk. tiefblau. — *5-Äthyl-6.7.8-trihydroxy-3.4-dihydro-2H-isochinolon-(1)*, $C_{11}H_{13}NO_4$, F. 222—223°, durch 4std. Kochen von **I** mit Eisessig/40%ig. HBr unter N_2, Eindampfen im Vakuum u. Digerieren mit Ae. u. Chlf.; Nadeln aus A.; 72%; $FeCl_3$-Rk. dunkelblau. — *1-Methyl-6.7.8-trimethoxy-3.4-dihydroisochinolin, Hydrochlorid*, F. 156—158° (Acetonitril/Essigester), durch 6std. Kochen von 1 g **II** mit 6n HCl/A., Eindampfen, Verdünnen mit W., Extrahieren mit Chlf., Eindampfen u. Extrahieren des unveränderten **II** mit Ae.; 375 mg. — *1-Methyl-6.7.8-trimethoxy-1.2.3.4-tetrahydroisochinolin, Hydrochlorid*, F. 148—150° (Essigester), durch Hydrieren von 160 mg vorst. Hydrochlorids in Essigsäure an PtO_2; 80 mg. — *N-Carbäthoxy-1-methyl-6.7.8-trimethoxy-1.2.3.4-tetrahydroisochinolin* (**III**), $C_{16}H_{23}NO_5$, $Kp._{0,05}$ 160°, a) neben **V** durch Hydrieren von 3 g **II** an 10%ig. Pd-Tierkohle u. Chromatographie der 1. Zone (Eluieren mit Pentan/Bzl., 1:1); 340 mg; b) als alleiniges Prod. durch 3tägiges Hydrieren von 300 mg **II** in Essigsäure an 100 mg vorhydrierter

Pd-Tierkohle, Filtrieren, Eindampfen im Vakuum, Verteilung zwischen Chlf. u. gesätt. $NaHCO_3$-Lsg., Eindampfen der organ. Phase u. Chromatographie an sauer gewaschenem Al_2O_3 (Eluieren mit Bzl./Pentan, 1 : 1); 240 mg; c) durch ½std. Schütteln von 80 mg vorst. Verb. in W. mit Chlorameisensäureäthylester u. wenig verd. NaOH, Extrahieren mit Chlf. u. Eindampfen; 90 mg. G. Fischer. 3500◇

Die Konstitution von Tiliacorin. K. V. J. Rao und L. R. Row. (Chem. and Ind. **1960**, 406—07, 9/4.; Waltair, India, Andhra Univ., Dep. of Chem.; engl.) — Vff. schlagen auf Grund des chem. Verh. für *Tiliacorin*, $C_{37}H_{38}$·N_2O_6, einem Alkaloid aus *Tiliacora racemosa* Colebr.- die Strukturformel I vor. *Tiliarin* (II) ist ein Stereo isomeres von Nortiliacorin. Die Oxydation von O-Methyltiliacorin sowie die von O-Methyltiliarin liefert *2.2'-Dimethoxydiphenyl-5.5'-dicarbonsäure* (F. 338—340°. *Dimethylester*, F. 171—173°). Die analoge Oxydation von I bzw. II ergibt keine Diphenyldicarbonsäure, sondern *4-Methoxyisophthalsäure* (F. 258—260°. *Dimethylester*, F. 92 bis 94°). Das in I u. II vorhandene Phenodioxin- u, Diphenyl-Syst. entspricht den Eigg. beider Alkaloide. Der zu niedrig gefundene CH_3O-Geh. von 10,1% statt 15,5% ist nicht ungewöhnlich. Gerhard Müller/Bitterfeld. 3500◇

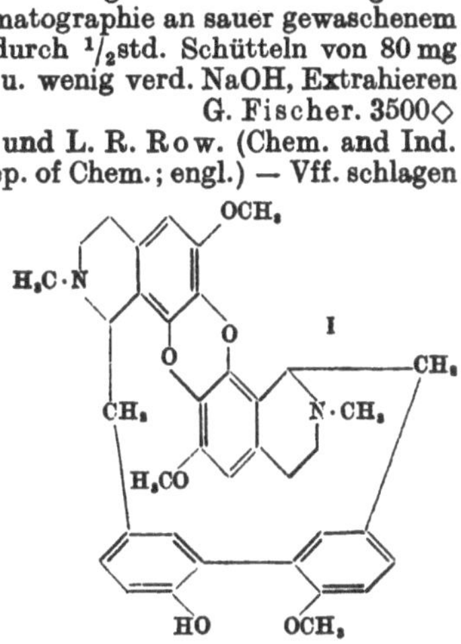

I

Eine verbesserte Synthese für Noraporphine. Jerry A. Weisbach und Bryce Douglas. (J. org. Chemistry **27**, 3738—40, 1962; Philadelphia, Pa., Smith Kline & French Labor., Res. and Dev. Div.; engl.) — *5.6-Dimethoxynoraporphin* (I; *Nornuciferin*) entsteht in sehr geringer Ausbeute durch Red. von 1-[2-Nitrobenzyl]-6.7-dimethoxy-3.4-dihydroisochinolin (II) u. anschließende Pschorr-Cyclisierung. Bessere Ausbeuten erzielt man, wenn II vor der Red. u. Cyclisierung mit Benzylbromid (III) quaterniert u. die N-Benzylgruppe später reduktiv abspaltet. I läßt sich mit HCHO/HCOOH zu *dl-Nuciferin* methylieren. Die Benutzung der N-Benzylschutzgruppe dürfte die Synth. vieler Noraporphine erleichtern. UV-Maxima für I·HCl, VI u. VII sind angegeben.

Versuche: *1-[2-Aminobenzyl]-6.7-dimethoxy-1.2.3.4-tetrahydroisochinolin, Dihydrochlorid* (IV), $C_{18}H_{24}Cl_2N_2O_2$, F. 256—257° (Zers.; A.), durch Zugabe von $NaBH_4$ zu II in Methanol unter Rühren, 1std. Rühren, 10 Min. langes Erhitzen mit Zn-Staub u. 10%ig. H_2SO_4 unter Rühren, Filtrieren, Neutralisieren mit NH_4OH, Ausäthern, Eindampfen im Vakuum u. Digerieren mit methanol.-äther. HCl; 75,5% (Ausbeute). — *1-[2-Nitrobenzyl]-2-benzyl-6.7-dimethoxy-3.4-dihydroisochinoliniumbromid*, $C_{25}H_{25}BrN_2O_4$, F. 209—209,5° (Zers.), durch 4std. Kochen von II u. III in Bzl., 12std. Stehen bei 25°, Filtrieren u. Digerieren des Nd. mit warmem Bzl.; feine gelbe Nadeln aus A.; 82,5%. — *1-[2-Aminobenzyl]-2-benzyl-6.7-dimethoxy-1.2.3.4-tetrahydroisochinolin*, $C_{25}H_{28}$·N_2O_2, F. 117—119° (A.), durch Zugabe von $NaBH_4$ zu vorst. Verb. in Methanol unter Rühren, ½std. Rühren, ½std. Rühren mit Zn-Staub u. 2m H_2SO_4, Filtrieren, Alkalisieren mit NH_4OH, Ausäthern, Eindampfen im Vakuum u. Digerieren mit absol. A.; 77%. — *N-Benzyl-5.6-dimethoxynoraporphin* (VI; *N-Benzylnornuciferin*), $C_{25}H_{25}NO_2$, F. 98—99,5° (Methanol), neben VII durch Zutropfen wss. $NaNO_2$ zu vorst. Verb. in Essigsäure/H_2SO_4 bei 10° unter Rühren, 20 Min. langes Rühren, ½std. Kochen mit Aminosulfonsäure (V), CuCl u. Aceton, Einengen im Vakuum, Alkalisieren mit verd. NH_4OH, Ausäthern, Einengen im Vakuum u. Chromatographie an Al_2O_3 (Eluieren mit Ae.); 20%. — *1-[2-Hydroxybenzyl]-2-benzyl-6.7-dimethoxy-1.2.3.4-tetrahydroisochinolin* (VII), $C_{25}H_{27}NO_3$, F. 127—128°, neben VI durch Eluieren mit A.; Platten aus A.; 40,5%. — *5.6-Dimethoxynoraporphin* (I), *Hydrochlorid*, $C_{18}H_{20}ClNO_2$, F. 262° (Zers.), a) durch Zutropfen von wss. $NaNO_2$ zu IV in 2nH_2SO_4 bei 0° unter Rühren, 1std. Stehen bei 0°, ½std. kräftiges Erhitzen auf dem Dampfbad mit V unter Rühren, ½std. Erhitzen mit Zn-Staub u. HCl, Filtrieren, Alkalisieren mit NH_4OH, Ausäthern, Eindampfen im Vakuum u. Digerieren mit 6nHCl; feine Nadeln aus A. oder Methanol; 3.3%; b) durch 16std. Hydrieren von VI in 95%ig. A. u. HCl an 10%ig. Pd-Tierkohle bis 3 atü, Einengen im Vakuum, Absaugen des Nd. u. weiteres Fällen aus der Mutterlauge mit Ae.; 88,4%. — *5.6-Dimethoxyaporphin*, durch Methylieren von I mit HCHO/HCOOH. G. Fischer. 3500◇

Isolierung von Lysergsäure-Alkaloiden aus der mexikanischen Zauberdroge Ololiuqui [Rivea corymbosa (L.) Hall. f.]. A. Hofmann und H. Tscherter. (Experientia [Basel] **16**, 414, 15/9. 1960; Basel, Sandoz, Pharmazeut. chem. Labor.; dt.) — In den durch Extraktion der Samen von *Rivea corymbosa* (L.) Hall. f. u. von *Ipomoea tricolor Cav.* (Convoloulaceae) gewonnenen Alkaloidfraktionen werden dünnschichtchromatograph. mindestens 5 übereinstimmende Indol-Verbb. nachgewiesen. Die drei Hauptkomponenten werden in reiner Form isoliert u. sind ident. mit *d-Lysergsäureamid* {*Isoergin*, $C_{16}H_{17}N_3O$, F. 232–240° (korr.; Zers.), aus CH_3OH Prismen; $[\alpha]_D^{20}$ +105° ±7° (c = 0,1; Chlf./CH_3OH 1:1)}, *d-Isolysergsäureamid* {*Ergin*, $C_{16}H_{17}N_3O$, F. 136° (korr.), aus CH_3OH Prismen; $[\alpha]_D^{20}$ +383 ± 6° (c = 0,1; Chlf./CH_3OH 1:1)} u. *Chanoclavin* {$C_{16}H_{20}N_2O$, F. 213–215° (korr.; Zers.), aus Aceton massive Polyeder; $[\alpha]_D^{20}$ −195° (c = 0,2; Pyridin)}. G. Teege. 3500◇

Die Struktur von Pleiocarpin, Pleiocarpinin und Kopsinin. 2. Mitt. über Pleiocarpa-Alkaloide. W. G. Kump, D. J. Le Count, A. R. Battersby und H. Schmid. (Helv. chim. Acta **45**, 854–58, 2/5. 1962; Zürich, Univ., Organ. chem. Inst.; Bristol, Univ., Chem. Dep.; dt.) — 1. vgl. C. **1962**, 14145. — *Pleiocarpin* (**I**), *Pleiocarpinin* (**II**) u. *Kopsinin* (**III**) erhalten auf Grund der chem. Rkk. u. spektroskop. Eigg. nachst. Strukturen. Bei der Zn-Staub-Dest. von **I** entstehen *3.5-Diäthylpyridin*, *β-Äthylindol*, *3-Methyl-* u. *3-Äthylcarbazol* u. *Carbazol*. Milde $KMnO_4$-Oxydation von **I** liefert ein 5gliedriges

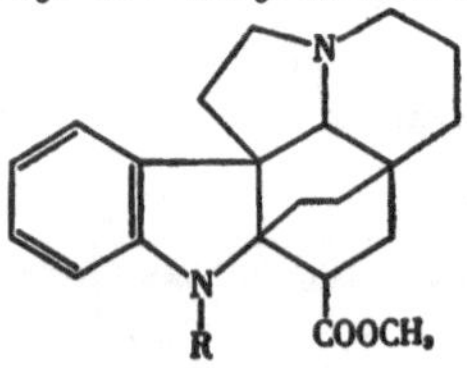

I R=COOCH₃
II R=CH₃
III R=H

Lactam A ($C_{23}H_{26}N_2O_5$, F. 190°) u. ein *6-Ringlactam B* ($C_{23}H_{26}$·N_2O_5, F. 201–202°), die sich chromatograph. trennen lassen. Durch $LiAlH_4$ werden die beiden Lactame zu *Kopsinylalkohol* (**IV**) bzw. *$N_{(a)}$-Methylkopsinylalkohol* (**V**) reduziert. **IV** liefert bei der Rk. mit HJ/P *Kopsinyljodid* (**VI**; $C_{20}H_{25}JN_2$, F. 162° Zers.), das bei der Red. mit Raney-Ni in A. in *Kopsinan* ($C_{20}H_{26}N_2$, F. 118°) übergeht. Dieses besitzt eine C–CH_3-Gruppe (Kuhn-Roth-Oxydation). Wird **VI** mit KOH behandelt, so entsteht das ölige *Kopsinylen* [**VII**; $C_{20}H_{24}N_2$. *Pikrat*, $C_{26}H_{27}N_5O_7$, F. 183 bis 187° (Zers.)] mit einer endständigen Methylengruppe. Oppenauer-Oxydation von **V** gibt *$N_{(a)}$-Methylkopsinal* (**VIII**; $C_{21}H_{26}N_2O$, F. 131–132°), das mit $NaBH_4$ wieder zu **V** red. werden kann. **VIII** läßt sich nach Wolff-Kishner zu *$N_{(a)}$-Methylkopsinan* ($C_{21}H_{28}N_2$, F. 112–114°) reduzieren. **V** liefert ein amorphes *Mesylat*, das bei der Pyrolyse *$N_{(a)}$-Methylkopsinylen* ($C_{21}H_{26}N_2$, F. 68–70°) mit einer >C–C(=CH_2)–CH_2-Gruppierung, *$N_{(a)}$-Methylisokopsinylen* ($C_{21}H_{26}N_2$, F. 124–126°) mit dem Syst. CH_3–C=CH u. weiter eine *Verb. $C_{21}H_{26}N_2$* (F. 132–133°), die katalyt. nicht mehr hydrierbar ist, gibt. Ein wahrscheinlich analoges *Prod. $C_{20}H_{24}N_2$*, (F. 155–156°) entsteht neben **VII** bei der Pyrolyse von **VI**. **IV** reagiert mit CH_2O zu einem *Carbinolaminäther $C_{22}H_{26}N_2O$* (F. 101–103°), der bei saurer Hydrolyse wieder in die Ausgangs-Prodd. zerfällt. Weiter reagiert **IV** mit Chlorameisensäurebenzylester zu einem *cycl. Urethan $C_{21}H_{24}N_2O_2$* (F. 200–201°). I läßt sich durch alkal. Hydrolyse u. Verestern in **III** überführen. **III** liefert durch Formylierung mit heißer Ameisensäure ein *$N_{(a)}$-Formyl-Deriv. $C_{22}H_{26}N_2O_3$* (F. 197°) u. läßt sich mit Chlorameisensäuremethylester in **I** überführen. Die spektroskop. Daten (NMR-, IR-, UV- u. Massenspektren) sind angegeben. G. Teege. 3500□

Die Umwandlung von Tetrahydro-β-carbolinalkaloiden in Oxindole. Die Strukturen und Partialsynthesen von Mitraphyllin und Rhynchophyllin. Neville Finch und W. I. Taylor. (J. Amer. chem. Soc. **84**, 1318–20, 1962; Summit, N.J., Ciba Pharm. Comp., Chem. Res. Dep.; engl.) — Bei der Einw. von tert.-Butylhypochlorit auf Yohimbin entsteht ein aus gleichen Mengen zusammengesetztes Gemisch der beiden epimeren

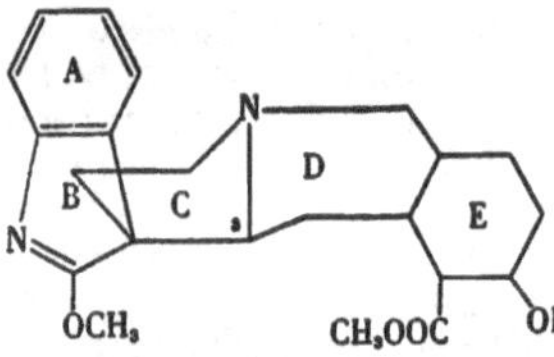

I

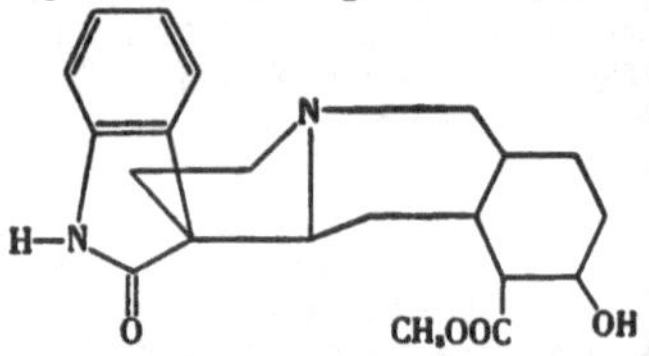

II

7-Chloryohimbine, das durch Methanolyse in 40%ig. Ausbeute den *Imidomethylester* **I** [F. 198–199°, $[\alpha]_D^{26}$ + 109° (Chlf.)] gibt. **I** wird durch Kochen in wss. Essigsäure zu einem Gleichgewichtsgemisch der *Yohimbinoxiendol A* [**II**; F. 168–170°, $[\alpha]_D^{24}$ +59° (Chlf.), pK_a 5,3 (80%ig. wss. Methylcellosolve)] u. *B* [**III**; F. 222–224°, $[\alpha]_D^{26}$ −9° (Chlf.), pK_a 6,4 (80%ig. wss. Methylcellosolve)] hydrolysiert. Da auf analogem Wege Pseudoyohimbin nur in 4%ig. Ausbeute **I** liefert u. **I**-Methojodid zu **II**-*Methojodid* hydrolysierbar ist, wird unter Berücksichtigung der kernmagnet. Resonanzspektren von **II** u. **III** in **I**, **II** u. **III** ein am $C_{(3)}$ α-ständiges H-Atom angenommen. Während der cis-verknüpfte D/E-Ringe aufweisende Isodeserpidinsäuremethylester nur in 5%ig. Ausbeute in den **I** analogen *Imidomethylester*

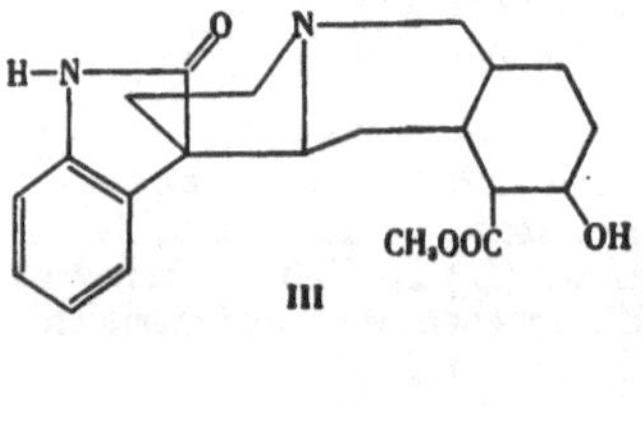

III

überzuführen ist, entsteht aus Ajmalicin der entsprechende *Imidomethylester* [F. 196 bis 197°] in 40%ig. Ausbeute, der durch Hydrolyse *Mitraphyllin* (**IV**) gibt, in dem die Ringe D u. E danach vermutlich trans-verbunden sind. Isomitraphyllin u. **IV** einerseits sowie Isorhynchophyllin u. das aus Dihydrocorynanthein in gleicher Weise dargestellte *Rhynchophyllin* andererseits besitzen auf Grund physikal. Eigg. **II**- bzw. **III**-analoge Strukturen. IR- u. UV-Banden s. Original. H. Flentje. 3500△

Oxindolalkaloide. 1. Mitt. Oxydative Umlagerung von Indolalkaloiden zu ihren Oxindol-Analoga. John Shavel jun. und Harold Zinnes. (J. Amer. chem. Soc. **84**, 1320—21, 1962; Morris Plains, N.J., Warner-Lambert Res. Inst., Dep. of Organ. Chem.; engl.) — Vgl. vorst. Referat. — Ajmalicin wird durch Oxydation mit tert.-Butylhypochlorit (**I**) u. nachfolgende Hydrolyse mit wss. Methanol bei pH 6 in *Mitraphyllin* [**II**; $C_{21}H_{24}N_2O_4$, F. 265—266° (Methanol), $[\alpha]_D$ −38° (0,1nHCl)] u. in das als *Pikrat* [$C_{27}H_{27}N_5O_{11}$, F. 207 bis 209°] isolierte *Isomitraphyllin* übergeführt, das auch aus dem synthet. dargestellten **II** durch Erhitzen in Pyridin erhältlich ist. Analog entstehen aus Yohimbin das *Oxindol* **III** [$C_{21}H_{26}N_2O_4$, F. 214—216° (Zers.); $[\alpha]_D$ +17° (95%ig. A.); R_F 0,16. *Hydrochlorid*, $C_{21}H_{27}ClN_2O_4$, F. 231—235° (Zers.), $[\alpha]_D$ +25° (W.)] u. das als *Hydrochlorid* [$C_{21}H_{27} \cdot ClN_2O_4$, F. 231—235° (Zers.), $[\alpha]_D$ +101° (W.)] isolierte *Epimere* von **III** (R_F 0,41). Yohimban gibt mit **I** zwei epimere *Chlor-Derivv.* [$C_{19}H_{23}ClN_2$, F. 256—268° (Zers.); $[\alpha]_D$ −72° bzw. +84° (CH_2Cl_2)], die zu den entsprechenden epimeren *Oxindolen* $C_{19}H_{24}N_2O$ **IV** von den FF. 189—192° [Zers.; $[\alpha]_D$ −3° (Pyridin); R_F 0,55] u. 199—202° [Zers.; $[\alpha]_D$ −60° (Pyridin); R_F 0,71] hydrolysiert werden. UV-Maxima s. Original. H. Flentje. 3500△

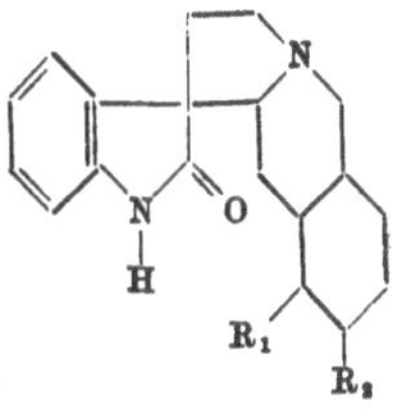

III $R_1 = COOCH_3$; $R_2 = OH$
IV $R_1 = R_2 = H$

Isolierung von Lupeol aus dem gemeinen Eichengallapfel. G. Shaw und A. Yeadon. (J. chem. Soc. [London] **1962**, 3276, Aug.; Bradford, Inst. of Technol.; engl.) — Vff. isolierten aus den durch die Gallwespe *Neuroterus baccarum* forma *lenticularis* an Blättern von *Quercus robur* verursachten Galläpfeln durch Extraktion mit 95%ig. sd. A., Abzentrifugieren der *Wachs*-Anteile u. Kristallisieren nach Zusatz von 6nHCl 1,5% des Trocken-Gew. *Lupeol* ($C_{30}H_{50}O$, F. 213—214°, Nadeln aus A.; *Acetat*, $C_{32}H_{52}O_2$, F. 217 bis 218°, Nadeln aus CH_3OH/Chlf.; *Benzoat*, F. 274—275°, Platten aus Chlf./CH_3OH. Nicht befallene Blätter besitzen nur 1% des in den Galläpfeln gefundenen Triterpengehaltes. H.-J. Kötzsch. 3600◇

Die Struktur von Gedunin. S. A. Sutherland, G. A. Sim und J. Monteath Robertson. (Proc. chem. Soc. [London] **1962**, 222, Juni; Glasgow, Univ., Chem. Dep.; engl.) — Die Röntgen-Struktur-Unters. von *Dihydrogedunyl-(3β)-jodacetat* (**I**, $C_{30} \cdot H_{39}JO_8$) bestätigt zugleich die schon von Akisanya u. Mitarbeitern (vgl. C. **1962**, 10148 u. J. chem. Soc. [London] **1961**, 3705) angenommene Struktur für das aus dem Kernholz von *Entandrophragma angolense* isolierte krist. Lacton *Gedunin* (**II**, $C_{28}H_{34}O_7$). R. Strufe. 3600

I

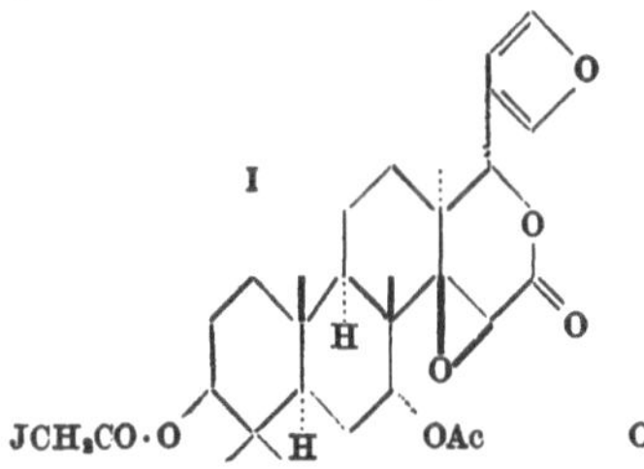

II

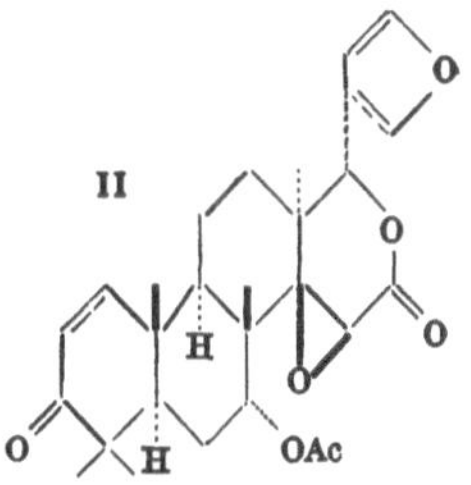

Die Chemie der Triterpene und verwandter Verbindungen. 42. Mitt. Reduktion der 7.9,11-Dien-Gruppe in tetracyclischen Triterpenen. S. Brewis, T. G. Halsall und G. C. Sayer. (J. chem. Soc. [London] **1962**, 2763—66, Juli; Oxford, Univ., Dyson Perrins Labor.; engl.) — **41.** vgl. J. chem. Soc. [London] **1961**, 5353; 40. vgl. C. **1963**, 9317. — Red. der $\Delta^{7.9,11}$-Diengruppe tetracycl. Triterpene mit Li in fl. NH_3 führt zur Δ^7- oder Δ^8-Bindung: $\Delta^{7.9,11}$-Lanostadien-3β-ol- (**I**-Acetat wird zu einem 1:1-Gemisch von *Δ^7-Lanosten-3β-ol* u. *Δ^8-Lanosten-3β-ol* (**V**), **I** zu **V**, $\Delta^{7.9,11.24}$-Lanostatrien-3β.21-diol (**II**) zu reinem *$\Delta^{8.24}$-Lanostadien-3β.21-diol*, $\Delta^{7.9,11.24,28}$-Eburicotrien-3β.16α.21-triol (**III**) zu *$\Delta^{8.24,28}$-Eburicodien-3β.16α.21-triol* u. $\Delta^{7.9,11}$-Euphadien-3β-ylacetat (**IV**) zu *Δ^8-Euphen-3β-ol* (als Acetat isoliert) reduziert.

Versuche (FF. korr., $[\alpha] = [\alpha]_D$ in Chlf.): *Δ^8-Lanosten-3β-ol* (**V**), F. 140—143°, aus 150 mg **I** in Ae. durch 1½ Std. Rk. mit Li in fl. NH_3 u. Chromatographie in PAc. an Al_2O_3 (eluiert mit PAe./Bzl. 1:1); $[\alpha]$ +50° (c = 0,97); Nadeln aus CH_3OH/Äthylacetat; 125 mg (Ausbeute). *Gemisch* mit *Δ^7-Lanosten-3β-ol, Acetate*, a) (1:1), F. 129—131° aus **I**-Acetat u. Li in Ae./fl. NH_3 analog **V** in 6 Std., Eindampfen u. Reacetylierung mit Pyridin/Acetanhydrid; Nadeln aus CH_3OH; $[\alpha]$ +50° (c = 1,37); b) mit ca. 65%

Δ^7-*Verb.*) F. 130—134°, aus V-Acetat in Chlf. durch Einleiten von HCl bei 20°; [α] +47° (c = 1,27). — *Gemisch von Δ^7- u. Δ^8-Lanosten-3-on,* a) (ca. 1:1), F. 128—133°, aus vorst. *Gemisch* (a) durch 2std. Kochen mit $LiAlH_4$ in Ae., 3 Min. lange Oxydation mit 8nCrO$_3$ in Aceton bei 0° u. Isolierung mit Ae.; Nadeln aus A.; [α] +32° (c = 0,38); b) mit ca. 65% *Δ^7-Verb.*), F. 132—136°, aus vorst. *Gemisch* (b) durch 24std. Rk. mit methanol. 10%ig. KOH bei 20° u. Oxydation analog a); [α] +20° (c = 1,29). — *$\Delta^{8,24}$-Lanostadien-3β.21-diol,* F. 194—196°, aus 100 mg II in 1 Std.; Nadeln aus CH_3OH; [α] +40° (c = 0,99); 80 mg. *Diacetat,* $C_{34}H_{54}O_4$, F. 121—123°; [α] +48° (c = 1,10) Nadeln aus CH_3OH. — *$\Delta^{8,24,28}$-Eburicodien-3β.16α.21-triol,* $C_{31}H_{52}O_3$, F. 221—224°, aus III in 2½std.; Nadeln aus CH_3OH; [α] +2° (c = 0,88); 90%. — *Δ^8-Euphen-3β-ylacetat,* F. 124—126°, aus 500 mg IV in 2 Std. u. Acetylieren; Nadeln aus CH_3OH/Äthylacetat; [α] +34° (c = 1,01); 420 mg; daneben *Acetat von F. 135—143°,* [α] 20° (c = 1,3); 40 mg. — *$\Delta^{7,9,11}$-Lanostadien-3β-ol* (I, *Dihydroagnosterin*), F. 158—159°, aus dem *Acetat* durch Hydrolyse mit chloroformhaltiger methanol. KOH; Nadeln aus CH_3OH-Aceton; [α] +74° (c = 0,98). *Acetat,* F. 170—172° (CH_3OH/Aceton oder /Äthylacetat), aus 10,3 g „Isocholesterin" (?) in Äthylacetat durch Hydrierung an Adams-Katalysator bei 20°, Acetylierung zu *Δ^8-Lanostenylacetat* [F. 120—122°, Nadeln aus CH_3OH/Äthylacetat oder /Chlf., [α] +62° (c = 0,98)], mehrtägige Rk. von 4 g in Bzl. mit 0,25 n Perbenzoesäure bei 20°, Waschen, Eindampfen zum „*Oxid*" (F. 138—140°). Lösen in CH_3COOH, Kochen, Zusatz einiger Tropfen konz. H_2SO_4, Isolierung mit Ae. u. Chromatographie; [α] +98° (c = 1,07). — *$\Delta^{7,9,11}$-Lanostadien-3-on,* F. 130—132°, aus vorst. Verb. durch CrO_3-Oxydation; Platten aus CH_3OH/Aceton; [α] +54° (c = 1,05). H.-J. Kötzsch. 3600◇

Mono- und Difluorierung von Steroiden an C(16) über Enamin-Zwischenprodukte. Arthur H. Goldkamp. (J. med. pharmac. Chem. **5,** 1176—87, Nov. 1962; Chicago, Ill., G. D. Searle & Co., Chem. Res. Div.; engl.) — Rk. von 17-Oxosteroiden mit 4-Pipecolin (I) u. anschließendes Behandeln des rohen Rk.-Prod. mit ClO_3F führt zu *16.16-Difluor-* u. *16-Monofluor-17-oxosteroiden.* Die Rk. verläuft wahrscheinlich über das Enamin. Charakterist. IR-Banden der erhaltenen Prodd. sowie die Ergebnisse von biolog. Testen sind angegeben.

Versuche (FF. korr.; [α] = $[\alpha]_D^{24+2}$ in Chlf.): *16.16-Difluor-3-methoxy-$\Delta^{1.3.5,10}$-östratrien-17-on* (II), $C_{19}H_{22}F_2O_2$, F. 129—131° (CH_2Cl_2/CH_3OH), durch 3½std. Kochen von Östronmethyläther (III) mit I in Ggw. von p-Toluolsulfonsäure in Xylol, 1¼std. weiteres Erhitzen unter Abdestillieren, Abkühlen, Zugeben von Bzl. u. Pyridin, 20 Mi. Einleiten von ClO_3F (Eiskühlung) u. chromatograph. Trennung an Silicagel; [α] + 166,0°; 15% (Ausbeute). Daneben 2% *16α-Fluor-3-methoxy-$\Delta^{1.3.5,10}$-östratrien-17-on,* $C_{19}H_{23}FO_2$, F. 155,5—164,5°, Nadeln (A.), [α] +176,5°. Beim Behandeln mit wss.-methanol. KOH (3—5 Min. Kochen, dann Rühren über Nacht) entstand ein Gleichgewichtsgemisch, das 43% des *β-Epimeren* enthielt. — *17β-Acetoxy-16.16-difluor-3-methoxy-$\Delta^{1.3.5,10}$-östratrien,* $C_{21}H_{26}F_2O_3$, F. 130—131° (Ae./PAe.), aus II u. $NaBH_4$ in wss. A. (10 Min. Stehen), dann Acetylierung; [α] +21,7°; 40%. — *16.16-Difluor-3-methoxy-16.17-seco-$\Delta^{1.3.5,10}$-östratrien-17-säure,* $C_{19}H_{24}F_2O_3$, F. 175—177,5° (Ae./PAe.), aus II a) beim Vers. einer Äthinylierung in tert.-Amylalkohol/Ae. in Ggw. von K-tert.-Amylat (8½std. Rühren bei 0°; 69%); b) mit K-tert.-Amylat in tert.-Amylalkohol/Ae. (6std. Rühren bei 0°; 14%); [α] +63,5°. — *16.16-Difluor-17α-äthinyl-3-methoxy-$\Delta^{1.3.5,10}$-östratrien-17β-ol,* $C_{21}H_{24}F_2O_2$, F. 143—146° (PAe./Aceton), aus 1,35 g II u. LiC≡CH in fl. NH_3; [α] +27,2°; 330 mg. — *16.16-Difluor-Δ^5-androsten-3β-ol-17-on* (IV), $C_{19}H_{26}F_2O_2$, F. 158 bis 159,5° (Bzl./PAe.), aus Δ^5-Androsten-3β-ol-17-on u. sd. Pipecolin (22½ Std.), Zugabe von Xylol u. Bzl. u. 15 Min. Einleiten von ClO_3F unter Rühren; [α] + 27,8°; 10%. Daneben 2,9% *16α-Fluor-Δ^5-androsten-3β-ol-17-on* [$C_{19}H_{27}FO_2$, F. 165,5—168° (Ae./PAe.); [α] +27°. *Acetat,* $C_{21}H_{29}FO_3$, F. 201—203° (CH_3OH), [α] +18,8°]. — *16.16-Difluor-Δ^4-androsten-3.17-dion,* $C_{19}H_{24}F_2O_2$, F. 180—182° (Aceton/PAe.), aus 2,05 g IV u. CrO_3 in Aceton; [α] +193,5°; 600 mg. — *16.16-Difluor-Δ^4-androsten-17β-ol-3-on,* $C_{19}H_{26}F_2O_2$, F. 156—159° (145° Sintern; Ae./PAe.), durch Behandeln von 900 mg vorst. Verb. mit $NaBH_4$ in wss. A. u. anschließende Oxydation mit MnO_2 in Chlf. (2std. Rühren); 180 mg. — Kochen von 200 mg II mit Zn-Staub/CH_3COOH gab 110 mg III, F. 171—173°. — *16.16-Difluor-$\Delta^{1.3.5,10}$-östratrien-17-on,* $C_{18}H_{20}F_2O$, F. 132—135° (Ae./PAe.), sublimiert bei 125°/3 mm, aus $\Delta^{1.3.5,10}$-Östratrien-17-on in Pyrrolidin in sd. Bzl. bzw. Toluol, dann ClO_3F; 3%; daneben Spur eines *Mono-F-deriv.,* F. 140—167°. J. Rothe. 3700◇

$\Delta^{1,10}$-19-Norandrosten-2-on-17β-ol: Ein neues 19-Norsteroid. J. Fishman. (Chem. and Ind. **1958,** 1556—57, New York, N.Y., Sloan Kettering Inst. for Cancer Res.; engl.) — Es wird die Synth. von *$\Delta^{1,10}$-2-Keto-19-norandrosten-17β-ol* (I; $C_{18}H_{26}O_2$, F. 146—148°, $[\alpha]_D^{25}$ —58°) beschrieben u. die Stereochemie der Verknüpfung der Ringe A u. B untersucht. Aus 2-Methoxyöstradiol-17β-acetat wurde mit Diäthylphosphit in Ggw von Triäthylamin u. CCl_4 *2-Methoxyöstradiol-17β-acetat-3-diäthylphosphat* ($C_{25}H_{37}O_7P$ ·

F. 106—108°) dargestellt, das mit Na in fl. NH_3 zu *$\Delta^{1.3.5,10}$-Östratrien-2.17β-diol-2-methyläther* [III, $C_{19}H_{26}O_2$, F. 130—133°, $[\alpha]_D^{25}$ +91° (c = 1; Chlf.)] red. wurde. Spaltung von III mit Pyridinhydrochlorid ergab *$\Delta^{1.3.5,10}$-Östratrien-2.17β-diol* ($C_{18}H_{24}O_2$, F. 218 bis 221°), Red. von III nach Wilds u. Nelson (C. **1955**, 6762) führte über den intermediären Enoläther *$\Delta^{2.5,10}$-19-Norandrostadien-2.17β-diol-2-methyläther* ($C_{19}H_{28}O_2$, F. 148—152°; $[\alpha]_D^{25}$ +117°) nach Hydrolyse zu I. Red. von I mit Li in fl. NH_3 gibt *2-Keto-19-norandrostan-17β-ol* (II; $C_{18}H_{28}O_2$, F. 150—152°, $[\alpha]_D^{25}$ +59°) mit bevorzugter anti- bzw. 10β-Konfiguration. II gibt sowohl durch Red. mit Li u. A. in fl. NH_3 als auch mit $NaBH_4$ das gleiche *19-Norandrostan-2α.17β-diol* ($C_{18}H_{30}O_2$, F. 209—211°, $[\alpha]_D^{15}$ +37°). Einen weiteren Beweis für die trans-Ringverknüpfung lieferten die Rotationsdispersionskurven der Ketone u. die Red. von II zu *19-Norandrostan-17β-ol* ($C_{18}H_{30}O$, F. 126—129°), das auf Grund des Misch-F. u. der IR-Spektren mit dem Wolff-Kishner-Red.-Prod. von 19-Nordihydrotestosteron ident. ist. Hans-Dieter Jacobi. 3700

Untersuchungen über Polypeptide. 22. Mitt. Ein synthetisches Eikosapeptidamid mit hoher adrenocorticotroper Wirkung bei der Ratte und beim Menschen. Klaus Hofmann, Teh-Yung Liu, Haruaki Yajima, Noboru Yanaihara, Chizuko Yanaihara und John L. Humes. (J. Amer. chem. Soc. **84**, 1054—56, 20/3. 1962; Pittsburgh, Pa., Univ., Biochem. Dep.; engl.) — 21. vgl. C. **1961**, 17953. — Die Synth. des Eikosapeptidamids *Seryl-tyrosyl-seryl-methionyl-glutamyl-histidyl-phenylalanyl-arginyl-tryptophyl-glycyl-lysyl-prolyl-valyl-glycyl-lysyl-lysyl-arginyl-arginyl-prolyl-valinamid* (I) [$[\alpha]_D^{26}$ —56,8° (10%ig. Essigsäure); R_F 1,35 (Butanol:Pyridin:W:Essigsäure = 30 zu 20:24:6)] wird beschrieben u. festgestellt, daß es die gleiche biolog. Aktivität (111 ± 18 I.E./mg) besitzt wie ACTH. I wird durch 60—80 Min. langes Erwärmen von *N-Acetylseryl-tyrosyl-seryl-methionyl-glutaminyl-histidyl-phenylalanyl-arginyl-tryptophyl-glycyl-N^ε-formyllysyl-prolyl-valyl-glycyl-N^ε-formyllysyl-N^ε-formyllysyl-arginyl-arginyl-prolyl-valinamid* [*Triacetat, Tetradekahydrat*, $[\alpha]_D^{48}$ —56,0° (10%ig. Essigsäure)], das durch Kupplung mittels N.N'-Dicyclohexylcarbodiimid aus dem *Trihydrochlorid* des *N^ε-Formyllysyl-prolyl-valyl-glycyl-N^ε-formyllysyl-N^ε-formyllysyl-arginyl-arginyl-prolyl-valinamids* [II, *Triacetat, Oktahydrat*, $[\alpha]_D^{30}$ —73,5° (10%ig. Essigsäure); R_F 0,60 (Butanol: Pyridin:W:Essigsäure = 30:20:24:6)] u. *N-Acetylseryl-tyrosyl-seryl-methionyl-glutaminyl-histidyl-phenylalanyl-arginyl-tryptophyl-glycin* dargestellt wird, mit 0,5 n HCl erhalten. II wird aus *Arginyl-arginyl-prolyl-valinamid* [*Triacetat, Tetrahydrat*, $[\alpha]_D^{31}$ —40,2° (10%ig. Essigsäure); R_F 0,39 (Butanol:Pyridin:W.:Essigsäure = 30:20:24:6)], das aus Prolylvalinamid hergestellt wird, durch Kupplung mit N^α-Carbobenzoxy-N^ε-formyllysyl-prolyl-valyl-glycyl-N^ε-formyllysyl-N^ε-formyllysinazid u. anschließende Decarbobenzoxylierung synthetisiert. W. Walter. 3750□

Untersuchungen an Homomycin. 5. Mitt. Der Abbau und die Struktur von Homomycin. Mitsuo Namiki, Kiyoshi Isono und Saburō Suzuki. (J. Antibiotics [Tokyo], Ser. A **10**, 160—70, Juli 1957; Tokyo, Sumiki Labor., Sci. Res. Inst.; engl.) — 4. vgl. J. Antibiotics [Tokyo], Ser. A **10**, [1957], 36; 3. vgl. C. **1961**, 4050. — Durch saure Hydrolyse von Homomycin (I, $C_{23}H_{29}NO_{12}$) wird *Neoinosamin-(2)* (II) als *Hydrochlorid* erhalten. Acetylierung mit Acetanhydrid (III) u. Na-Acetat gibt das *Hexaacetat*, während III in wss. Lsg. die *N-Acetyl-Verb.* liefert. Unter milderen Bedingungen der sauren Hydrolyse werden *Kristalle vom F. 152—153°* erhalten, die vermutlich *3.4-Dihydroxy-α-methylzimtsäure* darstellen. Alkal. Hydrolyse von I liefert ein hygroskop. Pulver, das als *Tetraacetat*, $C_7H_9NO_5(CH_3CO)_4$, u. als *N-Acetyl-Verb.*, $C_7H_{12}NO_5(CH_3CO)$, charakterisiert wurde. Weitere saure Hydrolyse des alkal. Hydrolyse-Prod. führt zu II u. *Formaldehyd*. Mercaptanolyse von I führt zu einem *Säureamid* $C_{16}H_{21}NO_8$ (IV) vom F. 255—259° (Zers.) u. zu *Formaldehyddiäthylmercaptal* u. dem *Trimercaptal eines C_6-Zuckers*. Weitere saure Hydrolyse von IV führt zu II u. daneben nach Behandlung mit Diazomethan (V) zu *3.4-Dimethoxy-α-methylzimtsäuremethylester*. Schwach saure Hydrolyse von IV gibt eine Verb. gleicher Zus. mit Estergruppierung, die durch Einw. von V u. anschließende Hydrolyse *3.4-Dimethoxy-α-methylzimtsäure* neben II liefert. Einw. von $NaBH_4$ auf I u. anschließende Mercaptanolyse führen zu *L-Fucosedimercaptal* neben einem *C_{17}-Amid* vom F. 108—111°.

Versuche: *Neoinosamin-(2)* (II), $C_6H_{13}NO_5$, F. 240—243° (Zers.), aus dem Hydrochlorid; aus verd. A. Prismen. *Hydrochlorid*, $C_6H_{13}NO_5 \cdot HCl$, F. 215—217° (Zers.), aus 1,5 g I durch 6std. Kochen in 6n HCl; aus W./A. Prismen; 200 mg (Ausbeute). *Hexaacetyl-Deriv.*, $C_{18}H_{25}NO_{11}$, F. 286—287°, durch 1std. Kochen von II in III mit Na-Acetat; aus Chlf./Ae. Platten. *N-Acetyl-Deriv.*, $C_8H_{15}NO_6$, F. 243—245° (W./A.), durch 2std. Rk. des Hydrochlorids in wss. Lsg. mit III bei 0—5° in Ggw. von Amberlite. — *3.4-Dihydroxy-α-methylzimtsäure* (?), F. 152—155°, durch 5std. Erwärmen von 1 g I mit 2n HCl auf 80°; 10 mg; daneben II. — *O.O'-Methylenneoinosamin-(2), Hydrochlorid*, durch 1std. Kochen von 6 g I in 1n NaOH u. Ansäuern mit HCl; gelbliches, amorphes, hygroskop. Pulver; 1,98 g. *Tetraacetat*, $C_7H_9NO_5(CH_3CO)_4$, F. 70—80° Chlf./Ae.). *N-Acetyl-Deriv.*, $C_7H_{12}NO_5(CH_3CO)$; 2std. Kochen mit 0,5n HCl gibt *Formaldehyd* [*Dimedon-Deriv.*, F. 196—197°; 80%] u. II. — *Säureamid* $C_{16}H_{21}NO_8$ (IV), durch Stehen einer mit HCl gesätt. Suspension von 5 g I in C_2H_5SH; 2,7 g. *Sulfat*, $C_{16}H_{21}NO_8 \cdot 1/2\,H_2SO_4$, F. 198—199,5° (W.), durch 2½std. Kochen von 1 g IV in 2n H_2SO_4; 740 mg. *Hydrochlorid*, $C_{16}H_{21}NO_8 \cdot HCl$, F. 200—205°, aus 1,5 g IV mit HCl; 470 mg. *Dimethyläther*, $C_{18}H_{25}NO_8$, F. 200—204°, aus 490 mg des Hydrochlorids u. V; aus W. Säulen; 200 mg. — *3.4-Dimethoxy-α-methylzimtsäure*, $C_{12}H_{14}O_4$, F. 142—143°, aus 900 mg vorst. Dimethyläthers durch 2std. Kochen in 3n HCl; aus Ae./PAe. u. verd. A. Nadeln; 280 mg. *Methylester*, $C_{13}H_{16}O_4$, F. 60—62° (W./A.), durch ½std. Kochen vorst. Hydrolysats u. Einw. von V; daneben II-Hydrochlorid. — *Bis-[äthylsulfonyl]-methan*, $C_5H_{12}O_4S_2$, F. 103—104°, aus dem Rückstand [$Kp._{25}$ 75—80°] der Mercaptanolyse durch Rk. mit H_2O_2 in Essigsäure; aus verd. A. Platten; 1,2 g. — *Verb.* $C_6H_7O_2(SC_2H_5)_3$, $Kp._2$ 180—190°, aus vorst. Rückstand; 1,95 g. — *L-Fucosediäthylmercaptal*, $C_6H_{12}O_4(SC_2H_5)_2$, F. 165—167°, aus 5 g I durch Einw. von $NaBH_4$ in CH_3OH, Abziehen des Lsgm. u. Rk. mit 6n HCl u. C_2H_5SH; $[\alpha]_D^{20}$ —5,8° (c = 14,25; Pyridin); aus W. Nadeln; 1 g.

R. Reiss. 3900□

Abbauprodukte von Hygromycin B. Paul F. Wiley, Max V. Sigal jun. und Ollidene Weaver. (J. org. Chemistry **27**, 2793—96, 7/8. 1962; Indianapolis, Ind., Eli Lilly Co., Lilly Res. Labor.; engl.) — Durch Hydrolyse von *Hygromycin B* (I) bei pH 1 u. 100° entsteht *Hygromycin* B_2 (II), mit kochender 0,5n H_2SO_4 *Hyosamin* (III) u. *D-Talose*. *N.N'.N'-Trimethylhyosamin* wird aus III durch Rk. mit HCOOH u. HCHO synthetisiert u. ist ident. mit N.N.N'.N'-Tetramethyl-2-desoxystreptamin.

Versuche: *Hygromycin B, 4'-Hydroxyazobenzol-4-sulfonat*, Zers. ab 180°, durch Zugeben von 3,0 g I in W. zu 4'-Hydroxyazobenzol-4-sulfonsäure in W.; 3,0 g (Ausbeute). — *Hygromycin B* (I), $C_{15}H_{30}N_2O_{10}$, F. 190—220° (Zers.), durch Spalten von 10 g vorst. Verb. an Amberlite IRA-400 (OH^-) in W.; 2,1 g. — *Hygromycin* B_2, *Sulfat*, $C_{13}H_{26}N_2O_8 \cdot H_2SO_4$, F. 220—225° (Zers.; wss. Methanol), a) durch 2maliges Umkristallisieren vorvorst. Verb., Einengen der Mutterlaugen auf $^1/_{10}$ des Vol., fraktionierte Kristallisation des Nd. aus W., Behandeln der 2. Fraktion mit Amberlite IRA-400 (OH^-) in W. u. Eindampfen → 22 g; Lösen von ½ g in A./W. u. Fällen mit konz. H_2SO_4; b) durch 10 Min. lange Hydrolyse von I in n H_2SO_4 bei 100°, Versetzen mit gesätt. $Ba(OH)_2$ u. Kohle, Filtrieren, Eindampfen, Lösen in W., Versetzen mit Methanol, Kühlen, Fitrieren u. Versetzen des Filtrats mit konz. H_2SO_4. — *N-Methyl-2-desoxystreptamin* (*Hyosamin*; III), $C_7H_{16}N_2O_3 \cdot 2\,HCl$, F. 170—200° (Zers.), a) durch 18std. Kochen von 50 g I in 6n HCl, Extrahieren mit Ae., Eindampfen der wss. Phase, Lösen in W., Behandeln mit Kohle u. Versetzen mit wss. Pikrinsäure → *Dipikrat* [$C_{19}H_{22} \cdot N_8O_{17}$, F. 250° (Zers.); 58%], Lösen von 5 g in Nitrobenzol, Extraktion mit n-HCl, Extrahieren der HCl-Phase mit Ae., Eindampfen der wss. Phase, Lösen in Methanol u. Fällen mit Ae.; 1,4 g; b) durch Behandeln der 1. Fraktion aus der unter II a) beschriebenen Fraktionierung mit Amberlite IRA-400 (OH^-); $[\alpha]_D^{25}$ +10,7° (c = 1; W.). — *N.N.N'.N'-Tetramethyl-2-desoxystreptamin, Dihydrochlorid*, $C_{10}H_{22}N_2O_3 \cdot 2\,HCl$, F. 275° (A.), a) durch 24std. Kochen von 7,0 g III in HCOOH/37%ig. HCHO, Zugeben von HCl u. Eindampfen; 5,0 g; b) aus 2-Desoxystreptamin. *Dimethojodid*, $C_{12}H_{28}J_2N_2O_3$, F. 258° (Zers.), durch Kochen vorst. Verb. mit CH_3J in Methanol. — *D-Talose*, $C_6H_{12}O_6$, F. 128 bis 132°, durch 2½std. Kochen von 4,0 g I in 0,5n HSO_4, Neutralisieren mit $Ba(OH)_2$, Behandeln mit Amberlite IRC-120 (H^+), Einstellen auf pH 6,5 mit gesätt. $Ba(OH)_2$ u. Eindampfen → 0,93 g, Behandeln mit abs. Methanol u. Eindampfen → *Verb. vom F. 118—128°* (0,37 g), Lösen in W., Kühlen u. Eindampfen; b) aus II; $[\alpha]_D^{25}$ +16,9° (Endwert; c = 1; W.). *Phenylmethylhydrazon*, $C_{13}H_{20}N_2O_5$, F. 155—156° (Methanol), durch ½std. Kochen mit Phenylmethylhydrazin in abs. Methanol.

E. Schraven. 3900◇

Untersuchungen über die Darstellung von Oryzanol. Akio Kato und Tomotaro Tsuchiya. (Rep. Government chem. ind. Res. Inst., Tokyo **56**, 343—46, Aug. 1961; jap., Auszug: engl. S. 37.) — Durch Dest. von rohem Reiskleieöl bei 10^{-3} Torr bis 140°, Entfernen der Neutralstoffe aus dem Rückstand u. Umkristallisieren aus Aceton/Methanol wird ein *Oryzanolkonzentrat* vom F. 94,5—96° erhalten. Aus dem dunklen Öl, das aus den alkal. Auszügen von Reiskleieöl gewonnen wird, kann in analoger Weise *Oryzanol* vom F. 126—128° erhalten werden. In einer anderen Meth. wird rohes Reiskleieöl in n-Hexan gelöst, mit wss.-alkohol. Na_2CO_3-Lsg. gewaschen (Entfernung der Fettsäure) u. dann die Neutralstoffe entfernt.

P. Golinske. 3950◇

Über die Giftstoffe des grünen Knollenblätterpilzes. 21. Mitt. **Die Konstitution des Phallacidins.** Theodor Wieland und Horst W. Schnabel. (Liebigs Ann. Chem. **657**, 218—25, 28/9. 1962; Frankfurt/M., Univ., Inst. für organ. Chem.; dt.) — 20. vgl.

C. **1962**, 14869. — *Phallacidin* (I), ein Nebentoxin von *Amanita phalloides*, besitzt saure Eigg., zeigt dasselbe UV-Spektrum wie Phalloidin (II) oder Phalloin u. hat eine diesen Giften entsprechende bicycl. Struktur. Von II unterscheidet es sich dadurch, daß *L-Valin* an Stelle von L-Alanin u. *D-erythro-β-Hydroxyasparaginsäure* an Stelle von D-Threonin getreten ist. Im Widerspruch zur früher an II u. III ermittelten Aminosäuresequenz wurde durch Edman-Abbau auch bei I eine vertauschte Reihenfolge von Alanin u. Hydroxyprolin festgestellt (vgl. auch nachst. Ref.).

Versuche: *Phallacidin* (I), aus dem bei der Aufarbeitung auf β-Amanitin (vgl. C. **1962**, 14523) nach Chromatographie an Cellulosepulver erhaltenen Giftgemisch (8,5 g) neben II, α- u. β-Amanitin durch Lösen in wenig 0,025n Triäthylammoniumacetatpuffer (pH 7,6) u. Chromatographie an DEAE-Cellulose mit 0,025 u. 0,1n Puffer; Pulver; 4 g (Ausbeute). *Amid*, durch Rühren von I in tert.-Butanol mit wasserfreiem Triäthylamin bei 50°, Lösen mit Butanol u. abs. Tetrahydrofuran (THF), Kühlen auf —18°, Versetzen mit Chlorameisensäureäthylester in THF, 3std. Stehen in der Kälte, ½std. Einleiten von NH_3, Stehen über Nacht im Eisschrank, Eindampfen bei 40° u. Dünnschichtchromatographie an Silicagel mit Methanol/Isopropanol (4:1); Pulver. — *erythro-β-Hydroxyasparaginsäure, L-Form,* durch 6std. Hydrolyse von 0,5 g I mit 6n HCl bei 100°, Eindampfen im Vakuum, Lösen in W., Chromatographie an Dowex-I (Formiat) u. Eluierung mit 0,25n HCOOH; $[\alpha]_D^{25}$ —54 ± 2° (1n HCl); 30 mg. *DL-Form,* aus Chloräpfelsäure u. konz. NH_4OH bei 100° im Rohr oder 1wöchiges Stehen bei Raum-Temp. u. Trennung wie bei der D-Form; derbe Prismen; daneben das *threo-Epimere.* — *L-Valin,* neben vorst. D-Form durch Papierchromatographie mit Butanol/HCOOH/W. (15:3:2); $[\alpha]_D^{25}$ +67° (c = 2; Eisessig); 20 mg. P. Scharner. 3950◇

Über die Giftstoffe des grünen Knollenblätterpilzes. 22. Mitt. **Neue Sequenzanalyse von Phalloidin und Phalloin.** Theodor Wieland und Horst W. Schnabel. (Liebigs Ann. Chem. **657**, 225—28, 28/9. 1962; dt.) — 21. vgl. vorst. Referat. — Mit der „Papierstreifen"-Meth. des Edman-Abbaus konnte an den durch hydrogenolyt. Desulfurierung u. Partialhydrolyse aus *Phalloidin* bzw. *Phalloin* erhaltenen Heptapeptiden die Sequenz *Alanin* (I)–*Threonin*–I–*Hydroxyprolin*–I–*Tryptophan*–*γ.δ-Dihydroxyleucin* bzw. *γ-Hydroxyleucin* vom Aminoende her gesichert werden. Daher muß in den bisher gültigen Strukturformeln I mit Allohydroxyprolin vertauscht werden. Die D-Konfiguration von Threonin konnte durch Inkubation mit einer Threonindesaminase, die nur die L-Form abbaut, bestätigt werden. P. Scharner. 3950◇

Inhaltsstoffe von Withania somnifera. 1. Mitt. **Die funktionellen Gruppen von Withaferin.** Asher Yarden und David Lavie. (J. chem. Soc. [London] **1962**, 2925—27, Aug.; Rehovoth, Israel Inst. for biol. Res. Ness-Ziona, Weizmann Inst. of Sci.; engl.) — Aus Blättern von *Withania somnifera* Dun. (**a**; Solanaceae) wird eine Verb. isoliert, für die der Name *Withaferin* (I) vorgeschlagen wird. I enthält 2 acetylierbare OH-Gruppen, eine Ketogruppe (Banden bei 1694 cm^{-1} u. 285 mμ) u. eine voll substituierte endocycl. Doppelbindung in Konjugation mit einer Methylestergruppe (Verseifung zu CH_3OH u. einer *Säure* mit Bande bei 1710 cm^{-1} u. positiver Hydroxamsäuretest). Das NMR-Spektrum von I zeigt: Methylester (τ = 6,64), 2 anguläre CH_3-Gruppen (τ = 9,3 u. 8,7), 1 sek. CH_3 (τ = 9,11), 1 CH_3-Gruppe an einer voll substituierten Doppelbindung (τ = 7,9) u. 1 terminale CH_3-Gruppe (τ = 5,5 u. 5,6). O_3-Spaltung in CH_3COOH liefert CH_2O u. ein *Methylketon* (positiver Jodoformtest). Eine der beiden OH-Gruppen ist prim., denn CrO_3-Oxydation von I in Aceton gibt eine *Monocarbonsäure,* während I-*Diacetat* nicht oxydierbar ist.

Versuche (FF. korr., [α] = $[\alpha]_D$ in Chlf. bei Raum-Temp.): *Withaferin* (I), $C_{21}H_{30}O_5$, F. 244—245°, aus 1 kg luftgetrockneten Blättern von **a** durch 8tägige CH_3OH-Extraktion im Soxhlet-App., Einengen, Lösen des Nd. in CH_3COOH, Zusatz von W., Waschen mit PAe., Ae.-Extraktion (4 g Rohprod.) u. Chromatographie von 8 g an Al_2O_3 mit Chlf./CH_3OH (98,5:1,5); Nadeln aus Chlf./Äthylacetat (1:3); [α] +17,9° (c = 0,52); 1,5 g (Ausbeute) [*Diacetat,* $C_{25}H_{34}O_7$, F. 166—167° (CH_3OH), [α] —12,1° (c = 0,54)]; durch 1½std. Kochen von I in 4%ig. NaOH oder durch 2std. Dest. von I mit H_2SO_4 u. Ae.-Extraktion des Destillats werden CH_3OH (Nachw. mit Chromotropsäure, nach Feigl bzw. als *3.5-Dinitrobenzoat,* F. 107,5°, u. daneben eine *Säure* gebildet; ein *Monocarbonsäurehydrat* $C_{21}H_{36}O_6 \cdot H_2O$, F. 145—146° (Zers.), wird aus 500 mg I in Aceton durch 3std. Rk. bei 0° mit CrO_3 in verd. H_2SO_4, Zers. mit CH_3OH, Chlf.-Extraktion, Extraktion mit gesätt. $NaHCO_3$-Lsg. u. Fällen mit 18%ig. HCl erhalten (150 mg); aus 700 mg I in CH_3COOH entstehen durch Ozonisierung bei 20°, Zusatz von Zn-Staub u. Dampf-Dest. in Dimedon-Lsg. 130 mg *CH_2O-Dimedon-Deriv.*, F. 189° (verd. A.) u. 500 mg eines *Methylketons* (durch Chlf.-Extraktion des wss. Dest.-Rückstands; gelbe Kristalle).

H.-J. Kötzsch. 3950◇

Synthese von Dihydropsoralidin, Isopsoralidin und deren Methyläthern. D. Nasipuri und Gita Pyne. (J. chem. Soc. [London] **1962**, 3105—08, Aug.; Calcutta, Univ., Coll. of Sci.; engl.) — Vff. synthetisierten *Dihydropsoralidin* (**II**; *6'.7-Dihydroxy-6-isopentylbenzofurano-[3'.2':3.4]-cumarin*) durch Rk. von 2.4-Dimethoxybenzylcyanid (**I**) u. 4-Isopentylresorcin zu *2.4-Dihydroxy-5-isopentylphenyl-2.4-dimethoxybenzylketon*, dessen Kondens. mit Chlorameisensäureäthylester (**III**) zu *4.7-Dihydroxy-6-isopentyl-3-[2.4-dimethoxyphenyl]-cumarin*, Demethylierung u. Ringschluß mit Anilinhydrochlorid (**IV**) u. *Isopsoralidin* (*6'-Hydroxybenzofurano-[3'.2':3.4]-4''.5''-dihydro-6''.6''-dimethylpyrano-[3''.2'':6.7]-cumarin*) analog **II** aus **I** u. 7-Hydroxy-2.2-dimethylchroman (**V**), das aus Dihydroumbelliferon u. CH_3MgJ dargestellt wurde. Die Rk. des aus *β*-[2.4-Dimethoxyphenyl]-propionsäuremethylester u. CH_3MgJ dargestellten Prod. mit HBr/CH_3COOH unter CO_2 lieferte kein **V**, sondern nur niedrigsd. Produkte.

Versuche (FF. korr.): *4-Isopentylresorcin*, F. 68°, aus Isovaleriansäure u. Resorcin (**VI**) in Ggw. von $ZnCl_2$ zu *2.4-Dihydroxyisovalerophenon* ($C_{11}H_{14}O_3$, F. 73°; *Dinitrophenylhydrazon*, $C_{17}H_{18}N_4O_6$, F. 234°) nach Dohme u. Mitarbeitern [1926] u. Clemmensen-Reduktion. — *2.4-Dihydroxy-5-isopentylphenyl-2.4-dimethoxybenzylketon*, $C_{21}H_{26}O_5$, F. 110°, aus 8 g vorst. Verb. u. 7,4 g **I** in abs. Ae. in Ggw. von $ZnCl_2$ durch 6 std. Einleiten von HCl bei 0°, 4 tägiges Stehen bei 0° u. 2 std. Kochen des Nd. in W.; Nadeln aus wss. A.; 4,2 g (Ausbeute). — *4.7-Dihydroxy-6-isopentyl-3-[2.4-dimethoxyphenyl]-cumarin*, $C_{22}H_{24}O_6$, F. 186°, aus 1,5 g vorst. Verb. mit **III** u. K_2CO_3 in abs. Aceton durch 5 std. Kochen, Einengen, Zusatz von W., Fällen mit HCl u. 1 std. Erwärmen des Nd. mit 1 n NaOH; Prismen aus A.; 1,3 g. — *Dihydropsoralidin* (**II**), $C_{20}H_{18}O_5$, F. 295—297°, aus 0,7 g vorst. Verb. durch 4 std. Erhitzen mit 2 g **IV** unter CO_2 auf 210—220°, Waschen mit W., Extraktion mit Ae., Eindampfen, 10 std. Kochen mit Aceton, K_2CO_3 u. CH_3J, Eindampfen, Verdünnen mit W. (→ 0,5 g *Dimethyläther*, $C_{22}H_{22}O_5$, F. 193—194°, Platten aus Bzl./PAe. oder CH_3COOH/CH_3OH) u. Demethylieren mit **IV**; hellgelbe Tafeln aus CH_3OH. *Diacetat*, $C_{24}H_{22}O_7$, F. 245—247°, aus A. Nadeln. — *β-[2.4-Dihydroxyphenyl]-propionsäure*, F. 165°, aus **VI** durch Cyanäthylierung nach Langley u. Adams [1922] in Ggw. von $ZnCl_2$. *Dimethyläther*, F. 103—103,5°, a) mit $(CH_3)_2SO_4$ u. NaOH; b) aus 2.4-Dimethoxybenzaldehyd (F. 70°) u. Malonsäure in piperidinhaltigem Pyridin durch Erwärmen auf 80° (1 Std.) u. 100° (2 Std.), ½ std. Kochen, Isolierung der *2.4-Dimethoxyzimtsäure* ($C_{11}H_{12}O_4$, F. 188—190°; 80%) u. deren Hydrierung in 2 n K_2CO_3-Lsg. an 30%ig. Pd/Kohle; *Methylester*, Kp.$_{10}$ 160°, mit methanol. H_2SO_4. *Lacton* (*Dihydroumbelliferon*), F. 130—132°, durch langsame Dest. der Säure bei 160—170°/3 Torr; Flocken aus Toluol; 40%. — *7-Hydroxy-2.2-dimethylchroman* (**V**), $C_{11}H_{14}O_2$, F. 70°, Kp.$_3$ 160°, aus vorst. Lacton in Ae. durch 4 std. Kochen mit CH_3MgJ, Eindampfen, 4 std. Kochen in abs. Bzl., Zers. mit Eis/verd. H_2SO_4, Eindampfen der organ. Schicht, ½ std. Erwärmen mit 25%ig. H_2SO_4 u. Dampf-Dest.; 50%. — *[7-Hydroxy-2.2-dimethylchromanyl-(6)]-2.4-dimethoxybenzylketon*, $C_{21}H_{24}O_5$, F. 145°, aus 4,6 g **V** u. 5,2 g **I** mit $ZnCl_2$ in abs. Ae. durch Sättigen mit HCl bei 0°, 3 tägiges Stehen im Kühlschrank, Verdünnen mit Ae., Dekantieren u. 2 std. Kochen des Nd. mit ca. 2%ig. HCl; Platten aus wss. A.; 2 g. — *3-[2.4-Dimethoxyphenyl]-4-hydroxy-4'.5'-dihydro-6'.6'-dimethylpyrano-[3'.2':6.7]-cumarin*, $C_{22}H_{22}O_6$, F. 230°, aus 0,6 g vorst. Verb. mit **III** u. K_2CO_3 in abs. Aceton durch 5 std. Kochen, Verdünnen mit W., Fällen mit HCl, 1 std. Erwärmen des Nd. mit NaOH u. Ansäuern; Klümpchen aus A.; 0,5 g. — *Isopsoralidin*, $C_{20}H_{16}O_5$, F. 284—287°, analog **II** aus 0,5 g vorst. Verb.; Prismen aus wss. CH_3OH; 37 mg. *Methyläther*, $C_{21}H_{18}O_5$, FF. 174—175° u. 198—200°, aus Bzl./PAe. farblose Platten. *Acetat*, $C_{22}H_{18}O_6$, F. 220°, mit Acetanhydrid/Na-Acetat; aus A. Nadeln.

H.-J. Kötzsch. 3950◇

Die absolute Konfiguration der Gruppe des Sesamins und Pinoresinols. Karl Freudenberg und Gurbachan Singh Sidhu. (Chem. Ber. **94**, 851—62, 1961; Heidelberg, Univ., Organ.-Chem. Inst.; Forschungsinst. für die Chem. des Holzes u. der Polysaccharide; dt.) — In der vorl. Mitt. (C. **1962**, 1170) angeführte u. weitere Verss. werden ausführlicher beschrieben: 16 std. Kochen von 10 g (+)-Sesamin [**I**; F. 123°; $[\alpha]_D^{25}$ +71° (Chlf.)] in äthanol. HCl liefert ca. 3,5 g (+)-*Asarinin* [**II**; (+)-*Episesamin*, F. 121,5° (A.), $[\alpha]_D^{25}$ +124° (Chlf.)] u. 150 mg (+)-*Epiasarinin* [**III**; (+)-*Diasesamin*, F. 168—171° (A.), $[\alpha]_D$ +385° (Chlf.)], das auch durch Umlagerung von **II** erhalten wird. — 200 mg **III** geben bei der Hydrierung in Ggw. von Pd in CH_3OH 45 mg (−)-*Dihydrocubebin*, F. 101—103° (CH_3OH), $[\alpha]_D$ −29° (Aceton), das analog aus **II** u. **I** entsteht. — 180 mg (+)-Pinoresinoldimethyläther [**IV**; F. 107—108°, $[\alpha]_D$ +64,3° (Aceton)] bzw. (+)-Epipinoresinoldimethyläther [**V**, F. 125—126°, $[\alpha]_D$ +119° (Aceton)] werden in CH_3OH in Ggw. von Pd zu (−)-*Secoisolariciresinol* (**VI**)-*Dimethyläther*, F. 124—126° (CH_3OH/PAe. u. CH_3OH), $[\alpha]_D^{25}$ −31,9° (Chlf.) hydriert, der auch aus **VI** u. CH_2N_2 nach Weinges, C. **1962**, 7170, dargestellt wird. — Die Konfigurationen werden eingehend an Hand von Kalottenmodellen (Abb.), der opt. Drehungen, der IR-Spektren (Abb. der Spektren von I, II u. III) u. der NMR-Spektren erörtert. Die R_F-Werte der Dünnschichtchromatographie von I, II, III, IV u. V mit Essigester/Chlf. (1:9) an Silicagel sind angegeben. A. Trede. 3950□

Eine neue und bequeme Synthese von 1-O-Acetyl-2.3.5-tri-O-benzoyl-β-D-ribofuranose aus Guanosin; einige Beobachtungen über die Solvolyse von 2'.3'.5'-Tri-O-benzoylguanosin. Fumiyoshi Ishikawa, Akihiko Nomura, Tohru Ueda, Morio Ikehara und Yoshihisa Mizuno. (Chem. pharmac. Bull. [Tokyo] **8**, 380—84, Mai 1960; Hokkaido, Univ., Med. School, Fac. of Pharm.; engl.) — Die Acetolyse von 2'.3'.5'-Tri-O-benzoylguanosin (**I**) mit Eisessig, Acetanhydrid (**IV**) u. H_2SO_4 liefert ohne Spaltung des Furanringes *1-O-Acetyl-2.3.5-tri-O-benzoyl-β-D-ribofuranose* (**II**) in relativ guten Ausbeuten. Das auf diesem Wege bequem zugängliche **II** ist ein Zwischenprod. bei der Synth. von Ribonucleosiden u. Ribonucleotiden.

Versuche: *2'.3'.5'-Tri-O-benzoylguanosin* (**I**), aus Guanosin nach Fox u. Mitarbeitern (C. **1959**, 3154); 85—95% (Ausbeute). — *1-O-Acetyl-2.3.5-tri-O-benzoyl-β-D-ribofuranose* (**II**), $C_{28}H_{24}O_9$, F. 128—130°, a) durch Kochen von **I** mit Essigsäure/10n H_2SO_4 (9:1), Stehen bei Raum-Temp., Abfiltrieren des *Guaninsulfats* (**III**; 45—60%), Gießen des Filtrats in Eiswasser, Extraktion mit Chlf., Eindampfen im Vakuum, Versetzen des Rückstandes mit **IV** u. Pyridin, 3—4tägiges Stehen, Eindampfen bei <40°, Gießen in Chlf.-W. (2:1), Extraktion der wss. Phase mit Chlf., Eindampfen der Chlf.-Lsgg., Chromatographie an Al_2O_3 u. Eluieren mit Chlf.; $[\alpha]_D^{22}$ +41,2° (c = 1,92; Chlf.); 18—30%; daneben aus den Mutterlaugen von **II** *Verb.* $C_{28}H_{26}O_{10}$ [F. 111—113°; $[\alpha]_D^{22}$ +10,4° (c = 1,02; Chlf.); Nadeln]; b) durch Erhitzen von **I** mit Essigsäure u. **IV**, Abkühlen auf 8—23°, 2std. Zutropfen von konz. H_2SO_4 unter Rühren, Abfiltrieren von **III**, Gießen in Eiswasser, Extraktion mit Chlf., Eindampfen im Vakuum, Chromatographie an Al_2O_3 u. Eluieren mit Chlf.; aus A. Schuppen; 14—44%; daneben *Verb. vom F. 223—224°* {**V**; $[\alpha]_D^{22}$ —59,0° (c = 2,07; Chlf.); aus Aceton Nadeln; auch durch Erhitzen von **I** mit Essigsäure u. **IV** u. portionsweise Zugabe von p-Toluolsulfonsäure in der Kälte}; c) durch Lösen von **I** in Essigsäure, Zugabe von konz. H_2SO_4 bei 12—23° unter Rühren, 3std. Zutropfen von **IV** unter Rühren, Abfiltrieren von **III**, u. weiter wie b); 30—48%; daneben **V**. — *Verb. vom F. 112—113°* (A.), durch Zugabe von $TiCl_4$ in Bzl. zu 2-O-Acetyl-1.3.5-tri-O-benzoyl-α-D-ribofuranose in Bzl. bei 20°, 20 Min. langes Stehen bei Raum-Temp., Zusatz von Chlf., Waschen mit W. u. wss. $NaHCO_3$-Lsg., Eindampfen u. 2tägiges Stehen des Rückstandes mit **IV** u. Pyridin.

K. Zieloff. 3950△

D. Makromolekulare Chemie

Dynamische Eigenschaften von zäh-elastischen Materialien bei nichtharmonischer Belastung. L. Ss. Priss. (Hochmolekulare Verbind. [UdSSR] **2**, 1309—19, Sept. 1960; Forsch.-Inst. der Reifenind.; russ., Auszug: engl.) — An Modellen, wie sie zur Beschreibung des mechan. Verh. von Hochpolymeren verwendet werden, wird der Einfl. der Hauptparameter einer nichtharmon.-period. Belastung auf die dynam. Eigg. zähelast. Stoffe analysiert. Für den dynam. Modul u. den Modul der inneren Reibung werden auf Grund eines Dreielementmodells u. eines Modells mit kontinuierlichem Spektrum der Relaxationszeiten Gleichungen abgeleitet. Die Abhängigkeit der Spannung von der Zeit bei verschiedenen Bedingungen der nichtharmon. Änderung der Deformation wird in Gleichungen u. graph. dargestellt. Als Parameter werden behandelt: Pausenlängen u. ihr Verhältnis, Zeit- u. Vorzeichenasymmetrie der Cyclen, Plateauhöhe u. Steilheit der Impulsfront; diese Begriffe werden im einzelnen definiert.

R. K. Müller. 4000◇

Ein einfaches Schmelzviscosimeter für hohe Viscositäten. P. A. Small. (J. Polymer Sci. **28**, 223—24, 1958; Welwyn Garden City, Herts, England, Imp. Chem. Ind.; engl.) — Eine kurze Beschreibung des Instruments u. eine mathemat. Ableitung zur Berechnung der Viscosität werden mitgeteilt. H. Czech. 4000◇

Analyse der Polymerisationskinetik und die Anwendung von Digitalrechnern. Shean-Lin Liu und Neal R. Amundson. (Rubber Chem. Technol. **34**, 995—1139, 1961; Minneapolis, Minn., Univ. of Minn., Dep. of Chem. Engng.; engl.) — Theoret. Rk.-Analyse der Additionspolymerisation (AP), Copolymerisation (CP) sowie der Depolymerisation (DP) unter Berücksichtigung kontinuierlicher (kP) u. diskontinuierlicher (dP) (Batch-)Prozesse auf Grundlage einiger aus der Literatur bekannter Rk.-Kinetiken werden behandelt. Während für den kP eine analyt. Lösung für den stationären Zustand (sZ) der Rk. abgeleitet werden kann, kann für dP ein sZ nicht angenommen werden, u. es werden annähernd 200 simultane Differentialgleichungen 1. Ordnung für die Konzz. der einzelnen Arten numer. gelöst. Für kP bei der AP wird angenommen, daß die Reaktoren (R) hintereinandergeschaltet sind u. das Rk.-Gemisch gut umgerührt wird. Bei konst. Temp. ist dann die Konz. der akt. u. der inakt. Polymeren eine Funktion der Parameter $(M_1)_o$, $(M_1)_n$ (Monomer-Konst. der Initiierungs-, Waschstums- u. Abbruch-Rk.) u. Θ_n (Verweilzeit im R_n). Die Gew.-Verteilungsfunktion u. der höchstwahrscheinliche Polymerisationsgrad werden eingeführt. Unter Verw. der Gew.-Verteilungsfunktion werden optimale Werte für die Temp. u. Verweilzeit gefunden. Diese Berechnungen werden auch für Abbruch-Rkk. durch Monomerzusammenstoß, Disportionierung, spontanen Abbruch u. kombinierte Abbruch-Rkk. ausgeführt. Für den dP der AP werden unter Annahme, daß die Rk.-Konst. unabhängig von der Mol.-Größe sind u. der Prozeß bei Bldg. von 100 akt. Polymer-Moll. gestoppt wird, 200 nichtlineare Simultangleichungen 1. Ordnung numer. nach der Runge-Kutta-Meth. gelöst. Die Berechnung erfolgte mit dem Univac Scientific Computer Modell 1103. Diese Berechnungen zeigen, daß die Annahme für die Konz. an akt. Polymeren im sZ bes. bei Beginn der Rk. unkorrekt u. es auch für hochmol. akt. Arten ist. Bei spontanem Rk.-Abbruch ist der Monomerverbrauch langsamer als beim Abbruch durch Monomerzusammenstoß, da sich das Monomere bei der Abbruch-Rk. aus dem akt. Polymeren reproduziert. Die Kurvenverläufe für die Monomer-Konz. u. die Molgew.-Verteilung sind die gleichen für den Fall ohne Abbruch-Rk. u. mit kombinierter Abbruchreaktion. Für die CP werden im wesentlichen die gleichen Ansätze gemacht wie für die AP. Die Konz. des Copolymeren erhält man als Funktion der Syst.-Parameter. Aus dieser Gleichung lassen sich die Konzz. des sZ für alle Copolymerarten berechnen. 4 Abbruch-Rkk. werden angenommen. Ein numer. Beispiel für den Monomerabbruch wird angeführt u. nach der Newton-Raphson-Meth. gelöst; es handelt sich um 2 algebraische Simultangleichungen 3. Ordnung. Für den Fall des spontanen Abbruchs u. des Abbruchs durch Disproportionierung ergeben sich Gleichungen 4. u. für die kombinierte Abbruch-Rkk. 5. Ordnung. Für die dP ergeben sich unter Annahme, daß nach Bldg. des 48. akt. Copolymeren die Wachstums-Rk. abgebrochen wird, 194 nichtlineare Simultandifferentialgleichungen 1. Ordnung, die wieder nach der Runge-Kutta-Meth. am gleichen Computer numer. gelöst werden. Es wird gefunden, daß ein sZ-Näherungswert für Konzz. der akt. Copolymeren nicht angegeben werden kann. Die Wrkg. der Syst.-Parameter auf den Kurvenverlauf der Monomer-Konz. u. der Molgew.-Verteilung wird für alle Abbruch-Rkk. untersucht. Es besteht eine geringe Verzögerung der Bldg. inakt. Copolymeren gegenüber der der korrespondierenden akt. Copolymeren, was auch zu erwarten ist, da sich die einen aus den anderen durch die Abbruch-Rk. bilden. Unter Zugrundelegung der kinet. Vorstellungen von Kulm [1930] wird die Abspaltung vom Mol.-Ende her als 1. Fall der DP untersucht. Die Lösung erfolgt hierbei durch direkte Integration. Wenn die Zahl der verschiedenen Geschw.-Konst. erhöht wird, wird die Lösung erschwert. Das Gleichungs-Syst., das den allg. Fall dieser DP beschreibt, wird durch eine Matrix-Meth. gelöst. Diese Meth. läßt sich für alle 6 von Kuhn angeführten Fälle einsetzen. Für ein Polymeres aus 100 Monomereinheiten wird der Abbau auf dem Computer berechnet u. die Wrkg. der Syst.-Parameter auf die Molgew.-Verteilung untersucht. Für den allg. Fall wird eine Lösung sowohl nach einer Matrix-Meth. als auch auf dem Computer ausgeführt. Für den Fall des Hauptkettenbruchs wird das Schema von Simha u. Wall (C. **1953**, 8880) angewandt. Die numer. Lösung erfolgt mit dem Computer. Die Wrkg. der Syst.-Parameter auf die Konz.-Kurve des Ausgangspolymeren u. auf die Molgew.-Verteilung wird untersucht. Danach kann ein sZ-Näherungswert, wie er von Simha u. Wall vorgenommen wird, nicht angenommen werden; alle Polymerarten treten bei Rk.-Beginn gleichzeitig auf. Bei der reversiblen Polymerisation ergibt sich wie beim Hauptkettenbruch der umgekehrte Verlauf einer Polymerisation mit den gleichen Ansätzen u. Berechnungsgrundlagen. Auch hier wird wieder gefunden, daß ein sZ-Näherungswert nicht angenommen werden kann. O. Kramm. 4000◇

Eine Theorie des thermodynamischen Verhaltens von Nichtelektrolytlösungen. 7. Mitt. Partielle Mischbarkeit im System Polystyrol–Cyclohexan. Samuel H. Maron und Nobuyuki Nakajima. (J. Polymer Sci. **54**, 587—96, 1961; Cleveland, Ohio, Case Inst. of Technol., Dep. of Chem. and Chem. Engng.; engl.) — 6. vgl. C. **1962**, 11215. — Die Theorie von Maron (C. **1962**, 13048) wird auf das Syst. *Polystyrol–Cyclohexan* angewendet u. mit Hilfe von Literaturdaten die Abhängigkeit der Parameter μ^0 u. σ^0 vom Molgew. des Polymeren u. der Temp. bestimmt. Die aus diesen Werten berechneten Entmischungsdiagramme für verschiedene Molgew. stimmen gut mit dem Experiment überein, bis auf kleine Abweichungen, die auf die Molgew.-Verteilung zurückgeführt werden. Die Berechnungen bestätigen die von Vff. früher (vgl. 6. Mitt. l.c.) erhaltenen Grenzwerte der Parameter für Molgew. = ∞. W. Schmieder. 4010◇

Mechanisms der Schutzwirkung der Benzolringe bei der Radiolyse von Polystyrol. A. N. Pravednikov und In Shen-Kan. (J. Polymer Sci. **53**, 61–66, 1961; Moskow, USSR; engl.) — Die Vernetzung von *Polystyrol* erfordert den 100fachen Energieaufwand wie die von *Polyäthylen*, während der nach der unterschiedlichen Radikalausbeute zu erwartende Faktor ca. 5–6 beträgt. Vff. erklären dies durch die Neigung des Cyclohexadienylradikals zur Stabilisierung durch Disproportionierung. Die Annahme wird durch die Ergebnisse von Bestrahlungs-Verss. an deuteriertem Toluol $C_6H_5CD_3$ gestützt. W. Schmieder. 4010◇

Reaktion organischer niedermolekularer Verbindungen durch Bestrahlung mit γ-Strahlen aus Kobalt-60. 1. Mitt. **Polymerisation von Styrol.** Motome Hamashima. (Rep. Government chem. ind. Res. Inst., Tokyo **55**, 129–40, April 1960; jap., Auszug: engl. S. 15.) — 2. vgl. C. **1962**, 15250. — Die Polymerisation von Styrol durch γ-Bestrahlung aus einer ^{60}Co-Quelle (>300 c) wird im Vakuum im Temp.-Bereich 9–30° untersucht. Das Molgew. des *Polystyrols* hängt stark von der Temp. ab, es wird größer, wenn die Temp. ansteigt. Bei einer Energieabsorption von 100 eV vereinigen sich bei 29 ± 1° 470 Styrolmoleküle. Die Polymerisationswärme beträgt bei 28 ± 2° 5,1 kcal/Mol. Über 70 verschiedene Zusatzmittel werden untersucht. Bei der Polymerisation von Styrol mit einem Zusatzmittel von 0,1 Mol/Liter zum Monomeren ist der Effekt gerade in der geringen Konz. groß. Der Wert der Beschleunigungs-Wrkg. R_E ist konst. bei Zusatzmitteln mit analogen chem. Gruppen oder Atomen u. unabhängig von der Änderung der Rk.-Temperatur. Die R_E-Werte sind folgende: Halogen-Verbb. > Hydroxy-Verbb. ≧ Säuren u. ihre Anhydride > Ketone > Äther > Ester ≧ KW-Stoffe. P. Golinske. 4010◇

Bemerkungen zu den Werten für die Copolymerisation von Styrol und Vinylchlorid. B. R. Thompson und R. H. Raines. (J. Polymer Sci. **54**, S31–S32, 1961; South Charleston, W.Va., Union Carbide Chemicals Co., Res. Dep.; engl.) — Chapin, Ham u. Fordyce (J. Amer. chem. Soc. **70**, [1948], 538) fanden Abweichungen bei den Parametern Q u. e für die Copolymerisation von *Styrol* u. *Vinylchlorid* in Emulsion einerseits u. in Lsg. andererseits, die von Ham (J. Polymer Sci. **39**, [1959], 265) durch einen „cloud"-Effekt erklärt werden. Im Hinblick auf Größe u. Richtung dieser Abweichung im Vgl. mit den möglichen Meßfehlern halten es Vff. nicht für sinnvoll, eine neue Hypothese aufzustellen, bevor weitere sichere Messungen vorliegen. W. Schmieder. 4010◇

Eine schnelle dynamische Methode zur Bestimmung des osmotischen Druckes. D. B. Bruss und F. H. Stross. (J. Polymer Sci. **55**, 381–94, 1961; Emeryville, Calif., Shell Dev. Co.; engl.) — Zur Messung wird ein kleinvolumiges Osmometer mit engen Capillaren (Ø 0,36 mm) benutzt. Die Änderung des Meniskus wird mit einem Kathetometer bei Über- bzw. Unterdrucken von bis zu 3 cm Fl.-Säule verfolgt. Vgl.-Messungen, die an *Poly-α-methylstyrol, Polystyrol, Polymethacrylaten, Polyestern* u. *Saccharoseoktaacetat* durchgeführt werden, zeigen, daß dynam. Messungen um so vorteilhafter werden, je niedriger das Molgew. der Substanz u. je durchlässiger die Membran ist. Eine Einzelmessung wird in 10–15 Min. ausgeführt. W. Schmieder. 4010◇

Ferrocenpolystyrol-Redoxit. B. Sansoni und O. Sigmund. (Angew. Chem. **73**, 299, 7/5. 1961; Marburg, Chem. Inst. der Univ.; dt.) — Es wurden Verss. durchgeführt, reversibel reduzier- u. oxydierbare Metallionen über metallaromat. Bindungen vom Typ der Metalldicyclopentadienyle u. des Dibenzolchroms elutionsstabil an Harzskelette zu binden. So wurde Eisen(II)/(III) in *Polystyrol* eingebaut. Man ging von Ferriceniumsulfat aus, welches mit *Polystyrol-4-diazoniumsalz* umgesetzt wurde. Reduktive potentiometr. Titrationen wurden mit H_2SO_4-saurer Ti(III)-Lsg. durchgeführt. Die Gesamtredoxkapazität wurde mit H_2SO_4-saurer Fe(III)-Lsg. bestimmt. Es ergibt sich, daß ein Fe-Atom auf 7–8 Polystyroleinheiten kommt. Das erhaltene Harz kann als unlösl. Harzreduktor zur Red. u. anschließenden oxydimetr. Best. von Fe(III) u. anderen Metallionen in saurer Lsg. verwendet werden. E. Anton. 4010□

Makromolekulare Systeme als Erzeuger mechanischer Energie. W. Kuhn. (Ind. chim. belge **25**, 791–800, Juli 1960; Bâle, Univ., Inst. de Chim.-Physique; franz.) — Inhaltlich ident. mit der C. **1961**, 7963, referierten Arbeit. K. Maier. 4010□

Auswertung der Zusammensetzungsgleichung für Terpolymere. Donald J. Kahn und Hugh H. Horowitz. (J. Polymer Sci. **54**, 363–74, 1961; Linden, N.J., Esso Res. and Engng. Co.; engl.) — Die für Terpolymere gültige Gleichung für die Zus. des Copolymeren in Abhängigkeit von der Monomer-Konz. wird auf das Syst. *Vinylacetat* (**I**), *N-Vinylpyrrolidon* (**II**), *Dioctylfumarat* (**III**) angewendet, nachdem sie mit einem Digitalcomputer numer. integriert wurde. Die analyt. Integration unter vereinfachenden Annahmen erwies sich als ungenügend. Die benötigten Reaktivitätsverhältnisse r wurden aus Zweiercopolymerisationen aus der Literatur (**I–III**) u. aus eigenen Verss. (I–II) u. (II–III) erhalten. Die Reaktivitätsverhältnisse sind: $r_{III/II}$ 0,041 ± 0,007, $r_{II/III}$ 0,030 ± 0,033, $r_{I/II}$ 0,237 ± 0,037 u. $r_{II/I}$ 2,28 ± 0,19. Die Berechnungen stimmen mit den bis zu hohen Umsätzen durchgeführten Verss. gut überein. Die Zus. des Terpolymeren ändert sich im Verlauf der Polymerisation erheblich, die Eigg. der Prodd. hängen also vom Umsatz ab. W. Schmieder. 4010◇

Polymere von Carbonylverbindungen. M. W. Tschisstjakowa. (Fortschr. Chem. [UdSSR] **31**, 452–73, April 1962; Wladimirsk, Forsch.-Inst. für Kunstharze; russ.) — Überblick über Synth. u. Eigg. von *polymeren Carbonyl-Verbb.* (Polyformaldehyd, -acetaldehyd, -acrolein u. andere polymere Aldehyde u. Ketone). — 102 Literaturangaben. G. Froelich. 4010◇

Die Herstellung von Membranen. Paul H. Carnell und Harold G. Cassidy. (J. Polymer Sci. **55**, 233–49, 1961; Albion, Mich., Albion Coll., Dep. of Chem.; New Haven, Conn., Yale Univ., Sterling Chem. Labor.; engl.) — Zusammenstellung der Meth., die für die Herst. von Membranen in Frage kommen. Aus Pyroxylin werden Membranen mit einer Dicke von 500 u. 600 ± 25 Å u. 3,5 cm² Fläche erhalten. Auch mit *Polyvinylformal* u. *Vinylchlorid–Vinylacetat-Copolymeren* werden gute Ergebnisse erzielt. *Polyäthylen* u. *Polyisobutylmethacrylat* sind als Membranmaterial ungeeignet. — 78 Literaturangaben. W. Schmieder. 4010◇

Eigenschaften von vernetzten Polymeren auf Grund der Messung des elektrischen Widerstandes. R. W. Warfield und M. C. Petree. (Makromolekulare Chem. **58**, 139–59, 1962; White Oak, Silber Spring, Md., Naval Ordnance Labor., Chem. Res. Dep.; engl.) — Der Verlauf der Polymerisation bei der Bldg. amorpher, fester vernetzter Polymerer wurde durch Messen des spezif. elektr. Widerstandes ϱ nach der früher (vgl. C. **1960**, 10608) angegebenen Meth. untersucht. Folgende Ausgangs-Prodd. wurden verwendet: *Epon 828* (**I**; Copolymeres aus 2 Mol Epichlorhydrin u. 1 Mol Bis-[4-hydroxyphenyl]-dimethylmethan), *Epon 1310* [**II**; Tetraglycidyläther von Tetrakis-[hydroxyphenyl]-äthan, polymerisiert mit Methylnadicanhydrid (Nadicanhydrid = 3.6-Endomethylen-1.2.3.6-tetrahydro-cis-phthalsäureanhydrid; **III**)], *D.E.N. 438* (**IV**; ein epoxyliertes Novolak), *Paraplex P-43* (**V**; Lsg. eines ungesätt. Polyesters in Styrol), *Tris-[dimethylaminomethyl]-phenol-tris-[2-äthylhexanoat]* (**VI**), *m-Phenylendiamin* (**VII**), *Diäthylaminopropylamin* (**VIII**), *Dodecenylsuccinanhydrid* (**IX**), *Maleinsäureanhydrid* (**X**), *Diäthylentriamin* (**XI**), *Methandiamin* (**XII**), *Polyurethan* (**XIII**; Rk.-Prod. aus einem Polyesterglykol u. Toluylen-2.4-diisocyanat, vernetzt mit Ricinusöl), *Copolymeres* (**XIV**) aus *Polysulfid* (aus Bis-[2-chloräthyl]-formal u. Na-Polysulfid) u. **I**, *Polyamid-Epoxid-Copolymeres* (**XV**; ähnlich wie **I**), *Polydiallylphthalat* (**XVI**). ϱ der Mischungen aus einzelnen der vorgenannten Prodd. steigt im Laufe der Polymerisation um so stärker an, je höher die Temp. u. geht schließlich in einen Grenzwert über; es sind dabei 3 Rk.-Stufen zu unterscheiden: Vorliegen eines homogenen Fl.-Gemisches, Einsetzen der Gel-Bldg. u. Vernetzung unter Bldg. vernetzter Produkte. Aus der Messung der Temp.-Abhängigkeit von ϱ der vernetzten Polymeren wurden für ϱ_{25} (in Ohm·cm) u. die Aktivierungsenergie E (in kcal·Mol⁻¹) erhalten: $2 \cdot 10^{18}$ u. 38 für **I** + **VIII**, $4 \cdot 10^{16}$ u. 30 (**I** + **VI**), $3 \cdot 10^{18}$ u. 46 (**I** + **IX**), $2 \cdot 10^{17}$ u. 38 (**I** + **VII**), E = 140 (**I** + **XI**), $5 \cdot 10^{20}$ u. 31 (**I** + **III**), $1 \cdot 10^{20}$ u. 30 (**II** + **III**), $2 \cdot 10^{20}$ u. 26 (**IV** + **III**), $3 \cdot 10^{20}$ u. 46 (**V**), $3 \cdot 10^{16}$ (**XV**), $5 \cdot 10^{12}$ u. 27 (**XIII**), $4 \cdot 10^{14}$ u. 26 (**XVI**), $3 \cdot 10^{11}$ u. 24 (**XIV**), $1 \cdot 10^{18}$ (fl. **II**), $2 \cdot 10^{10}$ u. 13, (fl. **I**), $1{,}4 \cdot 10^{8}$ u. 6 (fl. Diallylphthalat; **XVII**), ca. 10^{22} u. 66 (**I** + **XII**), $3 \cdot 10^{18}$ u. 38 (**I** + **X**). log ϱ_{25} steigt linear mit wachsendem E an (eine Erklärung hierfür kann nicht gegeben werden). Aus der Temp.-Abhängigkeit von ϱ der Vernetzungs-Prodd. wurden ferner folgende Glasumwandlungs-Temp. bestimmt (Auftreten von Knickpunkten im ϱ, Temp.-Verlauf): **I** + **VIII** 110°, **I** + **VI** 66°, **I** + **IX** 54°, **I** + **VII** 158°, **I** + **XI** 92°, **I** + **IX** + **VI** 76°, **II** + **III** > 220°, **IV** + **III** 240°, **V** 125°, *Polystyrol* 82°, **XVII** > 120°. Diese Werte stehen in guter Übereinstimmung mit aus calor. Daten erhaltenen. Durch Messen des zeitlichen Verlaufs von ϱ bei höherer Temp. läßt sich auch die therm. Beständigkeit von Polymeren prüfen; z. B. fällt ϱ von **XIII** bei 184° stetig infolge Zers. ab (Verss. bis zu 18 Std.). O. Fuchs. 4010◇

Untersuchung der Abhängigkeit der Zusammensetzung und der Eigenschaften flüssiger Polyorganosiloxane von ihrer Gewinnungsmethode. M. A. Kleinowskaja, M. W. Ssobolewski, T. A. Krassowskaja und N. M. Sharkowa. (Plast. Massen [UdSSR] **1962**, Nr. 9, 19–24; russ.) — Durch Cohydrolyse von *Methylphenyldichlorsilan, Dimethyldichlorsilan* u. *Trimethylchlorsilan* im Mol-Verhältnis von 3:1:2,2 u. spätere Umgruppierung der Hydrolysen-Prodd. unter Einw. von Krim-Ton erhält man ein Gemisch von Polymeren linearer Struktur von der allg. Formel: $(CH_3)_3Si \cdot [OSiCH_3C_6H_5]_n[OSi(CH_3)_2]_mOSi(CH_3)_3$, wobei n = 0–6; m = 0–2. Der Geh. an cycl. Polymeren ist ≦ 4%. Der Geh. an nicht dest. u. aus einem Gemisch von hochsd. *α.ω-Hexamethylpolydimethylpolymethylphenylsiloxanen* (**I**) bestehenden Polymeren beträgt ca. 23%.

Dargestellt u. charakterisiert wurden 11 Verbb., von denen 10 in der Literatur nicht beschrieben sind. Die Änderung der Eigg. von I in Abhängigkeit vom Geh. an Dimethyl- u. Methylphenylsiloxygruppen im Mol. der Polymeren wurde diskutiert.

J. v. Schroeder. 4010◇

Reaktionen von Alkylalkoxysilanen mit Phosphorsäureanhydrid. A. P. Kreschkow und D. A. Karatejew. (J. angew. Chem. [UdSSR] **32**, 369—73, Febr. 1959; russ.) — Bei der Rk. von Dimethyldi-n-butoxysilan mit P_2O_5 entsteht *Dimethylpolysiloxanphosphat*, $\{[(CH_3)_2Si]_3(PO_4)_2\}_n$ (n = 7—8), für das die Struktur I angenommen wird: Die Rk. von Trimethylalkoxysilanen mit P_2O_5 stellt eine einfache Meth. zur Darst. von *Tris-[trimethylsilyl]-phosphat* dar. Festes krist. $Si(PO_3)_4 \cdot 2\,H_2O$ wird durch Rk. von Dimethyldialkoxysilanen mit P_2O_5 oder $POCl_3$ erhalten.

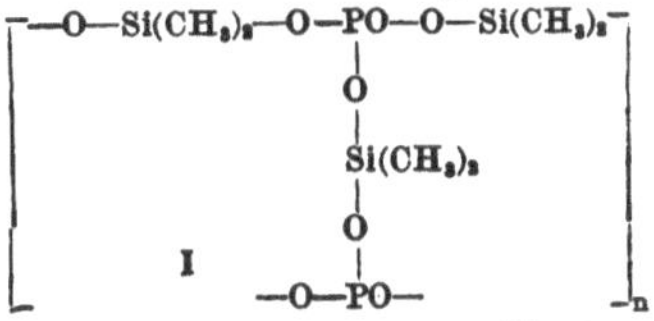

Versuche: $Si(PO_3)_4 \cdot 2\,H_2O$, a) durch 3std. Erhitzen von 25 ml Dimethyldiäthoxysilan (II) mit 7,1 g P_2O_5 unter Rückfluß; daneben *Ae.* u. *Phosphorsäureester*; b) durch 1—1½std. Kochen von 22,5 ml II mit 12,3 ml $POCl_3$ unter Rückfluß; daneben *Äthylchlorid*, *Ae.* u. *Phosphorsäureesterchloride*. — *Dimethylpolysiloxanphosphat*, $\{[(CH_3)_2Si]_3(PO_4)_2\}_n$ (n = 7—8), durch 2½std. Kochen von 36,3 ml Dimethyldi-n-butoxysilan (III) mit 7,1 g P_2O_5; daneben *Di-n-butyläther* u. *Phosphorsäureester*. — *Tris-[trimethylsilyl]-phosphat*, $C_9H_{27}O_4PSi_3$, 0,1 g-Mol I, II oder III werden 2 Std. mit 0,1 g-Mol P_2O_5 unter Rückfluß gekocht; $D._4^{20}$ 0,962; n_D^{20} 1,4083; 10, 60—70 bzw. 40—50% Ausbeute.

M. Hänßgen. 4010□

Untersuchung der Reaktionen von di- und trifunktionellen Alkylalkoxysilanen mit Phosphorsäureanhydrid. A. P. Kreschkow und D. A. Karatejew. (J. allg. Chem. [UdSSR] **29** (**91**), 4082—85, Dez. 1959; Moskau, Chem.-Technol. Mendelejew-Inst.; russ.) — Dimethyldiäthoxysilan (I) oder Dimethyldi-n-butoxysilan (II) geben bei Rk. mit P_2O_5 *polymeres Tris-[dimethylsilyl]-diphosphat*, $[C_6H_{18}O_8P_2Si_3]_n$ (n ≈ 7). Analog reagiert Diäthyldiäthoxysilan (III) unter Bldg. von *polymerem Tris-[diäthylsilyl]-diphosphat* (n = 4), während aus Methyltriäthoxysilan eine hochpolymere Verb. der Zus. $\{[CH_3Si(OC_2H_5)_2]_2P_2O_6\}_n$ erhalten wird, aus Äthyltriäthoxysilan entsprechend $\{[C_2H_5Si(OC_2H_5)_2]_2P_2O_6\}_n$.

Versuche: *Polymeres Tris-[dimethylsilyl]-diphosphat*, $[C_6H_{18}O_8P_2Si_3]_n$, durch Zufügen von 0,05 Mol P_2O_5 während 15—20 Min. zu 0,15 Mol I (oder II) u. 2½—3std. Erhitzen auf dem Ölbad; Zers. über 250°; wird beim längeren Erwärmen mit W. hydrolysiert, mit P_2O_5 bildet sich bei längerem Erhitzen $Si(PO_3)_4$. — *Polymeres Tris-[diäthylsilyl]-diphosphat*, $[C_{12}H_{30}O_8P_2Si_3]_n$, durch Zugabe von 2,84 g P_2O_5 zu 12,1 ml III (Wärme-Entw.).

Ilse Hartmann. 4010□

Die Darstellung und Polymerisation von Triallylphosphit. R. C. Laible, R. M. Esteve und J. D. Margerum. (J. appl. Polymer Sci. **1**, 376—78, 1959; Kingston, Rhode Island, Univ. of Rhode Island, Chem. Dep.; Natick, Mass., U. S. Army Quartermaster R & E Center; engl.) — Triallylphosphit läßt sich leicht mit Di-tert.-butylperoxid polymerisieren, während es von Dibenzoylperoxid zu Triallylphosphat oxydiert wird.

Versuche: *Triallylphosphit* (I), $C_9H_{15}O_3P$, Kp.$_{0,5}$ 58—60°, aus Allylalkohol u. PCl_3 in Ggw. von Pyridin u. Toluol bei 15°; n_D^{22} 1,4572; 90% (Ausbeute). — *Polytriallylphosphit* (II), aus I in *β.β'*-Dichlordiäthyläther mit 2,5% Di-tert.-butylperoxid bei 150—155°; 65%. *Brom-Deriv.*, aus II u. Br_2 in Methanol/Dichloräthylen bei 10—15°.

R. Helbig. 4010◇

Über den Einfluß der Ingredientien auf die Frostbeständigkeit von Gummi bei mehrfachen Deformationen. W. D. Saitzewa und G. M. Bartenew. (Hochmolekulare Verbind. [UdSSR] **2**, 1301—08, Sept. 1960; Forsch.-Inst. der Gummiind.; russ., Auszug: engl.) — Bei —100 bis +20° werden Proben von *Butadien–Styrol-* (*SKS-30*), *Butadien–Nitril-* (*SKN-40*) u. *Methylvinylpyridinkautschuk* (*MVPK*) period. (0,1 bis 1000 min^{-1}) stat. Kompressionen auf 10—12%, dann einer period. Deformation auf ca. 10% in hochelast. Zustand (20°) unterworfen. Als Weichmacher (WM) werden Phthalsäure-, Sebacinsäure- u. H_3PO_4-Ester, Vaselinöl u. Renacit, als Füllstoffe Gasruß (I) u. Kreide (II), als Vulkanisiermittel bis zu 2% S verwendet. Die Abhängigkeit der Frostbeständigkeits-Koeff. k von den Zusatzstoffen wird untersucht. Der Einfl. der WM ist bei den polaren Kautschuken größer als bei den nichtpolaren (wegen des verschiedenen Mechanismus). Der Unterschied der polaren Eigg. zeigt sich auch in der Wrkg. der WM bei hohen u. geringen Deformationsfrequenzen auf die intermol. Struktur u. auf k. Die Einführung von I u. II ändert k prakt. nicht, verbreitert aber das Gebiet des glasigen Zustandes nach höheren Temperaturen. Bei gleichzeitiger Einführung von I u. WM nimmt k um so mehr ab, je höher der I-Geh. ist. Mit zunehmendem I-Geh. nimmt der dynam. Kompressionsmodul im schon hochelast. Zustand merklich zu; geringer ist die Wrkg. von II; in beiden Fällen nimmt k ab.

R. K. Müller. 4030◇

Vulkanisation von Acrylkautschuk. D. Sch. Korotkina und R. P. Risskina. (Hochmolekulare Verbind. [UdSSR] **3**, 1833–38, 1961; Forschungsinst. für Synthesekautschuk; russ., Auszug: engl.) — Mit Hilfe von ^{35}S u. einer colorimetr. Meth. zur Best. von Polyaminen (Moore, C. **1950/54**, 513 S) konnte nachgewiesen werden, daß bei der Vulkanisation eines Copolymeren aus *Butylacrylat* u. *Acrylonitril* (88:12) S u. Polyamine in das vernetzte Vulkanisat eingebaut werden. An Stelle von Polyaminen können auch andere Red.-Mittel, wie z. B. Hydrochinon oder Benzoin, verwendet werden.

T. Lukanoff. 4030◇

Die Sorption von Wasserdampf durch Cellulose und Polymere bei hoher Feuchtigkeit. Tōru Kawai. (J. Polymer Sci. **37**, 181–98, 1959; Tokyo, Tokyo Inst. of Technol., Labor. of Textile Chem.; engl.) — Vf. behandelt die Sorption von W. durch *Cellulose* u. *Polyvinylalkohol* bei hohem Feuchtigkeitsgrad als Vorgang der Lsg. von W. in den ungeordneten Bereichen des Polymeren. Die Gesichtspunkte von Rowen u. Simha werden erweitert u. nach den entwickelten Grundsätzen wurden die Sorptionsdaten für mehrere Cellulosematerialien u. für Polyvinylalkohol geprüft. Wichtig ist der Befund, daß der elast. Beitrag zur Sorptionsisotherme von beträchtlicher Größe ist.

St. Tanneberger. 4050◇

Die Sorption von Polymeren an Cellulose. J. E. Luce und A. A. Robertson. (J. Polymer Sci. **51**, 317–35, 1961; Montreal, Quebec, Canada, McGill Univ., Phys. Chem. Div.; Pulp and Paper Res. Inst. of Canada, Dep. of Chem.; engl.) — Die Sorption von *Polyvinylacetat* aus Lsg. in organ. Lsgm. durch *Cellulosefasern* (I) wurde untersucht. Sie ist der Sorption von Polymeren an andere poröse Sorbentien ähnlich. Unterschiede im Ausmaß der Sorption aus verschiedenen Lsgm. wurde auf eine Konkurrenz zwischen Lsg.- u. Polymer-Moll. um die Sorptionsplätze zurückgeführt u. in Beziehung zum Löslichkeitsparameter von Hildebrand gesetzt. Die Sorptions-Eigg. von I wurden nach Quellung in organ. Lsgm., nach Umquellung in verschiedenen Lsgm. u. nach Gefriertrocknung untersucht. Das Ausmaß der Sorption ist ein Maß für den Quellungsgrad u. wurde unter Berücksichtigung älterer Theorien zu den Eigg. der Quellungs-Fl. in Beziehung gesetzt.

U. Hutten. 4050◇

Die Natur der säureempfindlichen Bindungen in Cellulose. R. I. C. Michie, A. Sharples und A. A. Walter. (J. Polymer Sci. **51**, 85–93, 1961; Manchester, England, Brit. Rayon Res. Assoc.; engl.) — Die Anfangsgeschw. der sauren Hydrolyse unter heterogenen Bedingungen ist für regenerierte *Celluloseproben* beträchtlich größer als für normale glucosid. Bindungen. Diese Beobachtung wird auf die Anwesenheit schwacher Bindungen zurückgeführt, u. es konnte gezeigt werden, daß diese nicht durch eine bestimmte chem. Rk. wie alkal. Oxydation entstehen. Vff. nehmen vielmehr physikal. Gründe an, wie Spannungen in den amorphen Bereichen der Moll. oder örtliche Veränderungen des normalen Zustands der Wasserstoffbrücken.

U. Hutten. 4050◇

Isolierung der Vorstufe einer Bakteriencellulose. A. W. Khan und J. Ross Colvin. (J. Polymer Sci. **51**, 1–9, 1961; Ottawa, Canada, Nat. Res. Council, Div. of Appl. Biol.; engl.) — Eine Vorstufe von *Cellulosefibrillen* (I) aus A.-Extrakten akt. Kulturen von *Acetobacter xylinum* konnte isoliert werden. Dazu wurden Chlf.-Extrakte der Rückstände der zentrifugierten A.-Lsg. der Säulenchromatographie an Kieselsäure–Celite (2 : 1) u. anschließend an Magnesol–Celite (2 : 1) unterworfen. In einer Fraktion aus der 2. Stufe wurde eine Verb. gefunden, welche in Ggw. des Ultrafiltrats der überstehenden Fl. einer akt. Kultur zur Bldg. von I fähig ist. Die Verb. enthält Glucose, eine unbekannte Base u. eine Fettsäure.

U. Hutten. 4050◇

Quellung von oxydierten Cellulosen in Wasser. I. M. Jarmolenka und M. M. Pawljutschenka. (Nachr. Akad. Wiss. BelorussSSR, Ser. physik.-techn. Wiss. **1958**, Nr. 2, 67–75; beloruss., Auszug: russ.) — Die Unters. des Quellungsgrades u. der Anisotropie der bei der Oxydation von *Hydratcellulose* durch NO_2-Dampf entstehenden oxydierten Cellullosen durch Messung der Vol.-Zunahme zeigt, daß der Grad der Quellung durch ein Minimum geht, das der Aufnahme von ca. 2% Carboxylgruppen entspricht. Trocknung der gequollenen oxydierten Cellulosen führt zu einer Vol.-Abnahme im Vgl. zu den frisch oxydierten Proben. Die Ergebnisse werden damit erklärt, daß durch Wechselwrkg. der oxydierten Gruppen der benachbarten Makromoll. u. Zunahme der Biegsamkeit der Makromoll. während der Quellung Knoten der räumlichen Netzstruktur des Polymeren entstehen. Die Ergebnisse werden durch die Unterss. über die Anisotropie u. die Röntgenogramme bestätigt.

O. Lebtag. 4050△

Durch γ-Strahlen induzierte Pfropfcopolymerisation von Styrol auf Cellulose und einige chemische Eigenschaften des Pfropfpolymeren. Y. Kobayashi. (J. Polymer Sci. **51**, 359—72, 1961; Katada-cho, Shiga-Pref., Japan, Toyo Spinning Co. Ltd., Textile Res. Inst.; engl.) — Die durch γ-Strahlen induzierte (^{60}Co) Pfropfcopolymerisation von *Cellulose* (I) u. *Styrol* wurde nach der Vorbestrahlungs-Meth. untersucht. Sie konnte durch Eintauchen von I in H_2O_2-Lsgg. (0,18—5%) während der Bestrahlung beschleunigt werden. Die Anzahl der reaktionsfähigen Stellen von Peroxidcharakter, bestimmt nach der Ferroion-Meth., wurde zur Aufpfropf-Geschw. in Beziehung gesetzt. Die Pfropfcopolymeren (II) wurden acetyliert u. die Rk. durch Gew.-Zunahme u. Messung der IR-Spektren verfolgt. Wegen der erhöhten Quellung der II verlief die Rk. schneller als für I. Die Acetylierung der II unter schärferen Bedingungen führte zum Abbau des Celluloseteils, so daß Polystyrol extrahiert wurde, aus dessen Viscosität der Polymerisationsgrad $1{,}98 \cdot 10^6$ errechnet wurde. Dieser Wert wurde mit der nach der Ferroion-Meth. ermittelten Zahl der akt. Stellen verglichen. U. Hutten. 4050◇

Vernetzung von Cellulosederivaten durch hochenergetische Bestrahlung. 2. Mitt. Frederick C. Leavitt. (J. Polymer Sci. **51**, 349—57, 1961; Framingham, Mass., Dow Chemical Co., Eastern Res. Labor.; engl.) — 1. vgl. C. **1961**, 9439. — *Methylcellulose, Hydroxyäthylcellulose, Methylhydroxypropylcellulose* u. *Hydroxybutylcellulose* wurden durch Bestrahlung mit hochenerget. Elektronen in wss. Lsg. reproduzierbar vernetzt. Für die Rk. wird ein Radikalkettenmechanismus angenommen. Als Konkurrenz-Rk. zur Vernetzung verläuft die Kettenspaltung, die Oxydation des Polymeren u. die Substituentenabspaltung. Für die Vernetzung wurden eine hohe Strahlungsdosis-Geschw. (Van de Graaff-Generator) u. die Viscosität des Mediums als wichtig erkannt. Hochviscose Lsgg. mit beschränkter Kettenbeweglichkeit werden bis zu einer genügend geringen Viscosität abgebaut, die eine Vernetzung erlaubt; dabei entsteht ein Gelsystem. *Carboxylierte Cellulose-Derivv.* wurden nach dieser Meth. nicht vernetzt. U. Hutten. 4050◇

Kinetik des säurekatalysierten Abbaus von Celluloseestern. Arnold J. Rosenthal. (J. Polymer Sci. **51**, 111—22, 1961; Summit, N. F., Celanese Corp. of America, Summit Res. Labor.; engl.) — 0,1 g *Celluloseacetat* (I) oder *-propionat* (II) wurden in 60 ml Essigsäure bzw. Propionsäure gelöst u. 10% H_2SO_4 zugegeben. Durch Viscositätsmessungen nach Rk.-Zeiten bis zu 4 Std. wurde die Geschw. des säurekatalysierten Abbaus von I u. II bestimmt. Die relative Abbau-Geschw. konnte mit Hilfe einer Eichkurve für die Abhängigkeit der Viscositätszahl vom Ausmaß des Abbaus unter Annahme einer Rk. pseudo-nullter Ordnung ermittelt werden. In Ggw. von Essigsäureanhydrid (III) bzw. Propionsäureanhydrid steigt die Abbau-Geschw. an, wobei der Abbau von I in Ggw. von 4 Mol/Liter III ein Minimum durchläuft. Der Zusatz von H_2SO_4 u. die Erhöhung der Temp. steigert die Rk.-Geschw. ebenfalls, während W. sie herabsetzt. Es wird ein Mechanismus vorgeschlagen, bei welchem eine räumliche Wechselwrkg. zwischen Estergruppen an der Cellulose u. verschiedenen Säure-Moll. angenommen wird. U. Hutten. 4050◇

Darstellung, Charakterisierung und Eigenschaften einer Desoxycellulose. Mary E. Carter. (J. Polymer Sci. **51**, 199—207, 1961; Marcus Hook, Pa., Amer. Viscose Corp.; engl.) — 100 g *Cellulose* (I) wurden in 2000 ml 2%ig. NaOH 2 Std. lang eingeweicht u. nach dem Abpressen auf 298 g in 1 Std. bei 55° mit 3000 ml *Acrylonitril* zur *Cyanäthylcellulose* umgesetzt. Diese wurde mit Essigsäure u. W. neutral gewaschen, getrocknet u. 33 g (D. S. 0,98) in 1200 ml fl. NH_3 mit 15 g Na zur *Desoxycellulose* (II) reduziert. Aus der Elementaranalyse von II u. aus dem Acetyl-Geh. der acetylierten II wurde berechnet, daß 30—35% der Anhydroglucopyranoseeinheiten zu Monodesoxyanhydroglucopyranoseeinheiten red. wurden. Aus dem gegenüber I um 21% geringeren Perjodatverbrauch u. dem Methylpentosan-Geh. wurde auf 10% der Desoxygruppen am $C_{(6)}$ u. 90% am $C_{(2)}$ u. $C_{(3)}$ geschlossen, wobei die rasche Säurehydrolyse u. die Chromatographie zeigen, daß die $C_{(2)}$-Desoxyglucopyranose überwiegt. Beim alkal. Abbau von II wurden mehr Säuren gefunden als bei I. Das Verh. von II gegen Cellulose-Lsgm. spricht für die Anwesenheit einiger Vernetzungsstellen. U. Hutten. 4050◇

Lichtstreuungs- und Ultrazentrifugenuntersuchungen an Hemicellulosen. Harold A. Swenson, Alfred J. Morak und Sheldon Kurath. (J. Polymer Sci. **51**, 231 bis 245, 1961; Appleton, Wis., Inst. of Paper Chemistry; engl.) — Schwarzfichte (Picea excelsa; I) wurde mit 16,7%ig. KOH extrahiert. Es wurden 16,4% *Xylose* (II), 34,3% *Mannose* (III), 1% *Uronsäureanhydrid* (IV), 14% *Glucose* (V), 25,5% *Galaktose* (VI) u. 8,8% *Arabinose* (VII) gefunden, was auf überwiegend *Arabogalaktan* (VIII) u. *Galaktoglucomannan* (IX) neben wenig *Araboglucuronxylan* (X) hinweist. Das Molgew. betrug in 2%ig. KOH nach der Lichtstreuung 41500, nach Archibald (12590 U/Min.) 42400, wobei die Hauptmenge mit einem einfachen Maximum sedimentierte. Die Viscositätszahl in Kupferäthylendiamin (**XI**) war 0,52 dl/g. *Chloritholocellulose* aus südlicher Föhre (Pinus eliotii; **XII**) wurde mit 10%ig. KOH extrahiert. Es wurden 50,1% **II**, 19,7% **III**, 10,8% **IV**, 7,3% **V**, 4,7% **VI** u. 7,4% **VII** gefunden, was auf überwiegend **X** neben etwas **VIII** u. **IX** hinweist. In alkal. Na-Borat (pH 12,2; **XIII**) wurde aus der Lichtstreuung das Molgew. zu 67000, nach Archibald zu 63700 beim oberen, zu 16300 beim unteren Meniskus bestimmt, was auf eine Polydispersität hinweist. Die Viscosität war in 0,5 m NaCl, in **XIII** u. in **XI** 0,79 bzw. 0,61 bzw. 0,55 dl/g. *Sulfitpulpe* von **I** wurde mit KOH, dann mit KBO_2 extrahiert. Es wurden 23,4% **V**, 75,2% **III** u. 1,4% **II** gefunden, was auf fast reines *Glucomannan* hinweist. Das Molgew. aus der Lichtstreuung in **XIII** war 63300, die Viscositätszahl in **XIII** 0,23, in **XI** 0,25. In **IX** aus **XII** wurde ein Mol-Verhältnis **VI** zu **V** zu **III** wie 1 : 1 : 3 festgestellt. Das Molgew. wurde aus der Lichtstreuung in **XIII** zu 27600, die Viscosität zu 0,27 dl/g ermittelt. U. Hutten. 4050◇

Ein wasserlösliches Galaktomannan aus der Cocosnuß (Cocos nucifera). 1. Mitt. **Methylierungsuntersuchungen.** C. V. N. Rao, D. Choudhury und P. Bagchi. (Canad. J. Chem. **39**, 375—81, 1961; Calcutta, India, Indian Assoc. for the Cultivat. of Sci., Dep. of Macromol.; engl.) — Das *Polysaccharid* ist aus dem wss. Extrakt der Kerne der Cocosnuß mit A. fällbar. Die Drehung beträgt $[\alpha]_D$ —85°. Es enthält *D-Galaktose* (1 Mol) u. *D-Mannose* (2 Mol). Methylierung u. Hydrolyse ergeben *2.3.4.6-Tetra-O-methyl-D-mannose* (0,51 Mol), *2.3.4.6-Tetra-O-methyl-D-galaktose* (0,5 Mol), *2.3.6-Tri-O-methyl-D-mannose* (5,52 Mol), *2.3.6-Tri-O-methyl-D-galaktose* (1,51 Mol) u. *Di-O-methyl-D-galaktose* (1 Mol). Daraus folgt, daß das *Galaktomannan* der Cocosnuß im Gegensatz zu anderen Galaktomannanen in 1 → 4-Stellung verknüpfte D-Galaktoseeinheiten hat u. daß die Verzweigungen mehr von D-Galaktoseeinheiten als von D-Mannoseeinheiten ausgehen. St. Tanneberger. 4050◇

Die Struktur des Polysaccharids aus „Gum asafoetida". J. K. N. Jones und G. H. S. Thomas. (Canad. J. Chem. **39**, 192—202, 1961; Kingston, Ontario, Canada, Queen's Univ., Dep. of Chem.; engl.) — Die Struktur des Polysaccharidanteils wurde papierchromatograph. ermittelt. Das *Polysaccharid* enthält *D-Galaktose, L-Arabinose, L-Rhamnose, 4-O-Methyl-D-glucuronsäure* u. *D-Glucuronsäure*. Es zeigt ein hochverzweigtes Makromol. mit einem Gerüst aus D-Galaktopyranoseresten, welche sehr wahrscheinlich in 1.3-β-Stellung verknüpft sind. Die Seitenkette besteht aus Resten von *L-Arabinofuranose, D-Galaktopyranose, D-Glucuronsäure* u. deren *4-O-Methyläther*. St. Tanneberger. 4050◇

Thermische Homopolymerisation von Lysin und Copolymerisation mit neutralen und sauren Aminosäuren. Kaoru Harada. (Bull. chem. Soc. Japan **32**, 1007—08, Sept. 1959; Tallahassee, Fa., State Univ., Oceanographic Inst., Chem. Dep.; engl.) — Durch Erhitzen von *DL-Lysin* bzw. *DL-Lysin* mit *Glycin* oder *DL-Asparaginsäure* auf 170—210° entstehen typ. *Homo-* bzw. *Copolymere*. Das IR-Spektrum des *Lysin–Asparaginsäure-Copolymeren* zeigt neben den für Polypeptide typ. Banden zusätzliche Banden bei 1720 u. 1780 cm^{-1}, die auf eine 5gliedrige cycl. Imidstruktur hinweisen. Der Aminosäure-Geh. der Copolymeren wird nach dem DNP-Verf. ermittelt. E. Schröder. 4070□

Chromatographische Untersuchung der Ei- und Serumalbumine und des Chymotrypsinogens in Kolonnen mit Hydroxylapatit. O. Ss. Zyperowitsch und I. P. Galitsch. (Ukrain. biochem. J. **34**, 666—77, 1962; Kiew, Biochem. Inst. der Akad. der Wiss. der UkrainSSR; ukrain., Auszug: engl.) — 5mal umkristallisiertes *Eialbumin* (**I**) bzw. *Pferdeserumalbumin* (**II**) u. 6mal umkristallisiertes *Chymotrypsinogen* (**III**) wurden chromatograph. unter Anwendung von Hydroxylapatit (**IV**), $Ca_5(OH)(PO_4)_3$, untersucht. Es wurde festgestellt, daß **II** aus 3 Komponenten im Verhältnis 68 : 20 : 12 besteht. **I** besteht ebenfalls aus 3 Komponenten im Verhältnis 80 : 15 : 5. Dieses Verhältnis entspricht genau dem Geh. der elektrophoret. Fraktionen A_1, A_2 u. A_3, die sich von einander durch die Zahl der geladenen Phosphorsäurereste unterscheiden. Die Chromatographie mit **IV** ermöglicht danach eine quant. Trennung der Komponenten, deren Adsorptionsvermögen mit steigender Zahl der Phosphogruppen abnimmt. Die von Tiselius u. Mitarbeitern (vgl. C. **1957**, 7456) aufgefundene 4. Fraktion von **I** kann nicht nachgewiesen werden. Das hochgereinigte **III** ist bei der chromatograph. Unters. mit **IV** homogen. O. Lebtag. 4070△

Erwiderung zum Beitrag von F. B. Klynstra, Experientia 14, 437 (1958). W. Scheler, W. Schwartzkopff-Jung und H. P. Wolvekamp. (Experientia [Basel] **15**, 272—73, 15/7. 1959; Berlin-Buch, DAdW, Inst. für Med. u. Biol., Arbeitsbereich Pharm.; Leiden, Zoolog. Inst.; dt.) — Die von Klynstra (C. **1960**, 3895) aufgestellten theoret. Schlüsse basieren auf falschen experimentellen Grundlagen u. können als unrichtig betrachtet werden. P. Becker. 4070△

E. Biologische Chemie. Physiologie. Medizin

E_1. Allgemeine Biologie und Biochemie

Mechanismus der Adeninsynthese aus Cyanwasserstoff unter möglichen primitiven Erdbedingungen. J. Oró. (Nature [London] **191**, 1193—94, 16/9. 1961; Houston, Tex., Univ., Chem. Dep.; engl.) — Nachdem kürzlich die spontane Bldg. von *Adenin* (I) u. der Purinvorstufen *4-Aminoimidazolyl-(5)-formamidin* (II) u. *Formamidin* (III) aus HCN in W.–NH_3-Syst. unter angenommenen primitiven Erdbedingungen nachgewiesen wurde, wird jetzt ein Rk.-Mechanismus diskutiert: 1. Kondens. von CN^- mit HCN zu *Iminoacetonitril* (IV) in Ggw. von NH_4OH; 2. Kondens. von CN^- mit **IV** zu *Aminomalodinitril* (**V**); 3. Ammonolyse von HCN u. **V** zu **III** u. *Aminomalodiamidin* (II); 4. Kondens. von **III** mit **VI** zu **II**, daneben Bldg. von *4-Aminoimidazolyl-(5)-formamid*; 5. Kondens. von **II** mit **III** zu **I**; Rk. 5 gab bei pH 1,7 u. 12 (12 Std., 130°) in W. hohe **I**-Ausbeuten. K. Maier. 4100□

Eichvorrichtung für ein Atmungsstoffwechselgerät. M. A. Inchiosa jun. (J. appl. Physiol. **15**, 743—44, Juli 1960; Staten Island, N.Y., Willowbrook State School, Neuro-Endocrine Res. Unit; engl.) — Beschreibung eines Geräts für die Verbrennung von Aceton in bekannter, konst. Menge in einer Stoffwechselkammer zur Gewährleistung eines Standardsauerstoffverbrauchs u. einer Standard-CO_2-Erzeugung für Eichzwecke. Abb., Meßergebnisse. Ph. Fresenius. 4100□

Die Ascorbinsäure in der Zelle. E. Gero und J. M. Roux. (C. R. Séances Soc. Biol. Filiales **152**, 329—31, 1958, herausgeg. 5/9. 1958; Paris, Faculté de Méd., Labor. de la Physiol. de la Nutrition des Hautes Études et Labor. d'Histol.; franz.) — Der Zellkern schließt keine *Ascorbinsäure* ein, die Mitochondrien enthalten jedoch sehr beträchtliche Mengen, das Cytoplasma u. die Mikrosomen enthalten viel Ascorbinsäure. W. F. Ebel. 4150□

Der Effekt der Hypophysektomie bei der Ratte und die Behandlung mit Wachstumshormon auf die Incorporierung von Aminosäuren in Leber-Proteine in einem zellfreien System. A. Korner. (Biochem. J. **73**, 61—71, Sept. 1959; Cambridge, Univ., Dep. of Biochem.; engl.) — Vgl. C. **1959**, 1503. — Hypophysektomie bei Ratten bewirkt, daß die Lebermikrosomen in vermindertem Maße *Aminosäuren* (I) in Protein (II) einbauen. Werden hypophysektomierte Ratten mit *Wachstumshormon* von Ochsen behandelt, dann erhalten die Lebermikrosomen teilweise die Fähigkeit zurück, **I** in **II** zu incorporieren. K. Grade. 4150□

Einbau radioaktiver Aminosäuren in Serumalbumin durch isolierte Rattenleber-Ribosomen. A. Korner. (Biochem. J. **83**, 69—74, April 1962; Cambridge, Univ., Dep. of Biochem.; engl.) — Vf. untersucht die Aufnahme von *DL-$^{14}C_{(1)}$-Leucin* in Ratten- u. Kükenserumalbumin. 2—3 Std. lang wird radioakt. Leucin von Albumin aufgenommen. Verss. anderer Autoren, bei denen die Inkorporation nach 30 Min. aufhörte, lassen sich durch Beschädigungen der Ribosomen während ihrer Isolierung erklären. Die Aufnahme der Aminosäuren in das Albumin hängt von der Verfügbarkeit aminosäureaktivierender Enzyme u. von der Ggw. lösl. RNS u. ATP im Zellsaft ab. Ein ATP-regenerierendes Syst. ist nicht notwendig; aber in Ggw. von Kreatinphosphat u. Kreatinphosphokinase kann die Konz. von ATP niedriger gehalten werden. Puromycin setzt die spezif. Aktivität des Serumalbumins herab. Aus den Verss. ergibt sich, daß isolierte Rattenleberribosomen in Ggw. von Zellsaft radioakt. Aminosäuren in ein spezif. Protein, Serumalbumin (das in Rattenlebern in beträchtlicher Menge synthetisiert wird), inkorporieren. Das Albumin, verbunden mit Ribosomen, erhält eine hohe spezif. Aktivität u. wird zunehmend von den Ribosomen zum lösl. Teil des zellfreien Syst. übertragen. Dies wird als Beweis dafür angesehen, daß die Ribosomen den Teil der Zellen darstellen, an dem beträchtliche Mengen von Protein synthetisiert werden. K. Heyns. 4150□

Ionenmilieu und Kontraktion isolierter Rattenlebermitochondrien durch Adenosintriphosphat. Albert L. Lehninger. (Biochim. biophysica Acta [Amsterdam] **48**, 324—31, 1/4. 1961; Baltimore, Md., Johns Hopkins School of Med., Dep. of Physiol. Chem.; engl.) — Die Kontraktion von Thyroxin-gequollenen Rattenlebermitochondrien durch *Adenosintriphosphat* (I) ist im wesentlichen vom Ionenmilieu unabhängig, da sie in Medien, die K^+, Na^+, Li^+, Rb^+, NH_4^+ oder $Tris^{2+}$ als Hauptkation oder Cl^-, Br^-, J^-, F^-, NO_3^-, CCO_3^-, ClO_4^-, SO_4^{2-} oder Acetat$^-$ als Hauptanion enthalten, maximal verläuft. Kontraktion findet innerhalb eines großen Osmolaritätsbereiches sowie in dest. W. mit minimal möglicher Ionenstärke statt. **I**-induzierte Kontraktion erfolgt auch in Mitochondrien, in denen die Fähigkeit zur oxydativen Phosphorylierung u. spezif.

K^+-Bindung durch Alterung völlig verloren gegangen ist. Diese Befunde schließen die Möglichkeit aus, daß Wasserausscheidung aus Mitochondrien durch I indirekt ist u. von einem akt. Ionenfluß zwischen extra- u. intramitochondrialen Räumen abhängt. Wahrscheinlich ruft I eine kontraktile Veränderung in der Membran hervor, die zu einer Vol.-Verminderung durch Ausscheidung von W. u. mindestens einiger niedermol. gelöster Stoffe führt. K. Maier. 4150□

Die Synthese der Ribonucleinsäure im Eierstock der Grille. Michel Durand und Colette Séréno. (C. R. hebd. Séances Acad. Sci. **253**, 556–58, 17/7. 1961; Paris, S.P.C.N., Labor. de Biol. anim., Coll. de France, Labor. de Phys. atom. et mol.; franz.) — Die in einer früheren Arbeit (C. **1961**, 10595) beobachtete Verteilung von *^{3}H-Adenosin* (I) nach 24 Std. im Eierstock der Grille (*Gryllus bimaculatus*) wurde nun auch nach 5 oder 15 Min. dauernder I-Einw. verfolgt. Nach der kurzen I-Einw. wurde noch keine Aktivität in der *Desoxyribonucleinsäure* (II) festgestellt, so daß eine sek. Umwandlung von *Ribonucleinsäure* (III) in II vorzuliegen scheint. Keine oder nur schwache Radioaktivität wurde in der mit Perchlorsäure nicht extrahierbaren cytoplasmat. Fraktion der Follikelzellen u. Ovocyten beobachtet. Vff. schließen aus ihren Beobachtungen, daß die III-Synth. im Chromatin — jedenfalls aber im Kern — beginnt u. sich im Cytoplasma fortsetzt. Damit scheint ein entsprechender III-Transport einherzugehen. H. Lohschelder. 4150□

Eine neue Methode zur Extraktion von Desoxyribonucleinsäure aus Bakterien. R. Vendrely, C. Palmade und C. Vendrely. (Nature [London] **178**, 1044–46, 10/11. 1956; Strasbourg, Centre de Rech. sur les Macromol.; engl.) — Aus verschiedenen Bakteriengattungen (*B. megatherium*, *Proteus*, *E. coli* oder *Staphylococcus*) erhalten Vff. durch schonende Extraktion hochpolymere fadenförmige *Desoxyribonucleinsäure* (*DNS*). Dazu werden die Zellen in physiolog. Kochsalz-Lsg. 2mal gewaschen, in mit Chlf. gesätt. W. resuspendiert u. 30 Min. in der Kälte stehen gelassen, wobei sie absterben. Die Zellen werden anschließend in der Kühlzentrifuge abgetrennt u. 10 g nasse Zellen in 100 ml 0,4%ig. NaCl-Lsg. (pH 7,0) resuspendiert. Der Suspension wird 0,5 mg Lysozym/ml zugegeben, 3–15 Min. (je nach Bakterienart) bei 20° inkubiert u. danach durch rasches Abkühlen auf 2° die Inkubation beendet. Die Zellen werden in der Kühlzentrifuge sedimentiert, 2mal in dest. W. gewaschen u. im 10fachen Vol. W. mit der 2fachen Menge Glaspulver 30 Min. lang in der Kälte geschüttelt. Aus dem Überstehenden läßt sich die hochpolymere DNS nach Zusatz des 3fachen Vol. A. ausfällen. Vff. erhalten auf diese Weise 70–90% der Zell-DNS. L. Träger. 4150□

Einfache Methode der quantitativen Bestimmung der Desoxyribonucleinsäure in tierischen Geweben. A. Ss. Orlow und Je. I. Orlowa. (Biochemie [UdSSR] **26**, 834–39, Sept./Okt. 1961; Leningrad, Zentr. Forschungs-Inst. für med. Radiolog.; russ., Auszug: engl.) — Vff. schlagen eine einfache Meth. vor, wonach die Best. von *Desoxyribonucleinsäure* (I) im tier. Gewebe ohne Behandlung des Gewebes mit Säure u. organ. Lsgm. vorgenommen werden kann. Die Meth. beruht darauf, daß bei Zusatz einer gesätt. NaCl-Lsg. in Essigsäure zum alkal. Gewebehydrolysat I u. andere P-Verbb. in der Lsg. bleiben, während die Proteine ausfallen. Die I-Trennung von den übrigen P-Verbb. erfolgt durch Fällung mit A. u. Auswaschen des Nd. mit Trichloressigsäure. Die I-Best. erfolgt entweder nach Fiske u. Subbarow (Best. des P-Geh.) oder nach Diesche (Rk. mit Diphenylamin). O. Lebtag. 4150△

Über den Gehalt und die Zusammensetzung der Nucleinsäuren in den Testikeln und Muskeln von Enten der wilden und Peking-Rasse. W. M. Gaidai. (Ukrain. biochem. J. **34**, 352–58, 1962; Kiew, Schewtschenko-Univ., Lehrstuhl für Biochem. u. Biophys.; ukrain., Auszug: engl.) — Die Unters. des Geh. an *Ribonucleinsäure* (I) u. *Desoxyribonucleinsäure* (II) in den Testikeln u. Skelettmuskeln der Wildente u. der Pekingente während der sexuellen Aktivität (März–Juni) ergab, daß der I- u. II-Geh. in den Testikeln 5–6mal größer ist als im Skelettmuskel. Der Geh. an I u. II ist unabhängig von der Rasse. Aus der Unters. der Zus. von I mit Hilfe der Papierchromatographie u. spektrophotometr. Best. geht hervor, daß die I aus Testikel u. Skelettmuskel zum Guanin–Cystin-Typ gehören. O. Lebtag. 4150△

Untersuchungen an Nucleinsäuren. 1. Mitt. Zur papierchromatographischen Bestimmung von Pyrimidinen, Purinen und Nucleosiden. H. Venner. (Hoppe-Seyler's Z. physiol. Chem. **322**, 122–34, 31/12. 1960; Jena, Dt. Akad. der Wiss., Inst. für Mikrobiol. u. exp. Therap.; dt.) — Umfangreiche Unterss. ergaben, daß zur papierchromatograph. Trennung der wichtigsten *Purine* u. *Pyrimidine* das von Wyatt angegebene Lsgm.-Syst. Propanol-(2)/HCl/W. (170:41:39) am günstigsten ist (Schleicher & Schüll-Papier 2043b Mgl.). Bei aufsteigender Entw. wird eine hohe Trennleistung u. gute Reproduzierbarkeit bei langsamer Lauf-Geschw. (20 Std./30 cm) erreicht. Als einphasiges Syst. ist es relativ unempfindlich gegen Temp.-Schwankungen. Als saures Gemisch transportiert es für quant. Best. ausreichende Mengen Guanin. Ein Überlappen der einzelnen Flecken tritt auch bei großen Basen-Konzz. noch nicht auf. Vf. fand für die Trennung der *Nucleoside* ein Lsgm.-Gemisch der Zus. n-Butanol/Aceton/W./NH_4OH (20:25:7,5:1,5), das bei aufsteigender Chromatographie (Steighöhe 30—38,5 cm, Papier Schleicher & Schüll 2043b) nach 2maligem Lauf in gleicher Richtung, mit Ausnahme des als einen Fleck erhaltenen Paares Adenosin/Cytosindesoxyribosid, alle übrigen natürlich vorkommenden Ribonucleoside u. Desoxyribonucleoside trennt. Adenosin u. Cytosindesoxyribosid lassen sich nach Elution im Syst. Propanol-(2)/HCl/W. (170:41:39) ohne Hydrolyse trennen. Bei der quant. Best. lag die Streuung der Mittelwerte der Extinktionen für die einzelnen Nucleinsäurebasen zwischen ±4,7 u. 8,2%. L. Laschet. 4150□

Nucleinsäuren, Purin- und Pyrimidinbasen in der Leber der mit Äthionin behandelten Ratte. C. M. Caldarera, R. Infante und A. M. Sechi. (Boll. Soc. ital. Biol. sperim. **34,** 1927—29, 15/31. Dez. 1958; Bologna, Univ., Ist. di Chim. Biol.) — Ratten wird eine einmalige Dosis von 50 mg *DL-Äthionin* intraperitoneal injiziert. Die Resultate der Unterss. der Leberhomogenate ergeben: Verringerung von Ribonucleinsäuren (RNS), *Guanin* u. *Uracil* u. wesentliche Zunahme der den RNS zugehörigen methylierten Pyrimidine. Desoxyribonucleinsäure u. Adenin sind prakt. unverändert. F. Kren. 4150

Kondensation der 6-Aminouracile mit Formaldehyd. M. Ja. Feldman. (Biochemie [UdSSR] **26,** 822—30, Sept./Okt. 1961; Moskau, Inst. für Virus-Präpp., Biochem. Labor.; russ., Auszug: engl.) — Es wird gezeigt, daß in der neutralen wss. Lsg. bei Zimmer-Temp. bei der Einw. von *Formaldehyd* (I) auf *1-Methyl-6-aminouracil, 3-Methyl-6-aminouracil* u. *1.3-Dimethyl-6-aminouracil Methylen-bis-[6-amino-1-methyluracil]*, *-[6-amino-3-methyluracil]* u. *-[6-amino-1.3-dimethyluracil]* entstehen. Rk.-Mechanismus u. Struktur dieser Verbb. werden diskutiert. Die so gebildeten Verbb. werden als einfache Modelle jener Strukturen angesehen, die vermutlich bei der Rk. zwischen I u. Ribonucleinsäure entstehen. O. Lebtag. 4150△

Der Mechanismus der chemischen Mutagenese. 1. Mitt. **Kinetische Untersuchungen über die Wirkung von Triäthylenmelamin und Azaserin.** V. N. Iyer und Waclaw Szybalski. (Proc. nat. Acad. Sci. **44,** 446—56, Mai 1958; New Brunswick, N.J., State Univ., Inst. of Microbiol.; engl.) — Vgl. C. **1960,** 4541. — *Triäthylenmelamin* u. *Azaserin* erscheinen auf Grund ihrer Wirksamkeit in weiten Konz.- u. Temp.-Bereichen bei fast 100%ig. Überlebensquote der behandelten Zellen als bes. geeignet zur quant. Unters. mutagener Prozesse. Der Wrkg.-Vorgang ist von Diffusion u. semireversibler Bindung, die auch bei niedrigen Temp. rasch vor sich gehen, gek., sowie von einer temperaturabhängigen, langsam voranschreitenden Reaktion. U. Tausendfreund. 4150□

Über die Wirkung von Colchicin auf die Ovula von Cephalotaxus drupacea, Taxus baccata und Ginkgo biloba. Michel Favre-Duchartre. (C. R. Séances hebd. Acad. Sci. **247,** 1029—31, 6/10. 1958.) — *Colchicin* (I)-Kristalle oder eine 0,1%ig. I-Lsg. hemmen die Spindel-Bldg. bei der Mitose von *C. drupacea, T. baccata* u. *G. biloba* im Kern, im Gebiet des Hilums, dem Gewebe unterhalb des Ovulums u. der Basis des Integuments. Anscheinend muß I dazu in die mikropylare Fl. gelangen, denn eine Applikation von I in Wunden des Ovulums zeigt keine Wirkung. R. Lenschau. 4150□

Genetische Transformation. 2. Mitt. **Die Bedeutung eines Schadens am Desoxyribonucleinsäure-Molekül.** L. S. Lerman und L. J. Tolmach. (Biochim. biophysica. Acta [Amsterdam] **33,** 371—87, Juni 1959; Denver, Colo., Univ. of Colorado, Med. Center, Florence R. Sabin Labor., Dep. of Biophys.; engl.) — *Desoxyribonucleinsäuren* (*DNS*) aus *Pneumokokken*, u. zwar des Normalstamms, wie eines Streptomycin- u. eines Optochin-resistenten Stammes, wurden Desoxyribonuclease (DNase), UV-Strahlung (UV), Wärme, Röntgenstrahlung u. Stickstofflost ausgesetzt u. ihre Fähigkeit zur Transformation wie zum Einbau in Zellen geprüft. Die Inkorporierung nimmt ab mit sinkendem Molgew. der DNS. Die genet. Aktivität geht nach den kinet. Unterss. durch einen Eintreffervorgang verloren, das für die genet. Aktivität krit. DNS-Segment hat eine Länge von ca. 8% des intakten Moleküls. Wärme u. UV geben Multikomponent-Inaktivierungs-Kurven. Die Quantenausbeute bei UV wurde zu $3{,}8 \cdot 10^{-3}$ berechnet. Bei Wärmebehandlung lassen sich 2 Prozesse unterscheiden. M. Wiedemann. 4150□

In vitro-Einbau von ^{14}C-Lysin in das Bence-Jones-Protein. Franz Meyer. (Proc. Soc. exp. Biol. Med. **110,** 106—09, Mai 1962; Chicago, Ill., Univ., Dep. of Biochem.; engl.) — Bei einer Patientin mit multipler Myelose wurde Knochenmark entnommen u. die Zellen in Nähr-Lsg. mit *^{14}C-Lysin* (I) kultiviert. Nach Dialyse des Nährmediums

wurden die Eiweißfraktionen elektrophoret. aufgetrennt (Kartoffelstärke, Veronalpuffer pH 8,6, Ionenstärke 0,1, 250 V, 20 mA, 68 Std.). Durch Vgl. des Kulturdialysats mit *Bence-Jones-Protein* (II; isoliert aus dem Harn der Patientin) konnte bewiesen werden, daß durch Knochenmarkzellen I in eine Substanz eingebaut wird, die die charakterist. Merkmale des II besitzt. Im γ-Globulin ist die Aktivität nur gering.
H. Ackermann. 4160□

Aminosäuren des Plasmas bei Malignität. G. Y. N. Iyer. (Indian J. med. Res. **46**, 568—70, Juli 1958; Trivandrum, Med. Coll., Dep. of Biochem.) — Im Plasma von Patienten mit malignen Erkrankungen (an Backe, Magen, Uterus, Palatum, Penis, Hodgkinscher Krankheit u. Prostata) ist der *Glutaminsäure*-Geh. erhöht, die Geh. von *Alanin, Glutamin, Serin, Tyrosin, Valin, Leucin, Isoleucin* sind dagegen erniedrigt. Bei Leukämie ist der *Glycin*-Geh. des Plasmas hoch.
S. Dittmann-Mitzscherlich. 4160□

Die Verteilung der Adenylcofermente zwischen den Mitochondrien und dem Hyaloplasma als Faktor der Glykolyseregulation in den Zellen der Mäuseleber und des Ehrlich-Ascitescarcinoms. W. Ss. Gaitzchoki. (Biochemie [UdSSR] **26**, 926 bis 933, Sept./Okt. 1961; Leningrad, Inst. für experim. Med. der Akad. der med. Wiss. der UdSSR, Abt. Biochemie; russ., Auszug: engl.) — Die Unters. des Einfl. des Hyaloplasmas des Ehrlich-Ascitescarcinoms (a) auf die Mitochondrien der Mäuseleber (b) ergab, daß Zusatz von a zur b-Suspension die durch die spontane Quellung verursachte Abnahme der opt. Dichte verstärkt. Der Geh. an *Adenosintri* (I)-, *Adenosindi*- (II) u. *Adenosinmonophosphorsäure* (III) nimmt in den Mitochondrien bei der Inkubation in 0,25 m Mannit weniger ab als bei der Inkubation mit a u. bleibt bei der Inkubation mit b-Hyaloplasma fast unverändert, Die Abnahmen von I u. II sind viel stärker als die Abnahme von III. Im b-Hyaloplasma wird bei der Inkubation mit b der Geh. an I von 8,4 (mμ Mol/mg) auf 6,4 gesenkt, der Geh. an II von 2,7 auf 2,1, der Geh. an III von 4,8 auf 3,6. Im a-Hyaloplasma erfolgt eine Zunahme von 10,0 auf 10,7 bei I, von 7,7 auf 8,9 bei II, von 11,2 auf 15,8 bei III. Im b-Hyaloplasma gibt es bei fehlendem I prakt. keine Glykolyse. Die vorherige Inkubation mit b-Mitochondrien ist mit u. ohne Zusatz von I ohne Einfl. auf die Geschw. der Glykolyse. Wird jedoch das bei der Inkubation mit 0,25 m Mannit entstandene „Sekret" zugesetzt, so wird die Glykolyse sowohl mit als auch ohne I stark beschleunigt. Die Glykolyse des a-Hyaloplasmas ist ohne I nur gering. Zusatz von I beschleunigt sie. Die Bedeutung einer Strukturstörung der Mitochondrien u. der Membranpermeabilität für den Verlauf der Glykolyse wird diskutiert.
O. Lebtag. 4160△

Die Oxydationsprozesse in mit Antiserum behandelten Geschwulstzellen. W. I. Agol. (Biochemie [UdSSR] **26**, 846—54, Sept./Okt. 1961; Moskau, Inst. für Poliomyelitis u. Virusencephalitiden der Akad. der med. Wiss. der UdSSR, Labor. für Biochemie; russ., Auszug: engl.) — Agol u. Grajewskaja (Ber. Akad. Wiss. UdSSR **136**, [1961], 479) hatten gezeigt, daß die in Geschwulstzellen durch das Antiserum (AS) bewirkte Hemmung der Glykolyse nicht auf einer direkten Wrkg. der im AS enthaltenen Antikörper auf die glykolyt. Fermente beruht. Es wird nun gezeigt, daß das AS gegen Ehrlich-Ascitescarcinom keinen spezif. Einfl. auf die oxydative Aktivität der isolierten Mitochondrien zeigt. Die Herabsetzung der oxydativen Aktivität der Geschwulstzellen durch das AS kann durch Erhöhung der Eiweiß-Konz. im Substrat oder durch Zugabe von Adenosintriphosphorsäure verhindert werden. Bei Einhaltung bestimmter Bedingungen kann sogar eine sehr starke Aktivierung der Oxydation von Succinat (I) u. α-Ketoglutarat eintreten. Die I-Oxydation kann durch Zugabe von Diphosphopyridinnucleotid gehemmt werden, bedingt durch die Anreicherung von Oxalessigsäure (Inhibitor der Succindehydrase).
O. Lebtag. 4160△

Einfluß der intravenösen Injektion einer Kohlenstoffaufschwemmung auf die Entwicklung einer Fernwirkung beim Ascitestumor der Wistarratte. F. Ludwig. (C. R. Séances Soc. Biol. Filiales **152**, 467—68, 24/9. 1958; franz.) — Die Einspritzung von 16 mg *Kohlenstoff*/100 g Ratte in Form einer Schellack enthaltenden Aufschwemmung ruft eine Vermehrung der nekrobiot. Zellen auf 80% hervor. Die Einspritzung der gleichen Menge Kohlenstoff ohne Schellack übt im Gegensatz dazu keine meßbare Wrkg. auf den Tumor aus.
W. F. Ebel. 4160□

Zigarettenpapier mit Ammoniumsulfamat und cancerogene Kohlenwasserstoffe. A. Candeli, A. J. Lindsey und K. Persaud. (Boll. Soc. ital. Biol. sperim. **36**, 452—54, 31/5. 1960; Perugia, Univ., Ist. d'Igiene; London, Sir John Cass Coll., Dep. of Chem.; ital.) — Die Unterss. werden am Rauch von 400 Zigaretten durchgeführt, deren Papier in eine 4,25% ig. Ammoniumsulfamat-Lsg. getaucht wurde. Wie schon von anderen Vff. wurde eine beträchtliche Verringerung von *3.4-Benzpyren, Acenaphthen, Anthracen, Pyren, Fluoranthen* u. *Coronen* gefunden.
F. Kren. 4160□

Einfluß des piliferen Cyclus auf die kutane Carcinogenese durch 9.10-Dimethyl-1.2-benzanthracen bei der Maus. N. Pennelli, F. Vimercati und G. Tridente. (Boll. Soc. ital. Biol. sperim. **38,** 276—79, 31/3. 1962; Bari, Univ., Ist. di Anatom. e Istol. Patol., Div. di Cancerol. Sperim.; ital.) — Es wird die Entw. der Papillome bei Mäusen untersucht, denen einmalig 250 µg *9.10-Dimethyl-1.2-benzanthracen* (I) in den beiden Phasen des piliferen Cyclus appliziert wird. Während sie in der Phase des Haarwachstums nur in 5,8% Hautpapillome entwickeln, sind es in der Ruhephase 56,1%, die nach 35—50 Tagen der I-Behandlung auftreten. F. Kren 4160 □

Elektronenstruktur und carcinogene Wirksamkeit von konjugierten Verbindungen, substituierten aromatischen Kohlenwasserstoffen, heteroaromatischen Verbindungen und Azoverbindungen. Kenichi Fukui, Chikayoshi Nagata, Teijiro Yonezawa, Yoshiaki Inamoto und Akira Imamura. (Gann, Japan. J. Cancer Res. **51,** 67—81, März 1960; Kyoto, Kyoto Univ., Fac. of Engng.; engl.) — Bei Unterss. der Elektronenstruktur methylsubstituierter 1.2-Benzanthracene, Benzcarbazole u. Diaminoazobenzol-Derivv. mit Hilfe der Grenzelektron-Meth. fanden sich Parallelen zwischen der Grenzelektronenverteilung an der carcinogenophoren Gruppe dieser Verbb. u. ihrer carcinogenen Aktivität. Die in den frühen Stadien der Carcinogenese auftretenden Rkk. aller chem. Carcinome sind nucleophiler Natur. — Untersuchte Verbb.: 1.2-Benzanthracene: *Unsubstituiert, 5-Methyl-, 6-Methyl-, 7-Methyl-, 8-Methyl-, 9-Methyl-, 10-Methyl-, 1'-Methyl-, 2'-Methyl-, 3'-Methyl-, 4'-Methyl-, 4'-Aza-; 1.2;5.6-* sowie *3.4;5.6-* u. *1.2;7.8-Dibenzcarbazol, 1.2-* u. *3.4-Benzacridin, 1.2;5.6-* u. *3.4;5.6-Dibenzacridin, 3-Azachrysen, 1'-Aza-3.4-benzpyren, 1-Aza-3.4-benzphenanthren, 5-Aza-1.2-benzanthracen, 1.2;5.6-Dibenzphenazin, 4'-Aza-1.2-benzanthracen.* — Dimethylaminoazobenzole: *2-Fluor-, 2'-Fluor-, 3'-Fluor-, 4'-Fluor-, 2.6-Difluor-, 3'.5'-Difluor-, 2-Methyl-, 3-Methyl-, 2'-Methyl-, 3'-Methyl-, 4'-Methyl-, 3.5-Dimethyl-, 3'.5'-Dimethyl-, 2'-Chlor-, 3'-Chlor-, 4'-Chlor-, 2-Hydroxy-, 2'-Hydroxy-, 3'-Hydroxy-, 4'-Hydroxy-, 4'-Amino-* u. *4'-Acetylamino-.* U. Tausendfreund. 4160 □

Experimentelle Grundlagen der Chemotherapie des Krebses. Biochemische, pharmakologische und histo-pathologische Untersuchungen mit N-Oxid-Lost. Norbert Brock. (Arzneimittel-Forsch. **7,** 727—35, Dez. 1957; Brackwede/W., Asta-Werke AG., Chem. Fabrik, Pharmakolog. Abt.) — Diskussion der chem., pharmakolog. u. klin. Grundlagen der Krebschemotherapie u. neuer Kriterien für chem. Entw. u. pharmakolog. Beurteilung cancerotox. Verbb. u. die klin. Behandlung hiermit. Die geringe therapeut. Breite der meisten cancerotox. Verbb. ist durch die große Rk.-Fähigkeit der funktionellen Gruppen bedingt. Bei Anwendung des Prinzips Transportform–Wirkform (Druckrey) nehmen Spezifität der Wrkg. u. damit die therapeut. Breite merklich zu [Stilböstroldiphosphat, N-Oxidlost (I)]. Als Kriterium der curativen Wrkg. wird die endgültige Heilung der Vers.-Tiere (Rezidiv- u. Metastasenfreiheit >90 Tage) gewählt. I weist bisher den größten therapeut. Index auf. Die histolog. Verfolgung der Heilung experimenteller Tiertumoren ergab charakterist. Riesenzellformen für das behandelte Walker-256-Carcinom u. Rückbldg. des Yoshida-Sarkoms über eine stark beschleunigte Nekrotisierung ohne spezif. Zellformen. Die Chemotherapie ist klin. zur Bekämpfung der ausgeschwemmten Tumorzellen indiziert. Zur Erhöhung der Überlebenszeit nach Radikaloperation empfiehlt sich die sog. Schutztherapie als Rezidivprophylaxe. K. Maier. 4160 □

Untersuchungen zum Abbau von N-Oxid-Lost in wässeriger Lösung. Herbert Arnold, Norbert Brock und Hans-Jürgen Hohorst. (Arzneimittel-Forsch. **7,** 735—39, Dez. 1957.) — Vgl. auch vorst. Referat. — *Stickstoffoxidlost* (I; K_B $4{,}1\cdot10^{-11}$) erleidet in neutraler, wss. Lsg. unter Abspaltung von ca. 1 Äquivalent Cl^- innerhalb 2 Std., 37°, Hydrolyse zur stärker bas. *Mono-[β-hydroxyäthyl]-Verb., N-Methyl-[(β-hydroxyäthyl)-(β-chloräthyl)]-amin-N-oxidhydrochlorid* (K_B $1{,}3\cdot10^{-4}$). Beim weiteren Abbau entsteht innerhalb 13 Tagen unter Freisetzung von 1 Äquivalent Protonen ein äußerst schwach bas. Endprod., *N-[Methyl-(β-chloräthyl)]-O-(β-hydroxyäthyl)-hydroxylaminhydrochlorid* (K_B $<10^{-11}$). K. Maier. 4160 □

Experimentelle Auswertung von möglichen Antikrebsmitteln. 5. Mitt. Die in vitro-Zellkultur als Hilfsmittel bei einer ersten Arzneimittelauswertung und Antibiotica-Isolierung. Glen J. Dixon, Frank M. Schabel jun., Howard E. Skipper, Elizabeth Ann Dulmadge und Bettie Duncan. (Cancer Res. **21,** Nr. 8, [Part II] 535—72, Sept. 1961; Birmingham, Ala., Southern Res. Inst., Kettering-Meyer Labor.; engl.) — Nach kurzer Diskussion der Vor- u. Nachteile von Zellkulturen zur Prüfung von Chemotherapeuticis gegen Krebs werden ausführlich vergleichende Unterss. beschrieben, die die Korrelation zwischen einer Kultur von menschlichen KB-Zellen (aus einem Carcinom des Nasopharynx gewonnen), tier. Transplantationstumoren, bes.

Ca 755, u. klin. Ergebnissen bei der Testung untersuchen. Von 54 *Purinanalogen*, die cytotox. gegen Ca 755 waren, zeigten sich 87% auch in der Zellkultur als wirksam; von 52 *Purinanalogen*, die negativ am Ca 755 waren, waren dagegen 52% auch in der Zellkultur wirksam. Es scheint, daß die folgenden Stoffklassen bei Zellkulturen ansprechen: *Folsäure-* u. *Purinantagonisten, Fluorpyrimidine, N-Loste, Äthylenimine, Actinomycin C* u. *Cortison. Cytoxan* u. *Myleran*, Alkylantien, die erst im Organismus in die eigentlichen Wirkformen übergeführt werden, waren erwartungsgemäß in der Zellkultur ohne Wrkg., ebenso *Urethan*. Ebenfalls vergleichend getestet wurden ca. 1200 rohe *Antibioticafiltrate*, von denen ca. 70% der an in vivo-Tumor-Syst. wirksamen auch in der in vitro-Zellkultur erfaßt wurden. R. Preußmann. 4160◇

Wirkung von Cortison und Adrenalektomie auf das Wachstum von Ehrlichs Ascitestumor in Mäusen. Ben E. M. Watson. (J. nat. Cancer Inst. **20**, 219–25, Jan. 1958; New Orleans, La., Tulane Univ., School of Med., Dep. of Anatomy; engl.) – Die Behandlung von Ehrlich-Ascitestumor in Mäusen mit *Cortison* (I) hemmt das Tumorwachstum, wobei die Hemmung von I mengenmäßig abhängt. Nach Adrenalektomie nimmt das Wachstum zu. J. Miller. 4160□

Der Einfluß von A-methopterin auf die Lebensdauer von leukämischen Mäusen in Abhängigkeit von Nahrungsaufnahme, Gewichtsänderungen und Tumorwachstum. Stewart R. Humphreys, Abraham Goldin, John M. Venditti und Nathan Mantel. (J. nat. Cancer Inst. **20**, 211–18, Jan. 1958; Bethesda, Md., Nat. Cancer Inst., Labor. of Chem. Pharmacol. and Biometry Branch; engl.) – Behandlung von transplantierter Mäuseleukämie L 1210 mit *A-methopterin* brachte konst. Nahrungsaufnahme. Bei Diät im späteren Stadium wird das Wachstum von transplantierten Tumoren u. der Gew.-Verlust des Tieres verzögert, die Lebensdauer aber nicht beeinflußt. Wird Diät in früherem Stadium gegeben, treten Gew.-Verluste, Wachstumshemmung der Tumore u. Lebensverlängerung auf. J. Miller. 4160□

E_2. Enzymologie. Gärung

Energetische Kopplung in der Atmungskette. Poul E. Glahn und Sigurd O. Nielsen. (Nature [London] **183**, 1578–80, 6/6. 1959; Copenhagen, Carlsberg Labor.; engl.) – Es werden einige Vorstellungen über die prim. Kopplungs-Rkk. der 3 zwischen O_2 u. red. Nicotinsäureamidadenindinucleotid liegenden Phosphorylierungsstellen entwickelt. Die diskutierten 3 Kopplungs-Rkk. sind der prim. Kopplungs-Rk. im Substratbereich insofern analog, als eine energiearme Substitution an einer CO-Gruppe u. ein Gewinn an Resonanzstabilisierungsenergie bei der Hydrolyse der energiereichen Form erreicht wird. K. Maier. 4210□

Steigerung der Katalaseaktivität in den Geweben von Euphorbia-cyparissias-Pflanzen, die von Uromyces pisi befallen sind. Gilbert Turian. (C. R. hebd. Séances Acad. Sci. **244**, 3167–69, 24/6. 1957.) – Vgl. auch C. **1958**, 150. – Die *Katalase*-Aktivität in gesunden Blättern von *Euphorbia cyparissias* ist wesentlich geringer als in solchen, die von *Uromyces pisi* befallen sind (Messung des H_2O_2-Abbaus durch Blattextrakte in Phosphatpuffer, pH 6,4). *Thionin* wird von den kranken Blättern schneller red. als von nicht befallenen. U. Baumann. 4210

Enzymhemmungsuntersuchungen in Beziehung zur Pharmacawirkung. 9. Mitt. **Die Wirkung einiger antibakterieller Stoffe auf Katalase.** K. L. Arora und C. R. Krishna Murti. (J. sci. ind. Res. [New Delhi], Sect. C **19**, 103, Mai 1960; Lucknow, Central Drug Res. Inst.; engl.) – 8. vgl. C. **1958**, 454. – Die Unters. der Wrkg. von *Chlortetracyclin* (I), *Oxytetracyclin* (II), *Dihydrostreptomycin, Neomycin, Chloramphenicol, p-Aminosalicylsäure* (III), *Diamidin* (IV), *Isonicotinsäurehydrazid* (V), *Promin* (VI) u. *Promacetin* auf gereinigte Ziegenleber-*Katalase* (VII) zeigte, daß I, II, III, IV, V u. VI in kleinen Konzz. hemmen. Der Einfl. von Pharmaca-Konz. u. Kontaktdauer mit VII auf den Grad der Hemmung wurde bestimmt. Das Substrat kehrte die Hemmwrkg. der meisten antibakteriellen Verbb. um. Wahrscheinlich dissoziiert der VII-Inhibitorkomplex leicht in Ggw. von Substrat. K. Maier. 4210□

Untersuchungen über die Peroxydasen der Granulocyten nach Bestrahlung und bei Leukämien. D. Raskovic. (C. R. Séances Soc. Biol. Filiales **155**, 2049–50, 1961, herausgeg. 28/2. 1962; Liège, Univ., Labor. d'Anatomie; Belgrad, Inst. Boris Kidric; franz.) – Die *Peroxydasen* der Granulocyten (Gr) scheinen auch nach einer subletalen Bestrahlung der Tiere keine Änderung der Aktivität zu erleiden. Das gleiche ist bei den Leukocyten festzustellen. Bei den lymphat. Leukämien ist die Peroxydaseaktivität so stark gesteigert, daß jeder Gr eine massive positive Rk. gibt. P. Nachtwey. 4210□

Die elektrophoretisch verschiedenen Formen von Säuger-Milchsäuredehydrogenase. 1. Mitt. Verteilung von Milchsäuredehydrogenase in Kaninchen- und menschlichem Gewebe. Peter G. W. Plagemann, Kenneth F. Gregory und Felix Wróblewski. (J. biol. Chemistry **235,** 2282—87, Aug. 1960; Guelph, Canada, Ontario, Agric. Coll.; New York, N.Y., Sloan-Kettering Inst. of the Mem. Center for Cancer and Allied Diseases; engl.) — Durch Stärkegelelektrophorese lassen sich 5 verschiedene Formen von *Milchsäuredehydrogenase* (*Isozyme*) voneinander trennen. Die Formen kommen in verschiedener Zahl u. verschiedener Kombination in allen untersuchten Organen von Mensch u. Kaninchen vor. Spezif. Antikörper hemmen Milchsäuredehydrogenase aus verschiedenen Organen in unterschiedlichem Maße. — 22 Literaturangaben. G. Kiefer. 4210□

Die elektrophoretisch verschiedenen Formen der Säuger-Milchsäuredehydrogenase. 2. Mitt. Eigenschaften und Beziehungen von Kaninchen- und menschlichen Milchsäuredehydrogenaseisozymen. Peter G. W. Plagemann, Kenneth F. Gregory und Felix Wróblewski. (J. biol. Chemistry **235,** 2288—93, Aug. 1960; engl.) — 1. vgl. vorst. Referat. — Die in menschlichen u. Kaninchenorganen vorkommenden, durch Elektrophorese trennbaren Formen der *Milchsäuredehydrogenase* (**I**; *Isozyme*) zeigen bei verschiedenen Tests ein den unterschiedlichen Wanderungs-Geschw. proportionales, quant. verschiedenes Verhalten. Die Empfindlichkeit gegen Anti-Kaninchenmuskel-**I** nimmt mit steigender Wanderungs-Geschw. ab, ebenso die Quotienten der Umsatz-Geschw. niedriger u. hoher Pyruvatkonzentrationen. Das pH-Optimum aller **I**-Formen steigt mit steigender Pyruvat-Konz. an. Hohe Pyruvat-Konzz. wirken hemmend auf die Fermentaktivität; die optimale Konz. nimmt mit steigender Wanderungs-Geschw. ab. — 24 Literaturangaben. G. Kiefer. 4210□

Ein weiterer Vergleich eines Glucoseoxydase-Verfahrens mit dem offiziellen Verfahren zur Bestimmung von Fructose. Earl F. Potter, John R. Wilson und Kenneth T. Williams. (J. Assoc. off. agric. Chemists **42,** 650—52, Aug. 1959; Albany, Calif., Western Reg. Res. Labor.; engl.) — Das von Vff. (C. **1961,** 1241) empfohlene Verf. zur Best. von Fructose (**I**) mit *Glucoseoxydase* (einer Dehydrogenase) wird mit dem offiziellen Verf. (Official Methods of Analysis, 8. Ed., Assoc. off. agric. Chemists, Washington, **1955,** 29, 64; 29, 65) an Hand der Unters. zahlreicher Pflanzenarten verglichen. Aus den Ergebnissen folgt, daß beide Verff. allg. anwendbar sind. Die nach der Oxydase-Einw. erhaltenen Zuckerwerte enthalten außer **I** auch andere reduzierende Verbb., hauptsächlich Nichtzucker. W. Wesly. 4210□

Desaminierung von Tyramin durch Rattenleber bei akuter experimenteller Urämie. 4. Mitt. Über Untersuchungen der Rest-N-Fraktion bei Urämie. H. Thölen. (Helv. physiol. pharmacol. Acta **17,** 361—64, 1959; Basel, Med. Univ.-Klin.; dt.) — 3. vgl. Klin. Wschr. **36,** [1958], 574. — Es wird über die *Monaminoxydase*-Aktivität in der Leber akut uräm. Ratten berichtet u. die Bedeutung der oxydativen Desaminierung durch Lebergewebe bei akuter Urämie diskutiert. R. Illhardt. 4210□

Fettsäureoxydation durch Mitochondrien kältebehandelter, nüchterner Ratten. E. J. Masoro und Edith Porter. (Amer. J. Physiol. **198,** 632—36, März 1960; Boston, Mass., Tufts Univ., School of Med., Dep. of Physiol.; engl.) — Vgl. C. **1959,** 10279, 13241. — Mitochondrien von 24 Std. bei 0—2° unter Nahrungsentzug gehaltenen Ratten oxydierten etwa ebensoviel $^{14}C_{(1)}$-*Acetat* (**I**) zu $^{14}CO_2$ wie Mitochondrien (bezogen auf Trocken-Gew.) von Kontrolltieren, während Leberschnitte (bezogen auf Frisch-Gew.) u. Leberhomogenate (bezogen auf Eiweiß-Geh.) solcher Tiere aus **I** weit weniger $^{14}CO_2$ bilden als Präpp. aus den Kontrollen. Mitochondrien unterkühlter, nüchterner Ratten oxydierten auch $^{14}C_{(1)}$-*Palmitat* (**II**) ebenso rasch zu $^{14}CO_2$ wie normale Mitochondrien. Der Kohlenhydratstoffwechsel (Zusatz von Glucose u. Hexokinase) begünstigte die **II**-Oxydation durch Mitochondrien kältebehandelter, nüchterner Ratten nicht, während diejenige von Mitochondrien aus Kontrollratten verringert wurde. Bei Leberschnitten kältebehandelter, nüchterner Tiere bewirkte bei früheren Unterss. Glucosezusatz verstärkte **II**-Oxydation. K. Maier. 4210□

Dehydrogenaseaktivität von Borrelia recurrentis. G. J. Scheff und F. R. Kutner (Experientia [Basel] **15,** 342, 15/9. 1959; Chicago, Ill., Chicago Med. School, Dep. of Microbiol. and Public Health; engl.) — Die *Dehydrogenase* von *Borrelia recurrentis* besitzt unter den üblichen Bedingungen gegen verschiedene Substrate nur eine geringe Aktivität. In Ggw. reduzierender Agentien, wie *SH*-Verbb. oder *Ascorbinsäure,* wird sie aber bedeutend verstärkt. H. Aman. 4210□

Der Einfluß von metallischen Kationen auf die Empfindlichkeit von Aldehyddehydrogenasen gegenüber reaktiven Sulfhydrylgruppen. A. O. M. Stoppani und C. Milstein. (C. R. Séances Soc. Biol. Filiales **151,** 1020—23, 21/12. 1957; Buenos

Aires, Labor. Chim. Biol., Fac. Méd.; franz.) — Vgl. C. **1958**, 5105. — Es wurde der Einfl. von K^+, Ru^+, NH_4^+, Na^+ u. Li^+ auf die Hemmung der *Aldehyddehydrogenase* (I) der Bierhefe (Enzym von Black) durch Sulfhydrylgruppen (II) untersucht. Vff. stellten fest, daß die Ionen, die das Enzym aktivieren (K^+ u. Ru^+), die Hemmung durch **II** herabsetzen, während die inhibierenden Ionen (Na^+, Li^+) den **II**-Effekt noch verstärken. Die schützende Wrkg. des K^+ steigt proportional der Konzentration. Das enzymaktivierende NH_4^+ zeigt keinen Effekt. Ebensowenig beeinflussen Mg^{2+} u. Ca^{2+}, die die Aldehyddehydrogenase von Seegmiller aktivieren, die Hemmung dieses Enzyms durch **II**. K. Heyns. 4210□

Der fermentative Zerfall der Desoxyribonucleoproteide. N. W. Jermolajewa. (Biochemie [UdSSR] **26**, 897—908; Sept./Okt. 1961; russ., Auszug: engl.) — Die Unters. des fermentativen Zerfalls der *Desoxyribonucleoproteide* (**I**) bei der Inkubation in vitro von Gewebehomogenaten des Kaninchenappendix bei verschiedenem pH u. verschiedener Ionenstärke ergab, daß in Abwesenheit von NaCl die Trennung der freien u. eiweißgebundenen *Desoxyribonucleinsäure* (**II**) innerhalb 0,10—0,50 nicht von der Ionenstärke, innerhalb 6,2—8,0 nicht vom pH u. nicht von der Art der angewandten Ionen (Citrat, Phosphat, Borat, Veronal, Succinat) abhängig ist. In Ggw. von NaCl geht ein Teil von **II** in **I** über. Bei Zunahme der NaCl-Konz. auf 0,14m u. Abnahme des pH von 7,0 auf 6,0 nimmt das Verhältnis **I/II** zu. Die Zunahme von **I** in Ggw. von 0,14m NaCl ist auch von der Ionenstärke der Lsg. abhängig: Abnahme mit steigender Ionenstärke. Optimal für die Trennung von **I** u. **II** sind: pH 7,4; Ionenstärke 0,09—0,20; NaCl-Konz. nicht über 0,07 molar. Während der Inkubation des Appendixhomogenats bei 37° erfolgt ein **I**-Zerfall, begleitet von einer Zunahme von **II**. Bei pH 6,0—7,4 u. bei der Ionenstärke 0,09—0,003 erfolgt ein optimaler Zerfall bei Zunahme des pH u. Abnahme der Ionenstärke u. umgekehrt. Der **I**-Zerfall ist eine Rk. 1. Ordnung. Bei Abnahme des pH von 6,8 auf 6,0 wird die Resynth. verstärkt. Der fermentative **I**-Zerfall wird bei optimalen Werten des pH u. der Ionenstärke durch 0,005m $MgSO_4$-Lsg. um 20—40% gehemmt, durch 0,004m Cystein um 12—15% intensiviert. Das für den **I**-Zerfall verantwortliche Ferment-Syst. unterscheidet sich von der Desoxyribonuclease sowohl nach dem Optimum von pH u. Ionenstärke wie nach der Geschw. des fermentativen Zerfalls. Bei der Inkubation von **I** unter optimalen Bedingungen werden ca. 80% des Eiweißes von **II** entfernt. O. Lebtag. 4210△

Die Spaltung der Desoxypentosen in Homogenaten der Rattenleber. E. Marinello und P. Martelli. (Boll. Soc. ital. Biol. sperim. **36**, 511—13, 31/5. 1960; Siena, Univ., Ist. di Chim. Biol.; ital.) — Vgl. vorst. Referat. — Es wird gezeigt, daß es bei hohen Gewebe-Konzz. u. langer Inkubationsdauer möglich ist, die *Desoxypentose* des *Desoxyribose-5-phosphats* u. des *Desoxyguanosins* in Abhängigkeit von der Konz. des Substrats, des Homogenats u. der Zeit zu spalten. Bei der Spaltung der *Desoxypentose* des *Desoxyguanosins* sind geeignete Phosphat-Konzz. erforderlich. F. Kren. 4210□

Die phosphorolytische Spaltung des Desoxyguanosins in Leberhomogenaten der Ratte. E. Marinello und P. Martelli. (Biol. Soc. Ital. Biol. sperim. **36**, 508—11, 31/5. 1960; Siena, Univ., Ist. di Chim. Biol.; ital.) — Vgl. C. **1962**, 6067. — Die Spaltung des *Desoxyguanosins* (**I**) wird mit u. ohne verschiedene Phosphat-Konzz. ermittelt. Es zeigt sich, daß die **I**-Spaltung in Leberhomogenaten hauptsächlich über eine phosphorolyt. Rk. erfolgt, deren Verlauf durch Messung des alkalistabilen **I** bestimmbar ist. Eine hydrolyt. Spaltung besteht prakt. nicht, da die Rk. parallel mit der Zunahme der Phosphat-Konz. unter Bldg. von *Desoxyribose-1-phosphat* verläuft. F. Kren. 4210□

Die Unspezifität der cytoplasmatischen und nuclearen tyrosinaktivierenden Fermente und der Tyrosin anlagernden Ribonucleinsäure. R. B. Chessin, W. A. Gwosdew und O. B. Asstaurowa. (Biochemie [UdSSR] **26**, 807—16, Sept./Okt. 1961; Moskau, Kurtschatow-Inst. für Atomenergie der Akad. der Wiss. der UdSSR; russ., Auszug: engl.) — Die Leberzellkerne der weißen Ratte enthalten ein Ferment, das in Ggw. von *Adenosintriphosphorsäure* (**I**) u. *Mg*, ähnlich dem cytoplasmat. pH-5-Ferment (**II**), das Tyrosin (**III**) zu aktivieren vermag. Ein großer Teil des Ferments wird bei der Behandlung mit 0,15m NaCl-Lsg. extrahiert. Bei der Extraktion mit A. ist die Aktivität des Ferments 10mal höher als im ursprünglichen Zellkern. Bei der Inkubation der Zellkerne mit **I**, Mg u. ^{14}C-**III** wird die Aminosäure auf die Ribonucleinsäure (**IV**) des Zellkerns übertragen. Inkubiert man unter den gleichen Bedingungen das **III**-aktivierende isolierte Ferment, so wird **III** an **IV** des Ferments angelagert. Das Ferment kann auch **III** auf die aus dem Zellkern isolierte u. der Inkubations-Lsg. zugesetzte **IV** übertragen. Die Aminosäure wird an **IV** durch eine energiereiche Bindung angelagert. Bei der Inkubation von **IV**, **III** u. Hydroxylamin entsteht Tyrosylhydroxamat. Ebenso wie im Cytoplasma ist im Zellkern die Übertragung der aktivierten Aminogruppen auf **IV** als eine Etappe bei der Synth. einiger Eiweißstoffe anzusehen. Das aus dem Zellkern isolierte Ferment überträgt **III** auf die aus dem cytoplasmat. **II** isolierte lösl. **IV** in der gleichen Weise wie das ursprüngliche **II**. Andererseits lagert das cytoplasmat. **II** das **III** an die aus dem Zellkern isolierte **IV** an. Es ist anzunehmen, daß die cytoplasmat. u. die Kern-**IV** funktionell ident. sind. Der Befund von Webster, wonach das cytoplasmat. **II** u. das Zellkernferment gegenüber **IV** streng spezif. sein sollen, wird nicht bestätigt. O. Lebtag. 4210△

Enzymmangel bei der Pyridinnucleotid-Synthese in menschlichen Erythrocyten. Bertram A. Lowy, Marjorie K. Williams und Irving M. London. (J. biol. Chemistry **237,** 1622—25, Mai 1962; New York, N.Y., Yeshiva Univ., A. Einstein Coll. of Med., Dep. of Med. and Biochem.; Bronx Municipal Hosp. Center; engl.) — In menschlichen Erythrocyten fehlt in vitro ebenso wie Erythrocyten von Kaninchen die Fähigkeit zur de novo-Synth. von *Purinnucleotiden* aus Purinvorläufern sowie die Fähigkeit zur Bldg. von *Inosinsäure* (I) aus Na-Formiat u. 5-Amino-1-ribosylimidazol-4-carbonsäureamid oder dessen Aglykon. — Reifen menschlichen Erythrocyten fehlt ferner die Fähigkeit zur Umwandlung von **I** in Adeninnucleotide; dies scheint enzymat. bedingt zu sein, obwohl eine geringe Konz. an Coenzym [Guanosintriphosphat (**II**)] in den Zellen nachweisbar ist. — Eine Anzahl von Purinen u. Purinnucleosiden kann zur Bldg. von *Adenosintriphosphat* u. von **II** dienen. A. Hesse. 4210◇

Bestimmung der Hexokinaseaktivität nach der Bildung von 2-Desoxy-D-glucose-6-phosphat. G. W. Titowa und M. P. Fomina. (Biochemie [UdSSR] **26,** 817—21, Sept./Okt. 1961; russ., Auszug: engl.) — Ausgehend von den früher (vgl. C. **1963,** 4393) beschriebenen Bedingungen für die Ausscheidung von *2-Desoxy-D-glucose-6-phosphat* (I) in Ggw. von *2-Desoxy-D-glucose* (II) u. der quant. Best. von **I**, wird untersucht, ob die Phosphorylierung von **II** durch die *Hexokinase* (III) durch **I** gestört wird. Es wird nachgewiesen, daß in einer Konz. von 0,5 μMol/ml **I** keine hemmende Wrkg. ausübt u. daß **I** im Leberextrakt beim pH 7,8 keiner Phosphatasespaltung unterliegt; seine Hydrolyse ist schwächer als die von Glucose-6-phosphat beim pH 6,5. Es wurde ferner die **III**-Aktivität der Extrakte von Kaninchenleber u. Kaninchenniere bei Anwendung von Glucose oder **II** untersucht. Auf Grund der Ergebnisse wird eine Meth. der Aktivitäts-Best. von **III** vorgeschlagen, die auf der Messung der **I**-Anreicherung beruht. O. Lebtag. 4210△

Die Bedeutung der Fructose-1-phosphataldolase im Serum bei Leberparenchymerkrankungen. A. Schneiderbaur und F. Rettenbacher. (Wiener med. Wschr. **111,** 322—26, 6/5. 1961; Wien-Lainz, Krankenhaus der Stadt, I. Med. Abt.; dt.) — *Fructose-1-phosphataldolase*, die normalerweise nur in ganz geringen Mengen im Serum vorkommt, ist bei Hepatitis erhöht u. gibt einen Hinweis auf akute hepatozelluläre Schädigung (Verh. entsprechend dem jeweiligen Stadium der Erkrankung). Der Best. kommt eine bes. Bedeutung zu, da die Erhöhung dieser Aldolase im Gegensatz zu anderen Proben nur bei Hepatitis zu beobachten ist. U. Tausendfreund. 4210□

Die chemischen und Fermenteigenschaften der 5′-Phosphorsäuremethylester einiger Pyrimidinnucleoside. W. Szer und D. Shugar. (Biochemie [UdSSR] **26,** 840—45, Sept./Okt. 1961; Warschau, Inst. für Biochem. u. Biophys. der Poln. Akad. der Wiss.; russ., Auszug: engl.) — Vff. synthetisierten die Mono- u. Dimethylester von *Uridin-5′-phosphat, Cytidin-5′-phosphat, 3-N-Methyluridin-5′-phosphat* u. *3-N-2′-O-Dimethyluridin-5′-phosphat* nach Brown u. Mitarbeitern (vgl. C. **1957,** 13999). Es wurden vergleichende Unterss. über die Hydrolyse der Ester von 5′-Phosphaten u. 3′-Phosphaten durchgeführt u. festgestellt, daß die 5′-Phosphate weit beständiger sind: Bei der alkal. Hydrolyse wird nur eine Methylgruppe abgespalten. Die Monoester der 5′-Phosphate gehen bei der Einw. der *Phosphodiesterase* (I) aus Schlangengift in die entsprechenden Nucleotide über, bei der Einw. von Schlangengift in die Nucleoside. Die Dimethylester der 5′-Phosphate können nicht als Substrat von **I** auftreten. Es zeigt sich also, daß weder die N-Methylierung im Pyrimidinring noch die O-Methylierung in der Ribosekette die spezif. Wrkg. der **I** aus Schlangengift aufhebt. Dadurch unterscheidet sich die **I** von der Ribonuclease aus dem Pankreas. Für die Wrkg. der **I** ist demnach die Ggw. einer freien Säuregruppe im Phosphatrest erforderlich. O. Lebtag. 4210△

Beobachtungen über die Funktion von Pyridoxal-5-phosphat in Phosphorylase. Barbara Illingworth, Hendrik S. Jansz, David H. Brown und Carl F. Cori. (Proc. nat. Acad. Sci. USA **44,** 1180—91, 15/12. 1958; St. Louis, Mo., Washington Univ. School of Med., Dep. of Biol. Chem.; engl.) — Muskel-*Phosporylase a* (I) enthält 4 Mol. *Pyridoxal-5-phosphat* (II). Bei Verw. von markierten Substraten konnte keine direkte Teilnahme der Phosphatgruppe von **II** am Mechanismus der **I**-Wrkg. gefunden

werden. I u. *Phosphorylase b* (III) können voneinander getrennt werden, wobei *Apophosphorylase a* (IV) krist. erhalten wird. *Apophosphorylase b* (V) kann mit Hilfe von *Phosphorylasekinase* u. Adenosintriphosphat in IV umgewandelt werden. IV u. V existieren in Lsg. als ein Gemisch von mol. Spezies, in der Größenordnung einer bas.monomeren Einheit (Molgew. ca. 125000) u. deren Vielfachen. Rekombination mit II, *Pyridoxal* (VI) oder *5-Desoxypyridoxal* (VII) bewirkt, daß das Protein seine ursprüngliche Mol.-Größe wiedererlangt. VI u. VII führen dabei nicht zur Wiederherstellung der enzymat. Wirkung. Dagegen kann eine mindestens 50%ig. Reaktivierung mittels *ω-Methylpyridoxal-5-phosphat* erzielt werden. Daß VI u. VII sich mit IV vereinigen, wird durch die Tatsache bewiesen, daß Präinkubation mit diesen Verbb. die nachfolgende Rk. des Proteins mit II verhindert. Die Kombination von IV mit II kann durch Präinkubation von II mit Isonicotinsäurehydrazid (VIII) als Carbonylreagens verhindert werden. Jedoch wird keine Hemmung der I-Wrkg. beobachtet, wenn IV mit VIII präinkubiert wird. Diese Beobachtungen beweisen, daß die Kombination von IV mit II an der Formylgruppe von II erfolgt; eine Schiffsche Basenbindung liegt in II nicht vor. Bei spektrophotometr. Unters. erweist sich der Verlauf der Kombination von V mit 2 Mol II als Rk. 2. Ordnung. Es wird geschlossen, daß die Bldg. einer Schiffschen Base zwischen II u. den NH_2-Gruppen des Proteins eine die Geschw. begrenzende Intermediär-Rk. ist, auf welche ein weiteres Wiederordnen zu der stabilen Bindungsstruktur folgt.
A. Hesse. 4210□

Die enzymatische Synthese von Psychosin. W. W. Cleland und Eugene P. Kennedy. (J. biol. Chemistry **235,** 45—51, Jan. 1960; Chicago, Ill., Univ. of Chicago, Dep. of Biochem.) — In den Mikrosomen des Gehirns von Meerschweinchen u. jungen Ratten wurde ein Enzym [*Galaktosylsphingosintransferase* (I)] gefunden, das die Bldg. von *Psychosin* (II) aus Sphingosin u. *Uridindiphosphatgalaktose* (III) katalysiert. I ist sehr spezif. für III, scheint aber nahe mit *Galaktose-1-phosphaturidyltransferase* assoziiert zu sein, so daß *Uridindiphosphatglucose* u. *Galaktose-1-phosphat* zusammen vollständig III ersetzen können. Die am meisten akt. Galaktoseacceptoren sind die in der Natur vorkommenden erythro-trans- u. erythro-Dihydrosphingosine, aber auch eine gewisse Aktivität besitzen andere Sphingosine u. verwandte Verbindungen. Die Möglichkeit, daß II ein Stoffwechselzwischenprod. in der Cerebrosidbiosynth. ist, wird diskutiert. Die Darst. von stabiler Galaktokinase u. seine Verw. zur Synth. von markiertem α-D-Galaktose-1-phosphat wird beschrieben. Ebenso wird die chem. Synth. von III mit 95%ig. Reinheit gezeigt. G. Kimmerle. 4210

Kennzeichnung von zwei Äpfelsäuredehydrogenasen aus Rattenleber. C. J. R. Thorne. (Biochim. biophysica Acta [Amsterdam] **42,** 175—76, 29/7. 1960; Cambridge (Great Britain), Univ., Dep. of Biochem.; engl.) — Es wird eine Trennung u. teilweise Reinigung der beiden in Rattenleberhomogenat vorhandenen *Äpfelsäuredehydrogenasen* beschrieben, von denen eine (I) in der „Mitochondrienfraktion", die andere (II) sich im Überstehenden (10000·*g*, 30 Min.) findet. In 0,1n Natriumphosphat (pH 7,5), $2 \cdot 10^{-3}$m Äthylendiamintetraacetat u. 0,1 mg/ml red. Diphosphopyridinnucleotid hat I $K_m = 2 \cdot 10^{-4}$m, $K_m = 5 \cdot 10^{-4}$ Oxalacetat. A. Hesse. 4210□

Bedeutung der Malatsynthetase-Reaktion bei Bakterien. Donald T. O. Wong und Samuel J. Ajl. (Science [Washington] **126,** 1013—14, 15/11. 1957; Washington, D. C., Walter Reed Army Inst. of Res., Dep. of Bact.) — *Malatsynthetase* (I) ist ein adaptives Enzym, das die Rk. *Acetyl-Coenzym A* + *Glyoxalat* (II) → *Äpfelsäure* (III) + *Coenzym A* katalysiert. I wurde in *E. coli, Aerobacter aerogenes, Corynebacterium ceratinovorans* u. *Pseudomonas fluorescens* gefunden, wenn die Zellen auf *Acetat* (IV) gewachsen waren. Die Bedeutung der I-Rk. für die Bldg. von C_4-Körpern aus IV wird diskutiert. Der bes. Vorteil dieser Rk. liegt darin, daß IV nicht nur mit Oxalacetat (V) zu Citrat umgesetzt werden kann, sondern daß IV mit dem bei der Spaltung von Isocitrat entstehenden II zu III umgebaut wird. Wenn Rkk. gefunden werden, die IV ohne den Umweg über V zu II umsetzen, könnte das Wachstum von Mikroorganismen auf IV durch Mitwirkung von I erklärt werden. F. Radler. 4210□

Oxydation der Citronensäure im metaphysären Knorpel rachitischer Ratten. F. Cacioppo, A. Recine, L. Pandolfo und P. Buzzanca. (Boll. Soc. ital. Biol. sperim. **34,** 1931—34, 15.—31. Dez. 1958; Palermo, Univ., Ist. di Chim. Biol.) — Mit rachitogener Diät gefütterte Ratten weisen einen O_2-Verbrauch des Knorpels von 5,6 μl auf (normale Ratten von 14,4 μl). Mit *Citrat* als Substrat betragen die entsprechenden Werte 15,6 bzw. 28,3 μl, bei *d-Isocitrat* sind es 13,8 bzw. 24,2 μl. Die Anhäufung von α-Ketoglutarsäure bei vorst. Oxydation ist im Knorpel des rachit. Tieres größer. Mit Fumarsäure wird kaum eine Veränderung beobachtet. F. Kren. 4210

Oxydation der Citronensäure im Hirn rachitischer Ratten. F. Cacioppo, L. Pandolfo, S. Macaione und P. Buzzanca. (Boll. Soc. ital. Biol. sperim. **34**, 1934–36, 15.–31. Dez. 1958; Palermo, Univ., Ist. di Chim. Biol.) — Mit rachitogener Diät gefütterte Ratten zeigen eine Verringerung des O_2-Verbrauchs der Hirnhaut gegenüber normalen Tiere um 57,1% auf (13,3 bzw. 5,7 μl/Std./mg). Mit *Citronensäure* (I) als Substrat beläuft sich diese Verringerung auf 60% (23,8 bzw. 9,5 μl/Std./mg). Der Geh. an *α-Ketoglutarsäure* der beiden Tiergruppen in der Hirnhaut ist 3,6 bzw. 3,1 μg; wird mit I als Substrat gearbeitet, dann sind die entsprechenden Werte 68 bzw. 97 μg.
F. Kren. 4210

Transketolase-Aktivität im Knorpel von Metaphyse und Rippe junger Kaninchen. L. Bolognani, G. Ferri, G. Coppi und A. Pellegrini. (Boll. Soc. ital. Biol. sperim. **34**, 1948–50, 15.–31. Dez. 1958; Pavia, Univ., Ist. di Chim. Biol.) — Die Best. der *Transketolase* (I)-Aktivität im Knorpel von Metaphyse u. Rippe folgt aus der Verringerung von Ribose, die als Ribose-5-phosphat zugegeben wird u. aus der Bldg. von Heptulose. Es scheint, daß I im Knorpel der Metaphyse in größeren Mengen vorhanden ist, als im Rippenknorpel, da die Riboseverminderung u. die Heptulose-Bldg. geringer sind.
F. Kren. 4210

Struktur der cytoplasmatischen Membranen von Micrococcus lysodeikticus und Aktivität der Succinoxydase und der Succindehydrogenase. M. A. Lukojanowa, N. Ss. Gelman und W. I. Birjusowa. (Biochemie [UdSSR] **26**, 916–25, Sept./Okt. 1961; Moskau, Bach-Inst. für Biochemie; Inst. für Strahlen- u. physikal.-chem. Biol. der Akad. der Wiss. der UdSSR; russ., Auszug: engl.) — In Verss. mit *Micrococcus lysodeikticus* wurde die Aktivität der *Succinoxydase* (I) u. der *Succindehydrogenase* (II) in der intakten Zelle u. nach der Lysis durch Lysozym, Cytochrom c oder Desoxyribonuclease in Ggw. von 2,5 mg/ml bzw. 25 γ $MgSO_4$/ml („Mg-“ bzw. „Mg-freie“ Membran) bestimmt. Es zeigte sich, daß das I-Syst. in der die Protoplasten begrenzenden cytoplasmat. Membran u. in den damit zusammenhängenden inneren Membranen lokalisiert ist. Die I-Aktivität bleibt auch in Abwesenheit von Mg an die cytoplasmat. Membran gebunden, ist jedoch nur halb so hoch wie in der „Mg-“Membran. Zerreiben der Membran mit Al_2O_3 sowie die Behandlung mit Na-Desoxycholat, Tween-80 oder Versen senkt die I-Aktivität sehr stark. Die Aktivität von II wird durch diese Maßnahmen nicht vermindert. Beim Reinigen der Membran wird die II-Aktivität etwas erhöht. Die elektronenmkr. Unters. der Membranschnitte zeigt, daß die „Mg-freien“-Membranen eine größere Reinheit aufweisen als die „Mg“-Membranen. O. Lebtag. 4210△

Einfluß der Cocarboxylase und verschiedener Ionen auf die nichtenzymatische Oxydation der α-Ketoglutarsäure. F. Cacioppo, S. Macaione und P. Buzzanca. (Boll. Soc. ital. Biol. sperim. **34**, 1936–38, 15.–31. Dez. 1958; Palermo, Univ., Ist. di Chim. Biol.) — Wird *α-Ketoglutarsäure* (I) mit *Cocarboxylase* (II) versetzt, dann ist der O_2-Verbrauch überschlägig umgekehrt proportional den angewandten II-Dosen (z. B. durch 50 μg II O_2-Verbrauch 120 μl, 1000 μg → 32 μl). Die Wrkg. der Ionen auf die nichtenzymat. I-Oxydation war unterschiedlich. Während Zn^{2+} u. Co^{2+} prakt. unwirksam sind, wird durch Fe^{2+} u. Cu^{2+} ein beträchtlicher O_2-Verbrauch hervorgerufen.
F. Kren. 4210

Untersuchungen über Kohlenhydrate umwandelnde Enzyme. 4. Mitt. Die Wirkung von Z-Enzym auf Polysaccharide des Stärketyps. W. L. Cunningham, D. J. Manners, A. Wright und (teilweise) I. D. Fleming. (J. chem. Soc. [London] **1960**, 2602 bis 2613, Juni; Edinburgh, Univ., Dep. of Chem.; engl.) — 3. vgl. C. **1961**, 5837. — Das in Gersten-*β-Amylase* (I)-Präpp. als Verunreinigung enthaltene *Z-Enzym* (II) greift die anomalen *Amylose*-Bindungen in Amylose nicht an, sondern katalysiert die willkürliche Hydrolyse einer kleinen Zahl α-1.4-glucosid. Bindungen. Amylopektin u. Amylopektin-β-dextrin werden ebenfalls langsam angegriffen, jedoch ist unter gleichen Bedingungen die Hydrolyse-Geschw. von Glykogen u. Glykogen-β-dextrin nicht meßbar. Die Aktivität (Optimum bei pH 5,6) wird durch Ca^{2+}-Ionen stabilisiert, durch EDTA u. $HgCl_2$ teilweise gehemmt u. beruht auf einer Spur von *α-Amylase* (III). Die II-Aktivität von Sojabohnen-Präpp. u. von Mandelemulsin beruht gleichfalls auf sehr kleinen Spuren von III. Die zum Nachw. von Verunreinigungen bei Carbohydrase-Präpp. durch III verfügbaren Meth. werden besprochen. Am empfindlichsten ist die Verwendung von Amylose-β-Grenzdextrin als Substrat in Verbindung mit der viscosimetr. Methode. K. Maier. 4210□

Aktivität einiger Enzyme des Kohlenhydratstoffwechsels aus Weizenkeimpflanzen nach Infektion mit Puccinia graminis tritici. J. Lunderstädt, R. Heitefuss und W. H. Fuchs. (Naturwissenschaften **49**, 403, 1. Sept.-H. 1962; Göttingen, Univ. Inst. für Pflanzenpathologie u. Pflanzenschutz; dt.) — Die Steigerung der Atmung, welche nach Infektion von Weizen mit Schwarzrost, *Puccinia graminis tritici*, beobachtet wird, scheint mit erhöhter Oxydation der Glucose über den Hexosemonophosphatweg zusammenzuhängen, also mit einer Umsteuerung des Kohlenhydratabbaus. Vff. prüften nun, um hierfür Beweise zu erlangen, die Aktivität folgender Enzyme in den Frühstadien (2.—8. Tag) der Infektion: *Hexokinase* (**I**), *Phosphoglucomutase* (**II**), *Phosphoglucoisomerase* (**III**), *Glucose-6-phosphatdehydrogenase* (**IV**) u. *6-Phosphogluconsäuredehydrogenase* (**V**). **I** nimmt am 4. Tage nach der Infektion im Extrakt (mit KCl–Cystein–Äthylendiamintetraessigsäure-Eisgemisch hergestellt) zu u. erreicht bis zum 8. Tag den 5- bis 6-fachen Wert der Kontrollproben. Die Aktivität von **II, III, IV** u. **V** steigt erst am 5. bis 6. Tage merklich, an den nächsten Tagen stärker an. Bei **IV** (2,5—3fache Steigerung am 8. Tage) konnte eine direkte Beziehung zwischen Aktivitätssteigerung u. Infektionsdichte nachgewiesen werden. Bei **II, III** u. **V** werden 1,5—2fache Steigerungen gefunden. — Trotz aller Vorbehalte für eine Realisierung in vivo könnte angenommen werden, daß durch **I** Glucose-6-phosphat bereitgestellt wird, das in einer späteren Stufe verstärkt abgebaut wird. Offenbar hat der Parasit einen wesentlichen Anteil an der infektionsbedingten Aktivitätssteigerung der Enzyme. A. Hesse. 4210◇

Isolierung der Amylase aus Pankreas im Mikromaßstab. F. B. Straub. (Acta physiol. Acad. Sci. hung. **12**, 295—97, 1957; Budapest, Med. Univ., Inst. of Med. Chem.; engl.) — Vf. beschreibt eine Meth., um *Pankreasamylase* (**I**) schnell u. in prakt. reiner Form aus einigen mg Pankreasgewebe zu gewinnen. 20—200 mg Taubenpankreas werden homogenisiert, mit Aceton (—10°) extrahiert, der Rückstand im Exsikkator getrocknet u. mit dest. W. oder Salz-Lsg. (0,05 m NaCl in 0,2m Phosphatpuffer pH 7,4) extrahiert. Im zentrifugierten Überstand wird **I** an Lintner-Stärke adsorbiert, mehrmals mit Salz-Lsg. gewaschen u. bei 37° mit der gleichen Salz-Lsg. eluiert. Tab. über Reinigung von **I** aus verschiedenen Pankreasgewebefraktionen. P. Teichgräber. 4210□

Der Einbau von $^{14}C_{(1)}$-Glycin in die Amylase von Pankreasgewebeschnitten. T. Garzó, M. T. Szabó und F. B. Straub. (Acta physiol. Acad. Sci. hung. **12**, 299—302, 1957; engl.) — Vgl. vorst. Referat. — Mit Hilfe einer neu entwickelten Mikrometh. untersuchen Vff. die Einbau-Geschw. von $^{14}C_{(1)}$-*Glycin* in das *Amylase* (**I**)-Mol. von Tauben-Pankreasschnitten. Der Einbau geschieht bedeutend schneller als in Nichtamylasepankreasproteine. Vff. nehmen an, daß die Bldg. von **I** im Pankreas über die de novo-Synth. einer Proteinvorstufe aus Aminosäuren, die dann in das enzymat. akt. **I**-Mol. transformiert wird, verläuft P. Teichgräber. 4210□

Der Einbau von $^{14}C_{(1)}$-Glycin in die Subcellularfraktionen und in die aus ihr isolierte Amylase von Tauben-Pankreasschnitten. M. T. Szabó und T. Garzó. (Acta physiol. Acad. Sci. hung. **12**, 303—10, 1957; engl.) — Vgl. vorst. Referat. — Vff. untersuchen Einbau-Geschw. von $^{14}C_{(1)}$-*Glycin* (**I**) in die subcellulären Fraktionen Zymogengranula, Mitochondrien, Mikrosomen u. lösl. Fraktion. Es konnten keine Unterschiede festgestellt werden. Aus allen Fraktionen konnte eine *Amylase* (**II**) isoliert werden. Der **I**-Einbau in isolierte **II** läßt mit Sicherheit darauf schließen, daß die **II**-Synth. in Pankreasschnitten abläuft, u. zwar der 1. Schritt in den Mikrosomen u. der 2. in den Mitochondrien. P. Teichgräber. 4210□

Die Bildung von Ektoenzymen durch holzzerstörende und holzbewohnende Pilze auf verschiedenen Nährböden. 5. Mitt. **Ein komplexes Medium als C-Quelle.** Horst Lyr. (Arch. Mikrobiol. **35**, 258—78, 1960; Berlin, Humboldt-Univ., Inst. für Forstbotanik Eberswalde; dt.) — Vgl. C. **1961**, 16137. — Die C-Quellen Pektin, Cellulose, Amylum solubile, Xylan u. Glucose wurden zusammen in Konzz. von je 0,2% eingesetzt, um die Wrkg. des Komplexmediums auf Wachstum u. Enzym-Bldg. von 10 holzzerstörenden u. holzbewohnenden Pilzen festzustellen. Die Synth. der einzelnen Ektoenzyme *Cellulase* (**I**), *Pektinase* (**II**), *Xylanase* (**III**) u. *Amylase* (**IV**) ist schwächer, als wenn das Enzymsubstrat als alleinige C-Quelle vorliegt. Die Bldg. von **I** u. **II** ist trotzdem im Komplexmedium gegenüber Glucose deutlich gefördert; bei **III** ist die Förderung gering u. bei **IV** fehlt sie völlig. Die geringere Aktivität aller Enzyme auf dem Komplexmedium ist wahrscheinlich vorwiegend durch das dabei festgestellte intensivere Mycelwachstum bedingt, das als Konkurrenzfaktor für die Bldg. von Ektoenzymen auftritt. W. Knöbel. 4210□

Phenolase- und Pektinaseaktivität bei der Schokoladenfleckenkrankheit der Bohne. B. J. Deverall. (Nature [London] **189**, 311, 28/1. 1961; London, Imperial Coll. of Sci and Technol., Bot. Dep.; engl.) — *Phenolase* (**I**) von Bohnenblättern wurde durch *Pektin*-Substanzen u. durch ein lösl. *Cellulose*-Deriv. aktiviert. Mischungen von dialysierten Blattextrakten, Citrat–Phosphat-Puffer u. Aktivatoren wurden inkubiert, welchen dann Brenzcatechin oder *Dihydroxyphenylalanin* (*DOPA*) bei pH 7 zugefügt wurden. Als Aktivatoren eigneten sich *Na-Dioctylsulfosuccinat*, *Na-Polypektat* (**II**),

Polygalakturonsäure, *Monogalakturonsäure*, *Pektin* u. *Carboxymethylcellulose*. Durch enzymat. Hydrolyse von **II** u. *Pektin* wurde die Fähigkeit zur Aktivierung von **I** nicht zerstört. Ergebnisse deuten darauf hin, daß das Enzym von Substanzen inaktiviert wird, die nach der Oxydation der *Phenole* im Pflanzengewebe entstehen. Die Bldg. der Schokoladenflecke scheint auf dem Zusammenwirken des *Polygalakturonase*-Syst. des Pilzes mit dem *Phenolase*-Syst. der Wirtspflanze zu beruhen; ersteres tötet wahrscheinlich die Wirtszellen schnell ab u. ermöglicht dadurch die Wrkg. ihres *Phenolase*-Syst.; aus den Zellwänden setzt es *Pektine* frei, die dieses aktivieren. Darauf werden die *Phenole* des Wirtes unter Bldg. dunkelbrauner Polymeren oxydiert, welche die *Polygalakturonase* des Pilzes inaktivieren. P. Wilde. 4210□

Untersuchungen der Wirkung von Röntgenstrahlen auf Glucuronidsynthese und β-Glucuronidaseaktivität in der Duodenalmucosa-Membran der Ratte. K. Hartiala, V. Näntö und U. K. Rinne. (Acta physiol. scand. **53**, 376—80, Nov./Dez. 1961; Finland, Univ. of Turku, Dep. of Physiol.; engl.) — Die Unterss. ergaben ein Absinken der *Glucuronid*-Konjugationskapazität 12 Std. nach Bestrahlung mit 400 u. 1200r. In den darauffolgenden 12 Std. steigt sie wieder an, um danach sich so zu vermindern, daß der Verlust bei 400r 58% u. bei 1200r 71% beträgt. Die *β-Glucuronidase*-Aktivität fällt in den ersten 12 Std. leicht ab u. steigt wieder an (3. Tag Maximum: Bei 400r um 50%, bei 1200r um 37%). Danach fällt sie wieder ab bis auf die Kontrollwerte. M. Metze. 4210□

Untersuchungen über die Antihyaluronidase der Staphylokokken. 1. Mitt. Turbidimetrische Bestimmung der Hyaluronsäure. Michel Duval und Albert German. (Bull. Soc. chim. biol. **41**, 1613—20, 1959, herausgeg. 5/3. 1960; Bicêtre [Seine], Hôp.-Hospice, Labor. Centr. de Biochim.; franz.) — Vff. zeigen die Nachteile von älteren Meth. zur turbidimetr. Best. der *Hyaluronsäure* (**I**) u. beschreiben eine neue Meth., bei der die Trübung mittels einer Lsg. von *Benzalkoniumchlorid* (*Alkoyldimethylbenzylammoniumchlorid*) in einem Gemisch von 0,2m $Na_2HPO_4 \cdot 12\ H_2O$ u. 0,1n Citronensäure erzeugt wird; das Maximum der Trübung (opt. Dichte) wird bei pH 4 erhalten, am zweckmäßigsten bei 20°. Es wird eine Eichkurve gegeben, die für 0—250 μg **I** eine Gerade darstellt. A. Hesse. 4210□

Die enzymatische Einwirkung von Kaninchenserum auf Cortisonacetat und Hydrocortisonacetat. R. B. Shouger und M. M. Sigel. (Science [Washington] **128**, 662, 19/9. 1958; Coral Gables, Univ. of Miami School of Med., Dep. of Bacteriol.) — Vff. berichten über das Vork. einer *Esterase* im normalen Kaninchenserum (KS), die im normalen menschlichen Serum nicht vorhanden ist u. *Cortisonacetat* in den freien Alkohol u. Essigsäure aufspaltet. KS zeigt weiter Esteraseaktivität gegenüber *Hydrocortisonacetat*. P. Teichgräber. 4210□

Anwendung der Technik von Hestrin, modifiziert nach D. Vincent, bei der Bestimmung der Pseudocholinesterase des Plasmas und der Cholinesterase der Erythrocyten beim Meerschweinchen. H. Guyot. (C. R. Séances Soc. Biol. Filiales **152**, 1511—13, 1958, herausgeg. 28/2. 1959; Lyon, Inst. Pasteur, Serv. de Biochim.; franz.) — Die Aktivität der Plasma-*Cholinesterase* beträgt beim Meerschweinchen 25—50%, beim Menschen 35%. Die *Cholinesterase*-Aktivität der Erythrocyten des Meerschweinchens liegt bei einem Mittelwert von 55%. K. Grade. 4210□

Über die Harnstoffbildung aus ω-Aminosäuren und Citrullin im Homogenat der Rattenleber. I. Ss. Ssewerina. (Biochemie [UdSSR] **26**, 943—51, Sept./Okt. 1961; russ., Auszug: engl.) — In der homogenisierten Rattenleber wird der für die *Harnstoff*-(**I**)-Bldg. aus *Citrullin* (**II**) erforderliche N außer von L-α-Aminosäuren auch von β-Alanin γ-Aminobuttersäure (**III**) u. δ-Aminolävulinsäure (**IV**) geliefert. Zusatz von Ornithin ist von nur geringem stimulierendem Einfl. auf die **I**-Bldg. aus **II**. L-Lysin zeigt unter den gleichen Bedingungen im Leberhomogenat keine Umwandlung in **I** u. keine merkliche Dissimilation. Durch die $2 \cdot 10^{-4}$m Lsg. von DL-Cycloserin wird die Verwertung der Asparaginsäure u. der Glutaminsäure in der 2. Phase der **I**-Synth. nicht beeinflußt. Die **I**-Bldg. aus **II** u. α- oder β-Alanin oder **III** wird dagegen völlig unterdrückt. Die Verwertung der **IV** für die **I**-Bldg. wird um 36% gehemmt, die von Tyrosin um 33%, die von **II** um 27%. O. Lebtag. 4210△

Über die Kinetik der Hemmung der fermentativen Umaminierung durch Cycloserin. A. Je. Braunstein, R. M. Asarch und Tin-Ssen Sjui. (Biochemie [UdSSR] **26**, 882—96, Sept./Okt. 1961; Moskau, Inst. für biolog. u. med. Chem. der Akad. der med. Wiss. der UdSSR, Labor. für den Stoffwechsel der Aminosäuren u. Stickstoffbasen; russ., Auszug: engl.) — Die Unters. der Wrkg. von *D*- u. *L-Cycloserin* (**I**) auf die Aktivität der gegenüber L-**I** hochempfindlichen *Asparagintransaminase* (**II**) u. *Alanin-Glutamat-Transaminase* (**III**) ergab, daß die hemmende Wrkg. von **I** auf die **II**-Aktivität keine gesetzmäßige Abhängigkeit von der Konz. des als Substrat dienenden Pyruvates (IV) zeigt. Eine Erhöhung der Konz. von L-Asparagin bewirkt eine kompetitive Senkung der II-Empfindlichkeit gegenüber L-I. Die III-Hemmung durch I erfolgt allmählich u. erreicht ein Maximum nach 5—10 Minuten. Bei Vorinkubation mit I nimmt die hemmende Wrkg. mit Zunahme der Temp. u. der Kontaktdauer zu. L-Alanin u. noch mehr L-Glutamat senken während der Inkubation kompetitiv die inhibierende Wrkg. von L-I. Während der Präinkubation schützen sie die III gegen die Wrkg. von I bis zur Zugabe des Acceptors. Glycin u. d-Glutamat haben in hoher Konz. eine geringe Schutzwirkung. Durch IV wird während der Vorinkubation die Empfindlichkeit von III sowohl gegenüber L-I wie gegenüber D-I kompetitiv vermindert. Dieser Effekt ist jedoch nicht spezif., da auch Phenylpyruvat u. Glyoxylat eine ähnliche Wrkg. zeigen. Das durch I inhibierte III wird bei Entfernung des Inhibitors nur langsam u. unvollständig reaktiviert. Auch bei langer Inkubation mit L-Alanin erfolgt eine Reaktivierung von nur 20—30%. Die Ergebnisse der Verss. mit II u. III werden im Lichte des Wrkg.-Mechanismus von I diskutiert. O. Lebtag. 4210△

Die Aminosäuresequenz am Serinphosphat in Phosphoglucomutase. C. Milstein und F. Sanger. (Biochim. biophysica Acta [Amsterdam] **42**, 173—74, 29/7. 1960; Cambridge (Great Britain), Univ., Dep. of Biochem.; engl.) — Die aus ^{32}P-*Phosphoglucomutase* (I) durch partielle Hydrolyse (5,7n HCl, 30 Min., im sd. Wasserbad) erhaltenen Peptide wurden der Ionophorese unterwofen u. radioautographiert. Es wird dabei keine Ähnlichkeit zwischen der Aminosäurensequenz am Serinphosphat der I u. dem reaktionsfähigen Serin in *Chymotrypsin* gefunden. A. Hesse. 4210□

Untersuchung der Aminopheraseaktivität im Blutserum bei einigen Infektionskrankheiten von Kindern. Je. K. Jusefowitsch und K. K. Makarenko. (Pädiatrie [UdSSR] **41**, Nr. 6, 52—56, Juni 1962; Odessa, Med. Pirogow-Inst., Heilfakultät, Lehrstuhl für Kinderkrankheiten u. Lehrstuhl für Infektionskrankheiten des Kindalters; russ., Auszug: engl.) — Die Aktivitäten der Asparaginsäure-α-aminopherase (I) u. der Alanin-α-ketoglutaraminopherase (II), die bei Kindern mit epidem. Hepatitis, Scharlach, Polyomyelitis, Dysenterie, Masern u. Bauchtyphus colorimetr. im Blutserum untersucht wurden, waren bes. bei Hepatitis in den ersten 2 Wochen erhöht; der de Ritis-Koeff. (I/II), der bes. während der Zunahme der Gelbsucht diagnost. Bedeutung hat, war erniedrigt (normal bis zu 40 E. bzw. >1). I. v. Kloch-Kornitz. 4210□

Messung der Strahlungsinaktivierung von Pepsin mit einem radioaktiven Substrat. 1. Mitt. Die Wirkung anorganischer Ionen und des pH-Wertes. M. K. Loken, K. W. Stenstrom, J. E. Marvin und D. G. Masser. (Atompraxis **5**, 296—99, 1959; Minneapolis, Minn., Univ. of Minnesota. Med. School, Div. of Radiation Therapy; engl.) — Lsgg. von *Pepsin* (NF-X krist. Enzym, I) wurden mit 220 kV Röntgenstrahlen ohne Filter bei einer HWS von 0,35 mm Cu u. einer Dosisleistung von 455 r/min bestrahlt. Unters. der Enzymaktivität mit ^{131}*J*-markiertem Serumalbumin zeigten, daß die Aktivität exponentiell mit wachsender Strahlendosis abnimmt. Die Strahlenempfindlichkeit des I ist pH-abhängig (Maximum bei pH 5,5), wachsende Säure-Konz. bewirkt höhere Strahlenempfindlichkeit. Eine Ausnahme macht die Citronensäure, die strahlensschutzwirksam ist, wahrscheinlich infolge Rk. der Säureionen mit den im W. gebildeten akt. Radikalen oder Komplex-Bldg. mit dem I-Molekül. Anorgan. Salze erhöhen die Strahlen-Wrkg. auf I, bes. Ca-Salze. W. Reusse. 4210□

Die Proteinasen des Blutes. 1. Mitt. Nachweismethoden, Fehlerquellen und Normalwerte. Wilhelm Greuer, Elisabeth Hess und Ingeborg Wesemann. (Arzneimittel-Forsch. **12**, 370—76, April 1962; Göttingen, Penicillingesellschaft Dauelsberg & Co., Wiss. Abt.; dt.) — Vff. beschreiben ein Verf., das die Best. der akt. *Tryptase* im Blut, des inakt. Proenzyms u. des Trypsininhibitors im Serum gestattet. Die Proteinaseaktivität wird durch die Menge des aus Casein freigesetzten *Tyrosins* bestimmt. U. Eberhardt. 4210□

Trennung der Komponenten von Ficin durch Dauerstromelektrophorese. Ralph A. Messing und W. Peter van Ness. (Enzymologia [Den Haag] **23**, 373—79, 15/11. 1961; Sommerville, N.J., Ethicon Inc., Res. Div.; engl.) — Bei Dauerstromelektrophorese von Rohpräpp. von *Ficin* wurden 6 Fraktionen erhalten, von denen 4 enzymat. akt. waren: 3 Fraktionen (a, b, c) haben *Protease-* (I) u. *Lysozym* (II)-Wrkg.; Fraktion a zeigt in Ggw. von Phosphatpuffer u. von Boratpuffer die gleiche I-Wrkg., wogegen bei den Fraktionen b u. c die I-Wrkg. in Borat 3mal größer als in Phosphat war. II der a-Fraktion war in Phosphat akt., in W. aber inaktiv. II der c-Fraktion scheint durch Phosphat gehemmt zu werden, während II der b-Fraktion in Phosphat u. in W. gleiche Wrkg. zeigte. Fraktionen a u. c scheinen Proteine mit einer einzigen Komponente zu sein. Wahrscheinlich ist die II-Wrkg. hier in Wirklichkeit proteolyt. Natur, wobei die Proteinhälfte des Mucopolysaccharides angegriffen wird; als Abbau-Prodd. werden Peptide u. Aminosäuren sowie deren Verbb. mit Kohlenhydraten, nicht aber freie Kohlenhydrate gefunden. — Fraktionen d u. f waren gegen die verwendeten Substrate inaktiv. — Fraktion e enthielt nur *Peroxydase*. A. Hesse. 4210□

Die Zerstörung der Zellwand von pathogenen Salmonellaarten nach der Entfettung durch Lysozym. Louis Colobert. (C. R. hebd. Séances Acad. Sci. **245**, 1674—76, 4/11. 1957; Lyon, Serv. de Santé des Armées, Sect. techn. de Rech. et d'Études, Labor. de Bactériol.) — Vf. berichtet, daß *Eberthella typhi, Salmonella para A* u. *Salmonella para B* nach einer vorangehenden Behandlung durch mäßiges Erhitzen bzw. durch Behandlung mit *Tetranatriumäthylendiamintetraacetat* (Komplexon III) bzw. mit *Teepol* bei pH 8,5—7,2 durch *Lysozym* zerstört werden. Die 3 Behandlungsarten extrahieren aus der Zellwand von *Salmonella* bemerkenswerte Mengen an Lipiden, so daß Vf. vermutet, daß diese Lipide normalerweise das spezif. Substrat des *Lysozyms* in der Zellwand maskieren. A. Gude. 4210□

Penicillinasebildung durch einige sporenbildende Mikroorganismen. Ss. M. Tschaikowskaja. (Antibiotika [UdSSR] **6**, 360—62, 1961; Wiss. Allunionsinst. für Antibiotica, Labor. für mikrobiolog. Kontrollmeth.; russ., Auszug: engl.) — In den Verss. mit Bac. subtilis 6633 (a), Bac. cereus 63110 u. Bac. subtilis L_2 zeigte B. subtilis die stärkste Bldg. von *Penicillinase* bei Tiefenaussaat auf Soton- oder komplexem Maisnährboden in kleinen Kolben (50 cm^3) mit Zusatz von *Penicillin* (1—100 E./cm^3 nach 1—4 Std. langer Fermentation). I. v. Kloch-Kornitz. 4210□

Die Biosynthese von Thiamin. 1. Mitt. **Enzymatische Bildung von Thiamin und von Phosphatestern der Pyrimidinhälfte von Thiamin.** Gerald W. Camiener und Gene M. Brown. (J. biol. Chemistry **235**, 2404—10, Aug. 1960; Cambridge, Mass., Inst. of Technol., Div. of Biochem., Dep. of Biol.; engl.) — Zellfreie Extrakte von Bäckerhefe katalysieren die Umwandlung von *2-Methyl-4-amino-5-hydroxymethylpyrimidin* (**I**) u. *4-Methyl-5-[β-hydroxyäthyl]-thiazol* zu *Thiamin* (**II**)-Verbb. (entweder **II**, **II**-*Mono-* oder **II**-*Pyrophosphat*), welche das Wachstum von *Lactobacillus viridescens* fördern. *Adenosintriphosphat* (**III**) u. Mg^{2+} werden in diesem Syst. benötigt. Ebenfalls zur Synth. von **II** können *2-Methyl-4-amino-5-brommethylpyrimidin, 2-Methyl-4-amino-5-aminomethylpyrimidin* u. *2-Methyl-4-amino-5-methoxymethylpyrimidin,* die enzymat. in **I** umgewandelt werden, benützt werden. Während des Synth.-Vorganges entsteht ein phosphoryliertes Deriv. von **I** (in Ggw. von **III**) als Zwischenprodukt. Als Zwischenprodd. wurden das *Monophosphat* u. das *Pyrophosphat* von **I** isoliert. Aber nur letztes Deriv. spielt als Zwischenprod. bei der **II**-Synth. eine Rolle. Die Bedeutung des Monophosphates von **I** ist noch nicht bekannt. G. Kimmerle. 4210

Die Biosynthese von Thiamin. 2. Mitt. **Fraktionierung des Enzymsystems und Identifizierung von Thiazolmonophosphat und Thiaminmonophosphat als Zwischenprodukte.** Gerald W. Camiener und Gene M. Brown. (J. biol. Chemistry **235**, 2411—17, Aug. 1960; Cambridge, Mass., Inst. of Technol., Division of Biochem., Dep. of Biol.; engl.) — 1. vgl. vorst. Referat. — Das Syst. zur Synth. von *Thiamin* (**I**) aus *2-Methyl-4-amino-5-hydroxymethylpyrimidin* (**II**) u. *4-Methyl-5-[β-hydroxyäthyl]-thiazol* (**IIa**) wird durch Behandlung mit Ammoniumsulfat u. Chromatographie an Diäthylaminoäthylcellulose in 2 Fraktionen getrennt. Fraktion 1 (**III**) u. 2 (**IV**) sind zur **I**-Bldg. notwendig. Zur Synth. von **I** wird folgender Rk.-Mechanismus angenommen: (a) **II** + ATP → **II**-Pyrophosphat (**V**); (b) **IIa** + ATP → **IIa**-Monophosphat (**VI**); (c) **V** + **VI** → **I**-Monophosphat (**VII**); (d) **VII** → **I**; **I** + ATP → **I**-Pyrophosphat (**VIII**). Die Enzymstufen a, b, c u. e (bes.) benötigen Mg-Ionen. **IIa, VII, I** u. **VIII** konnten durch Papierchromatographie u. Bioautographie-Meth. als Prodd. der Enzym-Wrkg. nachgewiesen werden. **III** enthält die Enzyme, die für die Umwandlung von **II** in **V** u. für die Bldg. von **VIII** aus **I** notwendig sind. **IV** enthält die Enzyme zur Umwandlung von **IIa** in **VI** u. zur Bldg. von **VII** aus **V** u. **VI**. Das Enzym, das **VII** zu **I** abbaut, findet sich nur im rohen Extrakt, aber nicht in **III** u. **IV**. G. Kimmerle. 4210

Der Stoffwechsel polycyclischer Verbindungen. 13. Mitt. **Die enzymatische Hydroxylierung von Naphthalin durch Rattenlebermikrosomen.** J. Booth und E. Boyland. (Biochem. J. **70**, 681—88, Dez. 1958; London, Royal Cancer Hospital, Inst. of Cancer Res.; engl.) — 12. vgl. C. **1960**, 12413. — An der Oxydation von Naphthalin (**I**) zu *1-Naphthol* (**II**) u. *1.2-Dihydro-1.2-dihydroxy*-**I** (**III**) durch Rattenlebermikrosomen in Ggw. von red. Triphosphopyridinnucleotid u. O_2 sind anscheinend 2 verschiedene Enzym-Syst. beteiligt, die jedoch kein 2-Naphthol bilden. In Pyrophosphatpuffer, pH 7,4, verdoppeln 5 mm Coffein die Geschw. der **II**-Bldg. ohne Beeinflussung der **III**-Synthese. Bei pH 8,1 wird die III-Bldg.-Geschw. ebenfalls erhöht. In 2-Amino-2-hydroxymethylpropandiol-(1.3)-Puffer fällt die Bldg.-Geschw. beider Metabolite nach 15 Min. ab. Die Anfangs-Geschw. der III-Bldg. bleibt nur in Ggw. von 2,5 mm Cystein aufrechterhalten. Die II- u. III-Bldg. wird durch Methylenblau, Flavinmononucleotid u. mercaptidbildende Verbb., nicht aber durch Metalle bindende, gehemmt. K. Maier. 4210

Der Stoffwechsel polycyclischer Verbindungen. 14. Mitt. **Die Umwandlung von Naphthalin in mit trans-1.2-Dihydro-1.2-dihydroxynaphthalin verwandte Verbindungen durch Kaninchen.** P. Sims. (Biochem. J. **73**, 389—95, Nov. 1959; London, Royal Cancer Hospital, Chester Beatty Res. Inst., Inst. of Cancer Res.; engl.) — 13. vgl. vorst. Referat. — Nach *Naphthalin* (**I**)-Zufuhr wurden aus dem Harn von Kaninchen (+)- u. (—)-*trans-1.2-Dihydro-2-hydroxynaphthyl-(1)-glucosiduronsäure* (**II**) u. *trans-1.2-Dihydro-1-hydroxy-naphthyl-(2)-glucosiduronsäure* (**III**) isoliert. Ferner führen Kaninchen **I** in *1-Hydroxynaphthyl-(2)-sulfat* (**IV**) über. Kaninchen, Ratten sowie Meerschweinchen führen *trans-1.2-Dihydro-1.2-dihydroxynaphthalin* (**V**) ebenfalls in **IV** über. Der **I**-Stoffwechsel verläuft im Kaninchen offensichtlich in 3 Richtungen. 1. Direkte Hydroxylierung zu *α-Naphthol* (*α*-**Ia**) u. anschließend Paarung mit H_2SO_4 oder Glucuronsäure (**VI**), 2. „Perhydroxylierung", Konjugation u. Umwandlung in die Ausscheidungs-Prodd. oder Dehydrierung des freien oder gepaarten „perhydroxylierten" Prod. zu H_2SO_4- u. wahrscheinlich **VI**-Konjugaten des 1.2-Dihydroxynaphthalins (**VII**), 3. Rk. einer reaktionsfähigen Zwischenstufe mit Cystein-SH, Glutathion oder einem Protein unter Bldg., nach Hydrolyse u. Acetylierung, der Mercaptursäurevorstufe.

Versuche: *1-Hydroxynaphthyl-(2)-sulfat* (**IV**), *K-Salz*, $C_{10}H_7KO_5S$, aus *α*-**Ia** (10 g) durch Oxydation mit $K_2S_2O_8$; blaßrosa Platten (wss. A.); 56 mg; mit 5n HCl (100°, 15 Min.) **VII**. Als Neben-Prod. wahrscheinlich *4-Hydroxynaphthyl-(1)-sulfat*. — **I**-Metabolite: *2-Naphthol*, F. 120—121°, aus Harnextrakten durch Chromatographie an Cellulosepulver nach Biochem. J. **68**, [1958], 440; *1-Naphthol* papierchromatograph. nachweisbar. — *2-Hydroxynaphthyl-(1)-sulfat* (**IVa**), *Na-Salz*, aus Esterfraktion mit wss. NaOH. **IV** neben *Naphthyl-(1)-sulfat* (**Ib**) papierchromatograph. nachweisbar. — *trans-1.2-Dihydro-1.2-dihydroxynaphthalin* (**V**), (+)-Form, F. 127° (Bzl.), $[\alpha]_D^{22}$ +158° (c = 1, A.). *Diacetat*, F. 78°, Platten (wss. CH_3OH), $[\alpha]_D^{20}$ +430° (c = 0,5, A.). (±)-**V**, F. 101°, seidige Nadeln (Bzl.). — (—)-*trans-1.2-Dihydro-2-hydroxynaphthyl-(1)-D-glucosiduronsäure* (**II**), *Kreatinin-Salz* (oder Komplex), $C_{20}H_{25}N_3O_9$, F. 238—239° (Zers.), längliche Platten (wss. A.). *Freie Säure*, $C_{16}H_{18}O_8$, F. 172—173° (Zers.), aus vorst. Salz durch Zeo-Karb 225-Behandlung; Nadeln (A.-PAe.), $[\alpha]_D^{22}$ —171 ± 5° (c = 0,5, A.). *Kreatinin*, $C_4H_7N_3O$, F. 260° (Zers.), aus Zeo-Karb-Eluat. *Pikrat*, $C_{10}H_{10}N_6O_8$, F. 217—218°. — *Naphthyl-(1)-tri-O-acetyl-D-glucosiduronsäuremethylester* (**IX**), F. 158—159°, aus **II** durch 15 Min. langes Erhitzen mit 2n HCl auf 60°, CH_2N_2-Veresterung u. Acetylierung; Nadeln (wss. A.). — (—)-*trans-1.2-Dihydro-1.2-dihydroxynaphthalin* (**V**), F. 127°, aus (—)-**II** mit *β*-Glucuronidase; Platten (Bzl.), $[\alpha]_D^{22}$ —157° (c = 0,5, A.). *Diacetat*, F. 77°, Platten (PAe.), $[\alpha]_D^{22}$ —435° (c = 0,5, A.). — (—)-*trans-2-Acetoxy-1.2-dihydronaphthyl-(1)-tri-O-acetyl-D-glucosiduronsäuremethylester* (**VIII**), $C_{25}H_{28}O_{12}$, F. 194°, aus (—)-**II** durch Veresterung u. Acetylierung; Nadeln (A.); $[\alpha]_D^{22}$ —293 ± 5° (c = 0,5, Chlf.). (+)-*Form*, F. 209—210°, aus der Glucosiduronsäurefraktion; lange Nadeln (A.), $[\alpha]_D^{22}$ +100 ± 5° (c= 0,5, Chlf.). — (—)-*1-Acetoxy-1.2-dihydronaphthyl-(2)-tri-O-acetyl-D-glucosiduronsäuremethylester* (**X**), $C_{25}H_{28}O_{12}$, F. 168°, aus vorst. Mutterlaugen neben **VIII**; Nadeln (A.), $[\alpha]_D^{22}$ —228 ± 5° (c = 0,5, Chlf.). *trans-1.2-Dihydro-1-hydroxynaphthyl-(2)-glucosiduronsäure*, durch Hydrolyse vorst. Verb. mit methanol. $Ba(OCH_3)_2$. — (+)-**II**, $C_{16}H_{18}O_8$, F. 151—152°, aus (+)-**VIII** mit methanol. $Ba(OCH_3)_2$; Nadeln (A.-PAe.), $[\alpha]_D^{22}$ +106 ± 2° (c = 0,5, A.); durch Veresterung u. Acetylierung Rückbldg. von (+)-**VIII**; durch Erhitzen mit 2n HCl (60°, 15 Min.), Veresterung u. Acetylierung **IX**; nach Hydrolyse mit 10n HCl bei 100° *α*- u. *β*-**Ia** nachweisbar; durch Spaltung mit *β*-Glucuronidase (+)-**V**, F. 127°, Platten (Bzl.), $[\alpha]_D^{22}$ +156° (c = 0,5, A.), *Diacetat*, F. 77°, Platten (PAe.). — (±)-*trans-1.2-Dihydro-2-hydroxynaphthyl-(1)-sulfat*, *K-Salz* (verunreinigt mit 2-Isomeren), F. 164°, aus **V** mit Pyridin–$ClSO_3H$ bei ca. 40°, 3 Std.; flache Nadeln (A.-Ae.). — Angabe von R_F, Fluorescenz, Farbrk. mit diazotiertem p-Nitranilin für *α*- u. *β*-**Ia**, **V**, **Ib**, **IV**, **IVa**, *Naphthyl-(2)-sulfat*, *Naphthyl-(1)-glucosiduronsäure*, **II**, **III** u. der UV-Absorption von synthet. *1.2-Dihydronaphthalin*, (±)-**V**, (—)-**II**, Kreatinsalz, (+)-**II**, (—)-**VIII**, (+)-**VIII**, **X**. K. Maier. 4210□

E_3. Mikrobiologie. Bakteriologie. Immunologie

Einfluß der ionisierenden Strahlen auf den Stickstoffumsatz von Hefeorganismen. R. D. Galzowa und A. T. Nowitschkowa. (Radiobiologie [UdSSR] **2**, 690—94, 1962; Inst. für Mikrobiol. der Akad. der Wiss. der UdSSR; russ.) — Reine Kulturen von

Saccharomyces cerevisiae, Sacch. carlsbergensis Frohberg u. *Sacch. carlsbergensis 10-D* wurden mit 800 r/min röntengenbestrahlt u. während des anschließenden Wachstums auf den Geh. an verschiedenen N-Formen untersucht. Unmittelbar nach der Bestrahlung beobachtet man nur beim *Amino-N* (I) eine starke Zunahme. Nach kleinen Strahlendosen beträgt nach 48 std. Wachstum die Zunahme an *Gesamt-N* (II) bis zu 10—12% gegenüber der Kontrolle, bes. bei 20—40 kr. Auch der Geh. an *Eiweiß-N* (III) u. *Rest-N* (IV) nimmt zu. Mit zunehmender Strahlendosis nehmen **II** u. **III** allmählich ab, bes. bei 150—200 kr. Der Geh. an **IV** nimmt hierbei etwas zu. Der Geh. an **I** nimmt nach schwacher Bestrahlung während des Wachstums etwas ab. Mit steigender Strahlendosis nimmt **I** jedoch rasch zu. Schon bei 20—30 kr erreicht die I-Zunahme 50—60%. Durch die Röntgenbestrahlung wird der Protoplasten-Geh. an Asparaginsäure u. Alanin um 100%, der Geh. an Glutaminsäure um 50—75% erhöht. Die Menge der freien Aminosäuren ist proportional der Strahlendosis. Am reichsten an **II** u. **III** sind die Kulturen von Sacch. cerevisiae. O. Lebtag. 4300△

Bestimmung des biologischen Sauerstoffbedarfs im Warburg-Gerät im Vergleich mit den herkömmlichen Methoden BSB_5 und dem Kaliumpermanganatverbrauch. Adolf J. Schuller. (Arch. Hyg. Bakteriol. **145**, 201—14, Mai 1961; Univ. des Saarlandes, Inst. für Hyg. u. Mikrobiol.; dt.) — Es wird über die Verwendbarkeit der Warburg-App. zur Unters. des biolog. *O_2*-Bedarfs eines Abwassers im Vgl. zum biochem. O_2-Bedarf (BSB_5; in 5 Tagen) u. zum $KMnO_4$-Verbrauch berichtet. An Hand von 42 Unters.-Proben wird die Veratmung von O_2 als Gradmesser des Abbaus organ. Stoffe hervorgehoben u. gezeigt, daß es möglich ist, bereits nach 8 Std. den 24-Std.-Wert zu errechnen. H. Aman. 4300□

Zusammenhang zwischen der Resistenz gegenüber Gallensalzen und der Virulenz bei Stämmen von Salmonella typhi-murium. Constance Thomas und J. B. Wilson. (Proc. Soc. exp. Biol. Med. **103**, 292—94, Febr. 1960; Madison, Wis., Univ. of Wisconsin, Dep. of Bacteriol.; engl.) — Unterss. mit Stämmen von *Salmonella typhi-murium*, die resistent bzw. sensibel gegenüber einem hemmenden Einfl. von *Gallensalzen* (I) im Nähragar waren, zeigten, daß die I-resistenten Bakterien besser befähigt waren, chron. Infektionen an der Maus hervorzurufen, als die sensiblen, u. zwar auf Grund eines längeren Überlebens im Wirtsorganismus. M. Metze. 4310□

Eine cytologische und chemische Analyse des bakteriellen Nucleus. 1. Mitt. Eine Isolationsmethode der Nuclei aus Bacillus megatherium und die Cytologie der isolierten Strukturen. E. D. De Lamater. (Exp. Cell Res. **16**, 636—47, März 1959; Philadelphia, Pa., Univ. of Pennsylvania, School of Med., Dep. of Physiol., Sect. on Cytology and Genetics; engl.) H.-G. Trüper. 4315□

Die Isolierung von Bestandteilen aus der Zellwand des Lactobacillus casei. K. W. Knox und Janice Brandsen. (Biochem. J. **85**, 15—23, 1962; Sydney, United Dental Hospital; engl.) — Durch mechan. Zerkleinerung werden Zellwand-Präpp. eines *Lactobacillus casei*-Stammes hergestellt u. hierin Kohlenhydrate, Aminosäuren u. Enzyme untersucht. Von den Erstgenannten ist *Rhamnose* (I) neben Galaktose, Glucose, Glucosamin u. Galaktosamin Hauptbestandteil. Das Ansteigen des I-Geh. während der Bebrütung beweist die Ggw. eines autolyt. Enzymsystems. — An Aminosäuren werden Lysin, Asparaginsäure, Glutaminsäure, Alanin sowie Muramsäure nachgewiesen. — Die serolog. Spezifität ist an **I**, Galaktose u. Glucose gebunden. Ch. Hanke. 4315□

Die Phosphorverbindungen bei einigen Actinomyceten und ihre Beziehung zur antibiotischen Aktivität. M. A. Gubernijew und L. I. Torbotschkina. (Antibiotika [UdSSR] **6**, 752—61, Aug. 1961; Allunions-Inst. für Antibiotica; russ.; Auszug: engl.) — Der Geh. an P-Verbb. (säurelösl. u. säureunlösl.), der in Kulturen von *Act. aureofaciens, Act. erytheus* u. *Str. griseus* nur auf Maisextraktnährboden, nicht aber auf reinem synthet. Nährboden vorhanden war u. bei steigender Bldg. von *Volutin*-Granula analoge Vermehrung der *Polyphosphate* u. Ggw. von *Ribonucleinsäure* zeigte, war von den Kulturbedingungen abhängig u. führte zu verringerter Bldg. der Antibiotica.
I. v. Kloch-Kornitz. 4315□

Bestandteile der Mycobakterien. 52. Mitt. Über das chemische Gefüge des Phosphatids des Bacillus Calmette-Guérin. Erna Vilkas. (C. R. hebd. Séances Acad. Sci. **248**, 604—06, 26/1. 1959; Paris, Inst. de Biol. physicochim.; franz.) — 46. vgl. C. **1962**, 2704. — Die rohe Phosphatidfraktion gab nach Verseifung, Dephosphorylierung u. Acetylierung *Inositacetate, Inositmonomannosidacetate, Inositdimannosidacetate* u. *Inositpentaglucosidacetate.* W. F. Ebel. 4315□

Eine verbesserte Methode zur Isolieung und Bestimmung von Cordycepin. Nicholas M. Kredich und Armand J. Guarino. (Biochim. biophysica Acta [Amsterdam] **41**, 363—65, 1/7. 1960; Ann Arbor, Mich., Univ. of Michigan, Dep. of biol. Chem.; engl.) —

Das Kulturmedium von *Cordyceps militaris* wurde bei Temp. unter 50° auf $^1/_{10}$ des Vol. eingedampft u. nach 12–24std. Stehen bei 4° abfiltriert. Die auf pH 11 eingestellte Lsg. wurde auf eine Säule von Dowex 1 (Cl^-, 200–400 mesh) gegeben u. *Cordycepin* (I) mit 2–3 Liter W. eluiert. Aus den eingeengten Eluaten krist. I im Eisschrank aus. 13 Liter Medium ergeben 1–1,5 g I. Zur Best. von I eignet sich die colorimetr. Messung des *Cordycepose*-Gehaltes. Die I-Lsgg. werden mit einem Anthron-H_2SO_4-Reagens 10 Min. lang auf 100° erhitzt u. die Färbung in einem Photometer gemessen. Glucose u. Adenosin stören nicht. L. Laschet. 4315☐

Mikrobiologische Bildung und Darstellung von 3-Ketoglykosiden aus Disacchariden. M. J. Bernaerts und J. De Ley. (J. gen. Microbiol. **22**, 129–36, Febr. 1960; Brussels, Belgium, Ministry of Economic Affairs, Central Labor.; Ghent, Belgium, State Univ., Veterinary Coll., Biochem. Labor.; engl.) — Die Bedingungen für die Bldg., Isolierung u. Reinigung von *3-Ketoglykosiden* (I) werden beschrieben. Sie entstehen durch Einw. bestimmter Bakterien mit dem vorläufigen Namen *Alcaligenes faecalis* auf *Lactose* (II), *Maltose* (III), *Lacto-* oder *Maltobionate* (IV). Aus II werden ca. 75% in das entsprechende I übergeführt. Weder die entsprechenden Monosen, Gluconate, noch äquimolare Mischungen davon werden dabei oxydiert. Die neuen Substanzen wurden zuletzt mittels Papierchromatographie gereinigt. Bisher wurden so keine krist. Präpp. erhalten. Die Bakterien besitzen starke *Hydrolasen* (V) für III oder II u. schwache für IV. Die Ausbeute an I ist umgekehrt proportional der V-Aktivität. H. Aman. 4315☐

Proteinzusammensetzung von pathogenen Hefen. Untersuchungen durch Elektrophorese an Candida albicans. G. Salgarello und M. A. Barattini. (Boll. Soc. ital. Biol. sperim. **36**, 484–85, 31/5. 1960; Bologna, Univ., Ist. di Farmacol.; ital.) — Die Unterss. werden an durch Ultraschall extrahierten wasserlösl. Proteinen von *Candida albicans* durchgeführt. Nur 38% der Proteinstoffe erfahren, vermutlich in Abhängigkeit vom angewandten Puffer u. pH, im elektr. Feld eine Einwirkung. Die Wanderungs-Geschw. entspricht dem Globulintyp. F. Kren. 4315☐

Elektrophoretische Untersuchungen über die Proteinzusammensetzung von Escherichia coli. G. Salgarello. (Boll. Soc. ital. Biol. sperim. **36**, 464–68, 31/5. 1960; Bologna, Univ., Ist. di Farmacol.;ital.) — Proteinextrakte aus *Escherichia coli K 12* wurden in freier Phase u. auf Papier der Elektrophorese unterzogen u. die Ergebnisse diskutiert. F. Kren. 4315☐

Lipide und Cholinsubstanzen der Hefe. Ernest Kahane, Marcelle Kahane und Colette Crouzet. (C. R. hebd. Séances Acad. Sci. **249**, 2863–65, 21/12. 1959; Montpellier, Fac. des Sci.; franz.) — Vff. analysierten industrielle Frisch- u. Trockenhefen [*Saccharomyces cerevisiae* (S.c.), *Torula utilis* (T.u.)], um den Einfl. der Trocknung auf die Zers. der Lipide zu ermitteln. Getrocknete Hefen zeigten: Total-Lipide: 2,03 bis 7,72% (S.c. Mittel: 4,95%; T.u.: 6,42%); pH 5,3–6,0 (Frischhefe: 4,3); titrierbare Säuren: 0,2–1,45 ml n/10 Base/g; Lipidfraktion: N 1,6–1,9%, P 1,8–2,6%; Trockenhefe: N 0,4–1,2 mg/g, P 0,4–1,4 mg/g; Totalcholin: 2,8–7,8 mg/g; wasserlösl. Cholin: 0,48–5,53 mg/g (in frischer Hefe nicht enthalten); freies Cholin: 0,12–0,96 mg/g; Glycerylphosphorylcholin: 0,05–4,71 mg/g; Vff. führen den hohen Geh. der Hefen an wasserlösl. *Cholin* auf eine Zers. der *Phosphatidylcholine* beim Trocknungsprozeß zurück, wobei sich die *Cephaline* beständiger erweisen als die *Lecithine*. B. Görlich. 4315☐

Ein Beitrag zur Frage der Nitratreduktion durch Bakterien der Unterfamilie Eschericheae. Imrich Daubner. (Arch. Hyg. Bakteriol. **145**, 196–200, Mai 1961; Bratislava, Tschech., Slowak. Akad. der Wiss., Inst. für exp. Med., Abt. Hygiene; dt.) — Bei der Überprüfung der Red. von Nitrat durch Bakterien der Unterfamilie *Eschericheae* nach 4tägiger Kultur bei 37° treten häufig bis zu 40% Fehlergebnisse auf. Nach Unters. von 560 Stämmen aus verschiedenen Wasserproben sowie aus frischen Faeces wird vorgeschlagen, die Prüfung auf Ggw. von Nitriten nach 8std. Bebrütung bei 37° durchzuführen. Nach dieser Zeit wurde bei allen untersuchten Stämmen eine positive Nitrit-Rk. erhalten. Verwandt wurden zur Red. der Nitratnährboden u. das Nitratreagens nach Kaufmann [1954]. H. Aman. 4320☐

Eine Polyglycerophosphat-Verbindung von Mycoplasma mycoides. P. Plackett. (Nature [London] **189**, 125–26, 14/1. 1961; Parkville, Victoria, Australia, Commonwealth Sci. and Ind. Res. Organiz., Animal Health Res. Labor., Div. of Animal Health; engl.) — Behandelt wird der Einbau von *^{14}C-Glycerin* (I) durch *Mycoplasma mycoides var. mycoides*. Dem Nährmedium wurden 5–20 μc $^{14}C_{(1)}$-DL-I/100 ml zugefügt, der gesamte I-Geh. betrug 4–20 μg/ml. Die am Ende der logarithm. Phase geernteten Kulturen hatten ca. 8% des zugefügten $^{14}C_{(1)}$-I aufgenommen. Seine Verteilung in den verschiedenen Fraktionen der in dest. W. suspendierten, gefrorenen, aufgetauten u.

zentrifugierten Zellen war folgende: Überstehendes 9%; in kalter Trichloressigsäure lösl. Anteil 1%; in A.-W. lösl Anteil 4%; in A.-Ae. lösl. Anteil 46%; säurelösl. Fraktion des alkal. Auszuges 34%; nicht extrahierbarer Teil 6%. Die säurelösl. Prodd. wurden in 60%ig. A. aufgenommen u. der Ionophorese unterworfen. Durch Radioautographie wurden 5markierte Banden festgestellt. Die Verbb. 1, 2 u. 3 u. ihre Hydrolysate wurden chromatograph. als I, als *α.α'-Diglycerophosphat* (II) u. als *α- + β-Monoglycerophosphat* identifiziert. *Verb. 4* besteht möglicherweise aus 3 I-Moll., verbunden durch 2 Phosphatgruppen in Diester-Bindung. Für *Verb. 5* wird eine Struktur angenommen, bei der eine zusätzliche Phosphatgruppe an einem der verbleibenden Hydroxyle von II verestert wurde. W. Knöbel. 4320□

Nucleinsäure-Veränderungen während Hungerstadium und Cystenbildung in einem Ciliaten (Urostyla). A. Pigon und J.-E. Edström. (Exp. Cell Res. **16**, 648—56, März 1959; Göteborg, Schweden, Univ., Dep. of Histol.; Bristol, England, Univ., Dep. of Zool.; engl.) — Einzelzellen eines Clons von *Urostyla* wurden bei 17° u. 26° verarmt u. in verschiedenen Intervallen *Ribonucleinsäure* (RNS) u. *Desoxyribonucleinsäure* (DNS) bestimmt. Verarmung bei 26° führte nicht zur Cysten-Bldg., RNS u. DNS nahmen ab. Verarmung bei 17° führte bei 30% der Zellen zur Cysten-Bldg., u. nach 8 Tagen konnte langsamer stetiger Abfall der RNS beobachtet werden, wohingegen DNS konst. blieb. Die Unfähigkeit, bei 26° Cysten zu bilden, mag zusammenhängen mit der Unfähigkeit der Zellen, ein bestimmtes Niveau der beiden Nucleinsäuren aufrechtzuerhalten. H.-G. Trüper. 4320□

Extracellulare Säureproduktion von Mycobacterium ranae und Mycobacterium tuberculosis H 37 Rv. Audree V. Fowler, Merrill N. Camien und Max S. Dunn. (J. biol. Chemistry **235**, 1386—89, Mai 1960; Los Angeles, Calif., Univ. of California, Chem. Labor.; engl.) — Kulturmedien wurden mit *Mycobacterium ranae* 7 Tage bzw. mit *Mycobacterium tuberculosis* H37Rv 3 Monate bei 37° bebrütet, filtriert, die Filtrate angesäuert u. unter vermindertem Druck bei Zimmer-Temp. eingeengt. Die Konzentrate wurden mit Diisopropyläther (I) oder Äthylacetat (II) ausgezogen, vom Lsgm. befreit u. die extrahierten, sauren Stoffwechsel-Prodd. durch Gegenstromverteilung mit den Lsgm.-Gemischen I über W., Butanol (III) über W., III/Heptan (1 : 1) über W. u. II über n Essigsäure (IV) isoliert. Nach Entfernung der Lsgm. wurden die sauren Substanzen durch Titration quant. erfaßt. Aus dem Kurvenverlauf der Vgl.-Unterss. ergab sich, daß beide Bakterienstämme weitgehend die gleichen, aber in ihren Mengenverhältnissen abweichenden extracellulären Säuren produzierten, während eine Autoklavenbehandlung der Kulturen von Mycobacterium tuberculosis H37Rv vor dem Filtrieren zu Änderungen in der Säure-Zus. führte. Die in niedrigen Konzz. vorkommenden, durch Gegenstromverteilung nicht auftrennbaren Säuren konnten papierchromatograph. in verschiedene Komponenten zerlegt werden. Die krist. sauren Hauptstoffwechsel-Prodd., Bernsteinsäure, Fumarsäure, IV u. dl-5-Carboxymethylhydantoin (V), wurden durch Umkristallisieren gereinigt u. mit Hilfe von IR-Spektren, F. u. chem. Meth. identifiziert. V wurde erstmalig als Stoffwechsel-Prod. von Mycobacterium aus Kulturen von Mycobacterium ranae isoliert, bei Mycobacterium tuberculosis H37Rv wurde V nur papierchromatograph. nachgewiesen. S. Hothorn. 4320□

Glucose-Abbau bei dem Mutterkornpilz Claviceps purpurea. J. Ken McDonald, Vernon H. Cheldelin und Tsoo E. King. (J. Bacteriol. **80**, 61—71, Juli 1960; Corvallis, Oreg., Oregon State Coll., Dep. of Chem. and Sci. Res. Inst.; engl.) — Vff. untersuchten den Mechanismus des Glucose (I)-Abbaues bei Submerskultur von *Claviceps purpurea* (Cl.p.). In Zellextrakten wurden *Hexokinase*, *Glucose-6-phosphatdehydrogenase*, *6-Phosphogluconsäuredehydrogenase*, *Aldolase* u. die Enzyme des *Pentose*-Cyclus nachgewiesen. Mit *Triphenyltetrazoliumchlorid* als Elektronen-Acceptor wurde in den zellfreien Extrakten festgestellt, daß sie die notwendigen Enzyme sowohl für die Oxydation verschiedener Zwischenstufen des Krebs- Cyclus als auch für die Oxydation verschiedener Phosphatester besitzen. Unter Verw. verschiedener, spezif. ^{14}C-markierter Formen von I für die Unters. der $^{14}CO_2$-Entw. wurde berechnet, daß bei wachsenden Zellen von Cl.p. der I-Abbau zu ca. 90% über den *Glykolyse*-Krebs-Cyclus verläuft u. zu 10% offenbar auf dem *Pentosephosphat*-Weg. W. Knöbel. 4320□

Stoffwechselfunktionen von Myoinosit. 1. Mitt. Cytologische und chemische Veränderungen in Hefe durch Inositmangel. Amal Ghosh, Frixos Charalampous, Yolanda Sison und Robert Borer. (J. biol. Chemistry **235**, 2522—28, Sept. 1960; Philadelphia, Pa., Univ. of Pennsylvania, School of Med., Dep. of Biochem.; engl.) — Die Wrkg. von *Inosit* (I)-Mangel auf das Wachstum u. den Stoffwechsel von *Saccharomyces carlsbergensis* wird berichtet. Durch I-Mangel entstehen abnormale Zellwände, die größere Mengen *Glucan* enthalten als normal. Dadurch können sich die Tochterzellen von den Elternzellen nicht trennen u. so entstehen große Konglomerate. I-Mangel hat keinen Einfl. auf den Nucleinsäuren-, Protein-, Mannan- u. Glykogen-Geh. der Zellen. Auch die endogene Atmung u. die Oxydation von Glucose, A. u. Acetat bleiben unverändert. Auch die Konzz. von Pyridinnucleotiden u. der Cytochrome a, c u. a_3 bleiben konst., nur die von Cytochrom b ist höher bei I-Mangel. Meist ist die Konz. der Flavoproteine unverändert. G. Kimmerle. 4320

Die Decarboxylierung von Hydroxyarginin und Canavanin durch Escherichia coli. Satoru Makisumi. (J. Biochemistry [Toyko] **49**, 292—96, April 1961; Fukuoka, Kyushu Univ., Fac. of Sci., Dep. of Chem.; engl.) — 2 *E. coli*-Stämme (7020 u. Nr. 1) decarboxylierten *γ-Hydroxyarginin* (I) u. *Canavanin* (II) zu den entsprechenden Aminen. Aus I entstand *Hydroxyagmatin, δ-Guanidino-γ-hydroxybutylamin, Dipikrat,* $C_5H_{14}N_4O \cdot 2[C_6H_3N_3O_7]$, Zers. bei 221°, aus II, *γ-Guanidinohydroxypropylamin, Sulfat,* $C_4H_{12}NO \cdot H_2SO_4$, Zers. bei 237°. K. Maier. 4320□

Die Umwandlung von Ölsäure in Linolsäure. Ching Yuan und Konrad Bloch. (J. biol. Chemistry **236**, 1277—79, Mai 1961; Cambridge, Mass., Harvard Univ., James Bryant Conant Labor.; engl.) —Zellen von *Torulopsis utilis* (T.u.) wandeln *$^{14}C_{(1)}$-Ölsäure* (I) in *Linolsäure* (II) um, wie sich papier- u. gaschromatograph. sowie durch Überführung in das Tetrabrom-Deriv. von II nachweisen ließ. Die Bldg. von II verläuft nur in Ggw. von O_2. Unter den radioakt. Fettsäuren fand sich neben II noch eine geringe Menge *Linolensäure*, dagegen wurden keine kurzkettigen Fettsäuren u. keine Stearinsäure nachgewiesen. Das Fehlen von ^{14}C in den niederen Fettsäuren deutet darauf hin, daß I nicht zu C_2-Einheiten abgebaut wird u. daraus neue Fettsäuren aufgebaut werden, sondern daß I in T. u. einer direkten Dehydrierung unterliegt. Vff. stellen außerdem noch am $C_{(12)}$ T-markierte *DL-Ricinolsäure* (III) dar u. untersuchten ihr Verh. im Stoffwechsel von *Torulopsis utilis*, das von Interesse war, da III möglicherweise eine Vorstufe bei der Synth. von II darstellt. III wird in die Lipide von T.u. eingebaut, es ließ sich aber keine signifikante Umwandlung in II nachweisen.

Versuche: *T-markierte DL-Ricinolsäure* (III), *p-Bromphenacylester*, F. 63—65°, 25 mg *12-Keto-Δ^9-octadecensäure* 12 Std. in Isopropanol bei Raum-Temp. mit Natriumbortritid rühren. Reinigung über Methylester an SiO_2-Säule; 9,6 mg Ausbeute. H. Zöllner. 4320□

Über den Sauerstoffeffekt in der Kultur von E. coli bei der Gammabestrahlung. W. I. Plochoi. (Radiobiologie [UdSSR] **2**, 667—73, 1962; Moskau, Inst. für biol. Phys. der Akad. der Wiss. der UdSSR; russ.) — Nach der vom Vf. beschriebenen Meth., die eine Beobachtung der Nachwrkg. des O_2 durch Messung der Bakterien-Konz. zu jeder beliebigen Zeit der logarithm. Phase beim Wachstum im Vakuum ermöglicht, wurde das Wachstum von *E. coli* nach γ-Bestrahlung u. O_2-Einw. verfolgt u. festgestellt, daß es in der wss. Suspension keine langlebigen Zustände der „potentiellen" Schädigung gibt, die durch O_2 nachweisbar wären. Die bei der Kultivierung der bestrahlten Bakterien unter aeroben Bedingungen erhaltenen hohen Werte des O_2-Koeff. (4,5—4,6), die 1,5mal höher sind als die üblichen, sprechen gegen eine O_2-Wrkg. auf die bestrahlten Zellen. Die chem. Zus. des Nährbodens während der Bestrahlung u. die Wachstumsbedingungen nach der Bestrahlung sind ohne Einfl. auf den O_2-Koeffizienten. Der hohe O_2-Koeff. hängt möglicherweise mit der vollständigen Entfernung des O_2 u. anderen die Strahlenempfindlichkeit beeinflussenden Gasen zusammen. O. Lebtag. 4330△

Antibiotische Wirkung von Steroiden auf Saccharomyces fragilis und die Isolierung eines resistenten Mutanten. Elizabeth S. Maxwell, Joseph S. Mc Guire und Gordon M. Tomkins. (J. Bacteriol. **80**, 1—6, Juli 1960; Bethesda, Md., Dep. of Health, Educat. and Welfare, Nat. Inst. of Arthritis and Metabolic Diseases; engl.) — Untersucht wurde die Wrkg. einer Anzahl von *C_{19}*- u. *C_{21}-Steroiden* auf das Wachstum von *Saccharomyces fragilis* (S.f.). Durch 0,13 mg/ml von *4-Androsten-3.17-dion* (I), *1-Androsten-3.17-dion, Androstan-3.17-dion, Desoxycorticosteron* u. *Progesteron* wurde das Wachstum einer Wildform von S.f. fast völlig gehemmt. Nahe verwandte Steroide hatten keine oder eine geringe Wrkg. auf das Wachstum. Ruhende Zellen von S.f. erwiesen sich gegen das für wachsende Zellen letale I als widerstandsfähiger. W. Knöbel. 4330□

Toxizität von Na-N-Methyldithiocarbamat und Methylisothiocyanat für Rhizoctonia solani. R. T. Wedding und J. B. Kendrick jun. (Phytopathology **49**, 557—61, Sept. 1959; Riverside, Calif., Univ. of California, Dep. of Plant Biochem. and Plant Pathol.; engl.) — Vff. inkubieren 8-Tage-Kulturen von *Rhizoctonia solani* mit *^{14}C-Glucose* (I) in Ggw. von *Na-N-Methyldithiocarbamat* (II), *Methylisothiocyanat* (III) u. elementarem S u. bestimmen die von den Mycelien abgegebene $^{14}CO_2$-Menge nach der Warburg-Methode. Ferner wird die Einw. von II u. III auf die Permeabilität der Zellen (durch Ermittlung der nach Zufuhr von KH_2PO_4 in Ggw. von I aus den Mycelien austretenden ^{32}P-Menge) u. auf das Wachstum des Mikroorganismus untersucht. Es zeigt sich, daß

II (10^{-4} bis 10^{-2}m) die Respiration bis auf 22% des Anfangswertes nach einer Rk. 2. Ordnung herabsetzt. Geringe Mengen III (10^{-4}) ergeben zunächst eine geringe Stimulation der I-Verwertung, während höhere (10^{-2}) die gleiche Hemmung der Atmung hervorrufen, wie **II**. S besitzt dagegen keine Einw. auf die $^{14}CO_2$-Abgabe. Die Permeabilität der Zellen wird nur durch **II** beeinflußt, das einen Verlust von maximal 30% lösl. Zellmaterials verursacht. **II** unterdrückt das Wachstum vollständig, **III** inhibiert es nur zu 20% u. S ist ohne Einfluß. Aus den Ergebnissen geht hervor, daß die fungiciden Eigg. von **II** auf einer Rk. desselben mit SH-Gruppen enthaltenden Bestandteilen der lebenden Zellmembran zurückzuführen sind. Dadurch tritt eine physikal. Veränderung der Membranstruktur ein, wobei eine Abwanderung von Zellbestandteilen u. ein Eintritt von tox. Substanzen ermöglicht wird. P. Fahrnlaender. 4330□

Beständigkeit der gegenüber Antibioticis empfindlichen und adaptierten Mikroben der Darmtyphusgruppe gegenüber der Einwirkung physikalisch-chemischer Faktoren. I. Je. Kolukanow. (Antibiotika [UdSSR] **6,** 731—35, Aug. 1961; Leningrad, Kirow-Inst. für Ärztefortbldg., Lehrstuhl für Mikrobiol.; russ., Auszug: engl.) — 40 untersuchte Stämme von Paratyphus Breslau, Dysenterie Flexner u. Darmbazillen zeigten unterschiedliche Resistenz gegen *Phenol, Formalin, Chloramin,* $KMnO_4$ u. Temp. (1; 1; 0,005; 0,05%ig. Lsg. bzw. 59—60°), wobei die Widerstandsfähigkeit von an *Streptomycin, Chlortetracyclin, Synthomycin, Lävomycetin, Colimycin* u. *Oxytetracyclin* adaptierten u. resistenten Stämmen, isoliert von Kranken, geringer war als von antibioticaempfindlichen Stämmen. I. v. Kloch-Kornitz. 4330□

Colicin K. 4. Mitt. **Die Wirkung von Metaboliten auf die Colicinsynthese.** Hiroshi Matsushita, Maurice S. Fox und Walther F. Goebel. (J. exp. Medicine **112,** 1055—68, 1/12. 1960; New York, N.Y., Rockefeller Inst.; engl.) — 2. vgl. C. **1958,** 12728. — Unters. der Bldg. von *Colicin K* (I) durch den Colicinbildner *E. coli* K_{235} im Chemostaten ergab einen Einfl. durch das pH des Mediums, Art der prim. *C*-Quelle u. Generationszeit des Mikroorganismus. Unter anaeroben Bedingungen mit Glucose als C-Quelle führt der fermentative Stoffwechsel zur Anreicherung von *Milchsäure.* Die maximale I-Bldg. beträgt >40 E./10^6 Zellen u. ähnelt derjenigen, wenn Lactat als C-Quelle dient. K. Maier. 4340□

Antimikrobielle Aktivität von Präparaten der Nitrofuranreihe in Kombination mit Antibioticis. 2. Mitt. **Einfluß einer Kombination von Präparaten der Nitrofuranreihe mit einigen Antibioticis auf die experimentelle Dysenterieinfektion bei weißen Mäusen.** L. Alexejewa. (Nachr. Akad. Wiss. LettSSR **1960,** Nr. 1, 145—52; Inst. für org. Synth. der Akad. der Wiss. der LettSSR; russ.) — 1. vgl. C. **1962,** 16370. — Veis.-Mäuse werden mit Sonne-Kruse-Ruhrstäbchen infiziert. Einmalige Verabreichung des *Furazolidons* (I) mit *Chlortetracyclin* (**II**), *Lävomycetin* (**III**) oder *Streptomycin* (**IV**) erweist sich erheblich wirksamer als die gleiche Kombination mit *Furazidin* (**V**). Die Wirksamkeit der Kombination von I mit **II, III** u. **IV** wird durch 5 Tage lange Verabreichung von kleineren Dosen deutlich verstärkt. Eine längere Verabreichung der Kombinationen von **II, III** u. **IV** mit **V** ist nur in Verbindung mit **III** wirksam. Ein Antagonismus zwischen I u. **II, III** oder **IV** wird nicht beobachtet. Die Kombination von **V** mit **II** zeigt einen Rückgang der chemotherapeut. Wirksamkeit. Der Anstieg der antibakteriellen Aktivität bei gemeinsamer Verabreichung von I mit einem Antibioticum wird bei Verss. in vitro u. in vivo beobachtet. F. du Mans. 4340□

Empfindlichkeit der L-Formen von Bakterien und der aus ihnen reversierten Kulturen gegenüber einigen Antibioticis. W. Ss. Lewaschew. (Antibiotika [UdSSR] **6,** 346—49, 1961; Akad. der med. Wiss. der UdSSR, Gamalaja-Inst. für Mikrobiol. u. Epidemiol., Abt. für allg. med. Mikrobiol.; russ., Auszug: engl.) — Die L-Formen von *Bact. proteus vulgaris* (a), *Bact. typhi abd.* (b), *Streptococcus hämolyticus* (c) u. *Staphylococcus aureus* (d), hervorgerufen durch Einw. von *Penicillin* (I), waren stark I-resistent u. von gleicher Empfindlichkeit gegen *Chlortetracyclin* (**II**), *Streptomycin* (**III**) u. *Synthomycin* (**IV**) wie die Ausgangsstämme. Während die reversierten Kulturen von a, b u. d von unveränderter Empfindlichkeit gegen **I, II, III** u. **IV** waren, zeigten die reversierten Stämme des c veränderte biolog. Eigg. u. starke Erhöhung der Resistenz gegen I u. **II**. I. v. Kloch-Kornitz. 4340□

Über die Beibehaltung der Antibioticaresistenz der Mikroben aus der Darmtyphusgruppe im Flußwasser. I. Je. Kolukanow. (Antibiotika [UdSSR] **6,** 352 bis 356, 1961; Leningrad, Kirow-Inst. für Ärztefortbldg., Lehrstuhl für Mikrobiol.; russ., Auszug: engl.) — Die experimentell erworbene Resistenz von 10 untersuchten Stämmen von *Bact. paratyphi* Breslau u. 6 Stämmen von *Bact. dysenteriae* Flexner gegen *Streptomycin, Chlortetracyclin, Synthomycin, Lävomycetin, Colimycin* u. *Oxytetracyclin* blieb bei Aufenthalt im Flußwasser oder filtrierten Flußwasser bei 6, 20 oder 37° bis zu 360 Tagen erhalten. I. v. Kloch-Kornitz. 4340□

Vergleichende Untersuchung der verschiedenen Methoden zur Bestimmung der Antibioticaempfindlichkeit von pathogenen Mikroben der Darmgruppe. F. G. Djatlow. (Antibiotika [UdSSR] **6**, 342—46, 1961; Leningrad, Kirow-Inst. für Ärztefortbldg., Lehrstuhl für Mikrobiol.; russ., Auszug: engl.) — In Unterss. der Empfindlichkeit von pathogenen Bakterien der Darmgruppe (Stamm Bact. Breslau, paratyphi B, dysenteriae Flexneri, Sonnei u. Newcastle) nach der Meth. der Serienverdünnung in Bouillon (a), Verdünnung in Agar (b) u. mit Hilfe von Papierscheiben (c) ergaben sich bei allen Bakterien gegen *Lävomycetin* u. bei schwachsensiblen Bakterien gegen *Chlortetracyclin* (I) die gleichen Ergebnisse, während die Empfindlichkeit gegen *Streptomycin* u. I bei b u. c bis zu 50% von a abwich. I. v. Kloch-Kornitz. 4340□

Nährböden mit verschiedenen Ölkuchen als organische Stickstoffquelle bei der Fermentation von Chlortetracyclin. W. G. Makarewitsch und T. N. Lasnikowa. (Antibiotika [UdSSR] **6**, 308—11, April 1961; Wiss. Allunions-Inst. für Antibiotica; russ., Auszug: engl.) — In Unterss. wurde bei Verw. von Nährböden mit Zusatz von verschiedenen Ölkuchen oder Schroten (Erdnuß, Sonnenblume, Baumwollsaat, Leinsaat) als organ. N-Quelle bei der Fermentation eine *Chlortetracyclin*-Aktivität bis zu 5000 γ/cm^3 erreicht. I. v. Kloch-Kornitz. 4340□

Der neue Oxytetracyclinproduzent Act. aureofaciens var. oxytetracyclini var. Nov. T. P. Preobrashenskaja, T. Ss. Bobkowa, G. W. Gawrilina, M. F. Lawrowa und N. W. Konstantinowa. (Antibiotika [UdSSR] **6**, 675—80, Aug. 1961; Akad. der med. Wiss. der UdSSR, Inst. zur Erforschung neuer Antibiotica; russ., Auszug: engl.) — Es wird die Produktion eines neuen Antibioticums aus Kulturen von *Bact. aureofaciens*, Stamm 255, beschrieben, das in seinen antibiot. Eigg. mit dem *Oxytetracyclin* ident. ist. I. v. Kloch-Kornitz. 4340□

Pharmakologie und Chemotherapie des Ampicillins, eines neuen wirksameren Penicillins. P. Acred, D. M. Brown, D. H. Turner und M. J. Wilson. (Brit. J. Pharmacol. Chemotherapy **18**, 356—69, April 1962; Brockham Park, Betchworth; Surrey, Dep. of Pharmacol. and Chemotherap.; engl.) — Die Pharmakologie u. Chemotherapie eines neuen Penicillins, der *6-[D(—)-α-Aminophenylacetamido]-penicillansäure*, werden erläutert. Es ist nicht tox., wird per os genommen. Von Galle u. Urin wird es unverändert in hoher Konz. ausgeschieden. Unterss. zeigten, daß es bes. wirksam ist gegen *Staphylococcus pyogenes* Smith, *Streptococcus pyogenes* A u. *Diplococcus pneumoniae*. An das Serum wird es weniger als Phenoxymethylpenicillin gebunden. Inaktiv zeigt es sich gegenüber *Staphylococcus aureus*. Gegenüber gramnegativen *Salmonella typhimurium* u. *Klebsiella pneumoniae* zeigte es sich aktiver als Tetracyclin u. Chloramphenicol. H. Jacobi. 4340□

Anwendung der Carbobenzoxyabkömmlinge bei der Bestimmung der Zahl der freien Aminogruppen in einigen Antibioticis. G. Ss. Katrucha, W. M. Stepanow und A. B. Ssilajew. (Antibiotika [UdSSR] **6**, 681—85, Aug. 1961; Moskau, Lomonossow-Univ., Chem. Fak., Labor. für Eiweißchemie u. Antibiotica; russ., Auszug: engl.) — Zur Best. der Anzahl der freien Aminogruppen in den Antibioticis wird die Meth. der partiellen Substitution mit Hilfe von *Carbobenzoxychlorid* u. nachfolgender papierelektrophoret. Differenzierung vorgeschlagen u. bei *Polymycin M*, bei dem 5 freie Aminogruppen nachgewiesen werden, *Polymycin B* u. *Gramicidin* mit Erfolg angewandt. I. v. Kloch-Kornitz. 4340□

Mikromethoden des Nachweises und der Charakterisierung der antibiotischen Stoffe aus Actinomyceten. Identifizierung der Antibiotica nach den Infrarotspektren. D. Doskočilová und M. Vondráček. (Antibiotika [UdSSR] **6**, 738—51, Aug. 1961; Rostoki, Wiss. Inst. für Antibiotica; russ., Auszug: engl.) — Die IR-Spektralanalyse nach papierchromat. oder elektrophoret. Reinigung der wenig akt. Kultur-Fl. wird zur Identifizierung von Antibioticis vorgeschlagen u. bei *Erythromycin* u. *Chloramphenicol* angewandt. I. v. Kloch-Kornitz. 4340□

Neue Methode zur Isolierung des Antibioticums 6613 und Vergleich dieses Präparates mit Etamycin. Je. B. Krugljak, N. W. Konstantinowa und L. A. Ssulawko. (Antibiotika [UdSSR] **6**, 298—302, April 1961; Akad. der med. Wiss. der UdSSR, Inst. zur Erforschung neuer Antibiotica; russ., Auszug: engl.) — Es wird eine Meth. zur Isolierung des *Antibioticums 6613* (I) aus Kulturen von *Act. daghestanicus* beschrieben, die auf der Fähigkeit von I beruht, in saurem Medium aus der wss. Phase in das organ. Lsgm. u. im alkal. Medium aus dem organ. Lsgm. in die wss. Phase überzugehen. Die physikal.-chem. Unterss. ergaben, daß I mit *Etamycin* ident. ist. I. v. Kloch-Kornitz. 4340□

Einfluß der Antibiotica der Erythromycingruppe auf einige biologische Eigenschaften des Diphtheriestäbchens. A. N. Schnejersson. (Antibiotika [UdSSR] **6**, 725—30,

Aug. 1961; Wiss. Allunions-Inst. für Antibiotica; russ., Auszug; engl.) — *Erythromycin, Oleandomycin, Carbomycin, Leukomycin* u. *Spiramycin* hatten starke bakteriostat. u. bactericide Wrkg. (0,004—0,5; 0,03—5, 0,03—10,0; 0,03—10,0; 0,15—10,0 γ) auf Diphtheriebakterien Stamm 144, 702, 788 u. 1866 gravis, 143 u. 6 mitis (1 Million Zellen/cm^3 Bouillon). Die Resistenz der Bakterien erhöhte sich nach 20 Passagen bis zu 2000mal u. richtete sich bei Erhaltung der Empfindlichkeit gegen *Penicillin, Streptomycin* u. leichter verringerter Empfindlichkeit gegen *Lävomycetin* gleichzeitig gegen alle Makrolide. Die kulturellen Eigg. blieben bei Resistenz erhalten, mkr. zeigte sich einiger Polymorphismus. I. v. Kloch-Kornitz. 4340□

Über die Wirkung der Antibiotica der Neomycingruppe auf das Eindringen der Metabolite in die Mikrobenzelle. Ju. O. Ssasykin und G. N. Borissowa. (Antibiotika [UdSSR] **6**, 710—14, Aug. 1961; Akad. der Wiss. der UdSSR, Inst. für Chemie natürlicher Verbb., Labor. für Biochemie; russ., Auszug: engl.) — *Neomycin* (100 E./cm^3) wirkte hemmend auf die *Methylenblau* (I)-Red. (0,0002 m) durch unversehrte Zellen von E. coli, Stamm 175, u. hatte keinen Einfl. auf die durch zellfreie Extrakte u. Zellen mit durch Aceton erhöhter Permeabilität u. auf die Aktivität der *Lactico-* u. *Glutamicodehydrase* in gereinigten Präparaten. I. v. Kloch-Kornitz. 4340□

Empfindlichkeit pathogener Staphylokokken und gramnegativer Bakterien gegenüber Vancomycin und anderen Antibiotica. Georg K. Daikos, Maria Athanasiadou und Emmanuel Papadakis. (Arch. Mikrobiol. **35**, 248—51, 1960; Athen, Therapeut. Univ.-Klin.; dt.) — Für 100 *Staphylokokken* (S.)-, 34 *Escherichia coli* (E.)-, 7 *Klebsiella* (K.)- u. 4 *Pseudomonas aeruginosa* (P.)-Stämme wurde mit der Reihenverdünnungs-Meth. in festen Nährmedien die minimale Hemmungs-Konz. von *Vancomycin* (I) festgestellt. Von S. waren 52% bei einer I-Konz. von 2,5 μg/ml u. 79% bei einer Konz. von 5 μg/ml empfindlich; von den E.-Stämmen waren außer einem alle u. von K. u. P. sämtliche Stämme resistent gegen I. Als wirksamste Antibiotica gegen S. erwiesen sich *Novobiocin* u. *Erythromycin,* während die Zahl der gegen Penicillin empfindlichen S.-Stämme mit 11% sehr gering war. W. Knöbel. 4340□

Wirkung der optischen Isomeren des 4-Amino-3-isoxazolidons und eines seiner Zwischenprodukte der Synthese auf den oxydativen Stoffwechsel einiger Stämme von Escherichia coli. G. Salgarello. (Boll. Soc. ital. Biol. sperim. **36**, 454—58, 31/5. 1960; Bologna, Univ., Ist. di Farmacol.; ital.) — Die Unterss. werden an den Stämmen IB, IIB u. K12 von *Escherichia coli* durchgeführt. In Abhängigkeit von der Kontaktzeit sind die Veränderungen des oxydativen Verh. nach 1 Std. bedeutsam. Die opt. Antipoden des *Cycloserins* inhibieren den O_2-Verbrauch mit Ausnahme von *E. coli K12,* deren oxydatives Verh. gegenüber dem Linksisomeren erhöhte Atmungswerte gibt. Die racem. Verb. aktiviert den O_2-Konsum aller Stämme. Das oxydative Verh. ist immer den angewandten *Cycloserin*-Konzz. proportional. Es kommt zu keiner Wrkg. von *Isoxazolidon* auf den oxydativen Stoffwechsel. F. Kren. 4340□

Wirkung der optischen Isomeren des 4-Amino-3-isoxazolidons und eines anderen Zwischenproduktes der Synthese auf den oxydativen Stoffwechsel einiger Stämme von Salmonella und Eberthella. G. Salgarello. (Boll. Soc. ital. Biol. sperim. **36**, 458—61, 31/5. 1960; Bologna, Univ., Ist. di Farmacol.; ital.) — Die Unterss. werden an *Salmonella paratyphi* A u. *B* sowie *Eberthella typhi Vi* u. *O* durchgeführt. Es zeigt sich, daß die Störung des bakteriellen oxydativen Metabolismus durch die opt. Antipoden des *Cycloserins* uneinheitlich ist. Das Racemat wirkt wie die gleichzeitig verabreichten Antipoden. Die oxydativen Rkk. von *Isoxazolidon* führen zu physiolog. Veränderungen. F. Kren. 4340□

Zur Wirkungsweise von Actinomycinen. H. M. Rauen, H. Kersten und W. Kersten. (Hoppe-Seyler's Z. physiol. Chem. **321**, 139—47, 2/12. 1960; Münster/Westf., Univ., Physiolog.-chem. Inst.; dt.) — Anknüpfend an frühere Unters.-Befunde, daß *Actinomycine* das Wachstum mikrobiolog. Test-Syst. hemmen, indem sie wahrscheinlich die Zellen im frühen Stadium der Mitose, d. h. zum Zeitpunkt, an dem die Synth. von *Desoxyribonucleinsäure* (I) u. *Ribonucleinsäure* (II) beginnt, angreifen, haben die Vff. zur Klärung des Rk.-Mechanismus Vers.-Reihen durchgeführt, in denen sie den Einfl. von I u. II auf *Actinomycin C* (III) prüften. Sie fanden, daß die Testorganismen *Neurospora crassa* u. *Streptococcos faecalis* trotz Zusatz von III gediehen, wenn dem Nährmedium I oder II zugegeben wurden. Es zeigte sich, daß eine 100%ig. Enthemmung eintrat, wenn 10 Teile I oder 1000 Teile II auf 1 Teil III entfielen. Um zu prüfen, ob Polynucleotide mit geringerem Molgew. als I die cytostat. Wrkg. von III aufzuheben vermöchten, wurden Polynucleotide (IV) aus I durch schonende Alkalibehandlung, Oligonucleotide (V) durch enzymat. Hydrolyse u. ein Totalhydrolysat (VI) von I durch HCl-Hydrolyse hergestellt. IV besaßen 90%, V 30% u. VI annähernd 0% Aktivität wie die gleiche Konz. von I. Die Unterss. führten zu der Vermutung, daß I u. II direkt mit III unter Komplex-Bldg. reagierten. Diese Vermutung wurde bestätigt: 1. Die Absorptionsbande von III änderte sich durch Zugabe von I, es trat ein neues Absorptionsmaximum bei 450 mμ auf, das bei einem Konz.-Verhältnis III : I von 1 : 10 maximal ausgeprägt war. Das Differenzspektrum III : II entsprach erst bei einem Verhältnis von 1 : 800 dem Differenzspektrum III : I bei einem Verhältnis 1 : 10. Das Differenzspektrum III : IV wich nur wenig von dem des III : I ab, während die Differenzspektren von III : V u. III : VI im gleichen Gewichtsverhältnis nur noch geringe bzw. keine Komplex-Bldg. mehr erkennen ließen. 2. Die Komplex-Bldg. III mit I konnte auch in der Ultrazentrifuge nachgewiesen werden. Der Komplex besaß einen deutlich höheren Sedimentations-Koeff. als I. Somit konnte bestätigt werden, daß die enthemmende Wrkg. von I u. II auf die III-Hemmung bei den Testorganismen auf einer direkten Rk. zwischen beiden Partnern beruht. S. Hothorn. 4340□

Bestimmung der Aktivität eines Antibioticums aus dem mit Natriumpolyanetholsufonat versetzten Plasma. E. Yourassowsky. (C. R. Séances Soc. Biol. Filiales **155**, 2052—55, 1961, herausgeg. 28/2. 1962; Brüssel, Fond. Méd. Reine Elisabeth et Hôpital Brugmann; franz.) — Durch Zusatz einer 1%ig. *Natriumpolyanetholsulfonat*-(I)-Lsg. zu Blut werden die bakteriostat. oder baktericiden Eigg. des Plasmas ausgeschaltet. Von so behandeltem Blut wird das Plasma als Nährboden für Bakterien bei der Bewertung von Antibioticis herangezogen. Mehrere beimpfte Röhrchen werden mit steigenden Mengen des Antibioticums versetzt u. in zeitlichen Abständen jeweils eine Öse auf Agarnährboden verbracht.— Es läßt sich deutlich die bakteriostat. von der baktericiden Wrkg. abgrenzen. P. Nachtwey. 4340□

Untersuchung der Propionsäuregärung des L(—)-Threonins durch 45 anerobe, nicht Sporen-bildende gramnegative Bakterienstämme. H. Beerens, J. Guillaume und H. Petit. (Ann. Inst. Pasteur **96**, 211—16, Febr. 1959; Lille, Inst. Pasteur; franz.) — Die Bldg. von *Propionsäure* (I) aus Threonin ist artspezif. u. erlaubt es, Bakterien der Gattungen *Spherophorus*, *Fusiformis* u. *Ristella convexa* in 4 Gruppen einzuteilen. Außer I werden auch *Ameisensäure*, *Essigsäure*, *Buttersäuer*, Spuren von *α-Ketobuttersäure* u. *α-Aminobuttersäure* gefunden. Gottfried Schreiber. 4350◇

Über die Verwendung radioaktiv markierter Keime bei Tierexperimenten zum Immunitätsproblem. J. Meißner. (Atompraxis **5**, 260—65, 1959; Borstel, Tuberkulose-Forsch.-Inst., Inst. f. exper. Biol. u. Med.; dt.) — Es wird über die folgenden 2 Teilprobleme berichtet: Die Stabilität der ^{32}P-Markierung von BCG-Keimen wird so geprüft, daß in Sauton-Nährlsg. mit einem Geh. an radioakt. Phosphat bebrütete Keime später erneut in isotopenfreie Nährlsg. ausgesetzt werden. Unters. dieser Nährlsg. nach Trennung von den Keimen im Papierchromatogramm zeigte, daß bereits nach 1 Std. ein Teil der ^{32}P-Aktivität der Keime von diesen wieder abgegeben wird. Die daraus resultierenden Konsequenzen für die Verw. radioakt. markierter Keime im Tier-Vers. werden erörtert. — Eine zweite Vers.-Reihe galt Verteilungsstudien an vaccinierten Meerschweinchen mit ^{32}P- u. ^{35}S-markierten BCG-Keimen. Durch intrakutane Applikation markierter BCG-Keime u. Unters. des Verbleibs bzw. der Abwanderung der Radioaktivität aus der Quaddel kann gezeigt werden, daß intakte Keime aus der Quaddel nicht nennswert abwandern. W. Reusse. 4370□

Beobachtungen über die Fluorescenz und Toxizität von Botulinustoxin. Edward J. Schantz, David Stefanye und Leonard Spero. (J. biol. Chemistry **235**, 3489 bis 3491. Dez. 1960; Fort Detrick, Md., U.S. Army Chem. Corps Biol. Labor.; engl.) — Es wird nachgewiesen, daß die Fluorescenz u. Toxizität des *Botulinustoxins* nicht mit einer gemeinsamen Struktur innerhalb des Mol. in Beziehung gebracht werden können. Man kann das Toxin nämlich durch Behandeln mit Harnstoff u. durch Adsorption an ein Celluloseaustauscherharz inaktivieren, ohne daß eine Verminderung der Fluorescenz zustande kommt. G. Kimmerle. 4370

Infektiöse Nucleinsäuren in Pflanzen mit Tabakmosaik-Erkrankung. G. W. Cochran und J. L. Chidester. (Virology **4**, 390—91, Okt. 1957; Logan, Utah, Utah State Univ., Dep. of Bot. and Plant Pathol.; engl.) — Extrakte aus Tabakpflanzen, die mit Tabakmosaik-Virus (TMV) infiziert waren, wurden durch Ionenaustauschcellulosesäulen geschickt. Eine Nucleinsäurekomponente, die nicht adsorbiert wurde, konnte nachgewiesen werden. Sie war in der Lage, die typ. Krankheitszeichen der Tabakmosaik-Erkrankung auszulösen, ohne das TMV-Stäbchen elektronenmkr. nachweisbar waren. Das TMV-Nucleoprotein, das dagegen durch die Cellulose adsorbiert wurde, konnte bei pH 3,8—4 wieder aus dem Adsorbens eluiert werden. Seine Infektiosität war bedeutend größer als die der Nucleinsäure. Es wird in Erwägung gezogen, daß bei Viruserkrankungen stets zwei Typen infektiöser Einheiten, die Nucleoproteine u. die Nucleinsäuren, bestehen. W. Weuffen. 4374□

Einfluß der Ketoaldehydderivate des Diphenyls auf die Dynamik der Virusinfektionen in einschichtigen Zellenkulturen. 1. Mitt. **Über die Aktivität des Xenaldials auf die Dynamik der Infektionen durch den Poliomyelitis-Virus Typ I (Brunhilde).** F. Coraggio, G. Solazzo und C. Galeota. (Boll. Soc. ital. Biol. sperim. **36**,1432—34, 31/12. 1960; Neapel, Univ., Ist. di Patol. Spec. Med. e Metodol. Clin.; ital.) — Die Unterss. werden mit *Diphenylen-4.4'-bis-glyoxal* (*Xenaldial*; MDT 25 µg/ml) durchgeführt. Es zeigt sich, daß Xenaldial in vitro eine direkte Wrkg. auf das virale Prinzip des Poliomyelitis Virus Typ I (Brunhilde) im Ruhezustand ausübt; es wirkt ferner störend bei der Vermehrung des Virus nach der Fixierung u. dem Eindringen desselben in die Zellen. F. Kren. 4374□

Einfluß der Ketoaldehydderivate des Diphenyls auf die Dynamik der Virusinfektionen in einschichtigen Zellenkulturen. 2. Mitt. **Über die Aktivität des Xenalamins auf die Dynamik der Infektion durch den Poliomyelitis-Virus Typ I (Brunhilde).** F. Coraggio, C. Galeota und G. Solazzo. (Boll. Soc. ital. Biol. sperim. **36**, 1434—36, 31/12. 1960; Neapel, Univ., Ist. di Patol. Spec. Med. e Metodol. Clin.; ital.) — 1. vgl. vorst. Referat. — Die Unterss. werden mit *p-[α-Äthoxy-p-phenylphenacylamino]-benzoesäure* (*Xenalamin*; MDT 12,5 µg/ml) durchgeführt. Es zeigt sich, daß Xenalamin keine direkte Wrkg. gegen die Infektion mit dem Poliomyelitis-Virus Typ I (Brunhilde) ausübt; dagegen greift es störend bei der Vermehrung ein. F. Kren. 4374□

Einfluß der Ketoaldehydderivate des Diphenyls auf die Dynamik der Virusinfektionen in einschichtigen Zellenkulturen. 3. Mitt. **Über die Aktivität des Xenalamins bei der Dynamik der Infektion durch den Virus morbilloso (Edmonston-Stamm).** F. Coraggio, G. Solazzo und C. Galeota. (Boll. Soc. ital. Biol. sperim. **36**, 1436—37, 31/12. 1960; Neapel, Univ., Ist. di Patol. Spec. Med. e Metodol. Clin.; ital.) — 2. vgl. vorst. Referat. — *p-[α-Äthoxy-p-phenylphenacylamino]-benzoesäure* (*Xenalamin*) besitzt gegenüber der Infektion durch *Virus morbilloso* in Kulturen von Hela-Zellen in vitro eine gewisse inhibierende Wrkg. auf die extracellulären Partikel u. stört geringfügig die Vermehrung des Virus. F. Kren. 4374□

Faktoren mit Einfluß auf den Grad der Infektiosität von Enterovirus-Ribonucleinsäure. Katherine Sprunt, Winifred M. Redman, Susan Koenig und Hattie E. Alexander. (Proc. Soc. exp. Biol. Med. **103**, 306—09, Febr. 1960; Coll. of Physicians and Surg., Presbyterian Hosp. and Babies Hosp.; engl.) — Unterss. mit *Ribonucleinsäure* (RNS)-Präpp. aus Poliovirus (Phenol-Extraktions-Technik) zeigten, daß die bei Verdünnung mit isoton. oder hypoton. Salz-Lsg. verlorengegangene Infektiosität der RNS quant. wiederhergestellt werden kann, indem man *NaCl* oder *KCl* zufügt. M. Metze. 4374□

Über die Kinetik der Inaktivierung und Reaktivierung von Phagen. 2. Mitt. K. Heicken und G. Spicher. (Zbl. Bakteriol., Parasitenkunde, Infektionskrankh. Hyg., I. Abt., Orig. **175**, 11—26, Mai 1959; Berlin, Bundesgesundheitsamt, Robert-Koch-Inst.; dt.) — 1. vgl. C. **1961**, 1978. — Die Inaktivierung verschiedener *Coli-* u. *Staphylokokkenphagen* durch *Formaldehyd* (I; 0,06%) verläuft mit unterschiedlicher Geschw., ist jedoch von Temp. u. I-Konz. abhängig. Die Aktivierungsenergie beträgt unabhängig vom Phagentyp 19900 cal/Mol. Nach Zugabe von I-Acceptoren (Histidin bzw. Asparagin) gelingt eine vollständige Reaktivierung. Klaus Schmidt. 4374□

Freie und Soma-Aminosäuren von Tetrahymena piriformis W. G. Salgarello und M. A. Barattini. (Boll. Soc. ital. Biol. sperim. **36**, 480—83, 31/5. 1960; Bologna, Univ., Ist. di Farmacol.; ital.) — Die Aminosäuren-Zus. von *Tetrahymena piroformis W* wird papierchromatograph. nach verschiedenen Verff. bestimmt. Die Analyse mit Butanol ergibt für die freien Aminosäuren u. für das Hydrolysat *Cystin, Hexonbasen, Glycin, Glutaminsäure, Alanin, Tyrosin, Methionin, Phenylalanin* u. *Leucin*. Mit einem phenol. Lsgm. erkennt man *Cystin, Asparagin-* u. *Glutaminsäure, Serin, Glycin* u. *Tyrosin*. F. Kren. 4380□

E₄. Pflanzenchemie. Pflanzenphysiologie. Pflanzenpathologie

Strahlenbiologie und Isotopenanwendung in der angewandten Botanik. H. Glubrecht. (Atompraxis **5**, 276—80, 1959; Hannover, TH, Inst. f. Strahlenbiol.; dt.) — Nach einer allg. Beschreibung der im Inst. des Vf. laufenden Unterss. wird eingehender über die Anwendung der UV-Mikrospektroskopie bei strahlenbiolog. Verss. berichtet. Man kann mit dieser Meth. den Geh. der Zelle an Proteinen oder Nucleinsäuren bestimmen, indem man die UV-Absorption von Bereichen von μ^2 Größe mißt. So konnte z. B. ermittelt werden, daß bei den Epidermiszellen von *Allium cepa* morpholog. u. physiolog. nachweisbare Veränderungen erst bei Dosen über 100 kr auftreten, daß aber mkr. feststellbare Änderungen des UV-Spektrums im Zellbereich bereits bei geringeren Dosen nachzuweisen sind. Daraus können Schlüsse auf die Wahrscheinlichkeit primärer Ionisationen in Eiweißmoll. u. Nucleinsäuren gezogen werden. W. Reusse. 4400□

Über die Wirkung der Röntgenbestrahlung auf die oxydative Phosphorylierung in den Mitochondrien von Pflanzen. N. M. Ssissakjan und W. Ja. Kalatschewa. (Biochemie [UdSSR] **26,** 877—81, Moskau, Bach-Inst. für Biochemie der Akad. der Wiss. der UdSSR; russ., Auszug: engl.) — Die Mitochondrien von 2—3 Wochen alten Erbsenpflanzen wurden in vivo Röntgenstrahlen von 1—3 kr u. in vitro einer Dosis von 5—10 kr ausgesetzt u. danach auf die Stärke der oxydativen Phosphorylierung (OP) untersucht. Sofort nach der Bestrahlung mit 3 kr zeigte sich eine starke Unterdrückung der OP, wobei die Veresterung des anorgan. P stärker verändert wurde als der O_2-Verbrauch. In der lebenden Zelle war die Empfindlichkeit gegenüber der Bestrahlung größer als in der isolierten Zelle. O. Lebtag. 4404△

Umwandlung freier Aminosäuren, löslicher Kohlenhydrate und organischer Säuren zum Schutz gegen Kälte bei Jungpflanzen von Milan cabbage, die bei 5° gelagert werden. Anne-Marie Le Saint-Quervel. (C. R. hebd. Séances Acad. Sci. **247,** 1031—34, 6/10. 1958, Bellevue, C.N.R.S. Labor. de Biol. végétale, Station du Froid.) — Kohlpflanzen werden bei Temp. zwischen 18 u. 5° untersucht, wobei eine langsame Adaption stattfindet. Im Gegensatz zu den bei 18° gehaltenen Kontrollpflanzen wird bei den adaptierten bei 5° eine Zunahme von *Prolin* u. Abnahme von *Arginin* u. *Asparagin* beobachtet. Bei den Kohlenhydraten sind der *Saccharose-*, *Glucose-* u. *Fructose-*Geh. gestiegen u. 3 nicht identifizierte Zucker neu aufgetreten, während von den organ. Säuren nur *Äpfelsäure* eine Zunahme zeigt. R. Lenschau. 4404□

Fluor in Pflanzen. 1. Mitt. **Fluorgehalt in verschiedenen Teilen der Pflanzen.** Nobuhide Kokubu, Hisatake Narazaki und Sinnosuke Matuura. (J. chem. Soc. Japan, pure Chem. Sect. [Nippon Kagaku Zassi] **80,** 1456—58, Dez. 1959; Hukuoka, Kyûsyû-Daigaku, Rigakubu, Kagaku-Kyôsitu; jap., Auszug: engl.) — Die Blätter enthalten mehr *F* als andere Teile derselben Pflanzen; der F-Geh. der Blätter nimmt mit ihrem Wachstum bis zum Abfallen zu. Im allg. enthalten härtere Teile, wie Dornen u. Stachel, mehr F als die weicheren. E. Maekawa. 4410□

Die Verteilung von Acylasen in den Samen von höheren Pflanzen. K. Ozaki und L. R. Wetter. (Canad. J. Biochem. Physiol. **38,** 929—33, Sept. 1960; Saskatoon, Saskatchewan, Nat. Res. Council of Canada, Prairie Reg. Labor.; engl.) — In den Samen einer Anzahl von Pflanzen, die 25 Pflanzenfamilien angehören, wurde die Ggw. von *Aminoacylasen* (I) nachgewiesen, von denen N-Acetyl-Derivv. (II) von 10 Aminosäuren (Phosphatpuffer pH 7,2; 1 Std.; 37°; Ggw. von 0,05 μ Mol $CoSO_4$ auf 0,25 μ Mol Substrat [L-Isomeres]) hydrolysiert wurden. Den größten I-Geh. zeigten Samen von Capparidaceen, Cruciferen u. Leguminosen. Die verschiedenen II werden verschieden stark hydrolysiert: *N-Acetyl-L-methionin* wird von allen Samen (mit einer Ausnahme) gespalten. Geringere Spaltbarkeit zeigen *N-Acetyl-L-leucin*, *N-Acetyl-L-tyrosin* u. *N-Acetyl-L-alanin*. N-Acetyl-L-prolin wird von keinem Samenextrakt (erhalten durch Verrühren mit 0,05m Phosphatpuffer pH 7,2, Dialyse des Filtrates u. Zentrifugieren) gespalten. A. Hesse. 4420□

Trennung und Bestimmung löslicher Nucleotide von unter Lichtmangel angezogenen Maissämlingen in Abhängigkeit vom Wachstum. Joe H. Cherry und R. H. Hageman. (Plant Physiol. **35,** 343—52, Mai 1960; Urbana, Ill., Univ. of Illinois, Dep. of Agron.; engl.) — Bei unter Lichtmangel gehaltenen Maiskeimlingen wurden vom 1. bis 6. Tag die Nucleotide mit Hilfe von Ionenaustauschern, Papierchromatographie, Elektrophorese, Spektralanalyse u. chem. Meth. bestimmt. *Cytosin-*, *Adenosin-*, *Guanosin-Uridinmonophosphat* u. *Disphosphopyridinnucleotid* nahmen in den ersten 4 Tagen stark zu, um dann konst. zu bleiben. *Adenosin-*, *Guanosin-* u. *Uridindiphosphat* zeigten am 4. Tag ein Maximum. Ihr Geh. in den Keimlingen am 6. Tag war nur wenig höher als am 2. Tag. *Cytosin-*, *Adenin-*, *Guanosin-* u. *Uridintriphosphat* stiegen während der ersten 4 Tage stark an u. sanken am 5. u. 6. Tag wenig ab. Der Geh. sämtlicher *Nucleotide* stieg vom 1. zum 6. Tag auf das 10fache an. Während des Wachstums der unter Lichtmangel gehaltenen Keimlinge nehmen die energiereicheren Di- u. Triphosphate im Verhältnis zu den Monophosphaten ab (Mono- : Di- : Triphosphate 1. Tag 3 : 1 : 1 u. 6. Tag 7 : 1 : 1). Im Verlauf der Unterss. wurde eine neue Verb. isoliert, die noch nicht identifiziert werden konnte. Sie absorbiert UV, ist jedoch kein Nucleotid. W. Hiller. 4420□

Kohlenhydrate aus der Rotalge, Porphyra umbilicalis. Stanley Peat, J. R. Turvey und D. A. Rees. (J. chem. Soc. [London] **1961,** 1590—95, April; Bangor, Caernarvonshire, Univ. Coll. of North Wales, Dep. of Chem.; engl.) — Die Extraktion der Rotalge *Porphyra umbilicalis* mit heißem W. ergibt dialysierbare *Oligosaccharide* u. eine Polysaccharidfraktion, die hauptsächlich aus *Galaktansulfat* (I) u. *Florideenstärke* besteht. I wird isoliert durch Fällen mit Cetylpyridiniumchlorid u. besteht aus D- u. L-*Galaktose*,

6-O-Methyl-D-galaktose (**VIII**) u. *3.6-Anhydro-L-galaktose* (**VII**). Die Extraktion mit W. ergibt ferner *Galaktose* (**II**), *6-O-Methylgalaktose, Glucose* (**III**), *Xylose* (**IV**), *Mannose* (**V**), *Arabinose* u. *5-Hydroxymethylfurfuraldehyd* (**VI**), durch Extraktion mit kalter verd. Alkalilauge werden **IV**, **V**, **II** u. **I** gewonnen, während mit heißer Lauge **IV**, **V** u. **III** erhalten werden. Als Osazone werden **II**, F. 194°, $[\alpha]_D^{19}$ −5,4° (c = 0,65; Pyridin) u. **VIII**, F. 115 bis 116°, $[\alpha]_D^{18}$ +74° (W.) identifiziert. **VII** wird durch 20std. Erwärmen mit 0,5n H_2SO_4 auf 50°, Neutralisieren mit $BaCO_3$, reduzieren mit $NaBH_4$, Zersetzen mit 3n H_2SO_4, Neutralisieren mit $BaCO_3$, Eindampfen u. Chromatographieren an Kohle/Celite in *3.6-Anhydro-L-galaktit* $[\alpha]_D^{19}$ −16,6° (W.); *Benzoylderiv.*, F. 102,5—103,5°, $[\alpha]_D^{19}$ +40,5° übergeführt. Die Identifizierung der anderen Verbb. erfolgt durch Papierchromatographie u. Elektrophorese. W. Hampel. 4420 □

Pipecolinsäure in verbreiteten indischen Hülsenfrüchten. A. N. Inamdar, A. D. Deshmukh, P. D. Patankar und Kamala Sohonie. (J. sci. ind. Res. [New Delhi] Sect. B **19**, 43—45, Febr. 1960; Bombay, Inst. of Science, Dep. of Biochem.; engl.) — In Trichloressigsäure (I) u. wss. Extrakten aus dem Mehl von 8 (*Vicia faba*, rot u. weiß, *Dolichos lablab, Phaseolus vulgaris, Cajanus indicus, D. biflorus, Phaseolus mungo, Leus esculenta*) von 16 ind. Hülsenfrüchten wurde papierchromatograph. *Pipecolinsäure* (**II**) nachgewiesen. Rote *V. faba* u. *P. vulgaris* enthielten 2,72 u. 3,31% **II**. **II** wird von W. besser als von 5%ig. **I** extrahiert. K. Maier. 4420 □

Notiz zum mikrobiologischen Abbau des Nicotins. Friedrich Kuffner und Dorothea Kallina. (Mh. Chem. **89**, 270—73, 1958; Wien, II. Chem. Inst. der Univ.; dt.) — Drei *Pikrate* (**I**), die Wenusch bei der Einw. von Tabaksamen bzw. Tabakwurzeln u. Wurzeln einer Lapsana-Species auf Nicotin erhalten hat, werden identifiziert als die **I** der bereits von Wada u. Yamasaki (C. **1955**, 822) beim mikrobiolog. Abbau gewonnenen *3-Nicotinoylpropionsäure*. Sie werden charakterisiert durch papierchromatograph. Unterss., Infrarotspektren u. FF. der Pikrate. W. Moldenhauer. 4420 □

Über Inhaltsstoffe des Roßkastaniensamens. 1. Mitt. **Untersuchungen am genuinen Saponin Äscin.** Josef Wagner und Joachim Bosse. (Hoppe-Seyler's Z. physiol. Chem. **320**, 27—34, 31/8. 1960; München, Chem.-Pharmaz. Fabrik Adolf Klinge & Co.; dt.) — Es wird die Isolierung des Saponins *Äscin* (**I**) aus Roßkastanienextrakt beschrieben. Das Saponin wird als Cholesterid gefällt, kann mit Ae. wieder in die Bestandteile Cholesterin u. Saponin zerlegt u. so auf schonendem Wege als einheitliche, hämolyt. wirksame, wasserlösl. Substanz isoliert werden. Beim Erwärmen in wss. Lsg. zerfällt das Saponin in eine α- u. β-Form, die sich von der Ausgangssubstanz durch den F. u. die opt. u. hämolyt. Aktivität unterscheiden. Bei den Salzen von **I** findet die Bldg. der beiden Isomeren nicht statt. Die alkal. Hydrolyse des Saponins liefert *Äscinol, Tiglinsäure* u. *Essigsäure*, wobei *Tiglinsäure* sek. durch H_2O-Abspaltung aus *α-Methyl-β-hydroxybuttersäure* entsteht. Ferner konnten durch saure Hydrolyse *Xylose, Glucose, Glucuronsäure* in äquimol. Verhältnis als Bestandteile des Saponins nachgewiesen werden. Bei Verlust der Zuckerreste wird die hämolyt. Wirksamkeit der entstehenden Proäscigenine verstärkt, bleibt aber nur so lange erhalten, solange die Substanz als Ester der *α-Methyl-β-hydroxybuttersäure* bzw. *Tiglinsäure* vorliegt. I. Jage. 4420 □

Über Inhaltsstoffe des Roßkastaniensamens. 2. Mitt. **Untersuchungen an einem neuen Saponin („Kryptoäscin").** Josef Wagner und Joachim Bosse. (Hoppe-Seyler's Z. physiol. Chem. **322**, 254—57, 31/12. 1960; München, Chem.-Pharmaz. Fabrik Adolf Klinge & Co.; dt.) — 1. vgl. vorst. Referat. — Aus Extrakten von Roßkastaniensamen konnte nach Abtrennung des Äscins ein weiteres Saponin ohne hämolyt. Wrkg. isoliert werden. Vff. nennen es *Kryptoäscin A* (**I**). Es wurde in 10%ig. Ausbeute, bezogen auf den Extrakt-Trockenrückstand durch Säurefällung aus dem mit Cholesterin behandelten Extrakt, gewonnen. Durch Erwärmen wird die Substanz hämolyt. wirksam. Setzt man **I** mit *Cholesterin* um, so entsteht stark hämolyt. wirksames *Kryptoäscin B*, dessen Molgew. (1253,4) u. Zus. ($C_{59}H_{94}O_{27} \cdot H_2O$) mit den entsprechenden Größen von **I** übereinstimmt, das aber einen anderen opt. Drehwert besitzt. **I** besteht aus *Kryptoäscigenin, α-Methyl-β-hydroxybuttersäure, Essigsäure, W.* u. je 1 Mol *Arabinose, Xylose, Glucose* u. *Glucuronsäure*, F. 218—220°. Es ist in Methanol leicht, in A. u. W. mäßig, in Aceton schlecht lösl., in Ae. unlöslich. I. Jage. 4420 □

Analyse der Extrakte von Atractylis gummifera L. 5. Mitt. **Chromatographische Trennung und Bestimmung des Attraktilosids in den Wurzelorganen der Pflanze.** G. Fassina, A. R. Contessa und C. E. Tóth. (Boll. Soc. ital. Biol. sperim. **38**, 260—63, 31/3. 1962; Padua, Univ., Ist. di Farmacol.; ital.) — 4. vgl. C. **1963**, 3277. — Durch Dünnschicht-Chromatographie (Si-Gel) gelingt eine schnelle Trennung der einzelnen Komponenten der Extrakte von *Atractylis gummifera*, worauf das dem Chromatogramm entnommene reine *Attraktylosid* (I) direkt colorimetr. bestimmt werden kann. Auf diese Weise konnten I-Konzz. von 25—150 μg mit 85—95% Genauigkeit bestimmt werden, u. die Rhizone enthalten 0,6—1,4% I. F. Kren. 4420□

Pflanzenlipide. 4. Mittl. Glyceride und Phosphatide in Getreidekörnern. F. Aylward und A. J. Showler. (J. Sci. Food Agric. **13**, 492—96, Sept. 1962; London, Borough Polytechnic, Dep. of Chem. and Food Technol.; engl.) — 2. u. 3. vgl. C. **1963**, 948. — Von Gerste, Hafer u. Roggen konnten in A. lösl. Fraktionen erhalten werden, die die Charakteristik des Lecithins zeigten, in denen aber nur *Cholin* nachgewiesen werden konnte. Die alkal. Hydrolysate zeigten *Äthanolamin* u. *Serin*. Vff. vermuten, daß in den Getreidearten ein Äthanolamin- u. Serinphosphatid vorhanden ist. Von den Fettsäuren war am stärksten *Linolsäure* u. am schwächsten *Linolensäure* in den Lipiden vertreten. *Palmitin*- u. *Ölsäure* nahmen eine mittlere Stellung ein. Die Lecithine waren weniger gesätt. u. die Kephaline mehr gesätt. als die entsprechenden Glyceride. Die Kephaline zeigten im Gegensatz zu den anderen Lipiden Spuren von niederen Fettsäuren. W. Hiller. 4420◇

Die Biosynthese von Ascorbinsäure in einer keimenden grünen Pflanze (Phaseolus aureus) und in Reismottenlarven (Corcyra cephalonica St.). A. Thangamani und P. S. Sarma. (J. sci. ind. Res. [New Delhi], Sect. B **19**, 40—42, 1960; Madras, Univ., Biochem. Labor.; engl.) — Die Unters. der Wrkg. der Antivitamine *ω-Methylpantothensäure* (I) u. *Oxythiamin* (II) auf die Synth. der *Ascorbinsäure* (III) in *C. cephalonica*-Larven u. keimenden *P. aureus*-Samen ergab Aufhebung der von I u. II bewirkten Hemmung durch *Pantothensäure* (IV) u. *Thiamin* (V). I beeinflußt die Umwandlung D-Glucuronolacton → III in den Larven nicht, während II diese in den Larven u. der Erbse blockiert, d. h. V, nicht aber IV, ist offensichtlich an der Umwandlung von D-Glucuron in III beteiligt. γ-Hexachlorcyclohexan hemmt die III-Synth. in Larven. Inosit enthemmt. K. Maier. 4425□

Über die jahreszeitlichen Schwankungen des Gehaltes an freien Aminosäuren im Pfirsich. Alain Schneider. (C. R. hebd. Séances Acad. Sci. **247**, 1034—37, 6/10. 1958; Toulouse, Labor. de Physiol. végétale de l'Inst. Catholique et Labor. de Botanique appliquée de la Fac. des Sci.; franz.) — Die Schwankungen des Aminosäure-Geh. in Zweigen, Trieben, Knospen u. Blättern wurden 3 Jahre lang untersucht. *Glutamin*- u. *Asparaginsäure* sowie *Arginin* u. *Asparagin* werden im Hinblick auf ihre Bedeutung für den Stickstoffkreislauf im Citronensäurecyclus u. während der Lagerung diskutiert. R. Lenschau. 4450□

Die Wirkung von Injektionen mit exogenen Lipiden in das Mark von Ricinuspflanzen (Ricinus sanguineus). Michel Bernfeld. (C. R. hebd. Séances Acad. Sci. **244**, 3164—67, 24/6. 1957; franz.) — Die Injektion von exogenen *Lipiden* in den Markstrang der Stengel von Ricinuspflanzen verursacht warzenförmige Auswüchse an der Oberfläche der Stiele durch eine erhebliche Hyperplasie der Rindenzellen. Die Lipide durchdringen die Membran, vermischen sich mit dem Zellinhalt u. lagern sich im Inneren des Kerns ab. U. Baumann. 4450

Faktoren, die das Wachstum von Tabakkallusgewebe und seine Aufnahme von Tyrosin bewirken. Donald K. Dougall und Koichi Shimbayashi. (Plant Physiol. **35**, 396—404, Mai 1960; Madison, Univ. of Wisconsin, Dep. of Biochem.; engl.) — *Kinetin* über 0,2 mg/Liter erniedrigt das Frischgewicht des Kallusgewebes. *Indolyl-(3)-essigsäure* ergibt zwischen 1,0 u. 2,0 mg/Liter ein Maximum u. über 4 mg Verringerung des Gewebefrischgewichts. Bei *Tyrosin* (I) erfolgt bis 100 mg/Liter Zunahme u. über 200 mg/Liter Abnahme des Gewichts. Verschiedene Gaben von KH_2PO_4 zeigten keine Unterschiede. Wurde Kallusgewebe 24 Std. einer radioakt. I-Lsg. ausgesetzt, so befanden sich nach dieser Zeit 12,5% in der lösl. Proteinfraktion, 10,5% im in Ameisensäure lösl. Anteil u. 2,2% im unlösl. Zellwandmaterial. Andere Aminosäuren wurden in dieser Zeit nicht radioaktiv. Von den Fraktionen wurden die Geh. von *Hydroxyprolin, Asparaginsäure, Threonin, Serin, Glutaminsäure, Prolin, Glycin, Alanin, Valin, Methionin, iso-Leucin, Leucin, Tyrosin, Phenylalanin, β-Alanin, Lysin, Histidin, Arginin, γ-Aminobuttersäure* u. *Ammonium* bestimmt. W. Hiller. 4450□

Der Stärkeabbau im Endosperm keimender Reissamen. Toshio Fukui und Ziro Nikuni. (J. Biochemistry [Tokyo] **43**, 33—40, Jan. 1956; Osaka, Univ., Inst. of Scient. and Ind. Res.; engl.) — Die Messung von Blauwert (opt. Dichte einer 5 mg Stärke, 10 mg Jod u. 100 mg KJ in 500 cm³, S66-Filter) u. Jodaffinität verschiedener Stärke (I)-Proben aus dem Endosperm glutinöser u. nichtglutinöser Reissamen während der Keimung ergab, daß der relative *Amylose* (II)-Geh. von I mit fortschreitendem I-Abbau zunimmt. Möglicherweise wird die II-Komponente durch die I-abbauenden Enzyme schwer angegriffen. K. Maier. 4455□

Zusammenhänge zwischen Phosphorstoffwechsel und Photosynthese der Pflanzen. Untersuchungen unter Verwendung von ^{32}P. W. Simonis. (Atompraxis **5**, 272—76, 1959; Würzburg, Univ., Botan. Inst.; dt.) — Bei verschiedenen Pflanzen (*Ankistrodesmus, Helodea, Saccharomyces cerevisiae*) wurde die ^{32}P-Einlagerung bei Belichtung u. in Dunkelheit untersucht. Dies wurde durch Best. der Aktivität verschiedener aus den Pflanzen gewonnener Phosphatfraktionen sowie durch papierchromatograph. Trennung der ^{32}P-Verbb. durchgeführt. Bei *Phosphoglycerinsäure, Glucosephosphat* u. *Fructosephosphat* bewirkt das Licht eine Förderung der Markierung mit ^{32}P, bei *Adenosinmonophosphat, Adenosindiphosphat* u. *Adenosintriphosphat* ist die Wrkg. des Lichtes zu vernachlässigen. Die lichtabhängige Phosphorylierung steht demnach in engem Zusammenhang mit der Photosynth., sie wurde im einzelnen bzgl. ihrer Abhängigkeit von der Beleuchtungsstärke u. dem CO_2-Geh. untersucht. W. Reusse. 4460□

Stoffwechsel organischer Verbindungen. 1. Mitt. (Photosynthese). Teilbericht über die Jahre 1957—1959. Helmut Metzner. (Fortschr. Bot. **22**, 191—216, 1959, herausgeg. 1960; Göttingen, Univ., Pflanzenphysiol. Inst.; dt.) — Übersicht. Photochemie des Chlorophylls (I) in vitro: Photochemie in I-Lsgg., von I- u. Carotinfilmen; Anordnung der Assimilationspigmente (II) in Chloroplasten: Optik der Plastiden, Lokalisation von II; I-Photochemie in vivo: Differenzspektren, I-Luminescenz, Energieleitung in Plastiden. — 120 Literaturangaben. K. Maier. 4460□

Die Hemmung der Photosynthese in einigen Algen durch extrem rotes Licht. Eugene Rabinowitch Rajni Govindjee und Jan B. Thomas. (Science [Washington] **132**, 422, 12/8. 1960; Urbana, Ill., Univ. of Illinois, Dep. of Bot., Photosynthesis Res. Labor; engl.) — Wird durch Phycobilin-Lsg. gefiltertes Licht einer Glühlampe (Wellenlängen über 660 mμ) zu *Porphyridium cruentum* gegeben, so findet keine oder nur ganz geringe Photosynth. statt. Werden 10 mμ breite Banden aus einem Monochromator verwendet, so findet bis 700 mμ meßbare Photosynth. statt. Wird zu Phycobilin-gefiltertem Licht orange Licht gegeben, so ist ein „Emerson-Effekt" zu beobachten, d. h., die Photosynth. ist höher als im Orange allein. Wird bei Porphyridiumalgen, die Licht um 700 mμ erhalten, zusätzlich Licht von 750 mμ gegeben, so sinkt die Photosynth. auf 15—78%. Dieser Effekt ist reversibel. *Porphyridium* muß demnach ein bei 750 mμ absorbierendes Pigment haben, das die durch Strahlung von 700 mμ hervorgerufene Photosynth. hemmt. W. Hiller. 4460□

Die Lichtinaktivierung der Photophosphorylierung durch „Swiss-chard"-Chloroplasten. Mordhay Avron. (Biochim. biophysica Acta [Amsterdam] **44**, 41—48, 21/10. 1960; Rehovoth, Israel, Weizmann Inst. of Sci., Biochem. Sect.; engl.) — Präinkubation des Rk.-Gemisches im Licht inaktivierte rasch die Photophosphorylierung durch „Swiss-chard"-Chloroplasten. Nach 90 Sek. Exposition (160000 lux) betrug die Inaktivierung 50%. Ggw. von *Phenazinmethosulfat* (I) während dieser Präinkubation verhinderte die Inaktivierung großenteils. Die Inaktivierung erfolgte unter N_2-Atomsphäre, wenn die Präinkubation unter Rotlicht stattfand, mit Chloroplasten oder Fragmenten derselben, nicht aber im Dunkeln. Die quant. Voraussetzungen an Licht u. I während der Präinkubation u. den anschließenden Perioden glichen denen der eigentlichen Photophosphorylierungsreaktion. Während der Lichtinaktivierung fand kein Ausbleichen des Chlorophylls statt. Zusatz nicht mit Licht vorbehandelter Chloroplasten zu vorbehandelten stellten deren Photophosphorylierungsaktivität nicht wieder her. Die beobachtete Lichtinaktivierung ist wahrscheinlich das Ergebnis einer Zerstörung der normalerweise gebildeten Primärprodd. der Photophosphorylierung.
K. Maier. 4460□

Der Einfluß der Kaltlagerung von Bohnenblättern auf die photosynthetischen Reaktionen der isolierten Chloroplasten. Maurice M. Margulies und André T. Jagendorf. (Arch. Biochem. Biophysics **90**, 176—83, Okt. 1960; Baltimore, Md., Johns Hopkins Univ., McCollum-Pratt Inst. and Biol. Dep.; engl.) — Im Gegensatz zu den Chloroplasten (CP) frischer Blätter, die eine hohe Hill-Aktivität (HA) sowie eine gute photosynthet. Phosphorylierungsaktivität aufweisen, ergeben für einen Tag gelagerte Proben (Dunkelheit, 0—4°) eine erhebliche niedrigere HA, aber eine unverminderte Phosphorylierungsaktivität. Zugleich tritt eine verminderte Fähigkeit zur Photosynth. ein. Vff. beobachten, daß die HA bei 25° oder bei Licht-Einw. viel weniger abfällt. CP aus kalt gelagerten Blättern haben die Fähigkeit verloren, photooxydierte Prod. umzuwandeln. A. Täufel. 4460□

Behinderung der photosynthetischen Reaktionen von Spinatchloroplasten durch p-Chlorphenyl-1.1-dimethylharnstoff. André T. Jagendorf und Maurice Margulies. (Arch. Biochem. Biophysics **90**, 184—95, Okt. 1960; Baltimore, Md., Johns Hopkins Univ., Biol. Dep. and McCollum-Pratt Inst.; engl.) — Vgl. auch C. **1960**, 6892. — *Phen-*

azinmethosulfat (I) u. *Pyocyanin* (II) scheinen als katalyt. Cofaktor für die photosynthet. Phosphorylierung zu fungieren. Die Umwandlung von I in II bei Licht erfordert Sauerstoff u. tritt bei rotem Licht nicht ein. Je nach der Empfindlichkeit gegenüber *p-Chlorphenyl-1.1-dimethylharnstoff* (III) werden 3 verschiedene Rk.-Klassen gefunden. Die empfindlichsten werden zu 50% behindert bei $3 \cdot 10^{-6}$m III (Hill-Rk.). Weniger empfindlich ist die durch II vermittelte Phosphorylierung, wobei die 50%ig. Behinderung bei $3 \cdot 10^{-5}$m festgestellt wird. Die Phosphorylierung mit I ist verhältnismäßig widerstandsfähig. Eine 50%ig. Behinderung tritt erst bei $1 \cdot 10^{-3}$m auf. In weiteren Verss. wird der Einfl. von Ascorbinsäure auf die III-Behinderung von I, von Flavinnucleotid oder von mit Vitamin K katalysierten Phosphorylierungen geprüft. Die Red. von Triphosphopyridinnucleotid (TPN) ist empfindlich gegenüber III auch bei Zugabe von Ascorbat. Jedoch bei Anwesenheit von Ascorbat u. I oder Ascorbat u. Trichlorphenolindophenol nimmt die Widerstandsfähigkeit zu. Die Ergebnisse der unter verschiedenen Bedingungen (anaerob u. aerob, weißes u. rotes Licht) ausgeführten Verss. werden unter dem Gesichtspunkt des elektron. Transports betrachtet. Aus dem Verh. gegenüber III wird geschlossen, daß die Photooxydation von Ascorbat sowie Trichlorphenolindophenol u. die begleitende ATP-Bldg. aus einem komplexen Vorgang besteht. A. Täufel. 4460□

Die Anregungsdauer photosynthetischer Farbstoffe in vitro und in vivo. Seymour S. Brody und Eugene Rabinowitch. (Science [Washington] **125**, 555, 22/3. 1957; Urbana, Ill., Univ. of Illinois, Dep. of Bot., Photosynth. Labor.) — Mittels einer neuen Meßanordnung (H_2-Blitzlichtlampe) wurde die Fluorescenzdauer τ mehrerer Farbstoffe in vitro mit $\pm$ 7%, in vivo mit $\pm$ 20% Genauigkeit bestimmt. Aus τ u. der natürlichen Lebensdauer τ_0 (durch Integration der Absorptionskurven) ist die Quantenausbeute der Fluorescenz φ nach $\tau = \varphi\tau_0$ berechenbar. τ-Werte: *Chlorophyll a* (I) 5,1—7,8 (mμ s) (Ae., CH_3OH, Bzl.), *b* 3,9—6,3, *Chlorella*-I 1,6, *Porphyridium*-I 1,5, *Anacystis*-I 1,2, *Methylchlorophyllid* (*a* + *n*) 4,8—6,7, *Phycoerythrin* (Phosphatpuffer, pH 6,0—6,2) 7,1, *Phycocyanin* (do.) 1,8, *Fluorescein* 4,8, *Eosin Y* 1,6. K. Maier. 4460□

Der „Sekundäre Emersoneffekt" bei der Hill-Reaktion von Chlorellazellen mit Chinon als Oxydans. Rajni Govindjee, Jan B. Thomas und Eugene Rabinowitch. (Science [Washington] **132**, 421, 12/8. 1960; Urbana, Ill., Univ. of Illinois, Dep. of Bot., Photosynth. Res. Labor.; engl.) — Das Wrkg.-Spektrum der Photored. von *p-Benzochinon* (Hill-Rk.) zeigt bei 680 mμ einen starken Abfall, der bei 700 mμ die Nullinie erreicht. Erhält *Chlorella* eine Grundstrahlung von 680 mμ u. eine weitere sich zwischen 640 u. 690 mμ bewegende Zusatzbestrahlung, so erhält man 2gipflige Wrkg.-Kurven, wenn die Stärke der Photored. über der Wellenlänge der Zusatzstrahlung aufgetragen wird. Die beiden sehr scharf ausgeprägten Maxima liegen bei 650 u. 670 mμ. Die beiden Typen des *Chlorophyll a* (Chlorophyll a 670 u. Chlorophyll a 680) spielen sowohl in der Photosynth. als auch in der Photored. verschiedene photochem. Rollen. Die Vers.-Anstellung beweist, daß der „Sekundäre Emerson-Effekt" nicht auf Hemmung der Respiration zurückzuführen ist u. nicht mit dem CO_2-Red.-Mechanismus der Photosynth. zusammenhängt. W. Hiller. 4460□

Kohlendioxid-Bicarbonatresorption, Anreicherung, Wirkungen auf verschiedene Reaktionen des Pflanzenstoffwechsels und mögliche Beziehungen zu der durch Kalk verursachten Chlorose. G. W. Miller. (Soil Sci. **89**, 241—44, Mai 1960; engl.) — Übersicht. — 30 Literaturangaben. G. Jagnow. 4460□

Stoffwechselprozesse in Cytoplasmapartikeln der Avocatobirne. 4. Mitt. **Reife und überstehende Fraktion.** Roger J. Romani und Jacob B. Biale. (Plant Physiol. **32**, 662—68, Nov. 1957; Los Angeles, Calif., Univ. of California, Dep. of Subtropical Horticulture; engl.) — Die phosphorylierende u. oxydative Wrkg. von *α-Ketoglutarat* (I), *Pyruvat* (II), *Succinat* (III) u. *Malat* (IV) in der Avocatobirne wurde in verschiedenen Reifestadien festgestellt. Die Phosphorylierung des III nahm während der Reife zu, die des II dagegen ab. Die Oxydation von I u. IV verminderte sich stark während der Reife. Das Verhältnis von Phosphorylierung zu Oxydation nahm ebenfalls mit zunehmender Reife zu. Zusatz von Dinitrophenol (10—5m) erniedrigt die Phosphorylierung im Vorreifestadium. Die verminderte Oxydationsaktivität von I u. II während der Vollreife konnte durch Zugabe der deproteinisierten überstehenden Fraktion der zentrifugierten Frucht beseitigt werden. Diese Wrkg. war nicht in bezug auf Oxydation von III u. Citrat festzustellen. W. Hiller. 4460□

Über die Wirkung von Chlorid- und Sulfationen auf den Stoffwechsel von Tomaten, Sellerie und Reben. 1. Mitt. **Der Einfluß auf den Gehalt an Chlorophyll a und b, Xanthophyll und Carotin.** O. Siegel und H.-J. Bjarsch. (Gartenbauwissenschaft **27** (**9**), 15—26, 1962; Speyer/Rh., Pfälz. Landw. Untersuchungs- u. Forschungsanst.; dt.)

— *Chlorid*-Düngung führte im Gegensatz zur *Sulfat*-Düngung bei Tomaten, Sellerie u. Reben zu einer Verminderung des Chlorophyllgehaltes. Reben reagierten auf Cl^- mit großer Verzögerung. Cl^--Zufuhr bei gleichzeitiger SO_4^{2-}-Gabe löste keine Chlorose aus. Bei höheren K-Gaben waren die Unterschiede im Chlorophyll-Geh. zwischen der Cl^-- u. SO_4^{2-}-Parallele gering. Steigerung der K-Gaben bei C^--Düngung führte zu einer Steigerung des Chlorophyllgehalts. Der stärkste Einfl. wurde von Cl^- u. SO_4^{2-} auf *Chlorophyll a*, ein weniger starker auf *Chlorophyll b* u. *Xanthophyll* u. der geringste auf *Carotin* ausgeübt. W. Hiller. 4470◇

Über die Wirkung von Chlorid- und Sulfationen auf den Stoffwechsel von Tomaten, Sellerie und Reben. 2. Mitt. **Der Einfluß auf die Trockensubstanz- und Kohlenhydratbildung sowie den Ascorbinsäuregehalt.** O. Siegel und H.-J. Bjarsch. (Gartenbauwissenschaft **27** (**9**), 103—19, 1962; dt.) — 1. vgl. vorst. Referat. — Mit Ausnahme von Tomaten bewirkten Cl^--Gaben eine Verminderung des Trockensubstanzgehaltes. Bes. *Glucose, Fructose* u. *Saccharose* wurden in ihrem Geh. durch Cl^--Düngung gemindert, weniger *Xylose* u. *Raffinose*. Steigerung der K^+-Gaben führte zu höheren Geh. an Zuckern. Die Steigerung war bei SO_4^{2-}-Düngung stärker als bei Cl^--Düngung (Tomaten u. Reben). Bei Sellerie herrschten entgegengesetzte Verhältnisse. Die Geh. der *Ascorbinsäure* verhielten sich so wie die der Zucker. W. Hiller. 4470◇

Die Rolle des Calciums bei der Aufnahme einwertiger Ionen. Louis Jacobson, David P. Moore und Raymond J. Hannapel. (Plant Physiol. **35,** 352—58, Mai 1960; Berkeley, Calif., Univ. of California, Coll. of Agric., Dep. of Soils and Plant Nutrit.) — Bei pH-Werten unter 6,5 übt Ca^{2+} einen stimulierenden Effekt auf die K^+-Aufnahme aus. Das Maß der Stimulation steigt mit sinkendem pH-Wert. Höhere pH-Werte als 6 rufen Hemmung der K^+-Aufnahme hervor. Die Hemmung wird mit steigendem pH-Wert größer. Bei pH 11 wird durch Anwesenheit des Ca^{2+} nur noch 60% des K^+ aufgenommen. Die Wrkg. auf die Rb^+- u. Cs^+-Aufnahme ist ähnlich wie bei K^+. Ca^{2+} hemmt bei pH-Werten über 4 die Na^+-Aufnahme. Li^+ wird ebenfalls über den gesamten pH-Bereich gehemmt. Li^+ verringert die K^+-Aufnahme, wird Ca^{2+} noch zugegeben, so erfolgt wieder Steigerung. Ca^{2+} blockiert die Li^+-Aufnahme fast vollkommen. Je höher die Ladung eines Ions ist, desto stärker ist die Pflanze in der Lage, den pH-Wert auf ihrer Wurzeloberfläche zu senken. Ca^{2+} in der Nährlsg. schafft eine selektive Barriere an der Zelloberfläche. W. Hiller. 4470□

Zellstreckungswuchsstoffe, ihre Testung und Bedeutung. Hans Linser. (Z. Pflanzenernähr., Düng., Bodenkunde **69** (**114**), 215—23, 1955; Linz/Donau, Öster. Stickstoffwerke AG.; dt.) — Es wird eine quant. Meth. zur Best. von Zellstreckungswuchsstoffen u. deren Antagonisten angegeben. Der Vorteil dieser Pasten-Meth., die mit intakten *Avena*-Koleoptilen durchgeführt wird, beruht darauf, daß wachstumsfördernde u. wachstumshemmende Stoffe mit gleicher Genauigkeit getestet werden können. D. Groß. 4485□

Die Bedeutung von Wuchs- und Hemmstoffen im Leben der höheren Pflanze. O. Fischnich. (Z. Pflanzenernähr., Düng., Bodenkunde **69** (**114**), 205—15, 1955; Braunschweig-Völkenrode, Forschungsanst. für Landw., Inst. für Pflanzenbau u. Saatguterzeugung; dt.) — Übersichts-Ref. über pflanzliche Wuchsstoffe (W), die das Streckungswachstum beeinflussen (Auxine), u. natürliche u. synthet. Hemmstoffe (H). Folgende Gebiete werden behandelt: Entdeckung pflanzlicher W, W-Bldg. u. Verteilung in der Pflanze, synthet. W, Konstit. u. W-Wrkg., natürliche u. synthet. H, W u. H im Boden, Beeinflussung des Pflanzenwachstums durch Antibiotica u. andere W, Nachw.-, Gewinnungs- u. Trennungs-Meth. pflanzlicher Wirkstoffe, W u. H u. ihre prakt. Anwendung, Beeinflussung der vegetativen u. der generativen Entw., Ausblick. — 35 Literaturangaben. D. Groß. 4485□

Förderung der Keimung von Salatsamen durch Gibberellin. Albert Kahn. (Plant Physiol. **35,** 333—43, Mai 1960; Los Angeles, Calif., Univ. of California, Bot. Dep.; engl.) — Salatsamen keimte sowohl durch 3 Min. lange Rotlichtbestrahlung als auch durch Gibberellin (**I**)-Behandlung zu 70% aus (Dunkelkontrollen 24%). Die durch 0,15m Mannit-Lsg. verursachte Keimhemmung im Dunkeln wurde durch 35 mg **I**/Liter aufgehoben. Salatsamen keimte im Dunkeln bei 36° zu 20% durch 50 mg **I**-Zusatz/Liter zu 92%. **I** hebt die keimhemmende Wrkg. einer Infrarotbetrahlung auf. Die keimfördernde Wrkg. von Rotlicht u. **I** sind additiv. **I** war in allen Fällen in der Lage Rotlicht zu ersetzen. W. Hiller. 4485□

Der Einfluß von 9-Anthronsäure auf die Beziehung zwischen Cotyledon und Knospe. Éliane Hugon. (C. R. hebd. Séances Acad. Sci. **245,** 2072—74, 4/12. 1957.)

— *9-Anthronsäure* (I) beeinflußt die Blatt-Entw. bei Pflanzen, u. zwar wirkt sie auf *Linum usitaissimum* L. anregend, auf *Bidens Pilosus* L. hemmend. Es scheint, als ob I nicht nur in den Wrkg.-Mechanismus der Pflanzen eingreift, sondern noch eine (hemmende) Eigenwrkg. hat. U. Baumann. 4485

Hemmung des Wachstums von Weizenwurzeln in Nährlösungen durch Substanzen, die von den Wurzeln ausgeschieden werden. Lennart Eliasson. (Kungl. Lantbrukshögskolans Ann. **25**, 285—93, 1959; Inst. of Plant Physiol.; engl.) — Das Wachstum von Weizenwurzeln in belüfteten Nährlsgg. wird nach Zusatz von Aktivkohle um ca. 50% gesteigert. Auch Wurzeln, die unter kontinuierlichem Durchfluß der Nährlsg. bei gleichzeitiger Belüftung in engen Gefäßen gehalten werden, zeigten ein beträchtlich rascheres Wachstum als solche in einer stationären Lösung. Die Intensität der Belüftung zeigte hierbei keinen Einfluß. Zusatz von *Antiauxinen* (*α-[Naphthylmethylthio]-propionsäure* u. *p-Chlorphenoxyisobuttersäure*) in Konzz. von 3.10^{-6} u. $1 \cdot 10^{-5}$ ergaben in stationären Lsgg. den gleichen Effekt wie die Aktivkohle. Bei der Meth. mit strömendem Nährmedium ist jedoch die Stimulation des Wachstums in den beiden ersten Tagen gering. Vf. schließt aus den Verss., daß die Weizenwurzeln in stationären Lsgg. *Wachstumshemmstoffe* absondern, die von der Kohle adsorbiert bzw. beim kontinuierlichen Durchfluß der Nährlsg. entfernt werden. Der Effekt dieser Inhibitoren ist abhängig vom pH der Nährlösung. Durch Rk. der Hemmstoffe mit den *Antiauxinen* wird deren Wrkg. aufgehoben. B. Görlich. 4485 □

E₅. Tierchemie. Tierphysiologie. Tierpathologie

Papierchromatographische Untersuchungen der mineralischen Bestandteile eßbarer Muskeln. N. V. Joshi, J. Barnabas und T. Barnabas. (Indian J. med. Res. **46**, 571—76, Juli 1958; Poona, Maharashtra Ass. for the Cultivation of Sci.; Ahmednagar, Ahmednagar Coll.) — Es wird eine Meth. zur papierchromatograph. Best. von Metallen in Muskelfleisch beschrieben. In eßbaren Muskeln der Tiere *Hystrix leucura, Lepus nigricolis, Bandicota indicus, Francolinus pondicerianus, Bulbus ibis, Varanus monitor, Rana tigrina* u. *Macrones cavasius* wurden folgende Metalle bestimmt u. die Menge der Metalle abgeschätzt: *Cu, Co, Ni, Fe, Al, Zn, Ca, Mg, Na, K.* Mengenmäßig bestimmt wurde in den gleichen Muskeln der angegebenen Tiere *Phosphor* (bzw. Phosphat) neben *Ca* u. *Fe.* S. Dittmann-Mitzscherlich. 4510 □

Gehalt des Metaphysenknorpels junger Kaninchen an Aminosäuren (Chromatographische Bestimmung mit Dowex 50). A. A. Castellani und C. Castellani-Bisi. (Boll. Soc. ital. Biol. sperim. **34**, 1908—10, 15.—31. Dez. 1958; Pavia, Univ., Ist. di Chim. Biol.; Iowa, State Univ., Med. Res. Center.) — Die quant. Best. (je 100 mg Trockengewebe bei 104°) ergibt folgendes Resultat: *Hydroxyprolin* 1,84(mg); *Asparaginsäure* 3,41; *Threonin* 1,65; *Serin* 2,08; *Glutaminsäure* 5,87; *Prolin* 2,84; *Glycin* 4,70; *Alanin* 3,57; *Valin* 1,41; *Methionin* 0,44; *Isoleucin* 1,04; *Leucin* 2,82; *Tyrosin* 0,90; *Phenylalanin* 1,56; *Hydroxylysin* 0,35; *Histidin* 1,28; *Lysin* 1,86; *Arginin* 2,51; *Cysteinsäure* (nach Oxydation) 0,26. F. Kren. 4520

Über die Bestimmung der Hexosamine. L. Bolognani, G. Coppi und V. Zambotti. (Boll. Soc. ital. Biol. sperim. **34**, 1950—51, 15.—31. Dez. 1958; Pavia, Univ., Ist. di Chim. Biol.) — Es wird ein Verf. der Best. der *Hexosamine* (I) im Knorpel der Metaphyse u. des Walker-Tumors ausgearbeitet, bei dem 5—90 *µg Hexosamin* in einem Endvol. von 25 ml unter Eliminierung vieler störender Stoffe quant. bestimmt werden können. — Hierzu wird das hydrolysierte Gewebe über eine Dowex-50-Säule gegeben, diese mit W. gewaschen u. I mit 2n HCl eluiert. Nach dem Trocknen wird I acetyliert u. mit p-Dimethylaminobenzaldehyd zur Farb-Rk. gebracht. Die Photometrie geschieht bei 530 mµ. F. Kren. 4520

Die C-endständigen Aminsäuren von drei Varianten von Pferde-Myoglobin. Åke Åkeson. (Acta chem. scand. **16**, 526—28, 1962; Stockholm, Med. Nobelinst., Biokemiska avdelningen; engl.) — Vf. baute das *Apomyoglobin* von drei Pferde-Myoglobinkomponenten hydrolyt. mit Carboxypeptidase A ab u. analysierte die Aminosäuren automat. nach Spackman, Stein u. Moore (C. **1960**, 7623). Die Sequenz der C-endständigen Aminosäuren aller drei Komponenten stimmte überein: (Tyr·Ala—)Leu·Phe·Glu$(NH)_2$—Gly(COOH). K. Heyns. 4520 □

Die Molekulargewichte des Gemisches von kristallinem Myogen A und d-Glycerinaldehyd-3-phosphatdehydrase aus den Muskeln des Kaninchens. P. D. Dwornikowa, M. F. Guly, T. M. Petschenowa und F. P. Martynenko. (Ukrain. biochem. J. **34**,

327—37, 1962; Kiew, Inst. für Biochem. der Akad. der Wiss. der UkrainSSR; ukrain., Auszug: engl.) — Nach der Meth. der Lichtstreuung wurden Unterss. über das Molgew. von *Myogen A* (I) u. *d-Glycerinaldehyd-3-phosphatdehydrase* (II) u. ihren Gemischen bei verschiedenen pH-Werten des Puffers (Glykol oder Acetat) durchgeführt. Bei Anwendung des 0,1 bzw. 0,05m Glykolpuffers vom pH 7,0 beträgt das Molgew. von I 75500 bzw. 137600. Das Molgew. von II beträgt hierbei 72800 bzw. 136000. Im Gemisch I + II beträgt das Molgew. 118% der halben Summe von I u. II. Die Zunahme des Molgew. der Gemische von I u. II beträgt 22,2% beim pH 6,6 u. 11,2% beim pH 9,1. Das Molgew. von II beträgt beim pH 9,1 120900, beim pH 6,6 126000.
O. Lebtag. 4520△

Eigenschaften und Struktur von Lipoproteinen. Scott Grundy, Harold L. Dobson und A. Clark Griffin. (Proc. Soc. exp. Biol. Med. **100**, 704—08, April 1959; Houston, Tex., Baylor Univ. Coll. of Med., Dep. of Biochem. and Med.) — *Lipoproteine* (I) verschiedener Herkunft (normales menschliches Serum, hyperlipäm. Menschen- u. Kaninchenserum) werden in der Ultrazentrifuge fraktioniert u. die Fraktion, deren Dichte unter 1,063 liegt, vor u. nach Extraktion mit Ae. in der Ultrazentrifuge untersucht. Nach der Extraktion treten im Normalserum zwei Fraktionen auf, die sich hinsichtlich ihrer Dichte unterscheiden. In den hyperlipäm. Seren ist nur die Fraktion mit der geringeren Dichte nachzuweisen. Daneben wird der *Cholesterin* (II)- u. *P*-Geh. bestimmt (0,91 g II/g Protein vor, 9 g nach der Extraktion, 0,70 g *P* vor, 0,35 g nach der Extraktion). Das *Tyrosin–Tryptophan*-Verhältnis betrug 2,91 : 1. Inkubation des Serums mit $^{14}C_{(4)}$-II ergab, daß sowohl α- als auch β-I in vitro II binden. Es ist möglich, daß diese Rk. den II-Spiegel des Blutes reguliert. U. Baumann. 4520

N-Methylcephaline. 1. Mitt. **Die Synthese von Distearoyl-L-α-glycerylphosphoryl-N-methyläthanolamin.** Erich Baer und Sripada K. Pavanaram. (J. biol. Chemistry **236**, 1269—72, Mai 1961; Toronto, Univ., Subdep. of Synth. Chem. in Relation to Med. Res., Banting and Best Dep. of Med. Res.; engl.) — Die erste chem. Synth. eines N-Methylcephalins, des vic. *Distearoyl-L-α-glycerylphosphoryl-N-methyläthanolamins* (I), wird beschrieben. I wird erhalten durch Phosphorylierung von D-α.β-Distearin mit Phenylphorphoryldichlorid u. Pyridin, Veresterung des resultierenden *Distearoyl-L-α-glycerylphenylphosphorylchlorids* mit *N-Carbobenzoxy-N-methyläthanolamin* (II) u. Entfernung der schützenden Phenyl- u. Benzylgruppen durch katalyt. Hydrierung. Die Cephaline u. ihre N-Methyl-Derivv. haben sehr ähnliche chem. u. physikal. Eigenschaften. Durch die Synth. von N-Methylcephalinen dürfte das Auffinden von Meth. zur Entdeckung dieser Verbb. in der Natur erleichtert werden.

Versuche: *N-Carbobenzoxy-N-methyläthanolamin* (II), $C_{11}H_{15}NO_3$, Kp.$_{0,3}$ 126° (dabei beträchtliche Bldg. von *O-Carbobenzoxy-N-methyläthanolamin*); aus *N-Methyläthanolamin* u. *Carbobenzoxychlorid* in Ae. u. H_2O unter Eiskühlung in Ggw. von MgO (2½ Std. lang rühren), viscose Fl. (Reinigung über SiO_2-Säule), n_D^{27} 1,5227, 44,7% (Ausbeute). — *Distearoyl-L-α-glycerylphenylphosphoryl-N-carbobenzoxy-N-methyläthanolamin* (III), $C_{56}H_{94}NO_{10}P$. 5 mMol *Phenylphosphoryldichlorid* in $CHCl_3$ u. 5 mMol *Pyridin*, dazu 5 mMol *D-α.β-Distearin* in $CHCl_3$. Nach Rk. 5 mMol II in $CHCl_3$ zugeben. Wachsähnliche Substanz (Reinigung über SiO_2-Säule); $[\alpha]_D$ +2,63° in $CHCl_3$, M_D +25,6° in $CHCl_3$, 0,71 g. — *Distearoyl-L-α-glycerylphosphoryl-N-methyläthanolamin* (I), $C_{42}H_{84}$·NO_8P, F. 178—179°, III in Eisessig 1 Std. lang mit Pd/H_2 schütteln, danach mit PtO_2/H_2 2½ Std. lang; $CHCl_3/C_2H_5OH$, $[\alpha]_D^{25}$ +7,5° in $CHCl_3$, M_D +57,1 in $CHCl_3$; 57,1%. Das IR-Spektrum von I stimmt mit dem von L-α-Distearoylcephalin überein, enthält aber zusätzlich bei 3,75, 4,10 u. 10,4 μ Absorptionsbanden. H. Zöllner. 4520□

Phosphatidylhydroxyprolin. 1. Mitt. **Die Synthese des Distearoyl-L-α-glycerylphosphoryl-LG,LS-hydroxyprolins.** Erich Baer und Albrecht Zschocke. (J. biol. Chemistry **236**, 1273—76, Mai 1961; Toronto, Univ., Subdep. of Synth. Chem. in Relation to Med. Res., Banting and Best Dep. of Med. Res.; engl.) — Ausgehend von den Tatsachen, daß Hydroxyprolin in der L-Konfiguration (in beiden asymm. Zentren) in der Natur vorkommt u. sich Glycerophosphatide als Derivv. der L-α-Glycerophosphorsäure finden, wurde von den acht theoret. möglichen Stereoisomeren eines Phosphatidylhydroxyprolins mit zwei gleichen Fettsäuren ein LLL-Isomeres synthetisiert. Die Verb. dürfte biolog. Interesse u. a. bei der Erforschung der Lipopeptide haben. Durch Phosphorylierung von *N-Carbobenzoxy-L.L-hydroxyprolinbenzylester* mit $POCl_3$ u. *Triäthylamin* entsteht *N-Carbobenzoxy-L.L-hydroxyprolinbenzylesterphosphoryldichlorid* (I). I geht dann mit *D-α.β-Distearin* u. anschließender Abspaltung der Schutzgruppen durch katalyt. Hydrierung in das *Distearoyl-L-α-glycerylphosphoryl-LG.LS-hydroxyprolin* über.

Versuche: *Distearoyl-L-α-glycerylphosphoryl-N-carbobenzoxy-LG.LS-hydroxyprolinbenzylester*, $C_{59}H_{96}NO_{12}P$, F. 51,5°. *N-Carbobenzoxy-LG.LS-hydroxyprolinbenzylester* u.

Triäthylamin (II) in wasserfreiem Ae. unter Eiskühlung mit $POCl_3$; das entstandene *N-Carbobenzoxy-L.L-hydroxyprolinbenzylesterphosphoryldichlorid* (I) in wasserfreiem Bzl. mit II u. *D-α.β-Distearin* bei Raum-Temp. in 16 Std. umgesetzt. Reinigung über SiO_2-Säule; $[\alpha]_D^{25}$ −11,0° in Chlf.; 88% (Ausbeute). Die Substanz erwies sich papierchromatograph. an SiO_2-imprägniertem Whatman-Papier Nr. 1 im Syst. 2.6-Dimethyl-4-heptanon : Eisessig : W. (80 : 50 : 10) (Vol.-Verhältnisse) einheitlich. — *Distearoyl-L-α-glycerylphosphoryl-LG.Ls-hydroxyprolin*, $C_{44}H_{84}NO_{10}P$, F. 186°. Vorst. Verb. in Eisessig mit H_2 am Pd-Kontakt bei 40—50 cm Wassersäule 4 Std. lang schütteln. In Chlf. lösen, mit Aceton fällen; $[\alpha]_D^{26}$ 4,4° bzw. 4,9° in Chlf., das 2% A. enthielt; 97% (IR-Spektrum angegeben). H. Zöllner. 4520 □

Die mikromolekularen Eigenschaften des Vitellinins aus dem Eigelb und seine komplexe Bindung an Lipide. W. G. Martin, K. J. Turner und W. H. Cook. (Canad. J. Biochem. Physiol. **37**, 1197—1207, Okt. 1959; Ottawa, Nat. Res. Council, Div. of appl. Biol.) — Die Eigg. einer Fraktion der Dichte 0,98, die bei der Flotation des Eigelbes (vgl. C. **1959**, 3867) anfällt, werden untersucht. Die Fraktion, die heterogen zu sein scheint, kann durch fraktioniertes Zentrifugieren u. durch Elektrophorese nicht aufgetrennt werden. Extraktion mit Ae. bewirkt eine Trennung in Protein- u. Lipidkomponente. Das lipidfreie *Vitellinin* ist in wss. Lsgm. nicht lösl., so daß die Molgew.-Best. in 88%ig. Ameisensäure durchgeführt werden muß. Der ermittelte ralativ niedrige Wert von $9{,}3 \cdot 10^4$ läßt schließen, daß im Lipoprotein wenigstens zwei, wahrscheinlich mehr Proteinbausteine vorliegen, die durch die Lipidkomponente komplex gebunden sind. Der Nachw. von mehr als zwei N-endständigen Aminosäuren läßt bei gleichen Bausteinen mehrere Strukturmöglichkeiten offen, womit die Heterogenität des Lipoproteins zu erklären wäre. U. Baumann. 4520

Kynurenin in den Flügeln von Schmetterlingen der Papilionidae. Yoshishige Umebachi und Humio Takahashi. (J. Biochemistry [Tokyo] **43**, 73—81, Jan. 1956; Kanazawa, Univ., Fac. of Sci., Dep. of Biol.; engl.) — Die weißblaue fluorescierende Substanz in Flügelextrakten von *Papilioniden* wurde als *Kynurenin* (I) identifiziert. I war nur in den weißgelben Schuppen der Flügel von *Papilio helenus* u. *P. protenor* lokalisiert. Flügel von *P. machaon*- u. *P. xuthus*-Männchen enthielten mehr I als die der Weibchen. Bei *P. helenus* bestand kein Unterschied. K. Maier. 4520 □

Die chemische Natur des Wehrsekretes von Pseudophonus pubescens und Ps. griseus. 8. Mitt. **Über Insektenabwehrstoffe.** H. Schildknecht und K. H. Weis. (Z. Naturforsch. **16b**, 361—63, Juni 1961; Erlangen, Univ., Inst. für Organ. Chem.; dt.) — 7. vgl. C. **1961**, 16529. — Der Abwehrstoff der Laufkäfer *Pseudophonus pubescens* u. *Ps. griseus* konnte papierchromatograph. u. mikroanalyt. als *Ameisensäure* identifiziert werden. In jeder der beiden Pygidialblasen befinden sich ca. 2 mg 70—75%ig. Säure. U. Baumann. 4520

Osmotisches Verhalten von Epithelzellen aus der Froschhaut. Enid A. C. Mac Robbie und H. H. Ussing. (Acta physiol. scand. **53**, 348—65, Nov./Dez. 1961; Denmark Univ. of Copenhagen, Inst. of Biol. Chem.; engl.) — Die Unterss. unter verschiedenen Bedingungen u. die mkr. Messungen ergaben, daß *K* aktiv vom Bad der Innenseite in das Epithel transportiert wird. M. Metze. 4550 □

Ergone und Anti-Ergone. Hans von Euler. (Hoppe-Seyler's Z. physiol. Chem. **321**, 201—04, 2/12. 1960; Stockholm, Schweden, Univ., Vitamin-Inst.; dt.) — Vf. injizierte Kaninchen i.v. aus Kalbsleber hergestellte *Asparaginase* (I). Nach 4 Wochen zeigten diese Tiere eine spezif. Immunisierung u. überstanden erneute, um ein vielfaches erhöhte I-Injektionen. Die Entw. der Immunität konnte durch gleichzeitige subkutane Gaben von 20 mg *Desoxyribonucleinsäure* verstärkt werden. Vf. schloß aus seinen Unterss., daß die Schutzwrkg. durch Bldg. eines Antienzyms, einer *Antiasparaginase*, hervorgerufen wurde. S. Hothorn. 4551 □

Hemmung der anaphylaktischen Reaktionen des Kaninchens durch ε-Aminocapronsäure. M. Otto-Servais und J. Lecomte. (C. R. Séances Soc. Biol. Filiales **155**, 2050—52, 1961, herausgeg. 28/2. 1962; Liège, Univ., Inst. Léon Fredericq, Physiol., Serv. de Transfusion Sang.; franz.) — Kaninchen, denen i.v. verdünntes Hühnereiweiß oder rote Blutkörperchen des Menschen als Antigene injiziert werden, erleiden keinen anaphylakt. Schock, wenn ihnen 20—30 Min. vor dieser Applikation *ε-Aminocapronsäure* in starken Dosen (0,1 g/kg) i.v. injiziert wird. P. Nachtwey. 4551 □

Die Sekretion von Kalium und Natrium durch den Speichel unter normalen Bedingungen und bei verschiedenen Reizen. R. Guideri, V. Bianchi und C. Meloni. (Boll. Soc. ital. Biol. sperim. **36**, 503—05, 31/5. 1960; Siena, Univ., Ist. di Semeiot. Med.; ital.) — Die Unterss. werden an 16 Erwachsenen durchgeführt. Der *K*-Geh. des Speichels ist größer als der an *Na*. Die Na- bzw. K-Konzz. sind im nüchternen Zustand größer. Verschiedene Stimuli (oral $MgSO_4$, mechan. durch Kauen einer Paraffinkugel, parenterale Injektion von Atropin, perorale Pilocarpingabe) induzieren konst. eine Verringerung der Konz. von K wie von Na bei erhöhter Salivation. I.v. NaCl-Gaben provozieren eine starke Zunahme der Na-Konz. des Speichels während sein K-Geh. unverändert bleibt. F. Kren. 4555□

Über das Vorkommen von δ-Amino-n-valeriansäure im menschlichen Speichel. Alfred Breustedt. (Dtsch. zahnärztl. Z. **15**, 1088–94, 1/8. 1960; Jena, Univ., Klinik für Zahn-, Mund- u. Kiefer-Krankheiten, Abt. für Prothetik u. Kieferorthopädie; dt.) — Die im menschlichen Nüchternspeichel am häufigsten vorkommende freie Aminosäure ist die *δ-Amino-n-valeriansäure* (I) u. nicht, wie bisher angenommen, die *γ-Aminobuttersäure* (II). **II** kommt nur in geringen Mengen im Speichel vor. **I** ist bisher wenig bekannt. Im Speichel ist **I** ein Stoffwechsel-Prod. von Bakterien der Mundflora, das durch den Abbau von Arginin, Lysin u. Prolin oder bei der Proteolyse von Eiweiß entsteht. Sonst konnte **I** im Organismus bisher nicht nachgewiesen werden. K. Neumeister. 4555□

Über die säurelöslichen Nucleotide der Frauenmilch. Adam Deutsch und Roy Nilsson. (Hoppe-Seyler's Z. physiol. Chem. **321**, 246–51, 2/12. 1960; Alnarp, Schweden, Staatl. Milchforsch.-Anst.; dt.) — Vff. bestimmten den Geh. an *säurelösl. Nucleotiden* von Frauenmilch u. Colostrum. Sie verwendeten für ihre Unterss. Colostrum vom 4. Tag nach der Geburt u. Milch aus verschiedenen Lactationsperioden. Aus der Milch wurde das Eiweiß mit Trichloressigsäure (I) gefällt, die überschüssige **I** mit Ae. entfernt, die Lsgg. auf pH 7,5 eingestellt u. auf einer Anionenaustauscherkolonne (Dowex 1×10) adsorbiert u. mit Ameisensäure u. nachfolgend mit Natriumformiat stufenweise eluiert. Die einzelnen Fraktionen wurden spektralphotometr. bei 250, 260 u. 280 mμ gemessen, die zusammengehörenden Fraktionen vereinigt u. gefriergetrocknet. Nichteinheitliche Fraktionen wurden durch weitere chromatograph. Behandlung in Einzelnucleotide aufgetrennt. Zur Identifizierung wurden folgende Unterss. durchgeführt: Papierchromatographie, Aufnahme der Spektra zwischen pH 1 u. pH 14, Best. des P-Geh. nach totaler u. partieller Hydrolyse, Best. des Pentose-Geh., Best. der Stellung der Phosphatgruppen u. Analyse der Rk.-Prodd. der sauren Hydrolyse. Die Frauenmilch enthält 61 bis 90 μMol säurelösl. Nucleotide pro Liter, davon 32–44 μMol Cytidin (**II**)-, 22–27 μMol Uridin (**III**)-, 3–13 μMol Guanosin (**IV**)- u. 4–6 μMol Adenosin (**V**)-Derivate. Colostrum enthält 32–36 μMol **II**-, 18–22 μMol **III**-, 17–22 μMol **IV**- u. 12–17 μMol **V**-Derivate. In kleineren Mengen wurden 3'-Adenosin- u. 3'(2')-Uridinmonophosphat (**VI**) sowie unbekannte Derivv. von **VI** in Milch u. Colostrum gefunden. S. Hothorn. 4555□

Freie Buttersäure als mögliche Quelle des schlechten Geruches der Kuhmilch nach Verabfolgung von Östrogenen. Torleiv Lunaas. (Acta chem. scand. **14**, 773–75, 1960; Oslo, Vet. Coll. of Norway, Dep. of sexual Physiol. and sexual Pathol.; engl.) — Einer Kuh mit einer Milchleistung von 8 Litern/Tag wurden 10 mg *17β-Östradiol* (I) in 5 ml Propylengykol i.m. injiziert. Nach 1 Woche verminderte sich die Milchleistung auf 5 Liter; die Milch roch schlecht, wenn sie gerührt wurde. Sie hatte einen scharfen, Übelkeit erregenden Geschmack. Am 3. Tag nach der **I**-Gabe stieg der Na-Geh. von 15 auf 22 Millival an, Chlorid von 27 auf 42, K verminderte sich von 38 auf 27, Ca stieg von 40 auf 63, der Fett-Geh. von 3,8 auf 5,5%; auch der Protein-Geh. war erhöht. Die extrahierbaren Fettsäuren stiegen auf das 30fache an. Gaschromatograph. konnten ca. 10% der Fettsäuren als freie *Buttersäure* (II; 1 g/Liter) identifiziert werden. Wurde **II** normaler Milch zugesetzt, so war der gleiche Geruch festzustellen. **II** wurde auch in den folgenden beiden Brunstperioden ohne entsprechenden Geruch in der Milch gefunden. Erhielten Kühe 1–2 Monate nach dem Kalben Östrogene, so war der Fettsäure-Geh. nicht gegenüber der Norm verändert. Demnach scheint das Lactationsstadium also für die Fettsäure-Bldg. von Bedeutung zu sein. Auf die Bedeutung der Unters.-Ergebnisse für die Milchwirtschaft wird eingegangen. U. Laschet. 4555

Quantitative Extraktion und teilweise Reinigung von Steroiden in Geweben und Blut. Joseph W. Goldzieher, Robert A. Baker und Eva C. Riha. (J. clin. Endocrinol. Metabolism **21**, 62–71, Jan. 1961; San Antonio, Tex., Southwest Found. for Res. and Educat., Dep. of Endocrinol.; engl.) — Nach der Diskussion der z. T. noch sehr unbefriedigenden Extraktions-Meth. für Steroide aus Blut u. Geweben wird eine eigene Meth. beschrieben: Fällung mit Desals-Reagens (Methylal [Formaldehyd]/Methanol, 4 : 1), in bestimmten Fällen Verteilung zwischen 2,5 Vol. Ae., 1 Vol. Isopropyläther u. 1 Vol. 1%ig. Essigsäure; Entfettung an Silicagel (100–200 mesh) in Hexan. Die Brauchbarkeit der Meth. wurde durch Zusatz radioakt. Steroide zum Gewebe an Hand der Wiederauffindungsquoten bestimmt, die im Durchschnitt 95% bei jeweils 10 Best.

betrug. Die Wiederauffindung folgender Verbb. aus reinen Lipoidextrakten wurde untersucht: *^{3}H-Cholesterin*, *$^{14}C_{(4)}$-Progesteron*, *$^{14}C_{(4)}$-Corticosteron*, *$^{14}C_{(4)}$-Hydrocortison*, *$^{14}C_{(4)}$-Δ^4-Androstendion*, *$^{14}C_{(16)}$-Östron*, *$^{14}C_{(16)}$-Östriol* u. *$^{14}C_{(16)}$-17β-Östradiol*. U. Laschet. 4559□

Der Einfluß von Ovarien-Hormonen auf das Hypophysen-Diencephalus-System. Ulf Borell und Axel Westman. (Acta endocrinol. [Copenhagen], Suppl. Nr. **51**, 893, 1960; Stockholm, Karolinska Sjukhuset, Dep. of Women's Diseases; engl.) H. Herper. 4559□

Östrogenantagonismus. Einfluß von Gluco- und Mineralcorticoiden auf das östroninduzierte Uteruswachstum. Richard A. Edgren und David W. Calhoun. (Proc. Soc. exp. Biol. Med. **103**, 294—96, Febr. 1960; Chicago, Ill., G. D. Searle and Co., Div. of Biol. Res.; engl.) — In gesunden unreifen Mäusen wurde das Uteruswachstum durch Injektion von 0,3 μg *Östron* (I) stimuliert. Gleichzeitige Verabreichung von *Cortisonacetat* bzw. *Cortisolacetat* hatte keinen Effekt. *Desoxycorticosteronacetat* (II) hemmte die I-Wrkg. schwach aber signifikant (10% der Progesteron-Wrkg.); *Aldosteron* war ebenfalls akt. u. hemmte in ähnlichem Maße wie II. M. Metze. 4559□

Stoffwechsel- und Tracer-Untersuchungen über die Wirkung von Diäthylstilböstrol auf den Ca-Stoffwechsel. Felix Bronner, Paul D. Saville und James A. Nicholas. (Acta endocrinol. [Copenhagen], Suppl. Nr. **51**, 895, 1960; New York, N.Y., Hosp. for Special Surgery and Cornell U. Med. Coll.; engl.) H. Herper. 4559□

Progestative Wirkung von Allylöstrenol. N. E. Borglin. (Acta endrocrinol. [Copenhagen], Suppl. Nr. **51**, 929, 1960; Malmö, Gen. Hosp., Dep. of Gynecol. and Obstetrics; engl.) H. Herper. 4559□

Biologische Untersuchungen über neue oral-aktive 6.17-halogenierte Progesterone. C. I. Chappel, C. Revesz und R. Gaudry. (Acta endocrinol. [Copenhagen], Suppl. Nr. **51**, 915, 1960; Montreal, Can., Ayerst Res. Labor.; engl.) H. Herper. 4559□

Mechanismus der Hypertrophie der Gelbkörperzellen der Ratte bei Verabreichung von Testosteronpropionat. Jean-Jacques Alloiteau. (C. R. hebd. Séances Acad. Sci. **249**, 2410—12, 30/11. 1959; Paris, Coll. de France, Labor. de Morphol. expérim. et Endocrinol.; franz.) — Unter *Testosteronpropionat* (I)-Verabreichung erzeugt der Gelbkörper ein *Östrogen* (II), das die Hemmung durch den Hypothalamus aufhebt u. so die Sekretion von *Prolactin* (III) durch die Hypophyse ermöglicht. Der Synergismus von III mit I bzw. II bewirkt die Hypertrophie der Gelbkörperzellen. K. Zingraf. 4559□

Bestimmung von Testosteron im menschlichen Plasma. Michael Finkelstein, Enrico Forchielli und Ralph I. Dorfman. (J. clin. Endocrinol. Metabolism **21**, 98—101, Jan. 1961; Shrewsbury, Mass., Worcester Found. for exp. Biol.; engl.) — Mit der von Vff. beschriebenen Meth. läßt sich im Plasma gesunder Menschen *Testosteron* (I) nachweisen, indem es durch Placentafermente zu Östrogenen umgewandelt wird, die fluorimetr. bestimmt werden. Der I-Spiegel im Plasma lag zwischen 0,1 u. 0,4 μg/100 ml Plasma (unabhängig vom Geschlecht). In einem Fall von Hiulszelltumor des Ovars wurden 2,0, bei einem Nebennierenrindenadenom 1,3 μg/100 ml gefunden. U. Laschet. 4559□

Wirkung gereinigter Gonadotropine auf die Keimdrüsen der Kröte Bufo arenarum nach der Metamorphose. M. H. Burgos und A. Pisanó. (C. R. Séances Soc. Biol. Filiales **153**, 488—90, 30/6. 1959; Mendoza, Fac. de Méd., Inst. d'Histol. et d'Embryologie et Inst. de Biologie; franz.) — Die Verabreichung gereinigter Hormone erzeugte eine beachtliche Veränderung der Keimdrüsen. Das *Follikelreifungshormon* maskulinisierte 100% der Tiere, hierin eingeschlossen ein genotyp. Weibchen. Das *Luteinisierungshormon* erzeugte einen umgekehrten Effekt; denn 100% der Tiere wurden feminisiert. W. F. Ebel. 4560□

Einleitung der Lactation durch Hypothalamus oder Cerebralgewebe bei der Ratte. Joseph Meites, P. K. Talwalker und C. S. Nicoll. (Proc. Soc. exp. Biol. Med. **103**, 298—300, 1960; East Lansing, Mich., Michigan State Univ., Dep. of Physiol. and Pharmacol.; engl.) — Gewebesuspensionen von Hypothalamus u. Cerebrum riefen bei Ratten, bei denen die Brustdrüsen nach *Östradiol*-Gaben zur Entw. gebracht worden waren, nach subkutaner Injektion Lactation hervor. Leber- u. Nierengewebe zeigte keinen Erfolg. Die Ergebnisse lassen vermuten, daß Hypothalamus u. Cerebrum die *Prolactin*- u. *ACTH*-Freisetzung im Hypophysenvorderlappen veranlassen, u. zwar in Mengen, die für die Lactations-Initierung genügen. M. Metze. 4560□

Über die Anwesenheit einer Substanz mit Prolactin-Wirksamkeit im Niveau der Glandula pituitaria der Erdschildkröte (Testudo mauritanica). Georges Grignon und Marc Herlant. (C. R. Séances Soc. Biol. Filiales **153**, 2032—34, 1959, herausgeg. 22/4. 1960; Nancy, Fac. de Méd., Labor. d'Histol.; Bruxelles, Fac. de Méd., Labor.

d'Histol.; franz.) — Bei der mauretan. Erdschildkröte enthält die Hirnanhangsdrüse des erwachsenen Weibchens einen Körper, dessen Wrkg. auf den Kropf der Taube der des *Prolactins* vergleichbar ist. W. F. Ebel. 4560□

Pharmakologischer Antagonismus von Thiolverbindungen gegen Oxytocin und Vasopressin. P. J. Martin und H. O. Schild. (J. Physiology **163,** 51 P—52 P, 1962; London, Univ. Coll., Dep. of Pharmacol.; engl.) — Die Wrk. von *Oxytocin* (I) oder *Lysinvasopressin* (II) am isolierten Rattenuterus werden durch *Thioglykolat* oder *α-Thioglycerin* aufgehoben. Dabei handelt es sich jedoch nicht um eine chem. Zerstörung von I oder II. K. Zingraf. 4560□

Einfluß von Vasopressin auf die Kreatin-Exkretion bei der Ratte. Clyde M. Williams und Suzanne Maury. (Proc. Soc. exp. Biol. Med. **103,** 309—10, Febr. 1960; Pittsburgh, Pa., Vet. Admin. Hosp. and Univ. of Pittsburgh Med. School, Dep. of Med. and Radiol.; engl.) — I.m. Injektionen von *Vasopressin* (I; Pitressintannat; 5 Einheiten in Öl) rufen bei gefütterten u. fastenden Ratten *Kreatin*-Urie hervor, ohne die Kreatininausscheidung zu beeinflussen. Wss. I-Lsg. (20 Einheiten) zeigt diesen Effekt nicht. M. Metze. 4560□

Adrenocorticotropes Hormon freisetzender Faktor beim Meerschweinchen. Martin Sideman und Harry Sobel. (Proc. Soc. exp. Biol. Med. **103,** 274—77, Febr. 1960; Los Angeles, Univ. of South. California, School of Med., Dep. of Biochem. and Nutrit.; Cedars of Lebanon Hosp., Inst. for Med. Res.; engl.) — Die Aktivität des *Adrenocorticotropes Hormon freisetzenden Faktors* (I) im Meerschweinchen wurde mit der *blutdrucksenkenden Aktivität* in Katzen verglichen. Beide Aktivitäten wurden durch verschiedene chem. Manipulationen (milde saure u. alkal. Hydrolyse, Jodierung u. Inkubierung mit Placentaextrakt) in gleicher Weise verändert. Vff. schließen aus den Ergebnissen, daß I im Meerschweinchen mit *Lysinvasopressin* ident. ist, das in kommerziellem Pitressinpulver durch elektrophoret. Auftrennung nachgewiesen wurde. I ist im Meerschweinchen anscheinend ein hypothalam. Mediator. M. Metze. 4560□

Wirkungen bei einzelner und wiederholter Reserpindosis auf die Ausschüttung des Adrenocorticotropen Hormons. R. Montanari und M. A. Stockham. (Brit. J. Pharmacol. Chemotherapy **18,** 337—45, April 1962; London, Univ. of London, School of Pharm., Dep. of Pharmacol.; engl.) — Untersucht wird die Dosierung des *Reserpins* zur Ausschüttung des *Adrenocorticotropen Hormons* (ACTH). Verabreichung von sedativ wirkenden Mengen verlängert die überschüssige Abgabe von ACTH, was auch bei verringertem Körper-Gew. gilt (Dosierung: 0,5 mg/kg pro 5 oder 9 Tagen, u. 2,5 m/kg in 4 Tagen). Die sonst gefundenen Werte (Konz. der Ascorbinsäure in der Nebenniere) sind kein Index für die ACTH-Ausscheidung. H. Jacobi. 4560□

ACTH bei der Behandlung von tuberkulöser Meningitis und Miliartuberkulose von Kindern. K. P. Ssalganik. (Sowjet-Med. **26,** Nr. 1, 137—39, Jan. 1962; Rjasan, Klin. Ssemaschko-Krankenhaus; russ.) — *ACTH* (2 E./Lebensjahr 2mal täglich) simultan mit spezif. Antibioticatherapie (*Phthivazid* u. *Streptomycin*) beschleunigte bei Kindern mit tuberkulöser Meningitis u. Miliartuberkulose die Besserung des Gesamtzustandes u. Verringerung der Intoxikationserscheinungen u. des Meningitissyndroms u. die Sanierung des Liquor cerebro spinalis, auch bei beginnender Blockade der Liquorwege. Bei chron. Meningitis u. progressiver Hydrocephalie war ACTH nicht wirksam. I. v. Kloch-Kornitz. 4560□

Hypophysen-Adrenocorticotropin-Spiegel während der Nebennierenrückbildung nach Thiouracil. E. A. Lazo-Wasem. (Proc. Soc. exp. Biol. Med. **103,** 300—02, 1960; Chicago, Ill., Wilson Labor.; engl.) — Verfütterung einer 0,3% ig. *Thiouracil* (I)-Diät, 3 Wochen lang, an Ratten, rief Nebennierenatrophie u. Vergrößerung von Schilddrüse u. Hypophyse hervor. Der Geh. an *Adrenocorticotropem Hormon* (ACTH) in der Hypophyse war nach I-Gaben um $^1/_3$ gesenkt. Vf. nimmt an, daß die Nebennierenatrophie nach I auf einen gesenkten ACTH-Titer zurückzuführen ist. M. Metze. 4560□

Anstieg des Noradrenalingehaltes in den Geweben nach Noradrenalininfusion, Dopamin und L-DOPA. Jocelyn N. Pennefather und M. J. Rand. (J. Physiology **154,** 277—87, Dez. 1960; Sydney, Australia, Univ. Dep. of Pharmacol.; engl.) — Die Infusion von 1 mg *Noradrenalin* (I) an mit *Reserpin* (II) behandelten oder unbehandelten eviscerierten Katzen führte zu einem I-Anstieg in Niere u. Uterus. Die Infusion von 25 mg *Dopamin* (III) an Katzen verstärkte die Blutdruckaktivität von Nieren- u. Uterusextrakten auf den Blutdruck von Ratten. Ein Mangel an Gegenwrkg. des Uterus von mit II behandelten Katzen zur hypogastr. Nervenreizung wurde durch III-Infusion korrigiert. Die Infusion von 25 mg *L-DOPA* (IV) verstärkte das I-Äquivalent von Niere,

Uterus u. Milz von mit II behandelten Katzen, die nicht evisceriert waren. IV war bei diesen Tieren blutdruckwirksam u. verstärkte die gehemmte Blutdruck-Wrkg. auf Tyramin. An eviscerierten Katzen wurde das I-Äquivalent der Gewebe durch IV nicht vermehrt. G. Bratfisch. 4561 □

Die Wirkung von Sulfhydrylgruppen auf die Oxydation von Adrenalin und Noradrenalin. Sidney Roston. (Arch. Biochem. Biophysics **85,** 74–81, Nov. 1959; Louisville, Ky., Univ., Dep. Med.; engl.) — *Cystein* u. *Glutathion* verringern die durch Tyrosinase hervorgerufene Bldg. von *Adrenochrom* (I) aus *Adrenalin* u. *Noradrenochrom* (II) aus *Noradrenalin* bei pH 7,4. Dieser Effekt wird nicht durch Beeinflussung der Tyrosinaseaktivität hervorgerufen, sondern möglicherweise durch Bldg. von Disulfidbindungen. Die gleichzeitige Kombination von SH-Gruppen mit Oxydations-Prodd. der Brenzcatechinamine führt ebenfalls zur Verminderung der Bldg. von I u. II. Joachim Schmidt. 4561 ◇

3-Methoxy-4-hydroxyphenylglykolsulfat, ein neuer Metabolit von Adrenalin und Noradrenalin. J. Axelrod, I. J. Kopin und J. D. Mann. (Biochim. biophysica Acta [Amsterdam] **36,** 576–77, Dez. 1959; Bethesda, Md., Nat. Inst. Ment. Health, Labor. Clin. Sci.; engl.) — Nach Verabreichung von ^{3}*H-Epinephrin* ist im Urin *3-Methoxy-4-hydroxyphenylglykol* (I) nachweisbar. Der Nachw. erfolgte papierchromatograph. im Vgl. der R_F-Werte mit synthet. I. Bei Ratten werden ungefähr 35% des verabreichten Adrenalin oder Noradrenalin als I ausgeschieden, beim Menschen 5%. Patienten mit Phaeochormocytom scheiden 3–10 mg täglich aus. Nach den vorliegenden Unterss. muß folgender Abbauweg angenommen werden Formel A. Joachim Schmidt. 4561 ◇

Epinephrin → Metanephrin
↓
3-Methoxy-4-hydroxyphenylglykolaldehyd ↗ 3-Methoxy-4-hydroxyphenylglykol
3-Methoxy-4-hydroxyphenylglykolaldehyd ↘ 3-Methoxy-4-hydroxymandelsäure
Norepinephrin → Normetanephrin

A

Untersuchungen über einen möglichen Einfluß der Nebennierenrindenhormone auf die Adrenalinwirkungen des peripheren Kohlenhydratstoffwechsels. P. R. Bouman und W. Dermer. (Acta endocrinol. [Copenhagen], Suppl. Nr. **51,** 827, 1960; Groningen, Univ., Dep. of Pharmacol.; engl.) H. Herper. 4561 □

Verwendung des isolierten perfundierten Meerschweinchenherzen für den biologischen Nachweis von Adrenalin und Noradrenalin. Walter M. Booker. (Arch. int. Pharmacodynam. Thérap. **123,** 206–15, 1/12. 1959; Ghent, Univ., J. F. Heymans Inst. of Pharmacol.; engl.) — Die Rk. des isolierten perfundierten Meerschweinchenherzen eignet sich zur halbquant. Best. von *Adrenalin* (I) u. *Noradrenalin* (II) in verschiedenen Körperflüssigkeiten. Durch Verw. von *Rigitine* ist es möglich, in einem Gemisch aus I u. II den überwiegenden Bestandteil zu erkennen. P. Gregorzewski. 4561 ◇

Adrenalin -und Noradrenalingehalt des Nebennierenblutes unter der Einwirkung von Kalium, Rubidium und Cäsium. R. Hazard, M. Beauvallet, J. R. Boissier, S. Larno und P. Mouillé. (C. R. Séances Soc. Biol. Filiales **152,** 283–84, 5/9. 1958; franz.) — Unter der Einw. von *K, Rb* u. *Cs* entlädt die Nebenniere des Hundes bedeutende Mengen *Adrenalin* u. schwächere Mengen *Noradrenalin* ins Blut. Das Kalium ist am wirksamsten, das Cäsium am wenigsten wirksam. W. F. Ebel. 4561 □

Corticoide zur Behandlung von neurologischen Erkrankungen. Roberto Castelluccio und Laura Llanes Rozada de Castelluccio. (Acta endocrinol. [Copenhagen], Suppl. Nr. **51,** 801, 1960; Buenos Aires, Hosp. Durand; span.) H. Herper. 4561 □

Stoffwechsel und Verhalten von intravenös verabreichtem Cortisol im Gewebespiegel und Nebennierenreaktion auf Adrenocorticotropes Hormon bei normalen und verschiedenen endokrinen Bedingungen. F. Ceresa, C. Berrutti, G. Ortone und C. Cravetto. (Acta endrocrinol. [Copenhagen], Suppl. Nr. **51,** 847–48, 1960; Torino, Univ., Ist. di Clinica Med. Generale; engl.) H. Herper. 4561 □

Der Einfluß von Lecithin und Lecithinase auf die Desoxycorticosteronacetat-induzierte Hypertension bei der Ratte. Sydney M. Friedman, Miyoshi Nakashima und Constance L. Friedman. (Arch. int. Pharmacodynam. Thérap. **123,** 216–26, 1/12. 1959; Vancouver, Univ. of British Columbia, Dep. of Anat.; engl.) — *Lecithin* (I) in verschiedener Verabreichungsform hemmt die durch *Desoxycorticosteronacetat* bewirkte Hypertension. I ist am wirkungsvollsten in der Entstehungsphase des Hochdruckes u. unwirksam nach der vollständigen Entw. der Hypertonie. Viperngift (als *Lecithinase*-Quelle) wirkt in allen Phasen der Hypertonie hypotonisch. P. Gregorzewski. 4561 ◇

Ein Vergleich der Wirkungen von Corticosteron und Cortison auf die Ratte. A. C. Brownie, J. G. Sprunt und R. B. Hunter. (Acta endocrinol. [Copenhagen],

Suppl. Nr. **51**, 777—78, 1960; Dundee, Scotland, Univ. of St. Andrews, Dep. of Pharmacol. and Therapeutics; engl.) H. Herper. 4561□

Umkehrung der katabolischen Wirkungen von Cortisonacetat durch Androstanazol. Arthur L. Beyler, Gordon O. Potts und David F. Burnham. (Acta endocrinol. [Copenhagen], Suppl. Nr. **51**, 829, 1960; Rensselaer, N.Y., Sterling-Winthrop Res. Inst.; engl.) H. Herper. 4561□

Vergleichende Untersuchung des Gehaltes an Glutaminoxalessigsäure- und Glutaminphosphorsäuretransaminase im Plasma und in den Organhomogenaten des Kaninchens nach Behandlung mit Prednisolon. L. Tropeano, S. DiStefano und F. Belfiore. (Boll. Soc. ital. Biol. sperim. **36**, 485—89, 31/5. 1960; Catania, Univ., Ist. di Patol. Spec. Med. e Metodol. Clin.; ital.) — Kaninchen erhalten 70 Tage lang parenteral täglich 10 mg *Prednisolon* (**I**)/kg. Es zeigt sich, daß **I** im Plasma früher u. stärker die *Glutaminoxalessigsäuretransaminase* (**II**) u. später u. weniger intensiv die *Glutaminphosphorsäuretransaminase* (**III**) erhöht, wobei nur die **II**-Werte wieder die Norm erreichen, während die **III**-Werte sich auch nach 10 Tagen weiter erhöhen. Dagegen sind die Transaminasen in den Organen (Niere, Herz u. Leber) verringert, im Mittel an **II** um 16 u. an **III** um 43%. F. Kren. 4561□

Die Aldolase im Plasma und in den Organhomogenaten des Kaninchens nach Behandlung mit Prednisolon. L. Tropeano, S. DiStefano und F. Belfiore. (Boll. Soc. ital. Biol. sperim. **36**, 489—91, 31/5. 1960; Catania, Univ., Ist. di Patol. Spec. Med. e Metodol. Clin.; ital.) — Vgl. vorst. Referat. — Es wird die *Aldolase*-Aktivität im Plasma u. in den Homogenaten von Niere, Herz u. Leber von Kaninchen untersucht, die täglich 10 Tage lang parenteral 10 mg *Prednisolon*/kg erhalten. Es zeigt sich, daß die gegenüber normalen Tieren deutliche Verringerung der *Aldolase* im Plasma nicht durch eine entsprechende Zunahme in den Organen kompensiert wird. F. Kren. 4561□

Spätwirkung des radioaktiven Jods (^{131}J) bei Kranken mit Thyreotoxikose. W. G. Spessiwzewa, A. Ja. Peregudow, L. L. Garkina, R. P. Solotnitzkaja und N. A. Makarowa. (Sowjet-Med. [UdSSR] **26**, Nr. 11, 34—40, Nov. 1962; Moskau, 1. Med. Ssetschenow-Inst., Therapeut. Klinik; russ., Auszug: engl.) — 99 Patienten mit Thyreotoxikose, darunter 60 schwere Fälle, im Alter von 25—73 Jahren wurden mit 4—25 mc ^{131}*J* (nicht mehr als 6—7 mc je Kur) behandelt. In 93 Fällen wurde die Thyreotoxikose liquidiert. Unter dem Einfl. der ^{131}J-Behandlung traten Besserungen im Herzgefäß-Syst., der Leberfunktion u. der Geschlechtsfunktion der Frauen ein. Mit Ausnahme von 2 Hypothyreosen ergab die 4—6 Jahre lange Beobachtung keine schädlichen Nebenwirkungen. O. Lebtag. 4562△

Wirkung von Thyroxin und anderen jodierten Verbindungen auf die Bindung von Trijodthyronin an menschliche Serumproteine. T. S. Danowski, R. D. D'Ambrosia, J. Dorcak und M. Nakano. (Metabolism, clin. and exp. **11**, 443—47, April 1962; Pittsburgh, Pa., Univ. of Pittsburgh, School of Med., Sect. of Endocrinol. and Metabol.; Shayside Hosp., Med. Center; engl.) — 35—37% von ^{131}*J-Trijodthyronin* (**I**) werden (wie sich aus der papierelektrophoret. Auftrennung ergibt) durch das *thyroxinbindende Protein* (Übergang von α_1- u. α_2-Globulinen) des Serums gebunden; 3% verbinden sich mit der Albuminfraktion; der Rest verteilt sich auf den Bereich zwischen Start u. thyroxinbindendem Protein. Wird *Thyroxin* zugefügt, so kann **I** nur noch zu kleinem %-Satz (u. zwar nur noch am Ort des thyroxinbindenden Proteins) lokalisiert werden. *N-Chloracetylthyroxin*, *Tetrajodthyrobrenztraubensäure*, *Tetrajodthyroessigsäure*, *Trijodthyroessigsäure*, *Tetrathyropropionsäure*, *Dijodthyropropionsäure*, *Dijodthyroessigsäure* u. *Dijodthyrosin* weisen eine progressiv geringere Wrkg. auf die Bindung von **I** an die Serumproteine auf. Das Ausmaß der Bindung wird beeinflußt durch die Ggw. an α-Amino-N u. durch J in Position 5′ u. 3′. U. Tausendfreund. 4562◇

Verteilung von ^{131}J-Thyroxamin im Rattenorganismus. Günther Hillmann und Barbara Keil. (Z. ges. exp. Med. **134**, 380—82, 1961; Tübingen, Univ., Med. Klinik, Chem. Labor.; dt.) — Vgl. C. **1962**, 7590. — Nach i. v. Injektion von 0,5 γ ^{131}*J-Thyroxamin* waren bei 150 g schweren Ratten eine exzessive Speicherung in der Leber u. eine auffallend hohe Speicherung in der Milz zu beobachten (nach 6 Std. 1,9% der applizierten Radioaktivität/g Leber, danach langsamer Rückgang; nach 12 Std. 1,2%/g Milz, danach rascher Rückgang). In den anderen Organen war die Speicherung gering. U. Tausendfreund. 4562□

Dejodierung und renale Ausscheidung von 3.5.3′-Trijodthyronin beim Hund. G. Barac, G. Merchie und L. Humblet. (Arch. int. Physiol. **67**, 523—24, Juni 1959; Liège, Univ., Inst. de Clin. et de Policlin. méd.; franz.) — Nach i.v. Gabe von *3.5.3′-Trijodthyronin* (**I**) erscheint beim Hund rasch mineral. *J* im Harn. Die Ausscheidung von organ. *J* kann bis zu 60% des Gesamt-J betragen. Ein Teil davon entspricht **I**. Eine patholog. Proteinurie tritt bei der Ausscheidung von **I** nicht auf. K. Zingraf. 4562□

Gesteuerte chemische Oxydation der Schilddrüsenhormone und ihrer essigsauren Derivate. Art der gebildeten Verbindungen. Serge Lissitzky und Marie Roques. (C. R. Séances Soc. Biol. Filiales **152**, 1333—36, 1958, herausgeg. 31/1. 1959; Marseille, Univ., Fac. de Méd. et de Pharmacie, Labor. de Chim. biol.) — Unter Einw. von Ascorbinsäure-Fe^{2+}-O_2 bilden sich aus *3.5.3'-Trijodthyronin* (I) Jodid (II), *3.5-Dijodthyrosin* (III) u. kleine Mengen *5'-Hydroxy-3'.3.5-trijodthyronin*, aus *Thyroxin* (IV) u. *3'.5'.3.5-Tetrajodthyroessigsäure* (V) nur kleine Mengen II u. aus *3'.3.5-Trijodthyroessigsäure* (VI) *3-Jod-4-hydroxyphenylessigsäure* (VII) u. *3.5-Dijod-4-hydroxyphenylessigsäure* (VIII). Unter Einw. von $CuCl_2$ + Bichinolin bilden sich aus I u. VI nur kleine Mengen II, aus IV dagegen III, II u. kleine Mengen von I u. einer weiteren Verb., u. aus V bilden sich VI, II, VII, VIII u. unbekannte Verbindungen. K. Zingraf. 4562□

Wirkung von 3.5.3'-Trijodthyronin und seinen Derivaten auf die Eientwicklung eines Seeigels (Sphaerechinus granularis Lmk.). J. Roche, S. André und H. Bouxin. (C. R. Séances Soc. Biol. Filiales **152**, 1331—33, 1958, herausgeg. 31/1. 1959; Concarneau, Finistère, Labor. de Biol. marine du Coll. de France.) — An Seeigeleiern bewirkten *DL-3.5.3'-Trijodthyronin*, *3.5.3'-Trijodthyroessigsäure* u. *3.5.3'-Trijodthyropropionsäure* eine Wachstumsverzögerung u. morpholog. Anomalien. K. Zingraf. 4562□

Einfluß von L-3.3'.5-Trijodthyronin auf die Adrenalin-induzierte Kontraktion von isolierten Kaninchenaortenstreifen. Irving Shemano und Patricia C. Fallon. (Proc. Soc. exp. Biol. Med. **103**, 282—85, Febr. 1960; Philadelphia, Pa., Smith Kline and French Labor.; engl.) — *L-3.3'.5-Trijodthyronin* (I) verstärkte die *Adrenalin* (II) induzierten Kontraktionen von isolierten Kaninchenaortenstreifen unter bes. Bedingungen: Zugabe von *Cu-Acetat* zum Inkubationsbad oder Ggw. von Spurenmetallen. *Äthylendiamintetraessigsäure*, ein Chelatbildner, erhöht die Kontraktionen ebenfalls in ähnlicher Weise. I verzögert auch die metallkatalysierte Oxydation von II im Inkubationsversuch. Vff. nehmen an, daß diese Wrkg. die Hauptursache für die I-Wrkg. auf die II-induzierten Kontraktionen ist, u. daß I anscheinend als Chelatbildner wirkt. M. Metze. 4562□

Die Wirkungen der 3.5.3'-Trijodthyroessigsäure auf das Cholesterin und Coenzym A bei thyreoidektomierten Ratten. Raymond Michel und Roger Truchot. (C. R. Séances Soc. Biol. Filiales **152**, 1071—73, 15/12. 1958; Dijon, École de Méd. et de Pharmacie, Labor. de Chim. pharmaceut.; franz.) — Vgl. C. **1960**, 17181. — Thyreoidektomie erhöht bei der Ratte den *Cholesterin*-Geh. des Blutplasmas, der Leber u. der Nebenniere u. vermindert den *Coenzym-A*-Geh. der Leber. Injektion von 2,5 μg *3.5.3'-Trijodthyroessigsäure*/Tag über 5 Tage führt ebenso zur Normalisierung dieser Werte wie die Verabfolgung von 0,25 μg *Trijodthyronin*. U. Laschet. 4562

Einfluß des Thyreoidins auf die Erythropoese von bestrahlten Tieren. I. G. Akojew. (Radiobiologie [UdSSR] **2**, 700—04, 1962; russ.) — In Verss. mit Ratten wurde der Zustand der Erythropoese u. dessen Beeinflussung durch Zufuhr von *Thyreoidin* (I) 2 bzw. 4 Monate nach der Bestrahlung (^{60}Co) mit 750 bzw. 850 r untersucht. In allen Fällen wurde eine erhöhte Intensität der Erythropoese beobachtet, erkennbar an der Beschleunigung des Einbaues von ^{59}Fe in das Hämoglobin (II) der Erythrocyten. Die Zahl der Erythrocyten im peripheren Blut zeigte eine Tendenz zur Abnahme. Durch tägliche Zufuhr von 10 bzw. 25 mg I im Laufe von 2 bzw. 4 Monaten nach der Bestrahlung wurde die Zahl der Erythrocyten erhöht, die Intensität des ^{59}Fe-Einbaues in II fast bis zur Norm gesenkt. Bei einzelnen Tieren betrug die Zunahme der Erythrocyten nach I-Gaben 25—55%. Aus den Ergebnissen ist zu schließen, daß nach der Bestrahlung zu einem bestimmten Zeitpunkt im Organismus ein I-Mangel auftritt. O. Lebtag. 4562△

Einfluß von Veränderungen der Phosphor- und Kreatiningehalte des Serums auf die entsprechenden Konzentrationen im Pankreassaft. Ed. Jacobs. (Proc. Soc. exp. Biol. Med. **103**, 289—92, Febr. 1960; Univ. of Brussels, Labor. of Exp. Med.; engl.) — Unterss. an Hunden mit Duodenalfistel brachten folgende Ergebnisse: Der Normalgeh. von *anorgan. P* im Pankreassaft beträgt annähernd 1% des Serumgehaltes. Das Verhältnis von P-Konz. in Plasma/P-Konz. im Pankreassaft bleibt immer konst., sogar wenn man den Plasma-P-Geh. experimentell auf das 8fache erhöht. Mit den *Kreatinin* (I)-Geh. verhält es sich ebenso. Normalerweise ist der I-Geh. im Pankreassaft so gering, daß er mit den angewandten Meth. nicht gemessen werden konnte. Das Plasma/Pankreas-Verhältnis ist jedoch ebenfalls konstant. Die Unterss. ergaben auch eine fehlende Permeabilität des Pankreas für Prodd. des Proteinstoffwechsels, deren Ursache noch ungeklärt ist. M. Metze. 4564□

Bestimmung von ^{131}J-Insulin und von insulinähnlicher Aktivität in der Cerebrospinalflüssigkeit des Menschen. W. A. Mahon, J. Steinke, G. M. McKhann und M. L. Mitchell. (Metabolism, clin. and exp. **11**, 416—20, April 1962; Boston, Mass.,

Lemuel Shattuck Hosp., Med. Serv., Radioisotope Unit; Commonwealth of Tufts Univ., School of Med., Dep. of Med.; Harvard Med. School, Dep. of Pharmacol. and Med. and Baker Clin. Res. Labor.; engl.) — Im Gegensatz zu anderen Körper-Fll. läßt sich in der Cerebrospinal-Fl. des Gesunden wie des Diabetikers kein *Insulin* (I; nach Verabreichung von ^{131}J-I) u. keine I-ähnliche Aktivität (bestimmt am Rattennebenhodenfett) bei selbst noch so hohen I-Werten im Serum nachweisen.
U. Tausendfreund. 4564◇

Über den Einfluß der Glutaminsäure auf die die Insulinglykämie komplizierenden Krämpfe. 1. Mitt. K. A. Wangengeim, Ju. F. Dwalidse, G. A. Pilenkowa und N. A. Udinzew. (Sowjet-Med. [UdSSR] **26**, Nr. 11, 89—95, Nov. 1962; Swerdlowsk, Medizin. Inst., Lehrstuhl für Psychiatr.; Psychoneurolog. Krankenhaus Nr. 1; russ., Auszug: engl.) — Die Anwendung von *Glutamat* (I; Ca- u. Mg-Salz) bei der *Insulin* (II)-Behandlung von 50 Frauen mit psych. Erkrankungen ergab, daß die i.v. Zufuhr von 10 ml 10%ig. I-Lsg. ohne wesentlichen Einfl. auf die Bewußtseinsstörung u. den Blut-Geh. an Zucker bei der durch II hervorgerufenen Hypoglykämie ist. Die während der II-Hypoglykämie auftretenden Krämpfe hören nach der I-Zufuhr völlig auf oder werden abgeschwächt. Bei systemat. peroraler Verabreichung von I zu je 6—10 g täglich u. i.v. I-Zufuhr (beim Auftreten von Krämpfen während der Hypoglykämie) reagieren die Kranken auf II allmählich nicht mehr mit Krämpfen. O. Lebtag. 4564△

Der Mechanismus der Insulineosinopenie. L. Morandi, A. F. Essellier und P. Jeanneret. (Klin. Wschr. **35**, 1019—22, 15/10. 1957; Zürich, Univ., Medizin. Klinik; dt.) — Unterss. über das Verh. der Eosinophilen im Blut nach *Insulin* (I)-Verabreichung in Anwesenheit von exogen zugeführten Glucocorticoiden, nach Adrenalektomie oder Hypophysektomie erlauben folgende Schlußfolgerungen: Die Eosinopenie nach I ist die Folge der Hypoglykämie; sie entsteht durch reaktive Adrenalinausschüttung (→ Aktivierung der Glucocorticoide) oder durch stressbedingte Vermehrung der ACTH-Glucocorticoid-Sekretion. Joachim Schmidt. 4564◇

Über den Umsatz von Glycerin beim alloxandiabetischen Kaninchen. E. Strack, H. Theile und H. Reinhold. (Z. ges. exp. Med. **134**, 407—22, 1961; Leipzig, Univ., Physiolog.-chem. Inst.; dt.) — Angabe von Befunden, aus denen sich Widersprüche der Literatur über die Wrkg. des *Glycerins* (I) im diabet. Zustand klären u. Rückschlüsse auf die *Insulin* (II)-Wrkg. ziehen lassen. Bei Dauerinfusion von I (bis zur Einstellung eines Umsatzgleichgewichts) erhöht II beim normalen Kaninchen den Blutspiegel u. die Ausscheidung von I; II labilisiert den I-Umsatz; die Wrkg. von II auf den Blutzucker ist während der I-Infusion nicht verändert. Alloxandiabet. Kaninchen setzen vermehrt I um; die Eliminierung ist um $^1/_3$, der Umsatz um $^1/_2$ vermehrt; der I-Spiegel im Blut ist stark erniedrigt. Beim alloxandiabet. Tier verläuft die Umsatzkurve für steigende I-Mengen prinzipiell ähnlich wie beim normalen Tier; von den 2 verschiedenen Umsatzwegen wird nur einer im diabet. Zustand verstärkt. Kontinuierliche Zufuhr von I kann bei vielen diabet. Tieren den erhöhten Blutzucker auf die Norm senken; die Gluconeogenese aus I ist hier nicht nachweisbar. II kann den erhöhten I-Umsatz im diabet. Tier nicht vermindern, obwohl der Blutzucker normalisiert wird.
U. Tausendfreund. 4564□

Die Beziehung zwischen Cholinmangelfettleber und chronischem Alloxandiabetes bei Ratten. A. M. Cohen. (Amer. J. Physiol. **198**, 637—39, März 1960; Jerusalem, Rothschild Hadassah Univ. Hosp., Dep. of Med. B and Isotope Labor. for Endocrine Res.; engl.) — *Cholin* (I)-Mangel verschlechterte bei chron. *Alloxan* (II)-diabet. Ratten den diabet. Zustand. Bei II-diabet. Ratten auf I-Mangeldiät war die fettige Infiltration der Leber geringer als bei nichtdiabet. Tieren auf gleicher Diät. *Insulin* (III)-Zufuhr bei II-diabet. u. nichtdiabet. I-Mangelratten senkte den Leberfett-Geh. u. verbesserte den diabet. Zustand der ersten. I-Zufuhr während des Lebens rief in Leberschnitten von II-diabet. I-gefütterten u. I-Mangelratten eine erhebliche Zunahme der Fettsäure-Synth. hervor. Ersatz von Stärke in der I-Mangeldiät durch Fructose steigerte den Leberfett-Geh. diabet. u. nichtdiabet. Tiere nicht. Die Abnahme des Leberfetts nach III-Zufuhr bei I-Mangel-, II-diabet. Ratten beruht offensichtlich auf einem extrahepat. III-Effekt, da dieser trotz der durch III induzierten erhöhten Fett-Synth. in der Leber eintritt. K. Maier. 4564□

Die durch Sulfanylharnstoffe auf die Bernsteinsäuredehydrogenaseaktivität von Herzhomogenaten des Meerschweinchens ausgeübte Inhibierung. L. Tropeano, F. Belfiore und S. Di Stefano. (Boll. Soc. ital. Biol. sperim. **36**, 491—95, 31/5. 1960; Catania, Univ., Ist. di Patol. Spec. Med. e Metodol. Clin.; ital.) — Herzhomogenate des Meerschweinchens werden mit *Carbutamid* (I), *Tolbutamid*, *Chlorpropamid* u. *Diaboral* verschiedener Konz. inkubiert. Es zeigt sich, daß alle Sulfanylharnstoffe deutlich hemmend auf die *Bernsteinsäuredehydrase*-Aktivität des Homogenats wirken. Am stärksten ist die Wrkg. von I. F. Kren. 4564 □

Die von den Sulfanylharnstoffverbindungen auf die Arginaseaktivität der Leberhomogenate des Meerschweinchens ausgeübte Inhibierung. L. Tropeano, S. Di Stefano und F. Belfiore. (Boll. Soc. ital. Biol. sperim. **36**, 495—98, 31/5. 1960; Catania, Univ., Ist. di Patol. Spec. Med. e Metodol. Clin.; ital.) — Vgl. vorst. Referat. — Die Unterss. werden mit verschiedenen Konzz. von *Carbutamid, Tolbutamid, Chlorpropamid* (I) u. *Diaboral* am Leberhomogenat durchgeführt. Für sämtliche Verbb. ergibt sich eine deutliche hemmende Aktivität gegenüber der *Arginase* des Homogenats, die bei I mit 60% am höchsten ist. F. Kren. 4564 □

Ausschluß einer evidenten inhibierenden Wirkung der Sulfanylharnstoffverbindungen auf die Adolaseaktivität von Leberhomogenaten des Meerschweinchens. L. Tropeano, S. Di Stefano und F. Belfiore. (Boll. Soc. ital. Biol. sperim. **36**, 498—501, 31/5. 1960; Catania, Univ., Ist. di Patol. Spec. Med. e Metodol. Clin.; ital.) — Vgl. vorst. Referat. — Es wird die Wrkg. verschiedener Konzz. von *Carbutamid, Tolbutamid, Chlorpropamid* u. *Diaboral* auf die *Aldolase*-Aktivität des Leberhomogenats des Meerschweinchens untersucht. Es zeigt sich, daß die Wrkg. vorst. Verbb. gering bzw. bei den 2 letzten prakt. Null ist. F. Kren. 4564 □

Wirkung von Carbutamid und Chlorpropamid auf die Milchsäuredehydrogenaseaktivität von Herzhomogenaten des Meerschweinchens. L. Tropeano, F. Belfiore und S. Di Stefano. (Boll. Soc. ital. Biol. sperim. **36**, 501—03, 31/5. 1960; Catania, Univ., Ist. di Patol. Spec. Med. e Metodol. Clin.; ital.) — Vgl. vorst. Referat. — Die Unterss. werden mit Konzz. von 10^{-2}m Lsgg. der Sulfanylharnstoffe im Rk.-Gemisch durchgeführt. Während *Chlorpropamid* die Aktivität der *Milchsäuredehydrogenase* im Herzhomogenat um ca. 30% erhöht, nimmt sie durch *Carbutamid* nur geringfügig zu. F. Kren. 4564 □

Wirkung des Histamins auf den Kreislauf des Herzmuskels. Wichtigkeit des arteriovenösen Herzkranzgefäß-„Shunts“. J. Malméjac, C. Malméjac, M. Bianchi und R. Fredenucci. (C. R. Séances Soc. Biol. Filiales **153**, 1203—05, 24/11. 1959; franz.) — Die Unterss. der durch das *Histamin* (I) auf den Herzkranzgefäßkreislauf ausgeübten Wrkg. bestätigten vollauf die herzkranzgefäßerweiternde I-Wirkung. Die arteriovenöse Herzkranzgefäß-„Weiche“ („Shunt“) muß einen wichtigen Mechanismus in der Erzeugung von Herzkreislaufzwischenfällen des I-Schocks bilden. W. F. Ebel. 4569 □

Die Oxydation von Serotonin in Gegenwart von Ceruloplasmin. Curt C. Porter, David C. Titus, Benjamin E. Sanders und Edward V. C. Smith. (Science [Washington] **126**, 1014—15, 15/11. 1957; West Point, Pa., Merck Inst. for Therapeut. Res.; engl.) — *Ceruloplasmin*, ein Cu-Protein-Ferment (aus menschlichem Blut in 50% ig. Reinheit gewonnen) katalysiert die Oxydation von *Serotonin* (I) durch Luft-O_2. Hierbei werden insgesamt 2 O_2/Mol I aufgenommen, u. es entstehen nacheinander zwei verschiedene Oxydations-Prodd., von denen eins eine breite Absorptionsbande bei 530 nm besitzt. Aus dem Abfall der charakterist. UV-Absorption u. dem Anstieg bei 530 nm sowie der Gesamt-O_2-Aufnahme bei wechselnden Enzym–Substrat-Konzz. werden Verhältnisse der Rk.-Geschw. u. der Michaelis-Konst. beider Rk.-Schritte berechnet. *2-Methyl*-I zeigt ein ähnliches Verhalten. Bei der Polymerisation des Oxydations-Prod. entstehen *Melanin*-ähnliche Farbstoffe. U. Baumann. 4569

Die relative Potenz 5-Hydroxytryptamin-ähnlicher Verbindungen. G. Bertaccini und P. Zamboni. (Arch. int. Pharmacodynam. Thérap. **133**, 138—56, Aug./Sept. 1961; Parma, Univ., Pharmakolog. Inst.; engl.) — Vff. untersuchten die relative Potenz einer Reihe von *Tryptamin*- u. *5-Hydroxytryptamin*-Analoga an Hand ihrer Wrkg. auf verschiedene Präpp. der glatten Muskulatur u. ihrer diuret. Wrkg. auf die Ratte. Gegenüber allen Präpp. (außer *Helix*-Herz) war *5-Hydroxytryptamin* am wirkungsvollsten. Die zweitaktivste Substanz ist *5-Hydroxy-N-methyltryptamin*. Keine der untersuchten Verbb. zeigt bemerkenswerte antagonist. Wrkg.; der stärkste Antagonist gegenüber dem Rattenuterus ist *N.N'-Propyltryptamin*. Die Beziehungen zwischen Struktur u. Wirksamkeit werden diskutiert. Folgende Verbb. wurden untersucht: 5-Hydroxyindole: *3-[β-Aminoäthyl]-* (*5-Hydroxytryptamin*), *3-[β-Methylaminoäthyl]-*, *3-[β-Dimethylaminoäthyl]-* (*Bufotenin*), *3-[β-Dibutylaminoäthyl]-*, *3-[β-Aminopropyl]-*, *3-[β-Amino-β.β-dimethyläthyl]-*, *3-[β-Aminobutyl]-*, *3-[α-Hydroxy-β-dimethylaminoäthyl]-*, *3-Amidinoformylmethyl-*, *3-[β-Dimethylaminovinyl]-*, *2-[β-Aminoäthyl]-*; Indole: *5-Methoxy-3-[β-aminoäthyl]-*, *5.6-Dimethoxy-3-[β-aminoäthyl]-*, *5.6.7-Trimethoxy-3-[β-aminoäthyl]-*, *5-Methoxy-3-[β-aminopropyl]-*, *5-Methoxy-3-[β-dibutylaminoäthyl]-*, *5-Methoxy-1-phenyl-*

2-methyl-3-[β-aminoäthyl]-, *5-Methoxy-3-[β-acetaminoäthyl]-* (*Melatonin*), *3-[β-Aminoäthyl]-* (*Tryptamin*), *3-[β-Methylaminoäthyl]-*, *3-[β-Isopropylaminoäthyl]-*, *3-[β-Dimethylaminoäthyl]-*, *3-[β-Diäthylaminoäthyl]-*, *3-[β-Dipropylaminoäthyl]-*, *3-[β-Dibutylaminoäthyl]-*, *3-[β-Aminopropyl]-*, *5-Methyl-3-[β-aminopropyl]-*, *1-Methyl-3-[β-aminoäthyl]-*, *3-[α-Hydroxy-β-methylaminoäthyl]-*, *3-[α-Methoxy-β-dimethylaminoäthyl]-*, *4-Hydroxy-3-[β-aminoäthyl]-*, *6-Hydroxy-3-[β-aminoäthyl]-*, *7-Hydroxy-3-[β-aminoäthyl]-*, *5-Amino-3-[β-aminoäthyl]-*, *6-Methoxy-3-[β-aminoäthyl]-*, *3-Amidinoformylmethyl-*, *4-Hydroxy-3-[β-dimethylaminoäthyl]-* (*Psilocybin*), *3-Dimethylaminomethyl-* (*Gramin*), *2-[β-Aminoäthyl]-*, *2-Methylaminomethyl-*, *1-Methyl-2-äthylaminomethyl-*, *5-Methoxy-2-methylaminomethyl-*, *5-Chlor-2-butylaminomethyl-*, *4-Chlor-2-butylaminomethyl-*; Indolyl-(3)-essigsäuren: *Hydrazid*, *5-Hydroxy-*, *5-Methoxy-*, *5-Hydroxyindolyl-(3)-α-aminopropionsäure*, *3-[β-Dimethylaminoäthyl]-indolyl-(5)-schwefelsäure* (*Bufoviridin*), *3-[β-Aminoäthyl]-indolyl-(5)-glucuronsäure*, *3-[β-Dimethylaminoäthyl]-indolyl-(5)-glucuronsäure*; Indazole: *3-[β-Aminoäthyl]-5-hydroxy-*, *3-[β-Dimethylaminoäthyl]-*, *2-[β-Aminoäthyl]-2H-3-[β-Aminoäthyl]-*, *1-[β-Aminoäthyl]-*, *3-[β-Isopropylaminoäthyl]-*, *3-[β-Isopropylaminoäthyl]-5-hydroxy-*, *3-[β-Aminoäthyl]-5-benzyloxy-*, *3-[β-Isopropylaminoäthyl]-5-benzyloxy-*, *3-[β-Dimethylaminoäthyl]-5-benzyloxy-*; Indazolyl-(3)-essigsäuren: ohne Substituenten, *5-Benzyloxy-*, *5-Hydroxy-*; *Inden.* P. Gregorzewski. 4569□

Hemmung des Natriumtransports in isoliertem Nierengewebe durch Angiotensin. Paul P. Leyssac, Ulrik V. Lassen und Jørn Hess Traysen. (Biochim. biophysica Acta [Amsterdam] **48**, 602—03, 15/4. 1961; Copenhagen, Univ., Inst. for Exp. Med., Inst. of Biol. Chem. and Rigshosp., Med. Dep.; engl.) — Inkubation *Angiotensin* (I)-haltiger Ringer-Lsg. ($5\cdot10^{-8}$m) mit Schnitten von Nierenrindengewebe (Ratte, Kaninchen) zeigte, daß I den tubulären *Na*-Transport stark u. rasch reversibel hemmt. K. Maier. 4569□

Isolierung des Cholinreceptoreiweißes aus dem Herzmuskel. Ss. N. Nisstratowa und T. M. Turpajew. (Biochemie [UdSSR] **26**, 952—55, Sept./Okt. 1961; Moskau, Ssewertzow-Inst. für Morpholog. der Tiere der Akad. der Wiss. der UdSSR, Labor. für allg. u. vergleichende Physiol.; russ., Auszug: engl.) — In Verss. mit den Proteinen des Herzventrikels von *Rana temporaria* wird gezeigt, daß sich das *Cholinreceptoreiweiß* (I) in der wasserlösl. Fraktion des Homogenats (überstehende Fl. 1) befindet, bei deren Sättigung mit $(NH_4)_2SO_4$ bis zu 45% I in die überstehende Fl. 2 übergehen. Bei der Sättigung >60% fällt I vollständig aus. Bei den Sättigungen 45—60% bleibt I teils in der Lsg. u. teils fällt es aus. Mit Hilfe von $HgCl_2$, das eine spezif. blockierende Wrkg. auf I zeigt, kann I aus dem Gewebehomogenat isoliert werden. Durch 2.3-Dimercaptopropansulfonat kann die Fähigkeit von I, mit Acetylcholin zu reagieren, wiederhergestellt werden. Die Ergebnisse werden in ihrer Bedeutung für die Strukturänderung des I unter der Einw. von Acetylcholin diskutiert. O. Lebtag. 4569△

Untersuchungen über die Heterogenität des Hämoglobins. 4. Mitt. Chromatographisches Verhalten verschiedener Humanhämoglobine am Celluloseanionenaustauscher (DEAE-Cellulose). Titus H. J. Huisman und Andree M. Dozy. (J. Chromatogr. [Amsterdam] **7**, 180—203, Febr. 1962; Augusta, Ga., Med. Coll. of Georgia, Dep. of Biochem. and Pathol.; engl.) — 3. vgl. C. **1961**, 10631. — Vff. berichten über Verss. zur Chromatographie von normalen u. abnormalen *Humanhämoglobinen* (I) am Anionenaustauscher DEAE-Cellulose (Selectacel-DEAE, Type 40). Die Elution wurde mit Na-Phosphatpuffer verschiedener pH-Werte durchgeführt. Die Reihenfolge der eluierten I-Typen ist umgekehrt wie bei der Elution von CM-Cellulose. Vorteil des Verf. ist die Möglichkeit, auch größere Mengen von I präparativ zu zerlegen. Die elektrophoret. Kontrolle der erhaltenen I-Typen zeigte nur teilweise Einheitlichkeit der Produkte. M. Finke. 4572□

Schnelle Ausscheidung von Choleglobin im Harn nach intravenöser Zufuhr von Hämoglobin bei Kaninchen. Goro Kikuchi und Isao Rokugo. (J. Biochemistry [Tokyo] **49**, 446—47, Mai 1961; Sendai, Tohoku Univ., School of Med., Dep. of Biochem.; engl.) — Bereits 30 Min. nach i.v. Infusion von *Hämoglobin* (I) in physiolog. NaCl-Lsg. scheiden Kaninchen im Harn merkliche Mengen von *Choleglobin* (II) aus. Gleichzeitig tritt II im Blutplasma auf. Bei in vitro-Inkubation von I mit Citratblut (Kaninchen) entstehen nur Spuren von II. K. Maier. 4572□

Isotone Lösungen. 6. Mitt. Die Permeabilität roter Blutkörperchen für verschiedene Salze organischer Säuren. Donald E. Cadwallader jun. und William J. Husa. (J. Amer. pharmac. Assoc., sci. Edit. **47**, 705—11, Okt. 1958.) — 5. vgl. C. **1959**, 5870. — Best. der hämolyt. i-Werte (nach van't Hoff) für *Na-*, *K-*, NH_4- u. *Ca*-Salze organ. Säuren durch Unterss. im menschlichen Blut. Außer den Ca-Salzen, die anorgan. Salzen vergleichbare Hämolysekurven ergeben, sind die Hämolysekurven der organ. Salze in Form u. Ausmaß verschieden von den Kurven anorgan. Salze. Untersucht wurden *Citrat, Tartrat* u. *Succinat, Gluconat* u. *Lävulinat, Acetat, Benzoat* u. *Salicylat.* W. Forth. 4573□

Isotone Lösungen. 7. Mitt. Die Permeabilität roter Blutkörperchen für verschiedene Alkaloidsalze. C. Larry Thomasson und William J. Husa. (J. Amer. pharmac. Assoc., sci. Edit. **47**, 711—14, Okt. 1958.) — 6. vgl. vorst. Referat. — Untersucht wurden *Coffein* (I), *Ephedrin* (II), *Atropin* u. *Homatropin* (III) mit verschiedenen Anionen im Vgl. zwischen Menschen- u. Kaninchenblut. I vermag die Hämolyse menschlicher Erythrocyten nicht zu verhindern. Dasselbe gilt für II-Hydrochlorid u. III-Hydrobromid. Ein Zusatz von geringen Elektrolyt-Konzz. (NaCl) senkt die hämolyt. i-Werte der untersuchten Substanzen. W. Forth. 4573□

Isotone Lösungen. 8. Mitt. Die Permeabiltät der roten Blutkörperchen gegenüber verschiedenen Salzen der Gluconsäure. Howard C. Ansel und William J. Husa. (J. Amer. pharmac. Assoc., sci. Edit. **48**, 516—21, Sept. 1959; Gainesville, Fla., Univ. of Florida, Coll. of Pharmacy; engl.) — 6. u. 7. vgl. vorst. Referate. — Es werden die van't Hoffschen i-Werte verglichen, die a) aus hämolyt. u. b) aus Gefrierpunktsdepressions-Best. erhalten wurden. Die *Na-*, *K-* u. *Mn^{2+}-Gluconate* ergeben nach a) höhere i-Werte als nach b), während umgekehrt *Fe^{2+}-* u. *Co^{2+}-Gluconate* nach a) niedrigere Werte geben. *Mg-* u. *Ca-Gluconate* liefern bei Verw. menschlicher Erythrocyten (jedoch nicht mit Kaninchenerythrocyten) nach a) höhere i-Werte. *Zn-Gluconat* liefert extrem hohe i-Werte nach a), vermutlich infolge einer partiellen Fällung des in Freiheit gesetzten Oxyhämoglobins. In Ggw. von NaCl werden die i-Werte nach a) allg. verringert. In bezug auf den Widerstand gegen osmot. Hämolyse zeigen die menschlichen Erythrocyten gewisse Rasseunterschiede. Die Ergebnisse zeigen, daß die auf Grund der physikochem. Daten als isoosmot. mit Blut errechneten Lsgg. nicht notwendig auch gegenüber den Erythrocyten isoton. sein müssen. E. Schwerdtfeger. 4573□

Eine Methode zur gleichzeitigen Bestimmung der Erythrocytenmasse und des Plasmavolumens mit radioaktivem Chrom und Jod. F. W. Chambers jun. (Atompraxis **5**, 256—59, 1959; Washington, D.C., George Washington Univ., Dep. of Physiol.; engl.) — Bei normalen Vers.-Personen wurden Blutproben entnommen, Plasma u. Erythrocyten getrennt mit ^{131}J bzw. ^{51}Cr markiert u. gemeinsam reinjiziert. 10, 20 u. 30 Min. nach der Injektion werden erneut Blutproben entnommen u. die emittierte γ-Strahlung in einem γ-Strahlspektrometer gemessen. Die Auswertung der gemessenen Spektren erfordert besondere Eichungs- u. Berechnungs-Meth., da die Emission der beiden Isotopen nahe beieinander liegt (0,364 bzw. 0,32 MeV). Das Plasma-Vol., die Erythrocytenmenge u. der Hämatokritwert werden dann durch Ermittlung des Schnittpunktes mit der Ordinate sowie der Neigungswinkel der Kurven nach der Meth. der kleinsten Quadrate ermittelt. W. Reusse. 4573□

Bestimmung der Neuraminsäure in roten Blutkörperchen des Menschen. G. Manfredi. (Boll. Soc. ital. Biol. sperim. **36**, 447—49, 1960; Bologna, Univ., Ist. di Clin. Pediatr.; ital.) — Die Best. der *Neuraminsäure* (I) wird an kleinen Mengen Blutkörperchen durchgeführt: aus 1 ml wird nach dem Waschen das Stroma erhalten, welches abs. kein Hämoglobin mehr enthält; in ihm wird I mit dem Bial-Reagens auf der Basis von Oricin in HCl bestimmt. Bei Best. an 15 Kindern wurden konst. Resultate erhalten. Der erythrocytäre I-Geh. schwankt zwischen 15,5 u. 22,8 mg je 100 ml Blutkörperchen. F. Kren. 4573□

Die Chemie der Lipide des posthämolytischen Restes oder Stromas der Erythrocyten. 6. Mitt. Sphingolipide der Erythrocyten im Hinblick auf die Blutgruppenaktivitäten. Tamio Yamakawa, Makoto Matsumoto, Shizue Suzuki und Tsuyoshi Iida. (J. Biochemistry [Tokyo] **43**, 41—52, Jan. 1956; Tokyo, Univ., Inst. for Infectious Diseases, Dep. of Chem. and Dep. of Pathol.; engl.) — 5. vgl. J. Biochemistry [Tokyo] **40**, [1953], 611. — Aus frischen Humanerythrocyten der Blutgruppen A, B, 0 u. AB wurden nach J. Biochemistry [Tokyo] **39**, [1952], 393 die akt. Gruppen-*Globoside*, Glykolipide, die die Hämagglutination der Blutgruppen durch die entsprechenden Isoantikörper hemmen, isoliert u. charakterisiert. Das Verhältnis der Hexosaminkomponenten zeigt offenbar gewisse Beziehung zur Spezifität. Bei der milden sauren Hydrolyse ist die Gruppenaktivität von *Globosid* viel beständiger als die akt. Mucoide. Das aus Erythrocyten aller 4 Blutgruppen isolierte *Sphingomyelin* (I) wies keinerlei chem. Unterschiede auf (Isolierung von *Lignocerinsäure*, F. 83°, als *Methylester*, F. 56—57°; *Triacetyl*-I, $C_{24}H_{43}NO_5$, F. 100 bis 101°). K. Maier. 4573□

Die Chemie der Lipide des posthämolytischen Restes oder Stromas der Erythrocyten. 7. Mitt. Untersuchungen über Chondrosamin enthaltendes Glykolipid und Sphingomyelin von Schweineblutstroma. Makoto Matsumoto. (J. Biochemistry [Tokyo]

43, 53—62, Jan. 1956; engl.) — 6. vgl. vorst. Referat. — Aus lyophil getrocknetem Schweineerythrocytenstroma wurde ein *Chondrosamin* als einzige Hexosaminkomponente enthaltendes *Glykolipid* (I) isoliert. I enthielt *Galaktose* u. *Glucose*, Hauptfettsäurekomponente *Lignocerinsäure* (II). Aus dem Stroma isoliertes *Sphingomyelin*, $[\alpha]_D^{18}$ +7,3° (80,529 mg in 2 cm³ Chlf.-Methanol, 1 : 1) [*Triacetylsphingosin*, $C_{24}H_{43}NO_5$, F. 100 bis 101°; $[\alpha]_D^{21}$ —5,44° (Chlf.)] enthielt als Fettsäuren *Palmitinsäure* u. II.
K. Maier. 4573□

Die Chemie der Lipide des posthämolytischen Restes oder Stromas der Erythrocyten. 8. Mitt. **Die Art des Hexosamins und der Fettsäuren von Blutzellensphingolipiden.** Tamio Yamakawa, Makoto Matsumoto und Shizue Suzuki. (J. Biochemistry [Tokyo] 43, 63—72, Jan. 1956; engl.) — 7. vgl. vorst. Referat. — Die *Hexosamin*-Komponenten mehrerer Erythrocyten-*Glykolipide* (Schaf, Ziege, Kaninchen, Rind, Schwein, Pferd, Mensch) wurden durch Kationenaustauschchromatographie (paraffingetränkte Kieselgursäule) getrennt bestimmt. Die *Fettsäuren* von Stromasphingomyelin u. -glykolipiden wurden durch Phasenumkehrchromatographie bestimmt. Das chromatograph. Verh. war in jedem Falle für die einzelne Tierart außerordentlich charakteristisch.
K. Maier. 4573□

Die Ribonucleinsäure in den Lymphocyten des Blutes bei Adrenalinlymphocytose. A. P. Gindin, N. M. Ogijenko und A. W. Uschakowa. (Bull. exp. Biol. Med. [UdSSR] 54 (27), Nr. 9, 62—64, Sept. 1962; Moskau, Gamaleja-Inst. für Epidemiolog. u. Mikrobiolog. der Akad. der Med. Wiss. der UdSSR; russ., Auszug: engl.) — Bei experimenteller *Adrenalin*-Lymphocytose der Pferde (3 cm³ 0,1%ig. Lsg. i.v.), die nach 2 Min. zur klin. Erregung u. zur Mobilisierung der Lymphocytenreserve, vorwiegend auf Kosten der mit *Ribonucleinsäure* (I) gesätt. Lymphocyten führte, zeigte sich im peripheren Blut nach 2 Std. 1,5fache Vermehrung der Leukocyten u. Vermehrung der Lymphocyten um 13%. Die mit I gesätt. Lymphocyten (normal 11 ±0,6%) zeigten nach 4 Min. 2fache, nach 2 Std. 2,5fache, nach 24 Std. 3fache Vermehrung, um nach 48 Std. wieder auf die Norm abzufallen.
I. v. Kloch-Kornitz. 4573□

Freie Nucleotide in normalen menschlichen Blutplättchen. H. Schmitz, Th. Schleipen und R. Gross. (Klin. Wschr. 40, 13—15, 1/1. 1962; Marburg/Lahn, Univ., Physiolog.-chem. Inst., Medizin. Klinik; dt.) — 90% der durch Ionenaustauschchromatographie bestimmten freien Nucleotide sind *Adeninnucleotide*.
P. Gregorzewski. 4573□

Einfluß von Heparin und Serotonin auf basophile Leukocyten von Kaninchenblut. A.-W. A. Boseila. (Experientia [Basel] 15, 343—44, 15/9. 1959; engl.) — Bei Kaninchen hatte die i.v. Injektion von *Heparin* im Verlaufe von 6 Std. eine signifikante Verringerung der Anzahl der Basophilen zur Folge. *Serotonin* verursachte innerhalb der gleichen Zeit eine Steigerung der Gesamtzahl der Leukocyten u. nach 24 Std. eine spezif. Vermehrung der Zahl der Basophilen. Auf Injektion von *Protamin* oder *Reserpin* veränderte sich die Basophilenzahl nicht.
H. Aman. 4573□

Heparin und Thrombocytopenie bei experimentellen Brandwunden. Stig-Arne Johansson. (Acta physiol. scand. 53, 239—46, Nov./Dez. 1961; Stockholm, Södersjukhuset, Geriatric Dep.; engl.) — Es wurden an Ratten experimentell Brandwunden erzeugt. Im Blut dieser Tiere wurde danach eine Herabsetzung der Thrombocyten (T)-Zahl u. des Geh. an *Serotonin* (I) sowie ein Ansteigen des Geh. an antithromb. Substanzen beobachtet. *Heparin*-Vorbehandlung verhinderte diese Erscheinungen vermutlicherweise dadurch, daß es als stark saurer Polyelektrolyt die T bei der I-Resorption u. -Abgabe beeinflußte.
M. Metze. 4574□

Wirkung von Heparin auf die Lipidkomponenten des Plasmas. 2. Mitt. **Verhalten des esterifizierten und des Gesamtcholesterins.** G. Ivaldi und L. Arrigo. (Boll. Soc. ital. Biol. sperim. 34, 1762—65, 15.—31. Dez. 1958; Genua, Univ., Ist. di Fis. Umana; ital.) — 1. vgl. C. **1959**, 11640. — Kaninchen erhalten 80 E. *Heparin* (I)/kg injiziert. Die Resultate zeigen, daß I eine markante Verringerung der Ester sowie eine weniger ausgeprägte des Cholesterins (Gesamt- u. esterifiziert) herbeiführt, vermutlich infolge eines esterolyt. akt. Faktors, der schon 6 Min. nach der I-Gabe im Plasma des Kaninchens vorhanden ist. Außer der Hydrolyse der Ester kommt es zu einer Verminderung des Gesamtcholesterins des Plasmas, die nicht metabol. Natur, sondern das Resultat einer humoralen Ordnung dieser Lipidfraktion zu sein scheint.
F. Kren. 4574

Wirkung des Heparins auf die Lipidkomponenten des Plasmas. 3. Mitt. **Verhalten des esterifizierten und Gesamtcholesterins und der Fettsäureester des Plasmas des Kaninchens bei cholesterinreichem Futter.** G. Ivaldi und O. Rossi. (Boll. Soc. ital. Biol. sperim. 34, 1765—69, 15.—31. Dez. 1958; Genua, Univ., Ist. di Fisiol. Umana.) — Kaninchen erhalten täglich 1 g *Cholesterin* (I) oral u. 80 E. *Heparin* (II)/kg intravenös.

Es zeigt sich, daß auch bei der I-reichen Diät die chem. u. physikal. Mechanismen, die die Verteilung der Plasmalipide beherrschen (Hydrolyse der Esterbindungen, Verringerung der esterifizierten u. Gesamt-I), prakt. keine Veränderung erfahren. Die I-reiche Diät scheint keine Stockung des Abbaus in dem Sinne herbeizuführen, daß die II-Gabe den Lipidspiegel des Plasmas auf die Norm zurückbringt. F. Kren. 4574

Verhalten der Neuraminsäure des Serums und der Erythrocyten beim Rheumatismus. G. Manfredi, E. Monari und G. P. Salvioli jun. (Boll. Soc. ital. Biol. sperim. **36**, 449—51, 1960; Bologna, Univ., Ist. di Clin. Pediatr.; ital.) — Vgl. C. **1963**, 9778. — Die Unterss. werden an 15 Kindern durchgeführt. Gegenüber normalen Kindern zeigte sich der *Neuraminsäure*-Geh. von Serum u. Erythrocyten bes. dann erhöht, wenn die Rheumakrankheit in der akt. Phase war u. keine therapeut. Behandlung stattfand; gering sind die Unterschiede gegenüber normalen Kindern, die therapeut. behandelt werden oder bei denen ein subakutes Krankheitsstadium vorherrscht. F. Kren. 4574□

Teilweise Aufklärung der Oligosaccharidketten der menschlichen Barium-α_2-Glykoproteine. S. Kamiyama und K. Schmid. (Biochim. biophysica Acta [Amsterdam] **49**, 250—57, 1961; Boston, Mass., Harvard Med. School, Dep. of Med.; Massachusetts Gen. Hosp.; engl.) — Aus normalem menschlichem Blutplasma lassen sich chromatograph. über modifizierte Cellulose u. Carboxylionenaustauschharze neben *saurem α_1-Glykoprotein* (*Orosomucoid*) drei *α_2-Glykoproteine* abtrennen. Mit Hilfe der KJO_4-Oxydation versuchen Vff. eine teilweise Aufklärung der Oligosaccharidketten von 2 der erwähnten Glykoproteine bzw. der sog. *Ba-α_2-Glykoproteine* (**IV**), die nach der Meth. von Schmid u. Bürgi [1961] in hoher Reinheit gewonnen werden u. neben Protein *Sialsäure* (**I**), *Galaktose* (**II**), *Mannose* (**III**), *L-Fucose* u. *Glucosamin* enthalten. Da bei der JO_4^--Oxydation des nativen **IV** vorwiegend **I** u. aus **I**-freiem **IV** (Abspaltung der **I** mit gereinigter Neuraminidase) vorwiegend **II** abgespalten wird, schließen Vff., daß **II** das endständige Glied der Oligosaccharidkette des **IV** u. diese über das C_3-Atom mit der CO-Gruppe der **I** verknüpft ist. Daneben findet man aber auch Anteile anderer Oligosaccharidketten, in denen **I** gegen JO_4^- relativ beständig ist bzw. von Neuraminidase nicht abgespalten wird. Die Abspaltung der **I** aus **IV** (500 mg) erfolgte in Phosphatpuffer mit 0,125 ml gepufferter Neuraminidase-Lsg. bei pH 6,0, 37° (2 Std.). 1 ml Enzym-Lsg. spaltet in 2 Std. ca. 200 mg **I** ab. Nachw. u. Trennung der **II** u. **III** nach der JO_4^--Oxydation der **I**-freien **IV** erfolgte papierchromatograph. (n-Butanol–Pyridin–W., 5 : 3 : 2) u. chromatograph. auf der Boratkolonne. Natives u. **I**-freies **IV** zeigen isoion. Punkte bei pH 4,8 u. 5,1, letzteres ist isoelektr. bei pH 4,6 u. 5,1. B. Görlich. 4574□

Cholesterin in der Seromucoidfraktion von normalem und patologischem Serum. Elly Moschides, Mario Stefanini und Sergio I. Magalini. (Proc. Soc. exp. Biol. Med. **96**, 52—55, 1957; Boston, Mass., St. Elizabeth's Hosp., Joseph S. Stanton Mem. Labor.; Tuft's Univ., Med. School, Dep. of Med.; engl.) — Die perchlorsäurelösl. (*Seromucoid-*)*Fraktion* (SF) des menschlichen Serums besitzt einen ziemlich festen Geh. an *Cholesterin* (**I**) u. **I**-Estern. Eine Zunahme der SF wurde bei Lymphom, disseminiertem Carcinom, akuter Leukämie u. verschiedenen Leberkrankheiten beobachtet. Der **I**-Geh. von SF war bei Lymphom u. Carcinom erhöht, bei Leukämie u. Leberkrankheiten verringert. K. Zingraf. 4574□

Die Eiweißzusammensetzung des Blutes bei Kranken mit einigen Dermatosen. G. E. Schinski, R. E. Wewer, G. W. Galanowa, W. M. Ssidorowa, A. P. Saprometowa und A. D. Tschibirjajewa. (Nachr. Dermatol. Venerol. [UdSSR] **35**, Nr. 7, 21—27, 1961; Ufa, Inst. für vener. u. Hautkrankheiten; russ., Auszug: engl.) — Die Dysproteinämie, die bei 405 Kranken mit Dermatose (D) elektrophoret. u. nach Kjeldahl untersucht wurde, war nicht diagnost. charakterist. für die einzelnen Arten der D, sondern gab Aufschluß über die Schwere des Krankheitsverlaufes u. den therapeut. Erfolg u. war auf Störungen der Stoffwechselprozesse bes. in der Leber u. Haut zurückzuführen. Bei akuten Entzündungsprozessen der Haut kam es häufig zur Vermehrung der *γ-Globuline* (**I**), bei Oberflächentrichomykose zur Verringerung der α- u. γ-**I** u. Vermehrung der β-**I**, bei chron. Lupus erythematosis zu Hyperproteinämie u. Erhöhung der α- u. γ-**I**, bei akutem Lupus zu Hypoproteinämie, Verminderung der *Albumine* u. Vermehrung der γ-**I** I. v. Kloch-Kornitz. 4574□

Die Dynamik der Eiweißfraktionen im Blutserum bei Chloroprenintoxikation. Ju. A. Ketschek und L. W. Ssemerdshjan. (Nachr. Akad. Wiss. ArmenSSR, biol. Wiss. **15**, Nr. 5, 63—70, 1962; Jerewan, Medizin. Inst., Lehrstuhl für Biochem.; russ., Auszug: armen.) — Reihen-Unterss. der Eiweißfraktionen des Blutserums, deren normaler Geh. im Mittel 8,27 g% *Gesamteiweiß* (**I**), 53,8% *Albumin* (**II**), 15,5% *α-Globulin*

(III), 14,6% β-III, 16,1% γ-III betrug, zeigten bei Arbeitern in Chloropren-Zechen keine Veränderung des I, Verminderung des II auf 47,9%, Erhöhung des α-III auf 21,3%, 19—20%ig. Erhöhung des β-III, Verringerung des α-III-Geh. auf 11,7, Verringerung des II/III-Koeff. auf 0,96. I. v. Kloch-Kornitz. 4574□

Die Lipoproteide des Liquors und des Blutserums bei Geschwülsten und chronischen Entzündungen des Nervensystems nach den Daten der Papierelektrophorese. A. Ju. Makarow. (Korssakow-J. Neuropathol. Psychiatr. [UdSSR] **62,** 537—43, 1962; Leningrad, Wiss. Inst. für Begutachtung der Arbeitsfähigkeit u. Organisation der Invalidenarbeit; Nervenabt. u. Biochem. Labor.; russ., Auszug: franz.) — Die elektrophoret. Lipidogramme des Liquor cerebrospinalis, der in der Norm 16,8% α_1-, 50,8% α_2-, 32,4% γ-*Lipoproteide* (I) enthält u. des Blutserums (normal 6,7% α_1-, 12,6% α_2-, 66,5% β-, 14,2% γ-I) zeigten bei Kranken mit Geschwülsten (a) u. chron. Entzündungen (b) des Nerven-Syst. im Liquor einen Geh. an β-I bis zu 53,3 bzw. 37,5 u. Verringerung der α_2-I bis auf 18,9 u. der γ-I bis auf 15,9, im Serum bei a Vermehrung der β-I bis auf 75,7, bei b Vermehrung der α_1-I bis auf 18,6%. I. v. Kloch-Kornitz. 4574□

Vergleichende Untersuchung der Wirkung von Polyglukin verschiedenen Molekulargewichtes auf den Verlauf der akuten Strahlenkrankheit. 1. Mitt. **Einfluß der Polyglukininfusion auf einige Kennzahlen des Blutgerinnungssystems und die Prozesse der Blutbildung.** A. A. Bagdassarow, M. G. Schitikowa, T. W. Poluschina, G. I. Kosinetz, N. Ja. Lagutina und M. O. Rauschenbach. (Probleme Hämatol. Blutübertrag. [UdSSR] **7,** Nr. 4, 3—8, April 1962; Gesundheitsmin. der UdSSR, Inst. für Hämatol. u. Bluttransfusion; russ.) — Gesunden Hunden wurde einmal oder wiederholt *Polyglukin* (I) eingespritzt. Neben-Rkk. fehlten. Die Wrkg. des I vom Molgew. 24000, 100000 oder 300000 war gleich. Bei einigen der Vers.-Tiere trat eine kurz dauernde Vermehrung sämtlicher Formelemente des Blutes ein. Eine anhaltende Vermehrung der Zahl der Erythrocyten, Leukocyten u. Thrombocyten wurde bei sämtlichen Hunden nach der 3.—5. Infusion beobachtet. Eine negative Wrkg. auf das Gerinnungs-Syst. des Blutes konnte nicht festgestellt werden. In Punktaten aus Knochenmark wurde nach der 1.—2. Infusion u. später (am 15.—30. Tag) eine Reizung der Erythroblasten beobachtet. Die I-Präpp. wurden daher auch bei Strahlenkrankheit verwendet. Die besten Ergebnisse erhielt man mit I vom Molgew. 84000. F. du Mans. 4576□

Die Herkunft einiger 17-Ketosteroide im Harn von weiblichen Meerschweinchen. R. V. Broocks, Rosemary Bate und Janet Worden. (Acta endocrinol. [Copenhagen], Suppl. Nr. **51,** 735, 1960; engl.) — London, St. Thomas's Hosp. Med. School, Dep. of Chem. Pathol.; engl.) H. Herper. 4577□

Identifizierung und Bestimmung der 5-Hydroxyindolylessigsäure. H. Wachsmuth und L. van Koeckhoven. (Clin. chim. Acta [Amsterdam] **4,** 438—43, Mai 1959; Anvers, Hôp. Stuivenberg, Labor. de Chim. et de Biochim.; franz.) — Die Verw. von *p-Dimethylaminobenzaldehyd, Formol, Vanillin, Furfurol, Phthaldialdehyd, 1.4-Naphthochinon* u. *Xanthydrolacetat* zu Farb-Rkk. mit *5-Hydroxyindolylessigsäure* (I) wird untersucht. Mit diesen Reagentien werden im Harn bei normalen Personen u. in einem Fall mit argentaffinem Tumor quant. Best. von I durchgeführt. G. Kimmerle. 4577

Reduzierende Substanzen in allantoischer Flüssigkeit vom Kükenembryo. G. N. Festenstein. (Biochim. biophysica Acta [Amsterdam] **26,** 645—46, Dez. 1957; Bucksburn, Aberdeenshire, Rowett Res. Inst.; engl.) — Vf. untersuchte allantoische Fl. aus Hühnereiern nach 11 Tagen Inkubation auf reduzierende Substanzen. Hierzu wurde die Fl. mit Somogyi-Reagens (0,3n $Ba(OH)_2$ u. 5% $ZnSO_4$) enteiweißt, durch Amberlite IR-4B(OH) u. Zeocarb 215-Austauscher entsalzt u. im Vakuum bei Raum-Temp. auf $^1/_{15}$ des Anfangs-Vol. konzentriert. Die Unters. auf Geh. an Fructose war negativ ($<$ 0,007%; Naphthoresorcin). Papierchromatographie in 2 Syst. ergab 3 $AgNO_3$-positive Fraktionen (Fr). Die Haupt-Fr verhielt sich ähnlich wie *Glucose* (I). Die Neben-Fr zeigten folgende R_G-Werte: 0,35 u. 0,23 mit n-Butanol–Pyridin–W. (6 : 2 : 3) — 0,72 u. 0,17 mit CH_3COOH–Isopropanol–W. (10 : 58,5 : 31,5). Die reduzierenden Substanzen bestimmte Vf. in 4 Proben nach Nelson (1944); spezif. I-Best. mittels Glucoseoxydase (II) nach Huggett u. Nixon (1957). (Probe) [1]-I nach Nelson: 0,058 (%); [2]- 0,055; [3]- 0,035. II-Best. 0,026; [4]- 0,050. Auf Grund der Ergebnisse glaubt Vf., daß der Haupt-Kohlenhydrat-Geh. der allantoischen Fl. I ist. G. Bratfisch. 4578□

Vergleiche der Lipide im mütterlichen und Nabelstrangblut und im menschlichen Fruchtwasser. F. M. Helmy und M. H. Hack. (Proc. Soc. exp. Biol. Med. **110,** 91—94, Mai 1962; New Orleans, La., Tulane Univ. School of Med., Dep. of Med. and Anatomy; engl.) — Im mütterlichen Blut (mB) wurden papierchromatograph. nachgewiesen: *Äthanolamin* (II)- u. *Cholin-Phosphatide* (III), *Lecithin* (IV), *Sphingomyelin* (V) u. *neutrale Lipide* (VI), nur in den Blutkörperchen in Spuren *Phosphatidylserin* (VII).

Im Strangblut sind **II** u. **VI** stark red., während die Werte für **III, IV, V** u. **VII** dem von mB ähnlich sind. *Glykolipide* (**VIII**) waren mit der *PAS*-Rk. nicht nachweisbar. Das Fruchtwasser weist eine weitgehende Ähnlichkeit zum Plasma auf; zusätzlich treten *Monoglyceride* (*Monopalmitin* u. *α-Glyceryläther*), *Inositide*, **VIII** u. *Hydrolecithin* auf.
H. Ackermann. 4583 □

Phytat im Futter als eine mögliche Ursache von Magnesiummangel. A. Heulwen Roberts und John Yudkin. (Nature [London] **185**, 823—25, 19/3. 1960; London, Univ., Queen Elizabeth Coll., Dep. of Nutrit.; engl.) — Durch ein Futter, das 1—10% *Na-Phytat* (I) enthält, kommt es bei Albinoratten in kurzer Zeit zu Vergiftungserscheinungen (schwere Diarrhoe, Gewichtsverlust) u. Todesfällen bei höheren Konzentrationen. Da durch Zusatz von Magnesiumsulfat das Auftreten der I-Vergiftung verhindert werden konnte, wird angenommen, daß I einen Mangel an Mg im Organismus verursacht u. so das Krankheitsbild eine Mg-Mangelkrankheit darstellt. I verbindet sich mit dem Mg der Nahrung im Magen–Darm-Kanal u. wird dann nicht mehr resorbiert. G. Kimmerle. 4585

Menge der Sulfhydrylverbindungen in der Rattenleber nach Fütterung mit kropferzeugendem und nicht-kropferzeugendem Kohl. Jozef Sedlák. (Nature [London] **186**, 892—93, 11/6. 1960; Bratislava, Slovak Acad. of Sci., Endocrinolog. Inst.; engl.) — ♀ Ratten erhielten für 33 Tage entweder kropferzeugenden (a) oder nichtkropferzeugenden (b) Kohl. 24 Std. vor dem Töten wurde intraperitoneal ^{131}J injiziert. Es ergab sich, daß mit a gefütterte Ratten in der Leber ca. doppelt soviel Gesamtsulfhydrylgruppen haben als die mit b gefütterten. Die ^{131}J-Aufnahme durch die Schilddrüse war bei der a-Gruppe geringer als bei der b-Gruppe. G. Kimmerle. 4585

Verhalten von Phosphor im Stoffwechsel. 6. Mitt. **In wachsenden Schweinen.** A. Westerlund. (Kungl. Lantbrukshögskolans Ann. **25**, 269—83, 1959.) — 4. vgl. C. **1952**, 715. — Bei Unterss. über den Stoffwechsel des *P* an wachsenden Schweinen stellte Vf. fest, daß der fäkale P mit steigendem Geh. der Nahrung an P zunimmt u. daß eine Steigerung der Ca-Rentention eine Verminderung des mit dem Urin u. Faeces ausgeschiedenem P verursacht. Die Eliminierung des P wächst mit der Acidität der Nahrung. Der mit dem Urin ausgeschiedene P steht etwa im umgekehrten Verhältnis zu dem P-Geh. der Faeces. Der P-Geh. des Urins u. der Faeces ist unabhängig vom Körpergewicht. Analoge Ergebnisse wurden auch bei säugenden Kühen ermittelt.
B. Görlich. 4585 □

Die Reaktion dreier Stämme von Albinoratten auf Xylose und Galaktose. F. W. Heggeness. (Amer. J. Physiol. **198**, 625—28, März 1960; Rochester, N.Y., Univ. of Rochester, School of Med. and Dentistry, Dep. of Physiol.; engl.) — Vgl. C. **1960**, **6907**. — Die Entw.-Zeit des durch Verfüttern einer 60% *Galaktose* (I) enthaltenden Diät ausgelösten Stars betrug bei Ratten des Carworth-Farm-Nelson(CN)-Stamms 32, des Rochester-colony-ex-Wistar (RW)-Stamms 20 u. des Holtzman (H)-Stamms 14 Tage. Die Größe der mit der I-Verfütterung verbundenen Kalkausscheidung im Harn unterschied sich in den 3 Fällen nicht wesentlich. Beim H- u. RW-Stamm war die I-induzierte Erniedrigung des Gallenflusses größer als beim CN-Stamm. Bei diesem bewirkte Verfüttern einer 30% *Xylose* enthaltenden Diät keine ophthalmolog. Veränderungen, während bei den beiden anderen Stämmen Katarakt-Bldg., begleitet von der charakterist. Abnahme des Linsen-*K*-Geh. eintrat. K. Maier. 4585 □

Der Einfluß eines Zusatzes von Lysin und Methionin zum Futter für Schweine, die bei proteinarmem pflanzlichem Futter gehalten werden. R. E. Evans. (J. agric. Sci. **54**, 266—73, April 1960; Cambridge, Univ., School of Agricult.; engl.) — Zusätze von *L-Lysin–HCl* (bis zu 0,5%) u. *DL-Methionin* (0,1%) zu proteinarmen pflanzlichen Futtermitteln verbesserten Gewichtszunahmen, Futterverwertung u. N-Retention bei Schweinen ganz erheblich. H.-D. Bock. 4585 □

Zur Bestimmung der biologischen Wertigkeit von Nahrungsproteinen. 4. Mitt. **Der Vergleich der Wertigkeiten von Milch-, Roggen- und Weizeneiweiß mit Vollei und ihre Berechenbarkeit aus der Bausteinanalyse.** E. Kofrányi und H. Müller-Wecker. (Hoppe-Seyler's Z. physiol. Chem. **320**, 233—40, 17/10. 1960; Dortmund, Max-Planck-Inst. für Ernährungsphysiol.; dt.) — Beim Menschen dauert es 7—10 Tage, bis sich ein Gleichgewicht zwischen Eiweißaufnahme u. Eiweißverbrauch einstellt. Die Höhe des minimalen Eiweißbedarfes verschiedener Menschen für ein bestimmtes Protein ist sehr verschieden. Der Bedarf an Volleiprotein lag zwischen 0,35 u. 0,65 g/kg Körpergewicht, wobei die älteste Person den höchsten Bedarf hatte. Die Wertigkeiten von Milch, Ei, Roggen u. Weizen verhalten sich im Ernährungs-Vers. etwa wie 100 : 100 : 83 : 41. Die Zugabe von *Lysin* zu Roggen u. Weizen erhöht ihre biolog. Wertigkeit; in geringem Maße wirkt auch *Methionin*, nicht dagegen Leucin. Methionin ist sowohl ein Eiweißbaustein als auch ein Hilfsstoff der Eiweißsynthese. G. Kimmerle. 4585

Giftigkeit und Stoffwechsel von 2-Cyanpropylamin bei Ratte, Huhn und Truthahn. D. N. Roy, S. H. Lipton, H. R. Bird und F. M. Strong. (Proc. Soc. exp. Biol. Med. **103**, 286—89, Febr. 1960; Madison, Univ. of Wisconsin, Dep. of Biochem. and Poultry-Husb.; engl.) — *2-Cyanpropylamin* (I), ein Methylanaloges von *β-Aminopropionitril* (II; Lathyrus-Faktor) wurde an entwöhnten Ratten, Hühnern u. Truthühnern untersucht. 0,216% I in der Diät zeigten sich bei Truthühnern als ebenso giftig wie 0,079% II-Fumarat in der Nahrung. I wird im Rattenharn als unverändertes I u. *2-Cyanpropionsäure* ausgeschieden. M. Metze. 4585 □

Einfluß von β-Aminopropionitril und Cholesterin auf Lipide und ^{35}S-sulfatierte Mucopolysaccharide der Aorta von Hähnchen. K. Kowalewski. (Proc. Soc. exp. Biol. Med. **103**, 433—35, Febr. 1960; Edmonton, Alberta, Univ. of Alberta, McEachern Cancer Res. Labor. and Dep. of Surg.; engl.) — Vgl. auch vorst. Referat. — *β-Aminopropionitril* (Lathyrus-Faktor; I) allein (a) oder mit *Cholesterin* (II) kombiniert (b) wurde an Hähnchen 4 Wochen lang verfüttert. Kontrollen erhielten normale oder II-reiche (c) Diät. Bei a u. b traten Extremitätenverformungen auf u. häufiger Tod durch Aortenschäden. Bei a wurde keine *Lipid*-Beeinflussung beobachtet, bei b u. c veränderte sich das Lipid-Verteilungsmuster, der Gesamt-II-Geh. erhöhte sich, u. eine starke Erhöhung der ^{35}S-Aufnahme durch sulfatierte Mucopolysaccharide trat auf. R. Metze. 4585 □

Einfluß des Chlortetracyclins auf die Dynamik der Erschöpfung und Wiederherstellung des Organismus. Ss. P. Sakriwidoroga, T. L. Newskaja und G. F. Redko. (Antibiotika [UdSSR] **6**, 692—97, Aug. 1961; Tschernowitz, Med. Inst., Lehrstuhl für Pharmakolog.; russ., Auszug; engl.) — Perorale Zufuhr von *Chlortetracyclin* (10000 E./kg, 3mal täglich) hatte in Verss. an Kaninchen geringe hemmende Wrkg. auf die Erschöpfung des Organismus bei experimentellem Hungerzustand, führte zu stärkerem Gewichtsverlust des Gehirns, Herzens, der Leber u. Lunge u. verzögerte die Wiederherstellung des Gewichts von Leber, Herz u. Niere bei nachfolgender Fütterung. I. v. Kloch-Kornitz. 4585 □

Inhibierende Wirkung des Thiamins auf die Effekte des Acetylcholins im Herz-Lungen-Präparat der Ratte. R. Minelli. (Boll. Soc. ital. Biol. sperim. **38**, 251—54, 31/3. 1962; Pavia, Univ., Ist. di Fisiol. Umana; ital.) — Es wird der Mechanismus der Blockierung der Wrkg. des *Acetylcholins* (I) durch *Thiamin* an 5 Herz–Lungen-Präpp. der Ratte untersucht. In vivo sind geeignete Thiamin-Dosen imstande, die Wrkg. von I auf das Herz aufzuheben. Es zeigt sich, daß Thiamin in vitro den Parasympathicus des Herzens wie in vivo blockiert, wobei eine Relation der Menge des zirkulierenden Thiamins u. dem Grad der Blockierung besteht. F. Kren. 4587 □

Wirkung des Aneurins auf die Nerv-Muskel-Übertragung im Ischias-Gastrocnemiuspräparat der Ratte in vivo. R. Minelli. (Boll. Soc. ital. Biol. sperim. **38**, 254—57, 31/3. 1962; Pavia, Univ., Ist. di Fisiol. Umana; ital.) — Vgl. vorst. Referat. — Es wird die Block-Wrkg. von *Aneurin* (80—8000 μg/100 g) auf das Ischias–Gastrocnemius-Präp. u. ihr zeitlicher Verlauf untersucht. Bis zu einer Dosis von 5120 μg Aneurin wird die Muskelspannung nicht verändert; sie wird aber durch 8000 μg um 92—93% verringert; diese Blockierung der Nerv–Muskel-Übertragung dauert 12—15 Min.; der Block ist reversibel. F. Kren. 4587 □

Wirkungsmechanismus des Aneurins auf den Vagusblock des Herzens. R. Minelli. (Boll. Soc. ital. Biol. sperim. **38**, 257—60, 31/3. 1962; Pavia, Univ. Ist. di Fisiol. Umana; ital.) — Vgl. vorst. Referat. — Es wird untersucht, ob *Eserin* die Wrkg. von *Thiamin* auf den Vagus des Herzens verändert. Bei Verss. an Ratten, denen Thiamin (5120 μg/100 g) vor u. nach der Behandlung mit Eserin (8 μg) gegeben wurde, zeigt sich, daß Eserin die Wrkg. von Thiamin nicht hemmen kann. F. Kren. 4587 □

Die Veränderungen des Gehaltes an Vitaminen des B-Komplexes in Geweben bestrahlter Tiere. 2. Mitt. **Veränderungen von Thiamin.** A. Bernardini. (Boll. Soc. ital. Biol. sperim. **31**, 295—97, März/April 1955; Catania, Univ., Ist. di Patol. Generale.) — 1. vgl. C. **1950/54**, 6277 S. — Röntgenbestrahlung bewirkte bei Ratten eine Zunahme von freiem u. Gesamt-*Thiamin* sowie von *Cocarboxylase* im Muskel u. eine Abnahme in Leber u. Hirn. K. Zingraf. 4587 □

Die Veränderungen des Gehaltes an Vitaminen des B-Komplexes in Geweben bestrahlter Tiere. 3. Mitt. **Veränderungen von Niacin.** A. Bernardini und A. Lino. (Boll Soc. ital. Biol. sperim. **31**, 297—99, März/April 1955; Catania, Univ., Ist. di Patol. Generale.) — 2. vgl. vorst. Referat. — Röntgenbestrahlung bewirkte bei Ratten eine Abnahme des *Niacin*-Geh. in Muskel u. Leber. K. Zingraf. 4587 □

Beiträge zur Wirkung ionisierender Strahlung auf Vitamine. 4. Mitt. **Riboflavin. Quantitative Untersuchung, Reaktionsmechanismus, Abklärung der Spaltprodukte.** Hans-Joachim Maurer, unter Mitwirkung von Eleonore Heil. (Sonderbände zur Strahlentherapie **43**, 358—63, 1959; Bern, Röntgeninst. der Univ. u.

des Inselspitals; dt.) — 3. vgl. C. **1960**, 4916. — Bei Bestrahlung einer 0,6 mg% ig. wss. *Riboflavin* (I)-Lsg. mit 100—38400 r verläuft die Dosiseffektkurve sigmoidförmig, der 1. Abschnitt bis 2000 r exponentiell, der 2. (> 2000 r) dosisproportional. Die G-Werte sind: exponentieller Teil, Ga 4,45 Moll./100 eV, dosisproportionaler Teil, Gc 0,88 Moll./100 eV. Experimentell aufgenommener u. berechneter Kurvenverlauf entsprechen sich. Die Befunde bestätigen die Annahme eines 3stufig verlaufenden Rk.-Mechanismus. Der exponentielle Teil kommt durch die Zers. von I u. die Bldg. eines Schutzsyst. zustande, wobei bei 2000 r ein Gleichgewichtszustand erreicht wird. Bei dem violettfluorescierenden Spaltprod. handelt es sich anscheinend um ein Alloxanderivat. K. Maier. 4587 □

Wirkung einiger Phosphor-Riboflavin-Metallverbindungen auf Mus rattus. 7. Mitt. **Histologische Beobachtungen über die Wirkung einer Molybdänverbindung auf einige Organe der Albinoratte.** Carlo Anichini. (Rend. Seminario Fac. Sci. Univ. Cagliari **28,** 232—45, 1958; Cagliari, Univ., Fac. di Sci.; ital.) — 6. vgl. C. **1962,** 17113. — Die *P-Riboflavin-Metallverb. von Mo* war bei Albinoratten besser verträglich als die früher geprüften entsprechenden Verbb. von Zn u. Cd (die Tiere befanden sich noch nach 50 tägiger Behandlung mit 130 mg/kg täglich in gutem Zustand) u. besaß bereits in geringen Dosen eine sehr starke mitosehemmende Wirkung. K. Zingraf. 4587 ◇

Wirkung einiger Phosphor-Riboflavin-Metallverbindungen auf Mus rattus. 8. Mitt. **Histologische Beobachtungen an einigen Organen der Albinoratte nach Anwendung der Verbindungen von Zink, Cadmium und Molybdän.** Carlo Anichini. (Rend. Seminario Fac. Sci. Univ. Cagliari **28,** 246—50, 1958; Cagliari, Univ., Fac. di Sci.; ital.) — 7. vgl. vorst. Referat. — Wenn die *P-Riboflavin-Metallverbb.* von *Zn, Cd* oder *Mo* bei Albinoratten nur jeden 2. Tag anstatt täglich verabreicht wurden, waren die histolog. Schädigungen von Nieren, Nebennieren, Leber, Milz, Hoden u. Lymphknoten geringer. K. Zingraf. 4587 ◇

Wirkungen von Pyridoxin und Desoxypyridoxin auf den Magnesiumstoffwechsel des Kaninchens. Jerry K. Aikawa. (Proc. Soc. exp. Biol. Med. **104,** 461—63, Juli 1960; Denver, Colo., Univ. of Colorado School of Med., Dep. of Med.; engl.) — Mittels ^{28}Mg wird bei Kaninchen der *Mg*-Stoffwechsel nach Verabreichung von *Pyridoxin* (I) u. *Desoxypyridoxin* (II) untersucht. Durch die 8 tägige Injektion von 100 mg I kam es bei den Tieren außer einer Steigerung des Körpergewichtes zu einer Erhöhung der relativen Mg-Gewebeaktivität in Appendix u. Herzen. Durch die mehrmalige i.v. Injektion von 40 mg II/kg wurde die relative Mg-Aktivität in Niere, Lunge u. Knochen vermindert, aber die Mg-Serum-Konz. erhöht. G. Kimmerle. 4587

Zur krampfhemmenden Wirkung des Vitamins B_{12}. R. Kiesewetter. (Naturwissenschaften **47,** 473, 2. Okt.-H. 1960; Jena, VEB Jenapharm; dt.) — Bei Albinomäusen wurden die durch subkutane Injektion von 65—85 mg *Pentamethylentetrazol*/kg verursachten Krämpfe durch die vorherige intraperitoneale Injektion von 0,1—5,0 mg *Vitamin B_{12}* (I)/kg nicht aufgehoben, sondern eher verstärkt. Werden aber 0,1 mg I/kg 20 Min. vor der Injektion von 1 mg *Strychnin* (II)/kg injiziert, so ließen sich bei 60% der Tiere die Krämpfe ganz unterdrücken, bei dem Rest wurde die Krampfdauer herabgesetzt u. die Überlebensquote auf 90% vergrößert gegenüber von 50% nach II allein. Der II-Antagonismus von I wird diskutiert. G. Kimmerle. 4587

Schutzwirkung von Vitamin B_{12} in der hyperthyreoiden Ratte. W. V. Lavate und A. Sreenivasan. (Nature [London] **178,** 804—05, 1956; Bombay, Univ., Foods Sect., Dep. of Chem. Technol.; engl.) — ♂ Ratten erhalten *Vitamin-B_{12}* (I)-freie Nahrung, die wahlweise noch 0,3% *jodiertes Casein* (II) u./oder 10 γ I/Tier enthält. Die Ratten entwickeln 5 Wochen nach Angebot von II-haltiger Diät Hyperthyreoidismus. Aus Blut u. Leber wird I durch Inkubation mit 25 mg Papain/g Leber oder ml Blut oder ml Plasma in Acetatpuffer pH 4,6 freigesetzt u. der I-Geh. mit *Lactobacillus leichmannii* (ATCC 7830) im Wuchsstofftest bestimmt. Die hyperthyreoide Ratte weist deutlichen Rückgang des I-Geh. in Blut u. Plasma auf, der durch I-Zusatz im Futter verhindert wird. Ebenso fällt der I-Geh. in den Zellkernen u. Mitochondrien aus der Leber hyperthyreoider Ratten ab, was ebenfalls durch I-Gabe verhindert wird. Vff. deuten hierbei die I-Funktion als Schutzfaktor bei der Erhaltung der Mitochondrienaktion. L. Träger. 4587 □

Einfluß von Orotsäure auf Vitamin-B_{12}-bedürftige Ratten. M. Marchetti, R. Viviani und A. Rabbi. (Nature [London] **178,** 805, 1956; Bologna, Univ., Ist. di Chim. Biol.; engl.) — ♂ u. ♀ Ratten erhalten *Vitamin B_{12}* (I)-freie Diät oder mit Zusatz von 2 γ I/100 g Diät oder 1000 γ *Orotsäure* (II)/100 g Diät. Nach 4 Wochen wird die *Betainhomocysteintransmethylase* der Leber der Tiere bestimmt. Die Enzymaktivität sinkt bei Abwesenheit von I oder II auf 300 (γ Methionin gebildet pro Std. u. g Leber) ab, während bei Angebot von I der Wert 510 u. nach II von 440 gemessen wird. II stimuliert außerdem das Wachstum der Ratten. L. Träger. 4587 □

Die Orotsäure und ihr Verhältnis zu einigen Vitaminen. B. A. Lawrow. (Fragen d. Ernähr. [UdSSR] **21,** Nr. 6, 68—77, Nov./Dez. 1962; russ., Auszug: engl.) — Übersicht an Hand der Literatur. — 36 Literaturangaben. O. Lebtag. 4587△

Über den Nicotinsäuregehalt im Gesamtblut des Menschen. R. Karlin. (C. R. Séances Soc. Biol. Filiales **153,** 1044—46, 20/10. 1959; Lyon-Inst. Pasteur et Conseil National de Rech. Scientifiques; franz.) — Die *Nicotinsäure*-Geh.-Best. wurden entweder im total nüchternen Zustande oder lange nach der Mahlzeit vorgenommen. Es wurden insgesamt 85 Patienten untersucht. Die äußersten Werte bewegten sich zwischen 4,15 bis 8,50 mg/Liter bei einem Mittelwert von 6,25 mg/Liter. Bei 33% der geprüften Fälle fand man Vitamin-Geh. unter 6 mg. W. F. Ebel. 4587□

Untersuchungen über die Toxizität von A-methopterin und Tetrahydromethopterin bei Küken. Roy L. Kisliuk und M. R. Spivey Fox. (Arch. Biochem. Biophysics **93,** 534—37, Juni 1961; Bethesda, Md., Nat. Inst. of Arthritis and Metabolic Diseases, Labor. of Nutrition and Endocrinol.; engl.) — Vgl. C. **1961,** 9839. — *Tetrahydroamethopterin* (**I**) ist für Küken toxischer als *A-methopterin* (**II**). *Folat* u. *Tetrahydrofolat* heben die Toxizität beider Verbb. auf. Vermutlich wirkt **I** auf zusätzliche enzymat. Stufen. K. Maier. 4587□

Chromatographie fettlöslicher Vitamine auf dünnen Aluminiumoxidschichten. Jiří Davídek und Jarmila Blattná. (J. Chromatogr. [Amsterdam] **7,** 204—10, Febr. 1962; Prag, CSSR, Central Res. Inst. of Food Ind.; Inst. of Chem. Technol., Dep. of Chem. and Control of Food; engl.) — Vff. beschreiben eine Meth. zur chromatograph. Trennung verschiedener fettlösl. Vitamine auf dünnen Al_2O_3-Schichten, die durch Aufstreichen eines dünnen Al_2O_3-Breies (Korngröße 0,075—0,3 mm) hergestellt werden. Die Flecken werden durch 70% ig. $HClO_4$ bzw. 98% ig. H_2SO_4 sichtbar gemacht. R_F-Werte der *Vitamine A*, D_2, *E*, K_1, K_2 u. K_3 sowie von *α-* u. *β-Carotin* in 14 verschiedenen Lsgm. tabellarisch. M. Finke. 4587□

Umwandlung von Astaxanthin in Vitamin A bei der Albinoratte; Neubildung in vivo und in vitro. René Grangaud, Renée Massonet, Thérèse Conquy und Jacqueline Ridolfo. (C. R. hebd. Séances Acad. Sci. **252,** 1854—56, 20/3. 1961; Alger, Univ., Fac. de Méd. et Pharmacie, Labor. de Chim. biol.; franz.) — Bei der Vitamin-A-Mangelratte, welcher *Astaxanthindiacetat* oral verabreicht wird, wird dieses im Auge in *Retinol* umgewandelt. K. Zingraf. 4587□

Über einige physiologische Beziehungen zwischen Vitamin A und neutralen 17-Ketosteroiden bei Kranken mit verschiedenen Dermatosen. W. P. Wolkow. (Nachr. Dermatol. Venerol. [UdSSR] **35,** Nr. 10, 9—14, Okt. 1961; Moskau, Krankenhaus Nr. 23, Isolierungs-Abt. für Haut u. vener. Krankheiten; russ., Auszug: engl.) — Bei Kranken mit Psoriasis, Ichthiosis oder discoidem Lupus erythematosus war der Geh. an *Vitamin A* (**I**) im Blut u. *17-Ketosteroiden* (**II**) im Harn verringert. **I**-Therapie in großen Dosen (1 mal 250000 oder insgesamt 700000 M.E.), die sich nur als Variante der Komplextherapie wirksam erwies, führte zur Verringerung des Geh. an **II**, in geringen Dosen (50000 M.E.) zu keiner Veränderung des Geh. an **II** im Harn, *ACTH–Zn–Phosphat*-Therapie führte infolge starker Inaktivierung des **I** zur Verringerung des **I**-Geh. im Blut. I. v. Kloch-Kornitz. 4587□

Untersuchungen der Beziehungen zwischen Vitamin E und Molybdän. Stoffwechsel von Phosphor, Kreatin-Kreatinin, Molybdän und Vitamin E bei der Albinoratte. P. P. Nair und N. G. Magar. (Indian J. med. Res. **46,** 561—68, Juli 1958; Bombay; Inst. of Sci., Dep. of Biochem.) — Nach Eingabe von *Molybdat* (**I**; Na-Salz) ist die Ausscheidung von PO_4^{3-} im Urin von Albinoratten erhöht. **I** verursacht außerdem eine *Kreatinurie*, die von Abnahme der *Kreatinin*-Ausscheidung begleitet ist. Gleichzeitige Eingabe von *Vitamin E* (**II**) kehrt die Wrkg. von **I** teilweise um, außerdem wird dabei die **I**-Ausscheidung durch Festhalten in den Geweben in vivo erniedrigt. (Die **I**-Konz. in Blut, Knochen, Gonaden, Herz, Darm, Niere, Leber, Muskel, Pankreas u. Milz wurde in Abhängigkeit von oraler Gabe von 8 mg **II** pro Woche u. Tier untersucht u. zahlenmäßig angegeben.) S. Dittmann-Mitzscherlich. 4587□

Konstitution von Gallenproteinen. Taketo Katsuki, Hidehiko Shimura, Charles G. Johnston und Hiroshi Miyake. (Proc. Soc. exp. Biol. Med. **103,** 272—74, Febr. 1960; Detroit, Mich., Wayne State Univ. Coll of Med., Dep. of Surg.; Detroit Receiving Hosp.; engl.) — Papierelektrophoret. Unterss. von konz. Galle zeigten 5 *Protein*-Fraktionen (A, B, C, D, E). Die A-Fraktion wanderte schneller als irgendein Plasma-Protein, die B- u. C-Fraktionen ähnelten dem Serumalbumin, die C- u. D-Fraktionen den Serumglobulinen. Die E-Fraktion war wahrscheinlich eine denaturierte A-Fraktion, denn sie gewann erst an Bedeutung bei Konzentrierung der Galle, verbunden mit einer Verringerung der A-Fraktion. Die 5 Fraktionen sind in normaler u. patholog. Galle von Mensch, Schaf u. Hund enthalten. M. Metze. 4594□

Vergleichende Untersuchungen über „Gallensalze". 16. Mitt. Die Gallensalze von Monotremata und Beobachtungen über Glycinkonjugation. R. J. Bridgwater, G. A. D. Haslewood und A. R. Tammar. (Biochem. J. **85**, 413–16, Nov. 1962; London, Guy's Hosp. Med. School; engl.) — Die Zus. der *Gallensalze* eierlegender Säuger (*Monotremata*) wurde untersucht u. festgestellt, daß sie bei *Platypus* (*Ornithorhynchus anatinus*) u. *Echidna* (*Tachyglossus aculeatus*) Taurocholat u. Taurinkonjugate von Substanzmischungen enthalten, welche sich chromatograph. ähnlich wie *Desoxycholsäure* u. *Chenodesoxycholsäure* verhalten. Weder Gallenalkohole noch C_{27}-Gallensäuren wurden gefunden. *Glycinkonjugate* (I) konnten bei den Monotremata sowie bei 6 Species von Beuteltieren trotz verbesserter Methodik nicht festgestellt werden. — Es wird die Ansicht vertreten, daß I möglicherweise nur bei „Placenta"-Tieren unter den Säugern vorkommen. Die Bedeutung des Befundes für die Unters. von Zusammenhängen zwischen Evolution u. geograph. Verteilung der Säuger wird diskutiert. W. Albrecht. 4594◇

Die Resorption der Antibiotica der Tetracyclingruppe im Darm. G. Ja. Kiwman und N. M. Smolnikowa. (Antibiotika [UdSSR] **6**, 702–04, Aug. 1961; Akad. der med. Wiss. der UdSSR, Inst. für Pharmakolog. u. Chemotherapie, Abt. für experimentelle Chemotherapie; russ., Auszug: engl.) — Die Resorption der *Tetracycline* (10 mg/kg) im Darm, die bei Hunden unter *Urethan*-Narkose untersucht wurde, erfolgte vorwiegend auf dem Blutweg u. war geringer als die des *Penicillins* u. *Streptomycins*. Die Aktivität im Darm 1 Std. nach peroraler Zufuhr betrug im Mittel 4188 γ *Hydroxytetracyclin*, 1115 γ *Chlortetracyclin* bzw. 2744 γ *Tetracyclin*. I. v. Kloch-Kornitz. 4594□

Ein Vergleich der Verteilung von radioaktivem Fluor und Calcium mit Hilfe der Zwei-Isotopen-Autoradiographie. Lars-Erik Appelgren, Yngve Ericsson und Sven Ullberg. (Acta physiol. scand. **53**, 339–47, Nov./Dez. 1961; Stockholm, Royal Veter. Coll., Dep. of Pharmacol.; Royal Dental School, Dep. of Cariol.; engl.) — Junge Ratten u. trächtige Mäuse erhielten i.v. $Na^{18}F$ u. $^{45}CaCl_2$ (am selben Tier) injiziert. Beide Isotope wurden schnell vom Blut aufgenommen. ^{18}F wurde schneller u. speziell in harten Geweben angesammelt, während ^{45}Ca in weichen Geweben auftrat. Das Verteilungsmuster in Knochen u. Dentin war für beide Isotope ähnlich. ^{45}Ca wurde auch in einigen Gruppen gestreifter Muskulatur gefunden. Das Hauptexkretionsorgan für ^{18}F war die Niere, während ^{45}Ca in hohen Konzz. in der Mucosa u. im Dünndarminhalt gefunden wurde. M. Metze. 4596□

Autoradiographische Untersuchung der ^{51}Cr-Bindung bei der Maus in vivo. Jacques Ingrand. (C. R. hebd. Séances Acad. Sci. **252**, 218–19, 4/1. 1961; Saclay, Centre d'Ét. nucléaires, Serv. des Radioéléments; franz.) — ^{51}Cr, in Form des Chromats bei Mäusen injiziert, wird selektiv durch Leber u. Milzgewebe sowie durch im Umbau befindliches Knochengewebe gebunden. K. Zingraf. 4596□

Aspekte des Glucose- und Aminosäure-Stoffwechsels in Leber und Diaphragma von normalen Mäusen und solchen mit Obesitätshyperglykämie. Bo Hellman, Stig Larsson und Sighild Westman. (Acta physiol. scand. **53**, 330–38, Nov./Dez. 1961; Univ. of Uppsala, Histol. Dep.; Stockholm, Royal Veter. School, Dep. of Physiol. and Clin. Biochem.; engl.) — In vitro-Unterss. an Leber u. Diaphragma von Mäusen mit Obesitätshyperglykämie zeigten, daß keine signifikante Veränderung in der *Glucose*-Verwertung (bezogen auf Gew.-Einheit) eingetreten war. Nur die *Glutamin*-Bldg. ist 4–5mal höher als bei normalen Tieren. M. Metze. 4596□

Der Ursprungsort von Plasmatriglycerid. Sanford O. Byers und Meyer Friedman. (Amer. J. Physiol. **198**, 629–31, März 1960; San Francisco, Calif., Harold Brunn Inst., Mount Zion Hospital and Med. Center; engl.) — 6 Std. nach i.v. Injektion des Detergens *Triton* (I) wurden die Plasmalipid-Konzz. verschieden operierter Gruppen von Ratten verglichen. Bei Entfernung des Gastrointestinaltrakts entsprach die Konz. der *Plasmalipide* (II) derjenigen scheinoperierter Tiere. Leberlose Ratten speicherten etwas *Triglycerid* (III) u. *Cholesterin*. Nach Entfernung von Leber u. Gastrointestinaltrakt entsprachen die II-Werte denen normaler Tiere ohne I-Zufuhr. Anscheinend ist die Leber die Hauptquelle für Plasma-III. K. Maier. 4596□

Stoffwechsel von Alanin, Serin und Valin im Fettgewebe. D. D. Feller und E. Feist. (Metabolism, clin. and exp. **11**, 448–55, April 1962; Seattle, Wash., Vet. Admin. Hosp., Radioisotope Serv.; Univ. of Washington, School of Med., Dep. of Med.; engl.) — $^{14}C_{(1)}$- u. $^{14}C_{(2)}$-*Alanin*, $^{14}C_{(1)}$- u. $^{14}C_{(3)}$-*Serin* sowie $^{14}C_{(1)}$- u. $^{14}C_{(4)}$-*Valin* werden durch Mäusenebenhodenfett akt. abgebaut, wie sich an der Bldg. von $^{14}CO_2$ u. ^{14}C-Fettsäuren erkennen läßt. Es lassen sich in jedem Falle verschiedene ^{14}C-Intermediärprodd. isolieren u. identifizieren. Das Carbonyl-C jeder der Aminosäuren ist ein ausgeprägterer

Vorläufer für CO_2 u. ein weniger akt. Vorläufer für Fettsäuren als die der anderen C-Atome. *Propionat* scheint als Intermediärprod. (auch von Isoleucin) eine wichtige Rolle bei der Biosynth. von Fettsäuren im Nebenhodenfett zu spielen. U. Tausendfreund. 4596◇

Der Stoffwechsel von Anserin und Carnosin in normalen und Vitamin-E-Mangel-Kaninchen. I. Rosabelle McManus. (J. biol. Chemistry **235**, 1398—1403, Mai 1960; Pittsburgh, Pa., Univ. of Pittsburgh, Graduate School of Public Health, Dep. of Biochem. and Nutrit.; engl.) — Ein chromatograph. Verf. zur Trennung von *β-Alanin* (**I**), *Histidin* (**II**), *1-Methylhistidin* (**III**) u. *3-Methylhistidin* wird beschrieben. Bei Kaninchen, die längere Zeit eine *Vitamin-E* (**IV**)-freie Kost erhalten hatten, besteht eine verminderte **III**-Ausscheidung u. der Geh. an *Carnosin* (**V**) u. *Anserin* (**VI**) ist im Skelettmuskel nur noch 38—64 % von normalen Tieren. $^{14}C_{(2)}$-**II** wird in **VI** bei diesen Tieren nur mäßig eingebaut; für die **V**-Synth. besteht hierbei keine Störung. *^{14}C-Methylmethionin* wird in **VI** von normalem Muskel ca. 2—10fach besser eingebaut als in **IV**-Mangelmuskel. Die durch **IV**-Mangel bedingte muskuläre Dystrophie zeigt also eine verminderte Synth. von **VI** in der Muskulatur. G. Kimmerle. 4596

Hydroxyprolinurie bei normalen Personen. G. Ravenni, M. Rubegni und L. Del Giovane. (Boll. Soc. ital. Biol. sperim. **38**, 263—66, 31/3. 1962; Siena, Univ., Ist. di Semeiot. Med.; ital.) — Im Harn von 61 normalen Personen wird die freie *4-Hydroxypyrrolidin-α-carbonsäure* (**I**) u. die an Peptid gebundene bestimmt. Es zeigt sich, daß das freie u. Gesamt-**I** in den ersten 3 Lebensdekaden laufend abnimmt (in den ersten 10 Jahren zwischen 1,38 u. 0,84 mg bzw. 100 u. 72 mg, in der 3. Dekade 0,63—0,24 mg bzw. 43—12,6 mg), worauf die Werte ziemlich konst. bleiben (zwischen 0,48 u. 0,10 mg bzw. 70 u. 19 mg). F. Kren. 4596□

Hydroxyprolinurie bei der Osteoporose. G. Ravenni, M. Rubegni und L. Del Giovane. (Boll. Soc. ital. Biol. sperim. **38**, 266—67, 31/3. 1962; Siena, Univ., Ist. di Semeiot. Med.; ital.) — Vgl. vorst. Referat. — Es wird die Harnsekretion von *4-Hydroxyprolin-2-carbonsäure* (**I**) bei 22 normalen u. 22 Personen mit Osteoporose bestimmt. Während bei den normalen Personen im Mittel in 24 Std. 0,23 mg freies **I** u. 30,4 mg Gesamt-**I** gefunden werden, sind es bei den Patienten 0,65 mg bzw. 36,0 mg. F. Kren. 4596□

Untersuchung der Atmung und Glykolyse des Vascularplexus unter verschiedenen Versuchsbedingungen. A. Kemeny, F. Kutas, J. Caspar und M. Stützel. (Biochemie [UdSSR] **26**, 787—93, Sept./Okt. 1961; Budapest, Veterinär-Inst., Lehrstuhl für Physiol.; russ., Auszug: engl.) — Die manometr. Unters. des Atmungs-Koeff. Q des Vasculärplexus der Seitenventrikel von Schweinen in toto in der Krebs-Ringer-Lsg. (a), im Serum (b), im Serum + KH_2PO_3 (c) u. im Liquor (d) ergab, daß der höchste u. stabilste O_2-Verbrauch bei c, der geringste Verbrauch bei d beobachtet wird. Bei a ist Q etwas geringer als bei c. Bei b ist Q etwa gleich groß wie bei a. Bei fehlendem Substrat beträgt Q 4,72, bei Zusatz von Glucose 4,80. Durch Zusatz von 10^{-4} m Monojodessigsäure nimmt Q stark ab. Der mittlere Glucose-Verbrauch beträgt unter aeroben Bedingungen 31,70, unter anaeroben Bedingungen 32,80 mg/g Trockensubstanz. Die Bldg. von Milchsäure erreicht 19,79 bzw. 21,21 mg. In beiden Fällen treten 64% der verwerteten Glucose als Milchsäure auf. Ohne Zusatz von Substrat bleibt die Bldg. von Milchsäure aus. O. Lebtag. 4596△

Einfluß der Kohlensäure auf die Sauerstoffspannung im Gehirn und im Skelettmuskel bei akuter Hypoxie. N. W. Ssanotzkaja. (Bull. exp. Biol. Med. [UdSSR] **54** (27), Nr. 9, 46—49, Sept. 1962; Moskau, Akad. der med. Wiss. der UdSSR, Inst. für normale u. patholog. Physiol., Labor. für Physiol. u. Pathol. der Atmung u. des Blutkreislaufes; russ., Auszug: engl.) — In Verss. mit Katzen unter Urethan-Narkose u. akuter Hypoxie (7, 10 oder 13% O_2) führte Zugabe von 5—7% CO_2 zur Atemluft im Gehirn zur Verminderung, in der Skelettmuskulatur zur Verstärkung der durch die Hypoxie hervorgerufenen Verringerung der O_2-Spannung. I. v. Kloch-Kornitz. 4596□

Renale Clearance und Verteilungsvolumen von Polyäthylenglykol und Inulin bei Hühnern. S. Hydén und P.-G. Knutsson. (Kungl. Lantbrukshögskolans Ann. **25**, 253—59, 1959; Inst. of Animal Physiol.; engl.) — Vff. verglichen bei Legehühnern (Gew.: 1—2 kg) die renale Clearance von *Polyäthylenglykol* (**I**; mittleres Molgew. 3000—3700 u. 3700—4200) u. *Inulin* (**II**), die in physiolog. Salz-Lsg. (5,2 g NaCl, 1,28 g Na_2SO_4 bzw. 8,1 g NaCl, 1,45 g Na_2SO_4/Liter) verabreicht wurden. Es zeigten sich keine nennenswerten Unterschiede in der Clearance von **I** u. **II**. Bei Anwendung hoher Plasma-Konzz. eignet sich **I** auch zur Best. der glomerulären Filtrationsgeschwindigkeit. **I** u. **II** werden nicht ausschließlich im extracellulären Vol. verteilt. B. Görlich. 4597□

Sulfatstoffwechsel in der Rinder- und Kaninchencornea. Bernard Wortman. (Amer. J. Physiol. **198**, 779—83, April 1960; St. Louis, Miss., Washington Univ., School of Med., Dep. of Ophthalmol.; engl.) — Rinder- u. Kaninchencorneastroma bauen ^{35}*S-Sulfat* (I) ein. Artunterschiede hinsichtlich der Beeinflussung des Epithels auf diese Aufnahme u. die Verteilung von *Phenolsulfokinase* (II) u. von *Arylsulfatase* (III) in verschiedenen Teilen der Cornea werden festgestellt. Epitheliale, stromale u. endotheliale Rindercorneaextrakte enthalten II u. kaum III. III wird in Stromaextrakten von Kaninchencornea gefunden, aber nicht in Epithel- u. Endothelextrakten. Nitrobrenzcatechinsulfat u. p-Nitrobenzolsulfat werden zu einem Betrag von 280 u. 30 mμMol/Std./mg Proteinextrakt bei pH 5,5 bzw. 7,4 bei 38° hydrolysiert. Verss. mit Hemmstoffen von III lassen das Vorliegen von 2 verschiedenen II vermuten. G. Kimmerle. 4598

Änderung des isoelektrischen Punktes der Hirnproteine und ihre Löslichkeit am isoelektrischen Punkt. W. F. Dunajewa und Je. F. Iwanenko. (Ukrain. biochem. J. **34**, 379—86, 1962; Charkow, Pharmaz. Inst., Lehrstuhl für Biochem.; ukrain., Auszug: engl.) — Die aus dem Gehirn der weißen Ratte extrahierten *Proteine* (I) haben einen I.P. beim pH 4,43. Durch Ae.-Narkose wird die Lage des I.P. nicht geändert. Die I-Löslichkeit in der isoelektr. Zone (pH 4,43—4,72) nimmt im Vgl. zur Kontrolle bei der Ae.-Narkose von 40 Min. ab, noch stärker bei 2std. Narkose. Nach beendeter 40-Min.-Narkose nimmt die I-Löslichkeit etwa ab, bes. beim pH 4,72. Bei den I, die während des 1. u. 2. Krampfanfalls nach Zufuhr von 0,24 mg/g aus dem Gehirn extrahiert werden, liegt der I.P. unverändert beim pH 4,43. Die I-Löslichkeit bleibt unverändert oder zeigt eine Tendenz zur Abnahme. O. Lebtag. 4598△

E6. Pharmakologie. Therapie. Toxikologie. Hygiene

Über das Fehlen einer Beziehung zwischen Körpergewicht und pharmakologischer Wirkung erläutert am Beispiel der Histamintoxizität bei der Maus. E. T. Angelakos. (Proc. Soc. exp. Biol. Med. **103**, 296—98, Febr. 1960; Boston, Mass., Boston Univ., School of Med., Dep. of Physiol.; engl.) — 360 Mäuse wurden in 18 Gruppen nach intraperitonealer Injektion von *Histamin* (I) auf ihre DL_{50} untersucht. Die Ergebnisse zeigten, daß die I-Toxizität unabhängig vom Körper-Gew. ist. Kleine Tiere scheinen weniger I-sensibel zu sein als größere. M. Metze. 4600□

Untersuchungen über die Pharmakonproteinbindung. 1. Mitt. **Elektrophoreseuntersuchungen über die gegenseitige Wirkung von Chloramphenicol und wasserlöslichen Proteinen von Escherichia coli K12.** G. Salgarello. (Boll. Soc. ital. Biol. sperim. **36**, 468—71, 31/5. 1960; Bologna, Univ., Ist. di Farmacol.; ital.) — Die Unterss. werden elektrophoret. in freier Phase u. auf Papier mit in W. lösl. Proteinen durchgeführt, die durch Ultraschallzerkleinerung gewonnen werden. Es zeigt sich, daß *Chloramphenicol* (I) charakterist. u. reproduzierbare Veränderungen des elektrophoret. Profils des Pherogramms von *Escherichia coli* auslöst, doch kann bisher weder über die Art der I–Protein-Bindung noch über die Proteinfraktion, an die I gebunden ist, etwas ausgesagt werden. F. Kren. 4600□

Untersuchungen über die Pharmakonproteinbindung. 2. Mitt. **Elektrophoreseuntersuchungen über die Veränderungen des Chlortetracyclins durch die wasserlöslichen Proteine von Escherichia coli K12.** G. Salgarello. (Boll. Soc. ital. Biol. sperim. **36**, 472—74, 31/5. 1960; Bologna, Univ., Ist. di Farmacol.; ital.) — Vgl. vorst. Referat. — Die in freier Phase erhaltenen Elektrogramme zeigen 3 Fraktionen sehr unterschiedlicher Wanderungs-Geschw., während man auf Papier durch die vor der Färbung der Streifen mit Amidoschwarz durchgeführte fluorometr. Prüfung das *Chlortetracyclin* lokalisieren u. bei der Wanderung verfolgen kann, wobei eine Bindung desselben mit den Proteinen von *E. coli* bewiesen werden kann. F. Kren. 4600□

Methoden zur Differenzierung peripher-vegetativer Pharmakoreceptoren. Clive C. Kuenzle. (Arzneimittel-Forsch. **10**, 721—26, Sept. 1960; Zürich, Univ., Pharmakol. Inst.; dt.) — Am erfolgreichsten können nach der pharmakolog. Meth. die Receptoren differenziert werden. Die 4 beschriebenen Verff. beruhen auf einer Blockierung der peripher-vegetativen Pharmakoreceptoren durch spezif. Hemmstoffe (z. B. Phentolamin gegen adrenerg. Receptoren, LSD gegen Serotonin-Receptoren bei einer Konz. von 10^{-8}m) oder unspezif. wie Dibenamin. Möglich ist auch eine totale Absättigung der Receptoren durch erregende Wirkstoffe. Die Kontraktionskurven sind dabei deutlicher erfaßbar als bei der „Cross-protection"-Meth., in der ein Vgl. zweier verschieden angelegter Verss. durchgeführt wird. Die Stärke der Inaktivierung ist bei verschiedenen Receptoren unterschiedlich, wodurch die Differenzierung möglich ist. H. Jacobi. 4600□

Die Mobilisierung von Cer-144 und Blei-210 aus den Geweben des Organismus bei später Anwendung von Diäthylentriaminpentaacetat. D. I. Ssemenow und I. P.

Tregubenko. (Biochemie [UdSSR] **27**, 317—21, März/April 1962; Swerdlowsk, Ural-Zweigstelle der Akad. der Wiss. der UdSSR, Biolog. Inst., Labor. für Biophysik; russ., Auszug: engl.) — In Verss. mit Ratten wird untersucht, aus welchen Geweben unter der Einw. von *Diäthylentriaminpentaessigsäure* (I) die radioakt. Isotopen mobilisiert werden u. wie die I-Wrkg. von der Form u. Dosis der Verabreichung abhängig ist. Bei langer Anwendung von I in den Spätstadien des Vers. (15.—24. bzw. 43.—52. Tag) wird die Ausscheidung von ^{144}Ce durch Leber u. Skelett wesentlich verstärkt. I ist in dieser Beziehung wirksamer als Äthylendiamintetraessigsäure. Die Wirksamkeit des Ca- u. des Na-Salzes von I ist annähernd gleich. In der Klinik muß deshalb das weniger tox. Ca-Salz bevorzugt werden. In der Mobilisierung des ^{144}Ce aus den Geweben durch I besteht ein starker Unterschied zwischen ♂ u. ♀ Tieren. Gegenüber der Mobilisierung von ^{210}Pb aus den Geweben ist I weniger wirksam. Auch ist der Unterschied zwischen der Wirksamkeit von Ca- u. Na-Salz nur gering. Erhöhung der I-Dosis auf je 200 μMol täglich 10 Tage lang führt zu keiner merklichen Verstärkung der Mobilisierung von ^{210}Pb.
O. Lebtag. 4601△

Einige Besonderheiten des Verlaufes des Regenerationsprozesses im Magen-Darm-Kanal bei chronischer Strahlenkrankheit, die durch Zufuhr von Polonium und radioaktivem Strontium verursacht wurde. G. A. Lebedewa. (Radiobiologie [UdSSR] **2**, 709—12, 1962; russ.) — An 12 Hunden u. 128 Ratten wurde der Verlauf der Regenerationsprozesse im Magen–Darm-Kanal nach subkutaner Zufuhr von 0,02 mc ^{210}Po/kg u. i.v. Zufuhr von 0,003—0,005 mc ^{210}Po/kg bzw. intraperitonealer Zufuhr von 0,4 mc ^{90}Sr/kg untersucht u. festgestellt, daß bei beiden Strahlenkrankheiten die Reaktivität des Magen–Darm-Traktes herabgesetzt ist. Die Wrkg. von Po ist dabei stärker als die von Sr. Aus den ausführlich beschriebenen Veränderungen wird geschlossen, daß bei Magen- u. Darmoperationen Spätkomplikationen eintreten können, die mit der herabgesetzten Reaktivität u. mit der Verzögerung der Regenerationsprozesse als Folge der Strahlenkrankheit zusammenhängen. O. Lebtag. 4601△

Einfluß der totalen Röntgenbestrahlung auf die Geschwindigkeit der Lipiderneuerung im Rattenhirn. M. F. Winogradowa. (Radiobiologie [UdSSR] **2**, 695—99, 1962; Leningrad, Shdanow-Univ.; russ.) — 308 weiße Ratten wurden mit 400, 800 u. 1200 r röntgenbestrahlt u. auf den *Lipid* (I)-Umsatz im Gehirn untersucht. Bei jeder Strahlendosis blieb der I-Geh. des Gehirns gegenüber der Kontrolle ohne eindeutige Veränderung. Die I-Erneuerung wurde bei 400 r nach 6 Std. beschleunigt, bei 800 r nach 24 Std., bei 1200 r erst nach 72 Std. (wenig). In den späteren Stadien der Strahlenkrankheit wurde die I-Erneuerung verzögert, u. zwar bei 400 r rascher u. mehr als bei 800 r. Die Beschleunigung der I-Erneuerung im Frühstadium der Strahlenkrankheit ist als Schutz-Rk. des Organismus anzusehen. O. Lebtag. 4601△

Einfluß der Bestrahlung auf den Nucleotidumsatz in der Kaninchenleber. I. A. Zewelewa. (Radiobiologie [UdSSR] **2**, 674—80, 1962; russ.) — Bei der einmaligen Bestrahlung von Kaninchen mit 1000 r (^{60}Co) beobachtet man schon nach 30 Min. Veränderungen des Geh. an *Nucleotiden* (I) in der Leber. In den ersten 24 Std. nach der Bestrahlung nimmt der I-Geh. ständig zu. Nach 24 Std. hat sich der Geh. an fast allen I u. ihren Abkömmlingen verändert. Der Geh. an *Guanosin-5'-phosphorsäure* ist zu diesem Zeitpunkt um 40% erhöht, der Geh. an *Uridin-5'-phosphorsäure* um 26%, der von *Cytidin-5'-phosphorsäure* um 38%; der Geh. an *Adenosintriphosphorsäure* ist um 65% vermindert, der von *Guanosintriphosphorsäure* um 25%. 48 Std. nach der Bestrahlung ist der I-Geh. der Leber wieder normal. Der Einbau von ^{32}P in die I ist in den ersten 24 Std. nach der Bestrahlung in den meisten Fällen normal. Nach 24 Std. ist dieser Einbau bei den Nucleosiddi- u. -triphosphaten um 30—50% erhöht.
O. Lebtag. 4601△

Biosynthese von Serumalbumin bei Ratten mit Strahlenkrankheit. O. G. Samjatkina. (Radiobiologie [UdSSR] **2**, 685—89, 1962; Moskau, Inst. für biol. u. med. Chem. der Akad. der med. Wiss. der UdSSR; russ.) — Nach der immunochem. Meth. wurde die Synth. von *Serumalbumin* (I) in vitro in Leberschnitten der Ratte 1, 3 u. 6 Tage nach der Bestrahlung mit 900 r untersucht u. festgestellt, daß die Menge des synthetisierten I erst 3 Tage nach der Bestrahlung abnimmt u. nach 6 Tagen ein Minimum erreicht. Parallel zur I-Abnahme im Leberschnitt erfolgt eine I-Abnahme im Blut der bestrahlten Tiere. Die Störung der I-Synth. beruht auf einer indirekten Wrkg. der ionisierenden Strahlen. O. Lebtag. 4601△

Über die rationelle Anwendung von Komplexionen zwecks verstärkter Entfernung von radioaktiven Isotopen (^{144}Ce). N. O. Rasumowski, O. L. Tortschinskaja, W. Ss. Balabucha und W. F. Uschakowa. (Radiobiologie [UdSSR] **2**, 773—79, 1962;

russ.) — In Leber, Niere, Milz u. Schenkelknochen von weißen Ratten wurde der ^{144}Ce-Geh. nach gleichzeitiger einmaliger intraperitonealer Zufuhr von 0,1 γc/g Ce (als Chlorid) u. 10, 25 oder 50 mg *Diäthylentriaminpentaessigsäure* (I; als Na_3Ca-Salz) bzw. *Äthylendiamintetraessigsäure-bis-β-aminoäthylester* (II; als Na_2Ca-Salz) untersucht. Als optimale I- bzw. II-Dosis erwiesen sich 50 mg. Mit zunehmender Zahl der Injektionen von I oder II nahm der Ce-Geh. in den untersuchten Organen ab, wobei die Wrkg. jeder Injektion im Vgl. zur vorangegangenen abnahm. Wurden I u. II nicht täglich, sondern in Abständen von einigen Tagen angewandt, so wurde die obige Abnahme der Wirksamkeit der einzelnen Injektionen nicht beobachtet. Wurden die Injektionen in Abständen von 2—3 Tagen durchgeführt, so war die Wrkg. von I u. II die gleiche wie bei täglicher Anwendung. O. Lebtag. 4601△

Über den inhibierenden Einfluß von Röntgenkontrastmitteln. 4. Mitt. Der Einfluß von „Dionosil aqueous" auf Bakterien. Z. Ježková und M. Svoboda. (Českoslov. Farmac. **7**, 316—18, Juli 1958; Praha, úst. hem. a krevn. transf.; tschech.) — 3. vgl. C. **1959**, 16409. — Das Röntgenkontrastmittel *Dionyl* wss. ist gegenüber Mikroorganismen innerhalb der ersten 5 Std. ohne Wirkung. Dann erst tritt eine inhibierende Wrkg. gegen folgende Mikroorganismen ein: *Pneumococcus pseudomonas, Bacterium coli, B. paracoli, Corynebacterium diphteriae, Streptococcus alpha, Str. beta hämolyticus, Candida.* E. Vevera. 4601

Über den inhibierenden Einfluß von Röntgenkontrastmitteln. 5. Mitt. Das 3-Acetylamino-2.4.6-trijodnatriumbenzoat (Triopac Cilag) und die bakterielle Flora. Z. Ježková und M. Svoboda. (Českoslov. Farmac. **8**, 9—11, Febr. 1959; Praha, úst. hem. a krevn. transf.; tschech.) — 4. vgl. vorst. Referat. — Vff. stellen fest, daß das Röntgenkontrastmittel *3-Acetylamino-2.4.6-trijodnatriumbenzoat* (*Triopac*; Cilag) keinen Einfl. auf die Bakterienflora hat. E. Vevera. 4601

Über den inhibierenden Einfluß von Röntgenkontrastmitteln. 6. Mitt. Jodiertes Mohnöl und die bakterielle Flora. Z. Ježková und M. Svoboda. (Českoslov. Farmac. **8**, 11—13, Febr. 1959; tschech.) — 5. vgl. vorst. Referat. — Vff. stellen fest, daß jodiertes Mohnöl (*Opajol*, ČSR; *Jodilipol*, UdSSR; *Jodipin*) als Röntgenkontrastmittel verwendet, die Bakterienflora nicht schädigt. E. Vevera. 4601

Über den inhibierenden Einfluß von Röntgenkontrastmitteln. 7. Mitt. Triumbren SPOFA und bakterielle Flora. Z. Ježková, M. Svoboda und S. Moravcová. (Českoslov. Farmac. **8**, 172—73, April 1959; tschech.) — 6. vgl. vorst. Referat. — Vff. stellen fest, daß das Röntgenkontrastmittel *Triumbren* Spofa (wss. Lsg. von *3-Acetylamino-2.4.6-trijodbenzoesäure*) auf die Bakterienflora um 35% schwächer einwirkt als das Präp. *Triopac* (Cilag). E. Vevera. 4601

Kennzeichen der durch intravenöse Verabfolgung von Natriumfluorid beim Kaninchen hervorgerufenen Blutarmut. A. Gajdos und M. Gajdos-Török. (C. R. Séances Soc. Biol. Filiales **153**, 1189—92, 24/11. 1959; franz.) — Die i.v. Verabfolgung von *NaF* alle 3 Tage in einer Dosierung von 10 mg/kg Körper-Gew. ruft beim Kaninchen eine fortschreitende Blutarmut mit Erhöhung des *Fe*-Geh. im Blute, aber ohne nennenswerte Veränderung des globulären Wertes hervor. Diese Blutarmut wird von einer leichten Verringerung der weißen Blutkörperchen begleitet. Sie scheint nicht die Folge eines blutauflösenden Vorganges zu sein. W. F. Ebel. 4606□

Über die Wirkung der intraduodenalen HCl-Injektion auf die Entwicklung des Shayschen Ulcus bei den mit Methionin- und Tryptophanmangeldiät ernährten Ratten. F. Gelencsér, T. Gáti, L. Selmeczi, Gy. Boldog, Mária Labant und J. Sós. (Acta physiol. Acad. Sci. hung., Suppl. **18**, 102—03, 1960; Budapest, Med. Univ., Pathophysiol. Inst.; dt.) — Durch intraduodenale *HCl*-Injektion (2 ml/100 g, 0,35% ig. HCl) wird die Entw. des Shayschen Ulcus bei Ratten verhindert, zugleich wird die Magensekretmenge u. Gesamtacidität herabgesetzt u. der pH-Wert im Vgl. zu den Kontrollen (2 ml/100 g 0,9% ig. NaCl) in neutraler Richtung verschoben. 10 mg *Serotonin*/kg, 1 mg *Reserpin*/kg u. 10 mg *Histamin*/kg führen zur Verstärkung der ulcerativen Veränderungen, die sich dann nur noch teilweise durch Duodenumsäuerung abwehren lassen. Bei den mit *Methionin*- u. *Tryptophan*-Mangelkost ernährten Ratten löst die Shaysche Operation schwerere Veränderungen aus als bei Kontrolltieren. Bei den Mangelratten bleibt die Schutz-Wrkg. der Duodenumsäuerung aus. Die an normalen Tieren beobachtete Schutz-Wrkg. der Duodenumsäuerung dürfte mit dem die Magensekretion hemmenden u. die Blutversorgung des Splanchnicusbereichs verbessernden Effekt der aktivierten Parahormone, das Ausbleiben der Schutz-Wrkg. bei den Mangeltieren mit einer Störung in der Synth. der Parahormone zusammenhängen.

U. Tausendfreund. 4606□

Über Hemmstoffe des durch Formol hervorgerufenen Ödems. C. Lapière, J. Lecomte und H. van Cauwenberge. (C. R. Séances Soc. Biol. Filiales **153**, 1088—90, 20/10. 1959; Liège, Belgique, Univ., Inst. des Clin. et Pathol. méd., Inst. Léon Fredericq; franz.) — Die intrapediöse Verabfolgung von *Formol* (I) veranlaßt bei der Ratte das Erscheinen entzündlich-ödematöser Erscheinungen. Im Verlauf der Unterss. wurde beobachtet, ob die durch I hervorgerufenen Beschädigungen auf dieselben Inhibitoren reagieren wie die durch *Histamin* u. *5-Hydroxytryptamin* (5-HT) hervorgerufenen Ödeme. Von den untersuchten Substanzen (Promethazin, Chlorpromazin, Mepyramin, Natriumsalicylat, Butazolidin, Chlorochin, Cortison, Hydrocortison, Meticortelon u. ACTH), haben sich nur das *Na-Salicylat*, *Butazolidin* u. *Meticortelon* als Hemmstoffe erwiesen. W. F. Ebel. 4607 □

Unspezifische Arzneimittelwirkung. Die Wirkungen einer homologen Reihe von primären Alkoholen. H. P. Rang. (Brit. J. Pharmacol. Chemotherapy **15**, 185—200, März 1960; London, Univ. Coll., Dep. of Pharmacol.; engl.) — Die unspezif. depressive Wrkg. von prim. n-Alkoholen von Methanol bis Octanol wird an 4 biolog. Syst. (a, Immobilisierung von Paramaecien; b, Kontraktilität des Meerschweinchenileums; c, O_2-Verbrauch von Meerschweinchenlungengewebe; d, anaphylakt. Histaminfreisetzung von sensibilisiertem Meerschweinchenlungengewebe) untersucht. Die Konzz. (mMol) u. thermodynam. Aktivitäten der Alkohole, die eine 50% ig. Verminderung der Funktion in den biolog. Syst. verursachen, sind: *Methanol*: a, 1600, 0,0466; b, 821, 0,023; c, 2500, 0,071; d, 230, 0,0065; *A.*: 730, 0,0588; 476, 0,032; 1320, 0,085; 120, 0,077; *Propanol*: 300, 0,0694; 149, 0,035; 298, 0,070; *Butanol*: 81, 0,0838; 26,6, 0,024; 121, 0,117; 26,5, 0,0234; *Pentanol*: 21,8, 0,105; 9,0, 0,038; 34,4, 0,145; 9,5, 0,0400; *Hexanol*: 7,6, 0,150; 2,5, 0,044; 11,9, 0,208; 3,5, 0,0613; *Heptanol*: 2,3, 0,178; 0,71, 0,049; 7,1, 0,497; 1,9, 0,133; *Octanol*: 1,05, 0,279; 0,25, 0,061; —, —; 2,2, 0,537. Die log-Konz.-Aktivitätskurven der Alkohole aller 4 Syst. verlaufen linear u. parallel. Mit zunehmender C-Kettenlänge vermindert sich die benötigte Konz. um einen bestimmten Effekt zu erzielen, logarithmisch. Die Ergebnisse werden mit den Aussagen der Mullinsschen Hypothese der narkot. Wrkg. verglichen u. es wird nicht immer eine Übereinstimmung gefunden. G. Kimmerle. 4607

Vergleichende Pharmakologie von N-substituierten tertiären und quartären Aminoestern der Essig- und Propionsäure. J. Pórszász, S. Földeák, B. Matkovics, T. Barankay und Katalin Gibiszer-Pórszász. (Acta physiol. Acad. Sci. hung. **19**, 235—58, 1961; Szeged, Med. Univ., Inst. of Physiol., Inst. of organ. Chem.; engl.) — Zur Unters. gelangten die *Methyl-*, *Äthyl-*, *Butyl-* u. *Benzylester* folgender Säuren: *Piperidinoessigsäure*, *3-Piperidinopropionsäure*, *Morpholinoessigsäure*, *3-Morpholinopropionsäure*, *Pyrrolidinoessigsäure* u. *3-Pyrrolidinopropionsäure*; außerdem folgende Methojodide: *Piperidinoessigsäuremethylester*, *-äthylester*, *-butylester* u. *-benzylester*, *3-Piperidinopropionsäuremethylester*, *Morpholinoessigsäuremethylester*, *-äthylester* u. *-butylester*, *3-Morpholinopropionsäuremethylester* u. *-butylester*, *Pyrrolidinoessigsäurebenzylester* u. *3-Pyrrolidinopropionsäuremethylester*. Dazu *N-Benzylpyrrolidinoessigsäuremethylester* u. *-butylester*, *N-Äthylpiperidinoessigsäurebutylester* u. *N-Benzyl-3-piperidinopropionsäurebenzylester*. Geprüft wurden: Toxizität, Körper-Temp., Kreislauf, Atmung, Ganglienleitung, Wrkg. auf den isolierten Darm, auf Speichel- u. Magensäuresekretion u. auf das Herz u. Antinicotineffekt. Hier wurden zusätzlich geprüft: *3-Piperidinopropionsäurephenylester*, *Benzoesäure-[2-piperidinoäthyl]-ester*, *1-Phenyl-4-piperidinobutanon-(2)*, *1-Phenyl-3-piperidinopropanon-(1)* u. *1-Phenylcyclopentanoncarbonsäure-[2-piperidinoäthyl]-ester* (*Parpanit*). W. Holland. 4607 □

Der Einfluß von 2-Chlorbutadien-(1.3) (Chloropren) auf die Xanthinoxydaseaktivität der Leber von weißen Ratten. 4. Mitt. W. G. Mchitarjan und N. A. Jessajan. (Nachr. Akad. Wiss. ArmenSSR, biol. landwirtsch. Wiss. **11**, Nr. 6, 13—20, Juni 1958; Erewan, Med. Inst., Lehrstuhl für Biochemie; russ., Auszug: armen.) — 3. vgl. C. **1963**, 2244; 5. vgl. C. **1960**, 5558. — Die Aktivität der *Xanthinoxydase* in der Leber von Ratten verringerte sich nach *Chloropren*-Einw. (8 mg/Liter, 2 Std., 100 Tage) um 40% oder bis auf 529—991 Einheiten. I. v. Kloch-Kornitz. 4607 □

Wirkung des Tryptophans, der 3-Hydroxyanthranilsäure und von Diphosphopyridinnucleotid auf die Vitamin-K-Hemmung der Reaktion: 3-Hydroxyanthranilsäure → Chinolinsäure. S. Auricchio, E. Quagliariello und A. Rubino. (Clin. chim. Acta [Amsterdam] **4**, 444—49, Mai 1959; Neapel, Univ., Inst. de Chimie Biol.; franz.) — Die parenterale Verabreichung von *Tryptophan* oder *3-Hydroxyanthranilsäure* unterdrückt bei Ratten die Hemmwrkg. von *Vitamin K* auf die Leber-*3-Hydroxyanthranilsäureoxydase*. Die Injektion von *DPN* erzeugt den gleichen Effekt, während DPN in vitro diese Hemmung nicht beeinflußt. G. Kimmerle. 4607

Einfluß von Methyl-bis-[β-chloräthyl]-amin auf das Überleben von Hauttransplantaten an Ratten und Kaninchen. D. G. Mc Quarrie, Richard M. Condie, William R. Meeker, Franklin Roller und Richard L. Varco. (Proc. Soc. exp. Biol. Med. **103**, 278—82, Febr. 1960; Minneapolis, Minn., Variety Club Heart Hosp., Dep. of Surg. and Pediatr. Res. Labor.; engl.) — Intensive *Stickstofflost* (*Methyl-bis-[β-chloräthyl]-amin*)- Behandlung mit Dosen, die ausreichen, eine Leukopenie zu erzeugen u. zu erhalten, unterdrückten nicht den Rk.-Mechanismus des Wirts so, daß eine signifikante Verlängerung der Transplantat-Überlebenszeit auftritt. M. Metze. 4607 □

Diazinonresistenz bei Hausfliegen in Japan. Takeshi Suzuki, Shunnosuke Hirakoso und Hideko Matsunaga. (Jap. J. exp. Med. **31**, 351—64, Okt. 1961; Tokyo, Univ. of Tokyo, Inst. for Infect. Dis., Dep. of Parasitol.; engl.) — Innerhalb von 3 Jahren kann es zu einer Resistenz-Entw. gegenüber *Diazinon* (*O.O-Diäthyl-O-[2-isopropyl-4-methylpyrimidyl-(6)]-thiophosphat*) bei Stubenfliegen kommen. Die DL_{50} steigt dann von normal 4,338 μg/g möglicherweise bis auf 34,2 μg/g. Je mehr Diazinon verabreicht wird, desto größer wird die Resistenz, bes. wenn auch Larven bereits mitbehandelt wurden. Bei Weglassen des Mittels kann die Resistenz langsam zurückgehen. Gleichzeitig kann sich eine Resistenz gegenüber anderen Mitteln, wie *Malathion* (*O.O-Dimethyl-S-[1.2-dicarboxyäthyl]-dithiophosphat*) u. *O.O-Dimethyl-2.2-dichlorvinylphosphat* ausbilden. U. Tausendfreund. 4607 □

Organophosphorinsekticide. Einige neue Organophosphorverbindungen mit insekticiden Eigenschaften. David G. Coe, Henry Hurtig, B. Joseph Perry und Edward S. Sherlock. (J. agric. Food Chem. **7**, 251—55, April 1959; Ralston, Alberta, Canada, Canadian Res. Board Suffield Exp. Station; engl.) — Es werden die insekticiden Eigg. dreier Gruppen von *Alkylphosphonsäure-N-dialkylamiden*, die sehr niedrige Säugertoxizität besitzen, beschrieben. Eine Anzahl derselben besitzen für Blattläuse (*Sitophilus granarius, Myzus persicae* eine ähnliche Toxizität wie Octamethylpyrophosphorsäureamid. Einige Alkylphosphonsäuredialkylester zeigen kurz dauernde system. Eigg. u. wirken als Cholinesteraseinhibitoren. Verbb. des Typs $CH_3P(O)(NR_2')_2$ (**I**), $CH_3P(O)\cdot(NR_2')(OR'')$ (**II**) u. $CH_3P(O)(OR'')_2$ (**III**) wurden auf folgende Weise hergestellt: $CH_3P\cdot(O)Cl_2 + 4\,R'_2NH \rightarrow$ **I** $+ 2\,R'_3NH\cdot HCl$; $CH_3P(O)Cl_2 + 2\,R''OH + 2\,(C_2H_5)_3N \rightarrow$ **III** $+ 2\,(C_2H_5)_3N\cdot HCl$; **III** $+ COCl_2 \rightarrow CH_3P(O)(OR'')Cl + R'Cl + CO_2$, $CH_3P(O)(OR'')Cl + 2\,R'_2NH \rightarrow$ **II** $+ R_2'NH\cdot HCl$. Geprüfte Verbb.: *Methylphosphonsäure-bis-[N-dimethylamid], -diäthylamid*; Methylphosphonsäure-[N-dimethylamid]-O-alkylester: *Äthyl-, Propyl-, Isopropyl-, n-Butyl-, n-Amyl-*; *Methylphosphonsäure-[N-diäthylamid]-O-äthylester, -piperidid-O-äthylester, -piperidid-O-isopropylester, -morpholid-O-isopropylester*; Methylphosphonsäure-O.O-dialkylester: *Äthyl-, Propyl-, Isopropyl-, n-Butyl-, n-Amyl-*; *Schradan, Parathion.* K. Maier. 4607 □

Die Dynamik der Ausscheidung einiger neuer Präparate der Nitrofuranreihe aus dem Organismus. Ss. Giller, Ja. Stradyn und N. Ratenberg. (Nachr. Akad. Wiss. LettSSR **1959**, Nr. 3, 107—14; Inst. für organ. Synth. der Akad. der Wiss. der LettSSR; russ.) — Die Präpp. wurden mit der Sonde in den Magen eingeführt, u. zwar 25 ml der wss. Suspension mit 500 mg Präparat. Die akute Toxizität der Präpp. wurde an weißen Mäusen geprüft. Die Menge der Ausscheidung durch die Nieren, die Maxima der Konz. im Harn u. die Löslichkeit in W. waren bei den Präpp., in Abhängigkeit von den in ihren Moll. enthaltenen lyophoben u. lyophilen Gruppen, verschieden. Die Einführung einer zusätzlichen lyophoben Vinylidengruppe war stets mit einer starken Verminderung dieser drei Zahlenwerte verbunden. Die beste Wasserlöslichkeit u. die beste Ausscheidung durch die Nieren zeigten die Verbb., welche zusätzlich die Gruppe $CO-NH-CO-CH_3$ enthielten. *Furazidin* scheint bei seiner hohen Aktivität, geringen Giftigkeit u. relativ hohen Konz. bei der Ausscheidung mit dem Urin ein vielversprechendes chemotherapeut. Mittel für die Behandlung von infektiösen Prozessen in der Urologie zu sein. *Furazolidon* ergibt bei der Ausscheidung aus dem menschlichen Körper eine ausreichend hohe Konz. im Urin. Diese übersteigt die Schwelle der Antitrichomonadenaktivität. Das Präp. kann daher bei der Behandlung dieser Erkrankung per os verwendet werden. F. du Mans. 4607 □

Furanochinoline und verwandte Verbindungen. Hans Andersag und Hellmut Timmler. (Med. u. Chem. **5**, 335—43, 1956; Wuppertal-Elberfeld, Farbenfabriken Bayer AG, Pharmazeut.-Wiss. Labor.; dt.) — Übersicht über Synth. von *Furanochinolinen* u. ähnlichen Verbb. u. deren pharmakol. Wrkg. (Amöben). — 6 Literaturangaben. K. Maier. 4607 □

Über die biologische Aktivität der kombinierten Tinktur von Pappel- und Birkenknospen. M. Ss. Chowanskaja. (Antibiotika [UdSSR] **6**, 368—69, 1961. Witebsk, Med. Inst., Lehrst. für Biol.; russ., Auszug: engl.) — Kombinierte Pappel- u. Birkenknospentinktur hatte in vivo baktericide Wrkg. auf *Staphylococus aureus* (Konzz. 1:10

bis 50, 40%ig. A.), hemmende Wrkg. auf die Zellmitose von einzelligen Organismen, epithelisierende Wrkg. bei Kaninchen mit experimentellen Wunden u. pathogene Wrkg. auf Trichomonas vaginalis (Konzz. 1:10—20). I. v. Kloch-Kornitz. 4608□

Fluorescenz der Knochen nach Quercetin-Verfütterung. William E. Ribelin, Merle S. Masri und Floyd De Eds. (Proc. Soc. exp. Biol. Med. **103**, 271—72, Febr. 1960; Albany, Calif., West. Regional Res. Labor.; engl.) — Verfütterung von 1% *Quercetin*-haltiger Diät an Ratten rief Fluorescenz der Knochen (im UV-Licht) vom 3. Tage an hervor. M. Metze. 4608□

Über die Chemie der Brassica-Faktoren, ihre Wirkung auf die Funktion der Schilddrüse und ihr Übergehen in die Milch. A. I. Virtanen. (Experientia [Basel] **17**, 241—51, 15/6. 1961; Helsinki, Biochem. Forsch.-Inst.; dt.) — Übersicht der Chemie u. physiol. Funktion kropferzeugender Substanzen aus Gemüse- u. Futterpflanzen. — 60 Literaturangaben. K. Maier. 4608□

Das Gift des Steinfisches (Synanceja horrida [Linnaeus]). Paul R. Saunders. (Arch. int. Pharmacodynam. Therap. **123**, 195—205, 1/12. 1959; La Jolla, Univ. of California, Scripps Inst. of Oceanography; Los Angeles, Calif., Univ. of Southern California, School of Med., Dep. of Pharmacol.; engl.) — Die *Giftextrakte* aus den Rückenstacheln enthalten ein oder mehrere *Proteine*, die für die Gift-Wrkg. verantwortlich sind. Extrakte in 0,9% NaCl erlangen nach Lyophilisation oder Glycerinzusatz ihre volle Aktivität zurück. Auch einjährige Lagerung bei -20^0 ist ohne Einfl. auf die Aktivität. Intravenöse Injektion führt bei Mäusen u. Kaninchen innerhalb von 1 Min. bis zu $1/_2$ Std. zum Exitus. Bei Kaninchen wird ein Blutdruckabfall mit erhöhter Atem-Geschw., bei höheren Dosen Blutdruckabfall auf Null, elektrocardiograph. Veränderungen u. Atemversagen registriert. Künstliche Atmung trägt nicht zur Lebensverlängerung bei. DL_{50} (Maus; i.v.) 180 μg Protein/kg, Kaninchen 15 μg/kg. P. Gregorzewski. 4609◇

Die Entwicklung der Empfindlichkeit gegen Antibiotica und Antiseptica bei Pseudomonas aeruginosa-Stämmen. J. Brun, J. Viallier, A. Bertoye und A. L. Courtieu. (C. R. Séances Soc. Biol. Filiales **150**, 183—85, Jan. 1956; Lyon, Fac. Méd. et Inst. Pasteur.) — Ein bei einer eitrigen Rippenfellentzündung isolierter *P. aeruginosa*-Stamm, der gegen die gebräuchlichen Antibiotica resistent war, wurde durch örtliche Injektionen des Antisepticums *Hexomedin* in vivo nicht vollständig abgetötet. Anschließend isolierte Keime waren resistenter. *Soframycin* wirkte auf diesen Stamm bakteriostat. (15,6 γ/cm³, 24 Std. Kontaktzeit), aber selbst in einer Konz. $>124\,\gamma/cm^3$ nicht baklericid. K. Maier. 4610□

Über einen „antilipotropen" Effekt des Isonicotinsäurehydrazids nach partieller Hepatektomie. D. Siegel und F. Berschneider. (Naturwissenschaften **47**, 472—73, 2. Okt.-H. 1960; Berlin-Buch, Tuberkulose-Forsch.-Inst.; dt.) — Bei partiell (2/3) hepatektomierten Ratten bewirkt die 2 mal tägliche subkutane Injektion von 150 mg *Isonicotinsäurehydrazid* (INH)/kg einen antilipotropen Effekt in der Leber. Es kommt zu einer Leberverfettung. Die Ursache hierfür kann in einer Hemmung der Phospholipoid-Bldg. oder des oxydativen Abbaus der Fettsäuren liegen. G. Kimmerle. 4610

Über die Wirkung von Isonicotinsäurehydrazid auf die Regeneration der Rattenleber. F. Berschneider und D. Siegel. (Naturwissenschaften **47**, 473, 2. Okt.-H. 1960; Berlin-Buch, Tuberkulose-Forschungsinst.; dt.) — Die Leber von mit Isonicotinsäurehydrazid behandelten Ratten u. normalen Ratten zeigt im Geh. des Gesamt-N keinen signifikanten Unterschied; ebenso ist es auch im RNS-Gehalt. Die Bldg.-Rate an *Desoxyribonuleinsäure* jedoch ist nach 45 u. 67 Std. zwischen 35 u. 26% signifikant vermindert. Dementsprechend zeigt sich bei Quotienten-Bldg. aus RNS u. DNS 45 Std. nach Teilhepatektomie u. INH-Geh. ein Maximum durch die signifikante Verminderung an gebildeter DNS. G. Kimmerle. 4610

Vergleichende Untersuchung des Umsatzes von Phthivazid und Tubazid im Organismus des Tuberkulosekranken. G. A. Smirnow und T. I. Kosulitzyna. (Sowjet-Med. **26**, Nr. 11, 84—89, Nov. 1962; Tuberkulose-Inst. der Akad. der med. Wiss. der UdSSR, Mikrobiol. Labor.; russ.) — Bei 36 Tuberkulosekranken u. 9 gesunden Personen wurde der Umsatz von *Phthivazid* (I) u. *Tubazid* (II) bei deren gleicher Dosierung, bezogen auf das wirksame Prinzip von I u. II, untersucht u. festgestellt, daß die Resorption von II im Magen–Darm-Trakt intensiver verläuft als die von I. In den meisten Fällen werden mit den Faeces im Mittel 2,8% des zugeführten II ausgeschieden; bei I beträgt diese Menge 10,7%. Aus der Best. der akt. Fraktion im Harn geht hervor, daß II weniger inaktiviert wird als I, bes. bei schwachen Inaktivatoren. Bei starken Inaktivatoren erfolgt die Inaktivierung von I u. II gleich stark. Während durch I im Blut eine geringe, aber lange anhaltende Konz. bewirkt wird, ist sie bei II hoch, jedoch von nur kurzer Dauer. Die

Inaktivierung des II im Organismus erfolgt hauptsächlich durch Acetylierung. Bei I ist die Acetylierung nur schwach. Die Inaktivierung erfolgt hier vorwiegend durch Zers. zu Prodd., die kein Hydrazin enthalten. Aus den Ergebnissen ist zu schließen, daß bei starken Inaktivatoren eine Verabreichung von I in hohen Dosen zu empfehlen ist, bei schwachen Inaktivatoren eine Behandlung mit II. Bei wiederholten Kuren u. bei Personen, die beständige Mykobakterien ausscheiden, empfehlen sich erhöhte Dosen von II. O. Lebtag. 4610△

Experimentelle Untersuchungen über neue Sulfonamid-Derivate unter besonderer Berücksichtigung der Beziehungen zwischen ihrer Konzentration im Serum und ihrem Eiweißbindungsvermögen. Renate Wehrmann. (Arzneimittel-Forsch. **10**, 726—28, Sept. 1960; Hamburg-Eppendorf, Univ.-Hautklinik; dt.) — Die Konz. im Serum sowie die Affinität zu den Serumeiweißkörpern wurde an neuen Sulfonamid-Derivv. untersucht: Sulfadiazin, *5-Methyl*-Deriv., *5-Äthyl-*, *5-Methoxy-*, *2.4-Dimethoxy-6-sulfapyrimidin*, *3-Sulfa-6-methoxypyridazin*, *2-Sulfa-4.5-dimethyloxazol* u. *3-Sulfa-2-phenylpyrazol*. Bei Ersatz eines H-Atoms am $C_{(5)}$-Atom des Sulfadiazins durch den Methyl-, Äthyl- oder Methoxyrest war bei dem 5-Methyl- u. dem 5-Methoxysulfadiazin eine Steigerung des Eiweißbindungsvermögens wie auch der Konz. im Serum um 3% bzw. 6% zu beobachten. Gleichmäßiger Blutspiegel wird nach einer Anfangsdosis von 2·1 g/Tag per os u. folgenden Dosen von 2·0,5 g/Tag erreicht. Die Affinität ist mit 56,6% bes. groß bei Sulfaphenylpyrazol; sie beträgt 34,3% beim Dimethoxy-Deriv. des Sulfanilamidopyridins u. 31,1% beim Sulfamethoxypyridazin. H. Jacobi. 4610□

Vergleich der Wirkungen und Toxizitäten. 2. Mitt. Zucker- und Aminosäure-Derivate von Bis-[4-aminobenzol]-sulfon. William O. Foye, Winthrop E. Lange und Edward G. Feldmann. (J. Amer. pharmac. Assoc., sci. Edit. **47**, 831—33, Nov. 1958. Boston, Mass. Coll. of Pharmacy, Brookings, South Dakota State Coll.; Chicago, Ill. Div. of Chem., Amer. Dent. Assoc.) — 1. vgl. C. **1958**, 3962. — Vom *Bis-[4-aminobenzol]-sulfon* (I) wurden *Bis-[4-glycyl]-* (II), *4-Phenylalanyl-* u. *Bis-4-glycylglycyl-*Derivv. hergestellt. In vitro hatte II keine Wrkg. gegen Mikroorganismen, die Mono- u. Bis-α-Aminosäure-Derivv. waren aber in vivo gegen *Mycobact. tuberculosis* so wirksam wie die Muttersubstanz. Die Toxizität von I wurde bei den α-Aminosäure-Derivv. nicht in dem Maß verringert wie bei den Zucker-Derivv., aber es zeigte sich eine vergleichbare Aktivitätseinschränkung gegen experimentelle Tuberkulose bei Mäusen. K. Böhm. 4610□

Über die Wirkung der Antibiotica (Penicillin, Streptomycin und Lävomycetin) auf den Makroorganismus. Je. M. Radu. (Antibiotika [UdSSR] **6**, 686—92, Aug. 1961; Kischinew, Med. Inst., Lehrst. für Pharmakolog.; russ.; Auszug: engl.) — In Unterss. an Hunden, Kaninchen u. Ratten hatten *Penicillin*, *Streptomycin* u. *Lävomycetin* (10000—1500000 E. bzw. 30 mg—1 g) bei einmaliger u. wiederholter Anwendung in kleinen Dosen keinen Einfl. auf die bedingten Reflexe u. das Elektroencephalogramm, während sie in größeren Dosen zur Hemmung der höheren Nervenfunktionen führten. I. v. Kloch-Kornitz. 4611□

Der Anionen-Komplex Penicillinat-8-chlortheophyllinat. G. Gillissen und W. Storbeck. (Arzneimittel-Forsch. **10**, 719—20, Sept. 1960; Frankfurt/M., Univ., Hygiene-Inst., pharmazeut.-chem. Abt. „Endopharm"; dt.) — Ein komplexartiges antibakterielles Rk.-Prod. bildet sich bei 37° aus *Procain-8-chlortheophyllin* (I), *8-Chlortheophyllin* (II) bzw. II-Na u. *Penicillin G-Na* (III). Die entstandenen Kristalle bestehen vor allem aus II u. schließen Penicillin ein. Verwendet wurden $2 \cdot 10^5$ Einheiten III, Hoechst. Testung erfolgte gegen *Staph. aureus* Sg 511. Gemessen wurden UV- u. IR-Spektren. II wird aus II-Na unter Einw. der freien Carboxylgruppe freigesetzt, die bei Aufspaltung des Lactamrings im Penicillin entsteht. H. Jacobi. 4611□

Untersuchung des Einflusses von Colimycin und Monomycin auf die Leberfunktion. W. A. Schorin, L. Je. Goldberg und W. Je. Kremer. (Antibiotika [UdSSR] **6**, 705 bis 710, Aug. 1961; Akad. der med. Wiss. der UdSSR, Inst. zur Erforschung neuer Antibiotica; russ.; Auszug: engl.) — Zufuhr von *Colimycin* (I) oder *Monomycin* (II) in therapeut. Dosen per os (15 bzw. 200 mg/kg subkutan bzw. per os) oder 4facher therapeut. Dosis subkutan hatte bei Ratten keine tox. Wrkg. auf die Nierenfunktion. Steigerung der Dosierung führte zur Erhöhung des Rest-N im Blut u. zur Albuminurie, die nach I stärker war. I u. II stimulierten die Zunahme des Körpergewichtes. Kaninchen erwiesen sich gegen I u. II resistenter als Ratten. I. v. Kloch-Kornitz. 4611□

Zum Mechanismus der Abschwächung der Antimikrobenwirkung von Tetracyclin im Eiterexsudat. W. N. Ssolowjew, W. Ss. Sujewa und G. A. Konjajew. (Antibiotika [UdSSR] **6**, 715—20, Aug. 1961; Akad. der Med. Wiss. der UdSSR, Inst. für Pharmakolog. u. Chemotherapie, Abt. Chemotherap.; russ.; Auszug: engl.) — In

Verss. in vitro mit experimentell bei Ratten durch Pneumokokken hervorgerufenem Eiterexsudat wurde die Abnahme der antiobiot. Aktivität von in der Hauptsache *Tetracyclin* (I; 5—50 γ/cm^3) durch die physiko-chem. Eigg. des Exsudates hervorgerufen, bes. durch niedermol. dialysierende Stoffe u. bivalente Kationen als Antagonisten des I, deren Aktivität sich bei alkal. Rk. erhöhte. I. v. Kloch-Kornitz. 4611 □

Einfluß der Antibiotica der Tetracyclingruppe auf die Aktivität der Blutkatalase. G. Ja. Kiwman und R. P. Porfirjewa. (Antibiotika [UdSSR] **6**, 330—33, 1961; Akad. der med. Wiss. der UdSSR, Inst. für Pharmakolog. u. Chemotherapie, Abt. für experimentelle Chemotherapie; russ., Auszug: engl.) — In Verss. in vitro u. vivo (Ratten 100 mg/kg per os) führte *Oxytetracyclin* (I) zur Verringerung bis zu 24% nach 2 Std., *Chlortetracyclin* (II) zur Vermehrung bis zu 16% nach 24 Std. u. *Tetracyclin* (III) zu keiner Veränderung der Aktivität der *Katalase* im Blut. Die Konz. des I, die 2 Std. nach peroraler Zufuhr ihr Maximum erreichte, war 6—9 mal geringer als die Konzz. des II u. III. I. v. Kloch-Kornitz. 4611 □

Pharmakologische Beurteilung des Polymyxins M. R. A. Weiss. (Antibiotika [UdSSR] **6**, 697—702, Aug. 1961; Wiss. Allunions-Inst. für Antibiotica; russ., Auszug: engl.) — *Polymyxin M* (I), dessen pharmakolog. Eigg. bei Mäusen (M), Ratten (R), Meerschweinchen, Katzen (K), Kaninchen (Kn) u. Hunden untersucht wurden, führte bei K (12000—25000 E./kg i.v.) zur Verringerung des Blutdrucks, bei R (80000—125000 E. pro kg i.m.) zur *Albumin-*, Leukocyt- u. Cylindrurie, hatte bei R u. Kn keinen Einfl. auf das periphere Blutbild u. wurde bei parenteraler Zufuhr gut resorbiert. Die höchste Konz. des I zeigte sich in den Nieren, die DL_{50} für Mäuse betrug 70000—100000 E. pro kg i.v. I. v. Kloch-Kornitz. 4611 □

Materialien zur experimentellen Begründung der klinischen Anwendung von Nitrofuranen mit den Eigenschaften von breit wirksamen Antibioticis. A. F. Bljuger, Ja. P. Stradyn, A. Ja. Dsene und M. B. Tiltyn. (Urologie [UdSSR] **26**, Nr. 5, 52—54, Sept./Okt. 1961; Riga, Med. Inst., Lehrstuhl für Infektionskrankh., Akad. der LettSSR, Inst. für organ. Synth.; russ.) — Bei gesunden Personen wurde nach peroraler Zufuhr von 300 mg (2 mal mit Pausen von 30 Min.) *Furacilin* zu 1,9%, *Furadonin* (I) zu 21,3%, *Furazolidon* (II) zu 8,5% u. *Furazidin* (III) zu 14,1% mit dem Urin ausgeschieden (Konz.-Maximum nach 6, 4, 2 bzw. 14 Std.). Die Harn-Konzz. von I, II u. III übersteigen die bakteriostat. Konzz. gegenüber vielen pathogenen Mikroben. Es wird bei unspezif. infektiösen Entzündungen der Harnwege Zufuhr der täglichen Dosis von III in 2, von I u. II in 4—5 Portionen empfohlen. I. v. Kloch-Kornitz. 4611 □

Die Wirkung von Cocarboxylase bei Adams-Stokes-Anfällen und AV-Block. L. Benda, D. Doneff und K. Moser. (Wiener med. Wschr. **111**, 75—77, 28/1. 1961; Wien, Univ., I. Med. Klinik; dt.) — In 3 von 4 Fällen mit partiellem oder totalem atrioventrikulärem Herzblock u. Adams-Stokesschen Anfällen konnte durch Verabreichung von *Cocarboxylase* (*Berolase*, Hoffmann-LaRoche) in Dosen von 250 mg/Tag bis 2std. 200 mg i.v. ein günstiger Einfl. ausgeübt werden; nur in einem Fall mit totalem Block ohne Anfälle war keine Wrkg. nachweisbar. U. Tausendfreund. 4614 □

Untersuchung über entzündungshemmende Substanzen am Mäusefuß. B. J. Northover und G. Subramanian. (Brit. J. Pharmacol. Chemotherapy **18**, 346—55, April 1962; Velore, S. India Christian Med. Coll., Dep. of Pharmacol.; engl.) — Durch i.v. Einspritzung von Formaldehyd u. 5-Hydroxytryptamin in den Mäusefuß wurden Entzündungen verursacht. Folgende Stoffe wurden auf die Gegenwrkg. hin untersucht: *Salicylsäure, Acetylsalicylsäure, Diphenylacetylsalicylsäure, 2.5-, 2.6-, 3.5-* u. *3.4-Dihydroxybenzoesäure*; *3.4-Dihydroxyzimtsäure* (*Kaffeesäure*), *β-[3.4-Dihydroxyphenyl]-propionsäure* (*Hydrokaffeesäure*), *4-Hydroxy-3-methoxybenzoesäure* (*Vanillinsäure*), *3.4-Dimethoxybenzoesäure* (*Veratrolsäure*); *Phenylbutazon, Oxyphenbutazon, Aminopyrin, Phenazon*; *Rutin, Hesperidin, Neohesperidin, Naringin*; *Procainhydrochlorid, Amethocainhydrochlorid, Cinchocainhydrochlorid,* (—)-*Noradrenalin,* (±)-*Isoprenalin,* (—)-*Phenylephrin,* (±)-*Amphetamin, Tyramin.* Folgende Substanzen wurden zugegeben, wenn das Gewebe Histamin enthält: *Mepraminmaleat, Polymyxin-B-sulfat, Aminoguanidinbicarbonat, Na-Salz des l-Thyroxins.* Folgende Substanzen wurden nach Zugabe von 5-Hydroxytryptamin getestet; *Cyproheptadinhydrochlorid, Yohimbinhydrochlorid, Thenaldintartrat.* Die Wrkg. der Analgetica, Antipyretica u. der anderen Drogen beruht wahrscheinlich auf einem Enzymeinfluß. H. Jacobi. 4615 □

Abwandlung der Fieberreaktion auf eine pyrogene Substanz durch Erwärmen und Abkühlen des Hypothalamus beim nicht anästhesierten Hund. H. T. Andersen, H. T. Hammel und J. D. Hardy. (Acta physiol. scand. **53**, 247—54, Nov./Dez. 1961; Philadelphia, Pa., Univ. of Pennsylvania, School of Med., Dep. of Physiol.; engl.) — Zur Unters. von Rk.-Ort u. -Weise der pyrogenen Substanzen wurde Hunden *Piromen*

(I; Polysaccharid aus *Pseudomonas*) i.v. injiziert u. die Region des Hypothalamus, die für die Temp.-Regulierung im Organismus verantwortlich ist, durch implantierte „Thermoden" erhitzt u. abgekühlt. Wenn sofort nach I-Gabe erhitzt wurde, entwickelte sich kein Fieber, wenn abgekühlt wurde, entstand ein „Hyperfieber".

M. Metze. 4616□

Einige Beziehungen zwischen peripherer Monaminoxydase-Hemmung und dem Gehalt an 5-Hydroxytryptamin im Hirn von Ratten. I. I. A. Tabachnick und A. A. Rubin. (Proc. Soc. exp. Biol. Med. **101**, 435—37, Juli 1959; Bloomfield, N.J., Schering Corp., Dep. Pharmacol.; engl.) — Die Monaminoxydasehemmer (I) *Phenylisopropylhydrazin, Iproniazid, Harmin, Harmalin* u. *Tetrahydroharmin* werden in ihrer Wrkg. auf die Ausscheidung von *5-Hydroxyindolylessigsäure* (II) nach Applikation von *5-Hydroxytryptamin* (III) u. den III-Geh. des Rattenhirns einander gegenübergestellt. Die Ergebnisse zeigen die Möglichkeit einer Austestung der Aktivität von I durch Messung der Ausscheidung von II im Urin nach III-Verabreichung.

Joachim Schmidt. 4620◇

Zu den Reserpinwirkungen auf die Magenschleimhaut der schwangeren Ratte. C. Wirtheimer. (C. R. Séances Soc. Biol. Filiales **153**, 1085—86, 20/10. 1959; Bruxelles, Univ., Labor. de Pharmacodynamic et de Thérapeutique; franz.) — Die Verabreichung von *Reserpin* in hohen Dosen bewirkt sowohl bei der schwangeren Ratte als auch beim schwangeren Kaninchen eine sehr deutliche Betonung der geschwürigen Schädigungen des Magens im hämorrhag. Sinne. Die Schwangerschaft stellt also einen die Erzeugung postreserpin. Magengeschwüre begünstigenden Faktor dar. W. F. Ebel. 4620□

Die intrazelluläre Verteilung von Serotonin im Rattengehirn. 1. Mitt. **Die Wirkung von Reserpin und Monaminoxydase-Hemmern, Tranylcypromin und Iproniazid.** Harry Green und John L. Sawyer. (Arch. int. Pharmacodynam. Thérap. **135**, 426 bis 441, 1/2. 1962; Philadelphia, Pa., Smith Kline & French Labor. Res. and Dev. Div.; engl.) — Im Hirnhomogenat wird die Verteilung von *Serotonin* (5-HT) im Überstand u. im Gesamthomogenat bestimmt. Nach 5 mg/kg *Tranylcypromin* (*2-Phenylcyclopropylamin*; I) u. 100 mg/kg *Iproniazid* (II) erhöht sich der Anteil an 5-HT im Überstand unabhängig von der abs. Menge im Gesamthomogenat. Nach *Reserpin* (III) allein findet keine Veränderung der Verteilung statt. Vorbehandlung mit III u. anschließende Gabe von I u. II führt zum gleichen Verteilungsverhältnis von 5-HT wie ohne Vorbehandlung. Das Verteilungsverhältnis nach I u. II wird auch durch anschließende Gabe von III verändert. 5-HT, zum Homogenat direkt zugesetzt, führt unabhängig von der zugesetzten Menge zu einem konst. Anteil im Sediment. P. Lange. 4620□

Wirkung des Hexamethoniums auf die durch Noradrenalin bedingte Gefäßreaktion beim Menschen. R. L. Hodge und R. F. Whelan. (Brit. J. Pharmacol. Chemotherapy **18**, 331—36, April 1962; Adelaide, Univ., Dep. of Human Physiol. and Pharmacol.; engl.) — Die intraarterielle Infusion von *Hexamethonium* (I) in die Oberarmarterie besitzt keinen zusammenziehenden Reflex auf die Gefäße des Unterarms u. der Hand. Der Reflex der Handgefäße bei Zugabe von *Noradrenalin* i.v. war nach Zugabe von I leicht erhöht, was aber mit dem Ganglienblocker zusammenhängt. H. Jacobi. 4620□

Der Einfluß von Arzneimitteln auf durch LSD-25 induzierte Pyrexie bei Kaninchen. B. N. Dhawan. (Arch. int. Pharmacodynam. Thérap. **123**, 186—94, 1/12. 1959; Lucknow, K.G. Med. Coll., Dep. of Pharmacol.; engl.) — Die pyret. Wrkg. von *LSD-25* (I; *D-Lysergsäurediäthylamid*) wird bei Kaninchen durch zentralstimulierende Pharmaka, bes. durch *Methamphetamin*, potenziert. *Chlorpromazin, Reserpin, Promethazin* u. *Phenobarbiton* wirken antagonistisch. Andere Tranquillizer (*Benactyzine, Meprobamat* u. antipyret. Analgetica u. Muskelrelaxantien) sind wirkungslos. Ganglien- u. adrenerg. Blockierung verringern ebenfalls die durch I verursachte Pyrexie.

P. Gregorzewski. 4620◇

Die Bedeutung quartärer Gruppen verschiedener Raumerfüllung für den parasympathicolytischen und den Ganglien-blockierenden Effekt der Tropeine. L. György, M. Dóda und K. Nádor. (Arzneimittelforsch. **11**, 444—48, Mai 1961; Budapest, Inst. für Exper. med. Forsch. der Ungar. Akad. der Wiss., Abt. für Arzneimittelforsch.; dt.) — Quart. *Methyl*-Derivv. von *Benzilsäure-* u. *Xanthen-9-carbonsäureestern* des *Tropins* zeigten eine stärkere Antiacetylcholinwirksamkeit (Blutdruck der Katze) u., parallel dazu, mydriat. Wrkg. als die *Brombenzyl-* oder *Phenylbenzyl*-Derivate.

K. Zingraf. 4620□

Butyrylperazin in der Neuropsychiatrie. Berthold Moldenhauer. (Med. Welt **1961**, 1217—20, 3/6. Berlin-Wittenau, Städt. Karl-Bonhoeffer-Heilstätten; dt.) — *Butyrylperazin* {*10-[γ-(4-Methylpiperazino)-n-propyl]-3-butyrylphenthiazin*; *Bayer 1362*; *Randolectil*, Bayer) wirkte bei schizophrenen Ersterkrankungen u. Rezidiven, z. T. auch bei man.-depressiven Störungen besser als alle anderen bekannten Phenothiazine. Extrapyramidalmotor. Nebenwrkg. treten stärker als unter anderen Phenothiazinen auf, sprechen aber gut auf Akineton an; es besteht eine Beziehung zwischen therapeut. Effekt u. extrapyramidalmotor. Nebenwirkungen. U. Tausendfreund. 4620 □

System Ammoniak-Glutaminsäure-Glutamin des Rattengehirns in verschiedenen Phasen der Hypothermie. Ja. I. Weksler und S. I. Gerschenowitsch. (Ukrain. biochem. J. **34**, 406—16, 1962; Rostow, Don, Univ., Lehrstuhl für Biochemie; russ.) — Bei weißen Ratten wurde die Körper-Temp. auf 19—20° gesenkt u. danach (15—65 Min.) auf 25, 30, 35° erhöht. Während in der Kontrolle der Geh. des Gehirns an *NH_3* 0,58 (mg-%), an *Glutamin* (I) 7,2, an *Glutaminsäure* (III) 111,0 betrug, betrug bei einer Körper-Temp. von 19—20° der NH_3-Geh. im Mittel 5,43 (mg-%), der I-Geh. 4,4, der II-Geh. 149,0. Durch Erwärmung nach der Hypothermie wurde der Geh. an NH_3, I u. II nur sehr langsam normalisiert. Selbst nach 6 Tagen trat häufig noch keine Normalisierung ein. Ein wesentlicher Unterschied zwischen natürlicher u. künstlicher Erwärmung bestand nicht. Narkose während der Hypothermie u Erwärmung war ohne stärkeren Einfl. auf den Geh. an NH_3, I u. II. Die verstärkte NH_3-Bldg. bei der Hypothermie ist als Mobilisierung der Schutzkräfte anzusehen. O. Lebtag. 4627 △

Einfluß der Tranquillizer auf die Wirkung von Diäthyltryptamin. A. Klára Pfeifer, Eva Sátory, I. Pataky und E. Vizy. (Acta physiol. Acad. Sci. hung., Suppl. **18**, 82—83, 1960; Budapest, Med. Univ., Pharmakol. Inst.; Staatl. Inst. für Neurol. u. Psych.; dt.) — Vgl. C. **1962**, 7238. — Die mit kleinen *Diäthyltryptamin* (I)-Mengen erzielbare sedative Wrkg. unterscheidet sich qual. nicht von dem für I charakterist., mit großer Dosis erreichbaren psychotropen Effekt. Die schmerzstillende Wrkg. von I erreicht an Mäusen fast die von Morphin. Die DE_{50} beträgt subkutan 3,15/2,44 bis 4,06 mg/kg. Die schmerzstillende Wrkg. wird von *Reserpin* (II) u. *Meprobamat* signifikant gehemmt, von *Frenquel* u. *Iproniazid* gesteigert. I übt im Gegensatz zu anderen halluzinogenen Stoffen (Lysergsäurediäthylamid, Mescalin) auf Mäuse stark tranquillierende Wrkg. aus, DE_{50} 0,96/0,51—1,8 mg/kg subkutan. Die Amphetaminhypermotilität wird von I schon in der Dosis von 1 mg/kg herabgesetzt. 0,05 mg II/kg u. 0,1 mg *Chlorpromazin*/kg, welche die spontane Motilität noch nicht beeinflussen, hemmen die tranquillierende Wrkg. von I; ebenso wirkt *Kreatinin*. U. Tausendfreund. 4627 □

Einfluß von Malonsäurederivaten auf die narkotische Wirkung und den Abbau von Hexobarbital. M. Kramer und E. Arrigoni-Martelli. (Naunyn-Schmiedebergs Arch. exp. Pathol. Pharmakol. **238**, 43—45, 1960; Mailand, S.I.P. Schering; dt.) — Bei Ratten wird die Dauer der *Hexobarbital*-Narkose verkürzt, wenn die Tiere vorher mit *Phenobarbital* behandelt werden. *3.4-Benzpyren* u. *4-Methylcholanthren* beschleunigen dagegen den Hexobarbitalabbau nicht. Es wird angenommen, daß substratspezif. Fermente vorhanden sind, die beim Abbau von Pharmacis eine Rolle spielen. M. Reiher. 4627 □

Chemie und Pharmakologie homologer Morphinane. Hans Henecka und Wolfgang Wirth. (Med. u. Chem. **5**, 321—34, 1956; Wuppertal-Elberfeld, Farbenfabriken Bayer A. G., Pharmazeut.-Wiss. Labor. u. Pharmakol. Labor.) — Übersicht über die Synth. homologer *Morphinane*. 6-Methylierung schwächt den Morphinancharakter nicht ab. Die analget. Wrkg. bleibt bestehen oder ist verstärkt. 5- oder 7-Methylierung hebt die Wrkg. auf. Geprüfte Morphinane: *$\overline{dl}$-3-Hydroxy-N-methyl-*, DL_{50}, ca. 100 (mg/kg Maus subkutan), analget. Wrkg.: D_{max} 50 (Dosis, bei der 50% der Tiere die Maximalzeit ohne Rk. ertragen), 1,0 (mg/kg Maus, subkutan); *l*- ca. 100, 0,7; *$\overline{d}$*- ca. 80—100, >3; *$\overline{dl}$-3-Hydroxy-N.6-dimethyl-* (I), α-Form, F. 272—275°, ca. 100, 1,0; *l*-, α-Form, F. 226 bis 228°, ca. 80—100, 0,7; *$\overline{d}$*-, α-Form, F. 226—228°, ca. 100; >3; *$\overline{dl}$*-, β-Form, F. 234—236°, ca. 100, >10; *$\overline{dl}$-3-Hydroxy-N.5-dimethyl-*, >50, >10, *$\overline{dl}$-3-Hydroxy-N.7-dimethyl-*, 100, 3—5; *$\overline{dl}$-3-Hydroxy-N-methyl-C-homo-*, F. 255—258°, 100, 1,0. *$\overline{dl}$*-I, *3-Methoxy-Derivv.*, F. 75—76°, *l*-, F. 80°, $[\alpha]_D^{20}$ −62,2°; *$\overline{d}$*-, F. 78—80°, $[\alpha]_D^{20}$ +60,8°. — *$\overline{dl}$*-I, *3-Acetoxy-Deriv.*, F. 112—113°. K. Maier. 4627 □

Zur pharmakologischen Beurteilung von lokalanästhetisch wirksamen Substanzen unter besonderer Berücksichtigung ihrer Entgiftung. Leopold Ther. (Med. u. Chem. **6**, 399, 1958; Frankfurt/M., Farbwerke Hoechst A.G., Pharmakolog. Inst.; dt.) — Die statist. Beurteilung der *Lokalanästhetica* (I) nach einem „Alles- oder- Nichts-Gesetz" läßt die Erfassung von Wrkg.-Unterschieden zu, deren Ergebnisse den klin. Unterss. parallelgehen, wobei als Vgl.-Präpp. nur klin. erprobte I verwendbar sind. Die lokalanästhet. Wrkg. wird am Kaninchenauge nach Regnier (Oberflächenanästhesie), im Meerschweinchenquaddeltest (Infiltrationsanästhesie) u. im Froschischiadicustest oder nach der Rattenschwanz- bzw. Mäuseschwanz-Meth. (Leitungsanästhesie), die Reizwrkg. durch subconjunktivale Injektion am Kaninchenauge u. durch intrakutane Injektion am Kaninchenohr ermittelt. Zusammenhänge zwischen chem. Konst. u. I-Entgiftung im Organismus (enzymat. Spaltung) werden für I des Säureamidtyps untersucht. *Hostacain* (Base), 2 (injizierte Menge/kg/Min. in mg), 200 (Gesamtmenge in mg/kg; † tot); *Lidocain*, 1, 90†; *n-Butylaminoessigsäure-2.6-dimethylanilid*, 1, 44†; *n-Butylaminoessigsäure-2-methyl-6-chlor-N-methylanilid*, 1, 90†; *α-Äthylaminopropionsäure-2-methyl-6-chloranilid*, 1, 19†; *Diäthylaminoessigsäure-2-methyl-6-chloranilid*, 2, 70†; [*β-Hydroxyäthyläthylamino*]*-essigsäure-2-methyl-6-chloranilid*, 2, 200; *β-n-Butylaminopropionsäure-2-methyl-6-chloranilid*, 0,5, 23†. K. Maier. 4627 □

Einfluß von Acetylcholin und verwandten Substanzen auf die isolierte Muskelspindel. D. Ottoson. (Acta physiol. scand. **53**, 276—87, Nov./Dez. 1961; Stockholm, Karolinska Inst., Dep. of Physiol.; engl.) — Am Muskelspindel-Präp. des Frosches rufen $5 \cdot 10^{-4}$ bis $1 \cdot 10^{-3}$ g/ml *Acetylcholin* eine leichte Red. der Spindelaktivität hervor. *Butyryl-*, *Propionyl-* u. *Succinylcholin* wirken ähnlich. $5 \cdot 10^{-5}$ bis $1 \cdot 10^{-4}$ g/ml *Noracetylcholin* (*β-Acetoxyäthyldimethyldodecylammoniumchlorid*) unterdrücken die Aktivität. *Eserin* ($2 \cdot 10^{-4}$ bis $1 \cdot 10^{-3}$), *Diisopropylfluorphosphonat* (DFP; $3 \cdot 10^{-4}$ bis $11 \cdot 0^{-3}$) u. *Mintacol* (*p-Nitrophenyldiäthylphosphat*; $5 \cdot 10^{-6}$ bis $1 \cdot 10^{-5}$) haben eine erregende Wrkg., die gefolgt wird von einer Beendigung der spontanen Entladung u. einer Blockierung der Streckungsreaktion. M. Metze. 4628 □

Die Wirkung von d-Tubocurarin auf die Submandibularspeicheldrüse. Leonard H. Elwell. (Amer. J. Physiol. **198**, 621—24, März 1960; Ann Arbor, Mich., Univ. of Michigan, Dep. of Physiol.; engl.) — Erste *d-Tubocurarin* (I)-Injektionen (0,3—1,5 mg) in die arterielle Blutversorgung der denervierten Submandibularspeicheldrüsen anästhesierter Hunde (unter Ausschaltung aller übrigen Zweige der Carotisarterie) rief eine schnelle u. große vorübergehende Zunahme der Drüsendurchblutung u., bei ausreichender Dosis, Auslösung einer vorübergehenden Speichelsekretion hervor. Bei wiederholten I-Injektionen nahm Gefäß- u. Sekretions-Rk. allmählich ab. Vorhergehende Injektion von Diphenhydramine (Benadryl) verringerte Gefäß- u. Sekretions-Rk. auf die ersten I-Injektionen. Anscheinend ist das aus dem Drüsengewebe frei werdende Histamin (II) an den beobachteten Effekten beteiligt. Hierfür sprechen erhöhte II-Konzz. im ausfließenden Blutplasma nach I-Anwendung. System. I-Zufuhr bei normaler innervierter, jedoch vaskulär isolierter u. durchströmter Drüse ergab keinen Hinweis für die Möglichkeit einer zentral ausgelösten Vasodilatation u. Speichelsekretion. K. Maier. 4628 □

Einige allgemeine physiologische Reaktionen der Jodmethylate von Tropanol und Pseudotropanol am Hund. R. Hazard, P. Chabrier, A. Renier-Cornec, A. Sekera und A. Lozier. (C. R. Séances Soc. Biol. Filiales **153**, 1152—54, 24/11. 1959; franz.) — Die *Jodmethylate* von *Tropanol* u. *Pseudotropanol* haben im Gegensatz zu den unsubstituierten Verbb. einander gleichende Eigenschaften. Am auffälligsten ist der Gegensatz von *Pseudotropanol* (wirkt nicotinartig) zu seinem *Jodmethylat* (wirkt antinicotin.). G. Ziebarth. 4630 □

Wirkung des Ergotamins, des Dihydroergotamins und des Hydergins beim reserpinierten Kaninchen. Henri Schmitt und Hélène Schmitt. (C. R. Séances Soc. Biol. Filiales **153**, 748—49, 30/9. 1959; Paris, Fac. de Méd., Labor. de Thérap.; franz.) Beim reserpinierten Kaninchen erzeugt das *Ergotamin* (I) eine bedeutende Blutdrucksteigerung. Die I-Wrkg. beim Kaninchen nähert sich der des Dihydroxyphenyläthylamins. Im Gegensatz dazu bleiben die blutdrucksenkenden Wrkg. der dehydrierten Alkaloide des Roggenmutterkorns — Dihydroergotamin u. Hydergin — bestehen u. sind sogar betont beim reserpinierten Kaninchen vorhanden. W. F. Ebel. 4630 □

Einfluß von N-[1-Methyl-2.3-bis-(p-chlorphenyl)-propyl]-maleamidsäure (Benzmalecene) auf Serumlipide und Lipoproteine. Robert H. Furman, R. Palmer Howard, Leonard N. Norcia und Charles W. Robinson jun. (Proc. Soc. exp. Biol. Med. **103**, 302—04, Febr. 1960; Oklahoma City, Okla., Univ. of Oklahoma, School of Med., Dep. of Med. and Biochem.; Oklahoma Med. Res. Fn., Cardiovascular Sect.; engl.) — Verabreichung des hypocholesterinäm. Mittels *Benzmalecene* (*N-*[*1-Methyl-2.3-bis-*(*p-chlorphenyl*)*-propyl*]*-maleamidsäure*; Merck, Sharp & Dohme Res. Labor., West Point, Pa.; I) an hypercholesterinäm. u. normocholesterinäm. Personen ergab in allen Fällen eine Veränderung der Serumlipide: Senkung des Serum-Geh. an *Gesamt-* u. *verestertem Cholesterin*; Senkung des Cholesterin (II)- u. Phospholipid (III)-Geh. in *α-Lipoproteinen* (Dichte $>$1,063 g/ml) u. *β-Lipoproteinen* (Dichte $>$1,019 $<$ 1,063 g/ml); Steigerung der III- u. *Triglycerid*-Konzz. im Serum, Steigerung des abs. u. relativen II- u. III-Geh. in Lipoproteinen der Dichte $<$1,019 g/ml. I hat lipidverändernde Eigenschaften. M. Metze. 4630 □

Anwendung von Chlorazisin bei Kranken mit Coronarinsuffizienz. Ss. Ss. Milowidowa. (Sowjet-Med. [UdSSR] **25**, Nr. 3, 104—09, März 1961; Moskau, II. Med. Pirogow-Inst., Hospital-therapeut. Klinik; russ.; Auszug: engl.) — Behandlung mit *Chlorazisin* (I; *10β-Diäthylaminopropionyl-(2)-chlorphenothiazin*; 15 mg 3 mal täglich, 4 bis 35 Tage, peroral) führte bei 46 von 70 Kranken mit chron. Coronarinsuffizienz zur Verringerung der Herzbeschwerden u. teilweisen Verbesserung des Ballistocardiogramms u. hatte keinen Einfl. auf den arteriellen Blutdruck, den Puls u. das Elektrocardiogramm. 13 Patienten zeigten Neben-Rkk. nach I-Therapie. I. v. Kloch-Kornitz. 4630□

Wirkung des Gemütszustandes und seiner Beeinflussung und der Diuretica auf die Gewichtsschwankungen bei Fettsucht. J. Trémolières, H. P. Klotz, J. Farquet und J. Cros. (Nutrit. et Dieta [Basel] **4**, 98—106, 1962; Paris, Hôp. Bichat, Inst. Nat. d'Hyg., Unité de Rech. de Diététique; franz.) — Unter dem Einfl. von Erregung, Äthylisopropylamin u. Diureticis können im Laufe einer Abmagerungskur Gew.-Schwankungen um die auf Grund des Caloriendefizits in der Nahrung berechneten stetigen Gew.-Abnahmen auftreten. Die Schwankungen heben sich meist in 1—2 Wochen auf. Betroffen sind bei ihnen im wesentlichen Elektrolyt- u. Wasserhaushalt; möglicherweise bewirkt Erregung auch eine N-Retention. K. Zingraf. 4634◇

Anwendung von Prednisolon bei chronischer Hepatitis und Lebercirrhose. S. A. Bondar, W. L. Usjanowa und I. M. Kachnoski. (Sowjet-Med. **25**, Nr. 3, 96—103, März 1961; Moskau, 1. Med. Ssetschenow-Inst., Lehrst. für fakultative Therapie; russ., Auszug: engl.) — Vergleichende Unterss. der therapeut. Wrkg. von *Prednisolon* (I; 30—5 mg täglich) u. allg. angewandten Präpp. (20—30 E. *ACTH*, *Vitamin C* 1000 mg, B_1 50 mg, B_2 60 mg, B_6 25 mg, B_{12} 100 γ, *Eiweiß-*, *Fett-*, *Kohlenhydrat-* u. NaCl-Diät, 80—110 g, 60 g, 450—500 g bzw. bis zu 5 g täglich) bei Kranken mit chron. Hepatitis oder Lebercirrhose zeigten eine bessere Heilwrkg. des I in bezug auf Appetit, Gelbsucht, Diurese, Ascitis u. Schwächezustand. I vermehrte den Geh. an Albumin, verringerte den Geh. an Bilirubin (II), Gesamt-Eiweiß, γ-Globulin, die Thymol-Rk. im Blutserum u. die Glutamin–Alanin- u. Glutamin–Asparagin-Transaminase (III) u. führte zur Erhöhung des Uropepsins u. zur Verringerung der immunolog. Veränderungen des Blutserums, die mit dem Geh. an II u. III u. der Schwere des Krankheitsverlaufs in Beziehung stehen. I ruft geringe Neben-Rkk. hervor u. ist bei Fett-, prim. Biliar-, splenomegalyt. u. chron. Lebercirrhose oder Hepatitis mit Ulcussymptomen nicht empfehlenswert. I. v. Kloch-Kornitz. 4640□

Die pulmonären und cardiovasculären Wirkungen von Warfarinnatrium. P. Preziosi, A. Bianchi, G. R. de Vleeschhouwer und A. F. de Schaepdryver. (Arch. int. Pharmacodynam. Thérap. **123**, 227—38, 1/12. 1959; Ghent, Univ., J. F. Heymans Inst. of Pharmacol.; engl.) — Verss. an der isolierten Meerschweinchenlunge zeigen, daß *Warfarin* (*3-[α-Acetonylbenzyl]-4-hydroxycumarin*, I) keine pneumodilatator. Eigg. besitzt (im Gegensatz zu Beobachtungen von Blumberg u. Mitarbeitern, Science [Washington] **127**, [1958], 188). Ebensowenig wirkt I der durch *Acetylcholin*, *Histamin*, *5-Hydroxytryptamin* u. *Ovalbumin* (I) bei II-sensitiven Meerschweinchen induzierten Pneumoconstriction entgegen. 1—500 μg I sind beim isolierten Herz ohne Einfl., bis 2500 μg haben eine proportionale negative inotrope Wirkung. Intracoronare Injektion (0,5—2 mg I/kg) verursacht bei Hunden einen erhöhten Coronarblutfluß. I ist 10 bis 20mal weniger wirksam als *Papaverin*. Injektion in die peripheren Enden der Femoralarterie erhöht den Femoralblutfluß. Tonus u. Motilität des isolierten Kaninchenduodenums werden durch $1{,}2 \cdot 10^{-5}$ I verringert. P. Gregorzewski. 4650◇

Die Antimikroben- und therapeutischen Eigenschaften von Salicylsäureanilid bei Pilzbefall der Haut. I. I. Pototzki, M. N. Rotmisstrow, S. A. Kornijenko und N. D. Michnowskaja. (Nachr. Dermatol. Venerol. [UdSSR] **35**, Nr. 10, 67—69, Okt. 1961; Kiew, Univ., Lehrstuhl für Mikrobiol. u. Antibiotica, Med. Inst., Klinik für Hautkrankheiten; russ.) — *Salicylanilid*, als 2, 5 oder 10%ig. Salbe oder Paste, war durch seine fungistat. u. fungicide Wrkg. auf Myceten bei der Therapie von Hautmykosen sehr wirksam. I. v. Kloch-Kornitz. 4661□

Wirkung der Derivate von Dimercaptoäthyläthylendiamin auf die Giftigkeit von Quecksilber. F. Bonati. (Boll. Soc. ital. biol. sperim. **34**, 1660—63, 15.—31. Dez. 1958; Mailand, Labor. Ricer. Bracco Ind. Chim.; ital.) — Es wird die entgiftete Wrkg. von *N.N'-Bis-[β-mercaptoäthyl]-äthylendiamin* (I) u. *N.N'-Bis-[β-mercaptoäthyl]-äthylendiamin-N.N'-diessigsäure* (II; wss. Lsgg. intraperitoneal an Mäuse) gegenüber Hg geprüft. Ihre Toxizität ist mit der von Dimercaptopropanol u. Thioctsäure vergleichbar. Sie sind in W. gut lösl., verändern sich nicht darin u. bilden mit Hg Komplexe geringer Giftigkeit. Auch wenn II erst nach einer gewissen Zeit u. bei unterschiedlicher Verabfolgung von Hg gegeben wird, weist es eine klare u. statist. signifikante entgiftende Wrkg. auf, die jedoch geringer als bei gleichzeitiger Gabe ist u. der von Thioctsäure ähnelt. Die Wrkg. von I ist ähnlich aber geringer. F. Kren. 4675

Antidotverhalten zwischen Dihydroxydiaminoarsenobenzol und 2.3-Dimercaptopropanol. Pedro Auro Baldeon Samaniego. (An. Fac. Farmac. Bioquím. **7**, 267—85, 1956; Lima, Univ., Fac. de Farm. y Bioquím., Cát. de Farmacol.; Labor. Wyeth Interamericanos; span.) — Die i.v. DL_{50} von *Dihydroxydiaminoarsenobenzol* (*Neosalvarsan*; **I**) beim Kaninchen wurde zu 190—200 mg/kg bestimmt. *2.3-Dimercaptopropanol* (BAL; **II**) wirkte in Dosen von 3—15 mg/kg als Antidot, höhere Dosen waren ebenfalls toxisch. **II** beseitigte die Dermatitis u. das Absinken des Gluthation-Geh. im Blut infolge von **I**. K. Zingraf. 4675◇

Vergleichende Beurteilung der toxischen und antidotischen Eigenschaften einiger Abkömmlinge der Mercaptoalkansulfonate. I. G. Misjukowa und D. Ss. Lokanzew. (Pharmakol. u. Toxikol. [UdSSR] **23**, 355—62, Juli/Aug. 1960; Ukrain. Forsch-Inst. für sanitäre Chem.; russ., Auszug: engl.) — Untersucht wurden an Ratten u. Kaninchen die nachstehenden Verbb. auf ihre Toxizität u. ihre antidot. Eigg. bei As-Vergiftungen: *Na-[2.3-Dimercaptopropan]-sulfonat-(1)* (Unithiol), *Na-[1.3-Dimercaptopropan]-sulfonat-(2)* (Isounithiol), *Na-[2-(2'.3'-Dimercaptopropoxy)-äthan]-sulfonat-(1)*, *Na-[2-(2'.3'-Dimercaptopropylmercapto)-äthan]-sulfonat-(1)*, *Na-[2-(1'.3'-Dimercaptoisopropylmercapto)-äthan]-sulfonat-(1)*, *Na-[3-(2'.3'-Dimercaptopropylmercapto)-propan]-sulfonat-(1)*, *Na-[3-(1'.3'-Dimercaptoisopropylmercapto)-propan]-sulfonat-(1)*, *Na-[2-(2'.3'-Dimercaptopropylamino)-äthan]-sulfonat-(1)*, *2.3-Dimercaptopropyl-bis-[2'-Na-sulfonyläthyl]-amin*, *Na-[2-Mercaptoäthan]-sulfonat-(1)* u. *Na-[3-Mercaptopropan]-sulfonat-(1)*. Am wenigsten tox. waren Disulfonate. Die größte antidot. Aktivität besaßen β-Dithiole. Ein direkter Zusammenhang zwischen Toxizität u. antidot. Aktivität wurde nicht gefunden. Die besten Eigg. in bezug auf Verträglichkeit u. Wirksamkeit bei der Behandlung von As-Vergiftungen hatte Isounithiol. B. Celms. 4675

F. Pharmazeutische Chemie. Desinfektion

Vorschläge zum DAB 7. 9. Mitt. Rutin. R. Pohloudek-Fabini und S. Knütter. (Pharmazie **17**, 520—22, Sept. 1962; Greifswald, Univ., Pharmazeut. Inst.; dt.) — 8. vgl. Pharmazie **15**, [1960], 371. — Vff. stellen den Monographievorschlag zum DAB. 7 für *Rutin* zur Diskussion u. geben Erläuterungen zu den Prüfvorschriften. H. Preisler. 4750□

Tubenfüllapparat für die Rezeptur. István Éllö und Kálmán Katona. (Gyógyszerészet [Pharmazie] **6**, 344—45, 1962; Budapest, Staatl. Pharmazeut. Inst.; ung.) — Vff. stellten nach der Idee von Fryklöf u. Nordstig [1957] einen Tubenfüll-App. her, welcher zum schnellen Abfüllen der in der Rezeptur ex tempore hergestellten Salben geeignet ist (Abb.). G. Ligeti. 4758△

Standardisierung der Wirkstoffe in West-Pakistan heimischer offizineller Drogen. Mukhtar Ahmad Wahid und Samiullah. (Pakistan J. sci. ind. Res. **3**, 228—30, 1960; Peshawar, Pakistan Council Sci. Ind. Res., North Reg. Labor.; engl.) — Tabellenmäßige Zusammenstellung der durchschnittlichen u. der arzneibuchmäßig zu fordernden Wirkstoff-Geh. einer Reihe von Arzneidrogen. F. v. Gizycki. 4782◇

Über die Alkaloide von Vinca rosea Linn. (Catharanthus roseus G. Don). 2. Mitt. **Catharanthin, Lochnericin, Vindolinin und Vindolin.** Marvin Gorman, Norbert Neuss, Gordon H. Svoboda, Albert J. Barnes jun. und Nancy J. Cone. (J. Amer. pharmac. Assoc., sci. Edit. **48**, 256—57, 1959; Indianapolis, Ind. Eli Lilly & Co., Lilly Res. Labor.; engl.) — 1. vgl. C. **1960, 14444**. — Chromatographie der schwach bas. Fraktion aus der Droge *Vinca rosea Linn.* ergab in der Reihe ihrer Elution *Catharanthin*, *Vindolinin*, *Tetrahydroalstonin*, *Ajmalicin*, *Vindolin*, *Leurosin*, *Vincaleucoblastin* u. *Virosin*. *Lochnericin* wurde chromatograph. aus einem Hexanextrakt der Droge isoliert. Das Vork. von *Serpentin* wurde bestätigt. — *Catharanthin*, $C_{21}H_{24}N_2O_2$, aus Methanol F. 126—128°, $[\alpha]_D^{27}$ 29,8° (Chlf.); *Sulfat* aus A. F. 164—167° (Zers.). Mit $LiAlH$ → *Catharanthinol*, $C_{20}H_{24}N_2O$, aus Methanol F. 227—228° (Zers.). — *Lochnericin*, $C_{21}H_{24}$·N_2O_3, aus Methanol F. 190—193° (Zers.), $[\alpha]_D^{27}$ —432° (Chlf.). — *Vindolinin*, $C_{21}H_{24-26}$·N_2O_2, aus Methanol-Ae. F. 210—212° (Zers.), $[\alpha_D]^{27}$ —8° (W.); *Pikrat*, aus Aceton-W., F. 268—272° (Zers.). — *Vindolin*, $C_{25}H_{32}N_2O_6$, aus Ae., F. 154—155°, $[\alpha]_D^{27}$ 42° (Chlf.); *Hydrochlorid*, F. 161—164° (Aceton). Mit $LiAlH$ in Ae./Tetrahydrofuran → *Vindolinol*, $C_{22}H_{30}N_2O_4$, F. 172—176°. Mit konz. HCl → *Desacetylvindolin*, $C_{24}H_{30}N_2O_5$, F. 156—157°. W. Schönborn. 4782◇

Über die Bildung von Clavin-Alkaloiden in Submerskultur. D. Gröger. (Arch. Pharmaz. Ber. dtsch. pharmaz. Ges. **292/64**, 389—97, 1959; Halle/Saale, Dt. Akad. der Wiss. zu Berlin, Arbeitsstelle für Biochem.; Martin-Luther-Univ., Halle-Wittenberg, Pharmakog. Inst.; dt.) — In Schüttelkultur 3—6 Tage gezüchtetes Mycel des *Clavin*-Alkaloid bildenden *Secale cornutum*-Stammes SD 58 wurde in 1/15m Phosphatpuffer, pH

7,4, nach Zusatz verschiedener Substrate unter Schütteln („Hungerkultur") 48—68 Std. bei 24° inkubiert. In der Lsg. wurden Alkaloid-Geh., *l-Tryptophan* (I) u. chromatograph. I-Metabolite bestimmt. In Ggw. von I waren nach 24 Std. *Elymoclavin* (II), im weiteren Verlauf *Chanoclavin* (III), *Penniclavin* (IV), *Agroclavin* (V), *Anthranilsäure* (VI) vielleicht *Kynurenin* nachweisbar, wobei I größtenteils als C- u. N-Quelle diente. Pyridoxalphosphat erhöhte die Ausbeute etwas. Aus VI u. VI + Glucose wurden II, III u. IV gebildet Bei Verabreichung von I + Mevalonsäurelacton war die Alkaloid-Bldg. erhöht. Ohne O_2 erfolgte keine Alkaloidsynthese. Aus Acetyltryptophan entstanden die gleichen Alkaloide, ebenso aus Indol. Nicotinsäure war in keinem Falle nachweisbar.
K. Maier. 4782◇

Über die Morphinverluste in Mohnkapseln (Papaver somniferum L.) 24. Mitt. **über die enzymatische und nichtenzymatische Oxydation von therapeutisch wirksamen Pflanzenstoffen.** G. Schenck, K.-H. Frömming und H.-J. Kluge. (Pharmaz. Ztg. verein. Apotheker-Ztg. **107**, 1777—78, 1962; Berlin, Freie Univ., Pharm. Inst.; dt.) — Vgl. C. **1960,** 870 u. C. **1961,** 9068. — In frischen zerkleinerten Mohnkapseln treten bei Lagerung bei 20° in den ersten 8 Tagen maximale Morphin (I)-Verluste auf, nach 24 Tagen ist keine I-Abuahme u. keine Phenoloxydase (II)-Aktivität mehr feststellbar. In Modell-Verss. bewirkt II im Mohnkapselextrakt in Abwesenheit von p-Cumarsäure (III) u. Kaffeesäure (IV) im Verhältnis 1 : 5,5 : 21,5 I-Base, wie es in den Mohnkapseln vorliegt, innerhalb 5 Std. eine 5- bzw. 8%ig. I-Abnahme. Die bei Gewinnung u. Lagerung von Opium u. Mohnkapseln auftretenden I-Verluste werden auf die Wrkg. von II zurückgeführt, wobei III u. IV Überträger sind. G. Alcer. 4782◇

Beiträge zur Herstellung eines Pflanzenlabs aus den Blüten von Cynara scolymus L. Viorica Cucu, Florica Cenuşaru und Elena Tarpo. (Farmacia [Bucureşti] **6,** 125—30, 1958; rum.) — Vff. prüften die bekannten Verff. zur Gewinnung von Pflanzenlab aus den Blüten der *Cynara Scolymus L.* auf ihre Ergiebigkeit u. auch den Gerinnungswert der Präparate. Die maximale Ausbeute wird durch Extraktion mit 20%ig. A. erzielt. Die Gerinnungs-Wrkg. auf Milch beträgt 1 : 33000.
J. Lehmberg. 4782◇

Über Wasserstoffbrückenbindungen. C. Führer. (Pharmaz. Zentralhalle Deutschland **101,** 79—85, 1962; Frankfurt/M., Univ., Pharm. Inst.; dt.) — Vf. gibt zusammenfassende Übersicht über derzeitigen Stand der die Wasserstoffbrücken (I) betreffenden Erkenntnisse. Dabei wird nach Definition u. Aufführung der Bedingungen, an welche Bldg. von I gebunden ist, eine Einteilung der I-Bindungen in intramol. u. intermol. vorgenommen. Bei letzteren wird unterschieden, ob I zwischen einander entsprechenden oder verschiedenen funktionellen Gruppen auftreten. Nach Besprechung der einzelnen Gruppen werden Nachw.-Meth. angegeben. Der sicherste Nachw. von I geschieht auf IR-spektroskop. Wege, ferner mit Hilfe von Kernresonanz- u. UV-Spektren. Voraussagen, ob u. wieweit in einem Gemisch I gebildet werden, ist schwierig, da bei deren Bldg. viele Faktoren mitwirken. Da I aus gegenseitiger Wechselbeziehung zweier Partner entstehen, sind deren Donar- u. Acceptor-Eigg. zu berücksichtigen. Neben Abschätzung dieser Eigg. auf Grund des pK von Säuren bzw. Basen u. des Dipolmoments ist auch die Polarisierbarkeit der Gruppen, an denen I angreifen, wichtig. Die I-Bindung ist in der Pharmazie von bes. Bedeutung für die galen. Trägersubstanzen bzgl. deren Affinität zum Arzneistoff. I. Roehr. 4790◇

Die Natriumcarboxymethylcellulose als hydrophile Salbengrundlage. M. Ch. Glusman, I. B. Lewitskaja und G. Ss. Baschura. (Nachr. Dermatol. Venerol. [UdSSR] **35,** Nr. 4, 40—44, 1961; Charkow, Wiss. chem. Pharmazeut. Inst.; russ.) — Übersicht. — 52 Literaturangaben. I. v. Kloch-Kornitz. 4792□

Analyse der Daten über die Medikamentabgabe aus Salbengrundlagen. W. I. Higuchi. (J. pharmac. Sci. **51,** 802—04, Aug. 1962; Madison, Univ. of Wisconsin, School of Pharm.; engl.) — Bereits veröffentlichte Daten über die Abgabe von $Na^{131}J$ aus verschiedenen hydrophilen Salbengrundlagen wurden nachträglich mathemat. ausgewertet. Es kann gezeigt werden, daß die errechneten Abgabewerte gut mit den in den prakt. Verss. ermittelten übereinstimmen, weshalb empfohlen wird, die vorgeschlagenen Gleichungen für die Voraussagen der Abgabe von Wikstoffen aus Salbengrundlagen einzusetzen. H. P. Fiedler. 4792◇

Lokal anwendbare Pharmazeutica in Aerosolpackungen. John J. Sciarra, Francis J. Tinney und William J. Feely. (Aerosol Age **5,** Nr. 12, 63—68, 1960; Jamaica, N.Y., St. John's Univ., Coll. of Pharm.; engl.) — Vff. untersuchten die Möglichkeit, Salbengrundlagen unter Verw. von komprimiertem oder fl. N_2 als Aerosol zu dispensieren. Zur Anwendung kamen Gemische verschiedener Typen von Vaseline u. Polyäthylenglykol, im Falle der Verw. fl. N_2 in Ggw. eines oberflächenakt. Agens. Die Meth. bietet viele Vorteile bei der lokalen äußerlichen Applikation von in Salben eingearbeiteten Medikamenten. M. Dittmar. 4792◇

Beiträge zur Entwässerung der kristallinen Mineralsalze durch Anwendung von Infrarotstrahlen. A. Przibram, O. Sonnenschein und T. Weisz. (Farmacia [București] 6, 137—45, 1958; Timişoara; rum.) — Vff. weisen auf Grund eigener Ergebnisse auf die Vorteile der Trocknung mit IR-Strahlen von pharmazeut. verwendeten krist. Mineralsalzen (Alaun, Cu-Sulfat, Mg-Sulfat, Na_2HPO_4 u. Na-Sulfat) hin. J. Lehmberg. 4804◇

Vereinfachte Methode der Herstellung von Calciumacetylsulfanilylcyanamid. Ludmila Znojek und Danuta Szlompek-Nesteruk. (Przemysł chem. **40**, 700—01, 1961; Warszawa, Zakł. Technol. Inst. Farm.; pol.) — Die Herst. besteht aus der in einer Operation durchgeführten Hydrolyse des im Handel befindlichen Ca-Cyanamids u. Kondens. des erhaltenen Ca-Hydrogencyanamids mit Acetylsulfanilylchlorid. Das bei der Hydrolyse gebildete $Ca(OH)_2$ wurde zur Neutralisation der bei der Kondens. als Nebenprod. gebildeten HCl verwendet. Die Ausbeute beträgt 90—95%. Nach dieser Meth. wurde ein 97%ig. Prod. hergestellt. J. Schneider. 4806□

Experimentelle Untersuchung der Arzneiformen der Antibiotica für rectale Zufuhr. L. L. Awerjanowa und W. I. Potschapinski. (Antibiotika [UdSSR] **7**, 1000—07, 1962; Allunions-Forsch.-Inst. für Antibiotica, Labor. für Arzneiformen; russ., Auszug: engl.) — Die Verss. ergaben, daß die Suppositorien aus *Penicillin, Streptomycin, Nystatin, Tetracyclin, Hydroxytetracyclin, Ricillin* (Benzylpenicillindiäthylaminoäthylesterhydrojodid) bei 20—22° 6 Monate lang beständig sind. Im Vers. mit Kaninchen erwiesen sich die Suppositorien der Tetracyclinreihe, bes. der Hydrochloride, als die aussichtsreichsten. Umfangreiches Zahlenmaterial über den Antibiotica-Geh. in den verschiedensten Organen u. Geweben von Kaninchen u. Mensch unterrichtet über deren Resorbierbarkeit. O. Lebtag. 4810△

Isolierung von Streptomycin durch Carboxylionenaustauscher. Josef Hoffman, Miroslav Heřmanský, Helena Pařízková und Jiří Doskočil. (Chem. Techn. **9**, 151—55, 1957; Roztoky bei Praha, Forsch.-Inst. für Antibiotica; dt.) — 10 Proben verschiedener Carboxylionenaustauscher wurden durch die Gesamtaustauschkapazität, Quellungsgrad u. Titrationskurven charakterisiert u. auf Grund ihrer Aufnahmekapazität für *Streptomycin*, Absorptions-Geschw. u. Verlauf der Elution beurteilt. Am besten sind die Polyacrylatharze u. das ROA-Harz aus der Phenol–Formaldehyd-Gruppe geeignet. — 39 Literaturangaben. K. Zieloff. 4810△

Sterilisierung hitzeempfindlicher fester Substanzen mit Äthylenoxid. Béla Láng, I. Hercsel und János Hernádi. (Gyógyszerészet [Pharmazie] **6**, 330—35, 1962; Budapest, Chinoin A. G.; ung.) — Vff. beschreiben eine im Labor. u. Kleinbetrieb brauchbare Sterilisierungs-Meth. mit Äthylenoxid u. die App.; sie stellten fest, daß ein Gemisch aus CO_2 mit 500—700 mg Äthylenoxid bei 1,2—2 atü u. Zimmer-Temp. mit Luftbakterien verunreinigtes PAS-Na entkeimte u. auf Kunststoff-, Glas- oder Metalloberfläche getrocknete Sporen von Bac. subtilis nach 4std. Einw. des Gemisches lebensunfähig wurden. Vff. konnten jedoch binnen 170 Std. keine Sterilität erreichen, wenn die Sporen Bac. subtilis in einem aus 0,1 mm dicken Polyäthylenläppchen hergestellten u. luftdicht verschlossenen Behälter der Gas-Wrkg. ausgesetzt wurden. Unter ähnlichen Verhältnissen wird im Cellophanbeutel Sterilität erreicht. G. Ligeti. 4832△

Klinische Erprobung von baktericiden Emaillen für medizinische Möbelstücke. N. N. Jelanski und Je. M. Petrowa. (Chirurgie [UdSSR] **36**, Nr 11, 131—32, 1960; Moskau, 1. Med. Ssetschenow-Inst., Chirurg. Fakultätsklinik; russ., Auszug: engl.) — Bei Anwendung einer Nitroemaille für Krankenhausmöbel unter Zusatz von 10% AB (baktericides Präp.) bleibt die Sterilität weniger als 2,5 Monate erhalten. Werden 15% AB zugesetzt, so wird eine Sterilität noch nach 11 Monaten beobachtet. O. Lebtag. 4832△

Über die Anwendung der in der neuen Auflage des Rumänischen Arzneibuches vorgesehenen allgemeinen Kontrollmethoden bei Laboratoriumsanalysen. L. Schreiber und C. Köver. (Farmacia [București] **6**, 171—75, 1958; Arad; rum.) J. Lehmberg. 4880◇

Bestimmung des Trockensubstanzgehaltes durch infrarote Bestrahlung. Béla Rédiger. (Gyógyszerészet [Pharmazie] **6**, 339—41, 1962; Tapolca, Apotheke 7/34; ung.) — Es wurden Verss. durchgeführt, um den Trockensubstanz-Geh. von Arzneimitteln (Tinkturen, Sirupe, Lsgg.) mittels der ungar. „Infrasec"-Glühbirne zu bestimmen. Die Trocknungszeit beträgt nur 20—30 Minuten. G. Ligeti. 4880△

Über das Verteilungsverhalten der Methyläther der Dihydroxybenzoesäuren. G. Wagner und R. Flotow. (Pharmaz. Zentralhalle Deutschland **101**, 89—95, 1962; Leipzig, Karl-Marx-Univ., Pharm. Inst.; dt.) — Vff. berichten über das papierchromatograph. Verteilungs-Verh. von Mono- u. Dimethyläthern der 2.4-, 2.5-, 2.6- u. 3.5-Dihydroxybenzoesäure. Durch Vgl. der R_F-Werte der aromat. Dihydroxycarbonsäuren (I) u. deren Methyläther (II) bei saurer u. ammoniakal. Verteilung kann der Einfl. einer zur Carboxylgruppe o-ständigen, in stabilen sechsgliedrigen Chelatring eingebauten Hydroxylgruppe auf das Vreteilungs-Verh. erkannt werden. Eine solche OH-Gruppe gibt einer Verb. hydrophobere Eigg. als eine an gleicher Stelle eingebaute Methoxygrupe. Tabellen. über R_F-Werte von **I** u. **II** mit Verteilungsmitteln n-Butanol/Xylol/Eisessig/W. u. n-Butanol/Xylol/NH_3 10% ig. sowie über Entw.-Möglichkeiten von **I** u. **II** u. über Nachw.-Grenzen für **I** u. **II** nach papierchromatograph. Verteilung u. Sichtbarmachung mit verschiedenen Reagentien sind angegeben. J. Roehr. 4880◇

Verhalten gewisser Sulfonamide gegenüber dem Nesslerschen Reagens. I. Popa und Gh. Tobă. (Farmacia [Bucureşti] **8**, 113—16, 1960; rum.) J. Lehmberg. 4880◇

Über die Bestimmung quartärer Ammoniumverbindungen mit antiseptischer Wirkung. A. Spada, D. Coppini und M. Montorsi. (Farmaco [Pavia], Ediz. sci. **12**, 582—85, 1957; Modena, Univ., Ist. Chim. farm.; ital.) — Die beschriebene Meth. zur Best. kleiner Mengen (ca. 100 mg) quart. Ammoniumsalze mit antisept. Wrkg. beruht auf der Fällung mit $K_2Cr_2O_7$. Der Nd. wird in schwefelsaurer Lsg. colorimetriert. Walter A. Schäfer. 4880□

Beiträge zur Untersuchung der Pyrazolonderivate. R. Vasiliev, Vera Scinteie, I. Chialda, Elena Şişman, J. Fruchter und M. Jecu. (Farmacia [Bucureşti] **8**, 121—32, 1960; Bucureşti, Inst. cercet. farm. si controlul med.; rum.) — Vff. prüften quant. Best.-Meth. von *Antipyrin* (**I**), *Pyramidon* (**II**), *Novalgin* (**III**) u. *Butazolidin* (**IV**) zur Kontrolle der offiziellen Methoden. Für die Best. von **I** wird für die bromatometr. Meth. die Verstärkung der HCl-Konz. von 10 auf 25% empfohlen, die gravimetr. Best. mit $K_4Fe(CN)_6$ kann in Ggw. von **II** u. **III** erfolgen. Für die **II**-Best. wird eine Meth. im nicht wss. Medium mit $HClO_4$ in Dioxan u. Methylrot als Indicator empfohlen. Die Genauigkeit der komplexometr. Best. von **II** hängt vom Indicator (Erichromschwarz T) ab. **III** kann jodometr. bestimmt werden, in Ggw. von **I** u. **II** erfolgt die Best. im wss.-alkohol. Medium. Für **IV** ergibt die alkalimetr. Meth. erhöhte Werte im Vgl. zu acidimetr. Best. im alkohol. Medium mit Kresolrot als Indicator. — 40 Literaturangaben. J. Lehmberg. 4880◇

Anwendung der Perchlorsäuremethode in der Arzneimittelprüfung. Edit Pozsgay-Kovács. (Gyógyszerészet [Pharmazie] **6**, 336—38, 1962; Budapest, Staatl. pharmaz. Inst.; ung.) — Es werden die mit 0,1 n Perchlorsäure in Eisessig durchgeführten titrimetr. Best. schwach bas. Bestandteile verschiedener Arzneibereitungen beschrieben. Der Tolazolin-Geh. W. enthaltender Emulsionssalben wurde — nach Trocknen bei 105° — in Chlf. in Ggw. von Hg-Acetat u. Gentianaviolett als Indicator titriert. Der Coffein-Geh. von Pillen wurde im Chlf.-Essigsäureanhydrid-Gemisch mit Sudan III titrimetr. ermittelt. Vehikel u. Luminal stören nicht. Der Pyramidon-Geh. (**I**) von Pulvergemischen u. Zäpfchen wird in Chlf.-Lsg. mit einem Mischindicator (Methylthymolblau–Bromphenolblau–Methylenblau) titriert. **I** wird von den störenden Anteilen (Veronal-Na, Natr. Benzoic., Codein. phosphoric.) durch Herauslösen mit Chlf. getrennt. G. Ligeti. 4880△

Die Bestimmung von Aspirin, Phenacetin und Coffein in vorschriftsmäßigen Gemischen und Tabletten mit Hilfe einer spektrophotometrischen Methode. Hanna Bukowska. (Chem. analit. [Warszawa] **4**, 105—12, 1959; Warszawa, Inst. of Drugs; pol.) — Eine spektrophotometr. Meth. zur Best. von Aspirin (**I**) u. Phenacetin (**II**) in Gemischen u. **I**, **II** u. Coffein in Tabletten nach vorangehender Hydrolyse des **I** in wss. alkohol. 0,025 n NaOH-Lsg. wird beschrieben. Zur Absorptionsmessung in wss. alkohol. Lsg. (ohne Trennung in die Komponenten) werden die Wellenlängen 250 u. 295 mμ (**I**/**II**-Gemische) bzw. 250, 272 u. 310 mμ (Tabletten) benutzt. W. Betcke. 4880□

Eine neue gravimetrische Methode zur Bestimmung des Piperazins. I. Grecu. (Farmacia [Bucureşti] **8**, 261—64, 1960; Cluj, Fac. farm., Labor. chim. anorg.; rum.) — Beschreibung einer gravimetr. Schnellbest. des Piperazinhydrats (**I**), die auf Bldg. der Komplex-Verb. ($CdC_4H_{10}N_2$)(SCN_2) beruht, die durch Rk. von **I** mit einem Überschuß von Cd^{2+}-Lsg. in Ggw. von NH_4SCN entsteht. J. Lehmberg. 4880◇

Photometrische Bestimmung kleiner Mengen von Papaverin aus Arzneimittelgemischen. Larissa Murea und C. Russu. (Farmacia [Bucureşti] **6**, 131—36, 1958; Bucureşti, Inst. cercet. farm. si control. med., Labor. chim. fiz.; rum.) — Beschreibung einer photometr. Best.-Meth. kleiner Mengen von Papaverin (I) in verschiedenen Gemischen, die auf der Kondens.-Rk. von I mit Formaldehyd u. Bldg. von Methylendipapaverin beruht. J. Lehmberg. 4880◇

Die Reinheitsprüfung der Alkaloide mit Hilfe der Papierchromatographie. 5. Mitt. **Hydrastisalkaloide.** J. Büchi und H. Schumacher. (Pharmac. Acta Helvetiae **32**, 403—10, 1957, Beil. zu: Schweiz. Apotheker-Ztg.; Zürich, ETH, Pharm. Inst.; dt.) — 4. vgl. Pharmac. Acta Helvetiae **32**, [1957], 375. — Vff. beschreiben ein papierchromatograph. Verf. zur Auftrennung der Hydrastisalkaloide, das die vorgeschriebenen Reinheitsprüfungen der Ph. Helv. V an Empfindlichkeit übertrifft. Die 3 Reinalkaloide *Hydrastinin* (I), *Berberin* (II) u. *Hydrastin* (III) werden mittels der Meth. nach Büchi u. Schumacher [1957] auf Whatman-Papier Nr. 1, das auf pH 6,6 gepuffert wird, chromatographiert. Als empfindlichster Nachw. wird die UV-Betrachtung angegeben: I leuchtendhellblau, R_F 0,02; II leuchtendgelb, R_F 0,06; III schwachblau, R_F 0,93. Mit Dragendorffs-Reagens werden I u. III (orangefarbene Flecken), mit Zaffaroni-Reagens II (gelb) u. III (blauviolett) erfaßt. Das von Vff. untersuchte *Extractum Hydrastidis fluidum* Ph. Helv. V zeigt gleiches Verh. wie die 3 Reinalkaloide. Die R_F-Werte stimmen überein. Die Empfindlichkeit beträgt beim UV-Nachw. 5—10 μg. Hans-Dieter Jacobi. 4880

Beiträge zur Trennung von Alkaloiden des Mutterkorns an Cellulosepulversäulen. R. Voigt und A. Kaehler. (Pharmaz. Zentralhalle Deutschland **101**, 95—98, 1962; Berlin, Humboldt-Univ., Pharm. Inst.; dt.) — Vff. geben ein säulenchromatograph. Verf. im Halbmikro- u. Mikromaßstab zur Trennung von Alkaloiden des Mutterkorns an Cellulosesäulen an, das sowohl Abtrennung der Clavinalkaloidfraktion (I) von den wasserlösl., „klassischen“ Alkaloiden u. den Peptidalkaloiden (II), wie auch Rein-Darst. von Einzelalkaloiden ermöglicht. Cellulosepulver (III), Nr. 123 (Schleicher u. Schüll) wird mit 0,2%ig. Weinsäure-Lsg. getränkt, zwischen Filtrierpapier abgepreßt, bei 60° getrocknet u. ist nach Pulvern u. Sieben gebrauchsfertig. Eine zylindr. Säule wird mit imprägniertem III beschickt u. zur Vorreinigung mit dem Lsgm.-Gemisch Ae./Aceton/W. (2 : 4 : 2; IV) behandelt. Die entfettete Droge wird mit ammoniakal. Ae. extrahiert, der Extrakt von Ballaststoffen befreit, im Vakuum eingeengt, mit 2 g imprägniertem III versetzt u. auf die vorbereitete Säule gegeben. Die Entw. erfolgt mit IV in ca. 14 Stunden. Durch Elution wurden nacheinander aufgefangen: II, I (Chano-, Pyro-, Costa-, Agro-, Festuclavin u. a.), Ergometrinin, Ergometrin sowie Lysergsäureamid/Isolysergsäureamid u. Lysergsäure. Nach Abtrennen von II u. I erfolgt weitere Eluierung mit IV, dem 1 Tropfen 10%ig. NH_3 auf 100 ml zugesetzt ist. Das Wandern der Alkaloidzonen kann auf der Säule unter UV-Licht beobachtet werden. J. Roehr. 4880◇

Bestimmung von Polyvinylpyrrolidon in Blutplasmaersatzmitteln. K. Basu und B. N. Dutta. (J. Proc. Instn. Chemists (India) **34**, 9—16, 1962; Calcutta, Dey's Medical Stores (Mfg) Private Ltd.; engl.) — Drei neue Best.-Meth. für *Polyvinylpyrrolidon* (PVP) in Blutplasmaersatzmitteln wurden ausgearbeitet, um die langwierige Kjeldahl-Meth. zu ersetzen. Bei der Meth. A wird die Absorption einer ca. 100 μg PVP enthaltenden Lsg. bei 212 mμ im Spektrophotometer bei pH 5 gegen blankes W. bestimmt. Bei Meth. B wird eine ca. 200—500 μg PVP enthaltende Lsg. mit einer suspendierenden Lsg. von z. B. Gummi arabicum oder Gelatine versetzt, PVP mit Cl_3CCOOH gefällt u. die entstehende Trübung im photoelektr. Colorimeter bei 660 mμ gegen das blanke Reagenz bestimmt. Bei Meth. C wird eine 5 μg PVP enthaltende Lsg. nach Erhitzen mit 2%ig. alkohol. p-Dimethylaminobenzaldehyd-Lsg. in Ggw. von H_2SO_4 colorimetr. bei 352 mμ oder 520 mμ bestimmt. Alle Meth., einschließlich der bekannten Kjeldahl-Meth. geben diesselben durchschnittlichen Ergebnisse. Meth. C ist schwierig zu handhaben, um reproduzierbare Ergebnisse zu erhalten. Meth. A ist die Meth. der Wahl. Meth. B ist geeignet für Routineuntersuchungen. Meth. A u. B können in je 15—20 Min. durchgeführt werden. K. Hinterauer. 4880◇

Über die Bestimmung des Chloramphenicols in pharmazeutischen Präparaten. 3. Mitt. **Über einige colorimetrische Methoden.** G. Banchi und E. Lomuto. (Farmaco [Pavia], Ediz. prat. **13**, 538—49, 1958; Firenze, Banchije Moggri; ital.) — 2. vgl. C. **1961**, 4807. — Die mikrobiol. u. spektralphotometr. Meth. zur Best. von *Chloramphenicol* u. seinen Estern sind gegenüber den colorimetr. Meth. nach Döll [1955] u. nach Freeman [1956] vorteilhafter. Walter A. Schäfer. 4880□

Rifomycin. 7. Mitt. **Spektrophotometrische Analyse von Rifomycin B.** G. G. Gallo, P. Sensi und P. Radaelli. (Farmaco [Pavia], Ediz. prat. **15**, 283—91, 1960; Milano, Lepetit S. p. A., Labor. Ric.; ital.) — 6. vgl. Farmaco [Pavia], Ediz. prat. **15**, [1960], 235. — Beschreibung einer spektrophotometr. Meth. zur Best. von *Rifomycin B* (I) in wss. Lsg., mit Phosphatpuffer auf pH 7,3 eingestellt, bei 425 mμ. In Ggw. von Fremdsubstanzen wird I zunächst mit Äthylacetat extrahiert. K. Zingraf. 4880◇

Rifomycin. 8. Mitt. **Fluorimetrische Analyse von Rifomycin B.** P. Sensi, C. Coronelli und A. Binaghi. (Farmaco [Pavia], Ediz. prat. **15**, 292—300, 1960; ital.) — 7. vgl. vorst. Referat. — Beschreibung einer fluorometr. Meth. zur Best. von *Rifomycin B* (**I**), welche auf der Umwandlung von **I** in Äthylacetat-Lsg. in sein Triacetyl-Deriv. beruht; dieses zeigt eine starke Fluorescenz mit einem Emissionsmaximum bei 500 mμ. Die Lsgg. müssen im Dunkeln gehalten werden, da die Fluorescenz im Tageslicht nicht stabil ist. K. Zingraf. 4880◇

Chemical Products Ltd., London, England (Erfinder: Stephen Paul Rety, Wilfred Herbert Linnell und Herbert Timmington), **Therapeutica** mit verlängerter gleichbleibender Wirksamkeit im Magen–Darm-Trakt. Sie bestehen aus einem mit Divinylbenzol oder einem aliphat. Ester vernetzten Polystyrol- oder Polymethacrylsäureionenaustauschharz, das als Ionenaustauschgruppen entweder Amino- bzw. quart. NH_3-Gruppen (Anionenaustausch) oder Sulfon- bzw. Carboxylsäuregruppen (Kationenaustausch) enthält, sowie dem eigentlichen Therapeuticum p-Aminosalicylsäure, Acetylsalicylsäure, p-Hydroxybenzoesäure oder p-Aminosalicylat. (**E. P. 885 087** vom 17/3. 1958, ausg. 20/12. 1961.) K. Wolk. 4767

Henkel & Cie. G. m. b. H. (Erfinder: Hans Zoebelein und Manfred Dohr), Düsseldorf, **Herstellung von in Wasser und wasserhaltigen Alkoholen löslichen Mischpolymerisaten,** dad. gek., daß man Acrylamid u. N-tert.-Butylacrylamid im Gew.-Verhältnis von ca. 4 : 6 bis 7 : 3 in bekannter Weise polymerisiert. Vorteilhaft ist ein Verhältnis von 1 : 1, wobei in einem Gemisch aus W. u. einem mit W. mischbaren organ. Lsgm., z. B. Methanol oder Aceton, in Ggw. von z. B. $(NH_4)_2S_2O_8$ bei 40—60° mischpolymerisiert wird. — Mengenbeispiele entsprechend den Variationsmöglichkeiten. Tabellen. — *Verdickungsmittel* für *Pharmazeutica* u. *Kosmetika*. (**D. A. S. 1 110 422** Kl. 39c vom 16/2. 1960, ausg. 6/7. 1961. **E. P. 893 005** vom 24/1. 1961, ausg. 4/4. 1962. D. Prior. 16/2. 1960.) H. Schindler. 4787

Nitritfabrik G. m. b. H. & Co., Feldkirchen (Erfinder: Erwin Schauenstein, Graz, Österreich), **Umwandlung von therapeutisch anwendbaren, in Wasser praktisch unlöslichen organischen Stoffen in ein echt wasserlösliches Produkt,** wobei die organ. Stoffe mindestens 2 Doppelbindungen, ausgenommen in aromat. Kernen, enthalten wie nicht wasserlösl., ungesätt. Fettsäuren, Fettsäureester, Ketone u. Aldehyde u. deren durch Substitution erhaltene Derivv., z. B. $\Delta^{9,12}$-Linolsäureäthylester, $\Delta^{9,12}$-Linolsäure, Vitamin D_2, Vitamin-A-Acetat, Progesteron, Arachidonsäuremethylester oder Linolensäuremethylester, dad. gek., daß die wasserunlösl. Stoffe ohne Zusatz von Oxydationsmitteln mit einem vielfachen Überschuß von W. mechan., bes. durch hochtourige Rührer, ohne Blasen-Bldg. in innige Wechselwrkg. gebracht werden u. die den Stoff in echter Lsg. enthaltende wss. Phase von dem emulgierten Ausgangsmaterial abfiltriert u. ggf. eingeengt wird. Die emulgierte Phase wird dann erneut mit W. verrührt. Die Wasserlöslichkeit beruht vermutlich auf Einführung von Hydroxylgruppen an den Doppelbindungen. Das reine wasserlösl. Prod. löst sich sofort in W. ohne einen Lösungsvermittler. (**D. A. S. 1 134 180** Kl. 30h vom 15/1. 1955, ausg. 2/8. 1962. Oe. Prior. 22/1. 1954.) W. Heyer. 4787

Hans Voigt, Berlin, **Herstellung klarer, haltbarer wässeriger Lösungen von alkoholischen Arzneipflanzenextrakten,** dad. gek., daß der wss. Suspension dieser alkohol. Extrakte als Lösungsvermittler 20—30 Gew.-% Milchsäure zugesetzt wird. — 10 (g) Extr. Amni Visnaga (e. fruct.) spir. sicc. in 690 W. ergeben nach Zugabe von 300 80%ig. Milchsäure eine klare wss. Lösung. Analog Lsgg. von Extr. Crataegi spir. sicc., Strophantus, Oleander, Adonis vernalis, Convallarea majalis u. Bulbus Scillae. (**D. A. S. 1 137 168** Kl. 30h vom 27/6. 1957, ausg. 27/9. 1962.) W. Heyer. 4791

VEB Arzneimittelwerk Dresden, Radebeul (Erfinder: Hans Römisch, Dresden), **Gewinnung von injizierbaren, flavonhaltigen Extrakten aus den Samen der Roßkastanie** durch Abtrennen der darin enthaltenen Saponine, dad. gek., daß man einen in wss. Lsg. übergeführten Extrakt unter Erwärmen, bes. auf 50°, mit Alkalihydroxid versetzt, bis der pH-Wert 10 erreicht ist, nach dem Abkühlen, bes. auf Temp. $<20°$, bis zum pH-Wert 2 mit Säure versetzt, vom Nd. abtrennt u. die Lsg. abfüllt. Man kann auch einen alkohol. Extrakt in an sich bekannter Weise mit alkohol. Alkalilauge versetzen, den entstehenden Nd. abtrennen, in W. eintragen, die Mischung ansäuern, bes. auf den pH-Wert 2, vom Unlöslichen abtrennen u. die Lsg. abfüllen. (**D. A. S. 1 133 504** Kl. 30h vom 25/6. 1958, ausg. 19/7. 1962.) K. Koebke. 4791

F. Hoffmann-La Roche & Co. Akt.-Ges., Basel, Schweiz (Erfinder: John Mervyn Osbond und Peter George Philpott, Welwyn Garden City, England),

Herstellung von Alkenolen der allg. Formel $CH_3-(CH_2)_4-(CH=CH-CH_2)_m-CH=CH-CH_2-(CH_2)_n-OH$ (m = 1—4, n = 0—8), dad. gek., daß man ein Halogenalkin der allg. Formel $CH_3-(CH_2)_4-(C\equiv C-CH_2)_m-X$ (X = Cl, J oder bes. Br), wie 1-Bromtetradecatriin-(2.5.8), in Ggw. eines Cu(I)-Salzes (CuCl oder CuCN) mit einem Halogenmagnesium-Deriv. eines Alkinols der allg. Formel $CH\equiv C-CH_2-(CH_2)_n-OH$ [Propargylalkohol, Hexin-(5)-ol-(1)] zweckmäßig in Tetrahydrofuran als Lsgm. unter N_2 kondensiert, nach Hydrolyse des Rk.-Prod. die Dreifachbindungen des isolierten Alkinols in Ggw. von Pb-vergifteten Pd-Katalysatoren (Lindlar-Katalysatoren) partiell zu Doppelbindungen hydriert u. das entstandene Alkenol abtrennt. Man erhält so über Undecadiin-(2.5)-ol-(1), $Kp._{0,0029}$ 78—86°; n_D^{20} 1,4825, → *Undecadien-(2.5)-ol-(1)*, farbloses Öl, $Kp._{0,005}$ 100—101°; $n_D^{20,5}$ 1,4709; über Eikosatetrain-(5.8.11.14)-ol-(1), F. 51—52°, → *Eikosatetraen-(5.8.11.14)-ol-(1)*, $Kp._{0,001}$ 122—126°; n_D^{20} 1,4880. Geeignet zur Herst. der entsprechenden Säuren u. ebenso wie die Säuren *zur Behandlung von patholog. Hautveränderungen* u. der *Arteriosklerose*. (**D. A. S. 1 127 349** Kl. 12o vom 24/6. 1959, ausg. 12/4. 1962. E. Prior. 5/7. 1958, 17/1. u. 6/2. 1959.) W. Gräger. 4807

Farbwerke Hoechst Akt.-Ges., vormals Meister Lucius & Brüning, Frankfurt/M. (Erfinder: Richard Kerber, Ludwigshafen/Rh.), **Sulfinsäuren** u. deren Salze werden hergestellt durch alkal. Spaltung von Sulfonen der allg. Formel $RCH_2 \cdot CH_2SO_2X$ (R = ggf. veresterte Carboxyl-, Nitril- oder Säureamidgruppe; X = aliphat. oder aromat. Rest oder RCH_2CH_2-). — Zu 6,5 g Na in 100 ml Methanol gibt man 58 g Bis-[β-carbomethoxyäthyl]-sulfon. Man erhitzt 1 Std. auf 60° u. engt dann im Vakuum auf $^1/_3$ des Vol. ein. Nach Kühlung gibt man die 5fache Menge Aceton zu, filtriert den Nd. ab u. trocknet bei 50° → 42,5 g *Na-β-Carbomethoxyäthylsulfinat*, $C_4H_7NaO_4S$, F. 198—200° (Zers.; aus A.). — Analog: *Na-β-Cyanäthylsulfinat*, $C_3H_4N \cdot NaO_2S$ (99% Ausbeute), F. 189—190° (aus A.); *β-Cyanäthylphenylsulfinsäure*, F. 83 bis 84°; *Na-Salz* (97%); *$NaOCOCH_2CH_2SO_2Na$*, nicht rein erhalten. — *Zwischenprodd.* für Pharmazeutica. (**D. A. S. 1 129 477** Kl. 12o vom 11/10. 1960, ausg. 17/5. 1962.) A. Debo. 4807

Soc. Italiana Prodotti Schering (Erfinder: Paolo Calimberti, Vittorina Gerosa und Max Marcello Melandri), Mailand, Italien, **Phenyläthylmalonsäureäthylester-(diäthylaminoäthylamid) (I)**. Zu 25,5 g Phenyläthylmalonsäureäthylesterchlorid in 100 ml wasserfreiem Bzl. gibt man in kleinen Mengen 5,3 g wasserfreies Na_2CO_3 u. dann 11,6 g N.N-Diäthyläthylendiamin. Man kocht 2 Std. unter Rückfluß, kühlt, filtriert u. dest. das Filtrat → I, $Kp._3$ 182—188°; DL_{50} 610 (mg/kg) Ratte u. 400 Maus per os; 250 Ratte u. 245 Maus intraperitoneal; I-*Hydrochlorid*, F. 71—74° (Zers.); I-*Hydrobromid*, F. 74—78° (Zers.). — *Spasmolyticum*, verlängert die Barbiturathypnose. (**D. A. S. 1 125 435** Kl. 12q vom 24/3. 1960, ausg. 15/3. 1962. E. Prior. 26/3. 1959.) A. Debo. 4807

Farbwerke Hoechst Akt.-Ges., vormals Meister Lucius & Brüning, Frankfurt/M. (Erfinder: Walter Siedel, Bad Soden, und Karl Sturm, Frankfurt/M.), **Benzol-m-disulfonamide** der allg. Formel **I** (R = Halogen, $-CH_3$; R_1 = H, Halogen, $-CH_3$; R_2 = H, Alkyl; R_3 = ggf. durch O unterbrochenes Alkyl mit 1—8 C-Atomen, Cycloalkyl mit 3—8 C-Atomen, Cycloalkylalkyl mit 4—8 C-Atomen, Phenyl, Phenylalkyl; NR_2R_3 auch Heterocyclus mit ggf. weiteren Heteroatomen) werden hergestellt durch Rk. der entsprechenden Benzolsulfohalogenide $R_1RC_6H_2 \cdot (SO_2NR_2R_3)SO_2Cl$ mit NH_3 oder NH_3 abspaltenden Verbb., ggf. werden anschließend die Alkalisalze hergestellt. — 10 g Toluol-2.4-disulfonsäurechlorid-(2)-n-propylamid-(4), F. 106—108°, trägt man in kleinen Anteilen in 100 ml fl. NH_3 ein. Nach Abdampfen des überschüssigen NH_3 wird der Rückstand mit verd. HCl behandelt, filtriert, mit W. gewaschen → 8,2 g *Toluol-2.4-disulfonsäureamid-(2)-n-propylamid-(4)*, F. 162° (aus wss. Methanol). — *Toluol-2.4-disulfonsäureamid-(2)-cyclopentylamid-(4)*, F. 149° (aus wss. A.). — *Chlorbenzol-2.4-disulfonsäureamid-(2)-dimethylamid-(4)*, F. 182° (aus wss. Methanol). — *Brombenzol-2.4-disulfonsäureamid-(2)-propylamid-(4)*, F. 175° (aus wss. A.), aus Brombenzol-2.4-disulfonsäurechlorid-(2)-n-propylamid-(4), F. 85—87. — *Chlorbenzol-2.4-disulfonsäureamid-(2)-morpholid-(4)*, F. 200° (aus wss. A.). — Die Ausgangs-Verbb. werden in 50—70%ig. Ausbeute hergestellt aus den entsprechenden m-Aminobenzolsulfonamiden durch Austausch der m-Aminogruppe gegen die Sulfohalogenidgruppe nach der Meerweinschen Diazoreaktion. — *Arzneimittel* mit diuret. u. salzausscheidender Wirkung. (**D. A. S. 1 126 862** Kl. 12o vom 9/12. 1959, ausg. 5/4. 1962.) A. Debo. 4807

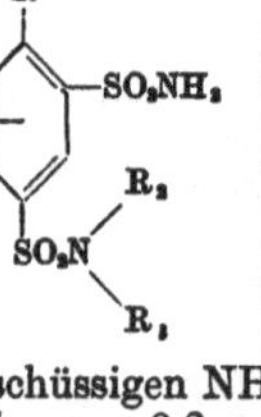

I

Ciba Akt.-Ges., Basel (Erfinder: Robert Schwyzer, Riehen, Beat Iselin, Basel, und Max Feurer, Riehen), Schweiz, **Carbonsäureamide** aus Carbonsäureestern, bes. Aminocarbonsäureestern, u. Aminen in Ggw. saurer oder bas. Katalysatoren u. ggf. eines Lsgm. (Essigester, Dioxan, Dimethylformamid, Acetonitril, W. oder deren Mischungen). Zu Oe. P. 191 405; C. **1958,** 4571 ist nachzutragen: Hippursäurecyanmethylester + DL-Leucylglycinamid in Acetonitril → *Hippuryl-DL-leucylglycinamid,* aus Essigester, F. 185—187°. — Carbobenzoxy-δ-leucincyanmethylester + Benzylamin → *Carbobenzoxy-L-leucinbenzylamid,* aus Aceton–Ae., F. 101—102°; $[\alpha]_D^{26}$ −17° (c = 1,02 in Chlf.). Glycinäthylester → *Carbobenzoxy-L-leucylglycinäthylester,* F. 102 bis 103°; $[\alpha]_D^{25}$ −26,6° (c = 5 in A.). — L-Leucylglycinäthylester → *Hippuryl-L-leucylglycinäthylester,* aus Aceton, F. 185—187°; $[\alpha]_D^{25}$ +32° (c = 0,79 in Chlf.); 92% Ausbeute. Ferner können mit Benzylamin umgesetzt werden: Dicarbobenzoxy-L-cystindicyanmethylester, -dicarbäthoxymethylester, Carbobenzoxy-L-asparagincyanmethylester, -carbäthoxyäthylester, N-Tosyl-L-pyrrolidon-2-carbonsäurecyanmethylester, 5-Benzyloxyindolyl-3-essigsäurecyanmethylester u. 5-Benzoyloxyindolyl-2-carbonsäurecarbäthoxymethylester. — *Heilmittel* u. *Zwischenprodd.* zu deren Herstellung. (**D. A. S. 1 060 380** Kl. 12o vom 4/2. 1955, ausg. 2/7. 1959. **E. P. 803 464** vom 4/2. 1955, ausg. 29/10. 1958. Beide Schwz. Prior. 9/2., 24/9. u. 30/11. 1954.) G. Krauß. 4807

J. R. Geigy Akt.-Ges., Basel (Erfinder: Max François Antoine Viscontini, Zürich, und Kurt Adank, Muttenz), Schweiz, **Herstellung von Derivaten des 5 H-Pyrrolo-[2.1:a]-isoindols** der tautomeren allg. Formeln **I** u. **II**, in denen X die Gruppe —CO—O— oder —CO—, u. R_1 u. R_2 KW-Stoffreste, die durch O-Atome unterbrochen u. ggf. in einem aromat. Ring durch Halogenatome oder NO_2-Gruppen substituiert sein können, bedeuten, dad. gek., daß man eine Verb. der allg. Formel **III**, in der R_3 einen Rest entsprechend R_1 u. R_2 bedeutet, mit NH_3 in fl. Medium behandelt. — Aus p-Phthalimido-p-phenyl-β-oxo-α-acetylbuttersäureäthylester (F. 115°) in A. u. Versetzen mit einer 8%ig. äthanol. NH_3-Lsg. erhält man nach 15std. Stehenlassen in der Kälte → *3-Phenyl-2.5-dioxo-3H-pyrrolo-[2.1:a]-isoindol-1-carbonsäureäthylester,* F. 167°; der entsprechende *-1-carbonsäuremethylester,* F. 176°; *-1-carbonsäure-tert.-butylester,* F. 152°; analog *3-[p-Methoxyphenyl]-2.5-(3H)-dioxo-5H-pyrrolo-[2.1:a]-isoindol-1-carbonsäureäthylester,* F. 160°, der entsprechende *-1-carbonsäurebenzylester,* F. 145°;

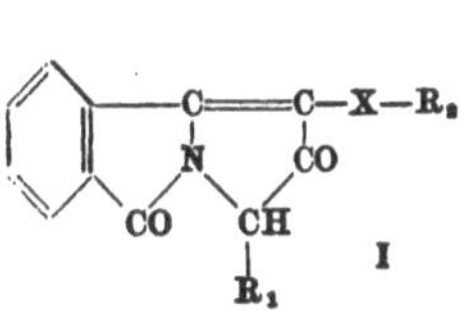
I

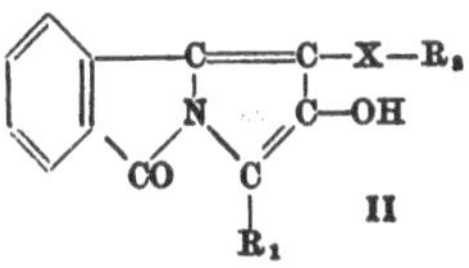
II

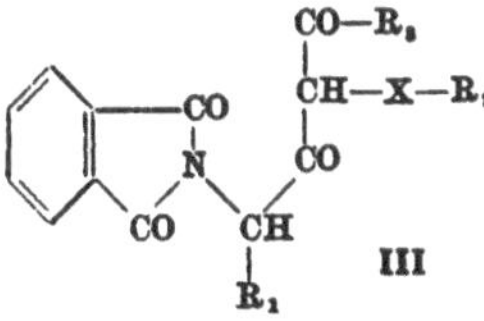
III

3-[p-Chlorphenyl]-2.5-(3H)-dioxo-5H-pyrrolo-[2.1:a]-isoindol-1-carbonsäureäthylester, F. 216°; *3-[3'.4'-Methylendioxyphenyl]-2.5-(3H)-dioxo-5H-pyrrolo-[2.1:a]-isoindol-1-carbonsäuremethylester,* F. 161—162°; der entsprechende *-1-carbonsäureäthylester der 3-Benzyl-Verb.,* F. 135°; *3-Methyl-2.5-(3H)-dioxo-5H-pyrrolo-[2.1:a]-isoindol-1-carbonsäuremethylester,* F. 145°; die entsprechende *3-Isopropyl-Verb.,* F. 122°; *3-[p-Chlorphenyl]-Verb. des -1-carbonsäureallylesters,* F. 170°; *3-Phenyl-Verb. des -1-carbonsäurebenzylesters,* F. 158°; *3-[p-Isopropylphenyl]-Verb. des -1-carbonsäureäthylesters,* F. 175°, u. *1-Acetyl-3-phenyl-5H-pyrrolo-[2.1:a]-isoindol-3H-dion-(2.5),* F. 183°, aus 3-[α-Phthalimido-α-phenylacetyl]-pentandion-(2.4); analog die entsprechenden -dione *1-Butyryl-,* F. 168°; *1-Benzoyl-,* F. 210°; *1-Acetyl-3-benzyl-,* F. 140°, u. *1-Acetyl-3-methyl-,* F. 142°. — *Arzneimittel* u. Zwischenprodukte. (**D. A. S. 1 134 673** Kl. 12p vom 30/10. 1959, ausg. 16/8. 1962. Schwz. Prior. 31/10. 1958.) W. Heyer. 4807

Fa. Angelini Francesco, Rom, Italien, **1.2.4-Oxadiazole** der Formel **I**, in der R = ggf. substituierter Arylrest, n = 1—3, A = gleiche oder verschiedene Alkylreste, welche gemeinsam einen Heteroring bilden können, werden durch Rk. von Amidoxim-Derivv. $R(H_2N)C{=}N{-}O{-}CO{-}(CH_2)_n$—Halogen mit sek. Aminen $H{-}N(A)_2$ in wasserfreiem Medium beim Erwärmen hergestellt. Aus Diäthylamin u. Chlorpropionylbenzamidoxim in Bzl. erhält man *3-Phenyl-5-[β-diäthylaminoäthyl]-1.2.4-oxadiazol,* $Kp._{0,4}$ 127°. — Analog werden hergestellt: *3-Phenyl-5-[γ-diäthylaminopropyl]-1.2.4-oxadiazol,* $Kp._{0,1}$ 136°. — Weitere Verbb. der allg. Formel **II**: $X = H$, $R = N(C_2H_5)_2$,

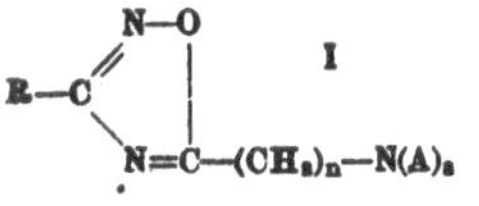
I

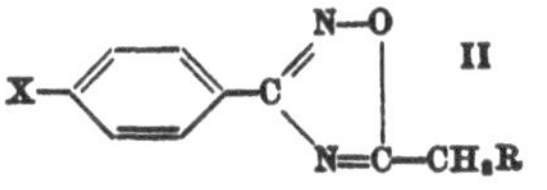
II

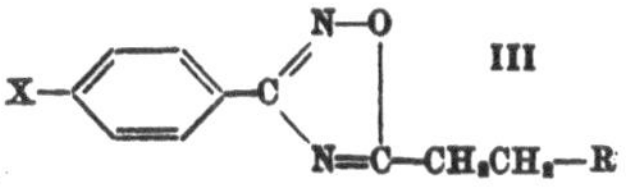
III

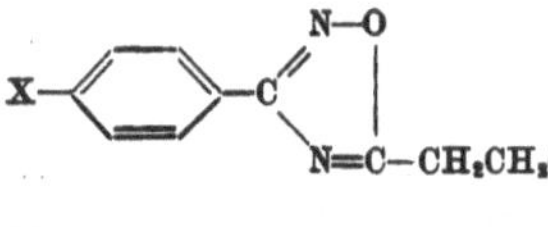
IV

$Kp._{0,05}$ 115°, *Hydrochlorid*, F. 166–168°. — *X = H, R = 4-Methylpiperazino*, $Kp._{0,3}$ 155°. — *X = H, R = N(CH$_3$)$_3$Cl*, F. 187°. — *X = H, R = Pyrrolidino*, $Kp._{0,1}$ 128°, *Hydrochlorid*, F. 201 bis 203°. — *X = Cl, R = N(C$_2$H$_5$)$_2$*, $Kp._{0,8}$ 137°, *Hydrochlorid*, F. 180°. — *X = Cl, R = Pyrrolidino*, $Kp._{0,3}$ 141°, F. 42–44°; *Hydrochlorid*, F. 235–236°. — Verbb. der allg. Formel III: *X = H, R = N(C$_2$H$_5$)$_2$*, $Kp._{0,5}$ 130°, *Hydrochlorid*, F. 153–154°; *Jodmethylat*, F. 112–114°. — *X = H, R = N(CH$_3$)$_2$*, *Hydrochlorid*, F. 160–161°. — *X = H, R = Morpholino, Hydrochlorid*, F. 190–192°. — *X = H, R = 4-Methylpiperazino, Dihydrochlorid*, F. 194–196°. — *X = H, R = Pyrrolidino, Hydrochlorid*, F. 166–167°. — *X = Cl, R = N(C$_2$H$_5$)$_2$, Hydrochlorid*, F. 159–161°. — *X = Cl, R = Morpholino, Hydrochlorid*, F. 158–159°. — Verbb. der allg. Formel IV: *X = H, R = N(C$_2$H$_5$)$_2$*, $Kp._{0,1}$ 136°, *Hydrochlorid*, F. 130°. — *X = H, R = Morpholino*, $Kp._{0,1}$ 163°, *Hydrochlorid*, F. 194°. — *X = H, R = Piperidino*, $Kp._{0,1}$ 152°, *Hydrochlorid*, F. 162°. — *X = Cl, R = N(C$_2$H$_5$)$_2$*, $Kp._{0,2}$ 142°, *Hydrochlorid*, F. 192°. — *X = Cl, R = Morpholino*, $Kp._{0,3}$ 170°, *Hydrochlorid*, F. 202–204°. — *X = Cl, R = Pyrrolidino*, $Kp._{0,3}$ 160°, *Hydrochlorid*, F. 188–189°. — *X = Cl, R = 4-Methylpiperazino*, $Kp._{0,4}$ 180°, F. 37–39°; *Hydrochlorid*, F. 252–254°. — *X = H, R = Pyrrolidino*, $Kp._{0,6}$ 152°, *Hydrochlorid*, F. 140–141,5°. — *3-[β-Naphthyl]-5-[β-diäthylaminoäthyl]-1.2.4-oxadiazolhydrochlorid*, F. 146–148°. — *3-[α-Naphthyl]-5-[pyrrolidinopropyl]-1.2.4-oxadiazolhydrochlorid*, F. 116–117°. — *Aspezif., antispasmod., anästhet., hustenreizhemmende u. entzündungshemmende Mittel.* (**D. A. S. 1 097 998** Kl. 12p vom 30/9. 1959, ausg. 26/1. 1961.) A. Dandl. 4807

Parke, Davis & Co., Detroit (Erfinder: Edward Faith Elslager und Donald Francis Worth, St-Claire Shores), Mich., V.St.A., **Herstellung von Thioxanthonderivaten beziehungsweise deren Säureadditionssalzen** der allg. Formel I, in der R eine Alkylengruppe mit 2 oder 3 C-Atomen, R_1 u. R_2 eine Alkyl- oder Hydroxyalkylgruppe mit 1–4 C-Atomen, die gleich oder verschieden sind, darstellen u. X ein H- oder Cl-Atom bedeutet, dad. gek., daß man ein 1-Halogen-4-methyl-10-thioxanthon der allg. Formel II, in der Hal ein Cl-, Br-, J- oder F-Atom bedeutet, in an sich bekannter Weise mit einem Methylaminoalkylamin der allg. Formel $H_3C-N(H)-R-N(R_1)(R_2)$ umsetzt u. ggf. die erhaltenen Thioxanthone in an sich bekannter Weise in Säureadditionssalze überführt.

I
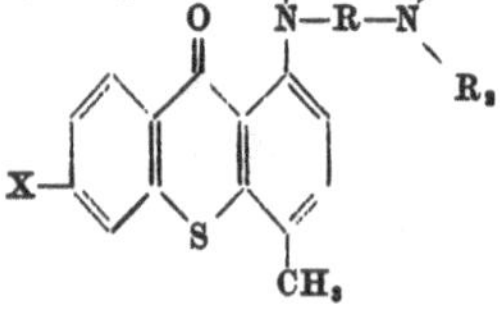
II
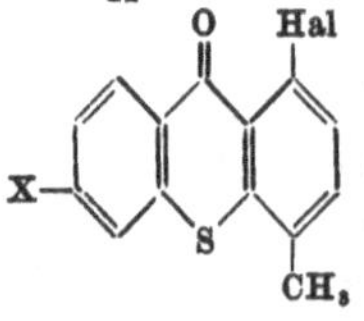

Rk.-Temp. 75°, vorzugsweise zwischen 95 u. 140°. — 1-Chlor-4-methyl-10-thioxanthon, Pyridin u. Diäthylaminoäthylmethylamin werden unter Rückfluß 18 Std. erhitzt. Nach Abkühlung Zugabe von 50%ig. KOH u. Wasserdampf-Dest., um die flüchtigen Basen zu entfernen. Man dekantiert nach Abkühlung vom Nd., der mit heißer 10%ig. Essigsäure ausgezogen wird. Die Auszüge werden mit Entfärbungskohle gemischt u. alkal. gemacht. Die ausgefällte Base wird mit Chlf. extrahiert u. über wasserfreiem K_2CO_3 getrocknet. Das Chlf. wird im Vakuum abgetrieben, der Rückstand in trocknem Ae. gelöst u. die äther. Lsg. mit HCl behandelt, der sich abscheidende gelbe Feststoff wird abfiltriert, mit Ae. gewaschen u. aus einem Gemisch von A.-Aceton u. konz. Salzsäure auskristallisiert. Man erhält *1-[2-Diäthylaminoäthylmethylamino]-4-methyl-10-thioxanthondihydrochlorid* als Monohydrat, F. 155–156° (Zers.). — Analog erhält man: *1-[2-Di-n-butylaminoäthylmethylamino]-4-methyl-6-chlor-10-thioxanthondihydrochloridtrihydrat*, gelber Stoff, F. 114–116°. — *1-[2-Bis-(2-hydroxyäthyl)-aminoäthylmethylamino]-4-methylamino]-4-methyl-6-chlor-10-thioxanthondihydrochlorid*, F. 176–179° (Zers.). — *1-[2-Äthyl-(2-hydroxy-2-methylpropyl)-aminoäthylmethylamino]-4-methyl-6-chlor-10-thioxanthonmonohydrochlorid*, undefinierbarer F. von 94–110°. — *1-[3-Diäthylaminopropylmethylamino]-4-methyl-6-chlor-10-thioxanthondihydrochloridsesquihydrat*, gelber Stoff, F. 181 bis 183°. — *Schistosomicide Wirkungen.* (**D. A. S. 1 128 861** Kl. 12q vom 4/7. 1958, ausg. 3/5. 1962.) G. König. 4807

Dr. Herbrand K. G. (Erfinder: Willi Herbrand und Kurt Franz Edmund Mehlhose), Gengenbach/Baden, **Herstellung von 2-Methyl-3-[2'.4'-dimethylphenyl]-4-oxo-3.4-dihydrochinoxalin.** Acetanthranil (I) oder I-Säure wird in Ggw. von katalyt. oder stöchiometr. Mengen eines Phosphorhalogenids mit 2.4-Xylidin umgesetzt u. das entstandene Salz in die freie Base 2-Methyl-3-[2'.4'-dimethylphenyl]-4-oxo-3.4-dihydrochinoxalin umgesetzt, F. 101–102°, nach Umkristallisieren aus Ligroin. Die Rk. wird in Ggw. eines über 100° sd. Lsgm., bes. eines aromat., ggf. halogenierten KW-Stoffs ausgeführt u. das entstehende W. laufend durch azeotrope Dest. aus dem Rk.-Gemisch entfernt. — Verw. als *Hypnoticum* u. *Sedativum*. (**D. A. S. 1 124 504** Kl. 12p vom 24/6. 1960, ausg. 1/3. 1962.) A. Kalix. 4807

Ciba Akt.-Ges., Basel, Schweiz (Erfinder: George de Stevens, New Providence, N.J., und Lincoln Harvey Werner, Summit, N.J., V.St.A.), **Herstellung von 3.4-Dihydro-1.2.4-benzothiadiazin-1.1-dioxiden.** Verbb. der allg. Formel I können nach 2 verschiedenen Verff. hergestellt werden. Hierbei sind R_1, R_3 u. R_5 H-Atome, Alkylreste, bes. solche mit 1—5 C-Atomen, oder Acylreste, R_2 ist eine Cycloalkyl-, Cycloalkenyl-, Cycloalkylalkyl- oder Cycloalkenylalkylgruppe; R_4 ist ein Halogenatom, ein Alkylrest (bes. ein solcher mit 1—5 C-Atomen, eine Halogenalkyl-, bes. Trifluormethylgruppe, oder eine verätherte oder veresterte OH-Gruppe, R_6 ist ein H-Atom oder ein Alkylrest. Als Acylreste kommen bes. solche von Monokohlensäureestern, aliphat. Carbonsäuren mit 1—5 C-Atomen, aromat. u. Aralkancarbonsäuren in Frage. Nach dem ersten Herst.-Verf. werden Aldehyde vom Typus R_2CHO mit Verbb. der

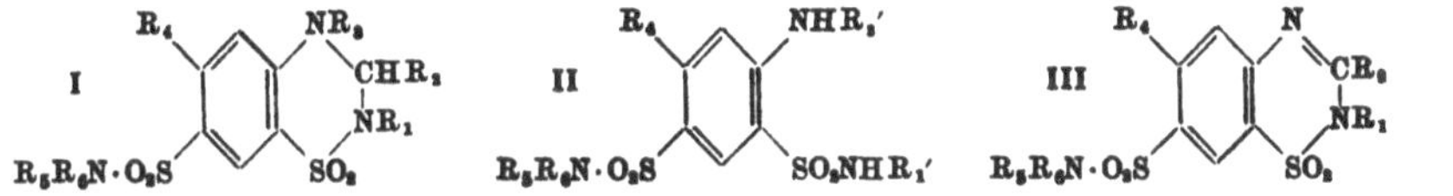

allg. Formel II umgesetzt, wobei R_1' u. R_3' H-Atome oder Alkylreste sind. Nach dem zweiten Verf. werden 1.2.4-Benzothiadiazin-1.1-dioxide der allg. Formel III mit Dimetallhydriden oder elektrolyt. red. u. ggf. die Rk.-Prodd., in denen R_1, R_3 u./oder R_5 H-Atome darstellen, in an sich bekannter Weise acyliert oder alkyliert. Hierbei kann in III auch der Substituent R_1 wegfallen u. dafür das andre Atom des Kerns durch R_3 substituiert sein. Die Rkk. nach dem ersten Verf. werden in Ggw. von (ggf. wasserfreien) Säuren, bes. Mineralsäuren, u. von Lsgm., bes. Äthern u. Formamiden, bei normaler oder erhöhter Temp., bei normalem oder erhöhtem Druck u. ggf. in Ggw. eines inerten Gases, wie N_2, mit etwa äquimol. Mengenverhältnissen der Komponenten durchgeführt. Die Redd. gemäß dem zweiten Verf. werden mit Alkaliborhydriden in Ggw. von wss. Alkalihydroxid-Lsgg., von Äthern oder fl. Carbonsäureamiden bei normaler oder erhöhter Temp. durchgeführt. Je nach den Rk.-Bedingungen erhält man die freien Verbb. oder Salze davon. Die letzteren können nach bekannten Verff. in die freien Verbb. u. diese wieder in andre Salze umgewandelt werden. — Beispiele: Aus 5-Chlor-2.4-disulfamylanilin u. Cyclohexenyl-(3)-carboxaldehyd, gelöst in Diäthylenglykoldimethyläther, erhält man nach 1 std. Erhitzen auf dem Wasserbad in Ggw. von HCl-Gas, gelöst in Essigsäureäthylester, *3-[Cyclohexen-(3')-yl-(1')]-6-chlor-7-sulfamyl-3.4-dihydro-1.2.4-benzothiadiazin-1.1-dioxid*, F. 252—254°; in analoger Weise lassen sich herstellen: *3-Cyclopentyl-6-chlor-7-sulfamyl-3.4-dihydro-1.2.4-benzothiadiazin-1.1-dioxid*, F. 271—273° u. *3-Cyclohexyl-6-chlor-7-sulfamyl-3.4-dihydro-1.2.4-benzothiadiazin-1.1-dioxid*, F. 278—280°. — Verw. zur *Herst. von pharmazeut. Präpp. mit diuret. Wirkung*. (**D. A. S. 1 125 935** Kl. 12p vom 27/2. 1959, ausg. 22/3. 1962.) A. Kalix. 4807

Dr. Karl Thomae G. m. b. H. (Erfinder: Erich Müller und Klaus Hasspacher), Biberach/Riß, **Herstellung von 7-Sulfamyl-3.4-dihydro-1.2.4-benzothiadiazin-1.1-dioxiden.** 4-Aminobenzol-1.3-disulfonamide der allg. Formel I werden mit Aldehyden der allg. Formel II in Ggw. von sauren Kondens.-Mitteln umgesetzt, wobei aus den mit einem Stern (*) bezeichneten Atomen W. gebildet u. abgespalten wird u. an dieser Stelle Ring-Bldg. erfolgt. Hierbei sind R_2 u. R_1 = H- oder Halogenatome oder sie stellen zusammen eine Doppelbindung dar, R_3 = H oder eine niedrigmol. Alkylgruppe, R_4 =

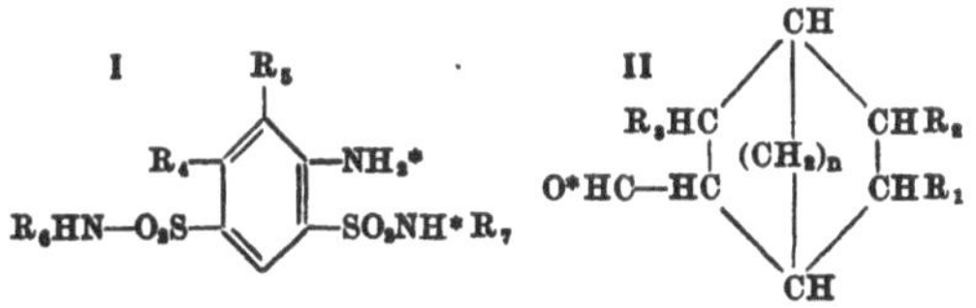

—CF_3, ein Halogenatom, ein niedrigmol. Alkyl- oder Alkoxyrest, R_5 = H, CF_3, Halogen oder ein niedrigmol. Alkyl- oder Alkoxyrest, R_6 u. R_7 sind H-Atome oder niedrigmol. Alkylreste. An Stelle von II können auch die entsprechenden Acetale, Cyanhydrine, Dihalogen- oder $NaHSO_3$-Derivv. verwendet werden. Die Rkk. werden bei Temp. zwischen 60 u. 120° in Lsgm., z. B. aliphat. Alkoholen, Dioxan, Glykoläthern oder Eisessig durchgeführt, außerdem in Ggw. von geringen Mengen von H_2SO_4, HCl oder p-Toluolsulfonsäure. — Beispiele: Aus 6-Chlor-4-aminobenzol-1.3-disulfonamid u. 2.5-Endomethylen-1.2.5.6-tetrahydrobenzaldehyd erhält man nach 2 Std. in Diäthylenglykoldimethyläther als weiße Kristallnadeln *3-{Bicyclo-[2.2.1]-hepten-(2')-yl-(6')}-*

6-chlor-7-sulfamyl-3.4-dihydro-1.2.4-benzothiodiazin-1.1-dioxid, F. 129—130°, aus Methanol; in analoger Weise erhält man folgende 6-Chlor-7-sulfamyl-3.4-dihydro-1.2.4-benzothiadiazin-1.1-dioxide: *3-{Bicyclo-[2.2.1]-heptyl-(6')}-*, weiße Schuppen, F. 263—266°; *3-{2'.3'-Dibrombicyclo-[2.2.1]-heptyl-(6')}-*, weiße Kristalle, F. 199 bis 201° (Zers.); *3-{Bicyclo-[2.2.1]-hepten-(2')-yl-(6')}-5-methyl-*, weiße Kristalle, F. 190 bis 191°; *3-{Bicyclo-[2.2.1]-hepten-(2')-yl-(6')}-5.6-dichlor-*, F. 184°, aus W. + Methanol; *2-Methyl-3-{bicyclo-[2.2.1]-hepten-(2')-yl-(6')}-7-methylsulfamyl-*, F. 232—235°; *3-{Bicyclo-[2.2.2]-octen-(2')-yl-(6')}-*, weiße Kristalle, F. 276—277° (Zers.); *3-{5'-Methylbicyclo-[2.2.1]-hepten-(2')-yl-(6')}-7-sulfamyl*-III, farblose Kristalle, F. 197—199°; *3-{Bicyclo-[2.2.1]-hepten-(2')-yl-(6')}-6-trifluormethyl-7-sulfamyl-3.4-dihydro-1.2.4-benzothiadiazin-1.1-dioxid*, F. 119°, aus PAe. + Essigester. — Verw. als *Diuretica*. (**D. A. S. 1 125 938** Kl. 12p vom 12/2. 1960, ausg. 22/3. 1962.) A. Kalix. 4807

Ciba Akt.-Ges., Basel, Schweiz (Erfinder: George de Stevens, New Providence, und Lincoln Harvey Werner, Summit, N.J., V.St.A.), **Herstellung von 3-Dichlormethyl-6-trifluormethyl-7-sulfamyl-3.4-dihydro-1.2.4-benzothiadiazin-1.1-dioxid.** 3-Dichlormethyl-6-trifluormethyl-7-sulfamyl-1.2.4-benzothiadiazin-1.1-dioxid wird mittels eines Dimetallhydrids hydriert oder elektrolyt. red., wobei eine Verb. der Formel I entsteht. Das gleiche Rk.-Prod. erhält man durch eine Umsetzung von 5-Trifluormethyldisulfamylanilin mit Dichloracetaldehyd (II) in Ggw. einer Säure oder Base, ebenso kann man II mit 1-Nitro-2.4-disulfamyl-5-trifluormethylbenol in Ggw. einer Säure oder Base umsetzen u. das Rk.-Prod. mit nascierendem oder katalyt. erregtem H_2 reduzieren. Die erstgenannte Rk. wird in Ggw. eines inerten Gases u. eines Lsgm., z. B. eines Äthers, eines fl. Carbonsäureamids oder einer wss. Alkalihydroxid-Lsg., bei normaler oder erhöhter Temp. durchgeführt. Die zweite Rk. wird bei normaler oder erhöhter Temp., bei normalem oder erhöhtem Druck in Ggw. von Äthern, Alkoholen oder Formamid durchgeführt, wobei an Stelle von II auch Polymere oder Acetale davon verwendet werden können, z. B. 1.1-Dimethoxy- oder 1.1-Diäthoxy-2-dichloräthan. Die dritte Darst.-Art wird in Ggw. von organ. Lsgm. vorgenommen, die mit W. mischbar sind. Es können dazu ebenfalls Polymere oder Acetale von II verwendet werden. Man erhält je nach den Rk.-Bedingungen I in freier Form, F. 238—240°, oder in Form von Salzen. — Verw. als *Diureticum*. (**D. A. S. 1 129 497** Kl. 12p vom 5/1. 1960, ausg. 17/5. 1962. A. Prior. 27/3. u. 9/7. 1959.) A. Kalix. 4807

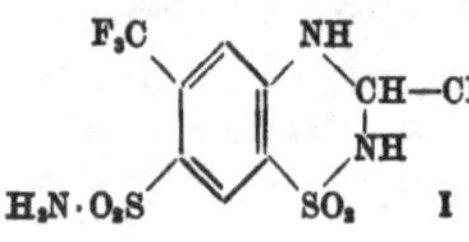

I

Ciba Akt.-Ges., Basel, Schweiz (Erfinder: Martin Eric Kuehne, Summit, N.J., V.St.A.), **Reserpsäurelactone** der allg. Formel I erhält man aus den entsprechenden Isoreserpsäuren durch Wasserabspaltung in Ggw. von wasserabspaltenden Mitteln (P_2O_5, Polyphosphorsäure, $POCl_3$, $SOCl_2$, H_2SO_4, HCl, p-Toluolsulfonsäure, BF_3). Zu F. P. 1 174 221; C. **1961**, 5896 sind noch folgende Verbb. der allg. Formel I nachzutragen: R = CH_3, R_1, R_2 u. R_3 = H, F. 303—310°. R, R_1 u. R_3 = H, R_2 = CH_3, F. 315—323°. R = CH_3O—, R_1, R_2 u. R_3 = H, F. 290 bis 293°. R, R_2 u. R_3 = H, R_1 = CH_3O—, F. 280—285°. R, R_2 u. R_3 = H, R_1 = $C_6H_5CH_2O$—, F. 255—260°. R u. R_3 = H, R_1 u. R_2 zusammen = —O—CH_2—O—, F. 300 bis 308°. R, R_2 u. R_3 = H, R_2 = C_2H_5O—, F. 310—312°. R, R_2, R_3 = H, R_2 = n-C_3H_7O—, F. 286—290°. R_2 = n-C_4H_9O—, F. 259—260°. R_2 = $C_6H_5CH_2O$—, F. 271 bis 272°. R_2 = CH_3S—, F. 305—310°. R_2 = C_2H_5S—, F. 315—319°. R_2 = Cl, F. 306 bis 311°; die nicht erwähnten R haben die vorst. Bedeutung. — *Zwischenprodd.* zur Herst. von *Reserpsäure-Derivv.*, die als *Heilmittel* zur Behandlung von *Angst-* u. *Spannungszuständen, nervösen* u. *geistigen Störungen* dienen. (**D. A. S. 1 094 757** Kl. 12p vom 6/4. 1957, ausg. 15/12. 1960. **E. P. 849 082** vom 17/4. 1957, ausg. 21/9. 1960. **Belg. P. 556 716** vom 16/4. 1957, ausg. 26/2. 1960. Alle A. Prior. 17/4. 1956.) G. Krauß. 4807

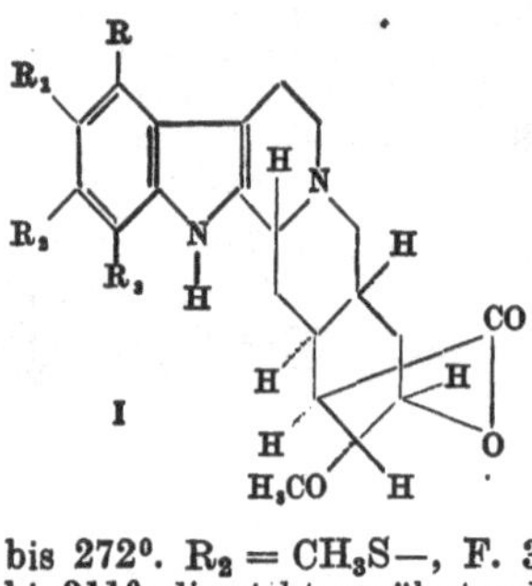

I

E. Merck Akt.-Ges. (Erfinder: Otto Zima und Gustav Schorre), Darmstadt, **Herstellung eines schwefelhaltigen Derivates des Vitamins B_6**, dad. gek., daß man nach an sich bekannten Meth. ein Salz des 3.4-Bis-brommethyl-5-hydroxy-6-methylpyridins, z. B. das Hydrobromid, mit einem Alkalixanthogenat umsetzt u. das erhaltene 4-Hydroxymethyl-5-hydroxy-6-methylpyridyl-(3)-methylxanthogenat (F. 170—171°) durch Behandeln mit einer schwachen Base, bes. alkohol. NH_3, in *Bis-[4-hydroxymethyl-5-hydroxy-6-methylpyridyl-(3)-methyl]-disulfid*, F. 218—220°, überführt. — *Arzneimittel* gegen cerebrale Funktionsstörungen, bes. Epilepsie. (**D. A. S. 1 135 460** Kl. 12p vom 21/3. 1958, ausg. 30/8. 1962. **A. P. 3 010 966** vom 19/3. 1959, ausg. 28/11. 1961. D. Prior. 21/3. 1958.) W. Heyer. 4809

E. Merck Akt.-Ges., Darmstadt (Erfinder: Heinz-Jürgen Mannhardt, Darmstadt, Karl-Heinz Bork, Griesheim, Klaus Brückner und Harald Metz, Darmstadt), **16-Methylensteroide der Pregnanreihe.** Man spaltet z. B. 16β-Methyl-16α.17α-oxido-Δ^5-pregnen-3β-ol-20-on-3-acetat, F. 178—180°; $[\alpha]_D$ —12°, in Bzl. durch Erhitzen unter Rückfluß mit p-Toluolsulfonsäure-16-methylen-Δ^5-pregnen-3β.17α-diol-20-on-3-acetat, F. 196—198°, welches sich durch Bromierung mit Br_2 in Chlf. u. in Ggw. von HBr in sein 5.6.21-Tribromid überführen läßt; daraus durch Rk. mit NaJ u. K-Acetat in Aceton → *16-Methylen-Δ^5-pregnen-3β.17α.21-triol-20-on-3.21-diacetat*, F. 195—197°; $[\alpha]_D$ —65,7°, welches sich durch aerobe Bebrütung mit *Flavobacterium dehydrogenans* überführen läßt → *16-Methylen-Δ^4-pregnen-17α.21-diol-3.20-dion* (I), F. 205—206°; $[\alpha]_D$ +46,6°; daraus durch aerobe Bebrütung mit *Curvularia lunata* (**C**) → *16-Methylen-hydrocortison* (II), F. 224—225°; $[\alpha]_D$ + 69,2°; *21-Acetat* (III), F. 217—219°. — Alternativ kann man I mit einer Kultur von *Fusarium sp.* (Sammlung E. Merck Nr. 2083) hydroxylieren → *16-Methylen-11-epihydrocortison*, F. 199—201°; $[\alpha]_D$ +41,7°; dessen 21-Acetat sich durch Oxydation mit CrO_3 in Pyridin überführen läßt → *16-Methylen-cortison-21-acetat*, F. 213—214°; $[\alpha]_D$ +140°; *freier Alkohol* (V), F. 219—220°; $[\alpha]_D$ +136°. — Man kann auch I zunächst acetylieren → I-*21-Acetat*, F. 162—163°; $[\alpha]_D$ +51,5°, u. dieses durch Hydroxylierung mit **C** überführen → **II**. — **III** läßt sich sodann in üblicher Weise durch Bebrütung mit einer Kultur von *Bacillus sphaericus* dehydrieren → *16-Methylenprednisolon* (IV), F. 233—235°; $[\alpha]_D$ +22°. Alternativ kann die Dehydrierung auch mit *Bacillus sphaericus* (Sammlung E. Merck Nr. 1001) oder *Corynebacterium simplex* durchgeführt werden. — **IV** läßt sich sodann nach üblichen Veresterungs-Verff. in seine *21-Ester* überführen, von denen beschrieben werden: **IV**-*21-Acetat*, F. 219°; $[\alpha]_D$ +30°; **IV**-*21-Diäthylaminoacetat*, F. 195—196°; $[\alpha]_D^{20}$ +32°; *Hydrochlorid*, F. 245—246°; $[\alpha]_D^{20}$ +45°; *21-Dihydrogenphosphat-Na*, F. 189—190°. — Analog: **V** $\xrightarrow{\text{Corynebacterium simplex}}$ *16-Methylenprednison*, F. 218—219°; $[\alpha]_D$ +103°. — **I** $\xrightarrow{\text{Bacillus sphaericus}}$ *1-Dehydro-16-methylen*-Reichsteins-*Verb. S*, F. 222—226°; $[\alpha]_D$ —16°; daraus durch Bebrütung mit einer Kultur von *Penicillium sp.* (Sammlung E. Merck Nr. 2168) → *16-Methylen-11-epi-prednisolon*, dessen 21-Acetat sich durch CrO_3-Oxydation überführen läßt → *16-Methylenprednisolon-21-acetat*, F. 214—217°; $[\alpha]_D$ +123°. — Analog I-21-Acetat → *16-Methylen-$\Delta^{1.4}$-pregnadien-17α.21-diol-3.20-dion-21-acetat*, F. 192—193°; $[\alpha]_D$ +2,6°, welches sich durch 11-Hydroxylierung mit einer Kultur von **C** überführen läßt → **IV**; daraus durch CrO_3-Oxydation in Aceton → *16-Methylen-prednison*, F. 218—219°; $[\alpha]_D$ +103°. — *Heilmittel* sowie *Zwischenprodd.* zu deren Herstellung. (**D. A. S. 1 134 074** Kl. 12o vom 31/1. 1959, ausg. 2/8. 1962.) U. Sievers. 4809

Schering Akt.-Ges. (Erfinder: Alfred Popper und Martin Schenck), Berlin, **6-Äthinylsteroide** erhält man durch Spaltung eines entsprechenden 5.6-Steroidepoxids mit einem Äthinylmagnesiumhalogenid unter den Bedingungen der Grignard-Reaktion. — Man setzt z. B. 5α.6α-Oxidoallopregnan-17α-ol-3.20-dion-3.20-bis-äthylenketal in Tetrahydrofuran mit Acetylenmonomagnesiumbromid (aus C_2H_5MgBr u. Acetylen) um → *6-Äthinyl-5α.17α-dihydroxyallopregnan-3.20-dion-3.20-bis-äthylen-ketal*, welches sich mit äthanol. HCl spalten läßt → *6-Äthinyl-5α.17α-dihydroxyallo-pregnan-3.20-dion*, F. 240—240,5°. — Analog: *6-Äthinyl-5α.17β-dihydroxyandrostan-3-on*, F. 238,5—239°. — *Heilmittel*. (**D. A. S. 1 136 332** Kl. 12o vom 3/10. 1959, ausg. 13/9. 1962.) U. Sievers. 4809

British Drug Houses Ltd. (Erfinder: David Neville Kirk, Vladimir Petrow und David Morton Williamson), London, England, **17α-Acyloxy-6-methyl-16-methylen-$\Delta^{4.6}$-pregnadien-3.20-dione.** Man epoxydiert z. B. 3β-Acetoxy-6.16-dimethyl-$\Delta^{5.16}$-pregnadien-20-on mit H_2O_2–NaOH → *3β-Acetoxy-6.16-dimethyl-16α.17α-epoxy-Δ^5-pregnen-20-on*, F. 118—120°; $[\alpha]_D^{23}$ —49°, spaltet mit HBr–Essigsäure in Dioxan → *3β-Acetoxy-17α-hydroxy-6-methyl-16-methylen-Δ^5-pregnen-20-on*, F. 126 bis 128° bzw. 147—149°; $[\alpha]_D^{23}$ —161°; daraus durch Acetylierung mit Acetanhydrid in Ggw. von p-Toluolsulfonsäure → *3β.17α-Diacetoxy-6-methyl-16-methylen-Δ^5-pregnen-20-on*, F. 166—168°; $[\alpha]_D^{25}$ —178°, welches sich mit methanol. HCl partiell hydrolysieren läßt → *17α-Acetoxy-3β-hydroxy-6-methyl-16-methylen-Δ^5-pregnen-20-on*, F. 163—164°; $[\alpha_D]^{25}$ —165°; daraus durch Rk. mit Al-tert.-Butylat u. p-Benzochinon in Bzl. → *17α-Acetoxy-6-methyl-16-methylen-$\Delta^{4.6}$-pregnadien-3.20-dion*, F. 224—226°; $[\alpha]_D^{23}$ —127°. — *Heilmittel*. (**D. A. S. 1 134 987** Kl. 12o vom 22/6. 1960, ausg. 23/8. 1962. E. Prior. 28/8. 1959. **E. PP. 886 619** u. **886 620** vom 28/8. 1959, ausg. 10/1. 1962.) U. Sievers. 4809

Richter Gedeon Vegyészeti Gyár R. T. (Erfinder: György Magyar und Pál Túzson), Budapest, Ungarn, **3β-Acyloxy-$\Delta^{5.16}$-pregnadien-20-one** erhält man durch Seitenkettenabbau aus Solasodin (I), wobei die erste Acylierungsstufe in einem indifferenten Lsgm. in Ggw. von anorgan. Säurebindemitteln durchgeführt wird. — Man setzt z. B. I in wasserfreiem Toluol 1 Std. bei 100—110° mit Acetanhydrid in Ggw. von Na_3PO_4 (II) um u. oxydiert sodann in üblicher Weise mit CrO_3 → *$\Delta^{5.16}$-Pregnadien-3β-ol-20-onacetat,* F. 172—174°, in 55%ig. Ausbeute. — Analog: *$\Delta^{5.16}$-Pregnadien-3β-ol-20-onpropionat,* F. 174—176°. — An Stelle von II können Na_2HPO_4, Na–Mg-Späne Na_2CO_3, Li_2CO_3 oder $CaCO_3$ verwendet werden. — *Zwischenprodd.* zur Herst. von *Heilmitteln.* (**D. A. S. 1 130 806** Kl. 12o vom 12/2. 1960, ausg. 7/6. 1962. **Oe. P. 220 766** vom 15/2. 1960, ausg. 10/4. 1962. Beide Ung. Prior. 18/2. 1959.) U. Sievers. 4809

Schering Akt.-Ges. (Erfinder: Rudolf Wiechert), Berlin, **1α-Methylsteroide der Androstanreihe** erhält man aus den entsprechenden 1.2-Methylensteroiden durch katalyt. Hydrierung. Ggf. gleichzeitig red. Ketogruppen werden nach an sich bekannten Meth. reoxydiert. — Man hydriert z. B. 1.2α-Methylenandrostan-17β-ol-3-on-17-acetat in Eisessig bei normaler Temp. mit H_2/PtO u. reoxydiert das Hydrierungs-Prod. nach Oppenauer → *1α-Methylandrostan-17β-ol-3-on-17-acetat,* F. 169—170°; $[\alpha]_D^{26}$ +16,7°. — *Heilmittel* sowie Zwischenprodd. zu deren Herstellung. (**D. A. S. 1 131 667** Kl. 12o vom 21/7. 1960, ausg. 20/6. 1962.) U. Sievers. 4809

Chinoin Gyógyszerés Vegyészeti Termékek Gyára R. T. (Erfinder: György Wix, Károly Albrecht und Anna Németh), Budapest, Ungarn, **$\Delta^{1.4}$-Androsten-3.17-dion** erhält man durch Bebrütung von Progesteron oder Δ^4-Androsten-3.17-dion mit einer Kultur von *Fusarium caucasicum* in Ggw. von gesätt. Steroiden der Androstan- oder Pregnanreihe. Als solche werden bes. verwendet Allopregnan-3.20-dion, Androstan-3.17-dion oder Äthiocholan-3.17-dion. Nach dem vorst. Verf. wird die Bldg. von 1-Dehydrotestololacton im wesentlichen vermieden. — *Zwischenprod.* zur Herst. von *Heilmitteln.* (**D. A. S. 1 131 210** Kl. 12o vom 12/6. 1959, ausg. 14/6. 1962. **F. P. 1 228 633** vom 17/6. 1959, ausg. 31/8. 1960. Beide Ung. Prior. 26/6. 1958.) U. Sievers. 4809

Ciba Akt.-Ges. (Erfinder: Albert Wettstein, Karl Heusler und Peter Wieland), Basel, Schweiz, **11.18-Dioxigenierte Steroide der Androstanreihe** erhält man durch Rk. von 11.18-dioxigenierten 17α.20-Dihydroxypregnanen oder von 18.20-Hemiketalen von 17α.18-Dihydroxy-20-oxopregnanen mit glykolspaltenden Mitteln u. ggf. Red. von Oxogruppen in 11-, 17- u./oder 18-Stellung u./oder Oxydation von Hydroxygruppen in 11β-, 17- u./oder 18-Stellung bzw. Veresterung oder Verätherung dieser Hydroxygruppen u. ggf. durch Freisetzen geschützter Oxogruppen. — Man setzt z. B. das aus dem (18 → 11)-Lacton der dl-3-Äthylendioxy-11β-hydroxy-16.17α-oxido-20-oxo-Δ^5-pregnen-18-säure (**Ia**) durch Red. mit $LiAlH_4$ (I) in Tetrahydrofuran (II) erhaltene Red.-Prod. mit Pb-Tetraacetat in Eisessig bei Zimmer-Temp. im Dunkeln um, arbeitet sodann auf u. acetyliert mit Acetanhydrid → *dl-3-Äthylendioxy-11β-hydroxy-17-oxo-18-acetoxy-Δ^5-androsten* (**III**), F. 177—178°, welches sich mit **I** in **II** red. läßt → *dl-3-Äthylendioxy-11β.17β.18-trihydroxy-Δ^5-androsten,* F. 241—244°; daraus durch Spaltung der Ketalgruppe mit Essigsäure → *dl-11β.18-Dihydroxytestosteron,* F. 193—193,5°. — Durch Red. von **III** mit $NaBH_4$ in **II** erhält man → *dl-3-Äthylendioxy-11β.18-dihydroxy-17β-acetoxy-Δ^5-androsten* (**IV**), F. 191,5—193,5°, neben *dl-3-Äthylendioxy-11β-17β-dihydroxy-18-acetoxy-Δ^5-androsten* (**V**), F. 209,5—212,5° (nach chromatograph. Aufarbeitung). — **IV** läßt sich unter den Bedingungen der Oppenauer-Oxydation überführen → *(18 → 11)-Lacton der dl-3-Äthylendioxy-11β-hydroxy-17β-acetoxy-Δ^5-androsten-18-säure,* F. 259—260°; *freie Ketosäure,* F. 210—210,5°. — **V** + Dihydropyran in Ggw. von Acetylchlorid, Pyridin u. Bzl. → *dl-3-Äthylendioxy-11β-hydroxy-17β-tetrahydropyranyloxy-18-acetoxy-Δ^5-androsten,* F. 150—160° (Gemisch der Isomeren), das sich mit **I** in **II** red. läßt → *dl-3-Äthylendioxy-11β.18-dihydroxy-17β-tetrahydropyranyloxy-Δ^5-androsten* (**VI**), daraus durch CrO_3-Oxydation in Pyridin, Spaltung der Ketalgruppe mit Essigsäure u. Acetylierung mit Acetanhydrid in Pyridin → *dl-3.11.18-Trioxo-17β-acetoxy-Δ^4-androsten,* F. 183—189,5°, welches, wie die Chromatographie zeigte, ident. ist mit dem gleichzeitig isolierten *(18 → 11)-Lacton der dl-3-Oxo-11β-hydroxy-17β-acetoxy-Δ^4-androsten-18-säure* (**VII**). — **VI** läßt sich unter den Bedingungen der Oppenauer-Oxydation überführen → *(18 → 11)-Lacton* der *dl-3-Äthylendioxy-11β-hydroxy-17β-tetrahydropyranyloxy-Δ^5-androsten-18-säure,* F. 177—182°; daraus durch CrO_3-Oxydation, Ketalspaltung u. Acetylierung → **VII**. — **III** + CrO_3 in Pyridin → *dl-3-Äthylendioxy-11.17-dioxo-18-acetoxy-Δ^5androsten,* F. 220—221°; *freies Keton* (**VIIIa**), F. 168,5 bis 169,5°. — Red. man **Ia** mit **I** in **II**, behandelt anschließend mit Pb-Tetraacetat u. Na-

Acetat u. Acetanhydrid, so erhält man nach chromatograph. Aufarbeitung über „Celit" → *11β.18-Cyclohemiacetal-18-acetat* des *dl-3-Äthylendioxy-11β-hydroxy-17.18-dioxo-Δ⁵-androstens* (**VIII**), F. 233—236°, neben **III**. — **VIII** + $NaBH_4$ in **II** u. anschließende Rk. mit methanol. K_2CO_3 → *dl-3-Äthylendioxy-11β-hydroxy-17-oxo-18-nor-18ξ-Δ⁵-androsten* (**IX**), F. 252—256°. Aus der Mutterlauge erhält man durch Rk. mit Essigsäure → *dl-3.18-Dioxo-11β.17β-dihydroxy-Δ⁴-androstencyclohemiacetal*, F. 225,5—226,5°; daraus durch Acetylierung mit Acetanhydrid in Pyridin → *Cyclohemiacetalacetat* des *dl-3.18-Dioxo-11β-hydroxy-17β-acetoxy-Δ⁴-androstens*, F. 237,5—239,5°. — Aus der Mutterlauge von **IX** erhält man durch papierchromatograph. Aufarbeitung ferner *dl-3.17-Dioxo-11β-hydroxy-18-nor-18ξ-Δ⁴-androsten*, F. 253—262°. — *(18 → 11)*-Lacton der dl-3-Äthylendioxy-11β-hydroxy-20-oxo-Δ⁵-pregnen-18-säure + H_2O_2 in Ggw. von NaOH u. in Bzl.-Methanol → **Ia**, F. 272,5—275°, welches sich durch Rk. mit Äthylenglykol in Ggw. von p-Toluolsulfonsäure überführen läßt → *(18 → 11)-Lacton* der *dl-3.20-(Bis-äthylendioxy)-11β-hydroxy-16.17α-oxido-Δ⁵-pregnen-18-säure*, F. 222,5—225,5°; daraus durch Red. mit **I** in **II** → *dl-3.20-(Bis-äthylendioxy)-11β.17α.18-trihydroxy-Δ⁵-pregnen*, das sich nach Oppenauer oxydieren läßt → *dl-3.20-(Bis-äthylendioxy)-11-oxo-17α.18-dihydroxy-Δ⁵-pregnen* (**X**), F. 236—240°; *18-Acetat*, F. 260—263,5°. **X** + Essigsäure → *dl-3.11.20-Trioxo-17α.18-dihydroxy-Δ⁴-pregnen* (**XI**), F. 210,5—215°, neben **XI**-*20-Äthylenketal*, F. 222—222,5°; *18-Acetat*, F. 212,5—214,5°. **XI** läßt sich mit MnO_2 in Chlf. oxydieren → **VIIIa**. — *Heilmittel* sowie Zwischenprodd. zu deren Herstellung. (**D. A. S. 1 108 686** Kl. 12o vom 18/7. 1959, ausg. 15/6. 1961. Schwz. Prior. 25/7. 1958.) U. Sievers. 4809

Laboratoires Français de Chimiothérapie, Paris (Erfinder: Gérard Nominé, Noisy-le-Sec, und Georges Muller, Nogent-sur-Seine), Frankreich, **17α-Äthyl-Δ¹·⁴-androstadien-11β.17-diol-3-on (I)**, F. 190 u. 223°; $[\alpha]_D^{20}$ 27°, erhält man durch Rk. von Testan-3α-ol-11.17-dionacetat mit K-Acetylid in tert.-Amylalkohol–Bzl.–Ae. → *17α-Äthinyltestan-3α.17β-diol-11-on*, F. 202—205°; $[\alpha]_D^{20}$ 0°, welches sich in äthanol. Lsg. mit H_2/PtO_2 hydrieren läßt → *17α-Äthyltestan-3α.17β-diol-11-on*, F. 178°; daraus durch Bromoxydation mit N-Bromsuccinimid → *4-Brom-17α-äthyltestan-17β-ol-3.11-dion*, welches unmittelbar weiterbromiert wird mit Br_2/HBr in Essigsäure → *2.4-Dibrom-17α-äthyltestan-17β-ol-3.11-dion*, F. 115—120° (Zers.); daraus durch Dehydrobromierung mit LiBr–Li_2CO_3 in Dimethylformamid → *17α-Äthyl-Δ¹·⁴-androstadien-17β-ol-3.11-dion*, FF. 125 u. 166°; $[\alpha]_D^{20}$ 124,5°; *3-Semicarbazon*, F. 205—210° (Zers.), welches sich mit KBH_4 in Tetrahydrofuran red. läßt → *17α-Äthyl-Δ¹·⁴-androstadien-11β, 17β-diol-3-on-3-semicarbazon*, F. 215—220° (Zers.); daraus durch Semicarbazonspaltung mit Brenztraubensäure → **I**. — *Heilmittel* sowie Zwischenprodd. zu deren Herstellung. (**D. A. S. 1 133 724** Kl. 12o vom 28/9. 1959, ausg. 26/7. 1962. F. Prior. 24/10. 1958. **F. P. 1 261 174** vom 24/10. 1958, ausg. 8/9. 1961.) U. Sievers. 4809

E. Merck Akt.-Ges. (Erfinder: Klaus Irmscher und Werner Schumann), Darmstadt, **Primäre Steroid-21-orthophosphorsäureester der Pregnanreihe sowie deren physiologisch verträgliche wasserlösliche Salze** erhält man durch Rk. eines entsprechenden Steroid-21-phosphorsäureesterdiamids mit einem sauren Mittel, bes. mit sauren Ionenaustauschern, in Ggw. eines organ. Lsgm. u. anschließende Überführung des erhaltenen Steroid-21-orthophosphorsäureesters in ein organ. oder anorgan. Salz. — Man perkoliert z. B. eine Lsg. von 6-Fluor-6-dehydroprednisolon-21-dimorpholidorthophosphat in wss. A. durch eine auf 60° beheizte Säule eines Sulfonsäuregruppen enthaltenden Ionenaustauschers (z. B. Ionenaustauscher I „Merck") u. arbeitet das Perkolat auf → *6-Fluor-6-dehydroprednisolon-21-orthophosphat-Na*. — Analog: *Pregnan-3.20-dion-21-ol-21-orthophosphat*, F. 137°; $[\alpha]_D^{26}$ 96°; *Mononatriumsalz*, F. 156—157° (Zers.); $[\alpha]_D^{27}$ 96°; *Dinatriumsalz*, F. 206—208° (Zers.); $[\alpha]_D^{25}$ 76°. — *Prednisolon-21-orthophosphat-Na*, F. 200—201°. — *16-Methylenprednisolon-21-orthophosphat-Na*, F. 105—106°. — *Desoxycorticosteron-21-orthophosphat*, F. 168°; $[\alpha]_D^{25}$ 150°; *Mononatriumsalz*, F. 151—152°; $[\alpha]_D^{25}$ 130°; *Dinatriumsalz*, F. 196°; $[\alpha]_D^{24}$ 90°. — *Heilmittel*. (**D. A. S. 1 134 075** Kl. 12o vom 26/11. 1959, ausg. 2/8. 1962.) U. Sievers. 4809

Chemie Grünenthal G. m. b. H., Stolberg (Erfinder: Heinrich Mückter, Aachen), **Herstellung von basischen, wenig giftigen Salzen des Kanamycins (I)**, in dem eine, zwei oder drei Aminogruppen mit Säuren, jedoch wenigstens eine der Aminogruppen des **I** mit einer Aminosäure oder einer N-Acylaminosäure u. ggf. eine oder zwei seiner weiteren Aminogruppen mit anderen Säuren unter Salz-Bldg. verbunden sind, dad. gek., daß man das **I** oder dessen Salze mit 1, 2 oder 3 Mol einer Aminosäure, einer N-Acylaminosäure oder deren Salzen in an sich bekannter Weise umsetzt u. ggf. das entstandene aminosaure **I** noch mit einer anderen Säure oder deren Salzen umsetzt. Vorteilhaft erfolgt die Umsetzung des **I** mit N-Acetylleucin oder Pantothensäure oder deren Salzen. —

N-Acetylleucin wird einer wss. Lsg. von $Ba(OH)_2 \cdot 8\,H_2O$ zugesetzt u. die Lsg. des Ba-Salzes des N-Acetylleucins wird einer Lsg. des I-Monosulfathydrats in W. unter Umrühren langsam zugefügt. Das ausfallende $BaSO_4$ wird abgesaugt u. das Filtrat der Gefriertrocknung unterworfen. Man erhält I-*N-Acetylleucinat*, F. 195° (Zers.). — 6,5 g I-Monosulfathydrat wird in wss. Lsg. mit 4,76 g Ca-Panthothenat (II) gelöst in W. verrührt. Man setzt CH_3OH zu u. filtriert bei 0° $CaSO_4$ ab. Nach der Gefriertrocknung des Filtrats erhält man I-Dipantothenat, F. 101—102° (Zers.). — 7,5 g einbas. I-Sulfat ($C_{18}H_{36}N_4O_{11} \cdot 1\frac{1}{2}\,H_2SO_4$) u. 2,45 g I → I-*Monosulfatmonopantothenat*, F. >230°. — Mit 5,3 g II → I-Dipantothenatsemisulfat, bzw. das Di-[I-dipantothenat]-sulfat ($[C_{18}H_{36}N_4O_{11} \cdot 2\,C_9H_{17}NO_5]_2 \cdot H_2SO_4$), F. 114—118°. — Mit 8 g II erhält man I-*Tripantothenat*, F. 110—112° (Zers.). Die I-Salze können aus der Rk.-Lsg. an Stelle der Gefriertrocknung durch Verdampfen des Lsgm. oder auch durch Versetzen der Lsg. mit einem bei der Umsetzung verwendeten Lsgm. mischbaren Stoff, in welchem die I-Salze nicht oder nur schwer lösl. sind, gewonnen werden. — *Antibioticum*. (**D. A. S. 1 133 709** Kl. 12o vom 16/9. 1958, ausg. 26/7. 1962.) G. König. 4811

Tanabe Seiyaku Co. Ltd., Osaka, und Sumio Umezawa, Tokyo (Erfinder: Tomoharu Okuda und Makoto Suzuki, Tokyo, Yoshiyuki Egawa, Yokohama, und Kokichi Ashino, Tokyo), Japan, **Gleichzeitige Herstellung von Naramycin B, einem Isomeren des Cycloheximids, und Naramycin A (Cycloheximid)**, dad. gek., daß ein Stamm von Streptomyces naraensis in einem wss. Nährmedium unter aeroben Bedingungen in üblicher Weise gezüchtet u. anschließend durch Filtration des Gärmediums u. Lsgm.-Extraktion des Filtrats ein Naramycin B (I) u. Naramycin A (II) enthaltendes Gemisch gewonnen wird. II wird durch Umkristallisieren des Gemisches u. I durch Adsorption der Mutterlauge an aktiviertem Al_2O_3 u. Elution erhalten. Morphologie u. Physiologie des Mikroorganismus u. antibakterielles Spektrum. Tabellen. — *Naramycin A*, F. 116—116,5°, $[\alpha]_D^9$ +8° (c = 2 in W.), $C_{15}H_{23}NO_4$, β-[2-(3.5-Dimethyl-2-oxocyclohexyl)-2-hydroxyäthyl]-glutarimid. *Naramycin B*, $C_{15}H_{23}NO_4$, F. 109—110°, $[\alpha]_D^9$ +48,8° (c = 1 in W.), stereoisomer mit II. Charakterist. IR-Spektrum u. Zeichnung. (**D. A. S. 1 124 639** Kl. 30h vom 9/4. 1959, ausg. 1/3. 1962. **E. P. 887 825** vom 9/4. 1959, ausg. 24/1. 1962. Beide Jap. Prior. 10/4. 1958.) H. Schindler. 4811

National Research Development Corp. (Erfinder: Leslie Harold Collier), London, England, **Herstellung von Vaccine** zur parenteralen Injektion gegen das Trachom, dad. gek., daß man einen lebenden vollvirulenten oder abgeschwächten Stamm von Trachomvirus oder Einschlußblennorhoe-Virus in einem lebenden Wirt oder in einem Medium, welches das Wachstum des Virus ermöglicht, züchtet u. den so erhaltenen Virus reinigt u. zu einem parenteral verabreichbaren Vaccine-Präp. verarbeitet. Als lebenden Wirt kann man Hühnerembryos verwenden, die 6—8 Tage alt sind u. auf dem Dottersackweg beimpft werden. (**D. A. S. 1 134 476** Kl. 30h vom 22/1. 1960, ausg. 9/8. 1962. E. Prior. 23/1. 1959.) K. Koebke. 4813

Behringwerke Akt.-Ges., Marburg (Erfinder: Max Schönenberger, Marbach, und Bernhard Schneider, Marburg), **Herstellung von Maul- und Klauenseuche-Konzentratvaccinen**, dad. gek., daß man bei der Aufarbeitung des Maul- u. Klauenseuche-Virus enthaltenden Materials, z. B. bei dessen Extraktion, Filtration, Elution, Ultrazentrifugierung u./oder zu dessen baktericiden Behandlung, in an sich bekannter Weise ein Fettalkoholsulfat, bes. Natriumdodecylsulfat, bei der Herst. der Konzentratvaccine mittels üblicher Inaktivierungs-Verff., z. B. durch Behandlung mit konz. wss. CH_2O-Lsg. unter Erwärmen, in der Virussuspension beläßt. (**D. A. S. 1 138 509** Kl. 30h vom 12/11. 1959, ausg. 25/10. 1962.) K. Koebke. 4813

Francesco Vismara S. p. A., Casatenovo Brianza (Erfinder: Guido Cavallini und Elena Massarani, Mailand), Italien, **α-[p-Phenylbenzoyl]-α-arylaminocarbinolderivate** der allg. Formel I (R = H, Halogen, KW-Stoffrest, freies oder veräthertes OH; R' = H, Halogen; X, Y = H, gesätt. oder ungesätt. KW-Stoffrest mit 1—12 C-Atomen) werden hergestellt durch Rk. eines Diphenylylglyoxals der allg. Formel II mit einer ggf. veresteren Aminobenzoesäure in einem inerten Lösungsmittel. — Zu 7,75 (g) SeO_2, 2 ml W. u. 20 ml Dioxan tropft man bei 70° 11,13 4-Acetyl-4'-methoxydiphenyl in 60 ml Dioxan, kocht 5 Std. lang unter Rückfluß, filtriert in der Hitze u. engt ein → 4'-Methoxydiphenylyl-(4)-glyoxalhydrat, F. 136—137°; Äthylhalbacetal, F. 119 bis 120°; 2,9 der vorst. Verb. u. 1,45 p-Aminobenzoesäure (III) kocht man in 50 ml A. 5 Std. lang unter Rückfluß → *α-[p-(4-Methoxyphenyl)-benzoyl]-α-[4-carboxyphenylamino]-carbinoläthyläther*, $C_{24}H_{23}NO_5$; 60% (Ausbeute), F. 224°; *Na-Salz*. — Analog: Diphenylyl-(4)-glyoxal (IV), Methylhalbacetal (F. 95—96°) u. III → *α-[p-Phenylbenzoyl]-α-[4-carb-*

oxyphenylamino]-carbinol (**V**), *Methyläther*, $C_{22}H_{19}NO_4$, 83%, F. 192—194°. — **IV**-Hydrat (F. 114—117°) u. n-Octanol → **IV**-n-Octylhalbacetal (F. 54—58°), hieraus mit **III** → **V**-*n-Octyläther*, $C_{29}H_{33}NO_4$, 90%, F. 134—136°. — **IV**-Allylhalbacetal (F. 93°) u. **III** → **V**-*Allyläther*, $C_{24}H_{21}NO_4$, 95%, F. 192—194°. — **IV**-Propargylhalbacetal (F. 97°) u. **III** → **V**-*Propargyläther*, $C_{21}H_{19}NO_4$, 87%, F. 192—194°. — **IV**-Isopropylhalbacetal (F. 93 bis 95°) u. **III** → **V**-*Isopropyläther*, F. 192—194°. — **IV**-n-Butylhalbacetal (F. 54°) u. **III** → **V**-*n-Butyläther*, F. 121—123°. — **IV**-n-Propylhalbacetal (F. 86—87°) u. **III** →

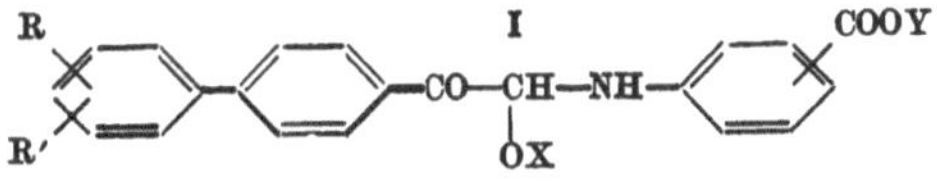

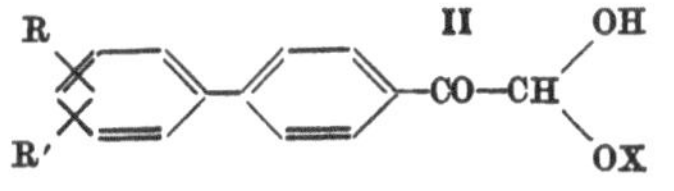

V-*n-Propyläther*, F. 179—180°. — **IV**-Äthylhalbacetal u. **III**→**V**-*Äthyläther*, $C_{23}H_{21}NO_4$, 98%, F. 192—194°. — 3-Chlor-4-methoxydiphenyl u. Acetylchlorid nach Friedel-Crafts → 4'-Acetyl-3-chlor-4-methoxydiphenyl, hieraus mit Dioxan → 3'-Chlor-4'-methoxydiphenylylglyoxal (**VI**), Hydrat, F. 141—142°. 5,5 der vorst. Verb. u. 2,8 **III** → *α-[p-(3-Chlor-4-methoxyphenyl)-benzoyl]-α-[4-carboxyphenylamino]-carbinol* (**VII**), $C_{22}H_{18}ClNO_5$, 75%, F. 224—225°. — 3 **VI**-Äthylhalbacetal (F. 85—87°) u. 1,4 **III** → **VII**-*Äthyläther*, $C_{24}H_{22}ClNO_5$, 60%, F. 228°; *K-Salz*. — 4'-Acetyl-4-hydroxydiphenyl (aus der Methoxy-Verb. durch Entmethylierung) u. SeO_2 in Dioxan → 4'-Hydroxydiphenylyl-(4)-glyoxalhydrat, F. 168—170°; hieraus mit A. u. **III** ohne Isolierung des Halbacetals → *α-[p-(4-Hydroxyphenyl)-benzoyl]-α-[4-carboxyphenylamino]-carbinoläthyläther*, $C_{23}H_{21}NO_5$, 50%, F. 216—217°. — 1,14 **IV**-Hydrat u. 10 Citronellol → **IV**-Citronellylhalbacetal, hieraus ohne Isolierung mit **III** → **V**-*Citronellyläther*, $C_{31}H_{35}NO_4$, 70%, F. 128 bis 129°. — **IV**-Cycolhexylhalbacetal u. **III** → **V**-*Cyclohexyläther*, $C_{27}H_{27}NO_4$, 85%, F. 176—178°. — 3,2 **IV**-Benzylhalbacetal (F. 86°) u. 1,4 **III** → **V**-*Benzyläther*, $C_{28}H_{23}NO_4$, 69%, F. 184—186°. — **IV**-Phenylhalbacetal u. **III** → **V**-*Phenyläther*, $C_{27}H_{21}NO_4$, 62%, F. 214—215°. — 2,1 **IV**-Hydrat, 40 ml A. u. 1,65 **III**-Äthylester → *α-[p-Phenylbenzoyl]-α-[carbäthoxyphenylamino]-carbinoläthyläther*, $C_{25}H_{25}NO_4$, 94%, F. 135—136°. — 1,14 **IV**-Hydrat u. 0,65 **III** → **V**, $C_{21}H_{17}NO_4$, 98%, F. 197°. — Für alle **I** sind die IR-Absorptionsfrequenzen angegeben. — *Chemotherapeutica*, bes. wirksam gegen Hundestaupe-, Influenza (PR8)-, hepatit. (MHV$_3$)- u. neurotrop. Virus sowie gegen *Herpes simplex*, *Adeno-*, *Coxsackie-* u. *Echovirus*. (**D. A. S. 1124963** Kl. 12q vom 12/8. 1959, ausg. 8/3. 1962. E. Prior. 24/9. 1958 u. 21/5. 1959.) A. Debo. 4815

Leo Werke G. m. b. H., Frankfurt/M. (Erfinder: Wilhelm Krauß, Offenbach/M.), **Herstellung einer neutralen Kreide für die Bereitung von Zahnpasten**, dad. gek., daß man mit W. geschlämmte Kreide (**I**) mit 0,03—0,3% $CaHPO_4$, bezogen auf das trockene Gew. der **I**, vermischt. (**D. A. S. 1 137 831** Kl. 30h vom 21/7. 1960, ausg. 11/10. 1962.) C. Lüttgen. 4823

Dow Chemical Co., Midland, übert. von: Frederick E. Dulmage sen., Saginaw, Mich., V.St.A., **Röntgenkontrastverfahren zur Lokalisierung von Darmverengungen.** Es werden oral Tabletten verschiedener Größe verabfolgt, die $BaSO_4$ u. als Bindemittel einen wasserlösl. Celluloseäther (Methyl-, Hydroxypropyl-, bzw. -äthyläther) enthalten, dessen Menge $<$15% der Tablettenmasse ist. (**A. P. 3 017 329** vom 15/8. 1957, ausg. 16/1. 1962.) K. Wolk. 4825

J. R. Geigy Akt.-Ges. (Erfinder: Wilhelm Frick und Walter Stammbach), Basel, Schweiz **Haltbares Desinfektionsmittel**, dad. gek., daß es mindestens eine Verb. der Formel **I** enthält, worin eines der Symbole X_1 u. X_2 —CF_3 u. das andere Cl— oder Br— bedeutet, Y_1 Cl— oder Br— oder —CF_3 u. Y_{2-5} H oder Cl oder Br bedeuten. Die Wirkstoffe, z. B. 3-Trifluormethyl-4.4'-dichlorcarbanilid, 3.3'-Bistrifluormethyl-4.4'-dichlorcarbanilid, 3-Trifluormethyl-4.3'.4'-trichlorcarbanilid, können auch Seifen u. Reinigungsmitteln zugegeben werden u. eignen sich zur Desinfektion von organ. u. anorgan., nichttextilen Objekten. (**Schwz. P. 359 841** vom 7/10. 1958, ausg. 15/3. 1962.) K. Koebke. 4833

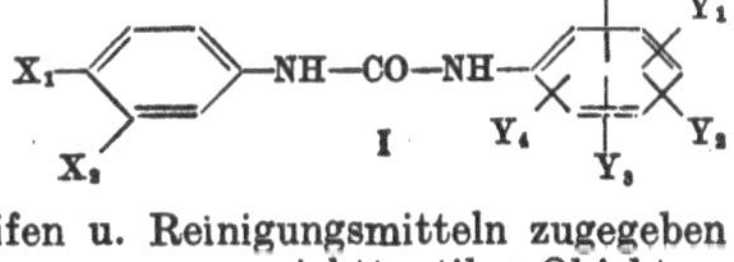

General Aniline & Film Corp., New York, N.Y. (Erfinder: Gene Anthony Brost, Westfield, N.J., Fred Krupin, New York, N.Y., und Fred Erskine Woodward, Watchung, N.J.), V.St.A., **Wasserlösliches keimtötendes Mittel** aus Jod u. nichtion. oberflächenakt. Anlagerungs-Prodd. von C_2H_4O an Alkylylphenole, dad. gek., daß es als Träger für das J ein Gemisch aus einem wasserlösl., nichtion., oberflächenakt. Anlagerungs-Prod. von C_2H_4O an Alkylphenole mit einem C_2H_4O-Geh.

>60 (Gew.-%) u. einem ebensolchen Anlagerungs-Prod. mit einem C_2H_4O-Geh. <55 enthält, wobei der C_2H_4O-Geh. des Gemisches >60 beträgt. (**D. A. S. 1 134 798** Kl. 30i vom 8/9. 1958, ausg. 16/8. 1962. A. Prior. 19/5. 1958.) K. Koebke. 4833

Eli Lilly & Co., Indianapolis (Erfinder: William N. Cannon, Greenwood), Ind., V.St.A., **Desinfektionsmittel** für wss. Suspensionen u. Emulsionen organ. Stoffe, gek. durch ein Gemisch aus 1. 1 (Gew.-Teil) Äthylmercurithiosalicylsäure (I) oder einem wasserlösl. Salz von **I**; 2. ca. 4—100 o-Phenylphenol oder einem wasserlösl. Salz dieser Verbindung. Man kann ein Stabilisierungsmittel für **I** (Äthylendiamin, Äthanolamin, Äthylendiamintetraessigsäure zur Stabilisierung gegen Cu oder 8-Hydroxychinolin, Bis-salicyl-äthylendiamin, Bis-salicylal-o-phenylendiamin gegen andere Schwermetalle, bes. Fe) zugeben. (**D. A. S. 1 136 059** Kl. 30i vom 17/7. 1959, ausg. 6/9. 1962. A. Prior. 17/6. 1958.) K. Koebke. 4833

Monsanto Chemical Co., St. Louis, Mo. (Erfinder: Samuel Allen Heininger, Warson Woods, Mo., und Gail Hubert Birum, Dayton, Ohio), V.St.A., **Desinfektionsmittel** mit bakterizider u. fungicider Wirkung. Verw. von Arylsulfonylalkennitrilen der allg. Formeln I u. II, in denen R z. R' H oder KW-Stoffreste, wie Aryl- oder gesätt. Alkylreste mit 1—6 C-Atomen, u. Y Cl, Br, J, F oder H oder einen Alkylrest mit 1—6 C-Atomen bedeuten u. n eine ganze Zahl von 1—5 ist, zur Bekämpfung von Mikroorganismen. Die Wirkstoffe können durch Abspaltung von Halogenwasserstoffsäure aus den entsprechenden Arylsulfonylhalogenalkannitrilen durch Wärme u./oder Verw. einer bas. Verb. (Triäthylamin, NaOH, KOH, Pyridin) oder durch Rk. von CH_2O mit den entsprechenden Arylsulfonylacetonitrilen in Ggw. von Piperidin hergestellt werden. Es wird die Herst. von *3-[4'-Chlorphenylsulfonyl]-acrylonitril*, F. 138 bis 139 bzw. 141,5—142°; *3-[4'-Tolylsulfonyl]-acrylonitril*, F. 131—132°; *3-[Phenylsulfonyl]-acrylonitril*, F. 102—103°; *2-[5'-Chlorphenylsulfonyl]-acrylnitril* beschrieben. (**D. A. S. 1 136 061** Kl. 30i vom 29/4. 1958, ausg. 6/9. 1962. A. Prior. 1/5. 1957.) K. Koebke. 4833

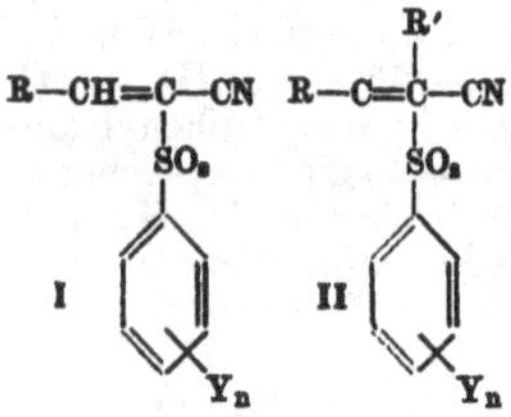

Monsanto Chemicals Ltd., London, übert. von: Eric Royle Lynch, Rhos-y-Waen, Chirk, und Ernest Bryson McCall, Llangollen, Denbighshire, Wales, England, **Bactericid wirksame 2.4.5.6-Tetrachlor-3-alkylphenole** erhält man durch Überchlorierung eines 2.4.6-Trichlor-3-alkylphenols (I), dessen Alkylgruppe bis zu 4 C-Atome enthält, mit Cl_2 in einem inerten fl. Chloralkan in Ggw. eines Friedel-Crafts-Katalysators bis zur Bldg. einer wesentlichen Menge des entsprechenden 2.4.4.5.6-Pentachlor-m-alkylcyclohexadien-(2.5)-ons (**II**) u. Erhitzen des Rk.-Gemisches nach Zusatz einer dem **II**-Geh. entsprechenden Menge **I**. — Man kann z. B. 1,4 g [bei der Überchlorierung von 2.4.6-Trichlor-m-kresol (**III**) als Nebenprod. gewonnenes] 2.4.4.5.6-Pentachlor-3-methylcyclohexadien-(2.5)-on (**IV**) nach Zumischen von 1,06 g **III** aufschmelzen, 0,1 g $AlCl_3$ zugeben, das Ganze 10 Min. auf dem Dampfbad erhitzen, abkühlen lassen, in Ä. lösen u. das Prod. mit W. fällen. Man erhält 2,2 g rohes *2.4.5.6-Tetrachlor-3-methylphenol* (**V**), F. 175—187°. Ein aus **V** u. **IV** bestehendes Chlorierungsgemisch kann auch mittels $NaHSO_3$ in Ggw. von wss. NaOH zu **V** reduzieren. (**A. P. 3 035 099** vom 5/5. 1958, ausg. 15/5. 1962.) A. Mohr. 4833

Chemische Werke Witten G. m. b. H. (Erfinder: Rudolph Junghähnel und Gustav Renckhoff), Witten, **Germicide.** Verw. von in an sich bekannter Weise aus Hexachlorbenzol u. Polyaminen, bes. Diäthylentriamin, hergestellten Alkylenamin-Derivv. des Pentachlorbenzols als *Germicide* von geringer Toxizität. Man verwendet die Verbb. zur Desinfektion in einer Konz. von 0,3%. (**D. A. S. 1 136 060** Kl. 30i vom 2/7. 1956, ausg. 6/9. 1962.) K. Koebke. 4833

Organon Laboratories Ltd., London, England, *Gewinnung neuer biologisch wirksamer Verbindungen aus Pflanzen der Oleaceen.* (E. P. 835 842 vom 7/3. 1958, ausg. 25/5. 1960. Niederl. Prior. 13/4. u. 1/6. 1957. Zusatz zu. E. P. 789 427; C. 1959, 4901. — C 1960, 5250 [D. A. S. 1 066 321].)

Sterling Drug, Inc., New York, N.Y., V.St.A., *N-Substituierte Dihalogenacetamide.* (E. P. 867 743 vom 24/6. 1958, ausg. 10/5. 1961. A. Prior. 3/7. 1957. Zusatz zu E. P. 770 928; C. 1958, 14521. — C. 1963, 5119 [Niederl. P. 100 762].)

Soc. des Usines Chimiques Rhône-Poulenc (Erfinder: **Paul Gailliot**, Paris, **Jean Baget**, Ermont, und **Bernard Beas**), Paris, Frankreich, *Salze der N-Acetyl-α-aminoisocapronsäure.* (Schwz. P. 360 694 vom 29/3. 1957, ausg. 30/4. 1962. F. Prior. 7/4. 1956. — C. 1961, 9515 [D. A. S. 1 092 024].)

N. V. Nederlandsche Combinatie voor Chemische Industrie, Amsterdam, Niederlande, und **Laboratoria Pharmaceutica Dr. C. Janssen N. V.**, Turnhout, Belgien (Erfinder: **Paul Janssen**, Turnhout, Belgien, und **David Karel de Jongh**, Haarlem, Niederlande), *Spasmolytisch wirksame p-Methoxyphenylaminoacetamide.* (Schwz. P. 341 150 vom 6/5. 1955, ausg. 14/11. 1959. Niederl. Prior. 7/5. u. 30/12. 1954. — C. 1958, 6335 [Oe. P. 191 407].)

British Drug Houses Ltd., London, England, *Herstellung von 5-Chlortoluol-2.4-disulfonsäureamid.* (**Ind. P. 67 690** vom 15/5. 1959, ausg. 26/7. 1961. E. Prior. 10/7. 1958. — C. **1962**, 5767 [Oe. P. 211 297].)

J. R. Geigy Akt.-Ges., Basel, Schweiz, *Aminosubstituierte α-Arylalkansäuren.* (**E. P. 879 576** vom 28/8. 1958, ausg. 11/10. 1961. A. Prior. 28/8. 1957. — C. **1962**, 5019 [F. P. 1 211 604].)

Wellcome Foundation Ltd., London, England, *Herstellung neuer Sulfonylharnstoffe.* (**Ind. P. 65 570** vom 24/10. 1958, ausg. 17/8. 1961. E. Prior. 31/10. 1957. — C. **1962**, 7623 [F. P. 1 215 015].)

United States Vitamin & Pharmaceutical Corp., New York (Erfinder: **Seymour Lester Shapiro**, Hastings-on-Hudson, und **Louis Freedman**, Bronxville), N.Y., V.St.A., *Herstellung von Biguaniden.* (**Schwz. P. 360 383** vom 31/5. 1957, ausg. 14/4. 1962. A. Prior. 31/5. 1956. — C. **1963**, 5562 [Niederl. P. 100 986].)

Nordmark Werke G. m. b. H., Hamburg, *Di-Cysteinsulfat.* (**E. P. 814 586** vom 3/10. 1957, ausg. 10/6. 1959. D. Prior. 20/7. 1957. — C. **1960**, 918 [D. A. S. 1 044 823].)

N. V. Nederlandsche Combinatie voor Chemische Industrie, Amsterdam, Niederlande, und **Laboratoria Pharmaceutica Dr. C. Janssen N. V.**, Turnhout, Belgien (Erfinder: **Paul Jannssen**, Turnhout, Belgien, und **David Karel de Jongh**, Haarlem, Niederlande), *Parasympathikolytisch wirksame quaternäre Ammoniumsalze* von *α.α-Diphenyl-γ-dialkylaminobutyramiden.* (**Schwz. P. 339 192** vom 27/8. 1955, ausg. 15/8. 1959. Niederl. Prior. 28/8. 1954. — C. **1957**, 10012 [D. A. S. 1 003 744].)

Norwich Pharmacal Co., Norwich, N.Y., V.St.A., *Additionsprodukte des 5-Nitrofurfuraldehydsemicarbazons.* (**E. P. 853 635** vom 11/3. 1957, ausg. 9/11. 1960. A. Prior. 5/4. 1956. — C. **1961**, 10291 [F. P. 1 177 734].)

Ciba Ltd. (Erfinder: **Renat Herbert Mizzoni**), *2-Thioparabansäurederivate.* (**Aust. P. 234 017** vom 12/2. 1959, ausg. 29/6. 1961. A. Prior. 13/2. u. 28/11. 1958. — C. **1961**, 2370 [D. A. S. 1 088 501].)

Ciba Ltd., Basel, übert. von: **Karl Hoffmann**, Binningen, und **Eugen Tagmann**, Basel, Schweiz, *2.6-Dioxopiperidine.* (**Can. P. 570 974** vom 12/10. 1956, ausg. 17/2. 1959. Schwz. Prior. 13/2. 1951 u. 30/1. 1952. — C. **1953**, 9241 [Oe. P. 174 909].)

Abbott Laboratories, North Chicago, übert. von: **Arthur W. Weston**, Waukegan, Ill., V.St.A., *Pipecolylcarbinole.* (**Can. P. 570 569** vom 5/11. 1956, ausg. 10/2. 1959. A. Prior. 3/4. 1952. — C. **1957**, 2014 [Schwz. P. 311 806].)

Aktiebolaget Bofors (Erfinder: **Bo Thuresson af Ekenstam**, **Börje Per Harald Egner**, Bofors, und **Bror Gösta Pettersson**, Karlskoga), Schweden, *N-Alkyltetrahydrochinaldinsäureamide.* (**Schwz. P. 363 024** vom 29/12. 1956, ausg. 31/8. 1962. Schwed. Prior. 18/1. 1956. — C. **1959**, 11006 [Oe. PP. 195 929 u. 195 930].)

Cutter Laboratories, Inc., Berkeley, übert. von: **John Hidalgo**, San Francisco, **Arthur R. Williams** und **Isaac F. Halverstadt**, Berkeley, Calif., V.St.A., *Ester mit heterocyclischen Gruppen.* (**Can. P. 570 828** vom 14/3. 1955, ausg. 17/2. 1959. A. Prior. 14/10. 1954. — C. **1961**, 582 [E. P. 770 581] u. C. **1961**, 583 [E. PP. 782 935 u. 782 936].)

Imperial Chemical Industries Ltd., London, übert. von: **Charles H. Vasey**, Blackley, Manchester, England, *Pyrimidinderivate.* (**Can. P. 571 115** vom 3/4. 1952, ausg. 24/2. 1959. E. Prior. 6/4. 1951. — C. **1955**, 10573 [D. B. P. 922 048].)

Soc. des Usines Chimiques Rhône-Poulenc, Paris (Erfinder: **Raymond Jacques Horclois**, Malakoff, und **Robert Michel Jacob**, Ablon), Frankreich, *Phenothiazine.* (**Schwz. P. 359 142** vom 14/1. 1957, ausg. 15/2. 1962. F. Prior. 17/1., 22/3. u. 31/10. 1956. — C. **1963**, 5565 [Niederl. P. 98 225].)

Carlo Erba S.p.A., Mailand, Italien, *α-Glycyrrhetinsäure.* (**E. P. 833 184** vom 7/8. 1958, ausg. 21/4. 1960. It. Prior. 5/9. 1957. — C. **1961**, 2031 [D. A. S. 1 073 491].)

Ciba Ltd. (Erfinder: **Lincoln Harvey Werner**), *Herstellung von Morphanthridinderivaten.* (**Aust. P. 233 690** vom 30/12. 1958, ausg. 1/6. 1961. A. Prior. 6/1. u. 29/10. 1958. — C. **1962**, 8350 [F. P. 1 216 631].)

L. Urbanek, Prag, Tschechoslowakei, *Clupeinmethylesterhydrochlorid aus Clupeinmetaphosphat.* (**Belg. P. 550 548** vom 23/8. 1956, ausg. 4/12. 1959. Tschech. Prior. 1/9. 1955. — C. **1959**, 223 [D. A. S. 1 023 192].)

Ciba Ltd., Basel, übert. von: **Max Matter**, Worb b. Bern, **Alberto Rossi**, Bern, und **Hans von Sprecher**, Basel, Schweiz, *Polyglykoläther.* (**Can. P. 571 004** vom 3/12. 1957, ausg. 17/2. 1959. Schwz. Prior. 20/11. 1953, 5/2. u. 21/10. 1954. — C. **1958**, 8413 [F. P. 1 115 750].)

Laboratoires Français de Chimiothérapie, Paris, Frankreich, *Herstellung von Steroiden.* (**E. P. 892 078** vom 29/6. 1960, ausg. 21/3. 1962. F. Prior. 29/6. 1959. — C. **1963**, 4818 [F. P. 1 238 338].)

Laboratoires Français de Chimiothérapie, Paris, Frankreich, *Herstellung von einen Furanring enthaltenden Steroiden.* (**E. P. 894 162** vom 5/7. 1960, ausg. 18/4. 1962. F. Prior. 15/7. 1959. — C. **1963**, 4818 [F. P. 1 239 381].)

Laboratoires Français de Chimiothérapie, Frankreich (Erfinder: **Georges Muller** und **Jacques Martel**), *Herstellung von 18-oxygenierten Steroiden.* (**F. P. 1 254 574** vom 15/1. 1960, ausg. 29/5. 1961. — C. **1963**, 5569 [A. P. 2 984 662].)

British Drug Houses Ltd., London, England, *Herstellung von 3-Oxo-$\Delta^{1,4}$-6-methyl- und 3-Oxo-$\Delta^{1,4,6}$-6-methylsteroiden.* (**Ind. P. 66 872** vom 27/2. 1959, ausg. 14/7. 1961. E. Prior. 4/3. 1958. — C. **1962**, 5398 [D. A. S. 1 102 144].)

Merck & Co., Inc., Rahway, übert. von: **Edward W. Tristram**, Cranford, N.J., V.St.A., *Verbindungen der Pregnanreihe.* (**Can. PP. 571 081** u. **571 082** vom 28/3. 1958, ausg. 24/2. 1959. Beide A. Prior. 5/8. 1955. — C. **1961**, 9133 [Niederl. P. 93 988].)

British Drug Houses Ltd., London, England, *6.16-Dimethylsteroide der Pregnanreihe.* (**Ind. PP. 68 207** vom 29/6. 1959, ausg. 2/6. 1961 u. **68 208** vom 29/6. 1959, ausg. 13/7. 1961. Beide E. Prior. 9/7. 1958. — C. **1962**, 2093 [E. PP. 850 423 u. 850 424].)

British Drug Houses Ltd., England, *Herstellung von cyclischen 20-Ketalen des 3β.5.17α-Trihydroxy-6β-methyl-16-methylen-5α-pregnan-20-ons.* (**F. P. 1 266 005** vom 10/6. 1960, ausg. 6/11. 1961. E. Prior. 11/6. 1959. — C. **1963**, 5124 [E. P. 878 391].)

Laboratoires Français de Chimiothérapie, übert. von: **Julien Warnant**, Paris, Frankreich, *4-Brom-21-acetoxypregnan-3.20-dion.* (**Can. P. 570 418** vom 15/3. 1955, ausg. 10/2. 1959. F. Prior. 26/3. 1954. — C. **1958**, 11611 [D. A. S. 1 018 060].)

Schering Akt.-Ges., Berlin, *Anabolisch wirksame 2-Halogen-Δ¹-androsten-17-ol-3-one.* (**Ind. P. 68 317** vom 21/8. 1959. — C. **1960**, 17545 [D. A. S. 1 076 127] u. C. **1961**, 9133 [D. A. S. 1 093 359].)

Abbott Laboratories, Chicago, übert. von: **Julian E. Philip**, Lake Forest, und **Jay R. Schenck**, Waukegan, Ill., V.St.A., *Herstellung des Antibioticums Ristocetin.* (**A. P. 3 006 813** vom 21/11. 1956, ausg. 31/10. 1961. — C. **1962**, 14622 [E. P. 843 560].)

Ciba Pharmaceutical Products, Inc., Summit, N.J., V.St.A., übert. von: **Ernst Gäumann**, Zürich, **Hans Bickel**, Binningen, und **Ernst Vischer**, Basel, Schweiz, *Herstellung des Antibioticums Pilosomycin.* (**A. P. 3 033 760** vom 13/7. 1959, ausg. 8/5. 1962. Schwz. Prior. 17/7. 1958. — C. **1961**, 17306 [D. A. S. 1 089 122].)

Dow Chemical Co. (Erfinder: **Joseph L. Wasco, Lisby L. Wade** und **James F. Landram**), *Phosphorsäureesteramide.* (**Aust. P. 234 029** vom 20/5. 1959, ausg. 29/6. 1961. A. Prior. 22/7. 1958. — C. **1961**, 12189 [A. P. 2 929 762].)

Merck & Co., Inc., Rahway, N.J., übert. von: **Robert C. O'Neill**, New York, N.Y., und **Arthur J. Basso**, Rahway, N.J., V.St.A., *Komplexe aus substituierten Harnstoffen und Pyrimidinen.* (**Can. P. 570 392** vom 6/12. 1954, ausg. 10/2. 1959. A. Prior. 18/12. 1953. — C. **1958**, 10453 [D. A. S. 1 004 184].)

Imperial Chemical Industries Ltd., London, übert. von: **Walter Hepworth**, Manchester, Lancashire, England, *Tierarzneimittel.* (**Can. P. 571 382** vom 19/12. 1956, ausg. 24/2. 1959. E. Prior. 4/1. 1956. — C. **1960**, 14120 [E. P. 816 856].)

G. Analyse. Laboratorium

Eine automatische Dosierungsapparatur. F. S. H. Abram. (Lab. Pract. **9**, 796—97, Nov. 1960; engl.) — Beschreibung einer App. zur Herst. von Lsgg. bekannter Konzentration. K. Huste. 5014◇

Druckmessung von verschiedenen Gasen mittels des Pirani-Manometers mit einem Halbleiterelement. Štefan Veis. (Českoslov. Časopis Fysiku **10**, 448—55, 1960; Bratislava, Katedra fyz. Prírodoved. fak. Univ. Komenského; tschech.) — Beschreibung einer Berechnungs-Meth. von Eichkurven des Pirani-Manometers für verschiedene Gase bei Kenntnis einer experimentell ermittelten Kurve. Anstatt eines Mikroamperemeters in der Diagonale der Wheatstonschen Meßbrücke wird ein Millivoltmeter mit einem sehr großen inneren Widerstand benutzt; bei dieser Anordnung kann der Druck in Abhängigkeit von der Spannung ausgedrückt werden. Die durchgeführte Berechnung für Drücke von Inertgasen gibt sehr gute Übereinstimmung mit dem Experiment. J. Tůmová. 5016□

Restgasanalyse im Vakuumsystem mittels des Omegatrons. Miroslav Janatka und Bohuš Urgošík. (Českoslov. Časopis Fysiku **10**, 461—64, 1960; Praha, Kat. elektroniky a vakuové fys. Karlovy univ.; tschech.) — Konstruktionsbeschreibung des Omegatrons (Hochfrequenzmassenspektrometer nach Sommer-Thomas-Hipple) eigener Bauart. Das Syst. eignet sich zur Messung von Partialdrücken bis zu 10^{-9} mm Hg. J. Tůmová. 5016□

Pumpenelemente mit verdampfendem Titan. L. Eckertová, L. Kryška, L. Pátý und P. Schürer. (Českoslov. Časopis Fysiku **10**, 443—47, 1960; Praha, Kat. elektroniky a vakuové fys. Karlovy Univ.; tschech.) — Beschreibung kleiner gläserner Ti-Elemente zum Evakuieren von abgeschlossenen Syst. auf ein hohes Vakuum (10^{-8} mm Hg). Beschrieben wird das Verdampfen von Ti durch Bombardieren mit schnellen Elektronen, Verdampfen durch kurzzeitige Berührung mit einer glühenden W-Spirale oder Verdampfen des auf einer W-Spirale aufgebrachten Ti. J. Tůmová. 5026□

Fortschritt bei Fraktionierungsverfahren. 2. Mitt. **Destillation, Sublimation und Kristallisation 1959, 1960.** Milton T. Bush. (Microchem. J. [New York] **5**, 325—29, Sept. 1961; Bethesda, Md., Nat. Heart-Inst., Labor. of Chem. Pharmacol.; engl.) — 1. vgl. C. **1963**, 5130; vgl. auch C. **1960**, 15152. — Überblick über die 1959/1960 veröffentlichten Verbesserungen bei Mikrotrenn-Verff., wie Dest., Sublimation u. Kristallisation. — 25 Literaturhinweise. A.-M. Fretzdorff. 5038□

Thermoelektrische Mikrobestimmung von Molekulargewichten. 1. Mitt. **Übersichtsartikel.** W. Simon und C. Tomlinson. (Chimia [Aarau, Schweiz] **14**, 301—08, 15/9. 1960; Zürich, ETH, Organ.-chem. Labor.; Liverpool, Univ. of Liverpool, Dep. of Organ. Chem.; dt.) — In ein temperaturkonst. mit Lsgm.-Dämpfen gesätt. Gefäß werden ein Tropfen mit Lsgm. u. ein Tropfen mit Lsg. eingeführt. Durch Kondens. von Lsgm. am Lsg.-Tropfen treten zwischen den Tropfen Temp.-Differenzen auf, die nach der Beziehung $\Delta T = R_c \cdot T_0^2 \cdot 10^{-3} \cdot \gamma \cdot g \cdot m/L$ unter der Bedingung, daß keine Wärmeverluste durch Strahlung, Wärmeleitung u. Konvektion auftreten, zur Molgew.-Best. benutzt wird (R_c = Gas-Konst., T_0 = Zell-Temp., γ = Anzahl der Teilchen, die

bei Auflösen eines Teilchens der zu untersuchenden Verb. entstehen, g = osmot. Koeff., m = Molarität der Lsg., L = Verdampfungswärme des Lsgm.). Bei schwerflüchtigen Verbb. ist die Standardabweichung 1—2% (95% Sicherheitsschwelle).
Ch. Weiske. 5044◇

Berechnung von Laboratoriumsozonisatoren. W. P. Wendillo, Ju. M. Jemeljanow und Ju. W. Filippow. (J. physik. Chem. [UdSSR] **34**, 1145—47, Mai 1960; Moskau, Lomonossow-Univ.; russ., Auszug: engl.) — Berechnung der Kapazität u. der erzeugten Ozonkonzentration. Ch. Weiske. 5048◇

Mehrfacher Calcimeter. István Terts. (Agrokém. és Talajtan [Agrochem. u. Bodenkunde] **7**, 309—10, Okt. 1958; ung.) — Um für Reihenanalysen kleiner Proben rasch genaue Ergebnisse zu erhalten, verwendet Vf. nach dem Prinzip des Scheibler-Calcimeters 2—8 50-ml-Büretten u. Zers.-Gefäße von 50—100 ml Inhalt in einem Gestell. Der Gummistopfen des Zers.-Gefäßes ist 2mal durchbohrt. Von den durchgeführten Glasröhren ist eine mit der Bürette verbunden, die zweite ist an der Seite mit einer Öffnung zum Druckausgleich beim Verschließen versehen. Ein Niveaugefäß dient für alle Büretten. Der Genauigkeit halber ist die weite Glasröhre vor der Bürette durch ein Glasrohr von 6—7 mm ∅ ersetzt. J. Plank. 5048

Das Verhalten von Kohlenhydraten (Zucker) in nichtwässeriger Lösung. V. Prey und W. Unger. (Österr. Chemiker-Ztg. **61**, 10—18, Jan. 1960; Wien, TH, Inst. für org. Chem.; dt.) — Es wird eine App. für Umsetzungen in wasserfreien Medien unter Ausschluß von Luftfeuchtigkeit sowie für Leitfähigkeitsmessungen beschrieben. Es wurden die Leitfähigkeiten von *Glucose* (I) u. *Saccharose* (II) bei verschiedenen Konzz. in *W.*, fl. NH_3, *Pyridin*, *Dimethylformamid* u. *Dioxan* bestimmt. Außer bei W. als Lsgm. zeigte **II** eine etwa doppelt so hohe mol. Leitfähigkeit wie **I**, was durch die höhere elektrochem. Wertigkeit (8 OH-Gruppen in **II** gegenüber 5 in **I**) erklärt werden könnte, während die höhere Leitfähigkeit von **I** in W. durch den hohen Leitfähigkeitsanteil der freien glykosid. OH-Gruppe bedingt sein könnte. J. Boelter. 5048□

Neue Entwicklungen in der chemischen Analyse. G. den Boef. (Chem. Weekbl. **58**, 21—25, 20/1. 1962; Amsterdam, Univ., Labor. voor Analyt. Scheikunde; niederl.) — Fortschrittsbericht über die chem. Analyse bei protolyt., Redox-, Fällungs- u. Komplex-Bldg.-Reaktionen. W. Wesly. 5050□

Die Massenspektrometrie in der Isotopenanalyse des Deuteriums. B. Brigoli. (Energia nucleare, Suppl. **4**, 411—19, Okt. 1957; ital.) — Vgl. C. **1963**, 8793. — Nach Beschreibung des Massenspektrometers wird die Meth. der Isotopenanalyse von Gemischen aus H_2 u. D_2 sowie H_2O u. D_2O beschrieben. C. Gottfried. 5052

Flugzeit-Massenspektrometrie: Anwendung auf die Capillarsäulen-Gaschromatographie. R. S. Gohlke. (Analytic. Chem. **34**, 1332—33, Sept. 1962; Framingham, Mass., Dow Chem. Co., Eastern Res. Labor.; engl.) — Ein Flugzeit-Massenspektrometer wird an das Ende einer Stahl-Gaschromatographiersäule (0,01 in. ∅) angebracht. Das Massenspektrometer ist mit einem Multivibrator ausgerüstet, der eine Umschaltung des Ausflusses zwischen zwei Kollektoren in dem Elektronendetektor gestattet. Bei den ungeradzahligen Cyclen sammelt Kollektor I den gesamten Ionenstrom u. mißt so die Totalionisation, bei den geradzahligen Cyclen besorgt Kollektor II die Aufnahme des normalen Massenspektrums von dem in der Ionenquelle befindlichen Material, so daß Massenspektrum u. Ionisation gleichzeitig aufgezeichnet werden können. Die von einem Methanol–Aceton-Methyläthylketon aufgenommenen Chromatogramme werden wiedergegeben u. diskutiert. W. Betcke. 5062□

Capillare Methoden als analytische Testverfahren unter besonderer Berücksichtigung der Papierchromatographie. A. Grüne. (Riechstoffe u. Aromen **12**, 42—46, Febr. 1962; Dassel, Fa. Schleicher & Schüll, Labor.; dt.) — Kurzer Überblick über die zur Papierchromatographie führenden capillaren Methoden.
F.-M. Friedrich-Anderseck. 5062◇

Chromatographische Trennung von anorganischen Ionen auf Glasfaserpapier mit Hilfe von geschmolzenen organischen Substanzen als Eluentien. Giuliana Grassini. (Ricerca sci. **30**, 2155—56, Dez. 1960; Roma, Univ., Ist. di chim. gen. ed inorg.; radiazoni e chim. del CNEN, Labor. di chim.; ital.) — Der Glasfaserpapierstreifen, auf dem das zu untersuchende Element in 25—50 γ aufgetragen ist, taucht in einen Pyrexglaszylinder, auf dessem Boden sich feste Benzoesäure (I) befindet. Das Ganze bringt man in einen Ofen bei konst. Temp. (140 ± 1). Die durch Eintauchen des Streifens in das geschmolzene I eingeleitete Chromatographie dauert 3—5 Stunden. Rb, Cs u. Sr werden durch Verw. der radioakt. Isotope, Fe, U u. Th durch Behandlung des Streifens mit einer 15%ig. NH_3-Lsg. zwecks Lsg. von I mit anschließender üblicher Entw. u. Ni, Co u.

Cu mit Hilfe einer alkohol. Lsg. von Rubeansäure, die ca. 6% NH_3 enthält, ermittelt; Li wird photometr. bestimmt. Die Möglichkeit der Beeinflussung der Wanderungs-Geschw. durch Tränken des Glasfaserpapiers mit Zr-Phosphat (II) wird untersucht; die Anwesenheit von II verhindert die Wanderung von Cs, Sr, Cu, Fe, Co, Ni u. U. Desgleichen wird auch der Einfl. von 8-Hydroxychinolin untersucht.
A. Franco-Beyer. 5062□

Papierchromatographie anorganischer Stoffe. Miloslav Šteffek. (Chem. Listy **55,** 1221—29, 4 Tafeln, Nr. 10, Okt. 1961; Panenské Břežany, Výzkumný ústav kovů; tschech.) — Verff. zur Trennung anorgan. Stoffe mit Hilfe von Rundfilter- u. aufsteigender Papierchromatographie wurden ausgearbeitet. Die Trennungen wurden in selbst gebauten App. auf normalem Filtrierpapier durchgeführt. Zur Entwicklung wurden folgende Lsgm.-Syst. verwendet: für die I. Gruppe des Trennungsganges Allylalkohol–W.–Äthylacetat–Eisessig (25:15:15:15), Allylalkohol–W.–A.–Eisessig (25:10:10:10), Trichloräthylen–W.–Methanol–Eisessig (17:8:9:30; **A**), Chlf.–Methanol–W.–Eisessig (35:30:10:10), Chlf.–Methanol–W.–Eisessig (40:15:9:35), Chlf.–Methanol–W.–Eisessig (35:7:8:25; **B**); für die I., II. u. III. Gruppe Propanol–Butylacetat–Toluol–W.–HCl (35:20:5:5:20), Propanol–Butylacetat–Toluol–W.–HCl (35:20:10:5:20), Propanol–Isoamylacetat–W.–HCl (30:25:5:20), Propanol–Trichloräthylen–W.–HCl (25:10:2:10; **C**), Butylacetat–Amylalkohol–Methanol–W.–HCl (30:20:3:2:15; **D**), Amylalkohol–Methanol–Butylacetat–W.–HCl (20:10:5:5:25), Butylacetat–Amylalkohol–W.–HCl (50:10:1:20). Die Laufmittel **A, B, C** u. **D** wurden nur für Rundfiltermeth. verwendet, die übrigen sind für beide Verff. geeignet. Die maximale Menge, die getrennt werden kann, beträgt bei der Rundfilter-Meth. 0,01 g. Die Trennung dauert allg. 8—12 Stunden. Bei der aufsteigenden Meth. wird allg. auch 0,01 g Substanz aufgetragen, bei einfachen Gemischen u. größeren Unterschieden in den R_F-Werten kann jedoch bis 1 g des Materials chromatographiert werden. Die einzelnen Kationen werden mit Hilfe der gewöhnlichen Nachw.-Rkk. identifiziert. Die quant. Auswertung der Zonen kann nach der Mineralisierung des Papiers colorimetr. oder nephelometr. durchgeführt werden. V. Kostka/Prag. 5062

Über ein Registriergerät zur Anzeige der Streuungsindikatrix eines durch Reflexion oder Transmission streuenden Materials. Jean Gillod. (Rep. Opt. théor. instrument. **40,** 517—22, Okt. 1961; Paris, Labor. Nat. d'Essais; franz.) — App. zur Messung der Winkelabhängigkeit der Lichtstreuung planer Proben von 10×20 mm bei Reflexion oder Transmission eines weitgehend parallelen Lichtbündels normaler Inzidenz. Die erfaßte Öffnung des gestreuten Lichtbündels ist ca. 5°, eine Winkeleinstellung auf ca. 0,5° ist möglich. Wiedergabe von Registrierkurven für $MgCO_3$, MgO, Opalglas, Anstrichfarben, poliertes u. rauhes Glas sowie verschiedene Plexiglassorten.
H. J. Eichhoff. 5063□

Interferenzlichtfilter mit einer Breite der Durchlässigkeitsbande von 1,5 Å. F. A. Korolew, A. Ju. Klementjewa und T. F. Meschtscherjakowa. (Optik u. Spektroskopie [UdSSR] **9,** 648—52, Nov. 1960; russ.) — Vff. erhielten durch Vakuumbedampfung dielektr. Vielschichteninterferenzlichtfilter mit einer geringen Durchlässigkeitsbreite, die bei einigen Proben 1,5 Å betrug. Der Durchlässigkeits-Koeff. im Maximum der Lichtfilter beträgt ca. 15%. U.-L. Rau. 5063◇

Schnell-Abtastspektroskopie mit einem Fabry-Perot-Interferometer. R. W. Terhune und C. W. Peters. (J. opt. Soc. America **51,** 530—34, Mai 1961; Ann Arbor, Mich., Univ., Phys. Dep.; engl.) — Die Konstruktion u. Arbeitsweise eines Fabry-Perot-Interferometers mit variablen Abständen wird beschrieben. Es kann bis zu Abtast-Geschw. von 500 scans/s benutzt werden. Vielfachinterferenzschichtüberzüge wurden zur Erzeugung von Reflexionsoberflächen im nahen IR benutzt. Die hohe spektrale Leuchtkraft begünstigt den Einsatz bei der Schnellabtastspektroskopie in niedrigen Bereichen u. — in Kombination mit einem Gitterspektrometer — wegen seiner großen spektralen Auflösung in höheren Bereichen. J. Heinze. 5063□

Anwendung eines Spektroskops als absolutes Pulfrich-Refraktometer. William Primak. (Analytic. Chem. **29,** 1237—38, Aug. 1957; Lemont, Ill., Argonne Nat. Labor.; engl.) — Ein einfaches Tischspektroskop mit Fernrohr läßt sich als Refraktometer mit Winkelablesung nach Pulfrich zur exakten Best. des Brechungsindex von Plättchen fester Substanzen benutzen. Die Best. der Prismen-Konst. eines 30—60—90°- u. eines 45—45—90°-Prismas wird beschrieben. Der Brechungsindex eines Quarzplättchens wurde zu $1{,}4584_8$ bestimmt. W. Wirtz. 5063□

Ein neues Gerät zur visuellen Metallspektroskopie. Klaus-Dieter Mielenz. (Werkstatt u. Betrieb **92,** 127—30, März 1959; Berlin-Friedenau; dt.)
M. Gehlen-Keller. 5063□

Filmabstreiftechnik zur Herstellung dünner Siliciumdioxidfenster. E. Tannenbaum. (J. appl. Physics **31**, 940, Mai 1960; Murray Hill, N.J., Bell Telephone Labor., Inc.; engl.) — Zur Darst. dünner SiO_2-Fenster wird zuerst auf einem Si-Plättchen durch therm. Oxydation eine amorphe SiO_2-Schicht erzeugt. Hierauf wird auf der einen Seite des oxydierten Plättchens das dort nicht gewünschte SiO_2 nach Maskierung der betreffenden Teile mit Wachs mit HF-Dampf entfernt. Nach Entfernen des Wachses wird das Plättchen nun bei 800° Cl_2-Gas (200 Torr Druck) ausgesetzt, wodurch das Si unter Bldg. von $SiCl_4$ entfernt wird. Auf diese Weise können SiO_2-Filme bis zu Dicken von 1000 Å herab dargestellt werden. C. Gottfried. 5063

Über das Schwärzungsverhalten untergrundbehafteter Spektrallinien auf Spektralplatten. M. Riemann und I. Gall. (Z. wiss. Photogr., Photophysik Photochem. **56**, 203—08, Aug. 1962; Meiningen, Deutsche Akad. der Wiss. zu Berlin, Heinrich-Beck-Inst. für Lichtbogenforsch.; dt.) — Die Anhebung der Schwärzung schmaler Spektrallinien durch den Untergrund gehorcht nicht immer den gemessenen Schwärzungskurven. Dadurch können Fehler bei der Best. von Intensitätsverhältnissen untergrundbehafteter Spektrallinien entstehen. Auch bei breiteren Spektrallinien kann man diese Fehler nicht immer vernachlässigen. H. Czech. 5063□

Zur Methodik photometrischer Präzisionsmessungen. G. Kortüm und K. W. Koch. (Spectrochim. Acta [London] **19**, 225—35, Jan. 1963; Tübingen, Univ., Inst. für phys. Chem.; dt.) — Vff. beschreiben die Konstruktion eines lichtelektr. Photometers zur Konz.-Best. von Lsgg. nach der Substitutions-Meth. mit opt. Nullabgleich, das sich für Präzisionsmessungen eignet. Zwei Sekundärelektronenvervielfacher dienen als Detektoren, ein rotierender Sektor wird als Vorr. zur Strahlungsschwächung verwendet. Im sichtbaren u. UV-Bereich läßt sich eine Genauigkeit von ca. 0,01% bei der Konz.-Messung erreichen. Mit Hilfe des Gerätes ist es möglich, Abweichungen von der Linearität zwischen Photostrom u. Beleuchtungsstärke festzustellen. Testmessungen wurden an alkal. K_2CrO_4-Lsgg. vorgenommen. Gerhard Schulze. 5064◇

Das Moiré-Gitter als vielseitiges Testobjekt: Photoelektrische Aberrationsmessung. A. Lohmann. (Optica Acta [London] **6**, 37—41, 1959; Stockholm, Inst. för opt. forskn.; dt.) — Es wird gezeigt, daß mit Hilfe von Moiré-Gittern aus zwei gleichen, aber gegeneinander verdrehten Gittern Aberrationen photoelektr. gemessen u. auf einem Oszillographenschirm sichtbar gemacht werden können. Anordnungen solcher Geräte, die die Durchführung von Fourier-Transformationen, Messungen der Phasen dünner Schichten u. die Analyse von Farbspektren gestatten, werden beschrieben. J. Rudolph. 5064□

Differentialmethode bei der Verwendung von Photoelektrocolorimetern mit optischer Kompensation. W. F. Barkowski und I. N. Wtorygina. (J. analyt. Chem. [UdSSR] **17**, 39—42, Jan./Febr. 1962; Sswerdlowsk, Ural-Univ.; russ., Auszug: engl.) — Unter Verw. von $KMnO_4$-Lsgg. zeigen Vff., daß sich das Colorimeter FEK-M zur Best. höherer Konzz. (z. B. von Mn) eignet. Es wird nach einer Differential-Meth. gearbeitet, bei der in den Vgl.-Strahlengang nicht das reine Lsgm., sondern eine relativ konz. Lsg. gebracht wird. Gemessen wird die Extinktionsdifferenz. Die opt. Geh.-Best. ist genauer als eine titrimetrische. E. Asmus. 5064□

Quantitative Methoden der katalytischen Analyse. János Bognár. (Freiberger Forsch.-H., Reihe C **1962**, 49—78, Jan.; Miskolc; dt.) — Überblick über Rkk., deren Geschw. von der Konz. des Katalysators bestimmt wird. Da die katalyt. Wrkg. weitgehend individuell ist, lassen sich spezif. Rkk. finden, aus deren Geschw. auf die vorhandene Menge des als Katalysator wirkenden Stoffes geschlossen werden kann. Ausgehend von der Kinetik der katalyt. Vorgänge beschreibt Vf. Meth. zur mikro-, ultramikro- bzw. submikroanalyt. Best. von Ag, Hg, Cu, As, Fe, Mn, Mo, W, V, Ta, Os, Ru, Se, J^-, S^{2-}, Thiosulfat u. Thiocyanat. — 85 Literaturangaben. K. Ross. 5066□

Katalymetrische Titration. K. B. Jatzimirski und T. I. Fedorowa. (Ber. Akad. Wiss. UdSSR **143**, 143—45, 1/3. 1962; Iwanowo, Chem.-Technol. Inst.; russ.) — Vff. beschreiben eine Titrations-Meth., bei der durch unzureichende Empfindlichkeit des Indicators bei geringen Lsg.-Konzz. entstehende Fehler vermieden werden können. Es wird die Lsg. eines Inhibitors mit der eines Katalysators (oder umgekehrt) titriert, wobei im Äquivalenzpunkt die katalyt. Aktivität einer der Substanzen bestimmt wird. Die Meth. gestattet Konz.-Best. von 10^{-7} bis 10^{-9} Mol/Liter mit $\pm 1\%$ Genauigkeit u. wurde für die Titration von $AgNO_3$ mit KJ geprüft. Kurt Winkler. 5066□

Titration von Lewis-Säuren mit Basen unter Anwendung von Hochfrequenzoszillatoren. 1. Mitt. Titrationen von Aluminiumchlorid in Acetonitril. Eldon T. Hitchcock und Philip J. Elving. (Analytica chim. Acta [Amsterdam] **27**, 501—14,

Dez. 1962; Ann Arbor, Mich., Univ. of Michigan; engl.) — $AlCl_3$ wurde in Acetonitril mit Pyridin, Chinolin, p-Toluidin, Dimethylanilin, Diphenylguanidin u. Tri-n-butylamin mit einem Fehler von 0,5—4 Rel.-% titriert. Dabei entstehen lösl. 1 : 1- u. unlösl. 1 : 2-Verbb. ($AlCl_3$: Base); Diphenylamin bildet nur eine 1 : 1-Verbindung. O-Basen (z. B. H_2O) eignen sich nicht zur Hochfrequenztitration. Das Verf. ist schneller u. empfindlicher als die konduktometr. Methode. P. Kurzmann. 5066◇

Titrimetrische Analyse mit Chloramin-T. 1. Mitt. Der Status von Chloramin-T als ein titrimetrisches Reagens. E. Bishop und V. J. Jennings. (Talanta [London] **1**, 197—212, Sept. 1958; Exeter, Univ., Washington Singer Labor.; engl.) — 2. vgl. C. **1962**, 17155. — Es werden die Reinigungs-Meth., die Stabilität von Lsgg. in weißen u. braunen Flaschen u. die Best. mit As(III)/BrO_3^- u. $J_2/S_2O_3^{2-}$ gegen einen Indicator oder potentiometr. von Titer-Lsgg. von Chloramin T untersucht. K. Huste. 5072◇

Untersuchungen über Koordinationspolymere. 2. Mitt. Koordinationspolymere von 1.6-Dihydroxyphenazin. Eugene W. Berg und Ashraful Alam. (Analytica chim. Acta [Amsterdam] **28**, 126—31, Febr. 1963; Baton Rouge, La., Louisiana State Univ., Coates Chem. Labor.; engl.) — 1. vgl. C. **1963**, 9056. — Durch 3—4std. Erhitzen unter Rückfluß von äquimolaren Mischungen aus 1.6-Dihydroxyphenazin (I) u. dem entsprechenden Metallacetat in A./Dimethylformamid (1 : 1) in N_2-Atmosphäre, Filtrieren des heißen Rk.-Gemisches, Behandeln des Nd. mit sd. W. u. A., Waschen mit Ae. u. 12std. Trocknen im Vakuum über sd. Aceton (56°) bzw. durch 3—4std. Erhitzen äquimolarer Mischungen aus I u. dem Metallacetylacetonat auf 230—240° im Vakuum, Waschen mit heißem p-Xylol, W. u. A. u. Aufarbeiten wie vorst. stellen Vff. Koordinationspolymere von I mit *Cu(II)*, *Zn(II)*, *Ni(II)*, *Co(II)* u. *Hg(II)* her u. untersuchen ihre Eigenschaften. Alle Verbb. sind dunkelbraune bis schwarze Pulver, die in den üblichen Lsgm. sehr schwer lösl. sind, offenbar ein niedriges Molgew. besitzen u. sich bei Temp. zwischen 200 u. 280° zersetzen. Die Zn-Verb. ist am stabilsten, die Hg-Verb. am wenigsten stabil. IR-Unterss. bestätigen die angenommene Chelat-Bldg. zwischen I u. dem Metallion. Die Polymeren von Co u. Hg sind amorph, die von Cu, Zn u. Ni kristallin. Eine 1%ig. alkohol. I-Lsg. wurde unter Verw. eines Acetatpuffers als Tüpfelreagens geprüft. Mit nachst. Metallionen treten sofort Farb-Rkk. auf, doch ist weder die Empfindlichkeit noch die Selektivität bedeutend (Nachw.-Grenze in μg in Klammern): *Al(III)* grünlichgelber Nd. (>100), *Au(III)* grünlichschwarzer Nd. (10), *Zn(II)* bläulich-purpurfarbener Nd. (4), *Pb(II)* blauer Nd. (50), *Cu(II)* blauer Nd. (10), *Hg(II)* bläulichgrüner Nd. (5), *Mn(II)* bläulichgrüner Nd. (>100), *Ga(III)* blauer Nd. (5), *Cd(II)* hellblauer Nd. (>100), *Co(II)* bläulich-purpurfarbener Nd. (30), *Ni(II)* blauer Nd. (50), *In(III)* blauer Nd. (100), *Fe(II)* blauer Nd. (>100), *Fe(III)* grüner Nd. (>100) u. *Ag(I)* violetter Nd., der schwarz wird (>100). Gerhard Schulze. 5072◇

Die Solventextraktion einiger Metallcupferronate mit Butanol. Kailash Nath Munshi und Arun K. Dey. (Analytica chim. Acta [Amsterdam] **27**, 89—90, Juli 1962; Allahabad, India, Univ. of Allahabad, Chem. Labor.; engl.) — Vff. berichten über die quant. Abtrennung des Ti von Zr u. Th sowie des Fe(III) von Al mit Hilfe von Cupferron (I) als Maskierungsmittel u. Butanol als Lsgm. für die Solventextraktion. Eine gesätt. (0,4—0,5%ig.) I-Lsg. in Butanol wurde mit den Lsgg. der Metallchloride geschüttelt u. der Metall-Geh. in der wss. u. der organ. Phase bestimmt. Mengen bis zu 1 mg Ti herab lassen sich aus salzsauren Lsgg. vom pH 1,0—1,4 sowohl von Zr als auch von Th quant. abtrennen. Fe(II), Fe(III), U(IV), Mn(II) u. Cd stören bei beiden Trennungen. Ebenfalls lassen sich Mengen bis zu 1 mg Fe(III) in Ggw. von Al quant. ausschütteln. Ti(IV), U(IV), Mn(II) u. Cd stören. Gerhard Schulze. 5072□

Zur Kenntnis der mit organischen Lösungsmitteln extrahierbaren Metallverbindungen der Di-n-Butylarsinsäure. R. Pietsch. (Mikrochim. Acta [London] **1962**, 1124—36; Graz, Univ., Inst. für anorg. u. analyt. Chem.; dt.) — Zur Ermittlung des analyt. Verh. aliphat. Arsinsäuren wurden die Verbb. von UO_2^{2+}, Cu^{2+} u. Zn^{2+} mit Di-n-Butylarsinsäure (I) bei verschiedenen pH-Werten auf ihre Zus. u. Extrahierbarkeit mit Chlf., Essigsäureäthylester, Trichloräthylen, CCl_4, C_6H_5Cl, Bzl. u. C_6H_{12} hin untersucht. Papierchromatograph. Unterss. wurden mit den Verbb. von I mit Fe^{3+}, Co^{2+}, Cu^{2+}, UO_2^{2+}, Bi^{3+}, Al^{3+} u. Zn^{2+} u. den Laufmitteln Paraldehyd, Chlf., Methyläthylketon, PAe., Tetrahydrofuran, Methylenchlorid, Trichloräthylen, Butanol, Dioxan, Eisessig, Pyridin, Essigsäureanhydrid, HCOOH u. CCl_4 durchgeführt. P. Kurzmann. 5072□

Die Hydrolyse von 8-Acetoxychinolin. David Elliott, Lester C. Howick, Billy G. Hudson und William K. Noyce. (Talanta [London] **9**, 723—24, Aug. 1962; Fayetteville, Ark., Univ. of Arkansas, Dep. of Chem.; engl.) — Die Hydrolyse-Geschw. des 8-Acetoxychinolins (I), das zur Erzeugung von 8-Hydroxychinolin zur Fällung von Metallionen in homogener Lsg. verwendet wird, wurde bei 35° in gepufferten Lsgg. über den pH-Bereich von 0—10 mit Hilfe photometr. Messungen im UV-Gebiet untersucht.

Zum Vgl. wurde die Hydrolyse-Geschw. von 7-Acetoxychinolin (II) unter gleichen Bedingungen bestimmt. Die Rk. ist in bezug auf I von 1. Ordnung. Die Geschw. hängt stark vom pH-Wert ab; die Art der Abhängigkeit wird durch Temp.-Erhöhung nicht merklich verändert. Das unterschiedliche Verh. von I u. II zwischen pH 2 u. 10 dürfte auf die Bldg. einer intramol. H-Bindung zwischen dem N u. der Estergruppe des I zurückzuführen sein. Diese Chelat-Bldg. vermag die Hydrolyse des I durch Stabilisierung des Zwischenprod., dessen Bldg. der geschwindigkeitsbestimmende Schritt ist, zu katalysieren. Die Auswahl eines genauen pH-Wertes ist ein wichtiger Faktor bei der Ausarbeitung eines Verf. zur Ausfällung von Metallionen aus homogener Lösung.
Gerhard Schulze. 5072□

Eine Psychrometertabelle für die Feuchtigkeitsgrade bei schwerem Wasser. C. D. Niven. (Canad. J. Physics **39**, 825—29, Juni 1961; Ottawa, Canada, Nat. Res. Council, Div. of Appl. Phys.; engl.) — Aus Dampfdruck u. Verdampfungswärme von D_2O werden Tabellenwerte errechnet, die den relativen Feuchtigkeits-Geh. einer von D_2O feuchten Atmosphäre zwischen 10 u. 40° wiedergeben. Im Bereich niedriger Temp. ist die D_2O-Feuchtigkeit deutlich geringer als die Wasserfeuchtigkeit, bei etwas höheren Temp. ist der Unterschied sehr gering. W. Betcke. 5074◇

a) Elemente und anorganische Verbindungen

Kontinuierliche Bestimmung von in Wasser gelöstem Sauerstoff bis herab zu 0,002 ppm. J. Chenouard und G. Dirian. (Chim. analytique **44**, 334—39, Aug. 1962, Saclay, Commiss. à l'Énergie Atom., Dép. de Phys.-Chim., Serv. des Isotopes stabiles; franz.) — Zur Best. geringer Mengen in W. gelöstem O_2 wird eine Probe in einer geschlossenen App. durch Ionenaustauscher von Elektrolyten befreit u. anschließend über eine Kolonne gegeben, die mit elementarem Tl gefüllt ist. Tl reagiert mit O_2 nach $4\ Tl + O_2 + 2\ H_2O = 4\ TlOH$. Die Leitfähigkeit des W. wird bei einer konst. Temp. von $25^0 \pm 0{,}1^0$ vor u. nach der Tl-Säule gemessen. Die Leitfähigkeitsunterschiede, die proportional dem gebildeten TlOH u. somit dem ursprünglichen O_2-Geh. sind, werden von einem Meßinstrument angezeigt. Die App. u. die Schaltung des Differenzkonduktometers sind skizziert. Die Präparation der Tl-Säule, die Aufstellung der konduktometr. Eichkurve u. die Auswahl optimaler Meßbedingungen werden beschrieben. Das Meßinstrument ist so gewählt, daß 1 μg O_2 2,9 mV entsprechen. Die relative Genauigkeit der Best. liegt bei 1—3%, zwischen 3 u. 8 ppm beträgt der abs. Fehler 0,10—0,15 ppm, bei 0,5—3 ppm 0,010—0,015 ppm. Die Empfindlichkeit liegt sicher unter 10 μg/Liter.
W. Kupfer. G 239◇

Titrimetrische Bestimmung von Thiocyanaten mit Sulfato-Cer(IV)-säure. Surjit Singh und Joseph R. Siefker. (Analytica chim. Acta [Amsterdam] **27**, 489—92, Nov. 1962; St. Louis, Mo., Saint Louis Univ., Dep. of Chem.; engl.) — Vff. beschreiben eine Meth. zur volumetr. Best. von SCN^- mit schwefelsaurer Ce(IV)-Lösung. Man gibt zu der Lsg. 5 ml 0,02 m JCl-Lsg. u. 5 ml Chlf. oder CCl_4, titriert schnell mit Ce(IV)-Lsg., bis die Jodfarbe den nahen Äquivalenzpunkt anzeigt, u. gibt dann tropfenweise Oxydations-Lsg. hinzu, bis die organ. Phase entfärbt ist. Reproduzierbare Ergebnisse werden bei einer HCl-Konz. der Probe-Lsg. von 1,7—4,5n erhalten. Die bei höherer Acidität erhaltenen zu niedrigen Resultate werden auf einen Verlust an H_2S u. SO_2 zurückgeführt. Co(II), Zn(II) u. Hg(II) können ebenfalls durch Titration der ausgefällten SCN^--Komplexe bestimmt werden. J. Peters. G 260◇

Analyse von Bleitellurid mit einer besseren Genauigkeit als 0,1%. K. L. Cheng. (Analytic. Chem. **33**, 761—64, Mai 1961; Princeton, N.J., RCA Labor.; engl.) — Zur Best. der Zus. von Bleitellurid mit einer größeren Genauigkeit als 0,1% wurde eine Meth. entwickelt, wonach der Pb-Geh. komplexometr. titriert u. der Te-Geh. gravimetr. als TeO_2 bestimmt wird. Einfl. auf die Löslichkeit des TeO_2 in W. wurden untersucht; bei pH 4,5 u. 25° gingen ca. 0,1 mg TeO_2 in 100 ml W. in Lösung. Die mittlere differentielle Lsg.-Wärme für den Temp.-Bereich 8—80° beträgt 6670 cal/Mol. H_2SeO_3 stört die Te-Best. nach dem gravimetr. Verf. in schwach saurem Medium nicht. Die Hydrolyse u. Mitfällung mehrwertiger Metalle kann durch EDTA-Zusatz verhindert werden. Die Best. erfolgten mit einer Standardabweichung für die komplexometr. Pb-Best. von 0,015% u. für die gravimetr. Te-Best. von 0,035% bei Proben-Geh. von 0,25—1 g Pb u. 0,15—0,6 g Te. K. Ohls. G 328□

Bestimmung von Eisen und Uran in Folien aus reinstem Blei durch Neutronenaktivierungsanalyse. P. A. Benson, W. D. Holland und R. H. Smith. (Analytic. Chem. **34**, 1113—16, Aug. 1962; Richmond, Calif., Tracerlabor., Inc., Div. of Labor. for Electronics; engl.) — Die Empfindlichkeit der Neutronenaktivierungsanalyse für Fe

u. U wurde durch Anwendung einer empfindlicheren Zählmeth., bessere Abtrennung u. höhere Neutronenflüsse erhöht. U wurde durch Messung der Aktivität von ^{239}Np, das durch Zerfall von ^{239}U entsteht, bestimmt. Fe wurde durch gleichzeitige Messung der Aktivitäten der Aktivierungs-Prodd. ^{55}Fe u. ^{59}Fe bestimmt. Die Pb-Folien enthielten 0,56—3,0 ppm Fe u. 0,020—0,91 ppb U. 0,02 ppm Fe u. 0,006 ppb U können in 100 mg Pb noch erfaßt werden. Die Rk. $^{59}Co(n, p)^{59}Fe$ ruft keine Störungen hervor.

P. Kurzmann. G 354□

Die Bestimmung von Spuren von Kupfer, Eisen, Wismut und Antimon in raffiniertem Blei. J. A. Corbett. (Metallurgia [Manchester] **65**, 43—47, Jan. 1962; Melbourne, Univ., C. S. I. R. O., Phys. Metallurg. Sect., Baillieu Labor.; engl.) — Folgende Verff. zur Best. von Spurenelementen in raffiniertem Pb wurden ausgearbeitet: *Fe*: Die Lsg. von 1—2 g Metall in 10 ml 30%ig. HNO_3 wird zur Trockne eingedampft, der Rückstand in 10 ml 10%ig. HNO_3 aufgenommen, mit 8 ml Puffer-Lsg. (270 g Na-Acetat + 240 g Essigsäure/Liter), 1 ml 10%ig. $HONH_2 \cdot HCl$-Lsg. u. 2 ml 0,5%ig. wss. o-Phenanthrolin-Lsg. versetzt u. auf 25 ml aufgefällt. Nach 10 Min. wird die Absorption bei 500 mμ gemessen. — *Sb*: 1 g Probe wird durch Erhitzen in 6 ml H_2SO_4 + 5 g $KHSO_4$ gelöst, die Lsg. wird bis auf 5 ml eingedampft, mit 5 ml konz. HCl erwärmt, filtriert, mit etwas SiC-Pulver u. 5 ml H_2SO_4 versetzt, auf 60 ml verd. u. auf 40 ml eingeengt. Nach dem Abkühlen auf 10° werden rasch 1 ml verd. schwefelsaure $Ce(SO_4)_2$-Lsg. (0,5%ig.) u. 3 ml 0,2%ig. wss. Rhodamin-B-Lsg. zugegeben. Die Lsg. wird 1 Min. lang mit 15 ml Bzl. ausgeschüttelt, die organ. Phase wird zentrifugiert, u. die Absorption wird bei 565 mμ gemessen. — *Cu*: Die Probe wird in der 5fachen Menge HNO_3 (1 : 3) gelöst. Nach dem Verkochen der Stickstoffoxide wird die Lsg. (bei 1 g Pb) mit 10 ml 20%ig. EDTA-Lsg. (Di-Na-Salz), 4 ml NH_3-Lsg. (1 : 3), 10 ml 1%ig. Na-Diäthyldithiocarbamat-Lsg. u. 3 ml NH_4-Acetat-Lsg. versetzt u. einige Male mit Chlf. (10—15 ml) extrahiert. Die Absorption wird in Chlf. bei 436 mμ gemessen. — *Bi*: 10 g Probe werden in 25 ml HNO_3 (1 : 3) gelöst. Nach 1 Min. langem Kochen wird die Lsg. bis zur Nd.-Bldg. mit NH_3 versetzt, mit 1n HNO_3 auf pH 1 gebracht u. nach Zusatz von 1 ml 1%ig. wss. Cupferron-Lsg. einige Male mit je 5 ml Chlf. ausgeschüttelt. Nach Waschen der Chlf.-Schicht mit 5 ml W. wird in 10 ml 2n H_2SO_4 reextrahiert, die wss. Lsg. filtriert, mit 2—3 Tropfen HNO_3 u. 3 ml 25%ig. KJ-Lsg. versetzt u. aufgefüllt. Die Absorption wird bei 460 mμ gemessen. W. Betcke. G 358□

Schnellmethode zur Bestimmung von Kupfer, Blei und Zink in polymetallischen Erzen und ihren Anreicherungsprodukten. Ss. Ju. Fainberg, A. A. Blachman und L. N. Filatowa. (Betriebs-Lab. [UdSSR] **24**, 18—20, 1958; Forsch.-Inst. für Buntmetalle; russ.) — 0,25 g des zu untersuchenden Stoffes werden in Ggw. von 1—2 Tropfen Br_2 in 10 ml NHO_3 (1,4) gelöst u. die Lsg. auf 1—1,5 ml eingedampft. Nach Zugabe von 10 ml W. werden konz. NH_3-Lsg. bis zur Trübung durch $Fe(OH)_3$, 0,8 g $NH_4F \cdot HF$ u. 10 ml 10%ig. KJ-Lsg. zugefügt u. das ausgeschiedene J_2 mit $Na_2S_2O_3$ titriert. Nach der vorst. jodometr. Cu-Best. werden zum Gemisch 0,5 g Ascorbin-, 1,0 g Citronensäure u. tropfenweise, bis Bldg. eines schwarzen Nd., NH_3-Lsg. zugefügt. Es folgt eine Zugabe von 3 ml konz. NH_3-Lsg., 7,5 ml 20%ig. KCN-Lsg., 100 ml W. u. 20 ml Puffer-Lsg. (13,4 g NH_4Cl u. 88 ml konz. NH_3-Lsg. werden mit W. auf 250 ml aufgefüllt). Nach leichter Erwärmung (Auftreten einer gelben Färbung) werden 3 g NH_4F zugefügt, die Lsg. 1—2 Min. lang gekocht, in 15—20 Min. bis Raum-Temp. abgekühlt, mit Eriochromschwarz versetzt u. Pb mit Trilon (I)-Lsg. bis zum Umschlag nach Grün titriert. Danach wird zur Zn-Best. HCHO (II)-Lsg. zugefügt u. die rot gewordene Lsg. bis zum Umschlag nach Grün mit I titriert. Die Zugabe von II u. Titration mit I werden fortgesetzt, bis eine weitere II-Zugabe keine Veränderung der grünen Färbung zur Folge hat. Die Cu-, Pb- u. Zn-Best. kann bei 2 Einwaagen in 40 Min. durchgeführt werden.

S. Baryschnikow. G 358△

Tüpfelreaktion zum Nachweis von Kupfer. A. Ss. Koslow. (Nachr. Moskauer Univ., Ser. Math., Mechan., Astronom., Physik, Chem. [UdSSR] **12**, 223—26, 1957; Lehrstuhl für analyt. Chem.; russ.) — In schwach ammoniakal. Lsgg. bilden Ni^{2+}, Co^{2+} u. Mn^{2+} mit $K_4[Fe(CN)_6]$ in Ggw. von Cu^{2+} u. eines Überschusses an NH_4-Salzen gemischte rosa gefärbte Kristalle des Typus $(NH_4)_2(Me, Cu)[Fe(CN)_6]$. Die Eigg. dieser Verbb., deren Bldg. zum Cu-Nachw. angewandt werden kann, sind denen der gleichartigen Cd-, Cu- u. NH_4-Verbb. analog. Eine auf der fraktionierten Fällung von $Cu_2Fe \cdot (CN)_6$ in Ggw. eines Cd-Salzes beruhende Tüpfel-Rk. für Cu wird beschrieben.

S. Baryschnikow. G 358△

Beurteilung der Vollständigkeit der Extraktion bei der Bestimmung von Gasen in Metallen durch die Methode der Vakuumschmelze. Ju. A. Kljatschko und Je. M. Tschisstjakowa. (Betriebs-Lab. [UdSSR] **27**, 135—38, 1961; Zentrales Bardin-

Forsch.-Inst. für Eisenmetallurgie; russ.) — Der Prozeß der Gasentfernung aus Metallen durch Vakuumschmelzen wird automat. mittels eines elektron. Potentiometers registriert. Gleichzeitig erfolgt die Analyse der abgetrennten Gase. Die kinet. Kurven des Extraktionsprozesses spiegeln den Rk.-Verlauf der Red. der Oxide u. des Zerfalles der Nitride sowie die Absorption der Gase an adsorptiv-akt. Stoffen wieder. Von den verwendeten Sn-, Ni-, Mn-, Cu -u. Fe–Mo-Wannen eignen sich am besten die Ni-Wannen. Als Metallproben werden verschiedene *Stahl*-Sorten verwendet. H.-P. Pietsch. 5280□

Die Wasserstoffbestimmung in Metallen. Paul Kappes und Ansgar Schiffers. (Chemiker-Ztg./Chem. Apparatur **86**, 255—63, April 1962; Aachen; dt.) — Übersicht über H_2-Best. in Metallen mit der Vakuumschmelz-, Heißextraktions-, chem. Best.-, Spektralanalyt. u. spez. Methoden. — 159 Literaturangaben. W. Luchsinger. 5280□

Bestimmung von Wasserstoff in Metallen: Eine Trägergasmethode. F. R. Coe. (Res. appl. in Ind. **13**, 323—27, Aug. 1960; Abington, Cambridgeshire, Brit. Welding Res. Assoc.; engl.) — Zur schnellen H_2-Best. in Metallen wird eine Meth. beschrieben, bei der im Ar-Strom H_2, bei 650° aus einer 5 g Stahlprobe abgegeben, mit einem Wärmeleitfähigkeitsdetektor bestimmt wird. W. Luchsinger. 5280□

Gaschromatographische Vakuum-Schmelz-Bestimmung von Sauerstoff und Stickstoff in Metallen. Lynn L. Lewis und Laben M. Melnick. (Analytic. Chem. **34**, 868—69, Juni 1962; Monroeville, Pa., U.S. Steel Corp., Appl. Res. Labor.; engl.) — Die beim Schmelzen entwickelten Gase werden vor der Aufgabe in den Gaschromatographen durch Adsorption an einem mit fl. N_2 gekühlten Mol.-Sieb gesammelt, das sich in einer Schleife eines chromatograph. Gasprobenrohres befindet. Nach beendetem Schmelzen wird das Gas desorbiert u. gaschromatograph. analysiert. P. Kurzmann. 5280□

b) Organische Verbindungen

Verwendung von elektrisch angeregtem Sauerstoff zur Zersetzung organischer Substanzen bei niedriger Temperatur. Chester E. Gleit und Walter D. Holland. (Analytic. Chem. **34**, 1454—57, Okt. 1962; Richmond, Calif., Div. of Labor. for Electronics, Tracer Labor.; engl.) — Vff. verwenden einen durch Hochfrequenzentladungen aktivierten O_2-Strom zur Zers. organ. Substanzen vor der Spurenanalyse. Folgende Prodd. wurden nach dieser Meth. oxydiert: biolog. Gewebe, Graphit, Filterpapier u. Ionenaustauscherharze. Mit einem 13,56 MHz-Oscillator von 300 W kann 1 g pro Std. oxydiert werden. Die Rk.-Temp. beträgt in allen Fällen weniger als 100°. Mit Hilfe der radioakt. Spurenanalyse wird gezeigt, daß folgende Elemente nach vollständiger Oxydation der organ. Substanz quant. wiedergefunden werden können: ^{124}Sb, ^{76}As, ^{137}Cs, ^{60}Co, ^{67}Cu, ^{51}Cr, ^{198}Au, ^{131}J, ^{59}Fe, ^{210}Pb, ^{54}Mn, ^{203}Hg, ^{99}Mo, ^{75}Se, ^{110}Ag, ^{22}Na u. ^{65}Zn. J. Peters. 5352◇

Eine einfache Sicherheitsvorrichtung für Verbrennungen im Sauerstoffkolben. P. Gouverneur und C. D. F. Eerbeek. (Analytica chim. Acta [Amsterdam] **27**, 303—04, Sept. 1962; Amsterdam, Koninklijke/Shell-Labor.; engl.) — Beschreibung eines einfachen Kolbenmantels aus Drahtgaze, durch den die Gefahr durch Glassplitter bei einer eventuellen Explosion verringert wird. J. Peters. 5352◇

Bericht über eine Explosion beim Aufschluß mit Perjodsäure in flüssiger Phase. G. Frederick Smith. (Talanta [London] **8**, 364, Mai 1961; Urbana, Ill., Univ. of Illinois, Dep. of Chem. and Chem. Engng.; engl.) — Krit. Betrachtung zum Bericht über eine Explosion, die sich bei der Oxydation organ. Materials mit $HJO_4/HClO_4$ ereignete u. offenbar auf die Nichteinhaltung der Vers.-Vorschriften zurückzuführen ist. W. Betcke. 5352□

Explosion im analytischen Laboratorium von Jas. Anderson & Co. (Colours) Ltd. am Freitag, dem 13. Januar 1961. J. Thomson. (Talanta [London] **8**, 276, April 1961; Paisley, Scotland; engl.) — Bei der Durchführung der nassen Oxydation eines roten Azopigmentes, C.I. Pigment Red 38, nach der Meth. von Smith u. Diehl (C. **1960**, 16880) zwecks Analyse von Metallspuren ereignete sich entgegen den Angaben der Autoren, die diese Rk. als gefahrlos bezeichneten, eine heftige Explosion. Es wurde ein geringfügig abgeänderter Bethge-App. verwendet. Die einzelnen Stadien der Rk. bis zum Auftreten einer heftigen Explosion werden mitgeteilt. U. Skurnia. 5352□

Bestimmung der Verseifungszahlen phenolischer Ester. S. W. Tobey, S. D. McGregor und Sharon L. Cottrill. (J. chem. Educat. **38**, 611—13, Dez. 1961; Buckhamon, W. V., Wesleyan Coll.; engl.) — Ca. 0,4 g eines Esters mit Phenol oder anderen aromat. Hydroxyl-Verbb. (jedoch keine Alkylester von Carboxylsäuren) werden in 25 ml einer 0,25n NaOH-Lsg. in 50%ig. p-Dioxan durch ca. 30 Min. langes Kochen unter Rückfluß verseift. Nach Spülen des Kühlers mit W. werden 20 ml einer 0,25n HCl u. ein geeigneter Indicator zugesetzt. Ist die Lsg. farblos, so werden 5 Tropfen einer 0,04%ig. wss. Phenolrot-Lsg., ist sie stark gefärbt, 10—15 Tropfen einer 0,5%ig. alkohol. Thymolphthalein-Lsg. verwendet. Titriert wird bei Raum-Temp. mit 0,25n NaOH-Lsg. in p-Dioxan. W. Hein. 5358◇

Tetratolylstiboniumsulfat. Ein neues Reagens für die qualitative Analyse von organischen Säuren. H. E. Affsprung und A. B. Gainer. (Analytica chim. Acta [Amsterdam] **27,** 578—84, Dez. 1962; Norman, Okla., Univ. of Oklahoma, Dep. of Chem.; engl.) — Tetra-p-tolylstiboniumsulfat (I) wurde dargestellt u. zur Charakterisierung organ. Säuren, bes. der wasserlösl., verwendet. Bei aromat. Sulfonsäuren bildet I die einzigen direkt u. leicht darstellbaren Derivate. Das polarograph. Verh. von I wurde untersucht, die Derivv. wurden ebenfalls polarograph. analysiert. Die FF. der mit I gebildeten Salze folgender Säuren wurden bestimmt: *Ameisen-*, 110,5—111,0°; *Essig-*, 157,0—158,1°; *Propion-*, 119,1—120,6°; *n-Butter-*, 127,7—129,0°; *Isobutter-*, 123,5 bis 125,0°; *n-Valerian-*, 107,0—108,7°; *Isovalerian-*, 125,0—126,5°; *Chloressig-*, 120,8 bis 122,0°; *Dichloressig-*, 153,5—154,9°; *Trichloressig-*, 209,5—211,0°; *2-Brompropion-*, 217,5—219,0°; *2-Chlorpropion-*, 225,5—227,0°; *1-Chlorpropion-*, 136,5—138,3°; *1-Brompropion-*, 130,0—131,0°; *Milch-*, 137,2—139,2°; *Brenzschleim-*, 167,0—168,5°; *Methylfumar-* (Mono-Deriv.), 194,0—195,8°; *Malein-* (Mono-Deriv.), 162,8—164,0°; *Pikrin-*, 128,5—130,0°; *Fumar-* (Mono-Deriv.), 223,5—224,0°; *Oxal-* (Mono-Deriv.), 235,0—236,1° *Phthal-* (Mono-Deriv.), 177,7—178,8°; *2.5-Dichlorbenzolsulfon-*, 151,8—153,0°; *Sulfosalicyl-*, 143,0—145,0°; *p-Toluolsulfon-*, 159,0—160,0°; *m-Nitrobenzolsulfon-*, 132,7 bis 134,0°; *Benzolsulfon-*, 167,0—168,5°; *5-Nitro-6-chlortoluol-3-sulfon-*, 139,0—141,0°; *Salicyl-*, 193,6—195,0°; *o-Toluyl-*, 129,5—131,0°; *m-Toluyl-*, 180,5—182,0°; *p-Toluyl-*, 191,8—193,3°; *Acetylsalicyl-*, 193,0—194,3°; *m-Hydroxybenzoe-*, 182,5—184,0°; *p-Hydroxybenzoe-*, 218,0—219,5°; *o-Brombenzoe-*, 194,5—196,0°; *m-Brombenzoe-*, 178,0—179,8°; *p-Brombenzoe-*, 150,5—152,0°; *3.4.5-Trimethoxybenzoe-*, 189,5—191,0°; *p-Methoxybenzoe-*, 191,0—192,7°; *o-Chlorbenzoe-*, 195,2—196,7°; *m-Chlorbenzoe-*, 181,5—183,0°; *p-Chlorbenzoe-*, 172,2—174,0°; *m-Jodbenzoe-*, 165,2—167,0°; *p-Jodbenzoe-*, 232,0—233,0°; *m-Nitrobenzoe-*, 192,5—193,5°; *o-Methoxyzimt-*, 154,0—156,0°; *m-Methoxyzimt-*, 151,5 bis 152,8°; *p-Methoxyzimt-*, 178,6—180,2°; *Benzoesäure*, 169,5—171,1°; *$HClO_4$*, 214,5 bis 216,0°; *HCl*, 227,0—228,5°; *HBr*, 228,5—230,0°; *HF*, 153,5—155,4° u. *HNO_3*, 172,0—173,0°. Das *Hydroxid* beginnt bei 90° zu schmelzen.

Versuche: *Tri-p-tolylstibindichlorid*, F. 155,5—157°, aus p-Tolylmagnesiumbromid u. $SbCl_3$ in Ae. durch Stehen über Nacht, Oxydieren des erhaltenen Tri-p-tolylstibins mit Cl_2 in CCl_4 unter Kühlen u. Umkristallisieren aus Bzl./n-Hexan; ca. 60% Ausbeute. — *Tetra-p-tolylstiboniumhydroxid*, Zers. bei 90°, aus vorst. Verb. u. p-Tolylmagnesiumbromid durch 4std. Erhitzen unter Rückfluß u. 3 Tage langes Stehen, Extrahieren mit verd. H_2SO_4, Fällen mit $(NH_4)_2CO_3$ (wahrscheinlich als Tetra-p-tolylstiboniumcarbonat), Abfiltrieren, Waschen, Lösen des Nd. in H_2SO_4 u. Fällen mit NH_4OH, wobei ein zunächst ausfallender bräunlicher klebriger Nd. verworfen wurde, Waschen mit W. u. Trocknen im Vakuum. — *Tetra-p-tolylstiboniumsulfat* (I), durch Lösen vorst. Verb. in H_2SO_4. — *Derivate der Säuren*, durch Zugeben einer ca. 0,05 m Lsg. von I zu der Lsg. eines Salzes der zu charakterisierenden Säure bei pH etwas <7. Wasserunlösl. Säuren werden in verd. NH_4OH gelöst, bis pH 5—6 erreicht ist; nach Filtration wird I zugesetzt. Die Derivv. von Ameisen-, Essig- u. Propionsäure werden aus n-Hexan, die übrigen Derivv. aus A./W. oder besser aus Bzl./n-Hexan umkristallisiert. Getrocknet werden sie bei ca. 60°. P. Kurzmann. 5368◇

Die Trennung von Alkoholen nach der Methode der Verteilungsgaschromatographie. W. A. Ssokolow und L. P. Kolessnikowa. (Erdölchemie [UdSSR] **1,** 564—66, Juli/Aug. 1961; Inst. für erdölchem. Synthese der Akad. der Wiss. der UdSSR; russ.) — Es wird eine Trennmeth. für C_1–C_5-Alkohole beschrieben, bei der als Trenn-Fll. Cetylalkohol (**A**) u. Tritolylphosphat (**B**) verwendet werden; beide werden in einer Menge von 30 Gew.-% auf Ziegelmehl aufgetragen. Als Trennsäule dient ein 4 m langes Stahlrohr von 3 mm ∅. Mit He als Trägergas werden für die nachstehenden Alkohole mit **A** als Trennfl. bei 90° u. 60 cm^3/Min. Träger-Geschw. folgende Retentionszeiten in Sek. erhalten: *Methyl-* 255, *Äthyl-* 390, *n-Propyl-* 865, *sek.-Butyl-* 1400 u. *n-Amyl-* 2950. Bei einer Arbeits-Temp. von 78° lassen sich auch *iso-Propanol* u. *tert.-Butanol* trennen. Mit **B** als Trenn-Fl. ist die Trennung von C_1 u. C_2 unvollständig; iso-Propanol u. n-Propanol werden nicht getrennt. Retentionszeiten der Alkohole in Sek. für **B**: *Methyl-* 395, *Äthyl-* 485, *n-Propyl-* 995, *sek.-Butyl-* 1430 u. *n-Amyl-* 2985. G. Hey. G 560□

Bestimmung von einwertigen Alkoholen durch Gaschromatographie. J. W. Robinson. (Analytica chim. Acta [Amsterdam] **27,** 377—80, Okt. 1962; Baton Rouge,

La., Humble Oil & Refining Co., Esso Res. Labor.; engl.) — Es wird ein Verf. zur gaschromatograph. Best. einwertiger Alkohole bis hinauf zu $C_{20}H_{41}OH$ beschrieben. Da die höheren Alkohole fest sind, wird mit einer erwärmten Säule gearbeitet. Als Trägergas dient He. Das Verf. erlaubt Rückschlüsse auf die Molgew.-Verteilung u. die Geh. an geradkettigen u. verzweigten Molekülen. P. Kurzmann. G 560◇

Auswertung der Intensität der OH-Bande bei 1,4 μ für quantitative Bestimmungen. E. Schauenstein und H. Puchner. (Mh. Chem. **93**, 253—62, 1962; Graz, Univ., Inst. für phys. Chem.; dt.) — Unters.-Ergebnisse an Alkoholen zeigen, daß der molare Extinktions-Koeff. endständiger OH-Gruppen unverzweigtkettiger aliphat. Alkohole prakt. unabhängig von Kettenlänge u. Zahl der OH-Gruppen ist u. im Mittel für ε_{OH} die Werte bei $1{,}09 \pm 0{,}007$ liegen. Zwischen ε' (E in 1 g/Liter) u. dem Hydroxyl-Geh. besteht ein linearer Zusammenhang, so daß der Wert der OH-Bande bei 1,4 μ zur quant. OH-Best. herangezogen werden kann. Bei bekannten Molgew. ist daher die Zahl der OH-Gruppen bestimmbar, bei bekannter Zahl der OH-Gruppen, die Kettenlänge des Alkohols. Zur Durchführung der Meth. ist jedoch je Substanzklasse eine Eichkurve notwendig. Bei Hydroxyfettsäureestern zeigt sich ebenfalls eine eindeutige, wenn auch nicht lineare Abhängigkeit zwischen ε'_{max} u. dem Prozent-Geh. der Hydroxylgruppen. G. Herzog. G 560□

Ionen-Retardation im System Glycerin–Natriumchlorid–Wasser. A. Kopecký. (Collect. czechoslov. chem. Commun. **26**, 3160—64, Dez. 1961; Prag, Forsch.-Inst. der Fett-Ind.; dt.) — Vf. untersuchte die optimalen Bedingungen für die Trennung Glycerin von NaCl in wss. Medium mit Hilfe der Ionenretardations-Meth. (vgl. Hatch, Dillon, Smith, C. **1963**, 8573). Vf. empfiehlt die Trennung bei 23—25° in einer Säule (16 mm W) mit 100 ml Retardationsharzfüllung bei einer Durchfluß-Geschw. von 5 ml/Min., Konzz.: NaCl höchstens 15%, Glycerin mindestens 15%. V. Holeyšovský/Prag. G 580

Infrarotbestimmung von Aldehyden. Eine verbesserte Gruppenanalyse. E. L. Saier, L. R. Cousins und M. R. Basila. (Analytic. Chem. **34**, 824—26, Juni 1962; Pittsburgh, Pa., Gulf Res. u. Developm. Co.; engl.) — Von Benz-, p-Nitrobenz-, p-Brombenz-, o-, m- u. p-Chlorbenz-, o-, m- u. p-Tolu-, o- u. p-Hydroxybenz-, p-Methoxybenz-, p-Dimethylaminobenz-, 4-Hydroxy-3-methoxybenzaldehyd sowie Heptanal, Octanal, 2-Äthylhexanal, Nonanal u. Decanal wurden IR-Fl.-Spektren in CCl_4 im Bereich von 2600—2900 cm^{-1} aufgenommen. Es wurden in diesem Bereich 2 intensive Banden gemessen. Die Intensität beider C—H-Banden wurde über den Bereich von 2632 bis 2890 cm^{-1} (aromat. Aldehyde) bzw. 2632—2778 cm^{-1} (aliphat. Aldehyde) integriert, u. die erhaltenen Werte tabelliert. Die Koeff. beider Gruppen unterscheiden sich so (Aromaten $18{,}6 \pm 2{,}3$, Aliphaten $7{,}9 \pm 0{,}8$), daß eine analyt. Best. der Gruppen vorgenommen werden kann. Harro Zimmer. G 660□

Spektrofluorimetrische Bestimmung von Formaldehyd und Acrolein mit J-Säure. Vergleich mit anderen Methoden. E. Sawicki, T. W. Stanley und J. Pfaff. (Analytica chim. Acta [Amsterdam] **28**, 156—63, Febr. 1963; Cincinnati, Ohio, U. S. Dep. of Health, Educat. and Welfare, Public Health Serv., Robert A. Taft Sanitary Engng. Center, Div. of Air Pollut., Labor. of Engng. and Phys. Sci.; engl.) — Zur spektrofluorimetr. Best. von Formaldehyd u. Acrolein mit J-Säure (6-Amino-1-naphthol-3-sulfonsäure) beschreiben Vff. hochempfindliche Meth., die die Best. von Mengen bis herab zu 0,0005 μg Formaldehyd u. 0,01 μg Acrolein gestatten. Weiterhin wird eine hochempfindliche photometr. Meth. zur Best. von Formaldehyd mit 1-Äthylchinaldiniumjodid mitgeteilt ($\varepsilon = 73000$ Liter/Mol·cm bei 608 nm). Der Mechanismus der Rkk. wird erörtert u. ein Vgl. zwischen 12 Meth. zur Best. von Formaldehyd angestellt. Gerhard Schulze. G 670◇

Trennung von Alkanalen und Alkanonen mit Carbonylgruppen in verschiedener Position durch Dünnschichtchromatographie. Reinhard Marcuse. (J. Chromatogr. [Amsterdam] **7**, 407—08, März 1962; Gothenburg, Sweden, Swedish Inst. for Food Preservat. Res.; engl.) — Vf. beschreibt die dünnschichtchromatograph. Trennung von isomeren bzw. homologen Alkylketonen der Kettenlänge C_{12}—C_{27} u. Tridecanal auf Silicagel G. Die Platten werden mit Bzl., Toluol oder PAe. + Ae. entwickelt (ca. 60 Min.) u. die Flecken durch Sprühen mit Phosphormolybdänsäure in A. u. Erhitzen auf 120° sichtbar gemacht. M. Finke. G 700□

Makro- und Halbmikrobestimmung von Aldehyden und Ketonen durch Reaktion mit Hydroxylammoniumformiat. James E. Ruch, James B. Johnson und Frank E. Critchfield. (Analytic. Chem. **33**, 1566—69, Okt. 1961; South Charleston, W.Va., Div. of Union Carbide Corp., Union Carbide Chem. Co., Techn. Center, Dev. Dep.;

engl.) — Die Best. von Aldehyden u. Ketonen mit Hydroxylammoniumformiat (I) wird weder durch organ. Säuren noch durch leicht hydrolysierbare Verbb., wie Acetale, Ketale oder Vinyläther gestört. In wss. Lsg. ist die Verw. von I zur Oximierung durch Empfindlichkeit u. Genauigkeit bes. geeignet. Bei Konzz. von 0,003—0,3% Aldehyd oder Keton ist der Fehler $\leq$5%. Für die Makro-Best. wird eine 0,5n I-Lsg. in Methylcellosolve, für die Halbmikro-Best. eine 0,1n I-Lsg. verwendet. Als Indicator dient eine 0,3%ig. Lsg. von Thymolblau in Dimethylformamid. Bei der Ausführung der Best. werden 50 ml 0,5n I-Lsg. vorgelegt. Die Best. soll nicht mehr als 15 mVal Carbonyl-Verb. enthalten. Nach Zugabe von Thymolblau wird von Gelb auf den Orangeton einer Leer-Best. mit einem Standard 0,5n HNO_3 in Methylcellosolve titriert. — Es wurden einige Aldehyde u. Ketone mit I u. $NH_2OH \cdot HCl$ (II) auf ihre Reinheit untersucht, u. die Daten verglichen: *Acetaldehyd* 99,0 (mit I) u. 98,4% (mit II), 15 (Min.; Rk.-Zeit bei Raum-Temp.); *Butyraldehyd* 97,2 u. 97,2%, 15; *Crotonaldehyd* 97,8 u. 97,6%, 15; *2-Äthylbutyraldehyd* 98,8 u. 98,9%, 15; *2-Äthylhexanal* 99,9 u. 99,7%, 30; *2-Äthyl-3-propylacrolein* 98,9 u. 99,0%, 60; Formaldehyd 37,15 u. 37,15, 120; *Hexadien-(2.4)-al* 99,3 u. 99,6%, 15; *Aceton* 98,9 u. 98,8%, 15; *Diacetonalkohol* 99,2 u. 98,8%, 15; *Äthylbutylketon* 98,7 u. 98,8%, 15; *Methyläthylketon* 99,1 u. 99,0%, 15; *Methylisobutylketon* 99,4 u. 99,3%, 15. Bei den Halbmikro-Best. treten Abhängigkeiten der Rk.-Zeit vom Lsgm. u. der Konz. von I auf. Sie werden auf H-Brückenbindungen u. ster. Effekte zurückgeführt. H. J. Schönherr. G 700

Potentiometrische Titration der 2.4-Dinitrophenylhydrazone von Ketonen mit Natriumnitrit. Joseph G. Baldinus und Irvin Rothberg. (Analytic. Chem. **34**, 924—26, Juli 1962; Philadelphia, Pa., Smith, Kline & French Labor.; engl.) — Die 2.4-Dinitrophenylhydrazone (I) vieler Ketone können mit $NaNO_2$ titriert werden. Man löst die Probe in H_2SO_4, gibt Tetrahydrofuran u. HCl hinzu u. titriert unter potentiometr. Endpunktsanzeige. I mit einer C=O-Gruppe, einer aromat. gebundenen CH_2-Gruppe oder einem einzelnen H in Nachbarstellung zum C=N können nicht bestimmt werden. Mit 2 Ausnahmen (Salicylaldehyd u. Vanillin) können die I von Aldehyden ebenfalls nicht titriert werden. Vff. bestimmen die I folgender Verbb. nach dieser einfachen Meth.: Acetophenon, p-Fluor-, p-Chlor-, p-Brom-, p-Methyl-, p-Methoxy-, m-Methoxy-, p-Hydroxy-, p-Phenyl-, m-Nitro-, 3.4-Dimethyl-, 2.4-Dihydroxyacetophenon, Propio-, Butyro-, Isobutyro-, Valerophenon, 1- u. 2-Acetonaphthon, Salicylaldehyd, Benzylaceton, Vanillin, Aceton, 2- u. 3-Pentanon, 2-Butanon, Äthylacetoacetat, Äthyllävulinat, Lävulinsäure, Pinakolon, Cyclohexylaceton, Methylisobutylketon, Trifluoraceton u. Mesityloxid. J. Peters. G 720□

Bestimmung aliphatischer Formiate durch Spektrophotometrie im nahen Infrarot. R. M. Powers, M. T. Tetenbaum und Han Tai. (Analytic. Chem. **34**, 1132—34, Aug. 1962; Decatur, Ill., A. E. Staley Manufact. Co.; engl.) — Die Spektren der Ameisensäureester von aliphat. Alkoholen im nahen IR-Gebiet weisen bei 2,15 μ eine gut ausgebildete Bande auf. Vgl. zwischen den Spektren der Formiate u. der deuterierten Formiate zeigen, daß die Bande einer Kombinationsschwingung der ν(CH) u. ν(CO) des Formylrestes zuzuschreiben ist. Das Beersche Gesetz ist für CCl_4-Lsgg. des Methyl-, Äthyl-, n-Propyl-, Isobutyl- u. n-Hexylesters im Konz.-Bereich von 0,06—0,75m erfüllt. Analysen von Gemischen aus Äthyl-, Isobutyl- u. n-Hexylestern der Ameisen- u. Essigsäure ergaben relative Fehler in der Extinktion von ca. 1,2%; oberhalb des Verhältnisses Acetat:Formiat = 1:1 überschreitet der Fehler 2%. Die Ester aromat. Alkohole zeigen im Spektrum bei 2,15 μ ebenfalls ein Maximum, doch lassen sich wegen der Überlappung durch die aromat. CH-Bande keine zuverlässigen analyt. Ergebnisse erhalten. Endständige CH_2-Gruppen, Aldehyde u. in geringerem Maße Alkohole stören. Für Ameisensäureäthylester ist das Beersche Gesetz auch bei der Bande bei 2,07 μ erfüllt. Im Bereich zwischen 0,12 u. 0,72m beträgt der Extinktions-Koeff. jedoch nur 0,10 Liter/Mol·cm (bei 2,15 μ 1,04); die relativen Fehler sind wesentlich größer. Gerhard Schulze. G 810□

Polarographische Bestimmung von Methacrylat. W. N. Dmitrijewa und Je. Ju. Nowik. (Betriebs-Lab. [UdSSR] **27**, 395—96, 1961; Charkow, Fabrik für zahntechn. Materialien; russ.) — 0,7—0,8 g Methacrylat (I)–Styrol-Copolymere werden in 10 ml Bzl. gelöst. Nach Verdünnung der Lsg. mit Methanol (1:4) wird das Gemisch dekantiert u. ein aliquoter Teil der fl. Phase zur Grund-Lsg. [0,02n Lsg. von $(CH_3)_4NJ$ in 92%ig. Methanol] gegeben. Ein H_2-Strom wird 5 Min. lang durchgeleitet u. die Lsg. polarographiert. Der I-Geh. wird nach einer Eichkurve bestimmt. Die Fehlergrenze der Meth. beträgt —2,37 bis +1,18%. S. Baryschnikow. G 810△

Trennung und Analyse organischer Carbonate mit Hilfe der Gaschromatographie. B. J. Gudzinowicz und J. L. Driscoll. (Analytic. Chem. **33**, 1508—10, Okt. 1961; Everett, Mass., Monsanto Res. Corp., Boston Labor. engl.) — Eine Mischung aus

Dimethyl-, *Diäthyl-*, *Di-n-propyl-* (I), *Di-n-butyl-* (II), *Di-n-amyl-* (III), *Di-n-hexyl-* (IV), *Diphenyl-*, *Di-o-*, *Di-m-* u. *Di-p-toluylcarbonat* sowie eine I-, II-, III-, IV-Carbonatmischung wurden gaschromatograph. (6 ft. lange Trennsäule mit $^1/_4$ in. Ø; 5% Dimethylsilicongummi auf Chromosorb W, 80—100 mesh, als Trennmaterial; 38—40 ml/min Ar-Trägergas-Geschw.; Säulen-Temp. isotherm 117° oder temperaturprogrammiert von 107—243°; im Fall der Vierstoff-Best.: 9 ft. lange Trennsäule mit $^1/_4$ in. Ø bei 210° mit 20 Gew.-% Apiezon L auf Chromosorb W, 30—60 mesh, u. einer He-Trägergas-Geschw. von 123 ml/min) getrennt bzw. quant. bestimmt. Zwischen den Kp. u. der temperaturprogrammierten Retentionszeit besteht ein nahezu lineares Verhältnis. Das Gleiche ergab sich auch für eine synthet. KW-Stoffmischung, die die meisten C_{12}—C_{33}-n-Paraffine enthielt, wobei außerdem die Zahl der C-Atome der Retentionszeit direkt proportional war. Eine Ausnahme bildete lediglich *Squalan* ($C_{30}H_{61}$). Bei den quant. Best. mit n-Tetradecan als innerem Standard lag der mittlere Fehler bei ±11,5%; wurden bei der Flächenausmessung jedoch empir. ermittelte Korrekturfaktoren benutzt, so lag er bei ±2,3%. W. Hein. G 880◇

Ein papierchromatographischer Nachweis von Stickstofflost. Yoshio Sakurai und Keiichi Ito. (Pharmac. Bull. [Tokyo] **8**, 655—56, Juli 1960; Tokyo, Pharmakol. Res. Foundation, Jatrochem. Inst.; engl.) — Ein verbesserter papierchromatograph. Nachw. von *Stickstofflost* (I) besteht in der schnell verlaufenden Rk. mit SH-haltigen Verbb., z. B. mit einer alkal. Lsg. von *6-Mercaptonaphthol-(2)* (frisch durch Red. von 6.6'-Dithiodi-[naphthol-(2)] mit Na-Amalgam oder durch alkal. Hydrolyse hergestellt). Umsetzungs-Prod. wie Reagens sind durch Kupplung mit Diazoniumsalz (p-Diazobenzolsulfonsäure in 50%ig. A. II) u. anschließend NH_3-Gas-Einw. nachweisbar. Es wurden 4 rosa bis orange Flecken beobachtet. Entw. unter verschiedenen Bedingungen hergestellter Chromatogramme mit II, Dragendorff-Reagens u. Na-Nitrosylprussiat gab 5 Flecken, die 6-Mercaptonaphthol-(2), dem Rk.-Prod. aus I u. Thiol, Seligmans Reagens u. unverändertem I zugeordnet werden konnten. Die Meth. erlaubt den Nachw. von 1 μg I oder von 0,1 mg I/cm³. K. Maier. G 910□

Gaschromatographie der n-Butyl-N-trifluoracetyl-Derivate von Aminosäuren. Claire Zomzely, Gino Marco und Edward Emery. (Analytic. Chem. **34**, 1414—17, Okt. 1962; St. Louis, Mo., Monsanto Chem. Co., Labor. of Biochem. and Nutrit.; engl.) — Mit einem Gaschromatographen, der mit automat. Temp.-Programm gefahren wird, werden die *n-Butylester* der *N-Trifluoracetylaminosäuren* (I) in 45 Min. getrennt. Zum Nachw. der Einzelfraktionen dient ein H_2-Flammenionisationsdetektor. Die 2 m lange Stahlrohrsäule (innerer Ø 0,63 cm) wird mit Gas-Chrom-A (60—80 mesh) gefüllt, das mit Neopentylglykolbernsteinsäureester getränkt worden ist. Als Trägergase werden N_2 oder He benutzt. Durch Umsatz der freien Aminosäuren mit 1-Butanol, dem 5% HCl-Gas u. 10% Dimethylformamid (II) zugesetzt sind, werden in Ggw. von Dibutoxypropan als Wasseracceptor die Ester dargestellt. Die durch CH_2Cl_2-Extraktion isolierten Ester werden in Gemischen aus CH_2Cl_2 u. II mit Trifluoressigsäureanhydrid zu I umgesetzt. Nach Entfernen des Reagensüberschusses werden die I mit Aceton extrahiert u. in aceton. Lsg. auf die Säule gegeben. Durch Verw. einer definiert aufheizbaren Säule können alle üblichen Aminosäuren, auch die, deren Derivv. nach bisher bekannten Meth. nicht eluiert werden konnten, in 45 Min. gaschromatograph. getrennt, identifiziert u. bestimmt werden. Gleiche Flächen unter den Banden entsprechen unter den genannten Arbeitsbedingungen nicht gleichen Konzentrationen. Von folgenden 22 Aminosäuren werden die Retentionszeiten der I in einem Diagramm u. tabellar. aufgeführt: *Alanin*, *Sarkosin*, *Valin*, *Isoleucin*, *Glycin*, *Leucin*, *Prolin*, *Serin*, *Threonin*, *Methionin*, *Methioninsulfoxid*, *Asparaginsäure*, *Phenylalanin*, *Cystein*, *Glutaminsäure*, *Histidin*, *Ornithin*, *Lysin*, *Arginin*, *Tyrosin*, *Tryptophan* u. *Cystin*. W. Kupfer. G 950□

Ein System zur Solventextraktion von 2.4-Dinitrophenylhydrazonen. Anwendung auf die Hydrazone von Oxydationsprodukten des β-Alanins und des hydrolysierten Calcium-d-pantothenats. T. Panalaks. (Analytica chim. Acta [Amsterdam] **25**, 598 bis 599, 1961; Ottawa, Canada, Dep. of Nat. Health and Welfare, Food and Drug Labor.; engl.) — Folgende Meth. zur Best. des *β-Alanins* durch Oxydation, Bldg. des Hydrazons u. Extraktion wird angegeben: Zu 5 ml einer β-Alanin-Lsg. gibt man 2 ml H_2SO_4 (1:1), 1 ml 12%ig. KBr-Lsg. u. 3 ml 4%ig. $KMnO_4$-Lsg., schüttelt um, läßt 10 Min. lang bei Raum-Temp. u. 5 Min. lang im Eisbad stehen, gibt tropfenweise 10%ig. Na_2SO_3-Lsg. bis zur Entfärbung zu, fügt 1 ml 1%ig. 2.4-Dinitrophenylhydrazin-Lsg. in 3n HCl zu u. bringt den Inhalt des Röhrchens für 30 Min. in einen Autoklaven bei 15 lbs./sq.in. Nach Abkühlen auf Raum-Temp. gibt man 7 ml Benzylalkohol zu, schüttelt 10 Min. lang, zentrifugiert 5 Min. lang bei 1000 U/min u. gießt die wss. Phase ab. Die alkohol.

Lsg. trocknet man mit 1—2 g Na_2SO_4, zentrifugiert, gibt 5 ml der Lsg. in ein zweites Glas, fügt 20 ml CCl_4 u. 10 ml einer Mischung von A. u. 1n NaOH (1:4) zu, schüttelt 5 Min. lang u. zentrifugiert. Die blaue Lsg. wird bei 570 mμ photometriert. Die Rk. verläuft quantitativ. Das Lambert-Beersche-Gesetz ist bei 20 μg β-Alanin erfüllt. Die Best. von Ca-d-Pantothenat geschieht wie folgt: 5 ml der Lsg. gibt man über eine 5×50-mm-Kolonne mit Amberlite CG-400 (mit 5%ig. H_3BO_3-Lsg. gesätt.), wäscht 2mal mit je 5 ml 5%ig. H_3BO_3-Lsg., einmal mit W. u. verwirft die Waschlösungen. Man eluiert mit 5 ml einer Lsg., die durch Zugabe einer 0,2m Na-Tetraborat-Lsg. zu 50ml 0,2m CCl_3COOH-Lsg. bis pH 7,1 u. Verdünnen auf 100 ml erhalten wurde, hydrolysiert das Pantothenat mit 1 ml 2n HCl u. bringt die Lsg. 30 Min. lang bei 15 lbs./sq.in. in den Autoklaven. Nach Abkühlen auf Raum-Temp. behandelt man die Lsg. wie oben. α-Alanin reagiert nicht in der angegebenen Weise; Ascorbinsäure stört.

R. Krämer. G 950□

Mikrochemischer Nachweis von Phenolen mit Hilfe von Ionenaustauscherharzen. Akio Tsuji und Hidetake Kakihana. (Mikrochim. Acta [Wien] **1962,** 475—85; Tamagawa Yoga-machi, Setagayaku, Tokyo, Nat. Inst. of Hygienic Sci.; Okayama, Meguroku, Tokyo, Inst. of Technol., Res. Labor. of Nuclear Reactors; engl.) — Durch Anwendung niedrig vernetzter, farbloser, stark bas. Anionenaustauscherharze für Farb-Rkk. von Phenolen mit p-Nitrobenzoldiazoniumsalzen in alkal. Lsg. sowie mit Eisenpentacyankomplexen u. Hydroxylammoniumchlorid läßt sich die Empfindlichkeit u. Selektivität dieser Rkk. erhöhen. Die besten Bedingungen für diese Nachw.-Rk. wurden durch Unterss. verschiedener, die Farbintensität beeinflussender Faktoren, wie Harzform, Harzart, Konz. der Reagentien usw. geprüft. Der Einfl. anorgan. Säuren, Alkalien u. Salze wurde untersucht. Die Nachw. werden mit den üblichen Tüpfel-Rkk. verglichen. Die Erfassungsgrenzen wurden in Tabellen angegeben.

Hansjoachim Thiele. G 1060◇

Amperometrie an einer kontinuierlich gereinigten rotierenden Elektrode. F. Štráfelda und D. Kozák. (Collect. czechoslov. chem. Commun. **26,** 3168—70, Dez. 1961; Prag, TH für Chem., Abt. für Instrumentalanalyse; dt.) — Die bei der elektrochem. Oxydation der *Phenole* (I) gebildeten Huminstoffe bedecken die Graphitanode. Diese Passivierung der Elektrode wurde durch Zugabe von fein gemahlenem Carborundum-Schleifpulver zu der Lsg. beseitigt. Für eine I-Daueranalyse, z. B. in Wässern eignet sich am besten die Einstellung des pH-Wertes durch HCl auf 1,7. P. Zuman/Prag. G 1060

Hochfrequenztitration. Die Bestimmung von Kresolisomeren. B. P. Jerschow und W. L. Pokrowskaja. (Plast. Massen [UdSSR] **1961,** Nr. 7, 65—68; russ.) — Eine Schnell-Meth. zur Best. von isomeren *Kresolen* wird empfohlen, die auf der Hochfrequenztitration (HFT) von K-Kresolaten in Aceton-Lsg. beruht. Die Dauer der Best. beträgt 45 Minuten. Die Einwaage von ca. 1,0 g techn. Kresol wird im 100-ml-Meßkolben in wasserfreiem Aceton (I) gelöst. 5 ml der Lsg. werden in die Zelle des Gerätes für HFT eingefüllt, mit 8 ml 0,1n methanol. KOH-Lsg. versetzt u. mit I auf 50 ml aufgefüllt. Als Maß-Lsg. dient 0,1n methanol. HCl-Lösung. T. Lukanoff. G 1060□

Zur Kieselgelschichtchromatographie der isomeren Xylenole. Hans-Joachim Petrowitz. (Erdöl Kohle-Erdgas-Petrochem. **14,** 923—25, Nov. 1961; Berlin, Bundesanstalt für Materialprüfung; dt.) — Durch Dünnschichtchromatographie konnten isomere Dimethylphenole getrennt werden. Als Lsgm. wurde Bzl. oder Bzl.–Methanol verwendet. Zum Anfärben diente diazotiertes Benzidin oder Echtblausalzlösung. Es ist ein Zusammenhang zwischen Mol.-Struktur u. R_F-Werten zu erkennen.

U. Frenzel. G 1060□

Eine Mitteilung über Nachweis und Identifizierung nebeneinander vorliegender isomerer Xylenole. M. R. Verma, P. K. Gupta und K. C. Grover. (Current Sci. [Bangalore] **31,** 53—54, Febr. 1962; New Delhi, Nat. Phys. Labor.; engl.) — 2.5- (I) u. 2.6-Dimethylphenol (II) können papierchromatograph. getrennt u. nachgewiesen werden, indem man Gemische von I u. II auf dem Papier mit 2-Naphthylamin-5.7-disulfonsäure (III) umsetzt, u. die Rk.-Prodd. mit der aus Isoamylalkohol u. 2%ig. wss. Na_2CO_3-Lsg. erhaltenen wss. Phase entwickelt. Das Rk.-Prod. von I u. III ist gelb (R_F: 0,15), das von II u. III rot (R_F: 0,2). F.-M. Friedrich-Anderseck. G 1060◇

Analyse polychlorierter Benzoesäuren mit Hilfe der Gaschromatographie ihrer Methylester. J. J. Kirkland. (Analytic. Chem. **33,** 1520—24, Okt. 1961; Wilmington, Del., Du Pont de Nemours & Co., Inc., Ind. and Biochem. Dep.; engl.) — Die Säuren wurden durch wss. Extraktion als Na-Salze von neutralen u. bas. Verunreinigungen befreit, durch $CHCl_3$-Extraktion wieder in die freien Säuren übergeführt, mit einem 15—20%ig. CH_2N_2-Überschuß in Ae. verestert u. an Säulen mit Tide (synthet. Detergens) bzw. 20% Apiezon L auf Chromosorb R oder Celite 545 als Trennmaterial bei 175 bzw. 220° chromatographiert. Retentionswerte u. Eichfaktoren werden für Di-, Tri-, Tetra- u. Pentachlorbenzoesäuremethylester angegeben. W. Hein. G 1210◇

Beitrag zur reaktionskinetischen Simultananalyse. 4. Mitt. Zur quantitativen Bestimmung der Benzopersäure. E. O. Schmalz und G. Geiseler. (Z. analyt. Chem. **190**, 233—38, 1962; Leipzig, Univ., Phys.-Chem. Inst.; dt.) — 3. vgl. C. **1963**, 8058. — Die Ursachen für die Abweichungen in den Geschw.-Konst. bei der kinet. Analyse der Rk. zwischen Olefinen u. Benzopersäure werden untersucht. Dabei zeigt sich, daß das bei der Abbruch-Rk. entstehende J_2 mit noch vorhandenem Olefin reagiert, so daß Fehler auf diese Weise unvermeidlich sind. An Hand von zwei Beispielen zeigen Vff., wie derartige Störungen durch eine geeignete Vers.-Anordnung weitgehend vermieden werden können. Gerhard Schulze. G 1210◇

Bestimmung von Wasser und Anilin in Hydrazin durch Infrarotspektroskopie. F. Lalanne. (Chim. analytique [4] **41**, 45—48, Febr. 1959; Off. Nat. Ind. de l'Azote; franz.) — Die Geh. an W. u. Anilin (**I**) in Hydrazin (**II**) können nach 2 IR-spektroskop. Verff. bestimmt werden. Mit einem Doppelstrahl-IR-Spektrographen (z. B. Perkin Elmer 21) werden Kompensationsspektren zwischen Probe u. wasser- u. anilinfreiem Hydrazin aufgenommen. Die Intensität der Bande bei 1,9 μ ist proportional der H_2O-Konz., die der 6,66-μ-Bande ist ein Maß für den **I**-Gehalt. Die Intensität der 6,66-μ-Bande wird jedoch vom H_2O-Geh. beeinflußt, so daß die Messung nach Kenntnis des H_2O-Geh. korr. werden muß, oder indem man das Verhältnis der Intensitäten bei 6,66 u. 6,50 μ als Maß für den H_2O-Geh. eicht. Noch schneller kann man W. u. **I** aus einer Spektralaufnahme zwischen 6,4 u. 7,4 μ bestimmen. Das Intensitätsverhältnis dient zur **I**-Best., die Intensität einer bei 7,15 μ liegenden Bande zur H_2O-Bestimmung. Beide Verff. gestatten Best. von 0—7% W. bzw. 0—2,5% **I**. W. Kupfer. G 1310□

Spektrophotometrische Analyse der isomeren Zusammensetzung der Gemische der Toluylendiamine und Toluylendiisocyanate. A. I. Finkelstein und Je. N. Boitzow. (Betriebs-Lab. [UdSSR] **26**, 959—63, 1960; Dsershinsk, Zweigstelle des Forsch.- u. Projekt.-Inst. für Stickstoffind. u. Produkte der org. Synthese; russ.) — Bei der spektrophotometr. Analyse des Gemisches aus 2.4- u. 2.6-Toluylendiamin u. 2.4- u. 2.6-Toluylendiisocyanat nach ihren Absorptionsspektren im UV wird zur Erhöhung der opt. Dichte die Meth. von Perry u. Bain (vgl. C. **1959**, 1891) angewandt. S. Baryschnikow. G 1310

Quantitative Bestimmung der 4-Chloranthranilsäure. L. N. Gussewa und Ss. I. Charitonowa. (Med. Ind. UdSSR **16**, Nr. 8, 47—48, Aug. 1962; Zentr. pharmazeut. Forsch.-Inst.; Marzinski-Inst. für Parasitol. u. Tropenmed.; russ.) — 2,0—2,5 g der zu untersuchenden 4-Chloranthranilsäure werden mit 8%ig. HCl auf 200—250 ml gebracht. Das Gemisch aus 20 ml dieser Lsg., 150 ml W., 2 g KBr, 10 ml konz. HCl u. 5—6 Tropfen 0,1%ig. Lsg. von Tropäolin 00 wird bei 15—20° langsam mit einer 0,1 m $Na \cdot NO_2$-Lsg. titriert. Gegen Ende der Titration werden 5—6 Tropfen 0,15%ig. Lsg. von Methylenblau zugefügt. Am Endpunkt tritt ein Farbumschlag von Rotviolett nach Schmutziggrün ein. S. Baryschnikow. G 1350

Nichtwässerige potentiometrische Titration von Acylamidinen und verwandten Verbindungen. Beverly H. Beggs und R. Donald Spencer. (Analytic. Chem. **34**, 1590—94, Nov. 1962; Pittsburgh, Pa., Mellon Inst.; engl.) — Vff. untersuchten die potentiometr. Titration von N-Benzoylbenzamidin, N-Thiobenzoylbenzamidin, Dibenzamid, Benzamidin, Methylcellosolvebenzimidat u. Benzamidinbenzoat einzeln u. in Gemischen mit HCl u. Tetrabutylammoniumhydroxid in nichtwss. Medien. Die Titrationen werden am besten mit 0,2 n HCl in Äthylenglykol–Isopropylalkohol-Gemisch (1:1) u. 0,05 n Tetrabutylammoniumhydroxid-Lsg. in Bzl.–Methanol (20:1) in Pyridin durchgeführt. Die Darst. von analyt. reinem Benzamidin wird beschrieben. P. Kurzmann. G 1350□

Modellversuche zur Bestimmung der Chinasäure unter Berücksichtigung ihrer Erfassung in Naturprodukten. J. Voigt und K. Rauscher. (Nahrung **5**, 227—41, 1961; Potsdam, Dt. Akad. der Wiss. zu Berlin, Inst. für Ernähr.; dt.) — *Chinasäure* (**I**) läßt sich nach der Oxydation mit JO_4^- auf Grund der Absorption der Oxydations-Prodd. spektrophotometr. bestimmen. Die Rk. wurde unter wechselnden Vers.-Bedingungen untersucht. — 5 ml Probe-Lsg. (5—100 μg **I**) werden mit 1,0 ml 0,5%ig. $NaJO_4$-Lsg. versetzt. Nach 2 std. Stehen im Thermostaten bei 22° werden 1,0 ml 0,5 n-NaOH-Lsg. (zur Unterbrechung der Rk.) u. 1,0 ml 0,1 m Alanin-Lsg. (zur Stabilisierung der Farbe) zugegeben. Die Lsg. wird auf 10 ml aufgefüllt u. 4 Std. lang bei 22° stehen gelassen. Dann wird die Absorption bei 381 nm gemessen. Aminosäuren stören, sie lassen sich papierchromatograph. mit n-Butanol–Eisessig–W. (4:1:5) abtrennen.

Der I-Fleck wandert langsamer u. wird nach dem Auslaugen über Nacht zur quant. Best. verwendet. Zucker werden am besten mit Hilfe der Ionenaustauscherchromatographie abgetrennt. — Die Fehlerbreite bei der direkten Best. beträgt $\pm 3\%$, die Erfassungsgrenze ist 0,5 μg/ml. W. Betcke. G 2010◇

Hochtemperatur-gaschromatographische Trennungen der Arylphosphine und Phosphinoxide. B. J. Gudzinowicz und R. H. Campbell. (Analytic. Chem. **33**, 1510—12, Okt. 1961; Everett, Mass., Monsanto Res. Corp., Boston Labor.; engl.) — Mischungen aus *Triphenyl-* (I), *p-Hydroxyphenyldiphenyl-*, *p-Methoxyphenyldiphenyl-*, *Di-(p-methoxyphenyl)-phenyl-*, *Tri-(p-methoxyphenyl)-phosphin*, *Triphenyl-*, *p-Methoxyphenyldiphenyl-* u. *Tri-(p-methoxyphenyl)-phosphinoxid* konnten gaschromatograph. (6 ft. lange Trennsäule mit $^1/_4$ in. Ø; 5 Gew.-% Dimethylsilicongummi auf Chromosorb W, 80—100 mesh, als Trennmaterial; 39 ml/min Ar-Trägergas-Geschw.; temperaturprogrammiert von 243—348°) getrennt werden. Beim Auftragen der Retentionszeit gegen die Zahl der unsubstituierten Phenylgruppen in jeder Verb. ergeben sich Geraden. — Zur quant. Best. von nichtumgesetzten I in Mischungen, die sich bei der Synth. von Ylidaddukten ergaben, wurde eine 6 ft. lange Trennsäule mit $^1/_4$ in. Ø bei 275° mit 20 Gew.-% Apiezon L auf säuregewaschenem Firebrich-C 22, 40—60 mesh, als Trennmaterial sowie eine He-Trägergas-Geschw. von 123 ml/min bei einem Einlaßdruck von 18 lbs./sq.in. verwendet. Der zur Auswertung notwendige Korrekturfaktor wurde unter Zusatz von Triphenylmethan als innerem Standard ermittelt. W. Hein. G 2580◇

Die Trennung aromatischer Kohlenwasserstoffe der Zusammensetzung C_8—C_{14} nach der Methode der Verteilungsgaschromatographie. I. A. Mussajew, Zi-Wei Gu, A. W. Toptschijew und P. I. Ssanin. (Erdölchemie [UdSSR] **1**, 459—72, Juli/Aug. 1961; Inst. für erdölchem. Synthese der Akad. der Wiss. der UdSSR; russ.) — Mit einer 18 m langen Cu-Säule von 8 mm Ø, Kabelöl als Trennfl. u. He als Trägergas, werden 35 monocycl. aromat. C_8—C_{12}-KW-Stoffe durch Hochtemp.-Gaschromatographie bei 175 u. 200° getrennt. Bei 250° Arbeits-Temp. wird mit der gleichen App. die Trennung von 21 bicycl. aromat. KW-Stoffen (C_8—C_{14}) durchgeführt. Die Trennwirksamkeit der Säule wurde bei 175—250° mit 1-Methyl-4-isopropylbenzol u. sek. Butylbenzol bestimmt; sie beträgt 7000—8000 theoret. Böden. Wird die Arbeits-Temp. um 1°, die Trägergas-Geschw. von 6—9 Liter/h u. die Probenmenge von 0,03 bis 0,15 ml variiert, so erfolgt dadurch keine störende Beeinträchtigung des Trenneffekts. Nach dieser Meth. wurden bei 200° folgende Benzolhomologe getrennt u. deren Retentionszeiten (**A**) angegeben: *Äthyl-*, *1.4-Dimethyl-*, *1.3-Dimethyl-*, *1.2-Dimethyl-*, *Isopropyl-*, *n-Propyl-*, *1-Methyl-3-äthyl-*, *1.3.5-Trimethyl-*, *1-Methyl-2-äthyl-*, *1.3.4-Trimethyl-*, *Isobutyl-*, *sek.-Butyl-*, *1-Methyl-4-isopropyl-*, *1-Methyl-3-n-propyl-*, *n-Butyl-*, *1-Methyl-2-n-propyl-*, *1.4-Dimethyl-2-äthyl-*, *1.3-Dimethyl-2-äthyl-*, *1.2-Dimethyl-3-äthyl-*, *1.2.4.5-Tetramethyl-*, *1.2.3.5-Tetramethyl-*, *1-Methyl-4-tert.-butyl-*, *1-Methyl-3-butyl-*, *n-Amyl-*, *Cyclopentyl-*, *1.3-Dimethyl-4-tert.-butyl-*, *1.4-Diisopropyl-*, *1.2-Dimethyl-4-tert.-butyl-*, *n-Hexyl-*, ferner *Indan*, *4-Methylindan*, *3-Phenylpentan* u. *5-Methyltetralin*. Bei 250° Arbeits-Temp. erfolgte Trennung u. Angabe der **A** für nachst. Naphthalinabkömmlinge: *Naphthalin*, *β-Methyl-*, *α-Methyl-*, *β-Äthyl-*, *α-Äthyl-*, *2.6-Dimethyl-*, *1.7-Dimethyl-*, *1.5-Dimethyl-*, *2.3-Dimethyl-*, *β-Isopropyl-*, *α-Propyl-*, *β-Propyl-*, *2.3.6-Trimethyl-*, *β-tert.-Butyl-* sowie ferner *Acenaphthen*, *Diphenyl*, *Diphenylmethan*, *1.1-Diphenyläthan*, *1.2-Diphenyläthan*, *Fluoren* u. *1.1-Diphenyl-(4-methyl)-äthan*. G. Hey. G 2700□

Arbeiten zur Chromatographie von Epoxidverbindungen. 3. Mitt. Papierchromatographie der Allyläther des 4.4′-Dihydroxydiphenylpropans-2.2. H. Jahn und W. Schäfer. (J. prakt. Chem. [4] **13** (**285**), 188—96, Juli 1961; Berlin, Dt. Akad. der Wiss., Inst. für Kunststoffe; dt.) — 2. vgl. C. **1961**, 250. — Verss. zur Darst. der Mono- u. Diallyläther des 4.4′-Dihydroxydiphenylpropans-2.2 (I; 2.2-Bis-[4-hydroxyphenyl]-propan; Dian) durch Rk. von I mit Allylbromid lieferten keine definierten Prodd.; es wird vermutet, daß bei den erforderlichen Temp. (<180°) eine teilweise Claisen-Umlagerung stattfindet. Allyläther von I lassen sich auf mit Formamid vorbehandeltem Papier mit Gemischen von Bzn. u. Chlf. chromatographieren u. mit diazotiertem Benzidin bzw. $KMnO_4$ nachweisen. Dieses Verf. ermöglicht eine laufende Kontrolle des Rk.-Verlaufs. Es konnte damit festgestellt werden, daß die Claisen-Umlagerung beim Diallyläther von I bereits bei 130° beginnt. Die R_F-Werte für die im Rk.-Prod. vermuteten Verbb. sind angegeben: **I**, **I**-*Monoallyläther*, **I**-*Diallyläther*, *2-(4-Hydroxyphenyl)-2-(3-allyl-4-hydroxyphenyl)-propan*, *2-(4-Allyloxyphenyl)-2-(3-allyl-4-hydroxyphenyl)-propan* u. *2.2-Bis-[3-allyl-4-hydroxyphenyl]-propan*. W. Unze. G 3030□

Maßanalytische Bestimmung von Pikrolonsäure und Pikrolonaten mit Chrom(II)-Sulfat. Rudolf Dworzak, Helmut Krause und Paul Friedrich. (Liebigs Ann.

Chem. **653**, 12—17, 24/4. 1962; Karlsruhe, TH, Inst. für Anorg. Chem.; dt.) — Die als analyt. Reagens verwendete Pikrolonsäure (I) läßt sich mit Cr^{2+} reduzieren, wobei pro Mol I 12 Red.-Äquivalente verbraucht werden. Eine zur maßanalyt. I-Best. geeignete, weitgehend titerbeständige $CrSO_4$-Lsg. (Titerabnahme in 150 Tagen <0,8%) läßt sich durch kathod. Red. von $Cr_2(SO_4)_3$ in einer besonderen Diaphragma-App. herstellen. Das Verf. ist beschrieben. Der Titer der Cr^{2+}-Lsg. wird durch Titration von $K_2Cr_2O_7$-Lsg. in Ggw. von Redoxindicatoren (Neutralrot, Safranin T) eingestellt. Bei der Titration von I gegen $CrSO_4$-Lsg. muß unter Luftabschluß gearbeitet werden. Die erforderliche App. ist beschrieben. Die I- oder Pikronolat-Lsg. wird 7,5%ig. in H_2SO_4 gemacht u. im CO_2-Strom ausgekocht. Die 55—60° warme Lsg. wird mit überschüssiger Cr^{2+}-Lsg. versetzt (Grünfärbung durch Cr^{3+}, die Red. ist nach ca. 2 Min. beendet) u. der Cr^{2+}-Überschuß nach Indicatorzusatz gegen $FeCl_3$ zurücktitriert.
W. Betcke. G 3122□

Titration von aromatischen N-Oxiden in Essigsäureanhydrid mit Perchlorsäure. Chester W. Muth, Robert S. Darlak, William H. English und Allen T. Hamner. (Analytic. Chem. **34**, 1163—64, Aug. 1962; Morgantown, W.Va., West Virginia Univ., Dep. of Chem.; engl.) — Lsgg. von aromat. N-Oxiden in Gemischen aus Essigsäureanhydrid u. Essigsäure können mit $HClO_4$ in Essigsäure potentiometr. titriert werden. Es wird angenommen, daß die N-Oxide mit CH_3CO^+ oder bes. $(CH_3CO)_2OH^+$ zu N-Acetoxy-tert.-aminperchloraten reagieren. Diese konnten aus der Titrations-Lsg. isoliert u. durch Elementaranalyse identifiziert werden. J. Peters. G 3231□

Bestimmung von Zuckern durch direkte Titration mittels einer alkalischen Lösung der Kupfer-Trihydroxyglutarsäure-Komplexverbindung. A. W. Ablow und D. G. Batyr. (J. analyt. Chem. [UdSSR] **15**, 734—38, Nov./Dez. 1960; Kishinew, Zweigstelle der Akad. der Wiss. der UdSSR, Inst. für Chem.; russ., Auszug: engl.) — Vgl. C. **1960**, 15941. — Die Lsg. der Komplex-Verb. wird durch Zusammengeben einer Lsg. von 10,000 g $CuSO_4 \cdot 5\,H_2O$ in 1 Liter W. u. einer Lsg. von 32 g Trihydroxyglutarsäure, 90 g NaOH u. 4 g $K_4[Fe(CN)_6] \cdot 3\,H_2O$ in 1 Liter W. hergestellt. Titriert wird die Lsg, des Zuckers oder des zuckerhaltigen Handels-Prod. im Dampfbad in einer einfachen Doppelkolben-App. (Abb.) bis zum Umschlag des Indicators von Violett nach Schwachgelb. Untersucht wurden im einzelnen Glucose, Fructose, Galaktose, Mannose, Invertsaccharose u. Xylose sowie einige Süßwaren. H. Roschkowski. G 3400

Bestimmung löslicher Kohlenhydrate aus den Absorptionswerten sulfonierter 1-Naphthol-Derivate von Hexosen und Pentosen. J. E. Troelsen. (Canad. J. Biochem. Physiol. **39**, 1397—1404, Sept. 1961; Swift Current, Saskatchewan, Canada Dep. of Agric., Res. Branch, Exper. Farm; engl.) — Es wurde ein modifizierter Molisch-Test zur quant. spektrophotometr. Best. von *Glucose* (**I**) u. *Xylose* (**II**) in Mischlsgg. benutzt. Es zeigte sich, daß für solche Gemische die algebraische Meth. zur Best. von Substanzen gilt, die additive Absorptionswerte zeigen. Die Messung war am zuverlässigsten bei 530 u. 580 nm. Bei 562,7 nm ergab sich ein isosbest. Punkt, bei dem das Verhältnis von **I** zu **II** keinen Einfl. auf das Absorptionsvermögen besitzt, so daß hier eine Messung der Summe der Konzz. von **I** u. **II** möglich ist. Die Meth. wurde zur Messung des Zucker-Geh. u. der Verdaulichkeit von Grünfutter für Schafe benutzt.
K. Zingraf. G 3400□

Zur Frage der Genauigkeit der quantitativen Bestimmung von Alkaloiden in kleinsten Mengen auf papierchromatographischem Wege. O.-E. Schultz und R. Kratzer. (Arch. Pharmaz. **295/67**, 444—54, 1962; Kiel, Univ., Pharmazeut. Instit.; dt.) — Papierchromatograph. Verf. zur quant. Best. von *Physostigminsulfat*. Dazu wird eine 0,5%ig. Probe-Lsg. in kleinen Portionen auf das Papier aufgetragen, nach dem Klimatisieren (14 Std.) mit der oberen Phase des Gemisches von n-Butanol–Eisessig–W. 4 : 1 : 5 aufsteigend entwickelt, nach 8 Std. der R_F-Wert bestimmt u. ein Teil der Flecke unter einer UV-Lampe (254 nm) eingezeichnet. Parallel zu den äußeren markierten Flecken werden aus dem Chromatogramm Papierstücke ausgeschnitten, diese zerkleinert in einer Mikroextraktions-App. 10 Min. lang mit 1%ig. methanol. Ameisensäure am Rückfluß perkuliert, das Eluat im Vakuum bei 32° abgedampft, der Rückstand in 2 ml 0,1 n HCl aufgenommen, mit 2 ml 0,1 n KOH neutralisiert, mit 1 ml 0,5 n KOH zur Farb-Rk. gebracht, 10 Sek. lang geschüttelt, filtriert u. nach 8—15 Min. die Extinktion bei 480 nm gegen eine ebenso behandelte Blindlsg. gemessen. J. Weiner. G 3500

Papierchromatographische Analyse von Strychnos-Alkaloiden. G. B. Marini-Bettòlo. (J. Chromatogr. [Amsterdam] **7**, 329—36, März 1962; Roma, Ist. Super. di Sanità; engl.) — Übersicht über Möglichkeiten der analyt. u. präparativen papierchromatograph. u. elektrophoret. Trennung von *Strychnos*-Alkaloiden sowie der dabei auftretenden Schwierigkeiten. — 25 Literaturangaben. M. Finke. G 3500□

Papierelektrophorese von Nicotinsäurederivaten. T. K. Sundaram, K. V. Rajagopalan und P. S. Sarma. (J. Chromatogr. [Amsterdam] **2**, 531—35, Sept. 1959; Madras, Univ., Biochem. Labor.; engl.) — *Nicotinsäure* (**I**), *Nicotinsäureamid* (**II**), *Nicotinursäure* (**III**), *N'-Methylnicotinsäureamid* (**IV**), *Diphosphopyridin-* (**V**) u. *Triphosphopyridinnucleotid* (**VI**) sind in Veronal- (pH 8,6), Borat- (pH 8,9) u. Phosphatpuffern (pH 10,2) elektrophoret. schnell trennbar. Unwirksam sind dagegen Tris-(hydroxymethyl)-aminomethan- u. Acetatpuffer. Nach 15 Min. langer Behandlung mit BrCN-Gas, Besprühen mit 0,25% ig. Benzidin-Lsg. u. erneuter Einw. von BrCN erscheint **I** dunkelrot, **II** braunrot, **III** purpurrot. **IV**, **V** u. **VI** werden nach Behandlung mit Methyläthylketon- u. NH_3-Dampf im UV-Licht identifiziert. Die Erfassungsgrenze für **I** beträgt 0,25 μg. Rattenleber erweist sich im Gegensatz zu Gewebe von Corcyra cephalonica als inakt. in bezug auf Nicotindesamidase. F. M. Friedrich-Anderseck. G 3500◇

Näherungsweise Identifizierung von Monohydroxyprogesteronen durch Papierchromatographie und Tüpfelproben. S. C. Pan. (Analytic. Chem. **34**, 766—70, Juni 1962; New Brunswick, N.J., Squibb Inst. for Med. Res.; engl.) — Vf. entwickelt ein Syst. bei dem Gemische von Monohydroxyprogesteronen durch mehrfache papierchromatograph. Trennung, Acetylierung u. Oxydation mit CrO_3 in einzelne Rk.-Gruppen aufgeteilt werden, deren individuelle Glieder durch spezif. Farb-Rkk. charakterisierbar sind. 8-, 9- u. 14-Hydroxyprogesterone können in das Nachw.-Schema nicht einbezogen werden. Die Gesamt-Meth. erfordert ein Eluat, das 150 μg Substanzgemisch enthält. F. M. Friedrich-Anderseck, G 3750◇

c) Bestandteile von Pflanzen und Tieren

Überlegenheit der alkoholischen über die wässerige Fixierung beim histochemischen Nachweis von Calcium. S. Renaud. (Stain Technol. **34**, 267—71, Sept. 1959; Montreal, Canada, Univ., Inst. de Méd. et de Chirurg. expér.; engl.) — An Verkalkungen im Myocardium oder in den Herzkranzgefäßen bei Ratten wird die Notwendigkeit eines A.-Geh. von 80% im Fixativ zum Früh-Nachw. von Kalkablagerungen demonstriert. Fixierung mit neutralem Formalin gibt nur bei großen, makroskop. sichtbaren Ablagerungen eine positive Reaktion. Als Färbe-Verf. sind die Alizarin- u. die von-Kóssa-Meth. empfehlenswert. W. Betcke. 5661□

Verbesserte histochemische Sichtbarmachung der Lipase-Aktivität. J. C. George und P. Thomas Iype. (Stain Technol. **35**, 151—52, Mai 1960; Baroda, India, M. S. Univ., Dep. of Zool., Labor. of Histochem.; engl.) — Zur Sichtbarmachung der hohen Lipase-Konz. in der roten Muskelfaser des Taubenbrustmuskels gegenüber der lipasefreien weißen Muskelfaser werden Gefrierschnitte des Materials in mit Na_2HPO_4 neutralisierter Formalin-Lsg. bei 4° fixiert u. nach dem Waschen mit einer dünnen Gelatineschicht bedeckt. Nach dem Trocknen wird das in Formalin-Lsg. erhärtete Material für 8—10 Std. bei 40° in eine gepufferte, Tween-80 enthaltende $CaCl_2$-Lsg. gebettet, gewaschen u. dann 20 Min. lang mit 1% ig. $Pb(NO_3)_2$-Lsg. behandelt. Nach gutem Spülen folgt eine Behandlung mit gelbem $(NH_4)_2S$. Überschüssiges Sulfid wird mit verd. Essigsäure u. W. fortgewaschen u. das Material unter Glycerin gebracht. Die Lokalisierung des Enzyms wird durch den PbS-Nd. angezeigt. W. Betcke. 5661□

Histochemie von Plasmalogen. Jacob Y. Terner und E. Russell Hayes. (Stain Technol. **36**, 265—78, Sept. 1961; Buffalo, N.Y., Univ., Dep. of Anatomy; engl.) — Mit Schnitten von Rattennieren, -herz u. -hirn ausgeführte Unterss. über die Rk.-Fähigkeit von Plasmalogen (**I**) mit fuchsinschwefliger Säure zeigen, daß Hirn am meisten **I** enthält u. dieses am reaktionsfähigsten ist. $AgCl_2$, $Hg(NO_3)_2$, $HgNO_3$ u. Hg-Acetat geben ident., sofortige Rkk.; K_2HgJ_4 reagiert langsam. Dithizon, das mit Hg enthaltenden Verbb. eine Rotfärbung bildet, gibt eine positive Rk., wo auch eine Plasmal (**II**)-Rk. auftritt. Das beweist, daß Hg sich mit Gewebe-**I** verbindet. Die Hydrolyse von **I** als Funktion von pH u. Zeit erfolgt durch 6n HCl so rasch wie die Rk. mit $HgCl_2$. Mit steigendem pH fällt die Geschw. der **II**-Bldg.; bei pH = 4 entsteht in 2 Std. kein **II**. $AuCl_3$ u. $PdCl_2$ reagieren wie $HgCl_2$. **I** löst sich rasch in kurzkettigen, 1-wertigen Alkoholen, aber nicht (nennenswert) in $\leq$60% ig. A. oder in Glycol. Durch Bromieren oder Jodieren wird die **II**-Rk. unterdrückt. W. Wesly. 5661□

Die Bestimmung von Natrium und Kalium in biologischem Material durch Neutronenaktivierungsanalyse. J. Pijck und J. Hoste. (Clin. chim. Acta [Amsterdam] **7**, 5—12, Jan. 1962; Ghent, Univ., Labor. for Anal. Chem.; engl.) — Es wurden zwei Meth. entwickelt, die eine selektive Best. von Na u. K in kleinsten Mengen biolog. Fll. gestatten. Bei der ersten Meth. wurden Fl.-Proben von ca. 1 μl in Quarzcapillaren eingeschmolzen

u. zusammen mit definierten Vgl.-Proben 12 Std. lang einem Neutronenfluß von 10^{12} n·cm^{-2}·s^{-1} ausgesetzt. Die kurzlebigen induzierten Störaktivitäten wurden ca. 5 Std. abklingen gelassen, u. dann Na durch diskriminierende Messung der γ-Aktivität oberhalb 2,5 MeV bestimmt. Danach wurde unter Zusatz von gleichen Mengen Na^+ u. K^+ als Trägermaterial das K mit Dipikrylamin oder Tetraphenylboron abgetrennt u. seine Aktivität mit Hilfe eines G.-M.-Zählers gemessen. Dabei wurde u. a. ein 517 mg·cm^{-2}-Al-Absorber zur Unterdrückung der langlebigen, weichen β-Störaktivitäten (^{35}S, ^{82}Br) benutzt. Die Meth. hatte bei umfangreichen Testreihen eine Reproduzierbarkeit von 5% für Na u. von 10% für K. Falls größere Mengen Fl. zur Verfügung standen (10 μl), konnten die Na- u. K-Aktivitäten nach Auftragen der Probe auf Papierstreifen u. zweistündiger Bestrahlung im Reaktor auch ohne chem. Trennung in der beschriebenen Weise bei einer Reproduzierbarkeit von 10% selektiv bestimmt werden. T. Tamberg. 5664□

Die Bestimmung von Spuren Kupfer in biologischem Material durch Radioaktivierungsanalyse. J. Pijck, J. Ruttink und A. Claeys. (J. Pharmac. Belgique [N. S.] **16**, 207—16, Mai/Juni 1961; Ghent, Univ., Labor. for Anal. Chem.; engl.) — Die Probe wird 24 Std. lang mit schnellen Neutronen (5—8·10^{11} n/cm^2·s) bestrahlt u. dann mit $HNO_3/HClO_4/H_2SO_4$ (3:1:1) versetzt. Nach dem Verdünnen mit etwas W. werden 2 ml 15%ig. $NH_2OH·HCl$-Lsg. (zur Red. von Cu^{2+}), 2 ml 50%ig. Weinsäure (zum Maskieren von Fe^{3+}) u. 100 mg Cu^+ als Träger zugesetzt. Dann wird die Lsg. mit 30%ig. NaOH auf pH 3—7 gebracht, auf 50 ml aufgefüllt u. mit 10 ml 0,02%ig. 2.2'-Dichinolyl-Lsg. (Cuproin) in Isoamylalkohol ausgeschüttelt. Die γ-Aktivität des bei der Bestrahlung entstandenen ^{64}Cu wird mit einem Scintillationszähler gemessen. — Die Erfassungsgrenze der Meth. beträgt 0,1—0,05 μg Cu. Analysenergebnisse werden für Blut-*Serum*, menschliches Haar u. pflanzliches Material aufgeführt. W. Betcke. 5664◇

Neuere Ergebnisse auf dem Gebiet der Isolierung und Analytik von Phosphatiden und Glykolipiden. H. Wagner. (Fette, Seifen, Anstrichmittel **62**, 1115—23, Dez. 1960; München, Univ., Inst. für pharm. Arzneimittellehre; dt.) — Vf. bringt eine zusammenfassende Darst. der Nachw.-Meth. von Phosphatiden u. Glykolipiden in tier. u. pflanzlichen Geweben mittels Papier-, Dünnschicht-Chromatographie, Craig-Verteilung u. IR-Spektroskopie mit vielen Beispielen. — 1. Vorfraktionierter Rinderhirnphosphatid-Gesamtextrakt wurde auf HCOH-Papier mit Butanol–Eisessig–W. (4:1:5) u. 0,1%ig. Nilblau-Lsg. in *Lecithin, Colaminkephalin, Phosphatidylserin, Diphosphoinositid* u. (durch hochstufige Craig-Verteilung) *Monophosphoinositid* chromatograph. aufgetrennt. — 2. Nach einem neuen Verf. gelang der Nachw. der einzelnen *Sphingolipide* (**I**) nach vorheriger Entfernung der Esterphosphatide durch 24 std. Alkalihydrolyse bei 37°. Chromatographie in Butanol–Eisessig–W. u. Anfärben mit Phosphormolybdänsäure u. Rhodamin-B-Lsg. ergab Auftrennung in unveresterte *Cerebroside, Cerebrosid–H_2SO_4-Ester, Sphingomyelin* u. 2 *Ganglioside* (**II**). — 3. Dünnschicht-chromatograph. Auftrennung der **I**-Fraktion in Chlf.–Methanol–W. (60:35:8) nach Vorbehandlung der Platten mit HCl, Besprühen mit Bials Reagens u. erneute HCl-Behandlung ergab 3 Flecke für die unveresterten, 3 für die veresterten u. 4 für die **II**-Fraktion. Vf. gibt ein umfassendes Isolierungsschema für **I**. — 4. Die in Rinderherzmuskelphosphatiden enthaltene *C_{20}-Pentaensäure* wurde mittels Craig-Verteilung aus einer durch Tiefkühlkristallisation bei 70° gewonnenen Fraktion hochungesätt. Fettsäuren isoliert. Bei einer Verteilung im Syst. n-Heptan–Acetonitril–Eisessig–Methanol (4:1:1:1) über 100 Stufen erscheint sie rein in den Elementen 85—95. Durch Ozonidabbau u. Identifizierung der Abbaubruchstücke war die Lage der Doppelbindungen festzulegen u. die Fettsäure als *5·8·11·14·17-n-Eicosapentaensäure* zu identifizieren. H. G. W. Gleiß. 5666□

Unvollständiges Entsalzen von Proteinlösungen durch Filtration über Dextrangele. C. Liébecq und M. J. Degueldre-Guillaume. (J. Chromatogr. [Amsterdam] **7**, 130—32, Jan. 1962; Liège, Univ., Inst. supérieur d'Éducat. phys. Labor. Biochim.; franz.) — Statt zu dialysieren, um Proteine u. andere hochmolekulare Verbb. zu entsalzen, geben die Vff. die zu behandelnden Lsgg. über eine Chromatographiesäule mit Dextran. Sie benutzen dazu die Handels-Präpp. Sephadex G-25, G-50 u. G-75 (Pharmacia, Upsala), die für Verbb. mit Molgew. von 3500—4000, 8000—10000 u. 40000—50000 geeignet sind. Als Anwendungsbeispiele wurden getrennt: Gemische von Plasmaproteinen u. $(NH_4)_2SO_4$, Serumalbumin u. NaH_2PO_4, apyrasereiche Kartoffelenzyme u. $(NH_4)_2SO_4$. H. Nentwig. 5666□

Die Anwendung der zentrifugal beschleunigten Ultrafiltration auf die Anreicherung von Proteinen in biologischen Flüssigkeiten. R. C. R. Barreto und D. B. Mano. (J. Chromatogr. [Amsterdam] **7**, 346—50, März 1962; Rio de Janeiro, Univ. of Brazil, Inst. of Phthisiol. and Pneumol.; engl.) — Vff. beschreiben die Ultrafiltration von biolog.

Lsgg. mit Hilfe der Zentrifugalkraft. Die Probe wird in einen Kollodiumsack gebracht, der mittels eines Stückes festen Stoffes etwa in die Mitte eines Zentrifugenglases eingehängt wird. Die Befestigung geschieht durch ein Gummiband, das den umgeschlagenen Rand des Stoffes festhält. Die Ultrafiltration dauert bei 4000—6000 U/Min. 10—20 Minuten. Mit dieser Meth. ist eine schnelle u. einwandfreie Anreicherung von Proteinen in biolog. Material auf hundertfache Konz. möglich. Das Einsatz-Vol. soll nicht größer als 10 ml sein, um plötzliches Zerreißen des Kollodiumsackes zu vermeiden. M. Finke. 5666□

Eine Mikromethode zur Bestimmung von Proteinen. Hermann Mattenheimer. (Hoppe-Seyler's Z. physiol. Chem. **316**, 202—08, 1959; Berlin-Dahlem, Freie Univ. Berlin, Physiolog.-Chem. Inst.; dt.) — Vf. modifiziert die Proteinbestimmungs-Meth. von Nielsen, indem er $Cu_3(PO_4)_2$ als Cu-Donator verwendet u. Gummi arabicum als klärenden Zusatz zur Unters.-Lsg. hinzufügt. Empfindlichkeit der Meth.: 1,5 μg Protein/ml. K. Grade. 5666□

Bestimmung von Mikrogrammengen Protein mit Hilfe eines modifizierten Ringofens. Andrew F. Farr und Albert L. Chaney. (Analytic. Chem. **33**, 1790—91, Nov. 1961; Downey, Calif., Rancho Los Amigos Hospital; Glendale, Calif., Albert L. Chaney Chem. Labor.; engl.) — Es wird ein modifiziertes Ringofen-Verf. zur Anreicherung u. Best. von Protein in biolog. Lsgg. beschrieben. Das Verf. arbeitet schnell; die Anreicherung benötigt 10 Min., die Farbausbildung ca. 2 Stunden. 10 μg Protein/ml sind noch erkennbar. Bakterienwachstum in der Probe stört die Best., wenn die Organismen so zahlreich werden, daß eine Färbung auftritt. K. Ohls. 5666□

d) Medizinische und toxikologische Analyse

Indirekte biologische Analyse. Volker Klingmüller. (Z. analyt. Chem. **192**, 189—201, 1962; Mannheim, Zentrallabor. der Städt. Krankenanst.; dt.) — Vf. gibt als Beispiele für indirekte analyt. Verff. in der biolog. u. klin. Chemie die Best. von Acetylcholin, der Schilddrüsenhormone, androgener Hormone, von Gonadotropinen, die Wohlgemuthsche Diastaseprobe, den enzymat. Nachw. von Decarboxylasen, die enzymat. Best. von A., die Best. von Brenztraubensäure, Milchsäure, Glucose, Transaminasen, Kreatinphosphatkinase, Mg, α-Ketoglutarsäure u. Glutaminsäure. P. Kurzmann. 5725◇

Gaschomatographische Bestimmung der Absorptionskoeffizienten und Drücke von Gasen in Lösung. Bruce E. Jay, Russell H. Wilson, Virgil Doty, Harlan Pingree und Bryan Hargis. (Analytic. Chem. **34**, 414—18, März 1962; Dallas, Texas, Univ. of Texas, Southwestern Med. School, Dep. of Internal Med.; Veterans Admin. Hospital, Res. Dep.; engl.) — Zur Trennung der Mischungen von inerten u. chem. akt. biolog. u. Vers.-Gasen in Lsg. wird eine gaschromatograph. Meth. beschrieben. Die Partialdrücke der Inertgasgemische in Lsg. können gemessen u. daraus die Absorptions-Koeff. für N_2O in dest. W. u. im Gesamtblut ermittelt werden. Die Meth. ist genau u. verschiedene Vorteile gegenüber der manometr. Meth. nach Van Slyke. W. Hein. 5727□

Schnellbestimmung von Harnstoff mit einer modifizierten Conway-Technik. I. Holm-Jensen. (Scand. J. clin. Lab. Invest. **13**, 301—05, 1961; Aarhus, Univ., Pharmacol. Inst.; engl.) — Beschreibung einer Modifizierung der Harnstoff (I)-Best.-Meth. im Blut nach Conway, bei der der Zeitaufwand nur 30 Min. beträgt. Zur Best. werden 0,1 ml Blut verwendet; die Freisetzung von NH_3 nach enzymat. I-Spaltung erfolgt mit K_2CO_3 unter Rühren. 97% der eingesetzten I-Menge werden bei dieser Meth. wiedergefunden. R. Reiss. 5727□

Statistische Untersuchungen über die Linearität der Testkurve für die Alkoholbestimmung nach dem ADH-Verfahren sowie Ermittlung der maximalen Streubreite der Methode. W. Croon und H. Croon. (Z. analyt. Chem. **192**, 378—80, 1963; Saarbrücken, Staatl. Inst. für Hygiene u. Infektionskrankheiten, Chem. Abt.; dt.) — Durch statist. Berechnung wurde gezeigt, daß man mit hoher Sicherheit für die ADH-Meth. zur Best. des A.-Geh. im Blut eine lineare Eichkurve annehmen kann. Im 99,9% Zuverlässigkeitsbereich liegt die Streubreite bei $\pm 0{,}24^0/_{00}$. P. Kurzmann. 5727◇

Gleichzeitige spektrophotometrische Bestimmung von Fructose- und Glucosemischungen über unterschiedliche Reaktionsgeschwindigkeiten. Anwendung auf die Analyse von Blutserum. Louis J. Papa, Harry B. Mark jun. und Charles N. Reilley. (Analytic. Chem. **34**, 1443—46, Okt. 1962; Chapel Hill, N.C., Univ. of North Carolina, Dep. of Chem.; engl.) — Fructose (I) u. Glucose (II) reduzieren bei 100° schwefelsaure Lsgg. von NH_4-Molybdat verschieden schnell zu Molybdänblau. Bei Zimmer-

Temp. sind die Geschw. beider Rkk. äußerst klein. Die Konz. an I u. II kann aus der spektrophotometr. ermittelten Extinktion bei 720 nm nach zwei Verff. errechnet werden. Beim Einpunkt-Verf. (vgl. Lee u. Kolthoff, Ann. New York Acad. Sci. **53**, [1951], 1093), bei dem die Gesamtzucker-Konz. bekannt sein muß, wird aus einer Messung nach 77 Min. mit Hilfe von Eichkurven die I-Konz. bestimmt. Beim Zweipunkt-Verf. (vgl. Garmon u. Reilley, C. **1963**, 2375) wird die Extinktion bei 720 nm nach verschiedenen Zeiten, z. B. 40 u. 120 oder 77 u. 120 Min., gemessen. Aus Proportionalgleichungen werden die Menge an I u. II bestimmt. Zur Best. von I u. II in Blutseren werden Proteine u. Phosphate durch Fällung mit $Ba(OH)_2$ u. $ZnSO_4$ entfernt. Das Verf. wird durch andere reduzierende Substanzen, wie Ascorbinsäure, Mannose, Galactose, Pentosen, Glutathion, Creatinin u. Thionein, u. heteropolysäurenbildende Ionen, wie PO_4^{3-} u. AsO_4^{3-}, gestört. Bei Fremdzucker-Geh. (einschließlich Disacchariden) bis zu 4% ist der Einfl. auf die Best. zu vernachlässigen. W. Kupfer. 5728□

Zum chemischen Nachweis von N-[3'-Phenylpropyl-(2')]-1.1-diphenylpropyl-(3)-amin. A. Häussler. (Arzneimittel-Forsch. **10**, 585—88, Aug. 1960; Frankfurt/M.-Höchst, Farbwerke Hoechst A.G., Pharmazeut.-wissenschaftl. Abt.; dt.) — N-[3'-Phenylpropyl-(2')]-7.1-diphenylpropyl-(3)-amin (I; Segontin), F. 140—142°, kann aus wss. Lsg. nach Ansäuern mit 2n HCl u. Ausschütteln mit Chlf. UV-spektrophotometr. ($\lambda_{max.}$ 260, $\lambda_{min.}$ 243 nm) in Mengen von 100—2000 μg/5 ml W. bestimmt werden. Aus biolog. Fll. läßt sich I quant. als Reineckat (F. 181°) abscheiden, u. dieses wird bei 545 nm spektrophotometr. bestimmt. Aus *Harn* u. *Serum* wird I in Ggw. von Standard-Acetatpuffer (pH 4,62) u. 0,1%ig. Tropäolin 00-Lsg. mit Chlf. ausgeschüttelt u. nach Ansäuern mit konz. H_2SO_4 u. Auffüllen im Maßkolben mit Methanol bei 545 nm spektrophotometriert. Das Serum muß vorher mit abs. A. enteiweißt werden. Erfassungsgrenze: 700 μg I/100 ml Wasser. — Papierchromatograph. Best. nach den üblichen Meth. für Amine waren erfolglos. W. Krüger. 5732□

Identifizierung von Barbituraten mittels Papierchromatographie. J. Fischlund Sara Segal. (Clin. Chem. **7**, 252—56, Juni 1961; Zrifin, Israel, Assaf Harofe Governm. Hospital, Chem. Labor.; engl.) — Vf. verwendet zum papierchromatograph. Nachw. verschiedener *Barbitursäure-Derivv.* (I) die Papierzylindermethode. Zur Auftragung gelangen möglichst reine, in Chlf. gelöste Rückstände der Harnextrakte. Es wird aufsteigend mit folgenden Lsgm.-Gemischen chromatographiert: 1. n-Butanol/NH_4OH/H_2O (84:8:8), 2. Isoamylalkohol/Octylalkohol/CH_3OH (1:1:1) gesätt. mit NH_4OH, 3. Isoamylalkohol/n-Butanol (1:1), gesätt. mit NH_4OH, 4. 8 g NaCl u. 1 ml Eisessig in 100 ml H_2O gelöst. Die Chromatogramme werden nach Lufttrocknung mit einer Lsg. von 1 g NaOH u. 1 g Salicylamid in 100 ml A. besprüht u. im UV-Licht beobachtet. Dabei erscheinen die I als dunkelviolette Flecken auf fluorescierendem Hintergrund. Als Nachweisbarkeitsgrenzen für die untersuchten I werden angegeben: Medinal 2,0 (μg), Luminal 0,8, Amytal 4,0, Prodormol 4,0, Evipan 3,0, Pentothal 0,5, Impronal 6,0, Kemital 1,0, Veramon 0,3. Die R_F-Werte der vorgenannten neun I werden für die benutzten vier Laufmittel aufgeführt. J. Winter. 5732□

Eine verbesserte Methode zur Bestimmung von radioaktivem Jod im Regenwasser und Urin. Zbigniew Jaworowski. (Nukleonika [Warszawa] **5**, 81—86, 1960; Inst. of Nucl. Res., Dep. of Health Protection; engl.) — Modifizierte Best. nach Schrodt (Med. Project Report WASH-736, 27/9. 1957) durch Isotopenaustausch zwischen inakt. u. radioakt. J an mit AgJ imprägnierten Asbestrundfiltern. Die Erfassungsgrenze liegt bei 5 $\mu\mu$c ^{131}J/Liter u. die mittlere Ausbeute bei 97%. W. Hein. 5732◇

Die Bestimmung von Thallium in Harn. M. Ariel und D. Bach. (Analyst **88**, 30—35, Jan. 1963; Haifa, Israel, Technion-Israel Inst. of Technol., Dep. of Chem.; engl.) — Vff. beschreiben eine Meth. zur spektrophotometr. Best. von Tl in Harn mit Brillant grün (I). Tl (I) wird mit alkal. Br_2-W. zu Tl(III) oxydiert. Nach Ansäuern mit HCl u. Zusatz von I wird der gebildete Komplex von I mit $[TlCl_4]^-$, $[TlBr_4]^-$ oder $[TlCl_xBr_{4-x}]^-$ mit Toluol extrahiert u. bei 640 nm gegen Toluol photometriert. Die Eichkurve verläuft bei Tl-Geh. von 4—16 μg/10 ml linear, die Varianz beträgt $\pm$ 10 Rel-%. Sn(II), Sn(IV), As(III), As(V), Hg(II), Co, Zn u. Cu(II) stören nicht; Fe u. Sb stören, wenn sie in Mengen $>$50 bzw. 1 ppm vorliegen. Phenacetin, Acetylsalicylsäure u. Antipyrin-Derivv. stören; sie müssen mit Mineralsäuren entfernt werden. P. Kurzmann. 5732◇

Bestimmung des Fluorids in Zähnen. Anna Kieruczenkowa. (Farmacja polska **17**, 205—06, 25/5. 1961; Łódź, Akad. Med., Kat. i Zakł. Chem. nieorgan. i analit.; pol.) — 0,2000 g pulverisierte Zahnsubstanz werden mit 0,2845 g CaO u. 5 ml einer gesätt. $Ca(OH)_2$-Lsg. versetzt u. der Brei bei 110° getrocknet. Anschließend wird die Masse bei 600—700° geglüht. Das Prod. wird mit H_2SO_4 aufgenommen u. H_2SiF_6 mit Wasserdampf abdestilliert. Das Destillat wird bei pH 2,7—2,9 mit einer 0,01n $Th(NO_3)_4$-Lsg. titriert, wobei Na-Alizarinsulfonat als Indicator dient. Die Reagentien müssen F-frei sein, außerdem muß stets eine Blindprobe durchgeführt werden. F. Urban. 5756□

Isolierung und Bestimmung von Mikrogrammengen Fluorid in calcium- und orthophosphathaltigem Material. H. Whintney Wharton. (Analytic. Chem. **34,** 1296—98, Sept. 1962; Cincinnati, Ohio, Procter & Gamble Co., Miami Valley Labor., Res. u. Dev. Dep.; engl.) — Durch Diffusion von HF im Gaszustand aus perchlorsaurer Lsg. in einer Polypropylendiffusionszelle nach Conway können bis zu 4 μg F^- aus *Zahnschmelzproben* abgetrennt werden. Das in NaOH aufgefangene HF wird spektralphotometr. über den Zr-4.5-Dihydroxy-3-(p-sulfophenylazo)-2.7-naphthalindisulfonsäure-Komplex bestimmt. Die Genauigkeit beträgt ± 0,05 bzw. ± 0,07 μg F^- bei einem Geh. von 1 bzw. 3 μg F^-. J. Peters. 5756◇

Zum Nachweis von Thiophosphorsäureestern. R. Fischer. (Dtsch. Z. ges. gerichtl. Med. **51,** 537—38, 25/7. 1961; Graz, Inst. für Pharmakognosie; dt.) — Zum Nachw. von Thiophosphorsäureestern (Parathion, Diazinon, Potasan, Systox, Phencapton, Chlorthion, Metasystox, Thiometon, Malathion) eignen sich Papierchromatographie u. Dünnschichtchromatographie mit je 2 Lösungsmitteln. Als Reagens dient Jodazid, das unter Entfärbung reagiert; Empfindlichkeit 1—5 μg. Zwecks Identifizierung werden die Ester alkal. gespalten, wobei Diäthyl- u. Dimethylthio (dithio)-phosphorsäuren sowie S-haltige bzw. S-freie Spalt-Prodd. entstehen; bei 3 der Ester entstehen flüchtige Thioläther. Zur Best. werden Mageninhalt u. Blut 3 Std. lang mit alkohol. Lauge unter Rückfluß erhitzt. Die Organe werden nach dem Zerkleinern mit Sand u. Na_2SO_4 sicc. zerrieben, u. das Pulver im Durchflußextraktor mit A. extrahiert, wobei dem Siedekolben KOH zugesetzt wird. Die flüchtigen Thioäther werden oben auf dem Kühler nachgewiesen. In der vom A. befreiten Verseifungs-Fl. werden die Fettsäuren als Mg-Salze gefällt, u. das Filtrat nach dem Ansäuern mit Ae. extrahiert. Der Verdunstungsrückstand wird chromatographiert. Die Best. von Parathion ließ nach 3—18monatiger Lagerung (teilweise Fäulnis) keinen Abfall des Geh. erkennen. P. Schwerdtfeger. 5762□

W. W. Janowski und Ss. M. Masurow, **Herstellen von synthetischem Immersionsharz** für die *Mikroskopie* durch Kondens. von Anilin u. HCHO, wobei man nach dem ersten Verdicken S zugibt u. im Laufe von 20—120 Min. unter Erwärmen auf 120 bis 150° mit Essigsäure vermischt. Zum Ende der Rk. mischt man Sulfanilsäureperidylamid ein u. wäscht nach dem Erwärmen mit W., A. u. Äther. Vor der Lagerung wird nochmals bis zum vollständigen Erweichen erwärmt. Man erhält ein Harz mit hohem Brechungsindex. (**UdSSR. P. 118 208** vom 14/9. 1949.) B. Pankow. 5057

Miles Laboratories, Inc. (Erfinder: Ernest Clarens Adams jun.), V.St.A., **Gemisch für den Nachweis von Glucose im Urin** aus Glucoseoxydase, Blut oder einem Blutbestandteil oder -abkömmling, z. B. roten Blutkörperchen, lyophilisiertem Blut oder Mischungen von Blut u. lyophilisiertem Plasma, einer Verb., die in Ggw. der Blutbestandteile u. des bei der Oxydation der Glucose gebildeten H_2O_2 eine Farb-Rk. ergibt, z. B. o-Tolidin, Benzidin u. dgl., u. einer Puffersubstanz zur Aufrechterhaltung von pH ca. 5,4. Man imprägniert z. B. Papierstreifen mit dieser Mischung, der zur Stabilisierung Gelatine zugesetzt werden kann. (**F. P. 1 164 086** vom 7/1. 1957, ausg. 6/10. 1958. A. Prior. 3/2. 1956.) J. Weis. 5733

H. Angewandte Chemie

H_1. Allgemeine chemische Technologie

Mathematik, Rechenmaschinen, Programmierung und Statistik. Robert F. Sweeny, Robert S. Davis, Leon Lapidus, Sanford M. Roberts und Edward Sax. (Ind. Engng. Chem., int. Edit. **53,** 329—36, April 1961; State Coll., Pa.; Applied Sci. Labor., New York, N.Y.; Sci. Design Co., Princeton, N.J., Univ.; Beverly Hills, Calif.; Thompson-Ramo-Woodridge Prod. Co.; engl.) — Aus 228 Literaturzitaten werden Beispiele zusammengestellt, bei denen mit Erfolg zur schnellen Berechnung der anstehenden Probleme Rechenmaschinen eingesetzt wurden, z. B. zur Best. von Fl.-Strömungen, Wärmedurchgängen, Massetransport, wie Diffusion, Verdampfen, Ionenaustausch, Dest. u. Extraktion, Detonation, Rk.-Kinetik, Berechnung eutekt. Syst. vieler Komponenten aus den Daten von bin. Syst., zur Erhaltung günstigster Arbeitsbedingungen u. für das Planen neuer Anlagen durch Verw. der Ähnlichkeitsgesetze. E. Roeder. 5800◇

Die Rolle der chemischen Verfahrenstechnik bei der Erforschung und Durchführung chemischer Prozesse. K. Rietema. (Chem. Engng. Sci. **14,** 3—10, Jan. 1961;

Eindhoven, Techn. Univ.; engl.) — Vf. definiert die Aufgaben der chem. Verfahrenstechnik. Als Beispiele zeigt er bes. die Wechselwrkg. von Mikro- u. Makrokinetik beim Rk.-Ablauf u. die Komplikationen der chem. Prozesse durch den Einfl. der makrokinet. bedingten Diffusions-, Mischungs- u. Temeraturprobleme. Ferner bringt er eine Gegenüberstellung verschiedener Reaktortypen, die diskontinuierlich (Kessel- u. Differentialreaktoren) u. kontinuierlich (ideale Mischer, Kolben-, Strömungs- u. Röhrenreaktoren) arbeiten u. vergleicht ihre Anwendbarkeit auf homogene u. heterogene Systeme. Die Bedingungen zur Durchführung einer optimalen Planung, Überwachung u. Kontrolle bei der Durchführung chem. Prozesse werden erwähnt. G. Peters. 5800◇

Die thermodynamischen Zustandsgrößen des Wasserdampfes bei maschinellen Berechnungen. Hans Riesel. (Acta polytechn. [Stockholm], Physics includ. Nucleonics Ser. **306,** 1—20, 1961; Schwed. Reichsstelle für elektron. Rechenmasch.; dt.) — Ausgehend von einer Zustandsgleichung trockenen Wasserdampfes werden Annäherungen angegeben, die sich für die Berechnung der thermodynam. Zustandsgrößen des Wasserdampfes mit elektron. Rechengeräten eignen. Eine neue Gleichung für den Adiabatenexponenten x für nassen Wasserdampf wird abgeleitet. Zweckmäßige Gleichungen für den Zustand des fl. Wassers werden angegeben. Zahlenwerte der Koeff. aller Gleichungen sind für das techn. Maß-Syst. berechnet. Für x ist eine Tabelle für überhitzten u. nassen Wasserdampf angegeben. G. Falkenburg. 5800◇

Berechnung eines Reaktors, für Reaktionen zwischen zwei flüssigen Phasen. P. Trambouze. (Chem. Engng. Sci. **14,** 161—75, Jan. 1961; Rueil-Malmaison, Inst. Franç. de Pétrole; franz.) — Es werden die Meth. zur Berechnung angegeben. Im Falle des Rührkessels werden Beispiele sowohl für das Bestehen als auch Nichtbestehen physikal. Gleichgewichte zwischen den Fll. durchgerechnet, letzteres z. B. auch für Etagenreaktoren. Bei Anlehnung an die Kinetik des Stoffaustausches erscheint bzgl. des Wrkg.-Grades eines Reaktors das Phasenverhältnis der Fll. als bes. wichtiger Parameter. Geprüft wurden die Rechenergebnisse durch Verss. am Syst. *Heptan*/Wasser. Die Rechnungen wurden zunächst unter der Annahme durchgeführt, daß die Rkk. nur in einer der beiden Phasen abläuft. Vf. zeigt die Anpassung dieser Meth. für Fälle, bei denen die Rk. in beiden Phasen abläuft. E. Roeder. 5802◇

Entwurf eines katalytischen Reaktors. F. DeMaria, J. E. Longfield und G. Butler. (Ind. Engng. Chem., int. Edit. **53,** 259—66, April 1961; Stamford, Conn., Amer. Cyanamid Co., Central Res. Div., Engng. Res. Sect.; engl.) — Es werden die Daten für den Bau eines Reaktors zur katalyt. Oxydation von *Naphthalin* zu *Phthalsäureanhydrid* über V_2O_5 angegeben, wie sie auf Grund bekannter Kenntnisse der Rk.-Kinetik u. des Modells einer Gasströmung erhalten wurden. E. Roeder. 5802◇

Optimale Druck- und Konzentrationsgradienten in Rohrreaktoren. J. G. van de Vusse und H. Voetter. (Chem. Engng. Sci. **14,** 90—102, Jan. 1961; Amsterdam, Koninklijke Shell-Labor.; engl.) — Bei Rohrreaktoren oder Rührkesselkaskaden kann man die Rk.-Verhältnisse zwecks Erzielung besserer Ergebnisse über das ganze Rohr variieren. Die Wrkg. eines Druckgradienten ist von Bedeutung bei Gleichgewicht–Gas-Rkk., bei denen, wie z. B. Dehydrierungs-Rkk., die Mol-Zahl zunimmt. Hohe Drücke sind vorteilhaft im ersten Teil des Rk.-Rohres, wo das Rk.-Gemisch die Gleichgewichtslage noch nicht erreicht hat, während bei starker Annäherung an die Gleichgewichtskonzz. im letzten Teil niedere Drücke vorteilhaft sind. Im allg. ist der Optimaldruck proportional der örtlich auftretenden Konz. des Reaktionsteilnehmers. Das für eine Umsetzung erforderliche Vol. des Rohrreaktors ist 2—3mal geringer als ohne Auftreten eines Druckgradienten. In einem Syst. mit 2 Rk.-Komponenten kann der Konz.-Gradient beeinflußt werden, indem die eine Komponente (A) über die ganze Rohrlänge verteilt, die andere (B) dem Anfang des Reaktors zugeführt wird (Querstromreaktor). Hierdurch erreicht man eine hohe Selektivität des Prozesses u. durch Ausschaltung unerwünschter Neben-Rkk. optimale Ausbeuten. F. Zeidler. 5802◇

Die charakteristischen Merkmale eines homogenisierten Reaktors für die Polymerisation des Äthylens. P. J. Hoftyzer und Th. N. Zwietering. (Chem. Engng. Sci. **14,** 241—51, Jan. 1961; Limburg, Geleen, Niederlande, Staatsmijnen, Centr. Labor.; engl.) — Berechnet werden die Stabilität u. Regulierbarkeit der durch Initiatoren eingeleiteten Ketten-Rk. in einem kontinuierlichen, homogenisierten Reaktor. Mit Hilfe der abgeleiteten Gleichungen werden die charakterist. Merkmale eines Reaktors für die Polymerisation des *Äthylens* unter hohem Druck bei Zuhilfenahme wesentlicher Vereinfachungen erörtert u. dabei gefunden, daß ein solcher Reaktor unter normalen Bedingungen instabil ist. Es werden ferner einige Forderungen genannt, die an ein automat. Regel-Syst. zu stellen sind. — Diskussion. E. Roeder. 5802◇

Leckverluste beim Kreuzgegenstrom um Rohrbündel. Otto Kirschmer. (Chemiker-Ztg. — Chem. Apparatur **86**, 113—16, 20/2. 1962; Darmstadt, TH; dt.) — Experimentelle Ermittlung der Leckverluste. W. Wesly. 5802◇

Reibungsverluste in Rohren — Kritik der Formel von Kutter. Otto Kirschmer. (Gas- u. Wasserfach, Ausg. Wasser — Abwasser **103**, 1174—77, 2/11. 1962; Darmstadt, dt.) — Auf Grund eigener Erfahrungen u. des vorliegenden Schrifttums wird die von Kutter aufgestellte Formel abgelehnt u. dafür die Berechnung von Rohrleitungen nach Prandtl-Colebrook vorgeschlagen, weil die Berechnungsart einwandfrei theoret. gelöst u. experimentell bestätigt wurde. F. Rosendahl. 5802

Technische Regeln für Lufterhitzer aller Art, einschließlich Außenwandlufterhitzer und Garagenlufterhitzer (zusätzliche Anforderungen, Leistung, Prüfung). Anonym. (Gas- u. Wasserfach, Ausg. Gas **103**, 173—79, 16/2. 1962; dt.) — Ausführliche Wiedergabe eines Normungsentwurfes des DVGW. F. Rosendahl. 5802

Wasserstoff als Oxydationshemmer im gasgekühlten Systemen. Robert F. Stewart und William T. Abel. (U. S. Dep. Interior, Bur. Mines, Rep. Invest. **1962**, Nr. 6035, 1—12; engl.) — Die Oxydation von Werkstoffen bei hohen Temp. in gasgekühlten Syst. kann durch Zusätze von geringen Mengen von H_2 zum inerten Kühlungsmittel beträchtlich gehemmt werden. In einer Vers.-Anlage für Kohlevergasung, in der als Wärmeträger He verwendet wurde, konnte die Oxydation von Graphit, Mo, W u. einigen korrosionsbeständigen Stählen durch im He enthaltene geringe Verunreinigungen durch den Zusatz von 0,1—1,0 % H_2 prakt. verhindert werden. Der bei der Rk. von H_2 mit Graphit auftretende Verlust von Graphit ist geringfügig. Er beträgt bei 2400° F nur 0,2 lb./sq. ft. im Jahr, bezogen auf % H_2 im He. Dieses Verf. wird für gasgekühlte Syst., die bei hohen Temp. arbeiten, empfohlen. I. Koschitzki. 5804

Wärmedurchgang zu Dampf-Wassergemischen mit hohem Dampfgehalt, die durch horizontale rechtwinklige Leitungen fließen. E. J. Davis und M. M. David. (Canad. J. chem. Engng. **39**, 99—106, Juni 1961; Spokane, Wash., Gonzaga Univ., Chem. Engng. Dep.; engl.) — Vff. untersuchten in rechtwinkligen Rohren, durch die Dampf (I)-W.-Gemische mit hohem I-Geh. (30—90%) strömten, den Verdampfungsvorgang, bei dem sie 3 parallele Vorgänge unterschieden: a) das Sieden an sog. Kernpunkten, d. h. an den Wandungen wachsen Blasen u. geben damit Kerne, wobei der Wärmeübergangs-Koeff. h eine Funktion des Wärmeflusses w ist, b) die aufgezwungene Konvektion, bei der h unabhängig von w ist, u. c) das sog. Ausbrennen mit dem Fehlen der fl. Phase, bei dem statt der Fl. Dampf die Oberfläche berührt, was unterhalb des Punktes des maximalen h eintritt. Der Vorgang b) wurde speziell an nichtrostenden Stahlrohren, von denen die eine senkrechte Wand elektr. erhitzt wurde, untersucht. Mit Thermoelementen wurden die Temp.-Verteilung gemessen u. in Kurven für verschiedene Drücke die beobachteten doppelten Logarithmen von w gegen (T_w—T_s) aufgetragen (T_w = Temp. auf der Wandung, T_s = Sättigungs-Temp.). Die Neigung 1,0 der Linien beweist, daß h von w unabhängig ist. Nur bei ganz kleinem u. ganz großem w ist die Neigung $\neq$1,0. Aus den Ergebnissen dieser Verss. entwickelten Vff. an Hand von zwei Modellen eine Gleichung, aus der h bei Vorhandensein eines Zweiphasen-Syst. mit mehr als 30% I bestimmt werden kann. — 27 Literaturangaben. E. Roeder. 5816◇

Flüssigkeitsabriß und Wärmeübergang in zylindrischen Rohren: Beziehung zwischen zusammengefaßten und einzelnen Parametern. Julian C. Smith. (Canad. J. chem. Engng. **39**, 106—12, Juni 1961; Ithaca, N.Y., Cornell Univ., School of Chem. and Metall. Engng., Coll. of Engng.; engl.) — Physikal. Probleme werden in der Industrie nicht mit „mikroskop." Betrachtungsweise behandelt, indem jeweils nur der Einfl. eines Parameters untersucht wird, sondern „makroskop.", indem mehrere Parameter zu einem zusammengefaßt werden, der dann das Mittel vieler darstellt. Dieses Verf. läßt sich bes. gut bei Wärmedurchgangs- u. Fließproblemen anwenden. Es wird das Beispiel durchgerechnet, bei dem ein voll entwickeltes Fließen einer inkompressiblen Fl. durch horizontal gelagerte zylindr. Rohre konst. Querschnitts eingetreten ist u. bei dem die Aufrechterhaltung der Strömung durch den abgeleiteten zusammengefaßten Parameter f bestimmt wird, der sich aus dem Verhältnis des Massenflusses an der Wandung j_{mw} zum Gesamtfluß J_M im jeweiligen Augenblick ergibt nach $f/2 \equiv -j_{mw}/J_M$. Es wird weiter gezeigt, wie die Reynoldssche Zahl, Temp.-Änderungen u. der Wärmedurchgang für die Aufstellung solcher Parameter zu berücksichtigen sind u. wie diese in Ggw. Nicht-Newtonscher Fll. gebildet werden. E. Roeder. 5816◇

Wärmeübergangskoeffizient in Tonschlämmen. M. Narayan Reddy und Ramalingam Kaparthi. (J. sci. ind. Res. [New Delhi], Sect. D **21**, 1—4, Jan. 1962; Hyderabad, Osmania Univ., Dep. of Chem. Technol.; engl.) — Eine Unters. über den Wärmeübergang von Heizflächen auf Tonschlämme erfolgte an wss. Suspensionen mit

5—30% Ton der Korngröße 190—40 μm. Aus den experimentell gefundenen Ergebnissen wurden für die verschiedenen Reynolds-Zahlen die Nusselt- u. Prandtl-Werte ermittelt. Die Beziehungen dieser untereinander folgten der Gleichung: $N_{Nu} = 0,0189 \cdot (N_{Re})^{0,844} \cdot (N_{Pr})^{0,1}$. Mit der zunehmenden Neigung der Fl. zum Übergang in eine Nicht-Newtonsche Fl. verringerte sich der Wärmeübergangs-Koeff., vermutlich auch infolge zunehmender Kesselstein-Bldg. an der Heizfläche. R. Kaiser. 5816◇

Mechanische Berechnung. Formgebung und Herstellung von Wärmeaustauschern mit Metallrohrbündeln. 1. Mitt. Allgemeine Einleitung. E. F. Boon, J. Hoogschagen und D. F. Winnen. (Ingenieur ['s Gravenhage] **74**, W 196—W 202, 2/11. 1962; Arnhem, Alg. Kunstzyde Unie; niederl.) — Übersicht. W. Wesly. 5816◇

Automatisierung beim Grob- und Feinzerkleinern, Scheiden und Kneten. C. B. Witt. (Brit. Clayworker **68**, 374—75, März 1960; engl.) — Ein techn. erprobtes Verf. einer vollautomat., rationellen Massenaufbereitung in der Ziegelindustrie wird beschrieben, bei der alle Arbeitsgänge bis zur preßfertigen Masse durch 1 Arbeitskraft von einer Schaltwarte gesteuert werden. Es wird über Erfahrungen mit den Beschickungs-, Transport-, Koller- u. Mischeinrichtungen, ihrer Wartung u. Überwachung berichtet, wobei besondere Empfehlungen betreffs der Beschickungsautomatik, der Homogenität u. des günstigsten Wasser-Geh. der in Strangpressen weiterzuverarbeitenden Massen gegeben werden. W. Anika. 5820◇

Trennung von Sulfonsäuren und Schwefelsäuren mit einem Ionenaustauscherharz. Richard C. Glogau, David O. Halvorson und W. John Sloan. (Ind. Engng. Chem., int. Edit. **53**, 275—78, April 1961; Gibbstown, N.J., E.I. du Pont de Nemours & Co., Repauno Dev. Labor., Explos. Rep.; engl.) — Sulfonsäuren, wie *Isophthalsulfonsäure* (**I**) bzw. *Benzolsulfonsäure* (**II**) bzw. *p-Toluolsulfonsäure* (**III**), wurden von H_2SO_4 (**IV**) durch Anionenaustauscherharze voneinander getrennt, wobei sich das stark vernetzte Harz *Dowex 1-X 16* (**V**) als bes. wirksam erwies. **V** wirkt entsprechend $R_2SO_4 + H^+ + HSO_4^- \rightarrow 2\,RHSO_4$. Später läßt sich **V** leicht durch Auswaschen mit W. regenerieren. Untersucht wurde die Wrkg. von **V** im a) Chargen-Verf. u. im kontinuierlichen Verf. mit b) festliegender Packung oder beweglicher Packung. Bei c) wird **V** nach Aufhören seiner Wrkg. hydraul. um einige inch gegen die Strömungsrichtung der Fl. (wss. Lsg. mit 10% **IV** u. 50% **I, II** oder **III**) verschoben u. neues **V** nachgefüllt, bei a) wurden in Bechern bei 70° gleiche Teile **V** u. wss. Lsg. von 25—50% **I** u. 8—10% **IV** 30 Min. miteinander verrührt, dann über Filter abgesaugt u. der Geh. an Gesamtsäure im Filtrat mit Lauge titrimetr. bestimmt, der **IV**-Geh. durch Zugabe eines hohen Überschusses von Anilin zum Erhalten von Anilinsulfat, das filtriert u. ebenfalls mit Lauge tritrimetr. gemessen wurde. Bei b) wurden 22 ft. lange, 2 in. weite Glasrohre benutzt u. 30 lbs. der Lsg. bei 70° aufgegeben u. dabei 10 lbs. Fl. zurückerhalten. Je verzweigter die Ketten der Harze waren, um so größer war ihre Wirkung. Geprüft wurde ferner, welche Konzz. an **I**—**IV** sich am wirksamsten trennen lassen, der Einfl. der Temp. u. der Fließ-Geschw., die Wrkg. des Nachspülens u. der Regeneration. Aus dem Gemisch **I/IV** wurden beim Verf. b) 95% von **IV** durch **V** festgehalten, die ausfließende Lsg. enthielt 45% **I** u. weniger als 0,5% **IV**, bei c) wurden 99% **IV** festgehalten. In der Säule festgehaltenes **I** konnte durch Auswaschen mit W. zu 95% zurückgewonnen werden. Aus den Gemischen **II/IV** wurden maximal 89% **IV**, aus **III/IV** 68% **IV** von **V** zurückgehalten.
E. Roeder. 5826◇

Beitrag zur Kenntnis des Rührens. 13. Mitt. Auflösungsgeschwindigkeit einer aufgewirbelten, festen, polydispersen Phase in einer Flüssigkeit; Prüfung der für einen isothermen, nichtstationären, unter Kornzerfall erfolgenden Ablauf aufgestellten Relation. M. Ludvík, H. Steidl und J. Vlček. (Collect. czechoslov. chem. Commun. **27**, 317—27, Febr. 1962; Prag, TH für Chem., Inst. Chem.Ing.-Wesen; dt.) — 12. vgl. C. **1963**, 2190. — Es wird ein Verf. für die Ermittlung der beiden empir., den Mechanismus des Kornzerfalls kennzeichnenden Parameter angegeben, welche in der früher (vgl. C. **1962**, 11315) für die Auflösung einer körnigen Phase in Fll. abgeleiteten kinet. Gleichung vertreten sind. Der auf diese Weise theoret. berechnete Verlauf der Auflösung stimmt mit dem experimentell festgestellten sehr gut überein. M. Ryba/Prag. 5840

Vorgänge der Stoffbewegung durch Haufwerke und porige Güter bei Diffusion, Molekularbewegung sowie laminarer und turbulenzartiger Strömung. O. Krischer. (Chemie-Ing.-Techn. **34**, 154—62, März 1962; Darmstadt, TH; dt.) — Zur Beschreibung der Stoffbewegung wird als Modell das gerade Rohr angenommen. Die Auswrkg. der Porenstruktur auf die Bewegung muß durch geeignete Faktoren berücksichtigt werden, wobei als wichtigster Faktor der sog. Wegfaktor in Betracht kommt. Er ist abhängig von der Geometrie des Poren-Syst., dem Porenerweiterungsverhältnis u. den physikal. Gesetzmäßigkeiten, die bei der Stoffbewegung vorliegen. A. Knickenberg. 5862

Ein Theorem der „dynamischen Rückhaltung" („Dynamic Conservation") bei der Destillation. H. H. Rosenbrock. (Trans. Instn. chem. Engr. **38**, 279—87, Dez. 1960; Leatherhead, Surrey, Constructors John Brown Ltd., Res. and Dev. Stat.; engl.) — Es wird gezeigt, daß unter bestimmten Bedingungen bei der Dest. in Kolonnen, die mit theoret. Böden arbeiten, es für bin. Gemische eine Größe D gibt, die durch die Gleichung $\frac{1}{2} D = \sum_r | d/dt - H_r X_r |$ definiert ist, wobei sich die Summierung über die ganze Kolonnenlänge erstreckt. H_r ist die Größe der Retension, die für jeden Boden als konst. betrachtet wird, X_r das jeweilige Komponentengemisch im fl. Zustand. D kann, wie auf Grund mathemat. Ableitungen gezeigt wird, bei Konstanthalten der Arbeitsbedingungen, wie Geschw. der zugegebenen u. abgezogenen Substanzmengen (in Dampf- u. Fl.-Phase) sowie des Druckes niemals vergrößert werden. D kann als der Betrag einer Störung aufgefaßt werden, die zu irgendeinem Zeitpunkt in der Kolonne vorhanden ist. Eine Störung entsteht, wenn eine Änderung an der Kolonne vor sich geht. Der Betrag der Störung ΔD ist gegeben durch $\Delta D = \int_{t_0}^{t_1} (\partial D/\partial t + \partial D/\partial p \cdot dp/dt) dt$. Die gebrachten Überlegungen werden dann auf Gemische mit mehreren Komponenten erweitert.
E. Roeder. 5864◇

Der Einfluß von Oberflächenspannungsänderungen auf die geringsten Benetzungsgeschwindigkeiten in Destillationskolonnen mit benetzbarem Stab. W. S. Norman und D. T. Binns. (Trans. Instn. chem. Engr. **38**, 294—300, Dez. 1960; Manchester, Coll. of Sci. and Technol.; engl.) — Untersucht wurde das Verh. von Fll. in Dest.-Kolonnen, bei denen die Fl. an einem innerhalb der Kolonne zentr. angebrachten Stab senkrecht abwärts floß. Die Fll. wurden zunächst in einem unter der Kolonne befindlichen Gefäß verdampft, die Dämpfe stiegen hoch u. wurden über der Kolonne kondensiert, so daß die Fl. (Fließ-Geschw. nicht über der Reynoldsschen Zahl 200) wieder zur Kolonne zurückfloß. Dabei passierte sie ein elektr. geheiztes Rohr, in dem sie bis zu ihrem Kp. erhitzt wurde; der hier gebildete Dampf wurde auch wieder kondensiert u. floß mit zurück. Bestimmt wurde in dieser App. die minimale Benetzungs-Geschw. v_{min} von n-Propanol (I)/W.-Gemischen. I u. W. bilden ein azeotropes Gemisch. Ist W. im Überschuß, stellt I die stärker flüchtige Komponente dar, W. kondensiert u. erhöht damit die Oberflächenspannung σ. Ist I gegenüber dem azeotropen Gemisch im Überschuß, kondensiert I u. σ wird geringer. v_{min} wurde im gesamten Konz.-Bereich in der Weise bestimmt, daß festgestellt wurde, wann jeweils der Stab, an dem die Fl. entlangfloß, vollkommen benetzt wurde. Dann wurde die Fließ-Geschw. so weit vermindert, bis der Fl.-Film auf dem Stab gerade aufriß. Dieser Augenblick entsprach v_{min}. Bei geringen Geh. an I war v_{min} sehr klein, bei höheren Geh. wesentlich höher. v_{min} betrug bei reinem W. 0,057 $cm^3/s \cdot cm$, bei Zusatz von 5—25 Mol-% I 0,005. Das azeotrope Gemisch zeigte 0,03. Bei Zugabe von mehr I wuchs v_{min} so sehr, daß es bei 67—69 Mol-% I nicht möglich war, v_{min} zu bestimmen. In einer modifizierten App., in der die Zugabe von Dampf u. Fl. sowie die Zugabe-Geschw. der Fl. unabhängig voneinander variiert werden konnten, wurden neben I/W.-Gemischen auch Methanol (II)/W.-Gemische untersucht. Bei II ergab sich v_{min} zwischen 0,03 u. 0,057, letzteres wieder für reines Wasser. v_{min} ist außer von σ noch von der Oberflächenspannungsänderung $\Delta\sigma$ abhängig, die durch den Massentransport von der Dampf.- zur Fl.-Phase gegeben ist. Ist m die mittlere Filmdicke im Augenblick des Zerreißens des Films, so ergab sich die Beziehung: $m^3 = 1{,}2 \cdot 10^{-6}$ bis $1{,}76 \cdot 10^{-3} \cdot \sigma \cdot \Delta\sigma$ in cgs-Einheiten für Werte von $\sigma\Delta\sigma$ zwischen 0 u. 500 dyn/cm^2.
E. Roeder. 5864◇

Über die Abschätzung eines binären Dampf–Flüssigkeitsgleichgewichtes aus experimentell bestimmten P-x- oder t-x-Werten. Luh C. Tao. (Ind. Engng. Chem., int. Edit. **53**, 307—09, April 1961; Lincoln, Nebr., Univ. of Nebraska, Dep. of Chem. Engng.; engl.) — Da die Kenntnis der Zus. bin. Gemische im Gleichgewicht für Dest.-Vorgänge sehr wichtig ist, wurde ein Verf. ausgearbeitet, nach dem es möglich ist, aus im Labor. gewonnenen Daten die Zus. solcher Gleichgewichte aus den Meßgrößen P u. x bzw. t u. x (P = Gesamtdampfdruck des Syst., x = Molfraktion einer Komponente in der fl. Phase, t = Temp.) mit Hilfe der abgeleiteten Formeln durch Rechenmaschinen zu berechnen. Erläutert wird das Verf. an Hand der Berechnungsbeispiele der bin. Gemische A./W. u. Chlf./Äthylalkohol.
E. Roeder. 5864◇

Die Höhe der Stoffübergangseinheit in einer pulsierenden Extraktionskolonne mit Raschigringfüllung. Zdzisław Ziołkowski und Jan Kubica. (Chem. stosowana **5**, 363—70, 1961; Wrocław, PAN, Zakł. Inż. chem. i Konstr. Aparat; Politechn., Kat. Inż. chem.; pol.) — Am Beispiel der Extraktion von Phenol aus W. mit Butylacetat in einer Kolonne mit Raschig-Ringfüllung u. hydraul. Pulsation wurde die Stoffübergangshöhe h_{OR} ermittelt: $h_{OR} = 0{,}255 \cdot (n \cdot s/V_r)^{-0{,}94}$ (n = Pulsationsfrequenz in min^{-1}, s = Amplitude der Pulsation in m, V_r = Einheit der Durchflußintensität der extrahierten Phase, bezogen auf den Querschnitt der Kolonne in $m^3/m^2 \cdot min$). Für $3,7 \leqslant (n \cdot s/V_r) \leqslant 10$ ist h_{OR} konst. u. gleich 0,077. F. Urban. 5864◇

Extraktive Destillation mittels Circulargaschromatographie. Roger S. Porter und Julian F. Johnson. (Ind. Engng. Chem. **52**, 691—94, Aug. 1960; Richmond, Calif., California Res. Corp.; engl.) Zur Circulargaschromatographie benutzten Vff. He als Trägergas. Die Kolonnen bestanden aus Cu-Rohr von $^1/_4$ in. Außendurchmesser, die mit Ziegeln der Maschenweite 20—30 gefüllt waren. Auf diese wurde in Aceton (**I**) gelöstes Anilin (**II**; **II**-Geh. 28,7 Gew.-%) gegeben. Getrennt wurden die bin. Gemische a) n-Heptan (**III**)/Methylcyclohexan (**IV**), b) Cyclohexan/Bzl., c) **IV**/Toluol (**V**), d) n-Octan (**VI**)/**IV**, e) **VI**/**V**. Der Druck p in den Kolonnen war unter 2 Atm., der Dampfdruck des **II** bei allen Arbeits-Temp. zwischen 0,01 u. 0,3 atm. Die Kolonnenlänge betrug 2—10 feet. Die Kolonnen waren auf halber Länge geteilt, so daß Pumpe u. Detektor im Kreislauf übereinander angebracht waren. In dieser App. wirken sich Schwankungen von p kaum aus, die Trennfaktoren α sind unabhängig von der Kolonnenlänge. Der Wirkungsgrad der kleineren Kolonnen ist wegen des größeren prozentualen Anteils des Totraumes geringer als bei größeren. Bei Strömungs-Geschw. des He zwischen 50 u. 100 ml/min erwies sich α als konst. (es wurde aus den Retentionszeiten voller Kreisläufe errechnet) u. als unabhängig von der Größe der zugegebenen Probe (zwischen 10 u. 50 μl) u. dem Anteil der einzelnen Komponenten. Bei a) prüften Vff. z. B. die Mol-Verhältnisse 1—5 **III**:**IV** u. 1—5 **IV**:**III**. Für die einzelnen Gemische werden die charakterist. Konst. angegeben, wie Unterschiede der Kpp., Mischungsverhältnis des azeotropen Gemisches mit zugehörigem Kp. u. das jeweils bestimmte α. Die Werte von α sind für den Temp.-Bereich 25—150° in Form von Tabellen u. Kurven aufgezeichnet. E. Roeder. 5864◇

Desorption von H_2S aus dem Abwasser in einer Füllkörperkolonne im Emulgiergebiet. Roman Koch. (Chem. stosowana **5**, 371—81, 1961; Wrocław, Politechn. Kat. Inż. chem.; pol.) — Die Abhängigkeit des Stoffübergangs-Koeff. von L/G (L = Durchflußmenge der Fl., G = Durchflußmenge des Gases) u. von der Füllhöhe der Kolonne bei Anwendung von Raschig-Ringen ist bei der Adsorption u. Desorption von H_2S aus W. ähnlich. F. Urban. 5864◇

Das Krystal-Kristallisiergerät. C. A. Pulley. (Ind. Chemist **38**, 63—66, Febr.; 127—32, März, 175—78, April 1962; engl.) — Ableitung einer Beziehung zwischen den Eigg. der Kristalle u. der Fl. im Krystal-Kristallisiergerät u. Anwendung auf NH_4NO_3-Kristalle. Ableitung von Gleichungen für die Kristallisation in Trockensuspensionskristallbecken unter vereinfachenden Annahmen. Erörterung der Anwendung der Theorie des kontinuierlichen Kristallisiergerätes (Verh. des Kristallbettes). W. Wesly. 5868◇

Zur Frage der Anwendungsmöglichkeit des Ultraschalls in der chemischen Industrie. Pál Greguss. (Magyar Kémikusok Lapja [Z. Ver. ung. Chemiker] **17**, 494—505, Nov. 1962; Budapest, Wiss. Forsch.-Inst. Eisenbahnen; ung.) — Überblick der Grundbegriffe, der Theorie u. der Anwendungsmöglichkeiten. Besprechung der passiven u. akt. Anwendung, Homogenisierung, Dispergierung, Beeinflussung von Kristallstrukturen, Emulsionsbereitung, Koagulation, Abscheidung von Hydrosolen, Extraktion, Entgasung, Trocknen u. Rentabilität. — 218 Literaturhinweise. J. Kis. 5878△

Feste Mischungen mit spezifischer Impedanz und hoher Dämpfung für Ultraschallwellen. A. Lutsch. (J. acoust. Soc. America **34**, 131—32, Jan. 1962; Pretoria, South Africa, South African Counc. for Sci. and Ind. Res., Nat. Phys. Res. Labor.; engl.) — Die Herst. von Mischungen mit Harzen (Äthoxilin), W u. Gummipulver als Bestandteilen wird beschrieben. Die Werte für die Schalldämpfung u. die elast. Konst. dieser Mischungen werden mit theoret. berechneten Daten verglichen. W. Betcke. 5878□

Über die Messung der Durchlaufgeschwindigkeit in Drehrohröfen mit Hilfe von Radionucliden. W. Lange und R. Kische. (Isotopentechnik **2**, 2—7, Jan. 1962; Dresden, TU, Inst. für Anwendung radioakt. Isotopen; dt.) — Um die Durchlauf-Geschw. in einem Drehrohrofen (DO) in Abhängigkeit von seiner Neigung, der Drehzahl, der Stauringhöhe usw. in der Zeiteinheit festzustellen, wurde ein DO mit aktivierten Fe-Ni-Luppen zunächst kalt u. dann bei Betriebs-Temp. beschickt. Bei der Einrichtung der Meß-Meth. wurde davon ausgegangen, daß γ-Strahlen mit Energien von ca. 1 MeV noch gut durch die Ofenwandung, die aus 1 cm starkem Stahlblech u. einer 14 cm starken Schamottemauerung bestand, mit dem Zählrohr nachgewiesen werden können. Es werden Messungen an den Fe–Ni-Luppen im 3-m-DO ohne Koks u. im 3-m- u. 8-m-DO mit Koks ohne Heizung sowie im 8-m-DO mit Beheizung durchgeführt. Daneben liefen Verss. in einem 18-m-DO bei Aufgabe einer Möllerung aus Erz, Koksgrus u. Kalk. Aus den Ergebnissen konnte ein für alle Betriebsfälle gültige Formel zur Berechnung der Durchlauf-Geschw. ermittelt werden. Auch konnten mit Hilfe von Nucliden Unregelmäßigkeiten im DO-Betrieb, wie Materialzusammenballungen, Ansätze am Mauerwerk, defekte Stellen im Mauerwerk, die Einfl. auf die Durchsatz-Geschw. haben, nachgewiesen werden. F. Rosendahl. 5886△

Technische Anwendungen der Infrarotstrahlung zur Messung von Oberflächentemperaturen. J. Crabol. (Bull. Assoc. techn. maritime aéronaut. **61,** 201—17, 1961; Office Nat. d'Études et de Rech. Aéronaut.; franz.) — Beschreibung opt. Pyrometer mit Verw. von IR-Strahlung u. ihrer Anwendung (Temp. von Turbinenschaufeln u. Windkanälen). W. Wesly. 5886◇

Das Erdungsproblem bei pH-Wert-Überwachungseinrichtungen. Reinhard Süß. (Arch. techn. Messen ind. Meßtechn. **1960,** 113—16, Juni; Fellbach/Württ.; dt.) — Erörterung des Ersatzschaltbildes einer pH-Meßanlage, von Erdungsfragen, des Einfl. von Störpotentialen u. des durch die Glasmembran bewirkten extrem hohen Innenwiderstandes, der Verhältnisse bei unter Spannung stehenden Fll., des Einfl. der Leitfähigkeit sowie stat. Aufladungen, bes. in total entsalztem Wasser. P. Frenzel. 5888◇

Entwicklung des Schall-Gasanalysengerätes. R. Haswell und A. M. Reid. (Ind. Chemist **38,** 164—66, April 1962; Parsons & Co. Ltd.; engl.) — Übersicht über einige Verbesserungen des Verf. zur Best. von Gas-Zus. auf Grund der Schall-Geschw. u. einige, auf Temp.-Schwankungen beruhende Fehler. Die Anwendbarkeit des Gerätes u. seine Vorteile im Vgl. mit dem IR-Verf. werden beschrieben. W. Wesly. 5888□

Untersuchung über die kontinuierliche Messung der Dosierung konzentrierter Aluminiumsulfatlösungen. Kenneth F. Knowlton und Russell H. Babcock. (Water Sewage Works, Reference Number **107,** R76—R79, 31/10. 1960; Beverly, Supt. Salem and Beverly Supply Board; Foxboro, Mass., Foxboro Co., Water and Waste Div.; engl.) — Vgl. C. **1962,** 1361. F. Rosendahl. 5888△

Der schnelle Brutversuchsreaktor von Dounreay. Anonym. (Engng. Boiler House Rev. **77,** 430—34, Dez. 1962; engl.) — Der schnelle Brutreaktor, dessen Aufbau u. Arbeitsweise im einzelnen beschrieben werden, dient zur Lsg. einer Reihe von verfahrenstechn. Problemen u. soll physikal. u. Kontrolldaten liefern, die für den Entwurf von kommerziellen schnellen Brutreaktoren erforderlich sind. Die beim Betrieb aufgetretenen Spannungskorrosionserscheinungen in Wasserrohren der sek. Wärmeaustauscher, Schäden, die wahrscheinlich auf durch Ventile in das W. eindringende Luft zurückzuführen sind, usw., sollen bis Ende 1962 behoben werden. Die wichtigsten Ergebenisse des Vers.-Laufes dieses schnellen Reaktors sind: Vgl.-Möglichkeit der tatsächlichen Ergebnisse mit den theoret. Voraussagen für die Intensität u. Qualität der Neutronenströme in den verschiedenen Reaktorteilen, Unterlagen für die Berechnung der Entwürfe zukünftiger schneller Reaktoren, besserer Einblick in die Reaktorkinetik u. in den Umgang mit Flüssigmetallen als Kühlmittel. I. Koschitzki. 5894

Systematische Ausbeuteberechnung für isotherme Reaktoren im Falle zusammengesetzter Reaktionen. W. F. Grütter und B. H. Messikommer. (Chem. Engng. Sci. **14,** 231—40, Jan. 1961; Basel, Schweiz, CIBA A.G.; dt.) — Mit Hilfe der Matrizenrechnung werden, ausgehend von der stöchiometr. Struktur für komplexe Rkk., differentielle u. integrale Ausbeuten für das ideale Strömungsrohr, den idealen Rührkessel u die ideale Rührkesselkaskade angegeben. Unter Benutzung der Ausbeutebeziehung wird die Verbesserung der Selektivität eines chem. Prozesses durch geeignete Reaktorwahl diskutiert. Unter Zuhilfenahme der Theorie der dynam. Programmierung wird die günstigste Verweilzeitverteilung in einer n-stufigen Kaskade für günstigste Bedingungen behandelt. Dabei erscheinen Rührkessel u. Strömungsrohr als Grenzfall. Zur Erläuterung wird das Beispiel der Oxydation des *Naphthalins* an einem V_2O_5-Katalysator zu *Phthalsäureanhydrid* u. *Naphthochinon* in Reaktoren mit Rückführung behandelt. — Diskussion. E. Roeder. 5896◇

Die Kontrolle physikalischer Faktoren, einer chemischen Reaktion zwischen gasförmiger und fester Phase bei Laboratoriumsversuchen. P. Le Goff, L. Bonnetain und M. Letort. (Chem. Engng. Sci. **14,** 290—99, Jan. 1961; Nancy, École Nat. Sup. des Ind. Chim.; franz.) — Am Beispiel einer heterogenen chem. Rk. zwischen einem Gas u. einem porösen festen Körper (FK) wird gezeigt, wie die Übertragung eines im Labor. ausgearbeiteten Verf. in die Fabrikation vor sich gehen soll, wobei zur Konstruktion geeigneter Reaktoren die Parameter der chem. Rk. u. deren Mechanismus bekannt sein müssen. FK wird dabei als in einer Bettung befindlich angenommen, in der das Gas dann reagiert. Zu kennen sind: 1. Die Diffusion eines Gasteilchens g aus seiner Gasmasse zur Oberfläche von FK, 2. die Diffusion von g zwischen den einzelnen Körnern bzw. 3. in den Poren dieser Körner, 4. die Chemisorption von g an einer Stelle der Porenoberfläche von FK, 5. die chem. Umwandlung von g durch die Rk. in ein Teilchen h in der adsorbierten Phase, 6. die Desorption von h als umgekehrter Vorgang zu 4., 7. die Diffusion von h in den Poren, 8. seine Diffusion zwischen den einzelnen Körnern bzw. 9. von der Oberfläche zur Gasmasse. Als Sekundärvorgänge müssen weiter bekannt sein: 10. die Umwandlung von g in der homogenen Gasphase während des chem. Ablaufs in der freien Phase, in den Poren der Bettung u. in den Poren selbst, 11. die chem. Umwandlung von h in der homogenen Gasphase während des chem. Vorgangs in den Poren von FK, in den Poren zwischen den Körnern u. im freien Gas, 12. die chem. Umwandlung von h im adsorbierten Gas, die von dem Stoß eines Teilchens h an der festen Oberfläche herrührt, 13. Wanderungen des adsorbierten Mol., der Rk.-Zone, der Verunreinigungen, der akt. Zentren usw. in der Oberflächen-„Phase", 14. Diffusion von Teilchen des FK zur Oberfläche u. umgekehrte Diffusion, 15. Verdampfen im Maße der Rk.-Wärme, 16. Temp. des Gases, sei es durch Vorwärmung oder durch Kontakt mit FK. Die Eigg. der verschiedenen Reaktortypen (Gasstrom über oder unter der Rk.-Schicht, Fest- oder Wirbelschicht) werden untersucht u. die Vor- u. Nachteile der Reaktoren bei sehr kleinem Druck angegeben. — Diskussion. E. Roeder. 5896◇

Untersuchung einer Reaktion, deren Gesamtgeschwindigkeit durch eine physikalische Erscheinung begrenzt werden kann. A. Viallard. (Chem. Engng. Sci. **14**, 183—89, Jan. 1961; Nancy, Frankreich, Univ.; franz.) — Untersucht wurde die Verseifungs-Geschw. v verschiedener Ester, die in verd. NaOH-Lsg. (I) emulgiert war. Als Maß für v diente die Abnahme von **I**. Da bisher das Problem als eine heterogene Rk. allg. betrachtet wurde, müßte dann v auch vergrößert werden durch a) verstärkte Rührung, b) Vergrößerung des Verhältnisses Φ_0 = Vol. disperse Phase/Vol. der dispergierenden Phase, c) durch Vergrößerung der Grenzflächen, bes. bei Verw. von Emulgatoren. Rkk., die durch a) beeinflußt werden, sind allg. solche erster Ordnung. Das Verhältnis v/x (= Konz. in wss. Phase) ändert sich im Verlaufe der Rk. u. wächst für gegebenes x mit zunehmender Dispersion, bis v/x konst. ist u. dann nicht mehr von der Dispersion abhängt. Der Einfl. von a) u. b) wurde an Methylbenzoat (**II**) bei 25°, *Isoamylacetat* (**III**), *Benzylpropionat* (**IV**), *Äthylbenzoat* (**V**) oder *Benzylbenzoat* (**VI**) in Ggw. von n/10-**I** untersucht bei Rühr-Geschw. n zwischen 650 u. 4500 U/min, der Einfl. von c) bei n = 3000 U/min an **V** u. **III**. Die Verss. zeigten, daß die Hypothese einer Oberflächen-Rk. in diesen Fällen nicht mehr aufrechtzuerhalten war, so daß die Rkk. im wesentlichen als homogene zu betrachten sind u. v nur von der Löslichkeit der Ester abhängt, deren Sättigungs-Konz. y_s in der wss. Phase v beeinflußt (Rk. zweiter Ordnung). Als Beleg für Rkk. dieser Art untersuchte Vf. das Verh. von **V** mit A. als Lsgm. bei der Verseifung u. erhielt beim Auftragen von z. B. log y_s gegen % A gerade Linien, womit die Beziehung $k_1 = k_2 \cdot y_s$ bestätigt wird. Die gelegentlich auftretende irrtümliche Annahme, daß die Verseifung eine heterogene Rk. an der Phasengrenzfläche darstellt, rührt daher, daß v auch unter dem Einfl. der Auflösungs-Geschw. der Ester steht, d. h., v wird auch durch Diffusionsvorgänge mitbestimmt. E. Roeder. 5896◇

Reaktionen zwischen Gasphase und fester Phase: Anwendung bei der Herstellung von Uranverbindungen. A. R. Cooper und J. E. Lloyd. (Chem. Engng. Sci. **14**, 353—66, Jan. 1961; Preston, United Kingdom Atom. Energy Auth., Dev. and Engng. Group; engl.) — Es werden die Rkk. $UO_3 + H_2 \rightarrow UO_2 + H_2O$ u. $UO_2 + 4\,HF \rightarrow UF_4 + 2\,H_2O$ betrachtet, die wichtige Zwischenrkk. bei der Gewinnung von U u. UF_6 darstellen. Die Rk.-Geschw. wird von der Ausbldg. der Pulveroberfläche, die sich im Verlauf der Rkk. verändert, bestimmt. Es wird das Problem des „therm. Schadens" erörtert, der bei heterogenen Rkk. von größerer Bedeutung ist als bei Verbrennung u. Katalyse, u. Wahl, Planung u. Betrieb eines idealen Rk.-Syst. zur Herst. von UF_4 beeinflußt. Die Technologie des sog. „Dryway"-Prozesses wird besprochen.

E. Roeder. 5896◇

Adsorption von Stickstoff und Wasserstoff an einem angeregten Eisenkatalysator. M. V. C. Sastri und H. Srikant. (J. sci. ind. Res. [New Delhi], Sect. D **20**, 321—30, Sept. 1961; Bangalore, Indian Inst. of Sci., Dep. of Chem.; engl.) — Bei Drücken bis 50 at u. Temp. zwischen 97 u. 400° ausgeführte Unters. über die N_2- u. H_2-Adsorption an einem Fe-Katalysator für die NH_3-Synth. zeigen, daß die bei höheren Drücken u. Temp. adsorbierten N_2- u. H_2-Mengen beträchtlich höher als die höchstmögliche Oberflächenakkomodation ist, wobei angenommen wird, daß N- u. H-Atome in die Zwischenräume des Metallgitters eindringen. Bei der gleichzeitigen Adsorption aus N_2–H_2-Gemischen tritt eine wechselseitige, steigernde Wrkg. auf, die erörtert wird.

W. Wesly. 5904◇

Die Abhängigkeit der katalytischen Oxydation von Schwefeldioxid von der Teilchengröße des Kontaktes in ruhender und wirbelnder Schicht. F. Schytil und H. Schwalb. (Chem. Engng. Sci. **14**, 367—74, Jan. 1961; Frankfurt/M., Metallges. A.G.; dt.) — Die Rk.-Geschw. v bei der katalyt. Oxydation von SO_2 an *Vanadin*-Kontakten (I) mit Teilchendurchmessern zwischen 0,4 u. 11 mm (Kieselgurträger mit 8% V_2O_5 u. 9% K_2O), über die Gemische von $SO_2 + SO_3 + O_2$ geleitet wurden, bestimmten Vff. in Abhängigkeit vom Umsatz u. Bei hohem u wird v durch den Nutzungsgrad der inneren Oberfläche, d. h. durch die Diffusion ins Innere der I-Körner, beeinflußt. Bei niedrigem u findet die Rk. nur an der äußeren Oberfläche von I statt, doch tritt hier der Einfl. des Diffusionswiderstandes in der Gasgrenzschicht auf, wodurch die tatsächlich möglichen Werte von v stark erniedrigt werden. — Diskussion. E. Roeder. 5904◇

Analyse von Raney-Nickelkatalysatoren. S. D. Paul und M. S. Krishnan. (J. sci. ind. Res. [New Delhi], Sect. D **20**, 333—35, Sept. 1961; Bombay, Atomic Energy Establishm., Chem. Engng. Div.; engl.) — Das im einzelnen beschriebene Verf. zur volumetr. Best. von Al u. Ni in Raney-Ni-Katalysatoren beruht auf der größeren Stabilität der Al-Triäthanolamin- u. Ni-Cyanid-Komplex-Verbb. im Vgl. mit den entsprechenden EDTA-Verbindungen. W. Wesly. 5904◇

H_2. Betriebsschutz. Feuerschutz

Über die medizinische Bedeutung der Wärmestrahlung im Glas- und Eisenhüttenbetrieb. Joachim Borneff. (Glastechn. Ber. **33**, 296—303, Aug. 1960; Erlangen, Univ., Hygien.-Bakteriolog. Inst.; dt.) — Vgl. C. **1962**, 18591. H. Merck. 5932□

Verunreinigung der Luft. Rafael Morilla Soler. (Acero y Energía **16**, Nr. 91, 48—53, Jan./Febr. 1959; span.) — Allg. Betrachtungen über die Verunreinigung der Luft durch Industrieabgase u. der Möglichkeiten der Verhinderung. K. Huste. 5948◇

Die Reinigung der Luft von radioaktiven Aerosolen. L. Lassen. (Atomwirtschaft **5**, 511—18, Nov., 582—89, Dez. 1960; Heidelberg, Univ., Physikal. Inst.; dt.) — Kurzer Überblick über die heute üblichen Meth. zur Entfernung radioakt. Aerosole aus der Luft, wobei sich das Absolutfilter mit einem Filtermedium aus Glasfaserpapier mit oder ohne Asbestzusatz am wirksamsten zur Abscheidung submkr. Anteile erweist. Das sich jedoch das abgeschiedene Material nicht kontinuierlich entfernen läßt u. somit die gesamte Einheit nach einer gewissen Zeit ausgewechselt werden muß, sind die Kosten zunächst noch hoch. Bisher ungelöst ist die bei Chemiereaktoren erforderliche Rückgewinnung des Kernbrennstoffs aus dem Aerosolgemisch. J. Eggert. 5948◇

H_3. Elektrotechnik

Energieumwandlung nach dem Seebeck-Effekt und Kälteerzeugung nach dem Peltier-Effekt. Thien-chi Nguyen, J. Vergnolle und B. Donnadille. (Ann. Radioélectr. **14**, 275—321, Okt. 1959; Co. Gén. de T.S.F., Dep. Réch. Phys.-Chim.; franz.) — Auf den Verss. von Seebeck [1821] über die Erzeugung eines elektr. Stroms durch Erwärmung eines kreisförmig geschlossenen metall. Elementpaares (E) aufbauend, von Peltier [1834] über die Erscheinung von Wärme an der einen, von Kälte an der anderen Lötstelle eines ebensolchen E u. von Thomson [1857] über den Wärmeeffekt in stromdurchflossenen Leitern werden die Theorien über Thermoelemente (T) u. elektr. Halbleiter (H) erörtert u. die Formeln für die Berechnung derartiger T u. H als elektr. Generatoren oder Wärmeverbraucher entwickelt. Im 3. Teil werden die prakt. Anwendungen der Theorien, aber auch die Schwierigkeiten bei der industriellen Herst. von H u. Thermosäulen größerer Leistung aufgezeigt. Unter Verw. von Bi, Sb, Se u. Te gelingt der Bau von Geräten für Temp. bis 300°, möglichst $<250°$. Die Praxis erfordert aber noch manche systemat. Arbeit u. intuitive Entdeckungen für das Ziel: Einfachere Herst. u. einwandfreies Funktionieren bei Temp. bis zu 750°. R. Kaiser. 5950◇

Gewinnung von Elektroenergie aus radioaktiven Isotopen. P. Wenzel. (Isotopentechnik **2**, 85—92, März 1962; Berlin-Pankow, VEB Entwicklung u. Projektierung kerntechn. Anlagen; dt.) — Übersicht. — 25 Literaturangaben. U. Drehmann. 5950◇

Horizontale Zonenschmelze von Silicium. Ju. M. Schaschkow und I. W. Ssawitzki. (Nichteisenmetalle [UdSSR] **32**, Nr. 3, 49—53, März 1959; russ.) — Zur Herst. von Si-Halbleitern wurde als Raffinations-Meth. von Roh-Si die 5—10malige horizontale Zonenschmelze verwendet. J. Schneider. 5952◇

Elektrischer Widerstand des binären Systems Ruß–Zement. Nobuhiko Shito. (J. chem. Soc. Japan, ind. Chem. Sect. [Kōgyō Kagaku Zassi] **63**, 1290—95, Aug. 1960; Ibragiken-Hitati, Hitati-Seisakusyo, Hitati-Kenkyûzyo; jap., Auszug: engl.) —

Gemische aus Ruß (I) u. Portlandzement (II) werden mit W. geknetet, in Glasröhren (Durchmesser ca. 10 mm, Länge ca. 30 mm) dicht gefüllt, die Röhren 3 Tage im gesätt. Wasserdampf stehengelassen, die Zementstäbchen bei 110° getrocknet u. ihr elektr. Widerstand geprüft. Der elektr. Widerstand φ kann gemäß $l = l' e^{\Delta\varepsilon/kT}$ ausgedrückt werden, wobei $\Delta\varepsilon$ spezif. den einzelnen Arten von I, jedoch von Zus. von I in den Gemischen unabhängig ist. $\Delta\varepsilon$ nimmt bei im Vakuum erhitzen Rußen mit steigender Behandlungs-Temp. ab. E. Maekawa. 5954□

Untersuchungen über neue Klebstoffe und Schutzstoffe bei Anwendung für tensometrische Widerstandsgeber. Zdzisław Kalewicz und Zygmunt Roliński. (Prace Inst. Mechan. **8**, Nr. 30, 1–16, 1960; pol.) — Klebstoffe auf Polyvinylbasis sind zur Herst. tensometr. Geber geeignet. Gegenüber Nitrocelluloseklebern sind sie beständiger gegen Feuchtigkeit u. neigen nicht zum Kriechen. Nachteilig ist ihre geringe Wärmefestigkeit. — 38 Literaturangaben. F. Urban. 5956□

Gesintertes Material für Magneten. Felisa Núñez. (Rev. Ci. apl. **14**, 97–106, März/April 1960; Madrid, Univ. u. Inst. „Alonso de Santa Cruz" del Consejo Superior de Invest., Secc. de Magnetismo; span.) — Es wird die Darst. von einem magnet. harten Material durch Sinterung von Fe_2O_3 (84%) u. $BaCO_3$ bei Temp. $>1000°$ unter verschiedenen Bedingungen beschrieben. Das so erhaltene Material besitzt große Koezitivkraft, große elektr. Resistenz u. erfordert geringen Kostenaufwand. Der Einfl. der Temp., der Korngröße u. das Verhältnis der Mischungen der Oxide auf die magnet. Eigg. der Magnete, sowie die Stabilität ihrer Magnetisierung gegenüber der Temp. u. äußeren magnet. Feldern wurde untersucht. K. Huste. 5958◇

Entwicklungsrichtungen bei den Ferriten für die Nachrichtentechnik. Sigfrid Schweizerhof. (Z. angew. Physik **14**, 254–59, April 1962; Backnang, Telefunken GmbH, Geschäftsbereich Anlagen Weiterverkehr u. Kabeltechnik; dt.) — In einem zusammenfassenden Bericht werden die Werkstoff-Entw. auf den Gebieten der hochpermeablen Mn–Zn-Ferrite u. der Ni–Zn-Ferrite mit Co-Zusätzen für Spulen, Überträger u. magnetostriktive Schwinger erläutert. Ferner wird der Entw.-Stand auf den Gebieten der Ferrite u. Granate für die Mikrowellentechnik u. der Rechteckferrite für die Speichertechnik krit. betrachtet. H. Fahlenbrach. 5958□

Kennzeichnung von Elektroden und Elektrodenmaterialien mit Hilfe der Porengrößenverteilung und der inneren Oberfläche. J. Freundlich. (Electrochim. Acta [London] **6**, 35–50, April 1962; Frankfurt/M., Accumulatorenfabrik Akt.-Ges.; dt.) — Es wird eine Übersicht der Meth. zur Best. der inneren Oberfläche u. der Porengrößenverteilung gegeben. Die Gasadsorptions-Meth. (BET-Verf.) u. die Hg-Porosimetrie werden beschrieben. Empfindlichkeit, Genauigkeit u. die zu ermittelnden Kenngrößen werden behandelt. Für Ni-Sinterplatten, Pb-Staub u. PVC-Separatoren werden Porosimeterkurven angegeben u. diskutiert. E. Winkler. 5970□

Produkte der elektrochemischen Reduktion von Braunstein. C. Drotschmann. (Batterien [Utrecht] **16**, 337–43, Juli, 354–56, Aug. 1962; Eindhoven, T.H. Abt. Elektrochem.; dt. u. engl.) — Wenn elektrolyt. hergestellter Braunstein erhitzt wird, nimmt seine Depolarisationsaktivität (DA), bestimmt mit Hydrazinsulfat oder in galvan. Prüfzellen, ab. Die Struktur der erhitzten Prodd. weist in steigendem Grade die Linien von β-MnO_2 auf. Nach Erhitzen auf 550° ($MnO_{1,55}$) ist die DA des Prod. äußerst gering, nach Erhitzen auf 750° ($MnO_{1,53}$) prakt. Null. Dagegen sind die Ruhepotentiale (gemessen gegen eine Zn-Elektrode) noch verhältnismäßig hoch (1,54 V bei $MnO_{1,55}$), da in der galvan. Zelle durch Einw. der NH_4Cl-Lsg. aus dem Oxid Mn^{2+}-Ionen herausgelöst, also Mn^{4+}-Ionen zur Einstellung des Ruhepotentials frei gemacht werden. In Zellen, die an Stelle von NH_4Cl- $MgCl_2$-Lsg. enthalten, in der Mn^{2+} schlechter lösl. ist, sind die elektrochem. Eigg. der Temper-Prodd. weiter stark vermindert. Die Kapazitätsausbeute von Prüfzellen betrug bei elektrolyt. Braunstein ca. 30%, nach Erhitzen auf 750° (Mn_2O_3) in NH_4Cl 0,3%, in $MgCl_2$ nur 0,70%. Es wird daraus geschlossen, daß α-Mn_2O_3 an sich nicht als Depolarisator der Kathode von Leclanché-Zellen wirksam ist. Durch Einw. von $NH_4Cl/MnCl_2$-Lsg. u. von $NH_4Cl/ZnCl_2$ auf den elektrolyt. hergestellten Braunstein erhält man durch Austausch von H^+-Ionen aus den OH-Gruppen des Braunsteins gegen Mn- bzw. Zn-Ionen der Lsg. Additions-Prodd., die im ersten Falle neue, nach ASTM nicht definierbare Linien im Röntgendiagramm aufweisen; im zweiten Fall war die Röntgenstruktur unverändert. Die angelagerten Fremdionen behindern die kation. Zugangswege zu den depolarisierenden Mn^{4+}-Ionen des Mn(x)-oxids, so daß die DA dieser Prodd. geringer ist als die des Ausgangsmaterials.
C. Drotschmann. 5970□

Eine Untersuchung über das Laden von Bleibatterien mit gepasteten Platten mit konstanter Ladestromstärke und mit konstanter Ladespannung. A. K. A. Waheed,

S. Sampath und H. V. K. Udupa. (Batterien [Utrecht] **16,** 347—54, Aug. 1962; Karaikudi, Central Electrochem. Res. Inst.; dt. u. engl.) — Laden von Pb-Akkumulatoren mit konst. Spannung (Spannungsbegrenzung 2,5 V/Zelle) kann in verhältnismäßig kurzer Zeit u. unter Parallelschaltung von Batterien verschiedener Größe u. verschiedenem Ladungszustand durchgeführt werden, da die Gasungsspannung niemals überschritten werden kann. Unzulässige Erwärmung der Batterie muß evtl. durch künstliche Kühlung unterbunden werden. Es ergab sich nach Laden mit konst. Spannung eine Kapazitätserhöhung von z. B. 28,8% bei 20std., bzw. 6,6% bei Startprüfentladung. Die Kapazitätssteigerung scheint verursacht zu sein durch die Tatsache, daß nach Ladung mit konst. Spannung die akt. Masse der Positiven in feiner verteilter Form vorliegt, ist jedoch nicht eine Folge des Verhältnisses von $\alpha:\beta$-PbO_2 in der akt. Masse. Es ist möglich, die Kapazität einer normalerweise mit konst. Stromstärke aufgeladenen Batterie aufzuführen, indem man Ladungen mit konst. Spannung dazwischen einlegt. C. Drotschmann. 5970□

Laden von Cadmium-Nickel-Akkumulatoren in Selbstladebatterien. Tadeusz Trzcina. (Prace Głównego Inst. Górnictwa, Komunikat **1962,** Nr. 296, 3—12; pol.) — Durch Anbringen eines zusätzlichen Widerstandes in den Ladungsstromkreis von Cd-Ni-Akkumulatoren (für Hutlampen für Bergleute) wird der negative Einfl. von Schwankungen der Netzspannung auf den Ladevorgang beschränkt. Die Hauptbestandteile der beim Laden entstehenden Gase sind O_2 u. H_2 im Verhältnis 1 : 2. Die Stärke der Gas-Bldg. hängt von der Stärke des Ladestromes ab, bes. in der 2. Ladehälfte. Der Grad der Entladung hat großen Einfl. auf die Gasmenge. Die Gas-Bldg. hört nach Unterbrechung des Ladens nicht auf. Auf 1000 Lampen bezogen, beträgt die im Lampenraum entwickelte H_2-Menge 0,73 m^3/Std.; sie ist viel geringer als die in explosiven H_2–Luft-Gemischen enthaltenene Menge H_2. W. Wesly. 5970◇

Untersuchungen über Elektrolyte für Trockenzellen. 5. Mitt. Dampfdruck des Wassers und Dichte. Takehiko Takahashi, Masataka Aoki und Kumazo Sasaki. (J. electrochem. Soc. Japan **24,** 414—19, Sept. 1956; Nagoya, Japan, Nagoya Univ., Fac. of Engng., Dep. of Appl. Chem.; jap., Auszug: engl.) — 4. vgl. C. **1963,** 3358. — Der Dampfdruck (P) des W. über dem Elektrolyten für Trockenzellen nach dem Leclanché-Typ wurde bei 10, 18, 25 u. 32° gemessen. Es ergibt sich eine lineare Beziehung zwischen log p u. 1/T. Innerhalb gewisser Zus.-Bereiche des Elektrolyten steigt P mit steigender Konz. von $ZnCl_2(NH_4Cl)$, wenn $NH_4Cl(ZnCl_2)$ konst ist. Die Änderungen des spezif. Vol. (V) der Fll. werden aus der Dichte berechnet. Bei niedrigen Konzz. von $ZnCl_2$ fällt V mit der Konz. von NH_4Cl, bei hohen $ZnCl_2$-Konzz. wächst V mit Zugabe von NH_4Cl. Die Ergebnisse werden der Bldg. von Chlorokomplexen des Zn zugeschrieben. Aus den Aktivitäten, die aus den Dampfdruckdaten ermittelt werden, berechneten Vff. die bei der Best. der pH-Werte der Lsg. auftretenden Salzfehler. H. Roschkowski. 5970□

Untersuchungen über Elektrolyte für Trockenzellen. 6. Mitt. Die Aktivität des Cl-Ions. Takehiko Takahashi und Kumazo Sasaki. (J. electrochem. Soc. Japan **24,** 471—75, Okt. 1956; Nagoya, Univ., Fac. of Engng., Dep. of Appl. Chem.; jap., Auszug: engl.) — 5. vgl. vorst. Referat. — Die Messung der Aktivität des Cl^- in wss. $ZnCl_2$-Lsg. gibt einen Höchstwert bei 1,5 Mol je kg H_2O. In konz. Lsg. liegt der Komplex $[Zn(H_2O)_{4-x}Cl_x]^{(x-2)}$ vor (x = 1—4). Die Cl^--Aktivität in wss. Lsg. eines NH_4Cl-$ZnCl_2$-Gemisches steigt mit steigender NH_4Cl-Konz.; mit steigender $ZnCl_2$-Konz. fällt die Geschw. der Aktivitätszunahme von Cl^- infolge des NH_4Cl-Anstiegs. Cl^--Zusätze zu wss. $ZnCl_2$-Lsgg. bewirken Cl-Komplexbildung. Die Cl^--Aktivität fällt mit dem $ZnCl_2$-Zusatz zu wss. NH_4Cl-Lsg. u. erreicht einen Grenzwert, der fast keine Beziehung zur NH_4Cl-Konz. hat. Die Zahl der Zn^{2+} koordinierten Cl-Ionen steigt mit der Konz. an $ZnCl_2$ u. NH_4Cl. Der Aktivitäts-Koeff. von NH_4^+ in wss. NH_4Cl-Lsg. u. die Dissoziations-Konst. von $(ZnCl_4)^{2-}$ werden berechnet. Nach Fixierung von Cl durch Zn^{2+} fällt die Cl^--Aktivität im Trockenzellenelektrolyten mit steigender $ZnCCl_2$-Konzentration. Das Gleichgewicht der Rk. $[Zn(H_2O)_{4-x}Cl_x]^{(x-2)} + 2\,NH_4^+ + 2\,OH^- = Zn(NH_3)_2Cl_2 + (x-2)Cl^- + (6-x)H_2O$ (die Rk. der EMK des Leclanché-Trockenzellentyps) verschiebt sich in dem Maße zur rechten Seite, wie die $ZnCl_2$-Konz. steigt. Die Spannung der Zelle muß wegen der leichten Bindung des von der MnO_2-Elektrode bei Entladung gelieferten OH^- hoch sein. W. Wesly. 5970□

Verstärker für Differentialthermoanalyse. Roman Śledziewski. (Szkło i Ceram. **12,** 230—31, Aug. 1961; pol.) — Beschrieben wird ein einfach gebauter Verstärker für geringe Thermospannungen. F. Urban. 5970◇

Radioaktive Isotope in der Elektronenröhren- und Halbleiterindustrie. Ch. Rössler. (Isotopentechnik **1,** 25—26, Aug. 1960; Berlin, VEB Werk für Fernsehelektronik; dt.) — Es wird über die Unterss. mit Hilfe radioakt. Markierungen berichtet: Best. der

Verdampfung bei Oxidkathoden u. der Verteilung des Verdampfungs-Prod. (mit ^{140}Ba bzw. ^{89}Sr), Unterss. der Adsorption bei Isolationspasten (mit ^{141}Ce), Messung der H-Ionenbeladung der Schirmflächen von Bildröhren (indirekt mit Hilfe von ^{89}Sr durch Austausch von H-Ionen gegen Sr-Ionen), Best. der Verteilung des Dotierungsmaterials in Ge-Einkristallen (mit ^{124}Sb) u. Verss. über die Vorionisierung gasgefüllter Röhren durch Alpha- oder Betastrahlen. H. Hart. 5974◇

Durchbruch von Glühkathoden. R. J. Jaccodine. (J. electrochem. Soc. **106,** 530, Juni 1959; Allentown, Pa., Bell Telephone Inc., Allentown Labor.; engl.) — Unterss. des elektr. Durchbruches an mit Al_2O_3 überzogenen W-Drähten, die als Glühkathoden Verw. finden, zeigen, daß bei um 15% höherem Potential des Heizleiters gegenüber dem normal angewendeten u. bei um 10% höherem Kathodenpotential beschleunigter Durchbruch erfolgt. O_2 in Form von Metalloxiden bewirkt ebenfalls eine Beschleunigung, während trockenes H_2 ohne Einfl. ist. Vf. nimmt an, daß unter prakt. Bedingungen die Bldg. von Ni- bzw. W-Oxid erfolgt, das mit Al_2O_3 untei Spinell-Bldg. reagiert, wodurch die Isolierfähigkeit des Al_2O_3 beeinträchtigt wird. P. Frenzel. 5974◇

Untersuchung der Phasenzusammensetzung der Tonerde in Elektrolyten von Aluminiumbädern. O. I. Arakeljan und A. A. Tschisstjakowa. (Nichteisenmetalle [UdSSR] **34,** Nr. 10, 64—68, Okt. 1961; russ.) — Vgl. C. **1961,** 2730. — Bei der Unters. der Phasen-Zus. von Al_2O_3 in Elektrolyten von Al-Bädern wird auf Grund der Mikrostrukturen zwischen einer Primärbldg. von Al_2O_3 u. Fluoriden u. einer Sekundärbldg. unterschieden. Dieses Ergebnis wird durch Angaben der therm. Analyse bestätigt. Die große Geschw. der polymorphen Umwandlung ermöglicht keine Fixierung der Hochtemp.-Form des Kryoliths unter normalen Abkühlungsbedingungen.
H. Hochstein. 5992□

Automatisierung und kontinuierliche Kontrolle der Arbeit von Magnesium-Elektrolyseuren. W. W. Kriworutschenko. (Nichteisenmetalle [UdSSR] **32,** Nr. 3, 37—44, 1959; russ.) — Analyse des Problems. J. Schneider. 5992◇

Über die Möglichkeit einer großen Einsparung elektrischer Energie bei elektrolytischen Verfahren durch Verwendung von Pulverelektroden. W. Tomassi und J. Komorowska. (Electrochim. Acta [London] **6,** 185—88, April 1962; Warszawa, Politechn. Warsz.; franz.) — Bei Elektrolysen, die mit der Bldg. von Gasen verknüpft sind (Abscheidung von Cu aus $CuSO_4$-Lsg. u. von Zn aus $ZnSO_4$-Lsg., NaCl-Elektrolyse, Na_2SO_4-Elektrolyse), ist es möglich, einen fast stationären Zustand ohne Gas-Entw. aufrechtzuerhalten, wenn man eine Pulverelektrode mit aktiviertem Graphit (**I**) verwendet. Das Gas wird an der **I**-Oberfläche adsorbiert u. die Elektrolysespannung herabgesetzt. Man kann 2 elektrolyt. Vorgänge so koppeln, daß die Kathode eines mit H_2 Adsorption verbundenen Prozesses anschließend zur Anode eines anderen O_2 entwickelnden Prozesses wird, wobei der **I** regeneriert wird. W. Wesly. 5992□

Koordinative Verbindungen beim Elektroplattieren. T. L. Rama Char und S. K. Panikkar. (Proc. Sympos. Chem. Co-ordinat. Compounds, Agra, India **1959,** Nr. 3, 288—95, 1960; Bangalore, Indian Inst. Sci., Dep. of Inorgan. and Phys. Chem.; engl.) — Überblick mit bes. Berücksichtigung der Diphosphatbäder. — 47 Literaturangaben. W. Hein. 5998◇

N. V. Philips' Gloeilampenfabrieken (Erfinder: Dirk de Nobel), Eindhoven, Niederlande, **Halbleiteranordnung.** Zur Herst. dient eine Legierform, die wenigstens teilweise aus Mo besteht, das an seiner Oberfläche wenigstens an den das Leg.-Material berührenden Stellen mit einer durch H_2 nicht reduzierbaren dünnen Schicht aus feuerfestem nichtmetall. Material (bes. C oder Si oder beidem) versehen ist. (**D. A. S. 1 114 940** Kl. 21g vom 22/8. 1960, ausg. 12/10. 1961. Niederl. Prior. 25/8. 1959.)
H. Kessel. 5953

Siemens-Schuckertwerke Akt.-Ges., Berlin und Erlangen (Erfinder: Norbert Schink, Erlangen), **Halbleiteranordnung.** Beim Herst.-Verf. nach dem Haupt-Pat. wird die Halbleiteranordnung als bipolare Elektrode in dem Elektrolysebad angeordnet. Zwischen ihr u. der Kathode u./oder der Anode liegt jeweils ein für die von der geätzten Halbleiteranordnung eingeschleppten störenden Ionen durchlässiges, sich über den ganzen Elektrolytquerschnitt erstreckendes Diaphragma. (**D. A. S. 1120602** Kl. 21g vom 3/8. 1959, ausg. 28/12. 1961. **Zusatz zu D. A. S. 1093910; C. 1962, 4294.**)
H. Kessel. 5953

Shockley Transistor Corp. (Erfinder: William Shockley), Palo Alto, Calif., V.St.A., **Unipolartransistor.** Zur Herst. wird ein plattenförmiger Halbleiterkörper von einem Leitungstyp mit einer durchgehenden Korngrenzfläche gezogen u. so geätzt, daß an dieser sich Ätzgruben zu durch den Halbleiterkörper hindurchgehenden

Löchern vereinigen. Längs der Oberfläche der Löcher werden Halbleiterzonen vom entgegengesetzten Leitungstyp gebildet u. darauf Ohmsche Steuerelektroden angebracht. (**D. A. S. 1 117 222** Kl. 21g vom 20/10. 1959, ausg. 16/11. 1961. A. Prior. 23/10. 1958.) H. Kessel. 5953

Siemens-Schuckertwerke Akt.-Ges., Berlin und Erlangen (Erfinder: Fritz Weigel, Schwabach), **Isoliermaterial** besteht aus einem mit Dihydroxydiphenylmethan oder -propan umgeesterten aromat. Orthokieselsäureester. (**D. B. P. 975 315** Kl. 21c vom 22/11. 1952, ausg. 9/11. 1961. Anmeldung bekanntgemacht 22/11. 1956.) H. Kessel. 5957

Siemens-Schuckertwerke Akt.-Ges., Berlin und Erlangen (Erfinder: Hans Schweickert, Pretzfeld), **Se-Gleichrichter.** Bei der Herst. werden dem Se 0,01—0,5% $FeCl_2$ zugesetzt. (**D. B. P. 975 018** Kl. 21g vom 17/7. 1952, ausg. 6/7. 1961. Anmeldung bekanntgemacht 8/10. 1953.) H. Kessel. 5977

Comp. Générale de Télégraphie sans Fil, Frankreich (Erfinder: **René Clement**), *Dielektrische keramische Masse.* (**F. P. 1 178 181** vom 4/7. 1957, ausg. 5/5. 1959. — **C. 1962,** 5051 [E. P. 840 292].)

Pirelli S. p. A., Mailand, Italien, *Isoliermasse für elektrische Kabel.* (**It. P. 544 983** vom 10/11. 1955. — **C. 1961,** 12757 [E. P. 811 133].)

Champion Spark Plug Co., V. St.A., *Zinkoxidhaltige Zündkerzensteine.* (**F. P. 1 173 648** vom 25/4. 1957, ausg. 27/2. 1959. — **C. 1962,** 258 [D. A. S. 1 091 474].)

Jean Billiter, Alpes-Maritimes, Frankreich, *Verwendung sauerstoffaktivierender Elektroden für elektrochemische Prozesse.* (**F. P. 1 088 761** vom 20/10. 1953, ausg. 10/3. 1955. Oe. Prior. 25/10. 1952. — **C. 1960,** 14822 [It. P. 505 944].)

Jean Billiter, Alpes-Maritimes, Frankreich, *Verwendung sauerstoffaktivierender Elektroden für elektrochemische Zwecke.* (**F. P. 70 705** vom 18/1. 1956, ausg. 10/7. 1959. Oe. Prior. 21/1. u. 28/2. 1955. A. Prior. 26/9. 1955. Zusatz zu F. P. 1 088 761; s. vorst. Referat. — **C. 1961,** 12604 [E. P. 832 196].)

H_4. Wasser. Abwasser

Automatische Erzeugung von Weichwasser für die Herstellung und Verarbeitung von Chemiefasern. H. Hoek. (Chemiefasern **12,** 692—94, 1962; dt.) — Es wird eine neue automat. Basenaustauscheranlage für die Gewinnung von Weichwasser, die sich in der Praxis gut bewährt hat, beschrieben. I. Beßer. 6016◇

Verbesserung und Enthärtung der Wässer durch Ionenaustauscher. 1. Mitt. Ed. Genet und R. Rohmer. (Eau **49,** 106—12, 1962; franz.) — Es wird auf die exzessive Härte der Wässer in Algerien verwiesen; vor allem in Südalgerien steht das Problem der Enthärtung an. Über dort durchgeführte Maßnahmen der Enthärtung mittels mobiler u. industrieller Ionenaustauscheranlagen wird berichtet. B. Franz. 6020□

Verbesserung und Enthärtung der Wässer durch Ionenaustauscher. 2. Mitt. Ed. Genet und R. Rohmer. (Eau **49,** 130—37, 1962; franz.) — 1. vgl. vorst. Referat. — Im bes. wird ein kontinuierlich arbeitender Ionenaustauscher u. die Verw. von Meerwasser zur Regenerierung des Austauschermaterials beschrieben. Die Austauscherverluste durch Abrieb bewegen sich in erträglichen Grenzen. B. Franz. 6020□

Über den biologischen Abbau von Schwelereiabwässern in Kühlwasserkreisläufen. Wolfgang Otto. (Freiberger Forsch.-H., Reihe A Heft **220,** 29—42, 1962; Böhlen; dt.) — In halbtechn. Verss. zeigt Vf. die Ergebnisse des biolog. Abbaus von Schwelereiabwasser in Kühlwasserkreisläufen, wobei folgende Probleme berücksichtigt wurden: Biolog. Abbau, Belastung des Kühlwasser, hoher Anteil des Abbaus durch physikal.-chem. Vorgänge ohne Beteiligung von Mikroorganismen, Temp. u. pH-Wert, keine Verw. von chemikal. Zusätzen, geringe Korrosion u. unwesentliche Geruchsbelästigung; Durchführung von Großverss. auf Grund der Erfahrungen der halbtechn. Verss. weisen nach, daß in einem Kühlwasserkreislauf Bedingungen herrschen, die denen des Belebtschlammbeckens u. des Tropfkörpers im Prinzip gleichen. H. Guischard. 6030◇

Literatur über Abwässer aus Zellstoff- und Papierfabriken — 1961. Anonym. (Tappi **45,** 48A, 50A, 52A, 1962; engl.) — Übersicht. — 35 Literaturangaben. H. Czech. 6036◇

Verbesserung der Abwasserreinigung. Charles A. F. Austen. (Chem. Rdsch. [Solothurn] **15,** 262—63, 1962; dt.) — Übersicht über neue Instrumente, Einrichtungen u. Anlagen. H. Czech. 6036◇

Vorausberechnung des Sauerstoffspiegels eines belasteten Vorfluters. Arthur L. Smith, Joe Layell und John C. Grey. (Wastes Engng. **33,** 456—58, 1962; Chatham Manuf. Co.; engl.) — Vff. haben eine Gleichung entwickelt, mit der sich das Absinken des O_2-Geh. in einem Wasserlauf unterhalb einer Abwassereinleitung vorausberechnen läßt. Die Gleichung lautet $y = (KB2^{T/10})/F$, darin bedeuten y die Sauerstoffabnahme in ppm, B die BSB-Last in 10^3 lb/d, F die Wasserführung in mgd, T die Wasser-Temp. in °C u. K ein Proportionalitätsfaktor. Die errechneten Werte betrugen 84=88% der experimentell gefundenen. Die Gleichung ist sowohl für steil abfallende wie auch für langsam erfolgende Abnahme des O_2-Geh. gültig. M. Bittmann. 6036◇

Die Abwasserlast einer Raffinerie in Abhängigkeit von der Frisch- und Abwasserwirtschaft. Fritz Meyer. (Freiberger Forsch.-H., Reihe A Heft **220**, 43—51, 1962; Markkleeberg; dt.) — Vortrag. — Frischwassereinsatz u. Abwassermengen, prozentuale Aufteilung der Abwassermenge, Wasserbedarf- u. -beschaffung, W. für Kühlzwecke, Kalt- u. Rückkühlwasser, Kreislauf u. Probleme eines Wiederverw.-W.-Syst. für die Planung u. Projektierung der Abwasserwirtschaft des Erdölwerkes Schwedt werden eingehend behandelt. H. Guischard 6036◇

Sedimentation nach dem Pulsationsverfahren. Henry Åberg. (Tekn. Tidskr. **91**, 1101—03, 1961; schwed.) — Syst. mit gepulster Wasserzufuhr in Sedimentieranlagen zur Wasserreinigung sind konventionellen Anordnungen überlegen. Größerer Durchsatz ermöglicht geringere Dimensionen der Anlage. Vf. zeigt allg. Probleme des Verf.; Wrkg. der Kohäsions- u. Gravitationskräfte, Konstruktionsprinzipien der Bassins, techn. Anordnungen u. die Technik des Pulsierens werden beschrieben. Konventionelle Anlagen können nachträglich in Pulsatoranlagen umgeändert werden, dadurch wird die Kapazität vervielfältigt. W. Knoch. 6040◇

Versuchsbetrieb einer Kläranlage mit Flockenwirbelschicht im Prager Wasserwerk von Podoli. J. Binar. (Vodní Hospodářství **1959**, 345—47; Prag, Hydroprojekt; tschech.) — Beurteilung der Kläranlage. Die Ergebnisse von Verss. mit Al-Sulfat werden angegeben. H. Guischard. 6042◇

Verwendung von Kaliumpermanganat zur Wasserbehandlung. Arnold K. Cherry. (J. Amer. Water Works Assoc. **54**, 417—24, 1962; Cedar Rapids Water Works, Iowa, V.St.A.; engl.) — Das W. wird bei der Entnahme mit *$KMnO_4$* (10,1, maximal 13 ppm) gemischt, 5 Std. lang geklärt, dann mit *Alaun* (Koagulierungsmittel) u. *Kalk* (pH-Einstellung) gemischt, beim Austritt aus dem Mischer mit *Kohle* (54, maximal 83 ppm) versetzt, wieder 5 Std. lang geklärt, filtriert, unter Zusatz von *NH_3* u. *Cl_2* nachgeklärt u. carbonatisiert. Die $KMnO_4$-Menge ist so zu bemessen, daß ihre Farbe durch den O_2-Bedarf des Alauns u. Kalks zerstört wird. Ggf. werden nur 70—75° des Rohwassers mit Alaun u. Kalk enthärtet u. der Rest mit Alaun geklärt (Erhöhung der Leistung der Anlage; auch durch Mitverwendung von Brunnenwasser). G. Vogel. 6042◇

Versuche zur biochemischen Reinigung von Erdölentsalzungsabwässern in Modellbelebungsanlagen. Gerhard Voigt. (Freiberger Forsch.-H., Reihe A, Heft **220**, 19—26, 1962; Berlin; dt.) — Die biochem. Reinigung von Entsalzungswässern aus Romaschkiner Erdöl konnte mit gutem Erfolg bei 2stufiger Verf.-Weise im Modellbelebungsbecken durchgeführt werden. Bes. berücksichtigt wurden: Verschmutzung durch sauerstoffzehrende org. Substanzen, Salze, bes. Inhaltsstoffe, Geruchsschwellen-Konz. von chromatograph. nachgewiesenen Verschmutzungsstoffen; erfolgreiche Minderung der Geruchsbelästigung durch Ozonisierung. H. Guischard. 6044◇

Die Gewinnung wertvoller Stoffe bei der biologischen Reinigung industrieller Abwässer. U. Behrens und K. Sattler. (Mikrobiologie [UdSSR] **31**, 344—49, März/April 1962; Leipzig, Inst. für Verfahrenstechnik der org. Chem.; Berlin, Deutsche Akad. der Wiss.; russ., Auszug: engl.) — Überblick über Betriebsweise u. analyt. Daten einer Reinigungsanlage für industrielle Abwässer (Großkokerei Lauchhammer) u. Zus. des dabei entstehenden Belebtschlammes. Der Geh. an Aminosäuren (40% der Trockensubstanz) u. an B-Vitaminen legt seine Verwertung in der Tierernährung nahe. Der Vitamin-B_{12}-Geh. beträgt, bezogen auf die Gesamtaktivität 1,5—3 u. bezogen auf reines Cyanocobalamin 0,5—1 mg/100 g Trockensubstanz (die anderslautenden Angaben im Original sind fehlerhaft!). K. Sattler. 6044□

Schlamm in Wasseraufbereitungsanlagen. J. Nechvátal. (Vodní Hospodářství **1959**, 342—45; Prag, Hydroprojekt.; tschech.) — Grundsätzliche Angaben über Schlammgüte u. Schlammverwertung. H. Guischard. 6048◇

Maßanalytische Schwefelbestimmung in Mineralquellen. K. E. Quentin und F. Pachmayr. (Z. analyt. Chem. **187**, 425—28, 1962; München, Univ., Balneolog. Inst., Chem. Abt.; dt.) — Zur Best. von Sulfiden in Mineralquellen wurde die jodometr. Titration mit einer Sulfidfixierung kombiniert. Auf diese Weise kann die S-Best. ohne Aufarbeitung u. ohne Sulfidverluste beim Stehen der Proben sowohl am Quellort als auch im Labor. nach dem gleichen Verf. durchgeführt werden. Zur Sulfidfixierung eignet sich am besten Zn, nicht dagegen Na oder Cd. Die Proben, in denen S^{2-} an Zn gebunden ist, titriert man mit phosphorsaurer Jodatlösung. Dieter Heinrich. 6058□

Bestimmung von Alkylbenzolsulfonat in Wasser. W. H. Hill, M. A. Shapiro und Y. Kobayashi. (J. Amer. Water Works Assoc. **54**, 409—16, 1962; Pittsburgh,

Univ., Pa., V.St.A.; engl.) — 10 (ml) W. werden mit 5 Chromschwefelsäure gemischt, mindestens 15—20 Min. lang stehengelassen, das Gemisch in Eiswasser gekühlt, mit 15 ml 96%ig. A. versetzt, um während 5—10 Min. Cr(VI) zu Cr(III) zu red. (Farbe gelborange → grünblau), dann mit W. auf ca. 100 verd., mit 10 konz. H_2SO_4 mindestens 1 Std. lang unter einem Luftkühler gekocht, um die Red. zu vollenden, die Anionen Cl^- u. NO_3^- zu verflüchtigen u. organ. Sulfate u. Phosphate zu hydrolysieren; weiterhin auf Raum-Temp. gekühlt, mit 10 Chlf. in 25 einer verd. Methylenblaustandard-Lsg. mehrmals 30 Min. lang geschüttelt, die Chlf.-Schichten gewaschen u. ihre Absorption mit der Absorption reinen Chlf. bei 652 m verglichen. Der Alkylbenzolsulfonat(ABS)-Geh. der ursprünglichen 10-ml-Probe wird aus der Formel: ABS in mg/Liter = mg ABS (abgelesen aus der Meßkurve) X 100 berechnet. Bei ABS-Konzz. = 0,5 mg/Liter müssen die Proben konz. werden. G. Vogel. 6060◇

Photometrische Bestimmung von Ozon im Trinkwasser. Helmuth Galster. (Z. analyt. Chem. **186,** 359—64, 1962; Hamburg, Fa. Bran & Lübbe; dt.) — Zur Herst. des Reagens werden 2,4 g N.N.N'.N'-Tetramethyl-p-phenylendiamin u. 250 g Citronensäure zu 1 Liter in W. gelöst. 20 ml Ozonwasser werden zu 1 ml Reagens gegeben. Die violette Färbung wird bei 565 nm u. 1 cm Schichtdicke gemessen. Zur Ausschaltung von Nitrit verwendet man zusätzlich 6 ml 0,2m Trinatriumphosphatpuffer (pH-Wert 5) u. arbeitet mit einer Blindprobe. H. G. Peter. 6060□

Colorimetrische Bestimmung von Fluor mit Chinalizarin. Shigeki Kobayashi. (Japan Analyst **10,** 1004—08, Sept. 1961; Sugiyama Women's Coll., Chem. Labor.; jap.) — Es wird eine colorimetr. Meth. zur Best. von F^- in natürlichem W. mit Hilfe von Zr-Chinalizarin beschrieben. Bei Verw. von nur 10 ml W. lassen sich 3,5 mg F/Liter mit einem Fehler von $\pm 0{,}1$ mg/Liter bestimmen. Fe^{3+}, Al^{3+}, SO_4^{2-} u. PO_4^{3-} stören in Konzz. $>5{,}0$, 0,2, 40 bzw. 0,25 mg/Liter. W. Betcke. 6060□

Methode der indirekten polarographischen Bestimmung von Sulfat und ihre Anwendung zur Wasseranalyse. O. A. Olweiler. (J. analyt. Chem. [UdSSR] **15,** 723—25, Nov./Dez. 1960; Porto Alegre, Rio Grande do Sul, Brasilien, Engng. School; russ., Auszug: engl.) — Eine indirekte Meth zur Best. von SO_4^{2-}, die sich auf die polarograph. Best. des Überschusses von Pb nach Fällung von $PbSO_4$ mit $Pb(NO_3)_2$ in einer 25% ig. wss. Lsg. von A. stützt, wird beschrieben. Sie kann zur Unters. von Abwässern verwandt werden. Die Wasserproben wurden zur Entfernung störender Ionen zunächst durch eine Austauscherkolonne (Amberlite IR-120, H-Form) gegeben u. danach HNO_3 zur Entfernung flüchtiger Säuren u. KNO_3 zur Stabilisierung des H_2SO_4 hinzugefügt. H. Roschkowski. 6068◇

Die Bestimmung von Thiocyanat in den Abwässern von Verkokungsanlagen, in den Zuflüssen und Abflüssen von Klärwerken und Schmutzwässern. T. G. Whiston und G. W. Cherry. (Analyst **87,** 819—23, Okt. 1962; Birmingham, Nechells, West Midlands Gas Board, Central Labor.; engl.) — Es wird eine Meth. zur Abtrennung störender Phenole durch Anionenaustausch an De-Acidite E-Harz (Cl^--Form) angegeben. SCN^- wird am besten je nach der Menge u. Abwasserart nach folgenden Meth. bestimmt: In Kokereiabwässern bei SCN^--Geh. >400 ppm nach der $CuSO_4$-Meth. von Key, in Kokereiabwässern bei SCN^--Geh. >100 ppm u. Cl^--Geh. <200 ppm nach der $Hg(NO_3)_2$-Meth. bei Kokereiabwässern, die teilweise in biolog. Anlagen behandelt wurden, mit SCN^--Geh. zwischen 20 u. 400 ppm nach der Abtrennung der Phenole photometr. mit $FeCl_3$ nach einer von Vff. ausgearbeiteten Vorschrift; in den Zu- u. Abflüssen von Klärwerken u. in Schmutzwässern mit SCN^--Geh. zwischen 0 u. 20 ppm nach der Pyridin-Pyrazolon-Meth. von Epstein (Analytic. Chem. **19,** [1947], 272).

P. Kurzmann. 6068◇

H_5. Anorganische Industrie

Salpetersäuregewinnung. J. G. Sloan. (Trans. Instn. chem. Engr. **40,** Nr. 2, Chem. Engr. Nr. 160, A75—A86, April 1962; Ardur, I.C.I., Nobel Div.; engl.) — Beschreibung der techn. Gewinnung von HNO_3 durch Oxydation von NH_3 u. Konzentrieren der verd. HNO_3. W. Wesly. H 243◇

Rückgewinnung von Chlor aus Nebenprodukt-Salzsäure. F. Molyneux. (Chem. Process Engng. atomic Wld. **43,** 267—75, Juni 1962; Birkenhead, Coll. of Technol., Dep. of Chem. Engng.; engl.) — Die Planung einer techn. Anlage zur 2stufigen Gewinnung von Cl_2 aus HCl gemäß den Gleichungen $6\,HCl + Fe_2O_3 = 2\,FeCl_3 + 3\,H_2O$, $2\,FeCl_3 + 1{,}5\,O_2 = Fe_2O_3 + 3\,Cl_2$ wird beschrieben. Aus dem entstehenden „Schnüffel“-Gas entfernt man das Cl_2 durch Absorption in CCl_4, das durch Erwärmen (Austreiben des Cl_2) regeneriert u. im Kreislauf verwendet wird. W. Wesly. H 247□

Die Gewinnung von Schwefelsäure aus den Abgängen der Erdölverarbeitung und Erdölchemie. M. D. Sinowjew. (Chem. Technol. Brennstoffe Öle [UdSSR] **4**, Nr. 12, 14—19, Dez. 1959; Allunions Projektierungs-Inst. für Betriebe der Ind. synthet. fl. Brennstoffe u. Gase; russ.) — Die Gewinnung von H_2SO_4 beruht auf der Zers. von saurem Goudron nach der Schmierölreinigung mit kleinem Geh. an organ. Verbb. u. 25—30% H_2SO_4 bei hohen oder niedrigen Temp. unter Gewinnung von SO_2 u. Verarbeitung in H_2SO_4 im Kontaktofen. Die Zers. findet 1. bei 250—300° statt mit nachfolgender Red. der H_2SO_4 zu SO_2 durch die im Bitumen enthaltenen organ. Verbb., oder 2. bei 1100 bis 1200°, wobei die organ. Verbb. vollkommen verbrennen u. die Säure in SO_2 u. W. gespalten wird. Die Arbeitsweise bei Anwendung von Trocken- u. Naßkatalyse wird in Zeichnungen erläutert u. die Wirtschaftlichkeit gegenüber der H_2SO_4-Herst. aus importiertem Pyrit dargestellt. J. Lehmberg. H 253△

Technische Einteilung von Metallen. Július Holéczy und Irena Koštenská. (Hutnické Listy **15**, 545—46, Juli 1960; Košice, Hutn. fak. VŠT; tschech.) — Neue Einteilung der Metalle in 10 Gruppen nach techn. Kriterien, wie technolog. Herst., Vork., chem. u. physikal. Eigenschaften. Gottfried Lange. H 270□

Anwendung von Äthanolaminen in der Sodagewinnung nach der modifizierten Solvay-Methode. 1. Mitt. **Systeme Monoäthanolamin–NaCl–H_2O und Diäthanolamin–NaCl–H_2O.** Ernest Pischinger, Tatiana Wasąg und Tadeusz Wasąg. (Chem. stosowana **5**, 251—60, 1961; Szczecin, Politechn., Kat. Technol. nieorgan.; pol.) — In 3,7—44%ig. wss. Lsgg. von Äthanolamin (I) u. Diäthanolamin (II) wird die Löslichkeit von NaCl bei 20—40° untersucht. Sie nimmt in beiden Lsgg. mit steigendem I (II)-Geh. von 25 auf 12 Gew.-% ab, mit steigender Temp. in 5 (50)%ig. I (II)-Lsg. um 1 (2)%/Grad zu. Dem Äquivalenzsättigungspunkt, definiert in % I $(II)_{Anfang}$/% NaCl · % I $(II)_{Ende}$ entsprechen bei 20° (40°) folgende Konzz. u. spezif. Gew.: I-Lsg.: 19,83% (20,23%) I, 18,98 (19,36) NaCl, 61,19 (60,41) W.; $D._4^{20}$ 1,1482 ($D._4^4$ 1,1398); II-Lsg.: 29,22 (29,80) II, 16,25 (16,57) NaCl, 54,53 (53,63) W.; $D._4^{20}$ 1,1572 ($D._4^4$ 1,1493). Das Gleichgewicht stellt sich in 5—11 Std. ein. Die Best. von NaCl erfolgt durch Titration mit 0,1n $AgNO_3$-Lsg. (Indicator Dichlorfluorescein), die Best. von I (II) mit 0,1 u. 0,05n HNO_3 (Methylrot). R. K. Müller. H 274◇

Gips als Nebenprodukt bei der Herstellung von Phosphorsäure. 4. Mitt. **Das Wachstum der Kristalle bei zwei Stufen des Verfahrens.** Tamotsu Yamada, Tetsuya Iwata, Shujiro Abo und Shoichiro Nagai. (Gypsum & Lime [Tokyo] **34**, Nr. 40, 337—42, Mai 1959; Yokohama, Nat. Univ., Nagoya, Inst. of Technol.; jap., Auszug: engl.) — 3. vgl. C. **1960**, 8996. — Die Bedingungen zur Bldg. großer Gipskristalle wurden untersucht zum Zeitpunkt der Bldg. von Superphosphat u. bei der Bldg. von H_3PO_4. In der ersten Stufe bildet sich in Ggw. von 60%ig. H_2SO_4 bei 70°, in der zweiten in Ggw. von 25—30%ig. H_3PO_4 bei 60—70° $CaSO_4 \cdot 2\,H_2O$. Durch Erhitzen auf 80—100° erfolgt leicht Umwandlung in $CaSO_4 \cdot \frac{1}{2}\,H_2O$ u. durch Zugabe der doppelten Menge H_3PO_4 krist. $CaSO_4 \cdot 2\,H_2O$ aus. Die optimale Kristallisations-Temp. liegt in Ggw. von 30%ig. H_3PO_4 bei 50—60°, jedoch erfolgt ein schnelleres Wachsen bei niedrigeren Temperaturen. G. Frikell. H 283□

Institutt for Atomenergi, Lillestrøm, Norwegen (Erfinder: Jomar Brun und Gunnar Randers), **Herstellung von mit Deuterium angereichertem Wasser.** Zunächst wird in bekannter Weise ein Metallsulfid mit Wasserdampf zu H_2S u. Metalloxid umgesetzt, wobei man an D angereichertes H_2S erhält, wenn der Dampf aus natürlichem W. entwickelt wurde. Dieses angereicherte H_2S wird dann mit W. zum Austausch gebracht. Das auf diese Weise mit D angereicherte W. kann dann aufs Neue in Form von Wasserdampf mit Metallsulfiden umgesetzt werden. — Zeichnungen. (**Norw. P. 93 407** vom 18/2. 1957, ausg. 2/3. 1959.) K. H. Kähler. H 238

Kali-Chemie Akt.-Ges., Hannover (Erfinder: Hans Kunowski, Bad Hönningen), **Regenerierung der zur Herstellung von Wasserstoffperoxid nach dem Anthrachinonverfahren verwendeten Kreislauflösung,** dad. gek., daß die Kreislauf-Lsg. mit einem (bes. Kunstharz-) Ionenaustauscher bei Temp. zwischen 30° u. dem Kp. des Rk.-Gemisches, bes. in Ggw. eines Oxydationsmittels u. eines Alkohols wie CF_3OH, behandelt wird. (**D. A. S. 1 132 548** Kl. 12i vom 27/2. 1961, ausg. 5/7. 1962.) K. Demmler. H 241

Lentia G. m. b. H. Ein- und Verkauf, München (Erfinder: Franz Narbeshuber, Alfred Schmidt und Ferdinand Weinrotter, Linz, Österreich), **Herstellung von Natriumhydrogenfluorid aus Natriumfluorid,** dad. gek., daß NaF in feingepulvertem Zustande in verd. HCl, bes. in in verd. Form anfallender Abfallsalzsäure der Herst. von F-Cl-KW-Stoffen, aufgeschlämmt u. diese Suspension bei 20—50° mehrere Std. gerührt wird, wonach das in der entstehenden NaCl-Lsg. schwerlösl. $NaHF_2$ durch Abkühlung auf ca. normale Temp. prakt. quant. ausgefällt u. abgetrennt wird. (**D. A. S. 1 132 547** Kl. 12i vom 30/11. 1960, ausg. 5/7. 1962.) K. Demmler. H 246

Chemiebau Dr. A. Zieren G. m. b. H., Köln (Erfinder: Rosina Schertz, Köln, und Valentin Habernickel, Bergheim/Sieg), **Herstellung von reinem kieselsäurefreiem Natriumfluorid** aus Kieselfluorwasserstoffsäure, dad. gek., daß eine Lsg. der H_2SiF_6 in einer 1. Stufe bei 50—100° mit einem Überschuß an K_2CO_3 versetzt wird, der um 20—150% über die für die Rk. erforderliche Menge hinausgeht, wobei die Konz. der H_2SiF_6-Lsg. so eingestellt wird, daß bei der Ausfällung der SiO_2 das 50—150fache Gewicht des SiO_2-Geh. an W. zugegen ist, die SiO_2 abgetrennt wird u. die erhaltene silicatfreie KF-Lsg. in einer 2. Stufe mit stöchiometr. Mengen Soda in schwerlösl. NaF umgesetzt wird. Die Abscheidung der SiO_2 u. die Bldg. der KF-Lsg. erfolgt bes. in dem Fl.-Kreislauf eines Absorptionsturmes, in dem gleichzeitig SiF_4 absorbiert wird. Man erhält NaF, das nicht mehr als 0,1% Na_2SiF_6, keine SiO_2 u. ca. 0,6% K_2CO_3 enthält. (**D. A. S. 1 133 347** Kl. 12i vom 12/8. 1959, ausg. 19/7. 1962.) K. Demmler. H 246

E. I. du Pont de Nemours & Co., übert. von: Charles Spencer Cleaver, Wilmington, Del., V.St.A., **Herstellung von Tetrafluorhydrazin (N_2F_4).** Eine Mischung von $NH_4 \cdot HF$ (I) mit 0,1—0,9 Mol. (je Mol I) eines binären Fluorides von H, der Elemente der Gruppe III A des Perioden-Syst. (II) mit einer Ordnungszahl (III) zwischen 5 u. 13 oder der Elemente der Gruppe V A des II mit einer III zwischen 15 u. 51 wird in der Schmelze unter Anwendung einer Ni-Anode elektrolysiert. Bevorzugte Temp. 50—150°. Als binäre Fluoride werden bes. HF, BF_3 u. PF_5 eingeätzt. — Verw. als *Polymerisationskatalysator, z. B. für Tetrafluoräthylen.* (**A. P. 2 958 634** vom 27/5. 1959, ausg. 1/11. 1960.) E. Miessgang. H 246

M. W. Kellogg Co., Jersey City, N.J. (Erfinder: Thomas Henry Milliken, New York, N.Y.), V.St.A., **Herstellung eines Halogens** durch Oxydieren eines anorgan. Halogenids in Ggw. eines anorgan. Katalysators, wie sie beim Deacon-Prozeß verwendet werden, dad. gek., daß das Verf. auch in Ggw. eines anderen Materials durchgeführt wird, das aus einem wenigstens z. T. aktivierten Entwässerungston mit wenigstens 0,5% reversiblem W.-Geh. u. einer bis zu wenigstens 760° krist. Struktur besteht. — Zum Beispiel wird HCl in Ggw. von gekörntem säureaktiviertem mit Cu imprägniertem Montmorillonitton bei 455° mit O_2 zu 96% in Cl_2 umgesetzt. (**D. A. S. 1 133 346** Kl. 12i vom 31/8. 1960, ausg. 19/7. 1962. A. Prior. 1/9. 1959.) K. Demmler. H 247

Farbwerke Hoechst Akt.-Ges., vormals Meister Lucius & Brüning, Frankfurt/M. (Erfinder: Wolfgang Teske, Bad Soden, und Hans Hölemann, Kronberg), **Elektrolytische Rückgewinnung von Chlor aus wässeriger Salzsäure,** dad. gek., daß wss. HCl-Lsg. mit O_2 u./oder O_2-enthaltenden Gasgemischen, bes. Luft, u. mit Hg-Metall unter Zusatz von den Oxydationsvorgang beschleunigenden Salzen von mindestens in 2 verschiedenen Wertigkeitsstufen auftretenden Metallen, deren höhere Wertigkeitsstufe ein ausreichendes Oxydationsvermögen gegenüber metall. Hg u. HgCl aufweist u. deren niedrigere Wertigkeitsstufe durch die verwendeten Oxydationsmittel wieder zu höheren Wertigkeitsstufen oxydiert werden kann, einzeln oder in Mischung angewandt, bei Temp. von mindestens 40° bis zum Kp. der salzsauren Rk.-Lsg., bes. bei 60—100°, unter Bldg. von gelöstem $HgCl_2$ umgesetzt, die erhaltene salzsaure $HgCl_2$ enthaltende Lsg. elektrolysiert, wobei an der Anode Cl_2 u. an der Kathode Hg gebildet wird, das an Kathode abgeschiedene Hg zu dem für die Herst. von $HgCl_2$ dienenden Hg-Vorrat zurückgeführt, der aus der Elektrolysestufe anfallende, n $HgCl_2$ verarmte Elektrolyt, ggf. nach Befreiung von seinem Cl-Geh., wieder in den Verf.-Kreislauf, bes. als Absorptionsmittel für gasförmigen HCl, zur Bldg. wss. Salzsäure zurückgeführt u. das bei der Oxydation des Hg zu $HgCl_2$ entstehende W. aus dem Verf.-Kreislauf entfernt wird. — Zeichnungen, Diagramme. (**D. A. S. 1 131 644** Kl. 12i vom 12/8. 1959, ausg. 20/6. 1962.) K. Demmler. H 247

Rolf Appel, Heidelberg, **Herstellung von Disulfurylfluorid.** Bei erhöhter Temp. wird Chlorcyan auf Fluorsulfonsäure zur Einw. gebracht. (**D. A. S. 1 083 238** Kl. 12i vom 22/11. 1958, ausg. 15/6. 1960.) E. Miessgang. H 253

Rolf Appel, Heidelberg, **Herstellung von Amidosulfonsäurefluorid.** Disulfurylfluorid wird mit NH_3 umgesetzt u. NH_2SO_2F (Kp.$_{0,1}$ 43—44°) isoliert. — *Zwischenprodd.* für die Herst. von *Insekticiden.* (**D. A. S. 1 091 996** Kl. 12i vom 4/6. 1959, ausg. 3/11. 1960. E. Miessgang. H 253

Magyar Állam (Erfinder: Stephan Bálint), Budapest, Ungarn, **Borax ($Na_2B_4O_7 \cdot 10\,H_2O$) (I)** erhält man aus Pandermit oder anderen Ca-Borat enthaltenden Bor-Mineralien durch 1½—2½ std. Kochen der Bor-Verb. in wss. Medium mit überschüssigem Na_2CO_3, bes. in 2facher Menge, bezogen auf den errechneten $N_2B_4O_7$-Geh. des

Erzes. Man filtriert u. stellt das Filtrat mittels einer Säure, zweckmäßig mit Borsäure oder CO_2, auf einen pH-Wert von 9,5—10,5 u. läßt abkühlen, wobei sich I abscheidet. Als CO_2-Quelle kann man CO_2-haltige Rauchgase verwenden. (**Ung. P. 145 243** vom 19/11. 1955, ausg. 15/9. 1959.) G. König. H 258

Farbenfabriken Bayer Akt.-Ges., übert. von: Friedrich Schubert und Konrad Lang, Leverkusen, **Borazane** der allg. Formel R_3NBH_3 (R_3N = sek. oder tert. Alkylamin, Pyridin, NH_3 werden hergestellt durch Rk. eines kation. Übergangsmetallamminokomplexboranats von Zn, Cd, Mn oder Ni mit H_2S in R_3N. — $[Cd(NH_3)_6]\cdot(BH_4)_2$ in $(C_2H_5)_3N$ → *Triäthylborazan* (I), 100% (Ausbeute); $[Cd(NH_3)_6](BH_4)_2$ in $(CH_3)_2NH$ → *Dimethylborazan*, 100%. — $[Zn(NH_3)_4](BH_4)_2$ in Pyridin → *Pentatrien-(1.3.5)-ylborazan*, 94%. — $[Zn(NH_3)_4](BH_4)_2$ in $(C_2H_5)_3N$ → I, 100%. — $[Cd(CH_3NH_2)_6]\cdot(BH_4)_2$ in $(C_2H_5)_3N$ → I, 98%. (**A. P. 2 994 698** vom 1/4. 1959, ausg. 1/8. 1961. **E. P. 889 600** vom 6/4. 1959, ausg. 21/2. 1962. Beide D. Prior. 5/4. 1958.) A. Debo. H 258

Farbenfabriken Bayer Akt.-Ges., Leverkusen, **Borsäuretriamide und Diaminoborine** der allg. Formel $H_{3-n}B(NRR')_n$ (n = 1, 2, 3; R = Aryl, Alkyl, Cycloalkyl; R' = H, R; NRR' = heterocycl. Rest) erhält man durch Rk. von HNRR' mit einem Alkali- oder Erdalkaliboranat u. mit einem Bortrihalogenid, -ätherat oder -Aminaddukt. — 140 (g) $BF_3\cdot$Tetrahydrofuranat tropft man bei 130—150° unter Rühren zu 50 $NaBH_4$ in 280 Anilin. Das Tetrahydrofuran dest. man ab, kühlt, filtriert u. dampft ein. Man extrahiert mit Bzl. → *Borsäure* (I)-*trianilid*, fast 100% (Ausbeute), F. 168°. — Analog erhält man: I-*tri-p-chloranilid*, 91%, F. 207° (aus Toluol). — I-*tri-(3.5-dichlor)-anilid*, F. 193°. — I-*tri-N-methylanilid*, F. 210°. — 70 BF_3-Tetrahydrofuranat u. 23 $NaBH_4$ in 390 Di-n-butylamid 2 Std. Rückfluß → *Bis-(di-n-butylamino)-borin*, $HB[N(C_4H_9)_2]_2$, Kp.$_2$ 127 bis 135°. — Analog: *Bis-(dipropylamino)-borin*, Kp.$_{1-2}$ 78—81°. — Keine Beispiele für H_2BNRR'. (**E. P. 894 425** vom 27/6. 1960, ausg. 18/4. 1962. D. Prior. 27/6. 1959.) A. Debo. H 258

Pechiney Comp. de Produits Chimiques et Électrométallurgiques, Paris (Erfinder: Jacques Coursier, Grenoble, und Michel Moutach, Gieres), Frankreich, **Reinigen von Silicium.** Unreines Si wird hierzu mit Fluoriden von Ag, Cs, Pb, Tl, Al, Cu, Cd, Ga, Ti oder Zn bei Temp. von ca. 1000—1600° behandelt. (**D. A. S. 1 139 475** Kl. 12i vom 30/3. 1961, ausg. 15/11. 1962. F. Prior. 1/4. 1960.) R. Zimmermann. H 261

Badische Anilin- & Soda-Fabrik Akt.-Ges., Ludwigshafen/Rh. (Erfinder: Eckhard Bonitz, Frankenthal), **Herstellung von pyrophorem Silicium und Polysiliciumhalogeniden,** indem man ein Gemisch aus katalyt. wirksamen Metallen u./oder Metall-Verbb. u. Si, Si-Legg., Si–Metall-Mischungen, Siliciden oder Gemischen dieser Stoffe, das in Ggw. eines Verdünnungsmittels bei einer solchen Temp. vermahlen wurde, bei der das Verdünnungsmittel, z. B. $SiCl_4$ oder CCl_4, fl. ist, in Ggw. eines fl. Verdünnungsmittels mit Halogen umsetzt. (**D. A. S. 1 132 901** Kl. 12i vom 23/3. 1960, ausg. 12/7. 1962.) R. Zimmermann. H 261

Farbenfabriken Bayer Akt.-Ges., Leverkusen (Erfinder: Werner Joseph, Köln, Gustav Kaule, Opladen, und Ernst Podselms, Leverkusen), **Trocknen von Kieselsäure und Silicatfüllstoffilterkuchen,** wobei der Filterkuchen durch Anwendung von Scherkräften in Pasten oder Fließkonsistenz übergeführt u. anschließend W. aus der verflüssigten Mischung abgetrennt wird, dad. gek., daß die Abtrennung des W. in der Weise erfolgt, daß die verflüssigte Mischung fein zerstäubt in einer Strömung so hoher Turbulenz durch Heißgase getrocknet wird, daß Trocknerleistungen von mindestens 100, bes. 500—10000 kg W. je Std. u. m^3 Trockenraum erreicht werden. — Zeichnung. (**D. A. S. 1 138 025** Kl. 12i vom 21/12. 1957, ausg. 18/10. 1962.) R. Zimmermann. H 261

Metallgesellschaft Akt.-Ges., Frankfurt/M. (Erfinder: Hermann Clasen, Falkenstein/Taunus, und Viktor Sauga, Langelsheim/Harz), **Herstellung von Monosilan.** Si-Halogenide werden hierzu mit feinteiligem Na-Hydrid bei Temp. zwischen 100 u. 250° unter erhöhtem Druck umgesetzt. (**D. A. S. 1 139 103** Kl. 12i vom 7/4. 1960, ausg. 8/11. 1062.) R. Zimmermann. H 261

Council of Scientific & Industrial Research, Neu-Delhi (Erfinder: Veeraragava Aravamuthan und Kupuswamy Venugopalan, Karaikudi), Indien, **Herstellung von wasserfreiem Magnesiumchlorid** im Gemisch mit Alkalichloriden zur elektrolyt. Gewinnung von Mg, dad. gek., daß man Mg-Carbonat oder -Oxid, erhältlich aus Dolomit, Magnesit, Meerwasser oder Bitterseen, in einer Stufe mit Alkalichloriden u. NH_4Cl auf 300—750° erhitzt. Das Verf. arbeitet bes. günstig, wenn das dabei entstehende NH_3 u. CO_2 weiter verarbeitet werden. — Verf.-Schema. (**Ind. P. 66 109** vom 11/12. 1958, ausg. 15/11. 1960.) C. Lüttgen. H 282

United States Atomic Energy Commission, übert. von: Theodore R. McKenzie, Richland, Wash., V.St.A., **Ausfällen von Strontiumverbindungen** aus Lsgg., die 0,1—0,3 mol. H_3PO_4 enthalten. Man fügt zu der Lsg. ein wasserlösl. Co- oder Ni-Salz u. Alkaliferrocyanid, so daß eine Co- bzw. Ni-Ferrocyanid-Konz. von 0,005 Mol entsteht. Mit Alkalihydroxid stellt man die Lsg. auf ein pH von 9—10 ein unter gleichzeitigem Zusatz von $Ca(NO_3)_2$, so daß dessen Konz. ca. 0,03 Mol beträgt. Den Nd. trennt man ab. (**A. P. 2 952 641** vom 1/12. 1959, ausg. 13/9. 1960.) H. Nebelsiek. H 284

United States Atomic Energy Commission, übert. von: Peter C. Stevenson, Livermore, Calif., V.St.A., **Trennen von Zink- und Cadmiumverbindungen von anderen Verbindungen,** die gemeinsm in wss. Cl-Lsgg. vorhanden sind. Man bereitet sich eine Suspension eines stark bas. Anionenaustauscherharzes in 1—4 mol. NaOH-Lsg., erhitzt diese ca. 3 Std. bis fast zum Sieden u. fügt dabei auf 3 Liter Lsg. 1 ml Perhydrol zu. Dann trennt man den Austauscher ab, wäscht u. führt ihn in die Salzform über. Beschickt man ihn nun mit der oben genannten wss. HCl-Lsg., so werden Zn- u. Cd adsorbiert, während die anderen Metall-Verbb. in Lsg. bleiben. Man erhält anschließend in üblicher Weise die Zn- u. Cd-Verb. durch Eluierung. (**A. P. 2 962 351** vom 23/5. 1957, ausg. 29/11. 1960.) H. Nebelsiek. H 289

Excel Industries, Bombay, Indien, **Kontinuierliche Herstellung von Quecksilberchloriden** durch Einleiten von Hg u. Cl_2 in eine 300—500° heiße Rk.-Kammer u. Abziehen der gebildeten Chloride. Je nach dem Mol-Verhältnis von Hg u. Cl_2 erhält man Hg_2Cl_2 oder $HgCl_2$. — Vorrichtung. (**Ind. P. 65 659** vom 30/10. 1958, ausg. 20/7. 1960.) C. Lüttgen. H 290

Antonio Pirelli, Bozen, Italien, **Kontinuierliche Gewinnung von Aluminium durch Elektrolyse.** Man benutzt ein mehrzelliges Elektrolysegefäß aus Fe, das mit feuerfestem Material ausgemauert u. innen mit einer Auflage von Magnesit oder C ausgekleidet ist. Die Zellen haben am Boden miteinander Verbindung. Der Boden der Zellen wird so weit mit einer Al–Cu- oder Al–Zn-Leg. gefüllt, daß die Verbindungen zwischen den Einzelzellen versperrt sind. Die Boden-Leg. hat einen niedrigeren F. als Al u. eine höhere Dichte als die Elektrolytbäder. Im Kathodenraum (Kathode aus reinem Al oder aus Fe) befindet sich ein Bad aus 0—60 (%) KCl, 0—40 NaCl, 0—50 AlF_3, 0—30 NaF, 0—20 $BaCl_2$, 0—20 $BaBaF_2$, 0—20 CaF_2, 0—40 KF, im Anodenraum (Anode aus C) befindet sich ein Elektrolytbad aus 20—60 AlF_3, 0—40 NaF, 0—40 BaF_2, 0—30 CaF_2, 0—20 Al_2O_3, 0—40 KCl, 0—30 NaCl, 0—40 BaCl, 0—40 KF. Man elektrolysiert bei 750—900°. — Zeichnung. (**It. P. 544 061** vom 21/11. 1955.) K. Koebke. H 294

Socony Mobil Oil Co., Inc., übert. von: Albert B. Schwartz, Philadelphia, Pa., V.St.A., **Herstellung von SiO_2–Al_2O_3-Gelen.** Man dispergiert in einem SiO_2–Al_2O_3-Sol 5—30 Vol.-% feinteiligen Schwefel einer Feinheit von 2—8 μ, führt es in ein Hydrogel über u. erhitzt das Hydrogel langsam in inerter, nichtoxydierender Atmosphäre auf 1000 bis 1300°, so daß der Schwefel entweicht. Diesen gewinnt man durch Kondens. zurück u. verwendet ihn zu neuem Ansatz. Das erhaltene Gel zeigt einen hohen Reibungswiderstand. (**A. P. 2 966 466** vom 11/4. 1956, ausg. 27/12. 1960.) H. Nebelsiek. H 294

Karl Ziegler (Erfinder: Karl Ziegler, Roland Koster, Mülheim/Ruhr, und Wolf-Rainer Kroll, Witten), **Umwandlung von sauerstoff- oder schwefelhaltigen Organoaluminiumverbindungen** in O- oder S-haltige Al-Verbb., die andere KW-Stoff-Reste enthalten, ggf. unter Gewinnung von Olefinen, dad. gek., daß man Al-organ. Verbb. der allg. Formel $X_n[Y—AlR_2]_n$, in der X einen ein- oder mehrwertigen KW-Stoff-Rest, n die Wertigkeit des Restes X, Y O oder S u. R einen beliebigen KW-Stoff-Rest, der an den mit dem Al verbundenen C-Atomen keine ungesätt. Bindung enthält, bedeutet, mit Olefinen in Ggw. von Al-Verbb., die 3 Valenzen an C gebunden enthalten, oder von Dialkyl-Al-Hydriden oder von AlH_3 als Katalysatoren umsetzt. Die Rk. bes. mit Äthylen erfolgt zweckmäßig bei 120—150° u. Drücken von > 10 at; bei Temp. von $> 170°$ erfolgt Olefinabspaltung aus den bes. mit Äthylen erhaltenen höheren Homologen. — Durch Rückflußkochen von 172 g Diisobutylmethoxy-Al mit 500 g 2-Äthylhexen-(1) in Ggw. von 10—30 g Triisooctyl-Al erhält man unter Entw. von Isobutylen *Methoxydiisobutyl-Al*, Kp. 180° bei 10^{-2} bis 10^{-3} mm. — Vorrichtung. (**D. A. S. 1 125 926** Kl. 12o vom 11/2. 1958, ausg. 22/3. 1962.) J. Mühleisen. H 294

Karl Ziegler (Erfinder: Karl Ziegler und Herbert Lehmkuhl), Mülheim/Ruhr, **Trennung von Mischungen aus Aluminiumtriäthyl- und Äthylverbindungen anderer Metalle,** bes. $(C_2H_5)_4Pb$, dad. gek., daß die Mischung der Äthyl-Verbb. mit Tri-n-butylamin versetzt u. die erhaltene Additions-Verb. aus $(C_2H_5)_3Al$ u. dem Amin

von den anderen Metalläthyl-Verbb. abgetrennt wird. Das *Triäthylaluminium-tributylamid*, das dabei entsteht, hat einen F. von 30° u. krist. schon bei Raum-Temp. aus, was durch Abkühlung noch begünstigt wird. Man kann auch das Rk.-Gemisch mit einem gesätt. KW-Stoff versetzen wobei $(C_2H_5)_3Al \cdots N(C_4H_9)_3$ noch vollständiger auskristallisiert. Das Verf. findet bes. Anwendung bei der *elektrolyt. Metalläthyl-Herst.* mittels Anoden aus dem herzustellenden Metalläthyl unter Einsatz von Al-äthyl-Verbb. als Elektrolyte. (**D. A. S. 1 134 672** Kl. 12o vom 17/7. 1959, ausg. 16/8. 1962.)
J. Mühleisen. H 294

A. F. Shigatsch, A. F. Popow, L. D. Wischnewski, L. M. Antipin, N. N. Kornejew und Je. P. Besuch, **Herstellung von Triisobutylaluminium (I)** aus Al-Pulver, H_2 u. Isobutylen (II), dad. gek., daß das Al durch 10std. Erhitzen mit I u. H_2 in Ggw. inerter Verdünnungsmittel auf 200° aktiviert wird. — 40 (g) Al-Pulver, 140 I u. 180 Bzn. werden unter 10—15 at H_2 u. Rühren 14 Std. auf 185—195° erhitzt. Danach werden 460 II zugesetzt, u. es wird unter 140—80 at auf 175—180° erhitzt, bis das Ende der Rk. durch Nachlassen des Druckes angezeigt wird; Ausbeute: 252 I. (**UdSSR. P. 125 563** vom 17/2. 1959.) L. Großner. H 294

Christiana Spigerverk, Nydalen bei Oslo, Norwegen (Erfinder: F. J. Langmyhr), **Elektrolytische Herstellung von Titan.** Die Elektrolyse wird bei 300—375° mit einer Elektrolytmischung, bestehend aus 50—70 (Gew.-%) LiJ, 20—30 KJ u. 10—30 NaJ, ausgeführt. (**Norw. P. 94 293** vom 16/4. 1957, ausg. 20/7. 1959.)
K. H. Kähler. H 321

Albert Hloch, Fritz Berger und Harry Knaak, Bitterfeld, **Aufarbeitung titanhaltiger Zirkonerze** durch Aufschluß mit K_2SiF_6 u. Auslaugen mit W. zur Herst. von titanfreiem K_2ZrF_6. Die beim Auslaugen mit W. anfallende, hauptsächlich K_2ZrF_6, K_2HfF_6 u. K_2TiF_6 enthaltende wss. Lsg. wird durch Ansäuern mit HCl auf pH ca. 3 eingestellt u. die Kristallisation wiederholt in diesem sauren Milieu vorgenommen. (**D. P. [DDR] 23 388** Kl. 12m vom 4/6. 1959, ausg. 10/7. 1962 [Wirtschaftspatent].)
W. Wittholz. H 322

Mallory-Sharon Metals Corp., Niles, Ohio, V.St.A., **Trennung von Hafnium und Zirkonium.** Beide Metalle werden zunächst in die Tetrahalogenide übergeführt, worauf $ZrCl_4$ mittels Mg, Al, Zn, oder ZrCl zu $ZrCl_3$ oder Zr im Vakuum oder in inerter Gasatmosphäre red. wird. $HfCl_4$ bleibt hierbei unverändert u. wird durch Sublimation getrennt. (**Norw. P. 93812** vom 19/2. 1957, ausg. 20/4. 1959.) K. H. Kähler. H 323

Commonwealth Scientific & Industrial Research Organization (Erfinder: Ivan Edgar Newnham), **Reinigung von Hafniumtetrahalogenid.** Ein prakt. Zr-freies Hf-Tetrahalogenid erhält man aus einem Gemisch aus Zr- u. HF-Tetrahalogeniden (Chloriden, Bromiden oder Jodiden) durch Red. mit feinverteiltem Zr-Metallschwamm bis Temp. von 250—500°. Hierbei wird das Zr-Tetrahalogenid selektiv zum Zr-Trihalogenid u. ggf. sogar zum Zr-Metall reduziert. Das HF-Tetrahalogenid bleibt unverändert u. kann dann aus dem Rk.-Gemisch abgetrennt werden. (**Aust. P. 230 046** vom 20/1. 1958, ausg. 22/9. 1960. A. Prior. 19/2. 1957.) O. Roick. H 323

Rio Tinto Management Services Ltd. (Erfinder: Clifford Jackson Lewis und Robert Rampton Porter), **Behandlung Thorium enthaltender Lösungen,** wie sie bei der Urangewinnung nach Entfernen des U mit Ionenaustauschern aus den Th u. U enthaltenden Lsgg. anfallen. Man red. zuerst in den Fe^{3+}, Fe_2^{2+}, SiO_2 u. SO_4^{2-} enthaltenden Lsgg. bei einem pH von ca. 2 Fe^{3+} zu Fe^{2+}, scheidet ausgefallenes SiO_2, Sulfat u. andere Bestandteile aus der Lsg. ab, versetzt die Lsg. mit Phosphationen, erhöht den pH-Wert der Lsg. auf 2,3—3,5, vorteilhaft 2,7, u. trennt das *Th-Phosphat*, das ohne wesentliche Ausfällung anderer Bestandteile abgeschieden wird, ab. (**Aust. P. 230 047** vom 26/2. 1958, ausg. 22/9. 1960. A. Prior. 21/3. 1957.)
O. Roick. H 324

Kennecott Copper Corp., New York, N.Y., übert. von: Stuart R. Zimmerley und Emil E. Malouf, Salt Lake City, Utah, V.St.A., **Gewinnung von Molybdän(VI)-oxid.** Man röstet ein Cu u. Fe enthaltendes MoS_2-Konzentrat oxydierend ca. 4 Std. bei ca. 600°, so daß SO_2 entweicht. Anschließend behandelt man das Röst-Prod. mit H_2SO_4 u. erhitzt oxydierend auf ca. 300—400°. Man laugt unter Rühren mit W. u. trennt die Lsg. vom Unlöslichen ab. Durch Hebung des pH-Wertes auf ca. 1,5 fällt MoO_3, während die Verunreinigungen in Lsg. bleiben. (**A. P. 2 965 447** vom 10/10. 1957, ausg. 20/12. 1960.) H. Nebelsiek. H 336

Phillips Petroleum Co., übert. von: James L. Hart und Robert E. Reusser, Bartlesville, Okla., V.St.A., **Urangewinnung** aus wss., sauren Lösungen. Man schüttelt die saure Lsg., die 20—80 g/Liter Na_2SO_4, $ZnSO_4$, $MgSO_4$ oder $Al_2(SO_4)_3$ enthält u. einen pH-Wert von 0,5—5 aufweist, mit einem organ. Lsgm., z. B. Aceton, A., n-Propylalkohol oder Isopropylalkohol. Dabei liegt das Verhältnis von organ. Lsgm.: W zwischen 0,5:3. Man erhält das U aus der schwereren, unteren Phase, die grünlich gefärbt ist, z. B. durch Ausfällen mit NaOH oder durch Extrahieren mit Kerosin, das ein Alkylphosphat oder ein Amin enthält. (**A. P. 2 953 432** vom 13/11. 1958, ausg. 20/9. 1960.) H. Nebelsiek. H 339

Imperial Chemical Industries Ltd., London, England (Erfinder: Christopher Nigel Kenney), **Herstellung phosphorhaltiger Polymerisate,** in denen die Gruppe $[(\overset{|}{C}H_2-\overset{|}{C}H)_xPO(OH)_{3-x}]$, worin x = 1—3, wiederkehrt, durch Rk. von $POCl_3$ mit einer Vinyl-Grignard-Verb. bei Raumtemperatur. — Zum Beispiel wird unter starker Kühlung Vinylbromid mit Mg-Spänen in trockenem Tetrahydrofuran zur Rk. gebracht. Zu der Vinyl-$MgBr_2$ enthaltenden Lsg. wird $POCl_3$ zugesetzt u. nach Kühlung mit konz. NH_4Cl-Lsg. zwecks Hydrolyse behandelt. Zusammen mit $POCl_3$ kann auch noch Styrol sowie Isopropylazodiisobutyrat zugegeben werden, wodurch ein *Endprod., das Metalle aus ihren Salz-Lsgg. zu extrahieren vermag*, entsteht, z. B. *U aus einer UO_2·(NO_3)-Lsg.*, worauf das U mit Na_2CO_3-Lsg. aus dem Polymeren entfernt wird. Im übrigen sind die Verf.-Prodd. unlösl. in W., organ. Lsgm., Säuren oder Alkalien u. nicht schmelzend. (**E. P. 853 008** vom 20/6. 1958, ausg. 2/11. 1960.) H. Schindler. H 339

United States Atomic Energy Commission, übert. von: Raymond H. Moore, Richland, Wash., V.St.A., **Gewinnung von Plutoniumverbindungen** aus mit Neutronen beschossenem U–Al-Legg., die Pu- u. Spalt-Prod.-Verbb. enthalten. Man fügt zu der Leg. ein Alkalimetall–Al-Doppelchlorid, in welchem das Molverhältnis von Alkalichlorid : $AlCl_3$ = 1 : 1, erhitzt das Gemisch auf 400—800° u. trennt die entstandenen Phasen. Die Salzphase enthält die Chloride des Pu u. der Spalt-Prodd., während die Al-Metallphase metall. U enthält. (**A. P. 2 948 586** vom 24/7. 1958, ausg. 9/8. 1960.) H. Nebelsiek. H 343

United States Atomic Energy Commission, V.St.A., übert. von: Alfred Gavin Maddock, Montreal, und Adrian Hadfield Booth, Chalk River, Canada, **Abtrennen von Plutonium** aus Pu, U u. Spalt-Prodd. enthaltendem Material. Man löst dieses Material in HNO_3, oxydiert Pu zur 6-wertigen Stufe u. fügt CaF_2 zu. Dann läßt man die Lsg. eine Kolonne passieren, die mit frischgefälltem u. bei ca. 800° gesintertem CaF_2 gefüllt ist u. red. anschließend Pu(VI) zu Pu(IV). Schickt man diese Lsg. nochmals durch die mit gesintertem CaF_2 beschickte Kolonne, so wird Pu(IV) u. Pu(III) adsorbiert, während U u. die Spalt-Prodd. in Lsg. bleiben. (**A. P. 2 952 511** vom 23/9. 1946, ausg. 13/9. 1960.) H. Nebelsiek. H 343

United States Atomic Energy Commission, übert. von: Roy H. Beaton, Richland, Wash., V.St.A., **Trennen von Verbindungen des Plutoniums aus mit Neutronen beschossenem Uran enthaltenden, salpetersauren Lösungen,** wobei Pu eine Wertigkeit von höchstens +4 besitzt. Man setzt der Lsg. ein Alkalioxalat zu u. stellt das pH auf 2,5—4 ein. Schickt man diese Lsg. dann durch ein Kationenaustauscherharz, so wird Pu selektiv adsorbiert, während die Komplex-Verbb. (U u. Spalt-Prodd.) in Lsg. bleiben. (**A. P. 2 942 939** vom 16/1. 1947, ausg. 28/6. 1960.) H. Nebelsiek. H 343

United States Atomic Energy Commission, übert. von: Edwin R. Russell, Columbia, S.C., Arthur W. Adamson, Inglewood, Calif., und George E. Boyd, Oak Ridge, Tenn., V.St.A., **Trennen von Plutonium von Uran und Spaltprodukten.** Man behandelt eine Lsg. von mit Neutronen beschossenem U, die Pu in reduzierter Form enthält, mit einem Kationenaustauscherharz, wobei Pu, U u. Spalt-Prodd. adsorbiert werden. Dann eluiert man U mit 0,25m H_2SO_4 u. anschließend Pu mit 0,5m H_2SO_4 + 1m $NaHSO_4$. Zu dieser Lsg. fügt man $NaBiO_3$ u. hält die Lsg. u. den Nd. unter Zusatz von Cr_2O_7-Ionen ca. 1 Std. auf 75°. Den Nd., der nunmehr die Pu(VI)-Verb. adsorbiert enthält, trennt man ab u. löst die Pu(VI)-Verb. mit einer Säure heraus. (**A. P. 2 942 937** vom 9/9. 1949, ausg. 28/6. 1960.) H. Nebelsiek. H 343

United States Atomic Energy Commission, übert. von: Glenn T. Seaborg, Lafayette, Calif., Walter F. Blaedel, Madison, Wis., und Matthew T. Walling, Richland, Wash., V.St.A., **Trennen von Verbindungen des Plutoniums, Urans und der Spaltprodukte** aus wss. salpetersauren Lsgg. unter Zusatz von $Na_2Cr_2O_7$, um Pu in die 6-wertige Form überzuführen, u. anschließende Extraktion mit Hexan, das freie HNO_3 enthält. Man trennt die Pu- u. U-haltige organ. Phase ab u. behandelt sie mit einer wss., Fe(II)-Sulfamat u. Al-Nitrat enthaltenden Lösung. Das in die 3-wertige Form rückgeführte Pu geht dabei in die wss. Phase, während U in der organ. Phase bleibt. (**A. P. 2 950 166** vom 31/10. 1952, ausg. 23/8. 1960.) H. Nebelsiek. H 343

Ethyl Corp., New York, N.Y. (Erfinder: Hymin Shapiro und Harold E. Podall, Baton Rouge, La.), V.St.A., **Gewinnung von Manganpentacarbonyl** durch Druckumsetzung einer Mn-Verb. mit CO u. einem Metall oder einer Metall-Verb. unter erhöhter Temp., dad. gek., daß ein Mn-Salz mit CO u. einem Metall der Hauptgruppe der I. Gruppe, bes. Na, oder einem Metall der Hauptgruppe der III. Gruppe, bes. Al, oder einer stabilen Organometall-Verb. eines Elementes der Nebengruppe der II. Gruppe oder der Hauptgruppe der III. Gruppe des Period. Syst., bes. Al oder Zn, oder einem Metallhydrid, bes. NaH, bes. in Ggw. eines inerten Lsgm. (Toluol, Bzl., Diäthyläther, Anisol, Pyridin) umgesetzt wird. — Zum Beispiel werden 2,5 (Teile) Mn-Acetylacetonat mit 0,8 K in 30 Mischhexan bei 100° u. 140 kg/cm² CO-Druck mit prakt. 100%ig. Ausbeute, auf Mn-Verb. berechnet, umgesetzt. (**D. A. S. 1 133 355** Kl. 12n vom 18/12. 1958, ausg. 19/7. 1962. A. Prior. 23/12. 1957.)
K. Demmler. H 350

Kennecott Copper Corp., New York, N.Y., übert. von: Stuart R. Zimmerley und John D. Prater, Salt Lake City, Utah, V.St.A., **Reinigen von Rhenium enthaltenden Lösungen,** die daneben noch Verbb. des Mo u. Fe enthalten. Man stellt die saure, wss. Lsg. auf ein pH von 2,5—3 ein u. fügt ein Oxydationsmittel zu, um die vorhandenen Metalle in die höchste Wertigkeitsstufe zu überführen. Dann fällt man mit Na_2CO_3 Fe als bas. Fe-Carbonat, das man abtrennt u. setzt dem Filtrat NaOH zu, um den pH-Wert der Lsg. auf 9—14 zu steigern. Diese Lsg. schickt man anschließend durch einen Anionenaustauscher, von dem Re u. Mo adsorbiert werden. Mo wird dann eluiert mit Hilfe einer NaOH-Lsg. u. Re mit einer starken Säure. (**A. P. 2 945 743** vom 27/2. 1958, ausg. 19/7. 1960.)
H. Nebelsiek. H 352

Hokuriku Kako Kabushiki Kaisha, Tokyo, Japan, **Herstellung von Eisenpulver,** dad. gek., daß man Eisen- oder Stahlspäne bei Temp. zwischen 500 u. 850° mit NH_3 nitridiert, auf eine gewünschte Korngröße pulvert u. anschließend den in dem Pulver enthaltenen N durch Anwendung von denitrierenden Gasen, bes. H_2, bei $>400°$ oder durch therm. Zers. bei $>700°$ unter Vermeidung von Oxydationen entfernt. Man erhält z. B. Fe-Pulver mit 99,5% Fe. (**D. A. S. 1 134 359** Kl. 12n vom 17/7. 1959, ausg. 9/8. 1962.)
K. Demmler. H 354

Soc. d'Électro-Chimie, d'Électro-Métallurgie et des Aciéries Électriques d'Ugine, Paris (Erfinder: Francis Reynaud, Pombliex-St.-Marcel, und André Roth, Moutiers), Frankreich, **Ausfällen von Nickel** aus sauren, Ni u. Co enthaltenden wss. Lsgg. in Ggw. von Fe, S, As, Sb, Se u. Te bei $<100°$ u. pH 1—5,5, dad. gek., daß das Ni durch Zugabe eines Metalls, das elektronegativer als Ni ist, u. einer oder mehrerer Nichtmetall-Verbb., bestehend aus 2 oder mehreren der Elemente S, Se, Te, Sb u. As, bes. As_2S_3 u./oder Sb_2S_3, bes. in Ggw. geringer Mengen Cu, unter Aufrechterhaltung des pH-Wertes der Lsg. von ca. 2,5 gefällt wird, wobei elektronegative Metalle, bes. Fe, in der 1,1—1,3fachen atomaren Menge des Ni angewendet wird. (**D. A. S. 1 134 360** Kl. 12n vom 6/5. 1958, ausg. 9/8. 1962. F. Prior. 7/5. 1957.)
K. Demmler. H 356

Sherritt Gordon Mines Ltd., Toronto (Erfinder: Nicolaus Mackiw, Vasyl Kunda, und Wei-Cheng-Lin, Hull), Canada, **Abscheidung von Nickel und/oder Kobalt in Pulverform** aus einer wss. Lsg. eines komplexen Amminsalzes des Metalls durch Red. mit einem reduzierenden Gas, bes. H_2, unter erhöhtem Druck u. erhöhter Temp., dad. gek., daß vor der Einw. des reduzierenden Gases auf die Lsg. in dieser feinverteilte Feststoffpartikel suspendiert werden, wobei die Partikeln durch einen chem. Fällungsprozeß erzeugt werden oder aus in einer vorhergehenden Charge abgeschiedenen u. in die neue Charge eingeführtem Metallpulver bestehen können. Ferner können Partikeln einer unlösl. Verb. des abzuscheidenden Metalls verwendet werden, die durch ein Fällungsmittel, bes. Sulfidionen, aus der Lsg. gefällt werden. (**D. A. S. 1 132 550** Kl. 12n vom 7/1. 1954, ausg. 5/7. 1962.)
K. Demmler. H 356

Farbwerke Hoechst Akt.-Ges., vormals Meister Lucius & Brüning, Frankfurt/M. (Erfinder: Ulrich Schwenk, Frankfurt/M., Ludwig Schläfer, Sulzbach, Günter Mau und Manfred Förderreuther, Frankfurt/M.), **Regenerieren von Silbersalzlösungen,** die bei Siede Temp. der Ag-Salz-Lsg. nichtflüchtige, lösl. organ. Verunreinigungen enthalten, dad. gek., daß man die Ag-Salz-Lsg. erhöhter Temp. aussetzt, wobei man die Lsg. vor der therm. Behandlung durch Behandeln mit Dampf oder Inertgasen weitgehend von flüchtigen organ. Bestandteilen befreien u. gleichzeitig mit der therm. Behandlung gasförmige oder fl. Oxydationsmittel einwirken lassen kann. — Zum Beispiel kann man eine Ag-Acetylid enthaltende Ag-Borfluorid-Lsg. durch 1std. Erhitzen auf 200° im Autoklav vom gelösten Ag-Acetylid prakt. vollständig befreien. (**D. A. S. 1 133 356** Kl. 12n vom 11/10. 1960, ausg. 19/7. 1962.)
K. Demmler. H 359

Geoffrey Sly (Erfinder: Erwin Lockwood Carpenter und Norman Hedley), **Gewinnung von Edelmetallen aus den Erzen,** bes. *Golderzen,* durch Extraktion mit CN-haltigen Verbb. bewirkt man mit wirtschaftlichen Vorteilen, z. B. einem geringeren Verbrauch an CN, mit aliphat. oder araliphat. α-Hydroxynitrilen, z. B. Lactonitril, α-Hydroxyisobutyro- oder Glykolnitril, allein oder zusammen mit Alkalicyaniden. (**Aust. P. 230 226** vom 6/3. 1958, ausg. 6/10. 1960.) O. Roick. H 360

Union Carbide Corp., New York (Erfinder: Joseph Gerald Gottstine, Buffalo, und Emery Harry Westerland, Tonawanda), N.Y., V.St.A., **Herstellung von Zeolith X** durch hydrothermale Behandlung von Na–Al-Silicat–W.-Mischungen, dad. gek., daß ein Rk.-Gemisch folgender Zus.: Na_2O/SiO_2 = 1,2—1,5, SiO_2/Al_2O_3 = 2,5—5,0 u. H_2O/Na_2O = 35—60 bei Temp. von 6—70° hergestellt, dieses Gemisch vor der hydrothermalen Behandlung mindestens 2 Std. u. bis zu 2 Tagen bei dieser Temp. stehen gelassen u. anschließend rasch auf die Umwandlungs-Temp. erhitzt wird. (**D. A. S. 1 138 383** Kl. 12i vom 23/3. 1961, ausg. 25/10. 1962.)

R. Zimmermann. 6151

Imperial Chemical Industries Ltd., England, *Durchführung gasförmiger Reaktionen anorganischer Stoffe.* (**F. P. 1 231 240** vom 14/4. 1959, ausg. 27/9. 1960. E. Prior. 14/4. 1958. — C. **1962,** 16803 [E. P. 855 084].)

VEB Leuna-Werke „Walter Ulbricht", übert. von: **Alfred Schäffler, Friedrich Bach** und **Gerhard Meier,** Leuna, Kr. Merseburg, *Hydroxylaminsulfatlösungen.* (**Can. P. 570 141** vom 9/5. 1956, ausg. 3/2. 1959. D. Prior. 11/2. 1956. — C. **1959,** 11694 [D. A. S. 1 041 929].)

Pennsalt Chemicals Corp., übert. von: **Isadore Mockrin,** Philadelphia, und **Oliver S. Sprout jun.,** North Hills, Pa., V.St.A., *Wasserfreies Na-Metasilicat.* (**Can. P. 569 877** vom 6/1. 1956, ausg. 3/2. 1959. A. Prior. 28/1. 1955. — C. **1959,** 6258 [A. P. 2 830 876].)

Pennsalt Chemicals Corp., übert. von: **Isadore Mockrin,** Philadelphia, Pa., V.St.A., *Wasserfreies Na-Metasilicat.* (**Can. P. 569 878** vom 6/1. 1956, ausg. 3/2. 1959. A. Prior. 28/1. 1955. — C. **1960,** 3992 [A. P. 2 860 034].)

Pennsalt Chemicals Corp., übert. von: **Isadore Mockrin** und **Clair W. Graver,** Philadelphia, und **Ford R. Lowdermilk,** Gwynedd Valley, Pa., V.St.A., *Na-Metasilicat.* (**Can. P. 569 879** vom 6/1. 1956, ausg. 3/2. 1959. A. Prior. 28/1. 1955. — C. **1960,** 3992 [A. P. 2 860 033].)

Knapsack-Griesheim Akt.-Ges., Knapsack (Erfinder: **Franz Rodis,** Knapsack, **Johannes Krause,** Hermülheim, und **Klaus Beltz,** Hürth), *Herstellung von Alkalitriphosphaten oder Alkalipyrophosphaten oder deren Gemischen.* (**Schwz. P. 341 800** vom 21/2. 1955, ausg. 15/12. 1959. D. Prior. 8/3. 1954 u. 7/1. 1955. — C. **1960,** 954 [F. P. 1 120 378] u. C. **1959,** 17367 [E. P. 799 429].)

Perfogit S. p. A., Mailand, Italien, *Herstellung von Alkalimetallen mit hoher Reaktionsfähigkeit.* (**It. P. 550 815** vom 23/3. 1956. — C. **1960,** 13489 [F. P. 1 169 904].)

Farbenfabriken Bayer Akt.-Ges., Leverkusen (Erfinder: **Dieter Goerrig,** Lohmar, und **Friedrich Schubert,** Leverkusen), *Herstellung von Metallhydriden.* (**Schwz. P. 341 479** vom 10/6. 1955, ausg. 30/11. 1959. D. Prior. 12/7. 1954. — C. **1957,** 4511 [D. B. P. 947 789].)

Hans Grothe, Überlingen am Bodensee, *Gewinnung von Fe, TiO_2 und $AlCl_3$.* (**Can. P. 569 880** vom 14/6. 1955, ausg. 3/2. 1959. D. Prior. 15/6. 1954. — C. **1959,** 15805 [D. P. [DDR] 15 490].)

Union Carbide Corp., New York, N.Y., V.St.A. (Erfinder: **Roger Lucien Pilloton**), *Gewinnung von Oxiden von Metallen der V. und VI. Nebengruppe des Periodischen Systems.* (**Aust. P. 231 169** vom 3/12. 1958, ausg. 8/12. 1960. A. Prior. 9/12. 1957. — C. **1961,** 4131 [D. A. S. 1 091 551].)

H_6. Silicatchemie. Baustoffe

Die Benetzung von Kalk und Quarz durch schmelzende Soda. Eine phänomenologische Studie. Leopold Riedel. (Glastechn. Ber. **35,** 53—56, 1962; Düsseldorf-Gerresheim, Gerresheimer Glashüttenwerke Akt.-Ges.; dt.) — An Quadern mit 4—6 mm Kantenlänge aus Kalkstein, Calcit, Dolomit u. Quarz wurden mit kleinen Sodakügelchen Benetzungs-Verss. angestellt. Danach laufen im schmelzenden Gemenge recht verschiedenartige Rkk. ab. J. Heinze. 6170◇

Grundsätzliches über die Temperaturregelung kleiner Hohlglaswannen. Gebhard Thies. (Glastechn. Ber. **35,** 307—12, 1962; Karlsruhe; dt.) — Der Einbauort für Thermoelemente wird näher bestimmt. Die Meßgenauigkeit von Thermoelementen u. von Gesamtstrahlungspyrometern wird erörtert. J. Heinze. 6172◇

Meß- und Regelverfahren für Glasschmelzwannen. Manfred Ebeling. (Glastechn. Ber. **35,** 312—16, 1962; Minden/Westf.; dt.) — Die Vorteile der Syst.-Technik u. der Einsatz von Kompkat-Reglern werden aufgezeigt. An einigen Anlagen wird die spezielle meß- u. regeltechn. Ausrüstung beschrieben. J. Heinze. 6172◇

Glasstandsregelung an Wannenöfen mit der elektropneumatischen Sonde. Hermann Bürklin. (Glastechn. Ber. **35,** 316—21, 1962; Minden/Westf.; dt.) — Es wird eine Glasstandsmeßeinrichtung mit der elektro-pneumat. Sonde beschrieben, die Arbeitsweise der Einrichtung mit Sonde, Meßbrücke u. Nachlaufregelung erläutert u. über Erfahrungen berichtet, die an Wannenöfen gemacht wurden. J. Heinze. 6172◇

Herdraumdruckregelung unter Anwendung von Transmittern mit elektrischer oder hydraulischer Hilfsenergie. Marcel Axmann. (Glastechn. Ber. **35,** 321—26, 1962; Berlin-Lichterfelde-Ost; dt.) — Es wird eine mit pneumat. Feindruck-Meßumformer u. hydraul. Stelleinrichtungen aufgebaute Regeleinrichtung für eine vollautomat. Glasschmelzmaschine beschrieben u. das Regelergebnis an Hand von Betriebsdiagrammen erläutert. J. Heinze. 6172◇

Grundsätzliches über die Regelung von Hafenöfen. Christoph Kliesch. (Glastechn. Ber. **35**, 326—28, 1962; Herzogenrath; dt.) — Es wird auf Grund von Messungen an generatorgasbeheizten Oberflamm-Glasschmelz-Hafenöfen diskutiert, welche repräsentativen Kennwerte für eine Regelung geeignet sind. Zwar bietet die Wärmemengenregelung gegenüber der Temp.-Regelung eine Reihe nicht zu übersehender Vorteile, jedoch sind durch Abweichungen der Beschickung zu besonderen Perioden Temp.-Messungen geeigneter. J. Heinze. 6172◇

Erfahrungen mit der Regelung von Hafenöfen. Nikolaus Spaeth. (Glastechn. Ber. **35**, 328—31, 1962; Wadgassen; dt.) — Der Aufbau der Gesamtanlage u. der Regelkreise für Temp., Brennstoff-Luftgemisch, Ofendruck u. der zusätzlichen Meßeinrichtungen wird beschrieben. Erfahrungen über die Auswirkung der geregelten Betriebsweise werden mitgeteilt. Die durch die Regelung erreichten wirtschaftlichen Vorteile werden angeführt. J. Heinze. 6172◇

Einige experimentelle Formeln über den Fluß von geschmolzenem Glas in Wannenöfen. Masanaga Kunugi, Katsuaki Takahashi und Ikutaro Sawai. (J. ceram. Assoc., Japan [Yogyo Kyokai Shi] **70**, Nr. 795, 57—64, 1962; Kyoto, Univ., Dep. of Ind. Chem.; Okayama, Univ., Dep. of Ind. Chem.; jap., Auszug: engl.) — Vgl. C. **1961**, 10329 u. C. **1962**, 17887. — Ableitung einer Gleichung für den Fluß von geschmolzenem Glas in einem Wannenofen auf Grund von Versuchen. W. Wesly. 6174◇

Einfluß von Inhomogenitäten auf die Viscosität und Strömungshomogenisierung von Glasschmelzen. Rolf Brückner. (Glastechn. Ber. **35**, 43—52, 1962; Würzburg, Max-Planck-Inst. für Silikatforsch.; dt.) — Die Abnahme der Schlierigkeit stark inhomogener Glasschmelzen durch eine Coutte-Strömung u. der Einfl. auf die Viscosität wird im Rotationsviscosimeter im Hinblick auf die Wrkg. der Konvektionsströmungen in einer Glaswanne quant. verfolgt. Es ergeben sich bei 1300° u. bei einer Scher-Geschw. von ca. 1,3 s^{-1} relativ lange Rührzeiten, bis die Schmelze einigermaßen homogen wird. Dabei nimmt die Viscosität im ersten Stadium der Homogenisierung mit der Zeit merklich ab, was auf die Auflösung mkr. u. sub-mkr. Gemengreste u. auf die Zerteilung zähfl. Schlieren zurückgeführt werden kann. J. Heinze. 6174◇

Gedanken zum Stand der Forschung über die Glasstruktur. Hermann Salmang. (Glastechn. Ber. **35**, 6—8, 1962; Maastricht; dt.) — Das Glas besteht nach Zachariasen aus einer Grundmasse von „random network“, in der sich während der Kühlung Bezirke von mol. Struktur bzw. Bezirke von Vorordnung zu Kristallgittern bilden, die später weiterwachsen. J. Heinze. 6200◇

Das Verhalten der Zähigkeit von technischen Gläsern zwischen 10^9 und 10^{14} Poise. Heribert J. Oel. (Glastechn. Ber. **35**, 56—60, 1962; Würzburg, Max-Planck-Inst. für Silikatforsch.; dt.) — Die Messungen der Zähigkeit an den drei untersuchten Gläsern im genannten Bereich zeigen, daß der Endwert der Zähigkeit, der sich nach etwa einer Verformung von 20% eingestellt hat, weder von der Größe der Spannung noch von der Vorbehandlung der Probe abhängt. Bis zum Erreichen dieses Endwertes findet aber eine deutliche Zähigkeitsänderung statt. Im einzelnen wird der Einfl. von Spannung u. Vorbehandlung untersucht. Zur Deutung dieses Verh. im Rahmen der Netzwerktheorie wird angenommen, daß es sich bei der Einstellung des stationären Endzustandes — der eine Funktion der angelegten Spannung ist — um größere Struktureinheiten oder Bereiche handelt u. nicht um einzelne Atome oder Ionen. J. Heinze. 6200◇

Thermische und elastische Nachwirkung von Glas. 1. Mitt. Die thermische Nachwirkung und ihre strukturelle Deutung. Emil Deeg. (Glastechn. Ber. **35**, 22—27, 1962; Mainz, Jenaer Glaswerk Schott & Gen.; dt.) — Zur strukturellen Deutung der therm. Nachwrkg. wird ein Bändermodell für die Beschreibung der energet. Verhältnisse bzgl. netzwerkbildender u. netzwerkspaltender Ionen verwendet. Dadurch ergibt sich die Möglichkeit, die Zeitabhängigkeit einer Glas-Eig. durch Überlagerung von Exponentialfunktionen darzustellen. Jeder Term der Superposition wird durch die von einer Ionenart ausgeführten Platzwechsel bestimmt. J. Heinze. 6200◇

Der Einfluß des Wassergehaltes von Silicatgläsern auf ihre Transformations- und Erweichungsverhalten. Ludwig Merker und Horst Scholze. (Glastechn. Ber. **35**, 37—43, 1962; Würzburg, Max-Planck-Inst. für Silikatforsch.; dt.) — Viscositätsmessungen an Gläsern mit verschiedenen Zus. u. unterschiedlichen Wasser-Geh. ergaben, daß die Transformations-Temp. ($\eta = 10^3$ Poise) u. der Littleton-Punkt ($\eta = 10^{7,6}$ Poise) durch das gelöste W. um bis zu 60° erniedrigt werden. Aus der Beobachtung, daß die Transformations-Temp. stärker herabgesetzt wird als der Littleton-Punkt, ergibt sich in Übereinstimmung mit anderen Messungen bei höheren Temp., daß der Einfl. des gelösten W. mit steigender Viscosität stark zunimmt. Es wird eine strukturelle Deutung der beobachteten Erscheinungen vorgeschlagen u. auf die große prakt. Bedeutung für Fragen der Kühlung u. der Anpassung von Verschmelzungs-Partnern hingewiesen. J. Heinze. 6200◇

Das Berechnen der Transmission bei Gläsern verschiedener Dicke. S. R. Scholes. (Glass Ind. **42,** 440—41, 444, 1961; Alfred, N.Y., Alfred Univ.; engl.) — Die mathemat. Ableitung des Problems wird gegeben. Ein Diagramm wird vorgelegt, mit dessen Hilfe die Abschätzungen genügend schnell u. genau vorgenommen werden können. J. Heinze. 6200◇

Ein Beitrag zur Bildung von Aluminium- und Borsilicatgläsern. Woldemar A. Weyl. (Glastechn. Ber. **35,** 1—6, 1962; University Park, Pa., Pennsylvania State Univ., Coll. of Miner. Ind.; dt.) — Die Deutung der Borsäure-Anomalie muß unter Beachtung der dynam. Verhältnisse, die durch die wechselweise Beeinflussung der Ionen im Glas vorliegen, geschehen. Die übliche, stat.-geometr. Betrachtungsweise reicht nicht aus. Diese Auffassung wird unter Verw. der Abschirmtheorie am Beispiel der Syst. Alkalioxid–B_2O_3–SiO_2 u. Alkalioxid–Al_2O_3–SiO_2 erläutert. J. Heinze. 6200◇

Die Trübgläser. L. Springer. (Sprechsaal Keram., Glas, Email **95,** 511—13, 1962; Zwiesel; dt.) — Übersichtarbeit. — 36 Literaturzitate. J. Noack. 6200◇

Herstellung von Doppelglasscheiben (Mehrscheiben-Isolierglas). Karl-Heinz Köhne. (Glas-Email-Keramo-Techn. **11,** 361—67, 408—13, 448—51, 1960; dt.) — Es wird eine Übersicht über neue Entw. bei der Herst. von Doppelglasscheiben mit verschmolzenen Rändern sowie über Herst. u. Verschluß der für die Entlüftung u. Gasfüllung notwendigen Scheibenöffnungen in einer Scheibenfläche oder in der Schmelznaht gegeben. Neuerungen beim Herstellen von Doppelglasscheiben mit nichtmetall. Randstreifen, Kleb- u. Kittverbindungen u. -materialien, neue Vorschläge für Doppelglasscheiben mit metall. Randstreifen u. Meth. u. Anlagen zur selbsttätigen Scheibenreinigung werden besprochen. Über neue Vorschläge für solche Scheiben aus besonderem Material oder mit Einlagen zur Erzielung von Form- u. Farbeffekten, sowie über bessere Wärmeisolation wird ebenfalls berichtet. J. Heinze. 6200◇

Kooperative Erscheinungen und Glasbildung, erläutert am SiO_2. Heinz Jagodzinski. (Glastechn. Ber. **35,** 8—13, 1962; Würzburg, Max-Planck-Inst. für Silikatforsch.; dt.) — Die Frage, ob eine vorgegebene chem. Verb. zur Glas-Bldg. neigt, kann am besten über die Beurteilung der kooperativen Erscheinungen der dazugehörigen kristallinen Phase beantwortet werden. Stoffe, deren kristalline Phasen nur geringe Kooperationseffekte besitzen, neigen bevorzugt zur Glasbildung. Im Falle des SiO_2 haben die Quarzstrukturen die geringsten, die Cristobalitstrukturen dagegen die höchsten Kooperationseffekte, jedoch sind sie klein im Vgl. zu anderen Strukturtypen. J. Heinze. 6204◇

Zum Problem des Lösungsvorganges vom Standpunkt der Kinetik. M. Rey und P. Vassort. (Bull. Soc. franç. Céram. **1962,** Nr. 56, 5—14; Ugine, Soc. d'Électro-Chim., d'Électro-Métallurg. et des Aciéries Électr., Labor.de Rech.; franz.) — Die Vorgänge bei der Auflösung fester poröser Körper durch Fl. sind außerordentlich komplex. Die Verss. wurden deshalb an einem vereinfachten Modell durchgeführt, bei dem während des Lsg.-Prozesses keine neue Phase auftritt u. die in die Nernstsche Theorie eingehenden Größen exakt definiert sind. J. Heinze. 6206◇

Eine Bibliographie über elektrische Eigenschaften von Porzellanemaillen und keramischen Überzügen. J. H. Terry. (Ceram. Ind. **74,** Nr. 4, 100—03, **75,** Nr. 1, 44—45, Nr. 2, 52—53, 1960; Fort Wayne Labor.; engl.) R. Grundmann. 6212◇

Bestimmung des Haftvermögens von Email auf dem Grundblech bei Angriff der Abreißkraft in senkrechter Richtung zur gemeinsamen Haftfläche. Ernst A. Franke. (Glas-Email-Keramo-Techn. **11,** 375—79, 1960; dt.) — Die Notwendigkeit einer bestimmten Probengestaltung wird angegeben. Die Gestaltung selbst u. die Art der Einspannung in die Zerreißmaschinen wird beschrieben. J. Heinze. 6212◇

Die Streuung der Bleilässigkeit von Aufglasurdekors. H. Häffner. (Ber. dtsch. keram. Ges. e. V. **38,** 515—18, 1961; Erlangen, Staatl. Chem. Unters.-Anst.; dt.) — Bei ganz gleichen Bedingungen, wie sie innerhalb eines Brennkorbes angenommen werden müssen, weist die Bleilässigkeit gleicher Dekore ganz erhebliche Streuungen auf. J. Heinze. 6212◇

Der Einfluß des Quarzes auf die Gefügespannungen im Porzellan. K. Schüller. (Ber. dtsch. keram. Ges. e. V. **39,** 286—93, 1962; Lauf/Pegnitz, Steatit-Magnesia Akt.-Ges., Zentral-Labor.; dt.) — Der Gegensatz der Auffassungen in bezug auf eine festigkeitssteigernde oder -mindernde Wrkg. der Gefügespannung kann überbrückt werden, wenn man den Spannungszustand dreiachsig betrachtet u. zusätzlich die Menge des vorhandenen Quarzes berücksichtigt. Es kann dann erklärt werden, daß die von der Theorie geforderte Festigkeitserhöhung nur in quarzreichen Porzellanen auftritt. Die experimentellen Ergebnisse lassen sich ohne Zuhilfenahme von Annahmen über den Einfl. von anderen Phasen widerspruchsfrei erklären. In verschiedenen Vers.-Reihen wurde der Einfl. der Quarzmenge, die Wrkg. des Ersatzes von Quarz durch Glattscherben oder andere Stoffe, Quarzkorngröße u. Brenntemp. überprüft. J. Heinze. 6214◇

Über das Verhalten von Magnesitsteinen in Industrieöfen, insbesondere in Regenerativgitterwerken von Glasschmelzwannenöfen. Hans-Ernst Schwiete, Ulrich Ehrcke und Alexander Majdič. (Glastechn. Ber. **35.** 227—33, 1962; Aachen, TH, Inst. für Gesteinshüttenkunde; dt.) — An neuen u. gebrauchten Magnesitsteinen, die aus einem Drehofen bzw. aus der Regenerativgitterung einer Glasschmelzwanne ausgebaut wurden, werden Unters. über die chem. u. mineralog. Zus. sowie über die physikal.-mechan. Eigg., bes. das Dehnungs-Verh., durchgeführt. H. Noack. 6218

Verbesserung feuerfester Keramik für basische offene Herdöfen, die den Bedingungen der modernen Praxis entsprechen. James C. Hicks. (Ind. Heating **28,** 1757 bis 1758, 1760, 1961; Oakland, Calif., Kaiser Aluminum & Chem. Corp. Res. u. Dev.; engl.) — Es wird ein Überblick über die Entw. der bas. Ofenfutter, wie sie zum Frischen in der Stahlindustrie verwendet werden, gegeben, wobei die Notwendigkeit zur Erstellung größerer Ofeneinheiten mit einem Futter längerer Lebensdauer hervorgehoben wird. Über die Korngröße u. die Reinheit des Materials konnten deutliche Fortschritte erzielt werden. Die Reparaturmöglichkeiten defekter Stellen im Futter durch Spritz- oder Streichmassen werden besprochen. W. Anika. 6218◇

Mineralogisch-petrographische Untersuchungen an verschlackten feuerfesten Stampfmassen aus steinkohlegefeuerten Schmelzkammerkesseln. D. Hallbauer. (Mitt. Vereinig. Großkesselbesitzer **1962,** 161—75; Essen, Forsch.-Inst. des Steinkohlenbergbauvereins, Petr.-Miner. Abt. der Bergbau-Forsch. GmbH; dt.) — Die Rkk. zwischen geschmolzener Steinkohlenschlacke u. der feuerfesten Ausstampfung werden untersucht. Die üblichen Stampfmassen (SiC, Cr-Erz u. Schamotte) können den Anforderungen im Schmelzkessel nicht standhalten, bes. bei reduzierender Umgebung. Gewisse Verbesserungen versprechen Korundmassen. J. Heinze. 6218◇

Zur Frage der mechanischen Aktivierung und Passivierung: Einfluß des Mahlverfahrens und des Mühlenwerkstoffes auf das Sintern von keramischen Oxiden. G. Naeser, W. Scholz und A. Fiedler. (Ber. dtsch. keram. Ges. e. V. **39,** 280—85, 1962; Duisburg-Wanheim, Mannesmann-Forsch.-Inst.; dt.) — Die Beziehung zwischen der Mahldauer von Al-Silicat sowie von gebranntem Dolomit u. den Festigkeiten von Preßlingen vor u. nach dem Sintern verläuft in Kurven mit ausgeprägten Maxima u. Minima, wenn der Mahlvorgang nur lange genug fortgesetzt wird. Mühlenkonstruktion u. -werkstoff beeinflussen diese Vorgänge stark. Die Festigkeitszunahme erreicht bei bestimmten Mahldauern bis 1000% des Anfangswertes u. fällt nach weiterer Behandlung in der Mühle stark ab. Auch das Füllvol. ändert sich mit der Mahldauer unstetig. Der Einfl. der mechan. Einw. verschwindet beim Erwärmen des Pulvers auf 900—1000°. Als Ursache dieser mechan. Aktivierungen bzw. Passivierungen wird ein Wechsel von Störungen u. Ausheilungen des Gitters während des Mahlens angenommen. J. Heinze. 6220◇

Puzzolanzemente und ihre Eigenschaften. J. Jambor. (Stavivo **37,** 249—54, 1959; Bratislava; tschech.) — Die Bedeutung von Puzzolanen für die Bindemittelerzeugung, die Puzzolanarten (natürliche Puzzolane, Tuffe, Tuffite, Kieselgur u. andere, therm. aktivierte Tone, Tonerde u. Tonerdmaterialien sowie industrielle Nebenprodd., bes. Flugaschen), das Prinzip der Puzzolanaktivität u. die charakterist. Rkk. mit $Ca(OH)_2$, die Dosierung im Puzzolanzement, die Zubereitungs-Meth. dieser Zemente, ihre charakterist. Eigg. u. die der aus ihnen erzeugten Betone werden beschrieben. Auf den gegenwärtigen Stand der Erzeugung u. Verw. von Puzzolanbindemittel in der CSSR wird hingewiesen. R. Grundmann. 6222◇

Über die Vorausbestimmung der Temperaturverteilung bei Betongroßbauten. Leopoldo Massimilla. (Ind. ital. Cemento **31,** 335—40, 1961; Napoli, Univ., Ist. di Chim. Ind.; ital.) — Vergleichende Unterss. von Hydratationswärmen bei Hütten- (HZ) u. Portlandzementen (PZ) zeigen die deutliche Überlegenheit von HZ gegenüber den PZ bzgl. niedrigerer Hydratationswärme. Die Unterss. geben Aufschluß über die Temp.-Verteilung (in Abhängigkeit von der Zeit) in 4—5 m starken Betonprüflingen in Abhängigkeit der Zementsorte u. der Klinkermenge. Auf Grund der unterschiedlichen u. undefinierten Arbeitsbedingungen der Praxis (Temp. beim Anmachen, Temp.-Wärmeaustausch u. -ableitung) ist es kaum möglich, verbindliche Vorausberechnungen aufzustellen. Die für den Techniker leicht anwendbaren Näherungs-Meth. von Schmidt liefern, wie Überprüfungen gezeigt haben, für Betongroßbauten gute Werte.

W. Anika. 6224◇

Wärmecharakteristik von Schaumbeton beim Verdampfungsprozeß. B. A. Nowikow. (Baumaterialien [UdSSR] **7**, Nr. 5, 37—38, 1961; russ.) — Die wärmephysikal. Eigg. von *Schaumbeton* verlangen Maximaltemp. beim Schäumen im Autoklaven, da sonst entstehende Wärmestauungen Einfl. auf die Struktur des Betons nehmen. Bei verschiedenen Dampfdrucken bis 12 atm u. Temp. bis 200° werden durch Unterss. proportionale Zusammenhänge zwischen Wärmeaustausch u. Oberflächenmodul ermittelt u. der Koeff. der Wärmeabgabe zu $\alpha = 40-50$ kcal/m²·h·Grad bestimmt.

W.-D. Heußner. 6224□

Ein poröses Füllmittel aus Schachtgesteinen für leichte Betone. Ju. W. Lissitzyn. (Baumaterialien [UdSSR] **7**, Nr. 5, 17—19, 1961; russ.) — Zur Herst. von porösen *Leichtbetonen* werden Zuschläge verwendet, deren Natur wesentlich die Eigg. des Betons bestimmen. Die auf der Basis von Argillit verwendeten Schachtgesteine eignen sich durch hohe SiO_2- u. Al_2O_3-Geh. als Zusätze zu Betonmischungen. Ungebranntes, C-haltiges Schachtgestein erfüllt die techn. Anforderungen eines Rohstoffes u. gibt den Leichtbetonen ein großes Wärmeisolationsvermögen bei hoher Belastungsfestigkeit.

W.-D. Heußner. 6224□

Feuerungsschlacken für Schlackenbeton. A. G. Pokorný und A. Foltýn. (Stavivo **37**, 224—26, 1959; Brno; tschech.) — Ein Überblick über einige Schlackenarten für Schlackenbeton nach der tschechoslowak. Norm CSN 72 2050 wird gegeben. Die Ergebnisse der durchgeführten Prüfungen (Prüfung der Vol.-Beständigkeit, des verbrennbaren Anteiles, Vgl. verschiedener Schlackenmuster im Hinblick auf Vol.-Beständigkeit, Abweichungen des SO_3- u. S-Gesamtgeh. in den Sulfiden u. Sulfaten, weitere Auslaugung der Schlacken durch W., Einfl. der Abbindung von Zement mit den Schlacken u. Vol.-Gew. der Schlacken) wird hinsichtlich der Aufbereitung besprochen.

R. Grundmann. 6224◇

Zellbetone aus den Abgängen angereicherter Kupfererze und Kupferschmelzschlacken. B. Parimbetow und K. Shapabajew. (Baumaterialien [UdSSR] **7**, Nr. 5, 13—16, 1961; russ.) — Durch Zusatz von bis 50% Schmelzschlackenrückständen zu Betongemischen lassen sich *Zellbetone* bes. mechan. Eigg. darstellen. Gegenüber Gasschlackenbeton weist Zellbeton sehr feinkörnige Strukturen auf u. besitzt neben einem geringen Schüttgew. von 700 kg/m³ eine Belastungsfestigkeit von 45 kg/cm². Hohe Frost- u. Wasserbeständigkeit erlauben eine Verw. beim Wasserbau unter extremen Temp.-Bedingungen. W.-D. Heußner. 6224□

Wege zur Verbesserung der Eigenschaften von Keramsit und von Konstruktionen aus Keramsitbeton. N. A. Popow und N. Ja. Spiwak. (Baumaterialien [UdSSR] **7**, Nr. 9, 9—13, 1961; russ.) — Mit entsprechenden Mischungsverhältnissen zwischen Keramsitsand u. Zement lassen sich *Betone* darstellen, welche bei Raum-Gew. von 300—350 kg/m³ Grenzbelastungen bis 70 kg/cm² tragen. Durch bes. Aufarbeitungs-Meth. lassen sich unter Verw. akt. Zementsorten schnell erhärtende Betone gewinnen, die sich durch geringe Feuchtigkeits-Geh. auszeichnen. W.-D. Heußner. 6224□

Änderungen der Kinetik der Gipserhärtung. 7. Mitt. **Der Einfluß von Verzögerungs- und Beschleunigungsmittelgemischen.** M. J. Ridge und H. Surkevicius. (J. appl. Chem. **11**, 420—26, 1961 Melbourne, Australia, Commonwealth Sci. and Ind. Res. Organization; engl.) — Nach thermochem. Betrachtungen über die Hydratationskinetik von calciniertem Gips, die Induktionszeit Θ u. die Rk.-Konst. k für das reine Rk.-Gemisch werden die Vers.-Ergebnisse bei Zusatz mehrerer Verzögerungs- u. Beschleunigungsmittel zu 6 verschiedenen Gips-Prodd. wiedergegeben. Als Verzögerer werden untersucht: Eialbumin, $(NaPO_3)_6$, Ca-Acetat, Borax, Ca-Borat, Na-Citrat u. Saccharose, als Beschleuniger: frisch gefälltes Ca-Sulfat, K_2SO_4 u. NaCl.

R. Kayser. 6226◇

Änderung der Kinetik der Gipserhärtung. 2. Mitt. **Die Wirkung von Verzögerungs- und Beschleunigungsmittelgemischen.** M. J. Ridge und H. Surkevicius. (J. appl. Chem. **11**, 427—34, Nov. 1961; engl.) — 1. vgl. vorst. Referat. — Theoret. beruht die Verzögerung der Gipshärtung auf der Vernichtung von ersten Hydratationskeimen u. der Wachstumverhinderung der $CaSO_4 \cdot 2\,H_2O$-Moll., die Erhärtungsbeschleuinigung, z. B. durch frisch gefälltes $CaSO_4 \cdot 2\,H_2O$, auf Keimneubildung. Aus Vgl.-Verss. an 7 Gipssorten mit gemischten Zusätzen werden die gefundenen Θ- u. k-Werte tabellar. wiedergegeben, woraus hervorgeht, daß die einzelnen Gipssorten für optimale Erhärtungszeiten sehr verschiedene Zusätze u. Zusatzmengen benötigen. R. Kaiser. 6226◇

Reaktionsfähigkeit von Kalk und entsprechenden Oxiden. 7. Mitt. Änderungen der Kristallgröße im aus Kalkstein hergestellten Calciumoxid. D. R. Glasson. (J. appl. Chem. **11**, 201—06, 1961; Plymouth, Techn. Coll., Chem. Dep., Acheson Res. Labor.; engl.) — 6. vgl. C. **1962**, 6175. — Die Änderung der CaO-Kristallitengröße wurde an aus reinem $CaCO_3$ geformten Kugeln (Ø = 1 ± 0,005 in.) unter verschiedenen Brennbedingungen (in Vakuum, in Luft ohne u. mit CO_2, Zers.-Temp.) untersucht. Sie erfolgte durch Berechnung aus der nach der BET-Meth. (Brunauer, Emmett u. Teller, J. Amer. chem. Soc. **60**, [1938], 309) bestimmten Oberfläche unter Annahme einer kub. Struktur des CaO. Bei 900° hing die Korngröße des CaO wesentlich von seiner Bldg.-Geschw. aus der $CaCO_3$-Struktur ab, bei höherer Brenntemp. erfolgte Wachstum der Kristallite in der Sinterungszone. R. Kaiser. 6226◇

Die Luftbeständigkeit von Bindemitteln auf Grundlage von Kalk und mineralischen Zusätzen. P. P. Budnikow und N. W. Iwachno. (Baumaterialien [UdSSR] **7**, Nr. 5, 32—34, 1961; russ.) — Vff. bestimmen die Verputzfestigkeit von *Kalk–Kieselgur*-Gemischen als Binder bei Aushärtung an Luft u. in CO_2-Atmosphäre sowie bei Vorbehandlung mit Dampf u. im Autoklaven. Bei wechselnden Aschezugaben zu diesen Gemischen wird eine Erhöhung der Belastungsfestigkeit der ausgehärteten Proben beobachtet, wobei aber größere Kalkmengen im Binder bei in CO_2 ausgehärteten Proben deren Festigkeit herabsetzen. W.-D. Heußner. 6226□

Der Einfluß von technologischen Faktoren auf die Ausbildung poröser Strukturen von Baukeramiken. A. Ss. Berkman und I. G. Melnikowa. (Baumaterialien [UdSSR] **7**, Nr. 5, 34—37, 1961; russ.) — Auf die Verschiedenartigkeit der Ausbildung einer porösen Struktur in *Baukeramiken* in Abhängigkeit der Brenntemp. wird im bes. hingewiesen. Vff. untersuchen diesen Zusammenhang der Strukturausbildung sowie Feuchtigkeits-Geh. u. Frostbeständigkeit an einzelnen Proben im Temp.-Bereich von 800—1050°. W.-D. Heußner. 6228□

Über das Gefrierverhalten von Wasser in Ziegeln. G. Rosenthal. (Ber. dtsch. keram. Ges. e. V. **39**, 304—09, 1962; Würzburg, Max-Planck-Inst. für Silikatforsch.; dt. — Unterkühlung an Ziegelsteinen wurde bis zu Temp. von —10° beobachtet. Auf Grund der Gefrierpunktserniedrigung konnte fl. W. in Ziegelproben bis zu —25° nachgewiesen werden. Es wird eine DTA-App. beschrieben, um dynam.-calorimetr. den Anteil an fl. W. in Abhängigkeit von der Gefrier-Temp. zu bestimmen. Die aus den Gefrierkurven ermittelten Werte werden mit anderen verglichen. An Hand der Kapillar-Kondens.-Theorie werden für die ermittelten Porendurchmesser die zu erwartenden Gefrierpunktserniedrigungen mitgeteilt; die gemessenen Werte sind größer als die errechneten. Offenbar spielt der Einfl. der Phasengrenze eine entscheidende Rolle. Es wird gezeigt, daß die hohe Gefrierpunktserniedrigung von W. in porösen Ziegeln nicht allein eine Funktion der Poren im Ziegel u. des Druckes ist. J. Heinze. 6228◇

Schallausbreitung in einem Faserblock als zusammengesetztes Medium. 1. Mitt. Y. Kawasima. (Acustica [Stuttgart] **10**, 208—17, 1960; Osaka, Univ., Inst. of Sci. and Ind. Res., Acoustics Labor.; engl.) — 2. vgl. C. **1963**, 2975. — Die Schallabsorption in Fasern wird theoret. untersucht. Die Absorption wird auf Reibungskräfte, die bei relativen Schallschnellen zwischen Luft u. Medium auftreten, u. auf die Wärmeleitfähigkeit zwischen beiden zurückgeführt. Dabei wird die Abhängigkeit der akust. Eigg. von der geometr. Faserstruktur diskutiert. H. Jacob. 6228◇

Wärmeisolierende Asbestsilicatmaterialien. I. S. Woltschek. (Baumaterialien [UdSSR] **7**, Nr. 5, 9—13, 1961; russ.) — Durch Aufschlußbearbeitung von *Silicaten* mit CaO im Autoklaven bei 7,5 atü lassen sich aus den gewonnenen Hydrosilicaten wechselnder Zus. neuartige wärmeisolierende u. temperaturbeständige Materialien darstellen. Bei Temp. bis 600° wird der Wärmeleitfähigkeits-Koeff. zu 0,07 kcal/m·Grad·h u. die Bruchbelastung zu 5—14 kg/cm² bestimmt. W.-D. Heußner. 6228□

Wärmeisoliermaterial aus landwirtschaftlichen Abfallprodukten: Cocosnuß (Cocos mucifera Linn.) Schale und Kern. N. V. R. Iyengar, B. Anandaswamy und P. V. Raju. (J. sci. ind. Res. [New Delhi], Sect. D **20**, 276—79, 1961; Mysore, Centr. Food Techn. Res. Inst.; engl.) — Vff. beschreiben die Herst. von Isoliermaterial aus sonnengetrockneten Cocosnußschalen u. Kernen, wobei der anhaftende Sand durch Flotation oder Luft entfernt wird. Die Eigg. dieses Isolierstoffes sind mit anderen Cellulosematerialien vergleichbar. H. Schumann. 6228◇

Das Mikroskop im Dienste der Keramik. H. Heuschkel. (Hermsdorfer techn. Mitt. **1**, 29—35, 1960; Hermsdorf, Thür., VEB Keram. Werke Hermsdorf, Techn.-Phys. Labor.; dt.) — Es werden einige Meth. bzw. Verff. angeführt: Durchlicht-, Auflicht-,

Elektronenmikroskopie u. das Phasenkontrastverfahren. Diese Verff. werden näher beschrieben u. Hinweise für die Präparation gegeben. An Hand von 22 willkürlich der keram. Praxis entnommenen Bildern wird die Brauchbarkeit demonstriert. J. Heinze. 6240◇

Direkte volumetrische Bestimmung des Al_2O_3 in Silicaten mittels EDTA. Z. Zalessky und I. A. Voinovitch. (Ind. céram. **1961**, 287—90; Labor. de Chim., Soc. Française de Céram.; franz.) — Al_2O_3-Best. in Silicaten erfolgt im salzsauren Filtrat des Na_2CO_3/K_2CO_3-Aufschlusses mit *Komplexon III* (I). R_2O_3 reagieren unter Komplex-Bldg. mit der ihnen äquivalenten EDTA-Menge. Durch Zugabe von Weinsäure u. $(NH_4)_2HPO_4$ wird das vorhandene TiO_2 maskiert u. der Überschuß von I mit $ZnCl_2$ u. Dithizon als Indicator titriert. Anschließend wird Al_2O_3 durch Zugabe von NaF aus dem Komplex freigemacht u. die ihm äquivalente EDTA-Menge mit $ZnCl_2$ titriert. Sind *Cr* u. *Cu* in größeren Mengen vorhanden, stören sie durch Färbung ihrer Komplexe. Spuren von *Mn* stören nicht, während F^- die Best. unmöglich macht. Genaue Beschreibung der Arbeitsweise u. Angaben über die verwendeten Lösungen. W. Anika. 6240◇

Das Massenfilter und seine Anwendung für Glasuntersuchungen. Karl-Georg Günther und Walter Hänlein. (Glastechn. Ber. **35**, 394—99, 1962; Nürnberg; dt.) — Es werden Wirkungsweise u. Einsatzmöglichkeit des elektr. Massenfilters für Glas-Unterss. beschrieben. Ergebnisse der Unterss. der Gasdurchlässigkeit, der Gasabgabe u. der Verw. zur Glasanalyse werden gegeben. J. Noack. 6242◇

Glasuntersuchung durch Bestimmung der inneren Reibung. Guy E. Rindone. (Mineral Ind., Pennsylvania State Univ. **31**, Nr. 4, 1—6, 1962; University Park, Pa., Pennsylvania State Univ., Coll. of Miner. Ind.; engl.) — Die innere Reibung von Gläsern wurde bei niedrigen Frequenzen im Temp.-Bereich —50 bis 500° mit der Torsionspendel-Meth. bestimmt. Von Vorteil ist dabei, daß sich der Relaxationsprozeß genügend von der Relaxation des Glasnetzwerkes selbst abhebt. Frequenzerhöhung führt zur Verschiebung der Maxima der inneren Reibung zu höheren Temperaturen. Der Schermodul bzw. die Veränderung der inneren Reibung mit der Temp. können mit dieser Meth. ebenfalls bestimmt werden. J. Heinze. 6242◇

Dichtemessungen an Boratgläsern. Matthias Coenen. (Glastechn. Ber. **35**, 14—21, 1962; Würzburg, Max-Planck-Inst. für Silikatforsch.; dt.) — Es wird über Dichtemessungen bei Raum-Temp. an bin. Alkali- u. Erdalkaliboratgläsern u. tern. Alkali–Alkali- u. Alkali–Erdalkali-Boratgläsern berichtet. In Fortsetzung einer früheren Arbeit von Dietzel (Glastechn. Ber. **22**, [1948/49], 41, 81, 212) wird der Einfl. der netzwerkändernden Ionen auf das Netzwerk beobachtet u. analyt. zu erfassen versucht. Bei den tern. Gläsern überlagert sich der Einw. auf das O-Gerüst eine gegenseitige Beeinflussung der netzwerkändernden Ionen. Die Gültigkeit der abgeleiteten Formeln wird auch an 2 Alkali–Erdalkali-Silicat-Syst. gezeigt. J. Heinze. 6242◇

Optische Eigenschaften von Glassystemen. 1. Mitt. Die spezifische Extinktion des Bleiborates in Mischgläsern mit Bariumborat. Walter Geffcken. (Glastechn. Ber. **35**, 27—36 1962; Mainz, Jenaer Glaswerk Schott & Gen.; dt.) — Es werden Messungen des Transmissionsgrades u. der Brechung an Gläsern des Syst. B_2O_3–BaO–PbO vom sichtbaren Spektralgebiet bis zu 0,2 μm durchgeführt. Je nach der Konz. des PbO ergeben sich zwei ausgeprägte mehr oder weniger stark voneinander getrennte Absorptionsbanden, die dem PbO zuzuschreiben sind. J. Heinze. 6242◇

Untersuchungen über den Einfrierbereich des Glases. Karl-Heinz Karsch. (Glastechn. Ber. **35**, 234—43, 1962; Aachen, TH, Inst. für Gesteinshüttenkunde; dt.) — Durch Ausdehnungs- u. kalor. Messungen wird die tiefste Temp. Tu für das Auftreten einer Bewegung von Struktureinheiten, die sich in der Schmelze gegeneinander bewegen u. die im Glas eingefroren sind, bestimmt. Die Meßergebnisse zeigen, wie Vers.-Durchführungen u. Vorbehandlung der Proben das Verh. einer glasig erstarrenden Substanz im Einfrierbereich beeinflussen. Die experimentellen Ergebnisse werden aus dem Einfl. der Orientierung auf die Bewegung des Teilchens gedeutet. H. Noack. 6242

Abbau von SiO_2-Schlieren in Gläsern durch Diffusion und Strömung. Hans Becker. (Glastechn. Ber. **35**, 387—92, 1962; Witten/Ruhr, Dtsch. Tafelglas Akt.-Ges.; dt.) — Probekörper, die durch Verschweißen zweier Glasplatten, von denen die eine die Zus. der Schlieren hat, liefern nach dem Tempern, Auftrennen, opt. Polieren u. Ätzen mit Fluorwasserstoffsäure Präpp., deren interferenz-mkr. Unters. die genaue Best. der Diffusions-Koeff. von SiO_2-Schlieren in Glas ermöglicht. Für Tafelglas wurden diese Diffusions-Koeff. im Temp.-Bereich von 1000—1400° bestimmt. Am Beispiel der Oberflächenströmung in einer Tafelglaswanne wird der Konz.-Abbau bei gleichzeitiger Einw. von Strömung u. Diffusion gezeigt. J. Noack. 6242◇

Versuche zum Ionenaustausch bei der Auslaugung von Natron-Kalk-Gläsern mit verdünnter Salzsäure. Horst Scholze. (Glastechn. Ber. **35**, 105—06, 1962; Würzburg; Max-Planck-Inst. für Silikatforsch.; dt.) — Es werden Verss. angestellt, Gläser der Zus. $Na_2O \cdot CaO \cdot SiO_2$ mit 16 Mol-% Na_2O durch 0,1n HCl auszulaugen, wobei die Veränderung der Durchlässigkeit der Gläser nach dem Vers. für IR von 1—7 μm sowie der Na-Geh. der Lsg. ermittelt wurden. Linien gleicher Diffusions-Konst. für Na^+-Ionen werden in einem Dreistoffdiagramm festgelegt. Es wird festgestellt, daß den Na^+-Ionen W. entgegendiffundiert u. ein Austausch von Na^+-Ionen gegen H^+-Ionen im Glas eintritt. Mit dem H^+ wandert auch H_2O ein. L. Kühnert. 6242□

Schwingungsdämpfung und Struktur von Gläsern des Systems $LiF-BeF_2$. Matthias Coenen. (Glastechn. Ber. **35**, 425—31, 1962; Würzburg, Max-Planck-Inst. für Silikatforsch.; dt.) — Aus dem Vgl. der freien Torsionsschwingungen, den elektronenmkr. Bildern u. Dichtemessungen sowie dem Zustandsdiagramm von $LiF-BeF_2$-Gläsern wird gefolgert, daß $LiF-BeF_2$-Gläser aus einer der Formel BeF_2 etwa entsprechenden tröpfchenförmigen Phase u. einer Matrix mit ca. 40% LiF bestehen. Bei hohem LiF-Geh. des Glases steigt der Geh. an LiF der Matrix. Die Entmischung wird als metastabil angesehen. Jede Phase hat ihre eigene Einfriertemp., die der Mikrophase ist durch starke Grenzflächenspannung viel tiefer, als der Zus. entspricht. J. Noack. 6242◇

Aufnahme von Tonerde an der Oberfläche von Tafelglas. Johannes Löffler. (Glastechn. Ber. **35**, 423—25, 1962; Witten/Ruhr, Dtsch. Tafelglas Akt.-Ges.; dt.) — Es wird ein Verf. zum Nachw. geringer Zers. von Tafelglas durch klimat. Einfl. durch Nachw. der Tonerde nach Ätzung mit Fluorwasserstoffsäure beschrieben. Der Einfl. des Geh. an lösl. Tonerde im Zwischenlegepapier auf die Entstehung der „Papierstruktur" beim Tafelglas wird untersucht. J. Noack. 6242◇

Die Thermoluminescenz von Kieselglas. Sabatino Cohen. (Bull. Soc. franç. Céram. **1962**, Nr. 56, 29—31, Juli/Sept.; Comp. de Saint-Gobain, Direction des Serv. de Rech.; franz.) — Es wird ein Gerät zur Best. der Thermoluminescenz beschrieben. Die Messungen wurden mit einer 150-kV-Röntgenanlage durchgeführt. Es wurden Pulver-Präpp. u. massive Proben untersucht. Art u. Menge der Verunreinigung an Ge, Ce, Al u. Na sowie die Schmelzbedingungen sind von großem Einfluß. J. Heinze. 6248◇

Betrachtungen über quantitative Bestimmungsmethoden der Mineralien der Kaolingruppe (Candite) mittels DTA. 1. Mitt. **Grundlegende Betrachtungen und Faktoren, die die Genauigkeit der Ergebnisse beeinflussen.** F. Veniale. (Ceramica [Milano] **16**, Nr. 7, 55—58, 1961; Pisa, Univ., Ist. di Min. e Petrografia; ital.) — Die physikal.-chem. Grundlagen sowie experimentelle u. apparative Gesichtspunkte für die DTA werden behandelt. Grundsätzlich ist eine quant. Auswertung der Thermogramme nur dann möglich, wenn die therm. Prozesse unzweideutig charakterist. Merkmale der mineralog. Struktur der Materialien darstellen. Die Vielzahl der bei der DTA zu berücksichtigenden Einfl. auf den Kurvenverlauf lassen eine sichere quant. Auswertung erst nach entsprechender Eichung u. Kontrolle durch andere Best.-Meth. zu. Im einzelnen werden die Einfl. der granulometr. Zus., des Kristallgittergefüges, der Veränderungen der therm. Konduktibilität, des Verdichtungseffektes der Proben beim Erhitzen u. der im Rahmen des Dehydratationseffektes auftretenden Feuchtigkeit der Proben u. der Atmosphäre auf den Kurvenverlauf besprochen. Von apparativer Seite wird auf die Beeinflussung der Extrema durch das Tiegelmaterial, die therm. Kapazität des Thermoelementes u. die Aufheizgeschw. hingewiesen. — 44 Literaturangaben.
W. Anika. 6248◇

Betrachtungen über quantitative Bestimmungsmethoden der Mineralien der Kaolingruppe (Candite) mittels DTA. 2. Mitt. **Methoden der quantitativen Berechnung der thermischen Effekte der Thermogramme der DTA.** F. Veniale. (Ceramica [Milano] **16**, Nr. 8, 49—58, 1961; ital.) — 1. vgl. vorst. Referat. — Für die differential-thermoanalyt. Best. an Kaolinproben werden die zuvor besprochenen quant. Auswertungs-Meth. nach Berg (1), nach Carthew (2) u. nach Földvari-Vogel (3) angewendet. Dabei zeigt sich zwischen den Werten einer röntgenograph. Best. u. der Auswertung des Thermogrammes nach 2 u. 3 recht gute Übereinstimmung (maximal 3% Differenz), wenn für 3 mit der „charakterist. Temp." nach Murray-Fischer gearbeitet wird. Die 1. Meth. lieferte keine brauchbaren Werte. — 31 Literaturangaben. W. Anika. 6248◇

Die Trennung und Bestimmung von Montmorillonit in Tonen. C. Jelacic und E. Tkalcec. (Bull. Soc. franç. Céram. **1962**, Nr. 56, 15—20; Zagreb, Inst. des Silicates; franz.) — Die Best. von Montmorillonit beruht auf dem Zentrifugieren einer Tonsuspension in einem Gemisch aus einer polaren u. einer nichtpolaren Fl. bestimmter Dichte. Es wurden Mischungen von Montmorillonit + Kaolinit, Bentonit + 60% Montmorillonit + Beimengungen von Quarz u. Feldspat u. Bentonit + Cristobalit untersucht. Das verwendete Bromoform–A.-Gemisch hatte die D. 1,95–2,25 g/cm³. Zentrifugiert wurde mit 5500 U/min. Die Fraktionen wurden röntgenograph. untersucht. Die Trenngenauigkeit liegt bei ca. 5% Fremdbestandteilen, man kann jedoch einfach u. schnell arbeiten. Zur Trennung von Cristobalit, bei dem das Verf. versagt, wird dieser in alkal. Lsg. herausgelöst. J. Heinze. 6248◇

Bestimmung der endothermen Wärmeeffekte von Tonen bei der Untersuchung des Wärmewirkungsgrades von Ziegelöfen. V. S. Ramachandran und N. C. Majumdar. (J. appl. Chem. **11**, 449—52, 1961; Roorkee, India, Central Building Res. Inst.; engl.)— Die Genauigkeit der DTA-Meth. (vgl. C. **1962**, 3228) zur Best. des Wärmeaufwands für die Entwässerung des chem. gebundenen W. von 6 Tonproben wurde dadurch erhöht, daß die Tone zuvor durch H_2O_2 von organ. Substanz befreit wurden. R. Kaiser. 6248◇

Die Temperaturwechselbeständigkeitsprüfung in der Feinkeramik. Hubertus Reh. (Sprechsaal Keram., Glas, Email **95**, 514—18, 533—37, 1962; Lidköping; dt.) — Übersicht der theoret. Arbeiten u. prakt. Unterss.-Verfahren. Bes. Erläuterung eines Verf. unter Verw. des Abfalles der mechan. Biegefestigkeit in Abhängigkeit wiederholter Abschreckung. Unters. der Zuverlässigkeit der Meth., Hinweise zur prakt. Anwendung. — 18 Literaturangaben. J. Noack. 6248◇

Der Panel-Freezing-Test — ein Beitrag zur Bestimmung der Frostwiderstandsfähigkeit. H. Richter. (Ber. dtsch. keram. Ges. e. V. **39**, 297—303, 1962; Höganäs, Schweden, Höganäs-Billesholms AB, Zentral-Labor.; dt.) — Zur Prüfung von keram. Prodd., wie Ziegeln, Wand- u. Bodenfliesen, auf Frostwiderstandsfähigkeit wurde eine Prüfmeth. entwickelt, die es ermöglicht, ganze Wände Beanspruchungen zu unterwerfen, wie sie in der Praxis auftreten. Die Längenänderung während des Frost–Tau-Wechsels ist eine Funktion der Temp. u. der Materialeigenschaften. Die Material-Eigg. werden in einem Faktor erfaßt, der u. a. E-Modul u. Spannung des Scherbens, E-Modul u. Spannung der Glasur, Wassersättigungsgrad des Scherbens, Zustand des Syst. Scherben–W., Wasser- bzw. Eisdruck auf die Porenwand, Porenwandstärke u. Festigkeit der Porenwand, Porenraum u. -verteilung enthält. Bei der mathemat. Behandlung des Problems würde eine Differentialgleichung höherer Ordnung entstehen, deren Lösung erst dann einen Sinn hat, wenn die Teilgrößen des Faktors zahlenmäßig bekannt sind. Aus diesem Grunde wurde versucht, auf graph. Wege zu einer Aussage über die Frostwiderstandsfähigkeit zu gelangen. J. Heinze. 6248◇

Untersuchungen über gleichmäßiges Verpressen von Steingutplatten. P. Draignaud und M. Aveline. (Bull. Soc. franç. Céram. **1962**, Nr. **56**, 33—72; Serv. du Eng. et Études de Matériel; franz.) — Es wird der Einfl. von Füllungsgrad u. Formgebungsdruck beim Trockenpressen von Steingutmassen mit 7,75% Feuchtigkeit untersucht. Die statist. Auswertung verschiedener Vers.-Reihen ergab, daß am gleichen Meßpunkt eine Beziehung zwischen Formgebungsdruck u. Ultraschallfortpflanzung besteht. Es können also nach entsprechender Eichung die langen u. umständlichen Druckmessungen durch sehr schnelle u. zerstörungsfreie Ultraschallmessungen ersetzt u. damit die Pressen leichter gesteuert werden. Der Füllungsgrad der Formen beeinflußt deutlich die Druckverteilung, dagegen nicht die Änderung des Preßdruckes. Da die Druckdifferenz zwischen zwei verschiedenen Punkten bekannt ist, soll versucht werden, die krit. Druckdifferenzen zu bestimmen, bei denen sich Änderungen physikal. Eigg. wie Brennschwindung, Porosität, Farbe usw. bemerkbar machen, um die Feinheit der Steuerung von Pressen darauf abzustimmen. J. Heinze. 6248◇

Komplexometrische Tonerdebestimmung in Gegenwart von Mangan. Pia Barone und Giuseppe Frigione. (Ind. ital. Cemento **31**, 439—46, 1961; Napoli, Labor. Centr. „Cementir“ S. p. A.; ital.) — In Anlehnung an die komplexometr. Al_2O_3-Best. mit EDTA nach Schwarzenbach, die bei Ggw. mittlerer oder hoher Mn^{2+}-Konzz. ungenaue Werte liefert, wird über Arbeiten berichtet, bei denen trotz erhöhter Mn-Geh. eine Best. schnell sichere u. gut reproduzierbrae Werte liefert. Ti^{4+} wird quant. mit Na_2HPO_4 maskiert. Titration in wss. Lsg. bei pH 6. Beschreibung der prakt. Ausführung der Bestimmung. Angabe des Analysenschemas für Rohmaterialien u. Zemente. — 18 Literaturangaben. W. Anika. 6252◇

Volumetrische Bestimmung der Kieselsäure im Portlandzement. J. Calleja und B. Bacle. (Rev. Ci. apl. **15**, 39—45, 1961; Inst. Tecn. Constr. y Cemento; span.) — Eine rasch auszuführende, der ASTM-Norm genügende volumetr. Best.-Meth. für SiO_2 in Zement (vgl. Sajo, Acta chim. Hungariae **6**, (1954), 243) wird in Einzelheiten beschrieben. Sie beruht auf der Ausfällung des SiO_2 als K_2SiF_6, das prakt. unlösl. in mit KCl gesätt. A.–W.-Gemisch ist, u. auf der Hydrolysierung des Salzes u. Titration des

F+ mit einer $^1/_2$ oder $^1/_4$n NaOH-Lsg. (Indicator Phenolphtalein). Bei 4 Äquivalenten NaOH/Mol SiO_2 ergibt die Meth. der klass. gravimetr. gleichwertige Resultate, wie die angeführten Tabellen von 4 Zementproben zeigen. R. Kaiser. 6252◇

Zentrale Prüfung von Baustoffen. J. G. W. Bolomey. (Ingenieur ['s Gravenhage] **74,** B 266—B 270, 1962; niederl.) — Die Aufgaben eines in den Niederlanden gegründeten Instituts (KOMO) zur Prüfung u. Unters. von Baustoffen für öffentliche Arbeiten werden beschrieben. W. Wesly. 6256◇

Beurteilung von Reaktionen in keramischen Festkörpern durch die Infrarotspektroskopie, dargestellt am Beispiel des Bariumtitanats. R. Schöfer. (Ber. dtsch. keram. Ges. e.V. **39,** 294—96, 1962; München, Siemens & Halske AG, Zentr. Entwicklungsaufgaben, Forsch.-Labor.; dt.) — IR-Unterss. scheinen geeignet zum Studium des Ablaufes chem. Festkörper-Rkk., da direkte Aussagen über die entstandenen Phasen gemacht werden können. Die Voraussetzungen dafür werden am Beispiel der Rk. $BaCO_3 + TiO_2 \rightarrow BaTiO_3 + CO_2$ unter Berücksichtigung nichtstöchiometr. Einwaagen aufgezeigt. Es können bis zu 0,1 Mol-% $BaCO_3$ u. bis zu 5 Mol-% TiO_2-Überschuß im fertigen Brennkörper nachgewiesen werden. J. Heinze. 6260◇

Über Wirkung und Verhalten von Siliconen auf Glasoberflächen. 1. Mitt. Hans-Ernst Schwiete, Theodor Langauer und Gerd Auchter. (Glastechnische Berichte **35,** 65—71, 1962; Aachen, TH, Inst. für Gesteinshüttenkunde; dt.) — Es wird über die Wrkg. eines Siliconfilms auf die Innendruckfestigkeit von Flaschen u. die Schlagfestigkeit von Flachglas sowie über die Widerstandsfähigkeit des Siliconfilms gegenüber HF berichtet. Es werden zunächst die Vers.-Bedingungen u. erste Ergebnisse gegeben. Es wurde festgestellt, daß die Siliconisierung der Oberfläche die Berstdrucke, z. B. für braune Verpackungsflaschen, nach einem um ca. 10% höheren Wert hin verschiebt u. die Bruchquote von Flachgläsern gegenüber Schlagbeanspruchung auf die Hälfte absinken läßt. 0,4—5%ig. HF zerstört den Siliconfilm innerhalb 1—30 Sekunden. J. Heinze. 6260◇

Über Wirkung und Verhalten von Siliconfilmen auf Glasoberflächen. 2. Mitt. Theodor Langauer und Rudolf Krüger. (Glastechn. Ber. **35,** 243—49, 1962; dt.) — 1. vgl. vorst. Referat. — Verschiedene Silicon-Präpp. u. Silane werden auf ihre Verwendbarkeit als Oberflächenvergütungsmittel für Gläser untersucht. Die Ergebnisse an solchen Siliconfilmen, die Reinheit u. Durchsichtigkeit der Gläser nicht oder nur unwesentlich beeinflussen, zeigen, daß die Siliconschichten, deren Dicke ca. 10000 Å beträgt, je nach den Entstehungsbedingungen die Biegefestigkeit von Flachgläsern maximal 3—6% erhöhen u. die Glasoberfläche nur einige Min. vor dem Angriff wss. Lsgg. schützen bzw. die Korrosion direkt beschleunigen. Die chem. Resistenz eines Siliconfilms hängt mehr von der angreifenden Ionenart als vom pH-Wert der Lsg. ab. H. Noack. 6260

A. Birch, Sibberup über Holme Olstrup, Dänemark, **Wiederaufwärmen von Glasgegenständen für die Weiterverformung.** Bei Anwendung von S-haltigen Brenngasen im Wiedererwärmungsofen werden den Brenngasen reduzierende Gase oder Fll. zugesetzt, wodurch Sulfatbeläge auf den Glasgegenständen vermieden werden. (**Schwed. P. 171 986** vom 23/11. 1954, ausg. 12/7. 1960. Dän. Prior. 26/11. 1953.) K. H. Kähler. 6181

Antoine Blanchi, Frankreich, **Dekorieren von Glasgegenständen.** Unter Umgehung einer Erhitzung wird zur Erzeugung eines warmen Grundtones beim Dekorieren von Glasgegenständen auf diesen in üblicher Weise aus Pd-Chlorid u. reduzierenden Salzen eine gelbliche Färbung erzeugt, auf die dann durch Lackfarbe die gewünschten Dessins aufgetragen werden. (**F. P. 1 170 524** vom 2/4. 1957, ausg. 15/1. 1959.) Hans Hoffmann. 6189

Dolomitwerke G. m. b. H., Wülfrath, **Stabilisierter Dolomit.** Zur Verhinderung des Zerfalls von Dolomit an feuchter Luft, bedingt durch seinen Geh. an freiem Kalk, wird dem Material so viel SiO_2 zugesetzt, daß ein Überschuß von 0,3—5 Gew.-% über das Gew.-Verhältnis von $CaO : SiO_2 = 2{,}8 : 1$, das zur Bldg. von $3\,CaO \cdot SiO_2$ erforderlich ist, erreicht wird. Der so stabilisierte Dolomit kann sowohl mit W. unter hydraul. Abbindung als auch keram. durch Brennen verarbeitet werden. (**E. P. 878 483** vom 14/4. 1960, ausg. 4/10. 1961. D. Prior. 17/4. 1959.) G. Frikell. 6226

Varno Marchi, Colle Val D'Elsa, Siena, Italien, **Behandlung von Travertinsteinen.** Um einen rötlichen Farbton zu erzielen, erhitzt man die Steine ca. ½ Std. auf 200—400°. (**It. P. 538 617** vom 11/6. 1955.) K. Koebke. 6228

H_7. Agrikulturchemie. Schädlingsbekämpfung

Die Industrie der Phosphatdüngemittel. A. Graire und M. Kaikinger. (Chim. et Ind. **87**, 109—27, Jan. 1962; franz.) — Übersicht über die Herst. von Superphosphat, Naß-H_3PO_4, $(NH_4)_2HPO_4$, den Aufschluß von Rohphosphat mit HNO_3, Herst. von $CaHPO_4$ u. die Wärmebehandlung von Phosphorit. W. Wesly. 6282◇

Schmelzpunkte des Systems Orthophosphorsäure–Pyrophosphorsäure. Zachary T. Wakefield und Edward P. Egan jun. (J. agric. Food Chem. **10**, 344—46, 1962; Wilson Dam, Ala., Tennessee Valley Authority, Div. of Chem. Dev.; engl.) — Im Hinblick auf die Belange der Phosphatdüngerindustrie untersuchten Vff. das F.-Diagramm des Syst. H_3PO_4–$H_4P_2O_7$. Dasselbe zeigte ein Eutektikum bei 75,4% P_2O_5 u. 16,0°. Bei höheren P_2O_5-Geh. krist. $H_4P_2O_7$ in einer metastabilen Form, F. 54,3°, u. einer neuen Form, F. 71,5°. W. Wesly. 6282◇

Ammoniumpolyphosphate aus Superphosphorsäure und Ammoniak. J. G. Getsinger, M. R. Siegel und H. C. Mann jun. (J. agric. Food Chem. **10**, 341—44, 1962; Wilson Dam, Ala., Tennessee Valley Authority; engl.) — Durch Rk. von Superphosphorsäure (76% P_2O_5) mit NH_3 entsteht ein wasserlösl. Gemisch von NH_4-Ortho- u. -Pyrophosphat, das als NH_4-Polyphosphat bezeichnet wird. Das Gemisch kann unmittelbar angewandt oder mit anderen Düngemitteln gemischt werden. W. Wesly. 6282◇

Herstellung von Ammoniumsulfat in Sindri. S. Vedaraman. (Proc. nat. Acad. Sci., India, Sect. A **31**, 48—54, 1961; Sindri, Fertilizer and Chemicals Ltd.; engl.) — Beschreibung der techn. Gewinnung von NH_3 aus H_2 u. N_2 u. von $(NH_4)_2SO_4$ aus $(NH_4)_2CO_3$ u. $CaSO_4$. W. Wesly. 6284◇

Herstellung von Ammoniumsulfatnitrat und Harnstoff in Sindri. S. Vedaraman. (Proc. nat. Acad. Sci., India, Sect. A **31**, 55—62, 1961; Sindri, Fertilizer and Chemicals Ltd.; engl.) — Vgl. vorst. Referat. — Beschreibung der techn. Gewinnung von HNO_3 durch NH_3-Oxydation, von NH_4NO_3–$(NH_4)_2SO_4$ u. von Harnstoff aus CO_2 u. NH_3. W. Wesly. 6284◇

Praktische Gesichtspunkte bei synthetischen Stickstoff-Düngemitteln. S. K. Bhattacharyya. (Proc. nat. Acad. Sci., India, Sect. A **31**, 63—73, 1961; Kharagpur, Indian Inst. of Technol., Dep. of Appl. Chem.; engl.) — Übersicht über die Verff. zur Gewinnung synthet. N-Düngemittel in Indien. W. Wesly. 6284◇

Welt-Stickstofflage. N. R. Dhar. (Proc. nat. Acad. Sci., India, Sect. A **31**, 1—31, 1961; Allahabad, Univ., Sheila Dhar Inst. of Soil Sci.; engl.) — Übersicht. W. Wesly. 6284◇

Die Bedeutung der Chemie als Anleitung für die Produktion in der Landwirtschaft. Karl Bondorff. (Kungl. Skogs-och Lantbruksakad. Tidskr. **100**, 125—43, 1961; Lyngby, Statens Planteavislabor.; dän.) — Vortrag über die histor. Entw. u. den Stand der Kenntnisse vom Nährstoffbedarf der landwirtschaftlichen Pflanzen u. prakt. Nutzanwendungen. — Diskussion. R. K. Müller. 6304◇

Die Pflanzenernährung als forstlicher Produktionsfaktor. Carl Olof Tamm und Charles Carbonnier. (Kungl. Skogs-och Lantbruksakad. Tidskr. **100**, 95—124, 1961; Stockholm, Statens skogsforskn.-inst.; schwed.) — Übersicht über die quant. Beziehungen zwischen Waldertrag, Standort, Düngung bestehender u. neu angelegter Forsten sowie von Torfböden, Geh. an Pflanzennährstoffen im Waldbestand u. im Boden, Vorschläge für Forstdüngung. R. K. Müller. 6304◇

Die Wirkung von Calciumphosphaten, Rohphosphat und Thomasphosphat auf den Stickstoffverlust aus zusammen mit organischer Substanz dem Boden zugeführtem Ammoniumsulfat. M. M. Rai. (Proc. nat. Acad. Sci. India, Sect. A **28**, 195—99, 1959; Rewa, M.P., Governm. Agric. Inst.; engl.) — Proben eines braunschwarzen, alluvialen Bodens wurden mit verschiedenen Phosphaten in einer Menge von 0,5% P_2O_5, mit 0,5% C als Kuhmist, sowie steigenden Mengen von $(NH_4)_2SO_4$ (43, 86, 120 lbs. N/acre) versetzt u. bei 20—25% Feuchtigkeit u. 27° aufbewahrt. Der prozentuale N-Verlust nahm mit der Zeit u. mit steigenden N-Gaben zu. Nach 120 Tagen betrug der Verlust bei den angegebenen Gaben 39,9, 41,2 u. 44,5%. Dieser N-Verlust konnte durch die zusammen mit der organ. Düngung vorgenommene Phosphatzufuhr deutlich verringert werden, wobei die geprüften Phosphate in ihrer Wirksamkeit etwa folgende Reihe bildeten Dicalciumphosphat > Tricalciumphosphat > Thomasphosphat > Rohphosphat > Monocalciumphosphat. — Die möglichen Ursachen für diese Phosphat-Wrkg. werden diskutiert. Wilfried Werner. 6304◇

Die Wirkung von Calciumphosphaten, Rohphosphat und Thomasphosphat auf den Stickstoffgehalt aus zusammen mit organischer Substanz dem Boden zugeführtem Natriumnitrat. M. M. Rai. (Proc. nat. Acad. Sci. India, Sect. A **28**, 220—24, 1959; Rewa, M.P., Governm. Agric. Inst.; engl.) — Vgl. vorst. Referat. —Der N-Verlust aus dem Boden nach Zugabe steigender N-Mengen (73, 86, 129 lbs. N/acre) in Form von $NaNO_3$ war nach 120tägiger Inkubation etwas niedriger als nach Zugabe entsprechender N-Gaben als $(NH_4)_2SO_4$. Es betrug 34,3 bzw. 37,1 u. 39,3%. Die Verminderung des N-Verlustes durch Phosphatzugaben lag etwa in der gleichen Größenordnung wie im Falle von $(NH_4)_2SO_4$. Die Unterschiede in der Wirksamkeit der verschiedenen Phosphate waren ebenso etwa die gleichen. Nach 120 Tagen betrug der N-Verlust im Falle der höchsten N-Gabe u. Zugabe von Dicalciumphosphat zum Boden (0,5% P_2O_5) 30,8% im Vgl. zu 39,3% ohne Beimischung von Phosphat. Wilfried Werner. 6304◇

Ein Vergleich von Phosphatdüngern. N. A. Cullen. (New Zealand J. agric. Res. **1,** 418—31, Juni 1958; Mosgiel, Invermay Res. Stat.; engl.) — Auf schluffigem Lehmboden wurden bei Weiden (Raygras-Klee) mit *Thermophos* u. *Serpentin-Superphosphat* gleich hohe Erträge erzielt wie mit *Superphosphat* (I). Ähnliche Erträge wie I bewirkte *nordafrikan. Phosphat* in Abwesenheit von Kalk. *Neuru-Rohphosphat* war weniger wirksam als die anderen Phosphatdünger. M. Winiker. 6304◇

Langzeit-Kalkungs- und -Düngungsversuche beim Staatlichen Versuchsgut Flahult. 1. Mitt. **Kombinierte Kalkungs- und Phosphatdüngungsversuche auf stark phosphorbindendem Moortorfboden, 1951—1957.** 2. Mitt. **Versuche mit steigenden Mengen Phosphor und Kalium auf Torfmoorboden, 1952—1960.** Hugo Winkler und Hans Lustig. (Kungl. Lantbrukshögskolan Statens Lantbruksförsök, Statens Jordbruksförsök, Medd. Nr. **123,** 1—38, 1961; schwed.) — Beim Anbau von Mischsaat, Korn u. Rasen auf Torfböden wird, unabhängig von gleichzeitiger Kalkung oder deren Fehlen, eine deutliche Ertragssteigerung durch P_2O_5-Zufuhr in Form von Superphosphat festgestellt. Der mangelnde Einfl. der Kalkung wird mit der Bldg. von koll. Komplexen aus Fe_2O_3 u. P_2O_5 in Zusammenhang gebracht. Gleichzeitige Zufuhr von K_2O u. P_2O_5 ist bes. beim Anbau von Rasen bzw. Klee wichtig. R. K. Müller. 6304◇

Späte Stickstoff-Kopfdüngung von Getreide. P. F. J. van Burg und G. H. Arnold. (Proc. nat. Acad. Sci., India, Sect. A **31,** 157—64, 1961; Groningen, Inst. for Soil Fertility; engl.) — Der Ertrag von Roggen, Weizen, Gerste u. Hafer wurde durch Spät-Kopfdüngung (Mitte Juni) mit $Ca(NO_3)_2$, $NH_4NO_3 \cdot CaCO_3$ u. Harnstoff gesteigert (Diagramme). W. Wesly. 6304◇

Über die Möglichkeit der Pflanzenernährung durch die Blätter. Versuche mit Tomaten und Zichorie. Ettore Bottini und Emanuele Morra di Lavriano. (Ann. Sperimentaz. agrar. [N.S.] **12,** 1175—90, 1958; Torino, Staz. chimico-agraria sperim.; ital.) M. Winiker. 6304◇

Einflüsse von Gründüngung in Verbindung mit Düngemitteln auf Reiserträge. L. L. Relwani und B. D. Ganguly. (Indian J. agric. Sci. **29,** 1—13, Juni/Sept. 1959; Karnal (Punjab), Agric. Res. Substat.; engl.) — Der Vers.-Boden war ziemlich reich an N u. P_2O_5. Die chem. u. mechan. Zus. ist angegeben. Gründüngungspflanze war Sesbania aculeata, die für schwere Reisböden geeignet ist. Ihr Ertrag an Grünmasse wurde durch Superphosphat (60 lbs. P_2O_5/acre) nicht signifikant erhöht. Im Endeffekt wurden durch die Gründüngung mit oder ohne Phosphatanwendung signifikant höhere Reiserträge erzielt als ohne Gründüngung. Die Kombination mit 60 lbs. P_2O_5 u. 40 lbs. N (je acre) brachte den höchsten Ertrag. Die Wrkg. von N in Form von $(NH_4)_2SO_4$ auf den Ertrag war anfangs gering, stieg jedoch später signifikant, wobei die 40-lbs.-Gabe der von 20 lbs. gleichwertig war. Durch Gründüngung, $(NH_4)_2SO_4$ u. ihre Kombination bildete sich eine größere Anzahl von fruchtbringenden Schößlingen als Beitrag zur Ertragssteigerung. Phosphatanwendung zur Gründüngung hatte auf die Vermehrung der Schößlinge keinen wesentlichen Einfluß. Der Ertrag an Stroh wurde durch Gründüngung, $(NH_4)_2SO_4$, Superphosphat u. ihre Kombinationen erhöht. — 23 Literaturangaben. Eberhard Müller. 6304◇

Erfahrungen mit der Verwendung von Müllkompost in den Niederlanden. B. Teensma. (Proc. nat. Acad. Sci., India, Sect. A **31,** 148—56, 1961; engl.) W. Wesly. 6304◇

Eine Bemerkung über die Wirkung von Dowpon auf die Rhizomknollen von Cyperus rotundus L. J. Sakharam Rao. (Madras agric. J. **47,** 447—48, Okt. 1960; Coimbatore, Agric. Coll., Bot. Dep.; engl.) — Rhizome von Cyperus rotundus wurden für 12 Std. mit Lsgg. von 50—200 ppm *Dowpon* (*2.2-Dichlorpropionsäure*) behandelt. Bei 200 ppm war kein Auskeimen mehr zu bemerken, so daß eine 100%ig. Abtötung anzunehmen ist. W. Knöpke. 6312◇

Die Wirkung von 2.4-D-Unkrautbekämpfungsmitteln auf die Wasserfauna. A. C. Sen. (Sci. and Cult. **23,** 315—17, Dez. 1957; Sabour (Bihar), Dep. of Entomol., Agric. Coll.; engl.) — Zur Bekämpfung der Wasserhyacinthe wurde *2.4-D* in 0,5—2,5%ig. Lsg. u. 100 gallons/acre eingesetzt. Die Beobachtung der Wasserfauna ergab keine Beeinträchtigung durch den Wirkstoff. W. Knöpke. 6312◇

Bekämpfung von Azolla pinata mit Dieselöl. G. J. Oosthuizen und M. M. Walters. (Farming South Africa **37**, 35—37, 1961; Grootfontein Coll. of Agric., Div. of Soil Sci. and Biochem.; engl.) — Azolla pinata wächst auf der Oberfläche der Flüsse u. gefährdet den Fischbestand. Besprühen mit *Dieselöl* (rein oder 1 : 1 mit W. verdünnt) ergibt Abtötung innerhalb einer Woche. *2.4-D* blieb wirkungslos. W. Knöpke. 6312◇

Einfluß von 2.4.5-Trichlorphenoxypropionsäure-Sprays auf Ansatz und Ertrag von Anjou-Birnen. M. N. Westwood und L. P. Batjer. (Proc. annu. Meeting Washington State horticult. Assoc. **53**, 35, 2.—4./12. 1957; Wenatchee, Wash., ASDA u. State Coll. of Washington, Agric. Res. Serv.; engl.) — Ansatz u. Ertrag von Anjou-Birnen werden verbessert durch herbstliche *2.4.5-Trichlorphenoxypropionsäure*-Sprays in einer Konz. von 7,5 ppm, am besten in der Zeit zwischen 1 Woche vor u. 1 Woche nach der Ernte. W. Wesly. 6312◇

Einige Auswirkungen von MCPB auf neu angelegte Weiden. D. B. Edmond. (New Zealand J. agric. Res. **1**, 281—89, Juni 1958; Palmerston North, Grasslands Div., Dep. of Sci. and Ind. Res.; engl.) — Zur Unkrautbekämpfung in neu angelegten Raygras-Klee-Weiden erwies sich *MCPB* als geeignet. M. Winiker. 6312◇

Beitrag zur Entwicklung von Methoden zur chemischen Bekämpfung der Gallicolen von Phylloxera des Weinstocks. D. Schvester. (Ann. Inst. nat. Rech. agronom., Sér. C **12**, 101—14, 1961; Pont de la Maye, Centre de Rech. agr. du Sud-Ouest, Stat. de Zool. agric.; franz.) — Als wirksam zur Bekämpfung bzw. Vernichtung der Gallicolen von Phylloxera erwies sich eine 3%ig. Brühe eines handelsüblichen Mittels, das 45% *Anthracenöl* u. 10% *DNOC* enthielt. Sehr gut wirksam waren auch Emulsionen von *Lindan.* Hingegen waren Emulsionen von *Methylparathion* u. von *Methyldemeton* so wenig wirksam, daß sie für die Praxis nicht in Betracht kommen. C. Gottfried. 6312

Phytotoxische Wirkungen von Kupferfungiciden auf sauren Böden. I. A. S. Gibson. (East African agric. J. Kenya, Tanganyika, Uganda, Zanzibar **24**, 125—27, Okt. 1958; Kenya, Forst Dep.; engl.) — Durch *Cu*-Fungicide (*Perenox, Cuprocide*) wurden Kiefernsämlinge auf sauren Böden geschädigt. M. Winiker. 6312◇

Rhizoctonia-Schorf der Kartoffeln. D. E. Harrison und W. A. Downie. (J. Dep. Agric., Victoria **53**, 165—67, April 1955; engl.) — Zur Bekämpfung des Rhizoctonia-Schorfs der Kartoffeln empfehlen Vff. auf Grund der Ergebnisse eigener Verss., das Saatgut in eine Lsg. von 4 oz. $HgCl_2$ in 2 pints techn. HCl u. 25 gall. W. zu tauchen. Tauchlsgg. mit organ. Hg-Verbb. erwiesen sich als unwirksam. M. Winiker. 6312◇

Weitere Untersuchungen über Quecksilberrückstände an Äpfeln. D. K. R. Stewart und R. G. Ross. (Canad. J. Plant Sci. **40**, 659—65, 1960; Kentville, Nova Scotia, Canada Dep. of Agric.; engl.) — Nach einer Spritzung von Apfelbäumen mit *Erad* (I; *Phenylmercuriacetat*) im Juni nahm der Hg-Geh. in den Früchten bis zum August ab. Danach stieg der Hg-Geh. bis zur Ernte hin an. Dies ist auf eine Akkumulation von Hg in den reifenden Früchten aus anderen Teilen des Baumes zurückzuführen. Mylar-Film schützte die Früchte besser als Polyäthylen vor dem Eindringen von I während u. nach der Spritzung. W. Knöpke. 6312◇

Die oligodynamische Wirkung des Sublimats und ihre Beseitigung bei der Sterilisation der Saatgutoberfläche. W. A. Kordjum und R. M. Smirnowa. (Mikrobiol. J. [Kiew] **24**, Nr. 3, 63—67, 1962; Inst. für Mikrobiol. der Akad. der Wiss. der UkrainSSR; ukrain., Auszug: engl.) — Wird Weizensaatgut mit $HgCl_2$ behandelt, so genügt selbst stundenlanges Auswaschen mit warmem W. nicht, um das $HgCl_2$ restlos zu entfernen, wie Verss. über die Hemmung des Wachstums von Azotobacter chroococcum, Rhizobium lupini, Bact. megaterium u. Ps. sinuosa zeigen. Die tox. Wrkg. des restlichen $HgCl_2$ wird durch Behandlung des Saatgutes mit $FeCl_3$, Hyposulfit, Cystin oder Eiklar verringert, durch Behandlung mit H_2S oder Eigelb völlig beseitigt. O. Lebtag. 6312

Wirkung von chemischer Behandlung und Lagerung auf Sonnenblumensamen. W. E. Sackston und Barbara M. Chernick. (Canad. J. Plant Sci. **40**, 690—99, 1960; Winnipeg, Manitoba, Canada Dep. of Agric.; engl.) — Sonnenblumensamen wurden nach Behandlung mit üblichen Beizmitteln (1, 5 u. 15 ounces/bushel) $4^1/_2$ Jahre gelagert. Bei der niedrigen Aufwandmenge trat dabei keine Wrkg. auf die Keimfähigkeit ein, während bei der stärkeren Dosierung mit den Hg-Mitteln die charakterist. Hg-Vergiftungen erzielt wurden. Die anderen Wirkstoffe (Thiram, Chloranil, Zineb, Captan) wurden toleriert. Die fungicide Wrkg. der Hg-Mittel war aber auch bei 1,5 ounces/bushel besser als diejenige der anderen Wirkstoffe. W. Knöpke. 6312◇

Systemische akaricide Wirksamkeit von Sevin bei Geflügel. Deane P. Furman und G. René Pieper. (J. econ. Entomol. **55**, 355—57, Juni 1962; Berkeley, Calif., Univ. of California, Dep. of Entomol. and Parasitol.; engl.) — Mit Haemogamasus liponyssoides hesperus Radovsky als Vers.-Tier konnte gezeigt werden, daß die system.

Wrkg. von *Sevin* (I), das Hühnern oral in Gaben von 150—800 (mg/kg) gegeben wurde, bis 3 Tage anhielt. I wurde im Blut chromatograph. nachgewiesen. Den höchsten I-Geh. bei 150 wurde mit 4,1 ppm im Magen gefunden, 5 Tage nach der Aufnahme konnten keine I-Rückstände im Gewebe mehr festgestellt werden.
Fritz Müller/Ludwigshafen. 6312◇

Weitere Beurteilung tiersystemischer Insekticide. 1961. R. O. Drummond. (J. econ. Entomol. **55**, 398—402, Juni 1962; Kerrville, Tex.; engl.) — Von 26 geprüften system. Insekticiden waren bei Meerschweinchen 24 wirksam gegen Cochliomyia hominivorax Coquerel (**a**), allein oder auch gegen Stomoxys calcitrans L. (**b**) u. Amblyomma americanum L. (**c**), 14 von ihnen gegen alle 3 Arten, *Sevin* (I) wirkte nicht gegen **a**, jedoch gegen **b** u. **c**. In verschiedenen Anwendungs-Verff. wurden gute Erfolge gegen Hypoderma spp. an Vieh erzielt mit *Amer. Cyanamid-CL-38023, Bayer-37341, Butonate, Ruelene* u. *Stauffer-R-1504*, die anderen 27, darunter I, wirkten nur beschränkt.
Fritz Müller/Ludwigshafen. 6312◇

Insekticid-Rückstände in Kartoffeln nach Bodenbehandlungen zur Bekämpfung von Drahtwürmern. J. A. Begg, P. J. G. Plummer und H. Konst. (Canad. J. Plant Sci. **40**, 680—89, Okt. 1960; Chatham, Ontario, Entomol. Labor.; Hull, Quebec, Animal Diseases Res. Inst.; engl.) — Bodenbehandlungen zur Bekämpfung von Drahtwürmern (Limonius agonus) wurden mit *Aldrin, Chlordan, Dieldrin* u. *Heptachlor*, je 5 lbs./acre, vorgenommen. Analysen von Kartoffelbrei ergaben, daß die Rückstände unter 0,1 ppm lagen. Verfütterung an Ratten u. Meerschweinchen ergab keinen histopatholog. Befund. W. Knöpke. 6312◇

Wirksamkeit von Acaricid-Insekticid-Gemischen auf die zweigefleckte Spinnmilbe und Läuse an Freilandrosen. T. J. Henneberry und E. A. Taylor. (J. econ. Entomol. **55**, 332—34, Juni 1962; engl.) — Gegen Tetranychus telarius L. wurde ein voller Bekämpfungserfolg erzielt mit wöchentlichen Sprühungen von *Aramite* (I), *Tedion* (II), *Kelthane, Ovex* (III), I + II oder I + III. Stärker als bei unbehandelt blieb der Befall bei Behandlung mit *DDT* (IV) + *Lindan* (V), *Methoxychlor* (VI) + *Malathion* (VII) oder VII allein. *Thiodan* (VIII) hatte keine acaricide Wirkung. IV + V, VI + VII, VII u. VIII waren 1 Woche lang erfolgreich gegen Macrosiphum rosae L. u. M. euphorbiae Thomas. Fritz Müller/Ludwigshafen. 6312◇

Versuche mit Insecticiden zur Bekämpfung der grünen Pfirsichlaus und des Pfefferkäfers an Pfeffer. John C. Elmore und Richard D. Magor. (J. econ. Entomol. **55**, 375—77, Juni 1962; Riverside, Calif.; engl.) — Bei Freiland-Verss. 1959 u. 1960 zur Bekämpfung von Anthonomus eugenii Cano wurden gute Erfolge gegen Myzus persicae Sulzer (**a**) erzielt mit *Thiodan* oder *Phosdrin*; *Demeton* u. *Diazinon* waren weniger wirkungsvoll, *Phosphamidon, Malathion, Ethion* u. *Trithion* versagten. *DDT* (I) + *Toxaphen* verursachte ein geringes, I + *Parathion* ein stärkeres, *Sevin* ein sehr starkes Anwachsen des Befalls durch **a**. Fritz Müller/Ludwigshafen. 6312◇

Beurteilung von Insekticiden zur Bekämpfung des kleinen Europäischen Ulmensplintkäfers. Charles C. Doane. (J. econ. Entomol. **55**, 414—15, Juni 1962; New Haven, Conn., Connecticut Agric. Exp. Stat.; engl.) — Zur Bekämpfung von Scolytus multistriatus Marsham war 1960 von 6 Insekticiden, darunter 4 Phosphaten, nur *Thiodan* (I) ebenso wirksam wie *DDT* (II) 30 Tage nach der Anwendung. 1961 bewährte sich I wiederum in der gleichen Weise wie II + *WARF Antiresistant* (*N.N-Di-n-butyl-p-chlorbenzolsulfonamid*, 5 : 1), beide waren als Sprays (0,25%ig.) noch nach 32 Tagen wirksam. *Heptachlor, Methoxychlor* u. *Zectran* fielen dagegen ab.
Fritz Müller/Ludwigshafen. 6312◇

Bekämpfung von Maiszünsler, grüner Pfirsichlaus und Kohlspanner an Pfeffer. Paul P. Burbutis, D. J. Fieldhouse, D. F. Crossan, R. S. VanDenburgh und L. P. Ditman. (J. econ. Entomol. **55**, 285—88, Juni 1962; Univ. of Delaware, Univ. of Maryland; engl.) — Wöchentliche Anwendung von *DDT* (I; 1,5 u. 2 lbc./acre) von Anfang Juli bis September zeitigte ein gutes Bekämpfungsergebnis gegen Ostrina nubilalis Hübner, bei späterem Beginn u. infolgedessen höherem Befall ging das Ergebnis zurück, wöchentliche Anwendung mit oder ohne Haftmittel wirkte besser als 10- oder 14tägige. Ähnliche Ergebnisse wurden gegen Trichoplusia ni Hübner erzielt, dagegen war der Befall mit Myzus persicae Sulzer in den mit I behandelten Parzellen hoch, I + *Mineralöl* wirkte etwas besser, der Befall war aber immer noch höher, als bei unbehandelt, dagegen war das Bekämpfungsergebnis mit 3maliger Anwendung von I + *Thiodan* recht gut. Fritz Müller/Ludwigshafen. 6312◇

Oiketicus kirbyi (Lepidoptera: Psychidae), ein Bananenschädling in Costa Rica. Clyde S. Stephens. (J. con. Entomol. **55**, 381—86, Juni 1962; Palmer, Costa Rica,

Palmer Res. Stat.; engl.) — Kleine u. mittlere Larven des Sackwurmes konnten durch Sprühen von *Dieldrin* [0,75 (lbs/acre)] oder *Toxaphen* (2) erfolgreich bekämpft werden, nicht jedoch größere Larven, Puppen, ♀-Vollkerfe u. Eier. Die daraus entstehende neue Generation konnte mit einer zweiten Behandlung erfaßt werden.
Fritz Müller/Ludwigshafen. 6312◇

Untersuchungen über die Bekämpfung des Luzernekäfers in Westvirginia. C. K. Dorsey und D. O. Quinn. (J. econ. Entomol. **55,** 365—68, Juni 1962; West Virginia Agric. Exp. Stat.; engl.) — In Verss. 1960 u. 1961 zur Bekämpfung von Hypera postica Gyllenhal mit gekörnten u. gesprühten Insecticiden im Frühjahr u. Herbst wurden die besten Ergebnisse mit *Heptachlor* (0,5 oder 1 lb./acre) erzielt. *Dieldrin* wirkte ähnlich, aber geringer. Die anderen 17 geprüften Mittel fielen dagegen ab. Gewisse *organ. P*-Zubereitungen, z. B. *Malathion* + *Methoxychlor* oder +*Lindan* hatten im Frühjahr gesprüht eine Schutz-Wrkg., doch war das Bekämpfungsergebnis nicht befriedigend.
Fritz Müller/Ludwigshafen. 6312◇

Bekämpfung von Wurzelfliegenmaden an Cruciferen, insbesondere Rutabagas, bei Wachstum in Furchen. D. C. Read. (Canad. J. Plant Sci. **40,** 721—28, 1960; Charlottetown, Prince Edward Island, Can. Dep. of Agric.; engl.) — Zur Bekämpfung von Hylemya antiqua u. Hylemya brassicae wurden Bodenbehandlungen mit Insekticiden in einem 5 in.-Band von 1,5 in. unter der Saat durchgeführt. *Aldrin, Heptachlor* u. *Chlordan* (5 lbs./acre) verminderten den Befall um 70—90%; der Bekämpfungserfolg war bei der zweiten Generation größer als bei der ersten. *Nematocide-18 133* vernichtete die Maden während der gesamten Vegetation (5 u. 10 lbs./acre). Die Wrkg. von *Thimet* war besser als die der chlorierten KW-Stoffe. *Parathion* u. *Guthion* vernichteten nur die erste Generation. *Ethion, Trithion, Disyston* u. *Diazinon* (I) waren wirkungslos, I bewirkte außerdem phytotox. Erscheinungen. W. Knöpke. 6312◇

Die üblichen Bekämpfungsmaßnahmen sind gegenüber Musca autumnalis wirkungslos. Donald A. Davis. (Agric. Chemicals **16,** Nr. 6, 38, 100—01, 1961; engl.) — Das Besprühen von Wänden u. Zäunen mit chlorierten KW-Stoffen u. organ Phosphaten ergab bisher keine wirkungsvolle Bekämpfung von Musca autumnalis. Ausbringen von Sirupködern mit DDVP an den Köpfen der Rinder erschien in Illinois aussichtsreich. W. Knöpke. 6312◇

Untersuchungen zur Bekämpfung der Musca autumnalis DeGeer in Westvirginia 1960 und 1961. C. K. Dorsey, H. E. Kidder und C. J. Cunningham. (J. econ. Entomol. **55,** 369—74, Juni 1962; Morgantown, W.Va., West Virginia Agric. Exp. Stat.; engl.) — Zur Bekämpfung von Musca autumnalis DeGeer war die Gesichtsbehandlung des Viehes mit Sprühungen im allg. unwirksam, doch gewährten 0,1%ig. *Diazinon* (I) u. 1%ig. *Dimethoate* (II) 7—14 Tage Schutz. Das Einreibe-Verf. war verschieden wirksam. 1—2%ig. Öl-Zubereitungen von **I, II,** *Dylox* **(III)**, *Co-Ral* **(IV)** + **III** schützten ca. 7 Tage. Stäuben von **I,** *Sevin* oder **IV** wirkte 7—14 Tage.
Fritz Müller/Ludwigshafen. 6312◇

Versuche zur Bekämpfung der Musca autumnalis DeGeer in Virginia. J. B. Wallace und E. C. Turner jun. (J. econ. Entomol. **55,** 415—16, Juni 1962; Blacksburg, Va., Virginia Polytechnic Inst., Dep. of Entomol.; engl.) — In Freiland-Verss. hatte Besprühen von Vieh mit *Diazinon* **(I)**, *Sevin* **(II)**, *Ruelene* oder *Anti-DDT* (enthaltend 10% *N.N-Di-n-butyl-p-chlorbenzolsulfonamid* u. 50% *DDT*) oder Bestäuben mit *Bayer-29493, Malathion, Dylox, Dibrom,* **I,** *Co-Ral* oder **II** keine einschränkende Wrkg. des Befalls mit Vollkerfe von Musca autumnalis DeGeer, ebensowenig die Aufnahme von *Ronnel* **(III)** in Salz (3,04 mg/kg/Tag), wohl wegen des starken Zufluges von unbehandelten Parzellen. Dagegen wurde bei **III** eine 58—90%ig. Abtötung der Larven in den Abgängen der behandelten Tiere beobachtet.
Fritz Müller/Ludwigshafen. 6312◇

Fliegenbekämpfung an Faeces von mit Co-Ral gefüttertem Vieh. J. S. Skaptason und C. W. Pitts. (J. econ. Entomol **55,** 404—05, Juni 1962; Manhattan, Kans., Kansas Agric. Exp. Stat.; engl.) — An Abhängen von mit *Co-Ral* gefüttertem Vieh wurden Larven von Musca domestica L. sehr gut abgetötet, zwischen den einzelnen Konzz. (5, 10, 50 ppm) war kein wesentlicher Wirkungsunterschied.
Fritz Müller/Ludwigshafen. 6312◇

Chlordan als Vergiftungsmöglichkeit in der Imkerei. W. A. Stephen und Ernest Hodgson. (J. econ. Entomol. **55,** 409, Juni 1962; Raleigh, N.C., North Carolina State Coll.; engl.) — *Chlordan* (I) ist, bes. als Dampf hochgiftig gegen Apis mellifera L. Das Bienenwachs in den Waben nimmt I-Dampf leicht aus der Luft auf, z. B. wenn das Gebäude gegen Termiten, wenn auch vor längerer Zeit mit I behandelt worden war.
Fritz Müller/Ludwigshafen. 6312◇

Blattanalysen als ein Führer zur Ernährung von Obstkulturen. 1. Mitt. Allgemeine Prinzipien, Technik der Probenahme und analytische Methoden. C. Bould, E. G. Bradfield und G. M. Clarke. (J. Sci. Food. Agric. **11**, 229—42, Mai 1960; Bristol, Long Ashton Res. Stat., Dep. of Agric. and Hortic.; engl.) — Es wird ein Überblick über die histor. Entw. der Blattanalyse als Mittel zur Best. des Ernährungszustandes der Pflanze gegeben. Der Mineralstoff-Geh. der Blätter wird außer vom Ernährungszustand noch von zahlreichen Faktoren beeinflußt, die bei der Wahl der Art der Probenahme unbedingt zu beachten sind. Solche Faktoren sind: Blattalter, Blattstellung, Höhe der Ernte, Witterung, Jahreszeit, Krankheiten u. Schädlingsbefall u. anderes mehr. — Vff. führten eine statist. Unters. über die Brauchbarkeit u. Genauigkeit folgender Probenahmetechnik durch: Apfel: Entnahme von 40 Blättern (ohne Stiele) aus dem mittleren Drittel einjähriger Langtriebe; schwarze Johannisbeeren: von jedem Trieb wird ein Blatt ca. 15 cm unterhalb der Spitze entnommen, eine Durchschnittsprobe besteht aus mindestens 40 Blättern; Erdbeeren: aus dem Zentrum zweijähriger Pflanzen wird jeweils ein voll entwickeltes Blatt (insgesamt 40) entnommen. Von jeder Obstart wurden 10 solcher Durchschnittsproben (D) gezogen. Die D wurden getrocknet, fein zerrieben u. gemischt. Darauf erfolgte aus D die Entnahme von 2 Unterproben (U), welche fein gemahlen wurden. 2 Parallelproben von U wurden zur Analyse eingewogen, so daß pro D 4 Analysenergebnisse erhalten wurden. Die Varianzanalyse der Ergebnisse zeigte, daß diese Art der Probenahme genügend repräsentative u. genaue Werte liefert. Durch Mahlen des gesamten D u. Entnahme der Analysenproben direkt aus D konnte der Fehler der Probenahme nicht vermindert werden. — Die zur Best. des Geh. der Blatt-Trockenmasse an N, P, K, Ca u. Mg angewendeten Verff. sind angegeben.
Wilfried Werner. 6320◇

Sieben Methoden zur Bestimmung des aktiven Bestandteils von MCPA-Unkrautbekämpfungsmitteln. L. A. Haddock, R. Hill und A. G. Jones. (Manufact. Chemist **30**, 57—60, 1959; Widnes, Imperial Chem. Ind. Ltd., Gen. Chem. Div., Res. Dep.; engl.) — Vff. verglichen folgende Meth. zur Best. von *MCPA* in Unkrautbekämpfungsmitteln: UV-Absorptionsspektrophotometrie, IR-Absorptionsspektrophotometrie, Differentialrefraktometrie, Teilungschromatographie, Gaschromatographie, Kryoskopie u. Isotopenverdünnung. Die Ergebnisse waren im allg. nicht zufriedenstellend, am besten bewährte sich die Differentialrefraktions-Meth., bei Korrektur durch Gaschromatographie. — 30 Literaturangaben. W. Knöpke. 6328◇

Laboratoriumsmethoden zur Bestimmung der Giftigkeit von Schädlingsbekämpfungsmitteln für Honigbienen. T. Palmer-Jones. (New Zealand J. agric. Res. **1**, 290—300, Juni 1958; Wallaceville, Animal Res. Stat., Dep. of Agricult.; engl.)
M. Winiker. 6328◇

E. E. Susser und D. L. Zyrlin, **Granulierung von Superphosphat,** indem man ohne Trocknung 1—2. Min. im Plastifikator plastiziert u. zur Beschleunigung 15% vorplastiziertes Superphosphat zusetzt. Dann wird zur Granulat-Bldg. vergossen u. das Granulat oberflächlich neutralisiert. (**UdSSR. P. 118 827** vom 17/9. 1958.)
B. Pankow. 6283

Nikken Chemicals Co. Ltd., Japan, **Verhinderung der Wasserverdunstung,** bes. in Reiskulturen. Auf die Oberfläche wird eine wss. Suspension, die Kondensations-Prodd. aus Fettalkoholen mit 16—22 C-Atomen u. Äthylenoxid, ggf. zusammen mit in W. lösl. Salzen der Alginsäure oder Carboxymethylcellulose enthält, aufgebracht. Die Suspension bildet einen sehr dünnen Film u. verhindert dadurch die Wasserverdunstung. (**F. P. 1 221 353** vom 17/3. 1959, ausg. 1/6. 1960. Jap. Prior. 17/3., 26/6. u. 28/7. 1958.) W. Wittholz. 6305

N. V. Philips' Gloeilampenfabrieken, Eindhoven, Niederlande, **Mittel zur Beeinflussung des Pflanzenwachstums,** enthaltend Verbb. der allg. Formel I oder II, in denen R $-CH_3$, $-C_2H_5$, $-COCH_3$ oder $-CH_2COOH$, X O oder S, Y H, Cl, einen C_1-C_4-Alkyl- oder -Alkoxyrest, einen Amino- oder Acetylaminorest, n 0, 1 oder 2, Z Halogen, eine Nitrogruppe oder C_1-C_5-Alkylgruppe, m 0—4, wenn beide Z Halogen, sonst 0—2 bedeuten, z. B. 4-Chlor-, 5-Chlor-, 5-Methylmethoxybenzonitril, bes. 2-Methoxybenzonitril, oder

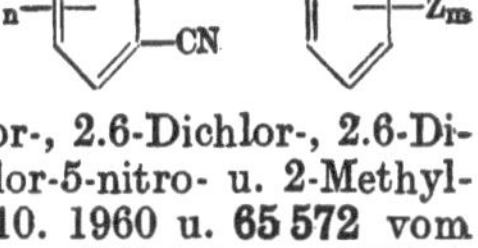

2-Chlor-, 2-Methyl-, 2-Äthyl-, 2-Nitro-, 2.4-Dichlor-, 2.5-Dichlor-, 2.6-Dichlor-, 2.6-Dimethyl-, 2.6-Diäthyl-, 2.4.6-Trichlor-, 2-Chlor-6-methyl-, 2-Chlor-5-nitro- u. 2-Methyl-5-nitrobenzonitril. (**Ind. PP. 65 274** vom 16/9. 1958, ausg. 25/10. 1960 u. **65 572** vom 24/10. 1958, ausg. 6/1. 1961.) C. Lüttgen. 6313

Thomas Adam Clayton, London, England, übert. von: United States Rubber Co., New York, N.Y., V.St.A., **Organische Phosphor-Herbicide.** Als Wirkstoffe enthalten die Herbicide *Poly-[β-(2-methyl-4-chlorphenoxy)-äthyl]-phosphite*, bes. die Bis- oder Tris-Verb., im Gemisch mit üblichen Trägerstoffen u. oberflächenakt. Dispergiermitteln. Die Herst. der Phosphite erfolgt durch Rk. von 1 (Mol) PCl_3 mit 3 β-(2-Methyl-4-chlorphenoxy)-äthanol in inerten Lsgm., z. B. Bzl., Xylol oder chlorierte KW-Stoffe. Die Mittel sind bes. als *Vorauflauf-Herbicide* zur Vertilgung von *Amaranthus spp.*, *Setaria spp.*, *Digitaris spp.*, *Chenopodium spp.*, *Ambrosia spp.*, *Portulaca spp.*, *Galinsoga spp.* u. *Eclimochloa spp.* geeignet. Landwirtschaftliche Kulturpflanzen werden nicht angegriffen. (**E. P. 871 676** vom 27/11. 1959, ausg. 28/6. 1961.) H. Karst. 6313

Badische Anilin- & Soda-Fabrik Akt.-Ges., Ludwigshafen/Rh. (Erfinder: Adolf Hrubesch, Ludwigshafen/Rh., und Herbert Friederich, Lake Jackson, Tex., V.St.A.), **Herstellung von Gemischen aus Polychlorpropionsäurechloriden,** dad. gek., daß man in Maleinsäure (I) oder deren Anhydrid in Ggw. von Carbonsäureamiden, cycl. tert. Aminen oder Gemischen prim., sek. oder tert. Amine mit Carbonsäurechloriden als Katalysatoren (ca. 0,2—10, bes. 0,05—5 Gew.-% bezogen auf I) bis ca. 100—250°, bes. 120—170° 3—4 Mol Cl_2 einleitet, worauf man das Rk.-Gemisch ggf. in seine Bestandteile trennt. — Beispiele zur Herst. von Gemischen aus *Trichlor-* u. *Tetrachlor-* ($Kp._{15}$ 51—68°) u. *Pentachlorpropionsäurechlorid* ($Kp._{15}$ 98—99°; F. 78°). — *Insekticide* u. *Zwischenprodd.* zur Herst. von solchen u. von *Herbiciden*. (**D. A. S. 1 135 443** Kl. 12o vom 20/10. 1959, ausg. 30/8. 1962.) O. Müller-Meiningen. 6313

Monsanto Chemicals Ltd. (Erfinder: Richard Allen Baxter), **Herstellung von Alkali- oder Erdalkalisalzen einer γ-Acyloxybuttersäure** durch Rk. eines Phenols mit einem Alkali- oder Erdalkalihydroxid u. Rk. des nach dem Verdampfen des W. erhaltenen Phenolats mit γ-Butyrolacton bei 150—190°, wobei die Rkk. in einem rotierenden Gefäß vorgenommen werden. — Beispiel: *Na-γ-(2-Methyl-4-chlorphenoxy)-butyrat*. — *Herbicide*. (**Aust. P. 231 957** vom 18/8. 1958, ausg. 9/2. 1961. E. Prior. 23/8. 1957.) K. Demmler. 6313

Hooker Chemical Corp., Niagara Falls (Erfinder: Edward David Weil, Lewiston), N.Y., V.St.A., **Unkrautbekämpfungsmittel,** welche Mineralöle enthalten, dad. gek., daß über ca. 93° sd. Mineralöle einen Geh. von ca. 0,05—20 Liter *Hexachlorcyclopentenon* pro 100 Liter Mineralöl aufweisen. Der Zusatz von geringen Mengen Hexachlorcyclopentenon zu Kerosin, Dieselöl, Heizöl oder dgl. erhöht die phytotox. Eigg. dieser Öle wesentlich. Die Öle sind bes. zur Bekämpfung des Unkrautwachstums auf Bahnanlagen, Straßen, Parkplätzen u. zur Vernichtung von *Ackerquecke*, *Johnson-* u. *Bermudagras* geeignet. (**D. A. S. 1 137 258** Kl. 45l vom 14/2. 1961, ausg. 27/9. 1962. **E. P. 901 129** vom 9/2. 1961, ausg. 18/7 1962.) H. Karst. 6313

Hooker Chemical Corp., New York, übert. von: Emil J. Geering, Grand Island, N.Y., und Samuel J. Nelson, Bloomingdale, N.J., V.St.A., **Ungesättigte, halogensubstituierte polycyclische Sulfite** erhält man bei der Rk. von *Hexahalogencyclopentadien* (I) mit einem zweiwertigen ungesätt. niedrigmol. *aliphat.* oder *alicycl. Alkohol* (II) mit mindestens einer reaktionsfähigen Bindung, wobei 1—6 Äquivalente von I auf 1 Äquivalent II angewendet werden. Die Rk. wird in Ggw. von Alkali- oder Erdalkalicarbonaten oder Epoxiverbb., ggf. in Ggw. eines inerten Lsgm. durchgeführt. Rk.-Zeit 20 Min. bis 20 Std., Rk.-Temp. 75—150°. Das erhaltene Diels-Alder-Addukt wird mit $SOCl_2$ unter Rückflußerhitzung zur Rk. gebracht. — 2 (Mol) Hexachlorcyclopentadien u. 3 ml Epichlorhydrin u. Toluol werden bei einer Rücklauf-Temp. von 155° wasserfrei gemacht u. anschließend mit 88 g (1 Mol) von cis-2-Butendiol-(1.4) versetzt u. 8 Std. gerührt. Sobald alles Rk.-Wasser entfernt ist, wird gekühlt u. der ausgeschiedene Filterkuchen mit Toluol gewaschen. Man erhält *1.4.5.6.7.7-Hexachlor-2.3-bis-(hydroxymethyl)-bicyclo-(2.2.1)-hepten-(5)*, F. 207—208°. 0,832 Mol dieser Verb. wird mit 1,66 Mol $SOCl_2$ in Ggw. von Toluol unter Rückfluß 2 Std. auf 119° erhitzt, anschließend die Rk.-Masse gekühlt, Verunreinigungen abfiltriert u. destillierbare Verbb. abgetrieben. Bei 150° u. 12 mm Hg erhält man *6.7.8.9.10.10-Hexachlor-1.5.5a.6.9.9a-hexahydro-6.9-methano-2.4.3-benzodioxathiepin-3-oxid*. In analoger Weise wurden hergestellt: *6.7.8.9-Tetrachlor-10.10-difluor-1.5.5a.6.9.9a-hexahydro-6.9.methano-2.4.3-*, *6.7.-8.9.10.10-Hexabrom-1.5.5a.6.9.9a-hexahydro-*; *5a.6.7.8.9.10.10-Heptachlor-1.5.5a.6.9.9a-hexahydro*; *5a.6.7.8.9.9a.10.10-octachlor-1.5.5a.6.9.9a-hexahydro-*; *6.7.8.9.9a-Pentachlor-10.10-difluor-1.5.5a.6.9.9a-hexahydro-*; *5a.6.7.8.9.9a-Hexachlor-1.5.5a.6.9.9a-hexahydro-*; *6.7.8.9.10.10-Hexabrom-9a-chlor-1.5.5a.6.9.9a-hexahydro-6.7.8.9.10.10-*; *Hexabrom-5a.9a-dichlor-1.5.5a.6.9.9a-hexahydro-*. Konst. sind für die Verbb. nicht angegeben. *Herbicide*, *Fungicide*, *Insekticide*, desinfizierend wirkende Stoffe. Die Diels-Alder-Prodd. sind

Zwischenprodd. für die Herst. von Polyesterharzen, Weichmacher für Polyvinyl-Verbb. u. für Alkydharze. (**A. P. 2 983 732** vom 7/5. 1958, ausg. 9/5. 1961.) G. König. 6313

Dow Chemical Co., übert. von: Lois L. Fritts, Midland, Mich., V.St.A., **Pflanzenschutzmittel gegen Virusinfektionen,** gek. durch den Geh. von halogensubstituiertem Tolylbenzoat, das ≥ 1 Halogen in der Methylgruppe des Tolylteils u. insgesamt 1—4 Halogen aufweist, bes. p-Chlor-α-chlor-o-tolylbenzoat. (**A. P. 2 952 583** vom 5/11. 1958, ausg. 13/9. 1960.) C. Lüttgen. 6313

Monsanto Chemical Co., St. Louis, Mo., übert. von: Walter A. Darlington, Dayton, Ohio, V.St.A., **Mittel gegen Pflanzenviren,** gek. durch den Geh. einer Verb. der allg. Formel R'(R'')NArY, in der Ar einen aromat. C_6—C_{12}-Rest, R' u. R'' H oder einen aliphat. C_1—C_{18}-KW-Stoffrest u. Y —OH oder —SH bedeuten, bes. o-Aminophenol, 1-Aminonaphth-2-ol, 2-Aminothiophenol, 2-(Dodecylamino)- u. 2-(Allylamino)-phenol. (**A.P. 2 941 921** vom 21/4. 1958, ausg. 21/6. 1960.) C. Lüttgen. 6313

Monsanto Chemical Co., St. Louis, Mo., übert. von: Walter A. Darlington, Dayton, Ohio, V.St.A., **Verhinderung der Vermehrung von Pflanzenviren.** Man wendet als Wirkstoff eine Verb. der allg. Formel $R_1 \cdot N \cdot R_2(R')(R'') \cdot CO \cdot Y$ an worin R ein geradkettiger Alkylrest mit 1—3 C-Atomen ist, R', R'', R_1R_2 bedeuten H oder aliphat. Reste mit 1—18 C-Atomen, Y ist OH, NH_2, $-OR_5$, wobei R_5 ein aliphat. Rest mit 1—18 C-Atomen ist, —OX, wobei X ein Alkali u. —N $(R_3)(R_4)$, wobei R_3 u. R_4 aus H u. aliphat. Resten mit 1—18 C-Atomen bestehen. Mindestens eines ist ein aliphat. Rest von 1—18 C-Atomen, aber nicht mehr als einer der Reste R', R'', der Reste R_1, R_2, R_3, R_4 u. R_5 soll ein aliphat. KW-Stoffrest mit 7—18 C-Atomen sein. (**A. P. 2 965 534** vom 21/4. 1958, ausg. 20/12. 1960.) H. Maaß. 6313

Merck & Co., Inc., Rahway, N.J., übert. von: Reed A. Gray, Roselle, N.J., V.St.A., **Mittel gegen Pflanzenkrankheiten,** bestehend aus einer wss. Lsg. von 5 bis 5000 (Teilen) eines Antibioticum, z. B. Streptothricin, Chloromycetin, Streptomycin, in 1000000 W., der 0,05—5% eines Polyalkohols der Formel $R-(CHOH)_n-H$, in der R H u. n 2—6 oder R CH_3 u. n 2 ist, bes. Glycerin oder Diäthylenglykol, zugesetzt sind. (**A. P. 2 977 282** vom 14/2. 1955, ausg. 28/3. 1961.) C. Lüttgen. 6313

Pabst Brewing Co., Chicago, Ill. (Erfinder: Jack Ziffer, Sachiko Ishihara Bennet, Thomas J. Cairney, Milwaukee, Wis., und Alfred Wen-Jen Chow, Philadelphia, Pa.), V.St.A., **Herstellung der fungiciden Antibiotica Phytoactin und Phytostreptin** auf üblichem biolog. Wege u. Gewinnung durch Ausfällung oder Lsgm.-Extraktion u. ggf. Überführung in ihre Salze. *Phytoactin,* $[\alpha]_D^{25}$ -86^0 (c = 1 in Methanol), F. unscharf bei 150° beginnend (Zers.), in zugeschmolzener Kapillare im Ölbad: 154—162°, 148—168° u. 148—171°. Charakterist. UV- u. IR-Spektren, Kurven. Antimikrobielles Spektrum, Tabelle. Als Mikroorganismus wird ein Stamm von Streptomyces hygroscopicus NRRL 2752 verwendet, dessen morpholog. u. physiolog. Eigg. näher beschrieben sind. — Entsprechend *Phytostreptin,* $[\alpha]_D^{26}$ -81^0 (c = 1 in Methanol), F. bei ca. 165° beginnend (Zers.), in zugeschmolzener Kapillare im Ölbad: 168—178°, 166—172° u. 166—173°. Erzeuger: Stamm NRRL 2751 von Streptomyces hygroscopicus. Kurven u. Tabellen entsprechend dem vorigen. Die Antibiotica sind bes. wirksam gegen frühen u. späten Tomatenmeltau, Bohnen- u. Weizenblattrostpilz. (**D. A. SS. 1 121 276** Kl. 30h vom 19/5. 1960, ausg. 4/1. 1962 u. **1124638** Kl. 30h vom 19/5. 1960, ausg. 1/3. 1962.) H. Schindler. 6313

Joseph R. Booer, London, England, **Herstellung von fungiciden Präparaten** zur Behandlung von Laub, dad. gek., daß man eine wss. $CuCl_2$-Lsg. mit Alkali versetzt u. das Gemisch ohne Filtration mit einer Hg-organ. Verb. RHgX (R = Phenylrest, der auch Alkylreste enthalten kann; X = Halogen oder Dimethyldithiocarbaminsäurerest) behandelt. (**Can. P. 569 846** vom 18/9. 1956, ausg. 3/2. 1959. E. Prior. 7/10. 1955.) S. Böttcher. 6313

Nehézvegyipari Kutató Intézet (Erfinder: Gustav Fehérvári), Budapest, Ungarn, **Schädlingsbekämpfungsmittel** (Fungicide) enthalten neben an sich bekannten Zusatzstoffen noch organ. As-Verbb., bei welchen das As-Atom an C gebunden ist, wie *Phenylarsinchlorid, Phenylarsinamid, Triphenylarsoniumjodid, Triphenylarsin,* sowie *Triäthylarsinsulfid.* (**Ung. P. 145 262** vom 28/5. 1957, ausg. 15/9. 1959.) G. König. 6313

Deutsche Gold- und Silber-Scheideanstalt vormals Roessler (Erfinder: Werner Knopke Heideweg und Richard Irmschor), **Schädlingsbekämpfungsmittel,** bestehend aus einer Sn-Verb. der Formel R_xSnHal_y, worin R einen Aryl-, Aralkyl- oder bes. Alkylrest, x 1—4 u. y 0—3 bedeuten. — Beispiele: Tetraäthylzinn, Methylzinnbromid. (**Aust. P. 231 873** vom 2/5. 1958, ausg. 9/2. 1961. D. Prior. 15/5. 1957.) K. Demmler. 6313

Borrs Theodore Sokoloff, c/o Southern Bio-Research Institute, Florida Southern College, Lakeland, Fla., V.St.A., **Mittel mit fungicider, bakterícider und vornehmlich nematocoder Wirkung.** Es besteht aus einem intensiven Gemisch von Verseifungs-Prodd. eines Fischöls, pflanzlichen oder tier. Öls mit Alkalihydroxid u. 2—20% Alkalimetallborhydrid. (**A.P. 3012931** vom 23/3. 1960, ausg. 12/12. 1961.) R. Bauereis. 6313

Monsanto Chemical Co., St. Louis, Mo., übert. von: Van R. Gaertner, Dayton, Ohio, V.St.A., **Thienylphenylketonhydrazone** der allg. Formel I erhält man bei der Rk. eines Thienylphenylketons mit einem Hydrazin ggf. in Ggw. eines inerten

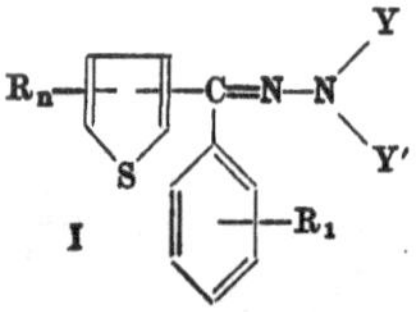

I

Lsg.- oder Verdünnungsmittels u./oder einer organ. Säure als Katalysator in Mengen von 0,1—2 Gew.-%, bei normaler oder erhöhter Temperatur. In der Formel bedeuten R_n u. R_1 H oder Alkylradikale mit 1—5 C-Atomen, Y u. Y' KW-Stoffreste mit 1—12 C-Atomen. — 0,1 (Mol) 2-Thienylphenylketon erhitzt man unter Rückfluß mit A., setzt unter Kühlung 5 cm³ Essigsäure u. anschließend 0,1 Phenylhydrazin tropfenweise zu. Nach Ablauf der exotherm. Rk. erhitzt man die Rk.-Mischung kurz bis zum Kochpunkt. Bei normaler Temp. wird die Mischung unter red. Druck getrocknet. Man erhält *2-Thienylphenylketonphenylhydrazon* als viscoses Öl. *Insekticide, Nematocide, Fungicide,* geeignet zur Behandlung von Pflanzen, Obst, Pelzen, Textilien, Wolle, Erde u. Saatgut. (**A.P. 2841523** vom 21/9. 1954, ausg. 1/7. 1958.) G. König. 6313

Esso Research and Engineering Co., Elizabeth, N.J., V.St.A., **Bekämpfung von Schädlingen** durch Verw. eines N-[Trichlormethylmercapto]-sulfimids einer Sulfocarbonsäure, z. B. *N-[Trichlormethylmercapto]-o-sulfobenzimid* in Form von Lsgg., Emulsionen, Suspensionen oder als Stäubemittel, ggf. in Verbindung mit anderen Insekticiden, Herbiciden, Hormonen, Düngemitteln. — Wirksam als *Fungicid*, bes. gegen Meltau, u. als *Bakterícid* gegen Staphylo- u. Streptokokken sowie gegen Proteus. (**Oe. P. 214708** vom 10/12. 1953, ausg. 25/4. 1961. A. Prior. 28/4. 1949.) W. Wittholz. 6313

Esso Research and Engineering Co., Elizabeth, N.J., V.St.A., **Insekticide, fungicide und baktericide Mittel** enthalten als Wirkstoffe *N-[Trichlormethylmercapto]-N-butyl-* oder *-N-phenylbenzolsulfonamid* in Form von Lsgg., Suspensionen, Emulsionen als Spritzmittel oder in Form von Pulver mit inerten Trägerstoffen als Stäubemittel. (**Oe. P. 214709** vom 10/12. 1953, ausg. 25/4. 1961. A. Prior. 28/4. 1949.) W. Wittholz. 6313

Österreichische Stickstoffwerke Akt.-Ges. (Erfinder: Anton Wagner, Walter Beck und Alfred Diskus), Linz, Österreich, **Fungicide** enthalten folgende Naphthochinone-(1.4): *2-Chlor-3-methylamino-*, *2-Chlor-3-äthylamino-*, *2-Chlor-3-propylamino-*, *2-Chlor-3-dimethylamino-*, *2-Chlor-3-diäthylamino-*. Diese werden als Spritzmittel in Lsg., Emulsion oder Suspension oder als Stäubemittel in fester Form angewendet. Neben den verwendeten Hilfsstoffen können noch andere Fungicide oder Schädlingsbekämpfungsmittel zugesetzt werden. (**Oe. P. 217776** vom 26/3. 1960, ausg. 25/10. 1961.) W. Wittholz. 6313

Österreichische Stickstoffwerke Akt.-Ges. (Erfinder: Anton Wagner, Walter Beck und Alfred Diskus), Linz, Österreich, **Fungicide.** Wirksame Verbb. sind *2-Brom-3-methylaminonaphthochinon-(1.4)* u. *2-Brom-3-äthylaminonaphthochinon-(1.4)*, die in Form von Lsgg., Suspensionen oder Emulsionen als Spritzmittel oder mit inerten Trägerstoffen als Stäubemittel verwendet werden. Ggf. können noch andere Fungicide oder Schädlingsbekämpfungsmittel zugesetzt werden. (**Oe. P. 217777** vom 26/3. 1960, ausg. 25/10. 1961.) W. Wittholz. 6313

Farbenfabriken Bayer Akt.-Ges., Leverkusen (Erfinder: Klaus Schwarzer, Köln, Joachim George, Leverkusen, Arnold Hausweiler, Köln, und Victor Flück, Basel, Schweiz), **Fungicide Mittel für den Pflanzenschutz,** dad. gek., daß sie als Wirkstoff einen, ggf. im Kern substituierten *N-Propylmorpholindithiocarbaminsäurealkylester* enthalten. (**D. A. S. 1134243** Kl. 45l vom 8/9. 1960, ausg. 2/8. 1962.) K. Koebke. 6313

Badische Anilin- & Soda-Fabrik Akt.-Ges., Deutschland (Erfinder: Oskar Flieg und Hermann Windel), **Fungicide** enthalten ein Gemisch von mindestens 2 Dithiocarbamaten oder Thiuramdisulfiden, die verschiedene Substituenten am N-Atom tragen u. die in einem Mischungsverhältnis von 1:9 bis 9:1 als Spritz- oder Stäubemittel angewendet werden. (**F. P. 1214174** vom 18/8. 1958, ausg. 7/4. 1960. D. Prior. 17/8. 1957.) W. Wittholz. 6313

Produits Chimiques Industriels & Agricoles (PROCIDA) Soc. An., Frankreich, **Fungicid und Bakterícid,** als Wirkstoff ein Kondens.-Prod. aus Na-Dimethyldithiocarbamat u. Methoxyäthyl-Hg-Acetat enthaltend. Das Prod. ist 5—10fach wirksamer als das Methoxyäthyl-Hg-Silicat oder -Chlorid. (**F. P. 1 214 612** vom 27/1. 1959, ausg. 11/4. 1960.) W. Wittholz. 6313

Badische Anilin- & Soda-Fabrik Akt.-Ges., Ludwigshafen/Rh. (Erfinder: Oskar Flieg, Limburgerhof, und Hermann Windel, Frankenthal), **Fungicide Mittel,** gek. durch einen Geh. an Zn-Salzen der Dimethyldithiocarbaminsäure u. der Äthylen-bis-dithiocarbaminsäure, die durch gleichzeitige Fällung aus den wss. Salz-Lsgg. dieser beiden Säuren hergestellt worden sind, mit der Maßgabe, daß ggf. ein Teil der zur Fällung benötigten Zn-Verb. durch eine Verb. eines anderen, schwerlösl. Dithiocarbamat-Ndd. bildenden Metalls (Fe, Mn, Cu) ersetzt worden ist. (**D. A. S. 1 136 527** Kl. 451 vom 2/5. 1959, ausg. 13/9. 1962.) K. Koebke. 6313

Farbwerke Hoechst Akt.-Ges., vormals Meister Lucius & Brüning (Erfinder: Otto Scherer, Rudolf Hübner und Wilhelm Staudermann), Frankfurt/M., **Pilzbekämpfungsmittel,** gek. durch ihren Geh. an Dithiocarbaminsäure-Derivv. der allg. Formel I oder der daraus durch Oxydation erhaltenen Disulfide der allg. Formel II, worin R jeweils für CH_3 oder C_2H_5 steht u. n 1—3 bedeutet. (**D. A. S. 1 134 242** Kl. 451 vom 26/6. 1958, ausg. 2/8. 1962.) K. Koebke. 6313

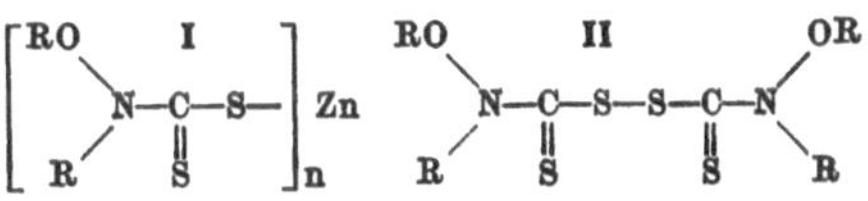

E. Merck Akt.-Ges., übert. von: Ernst Jacobi und Siegmund Lust, Darmstadt, Albert von Schoor, Traisa, und Otto Zima, Darmstadt-Eberstadt, **Insekticide** enthalten *N-Methylcarbaminsäurearylester,* z. B. *N-Methylcarbaminsäurephenyl-,* F. 86°, -kresyl- oder -xylenylester, als Wirkstoff. (**Can. P. 555 686** vom 17/11. 1953, ausg. 8/4. 1958. D. Prior. 21/11. 1952, 9/1. u. 19/8. 1953.) S. Böttcher. 6313

N. V. Aagrunol Chemische Fabrieken, Groningen, Niederlande, **Insektenbekämpfungsmittel** enthält als wirksame Substanz eine Verb. der allg. Formel $CH_3-(CH_2)_m-Z-(CH_2)_n-Y-CX-NR^1(R^2)$ (R^1 = Alkyl-, Cycloalkyl-, Aryl- oder Aralkylrest; R^2 = H, Alkyl- oder Aralkylrest; R^1 u. R^2 können auch zusammen mit dem N-Atom einen gesätt. Heteroring darstellen; eines der Symbole X u. Y = O, das andere S oder O; Z = S, SO oder SO_2; n, m > 0). Zur Herst. des Wirkstoffes kocht man z. B. gleichmol. Mengen N.N-Dimethylcarbamylchlorid u. β-Äthylmercaptoäthanol in Toluol in Ggw. eines säurebindenden Mittels → *N.N-Dimethyl-β-äthylmercaptoäthylcarbamat,* $Kp._8$ 121—124°, n_D^{18} 1,4787. — Analog: *S-(β-Äthylmercaptoäthyl)-N.N-dimethylthiolcarbamat,* $Kp._8$ 149—152°; n_D^{18} 1,5318. (**Niederl. P. 100 031** vom 13/2. 1959, ausg. 15/12. 1961.) F. Böhm. 6313

Ciba Soc. An., Basel, Schweiz, **Schädlingsbekämpfungsmittel,** bestehend aus üblichen Verdünnungsmitteln oder Trägerstoffen u. einem Dithiocarbamat der allg. Formel I, in der R u. R_1 organ. Reste, die auch einen heterocycl. Ring bilden können, R_2 u. R_3 die Gruppe $-COOR_5$ u. $CONR_6R_7$, wobei R_5 u. R_6 einen organ. Rest u. R_6 außerdem H u. R_2 H, einen niedermol. Alkyl- oder Hydroxyalkylrest bedeuten, R_4 H, Halogen oder ein niedermol. Alkylrest u. n ≧ 2 bedeuten, mit der Maßgabe, daß, wenn in dem Mol. noch ein bas. H-Atom vorhanden ist, dieses nicht > 3 organ. Reste tragen darf, z. B. $(C_2H_5)_2NCSSCH(COOC_2H_5)CH_2COOC_2H_5$. (**Belg. P. 558 624** vom 22/6. 1957, ausg. 8/4. 1960. Schwz. Prior. 3/8. 1956.)

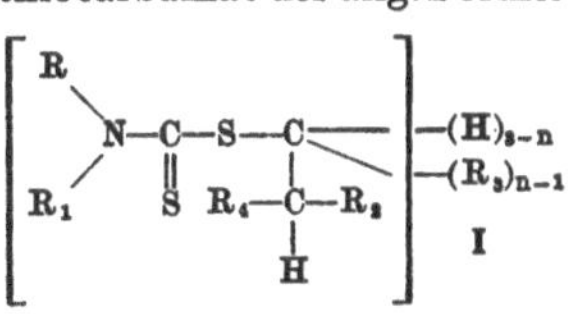

C. Lüttgen. 6313

Murphy Chemical Co. Ltd. (Erfinder: Max Pianka und Donald John Polton), **Herstellung von insekticiden und acaraciden Verbindungen** der allg. Formel I durch Rk. mit Verbb. der allg. Formel II mit Verbb. der allg. Formel $Y-CH_2-CO-NR^3COOR^2$ in einem Lsgm., bes. W., einem Keton, Äther, Alkohol oder evtl. halogenierten KW-Stoff, u. evtl. in Ggw. eines säurebindenden Mittels, wie Alkalicarbonat oder einer tert. Base. In den Formeln bedeuten: R u. R^1 C_1-C_4-Alkylreste, R^2 einen aliphat. KW-Stoffrest mit ≦ 12 C-Atomen, der evtl. durch Halogenatome, Nitro-, Alkoxy- oder Alkylthiogruppen substituiert sein kann, araliphat. oder oder Naphthylrest, R^3 einen C_1-C_3-Alkyl- oder -Alkenylrest, X H, Alkali oder NH_4 u.

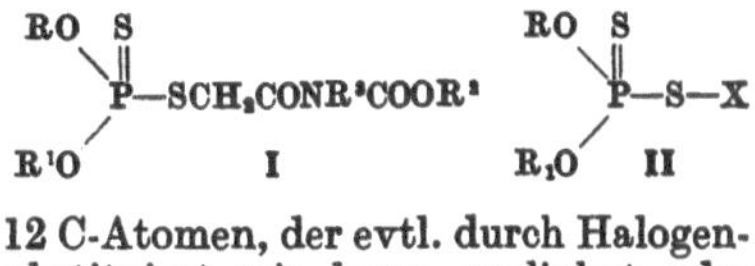

Y Cl, Br oder J. — Man löst 30 (g) O.O-Diäthylkaliumphosphordithioat in 500 Aceton (**III**), gibt 22 N-Chloracetylcarbamat zu, kocht 4 Std. unter Rückfluß, filtriert das ausgeschiedene K_2CO_3 ab u. dest. das **III** ab. Ausbeute: 38,5 *O.O-Diäthylthiolthionophosphat-S-(acetyläthylcarbamat)*, F. 74,5°. Analog die *O.O-Dimethyl-*, n_D^{20} 1,5130 u. *O.O-Diisopropyl-*Verb., F. 35—37°, sowie *O.O-Diäthylthiolthionophosphat-S-(acetylmethylcarbamat)*, F. 73 bis 75°. (**Aust. P. 230757** vom 13/5. 1958, ausg. 10/11. 1960. E. Prior. 21/5. u. 8/11. 1957. A. Prior. 20/12. 1957.) C. Lüttgen. 6313

Murphy Chemical Co. Ltd., übert. von: Max Pianka, St. Albans, England, **Insekticides, acaricides und fungicides Mittel,** enthaltend als Wirkstoff eine Verb. der allg. Formel (RO) (R'O)P(O)—S—Z—R'', worin Z = S oder die —SO_2-Gruppe, R u. R' eine niedermol. Alkylgruppe mit 1—4 C-Atomen darstellt u. R'' entweder die Gruppe —C(S)—N(R_3)(R_4), worin R_3 = H oder eine Alkylgruppe u. R_4 eine Alkylgruppe bedeutet, für den Rest —C(S)—OR_5, worin R_5 eine Alkylgruppe ist; oder eine Alkylthioalkyl- bzw. Furfurylgruppe bedeutet. Die Verbb. können hergestellt werden durch Kondens. einer Verb. der allg. Formel (RO)(R'O)P(O)—S—X mit einer Verb. der allg. Formel M—Z—R'', worin X ein Halogenatom u. M = H, ein Alkalimetall oder NH_4 darstellt. Genannt werden folgende *Thiophosphorsäureester*: *O.O-Diäthyl-S-(N.N-dimethyldithiocarbamoyl)*, *O.O-Diäthyl-S-(N.N-diäthyldithiocarbamoyl)-*; *O.O-Diisopropyl-* bzw. *O.O-Di-n-butyl-S-(N.N-dimethyldithiocarbamoyl)-*. *O.O-Diäthyl-S-(äthoxydithiocarbamoyl)-*; *O.O-Diäthyl-S-(2-mercaptofurfuryl)-* u. *O.O-Diäthyl-S-(β-mercaptoäthylmercaptoäthyl)-*. (**A. P. 3 018 215** vom 14/1. 1960, ausg. 23/1. 1962. E. Prior. 20/1. 1959.) W. Heyer. 6313

Stauffer Chemical Co., New York, N.Y., übert. von: Richard C. Maxwell, San José, und Donald G. Stoffey, El Cerrito, Calif., V.St.A., **Insecticides und acaricides Mittel,** gek. durch einen Geh. an einer Verb. der allg. Formel (R^1O)$_2$—P(S)S—CH_2S—CH_2—CH_2O—OC—NR^2R^3, worin R^1 eine niedermol. Alkylgruppe u. R^2 u. R^3 = H, Phenyl oder eine niedermol. Alkylgruppe bedeutet. Die Verbb. werden z. B. hergestellt durch Rk. von 2-(O.O-Diäthylphosphordithioylmethylmercapto)-äthanol (**II**), erhalten durch Rk. von S-Chlormethyl-O.O-diäthylphosphordithioat mit Na-Hydroxyäthylmercaptid, mit Phosgen in Chlf. → *2-(O.O-Diäthylphosphordithioylmethylmercapto)-äthylcarbamat*, n_D^{30} 1,5460; daraus durch Rk. mit Dimethylamin bzw. Äthylamin → das entsprechende *-äthyl-N.N-dimethylcarbamat* bzw. das *-äthyl-N-äthylcarbamat*. — Aus **II** u. Phenylisocyanat → *2-(O.O-Diäthylphosphordithioylmethylmercapto)-äthylcarbanilat*; aus **II** u. Butylisocyanat → *2-(O.O-Diäthylphosphordithioylmethylmercapto)-äthyl-N-butylcarbamat*. (**A. P. 3 018 216** vom 3/4. 1961, ausg. 23/1. 1962.) W. Heyer. 6313

Food Machinery & Chemical Corp., New York, übert. von: Joe R. Willard und John F. Henahan, Middleport, N.Y., V.St.A., **Schädlingsbekämpfungsmittel,** gek. durch den Geh. an Derivv. von Methylenbisdithiophosphaten der allg. Formel (R_1O) (R_2O)P(S)—S—CH(COOR)—S(S)P(OR_3) (OR_4), in der R, R_1, R_2, R_3 u. R_4 C_1—C_4-Alkylreste bedeuten, bes. *Bis-[(diäthoxydithiophosphato)-mercapto]-carbäthoxy-*, *-carbomethoxy-*, *-(carbo-1-butoxy)-*, *-carbo-(4-chlorphenoxy)-methan* sowie *Bis-[(di-2-propoxy-* bzw. *-dimethoxydithiophosphato)-mercapto]-carbäthoxymethan*. (**A. P. 2 941 920** vom 22/4. 1957, ausg. 21/6. 1960.) C. Lüttgen. 6313

Montecatini Soc. Gen. per l'Industria Mineraria e Chimica (Erfiner: Raffaelo Fusco, Giuseppe Losco und Giorgio Rossi), Mailand, Italien, **Schädlingsbekämpfungsmittel.** Anwendung der in F. P. 1 208 244; C. **1962,** 3606 beschriebenen *[O.O-Dialkylthio-* u. *-dithiophosphorylessigsäure]-N-[alkyl-* bzw. *-[arylmercaptomethyl]-amide*. — Tabellen. (**Oe. P. 210 664** vom 2/6. 1958, ausg. 25/8. 1960. It. Prior. 3/6. 1957.) L. Großner. 6313

Shell Oil Co., New York, N.Y., übert. von: Simon Zevin, Denver, Colo., V.St.A., **Chlorthiophosphorsäure-O.O-dimethylester** wird hergestellt durch Rk. von $(CH_3O)_2PSSH$ (aus P_2S_5 u. CH_3OH) mit PCl_3, das dabei entstehende $(CH_3O)_2P(S)SPCl_2$ wird ohne Isolierung bei 60—70° chloriert → $(CH_3O)_2P(S)Cl$ in Ausbeuten von 75 bis 89 Mol.-%, berechnet auf P_2O_5. — *Zwischenprod.* für die Herst. von *Insekticiden*. (**A. P. 2 961 456** vom 2/12. 1958, ausg. 22/11. 1960.) A. Debo. 6313

Schering Akt.-Ges. (Erfinder: Horst Werres und Ernst-Albrecht Pieroh), Berlin, **Mittel zur Bekämpfung von Nematoden im Pflanzenschutz,** gek. durch einen Geh. an einem synergist. Gemisch aus *Methylisothiocyanat* u. einem Nematooid aus der Klasse der halogenierten KW-Stoffe, *O-2.4-Dichlorphenyl-O.O-diäthylphosphorthionat*, *Äthyl-*, *Allyl-*, *Phenyl-*, *p-Chlorphenylsenföl*, *Chlorpikrin* oder CS_2. (**D. A. S. 1 134 241** Kl. 451 vom 22/4. 1959, ausg. 2/8. 1962.) K. Koebke. 6313

Food Machinery & Chemical Corp., New York, übert. von: Joe R. Willard und John F. Henahan, Middleport, N.Y., V.St.A., **Bis-(S-[dialkoxyphosphinyl- oder**

-phosphinothioyl]-mercapto)-methane der allg. Formel $R_1-O-P(=X)(OR_2)-S-CH\cdot(R)-S-P(=X)(OR_4)$ erhält man durch Rk. von 1 Mol eines Methylendihalogenids der allg. Formel Y—CH(R)—Z mit 2 Mol eines Metallsalzes einer Thio- oder Dithiophosphorsäure der allg. Formel R_1 oder $R_3O-P(=X)$ (OR_2 oder R_4)—S—Me unter Erhitzen. (R = Alkyl, Aryl, Cycloalkyl, Aralkyl, Alkaryl, die noch Cl, Br, NO_2, Alkoxy, OH, Carbalkoxy, Carbamido, Carbanilido enthalten können; R_1, R_2, R_3 u. R_4 = gleiches oder verschiedenes Alkyl, Cycloalkyl, Aryl, die noch Cl, Br, Alkoxy, NO_2 enthalten können; Y u. Z = Cl oder Br; Me = Alkali-, Erdalkalimetall, NH_4, Ag). — Aus 2 Mol O.O-Diäthylhydrogendithiophosphat in A. als 4m Lsg. u. 20%ig. äthanol. KOH bei 50° bis pH 7 u 1 Mol Dibrommethan → *Bis-(O.O-diäthyldithiophosphato)-methan*, $C_9H_{22}O_4P_2S_4$, (n_D^{25}) 1,5315; auch erhältlich mit Chlorbrommethan. — O.O-Dicyclohexylhydrogendithiophosphat → *Bis-(O.O-dicyclohexyldithiophosphato)-methan*, $C_{25}H_{46}O_4P_2S_4$, 1,5290. — 4-Nitrobenzatchlorid → *$(C_2H_5O)_2P(=S)SCH(C_6H_4NO_2)SP(=S)(OC_2H_5)_2$*, $C_{15}H_{25}O_6NP_2S_4$, 1,5763. — *$(C_2H_5O)_2P(=O)SCH_2SP(=O)(OC_2H_5)_2$*, $C_9H_{22}O_6P_2S_2$, 1,4678. Ferner sind Verbb. der allg. Formel $R_1OP(=X)(OR_2)SCH(R)SP(=X)(OR_1)OR_2$ herstellbar; R_1, R_2 = Methyl; R = H, X = S; 1,5247. R_1, R_2 = Äthyl; R = H; X = S; 1,5315; R = Phenyl (die nicht erwähnten R, R_1 u. R_2 u. X haben jeweils die vorst. Bedeutung); 1,5497; X = O; R = H, 1,4678; R = Phenyl; X = O, 1,5170; X = S, R = 2.6-Dichlorphenyl, 1,5712; R = 4-Nitrophenyl, 1,5753; X = O, 1,5352; X = S, R = Carbäthoxy, 1,5123; R = N.N-Diäthylcarbamido, 1,5078; R = N-Phenylcarbamido, 1,5532, R = H, R_1, R_2 = n-Propyl, 1,5220; Isopropyl, 1,5163; n-Butyl, 1,5110; Isobutyl, 1,5088; Cyclohexyl, 1,5290; Phenyl, 1,5722; p-Chlorphenyl, 1,5805; R_1 = Äthyl; R_2 = Phenyl, 1,5350. — *Insekticide, Acaricide, Ovicide* mit *teilweiser system.* Wrkg., bes. gegen *Blattella germanica L., mexikan. Bohnenkäfer, Prodenia eridania Gram., Macrosiphum pisi, Tribolium confusum* u. *Tetranychus bimaculatus Harvey.* — Vgl. Aust. P. 227 930; C. **1962**, 3241. (**A. P. 2 873 228** vom 16/7. 1956, ausg. 10/2. 1959.) G. Krauß. 6313

VEB Farbenfabrik Wolfen (Erfinder: Werner Faatz), Wolfen, **Insekticides Mittel.** Es enthält als Wirkstoffe ein Gemisch aus 0,5—99,5% *β.β-Dichlorvinylphosphorsäuredialkylester* u. 99,5—0,5% *β.β.β-Trifluor-α-hydroxyäthylphosphonsäuredialkylester*, bes. den jeweiligen -dimethylester. (**E. P. 884 168** vom 25/7. 1960, ausg. 6/12. 1961.) W. Heyer. 6313

Farbenfabriken Bayer Akt.-Ges., Leverkusen (Erfinder: Ernst Schegk, Hanshelmut Schlör und Gerhard Schrader, Wuppertal), **Phosphonsäureester** der allg. Formel R—P(:O,S) $(OR_1)S-C_6H_4-NO_2$ (R = Alkyl; R_1 = bes. niedermol. Alkylrest) erhält man durch Rk. von Alkyl(thio)phosphoniten der allg. Formel R—P·(:O,S) (OR_1)H mit Nitrobenzolsulfensäurechlorid (I). — Zu 28 g Äthyl-O-äthylthiolphosphonit (Kp.$_2$ 45—47°) tropft man unter Kühlung 38 g o-I in 150 ml Bzl., rührt noch 20 Min. nach u. erhält nach dem Aufarbeiten in 69%ig. Ausbeute *Äthyldithiophosphonsäure-O-äthyl-S(o-nitrophenyl)-ester*, Kp.$_{0,01}$ 135—136°. — Analog erhält man die Ester, die sich nur in der Stellung der NO_2-Gruppe unterscheiden: *m-* Kp.$_{0,01}$ 122—128°; *p-* F. 53—55° (Cyclohexan). — *Insekticide.* (**D. A. S. 1 138 394** Kl. 12o vom 8/12. 1959, ausg. 25/10. 1962.) A. Jahn. 6313

Farbenfabriken Bayer Akt.-Ges., Leverkusen, **(Thiono)Phosphorsäureesteramide und -diamide** der Formel $(RS)(R_1)C_6H_3-O-P(:O$ oder $S)(X)(Y)$ [X gleich $-N(R_3)(R_4)$, Y gleich X oder Alkoxyrest mit 1—4 C-Atomen; R gleich Alkylrest mit bis zu 4 C-Atomen; R_1 gleich H oder R; R_3 u. R_4 gleich ident. oder verschiedene Reste H, oder R] erhält man durch Rk. von Alkylmercaptophenylphosphor- oder -thionophosphorsäuredichlorid der Formel $(RS)(R_1)-C_6H_3-O-P(:O,S)Cl_2$ mit NH_3, einem Alkylamin (**I**) oder Dialkylamin (**II**) oder mit einem Alkohol in Ggw. eines Säure bindenden Mittels u. anschließende Rk. mit NH_3, **I** oder **II**. — Im folgenden bedeutet **A** = *p-Methylmercaptophenyl*, **B** = *m-Methyl-p-methylmercaptophenyl-*; man erhält: *$A-O-P(:O)(NH_2)_2$*, F. 184—185°; *$AOP(:S)(NH_2)_2$*, F. 140—141° (Xylol); *$AOP(:O)(NHCH_3)_2$*, F. 96—97° (CCl_4); *$AOP(:S)(NHCH_3)_2$*, F. 63—64° (Bzl); *$AOP(:O)[N(CH_3)_2]$*, viscose gelbliche Fl., n_D^{21} 1,5462; *$AOP(:S)[N(CH_3)_2]$*, F. 66—67° (Bzl.-PAe.); *$AOP(:O)(NH_2)(OC_2H_5)$*, F. 78—79° (CCl_4); *$AOP(:O)(NHCH_3)(OC_2H_5)$*, viscose gelbliche Fl.; *$AOP(:O)(NH_2)(OCH_3)$*, F. 91° (CCl_4); *$BOP(:O)(NHCH_3)_2$*, F. 92—94° (Bzl.); *$BOP(:S)(NHCH_3)_2$*, F. 51—52° (Bzl.-PAe.); *$BOP(:O)(NH_2)(OC_2H_5)$*, F. 73—75° (CCl_4); *$BOP(:S)(NH_2)_2$*, F. 112—113° (Xylol); *$BOP(:S)[N(CH_3)_2]_2$*, F. 60—61° (Bzl.-PAe.); *$BOP(:S)(NHCH_3)(OC_2H_5)$*, Kp.$_{0,01}$ 123—125°; *$BOP(:O)[N(CH_3)_2](OC_2H_5)$*, viscose, in W. unlösl. Fl.; *$BOP(:O)(NH_2)_2$*, F. 137—138°; *$BOP(:O)(OCH_3)(NH_2)$*, F. 80—81°; *$BOP(:S)$*(NH_2)*(OC_2H_5)*, F. 39°; *AOP·$(:S)(NH_2)(OC_2H_5)$*, F. 139—140°; *$AOP(:S)(NHCH_3)(OC_2H_5)$*, Kp.$_{0,01}$ 140—143°; *$AOP(:S)[N(CH_3)_2](OC_2H_5)$*, Kp.$_{0,01}$ 120—123°; *$AOP(:S)(NH_2)(OCH_3)$*, F. 147—150°; *$AOP(:S)[N(CH_3)_2](OCH_3)$*, Kp.$_{0,01}$ 136°; *$BOP(:S)(NH_2)(OCH_3)$*, F. 88—90°; *BOP·*

$(:O)(NH_2)[OCH(CH_3)_2]$, F. 91°; *$(p\text{-}CH_3)(o\text{-}CH_3S)C_6H_3OP(:S)(NH_2)(OC_2H_5)$*, F. 70 bis 72°; *$(o\text{-}CH_3S)C_6H_4OP(:S)(NH_2)(OC_2H_5)$*, F. 50—51°; *$(m\text{-}CH_3S)C_6H_4OP(:S)(NHCH_3)\cdot(OC_2H_5)$*, $Kp._{0,01}$ 106—111°; *$(m\text{-}CH_3S)C_6H_4OP(:S)(NH_2)_2$*, F. 99—101°. *Schädlingsbekämpfungsmittel.* (**E. P. 880 297** vom 6/3. 1959, ausg. 18/10. 1961. D. Prior. 8/3. 1958.)
A. Jahn. 6313

Dow Chemical Co., übert. von: Herman O. Senkbeil, Midland, Mich., V.St.A., **O.O'-(2-Butenylen)- und O.O'-(2-Butinylen)-bis-(thionophosphorsäure-O-alkylesteramide)** der allg. Formel (RO)[N(R'')(R''')]P(:S)—O—R'—O—P(:S)·(OR)[N(R'')(R''')] (R = Alkyl mit 1—8 C-Atomen; R' = 2-Butenylen oder 2-Butinylen; R'' u. R''' = H oder Alkyl mit 1—6 C-Atomen) erhält man durch Rk. von *2-Butendiol-(1.4)* (I) oder *2-Butindiol-(1.4)* mit einem Alkalimetall u. weitere Rk. der entstandenen Alkoholate der allg. Formel M—O—R'—O—M (M = Alkalimetall) mit Thionophosphorsäureesteramidchloriden der allg. Formel (RO)P(:S)Cl[N(R'')(R''')] bei 10—80°, bes. 25—50°. — Zu 23 g einer 50% ig. Dispersion von Na in Toluol gibt man 500 ml Bzl. u. dann 46 g I bei 20—25° innerhalb ½ Std.; man fügt 87 g *Thionophosphorsäure-O-äthylester-N-methylamidmonochlorid* bei 25—30° innerhalb 1 Std. zu u. rührt die Mischung noch 116 Std. bei 21—22°: *O.O'-(2-Butenylen)-bis-(thionophosphorsäure-O-äthylester-N-methylamid)*, gelbe Fl., Molgew. 362,4, n_D^{25} 1,5136. — Analog den *O-Methylester*, gelbe Fl., n_D^{25} 1,5320, Molgew. 334,4. *O.O'-(2-Butinylen)-bis-(thionophosphorsäure-O-methylester-N-methylamid)*, bräunliche Fl., Molgew. 331,5, n_D^{25} 1,5335. *O.O'-(2-Butenylen)-bis(thionophosphorsäure-O-butyl-N.N-dihexylamid)*, gelbe Fl., Molgew. 727,1, n_D^{25} 1,4755. — *Schädlingsbekämpfungsmittel.* (**A. P. 3 005 001** vom 14/11. 1960, ausg. 17/10. 1961.)
A. Jahn. 6313

Farbenfabriken Bayer Akt.-Ges., Leverkusen (Erfinder: Walter Lorenz und Gerhard Schrader, Wuppertal), **(Thiono)phosphinsäureester** erhält man durch Rk. von Dialkyl(thiono)phosphinsäurechloriden mit enolisierbaren Verbb. der allg. Formel R—OH (R = Pyrimidinrest, der durch niedermol. Alkyl- u./oder Alkylmercaptogruppen substituiert ist; Pyrazolrest, der durch niedermol. Alkyl- u./oder Phenylgruppen substituiert ist; Dihydroresorcinrest, der durch niedermol. Alkylreste substituiert ist; oder der Rest $—C(R_1)=C(R_2)$, wobei R_1 = niedermol. Alkylrest, R_2 = Alkoxycarbonyl-, Dialkylaminocarbonylgruppe mit niedermol. Alkylresten). — Zu 5 (g) Na in 150 ml Bzl. tropft man langsam 11 abs. A. u. dann sofort 25 Acetessigsäureäthylester (I). Man rührt bei 60° bis zur Auflösung des Na u. gibt dann 27 Dimethylthiophosphinsäurechlorid (II), $Kp._5$ 55°, zu. Das Rk.-Gemisch wird 30 Min. bei 60° nachgerührt, nach dem Erkalten der Lsg. werden 5—10 W. zugegeben u. nach dem Aufarbeiten wird die Verb. *$(CH_3)_2P(:S)O—C(CH_3)=CH—COOC_2H_5$* erhalten, $Kp._{0,01}$ 60—61°, F. 58—60°. — II + Acetessigsäurediäthylamid → *$(CH_3)_2P(:S)O—C(CH_3)=CH—CON(C_2H_5)_2$*, $Kp._{0,01}$ 80°, hellgelbes, in W. unlösl. Öl. — II + Phenyl-3-methylpyrazolon → *Dimethylthionophosphinsäure-[1-phenyl-3-methylpyrazolyl-(5)]-ester*, F. 78° (Bzl.-PAe.). — II + 2-Äthylmercapto-4-methyl-6-oxypyrimidin → *Dimethylthionophosphinsäure-[2-äthylmercapto-4-methylpyrimidyl-(6)]-ester*, F. 56—57°. — II + 5.5-Dimethyldihydroresorcin → *Dimethylthionophosphinsäure-[3-oxo-5.5-dimethylcyclohex-1-enyl-(1)]-ester*, F. 90°. — Na-I + Diisopropylphosphinsäurechlorid → *$(iso\text{-}C_3H_7)_2P(:O)O—C(CH_3)=CH—COOC_2H_5$*, $Kp._3$ 146—147°. — *Insekticide mit geringer Warmblütertoxizität.* (**D. A. S. 1 134 372** Kl. 12o vom 19/7. 1958, ausg. 9/8. 1962.)
A. Jahn. 6313

Food Machinery & Chemical Corp., New York, N..Y., V.St.A., **Thiophosphoryldisulfide.**

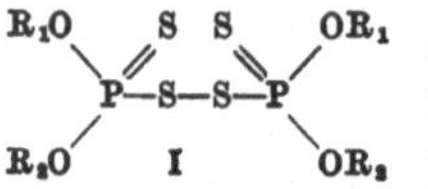

I

Durch Rk. einer Mischung von Alkoholen u./oder Phenolen mit P_2O_5 erhält man O.O-Diester der Dithiophosphorsäure in Ausbeuten von 69—98%, die zu Thiophosphoryldisulfiden der allg. Formel I oxydiert werden (R_1, R_2 = aliphat., cycloaliphat. oder aromat. Rest). Als Oxydationsmittel sind geeignet: HNO_2, HNO_3, CrO_3, Stickstoffoxide, H_2O_2, Cl_2, J_2 u. Persulfate. — Zahlreiche *Dialkoxythiophosphoryldisulfide* (I) mit R_1 u. R_2 = *Methyl, Äthyl, Propyl, Butyl, sek.-Butyl, Allyl, Tetrahydrofurfuryl, Phenyl* u. *4-Chlorphenyl* werden tabellarisch beschrieben. — *Biolog. Wrkg. gegen Milben u. Blattläuse.* (**E. P. 847 655** vom 13/8. 1956, ausg. 14/9. 1960. **Belg. P. 550 399** vom 17/8. 1956, ausg. 4/12. 1959. Beide A. Prior. 18/8. 1955.)
A. Debo. 6313

Monsanto Chemical Co., St. Louis, Mo., übert. von: Samuel Allen Heininger und Gail H. Birum, Dayton, Ohio, V.St.A., **Reaktion von Sulfenylhalogeniden mit ungesättigten Aldehyden.** Isomere Aldehyde der Formel [R—CH—C(R)—CHO](—X)(—SR'') (R gleich H oder gesätt. KW-Stoffreste mit 1—6 C-Atomen, wobei mindestens 1 R gleich H; R gleich ggf. halogenierter Arylrest, X gleich Halogen) erhält man durch Rk. von α,β-ungesätt. Aldehyden der Formel R—CH=C(R)—CHO mit Sulfenylhalogeniden der Formel R″—S—X, ggf. bei Rückfluß-Temp. oder in Ggw. von Eisessig (I) oder BF_3 als Katalysator. — Zu 22,4 g Acrolein in 100 ml Eisessig gibt man 31,7 g p-Toluolsulfenylchlorid unter Kühlung auf < 50°. Nach 10 Min. dest. man Eisessig u. Acrolein im Vakuum ab u. erhält 32 g eines orangefarbigen Öls, n_D^{25} 1,5660. — *Pesticide.* (**A. P. 2 993 075** vom 21/2. 1957, ausg. 18/7. 1961.) A. Jahn. 6313

General Aniline & Film Corp., New York, N.Y., übert. von: Frederick A. Hessel, Montclair, N.J., V.St.A., **Mittel zum Schutz von Pflanzen gegen Nematoden.** Es besteht aus 40 (Teilen) *3.4-Dichlortetrahydrothiophen-1.1-dioxid* u. 60 γ-Butyrolacton oder 2-Pyrrolidon. Bes. wirksam gegen *Meloidogyne incognita.* (**A. P. 2 987 437** vom 6/3. 1958, ausg. 6/6. 1961.) K. Koebke. 6313

Commercial Solvents Corp. (Erfinder: Edward B. Hodge), Terre Haute, Ind., V.St.A., **Nematocide Mittel,** dad. gek., daß sie aus *5-Amino-5-methyl-1.3-bis-(2-äthylhexyl)-hexahydropyrimidin* u. einem gegenüber dieser Verb. nicht reaktiven Träger bestehen. (**D. A. S. 1 134 244** Kl. 45 l vom 4/2. 1961, ausg. 2/8. 1962. A. Prior. 17/2. 1960.) K. Koebke. 6313

American Cyanamid Co., V.St.A. (Erfinder: Donald Perry Wright jun., James John Licari und Everett Joseph Frazza), **Pesticide auf Basis von Sydnonen.** Zu D. A. S. 1 097 751; C. **1961,** 12977 ist nachzutragen, daß auch folgende Sydnone verwendet werden können: *N-Phenyl-*, *N-Phenyl-C-methyl-*, *N-[p-Chlorphenyl]-*, *N-[m-Chlorphenyl]-*, *N-Phenyl-C-brom-*, *N-Dodecyl-*, *N-Phenyl-C-chlor-*, *N-Benzyl-*. (**F. P. 1 224 871** vom 22/1. 1959, ausg. 28/6. 1960. A. Prior. 24/1. 1958.) W. Wittholz. 6313

American Cyanamid Co., New York, N.Y., V.St.A., **Mittel zur Bekämpfung von Insekten und Acariden,** gek. durch den Geh. an Verbb. der Formel I (R = Phenyl-, Chlorphenyl-, Benzyl-, Cyclohexyl- oder Dodecylrest, X = H, CH_3, Cl oder Br), z. B. *N-Phenyl-*, *N-Phenyl-C-methyl-*, *N-m-Chlorphenylsydnon.* (**Ind. P. 66 484** vom 21/1. 1959, ausg. 24/10. 1960.) C. Lüttgen. 6313

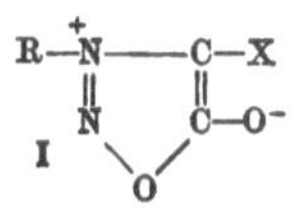

I

Shell Oil Co., New York, N.Y., übert. von: Donald D. Phillips, Modesto, Calif., V.St.A., **Insekticide.** Sie bestehen aus halogenierten Spiranen der allg. Formel I, worin X Halogenatome (Br oder Cl) bedeutet u. R einen Alkylenrest mit 1—10 C-Atomen. Die Verbb. können erhalten werden durch Erhitzen von 1.2.3.4.7.7-Hexahalogenbicyclo-(2.2.1)-2.5-heptadien mit Spiro-(2.4-cyclopentadien-1.1.-cycloalkan). — Beispiele: 5.6.7.8.9.9-Hexachlor-1.4.4a.5.8.8a-hexahydro-1.4(1′.1′)-cyclopropano-endo,endo-5.8-methanonaphthalin, F. 169—170°; 5.6.7.8.9.9-Hexachlor-1.4.4a.5.8.8a-hexahydro-1.4(1′.1′)-cyclopentano-endo,endo-5.8-methanonaphthalin, F. 139—141°. (**A. P. 3 012 933** vom 23/5. 1960, ausg. 12/12. 1961.) R. Bauereis. 6313

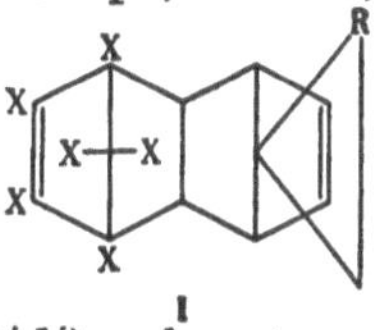

I

Sherwin-Williams Co., Cleveland, Ohio, übert. von: Robert F. Ruthruff, Chicago, Ill., Oliver J. Grummitt, Cleveland, Ohio, und Berton C. Dickinson, South Bound Brook, N.J., V.St.A., **Schädlingsbekämpfungsmittel** enthalten als wirksames Prinzip gff. kernhalogenierte Diphenylalkylcarbinole neben einem nichtsauren Träger, bes. *Di-[p-chlorphenyl]-methylcarbinol* in Verb. mit einer gleichen Menge $MgCO_3$ u. 0,5—10% Talk. (**Can. P. 559 811** vom 10/7. 1946, ausg. 1/7. 1958. A. Prior. 26/7. 1945.) L. Großner. 6313

Standard Oil Co., Chicago, übert. von: Jack F. Bussert, Calumet City, Ill., V.St.A., **Insekticide Mittel.** Sie enthalten öllösl. Isonitrile der allg. Formel R—N=C oder Mischungen davon, worin R einen aliphat., Aralkyl oder alicycl. KW-Stoffrest mit 12—24 C-Atomen bedeutet. Der KW-Stoffrest kann Substituenten von Halogen, Alkoxy-, Cyan-, Hydroxy-, Nitro- u. a. Gruppen enthalten. Die öllösl. Isonitrile werden durch Einw. von Chlf. auf prim. Amine in Ggw. von alkohol. KOH hergestellt. (**A. P. 3 012 932** vom 19/2. 1959, ausg. 12/12. 1961.) R. Bauereis. 6313

Phillips Petroleum Co., Del., übert. von: Kenneth E. Cantrel, Dewey, und Raymond L. Cobb, Bartlesville, Okla., V.St.A., **Insektenvertreibungsmittel.** Es enthält als Wirkstoff *2-Benzyl-p-kresol.* (**A. P. 3 012 934** vom 22/10. 1958, ausg. 12/12. 1961.) R. Bauereis. 6313

Phillips Petroleum Co., übert. von: John E. Mahan, Bartlesville, Okla., V.St.A., **Insektenvertreibungsmittel,** gek. durch den Geh. an hochmol. Sulfoxiden der allg. Formel $R-\underset{\underset{O}{\|}}{S}-(C_xH_{2x}O)_nH$, in der R einen Alkyl-, Aryl-, Aralkyl-, Alkaryl- oder

Cycloalkylrest mit 4—16 C-Atomen, x 2—5 u. n 1—10 bedeutet, bes. 2-Hydroxyäthyl-n-octyl-, 17-Hydroxy-3.6.9.12.15-pentaoxaheptadecyl-tert.-dodecyl-, 2-Hydroxyäthyl-tert.-dodecyl-, 2-Hydroxyäthyl-tert.-nonyl-, 2-Hydroxyäthyl-tert.-dodecyl-, 8-Hydroxy-3.6-dioxaoctyl-tert.-dodecyl-, 2-Hydroxyäthyl-n-butyl- u. 11-Hydroxy-3.6.9-trioxa-undecyl-tert.-dodecyl-sulfoxid. (**A. P. 2 926 118** vom 19/8. 1957, ausg. 23/2. 1960.) C. Lüttgen. 6313

Phillips Petroleum Co., Del., übert. von: Lyle D. Goodhue, Bartlesville, Okla., V.St.A., **Synergistisches Gemisch zur Insektenabwehr.** Es enthält einen *Diäthyl-*, *Di-n-propyl-* oder *Di-n-butylester* der *Pyridin-2.5-dicarbonsäure* im Verhältnis 1 : 1 mit *1-Acetoxy-3-phenyl-2-buten*. (**A. P. 3 012 935** vom 13/6. 1955, ausg. 12/12. 1961.) R. Bauereis. 6313

Imperial Chemical Industries Ltd., London, England (Erfinder: **Norman Senior**), *Stabilisierte Gibberellinsäurezusammensetzungen.* (**Aust. P. 231 150** vom 31/12. 1958, ausg. 8/12. 1960. E. Prior. 7/2. 1958. — C. **1962**, 12433 [E. P. 844 549].)

May & Baker Ltd., Dagenham, Essex, England (Erfinder: **Basil Jason Heywood** und **William George Leeds**), *Herstellung von substituierten Phenoxyalkanolen und -alkenolen.* (**E. P. 827 372** vom 2/3. 1956, ausg. 3/2. 1960. — C. **1958**, 13342 [D. A. S. 1 027 008].)

Fisons Pest Control Ltd., Felixstowe, England, *Wasserlösliche Salze von substituierten aryloxyaliphatischen Säuren enthaltende Präparate.* (**Niederl. P. 100 253** vom 3/2. 1958, ausg. 15/1.1962. E. Prior. 6/2. 1957. — C. **1961**, 12244 [Belg. P. 564 520].)

Merck & Co., Inc., Rahway, übert. von: **Frederick W. Holly**, Cranford, N.J., V.St.A., *Mercaptocarbonsäuren.* (**Can. P. 562 113** vom 13/9. 1954, ausg. 19/8. 1958. A. Prior. 19/10. 1953. — C. **1959**, 2594 [E. P. 758 897].)

Farbenfabriken Bayer Akt.-Ges., Leverkusen, übert. von: **Engelbert Kühle** und **Ferdinand Grewe**, Köln-Stammheim, und **Richard Wegler**, Leverkusen, *Perchlormethylmercaptanderivate.* (**Can. P. 555 634** vom 26/3. 1956, ausg. 8/4. 1958. D. Prior. 7/4. 1955. — C. **1960**, 624 [F. P. 1 145 041].)

Parke, Davis & Co., Detroit, Mich., V.St.A., übert. von: **Donald Edward Ames**, West Wickham, Kent, und **Thomas Frederick Grey**, Heston, Hounslow, England, *Alkylpyridin-N-oxide.* (**A. P. 2 995 562** vom 16/1. 1959, ausg. 8/8. 1961. E. Prior. 7/2. 1958. — C. **1961**, 12245 [E. P. 838 746].)

Imperial Chemical Industries Ltd. (Erfinder: **Alan Calderbank, Eric Callander Edgar** und **John Arthur Silk**), *Phosphorsäuretriazinderivate.* (**Aust. P. 231 965** vom 30/9. 1958, ausg. 9/2. 1961. E. Prior. 25/10. 1957. — C. **1962**, 7669 [F. P. 1 219 238].)

Farbenfabriken Bayer Akt.-Ges., Leverkusen, *Organophosphorderivate.* (**E. P. 899 897** vom 2/5. 1960, ausg. 27/6. 1962. D. Prior. 2/5. 1959. — C. **1961**, 16628 [D. A. S. 1 099 533].)

Farbwerke Hoechst Akt.-Ges., vormals Meister Lucius & Brüning, übert. von: **Martin Reuter** und **Ludwig Orthner**, Frankfurt/M., *Herstellung von Tetrahydroxymethylphosphoniumhydroxid.* (**A. P. 3 007 969** vom 7/1. 1958, ausg. 7/11. 1961. D. Prior. 12/1. 1957. — C. **1959**, 4609 [D. A. S. 1 041 957].)

Farbenfabriken Bayer Akt.-Ges., Leverkusen, übert. von: **Detlef Delfs**, Opladen, und **Karlfried Wedemeyer**, Köln, *Hydroxyarylalkylthioäther.* (**A. P. 2 995 608** vom 8/4. 1958, ausg. 8/8. 1961. D. Prior. 13/4. 1957. — C. **1960**, 15194 [D. A. S. 1 063 177].)

H_8. Metallurgie. Korrosion

International Minerals & Chemical Corp., New York, übert. von: Phillip E. McGarry, Lakeland, Fla., V.St.A., **Aufbereitung Uran enthaltender Asphaltite**, wie Gilsonit, Grahamit, Wurtzelit u. dergleichen. Das Ausgangsmaterial wird zwecks Entfernen der bituminösen Bestandteile zerkleinert u. das so befreite Material in eine wss. Trübe übergeführt, die gerührt u. belüftet wird. Das erhaltene Flotationskonzentrat von bituminösen Bestandteilen wird in Schlammform mit einen Dispergierungsmittel (z. B. Na-Silicat) gescrufft. Der Schlamm wird hierauf gewaschen, belüftet u. gerührt. Man erhält dadurch ein 2. Konzentrat, das die U-Bestandteile enthält. Der wss. Ausgangstrübe kann 0,07 lb. pine-oil u. 0,6 lb. Heizöl/t Feststoff zugesetzt werden. (**A. P. 2 973 864** vom 6/1. 1955, ausg. 7/3. 1961.) W. Hauswald. 6361

Dow Chemical Co., Midland, Mich., V.St.A., übert. von: Richard A. Mock, Russel C. Calkins und Charles A. Marshall, **Abtrennen von chelatbildenden Metallionen aus solche enthaltenden Lösungen mittels eines Chelataustauschers.**

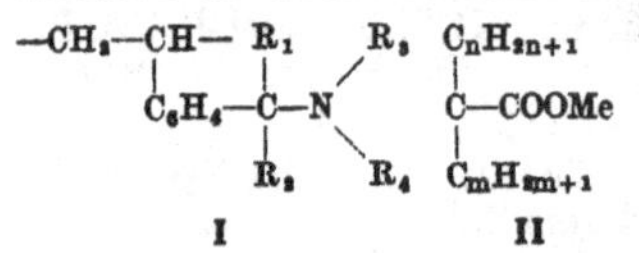

I II

Es wird ein Additionspolymerisat, das mindestens 80 Gew.-% einer vinylaromat. Aminocarbonsäure mit wiederkehrenden Einheiten der Formel I, wo R_1 = H, COOMe oder $-CH_2\cdot COOMe$, R_2 = H oder CH_3, R_3 u. R_4 jeweils H, CH_3, $-CH_2-C_6H_4-CH=CH_2$, CH_2COOMe, CH_2CH_2COOMe oder gar **II**, wo n = 1—4 u. m = 0—2, Me ein Kation ist, verwendet. Entfernung von Hg aus einer NaCl u. $CaCl_2$ enthaltenden Lsg., Trennen von Cu u. Ni aus diese enthaltenden Lösungen. (**E. P. 862 636** vom 11/4. 1958, ausg. 15/3. 1961. A. Prior. 10/5. 1957. **A. P. 2 980 607** vom 10/5. 1957, ausg. 18/4. 1961.) O. Steil. 6381

Dow Chemical Co., Midland, Mich., V.St.A. (Erfinder: Richard Armitoge Mock, Russel Crosby Calkins und Charles Andrew Marshall), **Abtrennen von chelatbildenden Metallionen aus Lösungen mittels eines Chelataustauschers.** Das nach dem Hauptpatent zu verwendende Additionspolymerisat soll nur 50 bis 80 Gew.-% einer vinylaromat. Aminocarbonsäure der allg. Formel I enthalten. Beispiele betreffen das Abtrennen von Cu, Fe, Ni u. Co. Die Kapazität soll größer als bei den bisherigen Chelataustauschern sein. (**E. P. 876 014** vom 14/3. 1960, ausg. 30/8. 1961. **Zusatz zu E. P. 862 636; s. vorst. Ref.**) O. Steil. 6381

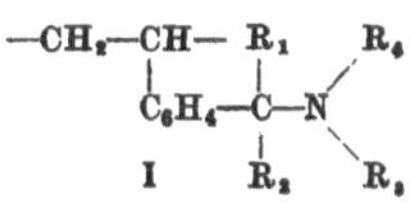

I

National Smelting Co. Ltd., London, England (Erfinder: Richard Morgan Sellwood), **Sinterung von Blei- und Zinksulfidgemischen.** Der Luftstrom wird zunächst von unten nach oben geführt, bis die heiße Zone die oberste Schicht des Sinterbetts erreicht hat, worauf von oben nach unten zu Ende geblasen wird. Das Sinter-Prod. eignet sich zur Verhüttung im Schachtofen. — Abbildung. (**E. P. 881 634** vom 12/12. 1958, ausg. 8/11. 1961.) M. Neckermann. 6379

Metallgesellschaft Akt.-Ges., Deutschland, **Härten von Erzpellets auf dem Sinterrost.** Zur Deckung eines Teils der zu Calcination erforderlichen Wärme werden Heizgase verwendet, während zur Erzeugung der restlichen Wärme der unteren Schicht des Sinterbetts fester Brennstoff beigemischt wird, wobei der Geh. an Brennstoff von oben nach unten zunimmt. In den oberen Schichten kann der feste Brennstoff ganz weggelassen werden. Durch Beimischung von $Ca(OH)_2$ vor der Pelletisierung kann die Brenn-Temp. gesenkt werden. (**F. P. 1 255 571** vom 10/3. 1960, ausg. 14/6. 1961. D. Prior. 20/3. 1959.) M. Neckermann. 6379

International Nickel Co. of Canada Ltd., Copper Cliff, Ontario, Canada, **Fließbettröstung von Sulfiden,** die eines oder mehrere der Metalle *Ni*, *Co* u. *Cu* mit oder ohne *Fe* enthalten, bei Temp. über dem Erweichungspunkt des Sulfids aber unter dem F. des abgerösteten Materials. Die Sulfide werden in Form von Granalien oder Agglomeraten in das Fließbett gegeben u. die O_2-haltigen Gase mit einer solchen Geschw. eingeführt, daß das staubförmige Gut mit den Abgasen ausgetragen wird, während das gröbere Granulat oder Agglomerat als Fließbett im Ofen verbleibt. — Abbildung. (**E. P. 875 554** vom 24/3. 1960, ausg. 23/8. 1961. **F. P. 1 256 213** vom 30/3. 1960, ausg. 28/6. 1961. Beide Can. Prior. 31/3. 1959.) M. Neckermann. 6379

Armour Research Foundation of Illinois Institute of Technology, Chicago, Ill. (Erfinder: Walter C. Troy, Riverside, Calif.), V.St.A., **Körper mit einer Porosität von 30—95%** werden hergestellt durch Zusammenpressen von Metallfasern mit einer Länge von 0,05—60 mm, wobei die Länge zum Querschnitt sich wie ca. 1 : 10 verhält. Die Metallfasern werden in einer Fl., z. B. in W., oder um sie vor Oxydation zu schützen, in Glycerin oder Öl suspendiert, wobei sie sich verfilzen. Nachdem die Fl. entfernt ist, werden die Späne in eine Form gebracht u. verpreßt. (**Schwz. P. 345 461** vom 2/3. 1956, ausg. 13/5. 1960. A. Prior. 3/3. 1955.) C. Götze. 6389

Bethlehem Steel Co., übert. von: Hobart M. Kraner, Bethlehem, und Robert A. Limons, Hellertown, Pa., V.St.A., **Sintern von nassen Eisenerzen.** Die nassen Erze werden mit so viel gesintertem, trockenem Material vermischt, daß der Wasser-Geh. der Mischung 3—7,5% beträgt. Die Mischung wird auf $-^3/_{16}''$ abgesiebt, auf einen optimalen Wasser-Geh. für die Sinterung gebracht u. nur das Material von $-^3/_{16}''$ gesintert. — Abbildung. (**A. P. 3 003 864** vom 16/12. 1959, ausg. 10/10. 1961.) M. Neckermann. 6391

Cleveland-Cliffs Iron Co., Cleveland, Ohio, übert. von: Louis J. Erck, Negaunee, Mich., und Thomas E. Ban, Cleveland Heights, Ohio, V.St.A., **Umwandlung von nichtmagnetischen in magnetische Eisenerze** auf einem Wanderrost. Das in dünner Schicht auf dem Rost ausgebreitete Erz wird hintereinander in voneinander getrennten u. nur durch Rohrleitungen untereinander verbundenen Kammern vorerhitzt, erhitzt, red. u. gekühlt. Durch Hindurchsaugen brennender Gase wird die Erzschicht aufgeheizt u. anschließend durch reduzierende Gase, wie H_2 oder CO, reduziert. Der Überschuß an reduzierenden Gasen wird in die Erhitzungskammer zurückgeführt. Zur Kühlung der reduzierten Erzschicht werden kalte Red.-Gase hindurchgeleitet, die sich hierbei erwärmen u. im erwärmten Zustand der Red.-Kammer zugeführt werden. Zur Verdünnung der Red.-Gase werden Abgase aus der Erhitzungs- u. Vorerhitzungskammer zugesetzt. — Abbildung. (**A. P. 3 005 699** vom 9/10. 1957, ausg. 24/10. 1961.) M. Neckermann. 6391

Régie Nationale des Usines Renault (Erfinder: Lucien Peras), Billancourt, Frankreich, **Hochfestes Tempergußstück** mit großer Anzahl sehr feiner, gleichmäßig verteilter, abgerundeter *Graphit*-Kügelchen, das mit einer Stärke von über $^3/_4$in.

im Gußzustand weiß erstarrt u. frei von Graphit ist, dad. gek., daß das Tempereisen aus 2—3 (%) C, 1—2,5 Si, 0,1—2,5 Mn, 0,1—3,0 Cu, 0,01—0,2 S, 0,02—0,15 P, bis 0,5 Ti oder Zr oder an Stelle hiervon bis 0,2 Al, 0,03—0,2 Mg, Ca, Te, Se, Sn, Bi oder Sb, 0,05—0,5 Mo, Ni, Cu, Mn, W u./oder V, mit der Maßgabe, daß ein Teil Mo in seiner Wrkg. als Beschleuniger für eine martensit. Härtung mit 4 Teilen Ni, 10 Teilen Cu, 4 Teilen Mn, 2 Teilen W oder 0,3 Teil V äquivalent ist, sowie ferner aus Fe als Rest besteht, u. daß der weiß erstarrte Temperguß oberhalb der eutektoiden Umwandlungs-Temp. von 750—1000° der Form entnommen, darauf unmittelbar in einen Ofen eingesetzt, dort bei 740—850° stabilisiert, durch Abschrecken in einer Fl. mit einer Temp. bis 250° martensit. gehärtet, 1—48 Std. bei 425—500° angelassen sowie 15 Min. bis 8 Std. lang bei 850—1100° graphitisiert wird. (**A. P. 3 005 736** vom 30/1. 1959, ausg. 24/10. 1961. F. Prior. 6/2. 1958.) H. Hochstein. 6403

United States Steel Corp. (Erfinder: John Murray Hodge), V.St.A., **Schweißbarer, niedriglegierter Stahl mit hoher Festigkeit** besteht aus 0,10—0,20 (%) C, 0,25—1,75 *Mn*, 0,15—0,50 *Si*, 0,50—3,00 *Ni*, 1,00—3,00 *Cr*, 0,25—0,75 *Mo*, 0,01 bis 0,10 *V*, 0,0005—0,005 *B*, 0—0,50 *Cu*, Rest *Fe* mit den üblichen Verunreinigungen. Gemäß einer bevorzugten Zus. enthält der Stahl 1,20—1,50 Mn, 0,15—0,35 Si, 0,70 bis 1,00 Ni, 1,30—1,70 Cr, 0,40—0,65 Mo, 0,03—0,10 V, 0,0005—0,004 B, bis 0,040 S, bis 0,040 P, Rest Fe. Der Stahl ist gut schweißbar u. besitzt nach Warmauswalzen eines 25 mm starken Werkstückes mit nachfolgender Abkühlung an Luft eine Streckgrenze von 6300 kg/cm². (**F. P. 1 252 504** vom 31/3. 1960, ausg. 3/5. 1961. A. Prior. 3/4. 1959.) H. Hochstein. 6411

United States Steel Corp. (Erfinder: Samuel John Manganello und John Edward Steiner), V.St.A., **Magnetische Stahllegierung, insbesondere für geschmiedete Rotoren von Generatoren,** mit einer 0,2%-Streckgrenze über 6325 kg/cm², einer Versprödungs-Übergangs-Temp. unter 10°, einer hohen Permeabilität sowie ohne Neigung zur Anlaßsprödigkeit besteht aus 0,17—0,26 (%) *C*, 0,20—0,40 *Mn*, 0,15 bis 0,40 *Si*, 3,5—4,25 *Ni*, 0,20—0,50 *Mo*, 0,18—0,40 *V*, bis 0,50 *Cr*, bis 0,10 in Säuren lösl. *Al*, Rest *Fe* mit den üblichen Verunreinigungen. Bes. enthält die Stahl-Leg. 0,18 bis 0,24 C, 0,20—0,35 Mn, 3,70—4,00 Ni, 0,18—0,30 V, bis 0,30 Cr u. 0,20—0,31 Mo. (**F. P. 1 252 552** vom 1/4. 1960, ausg. 3/5. 1961. A. Prior. 3/4. u. 13/11. 1959.) H. Hochstein. 6411

Klöckner-Werke Akt.-Ges., Deutschland, **Stahl, insbesondere austenitischer Stahl, als Werkstoff für Kernreaktoren,** dad. gek., daß er 0,0001—0,05 (%) *Seltene Erdmetalle*, bes. *Ce* u./oder *Pr* u./oder *Nd* enthält. Auch kann ein austenit. Stahl mit bis 0,04 C noch 18—24 Cr, 8—12 Ni sowie 0,08 Ce enthalten. Der Stahl besitzt eine hohe Korrosionsbeständigkeit unter den im Reaktor herrschenden Betriebsbedingungen. (**F. P. 1 271 903** vom 21/10. 1960, ausg. 24/1. 1962. D. Prior. 22/10. 1959.) H. Hochstein. 6411

United Steel Co. Ltd. (Erfinder: Joseph Dennis Murray), Sheffield, England, **Austenitischer Chrom-Nickel-Mangan-Stahl** besteht aus 0,05—0,15 (%) *C*, 12—18 *Cr*, 6—20 *Ni*, 3—10 *Mn*, 0,005—0,075 *B*, wenigstens 0,5 *Nb* u./oder *Ta*, mit oder ohne *V*, mit der Maßgabe, daß der Gesamt-Geh. Nb + Ta + V 3% nicht übersteigt, ferner 0,5—4,0 *Mo*, bis zu 3,5 *W*, mit der Maßgabe, daß Mo + W 4% nicht übersteigen, Rest *Fe* mit den üblichen u. zufälligen Bestandteilen. Eine bevorzugte Zus. dieser Stahl-Leg. ist: 0,08—0,12 C, 6,0—6,5 Mn, 0,4—0,6 Si, 9—11 Ni, 14—16 Cr, 0,9—1,1 Mo, 0,2—0,6 V, 0,8—1,2 Nb u./oder Ta, 0,005—0,007 B, Rest Fe mit den üblichen Verunreinigungen. Die Leg. eignet sich als Werkstoff zur Herst. von *Überhitzerrohren, Dampfleitungen* u. Teile für *Gasturbinenmaschinen* für Luftfahrzeuge. (**E. P. 876 437** vom 9/12. 1959, ausg. 30/8. 1961. **Zusatz zu E. P. 838 294; C. 1961, 18864.**) H. Hochstein. 6411

Inbega Akt.-Ges., St. Gallen, Schweiz, **Hochchromhaltiger verschleiß- und warmfester Werkzeugstahl hoher Härte und Zähigkeit,** dad. gek., daß er bei einem *Cr*-Geh. von 13—20%, einem *C*-Geh. von 1,1—1,4% u. den üblichen Verunreinigungen nur 4—6% *W* u. 1,1—1,5% *V* enthält u. der Geh. an W u. V zusammen 50% des vorhandenen Cr-Geh. nicht übersteigt. Außerdem kann zweckmäßig der Stahl 0,5% nicht übersteigende Menge an Desoxydationselementen, wie *Mn* u. *Ti*, enthalten. Der Stahl dient zur Herst. von *Werkzeugen für die spanabhebende Bearbeitung*. — Abbildungen. (**Oe. P. 217 075** vom 12/4. 1957, ausg. 11/9. 1961.) H. Hochstein. 6411

United Steel Co. Ltd. (Erfinder: Kenneth James Irvine), Sheffield, England, **Aushärtbarer Stahl mit hoher Härte und günstigen Festigkeitseigenschaften** besteht aus 0,06—0,25 (%) *C*, 10—14 *Cr*, 0,35—2 *Mn*, 0,5—4 *Ni*, 0,5—6,5 *Mo*, 0,5 bis 15 *Co*, bis 1 *Si*, bis 0,1 *N*, Rest *Fe* mit den üblichen Verunreinigungen u. mit der Maßgabe, daß die Zus. in den angegebenen Grenzen so gewählt wird, daß der Stahl vollkommen oder fast vollständig frei von δ-Ferrit ist. Zweckmäßig beträgt das Verhältnis von Co zu Mo im Stahl 1 : 1 bis 2 : 3. (**E. P. 882 187** vom 14/5. 1959, ausg. 15/11. 1961. **Zusatz zu E. P. 853 124; C. 1962, 4709.**) H. Hochstein. 6411

Firth-Vickers Stainless Steels Ltd., Sheffield (Erfinder: John Ivan Morley, Norton, und Charles Sykes, Sheffield), England, **Korrosionsbeständiger martensitischer Stahl** besteht aus 0,03—0,15 (%) *C* + *N*, höchstens aber 0,05 N, 15—17,5 *Cr*, 4—6,5 *Ni*, 0,5—2,5 *Cu*, 0,3—3,0 *Mo*, bis 1,0 *Si*, bis 1,0 *Mn*, entweder eines der Elemente *Ti* oder *V* in der 5—10fachen Menge des C- + N-Geh. oder die beiden Elemente *Nb* + *Ta* insgesamt in der 8—12fachen Menge des C- + N-Geh., Rest *Fe* mit den üblichen Verunreinigungen an S u. P. Bes. besteht der Stahl aus 0,04 C + N, 0,25 Si, 0,70 Mn, 17,3 Cr, 5,8 Ni, 2,2 Mo, 1,6 Cu, 0,28 Ti, Rest Fe mit den üblichen Verunreinigungen. Zweckmäßig wird der Stahl auf ca. 1000° erhitzt u. nach einer Luftabkühlung 2 Std. auf Temp. bei ca. 750° gehalten, worauf er nach einer zweiten Luftabkühlung ca. 2 Std. lang auf 350—650° erhitzt wird. Der Stahl besitzt eine Widerstandsfähigkeit gegen den allg. sowie den strukturell selektiven Angriff in gewissen stark korrosiven Medien, z. B. Seewasser, u. anwesenden Chemikalien, z. B. Säuren. (**Schwz. P. 359 725** vom 20/8. 1955, ausg. 15/3. 1962. E. Prior. 15/9. 1954 u. 12/8. 1955.) H. Hochstein. 6411

Armco International Corp., V.St.A., **Durch Warmwalzen oder Warmfließpressen leicht verarbeitbare austenitische Legierung** besteht aus bis 1,5 (%) *C*, 12 bis 30 *Cr*, 4—20 *Mn*, bis 35 *Ni*, 0,06—0,60 *N*, 0,00005—0,005 *B*, bis 9 *Mo*, bis 20 *Co*, bis 0,30 *S*, Rest *Fe*. Eine bevorzugte Zus. ist: 0,47—0,57 C, 20—22 Cr, 8—10 Mn, 3,25 bis 4,50 Ni, bis 0,10 S, bis 0,25 Si, 0,38—0,50 N, 0,0001—0,0050 B, Rest Fe. Die Leg. eignet sich wegen ihrer hohen Zunderbeständigkeit in der Wärme u. Warmfestigkeit als Werkstoff zur Herst. von *Ventilen von Verbrennungskraftmaschinen.* (**F. P. 1 266 471** vom 19/3. 1958, ausg. 10/11. 1961.) H. Hochstein. 6411

Josef Blanderer und Rau-Metallwerk-Ges., München (Erfinder: Josef Blanderer, München), **Entarsenierung von Speisen und ähnlichen Materialien.** Die Speise wird mit Kalk bei 500—800° unter Luftzutritt geröstet, das Röstprod. mit calcinierter Soda bis zum schwachen Sintern erhitzt u. die gesinterte Masse mit W. gelaugt. Aus der Lauge wird das As mittels $CaCl_2$ als $CaAsO_4$ isoliert. Die in Lsg. befindlichen Metalle, wie *Ni* u. *Cu*, werden durch Zugabe von Soda gefällt u. der erzeugte Nd. wiederum mit Soda gesintert. Nach abermaliger Laugung mit W. entsteht ein Endprod. aus *Ni*- u. *Cu-Oxid* mit geringem As-Gehalt. (**D. A. S. 1 129 707** Kl. 40a vom 21/2. 1961, ausg. 17/5. 1962.) M. Neckermann. 6421

Comp. des Metaux d'Overpelt-Lommel et de Corphalie, Overpelt-lez-Neerpelt, Belgien (Erfinder: Albert Andre Joseph Quintin), **Reduktion von Zinkerzen und anderem zinkhaltigem Material.** Das aus den Muffeln kommende Gasgemisch aus CO, Zn-Dampf, Pb u. anderen Verunreinigungen wird durch ein Filter geleitet, das innerhalb des Sammelkondensators oder zwischen dem Sammelkondensator u. einem diesem nachgeschalteten Kondensator angeordnet ist. Als Filtermaterial wird gebrannter feuerfester Ton, Halbkoks oder Steinkohle verwendet. — Abbildung. (**E. P. 892 395** vom 28/3. 1960, ausg. 28/3. 1962. **Zusatz zu E. P. 863 786; C. 1962, 12 085.**) M. Neckermann. 6427

Metallurgical Processes Ltd. und National Smelting Co. Ltd. (Metallurgical Development Co.), Nassau, Bahamas (Erfinder: Leslie Jack Derham, Avonmouth, Gloucestershire, England), **Gewinnung von Zink aus Arsen und Eisen enthaltenden Zinkkonzentraten** durch Schmelzen u. gleichzeitiges Kühlen der entstehenden Gase mit geschmolzenem *Pb*, zu welchem *Al* in Form einer weniger als 20% Al enthaltenden u. unter 500° schmelzenden *Zn—Al*-Leg. zugesetzt wird. As u. Al bilden im geschmolzenen Pb eine unlösl. Verbindung. In Ggw. von Fe wird die Al-Menge erhöht. Der Überschuß an Al wird mit $ZnCl_2$ entzogen. Die Pb-Schmelze wird durch gekühlte Kanäle in Absatzbehälter geführt u. mit $ZnCl_2$ überdeckt. Etwa zurückbleibendes *As* wird durch Behandlung mit *Na* entfernt. (**Ung. P. 150 171** vom 28/6. 1961, ausg. 20/8. 1962. E. Prior. 4/7. 1960.) F. Landsberger. 6427

Zaklady Cynkove „Silesia“ Przedsiebirorstwo Panstowe, Kattowitz, Polen (Erfinder: Tadeusz Niedek), **Herstellung von feinkörniger Zinklegierung für graphische Platten** aus Zn mit Zusatz von *Mg—Al*-Legg. (zweckmäßig 0,05—0,4%), die bei 500—550° der Zn-Schmelze zugefügt werden. Der Zusatz besteht aus einer 90% Al u. 10% Mg enthaltenden Legierung. (**Ung. P. 150 183** vom 22/12. 1961, ausg. 20/8. 1962.) F. Landsberger. 6427

Soc. per l'Esercizio del'Istituto Sperimentale dei Metalli Leggeri, Mailand, Italien, **Legierung.** Die mechan. Eigg. von *Cu—Al*-Legg. mit 5—9,5 (%) Al lassen sich verbessern durch Zugabe von 0,05—1,5 *Ti*. Man kann weiter bis zu 3 Fe,

3 Ni, 2 Mn u. 1 Zn zugeben, um bes. techn. Eigg. oder Färbungen zu erzielen. (**It. P. 546 245** vom 15/12. 1955.) K. Koebke. 6433

American Metal Climax, Inc. (Erfinder: George Ansel Timmons und Marion Semchyshen), V.St.A., **Gegossene Molybdänlegierung** nach F. P. 1161970, dad. gek., daß sie 0,01—0,03 (%) *Zr* u. bis zu 0,25 *C* enthält u. der Rest aus *Mo* neben unvermeidlichen Verunreinigungen besteht. Bes. enthält sie 0,01—0,04 C. Außerdem kann die Leg. noch 0,1—0,22 *Ti*, 0,02—0,2 *Co*, 0,25—1 *Nb* oder 0,25—1 *V* enthalten. Die Leg. soll weniger als 0,005, bes. weniger als 0,0015 *O* aufweisen. Die Ausschußquote bei der Warmverformung ist stark verringert, trotzdem besitzt die Leg. eine hohe Warm- u. Kriechfestigkeit im Bereich von 980—1090°. Der Temp.-Bereich, unterhalb dessen Versprödung auftritt, ist herabgesetzt. (**F. P. 74 952** vom 12/2. 1959, ausg. 9/6. 1961. A. Prior. 24/2. 1958. **Zusatz zu F. P. 1 161 970; C. 1960, 5636.**) C. F. Gross. 6441

Aluminium Laboratories Ltd., Montreal, Canada, **Gewinnen von metallischem Aluminium** durch Zersetzen des bei der Dest. von Al mit $AlCl_3$ entstehenden AlCl-Dampfes durch geschmolzenes Al, dessen Temp. unterhalb der Zers.-Temp. des AlCl liegt, dad. gek., daß die Kühlung des geschmolzenen Al durch direkte Berührung mit einer im Kreislauf geführten NaCl-Schmelze erfolgt. — Zeichnung. (**Ind. P. 64 810** vom 31/7. 1958, ausg. 12/8. 1960.) C. Lüttgen. 6447

Aluminium Laboratories Ltd. (Erfinder: Alan Hutchinson Johnston und Frederick William Southam), **Gewinnung von metallischem Aluminium nach dem Subhalogenid-Verfahren,** dad. gek., daß man das Al-Subhalogenid durch geschmolzenes Al (**I**) von tieferer Temp. als das Gas kühlt, wobei es sich zersetzt, u. die niedere Temp. des **I** durch Kühlen mit einer Schmelze eines Al-Salzes, bes. $AlCl_3$, bes. im Gemisch mit NaCl, z. B. 77—80% $AlCl_3$ u. 23—20% NaCl, aufrechterhält. — Zeichnung. (**Aust. P. 229 420** vom 1/8. 1958, ausg. 11/8. 1960. A. Prior. 9/8. 1957.) C. Lüttgen. 6447

British Aluminium Co. Ltd. (Erfinder: Edmund Hollis Amstein), **Elektrische Stromzuleitung für die Schmelzflußelektrolyse zur Herstellung oder Reinigung von Aluminium,** bestehend in ihrem mit dem Schmelzbad in Kontakt kommenden Teil im wesentlichen aus Ti-, Zr-, Ta- oder Nb-Boriden, bes. aus Ti-Diborid, u. in ihrem übrigen Teil im wesentlichen aus den Carbiden der genannten Übergangsmetalle. — Zeichnungen. (**Aust. P. 228 356** vom 14/1. 1958, ausg. 16/6. 1960. E. Prior. 16/1. 1957.) K. Demmler. 6447

Pennsalt Chemicals Corp., Philadelphia, Pa., übert. von: Joseph B. Heitman, Tacoma, Wash., V.St.A., **Gewinnung von Platin** aus Perchloratelektrolyten, die außerdem geringe Mengen Chromationen enthalten, dad. gek., daß man durch Alkali auf pH 7 bringt, zur Fällung von Chromat Erdalkalikationen im Überschuß zusetzt u. einen Überschuß von Fe-, Co-, Ni- oder Al-Hydroxyd, bes. $Fe(OH)_3$, zugibt. (**Can. P. 556 051** vom 18/6. 1954, ausg. 15/4. 1958. A. Prior. 13/7. 1953.) S. Böttcher. 6465

Mole Norton S. p. A., Corsico, Mailand, Italien, **Herstellung von Titancarbid.** Ein O-haltiges Ti-Mineral wird im Gemisch mit Koks in einen senkrecht stehenden elektr. Flammbogen-Ofen eingeführt, der mit zwei beweglichen, senkrecht stehenden Graphitelektroden ausgestattet ist. Der Flammbogen wird so geführt, daß der Strom von einer Elektrode über einen Flammbogen, einem Block von TiC, Ausgangsgemisch, C-Brücke, Ausgangsgemisch, einen Block von TiC u. einen Flammbogen zur anderen Elektrode verläuft. In dem Maße, wie sich die C-Elektroden verbrauchen, bildet sich darunter TiC. — Das Verf. kann nach It. P. 541 943 auch bei der Herst. von *Zirkoniumcarbid* angewandt werden. — Zeichnungen. (**It. PP. 541 932** vom 1/10. 1955 u. **541 943** vom 3/10. 1955.) K. Koebke. 6477

Felten & Guilleaume Carlswerk Eisen und Stahl Akt.-Ges., Köln (Erfinder: Wilhelm Schüll und Fritz Schwier, Köln), **Herstellung von unlegiertem Stahldraht und Bandstahl** mit hohen elast. Eigg. unter Anwendung einer Kaltverformung mittels Ziehens oder Walzens, wobei der Stahl vorher einer Homogenisierungsglühung bei oberhalb Ac_3 gelegenen Temp. unterzogen u. anschließend abgeschreckt sowie nach dem Kaltverformen unter Zugspannung angelassen wird, dad. gek., daß das Abschrecken als Zwischenstufenvergütung durchgeführt u. das abschließende Anlassen unmittelbar nach dem letzten Kaltverformen im gleichen Arbeitsgang bei Temp. zwischen 150 u. 400° unter Einw. starker Zugspannung vorgenommen wird. (**D. A. S. 1 124 067** Kl. 18c vom 25/7. 1959, ausg. 22/2. 1962.) H. Hochstein. 6491

Westinghouse Electric Corp., Pittsburgh, Pa., V.St.A., **Herstellung von orientiertem Si-Stahlband,** dad. gek., daß warmgewalztes Si-Stahlband mit einer Dicke von 1,8—3,0 mm u. mit einer Zus. von bis 0,02 (%) *C*, 2,2—5,25 *Si*, 0,001—0,05

Metalloxide, Metallsulfide u. *Metallnitride*, Rest *Fe* hergestellt, unter 60—80% Abnahme kaltgewalzt, mit einer Geschw. von 1600—2000°/Min. auf 850—1050° in einer nichtoxydierenden Atmosphäre erhitzt u. bei dieser Temp. so lange gehalten wird, bis das Band rekristallisiert ist; anschließend wird das rekristallisierte Band einer weiteren Kaltwalzung mit 50—60% Abnahme unterworfen u. die vorherige Zwischenglühung bis zum Weichwerden des Bandes wiederholt; darauf wird das Band noch 1—8 Std. bei 1000—1300° in einer nichtoxydierenden Atmosphäre geglüht, wobei die Erhitzungs-Geschw. 2—15°/Min. beträgt. (**E. P. 878 819** vom 28/9. 1959, ausg. 4/10. 1961. A. Prior. 3/10. 1958.) H. Hochstein. 6491

Alfred Teves Maschinen- und Armaturenfabrik K. G. (Erfinder: Wolfram Ruff), Frankfurt/M., **Herstellung verschleißfesten unlegierten Gußeisens mit nadelförmigem Zwischenstufengefüge.** Das Verf. nach D. A. S. 1 054 102 wird dahingehend abgewandelt, daß bei Vorliegen von P-Gehh. zwischen 0,3 u. 0,7% im Gußeisen eine zweistufige Wärmebehandlung angewendet wird derart, daß das Gußeisen in einem auf 300—400° befindlichen Warmbad abgeschreckt u. anschließend einer Anlaßbehandlung bei 500—550° unterworfen wird. (**D. A. S. 1 122 973** Kl. 18c vom 2/3. 1957, ausg. 1/2. 1962. **Zusatz zu D. A. S. 1 054 102; C. 1961, 14091.**) H. Hochstein. 6493

La Salle Steel Co., Hammond, Ind., übert. von: Elliot S. Nachtman, Park Forest, Ill., und John E. O'Donnell, Highland, Ind., V.St.A., **Wärmebehandlung von warmgewalztem Stahl,** der kaltverfestigt u. durch eine Art Ausscheidung zwischen 200° F u. seiner unteren krit. Temp. gehärtet werden kann, dad. gek., daß der Stahl zwischen 450° F u. der untere krit. Umwandlungspunkt durch eine Preßdüse zur Erzielung einer Querschnittsverminderung hindurchgeschickt, dann einer Aufkohlungs-, Nitrier-, Carbonitrier-, Chromier- oder sonstigen Diffusionsbehandlung unterworfen u. auf Raum-Temp. abgekühlt wird. (**A. P. 3 009 843** vom 22/10. 1956, ausg. 21/11. 1961.) H. Hochstein. 6493

United States Steel Corp., V.St.A. (Erfinder: Harry MacAlworth, Harry Franklin Shannon und Edward Bernard Stanley), **Wärmebehandlung eines 2,75—3,5% Si enthaltenden Stahles mit Kornorientierung und verbesserten magnetischen Eigenschaften,** der nach Warm- u. Kaltwalzen geglüht wird, dad. gek., daß die Wärmebehandlung bei 788—954° durchgeführt wird, worauf der Stahl von dieser Temp. auf eine Temp. unter 538° zur Vermeidung von Carbid-Bldg. an den Korngrenzen energ., d. h. mit über 67°/Sek., abgeschreckt u. im Temp.-Bereich von 316 bis 482° so lange gehalten wird, bis sich in den Körnern linsenartige Ausscheidungen entwickelt haben, worauf der so behandelte Stahl auf Raum-Temp. abgekühlt wird. (**F. P. 1 261 810** vom 6/7. 1960, ausg. 15/9. 1961. A. Prior. 9/7. 1959.) H. Hochstein. 6493

La Salle Steel Co., Hammond, Ind., übert. von: Elliot S. Nachtman, Oak Park, Ill., V.St.A., **Verbesserung der physikalischen und mechanischen Eigenschaften von Stangen aus einem nichtaustenitischen Stahl** mit perlit. Gefüge in einer Grundmasse aus freiem Ferrit, dad. gek., daß der Stahl nach einer Normalisierungsbehandlung mit einer Temp. zwischen 250° F u. der unteren, in Abhängigkeit von der Stahl-Zus. bei 1100—1400° F liegenden krit. Umwandlungs-Temp., bes. bei 400—950° F, unter Abnahme seines Querschnittes in einer Ziehmatrize durch Ziehen verformt wird. Neben einer verbesserten Bearbeitbarkeit besitzen die behandelten Stähle hohe Werte der Zerreißfestigkeit u. Streckgrenze. (**A. P. 2 998 336** vom 29/6. 1959, ausg. 29/8. 1961.) H. Hochstein. 6493

La Salle Steel Co., Hammond, Ind., übert. von: Elliot S. Nachtman, Park Forest, Ill., V.St.A., **Verbesserung der mechanischen und physikalischen Eigenschaften von einem nichtaustenitischen Stahl** mit perlit. Gefüge in einer Grundmasse aus freiem Ferrit, dad. gek., daß der Stahl durch Fließpressen in einer Preßdüse unter Querschnittsabnahme kaltverformt, darauf auf eine zwischen 200° F u. der unteren krit. Temp. liegende Temp., bes. auf 400—900° F, erhitzt u. bei dieser Temp. nochmals unter weiterer Querschnittsverminderung einem Fließpressen unterworfen wird. Der so behandelte Stahl weist eine Verbesserung der Zugfestigkeit, Streckgrenze, Bearbeitbarkeit, Härte, Bildsamkeit, Dehnung u. Kerbschlagzähigkeit auf. (**A. P. 3 001 897** vom 22/10. 1956, ausg. 26/9. 1961.) H. Hochstein. 6493

Vereinigte Österreichische Eisen- und Stahlwerke Akt.-Ges., Linz, Österreich, **Reinigungsbehandlung von Eisen- oder Stahlblöcken,** bes. von über 8 t schweren Stahlblöcken, dad. gek., daß der abgegossene Block mit O_2 oder einem mit O_2 hochangereicherten gasförmigen Feinungsmittel behandelt wird, sobald der zentrale Teil der Blockoberfläche teigig zu werden beginnt; bas. schlackenbildende Stoffe, wie *Kalkstaub* oder calciniertes Na_2CO_3, werden gleichzeitig zugesetzt. Zweckmäßig wird der O_2-Strahl in senkrechter Richtung auf den zentralen Oberflächenbereich des Gußblocks aufgeblasen. — Abbildung. (**E. P. 885 557** vom 27/4. 1960, ausg. 28/12. 1961. Oe. Prior. 30/4. 1959.) H. Hochstein. 6513

Associated Electrical Industries Ltd., London, England (Erfinder: Norman Clifford Welsh), **Oberflächenbehandlung von Eisenmetallen.** Die Gegenstände werden in eine Fl. getaucht u. eine Elektrode in ihre Nähe auf eine solche Potentialdifferenz zu den Gegenständen gebracht, daß eine Funkenentladung entsteht. Enthält die Fl. *S*, so bildet sich ein *Sulfid* an der Oberfläche aus, enthält sie NH_3, so wird eine *N*-Verb. gebildet. Durch Behandeln in Paraffinöl mit einer Ti-Elektrode können *Ti-Carbide* auf der Fe-Oberfläche gebildet werden. (**E. P. 860 562** vom 29/6. 1956, ausg. 8/2. 1961.) F. Vier. 6529

Pyrene Co. Ltd., Brentford, Middlesex, England (Erfinder: Dennis Brian Freeman), **Bildung von Schutzüberzügen auf Metallen** mittels einer sauren wss. Lsg., die *Oxalsäure* u. eine in der Lsg. schweflige Säure ergebende Komponente (in wss. NH_3 gelöstes SO_2) enthält, die auch zur Ergänzung der Lsg. verwendet wird. Zum Beispiel wird die schichtbildende Lsg. ergänzt mit einer Lsg., in der das Gew.-Verhältnis von $SO_2 : NH_3 = 2—5$ beträgt, in einer solchen Menge, daß der Geh. an SO_2 in der schichtbildenden Lsg. zwischen 0,3 u. 6 g/Liter gehalten wird. (**E. P. 886 594** vom 21/9. 1959, ausg. 10/1. 1962.) H. Baur. 6529

Spies, Hecker & Cie., Deutschland, **Herstellung und Härtung von Furfurylalkohol–Furfural-Harzen.** Man stellt zunächst aus Furfurylalkohol (z. B. im wss. Medium mit pH 2—2,5, mit saurem Katalysator u. bei 46—60°) ein Harz her, zu dem man Furfural (2—12, bes. 4—8%) u. ein Härtungsmittel (Säuren) gibt. Man verwendet das Harz zum *Überziehen* von Werkzeugen. — Man mischt 100 (g) Furfurylalkoholharz mit 10 einer Lsg. von 6,5 Furfural u. 3,5 Epikote 1009 u. mit 10 einer Mischung von 0,3 H_2SO_4 u. 9,7 Methyläthylketon u. überzieht damit Metall, das mit Phenolharz grundiert wurde. Man härtet bei 100°. (**F. P. 1 213 209** vom 2/1. 1959, ausg. 29/3. 1960. D. Prior. 4/1. 1958.) M. Pankow. 6529

Imperial Chemical Industries Ltd., London, übert. von: Edward R. S. Jones, Hitchin, und Wilson Reddish, Hatfield, Hertfordshire, England, **Bindung von Polyäthylen an Metall.** Das Metallteil wird mit einer dünnen *Polyäthylen*-Schicht, die als isotropes Gel aufgebracht wird, überzogen u. die Schicht durch Backen oberhalb ihres F. oxydiert. Danach wird das Metall so erwärmt, daß nur die Oberfläche der Schicht fl. wird u. mit einem Polyäthylenteil mit einer D. $>0,94$ g/cm^3 oder geschäumtem Polyäthylen in Kontakt gebracht. — Zeichnung. (**Can. P. 561 041** vom 29/11. 1956, ausg. 29/7. 1958. E. Prior. 2/12. 1955.) L. Großner. 6529

American-Marietta Co. (Stoner-Mudge Co. Division), Chicago, Ill., übert. von: Naaman F. Barr, Pittsburgh, Pa., V.St.A., **Überzugsmasse** für Lebensmittel u. Getränkegefäße, die auf Metalloberflächen aufgetragen u. in der Hitze bei $\geq 340°$F ausgehärtet wird, aus (a) einem Copolymeren (**A**) aus *Vinylchlorid* u. 2—45% *Vinylacetat*, ggf. mit einem Geh. an *Vinylalkohol*, b) einem organ. Lsgm. u. c) einem in der Hitze härtenden *Phenolharz* (**B**), das sich aus einem trifunktionellen, z. B. 3.5-Dimethylphenol, 2.2-Bis-[p-hydroxyphenyl]-propan, u. einem bifunktionellen Phenol, z. B. 2-Methylphenol, 2-Chlorphenol u. a., im Verhältnis 50/50 bis 10/90, 0,8—1,5 Mol-Teil Formaldehyd je Mol-Teil Phenol u. einem alkal. Katalysator zusammensetzt. Das Mengenverhältnis **A/B** soll 98/2 bis 55/45 betragen. (**Can. P. 561 639** vom 9/2. 1955, ausg. 12/8. 1958. A. Prior. 9/3. 1954.) Eberhard Riedel. 6529

Texaco Development Corp., Wilmington, Del., übert. von: Clarence E. Wilkinson, Port Neches, Tex., V.St.A., **Überzüge für feuchte Metalloberflächen.** Feuchte Metalloberflächen werden mit einer Mischung aus einem *Asphalt*, Erweichungspunkt 180—200°F, der mittels eines Verdünners auf eine Viscosität von 45—172/122°F verd. ist, 10—38 (%) eines Füllstoffs, bes. Asbest, 1—5 *Tallöl* u. 4—15 *Al* bestrichen. Nach Abdampfen des Verdünners bildet sich eine festhaftende Schutzoberfläche. (**Can. P. 562 962** vom 6/12. 1956, ausg. 9/9. 1958. A. Prior. 20/4. 1956.) Eberhard Riedel. 6529

Pittsburgh Plate Glass Co., Pittsburgh, übert. von: Henry A. Vogel, Gibsonia, Pa., und Robert F. Roach, Milwaukee, Wis., V.St.A., **Farbloses Phenol–Aldehyd-Harz** mit guter Haftfestigkeit an Metalloberflächen, hoher Hitzestabilität u. guter Lsgm.-Festigkeit besteht aus a) einem mit 2,3 (%) Hydroxylgruppen modifizierten Copolymeren aus 91 *Vinylchlorid* (**I**) u. 3 *Vinylacetat* (**II**) oder einem mit 1 Carboxylgruppen modifizierten Copolymeren aus 86 **I** u. 12 **II** u. b) 5—35 alkalikatalysiertem Butenylphenol–HCHO-Kondens.-Harz. Zum Gebrauch wird das Harzgemisch in einem Lsgm. gelöst. (**Can. P. 562 938** vom 29/12. 1954, ausg. 9/9. 1958. A. Prior. 15/3. 1954.) Eberhard Riedel. 6529

American Can Co., New York, N.Y., übert. von: John E. Masters, Lombard, Ill., V.St.A., **Überzugsmasse für Metallfolien** aus a) 40—98% eines polymerisierbaren Phenol–Aldehyd-Kondens.-Prod., z. B. 1-Allyloxy-2.4.6-tris-[hydroxymethyl]-benzol, b) 2—60% eines Vinylpolymeren, wie Polyvinyl (PV)-Acetalen, PV-Acetat, z. B. PV-Butyral mit einem PV-Alkohol-Geh. von 6—22%, oder Copolymeren (**A**) aus Vinylhalogeniden (**B**) u. Vinylacetat (**C**) mit einem **B**-Geh. von 80—92% (bezogen auf **A**) bzw. 10—30% (bezogen auf Gesamtharz) u. einem **C**-Geh. von 10—40% (bezogen auf Gesamtharz), c) 0,5—5% eines Polymerisationskatalysators, bes. H_3PO_4, u. d) 0,5—50% eines korrosionshemmenden Materials aus einem Vinylpolymeren eines sauren aliphat. Aminphosphats mit 3—15 C-Atonen, z. B. des Polyvinylbutyrals von Mono-[dibutylamin]-pyrophosphat. — Vgl. Can. P. 552 944; C. **1962,** 11747. (**Can. P. 561 636** vom 26/6. 1953, ausg. 12/8. 1958. A. Prior. 16/7. 1952.) Eberhard Riedel. 6529

Dubilier Condenser Co. (1925) Ltd., London, England (Erfinder: Peter Edward Graham), **Teilweise Entfernung von Metallüberzügen auf Bändern aus Kunststoffen, wie Polyäthylenterephthalat.** Die Bänder werden bei anod. Schaltung der Metallschicht durch einen geeigneten Elektrolyt gezogen, wobei die nicht zu entfernenden Teile des Metallüberzuges abgedeckt werden. So wird ein Überzug aus Al durch anod. Behandlung in einer Na_3BO_3-Lsg. von ca. 80° an den nicht abgedeckten Stellen in leicht entfernbares Oxid umgewandelt. — Abbildungen. (**E. P. 872 961** vom 5/1. 1959, ausg. 19/7. 1961.) F. Markhoff. 6531

H9. Organische Industrie

Untersuchungen zur unvollständigen Methanverbrennung für die Acetylensynthese. 2. Mitt. **Vergleich der experimentellen Ergebnisse mit der theoretischen Gaszusammensetzung im Gleichgewicht.** Eiji Otsuka und Haruo Negoro. (J. Fuel Soc. Japan **41,** 199—203, 1962; Toyo, Koatsu Ind., Inc.; jap., Auszug: engl.) — 1. vgl. C. **1963,** 3004. — Die sich durch *Berechnung* ergebende *theoret. Gleichgewichts-Zus.* wird mit *experimentellen Ergebnissen* verglichen, wobei 1 Mol CH_4 u. 0,6 Mol O_2 nach Vorerhitzen auf 600° zur Rk. gelangen. Die berechneten Rk.-Ausbeuten beruhen auf den Partialdrücken jeder Komponente u. der theoret. Flammen-Temp. unter Berücksichtigung der verschiedenen Rk.-Möglichkeiten. I. Bramer. H 530□

Untersuchungen zur unvollständigen Methanverbrennung für die Acetylensynthese. 3. Mitt. **Diskussion über den Verbrennungsmechanismus.** Eiji Otsuka und Haruo Negoro. (J. Fuel Sos. Japan **41,** 204—08, 1962; jap., Auszug: engl.) — 2. vgl. vorst. Referat. — In der 1. *Verbrennungs*-Phase reagieren etwa gleich große CH_4- u. O_2-Mengen unter Bldg. von W., H_2, CO u. CO_2. Die Rk. ist hierbei exotherm. In der 2. Phase wird unverbrauchtes CH_4 durch die in der 1. Phase entwickelte Wärme wahrscheinlich in Radikale aufgespalten, die dann C_2H_2 ergeben. Die Unterschiede zwischen den experimentellen Ergebnissen u. der theoret. Gas-Zus. im Gleichgewichts-Zustand werden diskutiert. I. Bramer. H 530□

Verbesserung der Eigenschaften von technischer Essigsäure. Je. W. Ossipowa. (Hydrolysen- u. holzchem. Ind. [UdSSR] **12,** Nr. 7, 23—27, 1959; russ.) — Es wird festgestellt, daß zur Verbesserung der Eigg. von techn. *Essigsäure* (**I**) eine systemat. Abnahme der Furfurolöle am beschriebenen App. u. (bei kontinuierlicher Dest. der Rohsäure) eine sorgfältige Abnahme von schwacher **I** erforderlich sind. Die aus dem 1. Vorwärmer in die 2. Kolonne geschickte Rohsäure soll wasserfrei sein. Das Waschen des Rückstandes (**A**) der Rohsäure mit W. u. nachfolgende Verw. zur Extraktion des Destillats bis 125° soll durchgeführt werden. Der nach dem Abdestillieren der vorst. Fraktion erhaltene **A** wird zur Abscheidung von **I**-Homologen angewandt. S. Baryschnikow. H 810

Synthesen auf Grundlage der Lävulinsäure. Je. A. Preobrashenskaja, G. N. Golowanenko und P. A. Moschkin. (Hydrolysen- u. holzchem. Ind. [UdSSR] **12,** Nr. 7, 14—16, 1959; russ.) — Übersicht an Hand der nicht sowjet. wissenschaftlich-techn. u. Patentliteratur (20 Literaturangaben). S. Baryschnikow. H 870

Über die Kinetik der Reaktion der Alkylierung von Benzol durch Methylchlorid über einem Alumosilicatkatalysator. G. M. Pantschenkow und I. M. Kolessnikow. (Hochschulnachr. [Baku], Erdöl Gas **3,** Nr. 3, 59—62, 1960; Moskau, Gubkin-Inst. für Erdölchem. u. Gasind.; russ.) — Die bei der Alkylierung von *Bzl.* mit *Propylen* über einem Al-Silicatkatalysator angewandten kinet. Gleichungen für irreversible heterogene Rkk. 2. Ordnung können bei der Alkylierung von Bzl. mit *Methylchlorid* (**I**) am gleichen Katalysator angewandt werden. Die Größen der scheinbaren Geschw.-Konst. für das 1. u. 2. Stadium der Alkylierung von Bzl. mit **I** u. die präexponentiellen Faktoren der Gleichung von Arrhenius für die entsprechenden Stadien wurden gefunden. Auch die scheinbare Aktivierungsenergie des 1. u. 2. Stadiums wurde ermittelt. K. Wekua. H 1010□

Die katalytische Alkylierung von Tetralin mit n-Alkenen und primären Alkoholen. N. I. Chouikine und N. A. Pozdnyak. (Rev. Inst. franç. Pétrole Ann. Combustibles liquides **17**, 282—87, 1962; Académie des Sci. de l'U.R.S.S., Inst. de chimie organique N. Zelinsky; franz.) — Es wird die Alkylierung von Tetralin mit Hepten-(1) (**I**), Nonen-(1) (**II**) u. Decen-(1) (**III**), sowie mit den entsprechenden prim. n-Heptyl-, Nonyl- u. Dodecylalkoholen untersucht. Die Umsetzungen wurden bei 10 at Druck bei ununterbrochener Arbeitsweise u. in einem Autoklaven bei gleichem Druck durchgeführt. Auch bei normalem Druck wurde eine Umsetzung erreicht. Als Beschleuniger wurden SiO_2–Al_2O_3 (**IV**), $ZnCl_2$–Al_2O_3 u. $ZnCl_2$ angewendet. Bei Einsatz von **I** u. **II** in einem ununterbrochenen Betrieb mit **IV** als Beschleuniger konnte Heptyltetralin mit 48,7% Ausbeute u. Nonyltetralin mit 24% erhalten werden. Beim Arbeiten im Autoklav mit $ZnCl_2$ als Beschleuniger lag die Ausbeute mit **I**, **II** u. **III** bei 48%. Werden an Stelle der KW-Stoffe die prim. Alkohole eingesetzt, so liegen die Ausbeuten im Autoklav u. bei normalem Druck bei 50% ($ZnCl_2$ als Beschleuniger). Die aus Nonyl- u. Decyltetralin hergestellten *Sulfonate* sind Waschmittel mit guten Eigenschaften. F. Rosendahl. H 2700

Deutsche Gold- und Silber-Scheideanstalt vormals Roessler, Deutschland, *Trennen von Mischungen aus Flüssigkeiten und Feststoffen.* (**F. P. 1 184 847** vom 18/10. 1957, ausg. 27/7. 1959. D. Prior. 9/11. 1956. — C. **1962**, 6961 [D. A. S. 1 064 949].)

Metal & Thermit Corp., New York, N.Y., übert. von: **Hugh E. Ramsden**, Metuchen, N.J., V.St.A., *Heterocyclische Magnesiumchloridkomplexe.* (**Can. P. 571 209** vom 17/2. 1955 u. 4/10. 1956, ausg. 24/2. 1959. A. Prior. 16/9. 1954 u. 28/11. 1955. — C. **1958**, 11371 [E. P. 779 100] u. C. **1961**, 6316 [E. P. 823 276].)

Farbwerke Hoechst Akt.-Ges., vormals Meister Lucius & Brüning, übert. von: **Otto Scherer**, Frankfurt/M., *1.1-Difluor-1.2.2-trichloräthan.* (**Can. P. 570 140** vom 9/5. 1956, ausg. 3/2. 1959. D. Prior. 10/5. 1955. — C. **1959**, 7291 [E. P. 793 750].)

Ruhrchemie Akt.-Ges., Oberhausen–Holten, übert. von: **Walter Rottig**, Oberhausen–Sterkrade-Nord, *Entfernung organischer S-Verbindungen aus Olefine enthaltenden Gasen.* (**Can. P. 571 000** vom 31/7. 1957, ausg. 17/2. 1959. D. Prior. 6/8. 1956. — C. **1961**, 14095 [F. P. 1 180 508].)

E. I. du Pont de Nemours & Co., Wilmington, Del., übert. von: **Harry B. Copelin**, Niagara Falls, N.Y., V.St.A., *Stabilisierung chlorierter Kohlenwasserstoffe.* (**Can. P. 570 429** vom 6/5. 1955, ausg. 10/2. 1959. A. Prior. 13/5. 1954. — C. **1960**, 4998 [A. P. 2 797 250].)

Esso Research and Engineering Co., Elizabeth, übert. von: **William E. Catterall**, Summit, N.J., V.St.A., *Entwässerung von Isopropanol.* (**Can. P. 570 102** vom 28/12. 1955, ausg. 3/2. 1959. A. Prior. 7/2. 1955. — C. **1959**, 2964 [F. P. 1 145 377].)

Heyden Newport Chemical Corp., New York, N.Y., übert. von: **Roy T. Gottesman**, Clifton, und **William R. Cake**, Glen Rock, N.J., V.St.A., *Trimethyloläthan.* (**Can. P. 570 438** vom 20/5. 1955, ausg. 10/2. 1959. A. Prior. 25/5. 1954. — C. **1959**, 17466 [A. P. 2 806 891].)

Celanese Corp. of America, New York, N.Y., V.St.A., *Ungesättigte Aldehyde aus gesättigten Aldehyden und Salzen sekundärer Amine über Mannichbasen.* (**E. P. 825 021** vom 8/5. 1957, ausg. 9/12. 1959. A. Prior. 9/5. 1956. — C. **1961**, 17386 [A. P. 2 848 499].)

Eastman Kodak Co., übert. von: **John D. Crawley**, Rochester, N.Y., V.St.A., *Terpene.* (**Can. P. 570 564** vom 11/10. 1956, ausg. 10/2. 1959. A. Prior. 5/1. 1951. — C. **1956**, 14181 [F. P. 1 058 800].)

Commonwealth Engineering Co. of Ohio, Dayton, übert. von: **Jack J. Bulloff**, Columbus, Ohio, V.St.A., *Cr-Acetylacetonat.* (**Can. P. 570 197** vom 10/1. 1958, ausg. 3/2. 1959. — C. **1961**, 16654 [F. P. 1 190 874].)

Ciba Akt.-Ges., Basel (Erfinder: **Daniel Porret**, Monthey), Schweiz, *Wiedergewinnung eines Cu-Katalysators.* (**Schwz. P. 319 577** vom 28/8. 1953, ausg. 15/4. 1957. — C. **1958**, 9908 [F. P. 1 114 887] u. C. **1958**, 14493 [D. A. S. 1 011 876].)

Monsanto Chemical Co., St. Louis, übert. von: **Charles M. Eaker**, Kirkwood, Mo., V.St.A., *Trichloressigsäure.* (**Can. P. 570 442** vom 8/6. 1955, ausg. 10/2. 1959. A. Prior. 8/7. 1954. — C. **1957**, 10612 [D. A. S. 1 003 204].)

Soc. d'Électro-Chimie, d'Électro-Métallurgie et des Aciéries Électriques d'Ugine, Paris, Frankreich, *Acryl- und Methacrylsäuremethylester.* (**E. P. 802 518** vom 7/6. 1956, ausg. 8/10. 1958. F. Prior. 13/6. 1955. — C. **1959**, 2284 [F. P. 1 129 080].)

E. I. du Pont de Nemours & Co., übert. von: **Harold T. J. Littleton**, Wilmington, Del., V.St.A., *Substituierte zweibasische Säuren.* (**Can. P. 570 406** vom 7/4. 1955, ausg. 10/2. 1959. A. Prior. 15/7. 1954. — C. **1959**, 10725 [E. P. 799 754].)

Henkel & Cie. G.m.b.H., Düsseldorf–Holthausen, übert. von: **Bernhard Raecke**, **Rudolf Koehler**, Düsseldorf, und **Helmut Pietsch**, Düsseldorf–Holthausen, *Epoxide.* (**Can. P. 569 929** vom 3/9. 1953, ausg. 3/2. 1959. D. Prior. 5/9. 1952. — C. **1959**, 4303 [D. A. S. 1 030 824].)

American Cyanamid Co., New York, übert. von: **Milon W. Bullock**, Pearl River, N.Y., V.St.A., *Aliphatische Ketosäureester.* (**Can. P. 570 742** vom 23/4. 1954, ausg. 17/2. 1959. A. Prior. 19/10. 1953. — C. **1961**, 10746 [A. P. 2 828 321].)

Dow Corning Corp., Midland, Mich., übert. von: **Robert L. Merker**, Pittsburgh, Pa., V.St.A., *Organosilicone.* (**Can. P. 570 976** vom 22/10. 1956, ausg. 17/2. 1959. A. Prior. 27/2. 1956. — C. **1959**, 7961 [A. P. 2 833 802].)

Union Carbide & Carbon Corp., New York, übert. von: **Victor B. Jex** und **John E. McMahon**, Buffalo, N.Y., V.St.A., *β-Cyanäthyltrichlorsilan*. (**Can. P. 570 980** vom 13/11. 1956, ausg. 17/2. 1959. A. Prior. 23/12. 1955. — **C. 1958**, 7275 [D. A. S. 1 020 629].)

Dow Corning Corp., übert. von: **Loren A. Haluska** und **Harold A. Clark**, Midland, Mich., V.St.A., *Organosilicone*. (**Can. P. 570 542** vom 7/6. 1956, ausg. 10/2. 1959. A. Prior. 28/9. 1955. — **C. 1960**, 4024 [D. A. S. 1 053 505].)

Ethyl Corp., New York, N.Y., übert. von: **Sidney M. Blitzer** und **Tillmon H. Pearson**, Baton Rouge, La., V.St.A., *Alkyl-Pb-Verbindungen*. (**Can. P. 570 179** vom 7/12. 1956, ausg. 3/2. 1959. A. Prior. 29/12. 1955. — **C. 1959**, 13316 [A. P. 2 859 231].)

Monsanto Chemical Co., St. Louis, Mo., übert. von: **Richard D. Ashmore**, Texas City, Tex., V.St.A., *Alkylierung von Aromaten*. (**Can. P. 570 008** vom 3/12. 1954, ausg. 3/2. 1959. A. Prior. 17/6. 1954. — C. **1959**, 17474 [Aust. P. 202 526].)

Esso Research and Engineering Co., Elizabeth, N.J., übert. von: **Daniel E. Nicholson** und **Robert H. Perry jun.**, Baytown, Tex., V.St.A., *Isomerisierung von Xylolen*. (**Can. P. 570 051** vom 16/5. 1955, ausg. 3/2. 1959. A. Prior. 10/6. 1954. — **C. 1957**, 11717 [A. P. 2 775 628].)

Mid-Century Corp., Chicago, Ill., übert. von: **Robert B. Egbert** und **Ralph Landau**, Roslyn Heights, und **Alfred Saffer**, Bayside, Long Island, N.Y., V.St.A., *Dialkylbenzole*. (**Can. P. 570 950** vom 24/5. 1956, ausg. 17/2. 1959. A. Prior. 2/6. 1955. — **C. 1961**, 1733 [E. P. 833 357].)

Mid-Century Corp., Chicago, Ill., übert. von: **Ralph Landau** und **Robert B. Egbert**, Roslyn Heights, und **Alfred Saffer**, Bayside, Long Island, N.Y., V.St.A., *Alkylarylverbindungen*. (**Can. P. 571 083** vom 25/10. 1955, ausg. 24/2. 1959. A. Prior. 8/11. 1954. — **C. 1960**, 4353 [Schwz. P. 337 495].)

Mid-Century Corp., Chicago, Ill., übert. von: **Alfred Saffer**, Bayside, Long Island, N.Y., V.St.A., *Polyisopropylbenzole*. (**Can. P. 571 084** vom 19/3. 1956, ausg. 24/2. 1959. — **C. 1958**, 9614 [D. A. S. 1 020 322].)

Mid-Century Corp., Chicago, Ill., übert. von: **Ralph Landau**, Roslyn Heights, und **Alfred Saffer**, Bayside, Long Island, N.Y., V.St.A., *Alkylierung von Xylol*. (**Can. P. 571 085** vom 23/8. 1956, ausg. 24/2. 1959. A. Prior. 24/8. 1955. — **C. 1960**, 6323 [Oe. P. 197 362].)

Standard Oil Co., übert. von: **David A. McCaulay**, Chicago, Ill., und **Arthur P. Lien**, Highland, Ind. V.St.A., *Behandlung sekundärer Alkylbenzole*. (**Can. P. 569 996** vom 22/10. 1954, ausg. 3/2. 1959. A. Prior. 30/10. 1953. — **C. 1959**, 2616 [E. P. 787 240].)

Hercules Powder Co., übert. von: **Herman I. Enos jun.**, Wilmington, Del., V.St.A., *m- und p-Diisopropylbenzol*. (**Can. P. 570 340** vom 12/3. 1954, ausg. 10/2. 1959. A. Prior. 29/6. 1953. — **C. 1960**, 1326 [A. P. 2 839 591].)

Esso Research and Engineering Co., Elizabeth, N.J., übert. von: **Delos E. Bown**, Baytown, Tex., V.St.A., *Gewinnung von Durol*. (**Can. P. 570 058** vom 30/5. 1955, ausg. 3/2. 1959. A. Prior. 17/6. 1954. — C. **1958**, 1701 [E. P. 770 386].)

Sun Oil Co., übert. von: **Abraham Schneider**, Philadelphia, Pa., V.St.A., *Trennung von isomeren aromatischen Verbindungen*. (**Can. P. 569 955** vom 15/4. 1954, ausg. 3/2. 1959. A. Prior. 8/10. 1953. — C. **1959**, 11405 [A. P. 2 838 583].)

American Cyanamid Co., New York, übert. von: **Samuel W. Tribit**, Hawthorne, N.Y., V.St.A., *Oxydation von Naphthalin*. (**Can. P. 570 183** vom 22/1. 1957, ausg. 3/2. 1959. A. Prior. 7/2. 1956. — **C. 1960**, 2693 [A. P. 2 863 879].)

Chemische Fabriken Witten (Erfinder: **Ewald Katzschmann**), Deutschland, *Herstellung von Dimethylterephthalat*. (**UdSSR. P. 126 421** vom 26/7. 1959. — **C. 1961**, 7397 [D. A. S. 1 085 147].)

Ciba Ltd., übert. von: **Adolf-Emil Siegrist**, Basel, und **Franz Ackermann**, Binningen, Schweiz, *Aliphatische Hydroxycarbonsäuredi-[hydroxyarylamide]*. (**Can. P. 570 957** vom 15/6. 1956, ausg. 17/2. 1959. Schwz. Prior. 17/6. 1955. — **C. 1960**, 2349 [Oe. P. 197 369].)

Dow Corning Corp., übert. von: **Harold A. Clark** und **Loren A. Haluska**, Midland, Mich., V.St.A., *Phenylvinylmethyltrisiloxane*. (**Can. P. 570 977** vom 22/10. 1956, ausg. 17/2. 1959. A. Prior. 12/4. 1956. — C. **1959**, 4967 [A. P. 2 831 010].)

American Cyanamid Co., New York, N.Y., übert. von: **Donald G. Jordan**, Stamford, Conn., und **Leon Lazare**, Westbury, N.Y., V.St.A., *Diaryläthane*. (**Can. P. 570 019** vom 21/1. 1955, ausg. 3/2. 1959. A. Prior. 13/5. 1954. — **C. 1962**, 4347 [A. P. 2 859 255].)

Soc. d'Études de Recherches et d'Applications Scientifiques et Médicales E.R.A.S.M.E. (Erfinder: **Pierre Midy**), Paris, Frankreich, *Herstellung von β,β-Diphenylpropyläthylamin*. (**Schwz. P. 335 525** vom 21/7. 1955, ausg. 28/2. 1959. F. Prior. 28/7. 1954. — **C. 1962**, 8792 [F. P. 1 209 836].)

Shell Development Co., New York, N.Y., V.St.A., übert. von: **Willem L. L. M. Luijckx** und **Neilius G. Kramer**, Vlaardingen, Niederlande, *Herstellung von Aldrin*. (**A. P. 2 917 552** vom 5/3. 1957, ausg. 15/12. 1959. Niederl. Prior. 27/4. 1956. — **C. 1959**, 11732 [D. A. S. 1 042 577].)

Rohm & Haas Co., übert. von: **William L. Riedeman**, Philadelphia, Pa., V.St.A., *Fettsäuredicarbonatester*. (**Can. P. 570 422** vom 23/3. 1955, ausg. 10/2. 1959. A. Prior. 21/4. 1954. — **C. 1959**, 15840 [Niederl. P. 88 926].)

Dr. Willmar Schwabe G.m.b.H., Karlsruhe-Durlach, übert. von: **Ursula Kramen-Fiedler**, Vancouver, British Columbia, Canada, und **Richard Neu**, Mannheim, *Phenylbenzo-γ-pyrone*. (**Can. P. 571 001** vom 20/8. 1957, ausg. 17/2. 1959. D. Prior. 20/8. 1956. — **C. 1959**, 11408 [D. A. S. 1 051 460].)

Dow Corning Corp., übert. von: **Ogden R. Pierce** und **George W. Holbrook**, Midland, Mich., V.St.A., *Cyclotrisiloxane*. (**Can. P. 570 988** vom 19/2. 1957, ausg. 17/2. 1959. A. Prior. 27/6. 1956. — **C. 1959**, 12073 [D. A. S. 1 044 814].)

Dow Corning Corp., übert. von: **Robert L. Merker**, Midland, Mich., V.St.A., *Cyclische Siloxane*. (**Can. P. 571 003** vom 27/11. 1957, ausg. 17/2. 1959. A. Prior. 20/3. 1957. — **C. 1960**, 1016 [D. A. S. 1 057 113].)

H_{10}. Färberei. Organische Farbstoffe

Der Einfluß des Redox-Potentials beim Färben von Wolle/Polyester-Mischungen. J. Carbonell und V. Sanahuja. (Textil-Rdsch. [St. Gallen] **17**, 529—38, 1962; Basel, Sandoz Akt.-Ges.; dt.) — Für Mischungen aus Wolle u. Polyester wird die Stabilisierung des Materials u. des Färbebades als weitgehend reduktionsverhindernd untersucht u. an Hand von Beispielen beschrieben. Erfolgreiche *Färbungen* mit *Dispersionsfarbstoffen* auf *Wolle/Polyester-Mischungen* werden bei einer Vorbehandlung des Farbgutes mit HCOOH sowie durch einen Zusatz von 1—2 g/Liter $(NH_4)_2SO_4$ u. HCOOH bis zum *pH 5—5,5* zum Färbebad erhalten. I. Beßer. 7016◇

Entwicklungen bei Farbstoffen und Färbeverfahren. A. J. Hall. (Textile Recorder **79**, Nr. 949, 71—73, 1962; engl.) — Vgl. C. **1962**, 15415. — Einzelheiten werden angeführt über das *Färben* der neu geschaffenen sog. *polynos. Cellulosefaser*, der *Modacrylfaser Verel* mit guter Affinität für Dispersions-, kation. u. neutralfärbende vormetallisierte Farbstoffe, von Tuftedteppichen auf breiten Haspelkufen u. Orlonkabel im Kontinue-Verf. mit ausgewählten kation. oder Dispersionsfarbstoffen u. *Äthylencarbonat* als *Carrier*. Das schipprige Färben von Wolle wird erklärt. Berichtet wird über die Anwendung von *Polyestrenfarbstoffen* auf *Polyesterfasern*, die Wrkg. verschiedener Carrier u. die Einstufung der *Reaktivfarbstoffe* in langsam, normal u. schnell reagierende, die Anwendung von *Remazolfarbstoffen* auf synthet. Fasern, die abweichende Struktur der *Reacton-* u. *Drimarenfarbstoffe* u. die Anwendung einer warmen, schwach sauren Lsg., die ein kation. Farbstoffixiermittel enthält, um den nicht mit der Faser verbundenen Farbstoff an dieser zu fixieren. L. Jentgen. 7020□

Auswaschen und Färben von Synthesefasermischungen und einige neue Entwicklungen. R. C. Cheetham. (Textil-Rdsch. [St. Gallen] **17**, 524—29, 1962; Manchester, Courtaulds Ltd., Res. Labor.; engl.) — Verff. u. Maschinen werden aufgeführt, die geeignet sind für das *Färben* u. *Auswaschen* von *Mischfasertextilien* in Form von Flocke, Kammzügen, Spulen, Strangen, im Pack u. als Kette. Die dabei auftretenden Probleme u. die Schwierigkeiten, die sich beim Behandeln von Mischungen ergeben, die *Acetat-*, *regenerierte Protein-*, *Polyester-*, *Polyamid-* u. *Acrylfasern* enthalten, werden behandelt. Auf bes. geeignete *Farbstofftypen* u. Hilfsmittel wird hingewiesen. I. Beßer. 7020◇

Harze im Textilpigmentfarben-Druck. Jerome Fine. (Adhäsion **5**, 247—50, 252, 1961; dt.) — *Harze* werden im *Textildruck* für 2 grundsätzliche Zwecke verwendet: als Verdickungsmittel u. beim *Pigmentdruck* als Bindemittel. Die häufigsten Druck-Meth. sind die Wasser-Meth. (für den Druck mit Teerfarbstoffen) u. die W./Öl-Emulsions-Meth., die für den Druck von Pigmenten verwendet wird. Die W./Öl-Meth. hat sehr geringen Feststoff-Geh. u. hohen Wassergehalt. Die Herst. einer W.-in-Öl-Emulsion wird angegeben; auf die Wechselwrkg. zwischen Farbausbeute u. Faktoren wie Wasser-Geh., Fließgrenze u. Eindringvermögen wird eingegangen. Als Emulgatoren kommen meistens Alkydharze, zuweilen auch Äthylcellulose in Frage. Zwischen wasserlösl. Verdickungsmitteln, z. B. Stärke, Stärke-Prodd., Na-Alginat, Methylcellulose u. Carboxymethylcellulose, besteht zu einer W.-in-Öl-Emulsion insofern gewisse Analogie, als die Teilchen nicht echt gelöst, sondern nur aufgequollen sind. Harze als Bindemittel für Pigment müssen eine gewisse Härtungs-Geschw. aufweisen; dafür kommen gegenwärtig nur Harnstoff- u. Melaminformaldehydharze in Frage. Mit der Bindung von Pigmentfarben an Textilien ist auch das Problem des Abfärbens verbunden, auf das näher eingegangen wird. H.-H. Michel. 7022◇

Echtheitsprobleme bei weißen und gefärbten Wolle–Polyamid-Mischgespinsten. H. Stern. (Textil-Rdsch. [St. Gallen] **17**, 538—41, 1962; Basel, CIBA Akt.-Ges.; dt.) — *Echtheitsprobleme* beim *Bleichen* u. opt. *Aufhellen* sowie beim *Färben* intimer Mischungen u. beim Färben von elast. Sportstoffen werden betrachtet. Die für Wolle/Polyamid-Mischgespinste geforderten Echtheiten variieren von Artikel zu Artikel. Es werden die zum Färben der einzelnen Artikel notwendigen Farbstoffgruppen aufgeführt. I. Beßer. 7028◇

Lichtechtheit optischer Aufheller und ihr Einfluß auf Farbstoffe. Jiří Šrámek. (Textil [Praha] **16**, 348—51, 1961; Dvůr-Králové n. S., Výzk. ústav zušlecht.; tschech.) — Der Einfl. von 8 verschiedenen *opt. Aufhellern* auf die *Lichtechtheit* von gebleichter Baumwolle wird untersucht u. Werte von 1—5/6 festgestellt. Daneben wird der Einfl. auf *Farbtöne* von *Küpenfärbungen* beschrieben. Die Prodd. werden auch im Druck beurteilt u. Angaben über deren Anwendung gemacht. W. Bernard. 7028◇

Mikroskopische Untersuchungen an gefärbter Wolle. R. Lassé. (Textil-Rdsch. [St. Gallen], **16**, 1—3, 1961; Bürglen, Dr. Jacob Cunz Akt.-Ges., Labor. der Wollfärberei; dt.) — Mit einem modernen Sartorius-Schlittenmikrotom werden Querschnitte von *Wollgarn* (**A**) hergestellt. Die Durchfärbung von **A** wird untersucht, wobei der Einfl. des Durchfärbe- u. Egalisiermittels *Neovadin AL* in bezug auf einwandfreien Ausfall von *Cibacron-Färbungen* im Vgl. zu einer Färbung mit einem essigsauer ziehenden Farbstoff herkömmlicher Art durchgeführt wird. Durch Unters. der Anfärbung oder Durchfärbung von Querschnitten läßt sich ein Bild über den Grad der Schipprigkeit oder Spritzigkeit der Färbungen erkennen. Die Einbettung von **A** wird ausführlich beschrieben. Die photograph. Aufnahmen der Querschnitte werden ausgewertet. I. Beßer. 7086◇

Ciba Ltd., Basel, übert. von: Erich Matter, Riehen, Otto Albrecht, Neue Welt, und Armin Hiestand, Binningen, Schweiz, **Färben von Polyacrylnitrilmaterial** mit bas. Farbstoffen. Als farbstoffzurückhaltende Egalisiermittel verwendet man diquatern. Ammonium-Verbb. der allg. Formel I (R_1, R_1' = aliphat. KW-Stoffreste mit 10—18 C-Atomen; R_2, R_2', R_3, R_3' = aliphat. KW-Stoffreste; R_4, R_4', R_5 = Alkylenreste; X = Anion), z. B. das Kondens.-Prod. aus 2 (Mol) Chloressigsäuremethylester u. 1 Äthylendiamin der Formel $[C_{12}H_{25}-N(CH_3)(CH_3)-CH_2CONHCH_2\cdot CH_2NHCOCH_2-N(CH_3)(CH_3)-C_{12}H_{25}]^{2+}$ 2 Cl. (**A. P. 2 984 539** vom 20/1. 1959, ausg. 16/5. 1961. Schwz. Prior. 14/1. 1957. **E. P. 874 033** vom 13/12. 1957, ausg. 2/8. 1961. Schwz. Prior. 14/1. u. 17/4. 1957.)

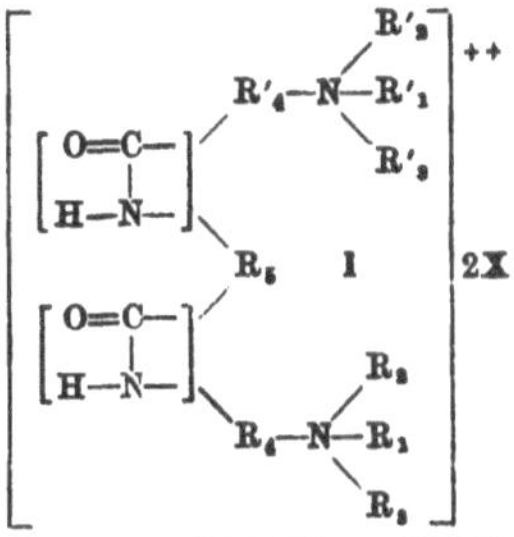

F. Böhm. 7007

Badische Anilin- & Soda-Fabrik Akt.-Ges., Ludwigshafen/Rh., übert. von: Rudolf Rokohl, Bjarne Hartmark, Ernst Ploetz, Ludwigshafen/Rh., und Dieter Wegerle, Mannheim, **Erzeugung egaler Färbungen auf Gebilden aus Acrylnitrilpolymeren mit basischen Farbstoffen.** Man behandelt während oder nach dem Färben mit wss. Lsgg. von quatern. Ammoniumsalzen mit dem Kation der allg. Formel I oder II (R_1 = 5—8gliedriger Cycloalkylrest oder aromat. Rest mit 1—2 Ringen; n = 1 bis 4; R_2, R_3 = aliphat. Rest mit 1—5 C-Atomen oder zusammen mit dem N-Atom 5—7gliedriger, ggf. auch ein O-Atom enthaltender Ring; R_4 = 5—8gliedriger Cycloalkylrest, aromat. Rest mit 1—2 Ringen oder zusammen mit R_2 oder R_3 u. dem N-Atom 5—7gliedriger Ring, der auch ein O-Atom enthalten kann; R_5 = $R_1-(CH_2)_n$- oder aliphat. Rest mit 5—6 C-Atomen; alle cycl. u. heterocycl. Reste können durch Alkylreste mit 1—5 C-Atomen substituiert sein, jedoch sollen die Alkylreste an R_1 u. R_5 zusammen ≤ 5 C-Atome enthalten). Ein Egalisiermittel der bezeichneten Art ist z. B. Benzylphenyldimethylammoniumchlorid. (**A. P. 2 986 444** vom 12/5. 1959, ausg. 30/5. 1961. D. Prior. 14/5. 1958.) F. Böhm. 7007

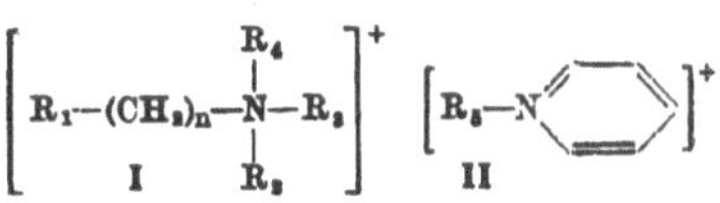

General Aniline & Film Corp., New York, N.Y., übert. von: Henry R. Mautner, Leonia, N.J., V.St.A., **Kontinuierliches Färben von Polyacrylnitrilfäden.** Man verleibt den Fäden während oder nach ihrer Herst., solange sie sich noch im Gelzustand befinden, wasserlösl., die Anfärbbarkeit erhöhende Zusätze, bes. Poly-N-vinylpyrrolidon, ein u. führt sie dann durch ein Bad mit einem pH-Wert nicht >7 u. einer Temp. von 175—212° F, das einen sauren Farbstoff u. ein hochsd. Lsgm. für den Farbstoff, bes. N-Methylpyrrolidon, enthält. Anschließend wird bei 212—225° F gedämpft. (**A. P. 2 989 360** vom 31/5. 1957, ausg. 20/6. 1961.) F. Böhm. 7021

Deering Milliken Research Corp., Pendleton, übert. von: Edward S. Olson, Clemson, S.C., V.St.A., **Färben von Polyestermaterial.** Die hierbei als Carrier bewährten Phenylphenole bilden stabile Emulsionen, wenn man sie in einem KW-Stoff, Glykol oder Glykoläther löst u. mit 3,5—40 Gew.-% (bezogen auf Phenylphenol) einer Alkylarylsulfonsäure in W. emulgiert. Man kann diese Emulsion auch in sauren Färbebädern anwenden. — Zum Beispiel löst man 0,2 (Gew.-Teile) Dodecylbenzolsulfonsäure u. 48 Std. danach 1 o-Phenylphenol in 1 Toluol. Nach weiteren 48 Std. neutralisiert man mit NH_3 u. emulgiert in der gleichen Menge W., wobei ein wochenlang haltbares Präp. entsteht. (**A. P. 2 972 509** vom 28/7. 1958, ausg. 21/2. 1961.) F. Böhm. 7021

General Aniline & Film Corp., New York, übert. von: William H. Armento, Albany, und William E. Wallace, Rensselaer, N.Y., V.St.A., **2-Aminophenoldisulfonamide** der allg. Formel I (R_1, R_2 = H, Alkyl, Aralkyl, Cycloalkyl, Aryl; NR_1R_2 = Heterocyclus) werden hergestellt, indem ein Mol Benzoxazolon mit 4—12 Mol $ClSO_3H$ 3—10 Std. auf 90—120° erhitzt wird. Das Benzoxazolondisulfonylchlorid wird mit mindestens 4 Mol eines Amins der allg. Formel HNR_1R_2 behandelt, worauf das Benzoxazolon bei erhöhter Temp. mit wss. Alkali hydrolysiert wird. — Zu 350 g $ClSO_3H$ gibt man unter Rühren bei —5 bis 10° 50 g Benzoxazolon, läßt innerhalb 1 Std. auf Raum-Temp. kommen, erhitzt u. hält 4—5 Std. bei 100—110°. Nach dem Abkühlen gießt man auf Eis, filtriert, wäscht u. gibt den Brei bei 10° zu einer wss. Lsg. von 70 g Äthylamin. Man rührt 8 Std. bei 10° u. säuert dann mit HCl an. Man filtriert u. gibt den Nd. zu 160 ml

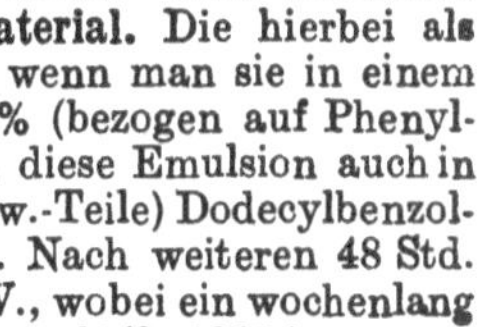

W. u. 160 ml 40% ig. NaOH-Lsg., worauf man 4 Std. auf 100° erhitzt. Nach Reinigung mit Aktivkohle kühlt man, macht mit HCl kongosauer, filtriert den Nd. ab, wäscht mit W. → *2-Aminophenoldi-N-äthylsulfonamid.* — Weitere **I** sind formelmäßig angegeben: $R_1 = CH_3$, $R_2 = CH_3$. — $R_1 = H$, $R_2 = CH_2CH_2OH$. — $R_1 = H$, $R_2 = C_6H_{11}$. — NR_1R_2 = *Morpholino.* — $R_1 = H$, $R_2 = H$. — $R_1 = H$, R_2 = *Phenyl.* — $R_1 = H$, R_2 = *Benzyl.* — NR_1R_2 = *Piperidino.* — *Zwischenprodd. für Azofarbstoffe.* (**A. P. 2 979 503** vom 23/12. 1957, ausg. 11/4. 1961.) A. Debo. 7049

General Aniline & Film Corp., New York, N.Y., übert. von: David I. Randall, New Vernon, und Wilhelm Schmidt-Nickels, Little York, N.J., V.St.A., **Naphthofurandionküpenfarbstoffe** der allg. Formel **I**, worin R_1 Reste der Formel **II** oder **III** u. R_2 u. R_3 R_1, Phenoxy oder Naphthoxy bedeuten u. die NH-Gruppe sich in einer der α-Stellungen befindet, erhält man durch Rk. von Cyanurchlorid (**IV**) mit den

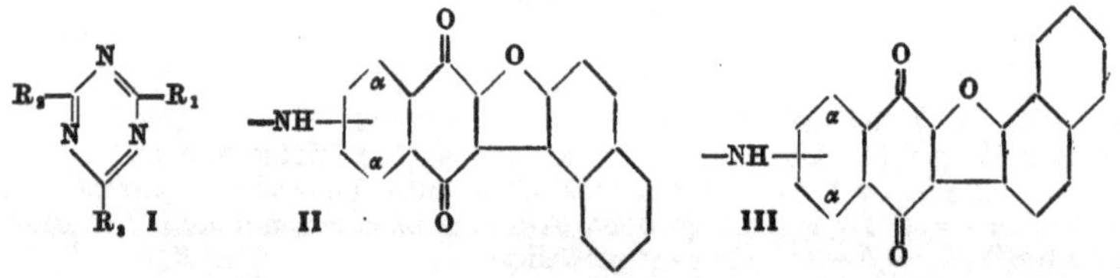

I II III

II u./oder **III** entsprechenden Amino-Verbb. ggf. zusammen mit Phenol oder Naphthol. — Die Farbstoffe geben auf Baumwolle (**A**) gut wasch-, chlor- u. lichtechte rote bis orange Färbungen. — So erhält man ausgehend von den **II** entsprechenden isomeren Amino-Verbb. u. **IV** durch ca. 7 std. Erhitzen in einem Gemisch von m- u. p-Kresolen bei 118° u. dann 2 std. Rückflußerhitzung den Farbstoff **I** (R_1, R_2 u. R_3 = **II**), färbt **A** aus oranger Küpe kräftig charlachrot. Analog Herst. von **I** (R_1, R_2 u. R_3 = **III**). Mit **IV**, Phenol u. den **II** entsprechenden isomeren Amino-Verbb. erhält man den Farbstoff **I** ($R_2 = OC_6H_5$, R_1 u. R_3 = **II**), färbt **A** kräftig gut licht- u. chlorecht rotstichig orange. (**A. P. 2 976 287** vom 3/12. 1958, ausg. 21/3. 1961.) O. Roick. 7069

British Celanese Ltd., London, übert. von: **Tom Greasley** und **Ralph J. Mann**, Spondon, England, *Farbechte Textilien.* (**Can. P. 570 101** vom 24/12. 1955, ausg. 3/2. 1959. E. Prior. 6/1. 1955. — **C. 1959**, 13642 [E. P. 793 701].)

S.A.I.C.A. Soc. An. Italiana Colori e Affini, Mailand, Italien, *Farbstoffemulsion.* (**It. P. 549 401** vom 2/3. 1953. Zusatz zu It. P. 518 705; C. 1962, 5859. — **C. 1958**, 12249 [D. B. P. 965 722].)

Farbenfabriken Bayer Akt.-Ges., Leverkusen-Bayerwerk, übert. von: **Kurt Breig**, Köln–Stammheim, und **Eugen Glietenberg**, Leverkusen-Bayerwerk, *Diazoaminoverbindungen.* (**Can. P. 570 584** vom 14/5. 1956, ausg. 10/2. 1959. D. Prior. 30/6. u. 15/9. 1955. — **C. 1960**, 7350 [Oe. P. 194 840].)

J. R. Geigy Akt.-Ges., Basel, übert. von: **Werner Bossard**, Riehen b. Basel, **Jacques Voltz** und **François Favre**, Basel, Schweiz, *Wasserlösliche Farbsalze.* (**Can. P. 571 308** vom 13/12. 1955, ausg. 24/2. 1959. Schwz. Prior. 15/12. 1954. — **C. 1961**, 11148 [F. P. 1 144 237].)

Ciba Akt.-Ges., Basel (Erfinder: **Jacob Brassel**, Basel, **Alfred Fasciati**, Bottmingen, **Raymond Gunst**, Binningen, und **Walter von Krannichfeldt**, Arlesheim), Schweiz, *Herstellung von Farbstoffen.* (**D. A. S. 1 075 242** Kl. 22a vom 14/1. 1957, ausg. 11/2. 1960. **Belg. P. 554 534** vom 26/1. 1957, ausg. 29/1. 1960. **F. P. 1 172 097** vom 25/1. 1957, ausg. 5/2. 1959. **Oe. P. 197 509** vom 24/1. 1957, ausg. 10/5. 1958. Alle Schwz. Prior. 27/1. 1956 u. 7/1. 1957. — **C. 1962**, 3994 [Niederl. P. 96 363].)

Imperial Chemical Industries Ltd., England, *Azofarbstoffe.* (**F. P. 1 172 734** vom 26/2. 1957, ausg. 13/2. 1959. E. Prior. 27/2. 1956 u. 16/1. 1957. — **C. 1960**, 15914 [E. P. 806 657].)

Farbwerke Hoechst Akt.-Ges., vormals Meister Lucius & Brüning, Frankfurt/M., übert. von: **Erich Brenneisen**, Hofheim/Taunus, **Richard Huhs** und **Arthur Siebert**, Frankfurt/M., *Disazofarbstoffe.* (**Can. P. 570 071** vom 25/7. 1955, ausg. 3/2. 1959. D. Prior. 26/7. 1954. — **C. 1959**, 6301 [D. B. P. 955 082].)

Sandoz Akt.-Ges. (Erfinder: **Philippe Grandjean, Markus Kappeler** und **Lukas Schneider**), Basel, Schweiz, *Herstellung von Dis- und Polyazofarbstoffen.* (**D. A. S. 1 083 458** Kl. 22a vom 15/6. 1953, ausg. 15/6. 1960. Schwz. Prior. 16/6. 1952. — **C. 1958**, 564 [Schwz. P. 306 238].)

Imperial Chemical Industries Ltd., London, übert. von: **Herbert F. Andrew, Harold C. Boyd** und **Robert R. Davies**, Manchester, Lancashire, England, *Metallisierbare Azofarbstoffe.* (**Can. P. 570 484** vom 2/11. 1955, ausg. 10/2. 1959. E. Prior. 3/11. 1954. — **C. 1961**, 7041 [E. P. 786 567].)

J. R. Geigy Akt.-Ges. (Erfinder: **Rudolf Dürig**), Basel, Schweiz, *Metallisierbare Polyazofarbstoffe.* (**D. A. S. 1 077 812** Kl. 22a vom 14/9. 1956, ausg. 17/3. 1960. **Belg. P. 551 043** vom 14/9. 1956, ausg. 18/12. 1959. **A. P. 2 794 798** vom 24/8. 1956, ausg. 4/6. 1957. **E. P. 828 826** vom 12/9. 1956, ausg. 24/2. 1960. **F. P. 1 171 340** vom 14/9. 1956, ausg. 23/1. 1959. Alle Schwz. Prior. 15/9. 1955. **Schwz. P. 336 528** vom 15/9. 1955, ausg. 15/4. 1959. — **C. 1961**, 8124 [Niederl. P. 93 996].)

Ciba Ltd., übert. von: **Armin Caliezi** und **Theodor Kolbro**, Basel, und **Walter Kern**, Sissach, Schweiz, *Halogenierungen.* (**Can. P. 570 123** vom 12/3. 1956, ausg. 3/2. 1959. Schwz. Prior. 18/3. 1955. — **C. 1960**, 2354 [A. P. 2 862 930].)

Ciba Ltd., Basel, übert. von: **Paul Grossmann**, Binningen, Schweiz, *Anthrachinonfarbstoffe.* (**Can. P. 570 189** vom 15/7. 1957, ausg. 3/2. 1959. Schwz. Prior. 17/7. 1956 u. 3/7. 1957. — **C. 1961**, 17017 [F. P. 1 180 736].)

Ciba Ltd., Basel, Schweiz, *Anthrachinonküpenfarbstoffe*. (**E. P. 802 681** vom 28/1. 1955, ausg. 8/10. 1958. Schwz. Prior. 28/1. u. 31/12. 1954. — C. **1959**, 6304 [A. P. 2 792 384] u. C. **1959**, 6641 [A. P. 2 807 622].)

Durand & Huguenin Akt.-Ges. (Erfinder: **Eduard Peyer**), Basel, Schweiz, *Wasserlösliche Leukoschwefelsäureestersalze aus schwer veresterbaren Küpenfarbstoffen der Anthrachinonreihe*. (**Schwz. P. 315 798** vom 27/2. 1953, ausg. 15/10. 1956. Zusatz zu Schwz. P. 306 649; C. 1957, 10623. — C. **1961**, 4173 [D. B. P. 952 121].)

Ciba Ltd., übert. von: **Maurice Grelat**, Basel, und **Walter Kern**, Sissach, Schweiz, *Farbstoffe*. (**Can. P. 570 158** vom 4/7. 1956, ausg. 3/2. 1959. Schwz. Prior. 14/7. 1955. — C. **1959**, 2972 [A. P. 2 804 461].)

Ciba Ltd., übert. von: **Theodor Kolbro**, Basel, Schweiz, *Anthrachinon-Küpenfarbstoffe*. (**Can. P. 569 971** vom 7/7. 1954, ausg. 3/2. 1959. Schwz. Prior. 29/7. 1953 u. 6/5. 1954. — C. **1959**, 1277 [A. P. 2 778 837].)

Cassella Farbwerke Mainkur Akt.-Ges., übert. von: **Emil Schwamberger**, Frankfurt/M., *Schwefel enthaltende Küpenfarbstoffe*. (**A. P. 2 768 998** vom 22/10. 1952, ausg. 30/10. 1956. D. Prior. 31/10. 1951. — C. **1954**, 7987 [D. B. P. 906 480] u. C. **1955**, 1613 [D. B. P. 908 773].)

H_{11a}. Farben. Anstriche. Lacke. Naturharze

California Ink Co., Inc., San Francisco, übert. von: Morrison Chun und Archibald M. Erskine, Berkeley, Calif., V.St.A., **Konditionierung organischer Pigmente.** Um die Farbstärke u. Kornweichheit von Pigmenten zu erhöhen, vermahlt man sie unter Anwendung scherend wirkender Kräfte in Ggw. eines festen Mahlhilfsmittels u. eines fl., nicht flüchtigen Polyols, Äthers oder Esters eines Polyols oder eines chlorierten Deriv. hiervon. — Zum Beispiel mahlt man 850 (g) rohes Cu-Phthalocyaninblau mit 567 NaCl u. 155 Polyäthylenglykol (Molgew. 400) u. entfernt die Hilfsmittel dann mit Wasser. (**A. P. 2 982 666** vom 8/12. 1958, ausg. 2/5. 1961.) F. Böhm. 7093

Phillips Petroleum Co., übert. von: Paul F. Warner, Phillips, Tex., V.St.A., **Kupfer(I)-mercaptide** mit 1—16 C-Atomen werden hergestellt durch Rk. von feinverteiltem CuCl mit einem Alkylmercaptan unter wasserfreien Bedingungen. — 710 (g) CH_3SH kühlt man mit CO_2/Aceton u. gibt unter Rühren langsam 300 feinverteiltes CuCl zu. Nach Beendigung der Rk. zieht man CH_3SH u. HCl ab → 35 3 *Cu-Methylmercaptid*, hellgelb. — Analog: *Cu-tert.-Butylmercaptid*, gelblichweiß. — 200 CuCl u. 438 tert.-Octylmercaptan bei 142° F → 120 *Cu-tert.-Octylmercaptid*. — 1,46 lbs. CuCl u. 6 lbs. Dodecylmercaptan unter Durchleiten von N_2 u. Entfernung der HCl mit feinverteiltem CaO → 50%ig. Lsg. von *Cu-Dodecylmercaptid* in Dodecylmercaptan als orangerote Flüssigkeit. — Analog: *Cu-Hexadecylmercaptid* in Hexadecylmercaptan, orangerot. — *Verhindern Faulen von Farben*. (**A. P. 2 975 200** vom 22/5. 1958, ausg. 14/3. 1961.) A. Debo. 7097

Monsanto Chemical Co., St. Louis, Mo., übert. von: Harry M. Culbertson, Wilbraham, Mass., und Byron L. Williams jun., Texas City, Tex., V.St.A., **Einbrennlacke** enthalten ein ölmodifiziertes Alkydharz, ein veräthertes u. ein außerdem N-substituiertes Melaminformaldehydharz. Die Überzüge sind hochglänzend u. widerstandsfähig. (**A. PP. 2 980 636** u. **2 980 637** vom 4/12. 1957, ausg. 18/4. 1961.) M. Böttcher. 7107

Koppers Co., Inc., übert. von: Ben H. Kirby jun., Lock Haven, Victor T. Humphreys, Jersey Shore, und Talfryn James, Lock Laven, Pa., V.St.A., **Färben von Aluminiumoberflächen.** Das mit einer Oxidschicht, z. B. anod., überzogene Al wird mit einer färbenden Lsg. behandelt, die mindestens 0,01% einer organ. wasserunlösl. Farbe, z. B. 0,5% *1.4-Dihydroantrachinon* in einem mit W. nicht mischbaren aromat. Lsgm., mit einem Kp. von mindestens 80°, z. B. *Nitrobenzol*, enthält. Auf diese Weise werden die Poren der Oxidschicht dicht verschlossen. (**A. P. 2 975 081** vom 16/4. 1959, ausg. 14/3. 1961.) F. Vier. 7107

William J. Francis, Portsmouth, Va., V.St.A., **Schutzanstrichmittel zur Verhinderung des Bewuchses an mit Seewasser in Berührung stehenden Objekten.** Das Bindemittel der Schiffsbodenfarbe besteht aus einer Lsg. von 20,23—28,86 (Gew.-%) Kolophonium u. 7,97—13,26 geblasenem Fischöl in 16,72—25,07 Lösungsmittel. Als akt. Pigmente verwendet man 0,88—5,27 HgO u. 27,78—34,60 einer Cu-Verb., wie Cu-Oxid oder -Sulfid oder Cu-Metall. Zur schwarzen Abtönung setzt man Ruß oder Fe-Oxidschwarz ein. Eine Metallseife, wie Zn-Stearat, dient als Antiabsetzmittel. Als Füllmittel sind z. B. Diatomeenerde oder Mg-Silicat geeignet. (**A. P. 2 989 407** vom 14/7. 1954, ausg. 20/6. 1961.) P. Krug. 7107

Western Electric Co., Inc., New York, N.Y., übert. von: John Dahnaczko jun., Oak Park, Ill., V.St.A., **Abbeizen von mit Silber pigmentierten Phenolharz-Anstrichen.** Die angestrichenen Gegenstände werden mit einer wss. Lsg. von NH_4OH, bes. 20—30 (Gew.-%), u. H_2O_2, bes. 2,5—5, behandelt. Durch das Herauslösen des Ag unter Bldg. von $Ag(NH_3)_2^+$-Komplexen verliert das Bindemittel seinen Verband u. löst sich vollständig ab. (**A. P. 2 981 642** vom 7/12. 1959, ausg. 25/4. 1961.) P. Krug. 7107

Acheson Industries, Inc., übert. von: Harold J. Dawe, Port Huron, Mich., und Earl L. Youse, Berkeley Heights, N.J., V.St.A., **Stabile Dispersionen** erhält man durch Kombination von Polytetrafluoräthylen (I), einem wärmehärtbaren Harz (II) u. einem Stabilisierungsmittel (III), das Polyvinylacetat u./oder -chlorid, Polyvinylalkohol, -acetal, -formal, Celluloseacetat, -nitrat, -propionat, -acetatbutyrat, Äthyl- oder (Carboxy)-Methylcellulose, bes. Polyvinylbutyral, sein kann. Als II werden alle geeigneten Phenol-, Epoxy-, Alkyd-, Polyurethan-, KW-Stoff-, Harnstoff-, Melamin-, Triazin- u. Siliconharze eingesetzt. I wird als 60% ig. wss. Emulsion mit einer Teilchengröße von ca. 1 μ verwendet. — Eine brauchbare Dispersion wird aus 1,1 (Gew.-%) Polyvinylbutyral, 1,1 Stearyldimethylbenzylammoniumchlorid, 39,4 Toluol, 19,7 n-Butanol, 21,1 eines Phenolharzes u. 17,6 I hergestellt. Nach dem Versprühen auf Stahlplatten, Trocknen an der Luft u. Ofenhärtung bei 300—375° F erhält man festhaftende u. abriebfeste *Überzüge*. Etwa abgesetzte Teile der Dispersion sind wieder voll dispergierbar. — Tabellen. (**A. P. 2 976 257** vom 24/1. 1958, ausg. 21/3. 1961.) H. Schindler. 7107

American Cyanamid Co., New York, N.Y., übert. von: Yun Jen, Stamford, Conn., V.St.A., **Wasserabstoßendmachen von hydrophilen Oberflächen.** Man trägt auf die zu behandelnden Oberflächen, z. B. Beton, Glas, Holz, Papier, Textilien u. Leder, die verd. wss. Lsg. eines hochmol. kation. Polyamins (Molgew. >10000), z. B. ein Methylen-bis-acrylamid-Äthylendiamin-Kondens.-Prod., Polyäthylenimin oder Polyvinylamin, auf. Nach hinreichender Adsorption an der Oberfläche behandelt man mit einer verd. wss. Lsg. einer Seife, z. B. Na-Stearat, nach, wodurch unter Rk. eine hydrophobe Schicht entsteht. (**A. P. 2 977 245** vom 24/6. 1957, ausg. 28/3. 1961.) P. Krug. 7107

American Cyanamid Co., New York, N.Y., übert. von: William Frederick Hart, Bridgeville, Pa., V.St.A., **Alkydharze** entstehen durch Erhitzen einer Styrol-Verb. in Ggw. eines trocknenden oder halbtrocknenden Öls, eines Polymerisationskatalysators u. Zusatz eines gesätt. aliphat. mehrwertigen Alkohols nach Abschluß der Polymerisation unter Weitererhitzen, bis die SZ. unter 20 gesunken ist. Danach wird geschmolzenes Phthalsäureanhydrid zugefügt u. auf Temp. von 260—280° weiter erhitzt, bis eine SZ. zwischen ca. 5 u. 20 erreicht ist. — Zum Beispiel werden 287 (Teile) Tallölfettsäure auf 285—295° F erhitzt, 416 einer Mischung aus o-, m- u. p-Methylstyrol (30% o-, 3% m-, 67% p-Verb.) sowie 9,6 Di-tert.-butylperoxid zugefügt u. 4 Std. bei dieser Temp. gehalten. Dann wird auf 390° F erhitzt, während ein intertes Gas durch die Rk.-Masse perlt. Anschließend werden 75,6 Glycerin u. 35,7 Pentaeryhtrit zugefügt, die Temp. auf 410—450° F gesteigert u. solange dabei gehalten, bis die SZ. 5—15 beträgt Endlich werden dem Gemisch 148 geschmolzenes Phthalsäureanhydrid zugefügt u. die Temp. auf 440—490° F gesteigert. Nach dem Abkühlen erhält man ein festes Harz, das zu *Überzügen* geeignet ist. (**A. P. 2 982 746** vom 31/3. 1958, ausg. 2/5. 1961.) F. Koch. 7107

Esso Research and Engineering Co., übert. von: Merilyn A. Tucker, Cranford, und Ober C. Slotterbeck, Rahway, N.J., V.St.A., **Vulkanisation von trocknenden Ölen.** Filme, bes. von größerer Dicke, die aus Homopolymerisaten von Butadien oder dessen Copolymerisaten mit 5—30% Styrol vom Molgew. 1000—10000 hergestellt wurden, welch letztere durch Blasen mit Luft oder O_2 in Ggw. eines aromat. KW-Stoff-Lsgm. mit einem Kauri-Butanol-Wert ≧40 u. 0,001—1% eines organ. Co-, Pb-, Fe- oder Mn-Salzes oxydiert wurden, worauf sie mit 1—20% Tetrachlorphthalsäureanhydrid versetzt wurden, werden 5—30 Min. auf 150—350° F erhitzt. — Verw. bes. für weiße Glasuren. (**A. P. 2 983 698** vom 27/12. 1957, ausg. 9/5. 1961.) W. Overbeck. 7107

Norman I. Gaynes, Rahway, N.J., V.St.A., **Überzugsmittel zur Herstellung rasch lufttrocknender Filme** bestehen aus ca. 40 (Gew.-%) eines durch dehydratisiertes Ricinusöl modifizierten Alkydharzes, 40 eines Harnstoff-Formaldehyd-Harzes, 0,6 saures Äthylphosphat, 9,7 Xylol u. 9,7 Butanol. Die erhaltenen Lackfilme zeigen einen hohen Glanz, sind wetterbeständig u. besitzen gute Lsgm.-Beständigkeit. (**A. P. 2 982 745** vom 17/4. 1958, ausg. 2/5. 1961.) P. Krug. 7107

Gulf Research & Development Co., Pittsburgh, übert. von: John J. Kaufman, New Brighton, und Philip R. Templin, Oakment, Pa., V.St.A., **Stabilisierte Überzugs- und Imprägniermassen auf Basis von Gemischen aus Polyäthylen und Paraffinwachsen.** Eine Mischung aus 0,25—20 (Gew.-%) eines Polyäthylens, bes. von einem Molgew. von 2000—10000, mit 99, 75—90 eines Paraffinwachses, bes. mit F. zwischen 115—140° F, wird auf eine Temp. >95° erhitzt u. dann nach geringem Abkühlen zwischen 82—93° mit $^1/_{1000}$—$^1/_{10}$% W. versetzt. Den Mischungen können außerdem noch kautschukartige Isobutylenpolymerisate in Mengen von 0,1—20, mikrokrist. Wachse in Mengen von 0,5—30 sowie Antioxydantien zugesetzt werden. (**A. P. 2 969 340** vom 9/5. 1958, ausg. 24/1. 1961.) P. Krug. 7107

Monsanto Chemical Co., St. Louis, Mo., übert. von: Arnold J. Hoiberg, Morristown, N.J., und Charles E. Cowger, El Dorado, Ark., V.St.A., **Überzugsmittel für Rohre, Rohrleitungen usw.** enthalten 17—25% eines sehr feinkörnigen Füllstoffes, z. B. Grünschiefermehl u. ein Erdölbitumen mit bestimmten Konst. für Viscosität, Penatration usw. (**A. P. 2 973 280** vom 24/3. 1958, ausg. 28/2. 1961.) M. Böttcher. 7107

Monsanto Chemical Co., St. Louis, Mo., übert. von: Harry M. Culbertson, Wilbraham, und Frank J. Hahn, Springfield, Mass., V.St.A., **Herstellen von modifizierten Harnstoffharzen,** bes. für *Überzüge*. 1 (Mol) Harnstoff, 0—0,3 Melamin, 0,02—0,5 eines N-substituierten Melamins (I) u. ≥ 2 CH_2O werden in wss. alkal. Medium kondensiert. Das Kondensat wird dann mit ≥ 2 eines einwertigen nichtcycl. Alkohols mit 1—6 C-Atomen in saurem Medium durch Erwärmen unter Rückfluß veräthert. Als I dient N.N'-Dialkylmelamin; N.N'.N''-Trialkylmelamin oder deren Gemische, wobei die Alkylgruppen acycl. sind u. bis 20 C-Atome enthalten, u. die Gesamtzahl der C-Atome aller Alkylgruppen ≤ 36 ist. (**A. P. 2 978 425** vom 5/12. 1957, ausg. 4/4. 1961.) W. Overbeck. 7107

Monsanto Chemical Co., St. Louis, Mo., übert. von: Joseph A. Blanchette, East Longmeadow, und Earl C. Chapin, Springfield, Mass., V.St.A., **Überzugsmittel.** Sie enthalten in organ. Lsgm. gelöst eine Mischung aus 1—75 (Gew.-%) eines Aminoplasts mit mindestens 2 Methylolgruppen je Mol u. 99—25 eines polymeren Oxims (I) mit mindestens 2 Oximgruppen je Mol. Das Aminoplast ist aus der Gruppe der Formaldehyd-Kondens.-Prodd. mit Harnstoff, Diazinen u. Triazinen sowie deren Verätherungs-Prodd. mit 1—10 C-Atome aufweisenden Alkoholen ausgewählt. Ein geeignetes I ist z. B. das Oxim des Mischpolymerisats aus Styrol u. Acrolein. Als Lsgm. sind z. B. Toluol oder Dioxan geeignet. Pigmente u. Weichmacher können zugesetzt werden. Die Überzüge werden zweckmäßig bei Temp. von 60—250° eingebrannt. (**A. P. 2 985 610** vom 18/7. 1958, ausg. 23/5. 1961.) P. Krug. 7107

E. I. du Pont de Nemours & Co., Wilmington, Del., übert. von: James J. Sanderson, Lansdowne, Pa., V.St.A., **Pigmentierte Überzugsmassen,** enthaltend in einem Lsgm. das Bindemittelgemisch aus 50—70 (Gew.-%) Nitrocellulose u. 50 bis 30 eines Mischpolymerisats (I) der relativen Viscosität 1,117—1,196, wobei I aus 30 bis 50 Methylmethacrylat u. 70—50 eines Esters der Methacrylsäure mit einem 2 bis 6 C-Atome aufweisenden aliphat. Alkohol, mit Cyclohexyl- oder Benzylalkohol besteht. (**A. P. 2 989 492** vom 17/3. 1959, ausg. 20/6. 1961.) P. Krug. 7107

Standard Oil Co., Chicago, Ill., übert. von: Ronald L. Broadhead, Park Forest, Ill., V.St.A., **Wässeriges Überzugsmittel auf Alkydharzbasis.** Man verwendet ein Veresterungs-Prod. eines mehrwertigen Alkohols u. einer mehrwertigen Carbonsäure der SZ. zwischen 5 u. 25 u. setzt eine wss. LiOH-Lsg. in einer Menge von 5—40%, bezogen auf Harz, zu, so daß ca. 50—100% der zur Neutralisation des Harzes erforderlichen Menge vorhanden sind. (**A. P. 2 985 602** vom 5/9. 1958, ausg. 23/5. 1961.) P. Krug. 7107

Midland Chemical Corp., Dayton, Ohio, übert. von: John M. Berry, Martinsville, Va., V.St.A., **Wässerige Porenfüllmittel für Holzgegenstände,** enthaltend in dem W. gelöst bzw. dispergiert: Sucrose, Borsäure, Al-Sulfat, Harnstoff-Formaldehyd-Harz, Monobutyläther des Diäthylenglykols sowie Monobutyläther des Äthylenglykols. Harnstoffharz u. Sucrose bilden dabei die Hauptbestandteile. Der aus dem Mittel erhaltene unlösl. Film läßt sich leicht schleifen. (**A. P. 2 972 587** vom 14/5. 1958, ausg. 21/2. 1961.) P. Krug. 7107

Harshaw Chemical Co., V.St.A. (Erfinder: **Waldemar A. Weyl**), *Keramisches Zirkonium-Vanadin-Pigment.* (F. P. 1 169 912 vom 21/3. 1957, ausg. 7/1. 1959. A. Prior. 2/4. 1956. — C. 1962, 4735 [Niederl. P. 96 672].)

Allied Chemical Corp., New York, N.Y., übert. von: **Harry H. Weinstock jun.**, Madison, N.J., V.St.A., *Copolymerisation von Acrylnitril und Acrylestern.* (Can. P. 571 089 vom 5/3. 1953, ausg. 24/2. 1959. A. Prior. 30/4. 1952. — C. 1958, 4333 [A. P. 2 771 461].)

Allied Chemical Corp., New York, N.Y., übert. von: **Forrest J. Rahl**, Morristown, N.J., V.St.A., *Dispersionen in Caprolactam.* (Can. P. 571 093 vom 22/6. 1956, ausg. 24/2. 1959. A. Prior. 20/7. 1955. — C. 1961, 13 369 [A. P. 2 846 331].)

Younghusband Barnes & Co. Ltd., übert. von: **Cecil W. A. Mundy**, London, England, *Reaktionsprodukte trocknender Öle.* (Can. P. 570 397 vom 6/1. 1955, ausg. 10/2. 1959. E. Prior. 8/1. 1954. — C. 1958, 11671 [E. P. 769 439].)

E. I. du Pont de Nemours & Co., Wilmington, übert. von: **Theodore L. Cairns**, Greenville, **Edward T. Cline**, und **Peter J. Graham**, Wilmington, Del., V.St.A., *Modifizierte Polyoxymethylene.* (Can. P. 570 562 vom 20/9. 1956, ausg. 10/2. 1959. A. Prior. 1/12. 1955. — C. 1959, 17502 [A. P. 2 828 287].)

Hooker Chemical Corp., Niagara Falls, übert. von: **Paul Robitschek**, Buffalo, und **George C. Schweiker**, Niagara Falls, N.Y., V.St.A., *Schwefelhaltige Polyester*. (**Can. P. 569 988** vom 15/9. 1954, ausg. 3/2. 1959. A. Prior. 4/5. 1954. — C. **1959**, 12064 [A. P. 2 813 086].)

Pittsburgh Plate Glass Co., Pittsburgh, Pa., übert. von: **Byron T. Stephens**, Dearborn, Mich., V.St.A., *Pigmentierte Nitrocelluloselacke*. (**Can. P. 569 983** vom 27/8. 1954, ausg. 3/2. 1959. A. Prior. 4/2. 1954. — C. **1959**, 14265 [A. P. 2 851 371].)

Dow Corning Corp., übert. von: **Harold A. Clark**, Midland, Mich., V.St.A., *Organopolysilanpolysiloxanüberzüge*. (**Can. P. 570 530** vom 17/4. 1956, ausg. 10/2. 1959. A. Prior. 2/9. 1949. — C. **1955**, 3021 [E. P. 689 648].)

E. I. du Pont de Nemours & Co., Wilmington, Del., übert. von: **Aloysius N. Walus**, Flint, Mich., V.St.A., *Überzugsmittel*. (**Can. P. 570 403** vom 24/2. 1955, ausg. 10/2. 1959. A. Prior. 15/3. 1954. — C. **1958**, 6683 [E. P. 771 549].)

Monsanto Chemicals Ltd., London, England, übert. von: **Albert Verheyden**, Saint-Denis-Westrem, und **Abraam Ganeberg**, Forest b. Brüssel, Belgien, *Wasserfestmachen von porösem Material*. (**Can. P. 570 103** vom 30/12. 1955, ausg. 3/2. 1959. Belg. Prior. 31/12. 1954 u. 30/8. 1955. — C. **1960**, 6671 [E. P. 796 140].)

Monsanto Chemicals Ltd., London, England, übert. von: **Albert Verheyden**, Saint Denis-Westrem, und **Abraam Ganeberg**, Forest b. Brüssel, Belgien, *Wasserfestmachen von porösem Material*. (**Can. P. 570 500** vom 22/12. 1955, ausg. 10/2. 1959. Belg. Prior. 31/12. 1954 u. 30/8. 1955. — C. **1960**, 6671 [E. P. 796 141].)

H_{11b}. Plaste. (Kunstharze. Plastische Massen)

W. R. Grace & Co., New York, N.Y., V.St.A. (Erfinder: Gaetano Francis D'Alelio), **Äthylenpolymerisation.** Man verwendet einen Katalysator, der durch mehrstd. Feinmahlen von Al-Pulver mit $TiCl_3$ unter inerter Atmosphäre erhalten wurde u. polymerisiert bei 50—500 lbs./sq.in. u. 20—150°, bes. in Ggw. eines inerten Lösungsmittels. (**E. P. 880 598** vom 6/5. 1960, ausg. 25/10. 1961.) L. Stadelmann. 7173

Distillers Co. Ltd., Edinburgh, Schottland (Erfinder: Alaric Louis Jeffrey Raum), **Katalysatormischung für die Äthylenpolymerisation,** bestehend aus 3 Komponenten: 1. metall. Al, 2. Ti- oder V-Di- oder -Trihalogenid, 3. einem Halogenid von Cu, Ag oder Pb, oder einem Halogen bzw. einer gemischten Halogen-Verb., wie JCl oder JCl_3. Man polymerisiert im fl. Medium bei erhöhtem Druck u. Temp. in Ggw. von H_2 u. erhält Polyäthylene von niedrigerem Molgew., die besser verarbeitbar sind. (**E. P. 879 175** vom 26/9. 1959, ausg. 4/10. 1961.) L. Stadelmann. 7173

Soc. An. Éthyléne Plastique, Paris, Frankreich, **Pfropfpolymerisate von Polyäthylen.** Man setzt *inhibitorfreies* Polyäthylen der aktivierenden Einw. von erhöhter Temp. (35—135°) u./oder energiereicher Strahlung, vorzugsweise in Ggw. eines Lsgm. u. von O_2, aus u. polymerisiert dann bei erhöhter Temp. das Monomere, nach den Beispielen Acrylnitril, Styrol, Methylacrylat u. Vinylacetat, auf. (**E. P. 890 145** vom 27/5. 1959, ausg. 28/2. 1962. F. Prior. 22/7. 1958.) L. Stadelmann. 7173

Ethyl Corp., New York, N.Y., übert. von: Luke J. Governale und Thomas A. Leeper, Baton Rouge, La., V.St.A., **Kontinuierliche Emulsionspolymerisation von Vinylchlorid (I).** In die Rk.-Zone einer näher beschriebenen App. (Zeichnung) wird ein Gemisch aus I u. Polyvinylchlorid im Gew.-Verhältnis 1 : 3 bis 1 : 5 aufrechterhalten unter Zusatz von 0,1—3% eines öllösl. Katalysators, z. B. Acetyl- oder Stearoylperoxid, 150—400 (Teile) W. auf 100 Monomeres + Polymeres u. wenigstens einem wasserlösl. Suspensionsmittel, wie Äthylcellulose u. Sorbitanmonolaurat oder Monopalmitat u. Polyvinylalkohol. Arbeitstemp. 0—70°, bes. 50—65°. Das Polymerisatgemisch wird einer 2-Stufen-Trennung unterworfen, wobei die eine Stufe mit geringen Mengen I u. Polymeres in W. zurückgeführt, die andere Stufe mit viel Polymerem u. wenig I in W. in üblicher Weise aufgearbeitet wird. (**A. P. 2 979 492** vom 3/6. 1957, ausg. 11/4. 1961.) H. Schindler. 7173

Kurashiki Rayon Kabushiki Kaisha, Kurashiki, Japan, **Hochkristallinen Polyvinylester** erhält man durch Polymerisation von Vinylformiat in Ggw. von bis zu 50 Mol-%, bes. bis zu 25 Mol-%, Vinylacetat bei 0° oder darunter. Der durch Verseifung gewonnene *hochkristalline Polyvinylalkohol* wird zur Herst. von *Filmen, Fäden* u. *Formartikeln* verwendet. (**E. P. 885 623** vom 25/7. 1960, ausg. 28/12. 1961. Jap. Prior. 3/9. 1959.) L. Stadelmann. 7173

Courtaulds Ltd., London, England (Erfinder: John Butland Smith), **Acetonlösliche Mischpolymerisate von Acrylnitril und Vinylidenchlorid** erhält man durch Polymerisation einer Mischung aus 30—65% Acrylnitril u. 70—35% Vinylidenchlorid in wss. 55%ig. CH_3COOH in Ggw. eines im wss.-sauren Rk.-Medium lösl. üblichen Katalysators, bes. eines Redox-Syst., das ein Ag- oder Cu-Salz enthält, bei ca. 25°. — Verw. zur Herst. von *Filmen* u. *Fäden*. (**E. P. 882 530** vom 11/4. 1959, ausg. 15/11. 1961.) L. Stadelmann. 7173

Ciba Ltd., Basel, Schweiz, **Herstellung von heißhärtbaren thermoplastischen Harzen** durch Rk. von 1 (Mol) einer Epoxi-Verb. mit 2 Epoxidgruppen im Mol mit 0,5—1,1 eines niederen Alkyl- oder Oxalkylamins. — Man mischt 60 (g) des Kondens.-Prod. von Resorcin u. Epichlorhydrin, das einen Epoxid-Geh. von 7,5 Epoxidäquivalenzen/kg aufweist, mit 13,8 Äthanolamin u. zerkleinert nach Beendigung der exothermen Rk. die entstandene Masse, die z. B. bei 150—160° durch Spritzguß verformt u. anschließend durch 16std. Erwärmen auf 80° gehärtet werden kann. (**Ind. P. 64 987** vom 18/8. 1958, ausg. 28/6. 1960.) C. Lüttgen. 7177

Union Carbide Corp., N.Y., übert. von: Howard R. Guest, Charleston, und Ben W. Kiff, Ona, W.Va., V.St.A., **Herstellung flammfester Harze** aus einem 2.2'-Dialkenyl-5.5'-spiro-bis-1.3-dioxan mit 2—18 C-Atomen in der Alkenylgruppe, einem aliphat. mehrwertigen Alkohol u. 5—30 Gew.-% eines Phosphorsäureesters der Formel I in Ggw. eines sauren Katalysators, bes. Dialkylsulfat, durch Erhitzen auf Rk.-Temperatur. Als Komponenten der Ausgangsstoffe dienen nach den Beispielen 2.2'-Dipropenyl-, 2.2'-Diisopropyl-, 2.2'-Divinyl- u. 2.2'-Bis-[1-chlorvinyl]-5.5'-spiro-bis-1.3-dioxan, Pentaerythrit u. Glycerin sowie I. Dieser wird durch Rückflußerhitzung aus Pentaerythrit u. PCl_3 erhalten. Die Endprodd. sind bei 60—150° härtbar u. selbstlöschend. (**A. P. 2 957 856** vom 29/8. 1958, ausg. 25/10. 1960.) H. Schindler. 7177

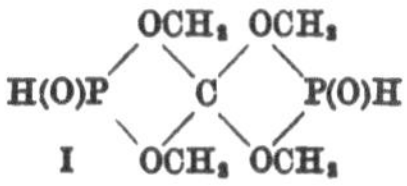

K. Ss. Kutateladse, I. M. Gwerdziteli und Ch. N. Fidler, **Herstellung von Resolen und Novolaken** durch Kondens. von Phenol, HCHO u. zerkleinertem Tungölkuchen. — Rezeptur für Resole: 100—120 (Gew.-Teile) Tungölkuchen, 100 bis 130 Holzmehl (Nadelhölzer), 75—85 Phenol, 75—85 40%ig. HCHO, 8—10 Kalk (als CaO), 8—10 NH_3, 1,2—2 Zn-Stearat u. 120—140 W.; für Novolake: 70—100 Tungölkuchen, 100—150 Phenol, 4—5 H_2SO_4 u. 5—6 Kalk (als CaO). (**UdSSR. P. 126 262** vom 4/5. 1959.) L. Großner. 7177

Badische Anilin- & Soda-Fabrik Akt.-Ges., Ludwigshafen/Rh. (Erfinder: Konrad Jost, Lützelsachsen, Robert Gehm und Adolf Hrubesch, Ludwigshafen/Rh.), **Polyformaldehyde,** die wie üblich mit Isocyanaten an den Endgruppen verschlossen sind, werden mit Hydrazonen, die am N-Atom durch Alkyl-, Cycloalkyl- oder Arylgruppen substituiert sind, wobei der N auch Glied eines Ringes sein kann, stabilisiert. (**D. A. S. 1 133 547** Kl. 39b vom 7/7. 1960, ausg. 19/7. 1962.) F. Koch. 7177

Badische Anilin- & Soda-Fabrik Akt.-Ges., Ludwigshafen/Rh. (Erfinder: Erich Schwartz, Franz Schmidt, Mannheim, Heinz Pohlemann, Ludwigshafen/Rh., und Hans Burkhardt, Mannheim), **Polyformaldehyd(I)-Formmassen** enthalten 90—99 (Gew.-%), ggf. an den Endgruppen verschlossenem I, 0,01—5 übliche Antioxydationsmittel u. 0,1—9,99 eines N.N'-Dihydroxymethyl- (oder N.N'-Dialkoxymethyl)-Deriv. eines aliphat. oder aromat. Dicarbonsäurediamids. (**D. A. S. 1 133 546** Kl. 39b vom 6/5. 1960, ausg. 19/7. 1962.) F. Koch. 7177

Farbwerke Hoechst Akt.-Ges., vormals Meister Lucius & Brüning (Erfinder: Hans-Dieter Hermann und Klaus Weissermel), Frankfurt/M., **Stabilisieren von Polyoxymethylenen** aus CH_2O oder Trioxan, die Oxyendgruppen enthalten u. sich bei 220° in 30 Min. unter N zu weniger als 80% zersetzen, dad. gek., daß man die Polymerisate bei 50—220° in An- oder Abwesenheit von kation. wirksamen Katalysatoren mit einem oder mehreren α.β-ungesätt. Äthern umsetzt, ggf. in Ggw. von Wärme-, Oxydations- u./oder Lichtstabilisatoren. (**D. A. S. 1 136 109** Kl. 39c vom 4/3. 1960, ausg. 6/9. 1962.) W. Overbeck. 7177

Shell Oil Co., Del., übert. von: Ronald L. De Hoff, Springfield, und Harvey L. Parry, Union, N.J., V.St.A., **Herstellung von Addukten aus Polyaminen und Monoepoxiden** durch Erhitzen eines aromat. Polyamins mit mindestens 2 prim. NH_2-Gruppen u. keinen reaktionsfähigen Gruppen für 1.2-Epoxygruppen auf >50° mit einem Monoepoxid, das die Endgruppe $\overbrace{CH_2—C}^{O}$— u. nicht >12 C-Atome enthält. In den Beispielen wird von m-Phenylendiamin, ggf. im Gemisch mit o-Phenylendiamin oder p.p'-Methylendianilin, oder von p.p'-Diaminodiphenylmethan einerseits u. Styroloxid, Phenylglycidyläther, Allylglycidyläther u. Glycidylpropionat andererseits ausgegangen. Außerdem wird die an sich bekannte Herst. von Glycidylpolyäthern aus zwei- u. mehrwertigen Alkoholen beschrieben. Die Endprodd. sind lösl. in Dioxan u. dienen bes. als *Härtemittel* für Polyepoxide. — Vgl.-Beispiele. Tabellen. (**A. P. 2 938 004** vom 28/4. 1955, ausg. 24/5. 1960.) H. Schindler. 7177

Merck & Co., Inc., Rahway, N.J., V.St.A., **Herstellung des Diaminäthers des 5-Hydroxymethylfurfurals,** $Kp._{0,3}$ 139—141°, n_D^{25} 1,4901 durch Hydrieren des Dioxims mit H_2 in Ggw. von Raney-Ni (I) bei 2000 lbs./sq.in., bes. in Ggw. von fl. NH_3, oder durch Hydrieren von 5-Hydroxymethylfurfural mit Methanol u. fl. NH_3 in Ggw. von I auf 150° unter einem Druck von 5000—6000 lbs./sq.in. H_2. — *Härtungsmittel für Epoxyharze.* (**Ind. P. 64 708** vom 21/7. 1958, ausg. 2/5. 1961. Can. Prior. 23/12. 1957.) C. Lüttgen. 7177

Devoe & Raynolds Co., Inc. (Erfinder: Darrell D. Hicks), **Härten von Epoxidharzen** mit einer 1.2-Epoxyäquivalenz von >1 durch Zusatz von 0,1—10% eines quatern. NH_4-Salzes organ. Säuren, bes. *Benzyltrimethylammoniumacetat,* u. Erhitzen auf 90—200°. (**Aust. P. 232 705** vom 16/7. 1958, ausg. 16/3. 1961. **E. P. 896 601** vom 14/7. 1958, ausg. 16/5. 1962. Beide A. Prior. 12/8. 1957.) C. Lüttgen. 7177

Velsicol Chemical Corp. (Erfinder: Arthur W. Carlson und George C. Schweiker), Chicago, Ill., V.St.A., **Härter für Epoxyharze** ist das 1.2.3.4-Cyclopentantetracarbonsäuredianhydrid. Das Aushärten erfolgt in der Hitze. (**D. A. S. 1 132 719** Kl. 39b vom 22/6. 1960, ausg. 5/7. 1962. A. Prior. 24/6. 1959.) F. Koch. 7177

British Celanese Ltd., London, übert. von: James G. N. Drewitt, Spondon, und James Lincoln, London, England, **Herstellung hochpolymerer linearer Ester,** dad. gek., daß man 1—1,3 (Mol) cycl. Äthylencarbonat (I) u. 1 eines Terephthalsäuremonoesters (II) mit einer Monohydroxy-Verb., Kp. <250°, bei 250—300° in Ggw. eines Umesterungskatalysators mit geschmolzenem Polyäthylenterephthalat (III) einer Grenzviscosität 0,1—0,4 mischt u. erhitzt, bis niedermol. III sich gebildet hat, dieses abtrennt, neues I u. II zusetzt usw., bis III hohen Polymerisationsgrad erreicht hat. (**Can. P. 570 041** vom 18/4. 1955, ausg. 3/2. 1959. E. Prior. 27/4. 1954.) S. Böttcher. 7177

N. V. Philips' Gloeilampenfabrieken (Erfinder: Catharinus Jacobus van Putten und Petrus Antonius van Gool), Eindhoven, Niederlande, **Polyesterformmassen** enthalten die Ester von Mercaptocarbonsäuren mit 1—6 C-Atomen als Beschleuniger. Das Aushärten erfolgt bei normaler Temperatur. (**D. A. S. 1 133 125** Kl. 39b vom 25/8. 1960, ausg. 12/7. 1962. Niederl. Prior. 28/8. u. 24/12. 1959.) F. Koch. 7177

Eastman Kodak Co., Rochester, N.Y., übert. von: John R. Caldwell und Winston J. Jackson jun., Kingsport, Tenn., V.St.A., **Lineare Polyester** werden aus einer *Hydroxycamphancarbonsäure,* einer Alkandicarbonsäure mit 4—8 C-Atomen oder Phthalsäure u. einem Glykol mit 2—6 C-Atomen durch Erhitzen auf 200—300° in Ggw. von Ti-Tetrabutoxid als Katalysator hergestellt. (**A. P. 3 000 864** vom 4/4. 1958, ausg. 19/9. 1961.) F. Koch. 7177

Allied Chemical Corp., übert. von: Carl A. Marszewski und John O. Koontz, Toledo, Ohio, V.St.A., **Polyester-Formmassen** enthalten 0,5 Gew.-% eines V-Salzes einer organ. Säure (V-Naphthenat), wobei das V höchstens 5wertig ist, sowie 0,5 Phenylphosphinsäure. (**A. P. 3 003 991** vom 13/11. 1957, ausg. 10/10. 1961.) F. Koch. 7177

Union Carbide Corp., V.St.A., übert. von: Donald M. Young, Genf, Schweiz, und Christian F. Horn, New York, N.Y., V.St.A., **Polyester** enthalten die Gruppe **I**, worin R u. R' verschiedenartige organ. Gruppen bedeuten können. (**A. P. 2 999 849** vom 7/10. 1957, ausg. 12/9. 1961.) F. Koch. 7177

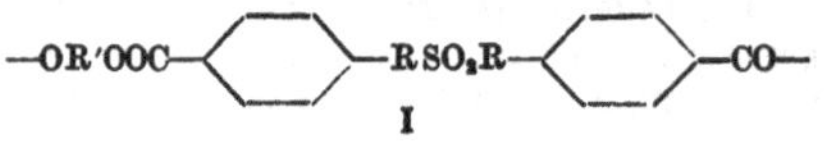

I

Devoe & Raynolds Co., Inc., übert. von: Charles S. Shull, Louisville, Ky., V.St.A., **Polyester** werden hergestellt aus einer aliphat. Dicarbonsäure (Malein-, Fumar-, Mesacon-, Citracon-, Itaconsäure oder deren Anhydride) u. einer Verb., die eine Epoxidgruppe sowie zwei konjugierte Doppelbindungen enthält (Myrcenmonoepoxid). (**A. P. 3 002 950** vom 8/1. 1958, ausg. 3/10. 1961.) F. Koch. 7177

American Cyanamid Co., New York, N.Y., übert. von: John C. Petropoulus, Norwalk, Conn., V.St.A., **Lineare Polyester** entstehen aus 1—6 Mol. Äthylenglykol u. der unsubstituierten Butyliden-bis-benzoesäure. Die Polykondens. wird bis zu einer SZ. von 0,5 u. der Intrinsic-Viscosität von 0,32—0,55 (Bzl.) geführt. (**A. P. 2 979 486** vom 4/8. 1958, ausg. 11/4. 1961.) F. Koch. 7177

Deutsche Gold- und Silber-Scheideanstalt vormals Roessler, Frankfurt/M. (Erfinder: Erich Bäder, Hanau/M.), **Schwundfrei härtbare Polyester-Formmassen** enthalten einen ungesätt. Polyester mit einer mehr als 6 Doppelbindungsanteil entsprechenden Br-Zahl, 7—25 (Gew.-%) Weichmacher (Polyadipaten, Polypropylenadipaten oder Adipinsäurebutylenglykolpolyester), 10—70 der monomeren, anpolymerisierbaren Verb. sowie Katalysatoren. (**D. A. S. 1 135 169** Kl. 39b vom 5/3. 1959, ausg. 23/8. 1962.) F. Koch. 7177

Mehnert & Veeck K. G. Lackfabrik, Nürnberg (Erfinder: Horst Holfert, Oberstdorf), **Polyesterharzmassen (I)** werden zu *Formkörpern* ausgehärtet. Die I enthalten ganz oder anteilig solche ungesätt. Polyester, die durch Rk. von α.β-ungesätt. Carbonsäuren mit partiell epoxydierten bzw. hydroxylierten langkettigen aliphat. u. mehrfach ungesätt. KW-Stoffen, z. B. durch Veresterung von 294 g Maleinsäureanhydrid, 160 Propylenglykol u. 430 partiell epoxydiertes Squalen in Ggw. von 50 mg Hydrochinon bei 180—190° erhalten worden sind. (**D. A. S. 1 133 124** Kl. 39b vom 9/11. 1960, ausg. 12/7. 1962.) F. Koch. 7177

Badische Anilin- & Soda-Fabrik Akt.-Ges. (Erfinder: Walter Lautenschlager und Herbert Willersinn), Ludwigshafen/Rh., **Polyester-Formmassen** enthalten neben üblichen Bestandteilen als Beschleuniger Co(II)-Dimaleat u./oder Co(II)-Dicitraconat. (**D. A. S. 1 138 216** Kl. 39b vom 21/1. 1961, ausg. 18/10. 1962.) F. Koch. 7177

Imperial Chemical Industries Ltd., London, England (Erfinder: James Eric McIntyre und John Skinner MacNab Robertson), **Herstellung hochmolekularer, fasern- und filmbildender Polymethylenterephthalate** durch Rk. eines Dialkylterephthalats mit einem Glykol der Formel $OH(CH_2)_nOH$, worin n = 2—10 ist, u. Polykondensieren des Bis-hydroxyalkylterephthalats. Die Umesterung wird in Ggw. einer Mg-Verb. (I) u. die Polykondens. ohne Entfernen der I in Ggw. von SbF_3 durchgeführt. Als I sind $MgCO_3$, MgO, Mg-Glykoloxid u. Mg-Terephthalat besonders genannt. — Beispiel mit Dimethylterephthalat u. Äthylenglykol als Ausgangsstoffe. — Tabellen. (**E. P. 851 244** vom 13/6. 1958, ausg. 12/10. 1960.) H. Schindler. 7177

Farbenfabriken Bayer Akt.-Ges., übert. von: Karl E. Müller, Leverkusen-Bayerwerk, **Herstellung modifizierter Polyester,** dad. gek., daß man ein wasserfreies lineares Dicarbonsäure (Adipinsäure)–Glykol-Polykondens-Prod. mit endständigen OH-Gruppen mit einem 20—100%ig. Überschuß an Toluylen-2.4-diisocyanat oder Diphenylmethandiisocyanat u. der berechneten Menge o-Dichlorbenzidin oder 2.6-Dichlor-1.4-phenylendiamin versetzt u. das fl. Gemisch in einer Gußform erhitzt. (**Can. P. 569 981** vom 20/8. 1954, ausg. 3/2. 1959. D. Prior. 5/9. 1953.) S. Böttcher. 7177

VEB Farbenfabrik Wolfen, Wolfen (Erfinder: Friedrich Wolf, Leipzig, und Heinrich Häder, Wolfen), **Kunstharzherstellung.** Herst. von als Adsorbentien dienenden, schwach polaren Kunstharzen durch Kondens. von m-Phenylendiamin mit CH_2O in Ggw. von sauren Katalysatoren u. W., dad. gek., daß man $\geqq {}^1/_3$ der CH_2O-Menge in Form von Paraformaldehyd u. den Rest als wss. CH_2O-Lsg. verwendet u. das Mol-Verhältnis m-Phenylendiamin : W. ca. 1 : 30 bis 1 : 35 beträgt. (**D. A. S. 1 138 221** Kl. 39c vom 16/3. 1960, ausg. 18/10. 1962.) W. Overbeck. 7181

Vereinigte Glanzstoff-Fabriken Akt.-Ges., Wuppertal-Elberfeld, übert. von: Rudolf Lotz, Klingenberg/M., **Herstellung von Polykondensaten,** dad. gek., daß man ein halbaminiertes Bis-ω-halogenpropionsäureamid, z. B. Methylen-bis-chlorpropionamid, in Decandiol-(1.10) bei 10 mm auf 160—200° erhitzt. (**Can. P. 569 956** vom 29/10. 1953, ausg. 3/2. 1959.) S. Böttcher. 7181

Hans-Joachim Nicolai, Dessau-Haideburg, und Fred Schimke, Wolfen, **Verhinderung der Versprödung von Mischpolyamiden** durch Zusatz von 0,05—2%, 2.4-Dihydroxy-4'-alkoxy- oder 2.4-Dihydroxy- oder 2.3.4-Trihydroxybenzophenon vor der Polykondens. oder bei der Verformung. (**D. P. [DDR] 22 151** Kl. 39b vom 25/7. 1959, ausg. 12/10. 1961 [Wirtschaftspatent].) M. Pankow. 7181

General Plastics Corp., übert. von: Jack Simon, Paterson, N.J., V.St.A., **Rückgewinnung von Polyamiden (Nylon)** durch Lösen in Ameisensäure, Mischen mit KW-Stoffen (n-Hexan, n-Heptan, Cyclohexan, Hexen, Cyclohexen, Bzl. oder Toluol) in Mengen, die zur Bldg. azeotroper Mischungen ausreichen, u. Erhitzen bis zur Verdampfung des azeotropen Gemisches u. Kondens. der Dämpfe. Rückgewinnung von Nylon ohne Abbau oder Verfärbung desselben. (**A. P. 3 006 867** vom 31/1. 1958, ausg. 31/10. 1961.) E. Dörfel. 7181

A. A. Berlin, N. G. Matwejewa und A. I. Scherle, **Polymere Chelatverbindungen** als *Plaste* oder *Metallüberzüge* durch Rk. von Metallen oder Metall-Verbb. mit $(CN)_2C{:}C(CN)_2$ (I) oder Gemischen von I mit Polynitrilen, die $\geqq 2$ Nitrilgruppen an benachbarten C-Atomen tragen oder durch Behandlung von Metallen mit I-Dämpfen. — 1 (Mol) Acetylaceton-Cu u. 2 I wird unter Vakuum 2 Std. auf 160°, danach 2 Std. auf

200, 250, 300 u. 350° erhitzt, wobei ein schwarzes, unlösl. u. unschmelzbares Prod. erhalten wird, das sich bei Dauererhitzung auf 400° nicht zersetzt. (**UdSSR. P. 126 612** vom 7/4. 1959.) L. Großner. 7181

Armstrong Cork Co., Lancaster, Pa., V.St.A. (Erfinder: Klemens Gutweiler, Mainz, Manfred Sander und Curt Schneider, Frankfurt/M.), **Phosphorhaltige lineare Polymere** durch Rk. phosphororganischer Verbb. mit ungesätt. organ. Verbb. werden hergestellt, indem man prim. aliphat., aromat. oder araliphat. Phosphine, die ggf. im KW-Stoffrest substituiert sind, mit Dialkylen-Verbb. der allg. Formel $(R_1)(R_2)C = CR_3-Z-CR_4 = C(R_5)(R_6)$ in Abwesenheit von O_2 unter Erwärmen oder UV-Bestrahlung oder in Ggw. radikalbildender Katalysatoren umsetzt ($R_1-R_6 = H$ oder gleiche oder verschiedene Alkylgruppen mit 1—4 C-Atomen, Z = zweiwertiger organ. Rest). — 0,01 Mol Terephthalsäurediallylester u. 0,01 Phenylphosphin werden in einem Quarzglas 12 Std. bei Zimmer-Temp. dem UV-Licht ausgesetzt. Unter Vol.-Kontraktion tritt Polyaddition ein. Man erhält ein gelbliches Harz. Zur Oxydation wird in Bzl. mit H_2O_2 behandelt. Das Oxydations-Prod. ist farblos u. thermoplastisch. — *Antioxydantien, Schmiermittelzusätze, Stabilisatoren, Textilimprägnierungsmittel, Herst. von Kunststoff.* (**D. A. S. 1 131 412** Kl. 39c vom 29/1. 1960, ausg. 14/6. 1962.) A. Dandl. 7189

Pittsburgh Plate Glass Co., übert. von: Alfred R. Bader, Milwaukee, Wis., und Henry A. Vogel, Gibsonia, Pa., V.St.A., **β-Ketosäureester hydroxylierter Fettsäureglyceride** erhält man entweder durch Verestern der Hydroxyfettsäureglyceride mit β-Ketosäuremethyl- oder -äthylester bei 75—125° oder durch Rk. mit Diketen bei Raum-Temp., ggf. in Ggw. eines Katalysators. — 31 g reines Ricinusöl werden mit 8,4 g Diketen in Ggw. von 0,2 g Pyridin als Katalysator u. 100 cm³ Toluol auf dem Dampfbad verestert; das entstandene *Ricinusölacetoacetat* ist schwach gelblich u. dient als Weichmacher für Nitrocellulose. Die Veresterung kann auch mit Acetessigsäuremethylester bei 120° durchgeführt werden. — Weichmacher für Nitrocellulose u. Mischpolymere aus 86 (Teilen) Vinylchlorid, 13 Vinylacetat u. 1 Maleinsäure. (**A. P. 2 895 844** vom 12/11. 1954, ausg. 21/7. 1959.) G. Krauss. 7199

Frederico Müller, Mailand, Italien, **Herstellung von „kompensiertem" Holz.** Man verwendet die bei der üblichen Herst. von Sperrholz nicht brauchbaren Abfälle, indem man sie ohne Abtrennung der Inkrustierungsstoffe (Harze, Zucker, Schleimstoffe) zerfasert, bes. unter Anwendung einer „Ultra-Turrax"-Mühle u. bildet aus dem erhaltenen Faserbrei eine oder mehrere, 1 oder mehrere mm starke Zwischenschichten oder auch Außenschichten. Durch die in diesen Schichten vorhandene Wirrlage der Fasern wird eine besonders mechan. Festigkeit erzielt. (**It. P. 547 433** vom 12/1. 1956.) K. Koebke. 7205

N. B. Baranowskaja, A. A. Berlin, M. S. Sacharowa, A. I. Misikin und E. N. Silberman, **Härten von Si-organischen Polymeren** u. Kompositionen, auf deren Basis durch Gemische von Verbb. der allg. Formel $R_2SnOC(O)R$ ($R = C_{1-8}$-Alkyl) mit Äthylorthosilicat oder dessen Hydrolyseprodukten. Ein Polymeres mit 30—70 (%) Mineralfüllstoffen u. 3 Sn-Dibutylacetat in Äthylorthosilicat (1:1) wird nach 2—3 Std. fest u. härtet in 24 Std. bei Zimmer-Temp. zu einem Harz mit einer Zugfestigkeit von 30 bis 50 kg/cm² u. einer relativen Dehnung von 150—300% aus. (**UdSSR. P. 126 115** vom 20/4. 1957.) L. Großner. 7205

Columbian Carbon Co., New York, übert. von: Francis Lyon, Laurelton, N.Y., V.St.A., **Eine Polyester-Formmasse,** die bereits bei normaler Temp. härtet, enthält neben üblichen Bestandteilen Diaroylperoxid u. im prim. aromat. Amin, ein sek. oder tert. Arylalkylamin, z. B. N-Diäthylanilin, o-, m-, p-Toluidin, p-Dimethylaminobenzaldehyd, p-Dimethylaminobenzoesäure, p-Chlordimethylanilin, m-Diäthylaminophenol oder Resorcin. (**A. P. 3 010 933** vom 28/11. 1958, ausg. 28/11. 1961.) F. Koch. 7205

Fairbanks Co., New York, N.Y., übert. von: James S. Hanson, Norwalk, Conn., V.St.A., **Polyesterformmassen** enthalten als Füllstoffe synthet., organ., thermoplast. hydrophobe Fasern mit einem F. >450° F (Nylon) zusammen mit feinteiligem Kaolin. (**A. P. 2 981 713** vom 28/10. 1957, ausg. 25/4. 1961.) F. Koch. 7205

Goodyear Tire & Rubber Co., übert. von: Henry A. Pace, Akron, Ohio, V.St.A., **Schaumstoff** entsteht aus einer polymeren Verb. mit akt. H-Atomen (Polyester, -amide, Polyäthylenglykol) mit einem Molgew. von 750—2250, einer SZ. von nicht mehr als 5, einer OH-Zahl von 50—150, einem organ. mehrwertigen Isocyanat, W., sowie einem Organopolysiloxan (mit Methyl- u. Äthylgruppen), das ölartig ist u. eine Viscosität von 40—1000 cSt/100° F hat. (**A. P. 2 992 940** vom 23/1. 1957, ausg. 18/7. 1961.) F. Koch. 7205

Koppers Co., Inc., übert. von: William E. St. Clair, Pittsburgh, und Roy H. Moult, Butler, Pa., V.St.A., **Epoxyharz-Formmasse** enthält ein epoxydiertes Phenol–CH_2O-Harz, ein aliphat. Polyepoxid u. ein festes, aromat., mehrwertiges Amin (2.4-Toluoldiamin). Die Masse härtet bei Raum-Temp. aus. (**A. P. 2 981 702** vom 13/1. 1958, ausg. 25/4. 1961.) F. Koch. 7205

Koppers Co., Inc., übert. von: William E. St. Clair, Pittsburgh, und Roy H. Moult, Butler, Pa., V.St.A., **Epoxyharz-Formmasse,** die bei Raum-Temp. aushärtet, enthält ein aliphat. Polyepoxid (4—6 C-Atome) u. einen Härter aus einem festen, aromat., mehrwertigen Amin (o- oder m-Phenylendiamin; 2.4-Toluoldiamin; 3.6-Diamino-9-methylcarbazol; 4.4-Diaminodiphenylsulfon; 2.4-Diaminoazobenzol; 2.6-Diaminopyridin; 2.3-Diaminonaphthalin) oder mehrwertigen Aminen (Triäthylendiamin) u. Fettsäuren. Diese Rk.-Prodd. haben mehr als 2 N-Atome, die 1 oder mehrere H-Atome gebunden enthalten. (**A. P. 2 981 701** vom 13/1. 1958, ausg. 25/4. 1961.) F. Koch. 7205

General Electric Co., New York, übert. von: Russel A. Skiff, Whittier, Calif., V.St.A., **Epoxyharz-Formmassen** enthalten β-Monoallylitaconat als Härter sowie ein übliches Epoxyharz. (**A. P. 2 975 148** vom 20/1. 1958, ausg. 14/3. 1961.) F. Koch. 7205

Johann Mikes, Loránt Borsódi, Magdolna Fényes und Ludwig Goricsan, Budapest, Ungarn, **Herstellung gemischter Bakelitpreßpulver** erfolgt durch Wärmebehandlung verschiedener schmelzbarer u. lösl., aus aliphat. Aldehyden oder Furfurol mit Phenolen erhaltener Harze bei 90—120°. Je nach dem Mischungsverhältnis der einzelnen Harze kann man die Eigg. der Harze variieren. — Novolakharz wird mit 100 (Gew.-Teilen) Phenol, 75 CH_2O u. 0,5—39%ig. HCl 60 Min. gekocht, wobei das W. abdestilliert. Der Erweichungspunkt, mittels der Kugel-Meth. gemessen, beträgt 77°. (**Ung. P. 145 647** vom 13/5. 1953, ausg. 30/11. 1959.) G. König. 7205

Schering Akt.-Ges. (Erfinder: Eugen Griebsch und Horst Hilgert), Berlin, **Härten von Epoxidharzen** aus 4.4'-Dihydroxydiphenylsulfon (I) u. Epichlorhydrin (II) mit 4.4'-Diaminodiphenylsulfon (III). — Man tropft in eine unter Rückfluß sd. Lsg. von 550 g **I** in 2,6 Litern **II** in 3 Std. 352 g 50%ig. NaOH, entfernt das W. azeotrop., filtriert NaCl ab u. dest. **II** ab. Das Rk.-Prod. wird mit Bzl. ausgekocht. 80 (Teile) dieses Prod. werden mit 20 **III** bei 150—160° geschmolzen, in eine heiße Form gegossen u. darin 1 Std. bei 150° gehalten: Sehr harte Formstücke. Das Harz eignet sich für *Preß-* u. *Gießmassen* u. als *Klebstoff*. (**F. P. 1 225 278** vom 22/5. 1959, ausg. 30/6. 1960. D. Prior. 23/5. 1958. **D. A. S. 1 106 072** Kl. 39b vom 23/5. 1958, ausg. 4/5. 1961.) M. Pankow. 7205

Chemische Werke Hüls Akt.-Ges. (Erfinder: Hermann Sauer, Alfred Schmidt und Kurt Kopetz), Marl, **Schwer entflammbare Formmassen aus Polyolefinen** enthalten 3—10 (Gew.-%) Sb_2O_3 u. 5—20 einer mindestens 3fach kernbromierten aromat. Verb. der allg. Formel I mit 50 bis 85 Br u. 0—30 Cl. R_1—R_{10} bedeuten H, Br, Cl, geradkettige oder verzweigte Alkyl- oder Alkenylreste mit 1—4 C-Atomen oder einen Benzylrest, der ggf. mit Br u./oder Cl substituiert sein kann. X bedeutet einen 2wertigen gesätt. oder ungesätt. aliphat. Rest, der ggf. mit Br u./oder Cl oder mit aromat. Kernen substituiert sein kann. — Zum Beispiel werden auf 100 (Gew.-Teile) Polyäthylen, 10 kernbromiertes Dibenzyltoluol/Benzylmethylbenzylbenzol-Gemisch mit 64 Gew.-% Br u. 5 Sb_2O_3 verwendet. (**D. A. S. 1 135 653** Kl. 39b vom 25/7. 1960, ausg. 30/8. 1962. **Zusatz zu D. A. S. 1 123 823; C. 1962, 17944.**) F. Markhoff. 7205

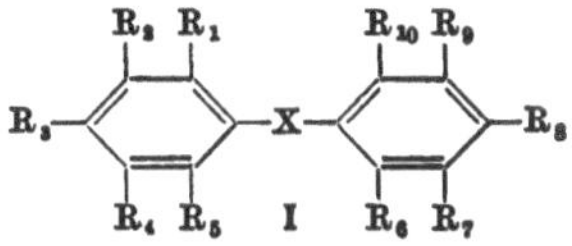

Western Electric Co., Inc., New York, N.Y., V.St.A., **Herstellung von Pigmentmassen für Kunststoffe,** dad. gek., daß man granuliertes plast. Material mit feinstverteiltem Pigment u. so viel Weichmacher mischt u. erhitzt, daß dieser von der Masse absorbiert ist u. das Pigment gleichmäßig auf dem Granulat haftet. Das Prod. besteht z. B. aus 47,2 (%) Polyvinylchlorid, 32,8% Di-(2-äthylhexyl)-phthalat u. 20 Rotpigment. Man mischt das Pigment u. das Harz z. B. 5 Min. lang ohne Erwärmung, setzt den Weichmacher während 5 Min. zu, erwärmt, mischt 35 Min. lang bis die Masse bei ca. 195° F zerfällt, entnimmt nach 5—10 Min. bei >210° F die nunmehr trockne Masse aus dem Mischer, kühlt sie unter Rühren u. siebt sie durch ein 20-Maschensieb. Als Pigmente sind noch Ruß u. braunes Eisenoxid genannt. Ggf. wird noch eine kleine Menge Öl eingemischt. Verw. des frei fließenden Pulvers zum Färben von Kunststoffmassen bzw. mit Harz gemischt, zur Herst. von Isolierungen für elektr. Leiter. — Mengenbeispiele. (**Belg. P. 563 789** vom 8/1. 1958, ausg. 17/6. 1960. **E. P. 842 587** vom 24/1. 1958, ausg. 27/7. 1960. Beide A. Prior. 30/1. 1957.) G. Vogel. 7205

Imperial Chemical Industries Ltd., London, übert. von: **Raymond Deverell-Smith, John Mitchell** und **Harry J. Twitchett**, Manchester, Lancashire, England, *Stabilisierte Polymere*. (**Can. P. 570 535** vom 29/6. 1956, ausg. 10/2. 1959. E. Prior. 29/6. 1955. — C. **1959**, 12709 [E. P. 795 250].)

General Tire & Rubber Co., Akron, übert. von: **Walter C. Warner** und **Elbert E. Gruber**, Cuyahoga Falls, Ohio, V.St.A., *Stabilisierte Olefinpolymere*. (**Can. P. 569 953** vom 8/4. 1954, ausg. 3/2. 1959. A. Prior. 14/4. 1953. — C. **1958**, 2880 [A. P. 2 786 044].)

General Electric Co., Schenectady, N.Y., übert. von: **Paul T. Etchason** und **Henry F. Jones**, Fort Wayne, Ind., V.St.A., *Polymerisierbare Ester*. (**Can. P. 570 692** vom 11/7. 1951, ausg. 17/2. 1959. A. Prior. 29/7. 1950. — C. **1954**, 9156 [A. P. 2 628 210].)

Siemens-Schuckertwerke Akt.-Ges., Deutschland, *Verbesserung der Haftung von Druckfarben auf plastischen Massen*. (**F. P. 1 222 476** vom 17/10. 1958, ausg. 10/6. 1960. D. Prior. 21/12. 1957. — C. **1962**, 16861 *schen* [D. A. S. 1 089 154].)

Robert Ruben Perlman, V.St.A., *Herstellung plastischer Massen*. (**F. P. 1 183 712** vom 9/7. 1957, ausg. 13/7. 1959. A. Prior. 9/7. 1956. — C. **1962**, 16509 [Belg. P. 559 081].)

Montecatini Soc. Gen. per l'Industria Mineraria e Chimica (Erfinder: **Giulio Natta, Giorgio Mazzanti, Paolo Longi** und **Francesco Bernardini**), Mailand, Italien, *Herstellung hochmolekularer, linearer Polymerer*. (**Jap. A. S. 18 382/1960** vom 22/12. 1958, ausg. 19/12. 1960. It. Prior. 23/12. 1957 u. 3/4. 1958. — C. **1961**, 8134 [D. A. S. 1 091 760].)

Farbwerke Hoechst Akt.-Ges., vormals Meister Lucius & Brüning, *Olefinpolymerisation*. (**F. P. 1 203 848** vom 28/4. 1958, ausg. 21/1. 1960. D. Prior. 27/4. 1957. — C. **1962**, 18293 [D. A. S. 1 109 894].)

Farbwerke Hoechst Akt.-Ges., vormals Meister Lucius & Brüning, Deutschland, *Olefinpolymerisation*. (**F. P. 1 214 965** vom 17/10. 1958, ausg. 13/4. 1960. D. Prior. 19/10. 1957. — C. **1962**, 18293 [D. A. S. 1 109 895].)

Badische Anilin- & Soda-Fabrik Akt.-Ges., Ludwigshafen/Rh. (Erfinder: **Hugo Kröper**, Heidelberg, **Hans Martin Weitz**, Ludwigshafen/Rh., und **Rolf Platz**, Mannheim), *Polymerisieren von ungesättigten Kohlenwasserstoffen*. (**Jap. A. S. 18 383/1960** vom 31/10. 1956, ausg. 19/12. 1960. D. Prior. 3/11. 1955. — C. **1961**, 13375 [F. P. 1 163 926].)

Centre National de la Recherche Scientifique, Seine, Frankreich (Erfinder: **J. Parrod** und **G. Beinert**), *Polymerisieren von Olefinen oder Diolefinen*. (**F. P. 1 228 027** vom 12/3. 1958, ausg. 26/8. 1960. — C. **1962**, 12482 [D. A. S. 1 091 753].)

Phillips Petroleum Co., V.St.A. (Erfinder: **John Ernest Cottle** und **James Irwin Stevens**), *Gewinnung von Polymeren aus ihren Lösungen*. (**F. P. 1 184 950** vom 21/10. 1957, ausg. 28/7. 1959. A. Prior. 22/10. 1956. — C. **1961**, 11162 [Belg. P. 561 782].)

Phillips Petroleum Co., V.St.A. (Erfinder: **James Irwin Stevens** und **John Ernest Cottle**), *Gewinnung von Polymeren aus ihren Lösungen*. (**F. P. 1 184 951** vom 21/10. 1957, ausg. 28/7. 1959. A. Prior. 22/10. 1956. — C. **1961**, 11162 [Belg. P. 561 783].)

Phillips Petroleum Co., V.St.A. (Erfinder: **Norman Francis McLeod**), *Gewinnung von Polymeren aus ihren Lösungen*. (**F. P. 1 175 818** vom 24/5. 1957, ausg. 2/4. 1959. A. Prior. 11/6. 1956. — C. **1962**, 6226 [Aust. P. 221 204].)

Phillips Petroleum Co., V.St.A. (Erfinder: **Edward Louis Czenkusch**), *Gewinnung von Polymeren aus ihren Lösungen*. (**F. P. 1 177 930** vom 24/6. 1957, ausg. 30/4. 1959. A. Prior. 2/7. 1956. — C. **1962**, 6989 [Aust. P. 223 826].)

Phillips Petroleum Co. (Erfinder: **John Ernest Cottle**), Bartlesville, Okla., V.St.A., *Rückgewinnung der Monomeren aus der Olefinpolymerisation*. (**D. A. S. 1 118 969** Kl. 39c vom 21/6. 1957, ausg. 7/12. 1961. A. Prior. 21/6. 1956. — C. **1962**, 2191 [E. P. 826 284].)

Montecatini Soc. Gen. per l'Industria Mineraria e Chimica, Mailand, Italien und **Karl Ziegler**, Mülheim/Ruhr, übert. von: **Giulio Natta, Giorgio Mazzanti**, und **Paolo Longi**, Mailand, Italien, *Polymerisationskatalysatoren*. (**Can. P. 570 960** vom 6/7. 1956, ausg. 17/2. 1959. It. Prior. 15/7. 1955. — C. **1960**, 13538 [D. A. S. 1 055 243 u. A. P. 2 905 646].)

Imperial Chemical Industries Ltd., London, England (Erfinder: **Michael Taylor**), *Stabilisierte Massen aus ungesättigten Kohlenwasserstoffen*. (**Aust. P. 231 109** vom 18/3. 1959, ausg. 1/12. 1960. E. Prior. 24/3. u. 4/6. 1958. — C. **1963**, 703 [E. P. 856 447].)

Rohm & Haas Co., Philadelphia, übert. von: **Thomas F. Protzman**, Levittown, Pa., V.St.A., *Polymerisationsbeschleunigung*. (**Can. P. 570 450** vom 18/7. 1955, ausg. 10/2. 1959. A. Prior. 4/8. 1954. — C. **1957**, 7189 [A. P. 2 744 886].)

United States Rubber Co. (Erfinder: **Philip Davis Brass, Clifford Wayne Childers, Charles Franklin Fisk** und **James Urquhart Mann**), *Kunststoffgemisch mit hoher Schlagfestigkeit*. (**Aust. P. 228 332** vom 11/11. 1958, ausg. 16/6. 1960. A. Prior. 13/12. 1957. — C. **1962**, 4003 [Niederl. P. 96 123].)

Rohm & Haas Co., Philadelphia, Pa., V.St.A. (Erfinder: **Roger Kenneth Graham** und **Muriel Snyder Gluckman**), *Pfropfpolymerisation*. (**Jap. A. S. 18 385/1960** vom 12/1. 1957, ausg. 19/12. 1960. A. Prior. 13/1. 1956. — C. **1962**, 8439 [A. P. 2 926 126].)

Montecatini Soc. Gen. per l'Industria Mineraria e Chimica, Italien, (Erfinder: **Guilio Natta, Enrico Beati** und **Febo Severini**), *Polymerkompositionen auf Styrolbasis*. (**UdSSR. P. 126 422** vom 30/9. 1958. — C. **1961**, 2808 [Oe. P. 207 565].)

Badische Anilin- & Soda-Fabrik Akt.-Ges., übert. von: **Karl Buchholz** und **Fritz Stastny**, Ludwigshafen/Rh., *Unentflammbare Styrolpolymere*. (**Can. P. 570 583** vom 7/3. 1957, ausg. 10/2. 1959. D. Prior. 10/3. 1956. — C. **1959**, 11418 [D. A. S. 1 046 313].)

Ruhrchemie Akt.-Ges., Deutschland (Erfinder: **Walter Rottig**), *Herstellung von Polyäthylen*. (**F. P. 1 204 167** vom 10/10. 1958, ausg. 25/1. 1960. D. Prior. 25/10. 1957. — C. **1962**, 18291 [D. A. S. 1 128 141].)

Phillips Petroleum Co., V.St.A. (Erfinder: **Clyde Vallas Detter** und **Gerald Thomas Leatherman**), *Polymerisieren von Äthylen.* (**F. P. 1 184 579** vom 23/5. 1957, ausg. 23/7. 1959. A. Prior. 11/6. 1956. — C. **1962**, 18655 [Belg. P. 557 968].)

Imperial Chemical Industries Ltd., London, übert. von: **Leslie Seed**, Northwich, Cheshire, England, *Äthylenpolymerisation.* (**Can. P. 570 547** vom 17/7. 1956, ausg. 10/2. 1959. E. Prior. 4/8. 1955. — C. **1959**, 14892 [E. P. 796 728].)

Distillers Co. Ltd., Edinburgh, Schottland, übert. von: **Henry M. Hutchinson**, Banstead, und **Kenneth Stevens**, Wallington, Surrey, England, *Äthylenpolymerisation.* (**Can. P. 570 366** vom 3/8. 1954, ausg. 10/2. 1959. E. Prior. 19/8. 1953. — C. **1958**, 12834 [D. A. S. 1 001 000].)

Imperial Chemical Industries Ltd., London, übert. von: **Leslie Dobson**, Northwich, Cheshire, England, *Äthylenpolymerisation.* (**Can. P. 570 376** vom 21/8. 1954, ausg. 10/2. 1959. E. Prior. 26/8. 1953. — C. **1957**, 10346 [E. P. 756 165].)

VEB Lack- und Druckfarben, Deutschland (Erfinder: **Erna Buch**), *Mustern von Polyäthylenkörpern.* (**F. P. 1 226 050** vom 28/5. 1959, ausg. 6/7. 1960. — C. **1961**, 13021 [D. P. [DDR] 20 288].)

Wacker-Chemie G. m. b. H., Deutschland, *Herstellung von Schaumstoffen aus Polyvinylchlorid.* (**F. P. 1 237 382** vom 17/9. 1959, ausg. 25/11. 1960. D. Prior. 19/9. 1958. — C. **1962**, 14340 [Oe. P. 211 558].)

Dow Chemical Co. (Erfinder: **Louis Charles Rubens** und **John Dennis Griffin**), Midland, Mich., V.St.A., *Vernetzen von Polyvinylchlorid.* (**Jap. A. S. 17 694/1960** vom 21/12. 1957, ausg. 2/12. 1960. A. Prior. 31/1. 1957. — C. **1962**, 17229 [F. P. 1 197 041].)

Minnesota Mining & Mfg. Co., V.St.A. (Erfinder: **Malcolm R. Buffington**), *Herstellung von Latex aus perfluorhalogenierten Olefinpolymeren.* (**F. P. 1 196 881** vom 15/10. 1957, ausg. 26/11. 1959. A. Prior. 16/10. 1956. — C. **1962**, 18656 [E. P. 846 501].)

VEB Chemische Werke Buna, Deutschland (Erfinder: **Arnd Iloff**), *Suspensionspolymerisation von Vinylchlorid.* (**F. P. 71 469** vom 12/4. 1957, ausg. 5/1. 1960. Zusatz zu F. P. 1 141 246; 1958, 14529. — C. **1960**, 4367 [D. A. S. 1 032 542].)

Distillers Co. Ltd., Edinburgh, Schottland, übert. von: **Cyril A. Brighton**, Penarth, Glamorganshire, Wales, und **Donald Faulkner**, Epsom, Surrey, England, *Stabilisierung von Vinylidenchloridharzen.* (**Can. P. 570 282** vom 4/1. 1949, ausg. 10/2. 1959. E. Prior. 13/1. 1948. — C. **1954**, 6358 [E. P. 634 762].)

Carlisle Chemical Works, Inc., Reading, Ohio, übert. von: **Gerry P. Mack**, Jackson Heights, und **Emery Parker**, New York, N.Y., V.St.A., *Stabilisation halogenhaltiger Harze.* (**Can. P. 571 202** vom 5/1. 1955, ausg. 24/2. 1959. A. Prior. 8/1. u. 17/6. 1954. — C. **1962**, 9538 [Jap. A. S. 37/1960].)

Wacker-Chemie G.m.b.H., Deutschland, *Herstellung wässeriger stabiler Polyvinylacetaldispersionen.* (**F. P. 1 203 239** vom 8/9. 1958, ausg. 15/1. 1960. D. Prior. 7/9. 1957. — C. **1962**, 12481 [D. A. S. 1 092 651].)

Wacker-Chemie G.m.b.H., Deutschland, *Herstellung stabiler wässeriger Dispersionen von polymeren Vinylestern.* (**F. P. 1 231 338** vom 22/7. 1959, ausg. 28/9. 1960. D. Prior. 1/8. 1958. — C. **1960**, 14533 [D. A. S. 1 072 813].)

Rohm & Haas Co., Philadelphia, übert. von: **Frank J. Glavis**, Elkins Park, **Donald G. Downing**, Drexel Hill, Pa., und **Henry M. Grotta**, Delaware, Ohio, V.St.A., *Polymerisation von Acrylsäuresalzen.* (**Can. P. 570 459** vom 22/8. 1955, ausg. 10/2. 1959. A. Prior. 21/9. 1954. — C. **1959**, 1284 [E. P. 777 306].)

B. F. Goodrich Co., New York, N.Y. (Erfinder: **John A. Glass**, Akron, und **John F. Jones**, Cuyahoga Falls, Ohio), V.St.A., *Polymerisieren von Acrylsäurematerial zu festen hydrophilen Polymeren.* (**F. P. 1 209 631** vom 22/8. 1958, ausg. 2/3. 1960. **Jap. A. S. 8246/1960** vom 23/8. 1958, ausg. 30/6. 1960. Beide A. Prior. 27/8. 1957. — C. **1962**, 17948 [E. P. 849 708].)

Montecatini Soc. Gen. per l'Industria Mineraria e Chimica, übert. von: **Giulio Natta**, **Piero Pino** und **Giorgio Mazzanti**, Mailand, Italien, *Copolymere von Acetylverbindungen.* (**Can. P. 570 538** vom 22/6. 1956, ausg. 10/2. 1959. It. Prior. 23/6. 1955. — C. **1960**, 4687 [Oe. P. 198 944].)

Rohm & Haas Co., übert. von: **Joseph L. O'Brien**, Philadelphia, Pa., V.St.A., *Stabilisierte Polymere.* (**Can. P. 570 147** vom 28/5. 1956, ausg. 3/2. 1959. A. Prior. 27/6. 1955. — C. **1961**, 16674 [A. P. 2 863 851].)

Farbwerke Hoechst Akt.-Ges., vormals Meister Lucius & Brüning, Frankfurt/M.-Höchst, übert. von: **Guido M. R. Lorentz**, **Hans Scherer**, Frankfurt/M., und **Karl Dietz**, Kronberg/Taunus, *Härtbare Harze.* (**Can. P. 570 495** vom 30/11. 1955, ausg. 10/2. 1959. D. Prior. 1/12. 1954. — C. **1959**, 3989 [Oe. P. 196 622].)

Farbwerke Hoechst Akt.-Ges., vormals Meister Lucius & Brüning, Frankfurt/M., übert. von: **Karl Dietz**, Kronberg/Taunus, und **Guido M. R. Lorentz**, Frankfurt/M., *Phenol-Aldehyd-Harze.* (**Can. P. 570 096** vom 18/11. 1955, ausg. 3/2. 1959. D. Prior. 19/11. 1954. — C. **1958**, 8771 [F. P. 1 136 557].)

Spies, Hecker & Co., Deutschland, *Herstellung von Furfurylharzen.* (**F. P. 1 204 475** vom 2/4. 1958, ausg. 26/1. 1960. D. Prior. 5/4. 1957. — C. **1959**, 320 [D. A. S. 1 032 544].)

E. I. du Pont de Nemours & Co., übert. von: **Fred W. Hoover**, und **Henry C. Miller**, Wilmington, Del., V.St.A., *Durch β-Ketosäure modifizierte Alkydharze.* (**Can. P. 570 549** vom 24/7. 1956, ausg. 10/2. 1959. A. Prior. 16/9. 1953. — C. **1959**, 9068 [E. P. 791 326].)

Imperial Chemical Industries Ltd., London, übert. von: **William E. F. Gates**, Welwyn Garden City, Hertfordshire, England, *Behandlung von Polyäthylenterephthalat.* (**Can. P. 570 529** vom 18/4. 1956, ausg. 10/2. 1959. E. Prior. 29/4. 1955. — C. **1959**, 7977 [F. P. 1 148 179].)

E. I. du Pont de Nemours & Co., Wilmington, Del., übert. von: **William H. Vinton**, Parlin, N.J., V.St.A., *Hydropolymere Terephthalsäurealkylenester.* (**Can. P. 570 342** vom 24/3. 1954, ausg. 10/2. 1959. A. Prior. 28/8. 1953. — C. **1958**, 10254 [E. P. 764 606].)

Soc. An. Ghent, Luxemburg, übert. von: **Koninklijke Industrieele Mij. voorheen Noury & van der Lande N.V.**, *Katalysator für die Polymerisation ungesättigter Polyester.* (**F. P. 1 214 072** vom 21/1. 1959, ausg. 6/4. 1960. Niederl. Prior. 24/2. 1958. — C. **1961**, 6700 [Niederl. P. 95 259].)

Rohm & Haas Co., Philadelphia, übert. von: **George E. Forsyth**, Trevose, Pa., V.St.A., *Stabilisierung ungesättigter Polyester.* (**Can. P. 571 326** vom 27/2. 1956, ausg. 24/2. 1959. A. Prior. 24/5. 1955. — C. **1959**, 17515 [F. P. 1 147 393].)

D. Napier & Son Ltd., London, übert. von: **Donald N. Hunter**, Luton, Bedfordshire, England, *Polyesterharze.* (**Can. P. 570 181** vom 2/1. 1957, ausg. 3/2. 1959. E. Prior. 6/1. 1956. — C. **1960**, 9742 [E. P. 810 839].)

American Cyanamid Co., New York, N. Y., übert von: **Lucius H. Wilson**, Greenwich, und **Chester G. Landes**, New Canaan, Conn., V, St. A., *Fällung von thermoplastischen Kunstharzen*. (**Can. P. 570 281** vom 25/2. 1948, ausg. 10/2. 1959. A. Prior. 26/12. 1947. — C. **1954**, 3586 [A. P. 2 607 850].)

American Cyanamid Co., New York, N. Y., übert. von: **Andrew A. Varela**, Old Greenwich, Conn., V. St. A., *Melamin-HCHO-Harz mit Füllstoff*. (**Can. P. 560 266** vom 28/8. 1952, ausg. 15/7. 1958. A. Prior. 23/10. 1951. — C. **1954**, 5866 [A. P. 2 639 277].)

B. F. Goodrich Co., New York N. Y., übert. von **Fred J. Wherley**, Cleveland, und **David C. Spaulding**, Cuyakoga Falls, Ohio, V. St. A., *Polyurethanschaumstoffe*. (**Can. P. 571 368** vom 18/9. 1956, ausg. 24/2. 1959. A. Prior. 3/10. 1955. — C. **1960**, 13862 [E. P. 805 167].)

Chemical Development Corp., Danvers, übert. von: **Albert M. Creighton jun.**, Manchester, Mass., V.StA., *Epoxyharze*. (**Can. P. 570 917** vom 29/12. 1955, ausg. 17/2. 1959. A. Prior. 3/1. 1955. — C. **1962**, 9542 [E. P. 801 826].)

Allied Chemical Corp., New York, N. Y., übert. von: **Theodore C. Baker**, Wayne, Ohio, V.St.A., *Alkydharze mit Glasfaserfüllstoff*. (**Can. P. 571 087** vom 13/6. 1952 u. 10/5. 1957, ausg. 24/2. 1957. A. Prior. 4/10. 1951 u. 1/8. 1956. — C. **1956**, 4861 [E. P. 722 628] u. C. **1961**. 13741 [E. P. 842 466).]

Badische Anilin- & Soda-Fabrik Akt.-Ges., Deutschland, *Auspolymerisierbare Polyesterformmassen*. (**F. P. 1 172 750 vom** 28/2. 1957, ausg. 13/2. 1959. D. Prior. 29/2. 1956. — C. **1958**, 9076 [D. A. S. 1 015 599].)

H_{12}. Kautschuk

Dunlop Rubber Co. Ltd. (Erfinder: John William Watson, Charles Edwin Kendall und Roy Jervis), **Modifizieren von Ruß** durch Behandeln mit einem Alkylierungs- oder Arylierungsmittel in Ggw. eines Friedel-Crafts-Katalysators. — Man mischt 500 (g) Ruß (**II**) mit einer spezif. Oberfläche von 80 m^2/g u. 222 CH_3J (**I**) mit 2 Liter n-Hexan, kühlt auf 0° ab, gibt $AlCl_3$ langsam zu, läßt auf Zimmer-Temp. erwärmen, kocht 22 Std. lang unter Rückfluß, läßt abkühlen, gibt 2000 Eis u. 100 ml konz. HCl zu, dekantiert, dest. rückständiges **I** u. HCl mit Dampf ab, filtriert **II** ab, der mit CH_3OH u. W. säure- u. salzfrei ausgewaschen u. getrocknet wird. Der H_2-Geh. des behandelten **II** hatte sich von 0,2 auf 0,35% erhöht. — Füllstoff zur Herst. von Kautschukreifen u. -treibriemen mit verbesserten mechan. Eigenschaften. (**Aust. P. 233 626** vom 15/7. 1959, ausg. 25/5. 1961. E. Prior. 22/7. 1958.) C. Lüttgen. 7227

Cabot Corp., Boston, Mass., übert. von: George F. Friauf und Brian Thorley, Pampa, Tex., V.St.A., **Herstellung von Ruß** durch therm. Zers. eines fl. KW-Stoffs unter Einführung von wenigstens 1, bes. 10—10000 ppm (bezogen auf erzeugte Rußmenge) einer ein Alkalimetall, bes. K, Rb, Cs, enthaltenden Verb., z. B. einer verd. wss. Lsg. von KCl in die Rk.-Zone, wodurch bes. die zur Pelletierung des erzeugten Rußes erforderliche Zeit verkürzt wird u. die Fülleigg. des dem Kautschuk zugesetzten Rußes verbessert werden. (**A. P. 3 010 794** vom 19/8. 1958, ausg. 28/11. 1961.) K. Demmler. 7227

Esso Research and Engineering Co., übert. von: Alfred L. Miller, Cranford, Anthony J. Pedro, Elizabeth, und Kenneth W. Powers, Nixon, N.J., V.St.A., **Vulkanisieren von Butylkautschuklatex** 100 (Gew.-Teile) Latex werden mit 1—11 ZnO, 2 S, 1—6 Zn-Diäthyldithiocarbamat u. 2—4 NH_4Cl, Diäthylaminhydrochlorid oder Dicyclohexylaminhydrochlorid gemischt. Nach Erzeugen eines Films wird das Gemisch auf 250—260° F ca. 1 Std. lang erhitzt. (**A. P. 3 005 804** vom 17/12. 1958, ausg. 24/10. 1961.) F. Markhoff. 7229

British Resin Products Ltd., London, England, **Kautschuk-Kunstharz-Vulkanisat.** Halogenierter, bes. bromierter, Butylkautschuk wird mit einem schmelzbaren durch Rk. von 3-Pentadenylphenol mit CH_2O erhaltenem Harz u. einem Schwermetalloxid, z. B. ZnO, auf Vulkanisations-Temp. erhitzt. (**E. P. 877 733** vom 13/8. 1958, ausg. 20/9. 1961. A. Prior. 15/8. 1957.) W. Overbeck. 7229

American Cyanamid Co., New York, übert. von: Donn E. Young, Middlesex, N.Y., V.St.A., **Benzthiazolyldisulfid** das frei von festen körnigen Agglomeraten („sand") ist, wird hergestellt durch Oxydation des Na-Salzes von Mercaptobenzthiazol (**I**) in wss. Lsg. (erhalten aus Anilin, CS_2 u. S) mit Chlor (**II**) in Ggw. eines Metallsalzes einer höheren Fettsäure oder eines anion. oberflächenakt. Mittels, bes. in einer Konz. von nicht über ca. 15 Gew.-% des **I**. — Zu 2500 (Teile) Na-**I**-Lsg., enthaltend 125 **I**, werden 18,5 Soda u. eine Lsg. von 7,0 Stearinsäure in 200 W., dem kaust. Soda zugesetzt ist, gegeben. Die Lsg. wird auf 55° erhitzt u. unter Rühren **II** eingeleitet, bis der pH-Wert unter 7,0 sinkt. — *Vulkanisationsbeschleuniger*. (**A. P. 2 830 058** vom 10/1. 1957, ausg. 8/4. 1958.) F. Hirsch. 7229

Dunlop Rubber Australia Ltd. (Erfinder: Douglas Ronald Henson und Andrew McAlpine), **Kautschuk** (**I**) mit Nylon (**II**) verstärkt erhält man in der Weise, daß man z. B. von Baubury-Mischern unter Ausschluß von O_2 100 des synthet. oder natürlichen **I** mit 50—100 (Teilen) **II** zusammen mit Füllstoffen u. anderen Additiven mit Ausnahme von Vulkanisierungs- u. Beschleunigungsmitteln bei Temp. von ca. 50° durcharbeitet, die Temp. dann etwas über dem F. des **II** erhöht, auf ca. 80° abkühlt u. dann Vulkanisierungs- u. Beschleunigungsmittel hinzufügt u. einmischt. (**Aust P. 225 957** vom 21/2. 1958, ausg. 21/1. 1960. E. Prior. 6/4. 1957.) O. Roick. 7231

Dunlop Rubber Australia Ltd. (Erfinder: Stanley Douglas Taylor und Thomas James Rimbault), **Verschäumen von Kautschuk- und ähnlichem Latex.** Man preßt die wss. Suspension in dünner Schicht durch einen bes. zylindr. Hohlraum, dessen eine Wandung aus einem porösen Körper aus keram. oder metall. Material besteht u. preßt ein Gas durch die poröse Wandung, deren Stärke $^1/_8$—$^1/_4$'' u. deren Poren einen Durchmesser von 5—10 μ betragen. — Abbildung. (**Aust. P. 233 026** vom 15/12. 1958, ausg. 13/4. 1961.) K. Demmler. 7231

Dunlop Rubber Australia Ltd. (Erfinder: Edmund Heinz Immergut), **Aus Kautschuk und Textilmaterial** zusammengesetzte Produkte, wobei z. B. als Kautschuk Butadienstyrolpolymerisate oder Butadienacrylnitrilpolymerisate u. als Textilmaterialien mit einem Polymerisat von Vinylpyridin modifizierte Kunstfasern, wie Nylonfasern, benutzt werden. (**Aust. P. 233 014** vom 16/10. 1958, ausg. 13/4. 1961.) K. Demmler. 7231

Dunlop Rubber Co. Ltd., London, England, **Mittel zum Stabilisieren von vulkanesiertem Natur- oder Synthesekautschuk** gegenüber der Einw. des O_2 der Luft, bestehend aus einem üblichen Antioxydans (**I**) u. einem fl. Träger für das **I**, z. B. Metallseife, aliphat. Carbonsäure mit >10 C-Atomen fl. organ. Polysulfide mit einem Molgew. von 150—1500. Ester ungesätt. Carbonsäure u. mehrwertiger Alkohole, der eine Anreicherung des **I** an der Oberfläche des Kautschuks bewirkt. (**Ind. P. 64 171** vom 24/5. 1958, ausg. 22/3. 1961. E. Prior. 28/5. 1957.) C. Lüttgen. 7231

Montecatini Soc. Gen. per l'Industria Mineraria e Chimica, Italien (Erfinder: **Rino Mostardini, Roberto Magri, Rosario Lanzo** und **Mario Piazza**), *Copolymerisierung von α-Olefinen* (**UdSSR. P. 126 060** vom 3/3. 1959. — C. **1962**, 4011 [F. P. 1 223 363].)

Paul Herte und **Johannes Richter**, Deutschland, *Konzentrieren von Syntheselatex.* (**UdSSR. P. 125 667** vom 9/1. 1959. — C. **1961, 5633** [D. P, [DDR] 19 887].)

Dow Corning Corp., übert. von: **George W. Holbrook**, Midland, Mich., V.St.A., *Organosiliconkautschuk.* (**Can. P. 571 381** vom 18/12. 1956, ausg. 24/2. 1959. A. Prior. 2/4. 1956. — C. **1962**, 5870 [D. A. S. 1 113 567].)

Montecatini Soc. Gen. per l'Industria Mineraria e Chimica, Italien (Erfinder: **Giulio Natta, Giovanni Crespi** und **Mario Bruzzone**), *Herstellung vulkanisierter Elastomerer mit α-Olefinpolymeren und -copolymeren.* (**UdSSR. P. 126 810** vom 11/2. 1959. — C. **1962**, 4012 [D. P. [DDR] 20 905].)

Dunlop Rubber Co. Ltd., London, England (Erfinder: **Richard Vincent Taggart** und **Richard Lawrence Duner**), *Überzüge auf Schaumkörpern.* (**E. P. 869 623** vom 24/10. 1956, ausg. 31/5. 1961. — C. **1961**, 326 [Belg. P. 561 798].)

H_{13}. Ätherische Öle. Parfümerie. Kosmetik

Untersuchungen über die ätherischen Öle polnischer Umbelliferen. Andrzei Parczewski. (Riv. ital. Essenze, Profumi, Piante officin., Olii veget., Saponi **44**, 454—58, 1962; Varsavia, Polonia, Accad. di Med., Catt. Farmacogn.; ital.) — Zusammenfassende Übersicht über bereits veröffentlichte Unterss., die sich mit den äther. Ölen beschäftigen, die aus verschiedenen, in Polen kultivierten Pflanzen aus der Familie der Umbelliferen gewonnen worden sind. Tabellar. Übersicht über Erntezeit, Ölausbeute, Dichte, Brechungsindex u. opt. Drehung der einzelnen Öle. Die über die Zus. der verschiedenen Öle ermittelten Daten werden ebenfalls mitgeteilt. — 23 Literaturangaben. H. P. Fiedler. 7262◇

Untersuchungen an (Mandarinen-) Orangenschalenöl. 1. Mitt. **Faktoren, die den Gehalt an flüchtigen Ölen der (Mandarinen-) Orangenschalen beeinflussen.** S. K. Mukherjee und A. N. Bose. (J. Proc. Inst. Chemists [India] **34**, 3—6, 1962; Calcutta, Jadavpur Univ., Food Technol. Div.; engl.) — Schalen der Sikkimmandarine (SM) weisen, je nach Reifezustand u. Lagerungsbedingungen, einen Verlust an flüchtigen Ölen (FÖ) auf. Werden SM bei handelsüblicher Reife gepflückt, haben die Schalen einen Geh. an FÖ von 1,63 g, welcher nach 2½ Monaten Lagerung bei 4° auf 1,19 g/100 g Schale absinkt. Während der Lagerung bei 20° sinkt der Geh. an FÖ von 1,59 auf 0,42 ml/ 100 g Schale in 10 Tagen, ein 73,5% (Verlust). Der Geh. an FÖ wurde durch Dampf-Dest. bestimmt (2 Tabellen). K. Hinterauer. 7262

Campher. Giovanni Fenaroli. (Riv. ital. Essenze, Profumi, Piante officin., Olii veget., Saponi **44**, 512—20, 1962; ital.) — Allg. Übersicht über Gewinnung u. Eigg. des natürlichen u. synthet. Camphers. H. P. Fiedler. 7262◇

Die germiciden Eigenschaften von Parfüm-Ölen und Chemikalien der Parfümfabrikation. Jasper C. Maruzzella. (Amer. Perfumer **77**, Nr. 1, 67—70, 1962; Brooklyn, New York, Long Island Univ., Dep. of Biol.; engl.) — Übersicht über antimikrobielle Wrkg. von äther. Ölen, Parfümölen u. -chemikalien gegenüber *Staphylococcus aureus* u. *Candida albicans*. — 29 Literaturangaben. H. Franzen. 7276◇

Kobalt-Salze von Ionen-Austauschharzen in dermatologischen Präparaten. Robert W. Percival. (Amer. Perfumer **77**, Nr. 1, 39—44, 1962; Philadelphia, Pa., Rohm & Haas Comp.; engl.) — Vf. beschreibt die hemmende bzw. abtötende Wrkg. der Kobaltsalze von Ionenaustauschharzen auf Mikroorganismen (Salmonellagruppe, Staphylococcus albus u. aureus, Streptococcus faecalis u. viridans, Clostridiagruppe, Esch. coli, Proteus vulgaris) u. die erfolgreiche Anwendung von Kobalt–Harz-Mixtur u. Amberlit XE-64 u. 88 in Form von Puder u. Salbe bei Hautleiden. — 12 Literaturangaben. H. Franzen. 7284◇

Anwendung von schwefelhaltigen organischen Baktericiden-Fungiciden auf der Haut. Betty Tarnoff. (Amer. Perfumer **77**, Nr. 1, 35—38, 1962; New York City, R. T. Vanderbilt Comp., Inc.; engl.) — Vf. beschreibt die Anwendung neuer Baktericide (Zinkpyridinthion u. Zink-5-chlor-2-mercaptobenzothiazol) in kosmet. Zubereitungen u. ihre erfolgreiche antimikrobielle Aktivität gegenüber Salmonella typhosa, Bacillus subtilis, Staphylocvccus aureus, Aspergillus niger unter Angabe von Rezepturen (Fußsalbe, antisept. Aerosolspray, Haartonikum, Reinigungs- u. Acnemittel). — 18 Literaturangaben. H. Franzen. 7284◇

Silicone in dermatologischen und kosmetischen Anwendungen. Dan Pail und Charles W. Todd. (Amer. Perfumer **77**, Nr. 1, 62—64, 1962; Midland, Mich., Dow Corning Corp.; engl.) — Übersicht über Verss. u. Eigg. von Siliconen in Hautcreme, Haarspray, Lippenstiften fl. Handwasch- u. Sonnenbräunungsmitteln. — 31 Literaturangaben. H. Franzen. 7284◇

Zahnpasten als Anti-Karies-Mittel. R. L. Hartles. (Amer. Perfumer **77**, Nr. 1, 53—55. 1962; Liverpool, Univ.; engl.) Vf. beschreibt Vorteile u. Nachteile der Sn-Fluorid enthaltenden Zahnpasten, durch deren Anwendung die Zahnkaries vermindert werden soll. H. Franzen. 7284◇

Aerosolpulver-Formulierungen. D. C. Geary und R. D. West. (Soap chem. Specialties **37**, Nr. 6, 79, 81, 83, 91, 1961; Tarrytown, N.Y., Union Carbide Chemicals Co.; engl.) — Vff. beschreiben die Ursachen des Zusammenbackens von Aerosolpulversuspensionen mit hohem Anteil an Feststoffen u. der dadurch hervorgerufenen Ventilverstopfung sowie die Verhinderung durch Stabilisierung der Pulversuspensionen u. durch Entw. neuer Ventile. Angabe von Rezepturen für Körper-, Fußpuder, Zahn- u. Insekticidpulver. H. Franzen. 7284◇

Bestimmung halogenhaltiger Rohstoffe in kosmetischen und seifenindustriellen Erzeugnissen. Béla Lóránt. (Élelmiszervizsgálati Közlemények [Lebensmittelanalyt. Mitt.] **8**, 161—66, Juni 1962; Budapest, Hauptstädt. chem. Inst.; ung.) — Zur Best. der baktericiden chlorhaltigen Phenol-Derivv. empfiehlt Vf. Aufschluß des zu prüfenden Materials mit NaOH u. argentometr. Best. des in der Alkalischmelze entstandenen Chlorids. Blindproben sind unerläßlich. K. Gärtner. 7294△

Glidden Co., Cleveland, Ohio, übert. von: Albert B. Booth, Houston, Tex., V.St.A., **Pyrolyse von Limonen-1.2-epoxid** (= 1.2-Epoxy-Δ^8-p-menthen) ergibt bei 200—500 ein Gemisch aus Carveol, Carvon, Dihydrocarvon u. Pseudocarveol = $\Delta^{1,7,8}$-p-Menthadien-2-ol = φ-Limonen-2-ol. — Aus d-Limonen-1.2.-epoxid [2 (%) trans- u. 98 cis-Form] bei 260—265° u. fraktionierte Dest. bei 10 mm Hg → 5—7 *d-Dihydrocarvon*, 3—5 *l-Carvon*, 2—4 l-cis-Carveol, 11—13 d-cis-Pseudocarveol, 16—18 nicht bestimmte Alkohole u. 30 Polymere. Die einzelnen Verbb. können auch auf chem. Wege z. B. über Borate oder Acetoacetate von einander getrennt werden. Das Epoxid erhält man aus Limonen durch Oxydation mit Peressig- oder Perbenzoesäure oder durch Blasen mit Luft. — *Zwischenprodd.* zur Herst. von *Riechstoffen*. (**A. P. 2 945 068** vom 31/12. 1957, ausg. 12/7. 1960.) G. Krauß. 7277

Gillette Co. (Erfinder: Yung Hsiung), **Haarverformungsmittel.** Hierfür werden wss. Lsgg. der *Mg-Salze* der *Thioglykolsäure* oder deren *Didulfide* der Formel $HS\cdot CH_2COO{-}Mg{-}OOCCH_2SH$ (I) bzw. $CH_2COO{-}Mg{-}OOCCH_2$ (II) als geeignet

$$\underbrace{CH_2COO{-}Mg{-}OOCCH_2}_{SS}$$

vorgeschlagen. I hat eine Löslichkeit von 86 (g) in 100 W. bei 23°, das Dihydrat eine solche von 101 in 100 W. u. hat als 0,1n Lsg. ein pH von 6,5; das Dihydrat von II hat eine Löslichkeit von 38 (g) in 100 W. u. als 0,1n Lsg. bei 25° ein pH von 7,5. II wird aus I durch Oxidation in wss. Lsg. mit H_2O_2 gewonnen. (**Aust. P. 224 301** vom 8/11. 1957, ausg. 29/10. 1959. A. Prior. 9/11. 1956 u. 6/5. 1957.) H. Möllering. 7285

Polak & Schwarz International N. V., Zaandam, Niederlande, *2-Piperonylpropanal und 2-Methyl-3-[3'.4'-methylendioxyphenyl]-propanal*. (E. P. 841 921 vom 11/2. 1958, ausg. 20/7. 1960. — C. 1962, 328 [D. A. S. 1 101 669].)

H_{14}. Zucker. Kohlenhydrate. Stärke

Zucker als chemischer Rohstoff. 2. Mitt. V. Prey. (Zucker **14**, 435—41, 1961; Wien, Techn. Hochsch., Inst. Organ. Chemie; dt.) — 1. vgl. C. **1958**, 8494. — Nach einem Überblick über die techn. Verwertung der Saccharose (I) durch Hydrolyse, Veresterung u. Verätherung, Einführung von Cl u. Überführung in alicycl. u. heterocycl. Verbb. wurde die elektr. Leitfähigkeit (LF) von Glucose (II) u. I in wasserfreien Lsgm. als Grundlage für die Rkk. der Zucker (auch als Elektrolyte) untersucht, um daraus Schlüsse auf die Beweglichkeit der H-Atome in den OH-Gruppen zu ziehen. Angabe der Leitfähigkeitswerte in Tabellen. **II** läßt sich mit H_2S in Dimethylformamid (**III**), in dem beide Komponenten gut lösl. sind, auch nicht unter Druck zu Thioglucose umsetzen, dagegen wird aus dem 1.2-Anhydrid der **II** durch Rk. mit H_2S in **III** bei 70° u. 10 atü fast quant. *1-Thioglucose* erhalten, u. zwar 13 (%) in der α-Form u. 87 in der β-Form. Das Auftreten von α-Thioglucose (polarimetr. festgestellt) ist nur dadurch zu erklären, daß die β-Form während der Rk.-Zeit (12 Std.) einer Mutarotation unterliegt. G. Vogel. 7400◇

Erkrankungen und Beschädigungen der Zuckerrübe durch unbelebte Ursachen. K. Wiesner. (Zuckererzeugung **5**, 173—75, 1961; Kleinwanzleben, Inst. für Pflanzenzüchtung; dt.) — Vf. gibt Hinweise zur Erkennung u. Bekämpfung der bei Zuckerrüben möglichen Nährstoffmangelkrankheiten sowie einiger durch Standort- u. Witterungsfaktoren verursachten Schäden. J. Seidemann. 7406◇

Die Zuckerrübe und die Nebenprodukte der Zuckerfabrikation als Futtermittel. G. Willer. (Zuckererzeugung **5**, 178—84, 1961; dt.) — Übersicht über die Verw. der Zuckerrüben u. die bei der Zuckerfabrikation anfallenden Nebenprodd. als Futtermittel. — 45 Literaturangaben. J. Seidemann. 7406◇

Die automatische Regelung der II. Saturation. B. Brukner. (Zucker **14**, 442—43, 1961; dt.) — Bei Verw. von 3 Saturationspfannen (SP) werden die Verhältnisse von aus SP 3 in die SP 1 zurückgepumpter zu abgeführter Saftmenge bzw. der CO_2-Aufnahme in SP 1 u. 2 konst. gehalten, der Kalk-Geh. in SP 1 u. 3 auf Gleichheit oder eine bestimmte Differenz eingestellt u. durch Einschaltung von 2—3 Kristallisationsräumen die Pfannenquerschnitte beträchtlich verkleinert. G. Vogel. 7412◇

Erfahrungen bei der Anwendung von Natriumphosphat für die Verbesserung des Kochens und Schleuderns von Füllmassen. W. M. Perzel, I. A. Rostripenko und A. D. Golubewa. (Zuckererzeugung **5**, 184—85, 190, 1961; Petrowsk, 2. Petrowsker Zuckerfabrik, Zentralinst. der Zuckerind.; dt.) — Übersetzung der C. **1961**, 15228 referierten Arbeit. J. Seidemann. 7414◇

Ansprechen gewisser Sorten von Zuckerrohr auf verschiedene Fruchtbarkeitsstufen. A. R. Khan und B. P. Mathur. (Indian J. agric. Sci. **29**, 42—45, 1959; New Delhi, Indian Agric. Res. Inst.; engl.) — In einem 4jährigen Freiland-Vers. erhielten verschiedene Zuckerrohrsorten in den ersten 3 Jahren eine Grunddüngung mit Stalldung (10 t/acre), im 2. u. 4. Jahr Gründüngung u. jährlich N-Gaben von 40, 80 bzw. 120 lbs. N/acre. Die höchste u. statist. signifikante Ertragssteigerung wurde durch die 40 lbs.-Gabe bewirkt; die 80 lbs.-Gabe hatte nur beschränkt signifikante u. die 120 lbs.-Gabe keine Wrkg. gegenüber der 40 lbs.-Gabe. Allg. wurde mit 40 lbs. N/acre auch der höchste Zuckerertrag erhalten. Eberhard Müller. 7440◇

Der Stickstoff-, Phosphor- und Kaliumbedarf von Zuckerrohr. R. F. Innes. (J. Sci. Food Agric. **11**, 299—309, 1960; Mandeville, Jamaica, Sugar Manufacturers' Assoc. Ltd.; engl.) — An Hand der einschlägigen Literatur gibt Vf. einen Überblick über den N-, P- u. K-Bedarf von Zuckerrohr in den verschiedenen Anbauländern. Er erörtert die Bedeutung dieser Nährstoffe sowie die Form dieser Nährstoffe für die Qualität (in erster Linie Zucker-Geh.) der Pflanzen. Auch wird die Brauchbarkeit verschiedener Verff. zur Ermittlung des Nährstoffbedarfes von Zuckerrohr diskutiert (Diagnose von Mangelsymptomen, Boden- u. Blattanalysen). Bes. Bedeutung kommt hier der Blattanalyse zu. Die erwünschten Konz.-Bereiche für die einzelnen Nährstoffe sind angegeben. — 35 Literaturangaben. Wilfried Werner. 7440◇

Die Struktur des Stärkekornes. 3. Mitt. Die Löslichkeit von Stärkekörnern in Dimethylsulfoxid. Harry W. Leach und Thomas J. Schoch. (Cereal Chem. **39**, 318—27, 1962; Argo, Ill., Corn Prod. Co.; engl.) — 2. vgl. C. **1962**, 5878. — Unter der Einw. von kaltem wasserfreiem *Dimethylsulfoxid* (**I**) zerfallen *Stärkekörner* (**II**) von Mais, Wachsmais, Sorghum u. Wachssorghum schnell u. sind nach ca. 20 Std. fast vollständig dispergiert. **II** von Arrowroot u. Kartoffel lassen sich viel schwerer dispergieren, es wird auch keine vorherige Zersplitterung beobachtet. Sie müssen demnach eine homogenere u. durchlässigere Struktur besitzen. Tapioka nimmt eine Zwischenstellung ein. Auch für Stärke von Reis, Weizen u. Canna erhält man typ. Löslichkeitskurven. Die Resultate der Löslichkeits-Verss. in I entsprechen früheren Verss. über die Einw. von Amylasen auf II. Stärke-Derivv. zeigen in Abhängigkeit von der Substitutionsart ein recht verschiedenes Löslichkeits-Verh. in I. Im Gegensatz zu wasserfreiem I löst 5—20% W. enthaltendes I II von Mais u. Kartoffel vollständig u. viel schneller. Viscosimetr. Unterss. zeigen bei Stärke von Mais bei längerem Stehen in 90% ig. II keinen mol. Abbau, dagegen wird Kartoffelstärke abgebaut. M. Ulmann. 7448◇

Die Stärke lösende Aktivität von α-Amylase. 1. Mitt. Die Anwendung von vorverkleisterter Stärke als Substrat. Y. Pomeranz und J. A. Shellenberger. Cereal Chem. **39,** 327—35, 1962; Manhattan, Kans., Univ.; engl.) — Mit Hilfe des Brabender-Amylographen untersuchten Vff. die durch *α-Amylase* (I) von Weizenmalz, Bakterien u. Pilzen bewirkte Verflüssigung von vorverkleisterter Weizenstärke. Weizenmalz-Präpp. zeigten das höchste, Pilz-I das geringste Verflüssigungsvermögen. Reine krist. I (Takadiastase) zeigte bei gleicher dextrinogenet. Aktivität die gleiche Verflüssigungsaktivität wie handelsübliche Pilz-I. — 24 Literaturangaben. M. Ulmann. 7448◇

Abtrennung der Salzsäure vom Kartoffelsirup mit Hilfe von Kationenaustauschern. Stanisław Zagrodzki, Zofia Olszenko Piontkowa. (Przemysł Spożywczy **15,** 8—12, 1961; Łódź, Politechn., Kat. Cukr. u Technol. Srodków spoż.; pol.) — Stärke-Lsgg. auch höherer Konz. (bis 50%), die wenigstens 0,5 u. höchstens 8% HCl enthalten, können an Kationenaustauschern teilweise entsäuert werden. Bei Anwendung einer horizontal liegenden Säule wurden bis 32% der Säure entfernt. Stehende Säulen sind weniger wirksam. F. Urban. 7448◇

H_{16}. Nahrungs-, Genuß- und Futtermittel

Lebensmittelkonservierung durch das Antibiotikum Nisin. M. D. Lilley. (Research **11,** 472—77, 1958; Yeovil, Res. Div., Aplin & Barrett Ltd.; engl.) — Zusammenstellung der Verwendungsmöglichkeiten von *Nisin* in Lebensmitteln zur Verhinderung von mikrobiellem Verderb. W. Knöpke. 7634◇

Über die Anwendung des Antibiotikums Nisin in der Konservenindustrie. K. P. Neubert. (Lebensmittelindustrie **9,** 369—71, Dez. 1962; Berlin, Humboldt-Univ., Inst. für Technol. und Vorratspflege; dt.) — Vgl. vorst. Referat. — Kurze Übersicht über *Nisin* u. dessen Verw. in der Obst-, Gemüse- u. Tomatenkonservierungsindustrie. — 33 Literaturangaben. E. Lück. 7634◇

Beschleunigte Gefriertrocknung von Lebensmitteln. J. D. Mellor. (Food Preservat. Quart. **22,** 41—48, Juni 1962; North Ryde, N.S.W., C.S.I.R.O., Div. of Food Preservation; engl.) — Übersicht über die Gefriertrocknung (**a**) von Lebensmitteln (**b**) u. die Verpackung gefriergetrockneter **b** unter bes. Berücksichtigung einer Anlage zur **a**, die durch Verw. geheizter bzw. gekühlter Metallplatten gekennzeichnet ist. Die Anlage eignet sich bes. für die **a** von Fleisch, Obst u. Gemüse u. arbeitet sehr wirtschaftlich. E. Lück. 7636◇

Die Vitaminisierung von Nahrungsmitteln. W. N. Bukin. (Przemysł Spożywczy **15,** 6—10, 1961; Akad. d. Wiss. d. UdSSR, Inst. f. Biochem.; pol.) — Übersicht über die Vitaminisierung von Nahrungsmitteln in der UdSSR. F. Urban. 7642◇

Einige Probleme der Vitaminisierung von Nahrungsmitteln. Jan Załęski. (Przemysł Spożywczy **15,** 11—15, 1961; Warszawa, PZH, Zakł. Bad. Żywn.; pol.) — Vgl. vorst. Referat. — Auf die Notwendigkeit der Anpassung der Vitaminisierung an den jeweiligen Ernährungszustand breiter Bevölkerungsschichten u. der Kontrolle der Vitaminisierung wird hingewiesen. F. Urban. 7642◇

Zur Anreicherung von Vitamin C in Nahrungsmitteln und deren Verwertung. Titus Ondrejkovič und Juraj Budlowský. (Průmysl Potravin **11,** 82—86, Febr. 1960; Bratislava, Úst. pre výsk. výživy l'udu; slowak.) — Labor- u. halbtechn. Verss. über den Zusatz von krist. *Vitamin C* (**I**) zu verschiedenen Nahrungsmitteln u. Verfolgung der **I**-Verluste während der Lagerung bis zum Verbrauch zeigen, daß Zusätze bei Tomatenmark u. Aprikosenmarmelade zweckmäßig sind, bei Joghurt ist wegen hoher Verluste, bei Spinat wegen Geschmacksverfälschung abzuraten. Die Verwertung der angereicherten Nahrung erfolgt bei Vers.-Personen über 4—6 Tage gut, solange der Organismus **I**-Mangel zeigt, geht dagegen etwas zurück, sobald der **I**-Haushalt durch natürliche Quellen oder Tabletten ausgeglichen wird. Angereicherte Nahrung wird während der Wintermonate für Gemeinschaftsverpflegung empfohlen. E. Rotter. 7642◇

Zur Anreicherung von Vitamin C in Nahrungsmitteln und deren Verwertung. T. Ondrejković und J. Budlovský. (Průmysl Potravin **11,** 381, Juli 1960; slowak.) — Vgl. vorst. Referat. — Vff. haben im Gegensatz zu Šulc (Průmysl Potravin **11,** [1960], 224) *Vitamin C* (I) in Kristallform dem Joghurt zugesetzt. Die dabei auftretenden hohen I-Verluste werden nach der Meth. von Šulc (wss. Lsg. von I in starker Verdünnung) vermieden. E. Rotter. 7642◇

Die Verwendung von Kunststoffen bei der Konstruktion von Transportmaschinen für verderbliche Lebensmittel. M. André Gac. (Ind. Plast. mod. **14,** Nr. 5, 27—29, Juni 1962; Centre de Rech. et d'Expériment. du Génie Rural Antony; franz.) — Die Eigg. verschiedener Kunststoffschäume u. Folien für Lebensmittelverpackungen u. Transportbehälter werden besprochen. H.-G. Moslé. 7658□

Hartweizen und Teigwaren. Alessandro Laurinsich. (Agricoltura [Roma] **8,** Nr. 6, 16—25, 1959; Parma, Univ., Ist. di Igiene; ital.) — Die Überlegenheit von Hartweizen bei der Herst. von Teigwaren gegenüber Weichweizensorten, die im wesentlichen auf dem Geh. an Eiweißstoffen u. Salzen beruht, u. die Bedeutung der verschiedenen Nudelsorten für die Ernährung, bes. für Diätkost, werden beschrieben. Die analyt. Daten beider Weizensorten, die annähernde bromatolog. Zus. u. der Geh. der wichtigsten Aminosäuren von verschiedenen Teigwarenspezialitäten werden tabellar. angegeben. G. Platzer. 7672◇

Untersuchungen über die Herstellung von normalisiertem Sauerteig. Stefania Domańska. (Przemysł Spożywczy **9,** 505—09, Nov. 1955; Warszawa; pol.) R. Grundmann. 7674◇

Die Stärke- und Hemicelluloseanreicherung im Maiskolben während seiner Entwicklung. F. Sch. Ossmanowa. (Bot. J. [UdSSR] **47,** 1510—17, 1962; Leningrad, Botan. Komarow-Garten der Akad. der Wiss. der UdSSR; russ.) — Vf. unterscheidet bei der Anreicherung von *Stärke* (I), *Cellulose* (II) u. *Hemicellulose* (III) in den Geweben des sich entwickelnden Maiskolbens 2 Hauptperioden. In der 1. Periode wird I angereichert. In der 2. erfolgt eine Anreicherung von II u. III u. eine Abnahme von I. Als beste Erntezeit für die Silagebereitung muß die Phase der Milch- u. Wachsreife angesehen werden, weil zu diesem Zeitpunkt das Korn viel I enthält u. andererseits im Kolben viel II u. III vorliegt. Am günstigsten für die Verwertung des Kolbens als II- u. III-Quelle ist die Ernte zur Zeit der Vollreife. O. Lebtag. 7686

Die Qualität von mit Diphenylamin behandelten Granny-Smith-Äpfeln in Relation zu der Zusammensetzung der Lageratmosphäre. K. J. Scott, E. G. Hall, T. J. Riley und D. E. Finlay. (Austral. J. exp. Agric. animal Husbandry **2,** 153—59, Aug. 1962; North Ryde, N.S.W., Dep. of Agric., C.S.I.R.O., Div. of Food Preserv.; Sydney, Div. of Animal Genetics; engl.) — Granny-Smith-Äpfel wurden in Papier eingewickelt, welches 3,6 mg *Diphenylamin* (I) pro Frucht enthielt u. in Lageratmosphären aufbewahrt, die aus 0—15% CO_2, 2,5—21% O_2 u. 79—97,5% N_2 bestanden. Die Lager-Temp. lag bei 30—32° F. I verhinderte mikrobiolog. Veränderungen der Äpfel, bes. oberflächliche Schorfbildung. Ein gewisser CO_2-Geh. verbesserte die Haltbarkeit erheblich, >5% verursachten aber einen Fremdgeschmack. Die beste Qualität hatten Äpfel, die in einer Atmosphäre aus 5% CO_2, 2,5% O_2 u. 92,5% N_2 lagerten. E. Lück. 7688◇

Beiträge zum Schutz vor Verderblichkeit von Sirup, Jam und Konfitüren durch Osmophil-Hefen. P. Petrovici. (Ind. Alimentară-Produse veget. **12,** 101—03, April 1961; rum.) — Die Verw. von *Osmophil*-Hefen zum Schutz gegen Verderb von Sirup, Jam u. Konfitüren wird beschrieben. H. Guischard. 7702◇

Mikroskopische Beobachtungen an Marzipan, Persipan, Nougat und deren pflanzlichen Ausgangsprodukten. Ernstgeorg Hanssen und Gisela Otto. (Mikroskopie [Wien] **17,** 1—16, Mai 1962; Hannover, H. Bahlsens Keksfabrik K.G.; dt.) — Es wird eine Arbeitstechnik beschrieben, die es erlaubt, von den als Ausgangs-Prodd. für Marzipan, Persipan u. Nougat dienenden Mandeln, Pfirsich- u. Aprikosenkernen sowie Haselnußkernen u. Pflaumenkernen Schnitte herzustellen. Die Kerne der verschiedenen Species *Prunus* unterscheiden sich nur im Bau der Samenschale. Da diese in den Prodd. nicht enthalten ist, ist eine mkr. Erkennung des Ausgangsmaterials nicht möglich. Haselnußsamen sind durch eine kleinkörnige Stärke gekennzeichnet. Bei Nougat ohne Kakaobutterzusatz bildet Eiweiß, sonst Fett die zusammenhängende Phase. R. Ristow. 7742◇

Zur Verwendung von Chlorella als Nahrungsmittel. Zum Nährwert zellfreier Algen-Proteine. Hisateru Mitsuda und Takehiko Shikanai. (Bull. Inst. chem. Res., Kyoto Univ. **38,** 40—58, Jan. 1960; Kyoto, Univ., Fac. of Agric., Labor. of Nutrit. Chem.; engl.) — Für die Extraktion der N-Verbb. aus *Chlorella* erwiesen sich Mahlen, Gefrieren, alkal. Extraktion, Autolyse u. Butanolextraktion in unterschiedlichem Umfange als geeignet. Die besten Ergebnisse wurden erhalten, indem mechan. Zerkleinerung, Autolyse u. Butanolextraktion kombiniert wurden. Auf diesem Wege gewonnenes Eiweiß wurde durch Trypsin in vitro zu 91—93% u. in vivo durch die Ratte zu 76—81% verdaut. Die biolog. Wertigkeit beträgt für die Ratte 57—68. Für eine optimale Ausnutzung wird eine Kombination mit Cerealien empfohlen. R. Ristow. 7742◇

Zur Produktion von mit Vitamin C angereichertem Joghurt. Josef Šulc. (Průmysl Potravin **11**, 33—34, Jan. 1960; Praha, Výzk. úst. mlék.; tschech.) — Stellungnahme zur techn. Erzeugung von mit *Vitamin C* (I) angereichertem *Joghurt* in 5 Großbetrieben. Der natürliche I-Geh. beträgt 1,0—5,76 mg/0,2 Liter u. sinkt bis zum Verbraucher um 20—50% ab. Verw. verschiedener Kulturen hat auf den I-Geh. keinen nachweisbaren Einfl.; bei Zugabe von 25 mg I zur erwähnten Menge betragen die Verluste beim Reifen 25—30%, nach 24 Std. weitere 10%. Durch Tageslicht bei Aufbewahrung in durchsichtigen Flaschen wird der I-Spiegel nicht beeinflußt. E. Rotter. 7756◇

Technologie der kontinuierlichen Butterproduktion. Lubomír Kratochvil und Miroslav Vedlich. (Průmysl Potravin **11**, 7—10, Jan. 1960; Praha, Výzk. úst. mlék; tschech.) — Arbeitsweise von 3 kontinuierlich arbeitenden Buttermaschinen unter besonderer Berücksichtigung der Fritz-Maschine u. der tschech. Maschine *4MV*. E. Rotter. 7758◇

Buttern von biologisch gegorenem Rahm in einem kontinuierlichen Butterfertiger 4 MV. Lubomír Kratochvil und Miroslav Vedlich. (Průmysl Potravin **11,** 63 bis 67, Febr. 1960; Praha, Výzk. úst. mlék.; tschech.) — Vgl. vorst. Referat. E. Rotter. 7758◇

Neue Richtungen in der Produktion von Emmentaler Käse. Václav Jakubský. (Průmysl Potravin **11**, 94—97, Febr. 1960; Hradec Králové, Hradecké mlék., n.p.; tschech.) — Erfahrungen aus einem Vers.-Betrieb. E. Rotter. 7760◇

Einfluß des Salzgehaltes von Niva-Käse auf seine Qualität während des Abtropfens. Václav Kněz. (Průmysl Potravin **11**, 11—18, Jan. 1960; Praha, Výzk. úst. mlék.; tschech.) — Ungenügendes Durchsalzen der Käsemasse verursacht Romadour-Reifen u. Bldg. von braunen Kernen. Käse aus Milch mit unhomogenisiertem Rahm soll 0,75%, mit homogenisiertem 0,6% NaCl enthalten. Der Salz-Geh. des Käses während des Abtropfens beeinflußt den Verlauf der Gärung; optimaler Geh. 0,75—1,2% NaCl. E. Rotter. 7760◇

Die Bewertung von Erbsenblättern. A. De Vuyst und M. Vanbelle. (Agricultura [Louvain] [2] **10**, 241—52, März 1962; Inst. pour l'Encouragement de la Rech. Sci. dans l'Ind. et l'Agric.; franz.) — Übersicht über Zus., Futterwert, Konservierung u. Verw. von Erbsenblättern als Viehfutter. W. Wesly. 7786◇

Ausnutzung der inhibierenden Wirkung von substituierten Chinonen in der Lebensmittelindustrie. Vladimír Munk, Jarmila Blattná und Jiří Fragner. (Průmysl Potravin **11**, 46—49, Jan. 1960; Praha, Ústř. výzk. úst. potrav. prům.; tschech.) — Nach der manometr. Meth. (CO_2-Bldg.) wird die fungistat. u. fungicide Wrkg. von *2-Methyl-1.4-naphthochinon* [*Menadion*; I] gegenüber *Saccharomyces cerevisiae* u. *Zygosaccharomyces* bestimmt. Die inhibierende Wrkg. der Vitamin-K-Gruppe liegt bei den einfachen Derivv. des Naphthochinons am günstigsten. Die stärkste Wrkg. besitzt I in *Erygal O*-Lösung. E. Rotter. 7788◇

Die Bestimmung von Aminosäuren in Nahrungsmitteln durch eindimensionale Papierchromatographie. Adam Niewiarowicz. (Przemysł spożywczy **9**, 501—05, Dez. 1955; Poznań; pol.) R. Grundmann. 7788◇

Übersicht über die chemischen Methoden zur Bestimmung von Chlortetracyclin in biologischem Material. Ctibor Perlín. (Průmysl Potravin **11**, 90—93, Febr. 1960; Libuš u. Prahy, Sdruž. drůb. prům., výzk. prac.; tschech.) — Übersicht. — 32 Literaturhinweise. E. Rotter. 7788◇

Anwendung der tieftemperaturprogrammierten Gaschromatographie auf die Trennung komplexer Mischungen. Charles Merritt jun. und John T. Walsh. (Analytic. Chem. **35**, 110—13, Jan. 1963; Natick, Mass., U.S. Army Quartermaster Res. and Engng. Command, Pioneering Res. Div.; engl.) — Beschreibung der App. u. Meth. für die temperaturprogrammierte gaschromatograph. Best. von leichtflüchtigen Duft- u. Aromastoffen aus bestrahltem Fleisch u. anderen Lebensmitteln, z. B. Kaffee u. Fisch, bei tiefen Temp. bis zu $-196°$. W. Hein. 7788◇

Einfluß verschiedener Füllungen auf Konservenbüchsen aus galvanisch verzinntem Blechstreifen. Josef Teindl. (Průmysl Potravin **11**, 78—81, Febr. 1960; Ostrava, VŠB; tschech.) — Vgl. der Beständigkeit von Konservendosen aus verzinntem (lackiert

u. unlackiert), lackiertem, kaschiertem, mit Al überzogenem Eisenblech sowie aus Schwarz- u. Aluminiumblech. Galvan. verzinnte u. lackierte Dosen bewähren sich am besten. E. Rotter. 7790◇

Verhalten der Rückstände von S-(p-Chlorphenylthiomethyl)-O.O-diäthylphosphordithioat (Trithion) auf und in reifen Citronen und Orangen. F. A. Gunther, G. E. Carman, L. R. Jeppson, J. H. Barkley, R. C. Blinn und G. G. Patchett. (J. agric. Food Chem. **7**, 28—30, Jan. 1959; Riverside, Univ. of California, Citrus Exp. Stat.; Richmond, Calif., Stauffer Chem. Co.; engl.) — Vgl. C. **1962**, 10680. — Vff. untersuchten die Rückstände von *Trithion* (**I**) auf Zitronen u. Orangen durch Best. des Gesamt-Cl (**II**) u. colorimetr. durch Rk. von *p-Chlorthiophenol* mit *2.6-Dibrom-N-chlor-p-chinonimin*, es bildet sich eine orange Färbung. Die Früchte wurden nach **I**-Behandlung zu verschiedenen Zeiten von den Bäumen entfernt (zwischen 1 u. 70 Tagen) u. der **I**-Geh. nach beiden Meth. bestimmt. Beim Vgl. der beiden Meth. zeigte sich, daß bei der Best. von **II** wesentlich höhere Werte gefunden wurden. Bei Orangen wurden nach Spritzung mit einem 25%ig. Spritzpulver nach der **II**-Meth. bei 1 lb. ca. 5 (ppm) gefunden, bei 6 lbs./100 gal. stieg der Wert bis auf 18 an. Colorimetr. ergaben sich entsprechend 3 bzw. 11, nach 70 Tagen waren die korrespondierenden Werte 2 u. 4 bzw. 0,4 u. 1,5. Bei Zitronen lagen ähnliche Werte vor. W. Knöpke. 7808◇

Eine Methode zur routinemäßigen Bestimmung von Biphenyl und o-Phenylphenol auf und in Citrusfrüchten. F. A. Gunther, R. C. Blinn und J. H. Barkley. (Analyst **88**, 36—42, Jan. 1963; Riverside, Calif., Univ. of California, Citrus Res. Center and Agric. Exp. Stat.; engl.) — Die zerkleinerten Früchte werden mit W. angerührt u. der Wasserdampf-Dest. unterworfen. Das Destillat wird in Cyclohexan (**I**) aufgefangen u. damit gleichzeitig extrahiert. Aus der organ. Schicht wird *o-Phenylphenol* (**II**) mit verd. NaOH-Lsg. extrahiert u. mit *p-Nitrobenzoldiazoniumfluoroborat* bei 540 nm photometr. bestimmt. Zur Best. von *Biphenyl* (**III**) wird die nach der Extraktion mit NaOH verbliebene organ. Schicht mit konz. H_2SO_4, W., $KMnO_4$-Lsg. + Eisessig, Na_2CO_3-Lsg., W., konz. H_2SO_4 u. nochmals W. gewaschen, mit Na_2SO_4 getrocknet u. nach dem Auffüllen mit **I** bei 248 nm gegen **I** photometriert. Bei einfacher Durchführung der Wasserdampf-Dest. gelangt **III** quant., **II** aber nur zu 80—100% in das Cyclohexan, da es auch in W. lösl. ist. Durch Erneuern von **I** in der Vorlage während der Dest. kann die Ausbeute erhöht werden. P. Kurzmann. 7808◇

Bestimmung von Vitamin A in extraktreichen Nährgetränken. W. Kleber, A. Hartl und P. Schmid. (Brauwissenschaft **12**, 274—79, Dez. 1959, Beilage zu: Brauwelt, Ausg. B; München, Wiss. Stat. für Brauerei; dt.) — Zur Best. von *Vitamin A* (**I**) in extraktreichen Nährgetränken, z. B. Malzgetränk, wird eine spektralphotometr. Meth. beschrieben, die auf folgendem Prinzip basiert: Zunächst wird das UV-Spektrum des soweit wie möglich vorgereinigten **I**-Extrakts aufgenommen. Sodann wird im UV-Licht das **I** zerstört u. das Spektrum erneut aufgenommen. Durch Subtraktion der beiden Spektren erhält man die Absorptionskurve des reinen, vor der Behandlung vorhandenen **I**. Aus dem so erhaltenen Extinktionswert beim Absorptionsmaximum 326 mμ kann dann der **I**-Geh. der Probe berechnet werden. M. Winniker. 7818◇

Oxydimetrisches Verfahren zur Bestimmung flüchtiger Öle in Gewürzen. R. C. Misra und G. S. Krishna Rao. (J. sci. ind. Res. [New Delhi], Sect. D **20**, 331—33, Sept. 1961; New Delhi, Indian, Agric. Res. Inst.; engl.) — Zur Best. flüchtiger Öle in *Gewürzen* dest. man diese in Ggw. einer Zucker-Lsg. ab, fängt sie in einer eisgekühlten Vorlage in schwefelsaurer $K_2Cr_2O_7$-Lsg. auf u. titriert deren Überschuß mit $Na_2S_2O_3$-Lsg. zurück. W. Wesly. 7826◇

Bestimmung des Anfangsstadiums der Verkleisterung der Stärke mit Hilfe selektiver Anfärbung. Edward Kamiński. (Przemysł spożywczy **15**, 16—22, 1961; Poznań, WSR, Kat. Technol. roln.; pol.) — Die Verkleisterung von Stärke-Lsgg. kann mkr. bei Anfärbung mit Safranin O oder Niagarablau 4 B bestimmt werden. Die opt. Meth. ist genauer u. empfindlicher als die viscosimetr., da letztere erst bei vollständiger Verkleisterung der Probe anspricht. Die Verkleisterung ist ein kontinuierlicher Prozeß. Er beginnt bei Roggen- u. Weizenstärke bei 40°, bei Kartoffelstärke erst bei 53°. Große oder mechan. beschädigte Stärkekörner verkleistern schneller als kleine u. unverletzte. In der 1. Phase der Verkleisterung quellen die Körner. In diesem Zustand werden sie selektiv von den oben angeführten Farbstoffen gefärbt. F. Urban. 7842◇

Farbbeständigkeit von frischem Schweinefleisch. (Vorl. Bericht). M. A. Janicki, A. Thomas und J. Kortz. (Roczniki Nauk rolniczych, Ser. B **80**, 127—32, 1962; Bydgoszcz, Pol. Acad. of Sci., Inst. of Anim. Physiol. and Nutrit., Meat Res. Div.; engl.) — An ca. 40 Proben von Mastschweinefleisch ausgeführte Unterss. über den Einfl.

innerer Fleischfaktoren auf die Farbbeständigkeit des frischen Fleisches zeigen eine Wechselbeziehung zwischen Red.-Fähigkeit, Wasserhaltungsvermögen, Farbton, Geh. an W. u. Myoglobin u. der Geschw. der Entfärbung. Die Geh. an Fett, Eiweiß u. Pigment u. der pH-Wert des Fleisches zeigen keine engere Beziehung zur Farbbeständigkeit. W. Wesly. 7850◇

Vergleich der zum frühzeitigen Nachweis des Fleischverderbens dienenden Methoden. Endre Jáney, Marta Jókay, Györgyné Lelkes und Ferencné Péter. (Élelmiszervizsgalati Közlemények [Lebensmittelanalyt. Mitt.] **6**, 185—91, 1960; Debrecen, Med. Univ., Inst. für Sanitätswesen; ung.) — Vff. prüften die Empfindlichkeit von 8 empfohlenen chem. Verf. einschließlich der organolept. Meth. u. erkannten als verläßlichste Meth. die Best. des NH_3 nach Drozdov [1952]. Solange der Geh. an NH_3 <11 mg% beträgt, ist das Verderben organolept. nicht bemerkbar u. auch die übrigen chem. Meth. bleiben negativ. J. Plank. 7850□

Aminosäuren und Aminozucker als Kriterien bei der Beurteilung von Fleischwaren. L. Kotter und Biruta Rolle. (Wiener tierärztl. Mschr. **48**, 372—79, 1961; München, Univ., Tierärztl. Fak., Inst. für Nahrungsmittelkunde; dt.) — Zur Beurteilung von *Fleischwaren* wurden Aminosäuren bisher lediglich als Kriterien für den Geh. an *Kollagen* oder *Elastin* herangezogen. Wird neben *Hydroxyprolin* (I) u. *Tryptophan* (II) auch *Glucosamin* (III) in die Beurteilung mit einbezogen, so ist es möglich, Zusätze an Hühnereiweiß, Milcheiweiß u. Blutplasma sowie an Innereien summar., jedoch unspezif., nachzuweisen. Bei histolog. Ausschluß von Innereien u. bei tiefen **I**- u./oder **II**-Werten u. bei hoher **III**-Zahl kann der Verdacht auf Zusatz einer kollagen- u. muskelfreien Eiweißsubstanz ausgesprochen werden. Diese Meth. ist nicht geeignet für die Unters. von Rohwürsten, da hierbei offenbar durch Bakterien zusätzlich **III** gebildet wird. G. Bratfisch. 7850□

Quantitative Bestimmung alkalisch reagierender Stoffe in Milch durch Leitfähigkeitsmessung. Jaroslav Voříšek und Anna Sovová. (Průmysl Potravin **11**, 39—43, Jan. 1960; Praha, Vys. škola zeměd., kat. chem.; tschech.) — Gegenüber anderen Meth. hat die Messung des spezif. Widerstandes von *Milch* den Vorteil, daß man schnell qual. u. quant. zugefügte Alkalien nachweisen kann (0,15% Na_2CO_3 bzw. bei ursprünglich niedrigem Widerstand 0,05—0,1%). E. Rotter. 7856◇

Eine Schnellbestimmung für radioaktives Cäsium in Milch. R. W. C. Broadbank, J. D. Hands und R. D. Harding. (Analyst **88**, 43—46, Jan. 1963; Leicester, School of Chem., Coll. of Technol. and Commerce; engl.) — Die salpetersaure Lsg. der veraschten Probe wird nach Zusatz von Cs als Träger u. Filtration durch Papierbrei auf ein Bett von NH_4-Dodekamolybdatophosphat gegeben. Nach dem Trockensaugen kann ^{137}Cs durch Messung oder β- oder γ-Aktivität bestimmt werden. Bei der Messung der β-Aktivität werden niedrigere Werte als für die γ-Aktivität erhalten, was vermutlich auf eine dünne Schicht von feinverteiltem C auf der Oberfläche des Salzbettes zurückzuführen ist, die die schwächere β-Strahlung z. T. abschirmt. Vermutlich ist jedoch bei gleichbleibenden Arbeitsbedingungen die Teilchengröße der C-Teilchen u. damit die Schichtdicke konst., wodurch die Vorteile der β-Zählung (hohe Zählausbeute, geringer Untergrund) ausgenutzt werden können. In der durch das Salzbett gelaufenen Lsg. können radioakt. Sr u. andere Radionuclide bestimmt werden. ^{40}K ruft keine außerhalb der Fehlergrenzen liegenden Fehler hervor. P. Kurzmann. 7856◇

Über eine neue Form der Phosphataseprobe. H. Konrad. (Dtsch. Milchwirtsch. **9**, 355—57, Dez. 1962; Oranienburg, Inst. für Milchforsch.; dt.) R. Grundmann. 7856◇

Untersuchungen über den Vitamin-A-Gehalt unserer Milch. F. Marti. (Pharmac. Acta Helvetiae **33**, 747—54, 1958; Beilage zu: Schweiz. Apotheker-Ztg.; Schweiz. Milchztg., wiss. Beilage **85**, Nr. 60, 525—28, 1959; Bern, Dr. A. Wander Akt.-Ges., Kontroll- u. Betriebslabor.; dt.) R. Grundmann. 7856◇

Silicon-Antischaummittel in Milcherzeugnissen. V. A. Jones und T. I. Hedrick. (Michigan State Univ., agric. Exp. Stat., quart. Bull. **45**, 84—92, Aug. 1962; Michigan, State Univ., Dep. of Food Sci.; engl.) — 3 Antischaummittel, ein reines Siliconöl (a) u. 2 Siliconemulsionen mit 10 bzw. 30% a wurden in Magermilch, rekonstituiertem Magermilchpulver u. homogenisierter Vollmilch auf ihre schaumverhütende Wrkg. untersucht. Die Anwendungs-Konzz. betrugen 50 bzw. 500 bzw. 170 ppm, waren also unter Berücksichtigung des unterschiedlichen a-Geh. gleich hoch. Die a-Emulsion mit 30% a war am besten wirksam, das reine a am schlechtesten u. hinterließ auf der Oberfläche der Milch einen sichtbaren Belag. E. Lück. 7856◇

Dow Chemical Co., Midland, Mich., V.St.A., **Überzug für Lebensmittel,** bestehend aus einer als heiße Schmelze verarbeitbaren Mischung von 1. 20—50 Gew.-%, bezogen auf das Gew. des Überzugs, Äthylcellulose mit einem Äthoxyl-Geh. von 47,5 bis

50 Gew.-% u. einer Viscosität von 6—200 cP, von 2. 15—68 Gew.-% eines raffinierten Mineralöls mit einer Saybolt-Viscosität von 80—400 Einheiten bei 100° F, von 3. >5 Gew.-% bis zur maximal verträglichen Menge eines Wachsbestandsteils mit einem F. >100° F u. von 4. 10—25 Gew.-%, bezogen auf das Gew. des Überzugs, an einer farblosen, geruchlosen, nicht giftigen Weichmacherkomponente, welche ein Lsgm. für den Celluloseäther darstellt. (**E. P. 875 855** vom 4/8. 1959, ausg. 23/8. 1961. **Zusatz zu E. P. 832449; C. 1961, 7073.**) H. Maaß. 7635

Birs Beteiligungs- und Verwaltungsgesellschaft Akt.-Ges. (Erfinder: Peter Hussman), **Herstellung von stabilisierten Pulvern und Konzentraten aus Lösungen und Suspensionen,** bes. natürlicher Herkunft wie *Frucht- u. Gemüsesäften, Extrakten* u. *tier. Produkten.* Man zerteilt mittels entsprechender Düsen die Ausgangsstoffe in Tropfen von 5—2000 μ u. bringt sie im Gegenstrom mit vorgetrocknetem Gas, z. B. Luft, CO_2, N_2, bei 0—60° in Kontakt. — Beispiele: *Milch, Kaffee, Blut, Gelatine, Soßen, Fleischextrakt.* (**Aust. P. 231 676** vom 19/12. 1958, ausg. 26/1. 1961.) K. Demmler. 7637

Council of Scientific & Industrial Research, Neu-Delhi (Erfinder: Bhagwan Sanwalsingh Lulla, Dyal Singh Johar und Vaidyanath Iyer Subrahmanyan, Mysore), Indien, **Herstellung von eiweißreicher Kinder- und Krankenkost** in Pulverform, dad. gek., daß proteinhaltiges Ausgangsmaterial, z. B. Sojamehl, Casein, Erdnußmehl usw., durch die Einw. von Schimmelpilzen, bes. Aspergillus oryzae, flavus u. niger, zu einer leicht verdaulichen Form abgebaut wird. (**Ind. P. 64 956** vom 14/8. 1958, ausg. 10/10. 1961.) C. Lüttgen. 7647

Council of Scientific & Industrial Research, Neu-Delhi (Erfinder: Mahendra Kumar Rastogi und Satish Chandra Agarwala, Lucknow), Indien, **Herstellung von genießbarem Hefehydrolysat in Pulverform.** Trübhefe wird 5—10 mal mit W. u. zum Schluß mit dest. W. durch Verrühren u. Zentrifugieren gereinigt, in 10%ig. Suspension in dest. W. 45 Min. im Autoklav erhitzt, bei 50—60° nach Zugabe von 5% Papain 6—8 Std. hydrolysiert, in einer Zentrifuge geklärt, im Vakuum konz. u. getrocknet. (**Ind. P. 65 283** vom 17/9. 1958, ausg. 13/4. 1961.) C. Lüttgen. 7647

Glidden Co., Cleveland, Ohio, übert. von: Percy L. Julian, Oak Park, Herbert T. Iveson, Elmhurst, Sol B. Radlove, Ralph Slutkin und Paul F. Davis, Chicago, Ill., V.St.A., **Herstellung eines Mürbungsmittels,** bes. für Backzwecke, ferner u. a. für die Herst. von Speiseeis u. Salatöle. Das Mittel besteht aus einem fl. Triglyceridöl, z. B. winterisiertem Baumwollsamenöl, u. 3—5% eines in diesem bei 25° lösl., als Emulgator dienenden Glycerinesters. Dieser wird erhalten durch Veresterung von 1 Mol Glycerin mit 1 Mol Palmitin- oder Stearinsäure u. 1,75—3,0 Mol Milchsäure in Ggw. von 2—3% einer Cetylcitratmischung, enthaltend wenigstens 50% Dicetylcitrat, weniger als 1% Monocetylcitrat u. als Rest Tricetylcitrat. (**A. P. 3 004 853** vom 13/5. 1958, ausg. 17/10. 1961.) W. Kranz. 7675

Unilever Ltd., Port Sunlight, Chester England (Erfinder: Andre Hurst und Austin David Todd), **Konservierung von geschälten Kartoffeln,** wobei man rohe geschälte Kartoffeln mit SO_2 behandelt. (**E. P. 880 521** vom 16/1. 1957, ausg. 25/10. 1961.) H. Maaß. 7679

Československá Socialistická Republika, Tschechoslowakei (Erfinder: Wilhelm Nultsch und Alfred Jumar, Magdeburg), **Mittel zur Verhinderung der Auskeimung von Kartoffeln,** das wenigstens eine Verb. der allg. Formel $Ar \cdot SO_2 \cdot N(R)(R')$ enthält, in der Ar = nichtsubstituiertes oder mit Halogen oder Alkyl oder/u. NO_2-Gruppe substituiertes Aryl; R = H oder Alkyl; R' = Alkyl bedeutet, ggf. in Kombination mit Trennungsmitteln oder/u. Trägersubstanzen. Als wirksam erwiesen sich: Benzolsulfon-N-monoäthylamid; Benzolsulfon-N-diisopropylamid; 3-Nitrobenzolsulfon-N-monopropylamid; 3-Chlorbenzolsulfon-N-monopropylamid; 2.4.5-Trichlorbenzolsulfon-N-dimethylamid; 3-Chlor-4-methylbenzolsulfon-N-dimethylamid; 2-Nitro-4-methylbenzolsulfon-N-dimethylamid; α-Naphthalinsulfon-N-dimethylamid. Bisher war es unbekannt, daß man Sulfonamide zur Inhibition der Keimung verwenden kann. Man erhält sie durch Kondens. von chlorsulfonierten Aromaten mit prim. oder sek. Aminen. Sie sind lebensmittelhygien. unschädlich. (**Tschech. P. 98 699** vom 18/12. 1960, ausg. 15/2. 1961. D. Prior. 23/6. 1959.) L. Macher. 7679

General Aniline & Film Corp., New York, N.Y., übert. von: Frederick A. Hessel, Montclair, N.J., V.St.A., **Verhindern des Auskeimens von Kartoffeln** durch Behandeln der Knollen mit 0,1% *Dipropargyläther* in Dampfform. (**A. P. 2 999 746** vom 2/12. 1958, ausg. 12/9. 1961.) W. Kranz. 7679

S. C. Johnson & Son, Inc. (Erfinder: Eugene D. Kitzke), **Mittel zur Verhinderung des Keimens,** z. B. zur Behandlung von Kartoffeln, bestehend aus einer wss. Wachsemulsion mit einem Geh. an 0,1—5% *Isopropyl-N-(3)-chlorphenylcarbamat.* (**Aust. P. 232 234** vom 1/10. 1958, ausg. 23/2. 1961.) C. Lüttgen. 7679

Commonwealth Engineering Co. of Ohio, übert. von: Harry A. Toulmin jun., Dayton, Ohio, V.St.A., **Versprühen eines Überzuges auf frischer Bananenfrucht.** Man vermischt ein Siliconharz mit einer kleineren Gew.-Menge einer äthylalkohol. Carotin-Lsg., wozu man zwecks Konservierung ca. 1 Gew.-% 1-Methyl-5.5-dimethylhydantoin gibt. Das Siliconharz stellt man durch Vermischen von 348 (g) Cyclohexyltrichlorsilan, 164 Amyltrichlorsilan, 131 Äthyltrichlorsilan u. 136 Siliciumtetrachlorid her. Die Bestandteile löst man in 900 cm³ Butylacetat. Die sich ergebende Lsg. fügt man langsam unter Rühren zu 2000 cm³ W. bei 5°. Die darauf gebildete Harzschicht trennt man vom W. durch Dekantieren u. Dest. ab, um organ. Lsgm. u. W. zu entfernen. Den Harzrückstand verd. man dann auf 50% feste Bestandteile durch den Zusatz eines Lsgm., das aus einer Mischung von gleichen Vol.-Teilen Toluol u. n-Butanol besteht. — Zeichnung. (**A. P. 2 995 538** vom 14/3. 1957, ausg. 8/8. 1961.)
H. Maaß. 7689

Hercules Powder Co., übert. von: Alexander Jerome Ganz, Wilmington, Del., V.St.A., **Stabilisieren von Zuckerüberzugsmassen.** Der aus Zucker u. W. bestehenden Grundmasse werden als Stabilisatoren 0,05—3 (%) eines Proteins, z. B. Vitalgluten, Glutenin oder Gliadin, zusammen mit 0,01—5 eines hydrophilen Koll., z. B. eines Naturgummis, eines Celluloseäthers, wie Carboxymethylcellulose, Stärke, Hydroxypropylstärke, zugesetzt. (**A. P. 3 009 812** vom 6/6. 1960, ausg. 21/11. 1961.)
W. Kranz. 7705

Shell Oil Co., New York, N.Y., übert. von: Johannes van Overbeek, Modesto, Calif., V.St.A., *Konservieren von genießbarem Pflanzenmaterial.* **(A. P. 3 013 885 vom 31/3. 1960, ausg. 19/12. 1961. — C. 1963, 4553 [D. A. S. 1 132 784].)**

Karl Arvid Johannes Wretlind, Stockholm, Schweden, *Aminosäuregemische für Ernährungszwecke.* **(Schwz. P. 362 089 vom 3/9. 1957, ausg. 14/7. 1962. Schwed. Prior. 10/9. 1956. — C. 1960, 6008 [A. PP. 2 872 319 u. 2 872 320].)**

Keever Starch Co., Columbus, übert. von: Walter M. Miley und Levi M. Thomas, Worthington, und George M. Bierley, Grandview Heights, Ohio, V.St.A., *Dispersion von Gluten.* **(Can. P. 571 316 vom 7/1. 1956, ausg. 24/2. 1959. — C. 1958, 9938 [A. P. 2 797 212].)**

Eastman Kodak Co. (Erfinder: George Patrick Touey und Robert Chester Mumpower II), *Filter für Tabakrauch.* **(Aust. P. 234 202 vom 5/12. 1958, ausg. 13/7. 1961. A. Prior. 9/12. 1957. — C. 1960, 14218 [D. A. S. 1 079 521].)**

Dow Chemical Co. (Erfinder: Lorraine Elizabeth Patten und Harold Claude Kelly), *Überzüge für Nahrungsmittel.* **(Aust. P. 234 282 vom 4/12. 1958, ausg. 20/7. 1961. A. Prior. 23/12. 1957. — C. 1960, 4705 [A. P. 2 868 656].)**

H_{17}. Fette. Seifen. Wasch- und Reinigungsmittel usw.

Die Raffination von Ölen mit Äthylalkohol als selektivem Lösungsmittel. M. Jáky und J. Perédi. (Fette, Seifen, Anstrichmittel **61,** 651—56, 1959; Budapest, Forschungsinst. für die Pflanzenöl- u. chem. Haushaltartikelind.; dt.) — Ausgehend von der Zielsetzung, durch schonende selektive Raffination nur unerwünschte Begleitstoffe (freie Fettsäuren, färbende Stoffe, Schleimstoffe usw.) zu entfernen, biolog. wertvolle Substanzen aber soweit wie möglich im Nahrungsfett bzw. -öl zu belassen, werden systemat. Verss. mit Äthanol, daneben auch mit Methanol, als selektiv wirksamen Lsgm. durchgeführt. Es werden die Löslichkeitsverhältnisse von Gemischen aus Sonnenblumenöl, Ölsäure u. Äthanol verschiedener Konz., die Punkte der Entmischung in 2 Phasen sowie die Zus. der Phasen hinsichtlich Neutralöl, Fettsäure u. Äthanol ermittelt. An Hand graph. u. tabellar. Darst. erfolgt eine auf die Praxis ausgerichtete Auswertung. Danach kann die selektive Raffination als einstufige, mehrstufige bzw. kontinuierliche Extraktion durchgeführt werden; letztere erweist sich im allg. als die ökonomischste Arbeitsweise.
K. Täufel. 7874□

Die Hydratation der Sojaöl-Phospholipide. A. Jakubowski. (Riv. ital. Sostanze grasse **39,** 512—16, 1962; Warsawa, Polonia, Inst. Przemyslu Tluszczowego; ital.) — Inhaltlich ident. mit der C. **1963,** 5685 referierten Arbeit. H. P. Fiedler. 7894◇

Methanolyse von Ricinus- und Erdnußöl. S. S. Bellihal und J. G. Kane. (Indian Oil Soap J. **26,** 219—25, 1961; Bombay, Univ., Dep. Chem. Technol.; engl.) — Vff. untersuchten den Einfl. von Rk.-Temp., Rk.-Zeit, Alkoholzusatz, Katalysator-Konz. sowie %-Geh. des Öls an freien Fettsäuren auf die Methanolyse von Ricinus- (I) u. Erdnußöl (II). Als Katalysator wurde Na-Methoxid verwendet; Rk.-Temp. 30° bei I u. 60—75° bei II; Optimum der Rk.-Zeit bei 3 Std. steigende Konz. an Methanol u. Katalysator verbessert die Methanolyse. Wenn der Säurewert des Öls 0,12 beträgt, wird eine 99,9%ig. Umsetzung erreicht. Höherer Säure-Geh. kann durch Katalysatoren abgepuffert werden. W. Fester. 7894◇

Seifenparfümierung einst und jetzt. Wolfgang Pilz. (Seifen-Öle-Fette-Wachse **88,** 809—12, 1962; dt.) — Überblick über die Entw. der Seifenparfümierung.
H. Franzen. 7910◇

Zucker–Fettsäure-Ester, deren Herstellung, Eigenschaften und Verwendung. H. Manneck. (Seifen-Öle-Fette-Wachse **88,** 133—36, 1962; Koblenz; dt.) — Über die Herst. u. Eigg. der Saccharosefettsäureester u. über ihre Verw. bes. als waschakt. Mittel u. in der Kosmetik wird zusammenfassend berichtet. — 75 Literaturangaben.
Reinhard Ristow. 7912◇

Untersuchungen des Systems Wachs–Emulgator in nichtionogenen Selbstglanz-Emulsionen. W. Kindscher. (Fette, Seifen, Anstrichmittel **64,** 449—52, 1962; Ludwigshafen/Rh., BASF; dt.) — Als Beitrag zur Unters. von Emulsionen wurden Selbstglanzemulsionen durch Zusatz von Elektrolyt-Lsgg. oder Lsgm. gebrochen u. in einer Labor.-Zentrifuge mit 40000 U/min sedimentiert. Am besten bewährte sich Tetrahydrofuran. Die getrennten Schichten wurden auf ihren Geh. an Emulgator untersucht. Im vorliegenden Fall wurde Octadecylalkohol, kondensiert mit 28 Mol Äthylenoxid, verwendet. Die wss. Schicht enthielt ca. 89% des eingesetzten Emulgators, bes. an höher äthoxylierten Anteilen, während in der Wachsschicht die niedriger äthoxylierten Anteile angereichert wurden. Die sauren Bestandteile des Wachses hatten sich, vielleicht komplex an den Emulgator gebunden, in der wss. Phase angereichert. Die Verss. werden fortgesetzt. W. Rittler. 7926□

Die Papier-Chromatographie auf dem Fettgebiet. 31. Mitt. **Die papierchromatographische Trennung von Gemischen synthetischer und natürlicher Triglyceride.** H. P. Kaufmann und Z. Makus. (Fette, Seifen, Anstrichmittel **61,** 631—36, 1959; Münster, Westf., Dt. Inst. für Fettforsch.; dt.) — 30. vgl. Fette, Seifen, Anstrichmittel **61,** [1959], 523. — Wird das für die Papierchromatographie vorgesehene Papier Schleicher & Schüll 2040 bG 1 mit in Xylol gelöstem festem Paraffin (Imprägnierungsgrad 0,06 bis 0,09) oder mit Undecan imprägniert u. werden als Fließmittel bes. Undecan–Eisessig verwendet, können, wie an mehreren Beispielen gezeigt wird, synthet. oder natürliche Triglyceride (I) papierchromatograph. getrennt werden. Zur Sichtbarmachung der I werden verschiedene neue Anfärbungs-Meth. empfohlen. Da die Zahl der nach der Chromatographie erhaltenen Flecke für jedes Fett typ. ist, die verschiedenen Fette aber zahlenmäßig recht unterschiedliche Flecke bilden, wird die Einführung der sog. Fleckzahl (FZ) als Charakteristikum natürlicher Fette vorgeschlagen. Die FZ von Butter z. B. beträgt 10, von Rüböl 7 u. von Olivenöl 3. — 16 Literaturangaben.
H. P. Fiedler. 7932□

Anwendung der Infrarot-Spektrographie auf dem Fettgebiet. 2. Mitt. **Quantitative Bestimmung trans-ungesättigter Fettsäuren in Gemischen mit cis-isomeren und gesättigten Verbindungen.** H. P. Kaufmann, F. Volbert und G. Mankel. (Fette, Seifen, Anstrichmittel **61,** 643—51, 1959; dt.) — 1. vgl. Fette, Seifen, Anstrichmittel **61,** [1959], 517. — Die vergleichende Prüfung verschiedener Meth. zur quant. Best. von trans-Monoensäure (Öl-, Elaidin-, Eruca- u. Brassidinsäure) u. ihrer Derivv. ergab, daß Gemische der Säuren in CCl_4 am günstigsten durch direkte Anwendung des Beerschen Gesetzes, die Ester dagegen in CCl_4 u. in KBr gepreßten Verbb. am besten nach dem Tangenten-Verf. IR-spektrophotometr. bestimmt werden können. Bei der Best. des Geh. an trans-Fettsäuren in Fetten wurde festgestellt, daß durch die Glyceridstruktur in einem Fett trans-Substanzen in z. T. beachtlicher Menge vorgetäuscht werden können, weshalb empfohlen wird, Glyceride vor der IR-spektrophotometr. Unters. mit Methanol umzuestern. — 36 Literaturangaben. H. P. Fiedler. 7936□

Aktiebolaget Kabie, Stockholm, übert. von: **John K. O. H. Holmberg,** Åkersberga, und **Clara A. G. Sellmann,** Stockholm, Schweden, *Anreicherung von Alkoxyglycerinestern.* (**Can. P. 570574** vom 4/12. 1956, ausg. 10/2. 1959. Schwed. Prior. 23/12. 1955. — **C. 1960,** 7718 [D. A. S. 1066308].)

H_{18a}. Holz. Cellulose. Zellstoff. Papier. Papierdruck. Celluloid. Linoleum

Canadian International Paper Co., Montreal, Quebec, Canada, übert. von: John L. Gardon, Levittown, Pa., V.St.A., und Bengt Leopold, Hawkesbury, Ontario, Canada, **Mikrokristalline, unschmelzbare, in wässerigen Alkalien lösliche Produkte** mit 65—85% C-Gehalt aus Ligninsulfonat. Aus Sulfitablauge wird bas. Ligninsulfonat mit überschüssigen Alkali- oder Erdalkalioxiden, -hydroxiden oder -carbonaten ausgefällt, der Nd. getrocknet u. auf 350—550° erhitzt. Die entstandenen Kristallite haben 20 Å Ø; durch Behandeln mit wss. Mineralsäuren werden sie aschefrei. — 1000 Liter Sulfitablauge mit 150 kg Feststoff-Geh. werden mit 25 kg CaO behandelt. Der Nd. wird nach dem Trocknen 1 Std. auf 400° erhitzt, nach dem Abkühlen in

2000 Liter W. aufgeschlämmt u. mit 47 kg SO_2 behandelt. Der Nd. wird filtriert, mit W. gewaschen u. bei 80° getrocknet; Ausbeute 50 kg. Durch das Calcinieren wird die SO_3H-Gruppe entfernt; der OH- u. OCH_3-Geh. nimmt ebenfalls ab bzw. beträgt bei 450° 0%. — Vgl. A. P. 2 934 531; C. **1961,** 10410. (**A. P. 2 977 352** vom 25/7. 1958, ausg. 28/3. 1961.) G. Krauß. 7967

American Cyanamid Co., New York, N.Y., übert. von: Anthony J. Gentile, Greenwich, und Clemmon Porter, Stamford, Conn., V.St.A., **Herstellung eines nichtfaserigen Cellulosefilms** aus regenerierter Cellulose mit gegen Wasserdampf dichten Eigg., dad. gek., daß der Film mit einer wss. Lsg. eines Amids oder Amins mit mindestens 6 Alkylenoxygruppen u. einem hydrophoben KW-Stoffsubstituenten imprägniert u. mindestens einseitig mit einem hydrophoben organ. Überzug versehen wird. Die Amid- oder Aminimprägnierung dient dabei als Weichmachungs- u. Verankerungsmittel für den Überzug. (**A. P. 2 980 554** vom 27/1. 1959, ausg. 18/4. 1961.) A. Gradl. 7971

Institute of Paper Chemistry, Appleton, übert. von: Kyle Ward jun., Appleton, Wis., und Jerrold A. Walecka, Westernport, Md., V.St.A., **Herstellung von Papier** mit verbesserter Festigkeit, dad. gek., daß im Stoffbrei die Hydroxylgruppen der Cellulosefasern bis zu einem Substitutionsgrad von weniger als 0,08 unter nichtalkal. Bedingungen durch hydrophile Reste (Phosphat-, Hydroxyalkyl- oder Carboxyalkylreste, worin die Alkylreste weniger als 3 C-Atome haben) ersetzt werden u. diese Fasern zu Papier verarbeitet werden. — Tabellen. (**A. P. 2 987 433** vom 10/11. 1955, ausg. 6/6. 1961.) A. Gradl. 7975

Institute of Paper Chemistry, Appleton, Wis., übert. von: Maija L. Murray, Dayton, Ohio, und Kyle Ward jun., Appleton, Wis., V.St.A., **Herstellung von Papier** mit verbesserter Reißfestigkeit u. Falzbeständigkeit, dad. gek., daß getrockneter Cellulosestoffbrei in feuchtigkeitsfreier Umgebung im Tauchverf. mit einem Gemisch aus Dimethylsulfoxid u. einer Monohalogenessig- oder Monochlorpropion- oder Monochlorbuttersäure behandelt wird, bis die Carboxyalkylierung der Cellulose nicht mehr als 0,08 beträgt, worauf der Stoff in üblicher Weise aufgeschlagen wird. (**A. P. 2 987 434** vom 9/9. 1958, ausg. 6/6. 1961.) A. Gradl. 7975

Albemarle Paper Mfg. Co., übert. von: Charles R. Outterson, Richmond, Va., V.St.A., **Flammfeste Ausrüstung für Papier,** dad. gek., daß das Papier mit einer Dispersion aus einer Paraffinwachs–Harz-Mischung in einer wss. Lsg. feuerhemmender Salze imprägniert wird, wobei die Paraffinwachs/Harz-Mischung die Wasserbeständigkeit der an sich wasserlösl. feuerhemmenden Salze im Papier bewirkt. (**A. P. 2 986 478** vom 29/10. 1958, ausg. 30/5. 1961.) A. Gradl. 7987

Armstrong Cork Co., Lancaster, übert. von: Alan K. Forsythe, Manor Township, Lancaster County, Pa., V.St.A., **Herstellung eines Linoleumbindemittels** auf der Grundlage eines Tallölesters (I), dad. gek., daß man einen teilweise veresterten **I** mit vorwiegendem Tallölfettsäure-Geh. in einem aliphat. KW-Stoff vom Kp. ca. 88 bis 460° löst u. die Lsg. bei 70—115° mit O_2 bläst. Hierbei bildet sich ein gelatinierter, oxydierter **I**, der isoliert wird. (**A. P. 2 985 535** vom 6/4. 1959, ausg. 23/5. 1961.) M. Böttcher. 7999

A/S Hunton Bruk (Erfinder: Thor Winge), *Flammfestes Holz.* **(Aust. P. 224 502 vom 2/7. 1957, ausg. 5/11. 1959. Norw. Prior. 18/7. 1956. — C. 1961, 18920 [Belg. P. 559 291].)**

Institut für Zellstoff und Papier Heidenau (Erfinder: Horst Schmidt), Deutschland, *Entfernung von Kieselsäure aus alkalischen Ablaugen.* **(UdSSR. P. 126 427** vom 9/1. 1959. — **C. 1960,** 10800 [D. A. S. 1 076 485].)

American Viscose Corp., V.St.A. (Erfinder: **Orlando A. Battista** und **Patricia A. Smith),** *Herstellung einer abgebauten Cellulose.* **(F. P. 1 194 486** vom 27/1. 1958, ausg. 10/11. 1959. A. Prior. 28/1. 1957. — **C. 1962,** 18323 [A. P. 2 978 446].)

Rohm & Haas Co., Philadelphia, Pa., übert. von: **Paul P. McLaughlin,** Moorestown, N.J., und **Walter W. Toy,** Philadelphia, Pa., V.St.A., *Papierüberzüge.* **(Can. P. 571 370** vom 19/9. 1956, ausg. 24/2. 1959. A. Prior. 17/10. 1955. — **C. 1962,** 3676 [D. A. S. 1 100 450].)

B. F. Goodrich Co., New York, N.Y., übert. von: **George L. Wheelock,** Akron, und **Gino P. Ferrini,** Ravenna, Ohio, V.St.A., *Dispersionen von Polymeren.* **(Can. P. 571 302** vom 24/11. 1955, ausg. 24/2. 1959. A. Prior. 1/12. 1954. — **C. 1959,** 1312 [A. P. 2 791 571].)

H_{18b}. Textilfasern

Hydrophilieren von synthetischen Fasern. Erich P. Frieser. (Chemiefasern **12,** 780–81, 1962; dt.) — Die Verff. zum *Hydrophilieren synthet. Fasern* beruhen in der Hauptsache auf der Anwendung von *Polyamidderivaten.* Hydrophiliermittel u. ihre Anwendung werden beschrieben. I. Beßer. 8036◇

Untersuchungen an Extrakten aus Faserstoffen. M. Rösch. (Melliand Textilber. **43**, 952—56, 1063—66, 1962; Krefeld, Chem. Fabrik Stockhausen & Cie., Textilchem. Labor.; dt.) — Verss. über die *Kalkseifenlöslichkeit* in organ. Lsgm. u. die Lösekraft einiger organ. Lsgm. gegen eingetrocknetes Polymerisat, das auf dem Appretursektor verwendet wird, werden durchgeführt. Das Verh. von Kieselsäurehydrosol auf *Fasern* bei der Extraktion wird untersucht. An *Färbebeispielen* wird festgestellt, daß die Annahme der Ablösung großer Farbstoffmengen u. eine dadurch bedingte Fälschung der Resultate von Faserauflage-Best. im wesentlichen eine opt. Täuschung sein dürfte. Die Beeinflussung des Extraktes durch verschiedene Lsgm. wird ausführlich beschrieben. CCl_4 u. A. ziehen aus *Wolle, Polyamid-* u. *Polyacrylonitril*-Fasern stark erhöhte Mengen an N-haltiger Substanz aus, die näher untersucht werden. I. Beßer. 8040◇

Zur Eigenschaftsbeeinflussung von Faserstoffen durch radioaktive Strahlen. 1. Mitt. Grundlagen und Literaturübersicht. Wolfgang Bobeth, Adolf Heger und Annelies Weihs. (Faserforsch. u. Textiltechn. **12**, 381—90, 1961; Dresden, TH, Inst. für Text.-Techn.; dt.) — *Strahlenarten* u. deren Wechselwrkg. mit Materie, der Einfl. energiereicher Strahlung auf organ. Polymere u. der Einfl. von γ- u. Neutronenstrahlung auf gebräuchliche *Textilien* wird beschrieben. I. Beßer. 8040◇

Zur Eigenschaftsbeeinflussung von Faserstoffen durch radioaktive Strahlen. 2. Mitt. **Vorläufige Untersuchungsergebnisse über Festigkeitsveränderungen.** Wolfgang Bobeth, Adolf Heger und Annelies Weihs. (Faserforsch. u. Textiltechn. **12**, 423—29, 1961; dt.) — Die Unters.-Ergebnisse an *Polyester-* (Trevira), *Polyamid-* (Dederon), *Polyacrylonitril-* (Dralon u. Wolcrylon) u. *Cellulosefasern* (Kupferseide u. Flachs) nach einer *Bestrahlung* im Forschungsreaktor Rossendorf mit Dosen von $7{,}4 \cdot 10^{15}$ u. 10^{17}nvt werden mitgeteilt. *Festigkeits-* u. *Dehnungs-Eigg.* werden bes. untersucht. An Hand der Literatur werden Dosisgrenzen für Bestrahlungs-Verss. für eine Reihe von Faserstoffen angegeben. I. Beßer. 8040◇

Darstellung und Charakterisierung von Natriumcellulose. Robert F. Schwenker jun., Tetsuo Kinoshita, Karin Beurling und Eugene Pacsu. (J. Polymer Sci. **51**, 185—98, 1961; Princeton, N.J., Text. Res. Inst.; engl.) — *Baumwolle* u. *Viscosereyoncellulose* werden in 20%ig. NaOH 15 Min. lang vorgequollen, mit CH_3COOH u. W. neutral gewaschen u. mit abs. A. getrocknet. Davon werden 3—6 g 2—4 Std. lang in 200 ml einer Lsg. von CH_3ONa in CH_3OH auf 70° bzw. Na-n-Butylat in n-Butanol auf 120° erhitzt. Die *Na-Cellulose* (A) wird zur Reinigung mit Alkoholen (B) extrahiert, wobei verzweigte B (tert.-Butanol) auf Grund ihrer geringeren Acidität weniger zur Zerstörung von A neigen als lineare B (n-Butanol, n-Octanol, n-Pentanol, CH_3OH). Die Verteilung von Na in A wird durch Methylieren von A mit CH_3J u. papierchromatograph. Trennung der Hydrolysen-Prodd. untersucht. In abnehmender Menge werden *Glucose, Mono-* (I), *Di-* u. *Tri-O-methylglucose* gefunden. I wird bevorzugt in 2- u. 6-Stellung substituiert, wie eine weitere Fraktionierung zeigt. Der Substitutionsgrad für A liegt zwischen 0,52 u. 1,72. U. Hutten. 8040◇

Einfluß von Ligninessigsäure auf die Verrottungsfestigkeit von Baumwollgarnen und Jutefasern. Rabia Khanum und Q. A. Ahmed. (Pakistan J. sci. ind. Res. **1**, 317—19, 1958; Dacca, East Pakistan, Univ., Dep. of Botany; engl.) — Nach Behandeln mit einer 2%ig. Lsg. von *Ligninessigsäure* (I) in A./W. (5 + 95 Vol.-%) werden *Jutefasern* (II) mit Sporen von *Chaetonium globosum* u. *Baumwollfasern* (III) mit *Memmoniella echinata* bestäubt. Die nach 2, 4 u. 6 Wochen gemessene *Reißfestigkeit* (R) wird bei III durch die I-Behandlung wenig, bei II merklich verbessert. Nach 6 Wochen beträgt die R bei II ohne I-Behandlung 16, mit I 48 u. die der nicht infizierten Probe ca. 91% des Ausgangswertes. R. Junge. 8042◇

Vorbereitung und Bleichen von Baumwollfasern. Kenneth S. Campbell. (Textilis [Gent] **18**, Nr. 4, 55—57, 1962; niederl.) — Verunreinigungen in rohen *Baumwollfasern*: 1,3 (%) Cellulose, 0,9 Eiweiß, 1,2 Pektin, 0,6 Asche, 0,8 organ. Säuren, 0,3 Kohlenhydrate, Spuren Pigmente, 0,9 andere Stoffe, deren Beseitigung u. Beschreibung der Struktur der Faser. W. Wesly. 8044◇

Die Cellulose-Butadiendiepoxid-Reaktion und ihr Einfluß auf die Knitterfestigkeit von Baumwolle. John B. McKelvey, Ruth R. Benerito, Beverly G. Webre und Ralph J. Berni. (J. Polymer Sci. **51**, 209—30, 1961; New Orleans, La., Southern Reg. Res. Labor., Southern Utilization Res. and Dev. Div., Agric. Res. Serv., U. S. Dep. of Agric.; engl.) — Vgl. C. **1963**, 1906. — *Butadiendiepoxid* (I) wird mit verschiedenen Katalysatoren unter verschiedenartigen Bedingungen bei Raum-Temp. an *Baumwollcellulose* (II) addiert. Langsame Addition von I aus unpolaren Lsgm. an alkalivorbehandelte Garne führt zu Gew.-Zunahmen, die der Aktivität der HO^- bei der Vorbehandlung sowie der Rk.-Zeit proportional sind. Langsame Addition von I aus CCl_4-Lsg. an mit verd. Alkali-, Neutralsalz- oder alkal. Salz-Lsgg. imprägnierten Baumwollgeweben gibt Gewebe mit guter *Trocken-* u. *Naßknitterfestigkeit*. Rasche Addition von I an Gewebe durch konz. Alkali oder erhöhte Temp. führt zu ausgezeichneter Naß-, aber keiner Trockenknitterfestigkeit. Die Rk. von I mit II wird durch H^+ nur wenig katalysiert, durch CH_3COOH überhaupt nicht. Mit H_2SO_4 wird bei Raum-Temp. eine mittelmäßige Naßknitterfestigkeit erzeugt. Mit *Zn-Fluoborat* entstehen aus Lsgg. von I in CH_3OH bei 75—125° bei Gew.-Zunahmen von <2% ausgezeichnete Naß- u. Trokkenknitterfestigkeiten. Wird die Naßknitterfestigkeit erhöht, so ändern sich die Zug-Eigg. nur wenig, während die Erhöhung der Trockenknitterfestigkeit zu einer Herabsetzung der Reiß- u. Bruchfestigkeit führt. Daraus wird auf der chem. Rk. parallel laufende physikal. Änderungen der Faserfeinstruktur geschlossen. Die Knitterfestigkeit wird einer intermol. kovalenten Vernetzung der OH-Gruppen der Glucoseeinheiten bes. an $C_{(2)}$ u. $C_{(6)}$, durch I zugeschrieben. Naßknitterfestigkeit allein wird auf ein Minimum an kovalenten Vernetzungen u. auf Hydroxycelluloseäther von I oder dessen Pfropfung zurückgeführt. U. Hutten. 8044◇

Beobachtungen mit der modifizierten Pauly-Reaktion auf Wolle. Ladislav Beníšek. (Textil [Praha] **16**, 353—54, 1961; Brno, Výzk. ústav vlnařský; tschech.) — An 68 Wollmustern, die unterschiedlich vorbehandelt wurden, werden die Pauly-Rk. u. 2 Modifikationen dieser Rk. ausgeführt; die Anfärbung wird opt. beurteilt. Die Wollbeeinflussung wird gut erkannt, jedoch ist kein Schluß auf die Art der Schädigung möglich. W. Bernard. 8060◇

Untersuchungen über Kaninchenhaare. 17. Mitt. Alterungseinfluß auf die mechanischen Eigenschaften gebeizter Haare. Sakio Ikeda und Saburo Okajima. (J. Soc. Textile Cellulose Ind., Japan [Sen-i Gakkaishi] **13**, 541—46, 1957; Tokyo, Metropol. Univ., Fac. of Technol.; jap., Auszug: engl.) — 16. vgl. C. **1961**, 15613. — *Angorakaninchenhaare* werden 30 Min. lang in eine 1,8 (%) $Hg(NO_3)$ u. 3,6 HNO_3 enthaltende Lsg. getaucht, ausgewrungen, 30 Min. lang bei 95° getrocknet u. 3—12 Monate lang bei 35 ± 1° *gealtert*. Die mechan. Eigg. der Haare ändern sich nach >3 Monaten; die nach 3—12 Monaten aufgetretenen Änderungen sind statist. zu vernachlässigen. Wenn die Haare nach dem Waschen gealtert werden, ist keine Alterungs-Wrkg. feststellbar. W. Wesly. 8066◇

Eine neue Methode zur Konservierung von Schaffellen für Pelze. I. I. Panjukin, Je. W. Gajewoi und A. N. Maschkow. (Leder- u. Schuhwaren-Ind. [UdSSR] **4**, 30—32, Nov. 1962; russ.) — 2 Verff. werden vorgeschlagen: 1. 8std. Wässern in 8 bis 10 (g/Liter) Formalin, 3—4 Hyposulfit u. 312 NaCl, Temp. 18°; 2. Bestreichen der Fleischseite der Felle mittels Bürste mit einer Lsg. von 100—125 Formalin, 25—50 Hyposulfit, 100—200 NaCl. Verbrauch pro Fell ca. 0,5 Liter. Die Anzahl der Mikroben an nach obigem Verf. konservierten Fellen macht nur einen geringen Bruchteil derselben an nach dem vorgeschriebenen Konservierungs-Verf. in Salzlake aus. J. v. Schroeder. 8066◇

Untersuchungen über die Behandlung von Seidenfasern mit Diazomethan. 1. Mitt. **Über Synthese und Wahl des Lösungsmittels für Diazomethan.** Tsunehiko Kuwamura, Yoshio Nakamura und Michiharu Negishi. (J. Soc. Textile Cellulose Ind., Japan [Sen-i Gakkaishi] **13**, 547—52, 1957; Kirgu, Japan, Gunma Univ., Fac. of Engng.; jap., Auszug: engl.) — Das Verf. von Boer u. Backer (Recueil Trav. chim. Pays-Bas **73**, [1954], 229) ist anderen Verff. zur Synth. von Diazomethan (**I**) überlegen. Als Lsgm. eignet sich Aceton (**II**) an Stelle von Äther. In wasserfreiem **II** ist **I** stabiler als in anderen Lsgm., in **II** läßt sich *Seide* ebensogut wie in Ae. *methylieren*. W. Wesly. 8068◇

Untersuchungen über den Zellstoff für hochwiderstandsfähige Viscoseseide. G. Centola. (Celuloza si Hîrtie **10**, 304—08, 1961; Milano, Staţ. Exper. pentru Celuloză, Hîrtie şi Fibre Text.; rum.) — Aus Vers.-Ergebnissen wird gefolgert, daß die Auflösungs-Geschw. u. die Einheitlichkeit von in Xanthogenat umgewandeltem Zellstoff, die wichtigsten Faktoren beim Viscosespinnen darstellen. H. Guischard. 8074◇

Untersuchung über das Spinnen von Viscose. 1. Mitt. Modelluntersuchung des Viscoseflusses. 2. Mitt. Die Adhäsionskraft von Viscose zur Düsenoberfläche. Iwao Kawamura und Michio Isshi. (J. Soc. Textile Cellulose Ind., Japan [Sen-i Gakkaishi] **14**, 364—73, 1958; Tsuruga, Japan, Toyo Spinning Co., Ltd., Tsuruga Rayon Plant; jap., Auszug: engl.) — Der Einfl. der *Düsenform* auf das *Fließen* von *Viscose* (**A**) — teils auch von W. — wird untersucht. Der Korrekturfaktor C der modifizierten Bernoulli-Gleichung läßt sich aus „Gestaltfaktor" A u. „Äquivalentlänge" α durch die Beziehungen $C = mu + b$; $m = A + B$; $\log b = \alpha + \beta$ bestimmen. Aus den Berechnungen von C geht hervor, daß die Grenzfläche **A**/Koagulations-Fl. (**B**) um so leichter in die Spinndüse wandert, je weniger kon. die Düsenbohrung ist. — Zur Messung der

Adhäsionskraft (Ad) zwischen **A** u. Glas oder Pt werden 2 durch **A** verbundene u. in **B** oder **A** getauchte Platten durch Zug parallel zur Kittfläche voneinander getrennt. Die Ad sinkt mit wachsender H_2SO_4-Konz. u. steigt mit wachsender Na_2SO_4- oder $ZnSO_4$-Konzentration. Oberflächenakt. Substanzen (**C**) sind teils unwirksam, teils verursachen sie sowohl in **B** als auch in **A** ein Sinken der Adhäsionskraft. Na_2S u. Na_2CS_3 können die Wrkg. von **C** in beiden Richtungen beeinflussen. R. Junge. 8074◇

Über das Ziehverhältnis und das Schrumpfverhalten von Polyvinylalkoholfasern. Hiroshi Furuya. (J. Soc. Textile Cellulose Ind., Japan [Sen-i Gakkaishi] **13**, 528—32, 1957; Yokohama, Japan, Text. Res. Inst. of Japan Government; jap., Auszug: engl.) — Isotrop. *Polyvinylalkoholfasern* werden in verschiedenen Medien gedehnt u. *Zugfestigkeit* u. *Dehnung* der gedehnten Fasern in trockenem u. feuchtem Zustand ermittelt. In allmählich erhitztem W. tritt Schrumpfung auf. Die Änderungen der Faserlänge im Erweichungs- u. Löslichkeitspunkt werden aus der Standardlänge berechnet. Der Erweichungspunkt wird als der Punkt angesehen, bei dem der Elastizitätsmodul sehr klein wird. W. Wesly. 8080◇

Das viscoelastische Verhalten von orientierten Polyvinylalkoholfasern bei hohen Dehnungen. Roy C. Laible und Henry M. Morgan. (J. Polymer Sci. **54**, 53—63, Sept. 1961; Natick, Mass., U.S. Army Quartermaster Res. and Engng. Command; Dedham, Mass., Fabric Res. Labor. Inc.; engl.) — Die *viscoelast. Spektren* von orientierten *Polyvinylalkohol*-Fasern, bestehend aus 200 Einzelfasern mit einem Gesamttiter von 1200 Denier, werden bei Dehnungen von 2, 5 u. 8% bestimmt. Aus Verss. mit konst. Verformungs-Geschw. von 20 bis $2 \cdot 10^{-6}$% pro Min. werden die Relaxationsparameter bestimmt. Die Höhe des Relaxationsspektrums nimmt mit wachsender Verformungs-Geschw. bis zur krit. Geschw. zu. W. Schmieder. 8080◇

Über die Polyacrylnitrilfasern. Olof Sundén. (Österr. Chemiker-Ztg. **62**, 162 bis 173, 1961; Stockholm, Stockholms Superfosfat Fabriks AB; dt.) — *Übersicht* über Eigg., Rohstoff, Entw. der Polymerisation, Polymeren-Zus., Entw. der Färbbarkeit, Struktur der Polymerisate, Faserverspinnung, Faden-Bldg.-Prozeß, antistat. Präparierung u. die Eigg. der heutigen *Acrylfasern*. Produktions-Entw. u. Marktstruktur werden beschrieben. I. Beßer. 8080◇

Verstrecken der Polyamidfaser „Chemlon" ohne Vorzwirnen und Einfluß dieses Prozesses auf die Faserqualität. Mikuláš Lednický. (Textil [Praha] **16**, 347—48, 1961; Humenné, Chemko, n.p.; slowak.) — Durch Verstrecken von *Polyamidfasern* können auch ohne vorheriges Verzwirnen beachtliche Faserverbesserungen erreicht werden. W. Bernard. 8080◇

Die Schädigung der Polyamidfasern in Perboratlösungen. A. Engeler und W. Schefer. (Textil-Rdsch. [St. Gallen] **16**, 4—10, 1961; St. Gallen, EMPAC, Chem. Fachlabor.; dt.) — Unterss. über die zu erwartenden *Faserschädigungen* bei der *Sauerstoffkochwäsche* werden durchgeführt. Vers.-Material u. Behandlungsstufen werden aufgeführt. Die Veränderung von Zugfestigkeit u. Bruchdehnung wird an *Polyamid 6*, *Polyamid 6,6* u. *Polyamid 6,10* betrachtet. Der Einfl. der Faserfeinheit u. von Cr- u. Mn-Salzen wird untersucht. Prüf-Verff. u. Ergebnisse der Veränderungen im viscosimetr. Molgew., in Endgruppen u. Wasser-Geh. werden beschrieben. Der Einfl. der Zers.-Geschw. von Na-Perborat auf die Faserschädigung wird bestimmt. I. Beßer. 8080◇

Die Chemie von Spandex-Fasern. R. W. Moncrieff. (Textile Manufacturer **88**, 404, 1962; engl.) — Spandex ist ein Gattungsname wie Nylon. Die Fasern werden von der Federal Trade Commission als solche definiert, deren faserbildende Substanz ein Hochpolymeres ist, das zu 85% aus Polyurethan besteht. Die genaue Konstit. ist nicht bekannt. Es wird angenommen, daß die Synth. des zu verspinnenden Polymeren in 4 Stufen vor sich geht, die beschrieben werden, wobei auch Vernetzung u. Blockpolymerisation eintreten. L. Jentgen. 8080◇

Entwicklungen bei Terylene/Wollmischungen in der Kammgarn- und Streichgarnindustrie. D. S. Buck. (Textile Manufacturer **88**, 400—03, 1962; I.C.I. Ltd., Fibres Div., Techn. Serv. Dep.; engl.) — Als Neuentw. wird beim Spinnen die Verarbeitung von Terylene-Kabeln auf verschiedenen Konvertern aufgeführt. Beim Weben werden Hinweise über Faserfeinheit, Garnnummer, Garndrehung, Gewebekonstruktion u. Ausrüstung zum Vermeiden des Pillens gegeben. Eine Walkausrüstung wird beschrieben, die fülligere Gewebe liefert. Verschiedene Gewebekonstruktionen, bes. auch für Streichgarnstoffe u. Jerseys, werden angegeben. L. Jentgen. 8080◇

Eingriffsmöglichkeiten in die Struktur der Polyesterfaser und ihre Auswirkungen auf Gewebeentwicklung und coloristische Eigenschaften. H. Grunewald. (Melliand Textilber. **43**, 48—53, 1962; Hoechst, Farbwerke AG, Anwendungstechn. Abt. Farben;

dt.) — Möglichkeiten zur Verhinderung des Herausarbeitens von Fasern aus dem Gewebe, die Herabsetzung der Faserfestigkeit u. Veränderungen im Gange der Faser-Herst. u. Ausrüstung werden beschrieben, wodurch die Eigg. von *Polyesterfasern* so verändert werden, daß Fasern mit geringer Pillneigung u. anderem färber. Verh. entstehen. Die *Färbbarkeit* der neuen Polyesterfaser-Typen *Vacrom 64* u. *Trevira WA*, werden besprochen. Neue Einsatzmöglichkeiten der Polyesterfasern werden erwähnt. I. Beßer. 8080◇

Messung der Änderung der Doppelbrechung von Terylen nach der Fixierung. Rudolf Mareš. (Textil [Praha] **16**, 351—52, 1961; Brno, Výzk. ústav pletařsky; tschech.) — Durch Labor.-Verss. wird *Terylen* bei 100—240° in Intervallen von 20° *thermofixiert*. Bei 160° zeigt die Faser die stärkste *Doppelbrechung*, die geringste Farbstoffaffinität u. J_2-Absorption. Ober- u. unterhalb von 160° fällt die Doppelbrechung u. steigen die Farbstoffaffinität u. J_2-Absorption an. W. Bernard. 8080◇

Kristallinität von Saran. 2. Mitt. Nach dem Röntgenbeugungsverfahren bestimmte Kristallinität. Yoshio Tsunoda, Itsuho Aishima und Kenichi Katayama. (Chem. high Polymers [Tokyo] **16**, 491—94, 1959; Miyazaki, Asaki-Dow Ltd.; jap., Auszug: engl.) — 1. vgl. Chem. high Polymers [Tokyo] **16**, [1959], 413. — Beim *Röntgenbeugungsbild* von *Saran*-Fasern ist es unmöglich, genau zwischen krist. u. amorphem Anteil zu unterscheiden. Um Fehler infolge Faserorientierung auszuschalten, werden fein geschnittene Proben in ungeordneter Verteilung, jedoch senkrecht zum Strahl angeordnet. Dabei zeigt die nicht wärmebehandelte Faser eine *Kristallinität* C von 25,4%, die durch Strecken bis zu einem maximalen Dehnungsverhältnis von 30,6% ansteigt. C steigt mit Zunahme der relativen Streckung langsam, rasch aber mit der Zunahme der Temp. des Abkühlungsbandes. Das l. c. auf Grund der Dichte benutzte Verf. u. das vorliegende stimmen im Ergebnis darin überein, daß sich C mit den Bedingungen der Auspressung u. der Wärmebehandlung ändert. L. Schuler. 8080◇

Änderung der Mikrostruktur von Saran beim Schmelzspinnen. 4. Mitt. Kristallisationsgeschwindigkeit von Saran. 1. Mitt. Einfluß der Kristallisationstemperatur. Yoshio Tsunoda, Itsuho Aishima, Hisaya Sakurai und Hideo Fusauchi. (Chem. high Polymers [Tokyo] **16**, 495—98, 1959; Miyazaki, Asaki-Dow Ltd.; jap., Auszug: engl.) — Die *Kristallisations-Geschw.* (KG) von geschmolzenem *Saran* (**I**) beim Auspressen durch die Spinndüsen wird durch die Auspreßbedingungen bestimmt. Nach dem Verf. mit dem Dichtegradientenrohr wird die KG in Abhängigkeit von der *Temp.* ermittelt. Die KG-Konst. k nimmt mit sinkender Temp. ab; auch die Induktionsperiode τ_i der Kristallisation ist von der Temp. abhängig: bei ca. 80—90° beträgt τ_i <1 Sek., in guter Übereinstimmung mit dem Wert von Boyer [1954]. Im Diagramm zwischen log τ_i u. 1/T erscheint bei ca. 15° ein Knick in der Kurve. Bei $<15°$ nimmt τ_i rasch zu. Dies stimmt überein mit dem 2. Umwandlungspunkt von **I**. Bei amorphem **I** aber zeigt sich in der Beziehung zwischen spezif. Vol. u. Temp. kein Anzeichen dieses Punktes. L. Schuler. 8080◇

Eine mineralische Faser der Textilindustrie: Asbest. Pavel Klimt. (Textil [Praha] **16**, 331—32, 1961; Zvěřínek, České závody gumárenské, n.p. závod Asbestos; tschech.) — Die Arten u. technolog. *Verarbeitung* von *Asbest* werden besprochen. W. Bernard. 8090◇

Über den derzeitigen Stand der qualitativen und quantitativen Faseranalyse. K. Vogler. (Textil-Rdsch. [St. Gallen] **17**, 547—59, 1962; St. Gallen, Eidg. Materialprüfungs- u. Vers.-Anstalt, Hauptabt. C; dt.) — Eine Übersicht über Verff. zur *Unters.* von *Fehler-* u. *Schadenerscheinungen* in *Textilien* zur Aufklärung der Ursache u. Trennung von Faserkomponenten aus Mischungen, um daraus weitere physikal. u. chem. Prüfungen vornehmen zu können, wird gegeben. I. Beßer. 8100◇

Die Prüfung und Kontrolle der Ermittlung von Fasermischungen. H. A. Thomas. (Textil-Rdsch. [St. Gallen] **17**, 541—47, 1962; London, Courtaulds Ltd.; engl.) — Eine Übersicht über die Faktoren, die für die *Ermittlung* u. die laufende *Kontrolle* der *Gebrauchstüchtigkeit* von *Textilien* aus *Fasermischungen* zu berücksichtigen sind, wird gegeben. Die „Bocking Tetrapod Walker Maschine" für die Prüfung der Scheuerfestigkeit von Teppichen wird beschrieben. Tabellar. wird die Scheuerfestigkeit verschiedener Teppichtypen in verschiedenen Einstellungen, Fasermischungen u. Flächen-Gew. verglichen. Auf die qual. Best. von Reyon neben Baumwolle, die auf der Verw. von Zinkat beruht, wird hingewiesen. I. Beßer. 8100◇

Die Trennung von $2^1/_2$-Acetat-, Triacetat- und PVC-Faserstoffen. Joachim Reif. (Dtsch. Textiltechn. **12**, 603—04, 1962; Karl-Marx-Stadt, Forsch.-Inst. für Text.-Technol., Chem.-Labor.; dt.) — Mit $HCON(CH_3)_2$/A. (2:1) lassen sich *2½-Acetatfaserstoffe* quant. von *Triacetatfasern* abscheiden. *PC-Faserstoffe* werden von Acetatfasern entweder durch Hydrolyse mit konz. Mineralsäuren (Rückstand ist PC) oder durch Behandlung mit Toluol (Rückstand sind Acetatfasern) getrennt. Für die Trennung eines Gemisches aller 3 Komponenten wird zunächst mit Toluol bei Zimmer-Temp. u. dann mit $HCON(CH_3)_2$/A. (2:1) behandelt. Die Korrekturfaktoren der Meth. werden angegeben. I. Beßer. 8100◇

Die Bestimmung der Knickbruchbeständigkeit an Einzelfasern im Hinblick auf das Pillverhalten von Textilien. Karl H. Grünewald. (Chemiefasern **12,** 853—60, 1962; Hoechst, Farbwerke; dt.) — Unterss. an verschiedenen Fasern aus *Polyäthylenterephthalat* werden durchgeführt, von denen die *Pillneigung* der aus ihnen hergestellten Gewebe mit einem Pillingprüfgerät u. im Trag-Vers. ermittelt worden ist. Zur Best. der *Knickbruchbeständigkeit* werden mehrere Geräte erprobt. Bei allen Geräten zeigen die Messungen, daß mit abnehmender Knickbruchbeständigkeit der Fasern auch die Pillneigung der daraus hergestellten Gewebe abnimmt. Eine Beziehung zwischen Knickbruchbeständigkeit, Faserbelastung bei der Prüfung u. Einzelfasertiter wird festgestellt, die erlaubt, auch Fasern verschiedener Titer miteinander zu vergleichen. Für die Best. der Knickbruchbeständigkeit wird ein einfach anzuwendendes Gerät vorgeschlagen. I. Beßer. 8100◇

Halbautomatische Messung des Knittererholungswinkels von Geweben. Herwig Klauer. (Chemiefasern **12,** 861—62, 1962; Höchst, Farbwerke; dt.) — Aufbau u. Arbeitsweise eines App. zur *halbautomat. Best.* des *Knittererholungswinkels* von *Textilien* werden beschrieben. Durch photoelektr. Abtastung des Knittererholungsvorganges in Verbindung mit einer Nachlaufsteuerung unter weitgehender Vermeidung von Schwerkraft-Einfl. kann der Knittererholungswinkel gleichzeitig an einer größeren Anzahl von Stoffproben gemessen werden. I. Beßer. 8100◇

Versuche über die Substantivität von Alkylphosphaten gegenüber Textilien durch Anwendung radioaktiv markierter Verbindungen. Hans Zeidler und Herbert Schiedewitz. (Faserforsch. u. Textiltechn. **12,** 390—95, 1961; Karl-Marx-Stadt, Forsch.-Inst. für Text.-Technol.; VEB Fettchemie; dt.) — Mit ^{32}P-markiertem P_2O_5 wird ein Gemisch aus *Alkylphosphat* u. *Triäthanolaminphosphat* hergestellt. Durch selektive Adsorption des Alkylphosphates an *Polyacrylonitril* können Mikromengen des hergestellten Gemisches getrennt werden. Mit Lsgg. der markierten Substanz wird in Abhängigkeit von der Konz., Einw.-Zeit, Temp. u. verschiedenen Zusätzen ermittelt, welche relative Mengen *Wolcrylon* u. *Lanon* u. *Dederon* aus wss. Lsgg. adsorbieren. Alkylphosphat verhält sich indifferent gegenüber Cellulosefasern u. Materialien aus Polyvinylchlorid, es besitzt Substantivität zu Materialien aus Dederon, Lanon u. Wolcrylon. I. Beßer. 8116◇

E. I. du Pont de Nemours & Co., Wilmington, Del., übert. von: Robert D. Euler, Waynesboro, Va., V.St.A., **Herstellung von Polyacrylnitrilfäden** mit gleichmäßigem, rundem Querschnitt. Man spinnt eine auf 130—145° erhitzte Lsg. des Polymeren in Dimethylformamid (I) in eine Spinnkammer, deren Atmosphäre (z. B. aus 87% N_2 u. 13% CO_2 bestehend) mit **I** gesätt. ist u. eine Temp. von 165—205° besitzt. Anschließend führt man die Fäden durch eine 2., von Lsgm.-Dämpfen freie Kammer, in welcher eine Temp. von 50—100° herrscht, u. verstreckt sie in üblicher Weise. (**A. P. 2 975 022** vom 20/5. 1958, ausg. 14/3. 1961.) F. Böhm. 8081

E. I. du Pont de Nemours & Co., Wilmington, übert. von: Gelu Stoeff Stamatoff, Newark, Del., V.St.A., **Ein Bis-phenolpolyoxalat** wird hergestellt durch Erhitzen von Bis-(4-hydroxyphenyl)-2.2-propan u. einem Diaryloxalat auf 250—325°. Das Rk.-Prod. ist in Chlf. lösl. u. dient zur Herst. von *Filmen, Fäden.* (**A. P. 2 989 501** vom 27/2. 1958, ausg. 20/6. 1961.) F. Koch. 8081

Celanese Corp. of America, New York, N.Y., übert. von: Robert G. Linville, Summit, Robert J. Osborne, Scotch Plains, und Charles L. Smart, Millington, N.J., V.St.A., **Zur Herstellung von Fäden geeignete Polyester** erhält man durch Kondens. eines Glykoldicarbonsäureesters in Ggw. eines Zn-Salzes einer Fettsäure (Zn-Acetat) als Katalysator unter Zusatz von Mg- oder Ca-Hypophosphit als Inhibitor u. ggf. eines Organophosphins, z. B. Triphenylphosphin. (**A. P. 2 989 499** vom 15/4. 1958, ausg. 20/6. 1961.) F. Koch. 8081

Union Carbide Corp., übert. von: Christian F. Horn, New York, N.Y., Fritz Hostettler, Charleston, und Nelson R. Eldred, South Charleston, W.Va., V.St.A., **Alkylen- und p-Xylylendisulfonylcarbonsäuren und ihre Ester** der allg. Formel $R'(SO_2RCOOX)_2$ (R = Alkylen mit 3—6 C-Atomen; R' = Alkylen mit 2—10 C-Atomen, p-Xylylen; X = H, niedermol. Alkyl) werden hergestellt durch Rk. von $R'Cl_2$ mit einem Salz von HSRCOOX oder durch Rk. von $R'(SH)_2$ mit ClRCOOX u. anschließende Oxydation u. ggf. Veresterung. — 127 (g) 1.4-Dichlorbutan u. 228 Thioharnstoff kocht man in 250 ml W. 8 Std. lang, gibt langsam 180 NaOH in 250 ml W. zu u. kocht 6 Std. lang unter Rückfluß, trennt ab u. dest. → 98 1.4-Dimercaptobutan; n_D^{30} 1,5247. 25 der vorst. Verb. löst man in 150 ml 80% ig. wss. A., der 16,5 NaOH enthält, gibt 250 ml Diäthylenglykoldibutyläther zu, dest. W. u. A. ab, gibt bei 190—210° 50 Butyrolacton zu u. hält 24 Std. auf dieser Temperatur. Dann filtriert man, löst das Filtrat in W. u. säuert an → 29 4.4'-(Tetramethylendithio)-dibuttersäure (I), F. 99° (aus Bzl.). 1024 I auch aus 613 4-Chlorbuttersäure ($Kp._{3,5}$ 83°; n_D^{30} 1,4472) u. 419 Thioharnstoff über 419 4-Mercaptobuttersäure. Zu 36 I in 250 ml W., die 10 NaOH enthalten, tropft man bei 45° Peressigsäure, wobei man den pH-Wert auf 6—7 hält. Man rührt noch 1 Std. lang nach, bringt dann auf pH 1 → 38 *4.4'-(Tetramethylendisulfonyl)-dibuttersäure*, F. 220° (aus Dimethylformamid = DIMFA); *-dimethylester*, $C_{14}H_{26}O_8S_2$, F. 134°. — Analog: p-Xylylendimercaptan (F. 46—47°) oder α.α'-Dichlor-p-xylol → 4.4'-(p-Xylylendithio)-dibuttersäure, F. 122° (aus Aceton). 22 der vorst. Verb. mit CH_3OH u. Peressigsäure → 21 *4.4'-(p-Xylylendisulfonyl)-dibuttersäuredimethylester*, $C_{18}H_{26}O_8S_2$, F. 188° (aus Dioxan). — 6-Mercaptovaleriansäure u. 1.2-Dichloräthan → 5.5'-(Äthylendithio)-divaleriansäure (II) [75% (Ausbeute); F. 104—105° (aus Essigester)], hieraus II-Dimethylester, $Kp._{45}$ 196 bis 197°; n_D^{30} 1,4986; 79%; aus vorst. Verb. mit Peressigsäure → *5.5'-(Äthylendisulfonyl)-divaleriansäuredimethylester*, $C_{14}H_{28}O_8S_2$, F. 154—156° (aus Dioxan); 93%. — *5.5'-(p-Xylylendisulfonyl)-divaleriansäuredimethylester*, $C_{20}H_{30}O_8S_2$, F. 173—175,5° (aus Dioxan); 85%; aus 5.5'-(p-Xylylendithio)-divaleriansäure (III), F. 118,5—120° (aus Aceton); 81%; über III-Dimethylester, F. 39—41°; 95%. — *6.6'-(Äthylendisulfonyl)-dicapronsäuredimethylester*, $C_{16}H_{30}O_8S_2$, F. 138—140° (aus Dioxan); 97%; aus 6.6'-(Äthylendithio)-dicapronsäure (IV), F. 120—122° (aus W.); 90%; über IV-Dimethylester, $Kp._{0,4}$ 217 bis 219°; n_D^{30} 1,4952; 89%. — *6.6'-(Trimethylendisulfonyl)-dicapronsäuredimethylester*, $C_{17}H_{32}O_8S_2$, F. 150—151°; 92%; aus 6.6'-(Trimethylendithio)-dicapronsäure (V), F. 95 bis 98° (aus Aceton/Essigester); 73%; über V-Dimethylester, $Kp._{0,6-0,65}$ 208—212°; 88%. — *6.6'-(Tetramethylendisulfonyl)-dicapronsäuredimethylester*, $C_{18}H_{34}O_8S_2$, F. 129° (aus CH_3OH/Dioxan), aus 6.6'-(Tetramethylendithio)-dicapronsäure, F. 105° (aus Bzl.), über *6.6'-(Tetramethylendisulfonyl)-dicapronsäure*, F. 199°. — *6.6'-(Pentamethylendisulfonyl)-dicapronsäuredimethylester*, $C_{19}H_{36}O_8S_2$, F. 132—133,5°; 100%; aus 6.6'-(Pentamethylendithio)-dicapronsäure (VI), F. 106—107° (aus Aceton); 86%; über VI-Dimethylester, F. 38—39,5° (aus CH_3OH); 71%. — *6.6'-(Hexamethylendisulfonyl)-dicapronsäuredimethylester*, $C_{20}H_{38}O_8S_2$, F. 124—125° (aus Dioxan/Aceton); 100%; aus 6.6'-(Hexamethylendithio)-dicapronsäure (VII), F. 108—109,5° (aus CCl_4); 91%; über VII-Dimethylester, F. 39—40°; 100%. — *6.6'-(3-Methylpentamethylendisulfonyl)-dicapronsäure*, $C_{18}H_{34}$·O_8S_2; 100%. — *-dimethylester*, F. 79—82° (aus CH_3OH); 44%; aus 6.6'-(3-Methylpentamethylendithio)-dicapronsäure, F. 111—113° (aus CH_3CN). — *6.6'-(Dekamethylendisulfonyl)-dicapronsäure*, $C_{22}H_{42}O_8S_2$, F. 184—186° (aus DIMFA); 90%; *-dimethylester*, F. 128,5—130° (aus CH_3CN); 91%; aus 6.6'-(Dekamethylendithio)-dicapronsäure (VIII), F. 113,5—115° (aus CH_3CN); 83%; über VIII-Dimethylester, F. 53—54° (aus CH_3OH); 79%. — *6.6'-(p-Xylylendisulfonyl)-dicapronsäuredimethylester*, $C_{22}H_{34}O_8S_2$, F. 163°. — *4.4-(Dekamethylendisulfonyl)-dibuttersäure*, $C_{18}H_{34}O_8S_2$, F. 204,5—206° (aus DIMFA); 81%; *-dimethylester*, F. 130—132°,5 (aus Dioxan). — Verw. für *hochschmelzende u. leicht anfärbbare Textilfasern*. **(A. P. 2 969 387** vom 7/10. 1957, ausg. 24/1. 1961.)

A. Debo. 8081

Union Carbide Corp., übert. von: Fritz Hostettler, Charleston, und Nelson R. Eldred, South Charleston, W.Va., V.St.A., **Alkylendisulfonyldibenzoesäuren** u. ihre Ester der allg. Formel $R(SO_2C_6H_4COOX)_2$ (R = gesätt. Alkylenreste; X = H, Alkyl) werden hergestellt durch Rk. von RCl_2 mit einem p-Methylthiophenolat, Oxydation der Dithio-Verb. mit Peressigsäure zur Disulfonyl-Verb., die dann mit CrO_3 zur Alkylendisulfonyldibenzoesäure oxydiert u. ggf. verestert wird. — Zu 139 (g) p-Methylthiophenol u. 45 NaOH in 350 ml 75% ig. wss. A. gibt man bei 70° langsam 1.4-Dichlorbutan, kocht 5 Std. lang unter Rückfluß u. filtriert nach dem Abkühlen. Das Filtrat extrahiert man mit Aceton → 139 4.4'-(Tetramethylendithio)-ditoluol, F. 63° (aus A.). 50 der vorst. Verb. in 300 ml Aceton versetzt man bei 45—50° mit überschüssiger Peressigsäure in Aceton → 52 4.4'-(Tetramethylendisulfonyl)-ditoluol, F. 149°; hieraus mit CrO_3 in Essigsäure u. Veresterung mit Benzotrichlorid u. Methanol → *4.4'-(Tetramethylendisulfonyl)-dibenzoesäuremethylester*, $C_{20}H_{22}O_8S_2$, F. 201° (aus Dioxan). — Analog erhält man über 4.4'-(Hexamethylendithio)-ditoluol (95% Ausbeute, F. 64—65° aus Methanol) u. 4.4'-(Hexamethylendisulfonyl)-ditoluol (95%, F. 147—149° aus Aceton) → *4.4'-(Hexamethylendisulfonyl)-dibenzoesäure*, 66%, F. 293—306°, *Methylester*, $C_{22}H_{26}$·O_8S_2, 45%, F. 189° (aus Acetonitril). — *Zwischenprodd.* für hochschmelzende u. leicht färbbare *Textilfasern*. **(A. P. 2 970 167** vom 7/10. 1957, ausg. 31/1. 1961).

A. Debo. 8081

J. R. Geigy Akt.-Ges., Basel, Schweiz, *Herstellung von Aminobenzoesäurederivaten.* (**Oe. PP. 208 844** u. **208 845** vom 23/12. 1958, ausg. 25/4. 1960, **209 328** vom 23/12. 1958, ausg. 25/5. 1960, **210 877** u. **210 878** vom 23/12. 1958, ausg. 25/8. 1960. Alle Schwz. Prior. 24/12. 1957. — C. **1962**, 13628 [F. P. 1 224 090].)

American Cyanamid Co., New York, N.Y., übert. von: **Louis J. Moretti**, Somerville, N.J., und **William N. Nakajima**, New York, N.Y., V.St.A., *Behandlung von Textilien.* (**Can. P. 571 321** vom 24/1. 1956, ausg. 24/2. 1959. A. Prior. 18/3. 1955. — C. **1961**, 10799 [A. P. 2 922 726].)

Rohm & Haas Co., V.St.A. (Erfinder: **George Alvin Richter jun.** und **Thomas Walton jun.**), *Herstellung von Fasern und Folien.* (**F. P. 1 172 599** vom 14/2. 1957, ausg. 12/2. 1959. A. Prior. 14/2. 1956. — C. **1962**, 18326 [E. P. 853 483].)

United States Rubber Co., V.St.A. (Erfinder: **Robert Charles Kohrn, David George Piovin** und **Francis Lawrence Bliven**), *Herstellung synthetischer Fäden.* (**F. P. 1 185 093** vom 23/10. 1957, ausg. 29/7. 1959. A. Prior. 15/11. 1956. — C. **1962**, 18328 [E. P. 847 673].)

Montecatini Soc. Gen. per l'Industria Mineraria e Chimica, Mailand, Italien, *Herstellung färbbarer Polymer-Fasern.* (**It. P. 545 417** vom 20/9. 1954. Zusatz zu It. P. 521 883; C. 1953, 4571. — C. **1959**, 10767 [F. P. 68 204].)

B. F. Goodrich Co., V.St.A. (Erfinder: **James John Shipman** und **Gerald Lee Smith**), *Herstellung von Lösungen von Vinylidencyanidmischpolymeren.* (**F. P. 1 188 592** vom 14/11. 1957, ausg. 23/9. 1959. A. Prior. 19/11. 1956. — C. **1962**, 18327 [E. P. 854 953].)

Montecatini Soc. Gen. per l'Industria Mineraria e Chimica, Mailand, Italien, *Herstellung von färbbaren Polyacrylnitrilfäden.* (**It. P. 544 920** vom 20/9. 1954. Zusatz zu It. P. 521 884; C. 1963, 4571. — C. **1959**, 10767 [F. P. 68 205].)

Imperial Chemical Industries Ltd., London, übert. von: **Winston Costain**, Manchester, Lancashire, England, *Terephthalsäurepolyamide.* (**Can. P. 570 335** vom 13/1. 1954, ausg. 10/2. 1959. E. Prior. 19/1. 1953. — C. **1957**, 2885 [E. P. 733 002].)

Vereinigte Glanzstoff-Fabriken Akt.-Ges., Wuppertal, *Veredeln von Fäden aus Polyäthylenterephthalat.* (**Belg. P. 556 837** vom 19/4. 1957, ausg. 26/2. 1960. D. Prior. 24/5. 1956. — C. **1959**, 5999 [Oe. P. 196 837].)

Vereinigte Glanzstoff-Fabriken Akt.-Ges., Wuppertal-Elberfeld, übert. von: **Erwin Heisenberg**, Erlenbach/M., und **Anton J. Watzl**, Kleinwallstadt/Ufr., *Polykondensation von Terephthalsäurediglykolestern.* (**Can. P. 570 148** vom 29/5. 1956, ausg. 3/2. 1959. D. Prior. 6/6. 1955. — C. **1958**, 5257 [D. A. S. 1 000 599].)

Pilkington Brothers Ltd., England, *Glas zur Faserherstellung.* (**F. P. 1 165 275** vom 24/1. 1957, ausg. 21/10. 1958. E. Prior. 24/1. 1956. — C. **1960**, 7385 [E. P. 810 773].)

L. O. F. Glass Fibers Co., V.St.A., *Herstellung poröser Glasfaserprodukte.* (**F. P. 1 172 287** vom 12/2. 1957, ausg. 9/2. 1959. — C. **1960**, 15875 [E. P. 826 696].)

Vereinigte Glanzstoff-Fabriken Akt.-Ges., Deutschland, *Herstellung von Polyolefinfäden.* (**F. P. 1 213 526** vom 22/8. 1958, ausg. 1/4. 1960. D. Prior. 24/9. 1957. — C. **1961**, 15252 [Schwz. P. 346 970].)

Dow Chemical Co. (Erfinder: **Emil Martin Haas**), Midland, Mich., V.St.A., *Präparat aus kristallinem Polyvinylidenchlorid.* (**Jap. A. S. 17 846/1960** vom 13/9. 1958, ausg. 6/12. 1960. — C. **1960**, 13568 [A. P. 2 905 648].)

Rottweiler Kunstseidefabrik Akt.-Ges., Deutschland, *Herstellung von Fäden aus Polyacrylnitrillösungen.* (**F. P. 1 231 015** vom 14/9. 1953, ausg. 26/9. 1960. D. Prior. 16/9. 1952. — C. **1961**, 2143 [It. P. 504 150].)

Courtaulds Ltd. (Erfinder: **Albert Stanley Carpenter**), London, England, *Herstellung faserbildender Acrylnitril-Vinylidenchlorid-Mischpolymerisate.* (**F. P. 1 229 774** vom 18/2. 1959, ausg. 9/9. 1960. **Jap. A. S. 17 338/1960** vom 18/2. 1959, ausg. 25/11. 1960. Beide E. Prior. 18/2. 1958. — C. **1961**, 14882 [D. A. S. 1 088 229].)

Vereinigte Glanzstoff-Fabriken Akt.-Ges., Deutschland, *Polyacrylnitrilspinnlösungen.* (**F. P. 1 230 409** vom 28/4. 1954, ausg. 15/9. 1960. D. Prior. 25/6. 1953. — C. **1957**, 2365 [Oe. P. 186 360].)

Hawley Products Co. (Erfinder: **Don Milligan Hawley** und **John Covington Williams**), St. Charles, Ill., V.St.A., *Herstellen von Gegenständen aus Glasfaserbündeln.* (**Schwz. P. 360 203** vom 8/1. 1955, ausg. 30/3. 1962. — C. **1959**, 16200 [Oe. P. 198 440].)

H_{19}. Brennstoffe. Erdöl. Mineralöle

Herstellungsverfahren für „rauchlose“ Brennstoffe für den Hausbrand. 1. u. 2. Teil. C. Paleari. (Riv. Combustibili **13**, 725—31, Okt. 1959; ital.) — 3. vgl. C. **1961**, 12318. — Der Verlauf der therm. Zers. in Zusammenhang mit chem. Aufbau u. physikal. Struktur u. die *Herst.* von *Hausbrand* durch Tief-Temp.-Schwelung, Spezial-Verff. oder oxydative Vorbehandlung u. Brikettierung werden beschrieben. Temp. von $>600^0$ geben schwer entzündlichen Koks. Durch Lagern oxydiertes Kohlepulver gibt guten Koks. Bei Brikettierung mit p >140 kg/cm² ist Zusatz von Bindemitteln u. „Reifen“ bei 200—300° günstig. Lignit erfordert kein Bindemittel; der Geh. an W. soll auf 10—15% gesenkt werden. Die Phurnacite-, Nat. Coal Bord (NCB)-, Coal Logs-, National Fuel-, Disco-, Nu-Coal-, Lurgi Spülgas-, Brennstoff-Technik (BT)-, Baumco u. Rammler-Carmonoix- u. Anthracine 54-Verff. werden beschrieben, ebenso die Herst. von Hausbrand aus der Gasindustrie. E. A. Wernicke. 8126◇

Einfluß der mineralogischen Zusammensetzung der mineralischen Beimengungen auf die elektrische Leitfähigkeit von Steinkohlen. Ss. A. Toporetz. (Ber. Akad. Wiss. UdSSR **122**, 286—88, 11/9. 1958; Akad. der Wiss. der UdSSR, Labor. für Kohlengeol.; russ.) — Vgl. C. **1959, 4664**. — Steinkohlen u. Anthracite des Ssutschansker Bassins mit wechselndem Asche-Geh. (7—20, 7—40 u. 20—45%) enthalten vorwiegend 3 Mineraltypen: Kaolinit (Tone), Calcit u. Siderit. Die möglichst aschefreie Kohlesubstanz („Vitren") wurde in 422 Modellproben mit wechselnden Mengen dieser 3 Mineraltypen vermischt, gepreßt (100 at) u. dann die Leitfähigkeit bestimmt (die Kohlesubstanz enthielt 1,2, Anthracit 1,0% Eigenasche). — Bei den Steinkohlen ergab ein Geh. an Kaolinit (spezif. Widerstand 10^5—10^7 $\Omega \cdot$cm) eine Senkung des Kohlewiderstandes um 3 bis 3,5 Größenordnungen, während Calcit u. Siderit (10^7—10^8 $\Omega \cdot$cm) eine Änderung nur um 1,5—2 Größenordnungen bewirkten. Bei Anthracit bleibt der Widerstand fast gleich, wenn tonige Stoffe beigemengt sind; Calcit u. Siderit verändern ihn um mehr als 1 Größenordnung (senken ihn, wenn diese Mineralien stärker leiten). A. v. Wilpert. 8126□

Versuchsergebnisse über die Verbrennung von pulverisierten Brennstoffen. R. Loison und R. R. Kissel. (J. Inst. Fuel **35**, 60—73, Febr. 1962; engl.) — Zusammenfassender Bericht über eine Reihe von Verss. zur Verbrennung von pulverisiertem Brennstoffen, die in Ijmuiden angestellt wurden. Es wird die Beschreibung einer typ. Flamme von gemahlener Kohle gegeben, die Wrkg. der Flüchtigen u. des Asche-Geh. der Kohle berücksichtigt u. Angaben gemacht über die Verteilung der Erst- u. Zweitluft u. deren Geschw., wobei noch bes. der Feuchtigkeits-Geh. der Erstluft beachtet wird. Während es noch verfrüht erscheint, auf Grund der gewonnenen Erkenntnis eine Gleichung aufzustellen, um den Vorgang der Bldg. u. der Wärmeabgabe der Flammen von gemahlenen Brennstoffen zum Ausdruck zu bringen, ist es aber doch möglich, die mit den Verss. gewonnenen Erfahrungen auf industrielle Feuerungen zu übertragen, um Verf.-Art u. Ausrüstungen in solchen Anlagen zu verbessern. F. Rosendahl. 8128△

Internationale Flammenforschungsvereinigung: Die ersten Versuche in Ijmuiden über die Verbrennung von Öl unter Verwendung von Sauerstoff. R. R. Kissel und M. Michaud. (J. Inst. Fuel **35**, 109—20, März 1962; Ijmuiden, Internat. Foundation; Paris, L'Air Liquide; engl.) — Das für die Verbrennung verwendete zusätzliche O_2 wurde entweder der Verbrennungsluft vorher zugemischt oder unter Druck über Düsen parallel zu den Öldüsen beigemischt. Dadurch wurde der Charakter der Flamme grundsätzlich geändert. Am wichtigsten war der Abstand zwischen Ölbrenner u. O_2-Düsen, weil auf diese Weise eine hohe Flammen-Temp. neben einer hohen Abstrahlung erreicht werden konnte. Der obere Teil der Flamme war verhältnismäßig kalt, während der untere Teil sehr heiß u. stark abstrahlend war. Die gewonnenen Erkennsisse wurden mit gutem Nutzen in die Praxis übertragen. F. Rosendahl. 8128△

Verhalten umgekehrter Propan–Schwefelwasserstoff-Flammen an den Ausblasegrenzen. P. F. Kurz. (Combust. and Flame **1**, 257—63, Sept. 1957; Columbus, Ohio, Battelle Memorial Inst.) — *Ausblase-Verss.* mit einem *umgekehrten* (abwärts gerichteten) *Brenner* von 19,1 mm innerem Durchmesser mit Wasserkühlung werden beschrieben. Die Verss. mit umgekehrten *Propan* (I)–*H_2S* (II)-Flammen zeigen, daß an der mageren Grenze I im entsprechenden Anteil zur Stabilität des gemischten Brennstoffs beizutragen scheint, während das Brennen von II in Ggw. von I behindert wird. An der fetten Wegblasegrenze scheint II das Brennen von I/Luft-Gemischen in allen Mischungsverhältnissen zu hemmen. Wenn das Brennstoffgemisch 50 Vol.-% II enthält, hemmen sich die Gemischbrennstoffe gegenseitig. H. Freiwald. 8128◇

Pilotanlage zur Vergasung von Kohle im Abwärtsstrom. M. Sen, A. K. Das Gupta, D. Mukherjee, S. C. Ghosh, J. R. Mitra und A. Lahiri. (J. sci. ind. Res. [New Delhi], Sect. D **20**, 4—11, Jan. 1961; Jealgora, Central Fuel Res. Inst.; engl.) — Die Anlage dient zur Unters. der Vergasung nicht backender Kohle, bes. der hochflüchtigen Ranigani-Kohle. An Hand eines Fließbildes wird die Anlage beschrieben. Die Rohstoffzufuhr, die Anreicherung der Luft mit O_2 u. das Verhältnis O_2/Kohle wurden untersucht. Die geeignetste Rohstoffmenge lag bei 75 lb/h bei einer Anreicherung der Luft mit O_2 auf 50%. Das Gas hatte einen Heizwert von 160 BTU/cu.ft., während 50% der Kohle vergast wurden. Das Gas hatte eine durchschnittliche Zus. von (Vol.-%): CO_2 (14), CO (26), H_2 (14) u. N_2 (46). CH_4 u. andere KW-Stoffe konnten nur dann im Gas nachgewiesen werden, wenn das O_2/Kohle-Verhältnis von 0,5 auf 0,8 stieg u. die Anreicherung der Luft von 35 auf 50% O_2 stieg. Am Brenner u. am Reaktorkopf traten keine nennenswerten Ablagerungen an Asche ein. F. Rosendahl. 8148△

Bemerkungen zum gegenwärtigen Stadtgasbedarf. G. Milner. (J. Inst. Fuel **35**, 98—108, März 1962; Stockton-on-Tees, Power Gas Corp.; engl.) — Betrachtungen über die Stadtgaserzeugung aus festen u. fl. Brennstoffen unter Berücksichtigung folgender Verff.: Lurgi, Texaco, Hydrierung u. Konversion von CH_4. F. Rosendahl. 8156△

Die Überwachung der Verbrennungseigenschaften von Stadtgasmischungen. A. R. Myhill. (Gas & Coke **24**, 402—08, Okt. 1962; engl.) — Durch die verschiedenen

neuzeitlichen Gaserzeugungs-Verff. ändert sich die Gas-Zus. erheblich gegenüber der klassischen. Es wird daher ein Überblick über die Zus. der verschiedenen Gasarten gegeben u. gezeigt, wie diese sich mischen lassen, ohne daß der Abnehmer beim Verbrauch eine Änderung gegenüber früher feststellen kann. — 31 Schrifttumshinweise.
F. Rosendahl. 8156△

Technische und theoretische Untersuchungen über die statische Elektrizität in flüssigen Brennstoffen. D. T. Rogers und C. R. S. Schlukser. (Riv. Combustibili **14,** 291—323, April 1960; Esso Standard Italiana; ital.) — Die Möglichkeiten des Auftretens von *stat. Elektrizität* in *fl. KW-Stoffen* werden besprochen sowie die Meth. zu ihrer Beseitigung: Ladungsausgleich, Entladung durch Elektroden, antistat. Zusätze u. ionisierende Strahlen. Außerdem kann elektrostat. Aufladung durch Vermeidung von Tröpfchen-Bldg. verhindert werden. Meß-Verf. zur Best. der Aufladungstendenz u. die Berechnung elektrostat. Potentiale in Vorratsbehältern werden angegeben.
W. Holland. 8186□

Experimentelle Untersuchung der Struktur des Erdöl-Gasstromes bei Fontänebohrungen. Ju. N. Wassiljew, R. A. Makssutow und A. I. Baschkirow. (Erdöl-Wirtsch. [UdSSR] **39,** Nr. 4, 41—44, April 1961; russ.) — Es wurde die Struktur von Erdöl/Luft-Gemischen untersucht (Photographien). Bei relativ geringen Drücken von 7—10 at haben die Luftbläschen einen Durchmesser von 0,1—0,6 mm.
Helmut Schäfer. 8190△

Die Anwendung von oberflächenaktiven Stoffen bei der Erdölgewinnung. A. A. Amajew und W. M. Ssalashew. (Erdöl-Wirtsch. [UdSSR] **39,** Nr. 4, 33—37, April 1961; russ.) — Durch Behandeln von Erdölbohrungen mit oberflächenakt. Stoffen kann die Verwässerung gehemmt u. dadurch die Erdölförderung gesteigert werden. Die Wirksamkeit der Behandlung hängt von dem Grad u. der Geschw. der Verwässerung ab. Die besten Ergebnisse werden da erzielt, wo die Berührungsfläche von Erdöl u. W. am kleinsten ist. Durch Behandeln der Filter mit oberflächenakt. Stoffen läßt sich die Förderung ebenfalls intensivieren. Helmut Schäfer. 8190△

Die Resultate von Laboratoriumsuntersuchungen und industrieller Anwendung betreffend Zusätze von Asphaltit zu Erdöl für die Herstellung schwachfiltrierender Sprengflüssigkeiten. A. S. Muschin, T. N. Sseljunina, P. M. Ussatschew und N. P. Lessik. (Erdöl-Wirtsch. [UdSSR] **40,** Nr. 7, 43—49, Juli 1962; russ.) — Labor.- u. Werk-Verss. zeigen, daß die wichtigste Voraussetzung für die Wrkg. von Spreng-Fl. mit der Eig. als Sandträger für hydraul. Sprengungen in ihrer schwachen Filter-Wrkg. bzgl. der geolog. Schichten liegt. Als wirksamer u. billiger Zusatz wird eine 1—2%ig. Suspension von gemahlenem oder ungemahlenem Asphaltit in Erdöl empfohlen.
J. Lehmberg. 8190△

Moderne Erdölverarbeitungstechnik. H. Prinzler. (Technik **14,** 347—54, Mai 1959; dt.) — Übersicht über den Stand der *Technik,* umfassend destillative Zerlegung des *Erdöls,* Cracken, therm. u. katalyt., letzteres mit fest angeordnetem Katalysator, mit beweglichem Katalysatorbett u. mit fluidisiertem Katalysator. An Reformierungsprozessen werden die therm., die katalyt. u. die kombinierten Reforming- u. Extraktions-Verff. beschrieben, an weiteren Veredlungs-Verff. die Isomerisierungs-Verff. u. die Polymerisierung u. Alkylierung. Unter den Raffinations-Verff. finden sich die Druck-H-Raffination (Hydrotreating) u. die Selektivextraktion. Schließlich wird zur Frage des evtl. Versiegens der Rohstoffquellen Stellung genommen. E. A. Wernicke. 8192◇

Beziehungen zwischen Gas-Flüssigkeit-Verteilungskoeffizienten und Crackaktivität bei H^+-Zeolithen (Alumosilicaten). F. Wolf und A. Losse. (Chemie-Ing.-Techn. **33,** 442, Juni 1961; Halle/Saale, Univ., Inst. für techn. Chem.; Wolfen, Farbenfabrik Wolfen; dt.) — Bei der Unters. von H^+-Zeolithen mit wechselnder Oberflächenstruktur u. Acidität wurde eine deutliche Beziehung zwischen den Gas-Flüssig-Verteilungs-Koeff. aus zeolith. Trägern u. der Crackaktivität der letzteren beobachtet. — Tabellar. Zusammenstellung der Verhältnisse. F. Rosendahl. 8196△

Neues Gerät für die radiometrische Bestimmung des Aschegehalts von Kohle durch die Absorption von γ-Strahlung. Rudolf Jirkovský. (Jaderná Energie **6,** 63—64, Febr. 1960; Ostrava, Vys. škola báňská; tschech.) — Das Gerät beruht auf der Abhängigkeit des Koeff. der *γ-Strahlenabsorption* von der Atomzahl des absorbierenden Elements. Da die in der *Asche* enthaltenen Metalle (Al, Si, Mg, Ca, Fe usw.) bei einer Energie $< 0{,}1$ MeV einen wesentlich höheren Koeff. besitzen als H, C, N u. O, kann auf Grund einer Eichkurve der Asche-Geh. aus der γ-Strahlenabsorption ermittelt werden. Das Gerät eignet sich zur Betriebskontrolle der Asche. Als Strahlung eignet sich am besten diejenige von ^{204}Tl u. ^{170}Tm, aber auch die von ^{232}Th, ^{153}Eu u. ^{75}Se.
R. K. Müller. 8242□

Über die chemische Bestimmung von Graphit in Gegenwart von nicht graphitierter Kohle. Paulette Albert. (C. R. hebd. Séances Acad. Sci. **253,** 2535—37, 27/11. 1961; Epinay, Seine, Labor. de Rech.; franz.) — Bei Behandlung von Graphit (I) mit kalter konz. H_2SO_4 in Ggw. einer geringen Menge eines Oxydationsmittels (HNO_3, $K_2Cr_2O_7$) bildet sich ein Anlagerungs-Prod. der allg. Form: $(C_n{}^+SO_4H^-) \cdot 2\ H_2SO_4$, das als saures I-Sulfat bezeichnet wird u. durch Red. mit Mohrschem Salz bestimmt werden kann. Dabei entspricht die Menge des verbrauchten Red.-Mittels der Menge des an I gebundenen HSO_4^-. Da nur I diese Anlagerungs-Rk. gibt u. nicht ungraphitiertes C, kann nach obiger Meth. der Geh. an I in Kohle bestimmt werden. Vff. untersuchten verschiedene Kohlengemische natürlicher u. künstlicher Art unter Verw. verschiedener Arten u. Mengen an Oxydationsmitteln bei unterschiedlichen Bedingungen. Die Best. zeigte eine Genauigkeit von ca. $\pm$ 5%. H. Fries. 8246□

Chromatographischer Nachweis von komplexen Gemischen hochsiedender Verbindungen. Jaroslav Janák. (Nature [London] **195,** 696—97, 18/8. 1962; Brno, Czechoslovak Acad. of Sci., Labor. for Gas Anal.; engl.) — Die Trennung der hochsiedenden Bestandteile des Steinkohlenteers wird mit Hilfe kombinierter Gas–Dünnschicht-Chromatographie erreicht. So wird der gaschromatograph. an einer nichtpolaren stationären Phase bei 250—270° erhaltene Anthracen–Phenanthren-Peak in der Weise weiter zerlegt, daß die Mischung in einem gekühlten Capillar-U-Rohr aufgenommen, in 2—3 Tropfen warmem Bzl. gelöst u. das Chromatogramm der Lsg. dann an einer Silicageldünnschicht mit n-Hexan–Bzl. (1:1) entwickelt wird. Die im UV markierten Flecken werden in ein Capillarrohr übergeführt u. mit etwas Methanol oder Pyridin ausgewaschen. Die ersten 2—3 Tropfen des Eluats werden zur weiteren gaschromatograph. Trennung verwendet. Es ist auf diesem Wege möglich, Mischungsbestandteile von 0,1% der Mischung zu erfassen. Sowohl Alkylhomologe von Anthracen, Phenanthren, Carbazol oder Acridin als auch strukturell ähnliche Verbb., wie Benzcarbazol u. andere kondensierte Heterocyclen, lassen sich trennen. W. Betcke. 8248□

Bestimmung kleiner n-Paraffinmengen mit Hilfe der Molekularsieb-Gaschromatographie. F. T. Eggertsen und Sigurd Groennings. (Analytic. Chem. **33,** 1147 bis 1150, Aug. 1961; Emeryville, Calif., Shell Developm. Co.; engl.) — In leichten Petroleumdestillaten lassen sich *n-Paraffine* (I) mit einer *gaschromatograph. Meth.* bestimmen, die auf der selektiven I-Adsorption an *Molekularsieben* beruht. Eine Probe der durch Fl.-Verdrängungschromatographie an Silicagel isolierten gesätt. Anteile wird in einer App. aufgetrennt, die in Serienschaltung eine Trennsäule mit Siliconöl als Trenn-Fl. auf Isolatorziegelsplit C-22, eine 2. mit Lindes Molekularsieb 5 A u. ein Verbrennungsrohr enthält. Während die 2. Trennsäule I zurückhält, werden die Iso- u. Cycloparaffine eluiert u. in CO_2 übergeführt. Nach Umkehr der Durchflußrichtung des Trägergases He u. Temp.-Steigerung lassen sich I eluieren. W. Hein. 8254□

Eine massenspektrometrische Methode zur Analyse von Erdöldestillaten des Siedebereichs Heizölkerosin. M. E. Fitzgerald, V. A. Cirillo und F. J. Galbraith. (Analytic. Chem. **34,** 7276—80, Sept. 1962; Philadelphia, Pa., Atlantic Refining Co.; engl.) — Vff. beschreiben eine Meth. zur Analyse von rohem u. katalyt. gecracktem Heizöl. Vor der Analyse wird die Heizölprobe in gesätt. u. aromat. Fraktionen getrennt. Folgende KW-Stoff-Typen werden bestimmt: Paraffine, Mono- u./oder nichtkondensierte Polycycloparaffine, kondensierte Dicycloparaffine, kondensierte Tricycloparaffine, Alkylbenzole, Indane u./oder Tetraline u./oder Cycloparaffine, Benzole, Indene u./oder Dihydronaphthaline, Naphthaline, Acenaphthene u./oder Diphenyle, Acenaphthylene u./oder Fluorene u. tricycl. Aromaten. Durch coulometr. Best. der Bromzahl u. IR-Analyse der gesätt. Fraktionen können Menge u. Art der Olefine ermittelt werden. J. Peters. 8256◇

Identifizierung von Nitrilen in Erdölprodukten. Komplexbildung als Methode zur Isolierung. G. K. Hartung und D. M. Jewell. (Analytica chim. Acta [Amsterdam] **27,** 219—32, Sept. 1962; Pittsburgh, Pa., Gulf Res. and Dev. Co.; engl.) — Vff. beschreiben eine Meth. zum Nachw. u. zur Identifizierung von Nitrilen in hydriertem Heizöl. Nach Isolierung der N-Verbb. mit $FeCl_3$ u. $ZnCl_2$ u. Abtrennung der Stickstoffbasen mit HCl sowie der Indole, Carbazole u. Phenazine mit $HClO_4$ werden die Nitrile mit Hilfe von Säulen- u. Gaschromatographie getrennt u. durch UV- u. Massenspektren identifiziert. Folgende Verbb. wurden nachgewiesen: Dicyanbenzol, Dicyancyclohexan, Cyaninden, Cyan-2.3-dihydroinden, Cyannaphthalin, Dicyaninden, Dicyan-2.3-dihydroinden, Dicyanoktahydronaphthalin u./oder einige ihrer Alkylderivate. Dieter Heinrich. 8256◇

Ss. A. Gorjuschkin und W. N. Patolitschew, **Ofen zur kontinuierlichen Aktivierung von Kohle im Fließbett.** Die Rohkohle durchläuft eine über der Rk.-Zone schräg angeordnete u. von deren Abgasen beheizte Trockenzone u. wird dann durch seitlich mittels eines Ejektors eingeführten Luft–Rauchgas-Gemisches über einen Plattenrost geführt, durch dessen um 15° gegen die Ebene des Rostes geneigte Schlitze ebenfalls Heizgase u. Dampf strömen, wobei die Kohle im Fließbett aktiviert u. anschließend gebunkert wird. — Zeichnung. (**UdSSR. P. 125 243** vom 30/4. 1959.) L. Großner. 8135

Socony Mobil Oil Co., Inc., übert. von: Louis P. Evans, Woodbury, N.J., V.St.A., **Ölschieferverschwelung.** Der in einem Vertikalofen stetig absinkende Ölschiefer wird erhitzt u. die hierbei frei werdenden heißen, dampfförmigen Prodd. werden aufwärts durch die Beschickung geleitet, wobei sie beim Kontakt mit dem entgegenströmenden kalten Ölschiefer kondensiert werden. In dem kalten absinkenden Bett werden mindestens zwei getrennte Fraktionen von fl. Ölkondensaten gesammelt, die auch getrennt abgeführt werden. (**A. P. 2 885 338** vom 4/12. 1953, ausg. 5/5. 1959.) W. Hauswald. 8141

S. G. Sulfugarow und Ss. M. Rassulowa, **Herstellung von aktiviertem Chanlar-Bentonit (Chanlarit)** für *Crackprozesse* mit erhöhter therm. u. Dampfstabilität. Der durch 8 std. Behandeln mit 20% ig. H_2SO_4 bei 20—98° aktivierte u. SO_4^{2-}-frei gewaschene Chanlarit wird entweder mit einer 3% ig. $MgCl_2$- oder $AlCl_3$-Lsg. getränkt, Cl^--frei gewaschen u. calciniert oder mit den entsprechenden Sulfaten getränkt, 6 Std. bei 650° calciniert u. danach mit W. oder NH_4OH SO_4^{2-}-frei gewaschen. (**UdSSR. P. 123 951** vom 7/1. 1959.) L. Großner. 8197

Comp. Italiana Petrolio S.p.A., Fidenza, Italien, **Additive für Dieselkraftstoff,** bestehend aus einem aliphat. Ester der HNO_2 oder der HNO_3 oder aus Gemischen von Estern beider Säuren, bes. Amylnitrat. (**It. P. 546 377** vom 10/11. 1955.) K. Koebke. 8213

Armour & Co., Chicago, Ill., V.St.A., **Salze aus Diaminen und N-substituierten Trimethylendiamin-N'-alkancarbonsäuren.** Salze aus einem Diamin der Formel $R \cdot NH(CH_2)_n \cdot NH_2$ u. einer Säure der Formel $R \cdot NH(CH_2)_3 \cdot NH \cdot A \cdot COOH$ (A = 2-wertiger KW-Stoff-Rest mit 2—3 C-Atomen; R = aliphat. KW-Stoff-Rest mit 8—22 C-Atomen bzw. ein sich von Harz- oder Tallölsäuren ableitender KW-Stoff-Rest), in üblicher Weise aus den Komponenten, ggf. unter Erwärmen, hergestellt, sind wertvolle korrosionsschützende *Heizöladditive.* — Erhitzt man z. B. ein Gemisch aus 370 (Gew.-Teilen) N-„Talg"-trimethylendiamin (**I**), 86 Crotonsäure, 175 Hexylenglykol u. 175 W. 48 Std. unter Rückfluß, so erhält man ein Rk.-Prod. (**II**), das ca. 50 Gew.-% einer Säure der Formel $R \cdot NH(CH_2)_3NH \cdot CH(CH_3)CH_2 \cdot COOH$ enthält, worin R das Gemisch der aus den Talgsäuren stammenden Reste ist. Durch Neutralisation von 80 **II** mit 37 **I** erhält man ein Prod., das eine ausgezeichnete farbstabilisierende, korrosionsschützende u. schlamminhibierende Wrkg. in Heizölen entfaltet. (**E. P. 817 261** vom 26/1. 1956, ausg. 29/7. 1959. A. Prior. 2/2. 1955.) A. Mohr. 8217

Pittsburgh Consolodation Coal Co., übert. von: **Everett Gorin und Clyde W. Zielke**, Pittsburgh, Pa., V.St.A., *Desulfurierung von Koks.* (**Can. P. 562 147** vom 22/2. 1955, ausg. 19/8. 1958. A. Prior. 16/4. 1954. — C. **1956,** 14225 [A. P. 2 717 868].)

Badische Anilin- & Soda-Fabrik Akt.-Ges., Ludwigshafen/Rh., *Flammlose Umsetzung schwefelhaltiger gasförmiger Kohlenwasserstoffe zu Kohlenoxid und Wasserstoff.* (**E. P. 877 359** vom 26/8. 1959, ausg. 13/9. 1961. D. Prior. 3/9. 1958. — C. **1961,** 155 [D. A. S. 1 076 634].)

N. V. de Bataafsche Petroleum Mij., La Haye, Niederlande, *Herstellung von kohlenoxid- und wasserstoffhaltigen Gasgemischen durch Teilverbrennung von Kohlenwasserstoffen.* (**Belg. P. 556 895** vom 23/4. 1957, ausg. 26/2. 1960. Niederl. Prior. 25/4. 1956. — C. **1961,** 7093 [E. P. 832 385].)

N. V. de Bataafsche Petroleum Mij., 's Gravenhage, Niederlande, *Herstellung von kohlenoxid- und wasserstoffhaltigen Gasgemischen.* (**Belg. P. 564 975** vom 20/2. 1958, ausg. 15/7. 1960. Niederl. Prior. 22/2. 1957. — C. **1962,** 5907 [F. P. 1 191 754].)

Max Gerhold, Österreich, *Thermische Umwandlung von gasförmigen oder flüssigen Kohlenwasserstoffen.* (**F. P. 1 176 168** vom 30/4. 1957, ausg. 7/4. 1959. D. Prior. 20/6. 1956. — C. **1959,** 4668 [D. A. S. 1 034 316].)

Shell Development Co., New York, N.Y., V.St.A. übert. von: **Willem J. D. van Dijck**, Den Haag, Niederlande, *Gewinnung von Schieferöl aus Ölschiefer.* (**Can. P. 561 124** vom 28/12. 1954, ausg. 29/7. 1958. A. Prior. 25/1. 1954. — C. **1961,** 353 [A. P. 2 814 587].)

Shell Development Co., New York, N.Y., übert. von: **Kenneth A. Ring**, Houston, Tex., V.St.A., *Hydraulischer Aufschluß von Ölformationen.* (**Can. P. 560 787** vom 9/8. 1955, ausg. 22/7. 1958. A. Prior. 13/9. 1954. — C. **1959,** 14921 [A. P. 2 825 409].)

General Motors Corp., Detroit, übert. von: **George W. Kellogg**, Flint, Mich., V.St.A., *Emulsionsspaltung.* (**Can. P. 562 068** vom 17/11. 1951, ausg. 19/8. 1958. A. Prior. 1/3. 1951. — C. **1956,** 11597 [A. P. 2 702 794].)

Union Carbide & Carbon Corp., New York, übert. von: **Donald M. Yoder**, Yonkers, und **Dewayne C. Torgeson**, Dobbs Ferry, N.Y., V.St.A., *Behandlung von Wasser mit Bakterieiden.* (**Can. P. 561 523** vom 29/3. 1957, ausg. 5/8. 1958. A. Prior. 5/4. 1956. — C. **1959,** 7342 [A. P. 2 801 216].)

Sun Oil Co., Philadelphia, übert. von: **Archibald P. Stuart**, Media, Pa., V.St.A., *Raffinieren von Kohlenwasserstoffen,* (**Can. P. 560 799** vom 30/12. 1955, ausg. 22/7. 1958. A. Prior. 22/6. 1955. — C. **1959,** 5008 [A. P. 2 814 586].)

Sun Oil Co., Philadelphia, übert. von: **Archibald P. Stuart**, Media, Pa., V.St.A., *Raffinieren von Kohlenwasserstoffen mit BF_3*. (**Can. P. 560 800** vom 12/1. 1956, ausg. 22/7. 1958. A. Prior. 30/6. 1955. — C. **1958**, 4366 [A. P. 2 767 120].)

British Petroleum Co. Ltd., London, England, übert. von: **Alfred Champagnat** und **Charles Vernet**, Paris, Frankreich, *Abtrennung von Kohlenwasserstoffen*. (**Can. P. 560 950** vom 12/3. 1955, ausg. 29/7. 1958. F. Prior. 19/5. 1954. — C. **1958**, 8230 [E. P. 778 699].)

Hokkaido Tanko Kisen Kabushiki Kaisha, Japan, *Extraktion von Kohlenwasserstoffen*. (**F. P. 1 234 887** vom 17/7. 1959, ausg. 19/10. 1960. Jap. Prior. 18/7. 1958. — C. **1961**, 9653 [D. A. S. 1 093 936].)

D-X Sunray Oil Co., V.St.A. (Erfinder: **David Douglas Hartley**, **Victor Louis Brant**, **Robert William Provine** und **David Glenn Morgan**), *Reinigen von Kohlenwasserstoffen*. (**F. P. 1 167 082** vom 27/11. 1956, ausg. 20/11. 1958. A. Prior. 22/12. 1955. — C. **1960**, 14569 [E. P. 826 656].)

„Shell" Research Ltd., England, *Süßen von Kohlenwasserstoffdestillaten*. (**F. P. 1 157 811** vom 8/8. 1956, ausg. 4/6. 1958. E. Prior. 10/8. 1955. — C. **1958**, 2320 [E. P. 772 327].)

British Petroleum Co. Ltd., England (Erfinder: **Eric McNeill Wilfred** und **Samuel Nathan**), *Stabilisieren von Kerosin- und Gasölfraktionen*. (**F. P. 1 177 804** vom 28/5. 1957, ausg. 29/4. 1959. E. Prior. 31/5. 1956. — C. **1960**, 10813 [E. P. 811 868].)

Shell Development Co., New York, übert. von: **Douglas C. Hausch**, Scarsdale, N.Y., V.St.A., *Gewinnung von Flash-Destillaten aus Petrolrückständen*. (**Can. P. 561 493** vom 25/6. 1957, ausg. 5/8. 1958. A. Prior. 23/7. 1956. — C. **1959**, 2663 [A. P. 2 809 923].)

Comp. Française des Procédés Houdry, Seine, Frankreich (Erfinder: **Richard E. Ashwill** und **Numer M. Kapp**), *Behandlung von granuliertem Kaolin*. (**F. P. 1 174 147** vom 9/4. 1957, ausg. 6/3. 1959. A. Prior. 19/4. 1956. — C. **1962**, 9577 [A. P. 2 928 793].)

Sun Oil Co., Philadelphia, übert. von: **Alfred E. Hirschler**, Springfield, Pa., V.St.A., *Katalytische Kohlenwasserstoffumwandlung*. (**Can. P. 560 798** vom 16/12. 1955, ausg. 22/7. 1958. A. Prior. 7/6. 1955. — C. **1959**, 17581 [A. P. 2 849 382].)

Standard Oil Co., Chicago, Ill., übert. von: **Llewelyn Heard**, Hammond, Ind., und **Marvin J. Den Herder**, Chicago, Ill., V.St.A., *Gelöster Platinsulfid-Reformierungskatalysator*. (**Can. P. 561 507** vom 15/6. 1953, ausg. 5/8. 1958. — C. **1956**, 10833 [E. P. 736 632].)

Esso Research and Engineering Co., Elizabeth, N.J., übert. von: **Henry A. Holcomb** und **Robert M. Love**, Baytown, Tex., V.St.A., *Katalytisches Reformieren*. (**Can. P. 560 987** vom 21/4. 1955, ausg. 29/7. 1958. A. Prior. 12/5. 1954. — C. **1961**, 15259 [A. P. 2 898 291].)

Hydrocarbon Research, Inc., New York, N.Y., übert. von: **Michael C. Chervenak** und **Helmut R. Pichler**, Trenton, und **Percival C. Keith**, Peapack, N.J., V.St.A., *Stabilisieren von olefinischem Leichtbenzin*. (**Can. P. 560 372** vom 22/8. 1955, ausg. 15/7. 1958. A. Prior. 26/8. 1954. — C. **1961**, 12322 [A. P. 2 891 006].)

British Petroleum Co. Ltd., übert. von: **John H. D. Hooper** und **John K. Lock**, London, England, *Treibstoffe*. (**Can. P. 561 272** vom 16/8. 1955, ausg. 5/8. 1958. E. Prior. 6/9. 1954. — C. **1960**, 14925 [E.P. 782 833].)

Standard Oil Co., Chicago, Ill., übert. von: **Kurt F. Richards**, Dyer, Ind., V.St.A., *Stabile Erdöldestillattreibstoffe*. (**Can. P. 562 166** vom 25/11. 1954, ausg. 19/8. 1958. A. Prior. 30/11. 1953. — C. **1962**, 6648 [A. P. 2 928 727].)

British Petroleum Co. Ltd., London, **Samuel Richard Pethrick** und **David Tulloch McAllan**, Sunbury-on-Thames, England, *Motorenbenzin*. (**E. P. 878 095** vom 7/1. 1958, ausg. 27/9. 1961. — C. **1960**, 16994 [Oe. P. 207 982].)

British Petroleum Co. Ltd., London, **Samuel Richard Pethrick** und **David Tulloch McAllan**, Sunbury-on-Thames, England, *Leichtbenzintreibstoffe*. (**E. P. 878 692** vom 24/12. 1957, ausg. 4/10. 1961. — C. **1962**, 1854 [D. A. S. 1 108 004].)

N. V. de Bataafsche Petroleum Mij., Den Haag, Niederlande, *Herstellung von Treibstoffen mit hoher Verbrennungswärme*. (**Ind. P. 65 909** vom 24/11. 1958, ausg. 29/11. 1960. — C. **1962**, 2962 [E. P. 834 776].)

Armour & Co., V.St.A. (Erfinder: **Byron E. Marsh**, **Elliot N. Schubert**, **Richard L. Betcher** und **Paul L. du Brow**), *Brennölgemische*. (**F. P. 1 167 961** vom 2/10. 1956, ausg. 3/12. 1958. A. Prior. 3/10. 1955. — C. **1958**, 12575 [A. P. 2 798 798].)

Esso Research and Engineering Co., Elizabeth, übert. von: **Richard F. Finn**, Iselin, N.J., V.St.A., *Entwässerung von Schweröl*. (**Can. P. 562 373** vom 16/4. 1953, ausg. 26/8. 1958. A. Prior. 31/7. 1952. — C. **1956**, 11317 [E. P. 740 834].)

British Petroleum Co. Ltd., übert. von: **Samuel R. Pethrick** und **Maurice B. Sparke**, London, England, *Schmieröle*. (**Can. P. 561 273** vom 12/11. 1955, ausg. 5/8. 1958. E. Prior. 16/11. 1954 u. 29/6. 1955. — C. **1960**, 15628 [E. P. 781 487].)

Standard Oil Co., übert. von: **Franklin Veatch**, Cleveland, und **Ellis C. Persing jun.**, Shaker Heights, Ohio, V.St.A., *Thixotrope Zusammensetzungen*. (**Can. P. 561 506** vom 13/12. 1949, ausg. 5/8. 1958. A. Prior. 14/12. 1948. — C. **1956**, 3190 [A. P. 2 673 838].)

Esso Research and Engineering Co., Elizabeth, übert. von: **Alfred H. Matuszak**, Westfield, **Ernest V. Wilson**, Cranford, **Richard F. Finn**, Iselin, und **Harold R. Ready**, Roselle Park, N.J., V.St.A., *Schmiermittelgemische*. (**Can. P. 560 340** vom 30/5. 1955, ausg. 15/7. 1958. A. Prior. 25/6. u. 28/7. 1954. — C. **1959**, 12426 [E. P. 774 457].)

Esso Research and Engineering Co., Elizabeth, N.J., V.St.A., *Oxydieren von Asphalt*. (**E. P. 880 413** vom 27/8. 1958, ausg. 18/10. 1961. A. Prior. 24/10. 1957. — C. **1961**, 10043 [A. P. 2 906 687].)

Stamicarbon N. V., Heerlen, übert. von: **Hendrik Dijkstra**, Geleen, Niederlande, *Aschebestimmung in Kohle*. (**Can. P. 560 796** vom 26/4. 1955, ausg. 22/7. 1958. Niederl. Prior. 7/5. 1954. — C. **1959**, 17587 [Aust. P. 210 172].)

H_{20}. Schieß- und Sprengstoffe. Zündmittel

Untersuchung der Zündung eines Gases durch einen elektrischen Funken. D. R. Lintin und E. R. Wooding. (Brit. J. appl. Physics **10**, 159—66, April 1959; Sheffield, Safety in Mines Res. Establ.; engl.) — Die Ausbreitung von Flammen wird mit Hilfe von Schattenbildern durch Blitze sehr kurzer Zeit (μs) untersucht. Es wurden verschiedene Gemische von *Luft* u. *Methan* verwendet. Die Ergebnisse der Unterss. erlauben es, Aussagen über das Wachsen der Flammen u. über Bedingungen, die eine Zündung begünstigen, zu machen. G. Lehmpfuhl. 8292□

Bestimmung der Eigenschaften von Explosionswellen durch das „Umkehr-Verfahren". N. Manson. (Publ. sci. techn. Minestère Air **1960**, Nr. 366, 1—46, Poitiers, Fac. des Sci., École Nat. Sup. de Mécan. et d'Aérotechn.; franz.) — Aus der thermodynam. Theorie der *Detonationen* werden Gleichungen für die Best. der thermodynam. Eigg. der Verbrennungsgase abgeleitet u. auf mehrere *Explosivstoffe* angewandt. W. Wesly. 8294◇

Relative Wirksamkeit von Hemmstoffen zur Herabsetzung der Entzündlichkeit von zulässigen Sprengstoffen. R. W. van Dolah, N. E. Hanna und R. L. Grant. (U. S. Dep. Interior, Bur. Mines, Rep. Invest. **1961**, Nr. 5863, 1—8; Pittsburgh, Pa., Bur. of Mines, Explosives Res. Labor.; engl.) — Die Verw. von *Hemmstoffen* in *Sprenglöchern* untertage soll die Möglichkeit einer Zündung von schlagendem Wetter oder Kohlenstaub durch Detonations-Prodd. auf ein Minimum beschränken. Es werden verschiedene Stoffe auf ihre Eignung untersucht u. mit dem bisher üblichen Schamott verglichen. NaCl, W., W. mit Koll.-Zusätzen u. konz. wss. Salz-Lsgg. sind wesentlich wirkungsvoller als eine gleiche Menge nassen oder trockenen Schamotts. W., wss. Salz-Lsgg. u. W. mit Koll.-Zusatz sind in der Wrkg. gleich gut. Die nötige Menge dieser Stoffe liegt dabei weit unter der von Schamott. H. Pförtner. 8294◇

Voraussage über die Zusammensetzung der Detonationsgrenzen in Wasserstoff/Sauerstoff/Verdünnungsmittel-Gemischen. Richard W. Patch. (ARS Journal **31**, 46—57, Jan. 1961; East Hartford, Conn., United Aircraft Corp.; engl.) — 2 Meth. zur *Vorhersage* der Chapman-Jougeut-*Detonationsgrenzen* in $H_2/O_2/N_2$- bzw. */Ar/He-Gemischen* für eine Modellvorstellung werden beschrieben, nach der eine Detonationswelle eine Stoßwelle erzeugt, auf die eine Zündverzögerungs- u. eine Verbrennungszone folgen. Nach der 1. Meth. wird für das Gas hinter der Stoßwelle eine konst. Zünd-Temp. angesetzt, während nach der 2. die Explosionsgrenzen aus Kettenverzweigungsbetrachtungen bestimmt werden. Für beide Meth. werden verschiedene Rotations- u. Schwingungsrelaxationsgrade hinter dem Stoß in der Zündverzögerungszone angenommen. Es wird gezeigt, daß die Annahme einer konst. Temp. für ein Gas, das vollständige Rotations-, aber keine Schwingungsrelaxation besitzt, die beste Übereinstimmung mit den der Literatur entnommenen, experimentellen Werten liefert. H. Pförtner. 8294◇

Experimentelle Messungen und theoretische Analyse der Detonations-Induktionsabstände. Loren E. Bollinger, Michael C. Fong und Rudolph Edse. (ARS Journal **31**, 588—95, 1961; Columbus, Ohio, Ohio State Univ.; engl.) — Die Länge, über die eine Flamme bis zur Detonation beschleunigt wird, ist eine charakterist. Größe bei der Bldg. einer Detonationswelle. Dieser Parameter wird für H_2/O_2-, C_2H_2/O_2-, C_2H_2/Luft-, CH_4/O_2-, CO/O_2-, $H_2/O_2/N_2$-, H_2/O_2/He-, H_2/O_2/Ar- u. $H_2/O_2/CO_2$-Gemischen bei Anfangsdrücken von 1, 5, 10 u. 25 at untersucht. Ein Näherungsausdruck für diese Länge als Temp.-Verhältnis über die Detonationswellen wird gegeben u. eine empir. Beziehung zwischen Induktionsabstand u. den anfänglichen Eigg. wie Verbrennungs-Temp., Abbrand-Geschw., Schall-Gesch. im unverbrannten Gas u. Reynolds-Zahl für die verschiedenen Gasgemische aufgestellt. Die Beziehung ist für KW-Stoffe nicht befriedigend. Dieses Phänomen ist möglicherweise auf gewisse Turbulenzerscheinungen an den Wandungen zurückzuführen. H. Pförtner. 8294◇

Die schlagwettersicheren Sprengstoffe. J. Cocu. (Chim. et Ind. **86**, 386—99, Okt. 1961. Centre d'Etudes et de Rech. des Charbonages de France (Cerchar), Groupe de Rech. sur les Explosifs; franz.) — Die Ergebnisse von Unterss. zur Best. der *Schießbedingungen* in *Kohlenbergwerken*, der örtlichen Betriebsverhältnisse u. der Gefahr der Sprengstoffverpuffung werden mitgeteilt. W. Wesly. 8304◇

Sprengung mit Ammoniumnitrat. Lars-Olov Larson. (Tekn. Tidskr. **90**, 1301—06, 23/12. 1960; Boliden; schwed.) — Als *Sprengstoff* im *Bergbau* bietet NH_4NO_3 im Gemisch mit (z. B. 5,5%) Öl Vorteile gegenüber den bisher verwendeten Sprengstoffen. Die Eigg., Anwendungs-Verff. u. Sicherheitsmaßnahmen werden erörtert. R. K. Müller. 8304◇

Polymere im Weltraum. N. H. Langton. (Rubber J. int. Plastics **140**, 174 bis 176, 178, 4/2. 1961; Nat. Coll. of Rubber Technol.; engl.) — In Fortsetzung der C. **1962**,

4736, referierten Arbeit wird eine Übersicht über die Verw. von *Polymeren* als *Raketentreibmittel* gegeben. W. Wesly. 8310□

Cäsiumplasma als Festtreibstoffquelle. Lawrence W. Fagg und Raymond Friedman. (ARS Journal **31**, 157, Jan. 1961; Alexandria, Va., Atlantic Res. Corp.; engl.) — Für stöchimetr. *$CsNO_3/Al$* u. *$CsClO_4/Al$*-Gemische werden aus den Abbrandcharakteristiken u. der Ionen- u. Elektronendichte die thermodynam. Gleichgewichte berechnet, aus denen sich die Temp. u. die Ionen-Konz. bestimmen lassen. Die Abbrandcharakteristiken hängen vom Preßdruck ab, mit dem die Pulvergemische zu Probestäbchen gepreßt werden. Zum Beispiel ist für $CsClO_4/Al$ unter 50 lbs./sq.in. N_2-Druck die Abbrand-Geschw. bei 10000 lbs./sq.in. Preßdruck 0,2 lbs./sq.in., bei 125000 lbs./sq.in. nur 0,09 lbs./sq.inch. Unter den gegebenen Bedingungen führt die Expansion zu einer Vergrößerung der Gleichgewichtsionen-Konz.; z. B. ist die Gesamtionen- u. Elektronen-Konz. für $CsNO_3/Al$ bei Normaldruck $9{,}8 \cdot 10^{16}$ cm^{-3}, bei 1000 lbs./sq.in. aber $3{,}0 \cdot 10^{18}$ cm^{-3}. Die Ionisationsmessungen wurden mit einer spektroskop. Meth. durchgeführt, nach der das elektr. Feld, das von den Ionen u. Elektronen in der Nähe eines neutral emittierenden, H-ähnlichen Atoms aufgebaut wird, die scharfen Energieniveaus des Atoms nahe der Seriengrenze zu einem Kontinuum verschmiert, aus dessen Breite die Ionendichte bestimmt werden kann. Bei Normaldruck besitzt die Ionendichte beider Gemische eine obere Grenze, die etwa eine halbe Größenordnung unterhalb der berechneten liegt. H. Pförtner. 8310◇

Theoretische Leistung von Wasserstoff/Sauerstoff-Raketenbrennkammern. Gilbert K. Sievers, William A. Tomazic und George R. Kinney. (Nat. Aeronaut. Space Adm., techn. Rep. **1961,** Nr. 111, 1—75; Cleveland, Ohio, Lewis Res. Center; engl.) — In einer ganzen Reihe von Nomogrammen werden Daten für *$H_{2\,fl.}/O_{2\,fl.}$-Raketenkammern* wie spezif. Impuls, Brennkammer-Temp., charakterist. Geschw., Expansionsverhältnis usw. für Kammerdrucke zwischen 15 u. 1200 lbs./sq.in., Flächenverhältnisse bis ca. 300 u. Treibstoffanteile von 8—34% für den eingefrorenen u. den Gleichgewichtszustand angegeben; ebenso sind bestimmte Anfangsbedingungen u. der Wärmeverlust der Brennkammer berücksichtigt. H. Pförtner. 8310◇

Verhalten von Explosivstoffen unter dem Einfluß von γ-Strahlen. Erminio Piantanida und Marcello Piazzi. (Chim. e Ind. [Milano] 1238—42, Nov. 1960; Livorno, Ist. di Chim. dell'Accad. Navale; ital.) — Mehrere *rauchlose Pulver* werden mit *γ-Strahlen* einer ^{60}Co-Quelle bestrahlt u. die Abnahme der chem. Stabilität in Abhängigkeit von der Intensität u. der Bestrahlungszeit bestimmt. Bei der Bestrahlung zeigen die Pulver eine ähnliche Abnahme der chem. Stabilität wie bei höheren Temperaturen. Mit kleinen Bestrahlungsmengen sind Alterungserscheinungen zu beobachten, wie sie sonst nur bei langer Lagerung der Explosivstoffe auftreten. Durch Zusatz von Centralit kann die Stabilität der Pulver gegenüber γ-Strahlen erhöht werden.
H. Pförtner. 8322◇

Statistische Kontrolle in der analytischen Chemie. Anwendung auf die Stickstoffbestimmung nach der Devarda-Methode. Yves Lacroix, Nives Bugat und Jack Mars. (Mém. Poudres **39,** 459—68, 1957; Chim. analytique **39,** [1957], 180; franz.) — Der *N*-Geh. von *Nitrocellulose* (**I**) wird nach der Meth. von Devarda 5mal pro Woche bestimmt. Zwecks Vgl. wird in gleicher Weise n/3 H_2SO_4 (**II**) mit Na_2CO_3 (**III**) u. nach der Devarda-Meth. mit KNO_3 (**IV**) bestimmt. Die Ergebnisse während eines Jahres werden nach statist. Meth. ausgewertet, die Abweichungen vom Mittel berechnet u. graph. dargestellt. Die Genauigkeit beträgt $\pm 1{,}0‰$ für die **II**-Best. mit **III**, $\pm 2{,}0‰$ für die **II**-Best. mit **IV** u. $\pm 2{,}3‰$ für die N_2-Best., was einem abs. N-Wert von $\pm 0{,}030$ für den N-Geh. einer Schießbaumwolle mit 13,5% N entspricht. Ferner ergibt sich ein Abfall von ca. 0,05% N bei 2 **I**-Proben bei 2jähriger Lagerung.
H. Freiwald. 8324◇

Bestimmung von Kohlenstoff durch nasse Verbrennung. Anwendung auf Explosivstoffe und Initialzünder. Ivan Dunstan und John V. Griffiths. (Analytic. Chem. **34,** 1348—49, Sept. 1962; Waltham Abbey, Essex, Ministry of Aviation, Explosives Res. and Dev. Establ.; engl.) — Durch nasse Oxydation mit einem Gemisch aus CrO_3, HJO_3, H_3PO_4 u. H_2SO_4 kann der C-Geh. von Explosivstoffen bestimmt werden. Folgende Substanzen lassen sich in milder Rk. oxydieren: Salpetrigsäureester, Nitramine, Nitrosamine, Nitroaromaten, Pb- u. Ba-Salze von Nitroresorcinen u. Ba-Styphnat. Nur Tetrazine reagieren explosionsartig. J. Peters. 8324◇

État Français représenté par le Secrétaire d'État à la Défense Nationale et aux Forces Armées (Direction des Poudres) (Erfinder: Louis Brissaud, Emmanuel Grison, Roger Nancy und Jean Naud), Fankreich, **Nitrie-**

rung von Cellulose mit HNO_3 in der Dampfphase, dad. gek., daß die Cellulose mittels eines Transportbandes durch den Dampfraum einer abgeschlossenen, geheizten Rk.-Kammer, die HNO_3 enthält, geführt wird. Der Nitrierungsgrad kann durch Änderung von Transport-Geschw. u. Temp. gesteuert werden. Ggf. kann eine Fl.-Phasen-Nitrierung angeschlossen werden. — Zeichnung. (**F. P. 1 200 063** vom 7/6. 1956, ausg. 17/12. 1959.) Eberhard Riedel. 8305

Försvarets Forskningsanstalt, Stockholm, Schweden (Erfinder: B. J. Grabe, R. Juhlin und P. T. Marklund), **Spreng- und Treibsatz auf der Basis von Sauerstoffträgern,** bestehend aus 70(Gew.-%) Ammoniumperchlorat (I), 20 gehärtetem Esterkunstharz u. 10 Diäthylenglykoldinitrat. Statt I kann auch Ammoniumpikrat, Trotyl oder Pentyl verwendet werden. (**Schwed. P. 170 732** vom 18/8. 1953, ausg. 15/3. 1960.) K. H. Kähler. 8311

Consolidation Coal Co., Pittsburgh, Pa., V.St.A., *Sprengstoffsystem.* (**E. P. 883 276** vom 17/6. 1958, ausg. 29/11. 1961. A. Prior. 21/6. 1957. — C. **1960,** 14927 [D. A. S. 1 081 812].)

Nitroglycerin Aktiebolaget, Gyttorp, Schweden, *Herstellung eines plastischen Sprengmittels.* (**Niederl. P. 100 661** vom 8/2. 1956, ausg. 15/3. 1962. Schwed. Prior. 11/2. 1955. — C. **1957,** 11194 [D. A. S. 1 009 990].)

Wolff & Co. K. G. auf Aktien, Walsrode, *Sprengstoffherstellung.* (**Niederl. P. 101 228** vom 1/2. 1956, ausg. 15/5. 1962. D. Prior. 5/2. 1955. — C. **1958,** 6433 [D. A. S. 1 003 638].)

H_{21}. Leder. Gerbstoffe

Gerbereiforschung: Rückblick und Ausblick. Harold G. Turley. (J. Amer. Leather Chemists Assoc. **57,** 500—24, Okt. 1962; Philadelphia, Pa., Rohm & Haas Comp.; engl.) — Ausführliche Übersicht über das Gebiet der Gerbereiforschung, wie Chromgerbung, Harzgerbung, Eisen- u. Zirkongerbung, Aldehydgerbung, vegetabil. u. Syntangerbung. Als bes. wichtig wird die Unters. der Faserstruktur des Leders erachtet. — 28 Literaturangaben. H. G. Fröhlich. 8330◇

Die Lipide in Packerhäuten. Die Gehaltsbestimmung während der verschiedenen Bearbeitungsphasen. A. Simoncini, L. del Pezzo und G. de Simone. (Cuoio-Pelli-Mater. concianti **37,** 359—79, Dez. 1961; Napoli-Torino (Italien), Staz. Speriment. Ind. Pelli Mat. Concianti; ital.) — Die Verarbeitung von Packerhäuten führt infolge ihres zu hohen Fett-Geh. beim Gerben zumeist zu Störungen, die sich in der Lederqualität unangenehm bemerkbar machen. Eine Lösung der hiermit zusammenhängenden Probleme scheint durch eine Extraktion der Häute mit Chlf. vor der Verarbeitung in der Wasserwerkstatt möglich, sofern die Arbeits-Meth. beim Gerben entsprechend geändert werden. Die im einzelnen erhaltenen Unters.-Ergebnisse werden diskutiert. H. G. Fröhlich. 8334□

Eine neue Methode der Beurteilung der Durchäscherung von Blößen und ein Äscherverfahren bei der Herstellung von Chromoberleder. A. E. Sapiro. (Kožařství **11,** 162—64, 1961; Moskva u. Gottwaldov, Výzk. úst. kožed.; tschech.) — Vf. beschreibt die neue sowjet. Meth. der Verw. von Fermenten bei erhöhter Temp., die gestattet, den Grad der Durchäscherung aus der Ermittlung des durch Pankreatin abgebauten Kollagens bei bestimmter Temp. festzustellen. Diese Meth. hat erwiesen, daß sie samt ihren Folgerungen in allen Gerbereien anwendbar ist. E. Knopp. 8334□

Die konstruktionstechnische Lösung des Problems der Zubereitung von Chromlösungen und deren Regeneration. Jaromír Piškytl. (Kožařství **11,** 156, 1961; Otrokovice, výzk. úst. kožed.; tschech.) E. Knopp. 8336□

Die Melaminharzgerbung weißer Leder. Michael Radil, Ladislav Dvoránek und Václav Smika. (Kožařství **11,** 157—59, 1961; Gottwaldov, výzk. úst. kožed.; Otrokovice, kožar. výzk.; tschech.) — Vff. beschreiben die Herst. von Melaminkondensaten u. deren Verw. bei der Gerbung, bes. für weiße Ziegenleder, auch in Kombination mit Cr-Salzen u. mit Syntanen. E. Knopp. 8336□

Verwertung gewisser Abfallstoffe bei der Herstellung von Gerbereihilfsprodukten. Vladimír Pektor. (Kožařství **11,** 132—33, 1961; Otrokovice, výzk. úst. kožed., kožel. výzk.; tschech.) — Vf. beschreibt die Möglichkeiten der Verwertung von Cr-, Cd-Salzen u. $AlCl_3$ bei der Herst. von Gerbereihilfs-Prodd. u. Lederzurichtungsmitteln. E. Knopp. 8338□

Die Scheuerfestigkeit von Sämischleder. Karel Kubec. (Kožařství **11,** 160—61, 1961; Dobříš, rukav. záv. n. p.; Týniště n. Orl., výzk. středisko; tschech.) — Beschrieben wird für Sämischleder eine neue Meth. zur Best. der Abriebfestigkeit u. die Möglichkeit, den Abrieb herabzusetzen mit Angabe der Vor- u. Nachteile. E. Knopp. 8340□

Eine einfache Form der qualitativen Untersuchung von Syntanen. Arnaldo N. Roseira. (Rev. brasil. Quím. **45**, 474, 476, 478, Juni 1958; port.) — Inhaltlich ident. mit der C. **1961**, 12952 referierten Arbeit. R. K. Müller. 8364 □

Röhm & Haas G.m.b.H., Deutschland, **Enthaaren von Häuten unter Erhaltung des Haares.** Die Häute werden durch Waschen mit W. u. dann mit einem pulver- oder pastenförmigen Prod. auf der Grundlage eines proteolyt. Enzyms, z. B. von durch Mikroorganismen oder Bakterien erzeugten Proteasen, Pankreastryptase oder deren Gemischen mit Oligasen, bes. Glucosidasen oder Galaktosidasen, aufgefrischt u. darauf mit neutralen Mineralsalzen, bes. Alkali- oder NH_4-Sulfaten, -Nitraten, -Chloraten, -Chloriden, -Jodiden oder -Rhodaniden, u./oder reduzierenden S-Verbb., wie Na_2SO_3, $NaHSO_3$, $Na_2S_2O_3$, Na-Dithionit, thioglykolsauren Salzen, Na_2S oder NaSH, behandelt; vor, während oder nach dem Auffrischen der zu enthaarenden Häute werden ferner bes. geeignete kation. u./oder nichtion. Netzmittel, wie 6—16 Äthylenoxid-Einheiten enthaltende Polyglykoläther, mitverwendet, während in Verbindung mit den Neutralsalzen kation., anion. oder nichtion. Netzmittel bzw. in Verbindung mit den S-haltigen Verbb. nichtion. oder anion. Netzmittel mitverwendet werden können. Es erfolgt so eine zufriedenstellende Enthaarung der Häute ohne Beschädigung des Haares. — Beispiele. (**F. P. 1 265 471** vom 23/6. 1960, ausg. 27/10. 1961. D. Prior. 24/6. 1959.) W. Raetz. 8335

Böhme Fettchemie G.m.b.H., Deutschland, **Herstellung von Gerbereihilfsmitteln** in Form von wasserlösl. komplexen Salzen durch Rk. von bas. Al-Salzen in Lsg. von niedermol. Alkoholen mit niedermol. Carbonsäuren, z. B. mit aliphat., aromat. oder cycloaliphat. ein- oder mehrbas. Säuren, wie Fett-, Naphthensäuren, Oxal-, Adipin-, Benzoe-, Phthal-, Mellitsäure, Naphthalincarbonsäuren, Acrylsäure, Croton-, Maleinsäure. — 120 (Gew.-Teile) Al-Isopropylat werden in 300 Isopropylalkohol gelöst. Dazu wird ein Gemisch aus 60 konz. wss. HCl u. 60 Isopropylalkohol gegeben. Dabei entsteht eine 66%ig. Lsg. von bas. $AlCl_3$. 90 dieser Lsg. werden mit 125 Octyladipinsäure 4 Std. auf Siedetemp. gehalten. Man erhält eine klare Lsg., die mit W. verdünnbar ist u. bei Zusatz von $(NH_4)_2SO_4$ einen unlösl. Nd. bildet. — 69 Salicylsäure, in 62,5 W. gelöst mit Zusätzen von 2,5 H_2SO_4 u. 27,5 30%ig. CH_2O-Lsg., werden während 5 Std. auf 95° erhitzt. Beim Stehen scheidet sich am Boden ein Harz ab, das mehrere Male mit W. gewaschen ist. 95 des Harzes werden in 250 Isopropylalkohol gelöst. 345 der Harz-Lsg. werden mit 885 der im vorst. Beispiel beschriebenen 66%ig. Lsg. von bas. $AlCl_3$ 3 Std. gekocht. Man erhält eine klare Lsg., welche mit W. in jedem Verhältnis mischbar ist. (**F.P. 1 244 770** vom 8/1. 1960, ausg. 25/1. 1961. D. Prior. 21/1. 1959.) M. F. Müller. 8337

Redaktionsschluß: 22. März 1963

Herausgeber: Prof. Dr. Heinrich Bertsch, Berlin, u. Prof. Dr. Dr. h. c. Wilhelm Klemm, Münster. Chefredakteure und verantwortlich für den Inhalt: Dr. Eugen Klever, Berlin 30, Geisbergstraße 39, Fernsprecher: 249541, u. Prof. Dr.-Ing. Eberhard Leibnitz, Berlin N 4, Schiffbauerdamm 19, Fernsprecher: 425571.

©

Verlag: Akademie-Verlag GmbH, Berlin W 8, Leipziger Str. 3—4 (Fernsprecher: 220441, Telex-Nr. 011773, Postscheckkonto Berlin 35021), und Verlag Chemie, GmbH, Weinheim/Bergstr. (Fernsprecher: Weinheim 3635 [Sammelnummer]; Fernschreiber: 0465516 chemieverlwhn; Postscheckkonten: Frankfurt/M. 145314 u. Berlin [West] 7430). Bestellnummer: 1007/134. Das Chemische Zentralblatt erscheint wöchentlich. Preis des Jahrganges einschl. Autoren-, Patent-, Sach- u. Formelregister: DM 1200,—; einseitig bedruckte Ausgabe: DM 1350,—. Abgabe der Zeitschrift nur mit sämtlichen Registern. Abbestellungen nur bis spätestens 6 Wochen vor Ablauf des Kalenderjahres.

Satz u. Druck: VEB Leipziger Druckhaus, Leipzig, III/18/203. VI. 63.
Veröffentlicht unter der Lizenznummer 1273 des Presseamtes beim Vorsitzenden des Ministerrates.
Printed in Germany.